普通高等教育“十一五”国家级规划教材
普通高等院校机械制造类规划教材

机械制图

（第5版）

四川大学工程制图教研室　编

马　俊　王　玫　主编

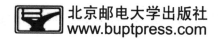

北京邮电大学出版社
www.buptpress.com

内 容 提 要

本书是在2007年第4版的基础上修订而成，是普通高等教育“十一五”国家级规划教材。

本书讲述以下四个部分内容。

1. 画法几何：点、直线和平面的投影，相对位置，投影变换，立体的投影，平面与立体相交，立体与立体相交。

2. 制图基础：轴测图，组合体、机件的表达方法，制图的基本知识和规定以及尺寸标注的知识。

3. 机械制图：标准要素、标准件与常用件，零件图的绘制与阅读，装配图的绘制与阅读。

4. 计算机绘图：使用AutoCAD绘图的基本方法和技能。

本书附录摘编了最新的国家标准的基本规定及螺纹、螺纹紧固件、键与销、滚动轴承和公差与配合等的常用参数。

与本书配套使用的《机械制图习题集》，由北京邮电大学出版社同时出版，可供选用。为了适应现代教育的需要，配合本书及习题集的使用，本教研室还制作有多媒体CAI课件。

本书和配套习题集可作为高等学校工科机械类、近机械类专业机械制图课程的教材，也可供各专业师生和工程技术人员参考。

图书在版编目（CIP）数据

机械制图/马俊，王玫主编. --5版. --北京：北京邮电大学出版社，2012.9（2023.8重印）

ISBN 978-7-5635-3219-3

Ⅰ.①机… Ⅱ.①马…②王… Ⅲ. ①机械制图 Ⅳ. ①TH126

中国版本图书馆CIP数据核字（2012）第205264号

书　　名：机械制图（第5版）
著作责任者：马　俊　王　玫　主编
责 任 编 辑：孔　玥
出 版 发 行：北京邮电大学出版社
社　　址：北京市海淀区西土城路10号（邮编：100876）
发　行　部：电话：010-62282185　传真：010-62283578
E-mail：publish@bupt.edu.cn
经　　销：各地新华书店
印　　刷：唐山玺诚印务有限公司
开　　本：787 mm×1 092 mm　1/16
印　　张：31.75
字　　数：773千字
版　　次：2012年9月第5版　2023年8月第12次印刷

ISBN 978-7-5635-3219-3　　定价：48.00元

前　言

本书是在2007年第4版的基础上的修订。本次修订着眼于新世纪人才培养及人才基本素质的需求，根据“高等学校工程图学课程教学基本要求”及近年来发布的《机械制图》、《技术制图》等相关国家标准编写，总结并吸取了近年来教学改革的成功经验和同行专家的意见。

本书具有以下特点：

1. 继续保持本书前版重视基本概念、基本理论和基本技能的特点，论述详细，表述准确流畅，便于读者学习掌握知识内容。

2. 注意了本课程在人才素质培养过程中“公共平台”的作用，强调启发学生的空间逻辑思维和形象思维的潜能和悟性，注重学生图形表达能力、空间思维能力、设计构形能力、审美能力和创新能力的培养。

3. 有机地将计算机绘图的内容融合到制图的相关章节中，以学习、掌握使用 AutoCAD 交互绘图软件绘制二维工程图样为主，注意了计算机绘图内容与传统的图学内容相结合，在本课程学习的各环节中，计算机绘图与手工绘图并用。

4. 采用最新国家标准和最新版本软件。

5. 对书中部分选学内容采用*号表示，以适应不同专业、不同层次读者的需求。

6. 与本书配套使用的《机械制图习题集》，由北京邮电大学出版社同时出版，可供选用。为了适应现代教育的需要，配合本书及习题集的使用，本教研室还制作了多媒体 CAI 课件（光盘）。

负责本版编写工作的有：马俊（绪论、第4、9、11、13、14、15章、附录）、王玫（第3、6、7、8、12、16、18章）、熊艳 （第2、17章及各章计算机绘图内容）、陈玲（第5、10章）、蒲小琼（第1章）。全书由马俊、王玫主编，马俊负责统稿和定稿。

本书由四川大学胡义教授主审。审阅人提出了许多宝贵意见和指导性建议，在此表示衷心感谢。

值此书出版之际，对本书前版做出贡献的前辈表示感谢；对本次修订中参与编写提纲讨论和审定的各位老师：钟清林、干静、杨随先、周兵、牟柳晨、尚利、尹湘云、万华伟、孙雁、胡萍表示感谢。也对参与图形制作的：钟欣、叶德生、吴越、韩志甲、温亚连、连姗姗、李霞等表示感谢。

本书在编写过程中参考了一些同类著作，特向作者表示衷心感谢，具体书目作为参考文献列于书末。由于编者水平有限，书中缺点、错误在所难免，敬请读者批评指正。

编者于成都

目　　录

绪论 ……1

第 1 章　制图的基本知识和基本技能

1.1　制图基本规定 ……3
1.1.1　图纸幅面和格式 ……3
1.1.2　比例 ……7
1.1.3　字体 ……7
1.1.4　图线 ……10
1.2　绘图工具、仪器及其使用方法 ……14
1.2.1　常用的绘图工具 ……14
1.2.2　其他绘图工具 ……20
1.2.3　手工绘图机 ……20
1.3　几何作图 ……21
1.3.1　内接正多边形 ……21
1.3.2　斜度和锥度 ……22
1.3.3　椭圆的画法 ……23
1.3.4　渐开线画法 ……24
1.3.5　圆弧连接 ……25
1.4　平面图形的生成 ……27
1.4.1　平面图形的线段分析及绘图步骤 ……27
1.4.2　绘图的一般方法和步骤 ……29

第 2 章　计算机绘图基础

2.1　概述 ……34
2.1.1　CAD 的发展历程 ……34
2.1.2　计算机辅助绘图软件 ……35
2.2　进入 AutoCAD ……35
2.2.1　AutoCAD 的启动和退出 ……35
2.2.2　AutoCAD 主界面 ……36
2.2.3　对图形文件的操作 ……38
2.3　AutoCAD 绘图初步 ……40
2.3.1　基本绘图流程 ……40

2.3.2 AutoCAD 的命令和数据输入……40
2.3.3 AutoCAD 的基本绘图命令……41
2.3.4 构造选择集……44
2.3.5 常用的编辑命令……45
2.4 显示控制……49
2.4.1 视图缩放……49
2.4.2 视图平移……51
2.5 精确绘图……52
2.5.1 捕捉和栅格……52
2.5.2 对象捕捉……53
2.5.3 功能键和控制键……55
2.6 文字标注……56
2.6.1 使用 text 命令创建单行文字……56
2.6.2 标注特殊字符……57
2.6.3 创建多行文字……58
2.6.4 创建和修改文字样式……58
2.7 示例……59
第 3 章 点、直线、平面的投影
3.1 投影的基本知识……62
3.1.1 概述……62
3.1.2 投影法分类……62
*3.1.3 平行投影的普遍性质……63
3.1.4 工程上常用的 4 种投影图……65
3.2 点的投影……66
3.2.1 点的二面投影及其投影规律……66
3.2.2 点的三面投影及其投影规律……68
3.2.3 两点间的相对位置……71
3.3 直线的投影……72
3.3.1 直线的投影概述……72
3.3.2 各种位置直线的投影……73
3.3.3 求一般位置直线段的实长及其对投影面的倾角……76
3.3.4 直线上的点……78
3.3.5 两直线的相对位置……79
3.3.6 直线的迹点……83
3.3.7 一边平行于投影面的直角的投影……84
3.4 平面……87
3.4.1 平面的表示法……87

3.4.2 各种位置平面的投影……88
3.4.3 点、直线与平面的从属关系……91
3.4.4 属于平面的最大斜度线……95
3.5 用 AutoCAD 进行点和图线的控制……97
3.5.1 点……97
3.5.2 图线……98

第 4 章 直线与平面、平面与平面的相对位置

4.1 平行……103
4.1.1 直线与平面平行……103
4.1.2 两平面相互平行……104
4.2 相交……106
4.2.1 一般位置直线与特殊位置平面相交……106
4.2.2 特殊位置直线与一般位置平面相交……107
4.2.3 两特殊位置平面相交……107
4.2.4 特殊位置平面与一般位置平面相交……109
4.2.5 一般位置直线与一般位置平面相交……110
4.2.6 两一般位置平面相交……111
4.3 垂直……113
4.3.1 直线与平面垂直……113
4.3.2 平面与平面垂直……115
4.3.3 直线与直线垂直……116
4.4 综合举例……117
4.4.1 举例……117
4.4.2 小结……120
4.5 用 AutoCAD 进行图层和对象特性控制……121
4.5.1 图层……121
4.5.2 设置线型比例……123
4.5.3 对象特性……124
4.5.4 绘制二维平面图形……124

第 5 章 投影变换

5.1 概述……128
5.1.1 问题的提出……128
5.1.2 投影变换方法……128
5.2 换面法……129
5.2.1 基本概念……129
5.2.2 点的换面……130

5.2.3 直线的换面 ……134
5.2.4 平面的换面 ……135
5.2.5 换面法作图举例 ……137
*5.3 绕垂直轴旋转法 ……140
5.3.1 基本概念 ……140
5.3.2 点绕垂直轴旋转 ……141
5.3.3 直线绕垂直轴旋转 ……142
5.3.4 平面绕垂直轴旋转 ……144
5.3.5 绕不指明轴旋转 ……146

第 6 章 基本立体的视图

6.1 平面立体 ……148
6.1.1 棱柱 ……148
6.1.2 棱锥 ……151
6.2 常见回转体 ……154
6.2.1 圆柱体 ……155
6.2.2 圆锥体 ……157
6.2.3 圆球体 ……161
6.2.4 圆环体 ……163
6.2.5 复合回转体 ……165
6.3 用 AutoCAD 绘制三维基本形体 ……166
6.3.1 3D 坐标系 ……166
6.3.2 观察三维模型 ……167
6.3.3 绘制基本三维实体 ……168

第 7 章 平面与立体表面相交

7.1 平面与平面立体相交 ……172
7.2 平面与回转体相交 ……176
7.2.1 平面与回转体表面相交 ……176
7.2.2 曲面立体切槽、穿孔 ……182
*7.3 直线与曲面立体表面相交 ……187

第 8 章 两立体表面相交

8.1 平面立体与平面立体表面相交 ……190
8.1.1 平面立体与平面立体表面相交的相贯线 ……190
8.1.2 求平面立体与平面立体的相贯线的方法 ……191
8.2 平面立体与曲面立体表面相交 ……191
8.2.1 平面立体与曲面立体表面相交的相贯线 ……191

8.2.2 求平面立体与曲面立体的相贯线的方法……191
8.3 两曲面立体表面相交……192
8.3.1 两曲面立体表面相交的相贯线……192
8.3.2 求两曲面立体的相贯线的方法……192
8.3.3 相贯线的特殊情况……193
8.3.4 影响相贯线形状的因素……194
8.3.5 利用曲面立体表面取点求作相贯线……195
8.3.6 利用三面共点原理求作相贯线……199
8.3.7 复合相贯线……204
8.4 用 AutoCAD 创建复合实体……206
8.4.1 并集……206
8.4.2 差集……207
8.4.3 交集……208

第 9 章 组合体的三视图

9.1 组合体的构成……209
9.1.1 组合体的构成及表面连接形式……209
9.1.2 组合体的三视图……211
9.1.3 组合体画图和读图的方法……212
9.2 组合体三视图的画法……212
9.2.1 画组合体三视图的步骤……212
9.2.2 叠加式组合体三视图的画法……212
9.2.3 切割式组合体三视图的画法……215
9.3 组合体三视图的读法……217
9.3.1 读图应注意的问题……217
9.3.2 组合体视图阅读的方法和步骤……218
9.3.3 由二视图补画第三视图……221
9.3.4 补画视图中的漏线……223
9.4 用 AutoCAD 完成组合体的绘制……224

第 10 章 轴测图

10.1 轴测投影的基本知识……228
10.1.1 轴测投影的定义及术语……228
10.1.2 轴测投影的基本性质……229
10.1.3 轴测图的分类……229
10.2 常用轴测图的轴间角及轴向伸缩系数……229
10.2.1 正等测……229
10.2.2 正二测……230

10.2.3 斜二测 ……230
10.3 点、线、面及平面立体轴测图的画法 ……231
10.3.1 点、线、面轴测图的画法 ……231
10.3.2 平面立体轴测图的画法 ……232
10.4 平行于坐标面的圆的轴测图的画法 ……234
10.4.1 椭圆长短轴的方向和大小 ……234
10.4.2 平行弦法 ……236
10.4.3 近似画法 ……236
10.5 组合体轴测图的画法 ……239
10.5.1 组合体轴测图的画法举例 ……239
10.5.2 组合体上截交线和相贯线的画法 ……240
10.6 轴测图剖视图的画法 ……241
10.6.1 轴测图中物体的剖切 ……241
10.6.2 轴测剖视图的剖面符号 ……241
10.6.3 轴测剖视图画法举例 ……242
10.7 用 AutoCAD 绘制正等轴测图 ……242
10.7.1 激活轴测投影模式 ……243
10.7.2 正等轴测图的绘制 ……244
10.7.3 绘制正等轴测图举例 ……244

*第 11 章 曲线与曲面

11.1 曲线 ……247
11.1.1 概述 ……247
11.1.2 圆的投影 ……247
11.1.3 螺旋线 ……249
11.2 曲面的形成和分类 ……250
11.2.1 曲面概述 ……250
11.2.2 常用曲面 ……251

*第 12 章 立体的表面展开

12.1 平面立体的表面展开 ……258
12.2 可展曲面立体的表面展开 ……259
12.3 不可展曲面立体表面的近似展开 ……263
12.4 异口形接头的表面展开 ……266

第 13 章 机件的表达方法

13.1 视图 ……268
13.1.1 基本视图 ……268

13.1.2 向视图 ……270
13.1.3 局部视图 ……270
13.1.4 斜视图 ……271
13.2 剖视图 ……272
13.2.1 剖视图的概念及画法 ……272
13.2.2 剖切面的种类和剖切方法 ……275
13.2.3 剖视图的种类 ……278
13.3 断面图 ……283
13.3.1 断面图的概念 ……283
13.3.2 断面的种类和画法 ……283
13.3.3 断面的标注 ……284
13.4 局部放大图和简化画法及其他规定画法 ……285
13.4.1 局部放大图 ……285
13.4.2 简化画法及规定画法 ……286
13.4.3 其他规定画法 ……289
13.5 综合举例 ……290
*13.6 第三角投影法简介 ……291
13.7 用 AutoCAD 进行图案填充 ……293
13.7.1 图案填充 ……293
13.7.2 编辑填充图案 ……296

第 14 章 尺寸标注基础

14.1 尺寸注法 ……297
14.1.1 基本规则 ……297
14.1.2 尺寸的组成 ……297
14.1.3 各类尺寸的标注 ……298
14.2 平面图形的尺寸标注 ……302
14.2.1 平面图形的尺寸 ……302
14.2.2 平面图形的尺寸标注方法 ……303
14.3 组合体的尺寸标注 ……304
14.3.1 组合体尺寸的分类 ……304
14.3.2 尺寸基准及定位尺寸 ……304
14.3.3 尺寸标注的完全性 ……305
14.3.4 尺寸标注的清晰性 ……306
14.3.5 组合体的尺寸标注举例 ……308
14.4 轴测图上标注尺寸 ……310
14.5 用 AutoCAD 进行尺寸标注 ……311
14.5.1 常用的尺寸标注 ……311

14.5.2 设置标注样式 ……315
14.5.3 编辑尺寸标注 ……318

第 15 章 螺纹、键、销及其连接

15.1 螺纹的规定画法及标注……320
15.1.1 螺纹的形成、结构和要素 ……320
15.1.2 螺纹的种类 ……322
15.1.3 螺纹的规定画法 ……323
15.1.4 标准螺纹的规定标记及其标注 ……325
15.2 螺纹紧固件及连接 ……329
15.2.1 螺纹紧固件及画法……329
15.2.2 螺蚊紧固件连接的画法……331
15.3 键及其联结 ……335
15.3.1 键的分类及标记 ……335
15.3.2 普通平键、半圆键、钩头楔键的联结画法……336
15.3.3 花键及其联结画法……337
15.4 销及其连接 ……338
15.4.1 销的种类及标记 ……338
15.4.2 销连接的画法 ……339

第 16 章 齿轮、弹簧、滚动轴承

16.1 齿轮……340
16.1.1 渐开线圆柱齿轮 ……341
16.1.2 圆锥齿轮 ……344
16.1.3 蜗杆蜗轮的画法 ……346
16.2 弹簧……348
16.2.1 圆柱螺旋压缩弹簧术语、各部分名称及尺寸关系……349
16.2.2 圆柱螺旋压缩弹簧的画法……349
16.3 滚动轴承……351
16.3.1 滚动轴承的结构、分类和标记 ……351
16.3.2 滚动轴承的画法 ……353

第 17 章 零件图

17.1 零件的表达 ……356
17.1.1 概述……356
17.1.2 零件的结构分析 ……358
17.1.3 零件表达方案的选择……363
17.1.4 各类典型零件表达方案的选择 ……365

17.2 零件图中的尺寸标注……370
17.2.1 概述……370
17.2.2 尺寸基准及其选择……370
17.2.3 零件图中尺寸标注的合理性……372
17.2.4 零件图的尺寸标注举例……377
17.3 零件图中的技术要求……380
17.3.1 公差与配合……380
17.3.2 形状和位置公差……387
17.3.3 表面粗糙度……394
17.3.4 常用材料、热处理与表面处理……399
17.4 读零件图……400
17.4.1 读零件图的方法和步骤……400
17.4.2 读零件图举例……400
17.5 零件测绘……404
17.5.1 概述……404
17.5.2 零件测绘……404
17.5.3 常用测量工具和测量方法……405
17.5.4 螺纹测绘……406
17.5.5 零件测绘举例……406
17.6 用 AutoCAD 绘制零件图……409
17.6.1 创建图块和属性……409
17.6.2 标注形位公差……414
17.6.3 零件的实体造型到二维图纸……415

第 18 章　装配图

18.1 概述……416
18.1.1 装配图的分类……416
18.1.2 装配图的内容……416
18.2 机器、部件的表达方法……417
18.3 装配图中的尺寸注法……418
18.4 装配图中零、部件序号及明细栏……418
18.4.1 零、部件序号……419
18.4.2 明细栏……420
18.5 装配图的画法……420
18.5.1 装配工艺结构……420
18.5.2 装配图表达方案的选择……422
18.5.3 画装配图的步骤……424
18.6 装配图的阅读……430

18.6.1 概述……430
18.6.2 读装配图的要求……430
18.6.3 读装配图的方法和步骤……430
18.7 由装配图画零件图——拆图……431
18.7.1 拆图的方法和步骤……431
18.7.2 标准零、部件和借用件的处理……434
18.7.3 拆图举例……434

附录

A.1 常用螺纹及螺纹紧固件……437
A.2 常用键与销……449
A.3 常用滚动轴承……455
A.4 极限与配合……463
A.5 常用材料及热处理……465

参考文献……473

绪　论

1. 课程的性质、任务和主要内容

工程图样，被称为“工程界的语言”，在现代工业中，设计、制造、安装和使用等环节中都离不开工程图样，是生产管理、科学研究、技术交流的重要手段。因此，每个工程技术人员都必须掌握这门语言，具备绘制和阅读工程图样的能力。“机械制图”是研究用正投影法绘制和阅读工程图样的原理和方法，是一门既有系统理论又有较强实践性的技术基础课。

课程的主要内容包括 4 个部分。

（1）画法几何：用正投影法研究图示空间几何元素和形体以及图解空间几何问题的基本原理和方法。

（2）制图基础: 图家标准的有关规定，使用仪器绘图、徒手绘图的基本方法和技能。图样的表达和尺寸标注的基本方法。

（3）机械制图：绘制和阅读机械零件图和部件装配图的理论、方法。

（4）计算机绘图：使用 AutoCAD 绘图的基本方法和技能。

本课程的任务是：

（1）学习投影法的基本理论及其应用；

（2）培养空间想象和空间思维能力；

（3）培养绘制和阅读机械图样（主要是零件图和部件装配图）的基本能力；

（4）培养利用计算机绘制图形的能力；

（5）在学习过程中，培养自学能力、分析问题和解决问题的能力以及创造性思维能力，培养认真负责的工作态度和严谨细致的工作作风。

2. 课程的学习方法

“机械制图”是一门实践性很强的技术基础课程，它必须在学习掌握知识内容的基础上，通过完成一系列的制图作业来巩固和提高，培养绘制和阅读机器设备图及零件图的基本能力。为了更好地掌握课程的基本内容，在学习过程中必须注意以下各点：

（1）做到课前预习，认真听课，做好笔记，及时复习总结，弄懂课程的基本理论、基本方法和基本作图。注意应用形体分析法、线面分析法和结构分析法分析问题和解决问题。

（2）在学习的各个环节中加强空间→平面、平面→空间的有机联系，由浅入深地通过一系列的绘图和读图，不断地由物画图，由图想物，不断地提高空间想象和空间思维能力。

（3）要及时、认真、独立地完成作业。在完成作业的过程中，要在掌握相关知识内容的基础上，按照正确的方法和步骤作图。

（4）在完成作业的过程中，要注意养成耐心细致、严肃认真的工作作风。要学会查阅和遵守有关国家标准的规定，学会查阅有关的手册和国家标准。通过习题和作业提高绘图和读图能力，提高自己的独立工作能力和自学能力。

（5）全部作业和习题，要用绘图工具和仪器（圆规、分规、三角板、铅笔等）精确作图，保证图面整洁美观，标记文字准确工整，图线符合国家标准的规定和要求。要培养认真负责的工作态度和严谨细致的工作作风。

本课程的学习能为学生的图样绘制和阅读能力打下基础，并在后续课程和设计实践中不断地巩固和提高。

第 1 章　制图的基本知识和基本技能

图样是工程技术界的共同语言，是产品或工程设计结果的一种表达形式，是产品制造和工程施工的依据，是组织和管理生产的重要技术文件。为了便于技术信息交流，对图样必须作出统一规定。为此，国家标准《机械制图》统一规定了在绘制图样过程中应共同遵守的绘图规则。国家标准简称国标，代号 GB。

本章将分别就国标中规定的图纸的幅面及格式、比例、字体和图线等内容作择要介绍（尺寸注法将在后续章节中介绍）。为了提高绘图质量和速度，本章也将对绘图工具的使用、基本几何作图、绘图方法与步骤等基本技能作简要介绍。

1.1　制图基本规定

1.1.1　图纸幅面和格式

图纸幅面和格式由《技术制图图纸的幅面及格式》（GB/T 14689—2008）规定。

1．图纸幅面

图纸幅面是指由图纸宽度 B 与长度 L 所组成的图面。绘图时，图纸可以横放（长边水平放置）或竖放（长边垂直放置）。

（1）基本幅面

GB/T 14689—2008 规定，绘制技术图样时应优先采用表 1-1 所规定的 5 种基本幅面（第一选择），其代号为 A0、A1、A2、A3、A4，尺寸为 $B\times L$（mm×mm）。如图 1-1 中粗实线所示。

表 1-1　图纸幅面及图框格式尺寸　　单位：mm

幅面代号	A0	A1	A2	A3	A4
$B\times L$	841×1 189	594×841	420×594	297×420	210×297
a	25				
c	10			5	
e	20		10		

（2）加长幅面

必要时，允许选用由基本幅面的短边成整数倍增加后所得的加长幅面（第二选择和第三选择）。加长幅面的图框尺寸，按所选用的基本幅面大一号的图框尺寸确定。如图 1-1 中细实线（第二选择）和虚线（第三选择）所示。

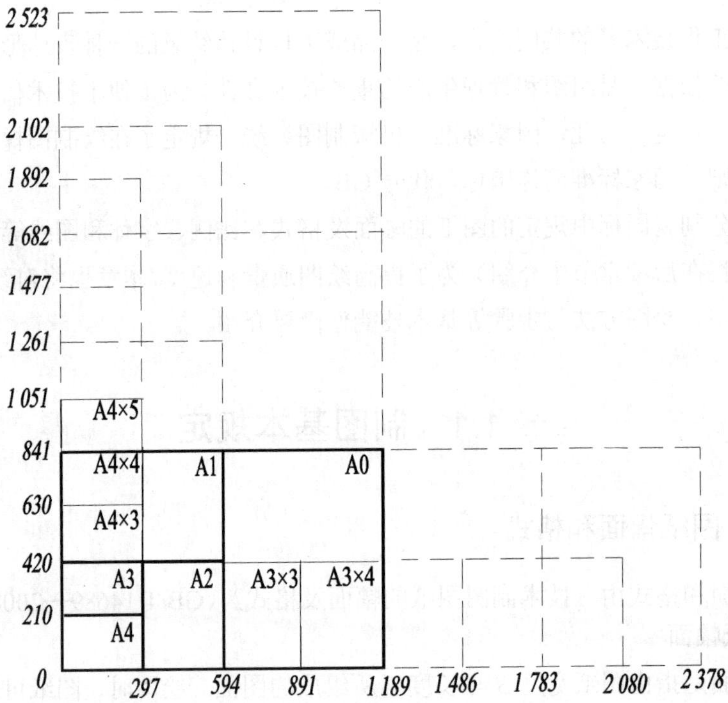

图 1-1　图纸幅面

2. 图框格式及标题栏

图框是指图纸上限定绘图区域的线框。图框格式分为不留装订边和留装订边两种，同一种产品只能采用同一种格式。无论装订与否，均应用粗实线画出图框线。

不需要装订的图纸，图框格式如图 1-2 所示；需要装订的图纸，其图框格式如图 1-3 所示，一般采用 A3 幅面横装或 A4 幅面竖装。

加长幅面的图框尺寸，按所选用的基本幅面大一号的图框尺寸确定。例如，A3×4 的图框尺寸，应按 A2 的图框尺寸绘制。

标题栏是图纸提供图样信息、图样所表达的产品信息及图样管理信息等内容的栏目。每张图纸都必须画出标题栏，其基本要求、内容、格式和尺寸按《技术制图 标题栏》（GB/T 10609.1—2008）的规定绘制，各设计单位亦可根据各自需求作相应变化。制图作业的标题栏最好采用图 1-4 所示的简化格式。

当标题栏按图 1-2（a）和图 1-3（a）所示的形式配置时，构成 X 型图纸；按图 1-2（b）和图 1-3（b）所示的形式配置时，构成 Y 型图纸。在这两种情况下，看图的方向始终与看标题栏的方向一致。

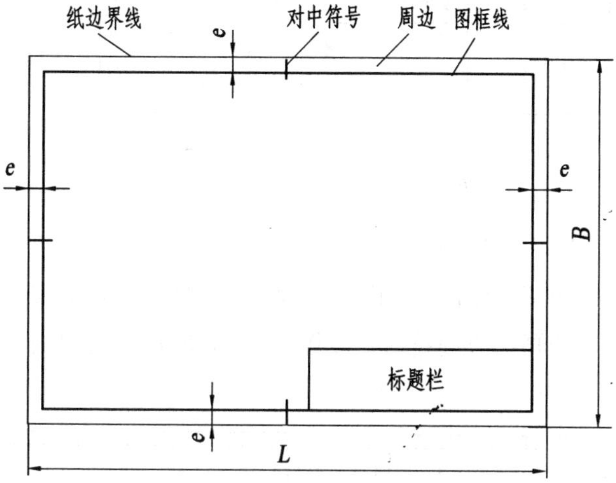

（a）

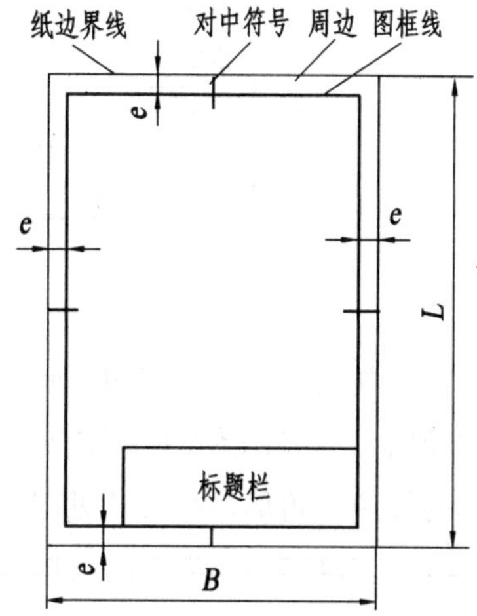

（b）

图 1-2　无装订边的图纸格式

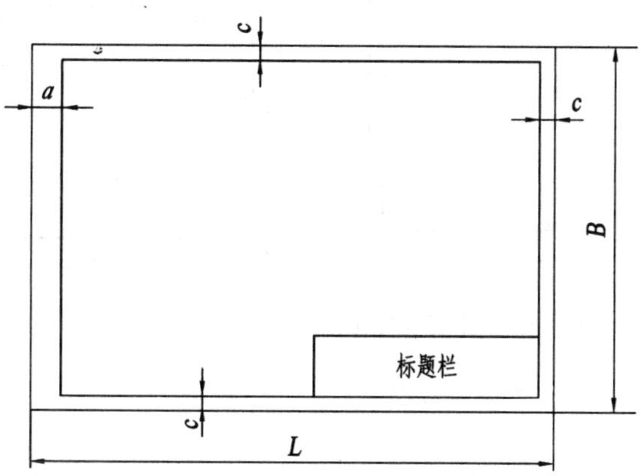

（a）

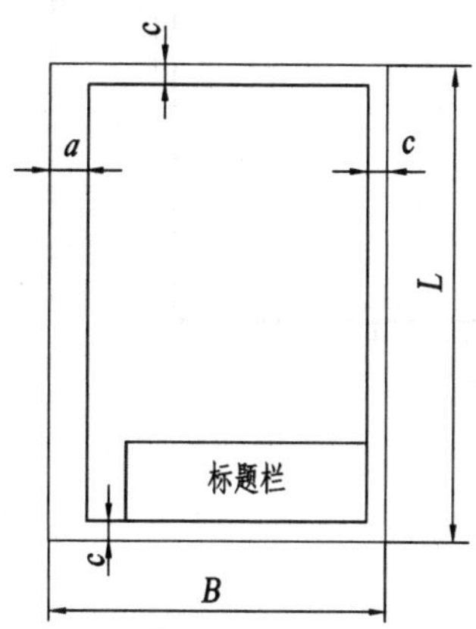

（b）

图 1-3　有装订边的图纸格式

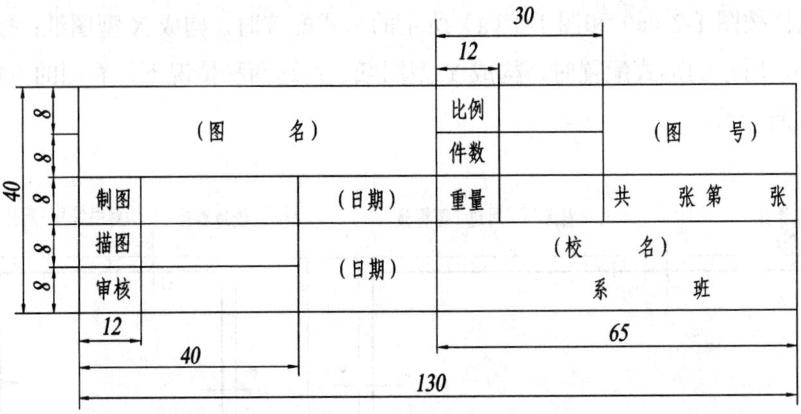

图 1-4　标题栏简化格式

为了利用预先印制好图框及标题栏的图纸绘图，允许将 X 型和 Y 型图纸按图 1-5 所示放置使用，但需在图纸的下边对中符号处画出方向符号，见图 1-5。方向符号是用细实线绘制的等边三角形，其尺寸见图 1-6。

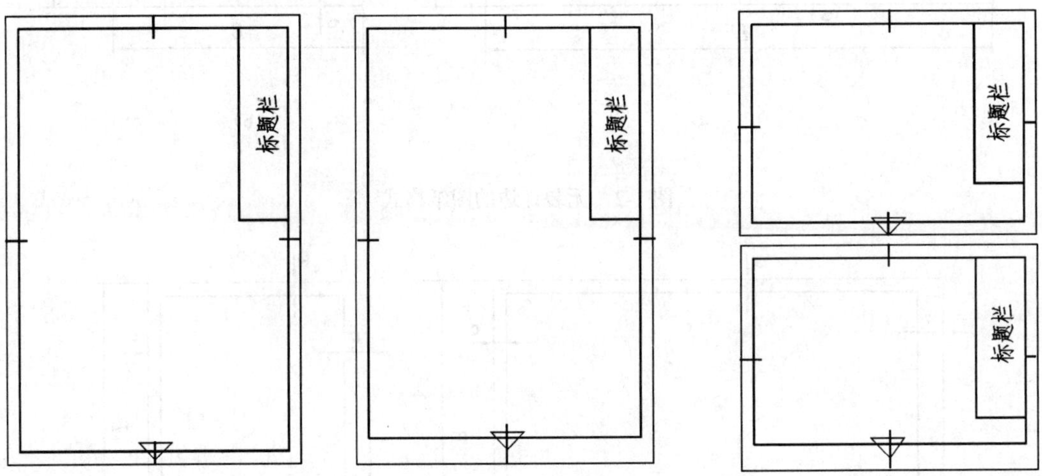

图 1-5　利用预先印好的图纸规定

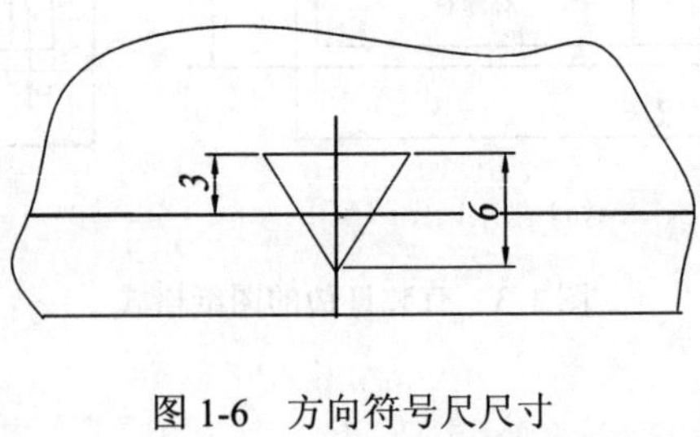

图 1-6　方向符号尺尺寸

为了复制或缩微摄影时方便定位，应在各号图纸边长（不是图框边长）的中点处用粗实线（线宽不小于 0.5 mm）分别画出对中符号，其长度是从纸边开始直至伸入图框内约 5 mm。若对中符号伸入标题栏范围内时，伸入部分应当省略。

1.1.2 比 例

1. 比例的概念

比例是指图中图形与实物相应要素的线性尺寸之比。当绘制的图形与相应实物一样大时，比值为 1，称为原值比例；当绘制的图形比相应实物小时，比值小于 1，称为缩小比例；当绘制的图形比相应实物大时，比值大于 1，称为放大比例。

2. 比例的选择

根据《技术制图 比例》(GB/T 14690—1993）规定，绘制技术图样时应优先采用表 1-2 所规定系列中适当的比例；必要时也可选取表 1-3 中的比例。

为了方便读图和进行空间分析，绘制图样时应尽量按实物真实大小选用原值比例绘制。

表 1-2 一般选用的比例

种 类	绘图的比例		
原值比例	1∶1		
放大比例	5∶1	2∶1	
	5×10^n∶1	2×10^n∶1	1×10^n∶1
缩小比例	1∶2	1∶5	1∶10
	1∶2×10^n	1∶5×10^n	1∶1×10^n

注：*n* 为正整数。

表 1-3 允许选用的比例

种 类	绘图的比例				
放大比例	4∶1	2.5∶1			
	4×10^n∶1	2.5×10^n∶1			
缩小的比例	1∶1.5	1∶2.5	1∶3	1∶4	1∶6
	1∶1.5×10^n	1∶2.5×10^n	1∶3×10^n	1∶4×10^n	1∶6×10^n

注：*n* 为正整数。

3. 标注的方法

绘制同一机件的各个视图应采用同一比例，图样所采用的比例，应填写在标题栏的“比例”栏中；当某一视图需采用不同比例时，必须另行标注在视图名称的下方或右侧，例如：$\dfrac{B-B}{5:1}$。

1.1.3 字 体

《技术制图 字体》(GB/T 14691—1993）中，规定了技术图样及有关文件中书写的汉字、数字、字母的结构形式及基本尺寸。

- 基本要求：字体端正，笔划清楚、间隔均匀、排列整齐。
- 字体的高度（也称字体的号数，用 h 表示）：其公称尺寸系列为 1.8、2.5、3.5、5、7、10、14、20 mm。若需要书写大于 20 号的字，其字体高度应按 $\sqrt{2}$ 的比率递增。

1．汉字

国家标准规定，汉字应写成长仿宋体，并采用国家正式公布的简体字。汉字只能写成直体，其高度（h）不宜小于 3.5 mm，字宽一般为 $h/\sqrt{2}$ （即约为字高的 2/3）。

汉字的基本笔画有点、横、竖、撇、捺、挑、勾、折 8 种。

汉字除单体字外，其字形结构一般由上、下或左、右几部分组成，常见的情况是各部分分别占整个汉字宽度或高度的 1/2、1/3、2/3、2/5、3/5 等，如图 1-7 所示。

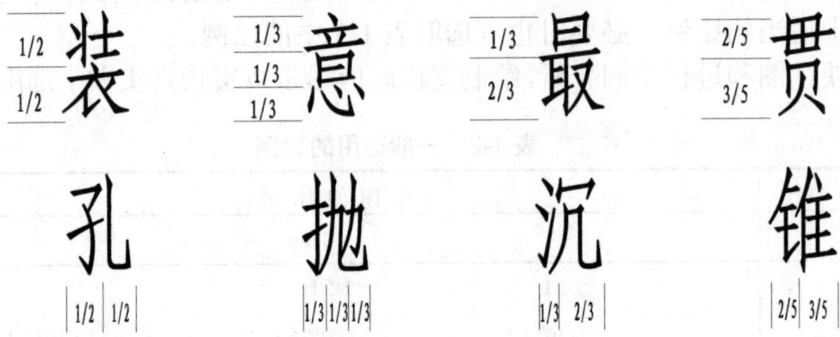

图 1-7　汉字的字形结构

长仿宋体汉字的书写示例见图 1-8。

10号字

字体端正　笔划清楚　排列整齐　间隔均匀

7号字

四川大学制造科学与工程学院工业设计系

5号字

国家标准技术机械制图电子航空汽车船舶运输水文水利土木建筑矿山井坑巷口

3.5号字

零件装配剖视斜锥度深沉最大小球后直网纹均布旋转前后表面展开水平镀抛光研磨两端中心孔销键螺纹齿轮轴

图 1-8　长仿宋体汉字示例

2．数字和字母

数字及字母分为 A 型和 B 型，A 型字体的笔画宽度（ d ）为高度（h）的 1/14；B 型字体的笔画宽度为高度的 1/10。在同一图样上只允许采用同一形式的字体。

数字及字母有斜体和直体两种，通常采用斜体。斜体字头向右倾斜，与水平线成 75° 倾角。

（1）数字

工程上常用的数字有阿拉伯数字和罗马数字，分别如图 1-9 和图 1-10 所示。

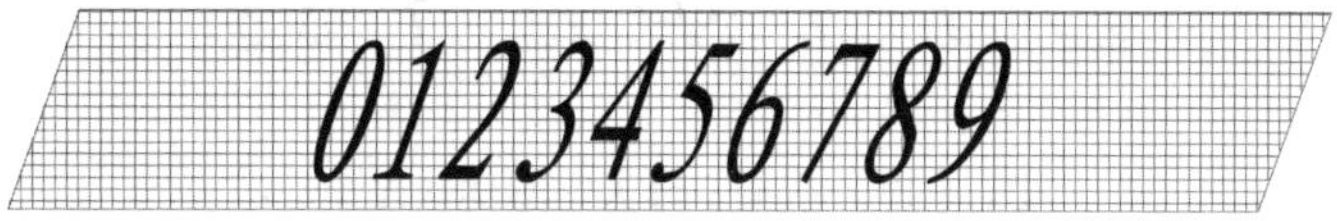

图 1-9　阿拉伯数字示例（A 型）

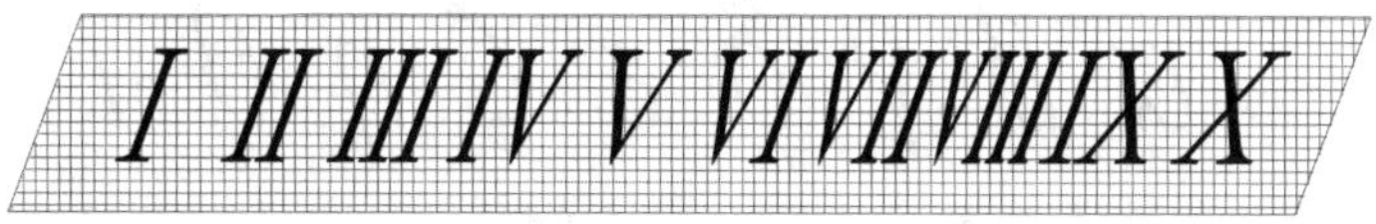

图 1-10　罗马数字示例（A 型）

（2）拉丁字母

拉丁字母的写法如图 1-11 和图 1-12 所示。

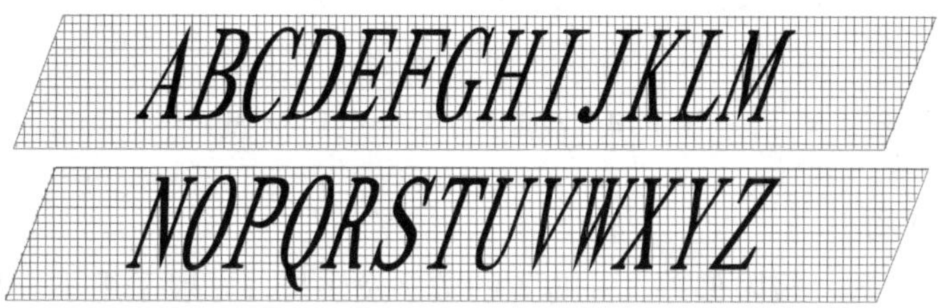

图 1-11　拉丁字母大写示例（A 型）

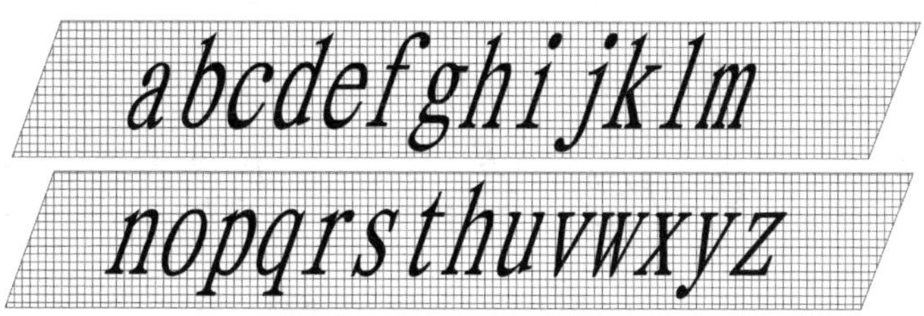

图 1-12　拉丁字母小写示例（A 型）

（3）希腊字母

希腊字母的写法如图 1-13 和图 1-14 所示。

图 1-13 希腊字母大写示例（A 型）

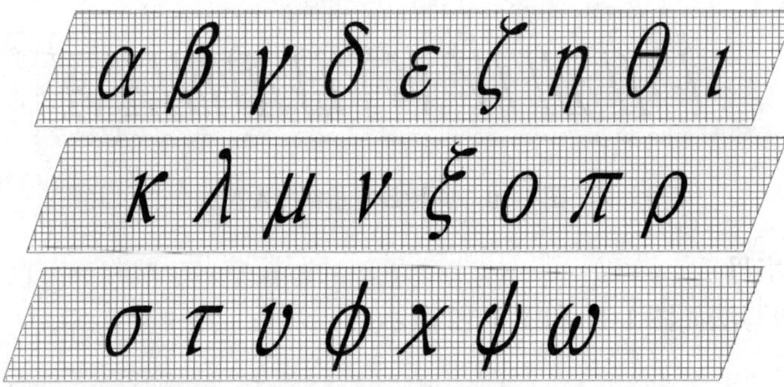

图 1-14 希腊字母小写示例（A 型）

（4）其他应用

用作指数、分数、极限偏差、注脚等的数字及字母，一般采用小一号的字体；图样中的数学符号、物理量符号、计算单位符号及其他符号、代号，应符合国家有关法令和标准的规定。其示例如图 1-15 所示。

为了保证字体的大小一致和整齐，书写时最好按所选字号的高宽尺寸画好格子。

$$10^3 \qquad S^{-1} \qquad D_1 \qquad T_d \qquad 7^{\circ +1^\circ}_{\ -2^\circ}$$

$$\Phi 20^{+0.016}_{-0.008} \qquad \Phi 30\frac{H6}{m5} \qquad \frac{II}{2:1} \qquad \frac{B-B}{5:1} \qquad \frac{5}{9}$$

图 1-15 其他应用示例

1.1.4 图 线

《技术制图图线》(GB/T 17450—1998)和《机械制图 图样画法 图线》(GB/ T 4457.4—2002)

规定了图样中图线的线型、尺寸和画法。

1. 基本线型

GB/T 17450—1998 中规定了 15 种基本线型，以及多种线型的变形和图线的组合。在表 1-4 中仅列出机械制图常用的 4 种基本线型、1 种基本线型的变形（波浪线）和 1 种图线组合（双折线）。

表 1-4 及图 1-16 列出了各种形式图线的名称、型式、宽度及主要用途，其他的用途可查阅相关国家标准。绘制图样时，应采用表中规定的各种图线。

表 1-4 图线的名称、型式、宽度和主要用途

代码	图线名称	图线型式及代号	图线宽度	主要用途
01	粗实线	代号 A	d	可见轮廓线
	细实线	代号 B	$d/2$	尺寸线，尺寸界线，剖面线，引出线，重合剖面的轮廓线，螺纹的牙底线，齿轮的齿根线，分界线，范围线，可见过渡线
02	虚线	代号 F	$d/2$	不可见轮廓线，不可见过渡线
04	细点画线	代号 G	$d/2$	轴线，对称中心线，轨迹线，节圆及节线
	粗点画线	代号 J	d	有特殊要求的线或表面的表示线
05	双点画线	代号 K	$d/2$	相邻辅助零件的轮廓线，极限位置的轮廓线，假想投影轮廓线，中断线
基本线型的变形	波浪线	 代号 C	$d/2$	断裂处的边界线，视图和剖视的分界线
图线的组合	双折线	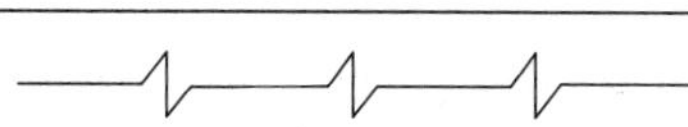 代号 D	$d/2$	断裂处的边界线

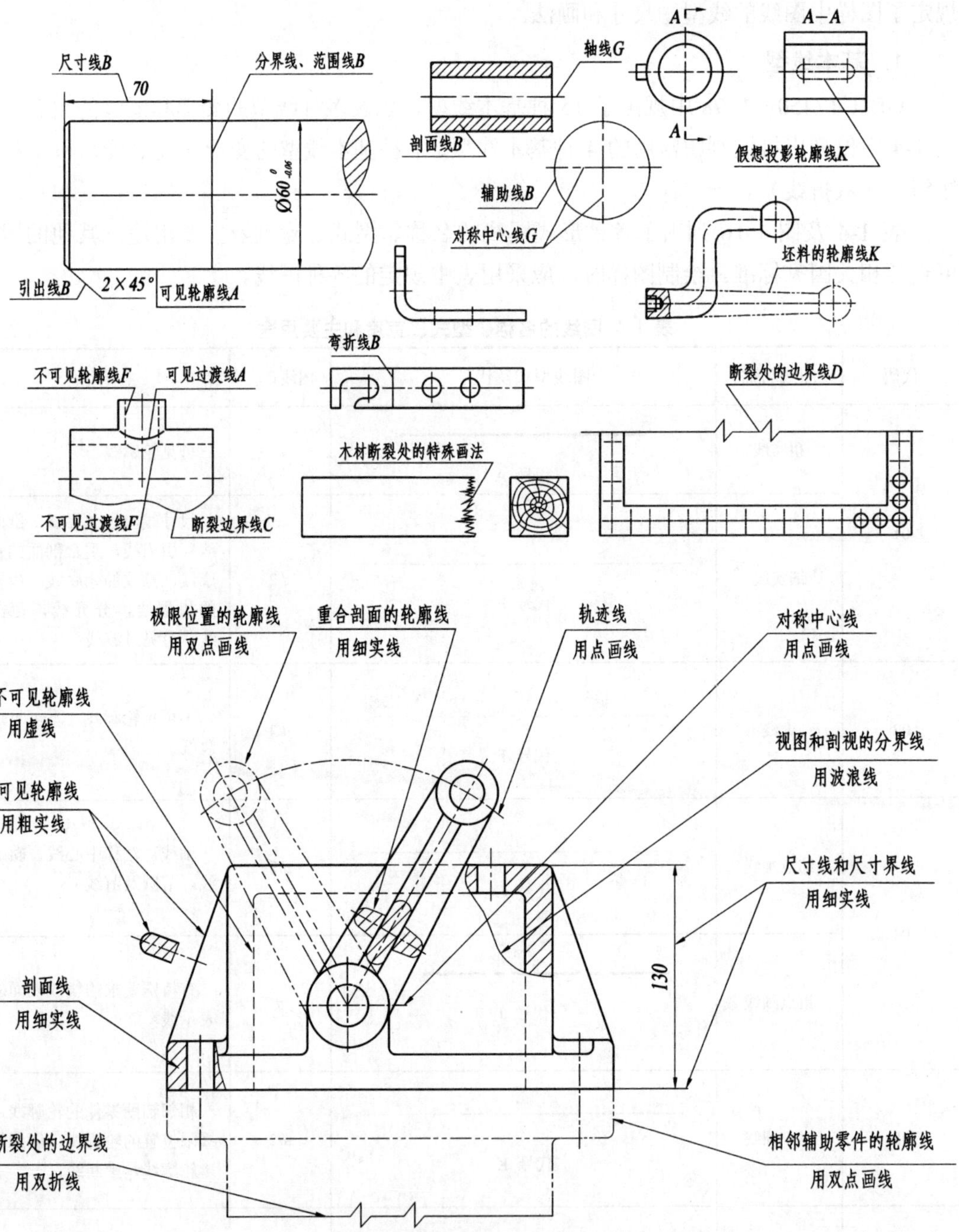

图 1-16　图线的应用示例

2. 图线的尺寸

GB/T 17450—1998 规定，所有线型的图线宽度（ d），应按图样的类型和尺寸大小在下列推荐系列中选择（系数公比为 1∶$\sqrt{2}$，单位为 mm）：0.13、0.18、0.25、0.35、0.5、0.7、1.0、1.4、2 mm。

常用的图线分为粗线、中粗线和细线 3 种。粗线的宽度应按图的大小和复杂程度在 0.5～2 mm 之间选择，粗、中、细线的宽度比率约为 4∶2∶1。

在机械制图中，图样常采用的图线为粗线和细线两种，其宽度比率为 2∶1。

3．应注意的问题

（1）为了保证图样清晰、易读和便于缩微复制，应尽量避免在图样中出现宽度小于 0.18 mm 的图线。

（2）在同一图样中，同类图线的宽度应基本一致。虚线、点画线及双点画线的线段长度和间隔应各自大致相等。点画线和双点画线中的“点”应画成长约 1 mm 的短画，短画不能与短画或长段相交。点画线和双点画线的首尾两端应是线段而不是短画。

（3）两条平行线间的距离应不小于粗实线的两倍，其最小距离不得小于 0.7 mm。

（4）绘制圆的对称中心线时，圆心应是线段的交点。

（5）绘制轴线、对称中心线、双折线和作为中断线的双点画线时，宜超过轮廓线约 2～5 mm。

（6）在较小的图形上绘制点画线时，可用细实线代替。

（7）当虚线是粗实线的延长线时，粗实线应画到分界点，虚线应留有空隙。当虚线与粗实线或虚线相交时，不应留有空隙。当虚线圆弧和虚线直线相切时，虚线圆弧的线段应画至切点，虚线直线则留有空隙。

（8）粗实线与虚线或点画线重叠，应画粗实线。虚线与点画线重叠，应画虚线。

4．图线的应用及画法举例

图线的应用如图 1-16 所示，图线的画法如图 1-17 所示。

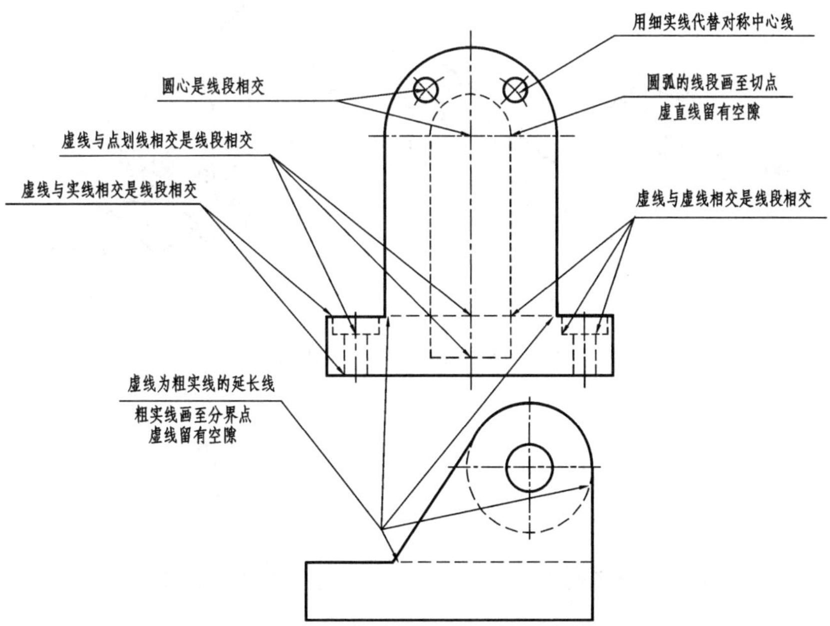

图 1-17　图线的画法示例

1.2 绘图工具、仪器及其使用方法

常用的绘图工具和仪器有铅笔、图板、丁字尺、三角板、比例尺、圆规、分规、曲线板、直线笔、绘图墨水笔等。正确使用绘图工具和仪器，既能提高绘图的准确度、保证绘图质量，又能加快绘图速度。下面介绍上述几种常用制图工具的使用要点。

1.2.1 常用的绘图工具

1. 铅笔

铅笔笔芯的硬度由字母 H 和 B 来标识。H 越高铅芯越硬，如 2H 的铅芯比 H 的铅芯硬；B 越高铅芯越软，如 2B 的铅芯比 B 的铅芯软；HB 是中等硬度。通常，铅笔的选用原则如下：

- 2H 或 H 铅笔——用于画底稿，以及画细实线、点画线、双点画线、虚线、写字和画箭头等；
- HB 或 B 铅笔——用于画粗实线；
- 2B 或 3B 铅笔——用于圆规画粗实线。

铅笔要从没有标记的一端开始削，以便保留笔芯软硬的标记。画底稿或写字的铅笔，把木质部分削成锥形，铅芯外露约 6～8 mm，如图 1-18（a）所示；用于加深图线的铅笔，铅芯可以磨成图 1-18（b）所示的形状。铅芯的磨法如图 1-18（c）所示。

铅笔绘图时，用力要均匀，不宜过大，以免划破图纸或留下凹痕。铅笔尖与尺边的距离要适中，以保持线条位置的准确，如图 1-19 所示。

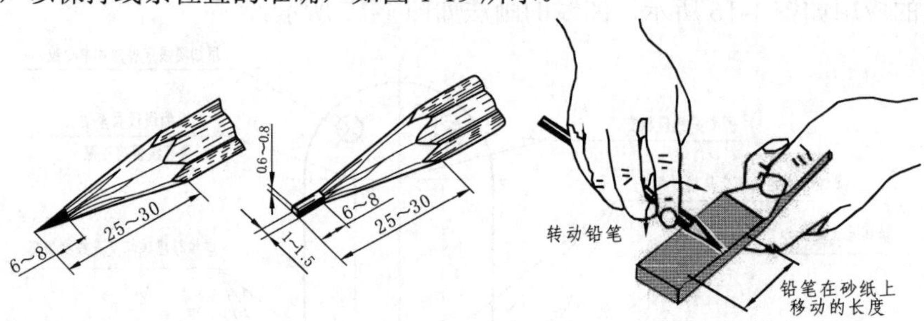

（a）细线铅笔的形状　（b）粗线铅笔的形状　（c）铅笔的磨法

图 1-18　铅笔的形状和磨法

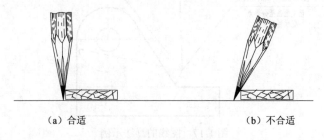

（a）合适　（b）不合适

图 1-19　铅笔笔尖的位置

画线时，铅笔的前后方向均与纸面垂直，且向画线前进方向倾斜30°，如图1-20所示。画长的细线时可适当转动铅笔，使线条粗细一致。

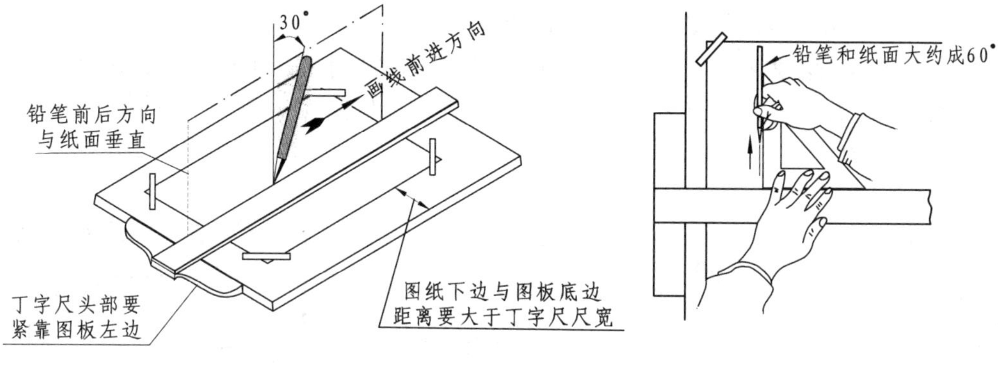

图1-20　用铅笔画线的方法

2. 图板、丁字尺和三角板

图板是铺放图纸的垫板，它的工作表面必须平坦、光洁；其左边用作导边，必须平直。

丁字尺主要用来画水平线。画图时，使尺头的内侧紧靠图板左侧的导边。画水平线必须自左向右画。

三角板除了可直接用来画直线外，它和丁字尺配合可以画铅垂线和与水平线成30°、45°、60°的倾斜线，并且用两块三角板结合丁字尺可以画出与水平线成15°、75°的倾斜线。

图板、丁字尺、三角板的使用方法如图1-21所示。

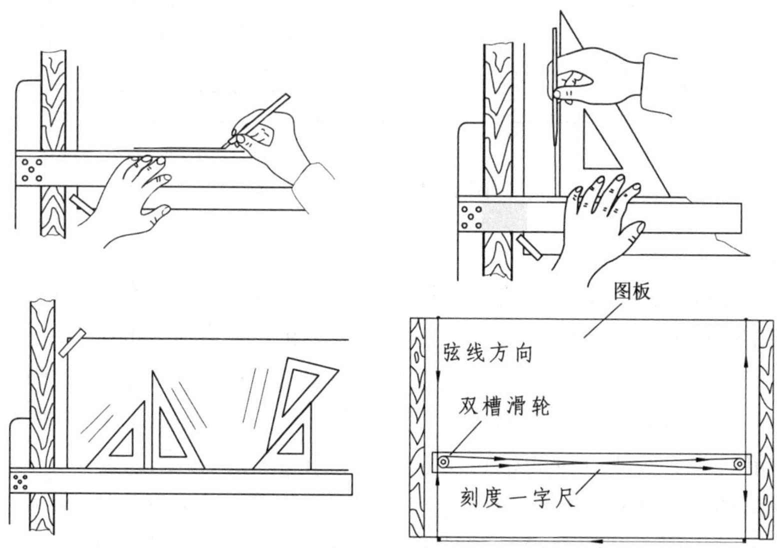

图1-21　图板、丁字尺、三角板的使用方法

3．比例尺

比例尺是刻有不同比例的直尺，有三棱式和板式两种，分别如图 1-22（a）、（b）所示，尺面上有各种不同比例的刻度，每一种刻度常可用作几种不同的比例。比例尺只能用来量取尺寸，不可用来画线，其使用方法如图 1-22（c）所示。

图 1-22（d）所示为刻有 1∶200 的比例尺，当它的每一小格（实长为 1 mm）代表 2 mm 时，比例是 1∶2；当它的每一小格代表 20 mm 时，比例是 1∶20；当它的每一小格代表 0.2 mm 时，比例则是 5∶1。

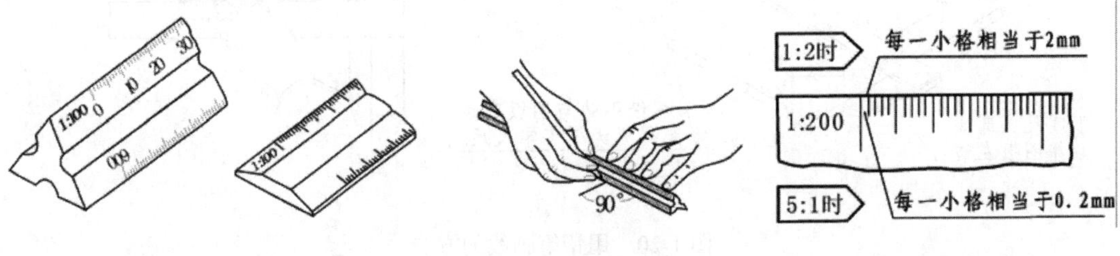

（a）三棱式　（b）板式　（c）用比例尺量取尺寸　（d）比例尺的刻度

图 1-22　比例尺

4．圆规、分规和直线笔

成套绘图仪器如图 1-23 所示，其主要元件有圆规、分规及直线笔等。

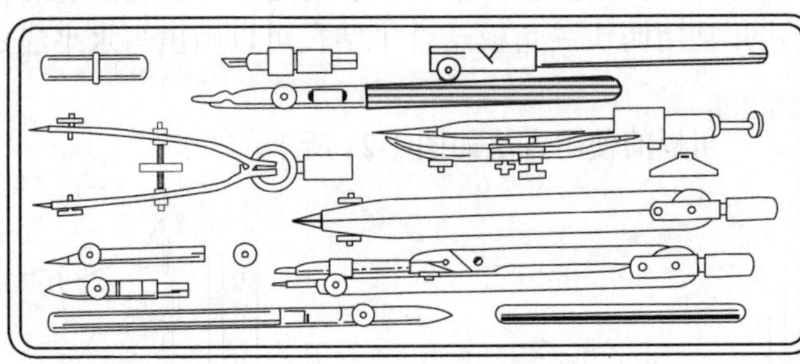

图 1-23　成套绘图仪器

（1）圆规

圆规是画圆或圆弧的工具。使用圆规之前，应先进行调整，使针尖略长于铅芯。铅芯供安装在圆规上画圆用，画细线圆时，铅芯应磨成铲形，并使斜面向外，如图 1-24（a）所示，以便修磨；描粗时，铅芯应磨成矩形，如图 1-24（b）所示。圆规的铅芯应比画直线的铅笔软一号（如用 B 的铅笔描直线，就应用 2B 铅芯装圆规），这样画出的直线和圆弧色调深浅才能一致。圆规针脚的型式及选用原则如图 1-25 所示。

用圆规画圆时，应将圆规略向前进方向倾斜，如图 1-26（a）所示；画较大的圆时，可用加长杆来扩大所画圆的半径，并且使圆规两脚都与纸面垂直，如图 1-26（b）所示。画一般直径圆和大直径圆时，手持圆规的姿势如图 1-27 所示；画小圆时宜用弹簧圆规或点圆规。

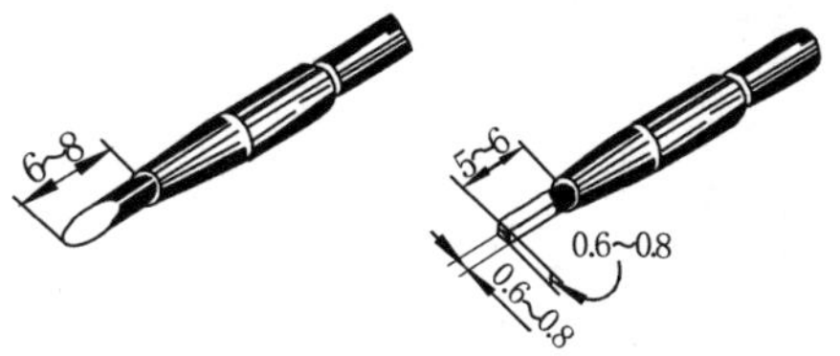

（a）铲形　　（b）矩形

图 1-24　圆规铅芯的型式

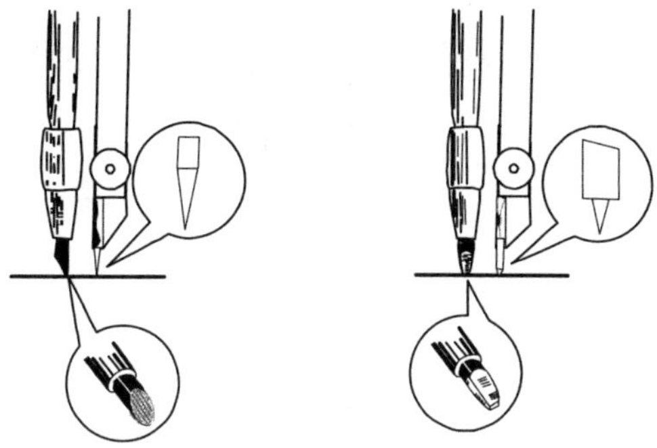

（a）普通尖（画细线圆用）　　（b）支承尖（描粗用）

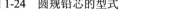

图 1-25　圆规针脚的型式

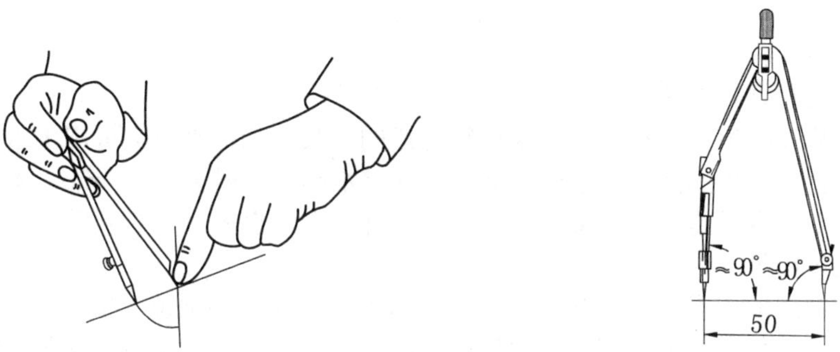

（a）　　（b）

图 1-26　圆规的用法

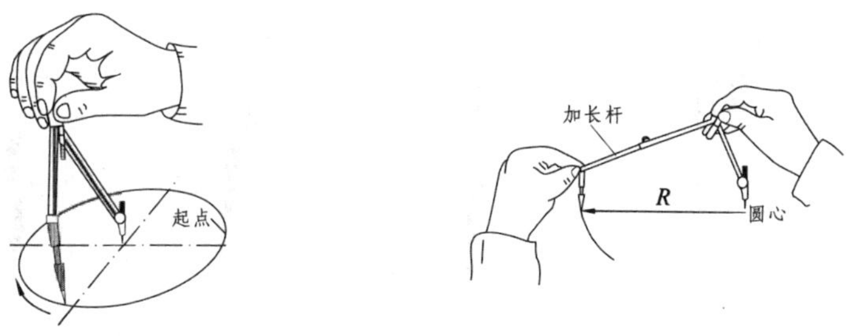

（a）画一般直径圆　　（b）画较大直径圆

图 1-27　用圆规画圆的方法

（2）分规

分规的主要用途是移植尺寸和等分线段，如图 1-28 所示。为了保证移植尺寸和等分线段的准确性，分规两个针尖并拢时必须对齐。

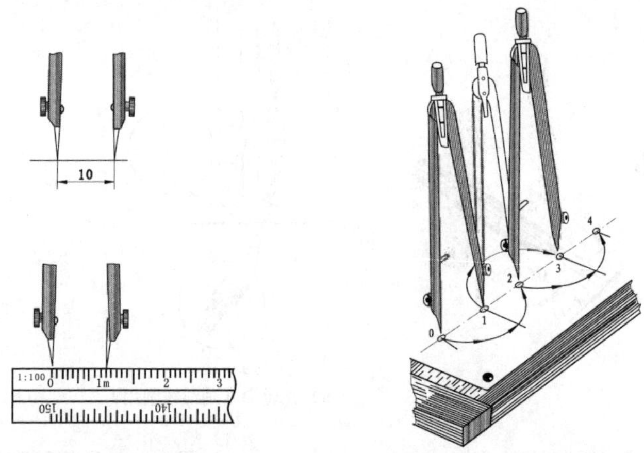

（a）用分规移植尺寸　　（b）用分规等分线段

图 1-28　分规的使用

（3）直线笔与针管绘图笔

直线笔又称鸭嘴笔，是描图时用来描绘直线的工具。加墨水时，可用墨水瓶盖上的吸管或蘸水钢笔把墨水加到两叶片之间，笔内所含墨水高度一般为 5～6 mm，墨水太少画线时会中断，太多则容易跑墨。如果直线笔叶片的外表面沾有墨水，必须及时用软布拭净，以免描线时沾污图纸。

直线笔对图纸的位置如图 1-29 所示，描直线时，直线笔必须位于铅垂面内，将两叶片同时接触纸面，并使直线笔向前进方向稍微倾斜。当直线笔向铅垂面内倾时，将造成墨线不光洁；而外倾时容易跑墨，将使笔内墨水沾在尺边或渗入尺底而弄脏图纸。

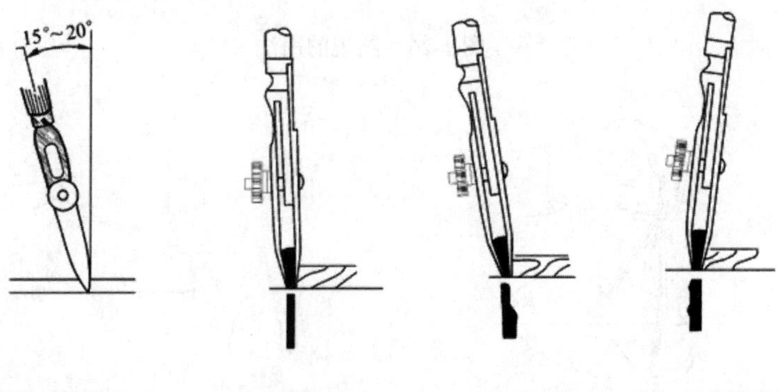

（a）向前进方向倾斜　（b）正确　（c）不正确　（d）不正确

图 1-29　直线笔对图纸的位置

直线笔在使用完毕后，应及时将笔内墨水用软布拭净，并放松螺母。

目前已广泛使用如图 1-30 所示的针管绘图笔代替直线笔，针管绘图笔主要用于上墨描线。其笔端是不同粗细的针管，常用的规格有 0.2、0.3、0.4、0.5、0.6、0.7、0.8、1、1.2 mm 等，可按所需线型宽度选用，针管与笔杆内储存碳素墨水的笔胆相连。针管绘图笔比直线笔有较大优越性，它不需要调节螺母来控制图线的宽度，也不需经常加墨水，因此可以提高绘图速度。并且还可以用它来描绘非圆曲线，效果更好。

图 1-30　针管绘图笔

5．模板

为了提高绘图效率可使用各种模板，如曲线板、多用模板、专用模板等。

如图 1-31 所示的曲线板用来绘制非圆曲线。其使用方法如图 1-32 所示，首先徒手用细线将曲线上各点轻轻地连成曲线；接着从某一端开始，找出与曲线板吻合且包含 4 个连续点的一段曲线，沿曲线板画①～③点之间的曲线；然后再由③点开始找出③～⑥ 4 个点，用同样的方法逐段画出曲线，直到最后的一段。点愈密，曲线准确度愈高。必须注意，前后绘制的两段曲线应有一小段（至少 3 个点，如图中的②、③、④点）是重合的，这样画出的曲线才显得光滑。

常见模板示例如图 1-33 所示。

图 1-31　曲线板

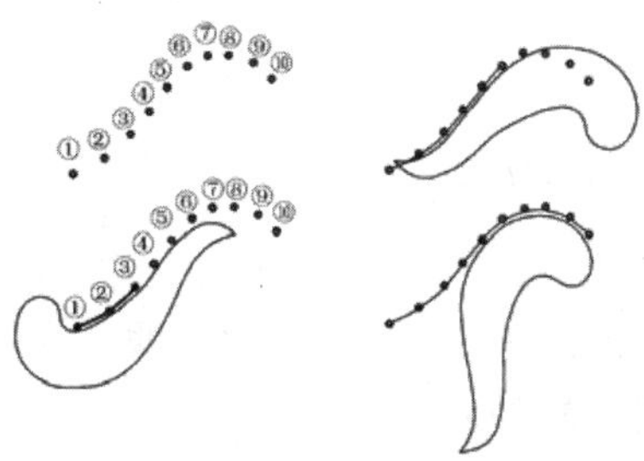

（a）找 4 点，连 3 点　　（b）再找 4 点，连 3 点

图 1-32　曲线板的用法

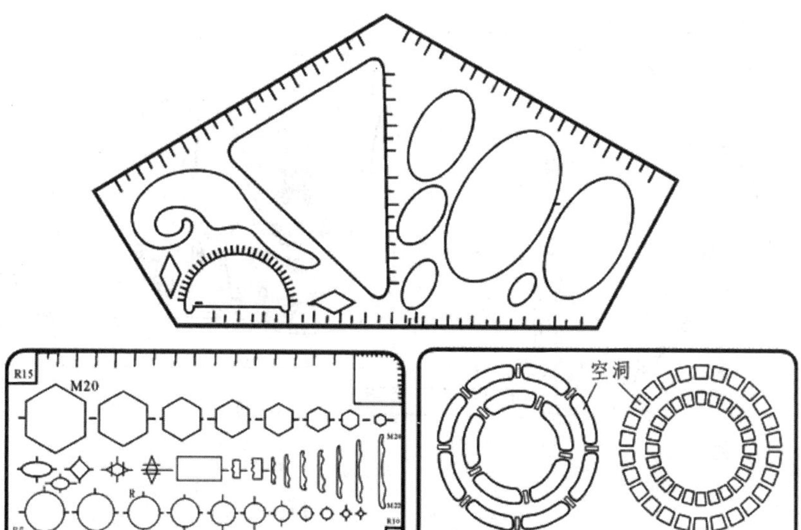

图 1-33　常见模板示例

1.2.2 其他绘图工具

其他绘工具有橡皮、胶带纸、小刷、擦图片、砂纸及量角器等，如图 1-34 所示。

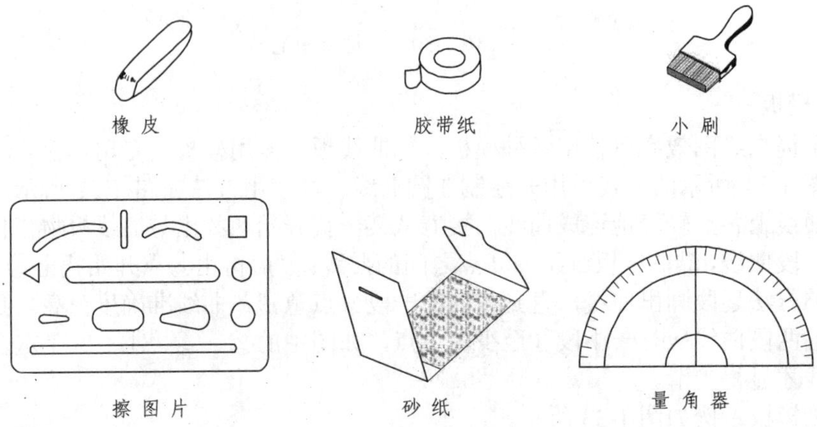

图 1-34 其他绘图工具

1.2.3 手工绘图机

图 1-35 是钢带式手工绘图机的示意图，固结在一起的横直尺和纵直尺可以在桌上自由移动，因而可以画出任一位置的水平线及垂直线；调节分度盘，可以改变两条直尺的角度，从而画出各种位置的斜线。

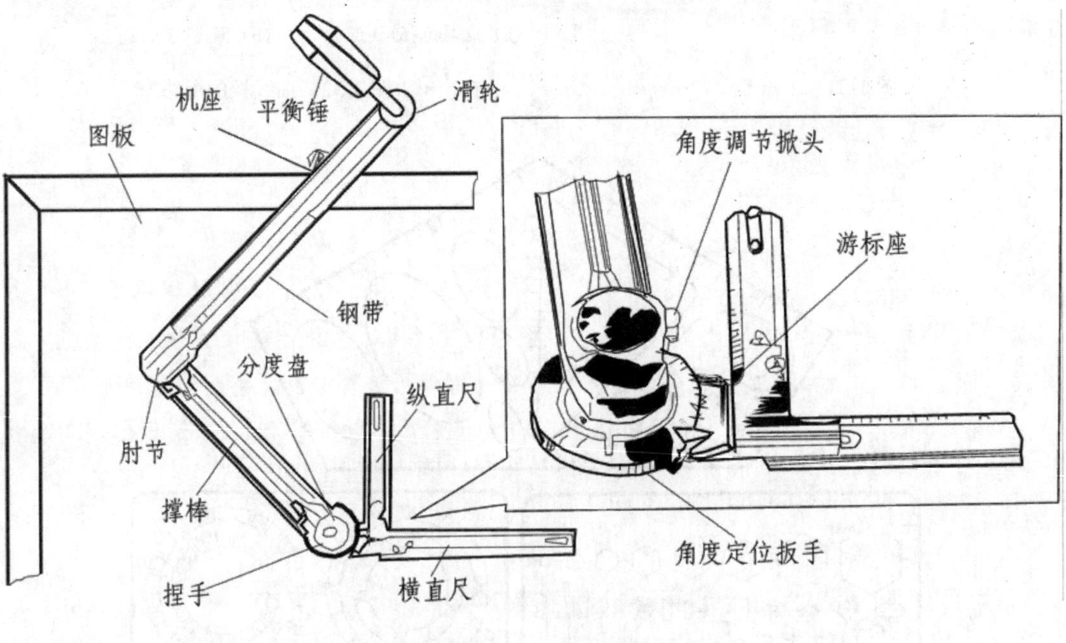

图 1-35 手工绘图机

1.3 几 何 作 图

技术图样中的图形多种多样，但它们几乎都是由直线段、圆弧和其他一些曲线所组成，因而，在绘制图样时，常常要作一些基本的几何图形，下面就此进行简单介绍。

1.3.1 内接正多边形

画正多边形时，通常先作出其外接圆，然后等分圆周，最后依次连接各等分点而成。

1. 正六边形

（1）方法 1：以正六边形对角线 AB 的长度为直径作出外接圆，根据正六边形边长与外接圆半径相等的特性，用外接圆的半径等分圆周得 6 个等分点，连接各等分点即得正六边形，如图 1-36（a）所示。

（2）方法 2：作出外接圆后，利用 60°三角板与丁字尺配合画出，如图 1-36（b）所示。

2. 正五边形

如图 1-37 所示，作水平半径 OB 的中点 G，以 G 为圆心、GC 之长为半径作圆弧交 OA 于 H 点，CH 即为圆内接正五边形的边长；以 CH 为边长，截得点 E、F、M、N，即可作出圆内接正五边形。

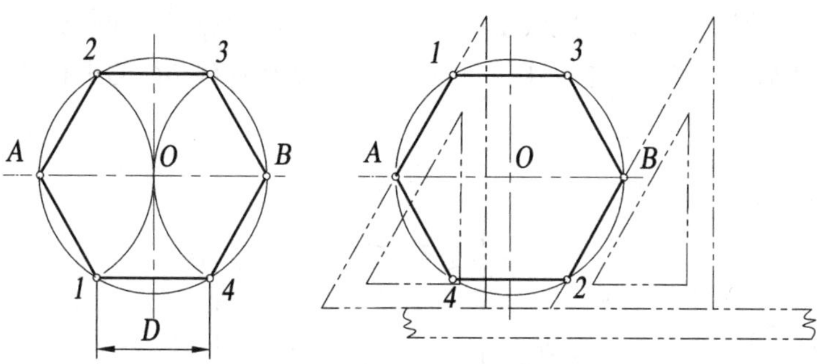

（a）方法 1　　（b）方法 2

图 1-36　正六边形的画法

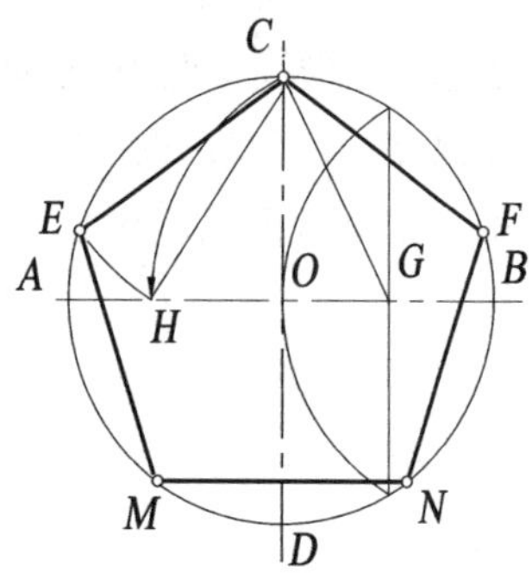

图 1-37　正五边形的画法

3. 正 n 边形

如图 1-38 所示，n 等分铅垂直径 CD（图中 n=7）。以 D 为圆心、DC 为半径画弧交水平中垂线于点 E、F；将点 E、F 与直径 CD 上的奇数分点（或偶数分点）连线并延长与圆周相交得各等分点，顺序连线得圆内接正 n 边形。

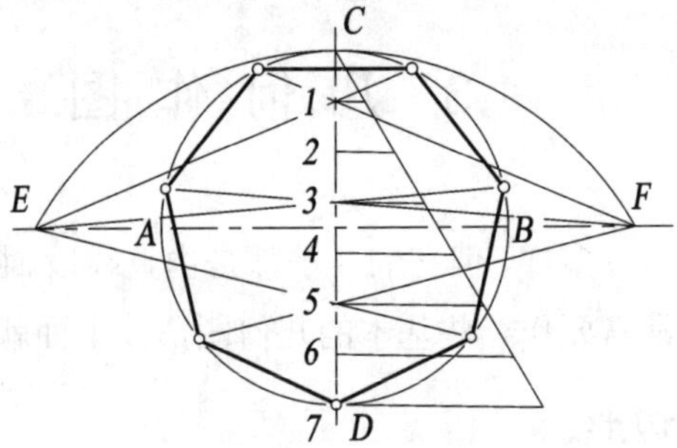

图 1-38　正 n 边形的画法

1.3.2　斜度和锥度

1. 斜度

斜度是指一直线对另一直线或一平面对另一平面的倾斜程度，一般以直角三角形的两直角边的比值（H/L）来表示，斜度的大小就是它们夹角α的正切值，有

$$斜度=H∶L=\tan\alpha=1∶\frac{H}{L}=1∶n$$

斜度用符号标注，一般注在指引线上，如图 1-39（a）所示；大小以 1∶n 表示。必须注意，符号的方向应与图中所画的斜度的方向一致。

下面以如图 1-40 所示的槽钢截面斜边为例，说明斜度的作法和标注方法。从左下角点 A 起，在横线上取 10 个单位长度得到点 B，在竖线上取 1 个单位长度得到点 C，两点的连线对底边的斜度即为 1∶10。然后，过已知点 M（由尺寸 s 和 t 确定）作连线 BC 的平行线，即为槽钢截面的斜边。

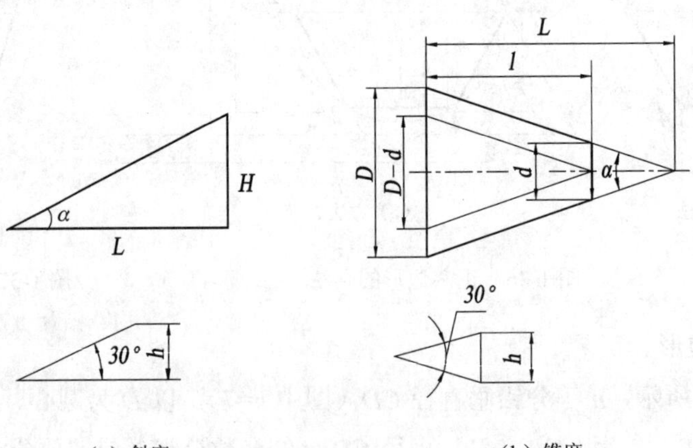

（a）斜度　　（b）锥度

注：h 为字高，符号线宽为 $h/10$。

图 1-39　斜度、锥度概念及图形符号

2. 锥度

锥度是指正圆锥底圆直径与其高度之比，正圆台的锥度则为两底圆的直径差与其高度之比。锥度的大小是圆锥素线与轴线夹角的正切值的两倍，有

$$锥度=D/L=\frac{D-d}{l}=2\tan\alpha=1:n$$

锥度亦用符号标注，形状如图 1-39（b）所示。锥度一般注在指引线上，大小以 1∶n 表示。必须注意，符号的方向应与图中所画锥度的方向一致，如图 1-41 所示。

现以如图 1-41 所示的轴锥形段为例，说明锥度的标注方法和作图步骤。

已知锥形段轴大端直径为 16 mm、高为 20 mm、锥度为 1∶5，求作此圆台。首先在轴线上取 OS 为 5 个单位长度；然后过 O 点各取 OM、ON 为 1 个单位长度，即得 1∶5 的锥度线 SM、SN；最后过 A、B 两点作 SM、SN 的平行线，即为所求圆台的轮廓线。

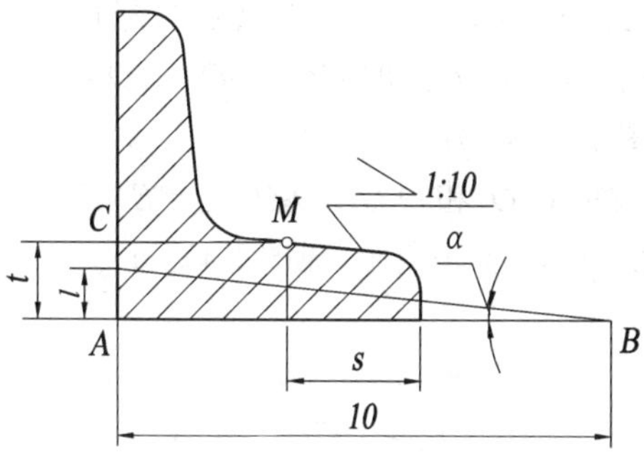

图 1-40　斜度的画法

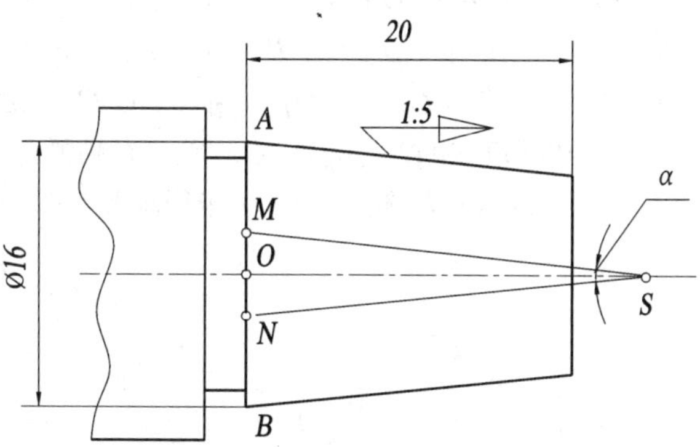

图 1-41　锥度的画法

1.3.3　椭圆的画法

已知椭圆的长、短轴或共轴均可以画出椭圆。下面仅介绍已知椭圆的长、短轴画椭圆的两种方法。

（1）方法 1：如图 1-42 所示。

① 画出长、短轴 AB、CD，以 O 为圆心，分别以 AB、CD 为直径画两个同心圆，见图 1-42（a）；

② 过 O 点作一系列射线分别与两圆交于点 E、E_1，F、F_1 等，过点 E 作短轴的平行线，过点 E_1 作长轴的平行线，二平行线交于点 E_0，点 E_0 即为椭圆上的点；用类似的方法可求得点 F_0、G_0 等，见图 1-42（b）；

③ 用曲线板顺序光滑连接 A、E_0、F_0 等各点，即得到椭圆，见图 1-42（c）。

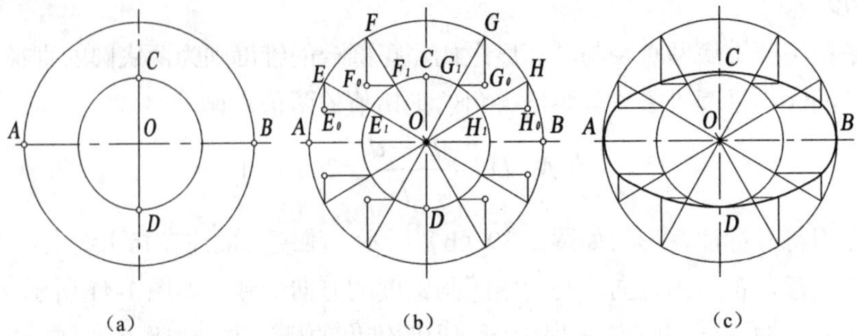

图 1-42　已知椭圆的长、短轴画椭圆（方法 1）

（2）方法 2：如图 1-43 所示（椭圆的近似画法）。

① 画出长、短轴 AB、CD，见图 1-43（a）。

② 以 O 为圆心、OA 为半径画弧交短轴的延长线于点 K，连 AC；再以 C 为圆心、CK 为半径画弧交 AC 于点 P，作 AP 的中垂线交长、短轴于点 O_3、O_1，取 $OO_2=OO_1$、$OO_4=OO_3$，得 O_2、O_4 点，连 O_1O_3、O_1O_4、O_2O_3、O_2O_4，见图 1-43（b）；

③ 分别以 O_1 和 O_2 为圆心、O_1C 为半径画弧与 O_1O_3、O_1O_4 和 O_2O_3、O_2O_4 交于 E、G 和 F、H 点；再以 O_3 和 O_4 为圆心、O_3A 为半径画弧 $\overset{\frown}{EF}$、$\overset{\frown}{GH}$，即得近似椭圆，见图 1-43（c）。

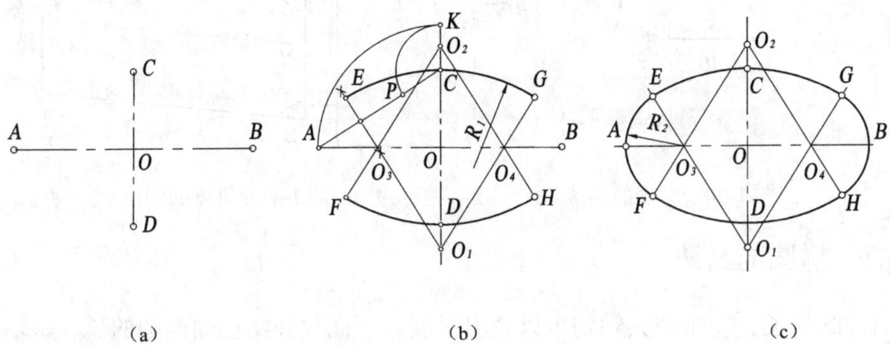

图 1-43　已知椭圆的长、短轴近似画椭圆（方法 2）

1.3.4　渐开线画法

一直线沿圆周作无滑动的滚动，直线上任一点的轨迹称为渐开线，该圆称为渐开线的基圆。渐开线常用作齿轮的齿廓曲线，如图 1-44 所示。

渐开线的画法如图 1-45 所示，其作图步骤如下：

（1）作基圆及其展开线 12*XII*，将基圆周及其展开线分成相同等分（图中为 12 等分）；

（2）过圆周上各分点作圆的切线，从过 1 点的切线开始，在各切线上依次截取 πD 的 1/12、2/12、3/12、…、12/12，得渐开线上 *I*，*II*，…，*XII*各点；

（3）用曲线板顺序光滑连接渐开线上各点，即得所求渐开线。

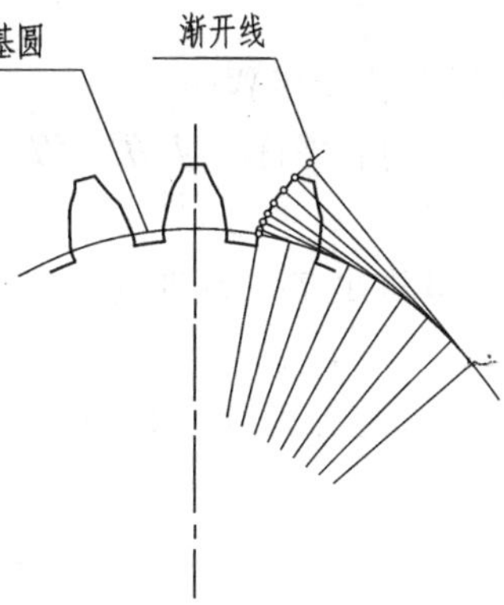

图 1-44　渐开线齿轮

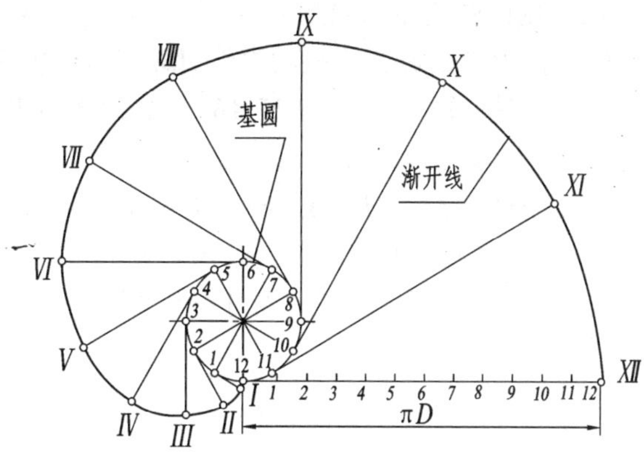

图 1-45　渐开线画法

1.3.5　圆弧连接

在绘制机件的图形时，常遇到用已知半径的圆弧将两已知线段（直线或圆弧）光滑地连接起来，这一作图过程称为圆弧连接。这种光滑连接实质上就是相切，其切点称为连接点，起连接作用的圆弧称为连接弧。画图时，为保证光滑地进行连接，必须准确地求出连接弧的圆心和连接点。

1．圆弧连接的作图原理

（1）与已知直线 AB 相切的、半径为 R 的圆弧，其圆心的轨迹是一条与直线 AB 平行且距离为 R 的直线，如图 1-46（a）所示。从选定的圆心 O_1 向已知直线 AB 作垂线，垂足 T 即为连接点。

（2）与半径为 R_1 的已知圆弧 $\overset{\frown}{AB}$ 相切的、半径为 R 的圆弧，其圆心的轨迹为已知的圆弧的同心圆弧。当外切时，同心圆的半径 $r_0=R_1+R$，如图 1-46（b）所示；内切时，同心圆的半径 $r_0=|R_1-R|$，如图 1-46（c）所示。连接点为两圆弧连心线与已知圆弧的交点 T。

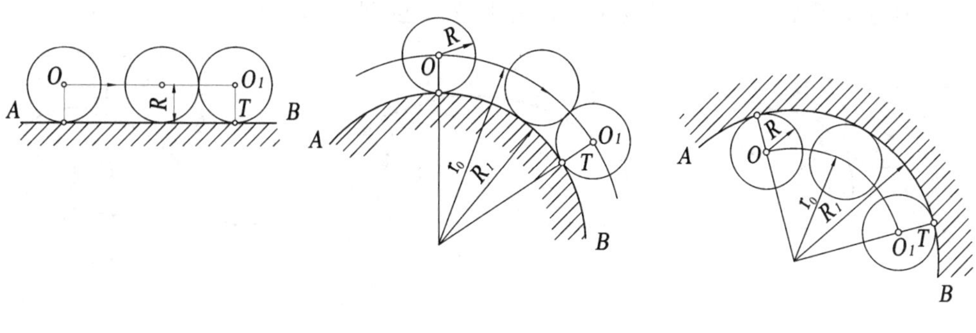

图 1-46　圆弧连接的作图原理

2．圆弧连接形式

圆弧连接的形式有 3 种：①用圆弧连接两已知直线；②用圆弧连接两已知圆弧；③用圆弧连接已知直线和圆弧。现分别介绍如下。

（1）用圆弧连接两已知直线

用半径为 R 的圆弧连接两直线 AB、BC，如图 1-47 所示，其作图步骤如下。

① 求连接弧圆心 O：在与 AB、BC 距离为 R 处，分别作它们的平行线 $I\ II$、$III\ VI$，其交点 O 即为连接弧圆心。

② 求连接点 T_1、T_2：过圆心 O 分别作 AB、BC 的垂线，其垂足 T_1、T_2 即为连接点。

③ 画连接弧 $\overset{\frown}{T_1T_2}$：以 O 为圆心，R 为半径画连接弧 $\overset{\frown}{T_1T_2}$。

当相交两直线成直角时，也可用圆规直接求出连接点 T_1、T_2 和连接弧圆心 O，如图 1-48 所示。

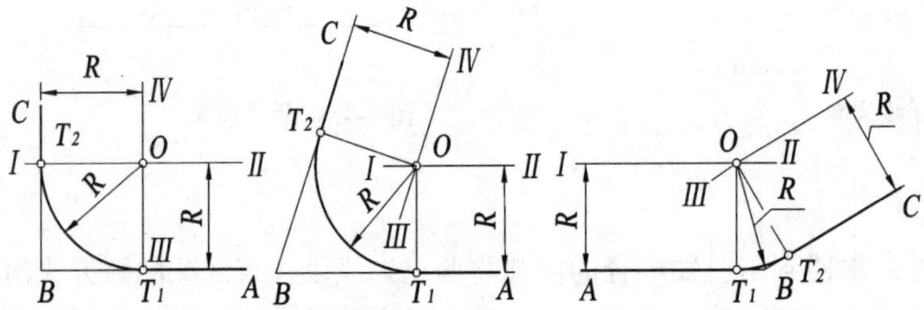

（a）两直线成直角　（b）两直线成锐角　（c）两直线成钝角

图 1-47　圆弧连接两直线

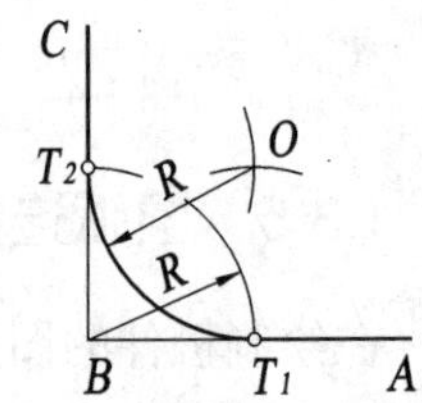

图 1-48　两直线成直角时用圆规作图

（2）用圆弧连接两已知圆弧

用半径为 R 的圆弧连接半径为 R_1、R_2 的两已知圆弧，如图 1-49 所示，其作图步骤如下。

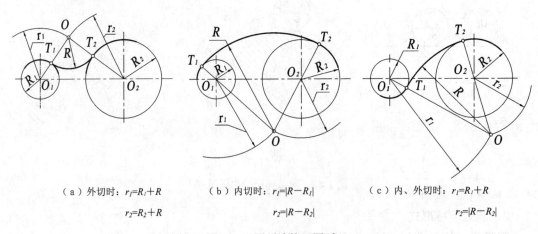

① 求连接弧圆心 O：分别以 O_1 和 O_2 为圆心、r_1 和 r_2 为半径画圆弧，其交点 O 即为连接弧圆心。不同情况的连接，其 r_1 和 r_2 不同。外切时，$r_1=R_1+R$，$r_2=R_2+R$，见图 1-49（a）；内切时，$r_1=|R-R_1|$，$r_2=|R-R_2|$，见图 1-49（b）；内、外切时，$r_1=R_1+R$，$r_2=|R-R_2|$，见图 1-49（c）。

② 求连接点 T_1、T_2：连接 OO_1、OO_2 与已知圆弧的交点 T_1、T_2 即为连接点。

③ 画连接弧 $\overset{\frown}{T_1T_2}$：以 O 为圆心、R 为半径画连接弧 $\overset{\frown}{T_1T_2}$。

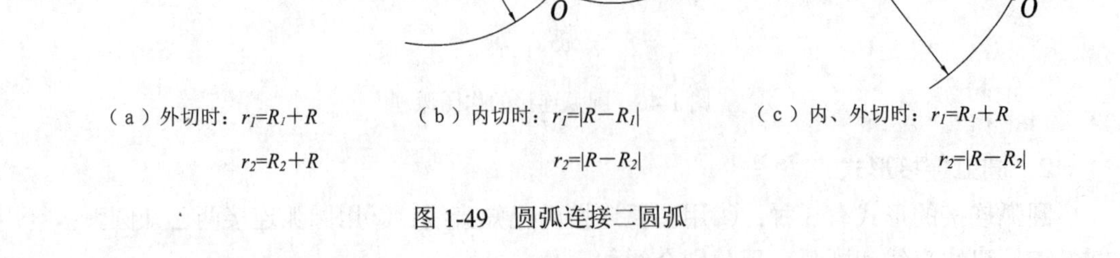

（a）外切时：$r_1=R_1+R$

$r_2=R_2+R$

（b）内切时：$r_1=|R-R_1|$

$r_2=|R-R_2|$

（c）内、外切时：$r_1=R_1+R$

$r_2=|R-R_2|$

图 1-49　圆弧连接二圆弧

（3）用圆弧连接一直线与一圆弧

用半径为 R 的圆弧连接一已知直线 AB 与半径为 R_1 的已知圆弧 O_1，如图 1-50 所示，其作图步骤如下。

① 求连接弧圆心 O：距离 AB 为 R 处作 AB 的平行线 $I\ II$；再以 O_1 为圆心、r 为半径画圆弧，与直线 $I\ II$的交点 O 即为连接弧圆心，外切时，$r=R_1+R$，见图 1-50（a）；内切时，$r=|R-R_1|$，见图 1-50（b）。

② 求连接点 T_1、T_2：过点 O 作 AB 的垂线得垂足 T_1，连 OO_1，与已知圆弧交于点 T_2，T_1、T_2 即为连接点。

③ 画连接弧 $\overset{\frown}{T_1T_2}$：以 O 为圆心、R 为半径画连接弧 $\overset{\frown}{T_1T_2}$。

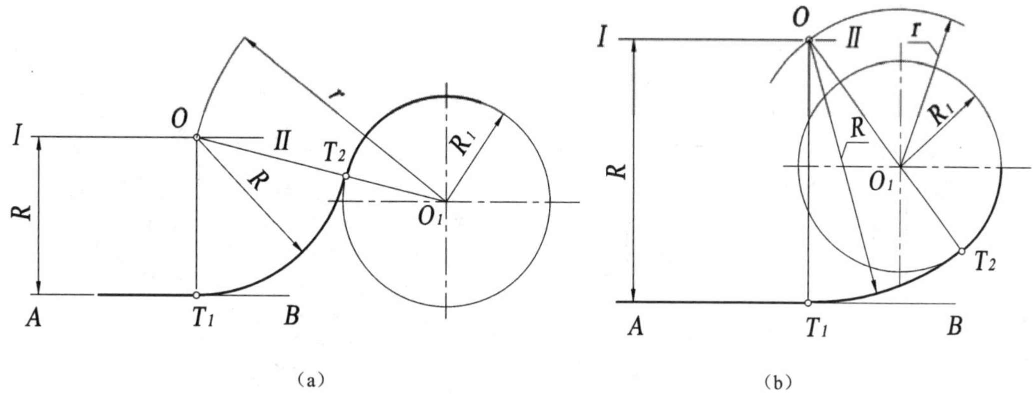

图 1-50　圆弧连接直线和圆弧

1.4　平面图形的生成

1.4.1　平面图形的线段分析及绘图步骤

1．平面图形的尺寸分析

（1）尺寸基准

标注尺寸的起点，称为尺寸基准。常采用平面图形的对称线、圆的中心线和较长的直线等作基准线。平面图形是二维图形，因此需要两个方向的尺寸基准。图 1-51 中，对称线为长方向基准，底线为高方向基准。同一方向可以有多个基准。

（2）尺寸分类

平面图形的尺寸分为定形尺寸和定位尺寸两类。

① 定形尺寸

确定平面图形上各线段形状大小的尺寸，称为定形尺寸，如直线的长度、角度的大小、圆及圆弧的直径和半径等。图 1-51 中的 30、16、10、4、$R3$ 和 2-Ø5 均为定形尺寸。

② 定位尺寸

确定平面图形上点、线间的相对位置的尺寸，称为定位尺寸。平面图形一般需要标两个方向的定位尺寸。图 1-51 中，为了确定 2×Ø5 圆的圆心位置，分别从长、高方向基准出发标出两个定位尺寸（18 和 6）。

2. 平面图形的线段分析

平面图形的线段，根据其尺寸数量可分为已知线段、中间线段和连接线段3类。

（1）已知线段

定形尺寸和定位尺寸标注完全的线段，称为已知线段。它不依赖于其他任何线段而可以直接画出。图 1-52 中的 Ø36、24、150、Ø30、*R*26、*R*128、*R*148、*R*80、27、*R*56、Ø16、*R*17 等尺寸所确定的线段均为已知线段。

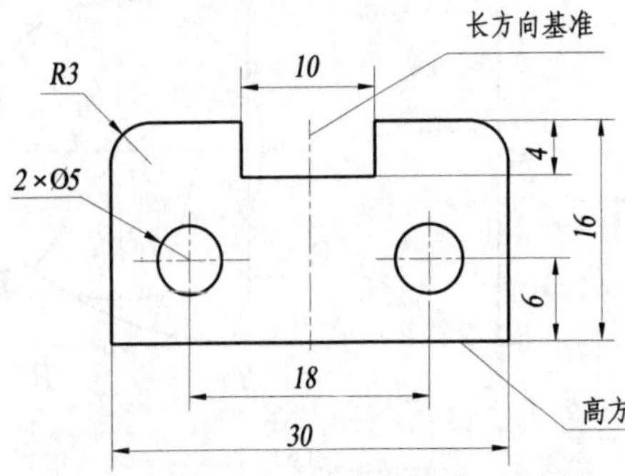

图 1-51　平面图形的尺寸分析

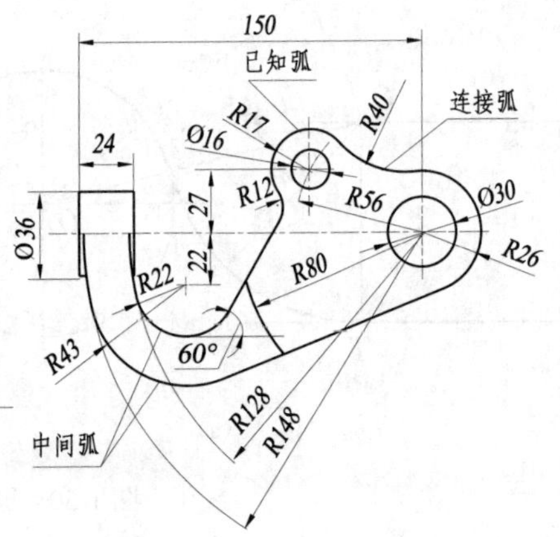

图 1-52　平面图形的线段分析

（2）中间线段

给定了定形尺寸和一个定位尺寸，而另一个定位尺寸需依赖于与之相接的线段才能确定，这种线段称为中间线段。图 1-52 中，*R*22 和 *R*43 的圆弧只标出一个定位尺寸 22，与水平成 60°，它们都缺少一个定位尺寸，故为中间线段。

（3）连接线段

定形尺寸已给定，而两个定位尺寸均未给出的线段，称为连接线段。这种线段必须依赖于与之相连接的有关线段才能画出。图 1-52 中的 *R*12、*R*40 的圆弧以及 *R*26 和 *R*43 的公切线均为连接线段。

在两已知线段之间可以有多条中间线段，但只有一条连接线段。

3. 平面图形的绘图步骤

画平面图形的顺序为：先画已知线段，再画中间线段，最后画出连接线段。以图 1-52 所示的平面图形为例，其画图步骤如图 1-53 所示。

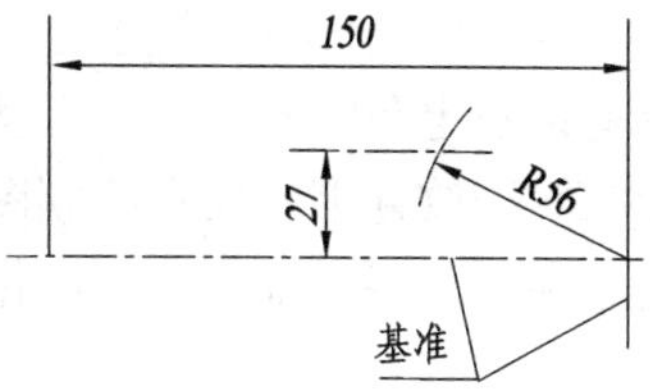

（a）画出基准

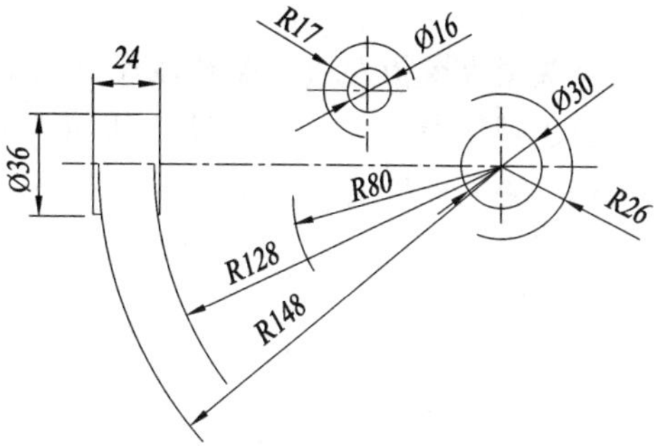

（b）画出已知线段

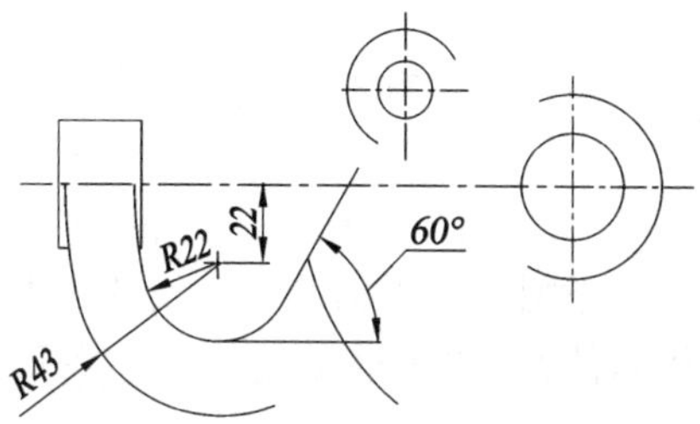

（c）画出中间线段

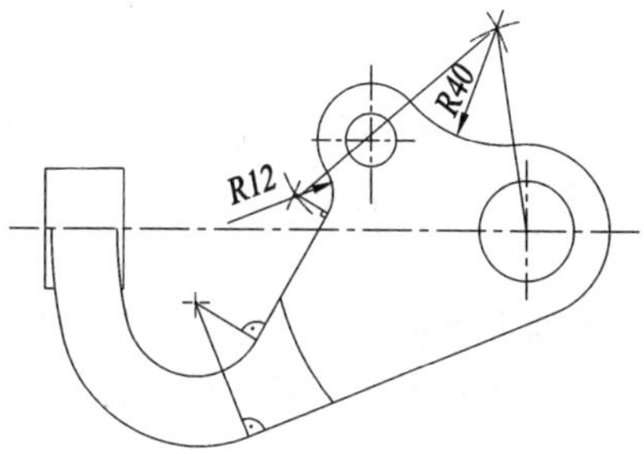

（d）画出连接线段

图 1-53　平面图形的绘图步骤

1.4.2　绘图的一般方法和步骤

为了满足对图样不同需求，常用的绘图方法有尺规绘图、徒手绘图及计算机绘图。为了提高绘图的质量与速度，除了掌握常规绘图工具和仪器的使用外，还必须掌握各种绘图方法和步骤。

1．尺规绘图

使用绘图工具和仪器画出的图称为工作图。工作图对图线、图面质量等方面要求较高，所以画图前应做好准备工作，然后再动手画图。画图又分为画底稿和加深图线（或上墨）两个步骤。

用尺规绘制图样时，一般可按下列步骤进行。

（1）做好绘图前的准备工作

① 准备绘图工具和仪器

将铅笔和圆规的铅芯按照绘制不同线型的要求削、磨好；调整好圆规两脚的长短；图板、丁字尺和三角板等用干净的布或软纸擦拭干净；工作地点选择在使光线从图板的左前方射入的地方，并且将需要的工具放在方便之处，不用的物品不要放在图板上，以便顺利地进行制图工作。

② 选择图纸幅面

根据所绘图形的大小、比例及所确定图形的多少、分布情况选取合适的图纸幅面。注意，选取时必须遵守表 1-1 和图 1-1 的规定。

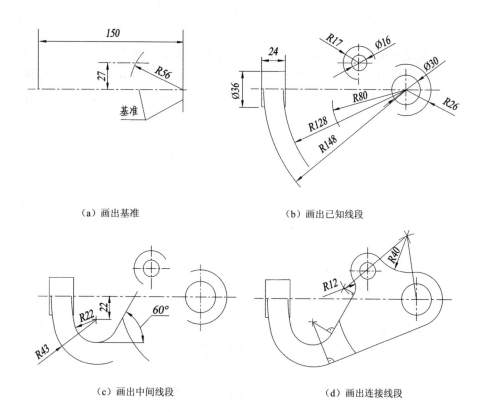

③ 固定图纸

丁字尺尺头紧靠图板左边，图纸按尺身找正后用胶纸条固定在图板上。注意使图纸下边与图板下边之间保留1～2个丁字尺尺身宽度的距离，以便于放置丁字尺和绘制图框与标题栏。绘制较小幅面图样时，图纸尽量靠左固定，以充分利用丁字尺根部，保证作图准确度较高。图纸固定方法可参考图1-20。

（2）画底稿

画底稿时，所有图线均应使用细线，即用较硬的H或2H铅笔轻轻地画出。点划线和虚线应用极淡的细实线代替，以提高绘图速度和描黑后的图线质量。画线要尽量细和轻淡，以便于擦除和修改，但要清晰。铅芯应磨成锥形，参见图1-18（a），圆规铅芯可用H。对于需上墨的底稿，在线条的交接处可画出头一些，以便辨别上墨的起止位置。

① 画图框及标题框

按表1-1及图1-4的要求用细线画出图框及标题栏，可暂不将粗实线描黑，留待与图形中的粗实线一次同时描黑。

② 布图

根据图形的大小和标注尺寸的位置等因素进行布图，图形在图纸上分布要均匀，不可偏挤一边；互相之间既不可紧靠拥挤，亦不能相距甚远显得松散。总之布置图形应力求匀称、美观。

确定位置后，按所设想好的布图方案先画出各图形的基准线，如中心线、对称线等。

③ 画图形

先画物体主要平面（如零件底面、基面）的线；再画各图形的主要轮廓线；然后绘制细节，如小孔、槽和圆角等；最后画其他符号、尺寸线、尺寸界线、尺寸数字横线和仿宋字的格子等。

绘制底稿时要按图形尺寸准确绘制，要尽量利用投影关系，几个图形同时绘制，以提高绘图速度。绘制底稿出现错误时，为了利于图纸清洁，不要急于擦除、修正，可作出标记，留待底稿完成后仔细检查校对，一次性擦除和修改。

（3）加深

铅笔加深时，铅笔的选用见1.2.1节。加深图线时用力要均匀，使图线均匀地分布在底稿线的两侧。用铅笔加深图形的步骤与画底稿时不同，其一般顺序为：先细后粗；先圆后直；先左后右；先上后下。

（4）完成其余内容

其余内容包括画符号和箭头，注尺寸，写注解，画图框及填写标题栏等。

（5）检查

全面检查，如有错误，立即更正，并作必要的修饰。

（6）上墨

上墨的图样一般用描图纸，其步骤与用铅笔加深的步骤相同，但上墨时应注意如下几点：

① 用直线笔和圆规上的直线笔头上墨时，应根据线宽调节直线笔的螺母，并在纸片上试画满意后，再在图纸上描线；

② 直线笔内的墨水干结时，应将墨污擦净后再用，如用绘图墨水笔上墨，只要按线宽

选用不同粗细笔头的笔，在笔胆内注入墨水，即可画线；

③ 相同宽度的图线应一次画完，如用直线笔上墨，可避免由于经常调整直线笔的螺母而使宽度相同的图线粗细不一，若用绘图墨水笔上墨，可避免经常换笔，提高制图效率；

④ 修改上墨图或去掉墨污时，待图中墨水干涸后，在图纸下垫一光洁硬物(如三角板)，用薄型刀片轻轻修刮，同时用橡皮擦拭干净，即可继续上墨。

2. 徒手绘图

目测比例徒手画出的图样，称为徒手图，亦称草图。当今，对于每个工程技术人员，具有熟练的徒手绘制草图能力尤为重要。

对徒手图的要求是：投影正确，线型分明，字体工整，图面整洁，图形及尺寸标注无误。要画好徒手图，必须掌握徒手画各种图形的手法。

（1）直线的画法

画直线时，手腕不宜紧贴纸面，沿着画线方向移动，眼睛看着终点，使图线画直。为了控制图形的大小比例，可利用方格纸画草图。

画水平线时，图纸倾斜放置，从左至右画出，如图 1-54（a）所示；画垂直线时，应由上而下画出，如图 1-54（b）所示；画倾斜线时，应从左下角至右上角画出，或从左上角至右下角画出，如图 1-54（c）所示。

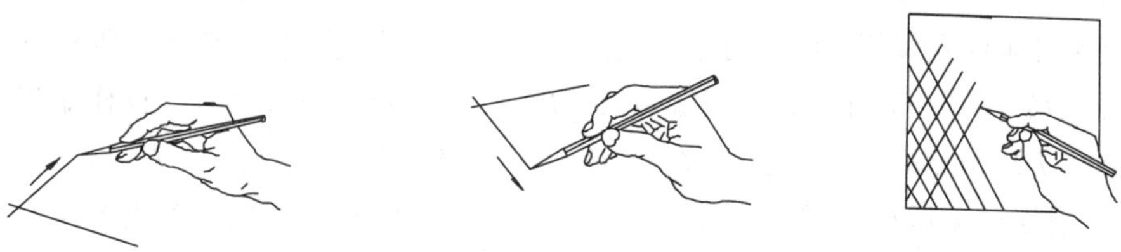

（a）画水平线　　（b）画垂直线　　（c）画斜线

图 1-54　徒手画直线

画 30°、45°、60°的倾斜线时，可利用直角三角形直角边的比例关系近似确定两端点，然后连接而成，如图 1-55 所示。

（2）圆及椭圆的画法

画直径较小的圆时，先画中心线定圆心，并在两条中心线上按半径大小取 4 点，然后过 4 点画圆，如图 1-56（a）所示。

画较大的圆时，先画圆的中心线及外切正方形，连对角线，按圆的半径在对角线上截取 4 点，然后过这些点画圆，如图 1-56（b）所示。

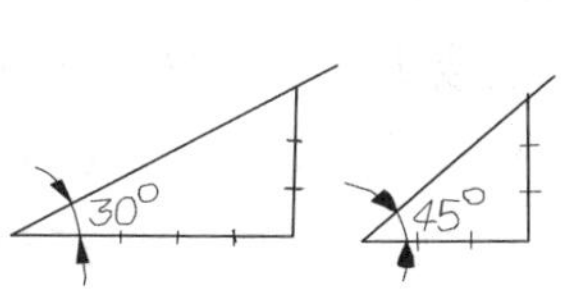

图 1-55　成特殊角度倾斜线的徒手画法

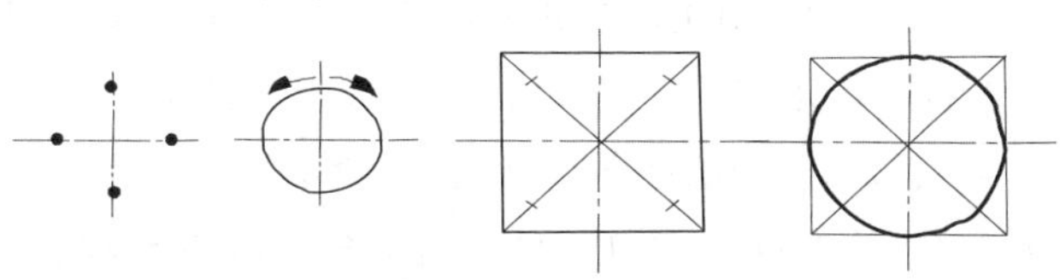

（a）　　（b）

图 1-56　圆的徒手画法

当圆的直径很大时，可用如图 1-57（a）所示的方法，取一纸片标出半径长度，利用它从圆心出发定出许多圆周上的点，然后通过这些点画圆；或者如图 1-57（b）所示，用手作圆规，以小手指的指尖或关节作圆心，使铅笔与它的距离等于所需的半径，用另一只手小心地慢慢转动图纸，即可得到所需的圆。

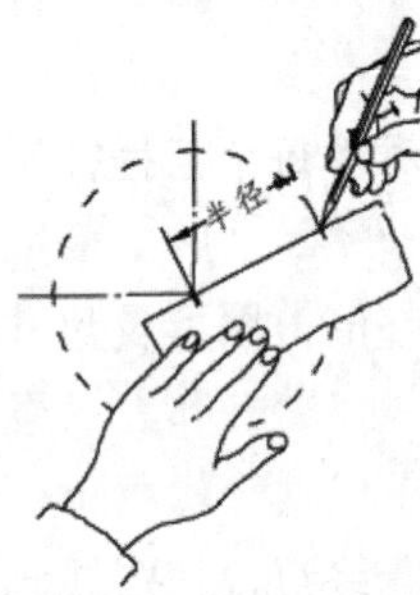

(a)

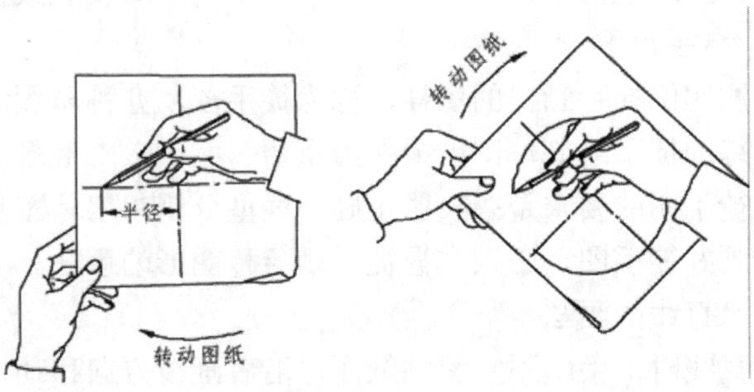

(b)

图 1-57　画大圆的方法

画椭圆时，可利用长、短轴尺寸定出椭圆上的 4 点，然后过点画椭圆，如图 1-58（a）所示。但这种画法不易准确，为了提高绘图的准确度，可按图 1-58（b）所示方法进行。先按长短轴尺寸定出椭圆上的 4 个端点 *A*、*B*、*C*、*D*；然后过 *A*、*B*、*C*、*D* 作矩形 *EFGH*，连接对角线 *HF* 和 *GE*，目测定出 *EC*、*CF*、*GD* 和 *DH* 的中点 *1*、*2*、*3*、*4*，连 *A1*、*A4*、*B2*、*B3* 分别与对角线相交得椭圆上点 *5*、*8*、*6*、*7*；最后光滑连接椭圆上各点，得椭圆。

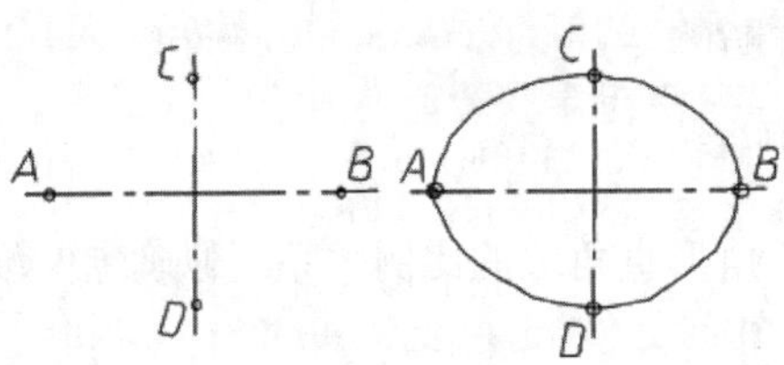

(a)

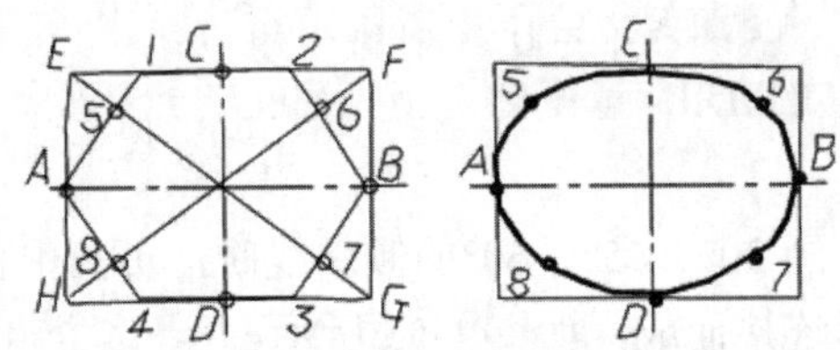

(b)

图 1-58　椭圆的徒手画法

（3）正多边形的画法

圆内接正三角形的画法如图 1-59（a）所示。画一圆与中心线交于 *1*、*2*、*3*、*4* 点；过半径 *O2* 的中点 *A* 作中心线 *34* 的平行线，与圆交于 *5*、*6* 点；连接 *1*、*5*、*6* 得正三角形；圆内接正六边形的画法如图 1-59（b）所示。画一圆与中心线交于 *1*、*2*、*3*、*4* 点；分别过半径 *O2*、*O1* 的中点 *A*、*B* 作直线 *34* 的平行线，并与圆交于 *5*、*6* 及 *7*、*8* 点。连接点 *1752681*，即得正六边形。

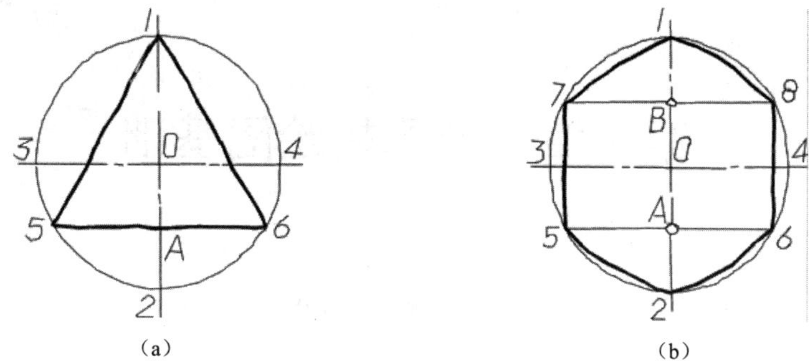

图 1-59　正多边形的画法

（4）弧线连接的画法

画弧线连接时，先自测比例定出已知线段的位置，然后画已知线段，再画连接线段，如图 1-60 所示。画圆及圆弧时，尽量利用与正方形、菱形相切的特点画出连接线段，如图 1-61 所示。

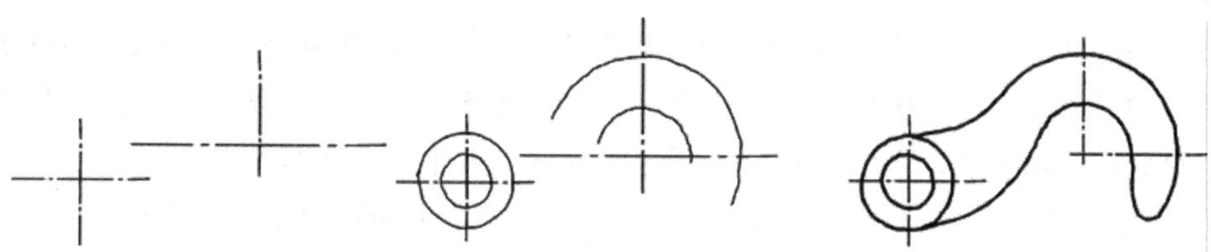

图 1-60　弧线连接的徒手画法

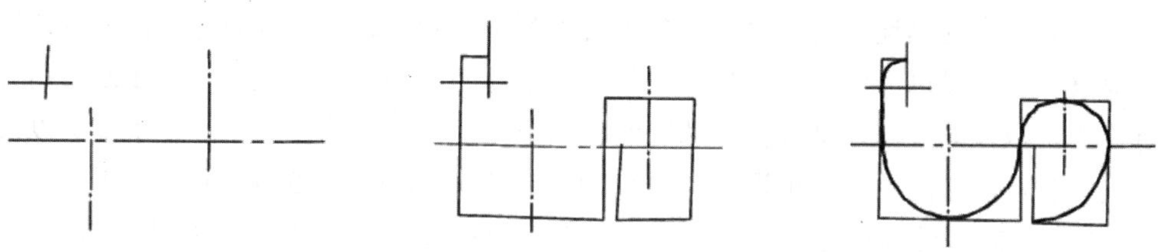

图 1-61　利用与正方形、菱形相切画弧线连接

3. 计算机绘图

随着计算机技术的迅猛发展，计算机绘图技术也在各行各业中得到日益广泛的应用，它具有作图精度高、出图速度快等特点，其具体内容将在以后各章中逐步介绍。

第 2 章　计算机绘图基础

2.1　概　述

2.1.1　CAD 的发展历程

电子计算机的出现是当代科学技术发展的最重大成就之一。随着计算机技术的不断发展，1962 年麻省理工学院（MIT）的学生 Sutherland 发表了《人机对话图形通讯系统》的论文，并研究出了名为 Sketchpad 的交互式图形系统。Sutherland 的论文和他的 Sketchpad 系统首次提出了计算机图形学、交互技术等理论和概念，实现了人机交互的设计方法，使用户可以在屏幕上进行图形设计和修改，从而为交互式计算机图形学理论及 CAD 技术奠定了重要的基础，并由此出现了大规模研究计算机图形学的热潮，以及 CAD 术语和思想。在这里 CAD 一词的意义是 Computer Aided Design，即计算机辅助设计。

20 世纪 60 年代，CAD 的主要技术特点是交互式二维绘图和三维线框模型。即利用解析几何的方法定义有关图素（如点、线、圆等），用来绘制或显示由直线、圆弧组成的图形。随着交互式计算机图形学显示技术和 CAD/CAM（Computer Aided Manufacturing，计算机辅助制造）技术的迅速发展，美国许多大公司都认识到了这一技术的先进性和重要性以及应用前景，纷纷投以巨资，研制和开发了一些早期的 CAD 系统。例如，IBM 公司开发的具有绘图、数控编程和强度分析等功能的、基于大型计算机的 SLT/MST 系统，以及美国通用汽车公司研制的用于汽车设计的 DAC-1 系统等。70 年代，交互式计算机图形学及计算机绘图技术日趋成熟，并得到了广泛应用。随着计算机硬件的发展，以小型机、超小型机为主机的通用 CAD 系统开始进入市场。此时，CAD 的主要技术特征是自由曲线曲面生成算法和表面造型理论。Bezier、B 样条法等算法成功应用于 CAD 系统中。80 年代，CAD 技术的迅速发展，对 CAD 提出了更高的要求：将数据库、有限元分析优化及网络技术应用于 CAD/CAM 系统，使 CAD/CAM 不仅能够绘制工程图，而且能够进行三维造型、自由曲面设计、有限元分析、机构及机器人分析与仿真、注塑模设计制造等各种工程应用。90 年代以来，CAD/CAM 技术进一步向标准化、集成化、智能化方向发展。在这个时期，国外许多 CAD 软件系统都更趋于成熟，商品化程度大幅度提高。比较典型的系统有：基于工作站和大型机的美国洛克希德飞机公司研制的 CADAM 系统，美国 SDRC 公司开发的 I-DEAS 系统，美国 PTC 公司的 Pro/Engineer 等；用于微机上的有美国 Autodesk 公司的 AutoCAD，德国西门子公司的 SIGRAPH-DESIGN 等，还有众多的国产软件，如高华 CAD、凯图 CAD 等。

随着 CAD 的迅速发展，计算机辅助绘图技术也日趋完善。计算机绘图是利用计算机软件和硬件生成图形信息，并将图形信息显示并输出的一种方法和技术，它使人们逐渐摆脱了繁重的手工绘图，进入了绘图自动化的新时代。计算机绘图作图精度高，出图速度快，可绘制机械、水工、建筑、电子等许多行业的二维图样，还可以进行三维建模，预见设计效果。计算机绘图中使用二、三维交互绘图软件主要解决基本图样、零件图、装配图的绘制问题，具有很强的交互作图功能。

2.1.2 计算机辅助绘图软件

鉴于课程任务和学时数的约束，本书仅介绍以 AutoCAD 2008 简体中文版作为计算机绘图软件的使用方法。以此为基础，对市场上众多的 CAD 软件，可触类旁通。

AutoCAD 是 Autodesk 公司开发的一个具有代表性的二、三维交互图形软件，由于该软件具有简单易学、绘图精确等优点，因此自从 20 世纪 80 年代推出以来一直受到广大工程设计人员的青睐。目前，它由 1982 年推出的 1.0 版已经发展到现在的 AutoCAD 2012 版，其功能不断增强，使用也越来越方便，已经广泛应用于机械、建筑、电子、航天和水利等工程领域。

AutoCAD 的主要功能包括：二、三维交互绘图软件的基本功能，如绘图、编辑功能；尺寸标注功能；精确绘图功能；线型、图层、颜色设置功能；数据交换；三维造型功能；二次开发功能和网络功能等。并且随着其版本的不断提高，新功能也层出不穷。本书将按需介绍 AutoCAD 的相关功能。

2.2 进入 AutoCAD

2.2.1 AutoCAD 的启动和退出

1. AutoCAD 的启动

与其他 Windows 应用程序一样，双击安装 AutoCAD 后自动添加的桌面图标（如图 2-1 所示）或者在 Windows“开始”菜单的“程序”组中选择 AutoCAD 程序组中的 AutoCAD 选项（如图 2-2 所示），即可启动 AutoCAD。

图 2-1　AutoCAD 桌面图标

图 2-2　AutoCAD 程序组

启动 AutoCAD 后，将出现如图 2-3 所示的进入 AutoCAD 绘图屏幕的初始对话框界面。此时 AutoCAD 中系统变量 STARTUP 为 1。在该对话框中，AutoCAD 提供了 4 种进入绘图环境的方式，分别为“打开图形”、“从草图开始”、“使用样板”和“使用向导”。

选择“使用向导”选项，则有“快速设置”和“高级设置”两个选项。单击“快速设置”选项，则会弹出“快速设置”对话框。在“快速设置”对话框界面中，可以确定新图形中的测量单位，单击“下一步”按钮，则会弹出如图 2-4 所示的“快速设置”对话框。在此对话框中可以设置不同的图纸图幅。

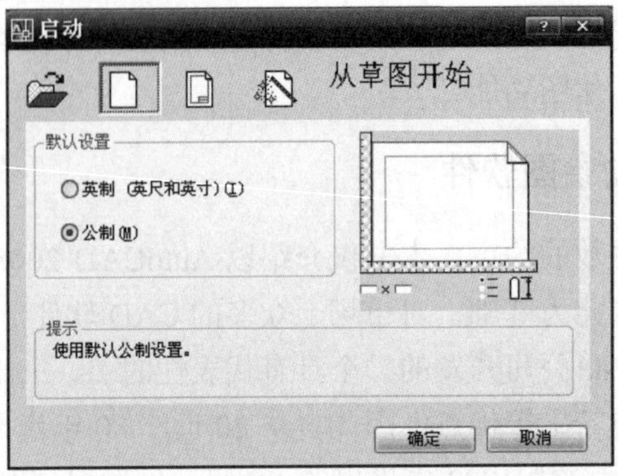

图 2-3　AutoCAD 启动对话框

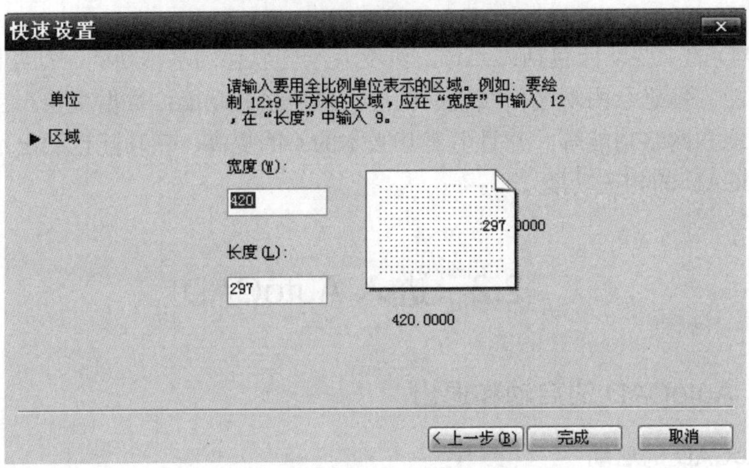

图 2-4　“快速设置”对话框

2．退出 AutoCAD

退出 AutoCAD 的步骤是：从“文件”菜单中选择“退出”选项；或从命令行中输入 QUIT。如果已经保存了对所有打开图形的修改，就可以直接退出 AutoCAD 而不用再次保存；如果没有保存修改，AutoCAD 会提示保存或放弃修改。

2.2.2　AutoCAD 主界面

启动 AutoCAD 后，将出现如图 2-5 所示的主操作界面，即 AutoCAD 提供的绘图环境。屏幕被分割成 7 个不同的区域：标题栏、主菜单栏、工具栏、绘图区、命令窗口、状态栏、面板。

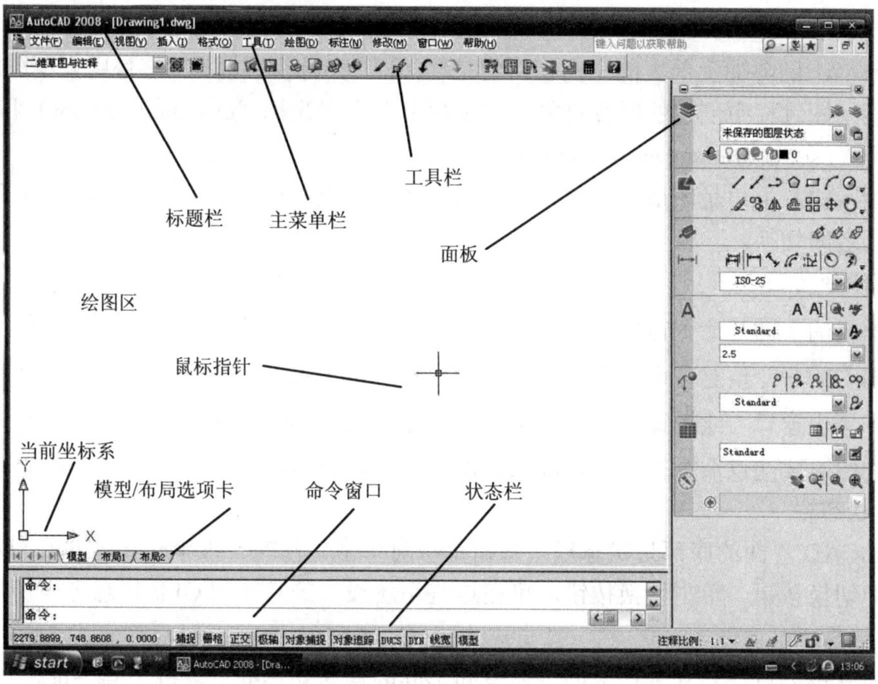

图 2-5　AutoCAD 的主操作界面

1. 标题栏

在屏幕的顶部是标题栏，显示了软件的名称（AutoCAD），以及当前打开的文件名。若是刚启动 AutoCAD，也没有打开任何图形文件，则显示 Drawing1.dwg。

2. 菜单栏

标题栏的下面是菜单栏，它提供了AutoCAD的所有菜单文件，用户只要单击任一主菜单，便可以得到它的一系列子菜单。AutoCAD的菜单非常接近Windows系统的风格。

AutoCAD提供的上下文跟踪菜单即右键菜单，可以更加有效地提高工作效率。如果没有选择实体，则显示AutoCAD的一些基本命令，如图2-6所示。

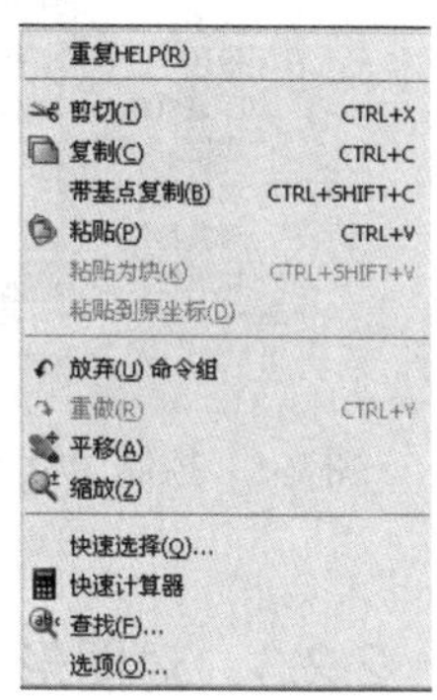

图 2-6　右键菜单

3. 工具栏

工具栏（Toolbar）是AutoCAD重要的操作按钮，它包括了AutoCAD中绝大多数的命令。AutoCAD的工具栏也非常接近Windows系统风格，并且显示更为突出。在图2-7中显示的是AutoCAD初始界面上的“标准注释”工具栏。各个图标的含义将在以后的章节中介绍。AutoCAD中的工具栏还有许多种，可以根据需要通过在任意工具栏上右击并在快捷菜单上选择要显示或隐藏的工具栏。

图 2-7　“标准注释”工具栏

4. 绘图区

AutoCAD的界面上最大的空白窗口便是绘图区，亦称视图窗口。它是用来绘图的地方，可以观察绘图过程中创建的所有对象。在视窗中有十字光标（crosshairs cursor）和用户坐标系图标（user coordinate system icon）。

绘图区的左下角是图纸空间与模型空间的切换按钮，利用它可以方便地在图纸空间与模型空间之间切换。

5. 命令窗口

绘图区的下面是命令窗口，它由命令行和命令历史窗口共同组成。命令行显示的是从键盘上输入的命令信息，而命令历史窗口中含有 AutoCAD 启动后的所有信息中的最新信息。命令历史窗口与绘图窗口之间的切换可以通过 F2 功能键进行。

在绘图时要注意命令行的各种提示，以便准确快捷地绘图。

6. 状态栏

AutoCAD 界面的底部是状态栏，它显示当前十字光标的三维坐标和 AutoCAD 绘图辅助工具的切换按钮。单击切换按钮，可在这些系统设置的 ON 和 OFF 状态之间切换。

7. 面板

面板是用于显示与基于任务的工作空间关联的按钮和控件，提供了与当前工作空间采用相关的操作的单个界面元素。它被组织为一系列的控制面板，每个控制面板均包含相关的工具和控件。面板使用户无须显示多个工具栏，从而使得应用程序窗口更加整洁。

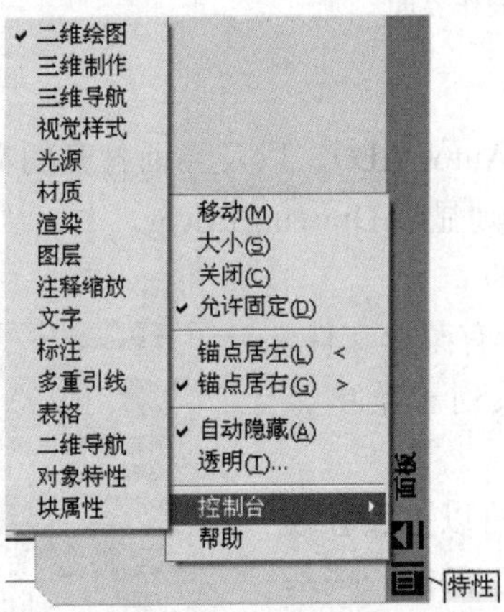

图 2-8　控制面板中控件和工具的选择

默认情况下，当使用二维草图与注释工作空间或三维建模工作空间时，面板将自动打开。手动打开面板的方法为：选择“工具”下拉菜单中的“选项板”子菜单中的“面板”选项。此时，面板选项可能为空，如图 2-8 所示，右击面板右下方的“特性”按钮，可以在“控制台”选项中选择所需的工具和控件。

2.2.3 对图形文件的操作

用 AutoCAD 绘制的图形以图形文件的形式保存。对图形文件的操作包括创建一张新图、打开已有的图形文件以及把当前绘制的图形存储为文件。

1. 创建一张新图

要开始一张新图，可以使用以下任一种方法：

- 在“命令：”提示下，输入new，然后按回车键；
- 在“标准”工具栏中，单击新建图标；
- 从“文件”下拉菜单中，选择“新建”选项；

• 按快捷键Ctrl＋N。

值得注意的是：当AutoCAD中的系统变量STARTUP设置为0，系统变量FILEDIA设置为1时，启动AutoCAD将直接进入如图2-5所示的主操作界面。此时，若需要再次新建文件，系统将出现如图2-9所示的“选择样板”对话框。可以利用该对话框通过“打开”选项右方的三角按钮选择“打开”、“无样板打开-英制”选项或“无样板打开-公制”选项来建立一个新的图形文件。

图 2-9 “选择样板”对话框

选择“样板打开”选项时，即是选择新建图形应用的模板，模板被保存为样板文件（扩展名为dwt）。AutoCAD模板可以理解为一切初始化设定，包括尺寸单位类型、图纸边界都已设置好，而且已经按照一定的标准绘制完标题栏的图纸，可以直接在上面进行个性化图形的绘制。产品文件夹中包含许多图形样板文件，其中包括符合ANSI（美国国家标准）、ISO（国际标准化组织）和JIS（日本国家标准）标准的图形样板文件。另外，用户可以自定义一个或多个图形样板文件，也可以建立满足自己的标准和要求的图形样板文件。如果许多图形使用相同的设置，那么使用样板文件开始一张新图就会显得更为快捷。

2．打开现有图形

要打开一个现有的AutoCAD图形的方法有以下几种：

• 在“命令:”提示下，输入open，然后按回车键；
• 在“标准”工具栏中，单击打开图标 ；
• 从“文件”下拉菜单中，选择“打开”选项；
• 按快捷键Ctrl＋O。

不管使用何种方式打开图形文件，AutoCAD都会出现“选择文件”对话框，用户可从中选择文件打开。

3. 保存图形

与使用其他 Windows 应用程序一样，图形文件可以保存，以便日后使用。AutoCAD 还提供自动保存、备份文件和其他保存选项。AutoCAD图形文件的扩展名为dwg。

2.3 AutoCAD 绘图初步

2.3.1 基本绘图流程

在AutoCAD中绘制一张新图可按以下流程进行：启动AutoCAD→设置新图的图幅尺寸和单位→在绘图区内绘图和修改→进行编辑→完成图形后，存储图形并退出AutoCAD。

在AutoCAD中修改一张旧图可按以下流程进行：启动AutoCAD→调出原图→在绘图区内修改和编辑→完成图形后，存储图形并退出AutoCAD。

2.3.2 AutoCAD 的命令和数据输入

在运用 AutoCAD 绘图时，主要依靠命令的输入以及对命令提示的响应。因此，要熟练掌握 AutoCAD 的命令输入方式和数据输入方式。

1．命令的输入

用户输入命令的方式有以下几种：

- 在“命令：”提示下，通过键盘直接输入命令字符，然后按回车键；
- 在工具栏中，单击工具栏中相应的图标；
- 从下拉菜单中，选择相应的命令选项；
- 使用快捷键；
- 使用功能键输入。

在后面的叙述中，将结合不同命令，介绍各种输入方式的操作方法。

2．数据的输入

在 AutoCAD 中，指定一个点的位置方式有多种，可以直接通过鼠标在屏幕上点取，通过目标捕捉方式指定特殊位置点，或通过键盘输入点的坐标值等。

当绘制诸如直线等几何图形时，必须使用某种方法准确地输入距离。使用坐标绘图的主要目的就是达到精确绘图。用键盘输入坐标值，有以下几种常用的坐标输入方式。

（1）绝对坐标

最简单、基本的坐标形式是绝对坐标，其格式为：X，Y。用绝对坐标时，所有的坐标值都以原点（0，0）为参考点。

（2）相对坐标

在绝对坐标中，总是要追踪原点（0，0），以便输入正确的坐标值。对于复杂的对象，有时这样做很困难，很容易输错坐标。解决的办法是将前一点重置为一个新的原点，新点坐标相对于前一点来确定。新点的坐标称为相对坐标，其格式为：@X，Y。@符号是将前一点的坐标设置为（0，0）。

（3）极坐标

极坐标输入法是另一种常用来输入坐标的方法，其格式为：@距离＜方向。@符号提示将前一点设置为（0，0），方向由“＜”符号引入，其后面的数值表示坐标的角度方向。例如，要指定相对于前一点距离为 1、角度为 45°的点，输入“@1<45”。在默认情况下，角度按逆时针方向增大而按顺时针方向减小。要向顺时针方向移动，应输入负的角度值。例如，输入“@1<−45”，即是相对于前一点距离为 1、角度为顺时针方向 45°。如果要修改图形的角度方向并设置基准角度，可以在创建新图形的“高级设置”对话框中进行。

除了以上介绍的几种方法以外，还可以用直接距离输入的方法定位点。即开始执行命令并指定了第一个点之后，移动光标即可指定方向，然后直接输入相对于第一点的距离，即可确定一个点。这是一种快速确定直线长度的好方法，特别是与正交和极轴追踪（AutoCAD 中的精确绘图方式）一起使用时更为方便。

2.3.3 AutoCAD 的基本绘图命令

任何一张工程图纸，不论其复杂与否，都是由一些基本实体（这里所讲的实体是指 AutoCAD 预先定义好的图形元素）组成。AutoCAD 提供了这些实体的绘制命令，既可以通过如图 2-10 所示的“绘图”菜单调用，也可以在如图 2-11 所示的“绘图”工具栏中调用。

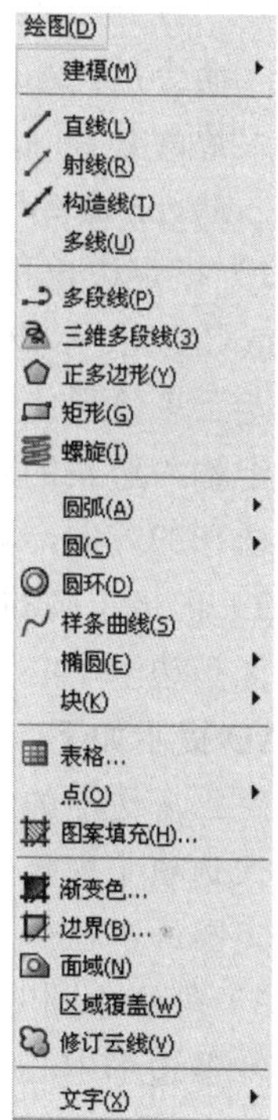

图 2-10　“绘图”菜单

1．直线

直线是图形中最常见、最简单的几何元素。在 AutoCAD 中绘制直线的命令是 line。直线对象可以是一条线段，也可以是一系列相连的线段，但每条线段都是独立的直线对象。用户通过执行该命令可以绘制一条或连续多条直线。

启动 line 命令的方法有如下几种：

- 使用键盘输入line或 l；
- 在“绘图”子菜单中单击“直线”选项；
- 在“绘图”工具栏上单击直线图标 。

输入命令后，AutoCAD 将显示提示：

指定第一点：指定点或按 ENTER 键从上一条绘制的直线或圆弧继续绘制，（指定如图 2-12 中的指定点 *1*）

指定下一点或 [放弃（U）]：（如图 2-12 中的指定点 *2*）

指定下一点或 [放弃（U）]：（按回车键或 Esc 键结束命令）

图 2-11　“绘图”工具栏

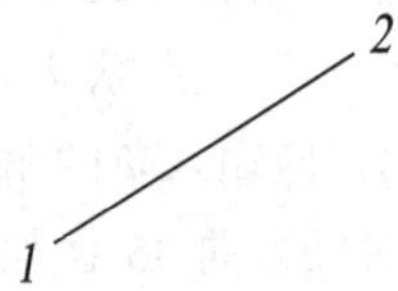

图 2-12　由两点绘制直线

执行完以上操作后，AutoCAD 绘制出如图 2-12 所示的直线。

如果在“指定下一点或［放弃（U）]:”提示行中继续指定点，则可以绘制出多条线段；如果在提示行中输入 U，则取消当前所绘的直线。用户在画两条以上线段后，AutoCAD 将提示“指定下一点或［闭合（C）/放弃（U）]:”，此时在提示行中输入 C，则形成闭合的折线。

2．绘制正多边形

多边形是指由 3 条以上的线段组成的封闭图形。利用 AutoCAD 提供的 polygon 命令可以绘制正方形、等边三角形、八边形等。启动 polygon 命令的方法有如下几种：

- 使用键盘输入 polygon；
- 在“绘图”菜单中单击“正多边形”选项；
- 在“绘图”工具栏上单击正多边形图标 。

输入命令后，AutoCAD 将提示：

输入边的数目<4>:（输入正多边形的边数，默认为四边形）

在 polygon 命令中常见的创建多边形的方法有 3 种。

（1）指定边长和放置位置

AutoCAD 提示如下：

指定正多边形的中心点或［边（E)]: e（输入 e）

指定输入边长的两个端点以指定一边长度的方法构造正多边形，输入两点的顺序确定了正多边形的方向，其区别如图 2-13 所示。

（2）内接于圆的多边形

已知多边形中心与每条边（内接的）端点之间的距离，指定其半径，如图 2-14 所示。AutoCAD 提示如下：

指定正多边形的中心点或［边（E)]:（指定中心点）

输入选项［内接于圆（I）/外切于圆（C)］ <I>:（默认方式为内接于圆）

指定圆的半径:

（3）外切于圆的多边形

已知多边形中心与每条边（外切）中点之间的距离，指定其半径，如图 2-15 所示。

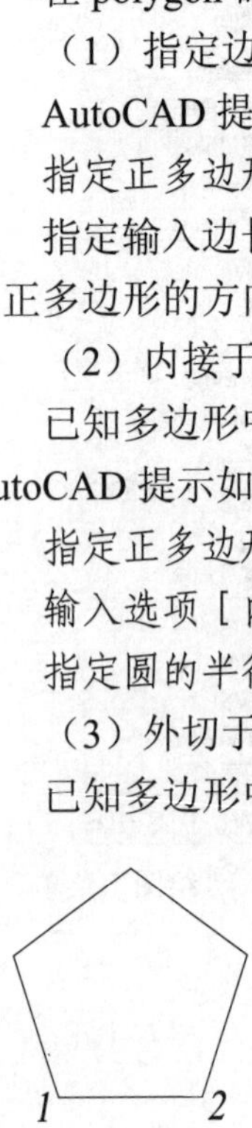

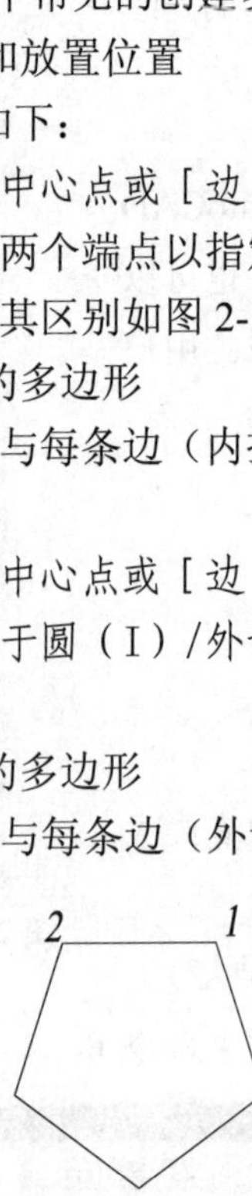

图 2-13　指定边界的方法绘制正五边形

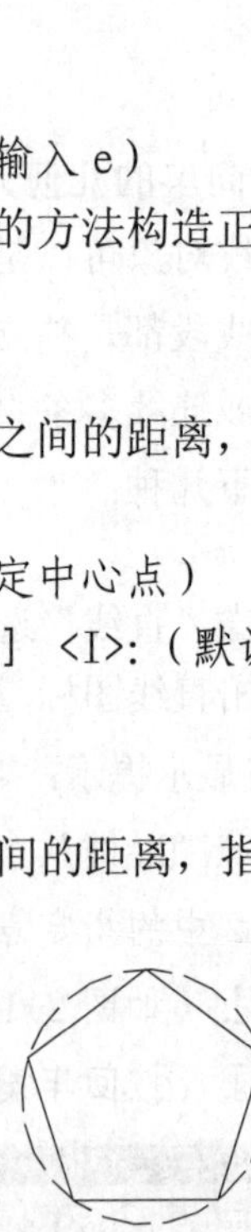

图 2-14　内接于圆的正五边形

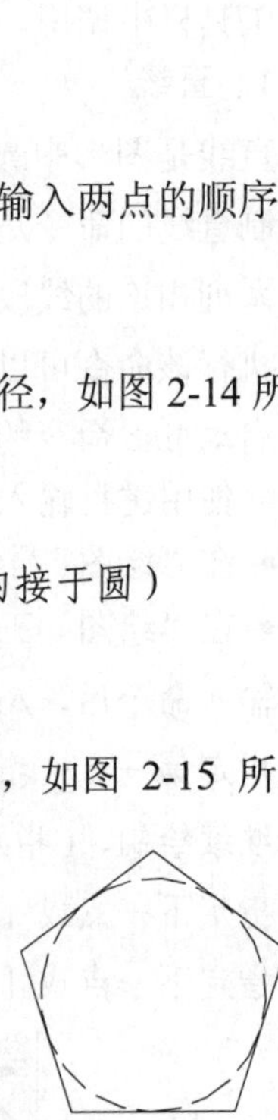

图 2-15　外切于圆的正五边形

3．矩形

利用AutoCAD提供的rectang命令可以绘制矩形。启动rectang命令的方法有如下几种：

- 使用键盘输入 rectang 或 rectangle；
- 在“绘图”菜单中单击“矩形”子菜单；
- 在“绘图”工具栏上单击矩形图标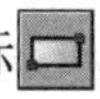。

输入命令后，AutoCAD 将提示：

指定第一个角点或［倒角（C）/标高（E）/圆角（F）/厚度（T）/宽度（W）]:（默认项，指定如图 2-16 所示的点 *1*）

指定另一个角点或［面积（A）/尺寸（D）/旋转（R）]:（如图 2-16 所示的指定点 *2*）

执行完以上操作后，结果如图 2-16 所示。

上述第一条提示中，部分选项的含义是：倒角——设定矩形四角为倒角及倒角的大小；圆角——设定矩形四角为圆角及圆角的半径大小；宽度——设置线条宽度。

AutoCAD 把用 rectang 绘制出的矩形当作一个实体，其 4 条边不能分别编辑。

4．圆

圆是图形中一种常见的几何元素。利用 AutoCAD 提供的 circle 命令可以绘制圆。启动 circle 命令的方法有如下几种：

- 使用键盘输入 circle 或 c；
- 在“绘图”菜单上单击“圆”子菜单，出现如图 2-17 所示的“圆”子菜单；
- 在“绘图”工具栏上单击圆图标 。

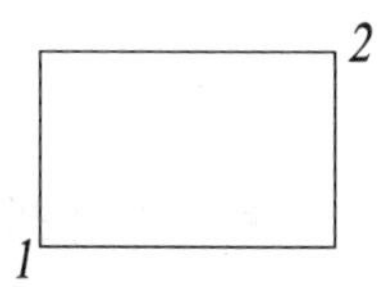

图 2-16　利用对角点绘制的矩形

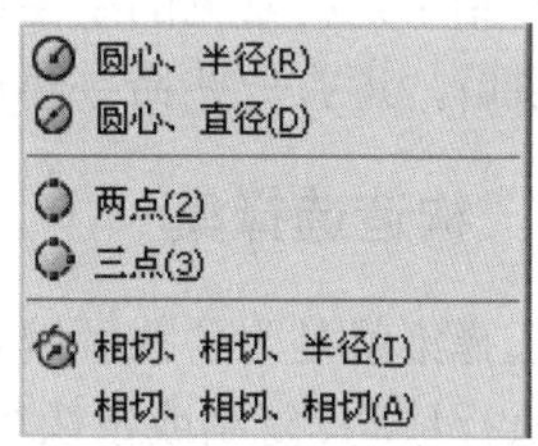

图 2-17　“圆”子菜单

输入命令后，AutoCAD 提示：

指定圆的圆心或［三点（3P）/两点（2P）/相切、相切、半径（T）]：

（1）指定圆的圆心：通过输入圆心、半径或直径，绘制圆。

AutoCAD 提示：

指定圆的半径或［直径（D）]:

（2）三点（3P）：通过指定圆上三点确定一个圆。

AutoCAD 提示：

指定圆上的第一个点:

指定圆上的第二个点:

指定圆上的第三个点:

结果如图 2-18 所示。

（3）两点（2P）：通过指定直径上的两点绘制圆。

AutoCAD 提示：

指定圆直径的第一个端点:
指定圆直径的第二个端点:
结果如图 2-19 所示。
(4) 相切、相切、半径(TTR):通过两个切点和半径确定一个圆。
执行该选项时,AutoCAD 的默认目标捕捉方式提示为递延切点,命令行提示:
指定对象与圆的第一个切点:(选取一个相切的对象,选择如图 2-20 所示直线)
指定对象与圆的第二个切点:(选取一个相切的目标对象,选择如图 2-20 所示小圆)
指定圆的半径 <25>:
结果如图 2-20 所示。

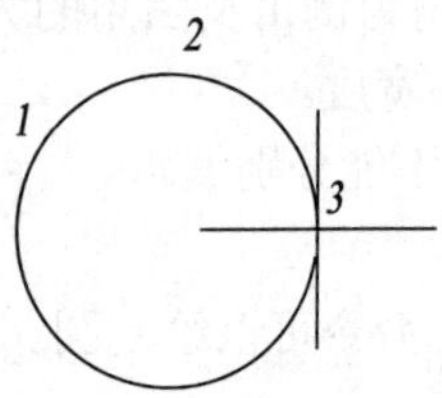

图 2-18 执行 3P 项绘制的圆

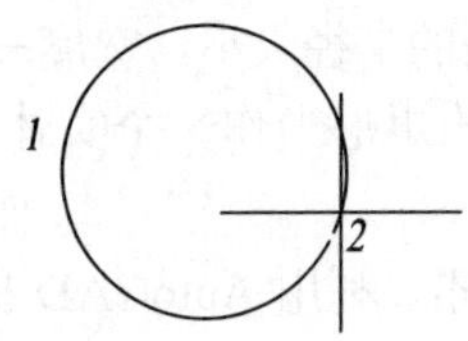

图 2-19 执行 2P 项绘制的圆

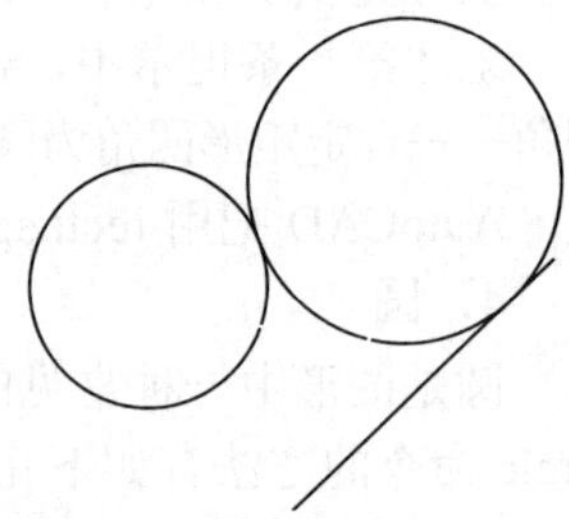
图 2-20 执行 TTR 项绘制的圆

以上介绍了几种常见的绘图命令,在 AutoCAD 中还会涉及很多绘图命令,有些将在后续章节讲解,还有一些命令要求在使用实践中逐步掌握。

2.3.4 构造选择集

构造选择集就是为了执行编辑,将一些对象组成一组。一旦一个选择集建立,该组对象将一起执行移动、复制或镜像等编辑命令,任何一个对象操作命令如果提示“选择对象”,都支持对象选择集的建立;任何命令出现这个提示都支持对象选择集的使用。

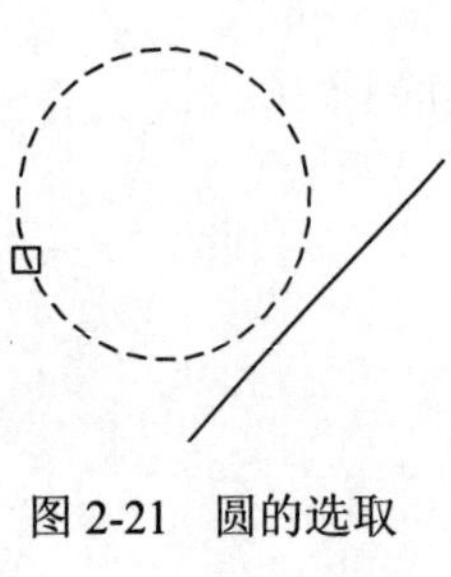
图 2-21 圆的选取

1. 用单选方式建立选择集

当AutoCAD提示“选择对象”,一个拾取框光标出现在屏幕,这个拾取框拾取到的对象认为被选中。选中与没有选中的区别在于被选中的对象在屏幕上高亮显示。在图2-21中,拾取框放在圆上并拾取该圆,为了表示这个对象被选中,该圆高亮显示。

2. 用窗口建立选择集

对于少量的对象可以采用单选方式,当需要编辑的对象很多时,可以用窗口模式选择对象集中的所有对象,这个模式要求指定两个对角点生成矩形框。

在图2-22中,用第一点和第二点建立一个选择窗。使用这个方式时,完全包容在窗框中的对象被选中。如图2-23中,用窗口选择后圆弧高亮显示。

3. 用交叉窗口建立选择集

和窗选一样，交叉窗选也需要用两点来定义一个矩形窗框。要使用这种选择模式，需要在提示选择对象时，输入c，再选择。

在图2-24中，仍用如图2-22所示的1和2两点定义一个矩形来选择对象，高亮显示的对象是选中的结果，与交叉窗口接触或被交叉窗口包容的对象均被选中，交叉窗口穿过直线而没有将它包容，仍然被选中。

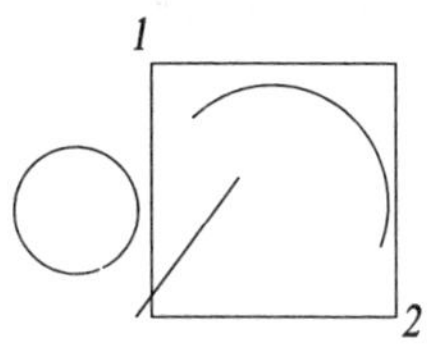

图 2-22　选取对象

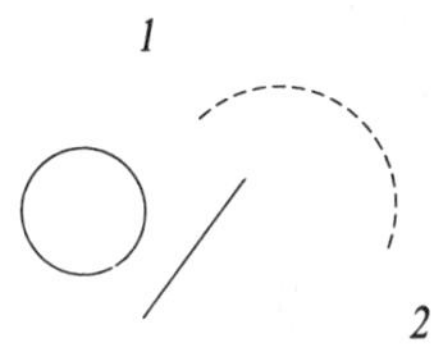

图 2-23　用窗口选取对象的结果

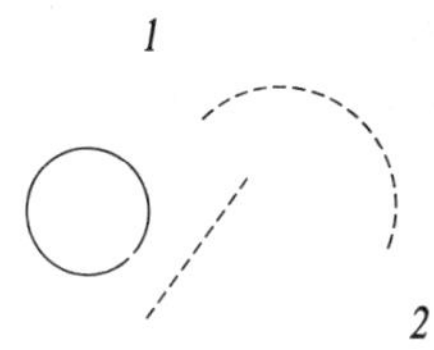

图 2-24 用交叉窗口选取对象的结果

4. 用多边形交叉窗口建立选择集

当使用窗口或交叉窗口方式生成选择集很难准确地拾取到需要的对象时，可以采用多边形交叉窗口方式，即在选择对象命令提示下输入cp；接着，在屏幕上拾取表示多边形的各个点，所有与这个多边形相交或位于多边形内部的对象均被选中。另一种类似的但不相同的对象选择方式是多边形窗选（Wpolygon），只有完全包容在多边形窗框中的对象被选中。

5. 从对象选择集中删除对象

如果选错了对象，可以用Remove选项从当前对象集中去除选错的对象。步骤为：在命令行输入re，激活Remove，单击需要去除的对象。当高亮显示的某个对象从对象集中去除后，取消高亮显示并恢复原来的显示。另外，通过按Shift键并单击要删除的对象，也可以从选择集中删除对象。

2.3.5　常用的编辑命令

AutoCAD 中的图形编辑命令可用于对图形进行修改、移动、删除等操作。了解 AutoCAD 的一些基本的编辑方法，可以在图纸绘制过程中得心应手，显著提高绘图的效率和质量。

AutoCAD 提供两种编辑方法：先启动命令，后选择要编辑的对象；或者先选择对象，后进行编辑。下面介绍几种常见的编辑命令。

1. 取消

在绘图过程中，难免有绘制错的地方，为了要放弃上步绘图或编辑命令的操作，可以使用取消（Undo）命令。

可以通过如下几种方法输入 Undo 命令：

- 使用键盘输入 undo 或 u；
- 在“编辑”菜单上单击“放弃”子选项；
- 在“标准”工具栏上单击 Undo 图标。
- 按快捷键 Ctrl + Z。

AutoCAD 的 Undo 命令具有强大的功能，表现在：

（1）Undo 可以无限制地逐级取消多个操作步骤，直到返回当前图形的开始状态；

（2）Undo 不受存储图形的影响，用户可以保存图形，而 Undo 命令仍然有效；

（3）Undo 不仅可以取消用户绘图操作，而且还能取消模式设置、图层的创建以及其他操作；

2．删除

在绘图过程中可能有一些错误或没用的图形元素。删除（Erase）命令提供删除功能。

可以通过如下几种方法启动Erase命令：

- 使用键盘输入 erase 或 e；
- 在“修改”菜单上单击“删除”子菜单；
- 在“修改”工具栏上单击删除图标。

输入命令后，AutoCAD将提示：

选择对象：（采用构造选择集的方法选取对象）

执行命令后，将选择亮显的几何元素删除。

如果在选择对象时，输入l（上一个），删除绘制的上一个对象；输入“p”（上一个），删除上一个选择集；输入“all”，从图形中删除所有对象；输入“？”，查看所有选择方法列表。

另外，在AutoCAD中，对于某些编辑操作时留在显示区域中的加号形状的标记（称为点标记）和杂散像素，可以用Redraw或Regen命令删除。

3．复制对象

图形编辑命令的复制（Copy）命令可以在当前图形中复制对象。其默认的方式是创建一个选择集，然后指定起始点或者基准点，以及第二个点或者位移，用于进行复制操作。

可以通过如下几种方法输入Copy命令：

- 使用键盘输入 copy 或 co；
- 在“修改”菜单上单击“复制”子菜单；
- 在“修改”工具栏上单击复制对象图标。

输入命令后，AutoCAD将提示：

选择对象：（选择所要复制的几何元素）

选择对象：（可继续选取，或按回车键结束选择）

当前设置：复制模式 = 多个

指定基点或［位移（D）/模式（O）］ <位移>：（要求确定复制操作的基准点位置，或输入选项）

直接借助对象捕捉功能或十字光标确定复制的基点位置，AutoCAD会出现如下提示：

指定位移的第二点或 <用第一点作位移>:（确定复制目标的终点位置）

确定一点后，AutoCAD 会反复提示，要求确定另一个终点位置，直至按回车键或右击鼠标才会结束。图 2-25 所示的是对矩形进行多次复制后的结果。

此命令中，位移选项中可以使用坐标指定相对距离和方向；模式控制来确定是否自动重复该命令。

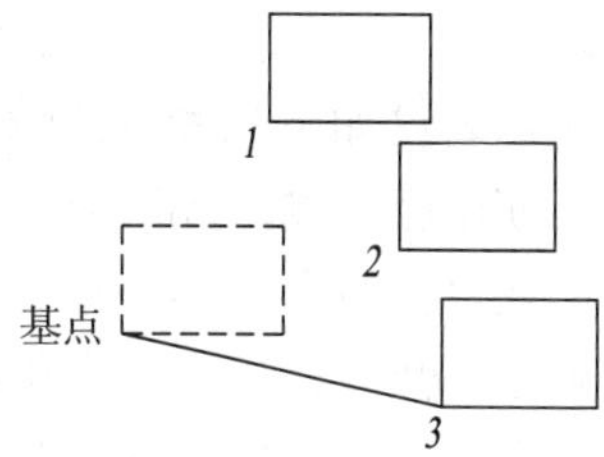

图 2-25　复制多个图形

AutoCAD 系统中，“复制”命令将会自动重复，创建多个副本。要更改默认设置，使用 COPYMODE 系统变量，或上述的模式控制来确定。

4．修剪

修剪（Trim）命令可以在一个或多个对象定义的边上精确地修剪对象，剪去对象上超过交点的那部分，并可以修剪到隐含交点。可被修剪的对象包括直线、圆弧、椭圆弧、圆、二维和三维多段线、参照线、射线以及样条曲线，有效修剪边界可以是直线、圆弧、圆、椭圆、二维和三维多段线、浮动视口、参照线、射线、面域、样条曲线以及文字。

可以通过如下几种方法输入 Trim 命令：

- 使用键盘输入 trim；
- 在“修改”菜单上单击“修剪”子菜单；
- 在“修改”工具栏上单击修剪图标。

输入命令后，AutoCAD 将提示：

当前设置：投影=UCS，边=无

选择剪切边…

选择对象：（选取实体对象作为剪切边界或直接回车表示选择全部对象）

选择对象：（可继续选取，或按回车键结束选择）

选择要修剪的对象，按住 Shift 键选择要延伸的对象，或 [栏选（F）/窗交（C）/投影（P）/边（E）/删除（R）/放弃（U）]:

该提示行中默认选项为选择要修剪的对象，直接选取所选对象上的某部分，则 AutoCAD 将剪去所选取部分。如选择命令提示行中的“放弃”，则放弃 Trim 命令的上一次操作。修剪对象结果如图 2-26 所示。

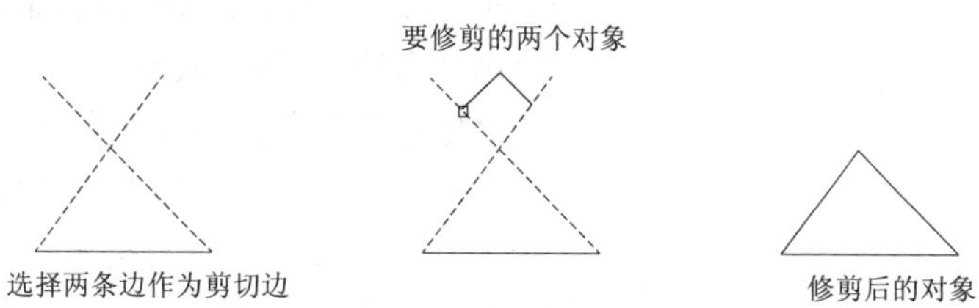

图 2-26　修剪对象

5．镜像

镜像（Mirror）命令可以建立一个对象的镜像复制，这个命令在绘制对称图形时非常有用。

可以通过如下几种方法输入 Mirror 命令：

- 使用键盘输入 mirror；
- 在“修改”菜单上单击“镜像”子菜单；
- 在“修改”工具栏上单击镜像图标。

输入命令后，则 AutoCAD 会提示：

选择对象：选择需要镜像的对象（用窗口选择如图2-27所示的1点和2点）

指定镜像线的第一点：（指定图示2-27所示的中心线的端点）

指定镜像线的第二点：（指定图示2-27所示的中心线的另一端点）

注意：选择镜像线时可以为不可见或未绘制的线段。

是否删除源对象？［是（Y）/否（N）］<N>：（默认选项为保留源对象，如图2-27（b）所示；选择Y，将删除源对象，如图2-27（c）所示）

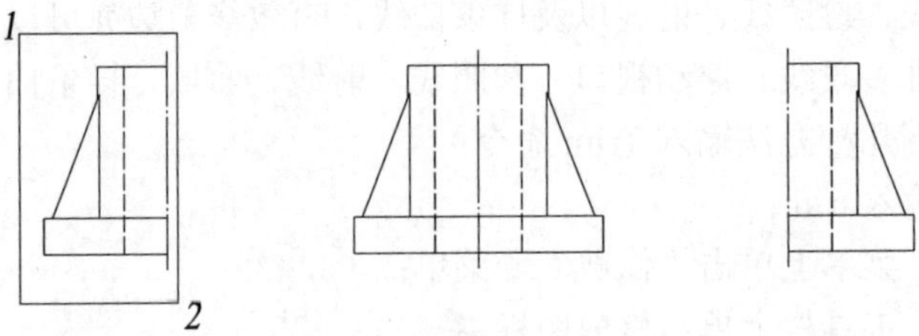

（a）　　（b）　　（c）

图 2-27　镜像对象

默认情况下，镜像文字、属性和属性定义时，它们在镜像图像中不会反转或倒置。文字的对齐和对正方式在镜像对象前后相同。如果需要反转文字，则系统变量MIRRTEXT应设置为1。

6. 倒圆角

倒圆角（Fillet）命令用于以光滑圆弧连接两个对象。在确定了两条线后，运用Fillet命令可实现这两条线之间的光滑连接。可以在任何两条交叉或非交叉、平行的或非平行的线条间倒圆角，也可以在弧、多段线、构造线、射线、样条线、圆与椭圆间倒圆角。

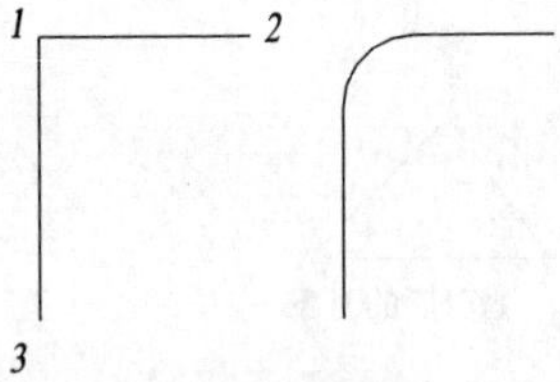

图 2-28　对两条直线进行倒角

可以通过如下几种方法输入 Fillet 命令：

- 使用键盘输入 fillet 或 f；
- 在“修改”菜单上单击圆角子菜单；
- 在“修改”工具栏上单击圆角图标。

命令输入后，AutoCAD 将提示：

当前模式：模式=修剪，半径=0.0000

选择第一个对象或或［放弃（U）/多段线（P）/半径（R）/修剪（T）/多个（M）］：

（1）半径（R）

设置半径可以改变要倒圆角的圆角半径。AutoCAD 系统默认圆角半径为 0.000 0 mm，如果想要进行倒圆角的操作，则需再次执行 Fillet 命令。

（2）默认项（选择第一个对象）

选择如图 2-28 所示直线 12，AutoCAD 将提示：

选择第二条直线:（选择如图 2-28 所示直线 13）

此时，AutoCAD 就会指定的圆角半径对这两条线进行倒圆角。

（3）多段线

对二维多段线倒圆角，此时 AutoCAD 会提示：

选择二维多段线:（此处要求选择用 Pline 命令绘制的线段，或用 Pedit 命令编辑成的多线段）

AutoCAD 将按指定的圆角半径在该多段线各个顶点处倒圆角。对于封闭多段线，若最后采用 Close 命令进行的封闭，则各个转折处均倒圆角；若用直接绘制成封闭（可采用对象捕捉方式），则最后的封闭转折处将不倒圆角。

（4）修剪（T）

确定倒圆角是否修剪边界。

除了以上介绍的 6 种编辑命令外，AutoCAD 中还有许多常用的编辑命令，如移动（Move）、旋转（Rotate）、延伸（Extend）、缩放（Scale）、偏离（Offset）、断开（Break）、阵列（Array）、倒角（Chamfer）等。这些命令也十分有用，但限于篇幅，在此不能一一详细介绍。有些编辑命令将在以后的章节中讲解或在例题中涉及。

2.4 显示控制

在很多方面用AutoCAD绘图比手工绘图要简单得多。手工绘图时，查看与修改微小的细节常常是很困难的。在AutoCAD中，通过观察整幅图形的一部分可以解决这个难题。

本节将讨论一些图形显示命令，如Zoom、Pan（平移）等，这些命令可以在透明模式中使用。“透明”命令指那些可以在其他命令执行过程中运行的命令。一旦所调用的透明命令执行完毕，系统会自动返回到被该透明命令中断的命令中。

2.4.1 视图缩放

在绘图过程中，为了方便地进行对象捕捉，准确地绘制图形，常常需要将当前视图放大或缩小，但不改变对象的实际大小。这些就是AutoCAD中Zoom命令的功能。在这个意义上，Zoom命令的功能与照相机中的变焦镜头有点相似。当放大图形一部分的显示尺寸时，可以更清楚地查看这个区域；相反，如果缩小图形的尺寸，可查看更大的区域。

启动 Zoom 命令的方法有如下几种：

- 使用键盘输入 zoom 或 z；
- 在“视图”菜单上单击“缩放”子菜单，如图 2-29 所示；
- 在如图 2-30 所示的“缩放”工具栏上单击缩放图标。

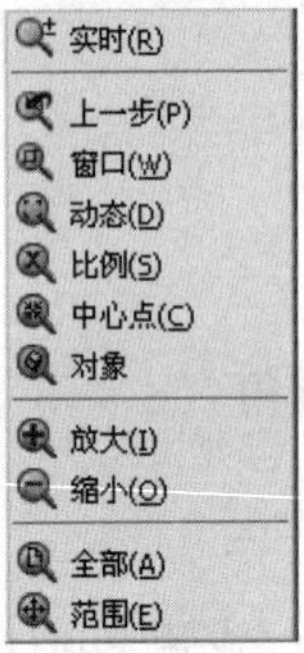

图 2-29 “缩放”子菜单

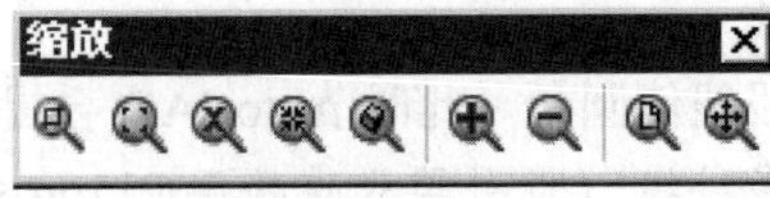

图 2-30 “缩放”工具栏

命令输入后，AutoCAD 会提示：

指定窗口角点，输入比例因子 （nX 或 nXP)，或

[全部（A）/中心（C）/动态（D）/范围（E）/上一个（P）/比例（S）/窗口（W）/对象（O）] <实时>:

该提示行中部分选项的含义如下。

（1）全部（A）：相对应的工具栏图标为。执行该选项，在绘图区域内显示全部图形。所显示的图形边界是以图形界限（limits）与图形范围（extend）中尺寸大的显示（如图 2-31 所示），故图形若超出图纸边界，使用该命令仍会显示。

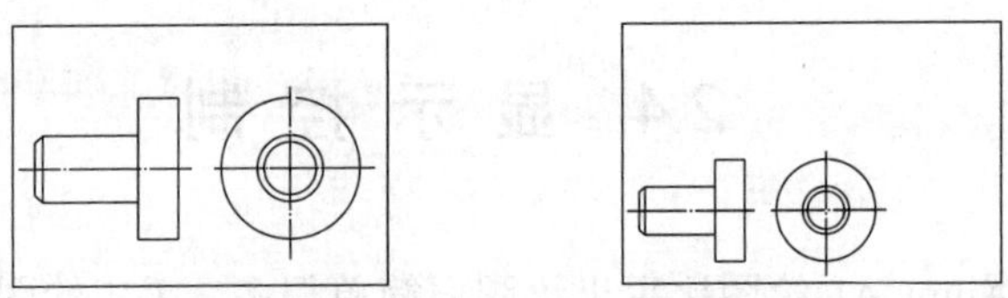

图 2-31 执行 Zoom All 命令前后的图形

（2）中心点（C）：相对应的工具栏图标为。该选项可以重新设置图形的显示中心和放大倍数。执行该选项时，AutoCAD 会提示：

指定中心点：（输入新的显示中心点）

输入比例或高度 <2.0000>:（输入新视图的高度或放大倍数）

执行该选项的结果如图 2-32 所示。

（3）窗口（W）：相对应的工具栏图标为。该选项允许用窗口的方式选择要视察的区域。所选窗口区域内的对象占满显示屏幕，如图 2-33 所示。

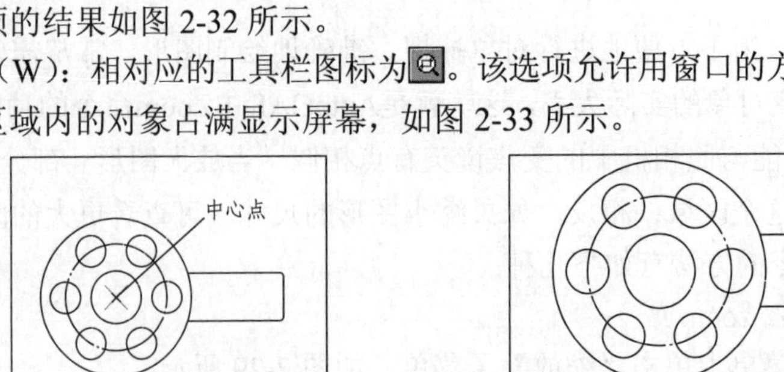

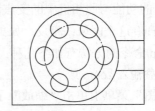

图 2-32 执行 Zoom Center 命令前后的图形

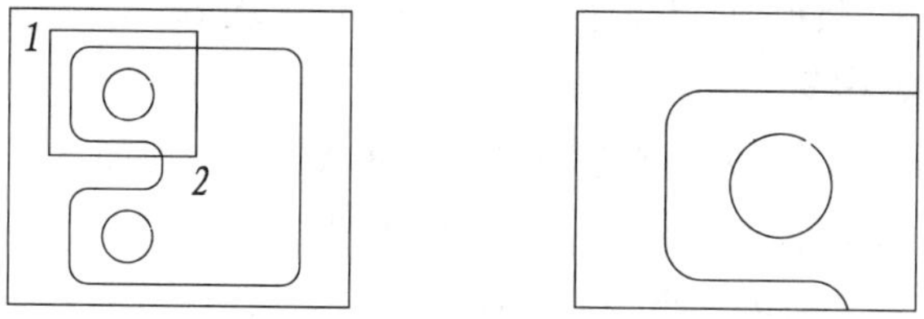

图 2-33　执行 Zoom Windows 命令前后的图形

（4）比例（S）：相对应的工具栏图标为。执行该选项时，可以放大或缩小当前视图，但视图的中心点保持不变。输入视图缩放系数的方式有以下 3 种。

① 相对缩放，即输入缩放系数后再输入一个 x，即是相对于当前可见视图的缩放系数。例如，输入 0.5x 使屏幕上的对象显示为原大小的二分之一。

② 相对图纸空间单元缩放，即输入缩放系数后，再输入一个“xp”，使当前视区中的图形相对于当前的图纸空间缩放。

③ 绝对缩放，即直接输入数值，则 AutoCAD 以该数值作为缩放系数，并相对于图形的实际尺寸进行缩放。

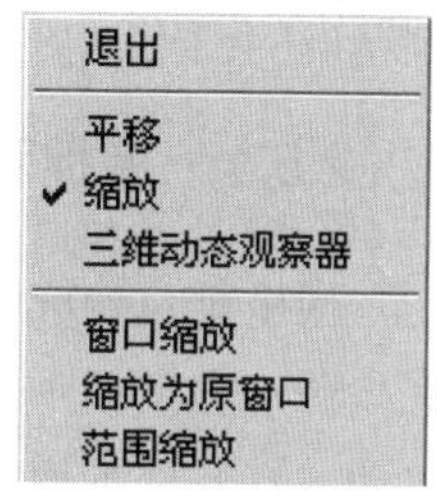

图 2-34　右键菜单

（5）<实时>默认项：实时缩放。执行该选项时，在屏幕上出现类似于放大镜形状的光标；同时，AutoCAD 会提示：若按 Esc 或回车键，则结束 Zoom 命令；若单击鼠标右键，则会弹出如图 2-34 所示的右键菜单。

另外，如果执行放大操作，圆弧和圆可能不再平滑；如果执行放大或缩小时不能超出某个范围，可从“视图”菜单中选择“全部重生成”选项来解决。

2.4.2　视图平移

在绘图过程中，由于屏幕大小有限，当前文件中的图形不一定全部显示在屏幕内，若想查看屏幕外的图形可使用 Pan 命令，它比 Zoom 命令快，操作比较直观而且简便。

启动 Pan 命令的方法有如下几种：

- 使用键盘输入 pan 或 p；
- 在“视图”菜单上单击“平移”子菜单；
- 在“标准”工具栏上单击平移图标。

1. “平移”菜单

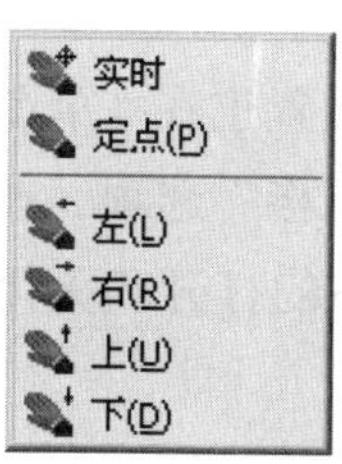

图 2-35　平移子菜单

在“平移”菜单中可以得到平移子菜单，如图 2-35 所示。

（1）实时：动态平移。执行该选项时，将出现手形的光标，用手形的光标可以任意拖动视图，直到满足需要为止。

当用户达到某一边界时，将出现到达边界的图形提示。

（2）定点：两点平移。这里可以通过输入两点来平移图形，这两点之间的方向和距离便是视图平移的方向和距离。

（3）左、右、上、下：将视图向左、右、上、下移动一段距离。

2．用工具栏和键盘平移

用工具栏或键盘输入命令，执行该选项时，AutoCAD 会出现如下提示：按 Esc 或 Enter 键退出，或右击显示快捷菜单；同时光标变为手状，通过移动手形光标就可以移动整个图形。按 Esc 键或回车键，结束该命令的操作。

2.5 精确绘图

利用 AutoCAD 的捕捉和栅格设置有助于准确地创建和对齐对象，对象追踪和对象捕捉工具能够快速、精确地绘图。使用这些工具，无须输入坐标或进行烦琐的计算就可以绘制精确的图形。另外，还可以用 AutoCAD 查询方法快速显示图形和图形对象的信息。

2.5.1 捕捉和栅格

栅格是点构成的矩形图案，显示在图形栅格界限指定的范围内，提供直观的距离和位置参照，它类似于可自定义的坐标纸。捕捉用于限制十字光标，使光标只能以指定的间距移动。打开捕捉模式时，光标由原来的自由移动变为受约束的移动，即光标只能在已设置好的栅格的位置上移动。可以调整捕捉和栅格间距，使之更适合进行特定的绘图任务；可以旋转捕捉和栅格方向，或将捕捉和栅格设置为等轴测模式，以便在二维空间中模拟三维视图。

捕捉和栅格的设置方法有如下几种：

- 使用键盘输入 dsettings；
- 在“工具”菜单中选择“草图设置”；
- 在状态栏的“捕捉”选项卡上右击，然后选择“设置”。

输入命令后出现如图 2-36 所示的“草图设置”对话框。

在“捕捉和栅格”选项卡中，选择“捕捉类型和样式”为“栅格捕捉”中的“矩形捕捉”；并在“捕捉”分栏中设置 X、Y 方向的捕捉间距，X、Y 方向与水平、竖直方向的夹角和捕捉栅格网的基点坐标。选中“启用捕捉”选项后，就可以使用捕捉功能绘图了。

在绘制过程中，可以使用 F9 功能键或状态栏中的“捕捉”按钮对捕捉状态的打开和关闭进行切换。

在屏幕上显示栅格，便于观察和人为控制光标移动。对于栅格的设置也在“草图设置”对话框中，要求在“栅格”分栏下设置栅格间距，并选中“启用栅格”选项。在绘制过程中，可以使用 F7 功能键或状态栏中的“栅格”按钮对捕捉状态的打开和关闭进行切换。

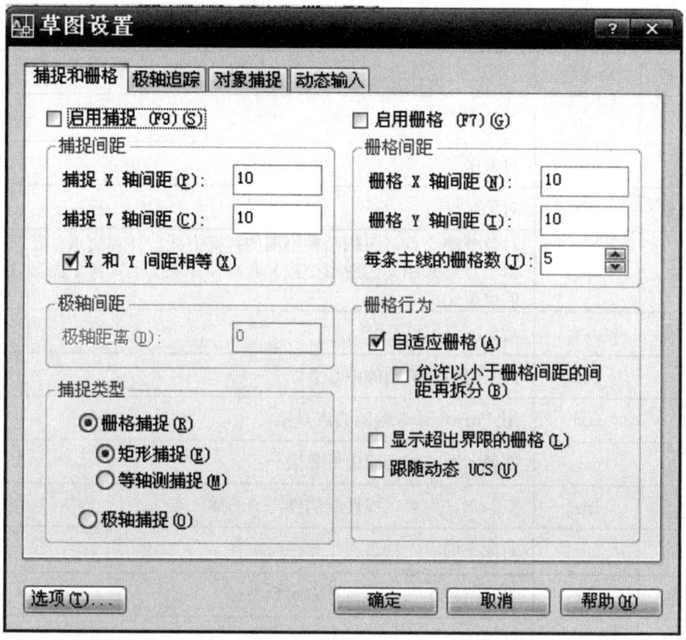

图 2-36 “草图设置”对话框“捕捉和栅格”选项卡

2.5.2 对象捕捉

对象捕捉（Object Snap）可以快速地选择在已经绘制的对象上的确切几何点，而无须知道这些几何点的确切坐标。不论何时提示输入点，都可以指定对象捕捉。默认情况下，当光标移到对象的对象捕捉位置时，将显示标记。此功能称为自动捕捉（AutoSnap），提供了视觉提示，指示哪些对象捕捉正在使用。对于对象捕捉，可以选择直线或圆弧的端点、圆的圆心、两个对象之间的交点或其他几何特征位置点；也可以应用对象捕捉模式绘制与已经绘制完成的对象的相切或垂直的对象。

1. 单一目标的捕捉

图 2-37 所示为“对象捕捉”工具栏。该工具栏中各按钮的功能见表 2-1。

图 2-37 “对象捕捉”工具栏

当用户选择“对象捕捉”工具栏中的任一图标后，即开始执行捕捉命令，十字光标将被一个小正方形方框所取代，并出现在鼠标的当前位置上。在 AutoCAD 中，这个小方框被称为拾取框（pick box）。选择对象时，AutoCAD 将捕捉离拾取框中心最近的符合条件的捕捉点。只要在所要捕捉的目标上单击，即可选中目标。

表 2-1　对象捕捉工具栏相应按钮功能

对象捕捉	工具栏	命令行	捕　捉　到
端点		end	对象端点
中点		mid	对象中点
交点		int	对象交点
外观交点		app	对象外观交点，包括两种不同的捕捉方式：外观交点（在三维空间中不相交但屏幕上看起来相交的图形交点）和延伸外观交点（两个图形对象沿着图形延伸方向的虚拟交点）
延伸		ext	对象的延伸路径
圆心		cen	圆、圆弧及椭圆的中心点
节点		nod	用 Point 命令绘制的点对象
象限点		qua	圆弧、圆或椭圆的最近象限
插入点		ins	块、形、文字、属性或属性定义的插入点
垂足		per	对象上的点，构造垂足与法线对齐
平行		par	对齐路径上一点，与选定对象平行
切点		tan	圆或圆弧上一点，与上一点连接可以构造对象的切线
最近点		nea	与选择点最近的对象捕捉点
无		non	下一次选择点时关闭对象捕捉

2．运行对象的捕捉

如果要经常使用对象捕捉，那么可以将对象捕捉命令一直处于打开状态。这里可以通过如图 2-38 所示的“草图设置”对话框中的“对象捕捉”选项卡设置完成。

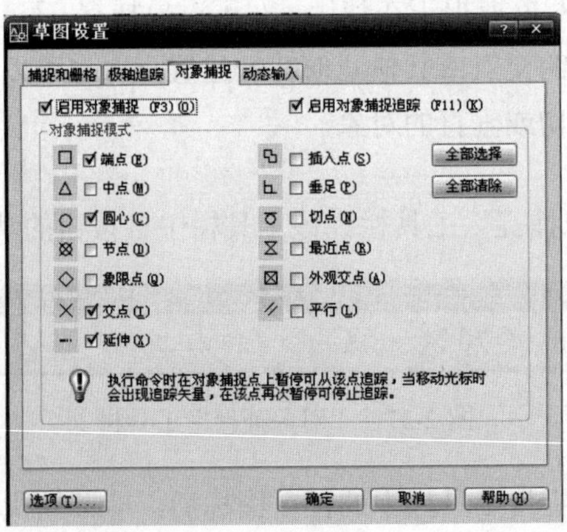

图 2-38　“草图设置”对话框中的“对象捕捉”选项卡

打开“草图设置”对话框的方法有如下几种：

- 使用键盘输入 osnap；
- 在“工具”菜单上单击“草图设置”子菜单；
- 在“对象捕捉”工具栏上单击对象捕捉设置图标 ；

• 在状态栏上的“对象捕捉”选项卡上单击鼠标右键，选择设置选项。

输入命令后，AutoCAD 将弹出如图 2-38 所示的“草图设置”对话框。通过该对话框可以控制目标捕捉的运行情况。

（1）“启用对象捕捉”复选钮可以控制是否打开对象捕捉命令。选择后，对象捕捉样式的选项被激活。或利用 F3 功能键打开或关闭目标捕捉命令。

（2）“启用对象捕捉追踪”复选钮可以设置是否运行跟踪目标捕捉；也可以通过 F10 功能键打开或关闭跟踪目标捕捉。

（3）在“对象捕捉模式”设置区中可以设置自动运行目标捕捉的内容。下面对于一些常用项进行说明。

① 端点：这是经常使用的一种对象捕捉方式，用来捕捉圆弧或直线的端点。尺寸标注时经常使用这种捕捉方式，以便准确标注尺寸。通过该复选按钮可以设置是否自动捕捉圆弧、椭圆弧、直线和复合线等实体最靠近的端点，而且光标不需准确放在端点上就能捕捉到最近的端点。

② 中点：设置是否自动捕捉实体的中点。图 2-39 表示出了捕捉直线的中点。

③ 圆心：设置是否自动捕捉圆弧、圆、椭圆以及椭圆弧的圆心。将光标移到圆或圆弧的边上，注意在圆或圆弧的圆心处将出现自动捕捉标记，如图 2-40 所示。

④ 节点：设置是否自动捕捉实体的节点。图 2-41 为捕捉节点示意图。

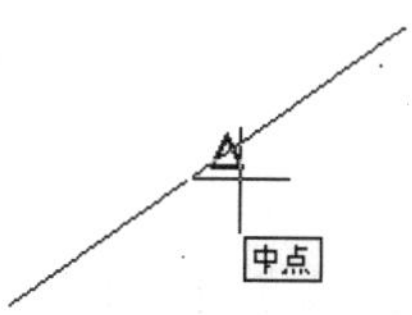

图 2-39 自动捕捉直线的中点

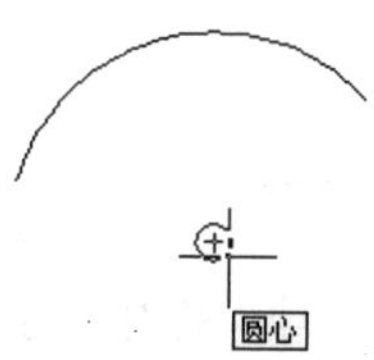

图 2-40 自动捕捉圆的圆心

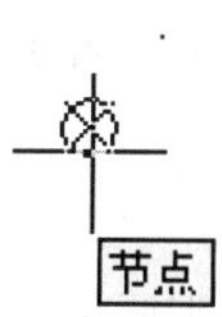

图 2-41 自动捕捉节点

⑤ 平行：该方式可以绘制一条直线的平行线。输入 line 命令，拾取开始点，激活对象捕捉平行方式，原来的直线上出现平行符号，然后移动光标到指定位置，生成一条与原来的直线相平行的直线。屏幕上出现与原直线相平行的追踪轨迹工具提示栏中，给出了直线的距离和角度。如图 2-42 所示。

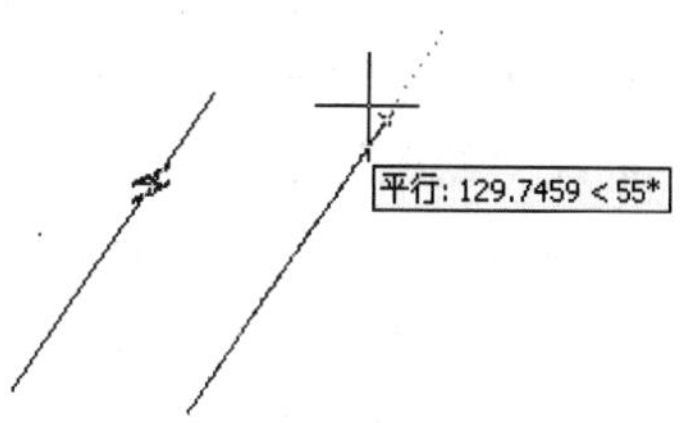

图 2-42 自动捕捉平行直线

另外，可以设置是否自动捕捉对象的象限点、交点，自动显示一条临时的延伸线，自动捕捉对象的插入点，自动捕捉对象的垂足，自动捕捉圆弧、圆、椭圆、椭圆弧等对象的正切线等。

如果打开多个执行对象捕捉，AutoCAD 将使用最适合选定对象的对象捕捉。如果两个可能的捕捉点落在选择区域，AutoCAD 将捕捉离靶框中心最近的符合条件的点。

2.5.3 功能键和控制键

前面所叙述的内容中，包含了许多功能键的介绍。用功能键或控制键可以改变绘图的状态，如坐标显示、捕捉、正交、数字化仪、等轴平面、运行对象捕捉、栅格、极轴和对象追踪。表 2-2 给出了相应功能键和控制键的列表及其作用。

表 2-2　对象捕捉工具栏各按钮功能

功能键	作用及控制键	功能键	作用及控制键
F1	帮助	F7	打开/关闭栅格（Ctrl+G）
F2	命令历史窗口/绘图窗口	F8	打开/关闭正交（Ctrl+L）
F3	打开/关闭对象捕捉（Ctrl+F）	F9	打开/关闭捕捉（Ctrl+B）
F4	打开/关闭数字化仪（Ctrl+T）	F10	打开/关闭极轴追踪
F5	等轴测平面上/右/左（Ctrl+E）	F11	对象捕捉追踪
F6	打开/关闭坐标显示（Ctrl+D）	-	-

2.6　文字标注

文本是AutoCAD图形最重要的组成部分之一，是图形的固有组成部分，它与其他图形元素紧密结合。添加到图形中的文字可以表达各种信息。它可能是复杂的技术要求、标题栏信息、标签或者甚至是图形的一部分。可以采用单行文字添加简短的输入项，或是使用多行文字添加带有内部格式的较长的输入项。

2.6.1　使用 text 命令创建单行文字

对于不需要多种字体或多行的短输入项，采用单行文字输入方式。创建单行文字（text）命令是最简单的文本输入和编辑格式，它允许用户逐一输入单行文本。该命令快速易用。

使用text命令创建单行文字每行文字都是独立的对象，可以重新定位、调整格式或进行其他修改。

可以通过如下的方法启动 text 命令：

- 使用键盘输入 text；
- 在“绘图”菜单的下拉菜单“文字”中单击“单行文字”选项。

输入命令后，AutoCAD 会提示：

当前文字样式：“Standard”　文字高度：2.5000　注释性：否

指定文字的起点或 [对正（J）/样式（S）]：

该提示行中各选项的含义如下。

（1）指定文字的起点：默认项。此选项用来确定文本行基线的起点。用户既可以从命令行输入插入点的坐标，也可以使用鼠标单击屏幕上的某一点，还可以在先前的文本之后按回车键为新文本定位。执行该选项时会提示：

指定高度 <2.5000>：（输入文本的字高）

指定文字的旋转角度 <0>：（输入文本行的倾斜角度，此时既可以从命令行输入倾角，也可以使用鼠标旋转屏幕上的文本）

输入文字:（输入字符串）

此时，屏幕上会出现一个光标，反映将要输入字符的位置、大小以及倾斜角度。

若想输入更多行的文本，只需要在每一行末尾按回车键即可。在下一行的起始位置上出现光标，表明也可继续输入文本。

（2）对正（J）：确定所标注文本的排列方式。执行该选项时会提示：

输入选项[对齐（A）/调整（F）/中心（C）/中间（M）/右（R）/左上（TL）/中上（TC）/右上（TR）/左中（ML）/正中（MC）/右中（MR）/左下（BL）/中下（BC）/右下（BR）]:

① 对齐（A）：确定所标注文本行基线的起点位置与终点位置。输入的字符串均匀分布在指定的两点之间，且文本行的倾斜角度由起点与终点之间的连线确定；字高、字宽由AutoCAD根据起点和终点间的距离、字符的多少以及文字的宽度系数自动确定。

② 调整（F）：确定文本行基线的起点位置和终点位置以及所标注文本的字高。用户所标注出的文本行字符均匀分布在指定的两点之间，且字符高度为用户所指定的高度，字符宽度由所确定两点间的距离与字符的多少自动确定。

③ 中心（C）：AutoCAD把用户确定的一点作为所标注文本行的基线的中点。

④ 中间（M）：AutoCAD把用户确定的一点作为所标注文本行垂直和水平方向的中点。

（3）样式（S）：确定标注文本时所用的字体式样。执行该选项时，AutoCAD会提示：

输入样式名或[？] <Standard>: ？

在此提示下，用户既可输入标注文本时所使用的字体式样名字，也可输入“？”，显示当前已有的字体式样。

2.6.2 标注特殊字符

几乎在所有的制图应用中，都需要在一般文本与尺寸文本中绘制特殊字符（符号）。而这些字符不能够从键盘上直接输入，为此AutoCAD提供各种控制符（控制码）用来完成特殊字符的输入。一些符号的控制符序列见表2-3。

表2-3 特殊字符的表示

控制符	特殊字符	示例
%%c	直径符号Ø	Ø25 输入%%c25
%%d	角度符号°	30° 输入30%%d
%%p	正负公差符号±	25±0.2 输入25%%p0.2
%%o	上划线模式开/关切换	$\overline{\text{AUTOCAD}}$ 输入%%oAUTOCAD
%%u	下划线模式开/关切换	$\underline{\text{AUTOCAD}}$ 输入%%uAUTOCAD

例如，需要绘制角度符号与直径符号，或者需要给一些字符画下划线或上划线。借助有关控制符（控制码）序列就可以实现这些功能。对于每一个符号，控制符序列都是以连续的两个百分号（%%）开头的；跟在两个百分号后的控制符描述所需符号。

在text命令中，这些代码只有在命令执行完毕后才会转换为相应的符号。

2.6.3 创建多行文字

AutoCAD提供了创建多行文字（Mtext）命令，用于以段落方式“处理”文字。段落的宽度是由指定的矩形框决定的，绘制的文本成为一个整体，用左、右、中对正方式进行自动排版。每个多行文字段无论包含多少字符，都被认为是一个单个对象。文字边界尽管不显示，但也作为对象要素的一部分保存。

可以通过如下的几种方法启动标注多行文本的 Mtext 命令：

- 使用键盘输入 mtext;
- 在“绘图”菜单上单击“文字”子菜单中的“多行文字”选项;
- 在“绘图”工具栏上单击多行文字图标A。

输入命令后，AutoCAD 将提示：

当前文字样式: "Standard" 文字高度: 2.5 注释性: 否

指定第一角点: （指定矩形框的第一点）

指定对角点或 [高度 (H) /对正 (J) /行距 (L) /旋转 (R) /样式 (S) /宽度 (W) /栏 (C)]:

该提示行中各选项的含义如下：

（1）指定对角点：AutoCAD会以这两个点为对角点形成一个矩形区域，以后所标注的文字行宽度即为该矩形区域的宽度，且以第一个点作为文字顶线的起始点。边框的宽度会影响段落宽度。将以此宽度界限在对话框中插入输入的文字，并将容纳不下的文字转换到下一行。

AutoCAD提供了文字编辑器，用于向图形添加文字，如图2-43所示。在位文字编辑器显示了顶部带有标尺的边框和“文字格式”工具栏。使用在位文字编辑器可以选择影响整个文字对象或只影响选定文字的格式，还可以控制缩进。

（2）高度（H）/对正（J）/行距（L）/旋转（R）/样式（S）/宽度（W）：各选项用于确定文字字符的高度、文字的排列形式、文字的每排之间的间距、文字行的倾斜角度、标注文字的字体式样和文字的宽度。

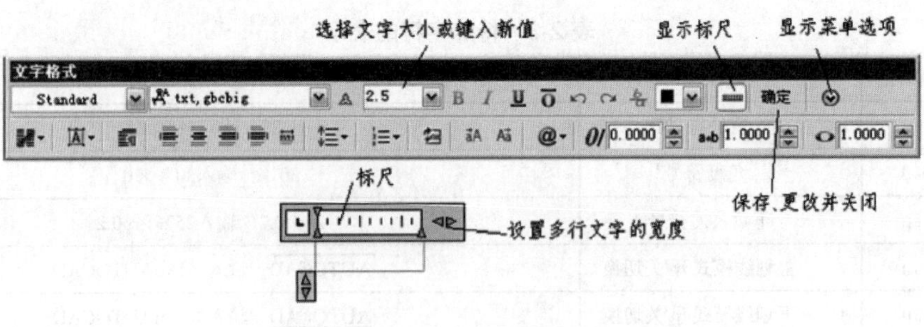

图 2-43 “多行文字编辑器”对话框

2.6.4 创建和修改文字样式

在一张图纸上，可以用不同的字体标注文字。创建不同的文字样式，要通过“文字样式”对话框来定义。text 命令中默认选用 standard 的字体样式名，其默认字体为 txt.shx，也可以通过“样式”选项选择另外的字体式样。

可以利用如下的几种方法输入命令，启动如图 2-44 所示的“文字样式”对话框：

- 使用键盘输入 ddstyle 或 style；
- 在“格式”菜单上单击“文字样式”子菜单。

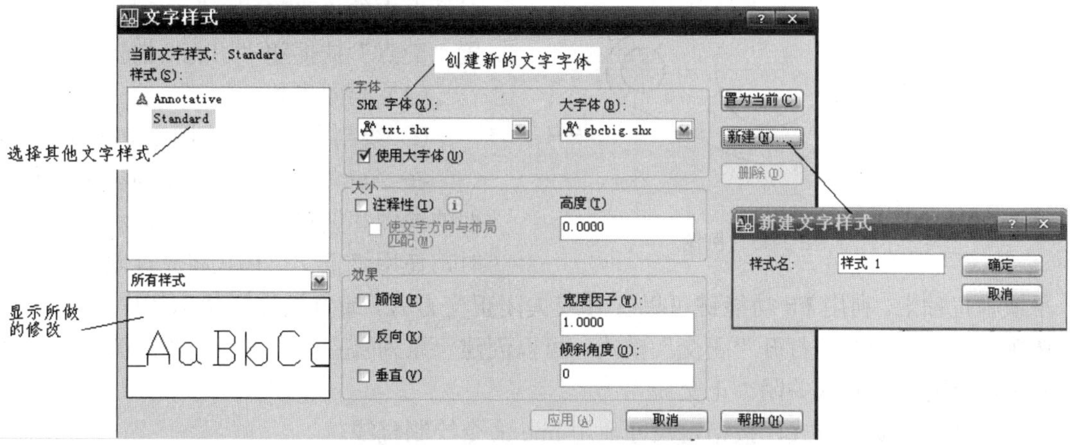

图 2-44　“文字样式”对话框

通过“文字样式”对话框，可以建立新的文字样式；一旦建立一种新的文字样式，一个字体名会与之匹配。单击“字体”编辑框，出现一个由当前操作系统支持的所有字体的列表。在AutoCAD图形中能够使用两种文字字体，其一种字体是扩展名为.shx的字体，这是AutoCAD自带的字体，通过一系列笔的运动生成字母形状来定义字体，字体定义后经过编译生成；另一种字体是以.ttf为扩展名的，这种字体表示真实类型（True Type）字体，该字体拥有较高的字体质量。另外，使用各种真实类型字体可以给图增加更好的对比效果。

“效果”选择区允许按“颠倒”、“反向”或“垂直”方式显示文字。另外，“宽度比例”文本框用于设置字符宽度与高度的比值，如果设置值大于1.0，则文字较宽；如果设置值小于1.0，则文字较窄。“倾斜角度”文本框设置字符的倾斜角度，若设置值为0°，文字不倾斜（在AutoCAD中，将倾斜角度设置为90°时，文字同样是不倾斜的）；倾斜角度为正值时，文字顶部沿顺时针方向向右倾斜；倾斜角度为负值时，文字顶部沿逆时针方向向左倾斜。

当选定字体和效果后，在对话框右下角的“预览”区会显示这种效果的字体。

另外，对现有文字对象进行更改的最快捷的方式是双击该文字对象。这将打开在位文字编辑器并显示要更改的文字。

2.7　示　　例

【例 2-1】 绘制如图 2-45 所示的图形（不分线型，一律用细实线绘制、不标注尺寸）。

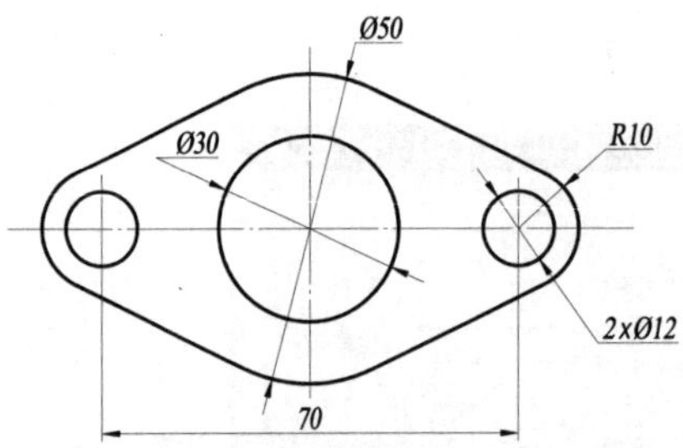

图 2-45　例图

（1）启动 AutoCAD，如前所述方式创建新图形。

（2）根据图形特点，进行目标捕捉状态设置。在图 2-38 所示的“草图设置”对话框中的“对象捕捉”选项卡中，设置“交点”捕捉和“切点”捕捉。

（3）绘图步骤：

① 绘制中心线，如图 2-46 所示。

在 AutoCAD 中提供了与丁字尺类似的绘图和编辑工具。创建或移动对象时，使用“正交”模式将光标限制在水平或垂直轴上。利用 F8 功能键可以打开或关闭正交方式，或直接选择状态栏中的“正交”选项。通过在绘制前打开“正交”模式，可以创建一系列垂直或水平线。在绘图和编辑过程中，可随时打开或关闭“正交”。

打开“正交”方式，按指定尺寸，用 line 命令绘制直线。

② 调用对象捕捉中的交点捕捉方式，用 circle（圆）命令绘制圆心在 *O* 点、直径为 *30* 的圆；继续使用 circle 命令以 *O* 点为圆心，绘制直径为 *50* 的圆。同理，绘制圆心分别在 *A*、*B* 两点的直径为 *12* 的圆和半径为 *10* 的圆。如图 2-47 所示。

注意： 使用交点捕捉方式时，要求先输入 circle 命令，在 AutoCAD 提示输入圆心时，开始捕捉。

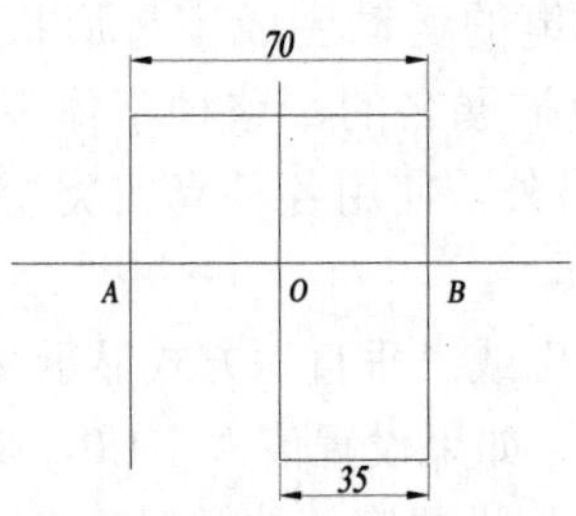

图 2-46　绘制中心线（不分线型）

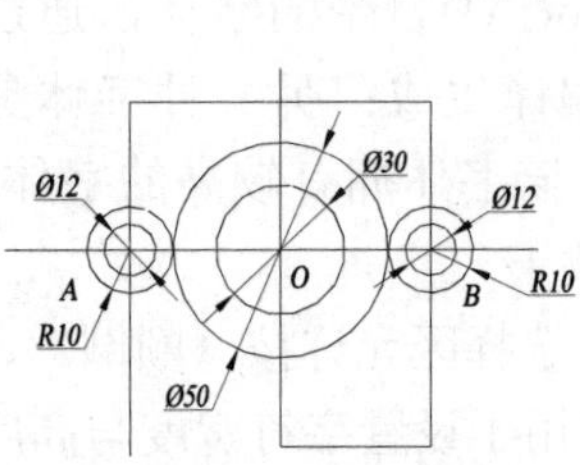

图 2-47　绘制相关的圆

③ 调用对象捕捉中的切点捕捉方式，用 line 命令绘制与直径为 *50* 和与半径为 *10* 的两个圆相切的直线。用如图 2-48 所示的切点捕捉方式绘制直线。完成后的图形如图 2-49 所示。

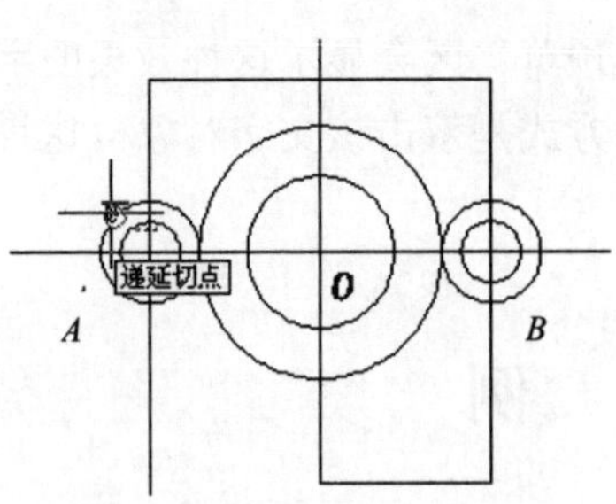

图 2-48　绘制与圆相切的直线

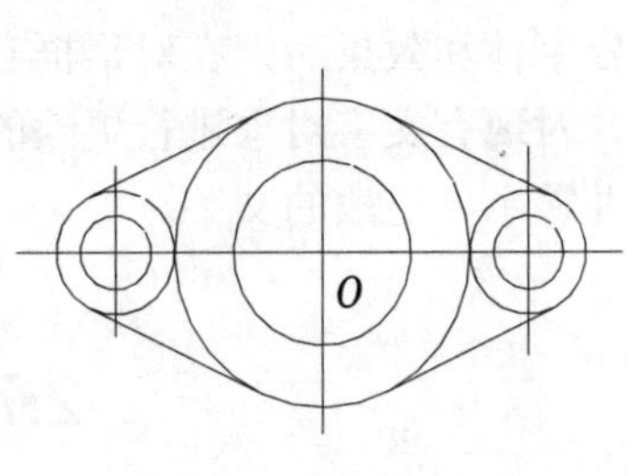

图 2-49　完成直线的绘制

④ 用 Trim 命令和 Erase 命令剪切多余的圆弧段。

用 Trim（剪切）命令时，选择与圆相切的直线作为剪切边，剪切掉多余的圆弧段。

（4）检查无误后，完成全图，如图 2-50 所示。

（5）保存文件。

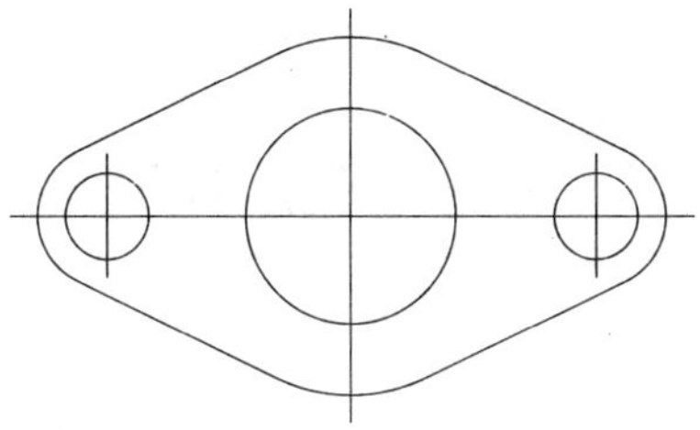

图 2-50　完成全图

第 3 章　点、直线、平面的投影

3.1　投影的基本知识

3.1.1　概 述

投影法是指在一定的投影条件下求作空间点、线、面、体的投影的方法。

如图 3-1 所示，设定平面 *P* 为投影面，不属于投影面的定点 *S* 为投射中心。过空间点 *A* 由投射中心可引直线 *SA*，*SA* 称为投射线。投射线 *SA* 与投影面 *P* 的交点 *a*，称作空间点 *A* 在投影面 *P* 上的投影；同理，点 *b* 是空间点 *B* 在投影面 *P* 上的投影（注：空间点以大写字母表示，如 *A*、*B*、*C*、…，其投影用相应的小写字母表示，如 *a*、*b*、*c*、…）。

由此可见，投射方向、投影面和被投影的空间物体是获得投影的不可缺少的条件。

3.1.2　投影法分类

1．中心投影法

当投射中心距离投影面为有限远，投射线均通过该中心，称为中心投影法。由中心投影法得到的投影，称为中心投影，如图 3-2 所示。

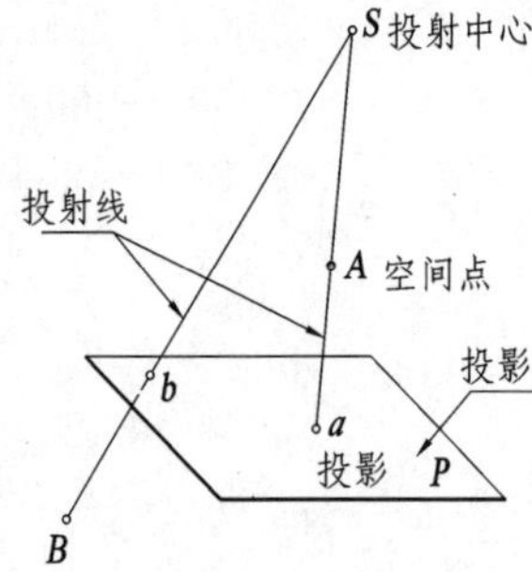

图 3-1　投影法

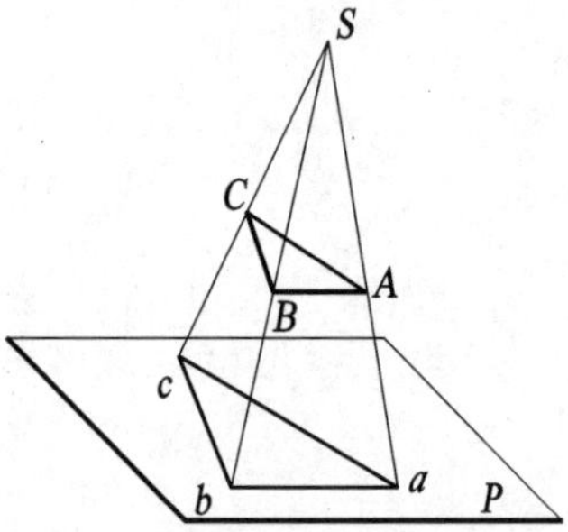

图 3-2　中心投影法

2．平行投影法

当投射中心距离投影面无限远，投射线相互平行，称为平行投影法。根据投射线与投影面的相对位置，平行投影法又可分为斜投影法和正投影法。

（1）斜投影法（斜角投影法）即投射线斜交于投影面，由斜投影法得到的投影称为斜投影，如图 3-3（a）所示。

（2）正投影法（直角投影法）即投射线正交于投影面，由正投影法得到的投影，称为正投影，如图 3-3（b）所示。

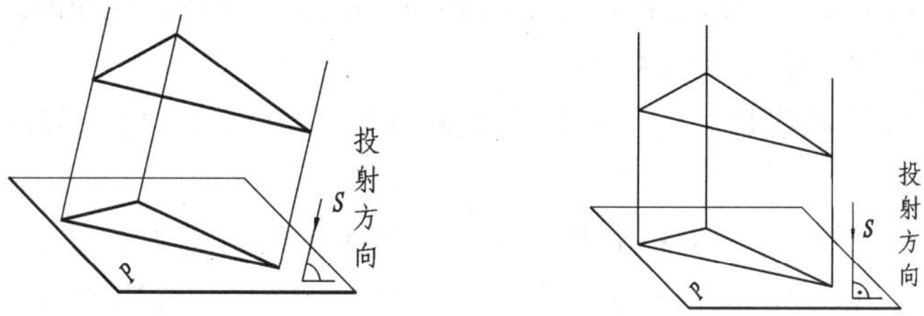

（a）斜投影法　　　　　　　　（b）正投影法

图 3-3　平行投影法

*3.1.3　平行投影的普遍性质[①]

（1）点的投影仍为点。如图 3-1 所示，投射线 *SA* 与投影面 *P* 仅有也只能有一个交点 *a*。

（2）不与投射方向一致的直线，其投影仍为直线，如图 3-4（a）所示；曲线的投影一般仍为曲线，如图 3-4（b）所示。

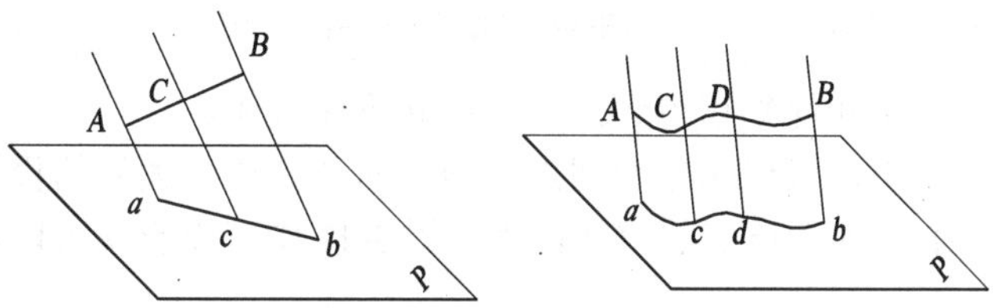

（a）　　　　　　　　（b）

图 3-4　直线与曲线的投影

（3）凡直线与投射线平行，直线的投影成为一点，属于该直线的所有点的投影，都与直线的投影重合，如图 3-5 中的直线 *EF*；凡平面与投射线平行，平面的投影成为一直线，属于该平面的所有点、线、几何图形的投影，也都与平面的投影重合，如图 3-5 中的平面 *ABCD*。投影的这种性质称为积聚性。

（4）点属于线，点的投影必属于该线的投影。如图 3-4 所示，点 *C* 属于 *AB*，则 *c* 属于 *ab*。

（5）两线相交，其投影亦必相交，且投影的交点即交点的投影，如图 3-6 所示。

（6）平行的两直线的投影亦相互平行。如图 3-7 所示，*AB*//*CD*，则 *ab*//*cd*。

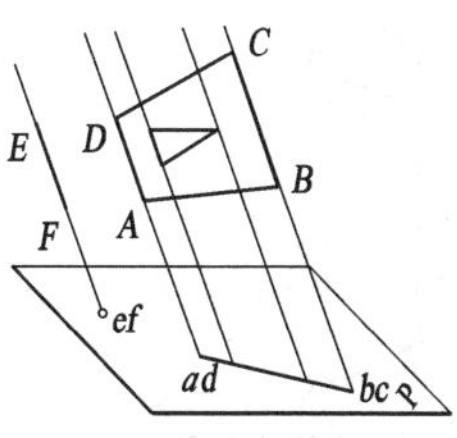

图 3-5 投影的积聚性

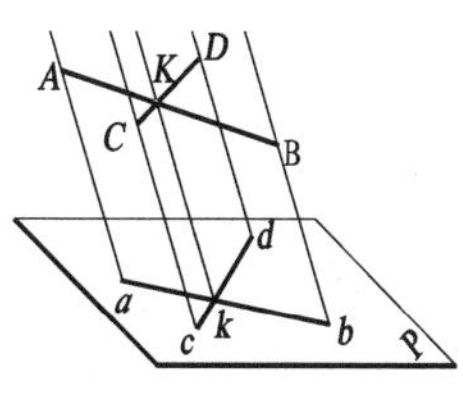

图 3-6　两线相交其投影相交

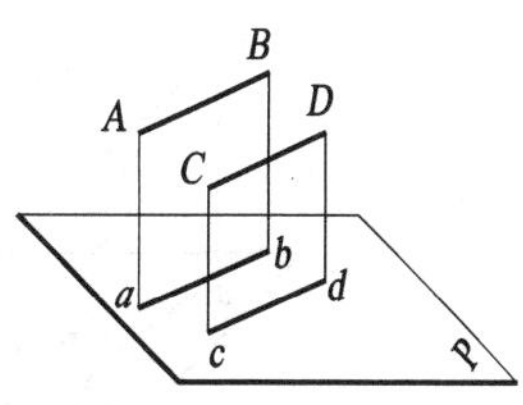

图 3-7　平行两直线

① 本书以后各章均以平行投影法（尤其正投影法）为主，故在此仅介绍平行投影的性质。

（7）属于直线段的点分线段之比，等于投影后点的投影分该直线段的投影之比。如图 3-8 中所示，点 $K \in AB$，则 $AK:KB=ak:kb$。

（8）平行两线段的长度比，等于投影后此两线段投影长度之比。如图 3-9 中，$AB//CD$，则 $AB:CD=ab:cd$。

（9）凡与投影面平行的线段和平面图形，直线段的投影反映其实长，平面图形的投影反映其实形。如图 3-10 中所示，$\triangle ABC//P$，则 $\triangle ABC \equiv \triangle abc$。投影的这种性质称为实形性。

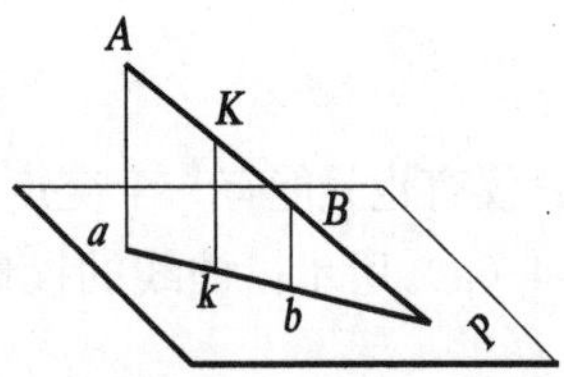

图 3-8　$AK:KB=ak:kb$

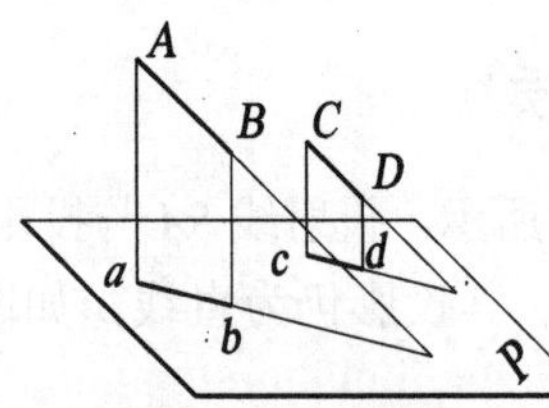

图 3-9　$AB:CD=ab:cd$

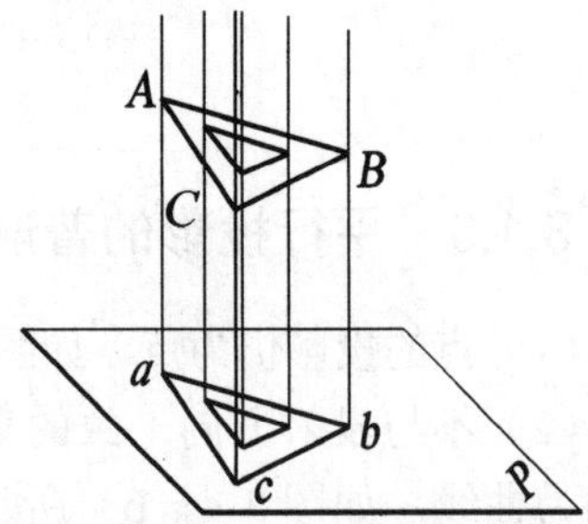

图 3-10　投影的实形性

以上性质，均可用几何知识得到证明，在此不作赘述。

利用以上投影知识，可以确定空间点、线、面及其相互关系的投影图。但是，仅凭点的一个投影，不能唯一确定该点的空间位置。图 3-11 中，投影 a 可以对应于投射线上任意点 A_1，A_2，A_3，…。

仅凭几何体的一个投影，不能唯一确定该几何体的空间形状。图 3-12 中，投影面上的图形所表示的可能是几何体 Ⅰ，Ⅱ，…。

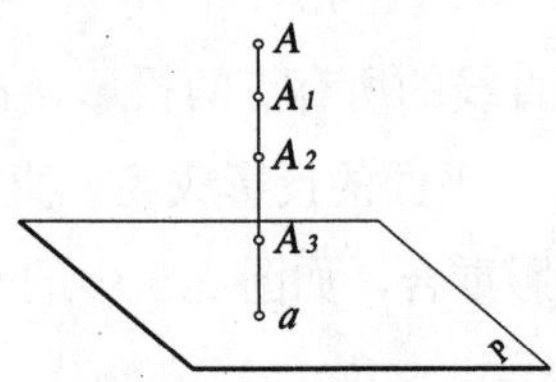

图 3-11　由点的一个投影不能确定点的空间位置

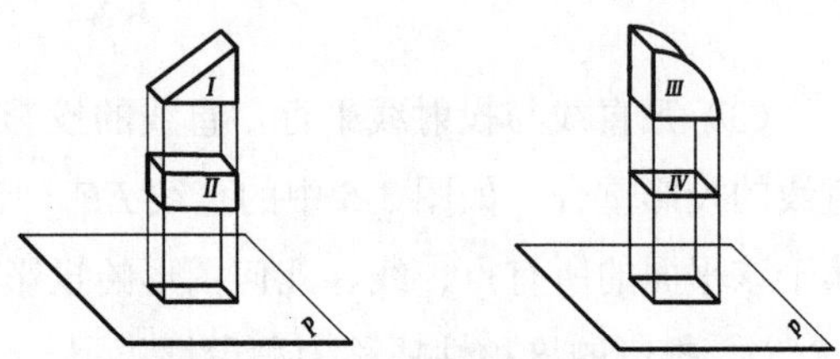

图 3-12　由一个投影不能确定几何体的形状

仅凭一个投影面上两直线的投影平行，不能据此确定其在空间一定相互平行，如图 3-13 所示。

仅凭在一个投影面上点的投影属于线段的投影，不能据此确定该空间点一定属于该空间线段，如图 3-14 所示。

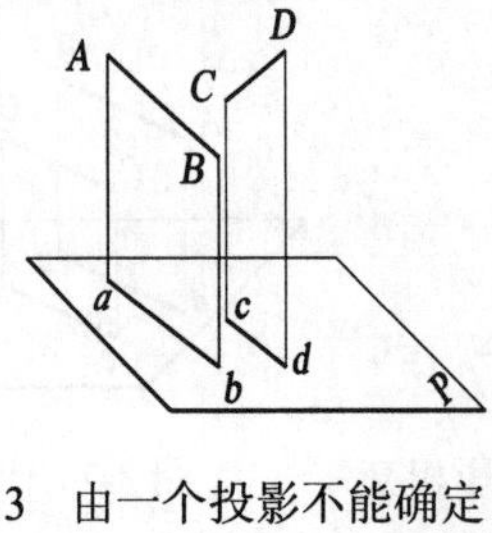

图 3-13　由一个投影不能确定 $AB // CD$

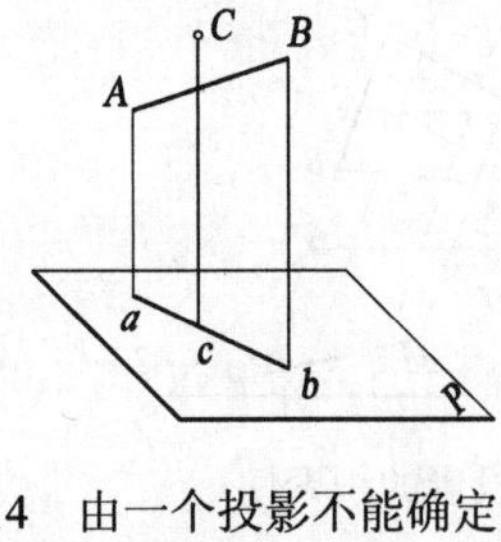

图 3-14　由一个投影不能确定 C 属于 AB

3.1.4 工程上常用的 4 种投影图

1. 多面正投影图

多面正投影图是工程技术界使用得最为广泛的一种图样。它是采用相互垂直的两个或两个以上的投影面，使用正投影法，将空间点、线、面及其相互关系投影到这些投影面上，并由这些投影共同确定这些空间点、线、面及其相互关系。图 3-15（a）所示的是将三角块向 3 个投影面投影，并将其摊平在一个平面上得到三角块的三面正投影图（正投影图以下简称投影图），如图 3-15（b）所示。多面投影图具有良好的度量性，不足的是直观性较差。

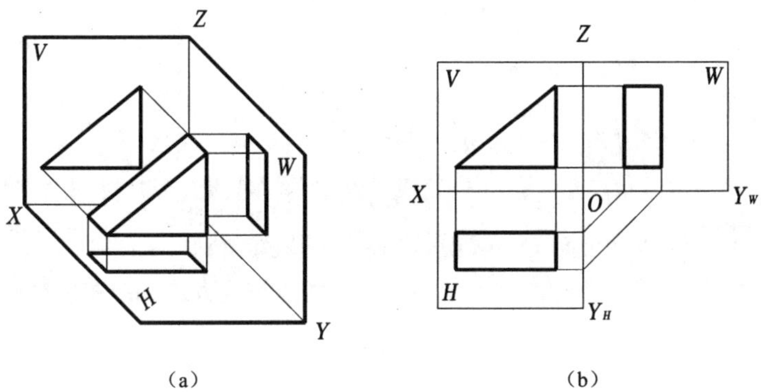

图 3-15　三面投影图

2. 轴测投影图

轴测投影图是采用平行投影法得到的一种单面投影图。它是将空间的几何形体连同其所在的直角坐标系，一并投影到一个选定的投影面上，使其投影能同时呈现物体的三维形状或三维尺度（*X*，*Y*，*Z*）。这种投影图立体感强，沿轴向具有度量性，但作图较繁，如图 3-16 所示。

轴测投影图适合用于产品说明书中的机器外观图，也常用于计算机辅助造型设计中。

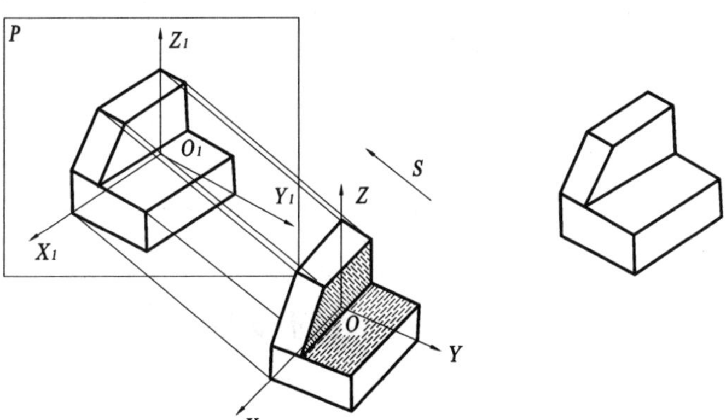

图 3-16　轴测投影及轴测投影图

3．透视投影图

透视投影图是采用中心投影法得到的一种单面投影图。这种图符合人们的视觉习惯，直观性好，立体感强；其缺点是度量性差，作图繁琐。用透视投影作的建筑物效果图如图3-17所示。

图3-17　用透视投影作的建筑物效果图

4．标高投影图

标高投影图是采用正投影法得到空间点、线、面、体的投影后，再在投影图上用数字标出它们对投影面的距离，以确定它们之间的几何关系。标高投影图常用来表示不规则曲面，如船舶壳体、飞行器外形、汽车车身曲面及地形外貌等，图3-18是地形的标高投影图。

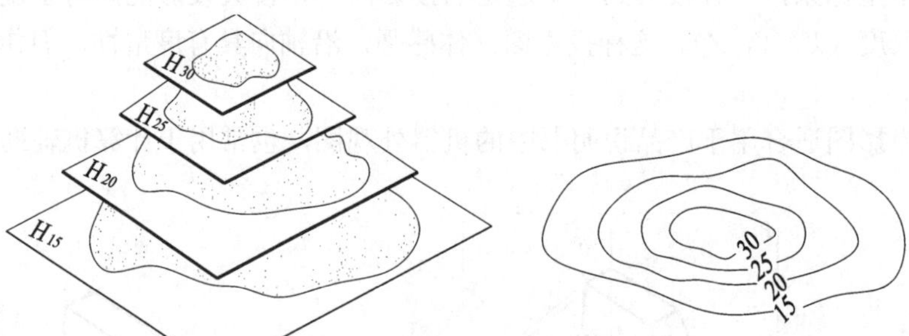

图3-18　地形的标高投影图

3.2　点的投影

3.2.1　点的二面投影及其投影规律

1．二投影面体系

二投影面体系是由直立的投影面和与之垂直的水平投影面所组成，如图3-19所示。其中，直立的投影面，称为正面，记作 V；水平的投影面，称为水平面，记作 H；两投影面的交线称为投影轴，记作 OX。V 面和 H 面将空间分为 4 个部分，称为 4 个分角，分角 I、II、III、IV的划分顺序如图 3-19 所示。本书着重讲述在第 I 分角中几何体的投影。

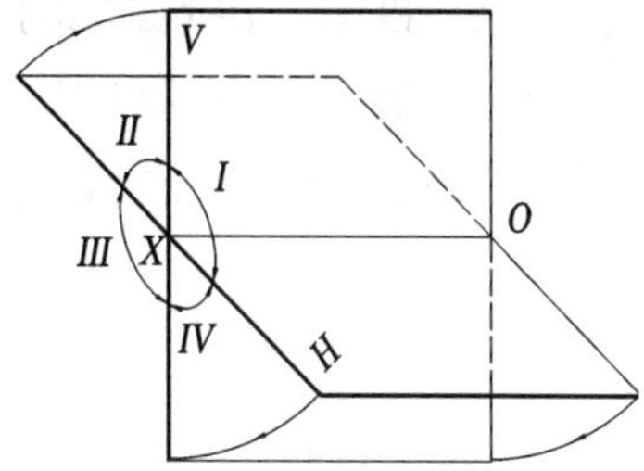

图 3-19　二投影面体系

2．点的二面投影

在图 3-20（a）中，由点 A 向 V 面作正投影（简称作投影），得到点 A 的正面投影，以 a'表示；向 H 面作投影，得到点 A 的水平投影，以 a 表示。

移去空间点 A，保持 V 面不动，将 H 面绕 OX 轴向下旋转 90°与 V 面处于同一平面，如图 3-20（b）所示，即可得到点 A 的二面投影图，如图 3-20（c）所示。由于投影面的大小与作图无关，故在投影图上不必画出投影面的边界，如图 3-20（d）所示。

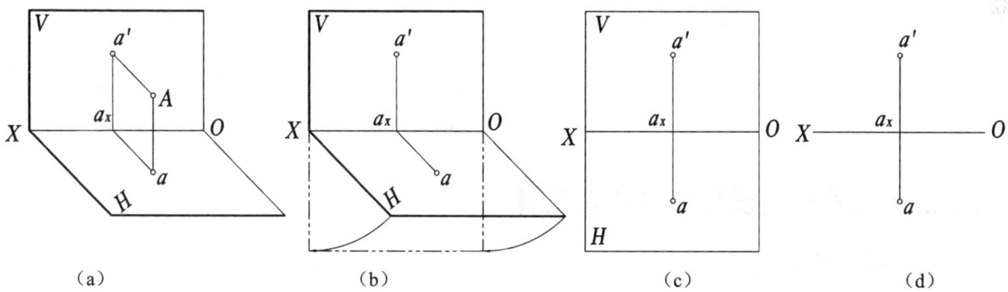

图 3-20　点的二面投影及其投影规律

3．点的二面投影规律

图 3-20（a）中，投影线 Aa 和 Aa'构成的平面 Aaa_xa'，垂直于 H 面和 V 面，则必垂直于 OX 轴，因而平面 Aaa_xa'上过 a_x 的直线 aa_x 和 $a'a_x$ 垂直于 OX，即 $aa_x \perp OX$，$a'a_x \perp OX$。当 a 随 H 面绕 OX 轴旋转与 V 面重合后，a、a_x、a'三点共线，且 $a'a \perp OX$ 轴，如图 3-20（c）、（d）所示。

图 3-20（a）中，矩形平面 Aaa_xa'的对边相等，$a'a_x=Aa=A \rightarrow H$ 面的距离；$aa_x=Aa'=A \rightarrow V$ 面的距离。

综上所述，点的两面投影规律可总结为：

（1）点的正面投影与水平投影的连线垂直于 OX 轴；

（2）点的正面投影到 OX 轴的距离等于该点到 H 面的距离，点的水平投影到 OX 轴的距离等于该点到 V 面的距离。

4．不同分角内点的投影

图 3-21（a）中，空间点 A、B、C、D 分别处于第 I、II、III、IV分角内，将其分别向 V、H 面作投影后，再将 H 面绕 OX 轴旋转与 V 面处于同一平面。

由于 OX 轴之前的半个 H 面向下旋转，则 OX 轴之后的半个 H 面一定向上旋转，故其投影如图 3-21（b）所示。从图 3-21（b）可知：*I* 分角内的点 *A*，正面投影 *a'* 在 *OX* 轴的上方，水平投影 *a* 在 *OX* 轴的下方；*II* 分角内的点 *B*，正面投影 *b'* 和水平投影 *b* 同在 *OX* 轴的上方；*III* 分角内的点 *C*，正面投影 *c'* 在 *OX* 轴的下方，水平投影 *c* 在 *OX* 轴的上方；*IV* 分角内的点 *D*，正面投影 *d'* 和水平投影 *d* 同在 *OX* 轴的下方。

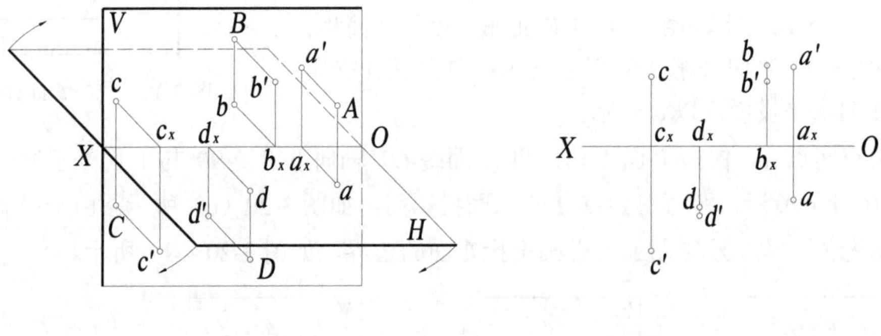

图 3-21　不同分角内点的投影

3.2.2　点的三面投影及其投影规律

1. 三投影面体系

在两投影面体系的基础上添加一个与 *V* 面和 *H* 面都垂直的投影面，从而构成三投影面体系，这个新添加的投影面称为侧面，记作 *W*，如图 3-22所示。在三投影面体系中，*V* 面与 *H* 面的交线为 *OX* 轴；*H* 面与 *W* 面的交线为 *OY* 轴；*V* 面与 *W* 面的交线为 *OZ* 轴。三条投影轴的交点为投影原点，记作 *O*。三个投影面把空间分成八个部分，称为八个分角。分角 *I*～*VIII* 的划分顺序如图3-22所示。

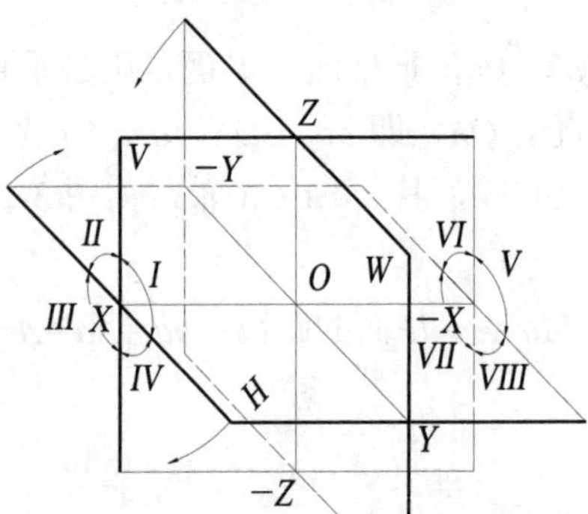

图3-22 三面投影体系

2. 点的三面投影

图 3-23（a）中，第 *I* 分角内有一点 *A*，将其分别向 *V*、*H*、*W* 面作投影，即得点 *A* 的三面投影 *a'*、*a*、*a''*（*a''* 表示点 *A* 的侧面投影）。

移去空间点 *A*，保持 *V* 面不动，将 *H* 面绕 *OX* 轴向下旋转 90°，*W* 面绕 *OZ* 轴向右旋转 90°与 *V* 面处于同一平面，得到点 *A* 的三面投影图，如图 3-23（b）所示。图中 *OY* 轴被假想分成两条，随 *H* 面旋转的称为 OY_H 轴，随 *W* 面旋转的称为 OY_W 轴。投影图中也不必画出投影面的边界，如图 3-23（c）所示，为了作图方便，可用过点 *O* 的 45° 辅助线，aa_{YH}、$a''a_{YW}$ 的延长线必与这条辅助线交汇于一点。

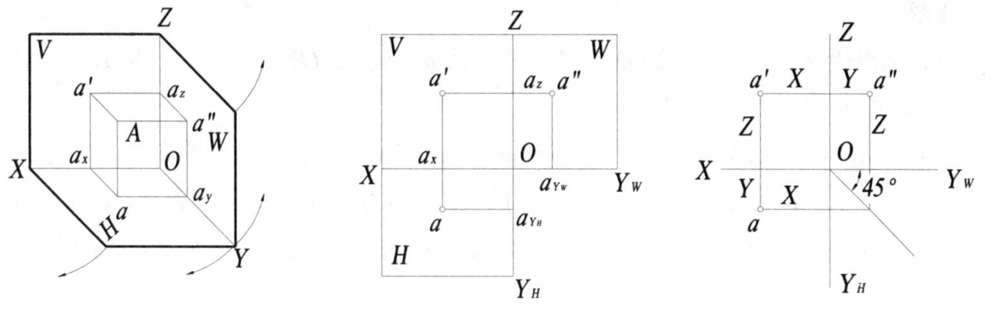

（a）　　　　（b）　　　　（c）

图 3-23　第一分角内点的投影

3. 点的三面投影与直角坐标的关系

图 3-22中，若将三面体系当作笛卡尔直角坐标系，则投影面 *V*、*H*、*W* 相当于坐标面，投影轴 *OX*、*OY*、*OZ* 相当于坐标轴 *X*、*Y*、*Z*，投影原点 *O* 相当于坐标原点 *O*。原点把每一轴分成两部分，并规定：*OX* 轴从 *O* 向左为正，向右为负；*OY* 轴向前为正，向后为负；*OZ* 轴向上为正，向下为负。因此，第 *I* 分角内的点，其坐标值均为正。

分析图 3-23 可知，空间点的三面投影与该点的空间坐标有如下关系。

（1）空间点的任一投影，均反映了该点的某两个坐标值，即：a（X_A，Y_A）、a'（X_A，Z_A）、a''（Y_A，Z_A）。

（2）空间点的每一个坐标值，反映该点到某投影面的距离，即：

$X_A=aa_{YH}=a'a_z=A\to W$ 面的距离；

$Y_A=aa_x=a''a_z=A\to V$ 面的距离；

$Z_A=a'a_x=a''a_{YW}=A\to H$ 面的距离。

由上可知，点 *A* 的任意两个投影反映了点的 3 个坐标值。有了点 *A* 的一组坐标值 *A*（X_A，Y_A，Z_A），就能唯一地确定该点的三面投影 *A*（a'，a，a''）；反之亦然。

4. 点的三面投影规律

空间点 *A* 的二面投影规律中有 $aa'\perp OX$，同理可得，点 *A* 的正面投影与侧面投影的连线垂直于 *OZ* 轴，即 $a'a''\perp OZ$。

空间点 *A* 的水平投影到 *OX* 轴的距离和侧面投影到 *OZ* 轴的距离均反映该点的 *Y* 坐标，故 $aa_x=a''a_z=Y_A$。

综上所述，点的三面投影规律为：

（1）点的正面投影与水平投影的连线垂直于 *OX* 轴；

（2）点的正面投影与侧面投影的连线垂直于 *OZ* 轴；

（3）点的水平投影与侧面投影具有相同的 *Y* 坐标。

【**例3-1**】已知点 *A* 的坐标为（15，8，12），求作点 *A* 的三面投影图。

作图：

（1）画出投影轴。由 O 沿 OX 取 $X=15$，得 a_x 点，沿 OY_H 取 $Y=8$，得 a_{YH} 点，沿 OZ 取 $Z=12$，得 a_z 点，见图 3-24（a）；

（2）过 a_x 点作 OX 轴的垂线，它与过 a_{YH} 点而与 OX 平行的直线的交点，即为点 A 的水平投影 a；与过 a_z 点而与 OX 平行的直线的交点，即为点 A 的正面投影 a'，见图 3-24（b）；

（3）由 $aa_x=a_{YH}O=a_{YW}O=a''a_z$，在 $a'a_z$ 延长线上即可得到点的侧面投影 a''，见图 3-24（c）或（d）。

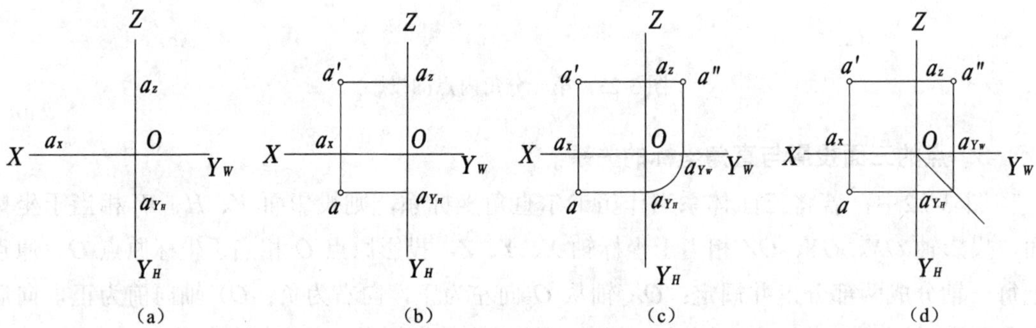

图 3-24　投影与坐标的关系

【例 3-2】 根据点的三面投影图，见图 3-25（a），作该点的立体图。

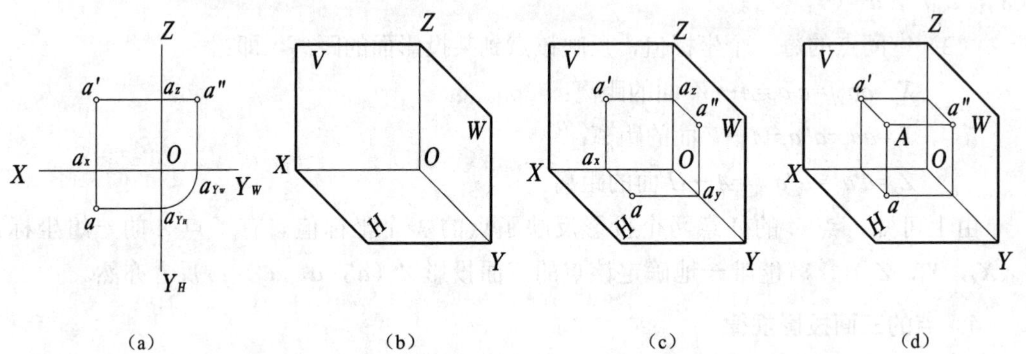

图 3-25　例 3-2 图

作图：

（1）画出三投影面体系，见图 3-25（b）；

（2）在 OX 轴、OY 轴、OZ 轴上分别作出 Oa_x、Oa_y、Oa_z，求出 a'、a、a''，见图 3-25（c）；

（3）过 a'，a，a''分别作相应投影轴 OY、OZ、OX 的平行线，平行线的交点即为所求的空间点 A，见图 3-25（d）。

【例 3-3】 已知点 C 的二面投影 c'、c''，见图 3-26（a），求作其第三投影 c。

作图：

（1）过 c' 作 OX 的垂线，见图 3-26（b）；

（2）由 $c''c_Z = cc_X = Y_C$ 作图，求出点 C 的水平投影 c，见图 3-26（c）。

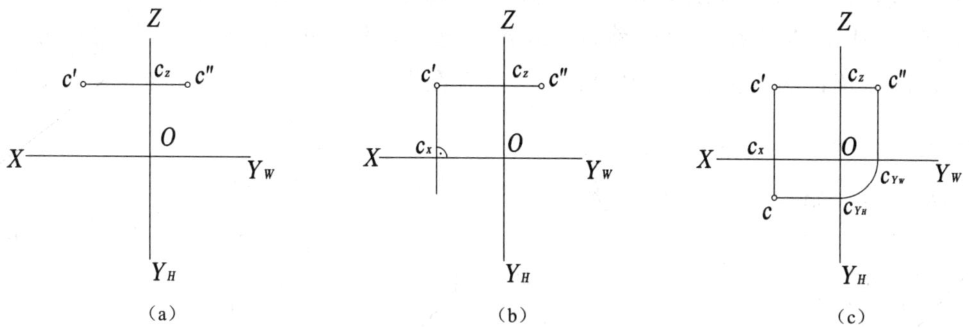

图 3-26　例 3-3 图

3.2.3　两点间的相对位置

两点间的相对位置是指空间两点之间上下、左右、前后的位置关系。

1．两点间的相对位置

根据两点的坐标，可判断空间两点的相对位置。两点中，X 坐标值大的在左；Y 坐标值大的在前；Z 坐标值大的在上。图 3-27（a）中，$X_A>X_B$，则点 A 在点 B 之左；$Y_A>Y_B$，则点 A 在点 B 之前；$Z_A>Z_B$，则点 A 在点 B 之上。即点 A 在点 B 之左、前、上方，如图 3-27（b）所示。

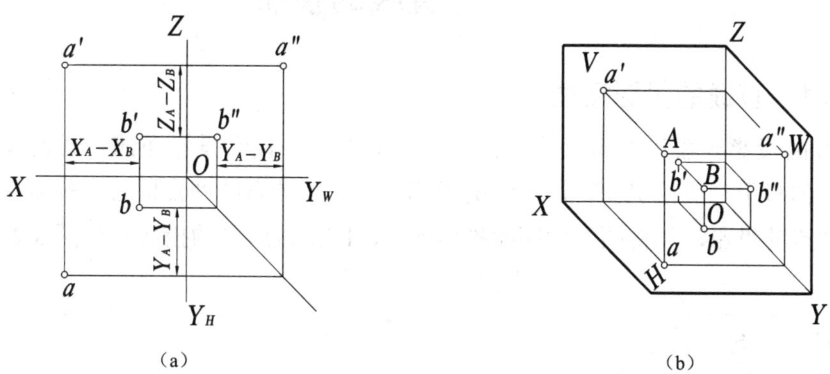

图 3-27　两点的相对位置

2．重影点及其可见性

属于同一条投射线上的点，在该投射线所垂直的投影面上的投影重合为一点，空间的这些点，称为对该投影面的重影点。图 3-28（a）中，空间两点 A、B 属于对 H 面的一条投射线，则点 A、B 称为对 H 面的重影点，其水平投影重合为一点 a（b）（点的不可见投影加括号表示）；点 C、D 称为对 V 面的重影点，其正面投影重合为一点 c'（d'）。同理，在

图 3-28（b）中，空间两点 E、F 称为对 W 面的重影点，其侧面投影重合为 $e''(f'')$。

当空间两点在某投影面上的投影重合时，其中必有一点的投影遮挡住另一点的投影，这就出现了重影点投影的可见性问题。图 3-28（a）中，点 A、B 为对 H 面的重影点，由于 $Z_A > Z_B$，点 A 在点 B 的上方，故 a 可见，b 不可见；点 C、D 为对 V 面的重影点，由于 $Y_C > Y_D$，点 C 在点 D 的前方，故 c' 可见，d' 不可见；同理，在图 3-28（b）中，点 E、F 为对 W 面的重影点，由于 $X_E > X_F$，点 E 在点 F 的左方，故 e'' 可见，f'' 不可见。

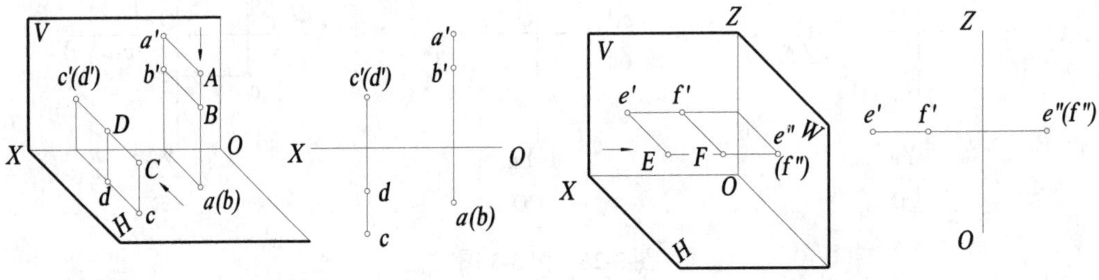

（a）　　　　　　　　　　　　　　　　　　（b）

图 3-28　重影点和可见性

显然，重影点是那些两个坐标值相等，第三个坐标值不等的空间点。因此，判断重影点投影的可见性，是根据它们不等的那个坐标值来确定的，即坐标值大的点投影可见，坐标值小的点投影不可见。

3.3　直线的投影

3.3.1　直线的投影概述

直线的投影一般仍然为直线。在特殊情况下，垂直于投影面的直线的投影，积聚为一个点。但对于一般情况而言，直线的投影可由属于该直线两点的投影来确定。作出直线段上两端点的投影，并将两点的同面投影连线，即得直线段的投影，如图 3-29 所示。

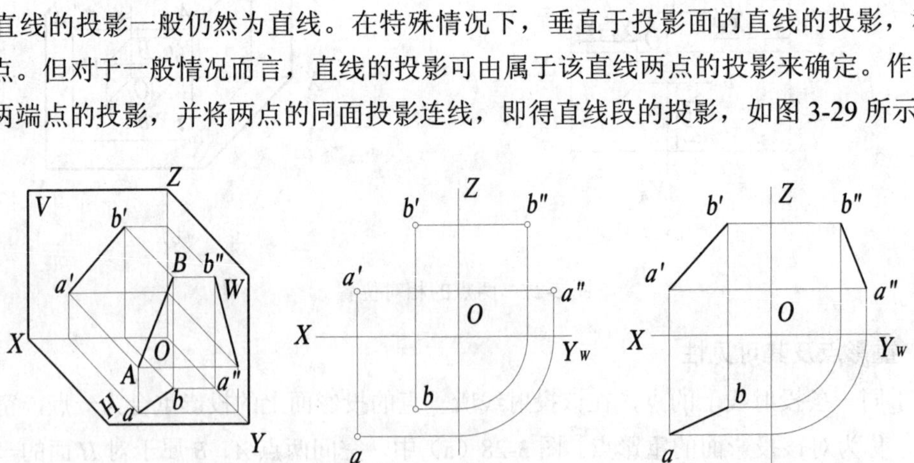

（a）　　　　　　　　　（b）　　　　　　　　　（c）

图 3-29　直线投影的画法

另外，直线的投影也可由属于直线的一点的投影及该直线的方向的投影确定。因此作出属于直线的点的投影并过其作直线方向同面投影的平行线，即得直线的投影。

读直线投影图，就是根据直线投影图中直线段两端点上下、左右、前后的相对位置关系，想象出该直线在三面体系中的空间位置。由图 3-29（c）中直线的正面投影和侧面投影可知，$Z_B>Z_A$，即点 B 在点 A 的上方；由正面投影和水平投影可知，$X_A>X_B$，即点 A 在点 B 的左方；由水平投影和侧面投影可知，$Y_A>Y_B$，即点 A 在点 B 的前方。因此线段 AB 在空间的位置可描述为：自 A 端向后、向上、向右。

3.3.2 各种位置直线的投影

根据直线在投影面体系中对 3 个投影面所处的位置不同，可将直线分为投影面平行线、投影面垂直线和一般位置直线 3 类。直线对 V、H、W 三投影面的倾角，分别用 θ_V、θ_H、θ_W 表示。

1. 一般位置直线的投影特点

与3个投影面都倾斜的直线是一般位置直线。如图 3-30 所示，由于一般位置直线倾斜于 3 个投影面，故有下述投影特点。

（1）直线的三面投影都倾斜于投影轴，它们与投影轴的夹角，均不反映直线对投影面的倾角；

（2）直线的三面投影的长度都短于实长，其投影长度与直线对各投影面的倾角有关，即 $ab=AB\cos\theta_H$、$a'b'=AB\cos\theta_V$、$a''b''=AB\cos\theta_W$。

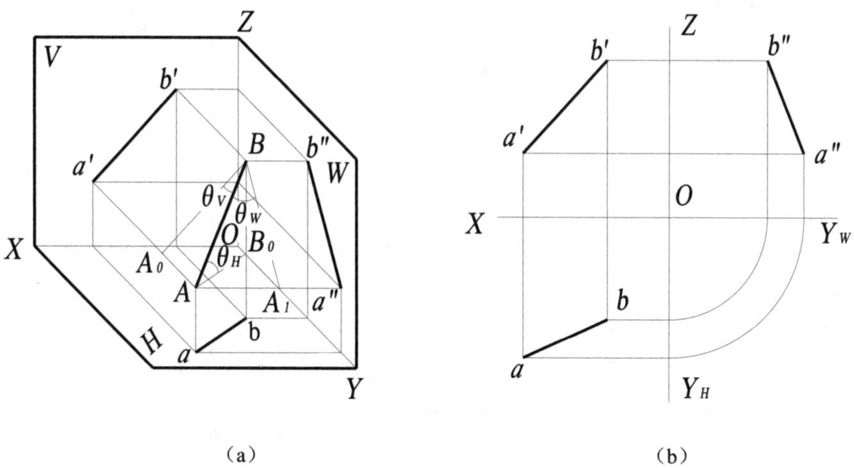

图 3-30 一般位置直线的投影

2. 投影面平行线的投影特点

投影面平行线是平行于某一投影面，倾斜于其余两投影面的直线。投影面的平行线有 3 种情况：与正面平行的直线，称为正平线；与水平面平行的直线，称为水平线；与侧面平行的直线，称为侧平线。

表 3-1 列出了三种投影面平行线的立体图、投影图和投影特性。

表 3-1　投影面平行线的投影特点

名称	正平线（//V）	水平线（//H）	侧平线（//W）
实例	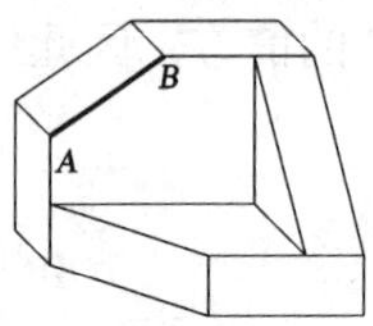	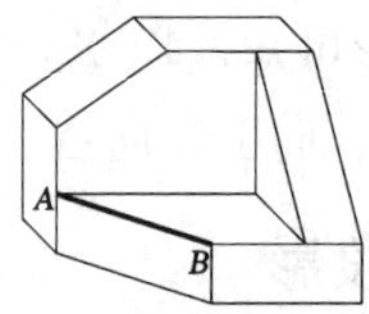	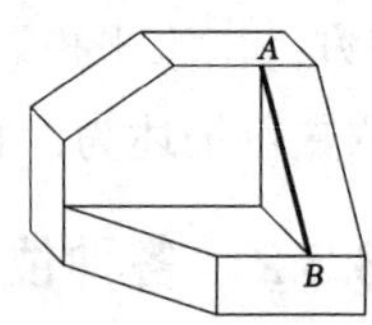
立体图	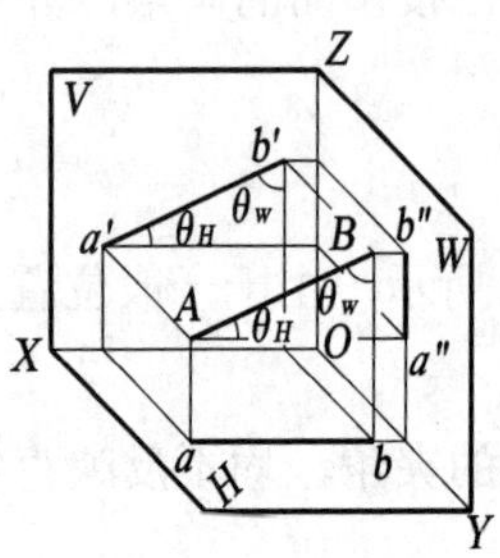	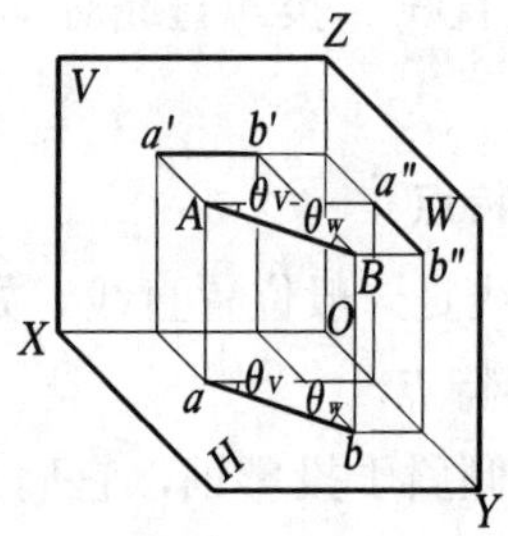	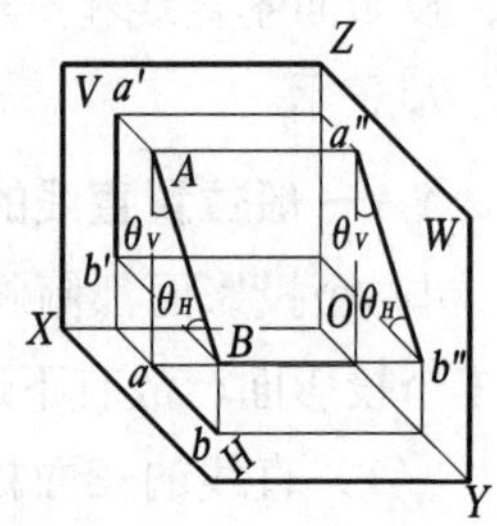
投影图	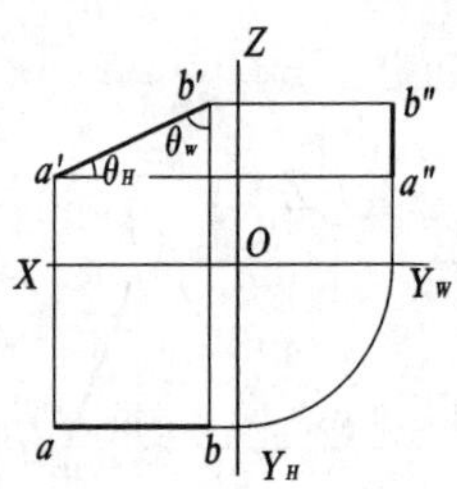	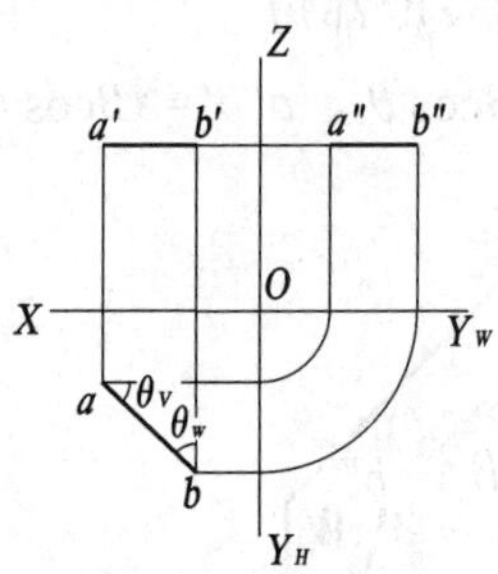	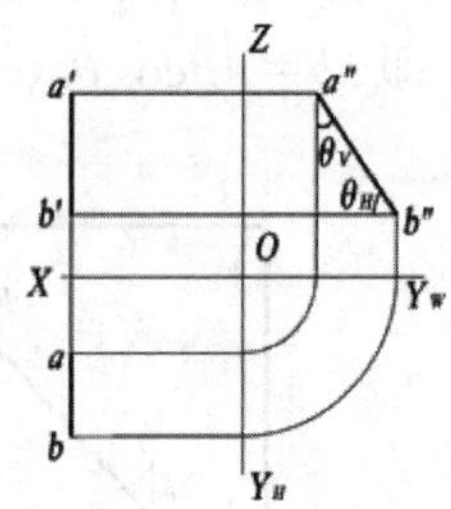
投影特性	1. ab // OX 轴；　$a''b''$ // OZ 轴 2. $a'b'=AB$ 3. $a'b'$与 OX 轴和 OZ 轴的夹角分别反映 θ_H 和 θ_W	1．$a'b'$ // OX 轴；　$a''b''$ // OY_W 轴 2．$ab=AB$ 3．ab 与 OX 轴和 OY_H 轴的夹角分别反映 θ_V 和 θ_W	1．$a'b'$ // OZ 轴；　ab // OY_H 轴 2．$a''b''=AB$ 3. $a''b''$与 OZ 轴和 OY_W 轴的夹角分别反映 θ_V 和 θ_H

现以水平线为例（见表 3-1 中图），讨论投影面平行线的投影特点。

（1）水平线 AB 的正面投影 $a'b'$平行于 OX 轴，侧面投影 $a''b''$平行于 OY_W 轴。

（2）水平线 AB 的水平投影反映线段实长，即 $ab=AB$。

（3）水平线 AB 的水平投影 ab 与 OX 轴的夹角，反映直线对 V 面的倾角 θ_V; ab 与 OY_H 轴的夹角，反映直线对 W 面的倾角 θ_W。

【例 3-4】 过一已知点 A 作线段 AB=15 mm，使其平行于 W 面，且与 H 面的倾角 θ_H=45°。如图 3-31 所示。

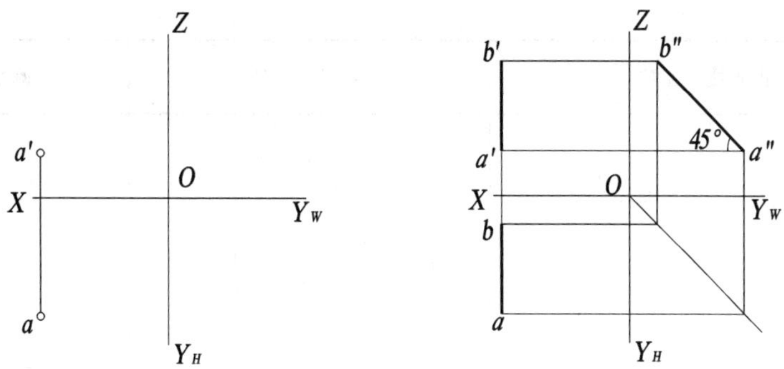

图 3-31　过 *A* 点作侧平线

分析：过点 *A* 作平行于 *W* 面的直线为侧平线，根据侧平线的投影特性和已知条件（$a''b''=AB$，$a''b''$与 OY_W成 45°，$ab//OY_H$，$a'b'//OZ$），即可做出直线 *AB* 的投影图。

作图：

（1）先作出点 A 的侧面投影 a''，再过 a''作一条与 OY_W轴夹角成 45°的直线，并在该直线上截取 $a''b''$=15 mm，$a''b''$ 即为直线 *AB* 的侧面投影。

（2）作另外两个投影，按投影规律分别过 *a* 作 $ab// OY_H$，$a'b'//OZ$，即得直线 *AB* 的水平投影 *ab* 和正面投影 *a'b'*（此题有两解，另一解请读者自行分析）。

3．投影面垂直线的投影特点

投影面垂直线是垂直于某一投影面，平行于其余两投影面的直线。投影面垂直线有 3 种情况：与正面垂直的直线，称为正垂线；与水平面垂直的直线，称为铅垂线；与侧面垂直的直线，称为侧垂线。

表 3-2 列出了 3 种投影面垂直线的立体图、投影图和投影特性。

表 3-2　投影面垂直线的投影特点

名称	正垂线（⊥*V*）	铅垂线（⊥*H*）	侧垂线（⊥*W*）
实例	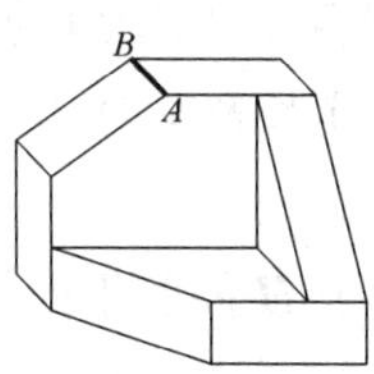	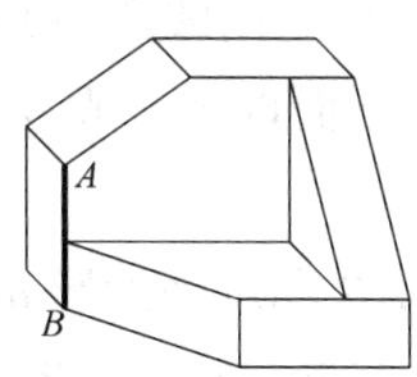	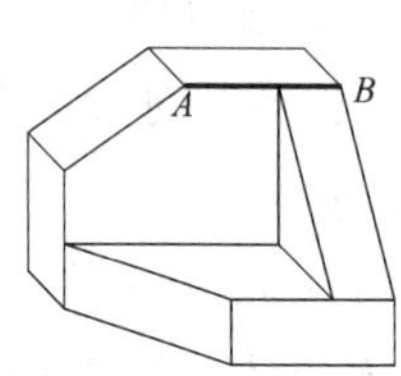
立体图	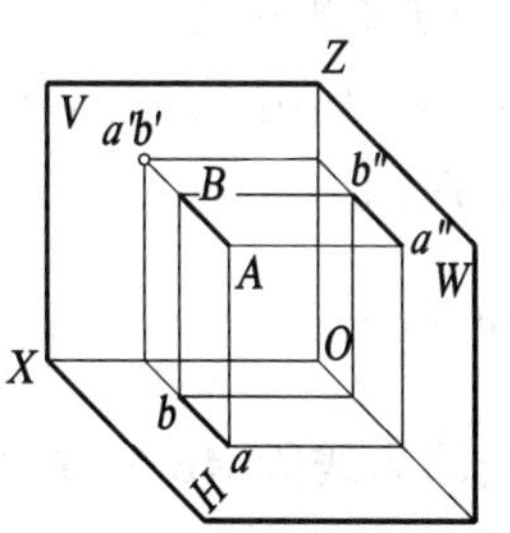	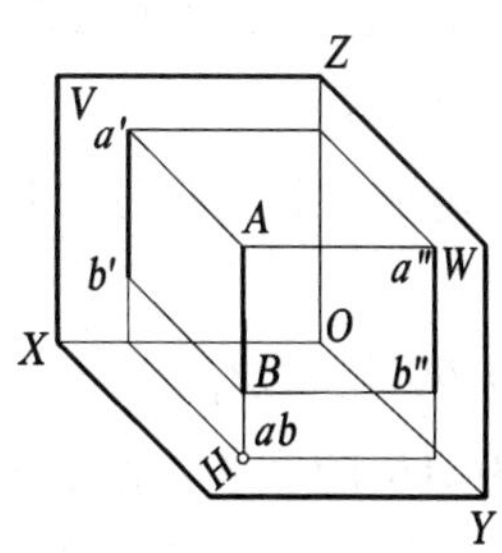	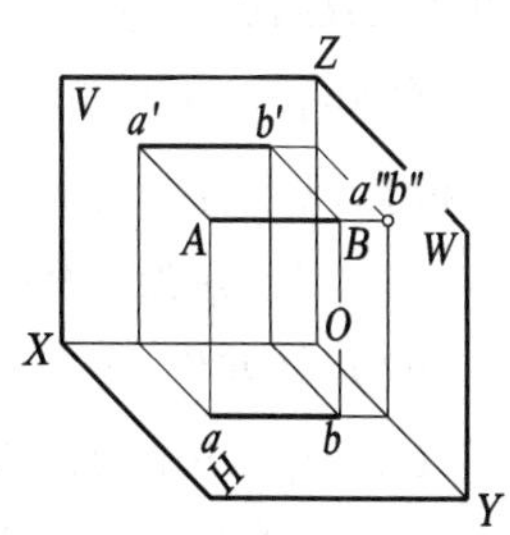

续 表

名称	正垂线（⊥V）	铅垂线（⊥H）	侧垂线（⊥W）
投影图	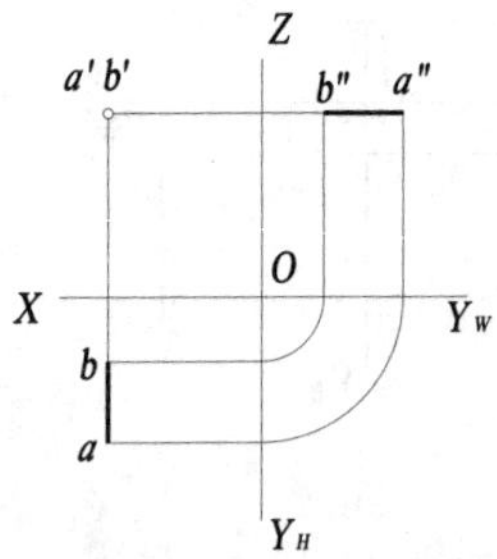	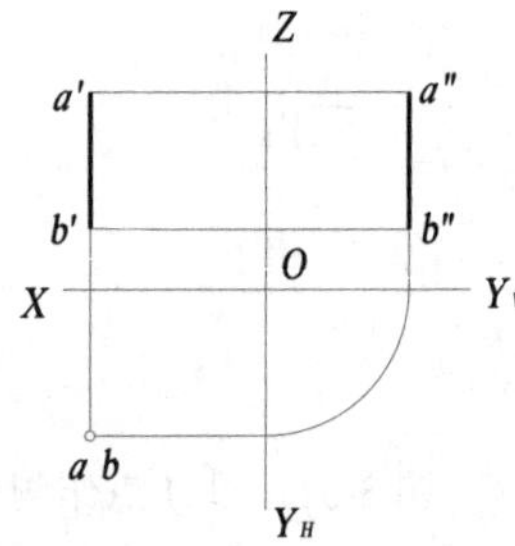	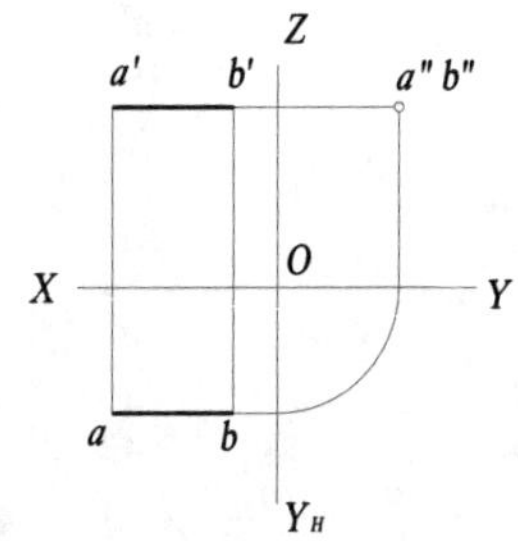
投影特性	1．$ab//OY_H$轴 $a''b''//OY_W$轴 2．$a'b'$积聚为一点 3．$ab=a''b''=AB$	1．$a'b'//OZ$轴 $a''b''//OZ$轴 2．ab积聚为一点 3．$a'b'=a''b''=AB$	1．$a'b'//OX$轴 $ab//OX$轴 2．$a''b''$积聚为一点 3．$a'b'=ab=AB$

现以铅垂线为例（见表 3-2 中图），讨论投影面垂直线的投影特点。

（1）铅垂线 AB 的正面投影 $a'b'$ 平行于 OZ 轴，侧面投影 $a''b''$ 平行于 OZ 轴；

（2）铅垂线 AB 的水平投影积聚为一点，即 ab 为一点；

（3）铅垂线 AB 的正面投影和侧面投影反映线段实长，即 $a'b'=AB$，$a''b''=AB$。

3.3.3 求一般位置直线段的实长及其对投影面的倾角

由上述一般位置直线得投影性质可知，一般位置直线的投影在投影图上不反映线段的实长和该直线对投影面的倾角。但在工程上，往往要求在投影图上用作图方法解决这类度量问题。

直角三角形法，就是通过分析空间线段与其投影的几何关系，用图解的方法求出线段的实长及其对投影面的倾角。下面以求一般位置线段 AB 的实长及其对 H 面的倾角 θ_H 为例说明。

图 3-32（a）中，空间线段 AB 和水平投影 ab 构成一垂直于 H 面的平面 $ABba$。过点 A 作$AB_0//ab$，并交投影线 Bb 于点 B_0，则 AB_0B 构成一直角三角形。该直角三角形中，一直角边 $AB_0=ab$，另一直角边 $BB_0=Z_B-Z_A$（即线段 AB 两端点的 Z 坐标差）；斜边即为线段 AB 的实长，AB 与 AB_0 的夹角 $\angle BAB_0=\theta_H$（本书图中线段的实长均用 $T.L$ 表示）。

根据以上分析，该直角三角形的具体作法如图 3-32（b）所示。

（1）以 ab 为直角边；

（2）过 b 作 $bb_0\perp ab$，取 $bb_0=Z_B-Z_A$；

（3）连 ab_0，则 ab_0 即为 AB 的实长，ab_0 与 ab 的夹角即为线段 AB 对 H 面的倾角 θ_H。此直角三角形的作法，亦可为如图 3-32（c）、（d）所示的作法。

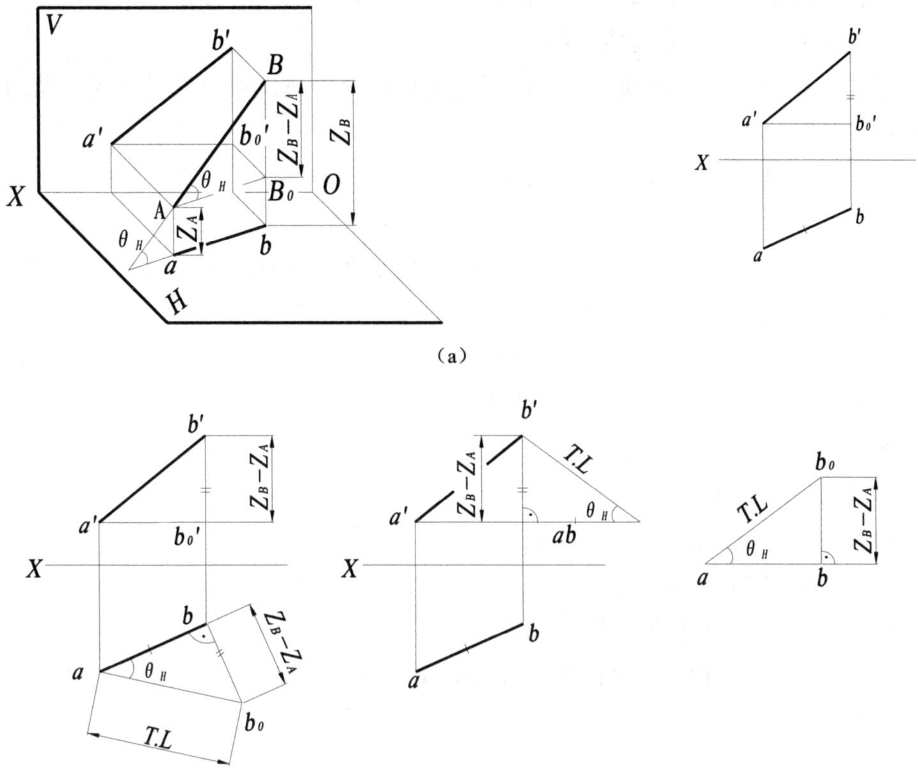

(b)　　　　　(c)　　　　　(d)

图 3-32　一般位置线段的实长及倾角θ_H

同理，利用线段 *AB* 的正面投影长度 *a'b'*，以及该线段两端点的 *Y* 坐标差组成直角三角形，可求出线段的实长及其对 *V* 面的倾角 θ_V，如图 3-33（a）、（b）、（c）所示。

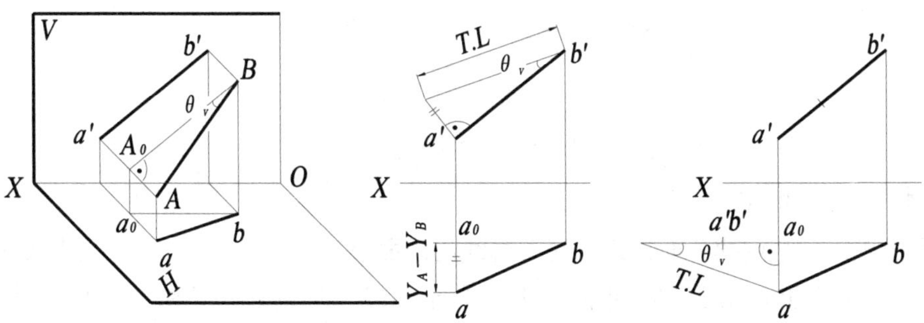

（a）　　　　　（b）　　　　　（c）

图 3-33　一般位置直线段的实长及其倾角θ_V

小结：用直角三角形法所作的直角三角形中，包含有线段的实长、线段的投影长度、线段两端点的坐标差及该线段对投影面的倾角 4 个几何量。这 4 个几何量的配组关系是严格不变的，即：① 线段的实长、水平投影长度、两端点的 *Z* 坐标差、θ_H构成一组；② 线段的实长、正面投影长度，两端点的Y坐标差，θ_V构成一组；③ 线段的实长、侧面投影长度、两端点的X坐标差、θ_W构成一组。

并且，线段与投影面的倾角，是由反映实长的斜边与反映投影长度的直角边之间的夹角表示。

根据直角三角形的性质，只要知道其中任意两个几何量，则其余的几何量即可求得。

【例3-5】 已知线段AC的投影，试求AC的实长及对W面的倾角θ_W。见图3-34（a）。

分析： 根据已知条件，由正面投影长度及两端点的Y坐标差作出直角三角形，即可求出线段AC的实长。由AC实长及该线段两端点的X坐标差可组成直角三角形，该直角三角形的另一直角边即为AC的侧面投影的长度，其与AC实长的夹角即为θ_W。

作图： 如图3-34（b）所示。

（1）以$a'c'$为一直角边；

（2）过c'作$c'c_0 \perp a'c'$，取$c'c_0=Yc-Y_A$；

（3）连$a'c_0$即为AC实长；

（4）以AC实长为直径作辅助半圆；

（5）取$c_0c_1=X_A-X_C$；作出直角三角形$a'c_0c_1$，则$a'c_1$与$a'c_0$的夹角即为θ_W。

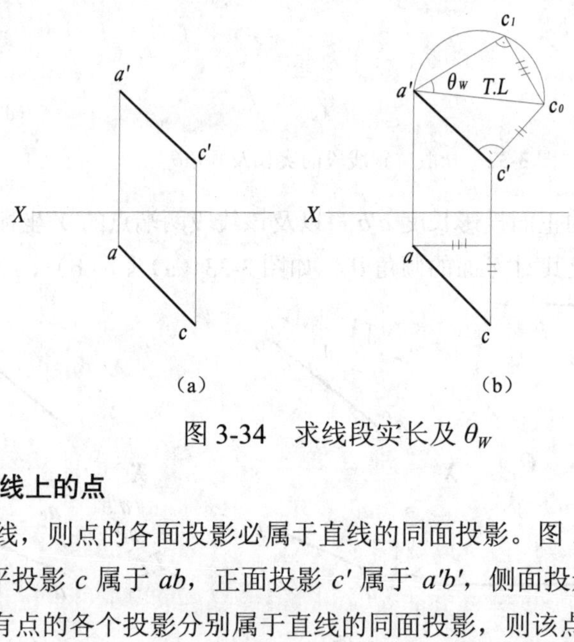

图 3-34 求线段实长及θ_W

3.3.4 直线上的点

点属于直线，则点的各面投影必属于直线的同面投影。图3-35（a）中，点C属于直线AB，其水平投影c属于ab，正面投影c'属于$a'b'$，侧面投影c''属于$a''b''$。反之，在投影图中，如有点的各个投影分别属于直线的同面投影，则该点必属于此直线。

属于线段的点分线段长度之比等于其投影分线段的投影长度之比。图3-35（a）中，点C将线段AB分为AC、CB两段，则$AC:CB=ac:cb=a'c':c'b'=a''c'':c''b''$。

对于点是否属于一般位置直线，可由任意二面投影进行判断。如图3-35（b）中所示，点C属于直线AB。

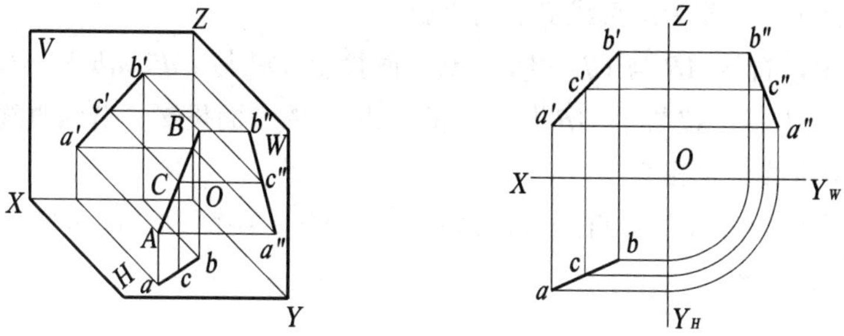

（a）　　　　（b）

图 3-35　属于直线的点

对于点是否属于投影面平行线，应由该直线所平行的投影面上的投影及另一投影进行判断，如图 3-36（a）所示；或利用点分线段成定比的性质进行判断，如图 3-36（b）所示，由于 $a'k':k'b' \neq ak:kb$，故点 K 不属于直线 AB。

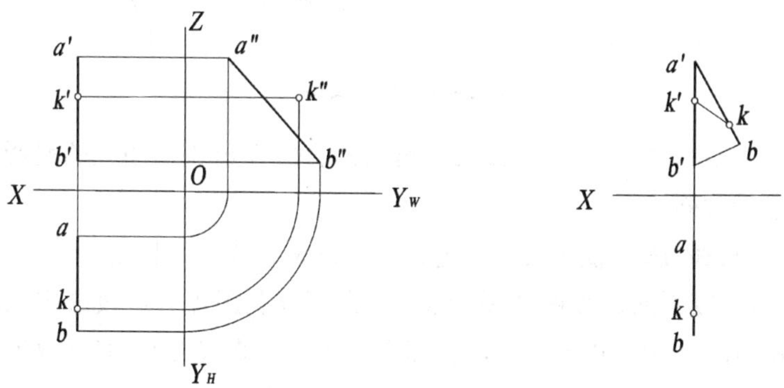

（a）　　　　（b）

图 3-36　判断点与直线的从属关系

【例 3-6】 直线 AB 上取点 C，使 $AC:CB=2:3$，求点 C 的投影，如图 3-37 所示。

分析：利用属于直线的点分线段成定比的性质求解。

作图：

（1）过 a 任作一条五等分的直线 ab_0；

（2）在 ab_0 上取 c_0，使 $ac_0:c_0b_0=2:3$；

（3）连 bb_0，过 c_0 作 $c_0c \parallel b_0b$，得 c，即点 C 的水平投影；

（4）由 c 即可求得 c'。

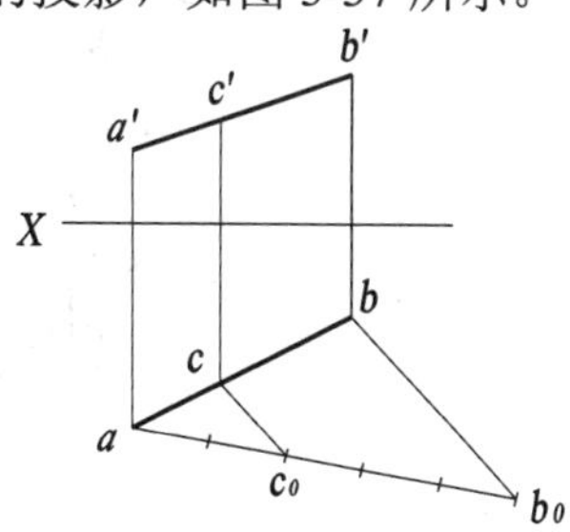

图 3-37　求点 C 的投影

3.3.5　两直线的相对位置

两直线的相对位置有 3 种情况：两直线相交；两直线平行；两直线交叉。

1．两直线相交

两直线相交，其交点同属于两直线，为两直线所共有。两直线相交，同面投影必相交，且同面投影的交点，即为两直线交点的投影。

图 3-38中，直线 AB 与 CD 相交，其同面投影 $a'b'$ 与 $c'd'$、ab 与 cd、$a''b''$ 与 $c''d''$ 均相交，其交点 k'、k、k'' 即为 AB 与 CD 的交点 K 的三面投影。若两直线的投影符合上述特点，则此两直线必定相交。

当两直线均为一般位置直线时，则由两直线任意两面投影即可判断是否相交，如图 3-38（b）所示。

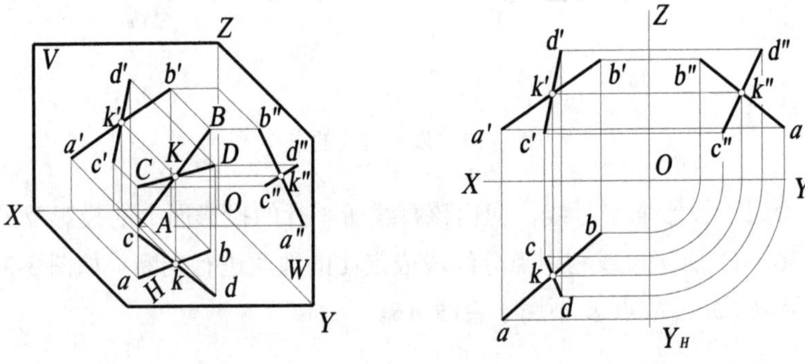

图 3-38　两直线相交

当两直线之一为某投影面平行线时，可由两直线在该投影面上的投影配合在另一投影面上的投影进行判断。

图 3-39 中，直线 AB 为侧平线，判定 AB、CD 两直线是否相交。

由侧面投影可以判断，见图 3-39（a）；也可以利用点分线段成定比的性质进行判断。图 3-39（b）中，$a'e'$∶$e'b'$≠ae∶eb，即点 E 不属于直线 AB，AB 与 CD 没有共有点，故不相交。

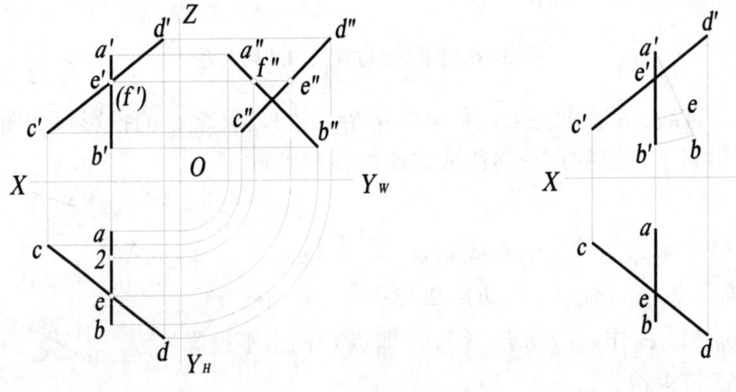

图 3-39　判断两直线是否相交

2. 两直线平行

两直线平行，其同面投影必定平行。图 3-40（a）中，$AB /\!/ CD$，则 $ab /\!/ cd$、$a'b' /\!/ c'd'$、$a''b'' /\!/ c''d''$。反之，若两直线的投影符合上述特点，则此两直线必定平行。

当两直线均为一般位置直线时，则由两直线的任意两面投影即可判断是否平行，如图 3-40（b）所示。

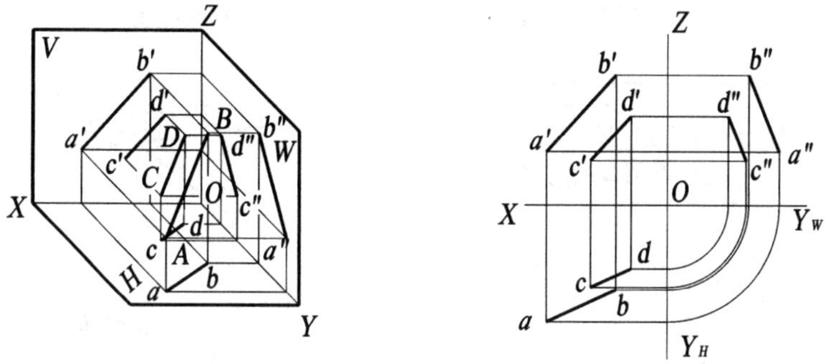

（a）　　　　　　　　　　　　　　（b）

图 3-40　两直线平行

当两直线均为某一投影面平行线时，可由两直线所平行的投影面上的投影配合在另一投影面上的投影进行判断。

图 3-41 中，直线 *AB*、*CD* 均为侧平线，判定直线 *AB*、*CD* 是否平行。

方法 1：如图 3-41（a）所示，加 *W* 面，由两面投影补画第三面投影，其侧面投影 *a″b″* 不平行 *c″d″*，故 *AB* 与 *CD* 不平行。

方法 2：如图 3-41（b）所示，分别连接 *AD*、*BC* 的正面投影和水平投影，由图可见，*AD*、*BC* 不相交也不平行，则直线 *AD* 和 *BC* 为异面直线，*ABCD* 不共面，故 *AB* 与 *CD* 不平行。

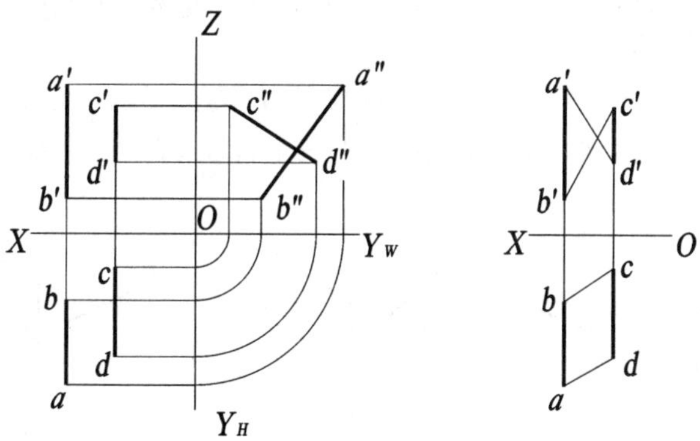

（a）　　　　　　　　　　（b）

图 3-41　判断两直线是否平行

3．两直线交叉

交叉两直线既不平行也不相交，因此不具备平行两直线和相交两直线的投影特点。

若交叉两直线的投影中，有某投影相交，这个投影的交点是同处于一条投射线上，且分别属于两直线的两个点——一对重影点的投影。

图 3-42 中，正面投影的交点 *1′*（*2′*），是同处于一条投射线上的分别属于直线 *CD* 的点 *I* 与直线 *AB* 的点 *II* 的正面投影。水平投影的交点 *3*（*4*），是同处于另一条投射线上的分别

属于直线 AB 的点Ⅲ 与直线 CD 的点Ⅳ 的水平投影。

重影点 Ⅰ、Ⅱ和Ⅲ、Ⅳ 的可见性按前述重影点的方法判断。正面投影中，$1'$可见，$2'$不可见（因 $Y_{Ⅰ} > Y_{Ⅱ}$）；水平投影中，3 可见，4 不可见（因 $Z_{Ⅲ} > Z_{Ⅳ}$）。

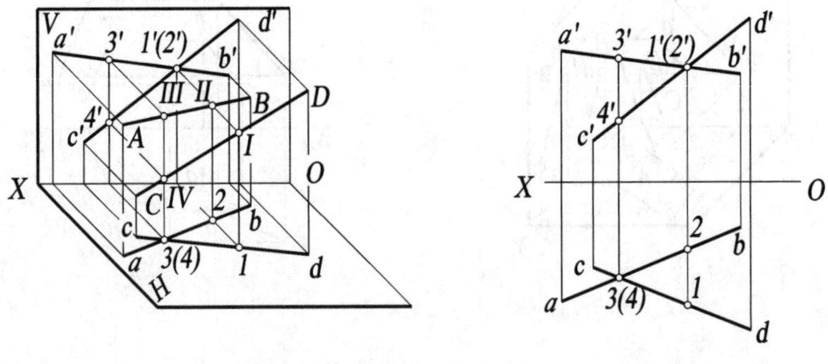

（a）　　　　（b）

图 3-42　交叉两直线

【例 3-7】 判断图 3-43 中两直线的相对位置。

分析：根据两直线平行、相交、交叉的投影特点进行判断。

判断：

图 3-43（a）中，直线 AB、CD 为一般位置直线，正面投影 $a'b'$、$c'd'$相交于 k'，水平投影 ab、cd 相交于 k。k'、k 是点 K 的二面投影，故 AB、CD 是相交两直线。

图 3-43（b）中，直线 AB、CD 是正平线，且正面投影 $a'b' // c'd'$，水平投影 $ab // cd$，故 AB、CD 是平行两直线。

图 3-43（c）中，直线 AB 为一般位置直线，CD 为侧平线，它们的正面投影和水平投影分别相交。但由于 $c'k' : k'd' \neq ck : kd$，点 K 不属于直线 CD，故直线 AB、CD 没有共有点，为交叉两直线。

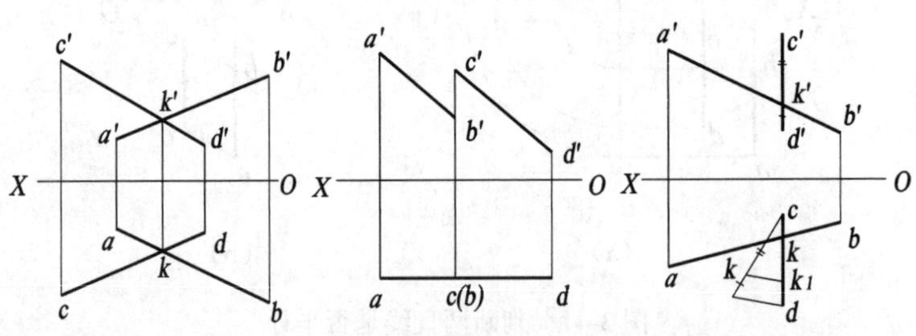

（a）　　　　（b）　　　　（c）

图 3-43　判断两直线的相对位置

当两直线均为某一投影面平行线时，可由两直线所平行的投影面上的投影配合另一投影进行判断。

【例 3-8】 已知两直线 AB、CD 及点 M 的正面投影 m'，试过点 M 作直线 $MN // CD$ 并与直线 AB 相交，见图 3-44（a）。

分析：直线 AB、CD 均为一般位置直线，若 $MN /\!/ CD$，则 MN 与 CD 的各面投影平行；若直线 MN 与 AB 相交，则 MN 与 AB 的各面投影均相交，且两直线具有共有点。

作图：如图 3-44（b）所示。

（1）过 m' 作 $m'n' /\!/ c'd'$，与 $a'b'$ 相交于 n'，n' 即为直线 AB、MN 的共有点 N 的正面投影。

（2）由 n' 求出 n；

（3）过 n 作 $mn /\!/ cd$，由 m' 求出 m。$m'n'$、mn 即为所求。

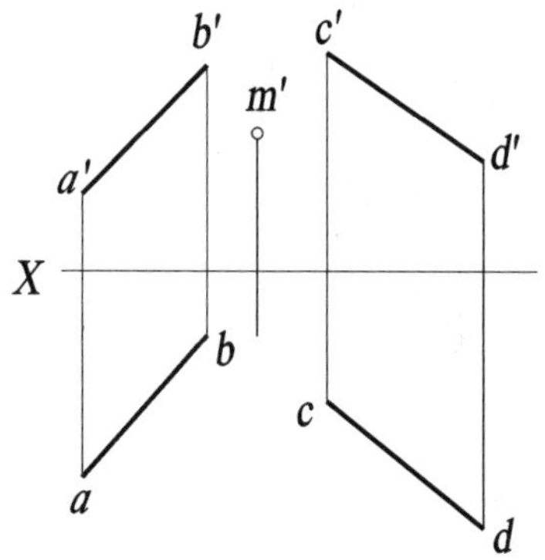

（a）

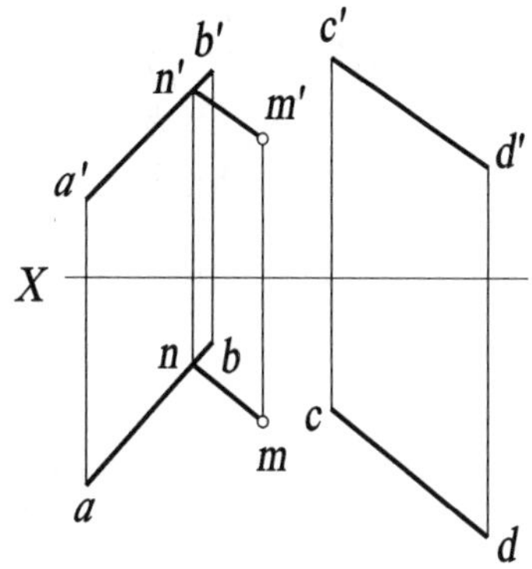

（b）

图 3-44　例 3-8 图

3.3.6　直线的迹点

1. 迹　点

直线与投影面的交点，称为直线的迹点。直线与 H 面的交点称为水平迹点，记作 M；直线与 V 面的交点称为正面迹点，记作 N；直线与 W 面的交点称为侧面迹点，记作 S。

由于迹点是直线与投影面的交点，因此迹点同时具有属于直线的点和属于投影面的点的投影特点。利用这些特点，即可求出直线的迹点。

2. 迹点的作图

（1）水平迹点

分析：图 3-45（a）中，水平迹点 M 是属于直线 AB 和属于 H 面的共有点，其正面投影 m' 必属于 X 轴，且在 $a'b'$ 的延长线上；水平投影 m 与 M 重合且 m 在 ab 的延长线上。

作图：如图 3-45（b）所示。

① 延长直线 AB 的正面投影 $a'b'$，与 OX 轴相交，交点即为 m'；

② 自 m 引 OX 轴的垂线与直线 AB 的水平投影 ab 的延长线相交，交点即为 m，见图 3-45（b）。

（2）正面迹点

分析：图 3-45（a）中，正面迹点 N 是属于直线 AB 和属于 V 面的共有点，其水平投影 n 必属于 X 轴且在 ab 的延长线上；正面投影 n' 与点 N 重合且 n' 在 $a'b'$ 的延长线上。

作图：如图 3-45（b）所示。

① 延长直线 *AB* 的水平投影 *ab* 与 *OX* 轴相交得 *n*；

② 自 *n* 引 *OX* 轴的垂线与直线 *AB* 的正面投影 *a'b'*的延长线相交得 *n'*。

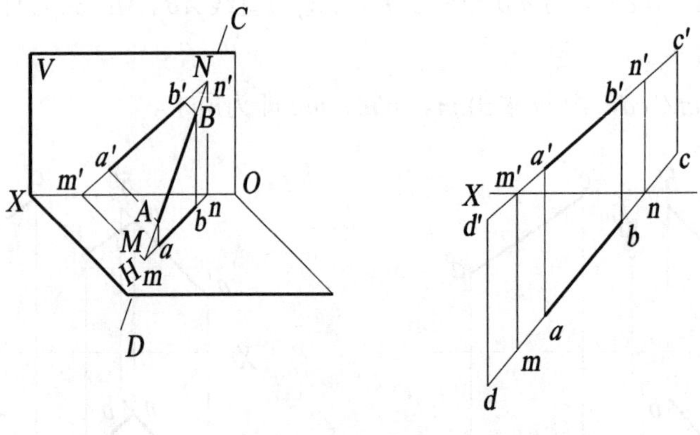

（a）　　　　　　　　（b）

图 3-45　直线的迹点

3．讨论

由于直线的长度没有限制，故可用直线的投影及其迹点来判断该直线所穿过的投影面和经过的分角。图 3-45（b）中，直线在 *MN* 区间属于 *Ⅰ*分角，经过 *N* 点穿过 *V* 面进入 *Ⅱ* 分角，经过 *M* 点穿过 *H* 面进入*Ⅳ*分角，故直线在空间的位置是由 *Ⅱ*→*V*→ *Ⅰ*→*H*→ *Ⅳ*。

3.3.7　一边平行于投影面的直角的投影

相互垂直的两直线中，有一条直线平行于某投影面时，此两直线在该投影面上投影的夹角仍为直角。

1．两直线垂直相交

如图 3-46（a）所示，两直线垂直相交。

设 $AB \perp BC$、*BC* 平行 *H* 面、*AB* 不平行 *H* 面，则$\angle abc=90°$。

证明：因为 $BC /\!/ H$ 面，所以 $bc /\!/ BC$；又因为 $BC \perp AB$、$BC \perp Bb$，所以 $BC \perp ABba$ 平面，则有 $bc \perp ABba$ 平面，$bc \perp ab$，即$\angle abc=90°$。

其投影图如图 3-46（b）所示。

2．两直线垂直交叉

根据初等几何规定，交叉两直线所夹角度的度量，是过空间任意点分别作交叉两直线的平行线，所得相交两直线的夹角，即为交叉两直线的夹角。

图 3-47（a）中，已知空间两直线 *AB*、*CD* 交叉垂直，且知 $AB /\!/ H$ 面。现过点 *A* 作直线 $AE /\!/ CD$，则 $AE \perp AB$，根据上述证明，有 $ae \perp ab$，则 $cd \perp ab$。

反之，相交或交叉两直线在某投影面内的投影的夹角是直角，且相交或交叉两直线中又有一条直线平行于该投影面，则此空间两直线的夹角必是直角。图 3-47（b）中，直线 *AB*、

CD 为交叉两直线。现有 *AB*∥*H*，且 *ab*⊥*cd*，故 *AB*、*CD* 两直线垂直交叉。

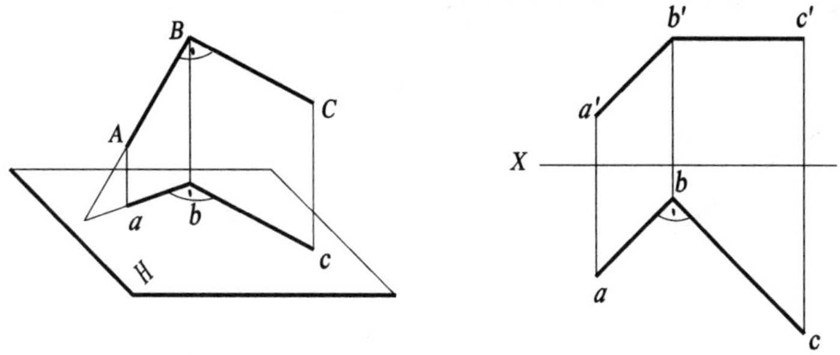

（a）　　　　（b）

图 3-46　两直线垂直相交

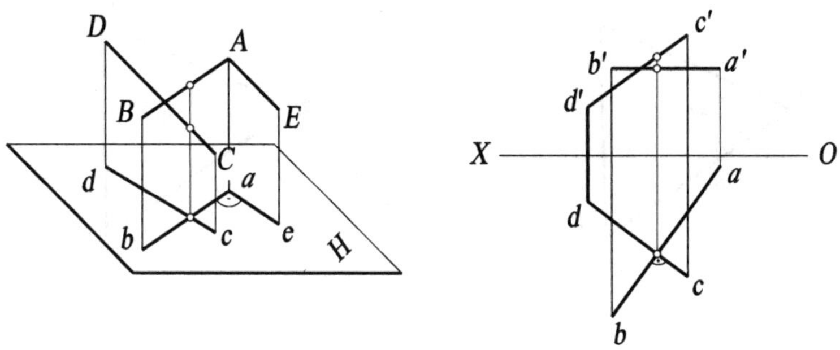

（a）　　　　（b）

图 3-47　两直线垂直交叉

【例 3-9】 已知点 *A* 及正平线 *CD* 的投影，试求点 *A* 至直线 *CD* 的距离，见图 3-49（a）。

分析： 由点向直线作垂线，其垂足到已知点的距离，即为点到直线的距离。由于 *CD* 是正平线，根据一边平行于投影面的直角的投影即可作图。

作图： 如图 3-48（b）所示。

（1）过 *a′*作 *a′b′*⊥*c′d′*，并与 *c′d′*交于 *b′*点，再求出 *ab*；

（2）利用直角三角形法求出 *AB* 的实长，即为所求。

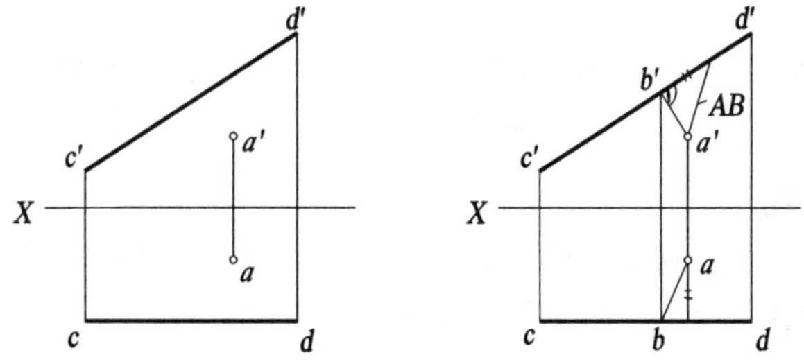

（a）　　　　（b）

图 3-48　点到直线的距离

【例3-10】 以线段 BC（$bc /\!/ X$ 轴）为一边作等边三角形 ABC，使此三角形的高 AD 与 V 面所成的倾角 θ_V 为 30°，见图 3-49（a）。

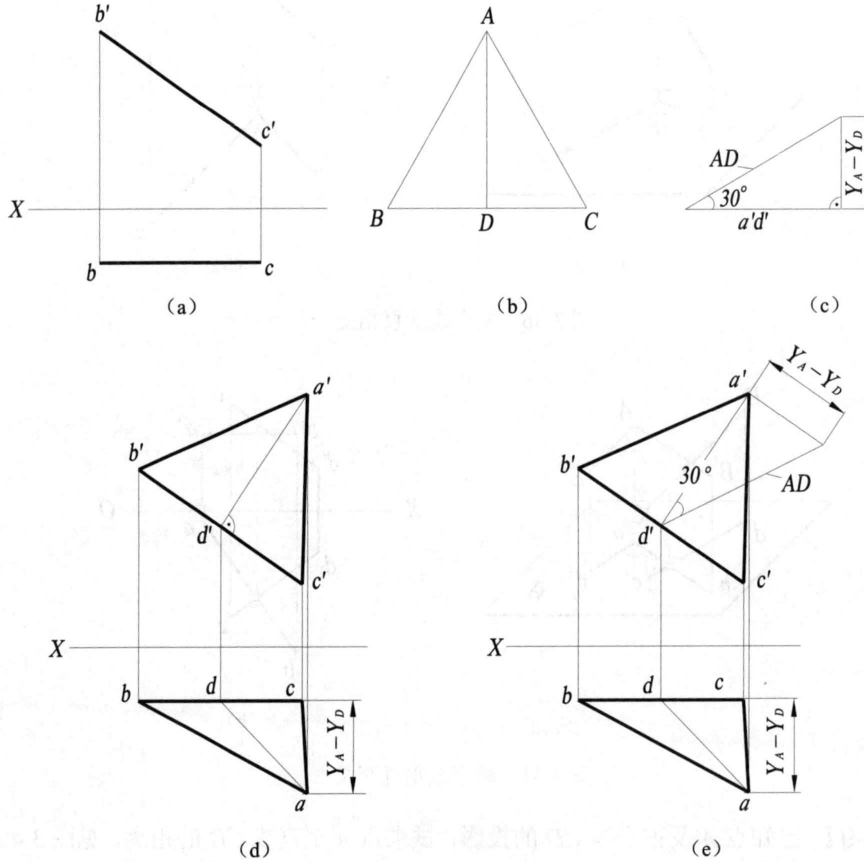

图 3-49　例 3-10 图

分析： 因 BC 为正平线，则等边三角形 ABC 的边长已知，用几何作图方法可得此三角形的实形及高 AD。由高 AD 的实长及 AD 对 V 面的倾角 $\theta_V=30°$，可求得 $a'd'$ 的长度与 A、D 两点的 Y 坐标差。再根据一边平行于投影面的直角的投影，即可进行作图。

作图：

（1）在图纸的适当位置，以 $b'c'$ 为边长作等边三角形 ABC，得到高 AD，见图 3-49（b）；

（2）图3-49（c）中，用 AD 的实长及其 $\theta_V=30°$ 作直角三角形，求得 $a'd'$ 及 A、D 两点的 Y 坐标差 Y_A-Y_D；

（3）图3-49（d）中，过 $b'c'$ 的中点 d' 作 $b'c'$ 的垂线，使其长度等于 $a'd'$，得 a' 点；以图3-50（c）中的 Y 坐标差 Y_A-Y_D 为距离作 bc 的平行线，在此平行线上由 a' 求得 a；

（4）连 $a'b'c'$ 及 abc，即为所求。

图 3-49（c）的作图，可在投影图中画出，如图 3-49（e）所示。

注意： 本题有两组四解。图 3-49中仅作出了一解。

3.4 平 面

3.4.1 平面的表示法

1．用点、直线、几何图形表示平面

不属于同一直线的 3 点可确定一平面。此 3 点可以转换为直线及线外一点、相交两直线、平行两直线及三角形等。因此，平面的投影可由上述点、直线或几何图形的投影来表示，如图 3-50 所示。

显然，同一平面无论采用哪种形式表示，其空间位置是不变的。

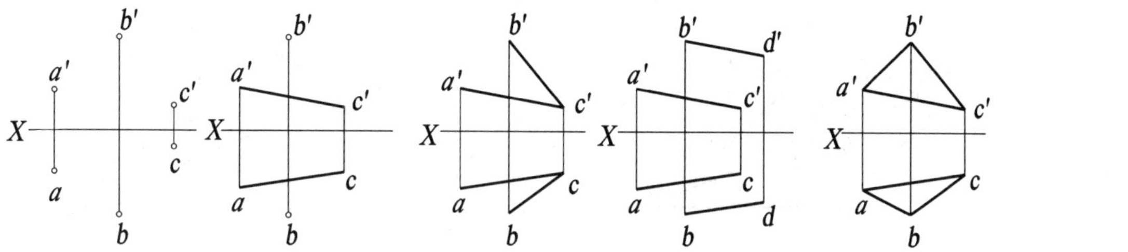

图 3-50　点、直线、几何图形表示平面

2．用平面的迹线表示平面

平面与投影面的交线，称为平面的迹线。图 3-51（a）中，平面 P 与 V 面的交线，称为正面迹线，记以 P_V；平面 P 与 H 面的交线，称为水平迹线，记以 P_H；平面 P 与 W 面的交线，称为侧面迹线，记以 P_W。

由于平面在投影体系中所处位置不同，平面的迹线可呈现如图 3-51、图 3-52 所示等形式。

通过讨论，可归纳迹线具有如下性质：

（1）根据三面共点原理，图 3-51（a）中，P、V、H 三面共点于 P_X；P、H、W 三面共点于 P_Y；P、V、W 三面共点于 P_Z。P_X、P_Y、P_Z 统称为迹线的集合点。

（2）由于迹线是平面与投影面的交线，因此它具有属于投影面的直线的投影特点，即它的一个投影属于迹线本身，其余投影重合于投影轴。

（3）迹线也是平面内所有直线的同面迹点的集合。图 3-53（a）中，直线 AB、BC 的正面迹点 N_1、N_2 集合于 P_V，水平迹点 M_1、M_2 集合于 P_H。

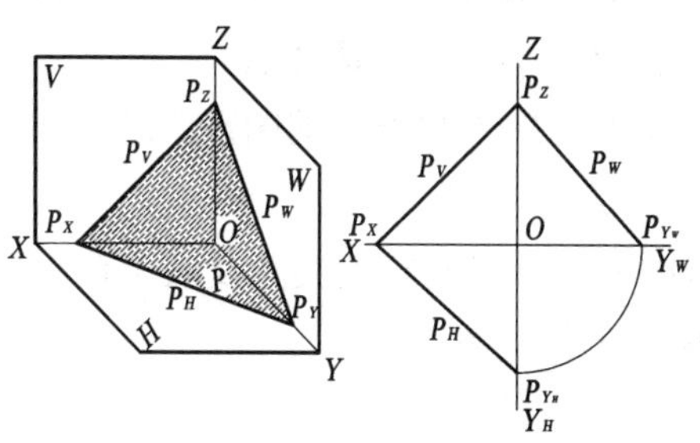

（a）　（b）

图 3-51　迹线表示一般位置平面

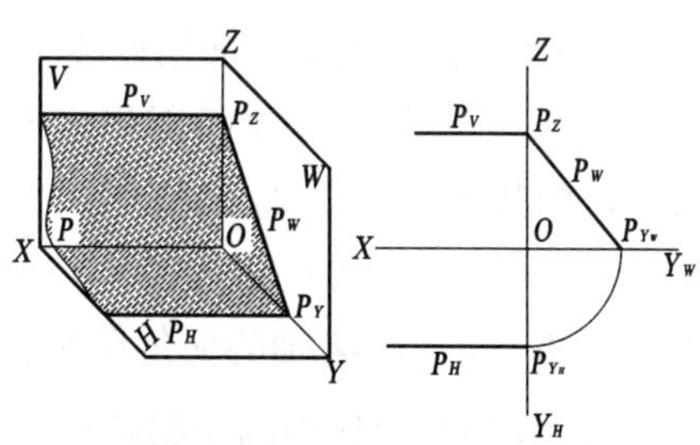

（a）　（b）

图 3-52　迹线表示侧垂面

平面迹线的作法：

图 3-53（a）中，平面由相交两直线 AB、BC 表示，该平面迹线的作图过程如图 3-53（c）所示。

（1）求直线 AB 的正面迹点 N_1（n_1'，n_1）和水平迹点 M_1（m_1'，m_1）。

（2）求直线 BC 的正面迹点 N_2（n_2'，n_2）和水平迹点 M_2（m_2'，m_2）。

（3）连接 n_1'、n_2' 得平面的正面迹线 P_V，连接 m_1、m_2 得平面的水平迹线 P_H。规定迹线在投影轴上的投影不画，如 P_V 的水平投影和 P_H 的正面投影在 X 轴上，图中不予画出。

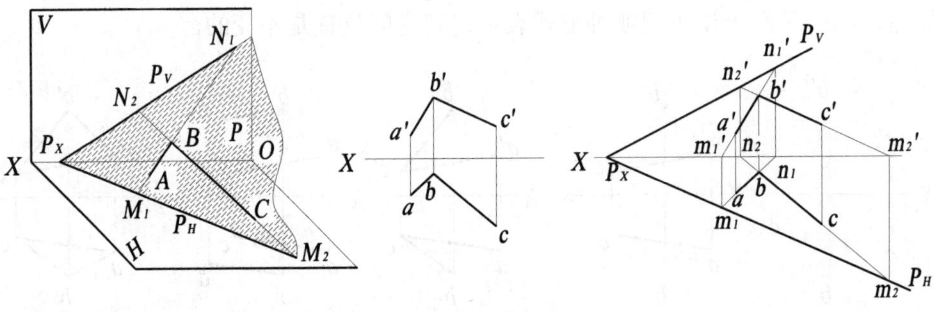

(a)　　(b)　　(c)

图 3-53　平面迹线的作法

综上所述，平面的两种表示法可以互相转换。

3.4.2　各种位置平面的投影

根据平面在投影体系中对 3 个投影面所处位置的不同，可将平面分为投影面垂直面、投影面平行面和一般位置平面 3 类。平面对 V、H、W 三投影面的倾角，分别用 θ_V、θ_H、θ_W 表示。

1. 投影面垂直面的投影特点

投影面垂直面是垂直于某投影面，倾斜于其余两个投影面的平面。与正面垂直的平面，称为正垂面；与水平面垂直的平面，称为铅垂面；与侧面垂直的平面，称为侧垂面。

表 3-3列出了各种投影面垂直面的立体图、投影图和投影特点。

现以表 3-3所示的正垂面为例，讨论投影面垂直面的投影特点。

（1）正垂面 $ABCD$ 的正面投影 $a'b'c'd'$ 积聚为一倾斜于投影轴 OX、OZ 的直线段，见表 3-3中示例。若该平面用迹线表示，则其正面迹线 P_V 与 $a'b'c'd'$ 重合；

（2）正垂面的水平投影和侧面投影是与平面 $ABCD$ 形状类似的图形。若平面用迹线表示，则其水平迹线 $P_H \perp OX$ 轴，侧面迹线 $P_W \perp OZ$ 轴；

（3）正垂面的正面投影 $a'b'c'd'$ 或正面迹线 P_V，与 OX 轴的夹角反映了该平面对 H 面的倾角 θ_H，与 OZ 轴的夹角反映了该平面对 W 面的倾角 θ_W。

2. 投影面平行面的投影特点

投影面平行面是平行于某投影面，垂直于其余两个投影面的平面。平行于正面的平面，称为正平面；平行于水平面的平面，称为水平面；平行于侧面的平面，称为侧平面。

表 3-3　投影面垂直面

	正 垂 面	铅 垂 面	侧 垂 面
实例	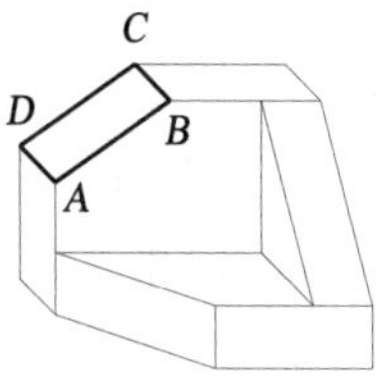	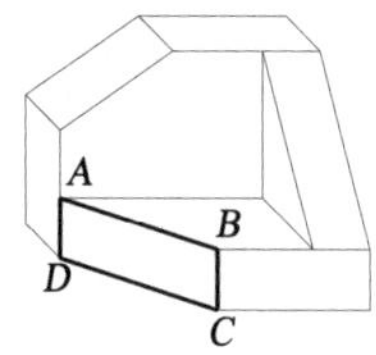	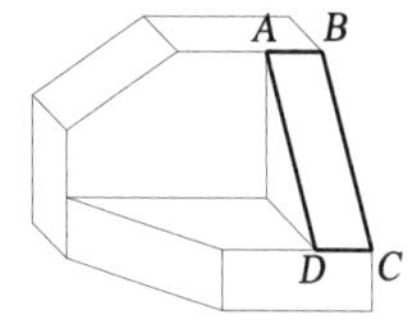
立体图	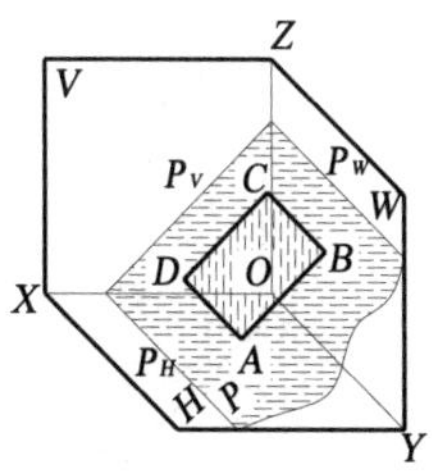	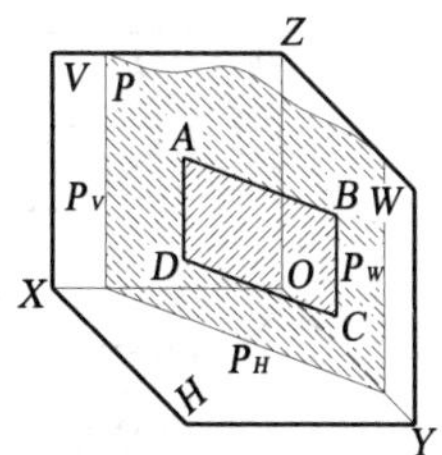	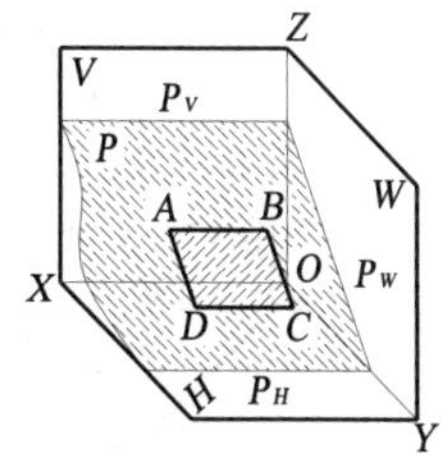
投影图	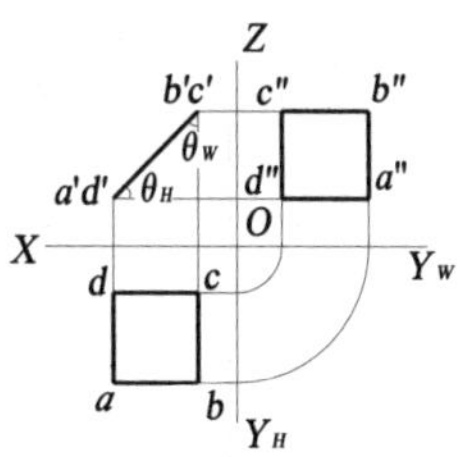	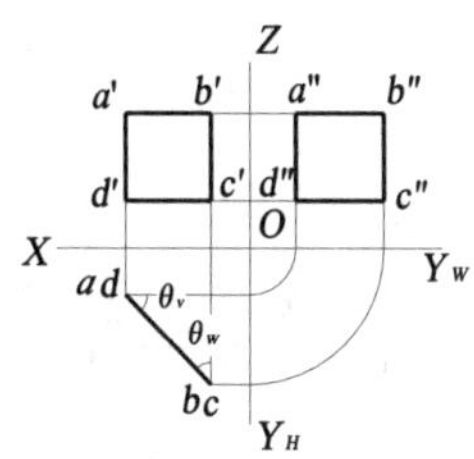	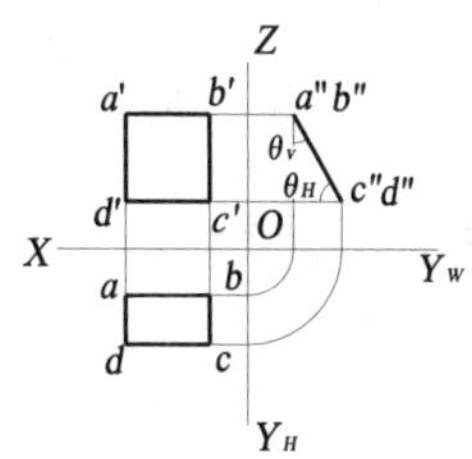
投影图	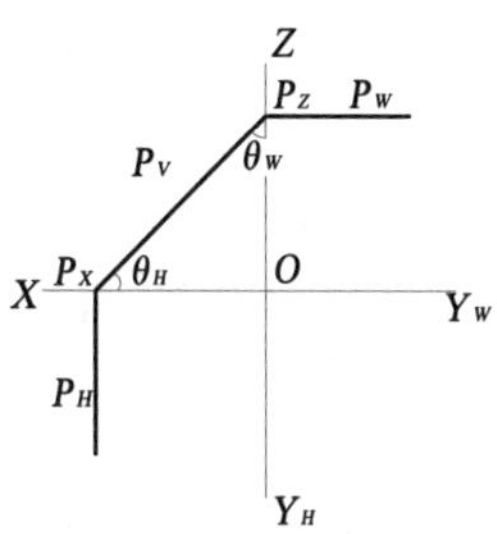	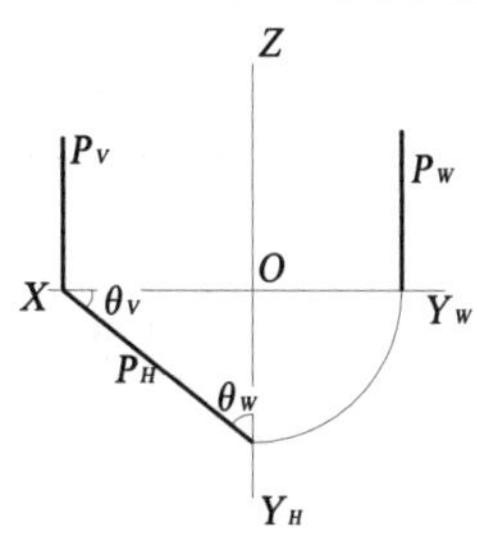	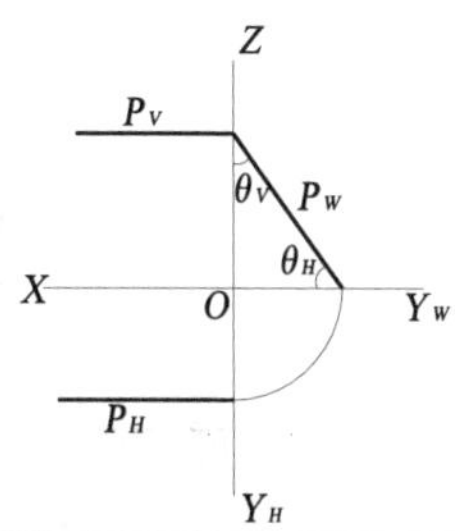
投影特性	1. 正面投影$a'b'c'd'$或P_V积聚为一倾斜于投影轴OX、OZ的直线 2. 水平投影$abcd$和侧面投影$a''b''c''d''$具有类似性；$P_H \perp OX$轴，$P_W \perp OZ$轴 3. 正面投影$a'b'c'd'$或P_V与OX轴、OZ轴的夹角分别反映θ_H和θ_W	1. 水平投影$abcd$或P_H积聚为一倾斜于投影轴OX、OY_H的直线 2. 正面投影$a'b'c'd'$和侧面投影$a''b''c''d''$具有类似性；$P_V \perp OX$轴，$P_W \perp OY_W$轴 3. 水平投影$abcd$或P_H与OX轴、OY_H轴的夹角分别反映θ_V和θ_W	1. 侧面投影$a''b''c''d''$或P_W积聚为一倾斜于投影轴OZ、OY_W的直线 2. 正面投影$a'b'c'd'$和水平投影$abcd$具有类似性；$P_H \perp OY_H$轴，$P_V \perp OZ$轴 3. 侧面投影$a''b''c''d''$或PW与OZ轴、OY_W轴的夹角分别反映θ_V和θ_H

表 3-4列出了各种投影面平行面的立体图、投影图和投影特点。

表 3-4　投影面平行面

	正 平 面	水 平 面	侧 平 面
实例	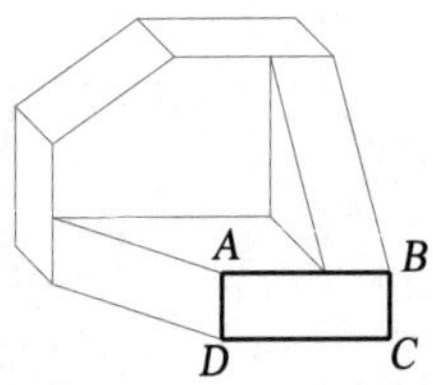	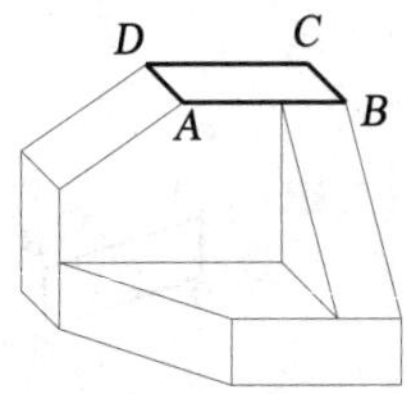	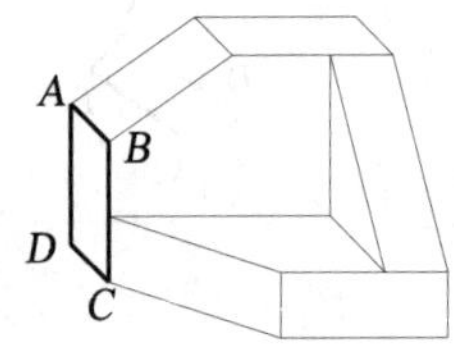
立体图	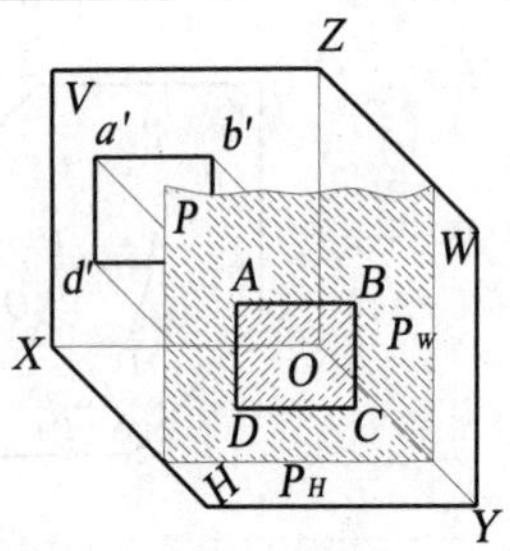	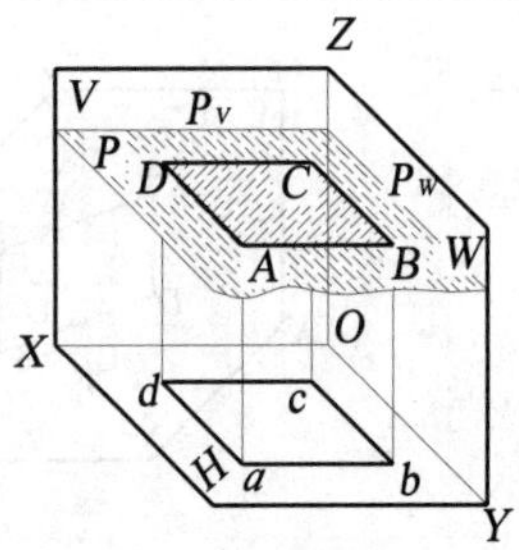	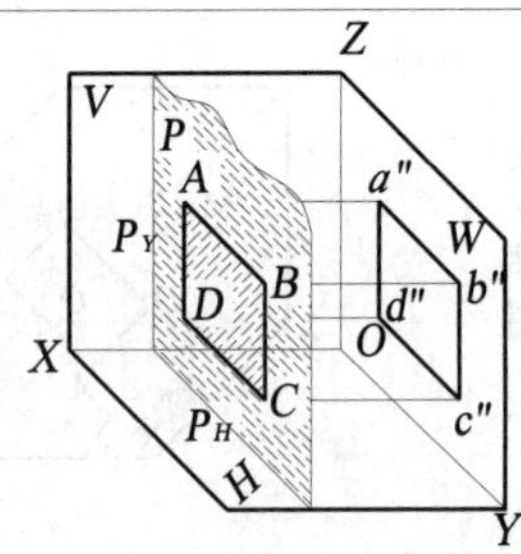
投影图	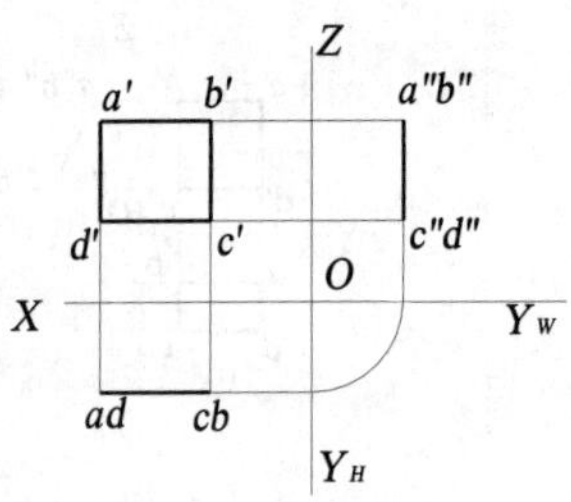	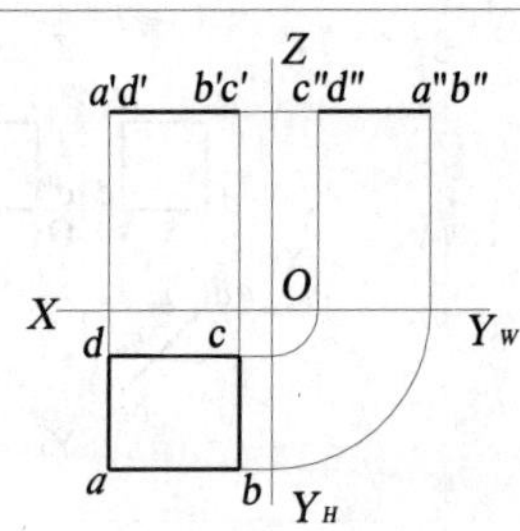	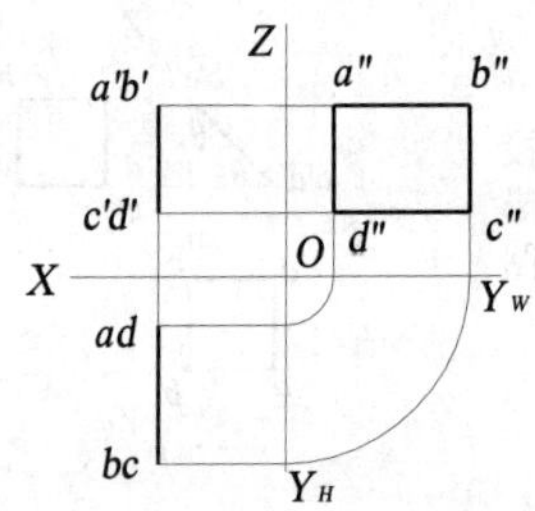
投影图	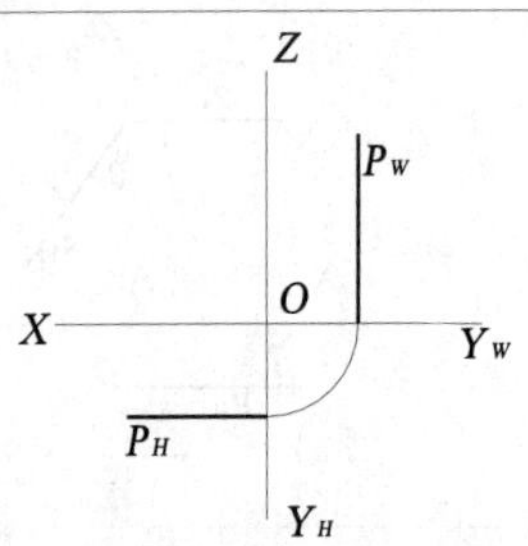	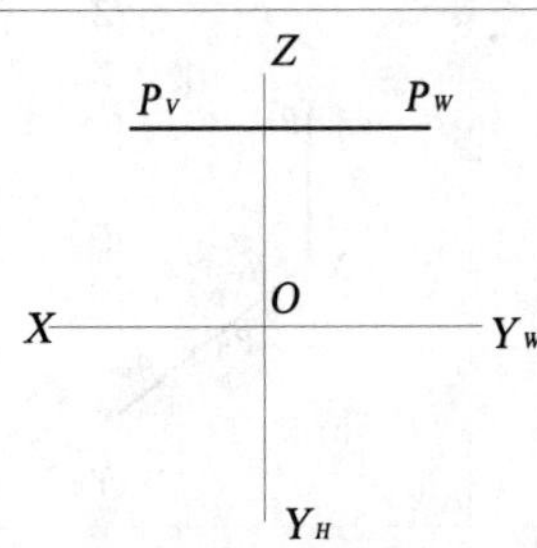	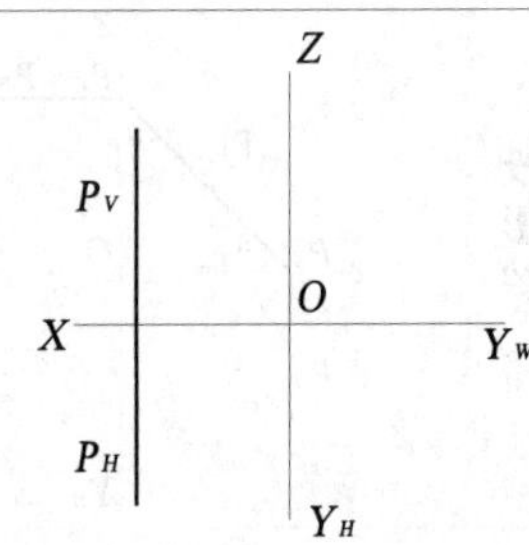
投影特性	1．水平投影*abcd*或P_H有积聚性，且平行于*OX*轴 2．侧面投影*a″b″c″d″*或P_W有积聚性，且平行于*OZ*轴 3．正面投影*a′b′c′d′*反映实形，无正面迹线	1．正面投影*a′b′c′d′*或P_V有积聚性，且平行于*OX*轴 2．侧面投影*a″b″c″d″*或P_W有积聚性，且平行于OY_W轴 3．水平投影*abcd*反映实形，无水平迹线	1．正面投影*a′b′c′d′*或P_V有积聚性，且平行于*OZ*轴 2．水平投影*abcd*或P_H有积聚性，且平行于OY_H轴 3．侧面投影*a″b″c″d″*反映实形，无侧面迹线

现以表 3-4 所示的水平面为例，讨论投影面平行面的投影特点。

（1）水平面 *ABCD* 的水平投影 *abcd* 反映该平面图形的实形 *ABCD*。若平面用迹线表示，则该平面没有水平迹线。

（2）水平面的正面投影 *a′b′c′d′* 和侧面投影 *a″b″c″d″* 均积聚为直线段，且 *a′b′c′d′*// *OX*

轴，$a''b''c''d''//OY_W$轴。若平面用迹线表示，则该平面的正面迹线 P_V 和侧面迹线 P_W 分别与 $a'b'c'd'$ 和 $a''b''c''d''$ 重合。

3. 一般位置平面的投影

由于平面倾斜于 3 个投影面，故其各面投影既无积聚性，也不反映实形和该平面对投影面的倾角。用几何图形表示的平面，其三面投影均为与该平面形状相类似的图形。如图3-54所示，三角形平面的三面投影均为三角形。

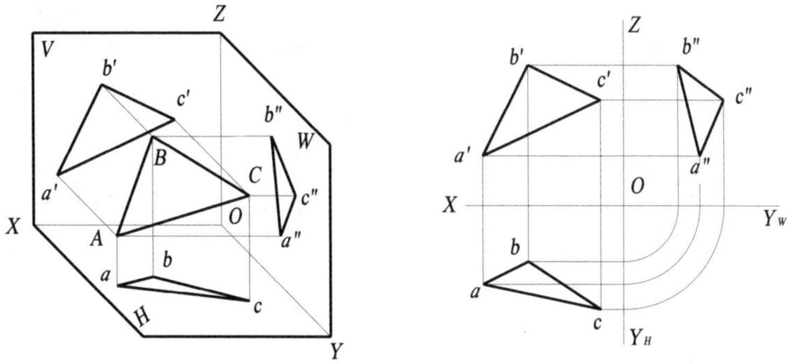

图 3-54　一般位置平面的三面投影图

3.4.3　点、直线与平面的从属关系

1. 属于平面的直线和点

（1）从初等几何可知，直线在平面上的必要和充分条件是：

① 通过属于平面的两个点；

② 通过属于平面的一点，且平行于属于该平面的任一直线。

图 3-55（a）中，点 D 和 E 属于由两相交直线 AB、AC 构成的平面，则直线 DE 属于该平面。其投影图见图 3-55（b）。

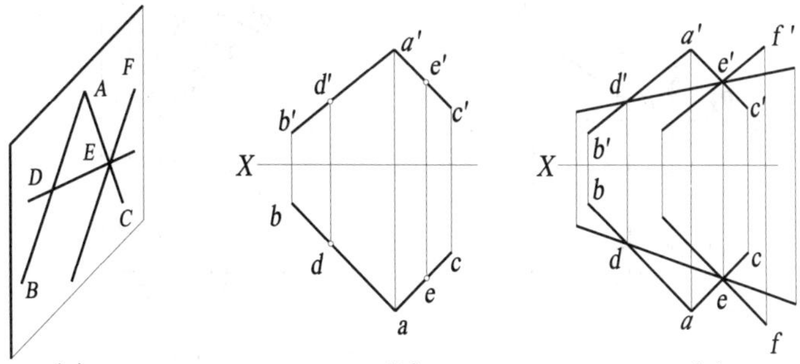

图 3-55　属于平面的直线

同理，图 3-55（a）中，点 E 属于平面 ABC，过点 E 作 AB 的平行线 EF 亦属于该平面。其投影图见图 3-55（c）。

（2）点属于平面内的任一直线，则点属于该平面。图 3-56（a）中，点 E 属于平面 P内的直线 AB，点 F 属于平面 P 内的直线 CD，则点 E、F 均属于平面 P。其投影图见图 3-56（b）。

若平面为投影面垂直面，属于该平面的任何直线和点，必有一个投影与该平面有积聚性的同面投影或同面迹线重合。

图 3-57（a）中，直线 *AB* 和点 *C* 属于铅垂面 *P*，则直线的水平投影 *ab* 和点的水平投影 *c* 重合于 P_H。图 3-57（b）中，直线 *MN* 和点 *K* 属于正垂面 *EFG*，则直线的正面投影 *m'n'* 和点的正面投影 *k'*，重合于 *e'f'g'*。

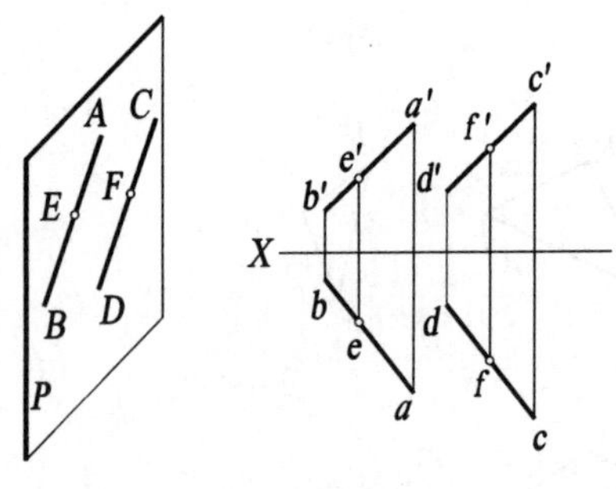

图 3-56　点属于线

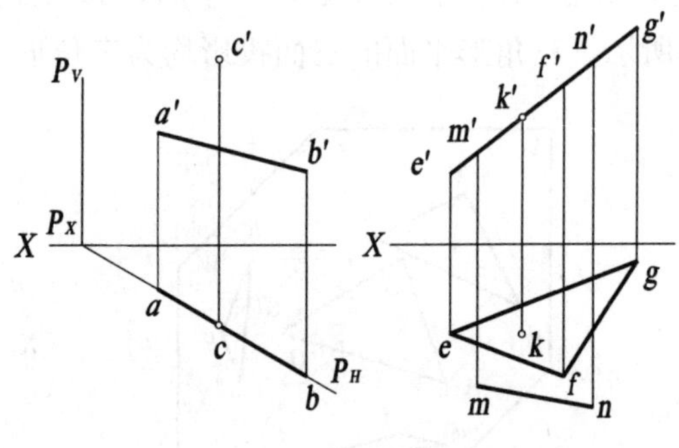

图 3-57　属于垂直面的点和线

2．点、直线属于平面的判断

根据直线和点属于平面的几何条件，可由直线和点的已知投影，判断其是否属于平面。

（1）平面为特殊位置

平面为特殊位置时，若直线和点的某投影重合于平面有积聚性的同面投影或同面迹线，则该直线和点属于平面。

图 3-58（a）中，点 *K* 属于平面 *P*；直线 *AB* 不属于平面 *P*。

图 3-58（b）中，点 *K* 不属于平面 *ABC*；直线 *MN* 属于平面 *ABC*。

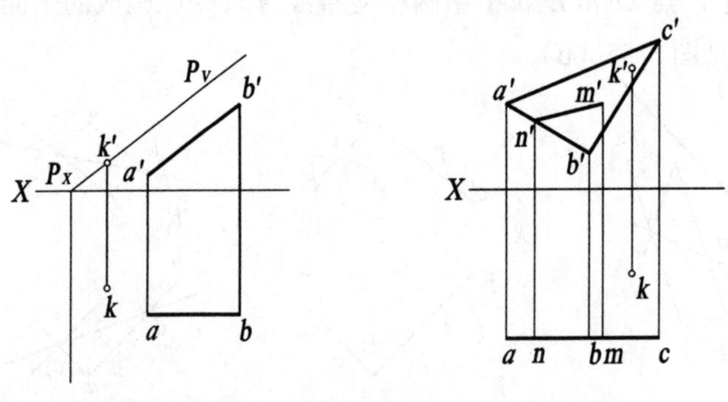

图 3-58　点、直线属于特殊位置平面的判断

（2）平面为一般位置

平面为一般位置时，可由直线和点属于平面的几何条件，通过作图，方能作出判断。

图 3-59（a）中，有直线 *MN*（*m'n'*，*mn*）和点 *K*（*k'*，*k*）及一般位置平面 *ABC*（*a'b'c'*，*abc*），该直线和点是否属于平面，可由图 3-59（b）的作图进行判断。其作法为：延长 *m'n'* 交 *a'b'*、*b'c'* 于 *1'*、*2'*，求出 *12*。现 *12* 与 *mn* 重合，故直线 *MN* 属于△*ABC*；连 *a'*、*k'*，与 *b'c'*

交于 $3'$，求得 3 后，连 $a3$，现 k 不在 $a3$ 上，故点 K 不属于△ABC。

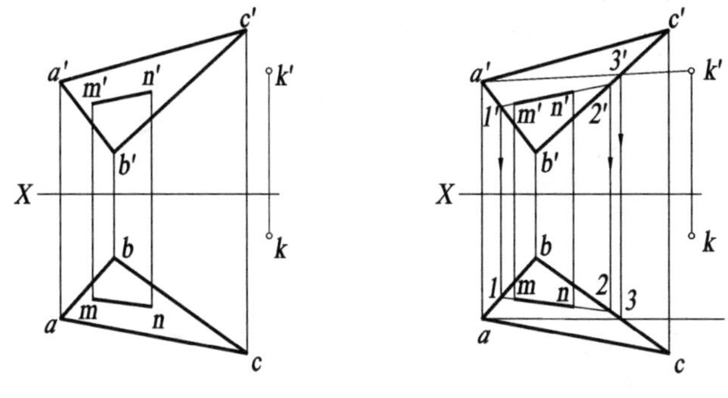

图 3-59　点、直线属于一般位置平面的判断

【例 3-11】 判断 A、B、C、D 4 点是否属于同一平面，见图 3-60（a）。

分析 1：由任意 3 点可决定一个平面，再判断第 4 点是否属于该平面。

作图：如图 3-60（b）所示。

（1）连 $a'b'c'$、abc；

（2）连 $a'd'$，与 $b'c'$交于 $1'$，求出 1；

（3）连 $a1$，d 在 $a1$ 的延长线上，则点 D 属于平面△ABC，即 A、B、C、D 四点共面。

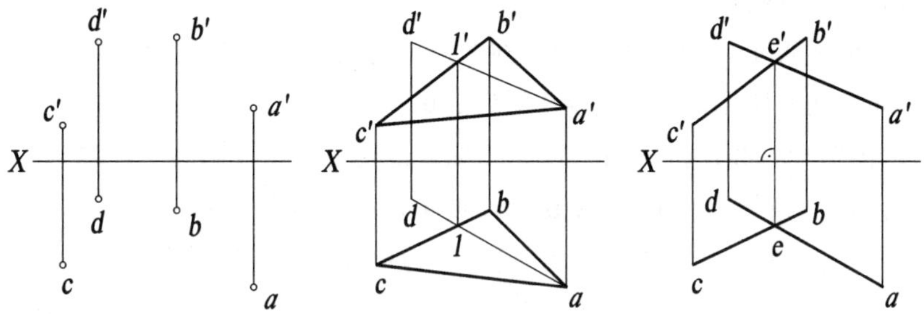

图 3-60　例 3-11 图

分析 2：连接 AD、BC，若它们相交，则四点共面；反之，则四点不共面。

作图：如图 3-60（c）所示。

（1）连 $a'd'$、ad 和 $b'c'$、bc，它们的投影相交于 e'和 e；

（2）e'、e 为点 E 的二面投影，即 A、B、C、D 四点共面。

【例 3-12】 点 K 属于平面△ABC，已知点 K 的水平投影 k，求其正面投影 k'，见图 3-61（a）。

分析：点 K 属于平面△ABC，则过点 K 作属于该平面的任意直线，即可求得点 K 的正面投影。

作图：如图 3-61（b）所示。

（1）连 ak 并延长，与 bc 交于 l；

（2）在 $b'c'$ 上求出 l'；

（3）连 $a'l'$，在 $a'l'$ 上求出 k'。

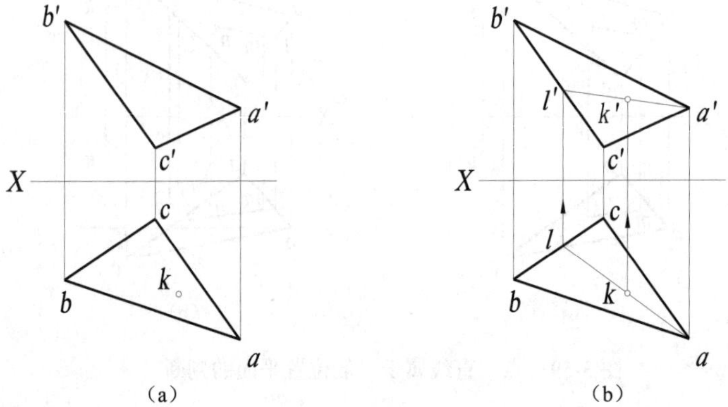

图 3-61　例 3-12 图

3. 包含点和直线作平面

包含一点或一直线可作无数个平面，其中包括特殊位置平面和一般位置平面。

如图 3-62（a）中，已知直线 AB 的两面投影，要求包含 AB 作平面。

分析：

（1）包含直线作特殊位置平面

① 平面由迹线表示。使平面有积聚性的迹线与直线的同面投影重合，则平面包含该直线。如图 3-62（b）所示，为包含 AB 所作的铅垂面 P（P_H与ad重合）。

注意：若需包含直线作投影面平行面，则该直线必须是投影面平行线。

② 平面由点、直线、几何图形表示。使平面有积聚性的投影与直线的同面投影重合，则平面包含该直线。如图 3-62（c）所示，为包含直线 AB 所作的铅垂面 ABC（bc 与 ab重合）。

（2）包含直线作一般位置平面

在图 3-62（a）中添加任意一点即可包含直线 AB 作一般位置平面，如图 3-62（d）所示。

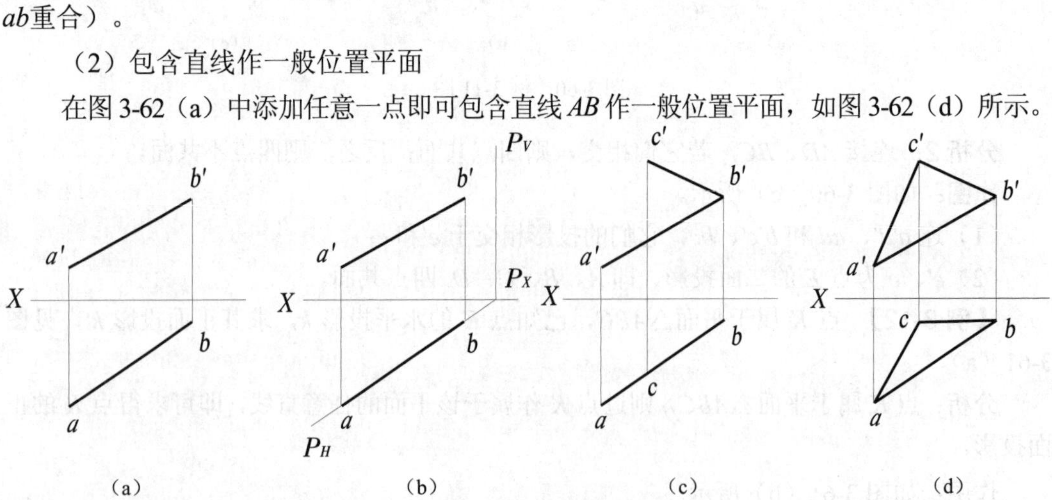

图 3-62　包含直线作平面

4. 属于平面的投影面平行线

属于平面的投影面平行线中，平行于V面的，称为面内的正平线；平行于H面的，称面内的水平线；平行于W面的，称为面内的侧平线。

属于平面的投影面平行线，必须满足两个条件：其一，该直线的投影应满足投影面平行线的投影特点；其二，该直线应满足直线属于平面的几何条件。

据此，若作属于平面的水平线，必须首先作出该直线的正面投影以满足水平线的投影特点，再作出水平投影。

在图 3-63（a）所示的正面投影中，作 $l'//X$ 轴，并与 $a'b'$ 交于 d'、与 $a'c'$ 交于 e'，$d'e'$ 即为面内水平线的正面投影，见图 3-63（b）。求出 d、e，连 de 即得该直线的水平投影。

若作属于平面的正平线，必须首先作出该直线的水平投影，再作出正面投影，见图 3-63（c）、（d）。作图过程请读者自学。

属于平面的投影面平行线可作无数条，它们都相互平行。图 3-63 中仅分别作出了其中的一条。

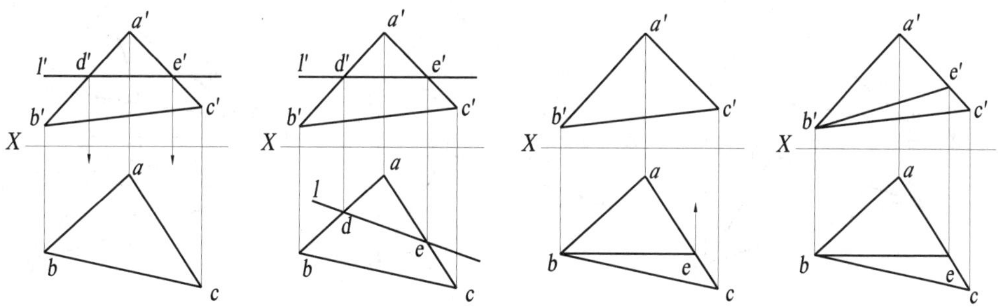

图 3-63　属于平面的投影面平行线

3.4.4　属于平面的最大斜度线

1. 最大斜度线的定义

属于定平面且垂直于平面内的投影面平行线的直线，称为平面的最大斜度线。垂直于平面内水平线的直线，称为对H面的最大斜度线；垂直于平面内正平线的直线，称为对V面的最大斜度线；垂直于平面内侧平线的直线，称为对W面的最大斜度线。图 3-64（a）中，AB 即为平面 P 内一条对 H 面的最大斜度线。

2. 最大斜度线对投影面所成的倾角最大

图 3-64（a）中，AB为平面 P 内对 H 面的最大斜度线，故 $AB \perp DE$、$AB \perp P_H$。

图 3-64（b）中，过点 A 在平面 P 内任作一直线 AC，交 P_H 于点C。在直角三角形 AaB 和 AaC 中，Aa 为共有边，且 $AC > AB$，故之$\angle \alpha > \angle \alpha_1$，即平面对 H 面的最大斜度线与 H 面所成的倾角最大。

同理可证，平面对 V 面和 W 面的最大斜度线与 V 面和 W 面所成的倾角也最大。

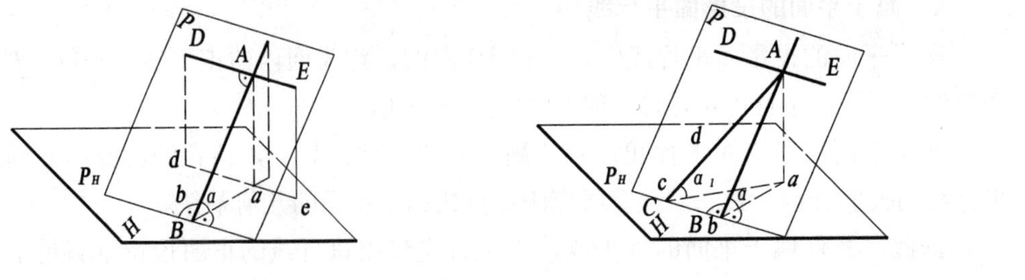

（a）　　　　　　　　（b）

图 3-64　平面内对 H 面的最大斜度线

3．最大斜度线的投影作图

以平面内对 H 面的最大斜度线为例，见图 3-65。

（1）作水平线 CD（$c'd'$，cd），见图 3-65（a）；

（2）过 b 作 $be \perp cd$（根据直角投影），并求出 $b'e'$，BE（$b'e'$，be）即为所求，见图 3-65（b）。

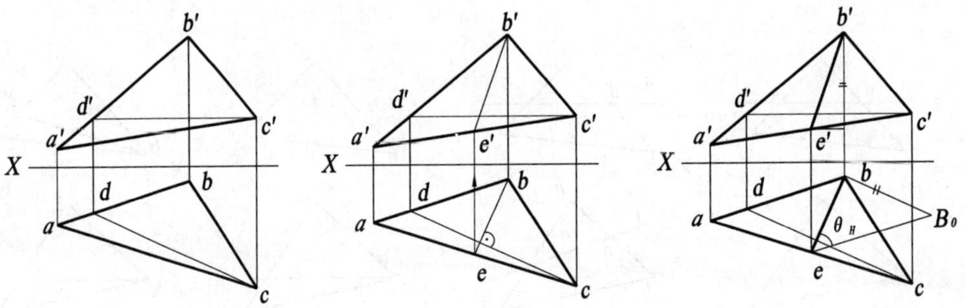

（a）　　　　　　（b）　　　　　　（c）

图 3-65　平面内对 H 面的最大斜度线作图方法

4．最大斜度线的几何意义

（1）可确定平面对投影面的倾角

平面对投影面的倾角是用平面角的大小来测定的。图 3-64（a）中，直角三角形 AaB 中，$AB \perp P_H$，$ab \perp P_H$，$\angle \alpha$ 便是平面 P 与 H 面所成二面角的平面角，即是平面 P 对 H 面的倾角。因此，利用平面对 H 面的最大斜度线，即可求出该平面对 H 面的倾角。同理，利用平面对 V 面和 W 面的最大斜度线，即可求出该平面对 V 面和 W 面的倾角。图 3-65（c）中，求出 BE 的 θ_H 角，即为 $\triangle ABC$ 对 H 面的倾角。求 $\triangle ABC$ 对 V 面的倾角，读者可以参照上述方法自行作出。

（2）确定空间唯一平面

对某投影面的最大斜度线一经给定，则与其垂直相交的投影面平行线即被确定。此两相交直线所确定的平面是唯一的。

图 3-66 中，对 V 面的最大斜度线 AB，与正平线 CD、EF 等决定了唯一的平面 Q。

【例 3-13】 已知 AB 为平面对 V 面的最大斜度线，试作出该平面的投影图，见图 3-67（a）。

分析： 过 AB 上任一点（如 B），作正平线垂直于 AB，即可得所求平面。

作图：如图 3-67（b）所示。

（1）过 b'作 $c'd' \perp a'b'$；

（2）过 b 作 $cd // X$ 轴。相交两直线 AB、CD 所确定的平面即为所求。

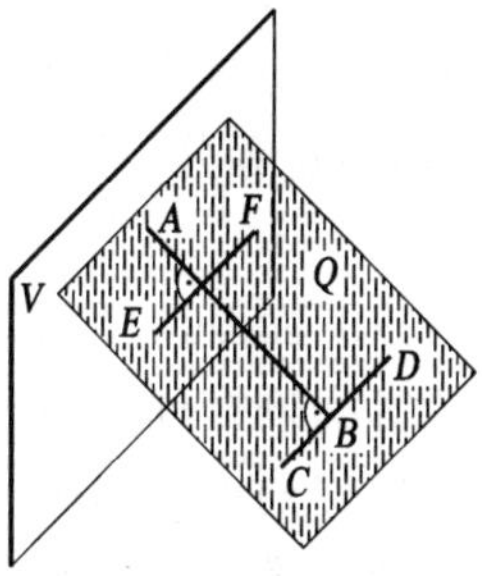

图 3-66　由最大斜度线确定平面

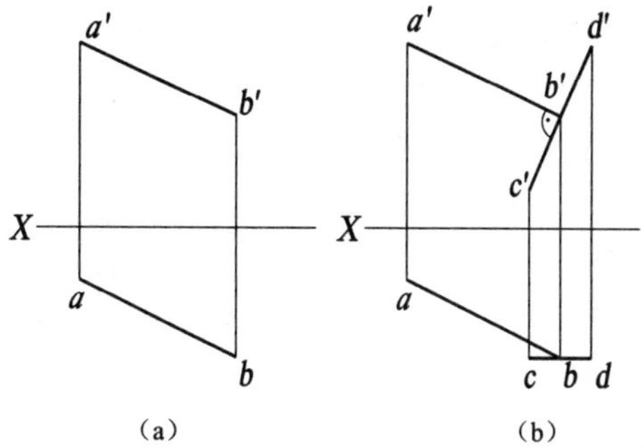

图 3-67　例 3-13 图

3.5　用 AutoCAD 进行点和图线的绘制

3.5.1　点

1．点的绘制

点不仅表示一个几何元素，而且具有构造的目的。用户可以利用 AutoCAD 提供的 point 命令进行绘制。

启动 point 命令的方法有如下几种：

- 使用键盘输入 point；
- 在“绘图”菜单上单击“点”子菜单，选取“单点”选项；
- 在“绘图”工具栏上单击点的图标 。

输入命令后，AutoCAD 将提示：

当前点模式：PDMODE=0　PDSIZE=0.0000

指定点：（确定点的位置）

在该提示行中，用户可以在命令行输入点的坐标值，也可以通过光标在绘图屏幕上直接确定一点。

2．点样式的确定

在 AutoCAD 中，点的类型可由自己确定。确定点的类型可通过以下两种途径：

- 打开“格式”菜单在其下拉菜单中，单击“点样式”选项。
- 使用键盘输入 ddptype 命令。

执行完后，将出现如图 3-68 所示的“点样式”对话框。

在对话框上部4排小方框中共列出20种点的类型，单击其中任一种，该小框颜色变黑，表明已选中这种类型的点。在“点大小”文本框中可任意设置点的大小。系统提供了两种点的显示方式：“相对于屏幕设置尺寸”——使点的大小随着屏幕窗口的变化而变化；而“用绝对单位设置尺寸”——设置点的大小为绝对绘图单位。

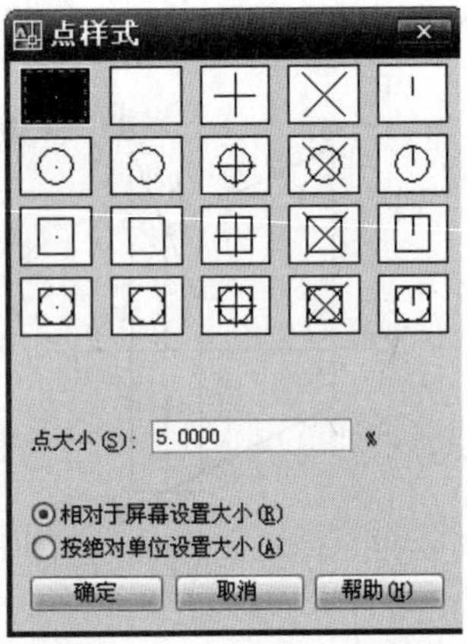

图3-68 “点样式”对话框

3. 点的定数等分和定距等分

（1）定数等分

利用 divide（等分点）命令，可以将点对象或图块沿对象的长度或周长等间隔排列，即沿着直线或圆周方向均匀间隔一段距离排列点或图块。利用该命令可以等分圆弧、圆、椭圆、椭圆弧、多段线以及样条曲线等几何元素。

启动命令的方法有如下几种：

- 使用键盘输入 divide；
- 在“绘图”菜单上单击“点”子菜单中的“定数等分”选项。

输入命令后，AutoCAD 会提示：

选择要定数等分的对象：（选择图3-69所示的直线）

输入线段数目或 [块(B)]：6

结果如图3-69所示。

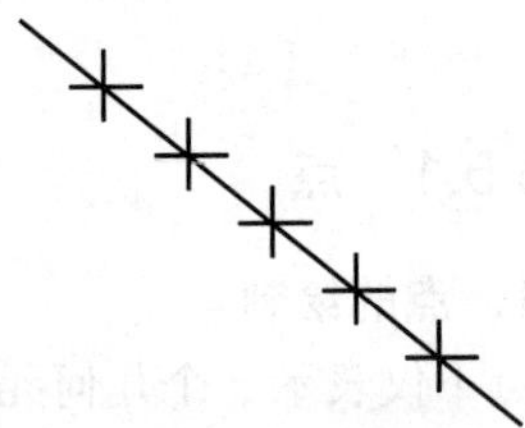
图3-69 等分直线

注意：选择点样式，以便使点为可见。

divide 命令把点对象或图块按指定的数量等分对象。

（2）定距等分

将点对象或图块按指定的间距放置在对象上，则需用到定距等分的命令 measure。用定距等分对象的最后一段可能要比指定的间隔短。利用定距等分命令，可以沿着直线、多段线、圆周等对象以指定距离排列点或图块。定距等分命令的使用方法类似于定数等分。

3.5.2 图线

线条是 AutoCAD 中最基本的对象，通过 AutoCAD 可以创建各式各样的线条，如直线、包含或不包含弧线的多段线、多重平行线和徒手画线等。

1. 绘制曲线对象

用 AutoCAD 可以创建各种的曲线对象，包括圆、弧线、椭圆、样条曲线。

（1）圆弧

圆弧是图形中的一个重要的几何元素。在 AutoCAD 中，用户可以通过如下几种方法输入 arc 命令：

- 使用键盘输入 arc 或 a；
- 在“绘图”菜单上单击“圆弧”子菜单，如图3-70所示；

• 在“绘图”工具栏上单击“圆弧”图标 。

AutoCAD提供了10种绘制圆弧的方法。图3-70显示了包含这10种方式的下拉菜单。对于每种绘制圆弧命令的具体操作，不一一详述。这里仅介绍几种较为常用的绘制方法。

图 3-70 “圆弧”子菜单

① 3点：通过3点确定圆弧。命令输入后，AutoCAD将提示：

指定圆弧的起点或 ［圆心（C）］:（指定如图 3-71 所示点 *1*）

指定圆弧的第二个点或 ［圆心（C）/端点（E）］:（指定如图 3-71 所示点 *2*）

指定圆弧的端点：（指定如图 3-71 所示点 *3*。）

结果如图3-71所示。通过3个指定点可以顺时针或逆时针绘制圆弧。

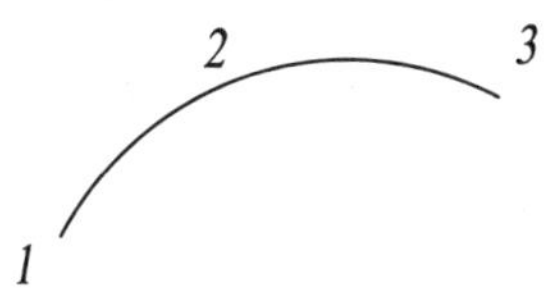

图 3-71 3 点确定圆弧

② 起点、圆心、终点：通过指定起始点、圆心以及终点（如图 3-72（a）所示，终点可以不在圆弧上）绘制圆弧的方式。

③ 起点、圆心、角度：通过指定起始点、圆心及角度绘制圆弧的方式。此时，输入的角度（圆弧所对圆心）为正值，按逆时针画圆弧；输入的角度为负值，按顺时针画圆弧。如图 3-72（b）所示。

④ 起点、圆心、弦长：通过指定起始点、圆心及弦长绘制圆弧的方式。如果弦长为正，AutoCAD 将使用圆心和弦长计算端点角度，并从起点逆时针绘制一条劣弧（较短的弧），如图 3-72（c）所示；如果弦长为负，AutoCAD 将逆时针绘制一条优弧。

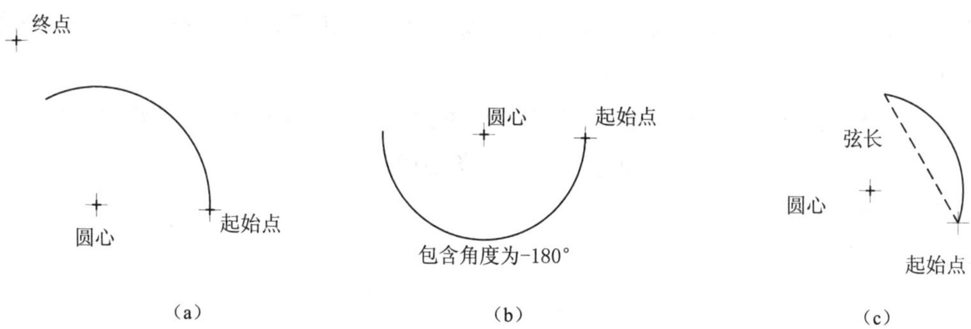

图 3-72 指定中心点绘制圆弧的 3 种方式

（2）椭圆和椭圆弧

在几何学中，一个椭圆是由两个轴定义的。椭圆的形状由定义其长度和宽度的两条轴决定。定义椭圆轴时，AutoCAD根据轴的相对长度确定椭圆的长轴和短轴。

启动椭圆命令的方法有如下几种：

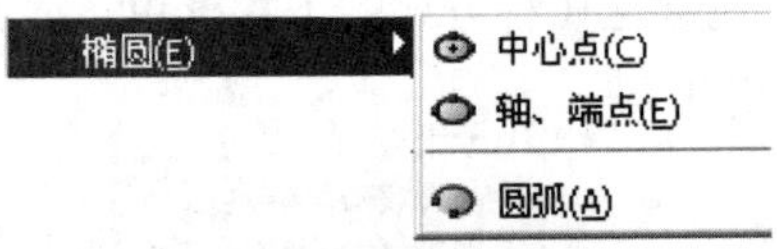

图 3-73 “椭圆”子菜单

- 使用键盘输入 ellipse；
- 在“绘图”菜单上单击“椭圆”子菜单（如图 3-73 所示）；
- 在“绘图”工具栏单击椭圆图标 。

输入命令后，AutoCAD 将提示：

指定椭圆的轴端点或 [圆弧(A)/中心点(C)]:

在该提示行中，用户有如下几种选择。

① 利用椭圆某一轴上的两个端点的位置以及另一轴的半长绘椭圆：在该提示下直接输入某一轴的端点（如图 3-74 中的 A 点）后，AutoCAD 将提示：

指定轴的另一个端点:(指定如图 3-74 中的 *B* 点)

AutoCAD 继续提示：

指定另一条半轴长度或 [旋转(R)]:

默认选项为：（指定如图 3-74 中 *C* 点）完成后，如图 3-74 所示。或输入 *r*，指定绕长轴旋转的角度：旋转角度指绕长轴旋转的角度，以此确定长轴与短轴的比值。旋转角度越大，长轴与短轴比值越高。旋转角度为 0°的椭圆即为圆。执行完操作后，AutoCAD 将利用已知两轴之一和旋转角度绘制椭圆。

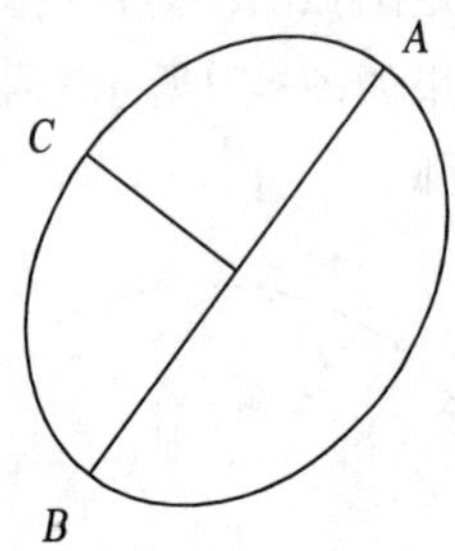

图 3-74 利用一轴的两个端点以及另一轴的半长绘椭圆

② 利用“中心点”方式——指定椭圆的中心点、长轴和短轴的半长来绘制椭圆。

（3）样条曲线

样条曲线是经过一系列给定点的光滑曲线。AutoCAD 使用的是一种称为非均匀有理 B 样条曲线（NURBS）的特殊曲线。NURBS 曲线可在控制点之间产生一条光滑的曲线。样条曲线适用于创建形状不规则的曲线，例如汽车设计或地理信息系统（GIS）所涉及的曲线。

AutoCAD 用 Spline 命令创建“真实”的样条曲线即 NURBS 曲线。用户也可使用 pedit 命令对多段线进行平滑处理，以创建近似于样条曲线的线条。图 3-75 即是用 Spline 命令生成的样条曲线。

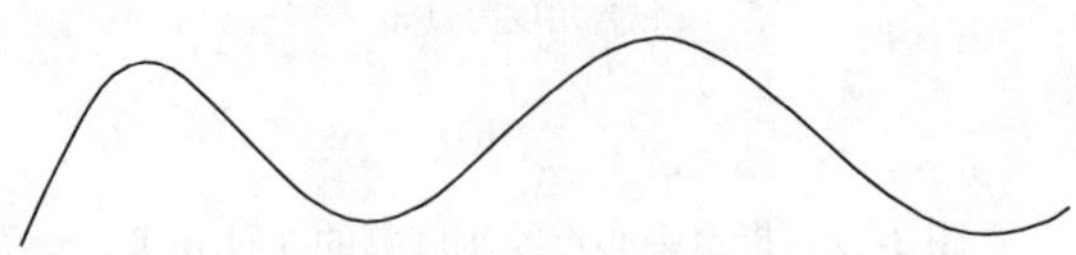

图 3-75 样条曲线

2. 多段线

（1）多段线的绘制

多段线由相连的直线段或弧线序列组成，作为单一对象使用。与其他对象如单独的直线、圆不同的是，多段线既可以具有固定不变的宽度，也可以在一定长度范围内使任意线段逐渐变细或变粗。多段线可用于一些特殊图线的绘制，而且还常常用多段线绘制边框和标题栏。图 3-76 所示为一些典型的多段线。

图3-76　典型的多段线

利用 AutoCAD 提供的 pline 命令可以绘制多段线。启动 pline 命令的方法有如下几种：

- 使用键盘输入 pline 或 pl；
- 在“绘图”菜单中单击“多段线”子菜单；
- 在“绘图”工具栏上单击“多段线”图标。

命令输入后，AutoCAD 将提示：

指定起点：(与绘制直线相似，指定一点)

当前线宽为 0.0000 (AutoCAD 显示当前直线的宽度)

指定下一个点或 [圆弧(A)/半宽(H)/长度(L)/放弃(U)/宽度(W)]:

该提示行中各选项的含义如下。

① 指定下一个点：默认项。用户直接输入一点作为直线的一个端点，并保持当前线宽。

② 圆弧（A）：用户选择 A 后，AutoCAD 将提示如下，并生成多段线中的圆弧。

指定圆弧的端点或 [角度(A)/圆心(CE)/闭合(CL)/方向(D)/半宽(H)/直线(L)/半径(R)/第二个点(S)/放弃(U)/宽度(W)]:

多段线中绘制圆弧的操作与绘制圆弧（arc）相似；其他选项与 pline 命令中的同名选项含义相同。

③ 长度（L）：定义下一段多段线的长度。执行该选项时，AutoCAD 会自动按照上一段多段线的方向绘制下一段多段线；若上一段多段线为圆弧，则按圆弧的切线方向绘制下一段多段线。

④ 放弃（U）：取消上一次绘制的多段线线段，这个选项可以连续使用。

⑤ 宽度（W）：设置多义线的宽度。根据起点和终点宽度的不同，可以绘制宽度不同的线。

（2）与多段线有关的编辑命令

创建多段线之后，可用 pedit 命令进行编辑，控制现有多段线的线型显示或使用 explode 命令将其分解成单独的直线段和弧线段。

① pedit 命令

可以通过如下几种方法输入 pedit 命令：

- 使用键盘输入 pedit；
- 在“修改”菜单上的“对象”选项上单击“多段线”子菜单；
- 在“修改Ⅱ”工具栏上单击“编辑多段线”图标。

• 输入命令后，AutoCAD 将提示：

选择多段线或 [多条(M)]：(选择对象)

此时如果选定对象是直线或圆弧，则 AutoCAD 继续提示：

选定的对象不是多段线，是否将其转换为多段线？<Y>：(如果输入 y，则所选择的对象被转换为可编辑的二维多段线)

AutoCAD 继续提示：

输入选项[闭合(C)/合并(J)/宽度(W)/编辑顶点(E)/拟合(F)/样条曲线(S)/非曲线化(D)/线型生成(L)/放弃(U)]：

该提示行中主要选项的含义如下：

a. 闭合（C）：连接第一条与最后一条线段，从而创建闭合的多段线线段。

b. 合并（J）：将直线、圆弧或多段线添加到打开的多段线中去。

c. 宽度（W）：指定整条多段线新的统一宽度。

d. 拟合（F）：创建一条平滑曲线，它由连接各对顶点的弧线段组成。曲线通过多段线的所有顶点并使用指定的切线方向。

在绘制工程图样的过程中，常常需要绘制波浪线。AutoCAD 中一般用多段线命令画一条折线，再用 pedit 命令中的“拟合”选项将该折线改成波浪线。

② Explode 命令

使用 Explode 命令，可以将组合对象分解开。组合对象是指包含不止一个 AutoCAD 对象，例如，多段线就是一个组合对象。可以分解的组合对象有三维网格、三维实体、块、体、标注、多线、多面网格、多边形网格、多段线以及面域等。

可以通过如下几种方法输入 Explode 命令：

• 使用键盘输入 explode；
• 在“修改”菜单上单击“分解”子菜单；
• 在“修改”工具栏上单击“分解”图标 。

在分解宽多段线时，线宽恢复为 0，分解后的线段将根据先前的多段线的中心重新定位。

第 4 章　直线与平面、平面与平面的相对位置

直线与平面、平面与平面的相对位置是指它们之间平行、相交和垂直这 3 种情况。

4.1　平　　行

4.1.1　直线与平面平行

1．几何条件

若直线平行于平面内一直线，则直线与该平面平行。如图 4-1 所示，直线 *AB* 平行于平面 *P* 内一直线 *CD*，则直线 *AB* 平行于平面 *P*；反之，若平面内一直线平行于平面外的直线，则平面与该直线平行。

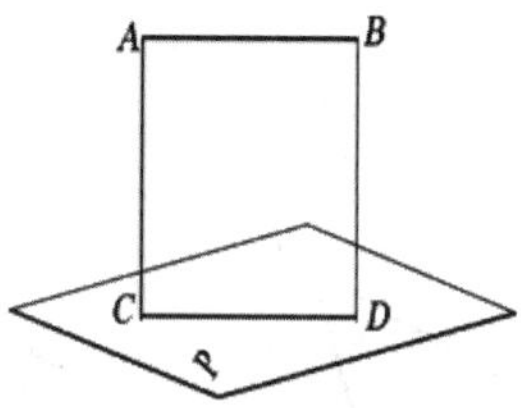

图 4-1　直线与平面平行

2．投影作图

（1）作直线平行于平面

过点 *K* 作 *KL*∥*AD*，则直线 *KL*（*k'l'*，*kl*）平行于平面△*ABC*，见图 4-2（a）。

作图：

① 在平面△*ABC* 内任作一直线 *AD*（*a'd'*，*ad*），见图 4-2（b）；

② 过 *k'* 作 *k'l'*∥*a'd'*，过 *k* 作 *kl*∥*ad*，则直线 *KL*（*k'l'*，*kl*）平行于平面△*ABC*，见图 4-2（c）。

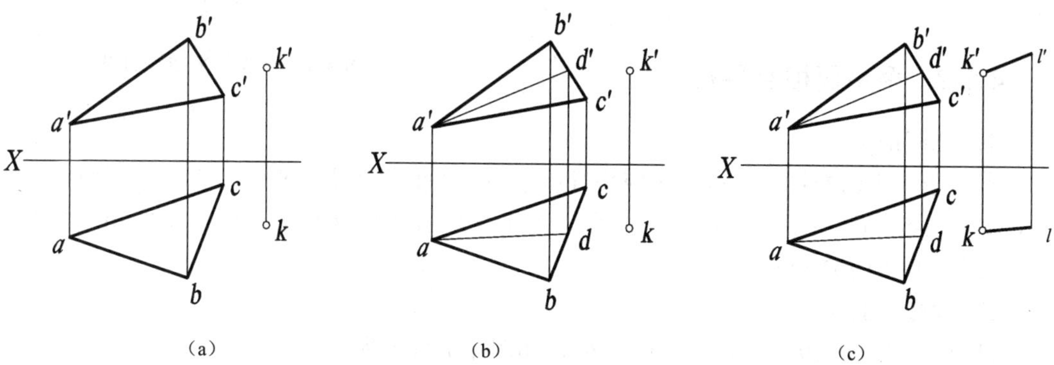

图 4-2　作直线平行于平面

讨论： 过平面外一定点，可作无数条直线与已知平面平行，其轨迹是过定点与已知平面平行的平面。

（2）作平面平行于定直线

过点 K 作平面 KLM 平行于直线 AB，见图 4-3（a）。

作图：

① 过 k'作 $k'l' /\!/ a'b'$，过 k 作 $kl /\!/ ab$，见图 4-3（b）；

② 过点 K 再作任一直线 KM（$k'm'$，km），平面 KLM（$k'l'm'$，klm）平行于直线 AB，见图 4-3（c）。

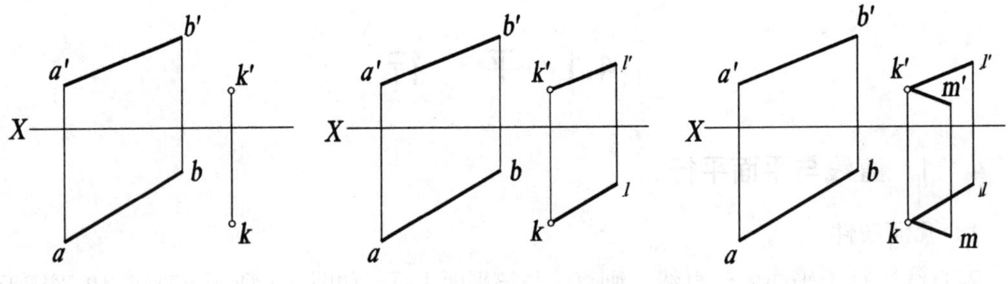

图 4-3　作平面平行于定直线

讨论：由于包含定直线可作无数平面，故过线外一点可作无数平面平行于定直线。

3．直线与平面平行的判断

判断直线与平面或平面与直线是否平行的依据，是在投影图中能否找到直线与平面相互平行的几何条件，能则平行；否则不平行。

图 4-4 中，虽然有 $a'c' /\!/ d'e'$，$ab /\!/ de$，但是不具备 $AC /\!/ DE$（$a'c' /\!/ d'e'$，$ac /\!/ de$），或 $AB /\!/ DE$（$a'b' /\!/ d'e'$，$ab /\!/ de$）的几何条件，故直线 DE 与平面△ABC 不平行。

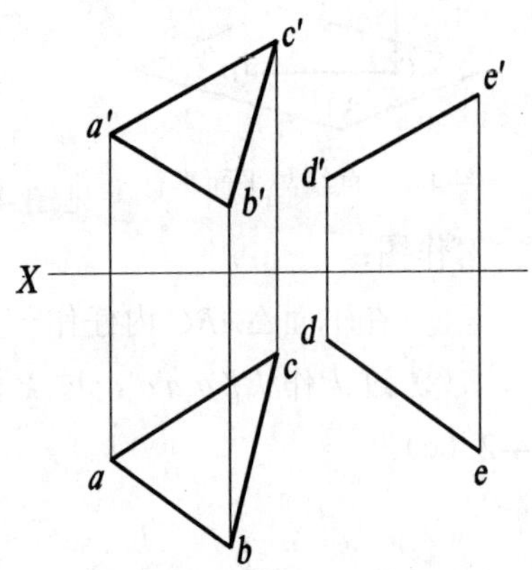

图 4-4　直线与平面平行的判断

4.1.2　两平面相互平行

1．几何条件

若属于一平面的相交二直线对应平行属于另一平面的相交二直线，则此二平面相互平行，如图 4-5（a）所示。平面 P 的相交二直线 AB、AC 对应平行于平面 Q 的相交二直线 DE、DF，则平面 $P /\!/ Q$。

2．投影作图

过点 D 作平面 DEF 平行于平面 ABC，如图 4-5（b）所示。

作图：

（1）过 d'作 $d'e' /\!/ a'b'$，过 d 作 $de /\!/ ab$；

（2）过 d'作 $d'f' /\!/ a'c'$，过 d 作 $df /\!/ ac$，则平面 DEF 平行于平面 ABC，见图 4-5（c）。

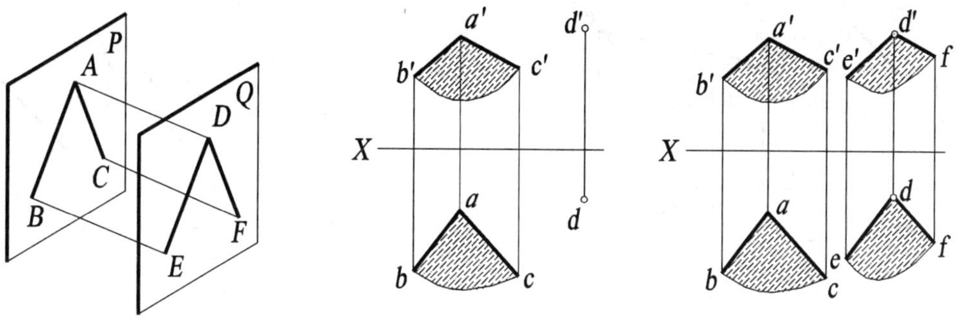

（a）　（b）　（c）

图 4-5　两平面平行

【例 4-1】 过点 K（k'，k）作平面平行于已知平面（$AB /\!/ CD$），见图 4-6（a）。

分析：过点 K 作相交二直线对应平行于已知平面的相交二直线，则此二平面平行。

作图：

（1）作直线 MN（$m'n'$，mn）与 AB、CD 相交，见图 4-6（b）；

（2）过 k'作 $e'f' /\!/ a'b'$、$g'h' /\!/ m'n'$，过 k 作 $ef /\!/ ab$、$gh /\!/ mn$，则由相交二直线 EF、GH 所确定的平面即为所求，见图 4-6（c）。

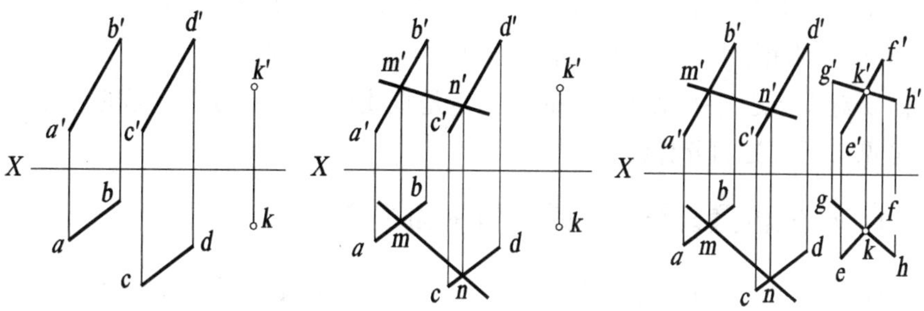

（a）　（b）　（c）

图 4-6　作平面平行于平面

3．两平面平行的判断

根据平面与平面平行的几何条件，即可判断两平面是否平行。凡在两平面内能作出一对对应平行的相交二直线，则此二平面平行，否则不平行。

如图 4-7（a）所示，$\triangle ABC$ 面内相交的正平线和水平线对应平行于$\triangle DEF$ 面内相交的正平线和水平线，故$\triangle ABC /\!/ \triangle DEF$。

如图 4-7（b）所示，两平面都由平行二直线（$AB /\!/ CD$、$EF /\!/ GH$）所确定，且二面投影对应平行，但由于在此两平面内不可能作出一对对应平行的相交二直线，故此二平面不平行。

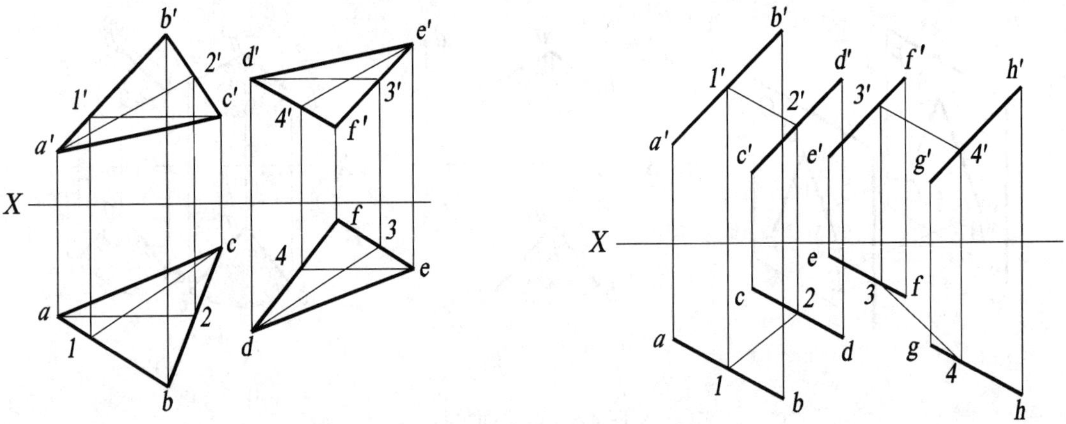

（a）　　　　　　　　　　（b）

图 4-7　两平面平行的判断

4.2　相　　交

直线与平面不平行必相交，平面与平面不平行也必相交。直线与平面相交会产生交点，交点既属于直线又属于平面，为相交的直线与平面的共有点；相交两平面的交线为直线，该直线同属于相交的两平面，是相交平面的共有线。

当需要对投影进行可见性判定时，交点是直线投影可见与不可见的分界点；交线是平面投影可见与不可见的分界线。

4.2.1　一般位置直线与特殊位置平面相交

特殊位置平面的一个投影有积聚性，交点的一个投影也随之积聚在该平面有积聚性的投影上，而交点的其余投影可通过作属于直线的点的方法求取。

如图 4-8（a）所示，直线 *MN* 与铅垂面△*ABC* 相交。铅垂面的水平投影 *abc* 有积聚性，则交点的一个投影也随之积聚在 *abc* 上，见图 4-8（b）；水平投影中 *mn* 与 *abc* 的交点即为交点 *K* 的水平投影。将 *k'*作于 *m'n'*线上，交点 *K*（*k'*，*k*）的二面投影即以求出，见图 4-8（c）。

由于直线和平面的正面投影重叠，需要对直线的正面投影进行可见性判断。通过读图明确其相对位置后可直接判定可见性：在交点 *K* 的左侧，平面在前，而直线在后，故平面遮挡直线，直线的这段正面投影不可见，根据规定不可见部分画成虚线；因为交点为可见与不可见的分界点，故在交点 *K* 的右侧，直线的正面投影可见，如图 4-8（c）所示。

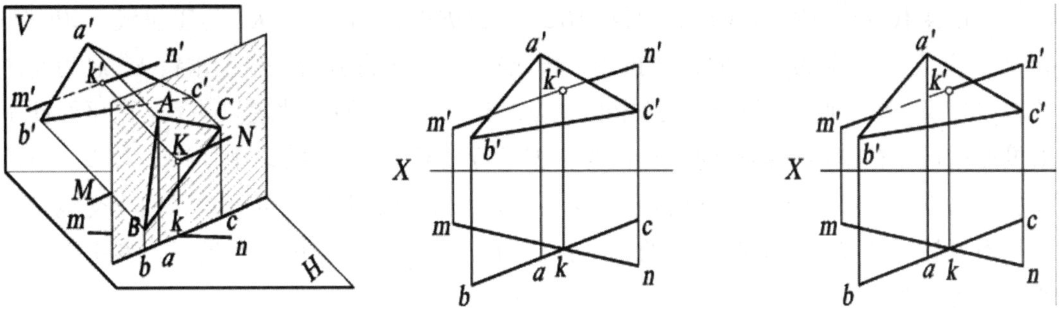

（a）　　　　　　（b）　　　　　　（c）

图 4-8　一般位置直线与特殊位置平面相交

4.2.2　特殊位置直线与一般位置平面相交

特殊位置直线中的投影面垂直线必有一个投影有积聚性，则交点的投影也随之积聚。交点的其余投影可通过作属于平面的点的方法求取。

如图 4-9（a）所示，铅垂线 *EF* 与一般位置面△*ABC* 相交，铅垂线 *EF* 的水平投影有积聚性，交点 *K* 的水平投影也随之积聚在 *ef* 上。见图 4-9（b），在水平投影中含 *k* 点在△*ABC* 面内取辅助线 *ag*，求 *a'g'* 与 *e'f'* 的交点即为交点 *K* 的正面投影 *k'*。

直线 *EF* 的正面投影 *e'f'* 的可见性可以借助重影点的可见性予以判断：在正面投影中任取一对重影点的投影，如 *1'*、*2'*，由水平投影可知 $Y_{II}>Y_{I}$，点 *II* 正面投影 *2'* 可见，则直线在平面的前面 *k'f'* 可见；再由交点是可见与不可见的分界点可知，*k'e'* 与 *a'b'c'* 重叠部分不可见，故将 *k'e'* 处于 *a'b'c'* 范围内的一段画成虚线，如图 4-9（c）所示。

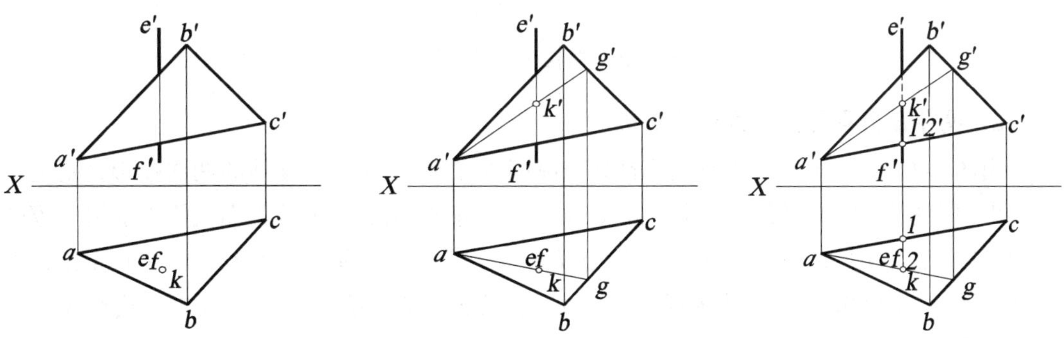

（a）　　　　　　（b）　　　　　　（c）

图 4-9　特殊位置直线与一般位置平面相交

4.2.3　两特殊位置平面相交

1．两平面同时垂直于某投影面

两平面同时垂直于某投影面时，交线为该投影面的垂直线。

如图 4-10（a）所示，两正垂面△*ABC* 与△*DEF* 相交，交线 *KL* 为正垂线。*a'b'c'*与 *d'f'e'*的交点 *k'l'*，即为交线的正面投影，由此在 *ac* 上求得 *l*，在 *de* 上求得 *k*，*kl* 为交线的水平投影。由于两平面的水平投影有重叠部分，故有遮挡与被遮挡关系。两平面的水平投影的可见性利用重影点的可见性为依据进行判断：在水平投影中任选一对重影点的投影，如点 *1*、*2*，通过正面投影可知 $Z_{I}>Z_{II}$，点 *I* 的水平投影可见；又因为交线是可见与不可见的分界线，故两平面的水平投影的可见性如图 4-10（a）所示，其中不可见的部分用虚线表示。

如图 4-10（b）所示，正垂面△*ABC* 与水平面 *P* 相交，交线为正垂线 *KL*（*k'l'*，*kl*）。由于平面 *P* 无边界，故仅将交线作于△*ABC* 平面的范围内，且不进行可见性判断。

如图 4-10（c）所示，两迹线表示的正垂面 *P*、*Q* 相交，交线为正垂线 *KL*。由于平面 *P*、*Q* 均由迹线表示，故其交线的长度不限，也不进行可见性判断。

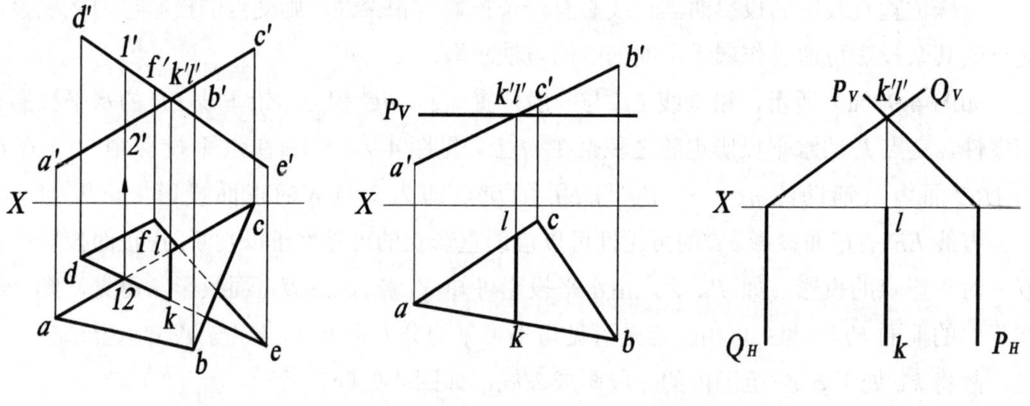

（a）　　（b）　　（c）

图 4-10　两特殊位置平面相交

2．两平面分别垂直不同的投影面

由图 4-11（a）可知，正垂面△*DEF* 与铅垂面△*ABC* 相交，交线的两面投影分别重合在两平面有积聚性的投影上。图 4-11（b）中，在正垂面△*DEF* 的正面投影上求出 *I II*的正面投影 *1'2'*，由此求得 *12*，两平面的交线必在 *I II*上；在铅垂面 *ABC* 的水平投影上，求出*III IV*的水平投影 *34*，由此求得 *3'4'*，两平面的交线必在*III IV*上；由于要求交线需表示在两平面的共有范围内，故交线*II IV*（*2'4'*，*24*）即为所求。两平面的投影的可见性利用重影点进行判断，请读者自己完成，如图 4-11（c）所示。

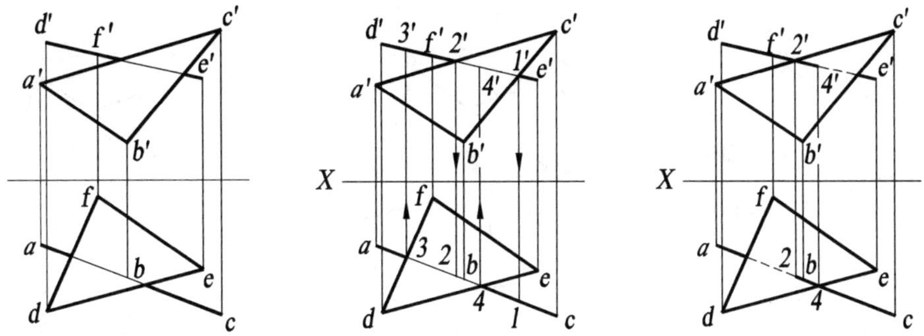

(a)　　　　(b)　　　　(c)

图 4-11　两特殊位置平面相交

4.2.4　特殊位置平面与一般位置平面相交

当相交的两平面之一是特殊位置平面时，交线的一个投影也随之积聚在该平面有积聚性的投影上；交线的其余投影利用交线的共有性在面内取线的方法求出。

1. 特殊位置平面用迹线表示

如图 4-12（a）所示，一般位置平面△*ABC* 与铅垂面 *P* 相交。交线的水平投影随铅垂面 *P* 积聚在 *kl* 一段，见图 4-12（b）；求出 *k′l′*并连线，则 *KL*（*k′l′*，*kl*）为此两平面的交线，见图 4-12（c）。

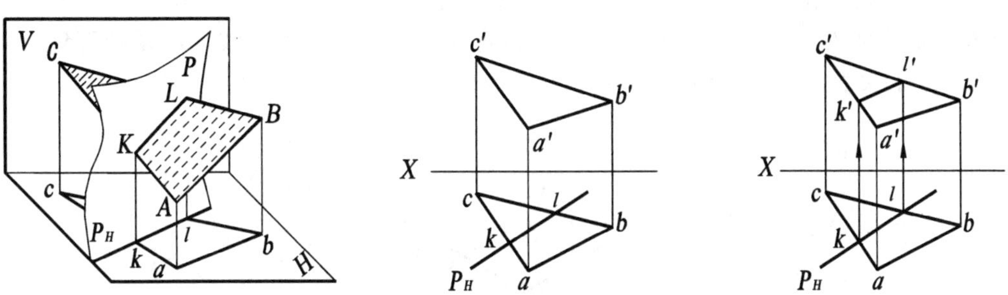

(a)　　　　(b)　　　　(c)

图 4-12　特殊位置平面与一般位置平面相交

2. 特殊位置平面用几何要素表示

如图 4-13（a）所示，一般位置平面△*ABC* 与铅垂面△*DEF* 相交，交线的水平投影积聚在 *def* 上的 *kl* 一段，见图 4-13（b）；求出 *k′l′*并连线，则 *KL*（*k′l′*，*kl*）为此两平面的交线。

由于两平面的正面投影有投影重叠部分，需判断可见性：在正面投影中任选一对重影点的投影，如 *1′*、*2′*，根据其水平投影知 $Y_I>Y_{II}$，又因为交线是可见与不可见的分界线，故两平面的正面投影的可见性如图 4-13（c）所示。

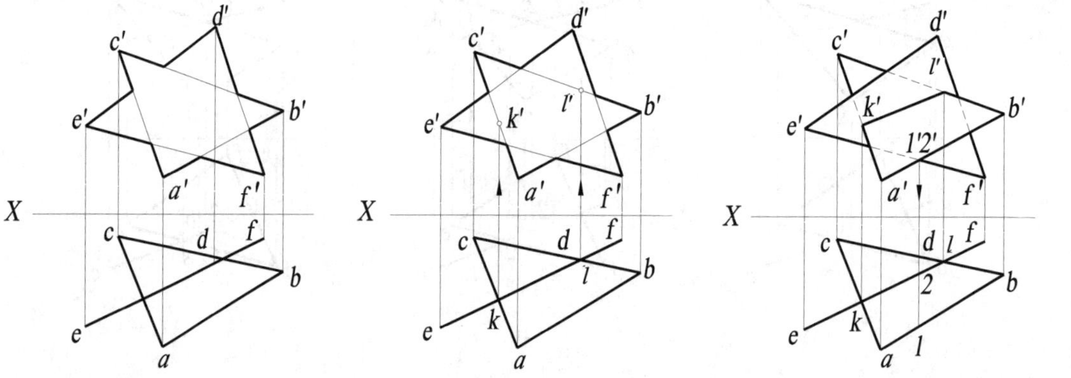

（a）　　（b）　　（c）

图 4-13　特殊位置平面与一般位置平面相交

4.2.5　一般位置直线与一般位置平面相交

一般位置直线与一般位置平面相交，需含直线作辅助面求取交点，辅助面一般为投影面垂直面，如图 4-14 所示。

1．分析

直线 *AB* 与平面 *P* 相交于点 *K*，见图 4-14（a）；交点 *K* 是共有点，既属于直线 *AB* 又属于平面 *P*，则点 *K* 属于平面 *P* 内过该点的任一直线，如 *MN*，见图 4-14（b）；直线 *AB* 与 *MN* 组成平面 *R*，若以 *R* 为辅助面，则 *MN* 即是平面 *P* 与 *R* 的交线，点 *K* 则为交线 *MN* 与直线 *AB* 的交点，见图 4-14（c）。

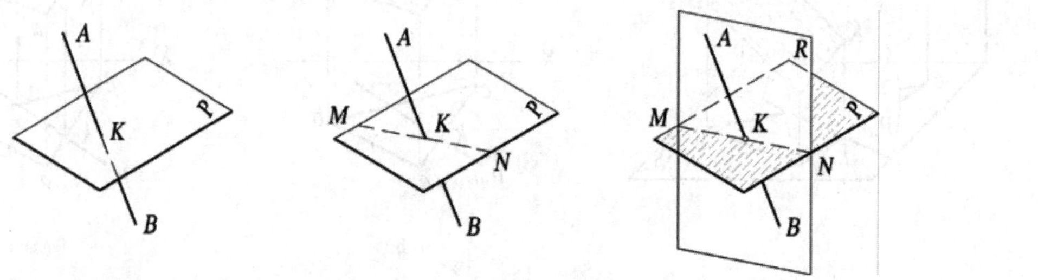

（a）　　（b）　　（c）

图 4-14　一般位置直线与一般位置平面相交

综上所述，求作一般位置直线与一般位置平面的交点，由以下 3 个步骤完成：

（1）包含直线作辅助面（为便于作图，通常是作投影面垂直面为辅助面）；

（2）求出辅助面与已知平面的交线；

（3）交线与已知直线的交点，即为所求直线与平面的交点。

2．投影作图

如图 4-15（a）所示，直线 *EF* 与平面△*ABC* 相交，求作交点。

作图：

（1）包含直线 *EF* 作正垂面 *R*，见图 4-15（b）；

（2）求 *R* 与△*ABC* 的交线 *MN*（*m'n'*，*mn*）；

（3）*mn* 与 *ef* 的交点 *k* 即为交点的水平投影；在 *e'f'* 上求得 *k'*，点 *K*（*k'*，*k*）即为交点，如图 4-15（c）所示。

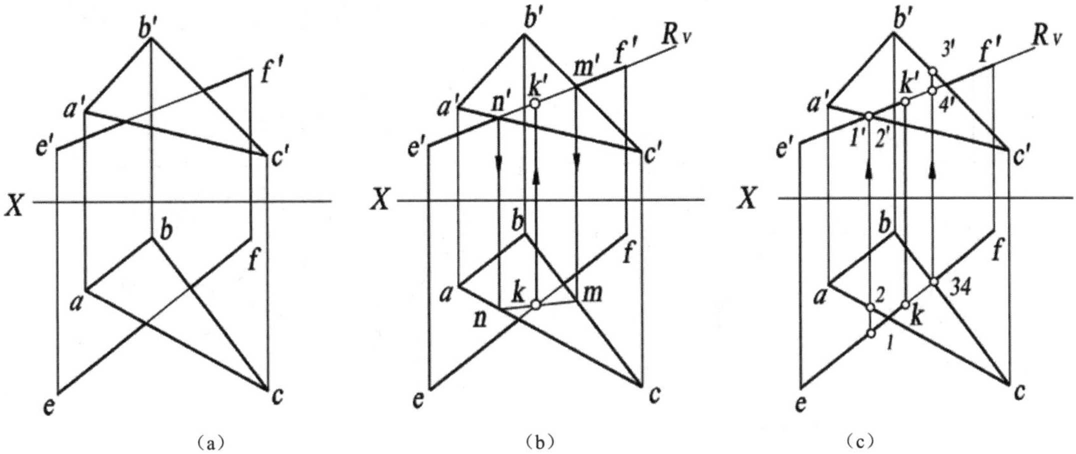

图 4-15　一般位置直线与一般位置平面相交

直线正面投影可见性判断：在正面投影中任选一对重影点的投影，如 *1'*、*2'*，根据其水平投影知 $Y_{I}>Y_{II}$，则 *k'e'* 可见；*k'f'* 与 *a'b'c'* 的重叠部分不可见。

直线水平投影可见性判断：在水平投影中任选一对重影点的投影，如 *3*、*4*，根据其正面投影可知 $Z_{III}>Z_{IV}$，则 *kf* 与 *abc* 重叠部分不可见。

4.2.6　两一般位置平面相交

1．用三面共点原理求相交两平面的交线

（1）分析

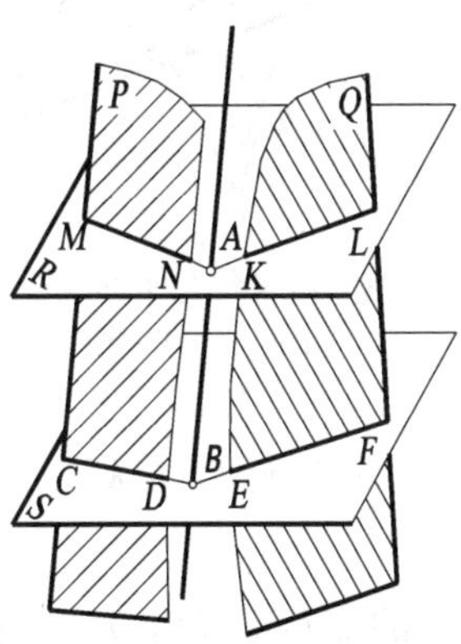

图 4-16　用三面共点原理求两平面的交线

如图 4-16 所示，已知 *P*、*Q* 为相交两平面，作不与此二平面平行的 *R* 为辅助面，*R* 与平面 *P* 产生交线 *MN*，*R* 与平面 *Q* 产生交线 *KL*，*MN* 与 *KL* 的交点 *A* 即为 *P*、*Q*、*R* 三面所共有，亦即是 *P*、*Q* 二面交线上的点；同理，再以 *S* 为辅助面，又可求得另一个共有点 *B*，连 *AB* 即为 *P*、*Q* 二平面的交线。需要注意的是，辅助面的选取要有利于作图，一般以特殊位置平面为辅助面。

（2）投影作图

① 见图 4-17（a），相交两平面由△*ABC* 及平行二直线 *DE*、*FG* 确定，选水平面为辅助面。

② 见图 4-17（b），作水平面 *R* 为辅助面，求出 *R* 与△*ABC* 的交线 *I II*（*1'2'*，*12*），与 *DE*、*FG* 的交线*III IV*（*3'4'*，

34)，Ⅰ Ⅱ与Ⅲ Ⅳ的交点 K（k'，k）即为一个共有点；同理，以 S 为辅助面，又可求得另一个共有点 L（l'，l）。

③ 连接 KL（k'l'，kl）即为所求交线。

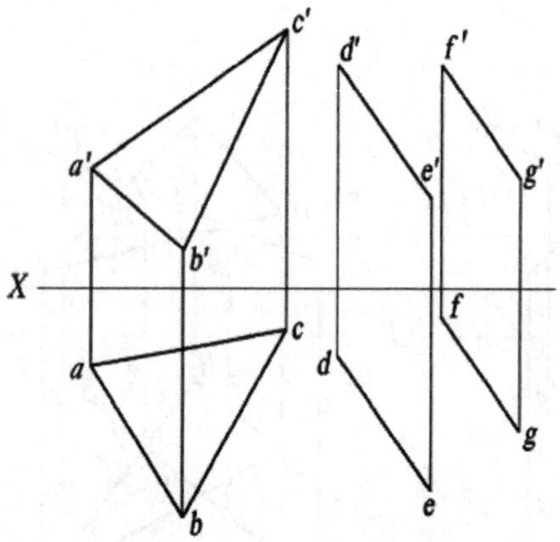

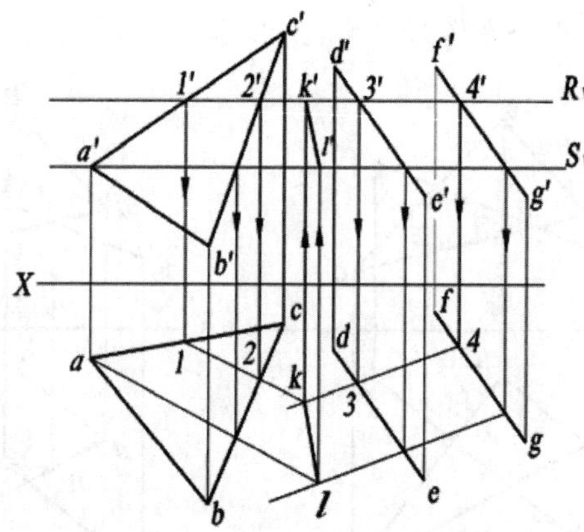

图 4-17　三面共点原理求两平面的交线

2. 用直线与平面的交点，求相交两平面的交线

（1）分析

由图 4-18 可以知道，所有在△ABC 面内且与△DEF 相交的直线，如Ⅲ Ⅳ，其交点 L 必集合于交线 MN 上；同理，所有在△DEF 面内且与△ABC 相交的直线，如 Ⅰ Ⅱ，其交点 K 也集合于交线 MN 上。因此，利用直线与平面的交点求相交两平面的交线的作图步骤为：

① 在相交两平面的任一平面内选一直线（该直线不得与另一平面平行，否则无交点），求出该直线与另一平面的交点；

② 依此方法再求一个交点；

③ 连此二交点，即为所求两平面的交线。

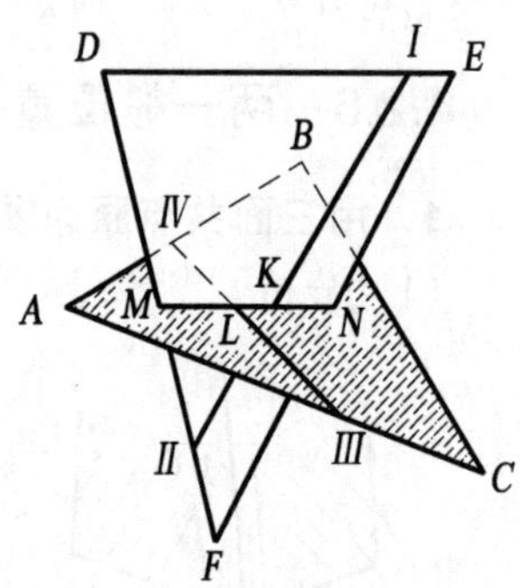

图 4-18　用直线与平面的交点求两平面的交线

（2）投影作图

如图 4-19（a）所示，两平面△ABC 与△DEF 相交，求作交线。

① 包含△DEF 的一边 EF 作正垂面 R，求得 EF 与△ABC 的交点 K（k'，k），见图 4-19（b）；

② 包含△ABC 的一边 AC 作正垂面 Q，求得 AC 与△DEF 的交点 L（l'，l），见图 4-19（b）；

③ 连接 KL（k'l'，kl）即为所求交线，见图 4-19（c）。

（3）判断可见性

正面投影可见性判断：在正面投影中任选一对重影点的投影，如 $1'$、$2'$，根据其水平投影知 $Y_{I}>Y_{II}$，故以交线 $k'l'$ 为界，在交线 KL 的下侧 $\triangle a'b'c'$ 的 $a'l'k'$ 部分可见，$\triangle d'e'f'$ 的 $e'k'l'$ 部分不可见；在交线的另一侧 $\triangle d'e'f'$ 的 $f'k'l'$ 可见，$\triangle a'b'c'$ 的 $c'k'l'$ 部分不可见，如图 4-19（c）所示。

水平投影可见性判断：方法与正面投影可见性判断相同。

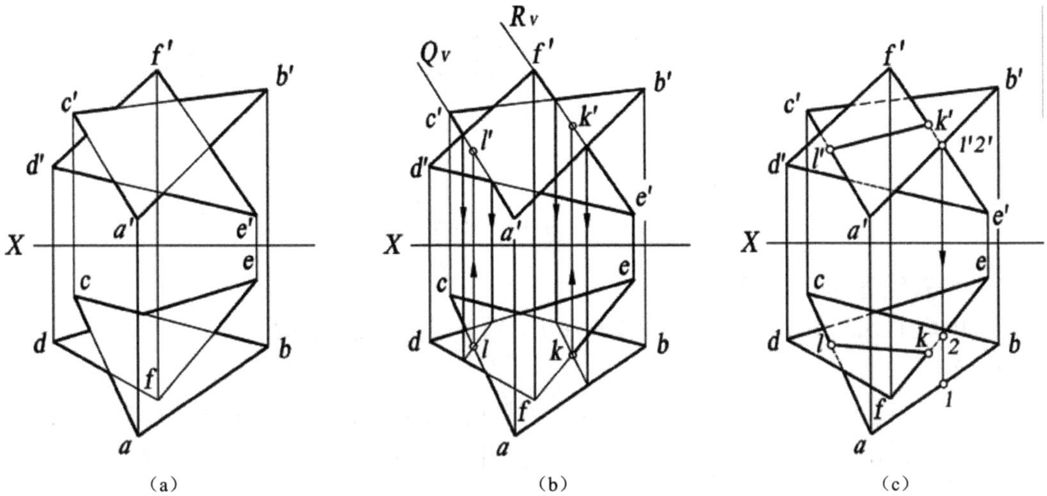

图 4-19　用直线与平面的交点求两平面的交线

4.3　垂　直

4.3.1　直线与平面垂直

1．几何条件

一直线垂直相交二直线，则此直线垂直于该相交二直线所确定的平面；反之，相交二直线垂直于一直线，则相交二直线所确定的平面垂直于该直线。

如图 4-20（a）所示，直线 L 垂直于相交二直线 AB、CD，则直线 L 垂直于平面 P；反之，平面垂直于直线 L。

垂直于平面的直线，称为该平面的垂线或法线。垂线与平面的交点为垂足。

2．讨论

从几何学可知，直线垂直于平面，则该直线必垂直于平面内的一切直线（过垂足和不过垂足），其中包括平面内的投影面平行线。如图 4-20（b）所示，直线 L 垂直于平面 P，则直线 L 垂直于平面 P 内的水平线 AB，GH，…，以及正平线 CD，EF，…。由此可得到直线垂直平面的投影作图方法，如图 4-20（c）所示：直线的水平投影 l 垂直于平面内水平

线的水平投影 *ab*，直线的正面投影 *l'*垂直于平面内正平线的正面投影 *c'd'*；同理，直线的侧面投影垂直于平面内侧平线的侧面投影。

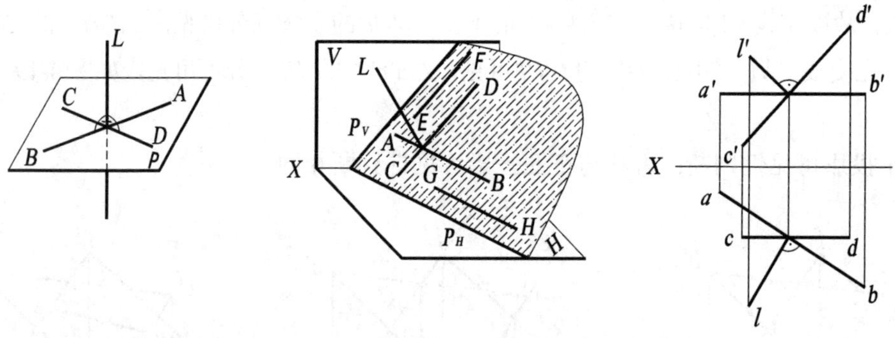

（a）　　（b）　　（c）

图 4-20　直线与平面垂直

3. 作直线垂直于定平面

如图 4-21（a）所示，过定点 *L* 作直线 *LK* 垂直于定平面△*ABC*。

作图：

（1）见图 4-21（b），作属于△*ABC* 的水平线 *A Ⅰ*（*a'1'*，*a1*）及正平线 *A Ⅱ*（*a'2'*，*a2*）；

（2）见图 4-21（c），过 *l'*作 *l'k'*⊥*a'2'*；过 *l* 作 *lk*⊥*a1*，则 *LK*（*l'k'*，*lk*）垂直于定平面△*ABC*。

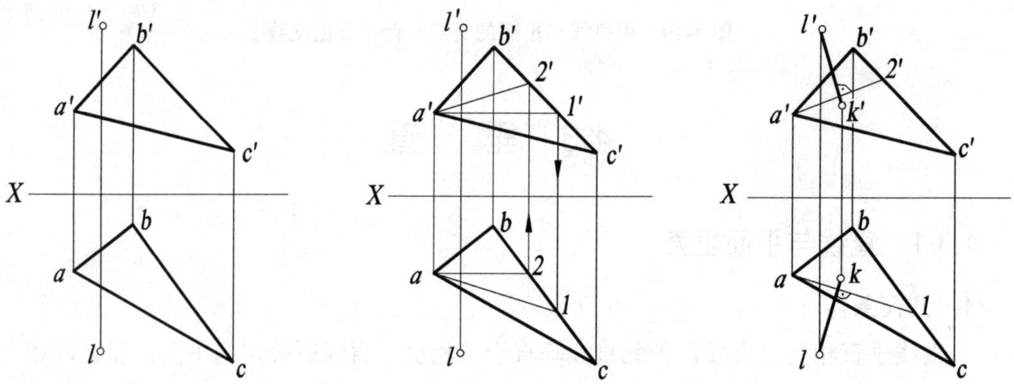

（a）　　（b）　　（c）

图 4-21　作直线垂直于定平面

4. 作平面垂直于定直线

如图 4-22（a）所示，过点 *C* 作平面垂直于定直线 *AB*。

作图：

（1）见图 4-22（b），过点 *C* 作正平线 *GH*⊥*AB*（*g'h'*⊥*a'b'*、*gh*∥*X* 轴）；

（2）见图 4-22（c），过点 *C* 作水平线 *EF*⊥*AB*（*ef*⊥*ab*、*e'f '*∥*X* 轴），由 *EF*、*GH* 确定的平面即为过点 *C* 垂直于定直线 *AB* 的平面。

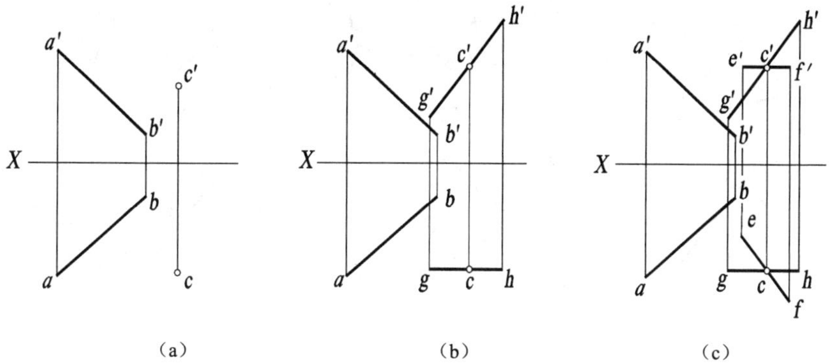

图 4-22　作平面垂直于定直线

4.3.2　平面与平面垂直

1．几何条件

若一直线垂直于定平面，则包含该直线的所有平面（或平行该直线的所有平面）均垂直于该定平面。

若两平面相互垂直，则由属于第一个平面的任一点向另一平面所作的垂线，必属于第一个平面，反之亦然。如图 4-23（a）所示，直线 $AB\perp P$，则包含 AB 的平面 *II*、*I* 及平行于 AB 的平面 *III* 均垂直于定平面 P。如图 4-23（b）所示，平面 $P\perp Q$，过属于平面 P 的点 A 作直线 $AB\perp Q$，则 AB 必属于平面 P；同理，过属于平面 Q 的点 C 作直线 $CD\perp P$，则 CD 必属于平面 Q。

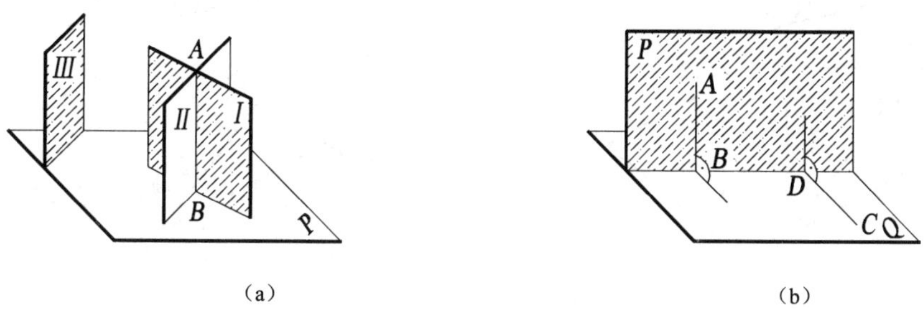

图 4-23　平面与平面垂直

2．作平面垂直于定平面

如图 4-24（a）所示，过点 E 作平面垂直于△ABC。

作图：

（1）见图 4-24（b），在△ABC 内作水平线 $A\,I$（$a'1'$，$a1$）及正平线 $A\,II$（$a'2'$、$a2$）；

（2）见图 4-24（c），过点 E 作直线 EF（$e'f'$，ef）垂直于平面△ABC；

（3）见图 4-24（c），过点 E 任作一直线 EG（$e'g'$，eg），平面 EFG（$e'f'g'$，efg）即垂直于平面△ABC。

讨论：由于包含直线 EF 可作无穷多个平面，故过点 E 可作无穷多个平面与△ABC 垂直。

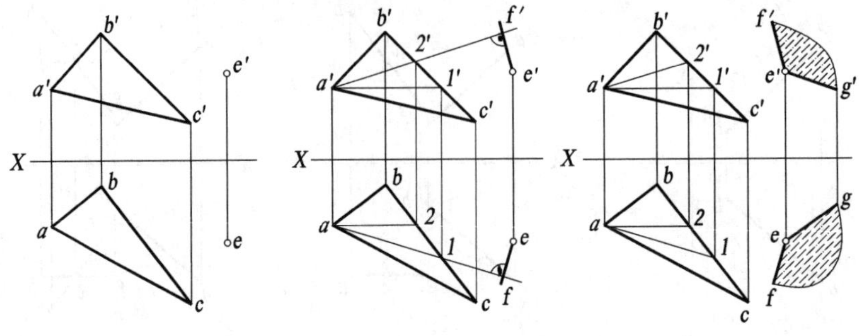

（a）　（b）　（c）

图 4-24　作平面垂直于定平面

3．两平面垂直的判断

见图 4-25（a），两平面△*ABC* 及 *DEF* 是否相互垂直，要根据两平面垂直的几何条件进行判断。若平面 *DEF*（或△*ABC*）内有直线垂直△*ABC*（或 *DEF*），则两平面相互垂直。

见图 4-25（b），在△*ABC* 内作正平线 *A Ⅰ*（*a'1'*，*a1*）及水平线 *A Ⅱ*（*a'2'*，*a2*），过点 *E* 作直线 *EⅢ*（*e'3'*，*e3*）垂直于平面△*ABC*，由于该直线不属于平面 *DEF*，故此二平面不相互垂直。

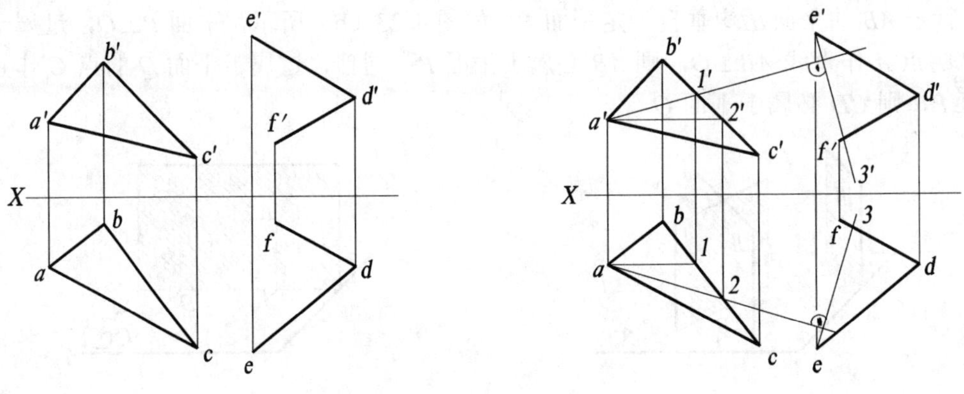

（a）　（b）

图 4-25　两平面垂直的判断

4.3.3　直线与直线垂直

在第 3 章中讨论了一边平行于投影面的直角投影，但这仅是一种特殊情况。本节讨论一般情况下，如何在投影图中作直线与已知直线垂直。

1．讨论

前已述及，直线垂直于平面，则垂直于该平面内所有直线。如图 4-26 所示，直线 *L* 垂直于平面 *P*，则直线 *L* 垂直于过垂足或不过垂足属于平面的直线 *AB*，*CD*，…，*EF*，*GH*，…。

2．作直线与定直线垂直相交

由图 4-26 可知，过定点作直线与定直线垂直的步骤为：

（1）过该点作平面与直线垂直；
（2）求出直线与所作垂面的交点，即垂足；
（3）定点与垂足的连线即为所求。

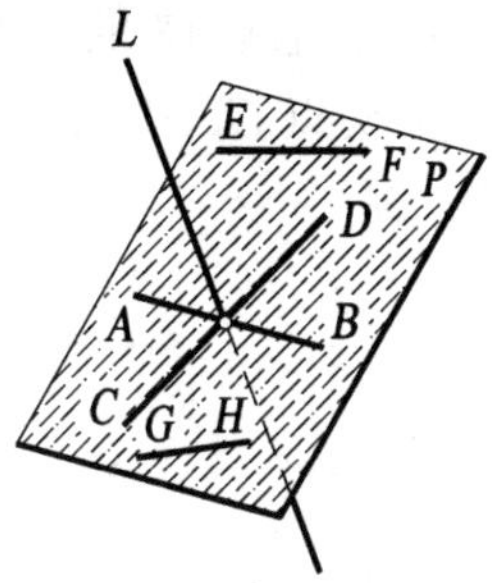

图 4-26 直线与直线垂直

3. 投影作图

见图 4-27（a），过点 L 作直线 LK 与已知直线 AB 垂直相交。

作图：

（1）见图 4-27（b），过点 L 作平面 L Ⅰ Ⅱ（$l'1'2'$，$l12$）与已知直线 AB 垂直；
（2）见图 4-27（c），求出直线 AB 与平面 L Ⅰ Ⅱ的交点 K（k'，k）；
（3）连接 LK（$l'k'$，lk）即为所求。

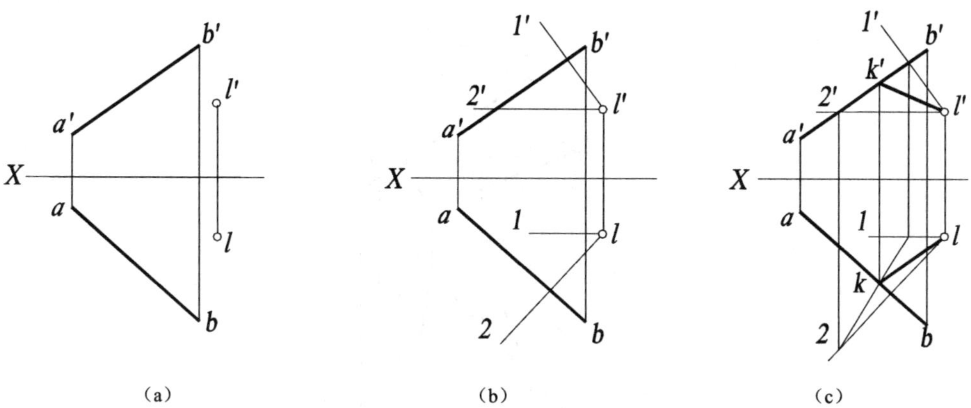

图 4-27 直线与直线垂直相交

4.4 综 合 举 例

4.4.1 举 例

【例 4-2】 以 AB 为底边作等腰△ABC，使顶点 C 在直线 MN 上，如图 4-28（a）所示。
分析： 等腰△ABC 的高垂直平分底边，故其高线位于底边的中垂面（轨迹）P 上，而

高线的顶点 *C* 又在直线 *MN* 上，因此直线 *MN* 与中垂面 *P* 的交点，即为等腰△*ABC* 的顶点 *C*。空间分析如图 4-28（b）所示。

作图：如图 4-28（c）所示。

（1）取直线 *AB* 的中点 *D*，过点 *D* 作直线 *AB* 的中垂面 *D Ⅰ Ⅱ*（*d'1'2'*，*d12*）；

（2）求直线 *MN* 与中垂面 *D Ⅰ Ⅱ*的交点 *C*（*c'*，*c*）；

（3）连 *ABC*（*a'b'c'*，*abc*）即为所求。

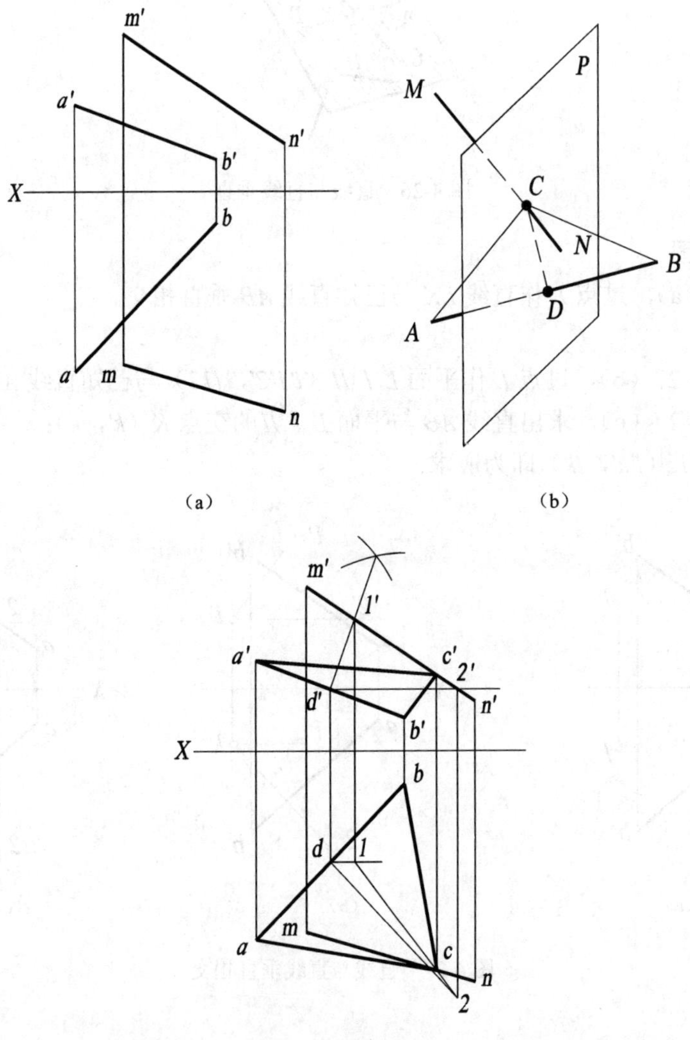

图 4-28　例 4-2 图

【例 4-3】 作直线 *MN* 使之与交叉两直线 *AB*、*CD* 相交，且距平面△*EFG* 20 mm，如图 4-29（a）所示。

分析：所有距△*EFG* 20 mm 的直线的轨迹为与△*EFG* 平行且距离为 20 mm 的平面，直线 *AB*、*CD* 与此轨迹平面的交点的连线即为所求。空间分析如图 4-29（b）所示。

作图：如图 4-29（c）所示。

（1）由于△*EFG* 面内正平线 *EF*、水平线 *EG* 相交于点 *E*，故过点 *E* 作△*EFG* 的垂直线 *E* Ⅰ；

（2）用直角三角形法求直线 *E* Ⅰ的实长，并在 *E* Ⅰ上取 *E* Ⅱ=20 mm；

（3）过点Ⅱ（2′，2）作轨迹平面ⅡⅢ Ⅳ（2′3′4′，234）平行于△*EFG*；

（4）分别求直线 *AB*、*CD* 与平面ⅡⅢ Ⅳ的交点 *M*（*m*′，*m*）、*N*（*n*′，*n*）；

（5）连线 *MN*（*m*′*n*′，*mn*）即为所求。

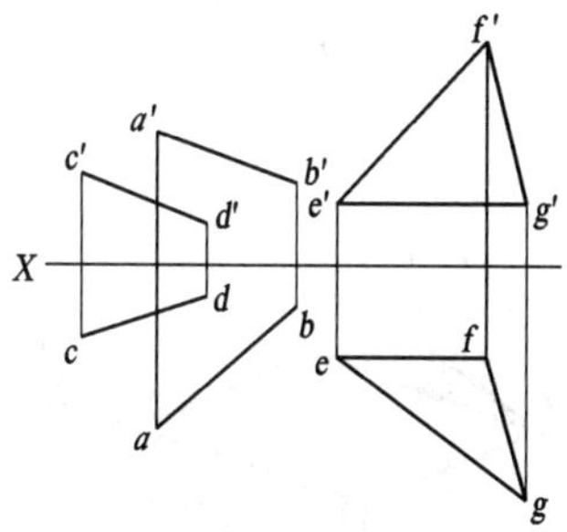

（a）

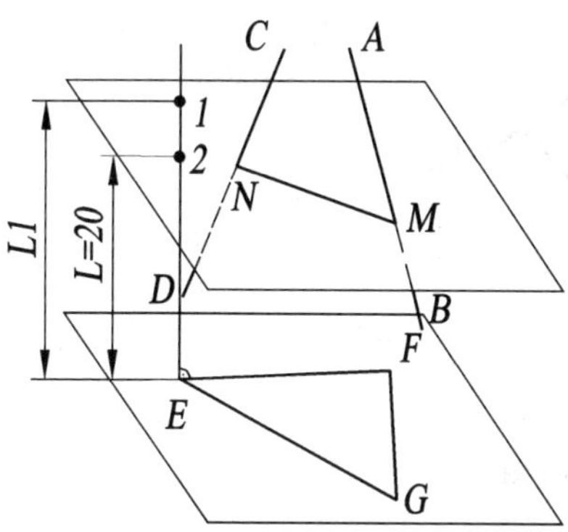

（b）

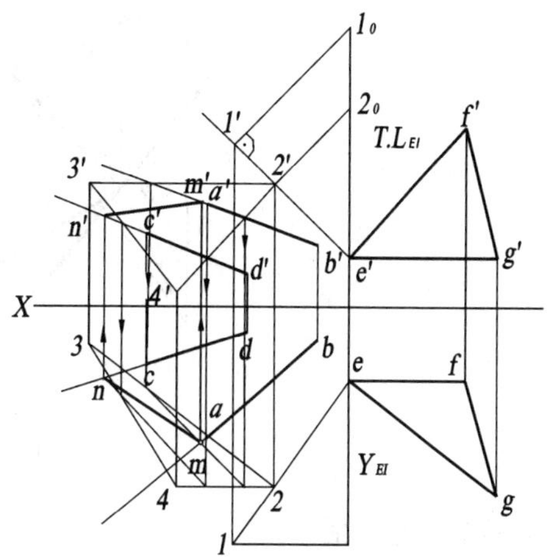

（c）

图 4-29 例 4-3 图

【例 4-4】 正方形 *ABCD* 的顶点 *A* 在直线 *EF* 上，点 *C* 在直线 *BG* 上，完成其二面投影，如图 4-30（a）所示。

分析：根据题目所给的条件，正方形 *ABCD* 的一个顶点 *B*（*b*′，*b*）已知。由正方形的几何性质可知：*AB*⊥*BG*、∠*B*=90°。过点 *B* 作平面 *P* 垂直于 *BG*，求 *EF* 与平面的交点 *A*，利用 *AB* 之边长即可完成作图。空间分析如图 4-30（b）所示。

作图：如图 4-30（c）所示。

（1）过点 *B* 作平面 *B* Ⅰ Ⅱ垂直于 *BG*，求 *EF* 与平面 *B* Ⅰ Ⅱ的交点，即为顶点 *A*（*a*′，*a*）；

（2）用直角三角形法求直线 *AB* 的实长，并在 *BG* 上取 *BC*=*AB*，得到 *C*（*c*′，*c*）；

（3）过点 *A* 作 *AD*∥*BC*，过点 *C* 作 *CD*∥*AB*，则 *ABCD*（*a*′*b*′*c*′*d*′，*abcd*）即为所求。

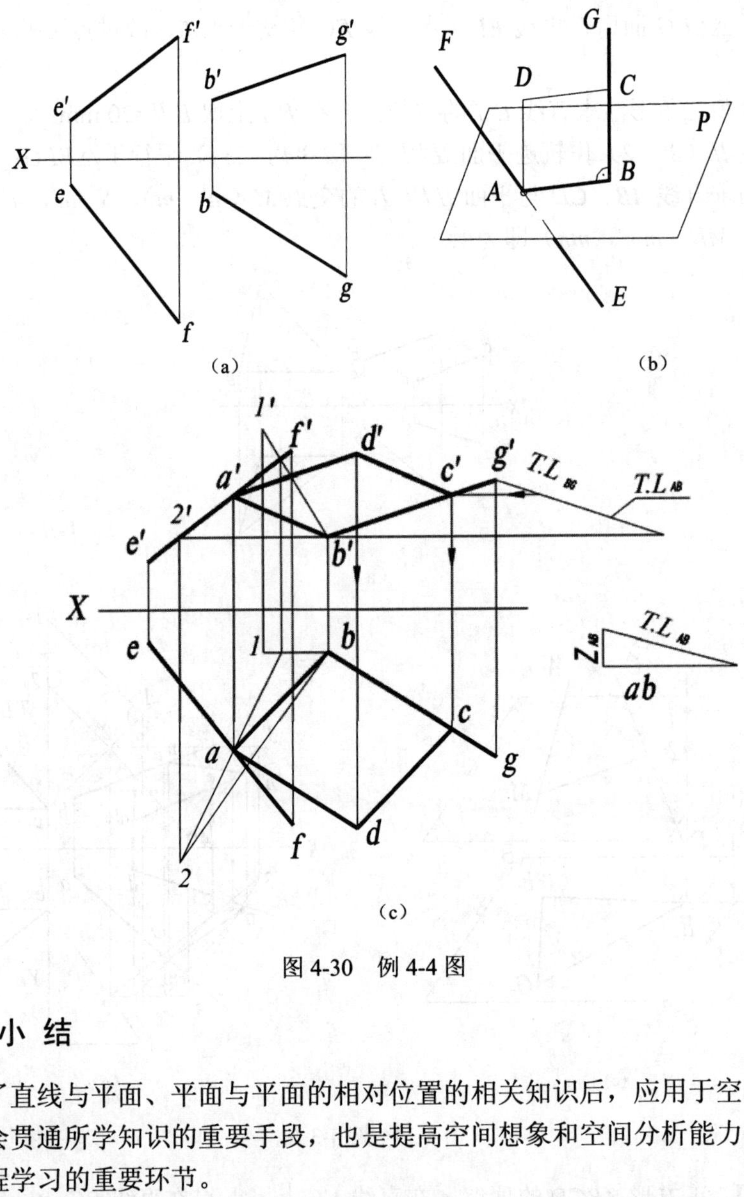

图 4-30　例 4-4 图

4.4.2 小 结

在掌握了直线与平面、平面与平面的相对位置的相关知识后，应用于空间几何问题的求解，是融会贯通所学知识的重要手段，也是提高空间想象和空间分析能力的有效途径之一，是本课程学习的重要环节。

本章通过以上例题说明求解空间几何问题，如距离、角度的度量以及点、线、面的定位等，大多是较复杂的综合问题。其特点是要受若干条件的约束，也就是问题的解答要同时满足几个条件。

对于空间几何问题的求解，由于不同的分析，可能拟出不同的解题思路，提出不同的解题途径和方法。但是一般都需要经过空间分析想象出所解题目的空间几何模型；确定空间解题步骤；利用基本作图，依次完成每一个空间解题步骤的投影作图这样几个步骤。必要时还需对解答进行分析。

空间分析是根据已知条件、图给条件、题目需求解的几何量以及这些几何量的约束条件，构思出空间几何模型。几何模型的想象，常采用逐个满足限制条件，一步一步进行空间思维，在三维空间中想象出最终的空间几何模型。

有了几何模型后，再由题目需求的解这个几何量入手，根据题目对它的约束条件及其与已知几何量之间的关系，利用几何原理和几何轨迹，拟出空间解题步骤。如例 4-2 中：等腰三角形的高垂直平分底边，其轨迹是底边的中垂面，则该题的空间解题步骤为：①作 AB 的中垂面；②求直线 MN 与中垂面的交点；③连 ABC 即为所求。又如例 4-3 中：所有距已知平面 20 mm 的直线的轨迹是与已知平面平行且距离为 20 mm 的平面，则该题的空间解题步骤为：①作△EFG 的垂直线 *E I*；②在 *E I* 上取 *E II*=20 mm；③过点 *II* 作轨迹平面平行于△EFG；④求直线 AB、CD 与轨迹平面的交点；⑤连线 MN 即为所求。由于此轨迹面有两组，故此题有两组解。

最后，利用基本作图方法，依次完成空间解题步骤的投影作图，即可在投影图中求得解这个几何量的投影。

由此可见，没有空间分析为基础的投影作图，犹如无的放矢；相反，即使有空间分析而没有基本作图能力将其在投影作图中予以实现，则依然是空中楼阁。因此，必须处理好空间分析和基本作图的关系，既要理解掌握基本作图，又要不断提高空间分析的能力。

4.5 用 AutoCAD 进行图层和对象特性控制

4.5.1 图　层

在第 1 章曾介绍过，按照国家标准规定，工程图样应采用不同的图线来表达，如粗实线、虚线等。在计算机辅助绘图的过程中，图形的屏幕显示若能令不同线型的图线具有不同的颜色，则会使图形显示更为清晰。

作为一种有效的组织对象的方法，AutoCAD 可以为每一幅图设计若干个图层，图层相当于图纸绘图中使用的透明重叠的图纸，由它们组成了一幅完整的图，可以使用它们按功能编组信息以及执行线型、颜色和其他标准。通过创建图层，可以将类型相似的对象指定给同一个图层使其相关联。例如，一幅图由外轮廓线、尺寸线和边框组成，可以用图层来管理这三种图素，即把它们分为图框所在的层、外轮廓线所在的层和尺寸线所在的层；并且为了得到一个清晰的对象视图，还可以关闭尺寸线层，即不显示尺寸。

1．用图层特性管理器对话框创建和管理图层

一个有效的建立和管理图层的方法是使用“图层特性管理器”对话框。通过对话框建立图层，可以使许多信息一目了然。启动该命令的方法如下：

- 使用键盘输入 layer 或 la；
- 在“格式”菜单上单击“图层”子菜单；
- 在“图层”工具栏上单击图层特性管理器图标 。

输入命令后，AutoCAD 会弹出如图 4-31 所示的“图层特性管理器”对话框。

图 4-31 “图层特性管理器”对话框

（1）图层名称：图形中每一个图层都有相关的名称、颜色、线宽和线型等。图层的名称中的字符包含字母、数字和特殊符号。通常图层名称应使用描述性文字。

（2）图层开/关（/）：通过开/关控制图层的可见性。在关闭了一个图层后，该图层上的对象将不可见而且不能被打印输出。虽然图层不可见，但仍可以将它设置为当前图层，而这样新创建的对象也不可见，直到打开这个图层。

（3）在所有视口冻结/解冻（/）：冻结图层上的对象不能显示也不能打印，同时不会随着图形的重新生成而生成。此外，不能在被冻结的图层上绘图，直到图层被解冻。

（4）锁定/不被锁定（/）：在锁定图层上的对象仍然可见，并可打开和打印，但不能被编辑。锁定图层可以防止对图形的意外修改。

（5）线型：利用该选项可以控制图层的线型。对于没有加载的线型，可以单击“加载”按钮，进行添加。

（6）线宽：通过该选项可以设置新的线型宽度。

（7）“当前”按钮：设置当前层。单击“当前”按钮，可以将图层设置为当前层。

要将一个对象绘制在一个特定的图层上，首先应将该图层设置为当前层。在 AutoCAD 中有且只有一个当前层。无论绘制任何对象，都要将该对象放置在当前层上。当前层就像手工绘图时最上面的透明描图纸。无论是否处于当前层，都可以移动、复制或旋转图层中的对象。当复制一个不在当前层的对象时，对象的副本将与原始的对象处于同一个图层上。

2. 工具栏中的图层操作

利用图 4-32 所示的“图层”和“特性”工具栏或利用图 4-33 所示的面板上的“图层”和“对象特性”工具栏可以对图层的有关属性进行设置。

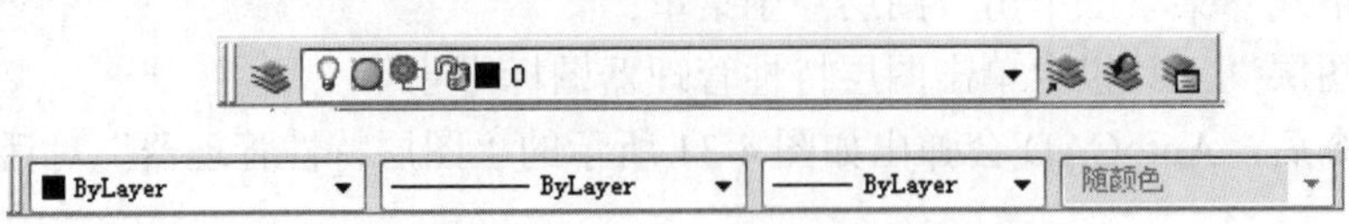

图 4-32 “图层”和“对象特性”工具栏

（1） 将对象的图层设为当前：可先选取对象，然后单击此按钮，则指定对象所在层将变为当前层。

（2） 图层：单击该按钮，将出现如图 4-31 所示的“图层特性管理器”对话框。

（3） 图层控制：如图 4-34 所示，在“图层控制”栏中除了可将一个图层设置为当前图层以外，还可以设置图层的开/关、冻结/解冻、锁定/解锁或打印/不打印图层特性。

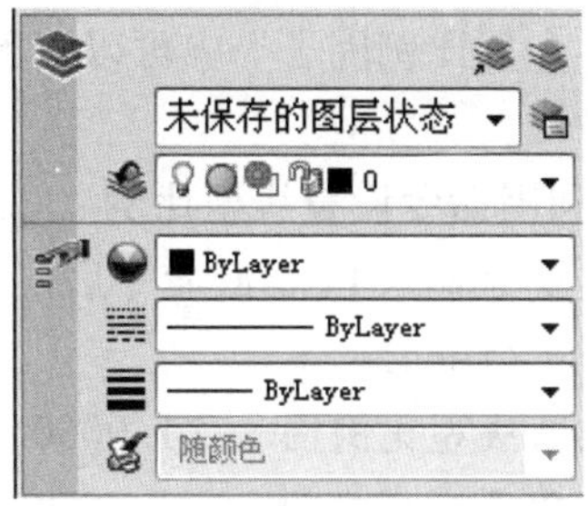

图 4-33　面板上“图层”和“对象特性”工具栏

（4）图层颜色控制、线型控制、线宽控制：由“对象特性”工具栏控制，单击图标内的小箭头，则会出现下拉选项，如图 4-35 所示，可以利用它设置和修改图层颜色、线型、线宽和打印样式。

图 4-34　图层信息的下拉选项

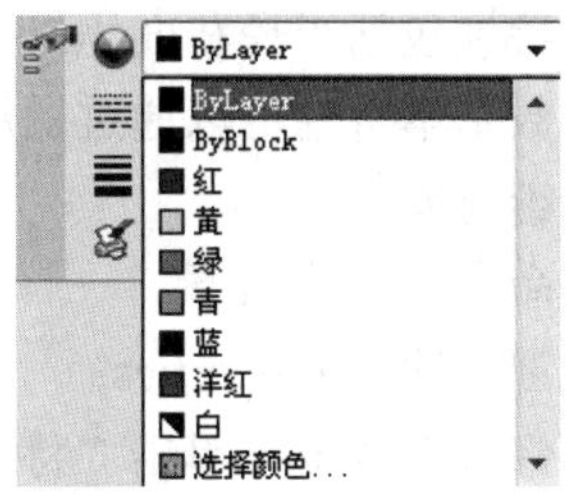

图 4-35　颜色下拉选项

4.5.2　设置线型比例

在 AutoCAD 中，当选取点划线、中心线等有间距的线型进行绘制时，可以使用设置线型比例的命令 Ltscale，配制适当的线型比例，使其符合需要。

1．利用对话框设置线型比例

在“格式”菜单中单击“线型”子菜单，系统会弹出如图 4-36 所示的“线型管理器”对话框。

图 4-36　“线型管理器”对话框

在“全局比例因子”中可以输入新的比例数值，则 AutoCAD 会按新比例重新生成图形。

2．利用命令设置线型比例

通过键盘输入 Ltscale 命令后，AutoCAD 会有如下提示：

命令：ltscale

输入新线型比例因子 <1.0000>：0.5

正在重新生成模型

则 AutoCAD 会根据新的线型比例重新生成图形。

4.5.3 对象特性

绘制的每个对象都具有特性。对象特性是指控制对象外观和几何特征的设置。基本特性如图层、颜色、线型和打印样式等适用于多数对象。有些特性是专用于某个对象的特性。例如，圆的特性包括半径和面积，直线的特性包括长度和角度。多数基本特性可以通过图层指定给对象，也可以直接指定给对象。

启动该命令的方法如下：

- 使用键盘输入 properties；
- 在“修改”菜单上单击“特性”子菜单；
- 在“标准”工具栏上单击对象特性图标 ；
- 使用快捷键 Ctrl+1。

输入命令后，AutoCAD 会弹出如图 4-37 所示的“对象特性”选项板。

通常，可以使用以下任一方法指定对象特性：随层——将特性指定给图层，在该图层上绘制的对象将自动使用那些特性。单独特性——将特性单独指定给对象，与绘制对象所在的图层无关。

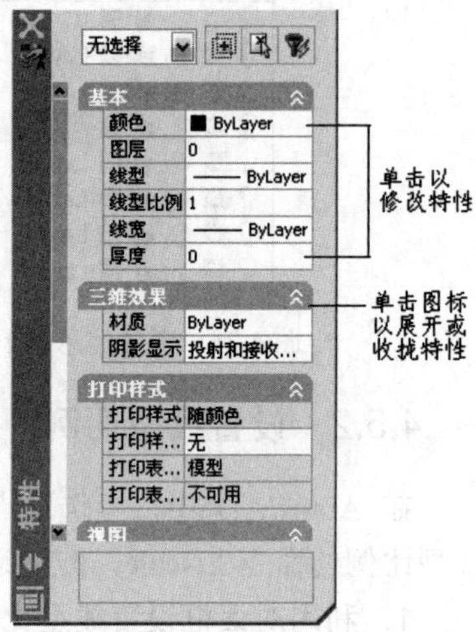

图 4-37 “对象特性”选项板

4.5.4 绘制二维平面图形

【例 4-5】 用 AutoCAD 绘制如图 4-38 所示的摇臂（不标注尺寸）。

1．启动 AutoCAD

启动 AutoCAD，在创建新图形中，采用“快速设置”或“高级设置”，进行图形单位、精度和图纸界限的设置，或直接采用 AutoCAD 中的样板文件。如果样板文件中包含了图层和线型的设置，可忽略第二步的操作。

2．图层设置

根据图 4-38 所示图线，进行图层设置。

01 层——粗实线、线宽 0.5。

02 层——细点划线、线宽 0.25。

注意在线宽的设置中，粗实线选择 0.30 mm 以上的线宽，并在屏幕状态栏上单击“线宽”选项，可以使线宽在屏幕上显现。但在草图绘制时，为了表达清晰，可用细实线显示。待完成全图后，单击“线宽”选项，显示线宽。

3．捕捉状态设置

根据图 4-38 图形特点，进行目标捕捉状态设置。在“草图设置”对话框中的“对象捕捉”选项卡中，设置“交点捕捉”、“端点捕捉”和“切点捕捉”。

4．绘图步骤

（1）绘制定位线

绘制定位线，如图 4-39 所示。

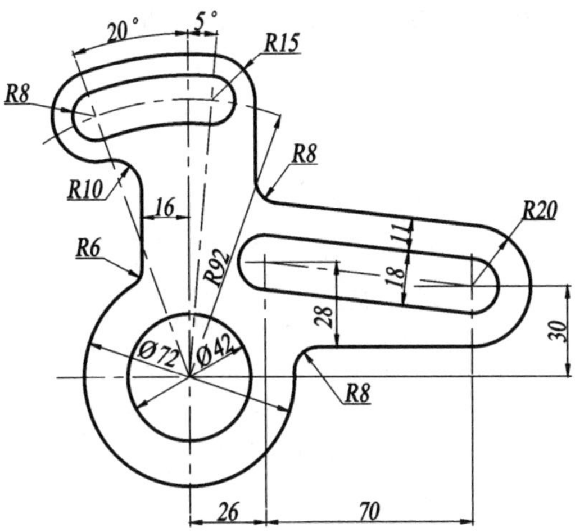

图 4-38 例图

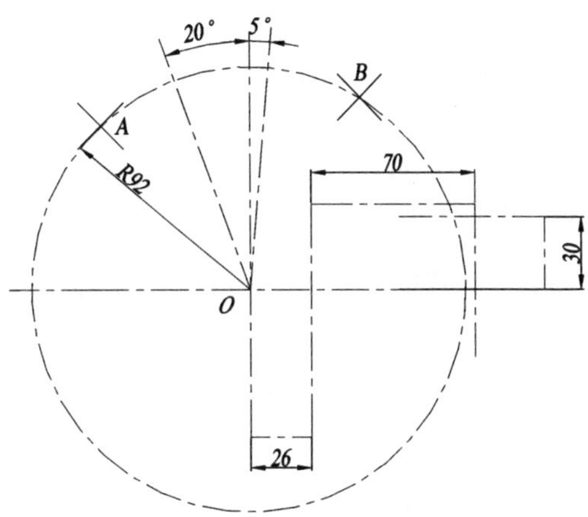

图 4-39　确定摇臂中心线的位置

① 将 02 图层切换到当前层。

② 打开“正交”方式和对象捕捉（交点和端点）方式，用 Line 命令绘制中心线。用相对极坐标方式确定倾斜的定位线。

命令：l

Line 指定第一点：（指定如图 4-39 所示 *O* 点）

指定下一点或 [放弃(U)]：@120<85

指定下一点或 [放弃(U)]：

③ 用圆 circle 命令以 *O* 点为圆心绘制半径为 92 的圆定位线。

④ 用 Erase 命令删除多余线段，并用 Break 命令将圆打断，删除多余部分。

命令：_break 选择对象：（选择如图 4-39 中圆上 *A* 点所在位置）

指定第二个打断点或 [第一点(F)]：（指定圆上 *B* 点）

（2）绘制已知圆和线段

① 将 01 图层切换到当前层。

② 打开对象捕捉方式（交点），分别以各中心线交点为圆心，按圆心、半径的命令方式绘制已知圆，如图 4-40 所示。

③ 绘制图 4-40 所示直线 *DE*，距离中心线为 16 mm。

命令：l

Line 指定第一点:　　<对象捕捉 开>（捕捉图 4-40 中所示端点 *C*）
指定下一点或 [放弃(U)]:　　<正交 开> 16 （画到点 *D*）
指定下一点或 [放弃(U)]:（指定点 *E*）
指定下一点或 [闭合(C)/放弃(U)]:

④ 绘制如图 4-40 所示水平直线 *FG*。用交点捕捉点 *F*，画一定长度到点 *G*。

（3）绘制中间线段

① 保持 01 图层为当前层。

② 用 circle 命令绘制图 7-34 所示的 3 个大圆。以 *O* 点为圆心（捕捉交点），半径分别为 107、100、84（指定半径时，分别捕捉图 7-35 中交点 *H*、*I*、*J*）。用前述打断 Break 命令删除多余圆弧段。

③ 绘制如图 4-41 中直线 *KL*。

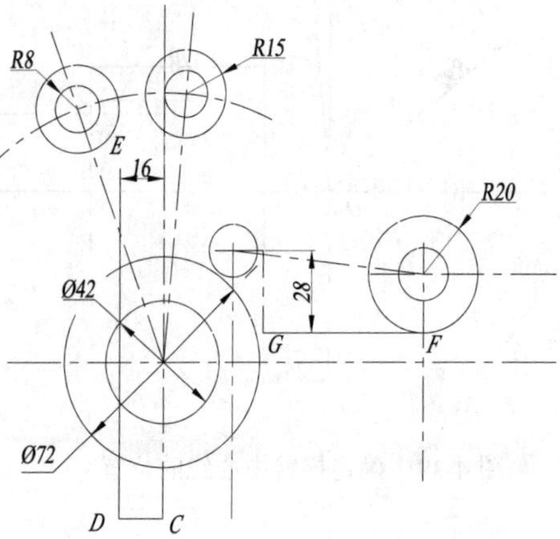

图 4-40　绘制已知直线和圆

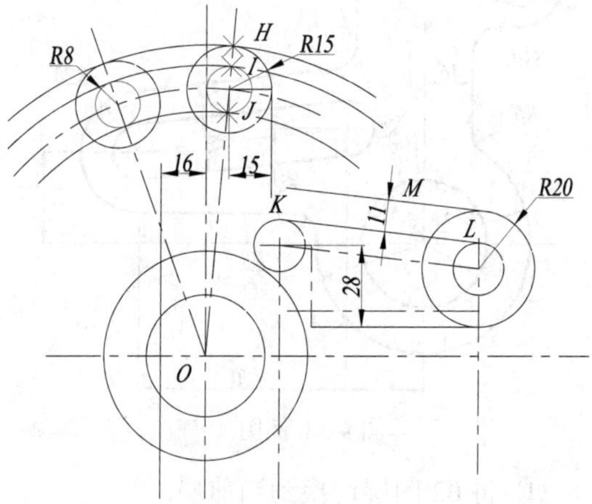

图 4-41　绘制中间圆和线段

命令: l
Line 指定第一点:
指定下一点或 [放弃(U)]:（用对象捕捉切点方式在小圆上点 *K* 附近选取）
指定下一点或 [放弃(U)]:（用对象捕捉切点方式在小圆上点 *L* 附近选取）

④ 用偏移命令绘制与图 4-41 中直线 *KL* 平行的直线。

命令: offset
指定偏移距离或 [通过(T)] <通过>: 11
选择要偏移的对象或 <退出>:（选取直线 *KL*）
指定点以确定偏移所在一侧:（单击点 *M* 所在一侧）

⑤ 用修剪 Trim 命令剪切多余的线段。

（4）绘制连接圆弧，如图 4-42 所示。

① 保持 01 图层为当前层。

② 用倒角 Fillet 命令绘制连接圆弧。如图 4-42 所示，以与半径为 15 的圆和与中心线距离为 16 的直线相切的连接圆弧为例说明，其余连接圆弧请读者自己实践。

命令: fillet

当前模式: 模式 = 修剪, 半径 = 8.0000
选择第一个对象或 [多段线(P)/半径(R)/修剪(T)]: R
指定圆角半径 〈8.0000〉: 10 (指定如图 4-42 中倒角半径为 10)
选择第一个对象或 [多段线(P)/半径(R)/修剪(T)]:(选择半径为 15 的圆)
选择第二个对象:(选择距离中心线为 16 的直线)

③ 用修剪 Trim 命令剪切掉多余线段。

5. 完成

检查无误后,显示线宽,完成全图,如图 4-43 所示。最后保存文件。

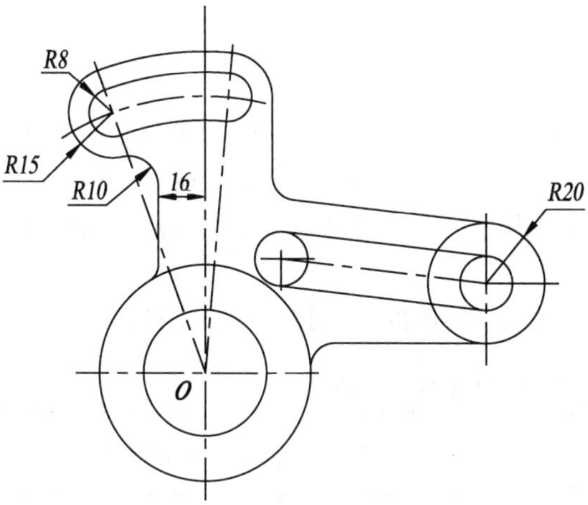

图 4-42 连接圆弧的绘制

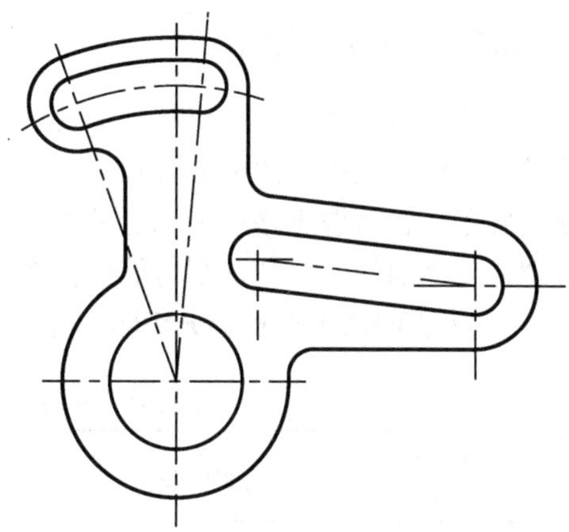

图 4-43 完成摇臂的绘制

第 5 章 投 影 变 换

5.1 概 述

5.1.1 问题的提出

一般位置与特殊位置求解繁简比较见表 5-1，不难发现，当直线或平面对投影面处于特殊位置时，在投影图中求解它们的度量问题或定位问题，作图过程相应简单一些。这样就启发了一种解题思路——如能根据解题需要，有目的地变更直线或平面与投影面的相对位置，使之对解题有利，则可简化作图。

这种变更空间形体与投影面的相对位置使之利于解题的方法称为投影变换。

表 5-1 一般位置与特殊位置求解繁简比较

比较项目 位置	求形状的大小	求二面交线	求点到面的距离
特殊位置	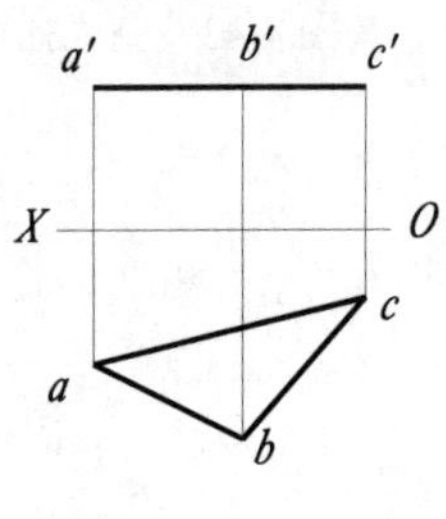	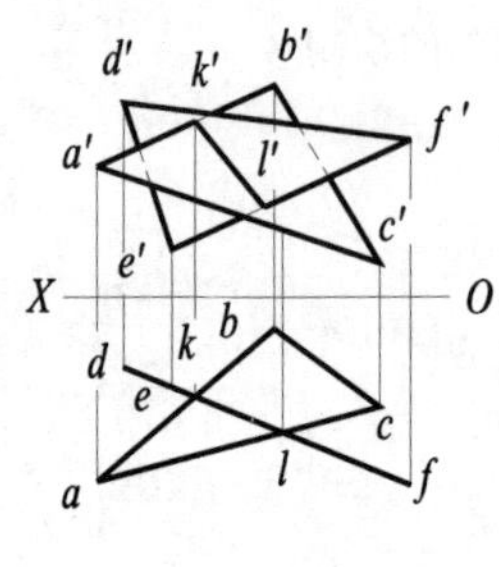	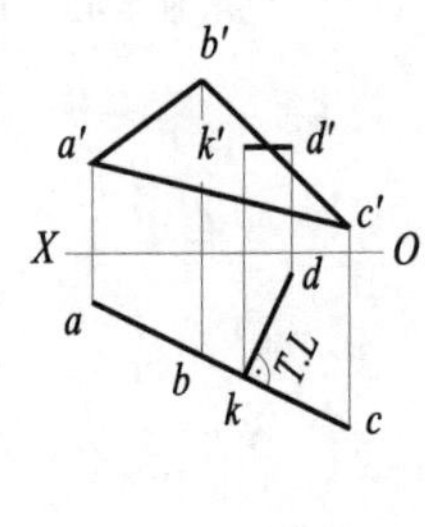
一般位置	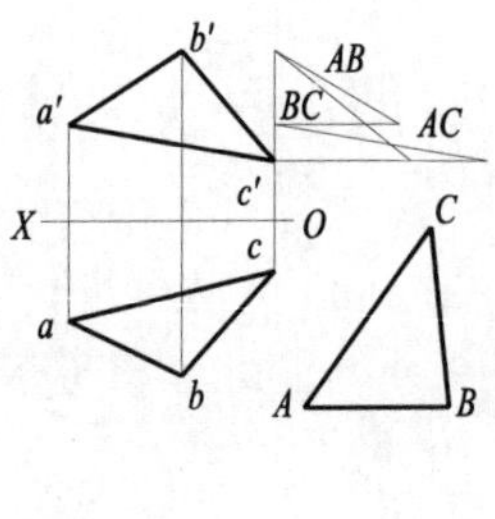	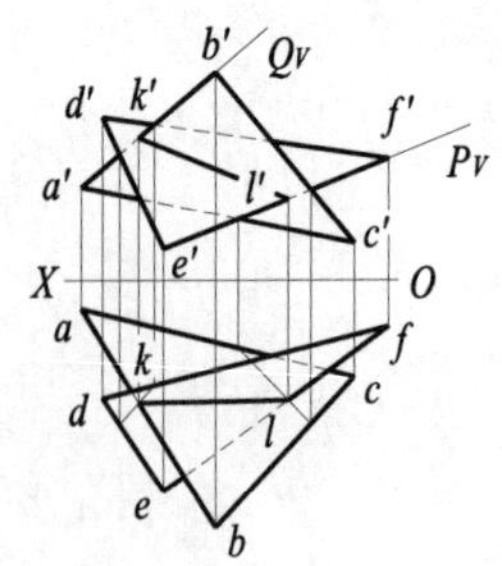	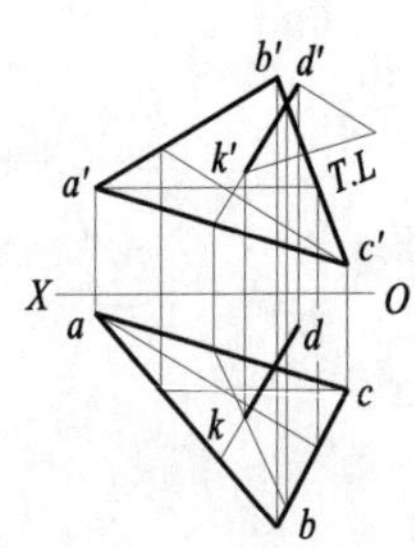

5.1.2 投影变换方法

为了达到投影变换的目的，本章仅介绍两种基本方法：换面法和绕垂直轴旋转法。

1．换面法

令空间点、线、面的位置保持不动，用新的投影面取代旧的投影面，以组成新的二投影面体系，使它们处于对解题有利的位置，并通过投影作图，求得问题的解决。这种方法称为换面法。

2．绕垂直轴旋转法

令原有二投影面体系不变，使空间的点、线、面绕垂直于某投影面的轴线旋转，使它们对投影面处在有利于解题的位置，并通过投影作图，求得问题的解决。这种方法称为绕垂直轴旋转法。

5.2 换 面 法

5.2.1 基本概念

1．换面法的原理

如图 5-1（a）所示，直线 AB 在 V、H 二投影面体系中（简称 V/H 体系）处于一般位置。

如图 5-1（b）所示，在 V/H 体系中，立新投影面 V_1 替代 V 面，且使 $V_1 /\!/ AB$，$V_1 \perp H$ 面，则 V_1、H 构成新的二投影面体系（简称 V_1/H 体系）。V_1 面与 H 面的交线 X_1 称为新投影轴。将 AB 向 V_1 面作投影，可得到其在 V_1 面上的投影 $a_1'b_1'$，显然，$a_1'b_1'$反映直线 AB 的实长。由于 H 面没有变动，故 ab 没有变动。$a_1'b_1'$与 X_1 轴的夹角反映了直线 AB 与 H 面的倾角 θ_H。

将 V_1 面绕 X_1 轴旋转与 H 面重合，则得到投影图，如图 5-1（c）所示。在此投影图中可以直接得到 AB 的实长及其对 H 面的倾角 θ_H。

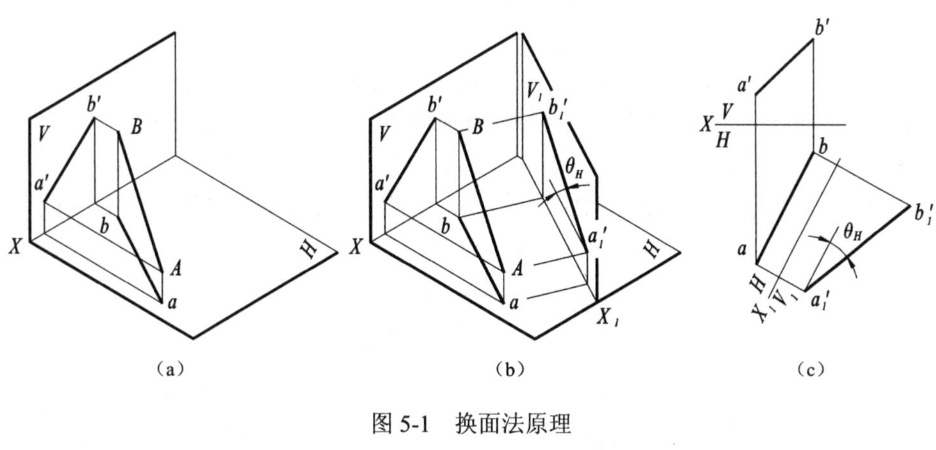

图 5-1　换面法原理

同理，若用 H_1 面替换 H 面，且使 $H_1 /\!/ AB$，$H_1 \perp V$ 面，则在 V/H_1 体系的投影图中，可以得到 AB 的实长及其对 V 面的倾角 θ_V。

2．换面法的名词及术语

换面法的名词及术语见表 5-2。

表 5-2　换面法的名词及术词（参见图 5-2）

序号	名词术语		解释
1	投影体系	旧投影体系	被取代的投影体系，如 V/H 体系
		新投影体系	由新投影面与不变投影面组成的二投影面体系，如 V_1/H
2	投影轴	旧投影轴	旧投影面与不变投影面的交线，如 X 轴
		新投影轴	新投影面与不变投影面的交线，如 X_1 轴
3	投影面	旧投影面	被取代的投影面，如 V 面
		新投影面	取代旧投影面所立的投影面，如 V_1 面
		不变投影面	进行换面时保持不变的投影面，如 H 面
4	投影	旧投影	在旧投影面上的投影，如 a'、b'
		新投影	在新投影面上的投影，如 a_1'、b_1'
		不变投影	在不变投影面上的投影，如 a、b

5.2.2　点的换面

1. 点的换面规律

如图 5-2（a）所示，在 V/H 体系中有点 A（a'，a）。

如图 5-2（b）所示，在新体系 V_1/H 中将点 A 向 V_1 面作投影，得到新投影 a_1'，a 为不变投影。

沿用点的投影规律的讨论，可以得到：

$$a_1'a_{x1} \perp X_1 \text{ 轴}, \quad aa_{x1} \perp X_1 \text{ 轴}$$

$$A \to V_1 \text{ 面的距离} = aa_{x1}, \quad A \to H \text{ 面的距离} = a_1'a_{x1}$$

由于点 A 的位置不变，显然，点 A 到不变投影面 H 的距离不变，则

$$a_1'a_{x1} = a'a_x$$

将 V_1 面绕 X_1 轴旋转到与 H 面同处一平面内，则得到其投影图，如图 5-2（c）所示，则有：

$$a_1'a \perp X_1 \text{ 轴}, \quad a_1'a_{x1} = a'a_x$$

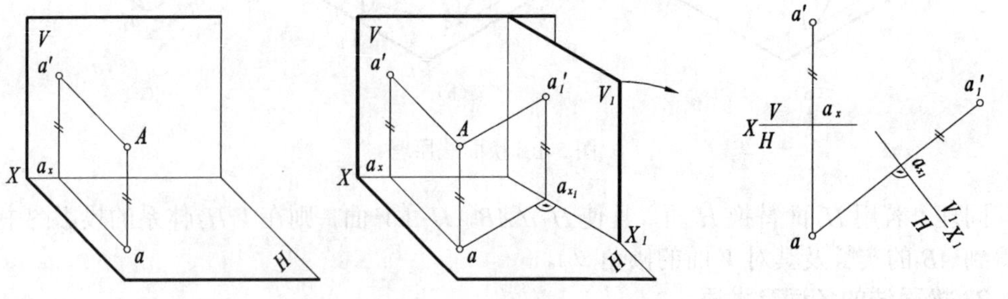

图 5-2　点的一次换面（变换 V 面）

综上所述，点的换面规律为：

（1）点的新投影与不变投影的连线垂直于新轴；

（2）点的新投影到新轴的距离等于该点的旧投影到旧轴的距离。

2. 点的一次换面的作图

（1）由 $V/H \rightarrow V_1/H$，点的换面作图步骤如图 5-3 所示。

图 5-3（a）所示为点 A 的二面投影 a'、a，将 X 轴记为 $X\frac{H}{V}$。

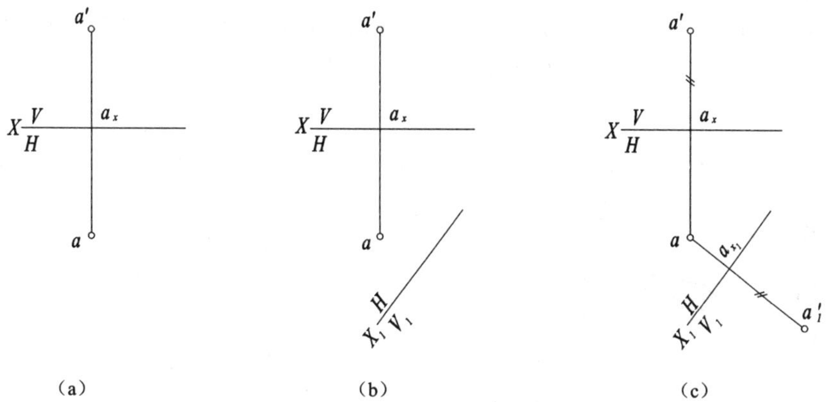

图 5-3　点的一次换面投影作图

在图 5-3（b）中的适当位置立新轴 X_1，记为 $X_1\frac{H}{V_1}$；

过不变投影 a，作直线垂直于 X_1 轴；在此直线上量取 $a_1'a_{x1}=a'a_x$，得到新的投影 a_1'，如图 5-3（c）所示。

（2）由 $V/H \rightarrow V/H_1$，点的换面作图步骤如图 5-4 所示。

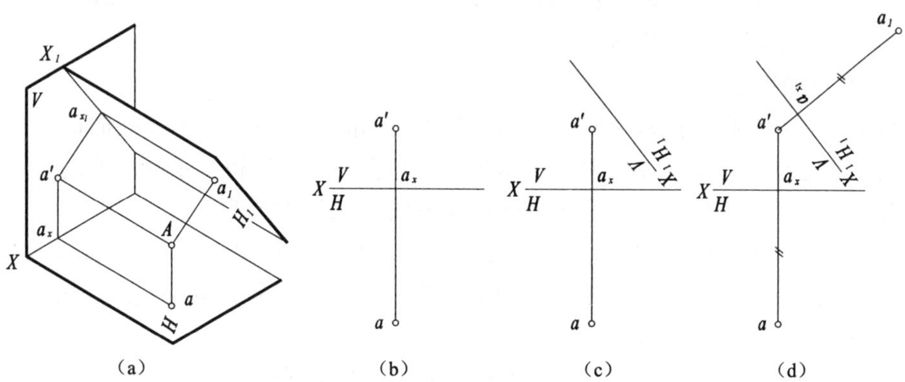

图 5-4　点的一次换面（变换 H 面）

3. 点的连续换面

有些几何问题，往往需要连续进行多次换面方能求解。

（1）作点的连续换面的要点

① 凡进行一次换面，只能更换一个投影面。作连续换面时，投影面的更换要交替进行。图 5-5（a）中，由 $V/H \to V_1/H \to V_1/H_1 \to \cdots$；也可由 $V/H \to V/H_1 \to H_1/V_1 \to \cdots$。

② 新投影体系及新轴和旧投影体系及旧轴的概念，也是依次改变的。当由 $V/H \to V_1/H$ 时，旧体系是 V/H，新体系是 V_1/H，旧轴是 X，新轴是 X_1；连续进行第二次换面，由 $V_1/H \to V_1/H_1$ 时，则旧体系是 V_1/H，新体系改变为 V_1/H_1，旧轴是 X_1，新轴是 X_2，以此类推，见图 5-5（a）。

③ 新投影、旧投影及不变投影的概念也是依次改变的。在图 5-5（b）中，当 $V/H \to V_1/H$ 时，a_1'为新投影，a'为旧投影，a 是不变投影；而在图 5-5（c）中，当由 $V_1/H \to V_1/H_1$ 时，a_1 为新投影，a 为旧投影，a_1'是不变投影，以此类推。

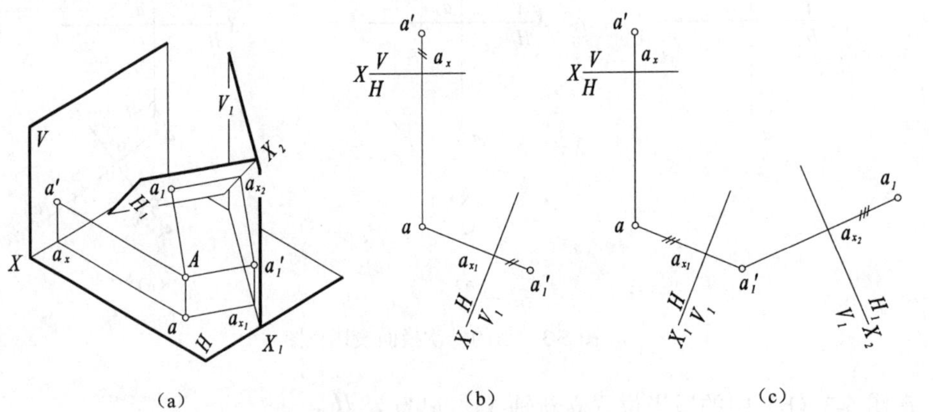

图 5-5　点的连续换面

（2）连续换面的投影作图

点 A 进行一次换面，见图 5-5（b）。

点 A 进行二次换面：过不变投影 a_1'作 $a_1'a_1 \perp X_2$ 轴；量取 $aa_{x1}=a_1a_{x2}$，即得到点 A 连续两次换面后的新投影 a_1，见图 5-5（c）。

4．多个点的换面

当有多个点利用换面法求解时，需知这些点之间的空间位置关系在换面前后是固定不变的，同时，这些点在投影体系 V/H 中所处的分角在换面前后也是不能改变的。这两个约束导致多个点换面时，投影作图会出现两种典型状况，分述如下。

第一种状况：A、B 两点是同处于 V/H 体系的一分角，见图 5-6（a）。将 A、B 两点同时向 V_1 面作投影，按照换面法的投影规律，可得到点 A 的新投影 a_1'，见图 5-6（b），以及点 B 的新投影 b_1'，见图 5-6（c）。

分析这个结果可知，由于 A、B 两点相对位置不变及同处于一分角内，点 A、点 B 在旧体系 V/H 中的投影 a'、b'同处于旧轴 $X\frac{V}{H}$ 的同一侧，其在新体系 V_1/H 中的新投影 a_1'，b_1'也同处于新轴 $X_1\frac{H}{V_1}$ 的同一侧。

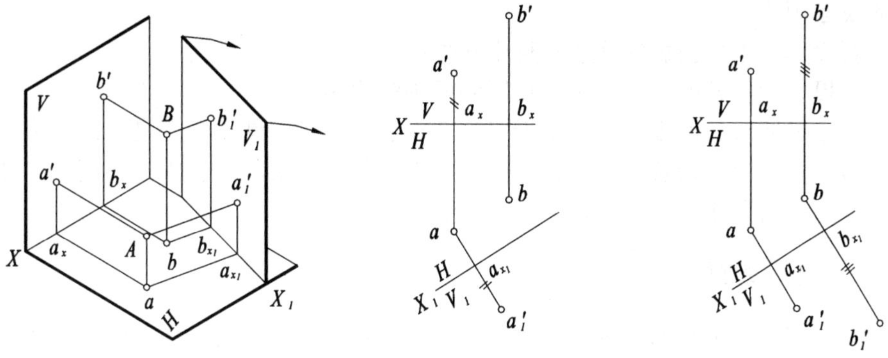

(a)　　　　(b)　　　　(c)

图 5-6　多个点的换面（点处于同一分角内）

第二种状况：图 5-7（a）中，A、B 两点分处于 V/H 体系的 Ⅰ、Ⅳ分角。将 A、B 两点同时向 V_1 面作投影，可得到 A、B 两点的新投影 a_1'，b_1'。当 V_1 面如图 5-7（a）所示向右与 H 面摊平后，a_1'的新位置如图 5-7（b）所示，而 b_1'的新位置必定如图 5-7（c）所示。

分析这个结果可知，由于 A、B 两点的相对位置不变且它们分处于 Ⅰ、Ⅳ分角，点 A、点 B 在旧体系 V/H 中的投影 a'、b'分处于旧轴 $X\frac{V}{H}$ 的异侧，其在新体系 V_1/H 中的新投影 a_1'、b_1'也分处于新轴 $X_1\frac{H}{V_1}$ 的异侧。

由此可得：若各点的旧投影处于旧轴的同侧，则它们的新投影必处于新轴的同侧；若各点的旧投影处于旧轴的异侧，则它们的新投影必处于新轴的异侧。

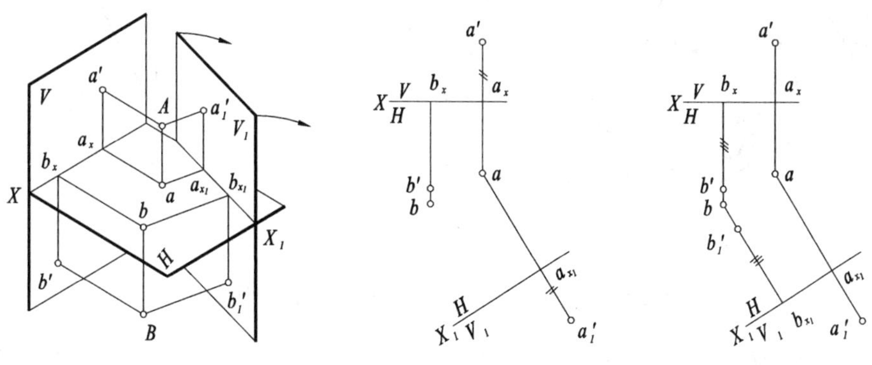

(a)　　　　(b)　　　　(c)

图 5-7　多个点的换面（点处于不同分角内）

5. 小结

新投影面的建立，必须满足以下两个基本条件：

（1）新投影面必须垂直于旧投影体系中的不变投影面；

（2）新投影面的设立，必须对解题有利。

点的换面规律：

（1）新投影与不变投影的连线垂直于新轴；

（2）新投影到新轴的距离等于旧投影到旧轴的距离；

（3）连续换面时，旧投影、不变投影、新投影及旧轴、新轴等都是依次变换的；

（4）多个点的旧投影若处于旧轴的同侧，则其新投影必处于新轴的同侧，反之，若其旧投影处于旧轴的异侧，则其新投影亦必处于新轴的异侧。

5.2.3 直线的换面

直线的换面有两个基本作图，一个是将一般位置直线变换为新体系的投影面平行线；另一个是将一般位置直线变换为新体系的投影面垂直线。

1．将一般位置直线变换为新体系的投影面平行线

（1）分析

根据投影面平行线的定义，在图 5-8（a）中，当使 $V_1 /\!/ AB$ 且 $V_1 \perp H$ 时，则直线 AB 是新体系 V_1/H 中 V_1 面的平行线。它当具有投影面平行线的投影特点，即 $ab /\!/ X_1$ 轴、$a_1'b_1'=AB$，由于 H 面不变，则 $a_1'b_1'$与 X_1 轴的夹角反映该直线对 H 面的倾角 θ_H。

（2）作图步骤

① 在图幅适当的位置作新轴 $X_1 /\!/ ab$，见图 5-8（b）；

② 分别作出 A、B 两点的新投影 a_1'、b_1'；

③ 连接 $a_1'b_1'$，见图 5-8（c）。

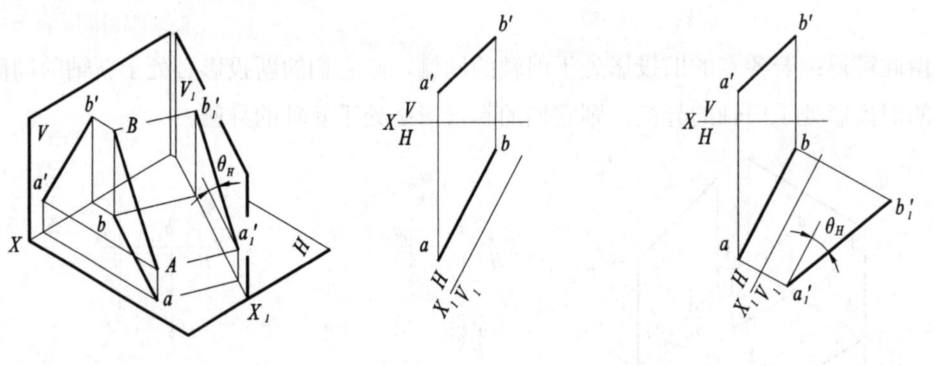

图 5-8 将一般位置直线变换为 V_1 投影面平行线

同理，当以 H_1 面取代 H 面，见图 5-9，使直线 AB 为 H_1 面的平行线，此时可求得直线对 V 面的倾角 θ_V 及其实长。分析及作图请读者自行思考并作出。

2．将一般位置直线变换为新体系的投影面垂直线

（1）分析

根据投影面垂直线定义，若在 V/H 体系中直接作新投影面垂直一般位置直线，则此投影面必为一般位置平面，不可能垂直于 V 面或 H 面，即不可能组成新的二投影面体系。故欲将一般位置直线变换为投影面垂直线，需进行两次换面：第一次换面，是把一般位置直线变换成投影面平行线；第二次换面，才把这条投影面平行线变换成投影面垂直线。

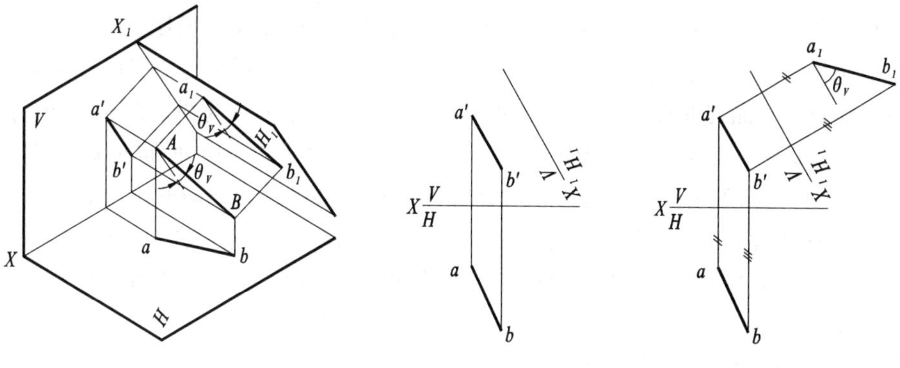

（a）　（b）　（c）

图 5-9　将一般位置直线变换为 H_1 投影面平行线

图 5-10（a）中，AB 为 V/H 体系中的一般位置直线，第一次换面将其变换为 V_1/H 体系中 V_1 面的平行线；第二次变换为 V_1/H_1 中 H_1 面的垂直线，此时，AB 具有投影面垂直线的投影特点，即 $a_1'b_1'\perp X_2$ 轴，a_1b_1 有积聚性。

（2）作图步骤

① 在图幅适当的位置，作新轴 $X_2\perp a_1'b_1'$，见图 5-10（c）；

② 作出 A、B 两点的新投影，a_1b_1 积聚为一点。

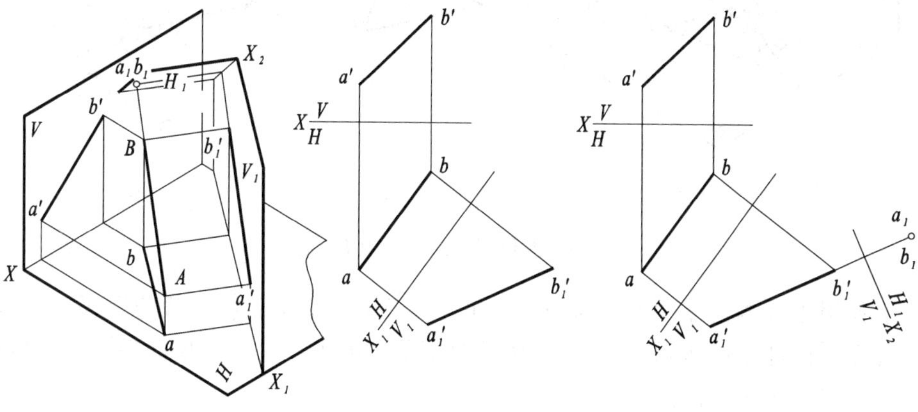

（a）　（b）　（c）

图 5-10　一般位置直线变换为 H_1 面垂直线

同理，若投影体系按 $V/H\rightarrow V/H_1\rightarrow V_1/H_1$ 变换时，则由 $AB/\!/H_1\rightarrow AB\perp V_1$，$a_1'b_1'$ 积聚为一点。

5.2.4　平面的换面

平面的换面有两个基本作图，一个是将一般位置平面变换为新体系的投影面垂直面；另一个是将一般位置平面变换为新体系的投影面平行面。

1．将一般位置平面变换为新体系的投影面垂直面

（1）分析

从几何条件可知，只要使属于平面的任一直线经过换面变换为投影面垂直线，则该平面亦随之变换为投影面垂直面。由直线的换面可以得到，一般位置直线需经两次换面方能变换为投影面垂直线，而投影面平行线只需进行一次换面就可以变换为投影面垂直线。因此，在平面内任取一条投影面平行线作为辅助线，使新投影面与之垂直，则平面也与此新投影面垂直。

如图 5-11（a）所示，在$\triangle ABC$内作水平线 CK 为辅助线，设新面 $V_1 \perp H$，且 $V_1 \perp CK$，此时$\triangle ABC$在 V_1/H 体系中成为 V_1 面垂直面，其在 V_1/H 体系中的投影具有投影面垂直面的投影特点，即 $a_1'b_1'c_1'$有积聚性，$a_1'b_1'c_1'$与 X_1 轴的夹角反映平面对 H 面的倾角 θ_H。

（2）作图

① 在$\triangle ABC$中取水平线 CK（$c'k'$，ck）为辅助线，见图 5-11（b）；

② 在图幅适当的位置作新轴 $X_1 \perp ck$，作出 A、B、C、K 各点的新投影 a_1'、b_1'、c_1'、k_1'，见图 5-11（c）；

③ 连接 $a_1'c_1'k_1'b_1'$，为一直线。

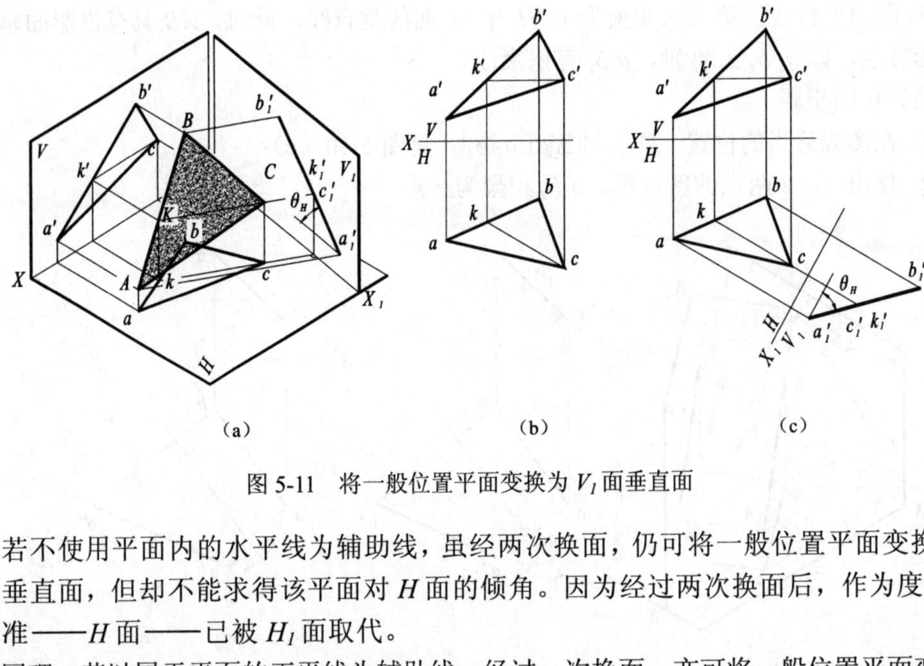

图 5-11　将一般位置平面变换为 V_1 面垂直面

若不使用平面内的水平线为辅助线，虽经两次换面，仍可将一般位置平面变换为投影面垂直面，但却不能求得该平面对 H 面的倾角。因为经过两次换面后，作为度量 θ_H 的基准——H 面——已被 H_1 面取代。

同理，若以属于平面的正平线为辅助线，经过一次换面，亦可将一般位置平面变换为 H_1 面的垂直面。此时，由于平面对 V 面的相对位置未变，故可求得平面对 V 面的倾角 θ_V，作图过程如图 5-12 所示。

2．将一般位置平面变换为新体系的投影面平行面

（1）分析

根据投影面平行面的定义，若在 V/H 体系中直接作新投影面平行于一般位置平面，则此投影面必为一般位置平面，不可能垂直 V 面或 H 面，即不能组成新的二投影面体系。故欲将一般位置平面变换为投影面平行面，需经过两次换面：第一次换面，将一般位置平面变换成新投影面的垂直面；第二次换面，再将该投影面垂直面变换成另一新投影面的平行面。

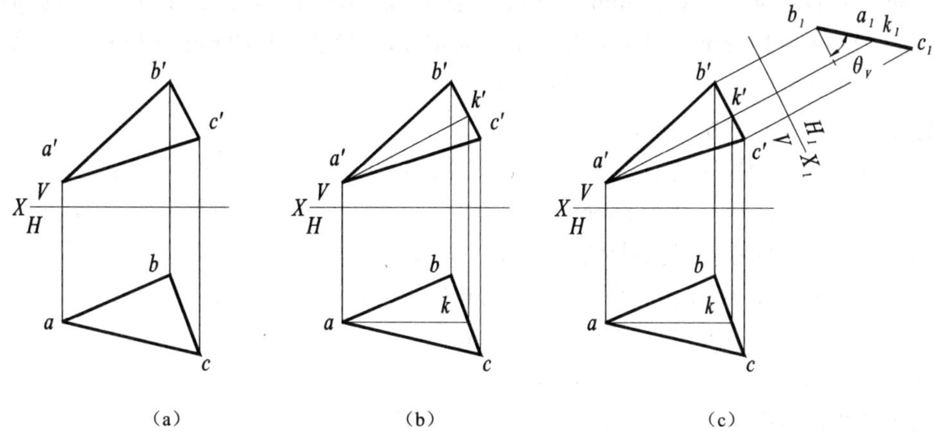

图 5-12　将一般位置平面变换为 H_1 面垂直面

图 5-13（a）中，△*ABC* 为 *V*/*H* 体系中的一般位置平面，第一次换面将其变换为 V_1/H 体系中的 V_1 面垂直面；第二次变换为新投影体系 V_1/H_1 中 H_1 面的平行面。此时，△*ABC* 在 V_1/H 体系中的投影具有投影面平行面的投影特点，即 $a_1'c_1'b_1' // X_2$，$\triangle a_1b_1c_1$ 反映△*ABC* 的实形。

（2）作图

① 将△*ABC* 变换为新投影面的垂直面，见图 5-13（a）；

② 立新轴 X_2，使 $X_2 // a_1'c_1'b_1'$，作出 *A*、*B*、*C* 3 点的新投影 a_1、b_1、c_1；

③ 连线得$\triangle a_1b_1c_1$，则$\triangle a_1b_1c_1$=△*ABC*，见图 5-13（b）。

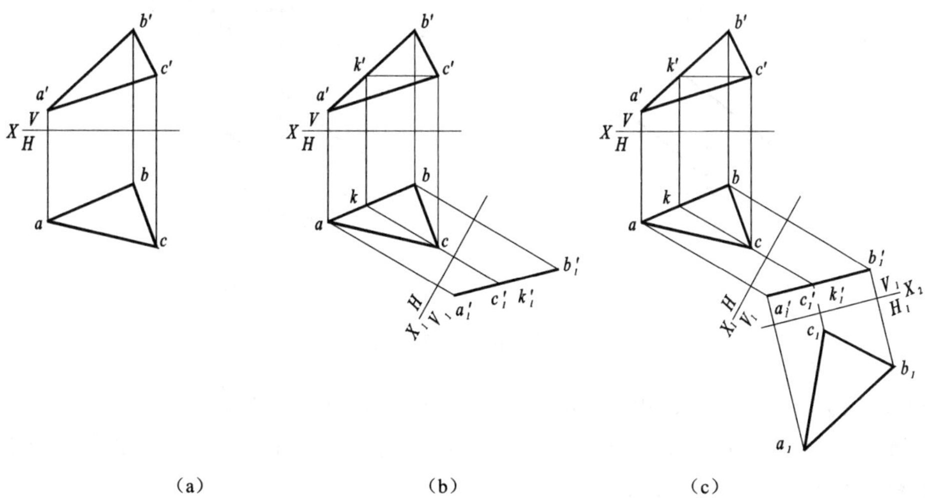

图 5-13　将一般位置平面变换为投影面平行面

5.2.5　换面法作图举例

【例 5-1】 已知直线 *AB* // *CD*，试作另一直线 *MN*，使 *MN* 距 *AB* 15 mm、距 *CD* 10 mm。

MN 长 20 mm，点 M 距 H 面 15 mm，试完成其投影，见图 5-14（a）。

分析：所有距 AB 直线 15 mm 的线段，是以 AB 为轴线，母线距其 15 mm 的圆柱面；同理，距 CD 直线 10 mm 的线段，是以 CD 为轴线，母线距其 10 mm 的圆柱面。此二轨迹圆柱面的交线（素线），即 MN 所在的直线。

作图：如图 5-14（b）所示。

（1）经两次辅助投影将 AB、CD 变换为投影面垂直线，得 $a_1'b_1'$、$c_1'd_1'$；

（2）以 $a_1'b_1'$为圆心、R=15 mm 作圆弧，即为轨迹圆柱的投影；以 $c_1'd_1'$为圆心、R=10 mm 作圆弧，得另一轨迹圆柱的投影，此二轨迹圆柱投影的交点，即为交线 L 的新投影 l_1'；

（3）将 L 返回得 l_1、l'，作距 X 轴 15 mm 的平行线，交 l'于 m'；

（4）在 l_1 上求得 m_1，且量取 m_1n_1=20 mm；

（5）再次返回，$m'n'$、mn 即为所求。

解题分析：本题有一组两解，图中仅作出一解。

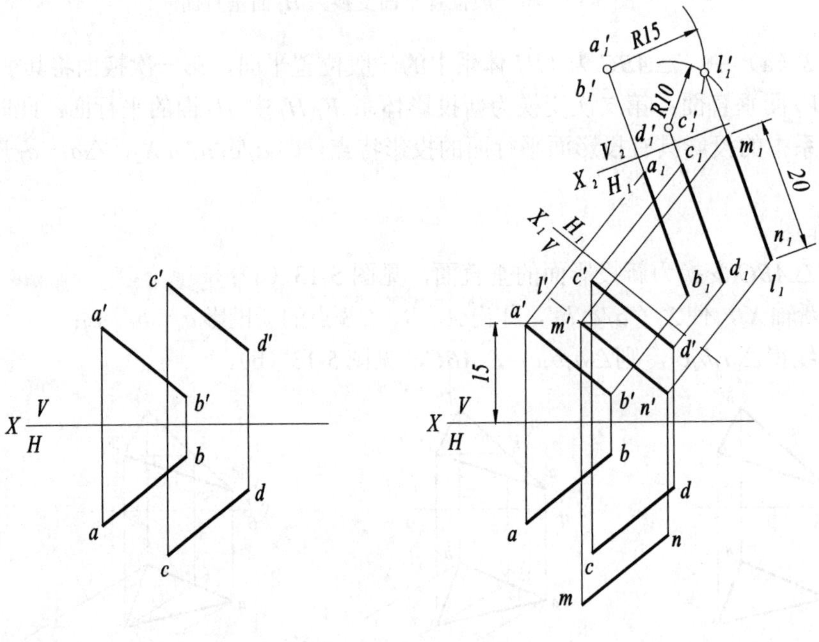

（a）　　　　　　　　　　　　　　　　（b）

图 5-14　例 5-1 图

【例 5-2】已知直线 EF 距△ABC 平面 15 mm，求 ef，见图 5-15（a）。

分析：直线 EF 一定属于距已知平面 15 mm 的平行平面，作出此轨迹平面，即可求出 ef。

作图：如图 5-15（b）所示。

（1）将△ABC 变换为投影面垂直面，得新投影 $a_1'b_1'c_1'$；

（2）作与 $a_1'b_1'c_1'$平行且距离为 15 mm 的直线，此即轨迹平面的新投影；

（3）在轨迹平面的新投影上作出直线 EF 的新投影 $e_1'f_1'$；

（4）返回，即可得 ef。

解题分析：本题有两解，图中仅作出一解。

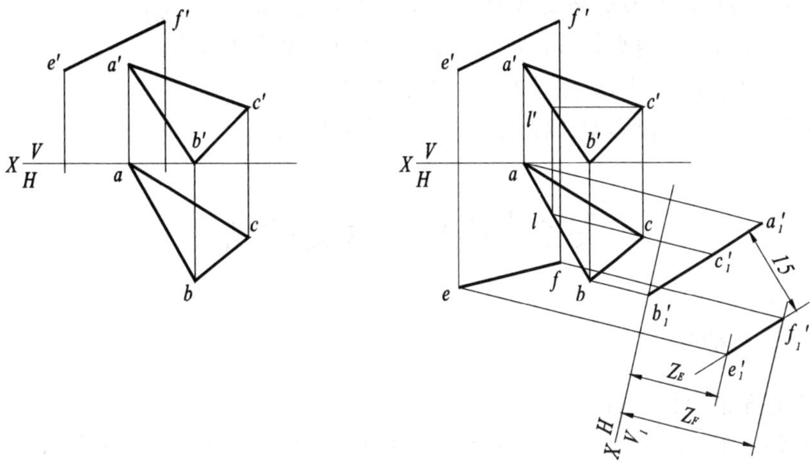

（a）　　　　　　　　　　（b）

图 5-15　例 5-2 图

【例 5-3】 试在直线 *AB* 上找一点 *K*，使其与△*CDE* 及△*FDE* 两平面等距，见图 5-16(a)。

分析：距相交两平面等距的所有点之轨迹，为此相交两平面所成二面角的等分角面。直线 *AB* 与此轨迹平面的交点，即为点 *K*。

作图：如图 5-16（b）所示。

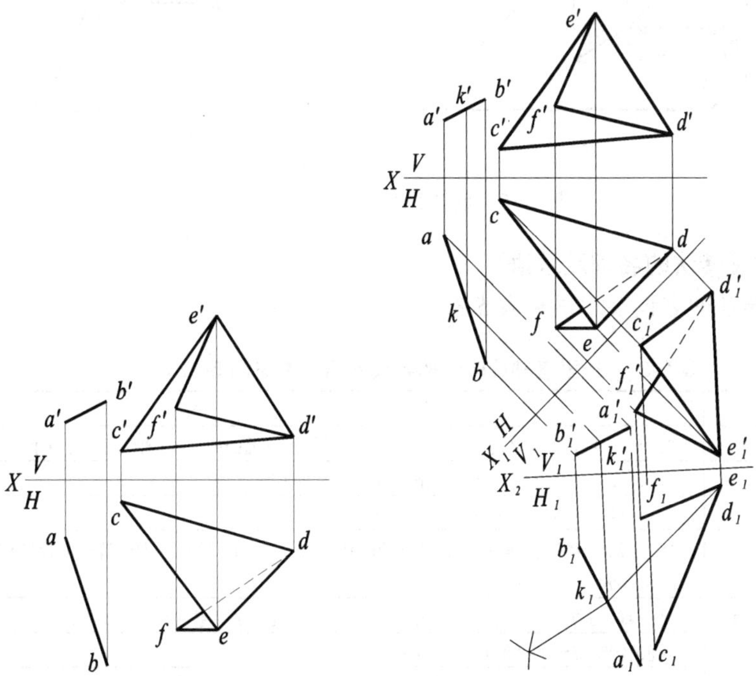

（a）　　　　　　　　　　（b）

图 5-16　例 5-3 图

（1）以二面交线 DE 为参照线，经两次投影变换，将其变换为投影面垂直线，并将直线 AB 和平面△CDE、△FDE 随之变换，得 a_1、b_1、c_1、d_1、e_1、f_1；

（2）作∠$f_1d_1e_1c_1$ 之角平分线，此即二面角等分角面的新投影；

（3）此分角线与 a_1b_1 的交点，即为点 K 的新投影 k_1；

（4）将点 K 返回原投影 k'、k，K（k'，k）即为所求。

*5.3 绕垂直轴旋转法

5.3.1 基本概念

1．绕垂直轴旋转法的原理

图 5-17（a）中，AB 为一般位置直线，若保持 V/H 体系不变，令直线 AB 绕铅垂线 Aa 旋转，使其旋转后的位置 AB_1 平行于 V 面，则 AB_1 的正面投影 $a'b_1'$ 反映线段的实长，其与 X 轴的夹角等于直线对 H 投影面的倾角 θ_H。图 5-17（b）为其投影图。

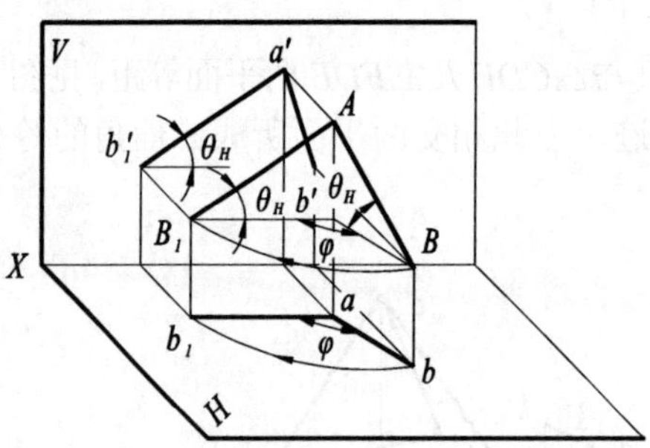

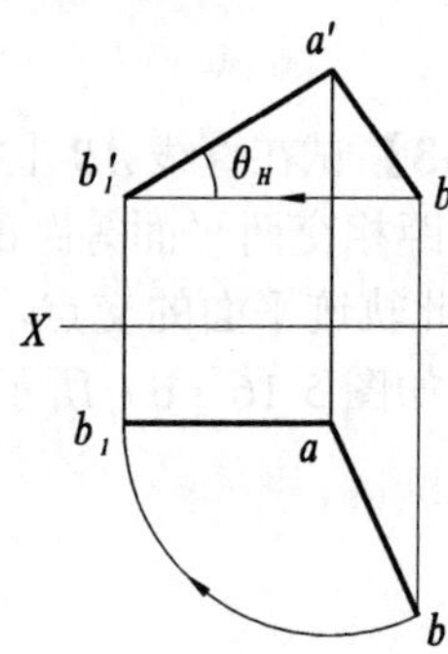

图 5-17 旋转直线平行 V 面

2．绕垂直轴旋转法的名词及术语

绕垂直轴旋转法的名词及术语见表 5-3。

表 5-3 绕垂直轴旋转法的名词术语（参见图 5-17）

序号	名词术语	解释
1	旋转轴	空间点、线、面绕之旋转的轴线。其中，垂直于 H 面的称为铅垂轴；垂直于 V 面的称为正垂轴
2	旋转方向	点、线、面绕轴旋转时所依循的方向，如箭头所示
3	旋转角度	点、线、面所转动的角度，如 φ 角
4	旧位置与旧投影	点、线、面在投影体系中的原始位置为旧位置，如 AB。它们在旧位置时的投影称为旧投影，如 ab、$a'b'$
5	新位置与新投影	点、线、面旋转后所处的位置为新位置，如 B_1。它们在新位置时的投影称为新投影，如 b_1'、b_1
6	旋转点	绕旋转轴旋转的空间点，如点 B
7	旋转平面	旋转点的运动轨迹所在的平面，如由点 B 旋转所形成的圆，垂直于旋转轴
8	旋转半径	旋转点至旋转轴的距离
9	旋转中心	旋转平面与旋转轴的交点

5.3.2 点绕垂直轴旋转

1. 点绕垂直轴旋转时的投影变换规律

图 5-18（a）中,点 *M* 绕铅垂轴 *OO* 旋转。点 *M* 的旋转轨迹——圆周、旋转半径、旋转方向、旋转角度等——在水平投影中均一一如实反映，其投影见图 5-18（c）；旋转轨迹——圆周的正面投影——是一条平行于 *X* 轴的直线段，长度等于圆的直径，见图 5-18（b）。

若点 *M* 绕正垂轴旋转，亦有如上所述相似的结果，见图 5-19（a）。

由上可得，点绕垂直轴旋转的投影变换规律为：点在旋转轴所垂直的投影面上的投影为以旋转中心的投影为圆心、旋转半径为半径的圆周，在另一投影面上的投影为平行于投影轴（垂直于旋转轴的投影）的直线段。

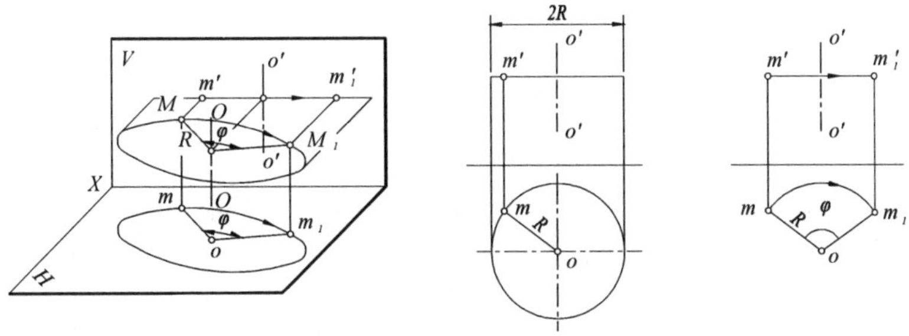

图 5-18 点绕铅垂轴旋转

2. 点绕垂直轴旋转的作图

（1）点绕铅垂轴旋转的作图

点 *M* 绕铅垂轴 *OO* 旋转的作图步骤，见图 5-18（b）。在水平投影中，以 *o* 为圆心、*R*=*om* 为半径画圆周；正面投影中，过 *m*′作平行于 *X* 轴的直线段，使其长度等于 2*R*。

若点 *M* 顺时针旋转 φ 角，其投影图的作法见图 5-19（c）。水平投影中，以 *o* 为圆心，*om* 为半径将 *m* 顺时针旋转 φ 角得 m_1；正面投影中，过 *m*′作直线平行于 *X* 轴，由 m_1 求得 m_1'。m_1'、m_1 即为点 *M* 旋转 φ 角的新投影。

（2）点绕正垂轴旋转的作图

点绕正垂轴旋转的投影作图，见图 5-19（b）、（c）。

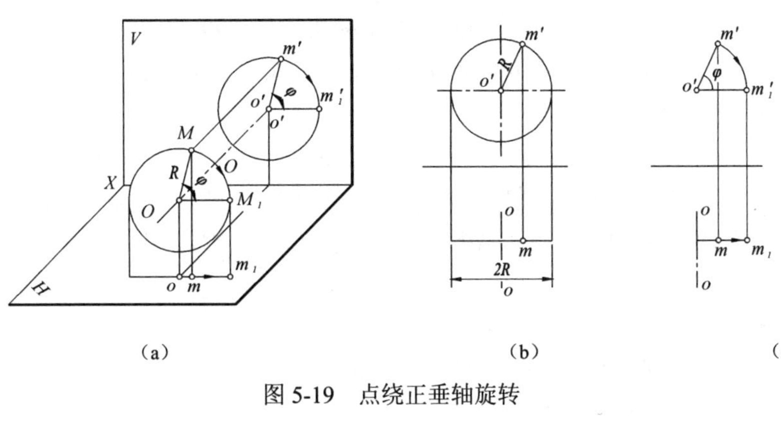

图 5-19 点绕正垂轴旋转

3．多个点绕同一垂直轴旋转

当有多个点绕垂直轴旋转时，这些点之间的相互位置关系旋转前后不变。为此，必须遵循：绕同一旋转轴、按同一旋转方向、旋转同一角度这个原则，简称“三同”（同轴、同向、同角度）原则。

图 5-20 所示为 A、B 两点绕正垂轴、逆时针方向、旋转 φ 角的作图。

（1）点 A（a'，a）绕 OO 轴逆时针旋转 φ 角至新位置 A_1，可得其新投影 a_1'、a_1，见图 5-20（b）；

（2）根据“三同”原则，完成点 B 旋转至新位置 B_1 的新投影 b_1'、b_1，见图 5-20（c）。

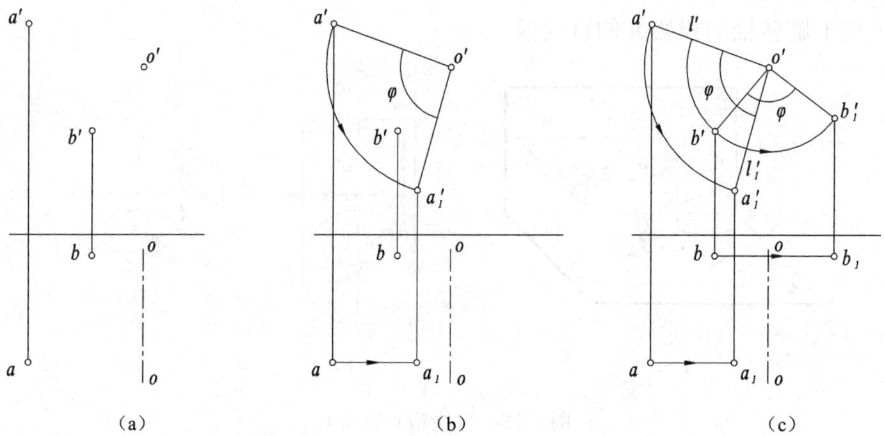

图 5-20　多个点绕同一垂直轴旋转

注：A、B 两点旋转同一角度的作图，可以作圆弧 $\overset{\frown}{l'b'b_1'}$，然后在此圆弧上取弦长 $l'l_1'=b'b_1'$，从而确定 b_1'。

5.3.3　直线绕垂直轴旋转

直线绕垂直轴旋转有两个基本作图，一个是将一般位置直线旋转为投影面平行线；另一个是将一般位置直线旋转为投影面垂直线。

1．将一般位置直线旋转为投影面平行线

（1）分析

如图 5-21（a）所示，若直线 AB 绕过点 A 的铅垂轴 OO 旋转至与 V 面平行的新位置 AB_1，则 AB_1 成为正平线。它具有正平线的特点，即 $ab_1 /\!/ X$ 轴、$a'b_1'=AB$，则 $a'b_1'$ 与 X 轴的夹角反映该直线对 H 面的倾角 θ_H。

这里有两点应予以注意：其一，使铅垂轴 OO 过直线一端点 A，则点 A 旋转前后位置不变，仅旋转 B 点即可达到目的，此可简化作图；其二，直线 AB 的旋转角度是由正平线的投影特征控制的，即将 ab 旋转到使 $ab_1 /\!/ X$ 轴，则 AB 的新位置 AB_1 定是正平线。

（2）作图步骤

① 过点 A 立铅垂轴 OO（$o'o'$，oo），见图 5-21（b）；

② 旋转 b 使 $ab_1 // X$ 轴，则 AB_1（$a'b_1'$，ab_1）即为正平线，见图 5-21（c）。

直线 AB 绕铅垂轴旋转为正平线时，直线 AB 对 H 面的倾角 θ_H 不变，因而该直线在 H 面的投影长度不变，即 $ab= ab_1=AB\cos\theta_H$。

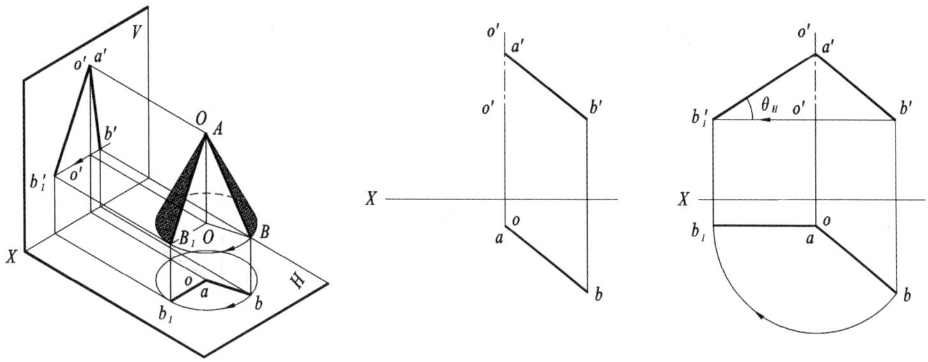

（a） （b） （c）

图 5-21 把 AB 旋转为正平线

同理，将直线绕正垂轴旋转为水平线，可求得直线对 V 面的倾角 θ_V 及其实长，见图 5-22。分析及作图请读者自行思考并作出。

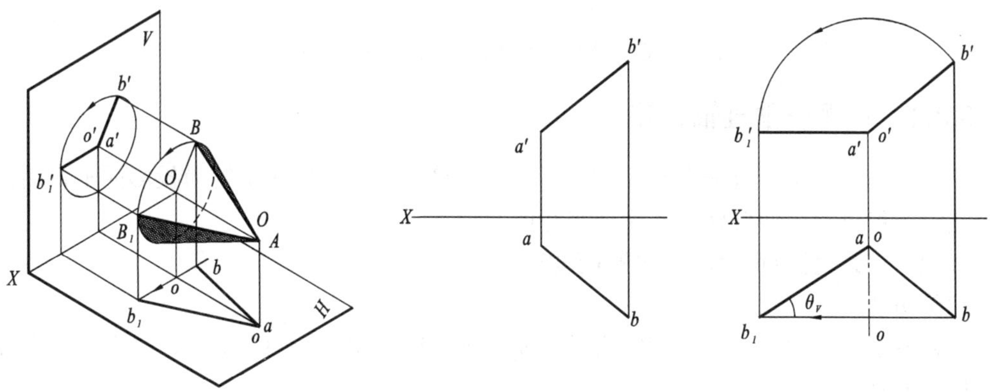

（a） （b） （c）

图 5-22 将 AB 旋转为平行线

2．将一般位置直线旋转为投影面垂直线

（1）分析

由于一般位置直线对 H 面和 V 面都是倾斜的，故直线绕垂直于某一投影面的轴旋转时，直线对该投影面的倾角不变。也就是说，经过一次旋转，只能改变直线对一个投影面的倾角，不能同时改变直线对两个投影面的倾角。因此，要将一般位置直线旋转为投影面垂直线，必须分别绕不同的轴，如正垂轴和铅垂轴（或铅垂轴和正垂轴），经过两次旋转，旋转顺序是先将一般位置直线旋转成投影面平行线，再将平行线旋转成垂直线。

（2）作图步骤

① AB 绕过点 A 的铅垂轴旋转为正平线 AB_1（ab_1，$a'b_1'$），见图 5-23（b）；

② 立过点 B_1 的正垂轴（或过 A 点的正垂轴）将 $a'b_1'$以 b_1'为圆心旋转，使 $a_1'b_1' \perp X$ 轴，并求出水平投影 a_1b_1。A_1B_1（$a_1'b_1'$，a_1b_1）即为铅垂线，见图 5-23（c）。

若直线分别绕正垂轴和铅垂轴旋转两次，可变换为正垂线。分析及作图请读者进行考虑并作出。

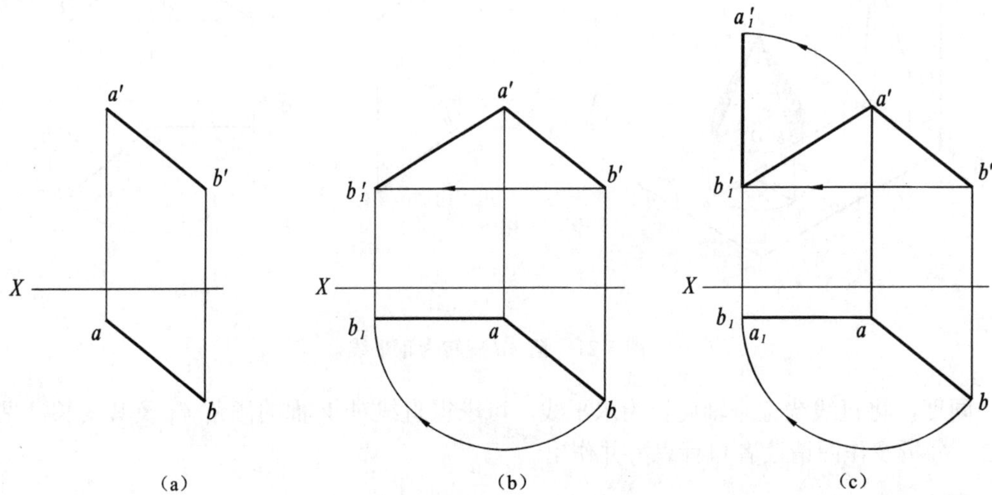

图 5-23　把一般位置直线 AB 旋转为投影面垂直线

5.3.4　平面绕垂直轴旋转

平面绕垂直轴旋转有两个基本作图，一个是将一般位置平面旋转为投影面垂直面；另一个是将一般位置平面旋转为投影面平行面。

1．将一般位置平面旋转为投影面垂直面

（1）分析

若将属于平面的一条直线旋转为投影面的垂直线，按“三同”原则，平面亦随之旋转为该投影面垂直面。

与换面法将一般位置平面变换为投影面垂直面的分析一致，在平面内任取一条投影面平行线作为辅助线，只需绕垂直轴旋转一次，即可将该平面变换为投影面垂直面。

（2）作图

① 在$\triangle ABC$ 内作正平线 CD（$c'd'$，cd）为辅助线，见图 5-24（a）；

② 过点 C 立正垂轴，将辅助线 CD 旋转为铅垂线 CD_1（$c'd_1'$，cd_1），见图 5-24（b）；

③ 按“三同”原则，将 A、B 两点旋转至新位置 A_1（a_1'，a_1）、B_1（b_1'，b_1），$\triangle A_1B_1C$（$a_1'b_1'c'$，a_1b_1c）即为铅垂面，见图 5-24（c）。

由于直线绕正垂轴旋转，直线在 V 面上的投影长度保持不变，则$\triangle a'b'c'=\triangle a_1'b_1'c'$。又因$\triangle a'b'c'=\triangle a_1'b_1'c'=\triangle ABC\cos\theta_V$，则$\triangle ABC$ 绕正垂轴旋转后其对 V 面的倾角 θ_V不变。a_1b_1c 与 X 轴的夹角即为平面对 V 面的倾角 θ_V。

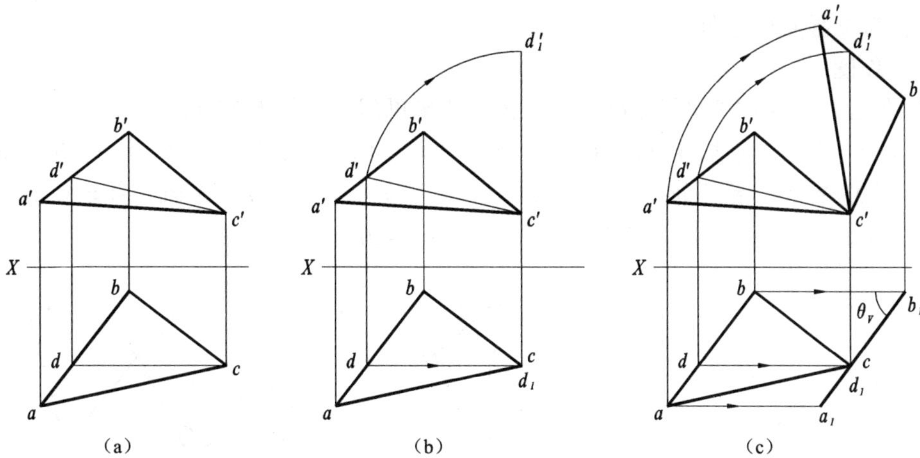

图 5-24　把一般位置平面旋转为铅垂面

注：在作图时，当辅助线的新投影位置确定后，可由作全等三角形的几何作图方法，完成△*ABC* 的新投影。

以上作图，若不使用平面内的正平线为辅助线，虽经两次旋转，仍可将一般位置平面变换为铅垂面，但不能求得 θ_V。因为当其第一次绕铅垂轴旋转时，△*ABC* 对 *V* 面的倾角已发生变化。

同理，若在平面内任取一条水平线为辅助线，绕铅垂轴旋转，将一般位置直线变换为正垂面，该平面的水平投影的形状和大小不变，其对 *H* 面的倾角 θ_H 不变，正面投影与 *X* 轴的夹角即为平面对 *H* 面的倾角 θ_H。作图步骤如图 5-25 所示。

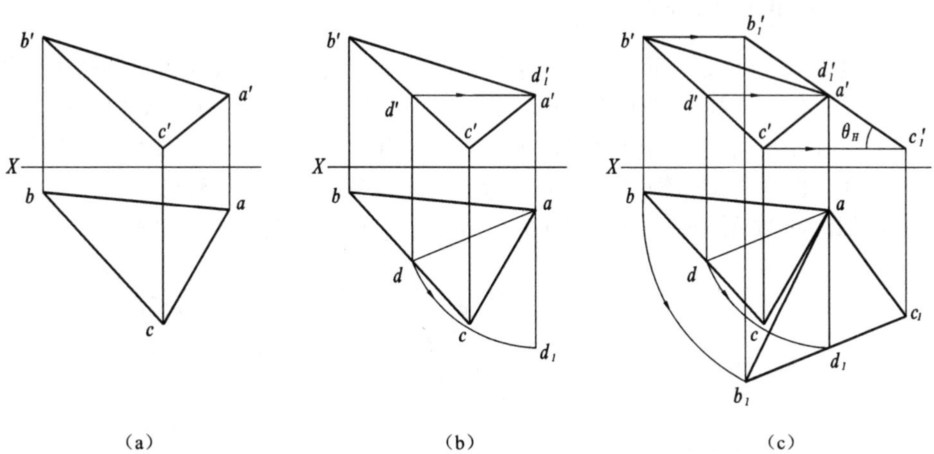

图 5-25　把一般位置平面旋转为投影面垂直面

2. 将一般位置平面旋转为投影面平行面

（1）分析

与换面法将一般位置平面变换为投影面平行面的分析一致，一般位置平面需旋转两次方能变换为投影面平行面。第一次旋转为投影面垂直面，第二次再绕垂直于另一投影面的轴线旋转为投影面平行面。

（2）作图

① 在△*ABC* 内作正平线 *CD*（*c'd'*，*cd*）为辅助线，见图 5-26（a）；

② 过 *C* 点立正垂轴，将△*ABC* 旋转为铅垂面△A_1B_1C（$a_1'b_1'c'$，a_1b_1c），见图 5-26（b）；

③ 再过 B_1 点立铅垂轴，将水平投影 a_1cb_1 旋转，使 $b_1c_1a_1$ // *X* 轴，并求得 $b_1'c_1'a_1'$，△$A_1B_1C_1$（$a_1'b_1'c_1'$，$a_1b_1c_1$）即为正平面，见图 5-26（c）。

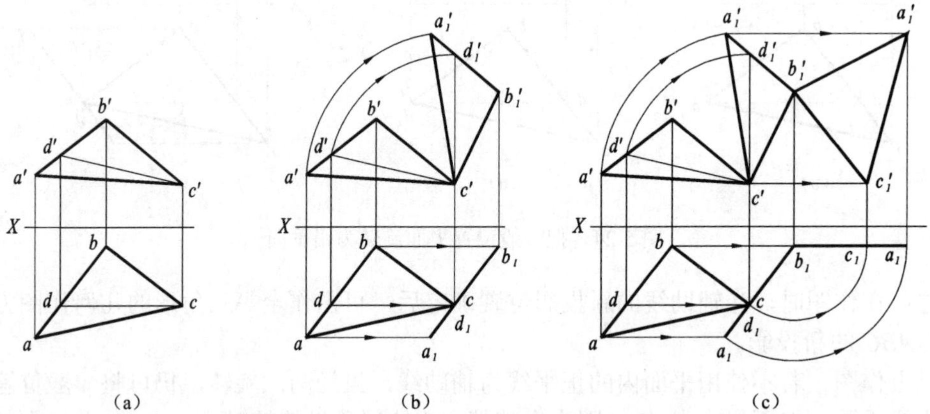

图 5-26　把一般位置平面旋转为投影面平行面

同理，若作水平线为辅助线，分别绕铅垂轴和正垂轴旋转两次，可将一般位置平面变换为水平面。分析和作图请读者自行分析并作出。

5.3.5　绕不指明轴旋转

前已述及，当直线或平面绕垂直于某投影面的轴旋转时，直线在该投影面上的投影长度或平面在该投影面上投影图形的大小，旋转前后均不变，且可利用几何作图的方法作出。这样，只要保证变换后图形的位置特征不变，不论旋转轴标明与否，都不会改变作图的结果。因此，作图时可将旋转轴隐去，不予指明。此即绕不指明轴旋转法。

下面以如图 5-27 所示的△*ABC*（*a'b'c'*，*abc*）旋转为正平面为例作图。

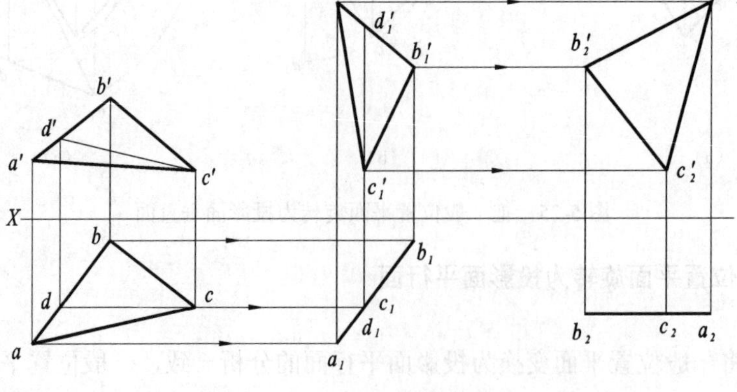

图 5-27　绕不指明轴旋转

（1）在△ABC（$a'b'c'$，abc）内作正平线 CD（$c'd'$，cd）为辅助线；

（2）在图中恰当位置作 $c_1'd_1'\perp X$ 轴。按旋转法的投影变换规律，得到 c_1d_1；

（3）以 $c_1'd_1'$为基准作△$a_1'b_1'c_1'\equiv$△$a'b'c'$，求出 a_1b_1，连 $a_1c_1b_1$ 为直线；

（4）在图中恰当位置作 $b_2c_2a_2$∥X 轴，且使 $b_2c_2a_2=b_1c_1a_1$，按旋转法的投影变换规律，得到 a_2'、b_2'、c_2'、连接 $a_2'b_2'c_2'$，△$A_2B_2C_2$（$a_2'b_2'c_2'$，$a_2b_2c_2$）即为所求。

第 6 章　基本立体的视图

凡占有一定空间的物体均可称为几何体，把工程上经常使用的单一几何体称为基本体。根据其表面构成的不同，常用基本体可分为以下两类。

（1）平面立体：由平面围成的几何体，如棱柱、棱锥等。

（2）曲面立体：由曲面或由曲面和平面围成的几何体，如圆柱体、圆锥体、圆球体、圆环体等。

立体是由其表面所围成的实体，任何几何体所占有的空间范围，由其表面确定。因此，求作几何体的投影，实质上是对其表面进行投影。

本章主要介绍基本立体的投影特性以及在其表面上取点的投影作图方法。国家标准《技术制图 通用术语》规定：“根据有关标准和规定，用多面正投影绘制出物体的图形称为视图。”由前向后投射所得的视图称为主视图；由上向下投射所得的视图称为俯视图；由左向右投射所得的视图称为左视图，这 3 个视图常称“三视图”。显然它们分别就是物体的正面投影、水平投影和侧面投影。

国家标准《技术制图 投影法》规定：在视图中，应用粗实线画出物体的可见轮廓，必要时，还可用细虚线画出物体的不可见轮廓。

为了正确地作出立体的投影，首先需要确定立体摆放的位置。摆放时，首先应使立体的表面尽可能多地成为特殊位置平面；其次要选定主视图的投射方向，使主视图更多地表现立体的结构特征。

6.1　平 面 立 体

平面立体各表面都是由棱线围成的平面图形，各棱线又由其端点确定。因此，平面立体的投影，是由组成平面立体的各平面的投影表示，其实质是作围成平面的各棱线端点的投影。

下面介绍两种常见的平面立体：棱柱和棱锥。

6.1.1 棱　柱

1. 棱柱的形状特点及三视图

棱柱可以看着是由一个平面多边形沿着某一不与其平行的指向移动一段距离形成的。由平面多边形形成的两个相互平行的面称为底面，其余表面称为侧面。相邻两侧面的交线称为侧棱线，各侧棱线相互平行且相等。底面是正多边形的称为正棱柱；侧棱垂直底面的称为直棱柱；侧棱与底面倾斜的称为斜棱柱。各种常见的棱柱如图 6-1 所示。

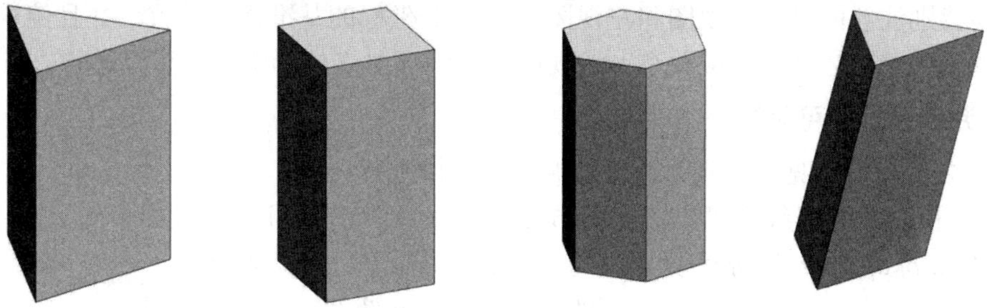

（a）正三棱柱　（b）正四棱柱　（c）正六棱柱　（d）斜三棱柱

图 6-1　常见的棱柱

下面以正五棱柱为例来说明其三视图的作法。

分析：

（1）确定摆放位置：将底面置于平行于水平面的位置；

（2）正五棱柱上下两底面为平行于水平投影面的正五边形，后棱面平行于正面，其余所有的棱面都垂直于底面；

（3）确定主视图的投影方向：使五棱柱一棱面（DD_0EE_0）平行于V面，见图 6-2（a）。

作图：

（1）作出 5 条棱线的三面投影；

（2）各侧棱线的上下端点的投影就确定了上下底面的投影，由此可作出正五棱柱的三视图，见图 6-2（b）。

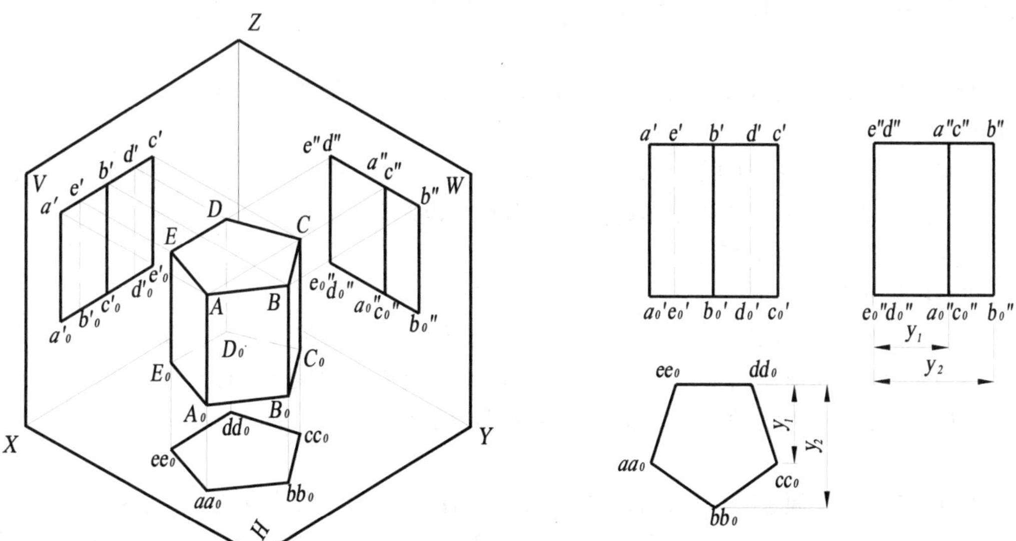

（a）　（b）

图 6-2　正五棱柱的三视图

从本章开始，在画立体的视图时，为使图形清晰，不再画投影轴以及点的投影连线，投影关系通过相对坐标关系予以保证，各视图依然满足长对正、高平齐、宽相等的原则。需要特别注意的是，俯视图和左视图中量取 Y 坐标的基准点应一致，并且俯视图的前后与左视图的左右之间的对应关系。各视图间的距离对立体形状的表达无影响。

2. 判断投影的可见性

平面立体投影可见性的判断，可遵循下列规律进行。

（1）视图的外形线都可见。如图 6-2（b）所示，五棱柱正面投影中的 $a'b'$、$c'b'$、$c'c_0'$、$c_0'b_0'$、$b_0'a_0'$、$a'a_0'$，水平投影中的 ab、bc、cd、de、ea，侧面投影中的 $a''b''$、$a''e''$、$b''b_0''$、$a_0''e_0''$、$a_0''b_0''$、$e''e_0''$ 均可见。

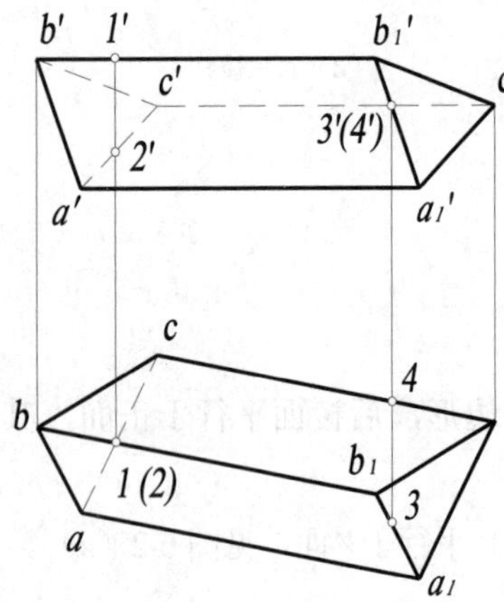

图 6-3 三棱柱的视图

（2）同一视图中，凡两个可见表面相交或可见表面与不可见表面相交，其交线可见；凡两个不可见表面相交，其交线不可见。如图 6-2（b）所示的正面投影图中，可见面 $a'b'b_0'a_0'$ 和可见面 $c'c_0'b_0'b'$ 的交线 $b'b_0'$ 可见，可见面 $a'b'b_0'a_0'$ 和不可见面 $a'e'e_0'a_0'$ 的交线 $a'a_0'$ 可见；如图 6-2 正面投影中不可见面 $a'a_0'e_0'e'$ 和不可见面 $e'e_0'd_0'd'$ 的交线的 $e'e_0'$ 不可见。

（3）在视图外形线范围内两交叉直线投影相交，其投影的可见性可用重影点判断。如图6-3所示的水平投影中 bb_1 可见，ac 不可见。正面投影中 $a_1'b_1'$ 可见，$c'c_1'$ 不可见。

3. 棱柱表面上取点

求作平面立体表面上的点，其作图方法与在平面上取点相同。首先根据已知投影分析该点属于哪个表面，其次再利用在平面上取点的方法进行作图，其可见性取决于该点所在表面的可见性。

【例6-1】 已知正六棱柱表面上点 A、B、C 的一个投影如图 6-4（a）所示，求作点的其他投影。

分析： 根据题目所给的条件，点 A 在顶面上，点 B 在左前棱面上，点 C 在右后棱面上，利用表面投影的积聚性和投影规律可求出其余投影。

作图： 如图 6-4（b）所示。

判断投影可见性：

（1）点 A 所在平面的正面投影和侧面投影有积聚性，可见性不作判断；

（2）点 B 在左前棱面上，侧面投影可见，水平投影有积聚性，可见性不作判断；

（3）点 C 在右后棱面上，正面投影和侧面投影均不可见，水平投影有积聚性，可见性不作判断。

【例6-2】 已知属于三棱柱表面的折线段 AB 的正面投影，求其他投影，见图6-5（a）。

分析： 由于 AB 在三棱柱两个表面上，故 AB 实际上是一条折线，其中 AC 属于左棱面，CB 属于右棱面，在点 C 处转折。可根据面内取点的方法作出点 A、B、C 的三面投影，连接各点的同面投影，即为所求。

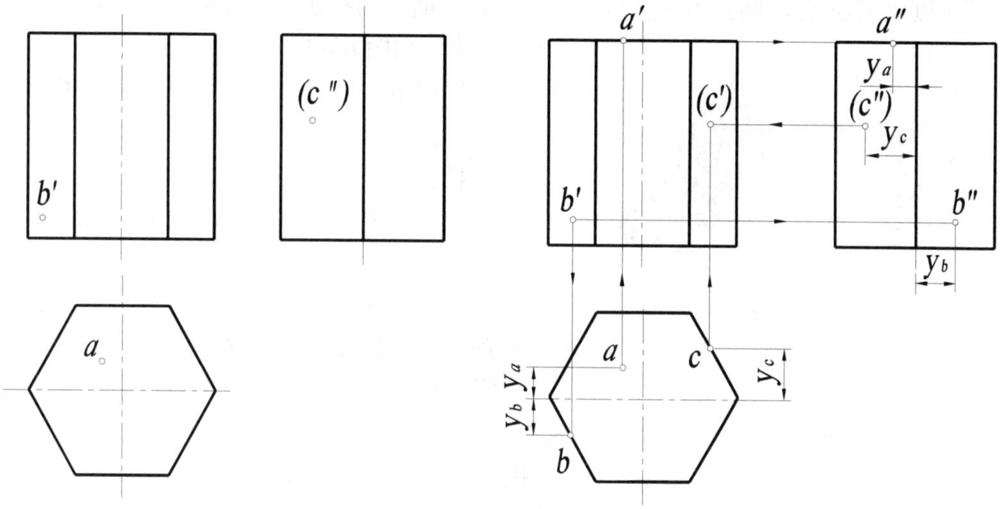

（a）六棱柱表面上点的已知投影　　（b）求点其余投影的作图方法

图 6-4　棱柱表面上的点

作图：作图方法如图 6-5（b）所示。

判断投影可见性：

（1）水平投影有积聚性，不作判断；

（2）点 *B* 在右棱面上，其侧面投影 *b″* 不可见，*c″b″* 不可见。

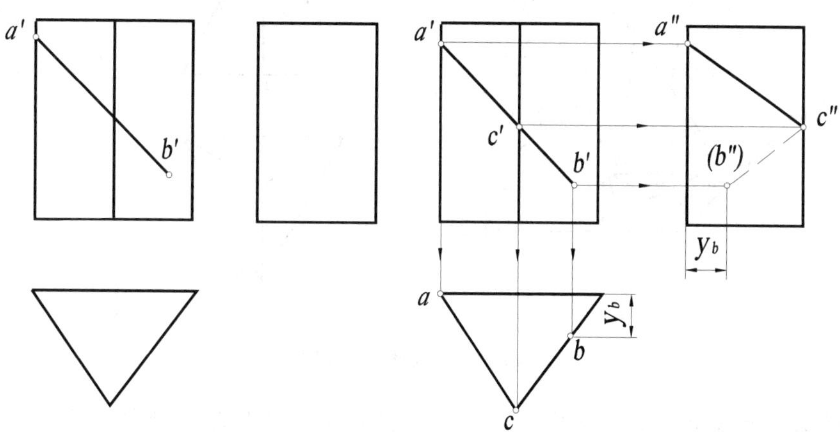

（a）折线*AB* 的已知投影　　（b）求折线 *AB* 其余投影的作图方法

图 6-5　棱柱表面上的线

6.1.2　棱　锥

1. 棱锥的形状特点及其三视图

棱锥有一个多边形的底面，所有的棱面都交于锥顶。用底面多边形的边数来区别不同的棱锥，如底面为三角形，称为三棱锥。若棱锥的底面为正多边形，且锥顶在底面上的投影与底面的形心重合，则称为正棱锥。若锥顶在底面上的投影与底面的形心不重合，则称为斜棱锥，如图 6-6 所示。

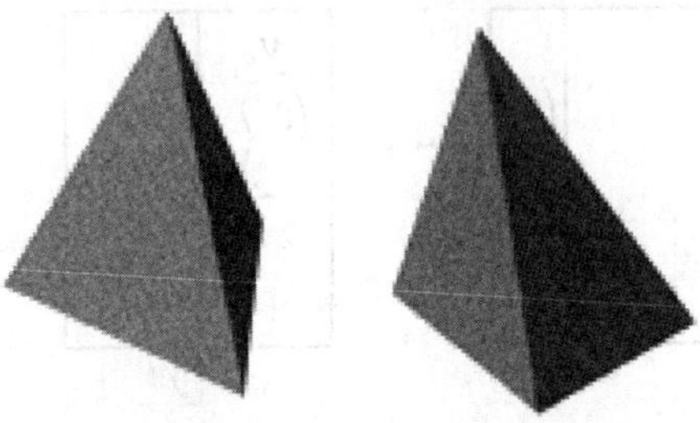

（a）正三棱锥　　（b）斜三棱锥

图 6-6　棱锥

现以图 6-7 所示的正三棱锥为例，说明其三视图的作法。

分析：

（1）确定摆放位置，使三棱锥的底面 $\triangle ABC /\!/ H$；

（2）确定主视图的投影方向，使三棱锥的棱面 SAC 为侧垂面，$\triangle SAB$、$\triangle SBC$ 为一般位置平面。

作图： 作出 S、A、B、C 的投影后，分别依次连接各点的同面投影，即得到棱锥的三视图。

讨论： 由于三棱锥各棱面均不平行于投影面，所以其三面投影均不反映实形。底面 ABC 平行于 H 面，其在俯视图中反映实形。

2. 判断投影可见性

由上述平面立体投影可见性判断规律分析所知，$s''c''$ 不可见，其余均可见，棱线的投影如图 6-7（b）所示。

3. 棱锥表面上的点

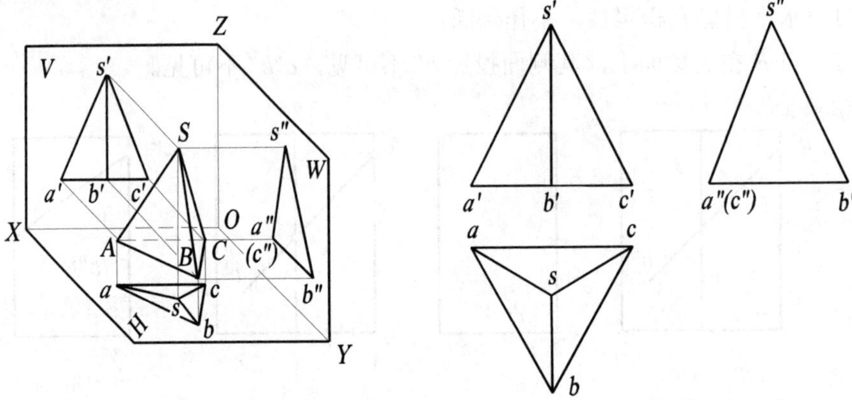

（a）　　（b）

图 6-7　三棱锥的三视图

【例6-3】 已知正三棱锥表面上点 K 的正面投影 k'，点 N 的侧面投影 n''，求点 K、N 的其余投影，见图 6-8（a）。

分析： 根据已知条件可知，点 K 属于棱面 SAB，点 N 属于棱面 SBC。利用面内取点的方法，可求得其余投影。

作图： 具体作图可用以下两种方法。

方法一： 如图 6-8（b）所示，在主视图上过锥顶 s' 和点 k' 作直线 $s'e'$，在俯视图中找出点 e，连接 se，根据点属于线的投影性质求出其水平投影 k 和侧面投影 k''；同理，可在左视图中过点 n'' 作出 $s''f''$，然后再依次求出 n、n'。

方法二：如图 6-8（c）所示，在主视图中过点 k' 作直线 $e'f'//a'b'$，点 e' 在 $s'a'$上，在俯视图中找出点 e，作 $ef//ab$，同样可求出其俯视图 k 和左视图 k''；同理，可在左视图中过点 n'' 作出 $g''h''//b''c''$，然后再依次求出 n、n'。

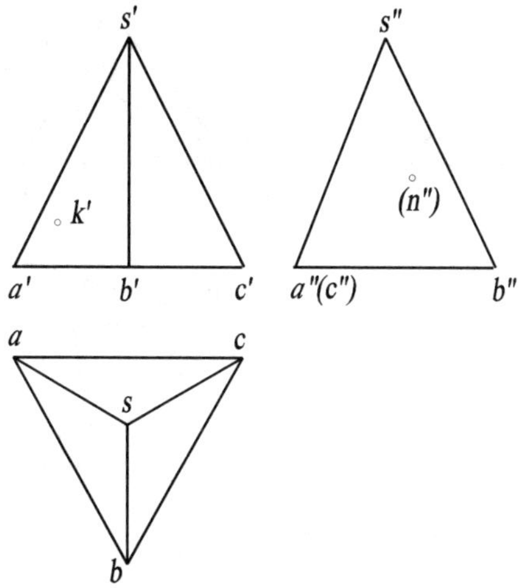

（a）正三棱锥表面上点的已知投影

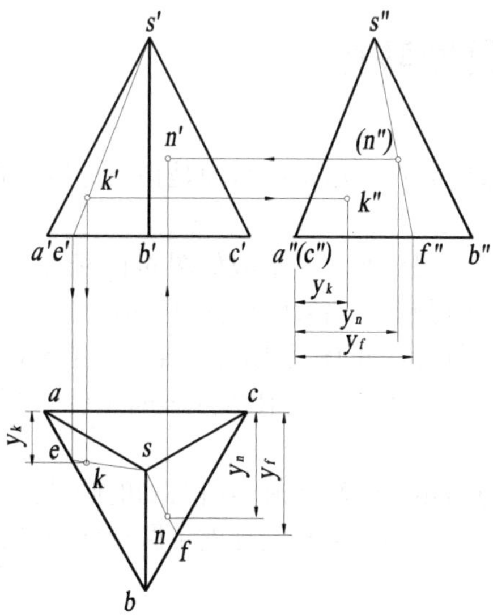

（b）方法一

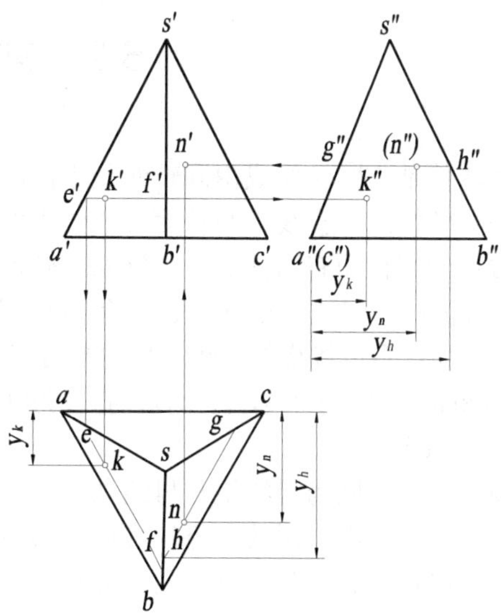

（c）方法二

图 6-8　棱锥表面上的点

判断投影可见性：

（1）由于锥顶在上，K、N 的水平投影均可见；

（2）点 K 属于左棱锥面，侧面投影可见；点 N 属于右棱锥面，侧面投影不可见。

【例6-4】求棱锥表面上的线 MN 的水平投影和侧面投影，见图 6-9（a）。

分析：MN 实际上是三棱锥表面上的一条折线 MKN，并在 K 点处转折，见图 6-9（b）。

作图：求出 M、K、N 3 点的水平投影和侧面投影，连接同面投影即为所求投影。

判断可见性：由于棱面 SBC 的侧面投影不可见，所以直线段 KN 的侧面投影 $n''k''$不可见。

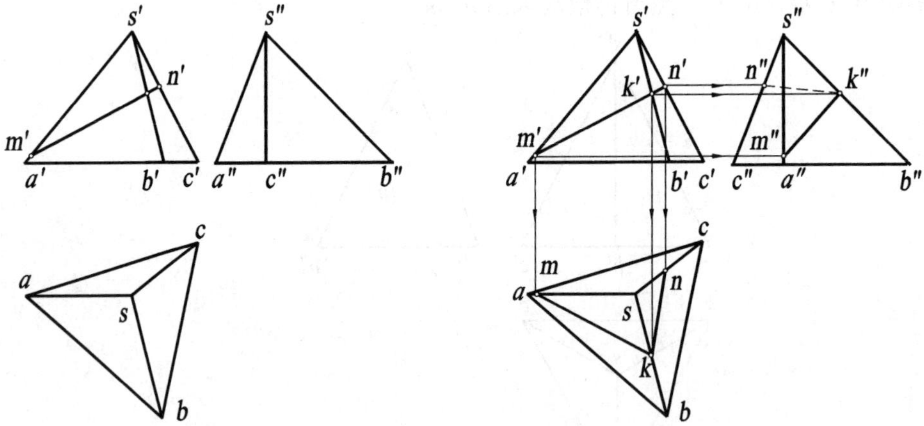

（a）已知条件　　（b）作图方法

图 6-9　棱锥表面上的线

6.2　常见回转体

回转体是由回转面或由回转面和平面围成的立体。所谓回转面是指由母线（直线或曲线）绕回转轴线（直线）回转而形成的表面。

常见的回转面有圆柱面、圆锥面、圆球面和圆环面，其形成如图 6-10 所示。

圆柱面：直母线绕与母线平行的轴线旋转所得到的回转面称为圆柱面，见图 6-10（a）。

圆锥面：直母线绕与母线相交的轴线旋转所得到的回转面称为圆锥面，见图 6-10（b）。

圆球面：以圆为母线，圆上任一直径为轴线，母线绕轴线旋转所得到的回转面称为圆球面，见图 6-10（c）。

圆环面：以圆为母线绕与母线共面且不与圆相交的轴线旋转所得到的回转面称为圆环面，见图 6-10（d）。母线靠近轴线的半圆形成内环面，离轴线远的半圆形成外环面，两个半圆的分界点的轨迹是内外环面的分界线。

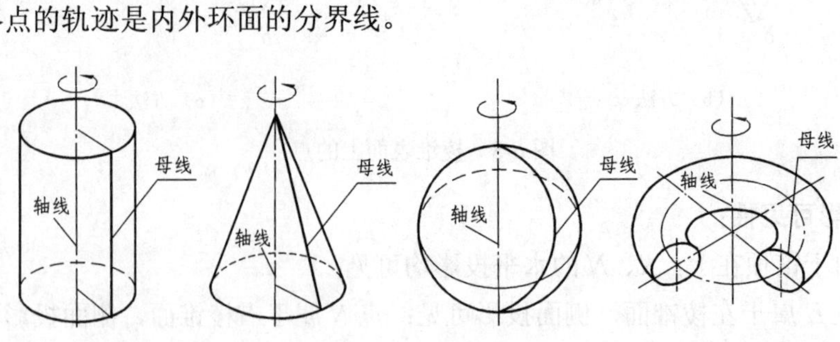

（a）圆柱面　（b）圆锥面　（c）圆球面　（d）圆环面

图 6-10　常见回转面的形成

回转体的投影，由回转面或回转面与平面的投影确定。图 6-11 所示为常见的回转体。

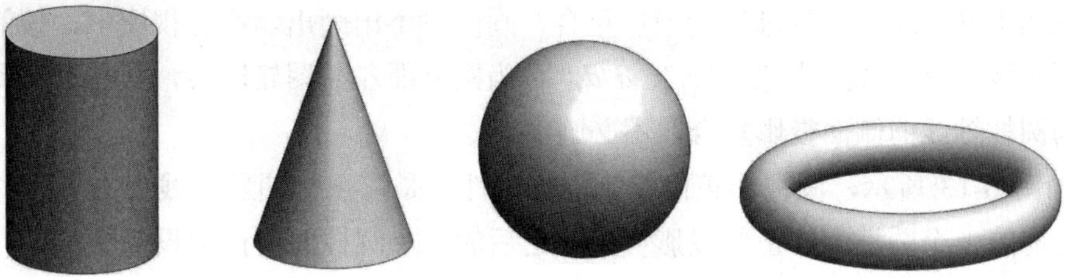

（a）圆柱体　　（b）圆锥体　　（c）圆球　　（d）圆环

图 6-11　常见回转体

6.2.1　圆柱体

1. 圆柱体的形成及三视图

圆柱体由圆柱面和平面围成。图 6-12（a）所示为正圆柱体，其轴线垂直于H面；图 6-12（b）所示为该圆柱体的三视图。

分析：由于圆柱体轴线垂直于 H 面，所以圆柱面的水平投影积聚于一圆周，圆柱面上所有的点和线的水平投影均积聚在这个圆上。顶面、底面平行于 H 面，其水平投影为圆。

该圆柱体的主视图为一矩形。矩形的上、下底边为圆柱顶面和底面的正面投影，长度等于圆的直径；矩形的两侧边是圆柱面上的最左素线 AA_1 和最右素线 BB_1 的正面投影。

圆柱体的侧面投影也为一矩形。矩形的上、下底边是圆柱顶面、底面的侧面投影；矩形的两侧边是圆柱面上的最前素线 CC_1 和最后素线 DD_1 的侧面投影。

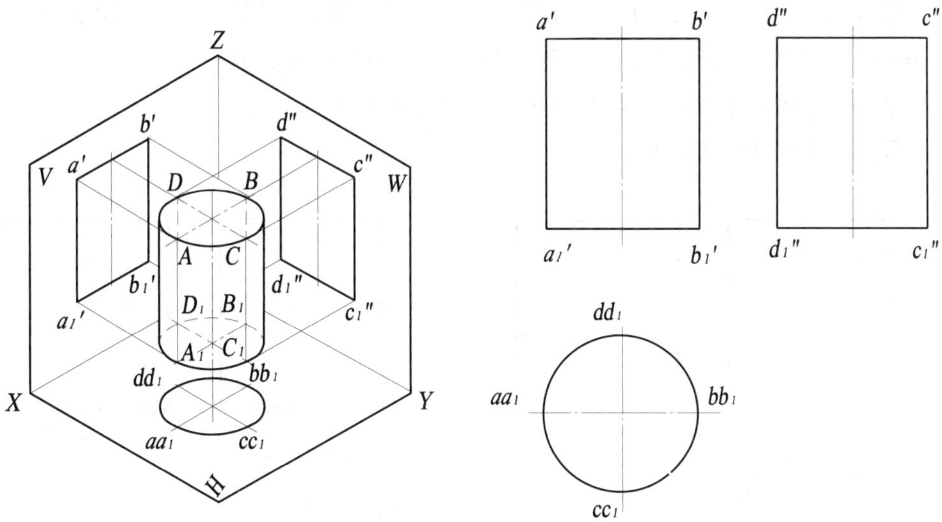

（a）　　（b）

图 6-12　圆柱体的三视图

2. 判断投影可见性

由于从不同方向投射时，圆柱面视图的轮廓线对应的空间元素是不同的。形成主视图时，最左素线 AA_1 和最右素线 BB_1 的正面投影 $a'a_1'$，$b'b_1'$ 称为圆柱面主视图轮廓线，而其在左视图上的投影与圆柱轴线的投影重合，画图时不用画出。在左视图中，最前素线 CC_1 和最后素线 DD_1 的侧面投影 $c''c_1''$、$d''d_1''$ 称为圆柱面左视图轮廓线，其在主视图上对应的投影与圆柱轴线的侧面投影重合，不必画出。

如图 6-13 所示，圆柱面正面投影的可见性，是以主视图轮廓线为分界线，主视图轮廓线之前的半个圆柱面的正面投影可见，之后的半个圆柱面的正面投影不可见。圆柱面侧面投影的可见性，以左视图轮廓线为分界线，左视图轮廓线之左的半个圆柱面的侧面投影可见，之右的半个圆柱面的侧面投影为不可见。水平投影，只有顶面可见。

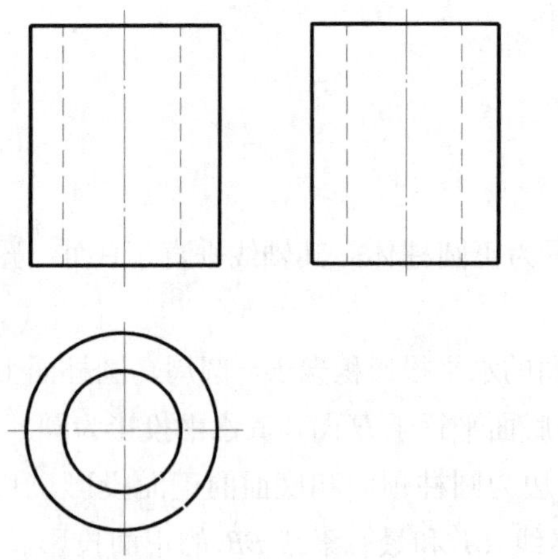

图 6-13　空心圆柱体的投影

如图 6-13 所示为空心圆柱的三视图，由于内圆柱面是不可见的，所以应注意内圆柱面的主视图轮廓线和左视图轮廓线均为不可见，用虚线表示。

3. 圆柱体表面上的点

求作圆柱体表面上的点，必须根据已知投影，分析该点在圆柱体表面上所处的位置，并利用圆柱体表面的投影特性，求得点的其余投影。

所求点的可见性，取决于该点所在圆柱体表面的可见性。

【例 6-5】 已知属于圆柱体表面的点 A、B、C 的正面投影 a'、b'、c'，求 A、B、C 3 点的水平投影和侧面投影，见图 6-14（a）。

分析：根据题目所给的条件，点 A 属于主视图轮廓线，且位于左半个圆柱面；点 B 属于左半个圆柱面的前半部；点 C 属于右半个圆柱面的后半部。

作图：如图 6-14（b）所示。

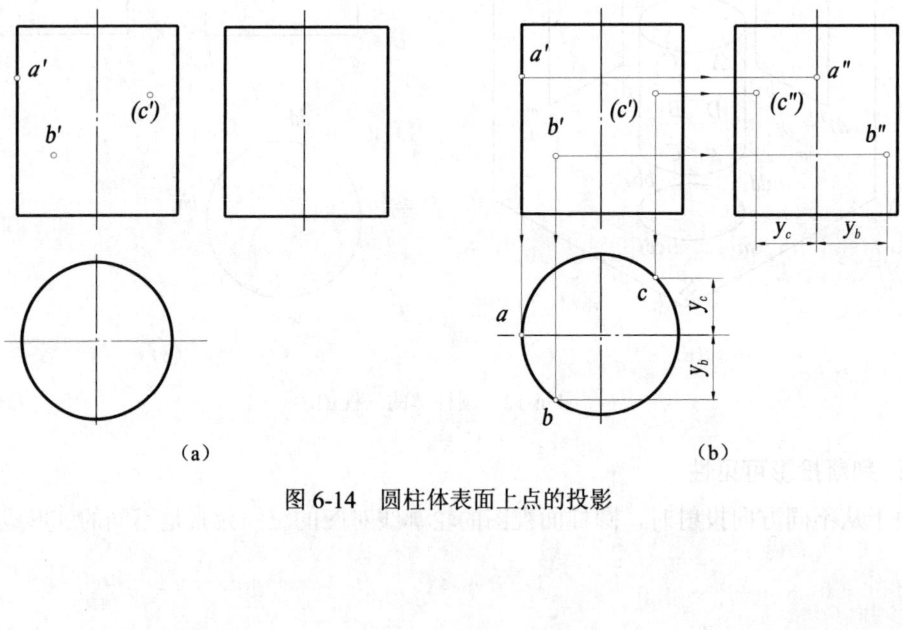

图 6-14　圆柱体表面上点的投影

（1）利用点线从属关系作出 *a*，*a″*；

（2）利用圆柱面水平面投影的积聚性，由 *b′*、*c′* 求得 *b*、*c*；再由 *b′*、*c′*、*b*、*c* 求得 *b″*、*c″*。

判断可见性： *a*、*b*、*c* 是积聚在圆柱的水平投影上，不判断可见性。*b″* 在圆柱面左视图轮廓线的左面，为可见；*c″* 在圆柱面左视图轮廓线的右面，为不可见。

【例 6-6】 如图 6-15（a）所示，已知属于圆柱体表面的曲线*MN*的正面投影*m′n′*，求其水平投影和侧面投影。

分析： 根据题目所给的条件，*MN* 属于前半个圆柱面。因为 *MN* 为一曲线，故应求出 *MN*上若干个点，其中视图轮廓线上的点 特殊点 必须求出。

作图：

（1）作特殊点 *I*、*N* 和端点 *M* 的水平投影 *1*、*n*、*m* 及侧面投影 *1″*、*n″*、*m″*，如图 6-15（b）所示；

（2）作一般点 *II* 的水平投影 *2* 和侧面投影 *2″*，如图 6-15（c）所示。

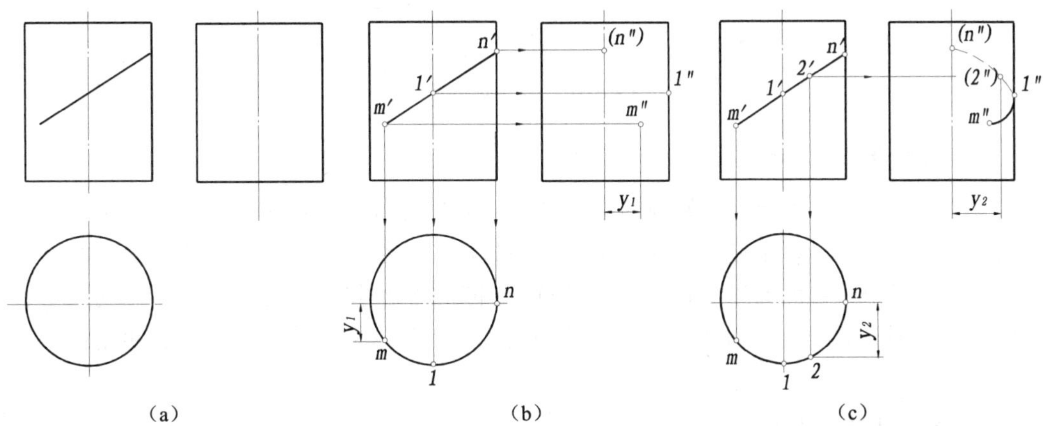

图 6-15　圆柱体表面上线的投影

判断可见性： 左视图轮廓线上的点 *1″* 是侧面投影可见与不可见的分界点，其中 *m″1″* 可见，*1″2″n″* 不可见，将侧面投影连成光滑曲线 *m″1″2″n″*。

6.2.2　圆锥体

1. 圆锥体的形成及三视图

圆锥体由圆锥面和底面围成。图 6-16（a）所示的圆锥体，其轴线与H面垂直。

图 6-16（b）为该圆锥体的三视图。由于圆锥体轴线垂直于 *H* 面，底面为一水平圆，圆锥面和底面的水平投影重合为一个圆。

圆锥体的主视图为等腰三角形，其底边是底面的正面投影，两腰 *s′a′*、*s′b′* 即圆锥面主视图轮廓线是圆锥面上最左、最右素线 *SA*、*SB* 的正面投影，而其在左视图上的投影与圆锥轴线的侧面投影重合，画图时不用画出。主视图轮廓线是圆锥面在主视图上可见与不可见的分界线。

圆锥体的左视图也为等腰三角形，底边是底面的侧面投影，两腰 *s″c″*、*s″d″*即圆锥面左视图轮廓线是圆锥面上最前、最后素线 *SC*、*SD* 的侧面投影，其在主视图上对应的投影与圆锥轴线的正面投影重合，不必画出。左视图轮廓线是圆锥面在左视图方向可见与不可见的分界线。

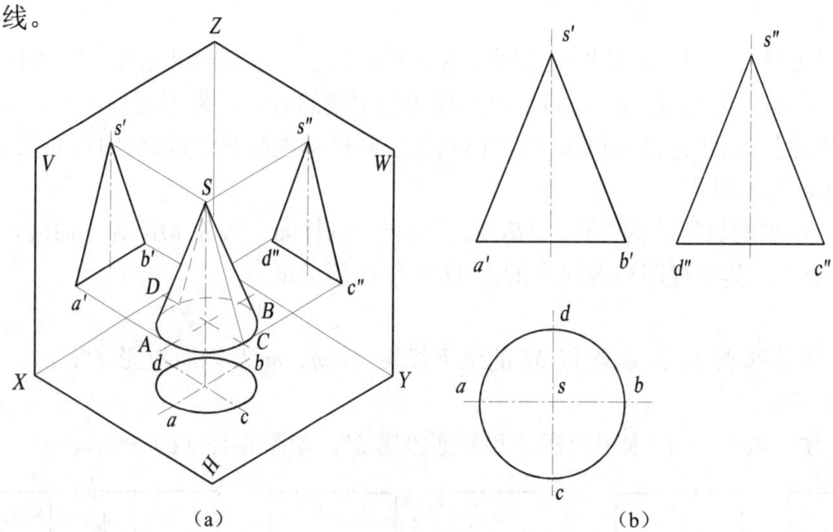

图 6-16　圆锥体的投影

2. 判断投影可见性

如图 6-16（b）所示，在俯视图中，圆锥面的投影可见，底面的投影不可见。圆锥面正面投影的可见性，以主视图轮廓线分界，主视图轮廓线之前的半个圆锥面的正面投影可见，之后的半个圆锥面的正面投影为不可见。圆锥面侧面投影的可见性，以左视图轮廓线分界，左视图轮廓线之左的半个圆锥面的侧面投影可见，之右的半个圆锥面的侧面投影为不可见。

3. 圆锥体表面上的点

求作圆锥体表面上的点，必须根据已知投影，分析该点在圆锥体表面上所处的位置，再过该点在圆锥体表面上作辅助线（素线或纬圆），以求得点的其余投影。

【例 6-7】已知圆锥体表面上点 *K* 的水平投影 *k*，求其余投影，见图 6-17（a）。

分析：根据题目所给的条件，点 *K* 在圆锥面上，且位于主视图轮廓线之前的右半部。

作图：求圆锥表面上的点的基本方法有两种，一是素线法；二是纬圆法。圆锥表面上的素线是过圆锥顶点的直线段，如图 6-17（b）中的直线段 *SI*；圆锥表面上的纬圆是垂直于轴线的圆，纬圆的圆心在轴线上，如图 6-17（b）中的圆M是纬圆。

作法一：以素线为辅助线。过 *k* 作 *sk*，延长与底圆交于 *1*，作出 *s′1′*、*s″1″*，即可求得*k′*、*k″*。

作法二：以纬圆为辅助线。过 *k* 作纬圆 *M* 的水平投影 *m*（圆周）与主视图轮廓线 *SA*、*SB* 的水平投影交于 *2* 和 *3*，再作出其正面投影*2′*、*3′*，并连线，即可求得 *k′*。由 *k* 和k' 求出k"，如图6-17（b）所示。

判断投影可见性：因点 *K* 位于圆锥面的右前半部，故其正面投影 *k′* 可见，侧面投影 *k″* 不可见。

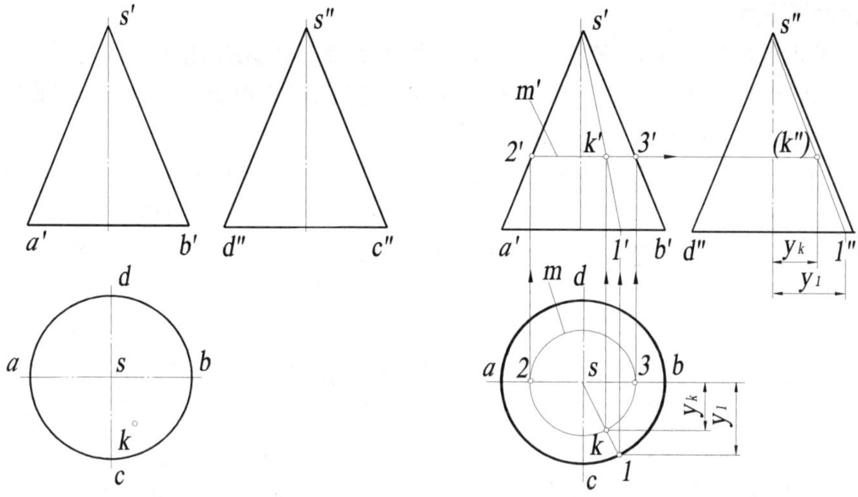

（a）　　　　　　　　　　　　　　　　（b）

图 6-17　圆锥体表面上点的投影

【例6-8】 已知圆锥表面上线段 *SNM* 的正面投影，求 *SNM* 的其余两个投影，见图 6-18（a）。

分析： 因 *m′n′* 在主视图上是直线且垂直于轴线，所以 *MN* 为纬线。因 *s′n′* 过圆锥的顶点，故 *SN* 为圆锥表面的一条素线。

作图：

（1）求 *M* 的水平投影 *m*，再以 *s* 为圆心、*sm* 为半径画纬圆，过 *n′* 向水平方向投影，其投影连线与纬圆的交点即是 *N* 的水平投影 *n*，由 *n′*、*n* 求出 *n″*。纬圆的侧面投影由投影规律作出。因 *m′n′* 可见，所以 *mn* 位于圆锥俯视图中心线的前半侧，如图 6-18（b）所示。

（2）连 *sn*、*s″n″*，即为素线的水平投影和侧面投影。

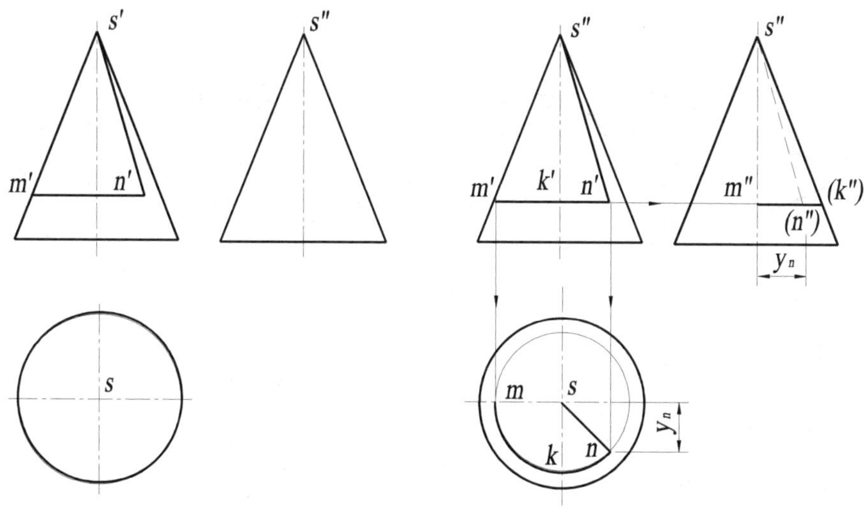

（a）　　　　　　　　　　　　　　　　（b）

图 6-18　求圆锥表面上线段的投影

判断投影可见性：

找出 *MN* 上的特殊点 *K*，它是左视图轮廓线上的点，因此是侧面投影可见与不可见部分的分界点。*K* 点分 *MN* 为两线段，其中 *MK* 段的侧面投影可见，*KN* 段的侧面投影不可见。*SN* 在左视图轮廓线右边，侧面投影为不可见。

【例6-9】 已知属于圆锥面的曲线 *MN* 的侧面投影 $m''n''$，求其余投影，见图 6-19（a）。

分析： 根据题目所给的条件，*MN* 属于圆锥面的上半部。因为 *MN* 为圆锥曲线，故应求出 *MN* 上若干点，这些点包括特殊点（即视图轮廓线上的点及确定曲线范围的点）和一般点，特殊点必须全部作出，一般点可视其具体情况有选择地作出，以保证作图准确为原则。

作图：

（1）作出特殊点 *I*、*II* 及端点 *M*、*N* 的正面投影 $1'$、$2'$、m'、n' 和水平投影 *1*、*2*、*m*、*n*，如图 6-19（b）所示，其中点 *II* 是该圆锥曲线上离锥顶最近的点，在本例中它是最左点。

（2）作一般点的投影：在圆锥面上作纬圆——侧平圆 *C* 的侧面投影 c'' 与 $m''n''$ 相交，得一般点 *III*、*IV* 的侧面投影 $3''$、$4''$，求出圆 *C* 的正面投影 c' 和水平投影 *c*，即可求得 $3'$、$4'$，*3*、*4*，见图 6-19（c）。

（3）将各点的同面投影依次光滑连线，即得 *MN* 的正面投影 $m'3'2'1'4'n'$ 和水平投影 *m3214n*。

判断投影可见性：*MN* 在圆锥面的上部，水平投影可见。*M I* 在圆锥面的前半部，正面投影以 $1'$ 为其分界点，$m'3'2'1'$ 可见，$1'4'n'$ 不可见。

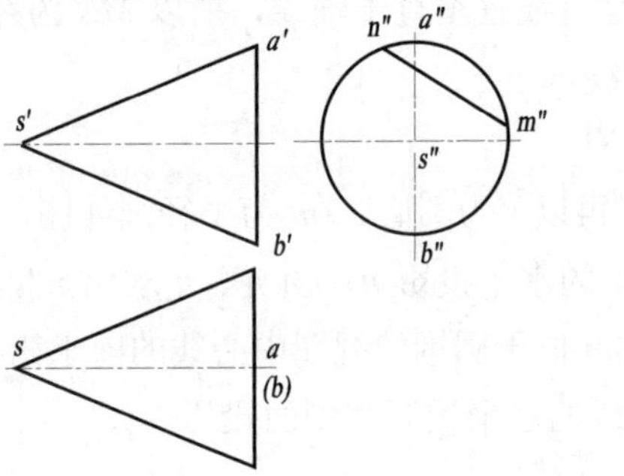

（a）

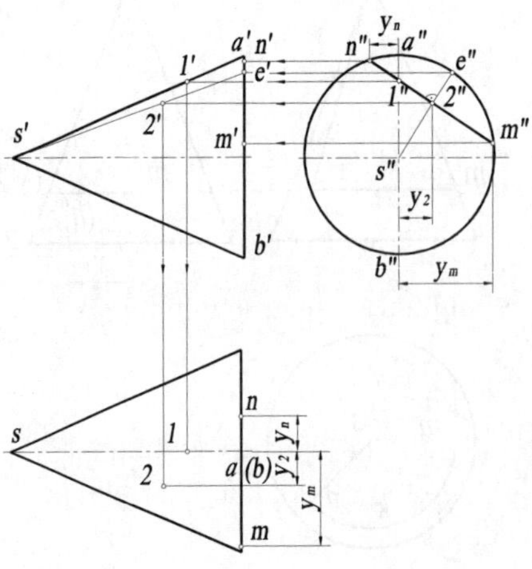

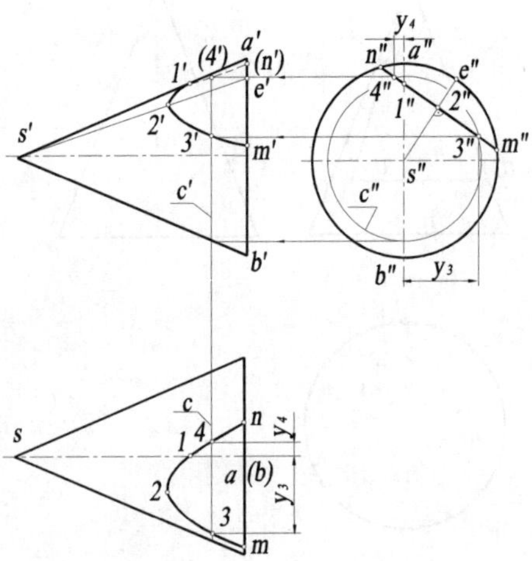

（b）　　　　　　　　　　（c）

图 6-19　圆锥体表面上曲线的投影

6.2.3 圆球体

1. 圆球体的形成及三视图

圆球体由圆球面围成。圆球体的三视图都是与球直径相等的圆，如图 6-20（a）所示。

圆球体主视图轮廓线是球面上平行于正面的大圆 M 的正面投影 m'，它是圆球面在主视方向可见与不可见的分界线，同时，也界定了在主视方向圆球投影的最大边界。俯视图轮廓线是球面上平行于水平面的大圆 N 的水平投影 n，它是圆球面在俯视方向可见与不可见的分界线，同时，它也界定了在俯视方向圆球投影的最大边界。左视图轮廓线是球面上平行于侧面的大圆 L 的侧面投影 l''，它是圆球面在左视方向可见与不可见的分界线，同时，也界定了左视图上圆球面投影的最大边界。

2. 判断投影可见性

如图 6-20（b）所示，圆球面正面投影的可见性，以主视图轮廓线分界，主视图轮廓线之前的半个圆球面可见，之后的半个圆球面不可见。圆球面侧面投影的可见性，以左视图轮廓线分界，左视图轮廓线之左的半个圆球面可见，之右的半个圆球面不可见。圆球面水平投影的可见性，以俯视图轮廓线分界，俯视图轮廓线之上的半个圆球面可见，之下的半个圆球面不可见。

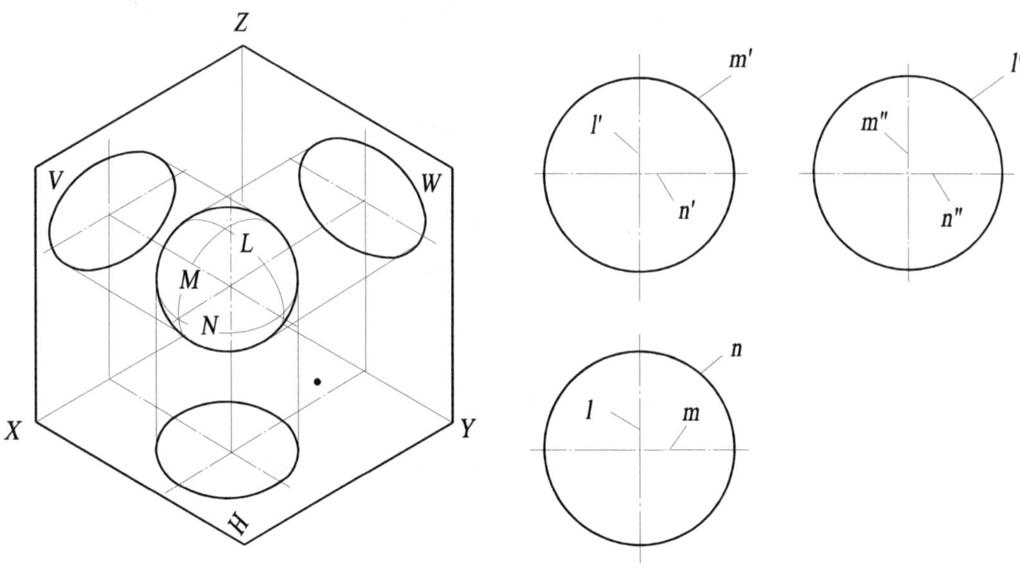

（a）　　　　（b）

图 6-20　圆球体的三视图

3. 圆球体表面上的点

求作圆球体表面上的点，必须根据已知投影，分析该点在圆球体表面上所处的位置，再过该点在球面上作辅助线（正平面、水平圆或侧平圆），以求得点的其余投影。

【**例6-10**】已知圆球体表面上点 *A* 和点 *B* 的正面投影 *a*′、*b*′，求其余投影，如图6-21（a）所示。

分析：根据题目所给的条件，*a*′ 在主视图轮廓线上，点*A*位于俯视图轮廓线对应的水平大圆之上的左半部；点*B*位于主视图轮廓线对应正平大圆之后的右下部。

作图：如图 6-21（b）所示。

（1）根据点、线的从属关系，在主视图轮廓线的水平投影和侧面投影上，分别求得 *a* 和 *a*″；

（2）过 *b*′ 作正平圆的正面投影，与俯视图的轮廓线的正面投影交于 *1*′；

（3）由 *1*′ 求得 *1*，过 *1* 作该正平圆的水平投影，求得 *b*；

（4）由 *b*′、*b*，求得 *b*″。

判断可见性：由于点 *B* 位于球面的下半部，故 *b* 不可见；又由于 *B* 位于球面的右半部，故 *b*″ 不可见。

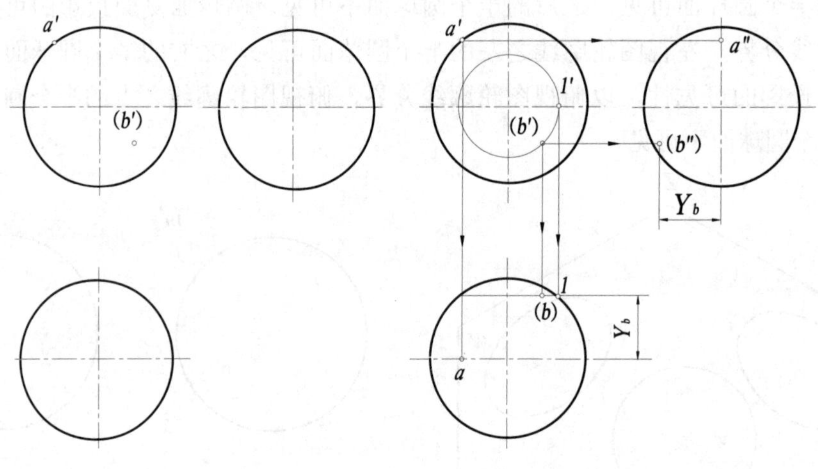

（a）　　　　　　　　　　（b）

图 6-21　圆球体表面上点的投影

【**例6-11**】已知属于圆球体表面的曲线 *AE* 的正面投影 *a*′*e*′，求其余投影，见图6-22（a）。

作图：

（1）求特殊点 *Ⅰ*、*Ⅱ*、*Ⅲ* 及端点*A*、*E*的水平投影*1*、*2*、*3*、*a*、*e* 和侧面投影*1*″、*2*″、*3*″、*a*″、*e*″，其中 *2*、*a* 及 *2*″、*a*″ 由过该点的辅助线——水平纬圆求得，如图6-22（b）所示。

（2）求一般点的投影：利用过点 *Ⅳ* 的水平纬圆求得 *4*、*4*″，如图 6-22（c）所示。将各点的同面投影依次光滑连线，得水平投影 *a1234e* 和侧面投影 *a*″*1*″*2*″*3*″*4*″*e*″。

判断投影可见性： *IE* 位于球体的上半部，故以 *1* 为分界点，*e4321* 可见，*1a* 不可见；*ⅢA* 位于球体的左半部，故以 *3″* 为分界点，*a″1″2″3″* 可见，*3″4″e″* 不可见，如图 6-22（c）所示。

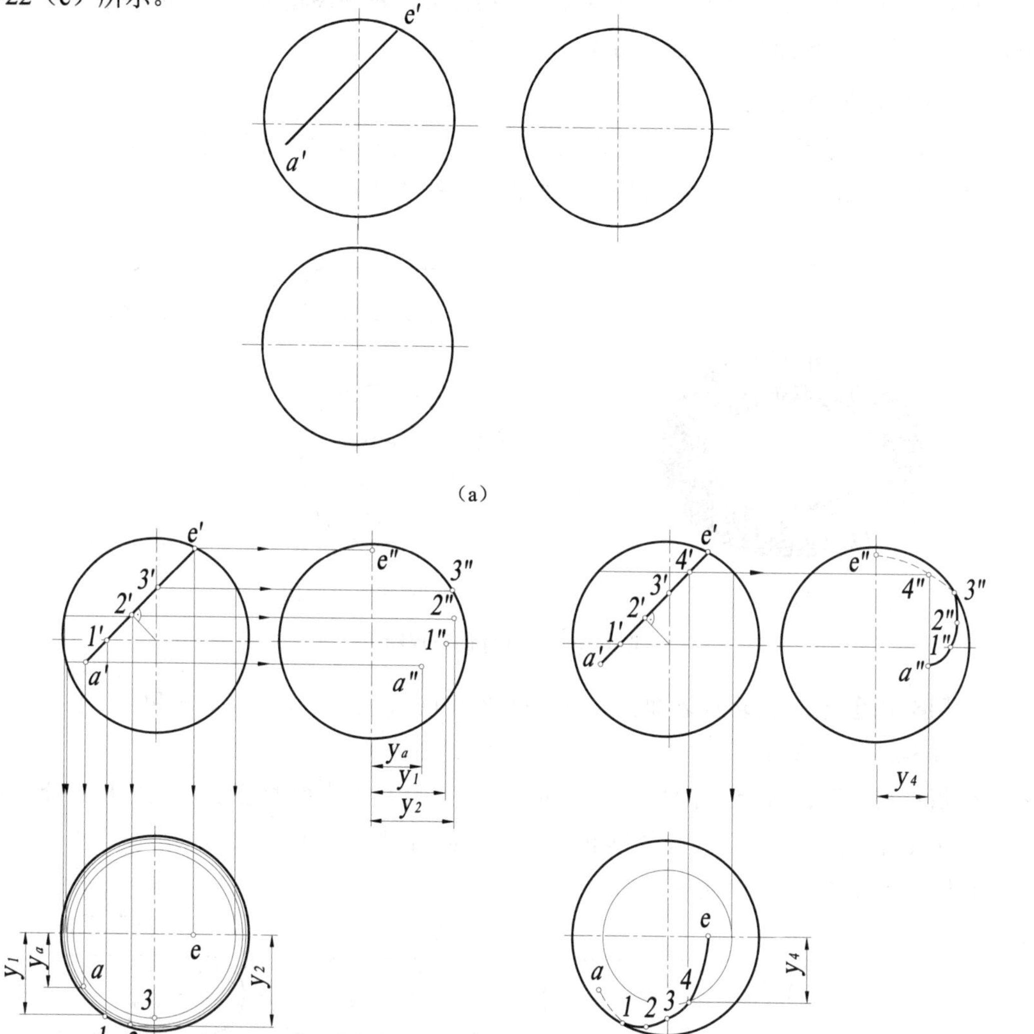

图 6-22　圆球体表面上曲线的投影

6.2.4　圆环体

1. 圆环体的形成及三视图

圆环体由圆环面围成，如图 6-21（a）所示。图 6-21（b）为轴线垂直于 *H* 面的圆环体的三视图。

2. 判断投影可见性

如图 6-23（b）所示，圆环面正面投影的可见性，以主视图轮廓线分界，主视图轮廓线之前的半个外环面可见，之后的半个外环面与内环面不可见。圆环面水平投影的可见性，以俯视图轮廓线分界，俯视图轮廓线线之上的半个环面可见，之下的半个环面不可见。圆环面侧面投影的可见性，以左视图轮廓线分界，左视图轮廓线之左的半个外环面可见，之右的半个外环面与内环面不可见。

3. 圆环体表面上的点

求作圆环体表面上的点，必须根据已知投影，分析该点在圆环体表面上所处的位置，再过该点在圆环体表面上作辅助线（垂直于轴线的圆），以求得点的投影。

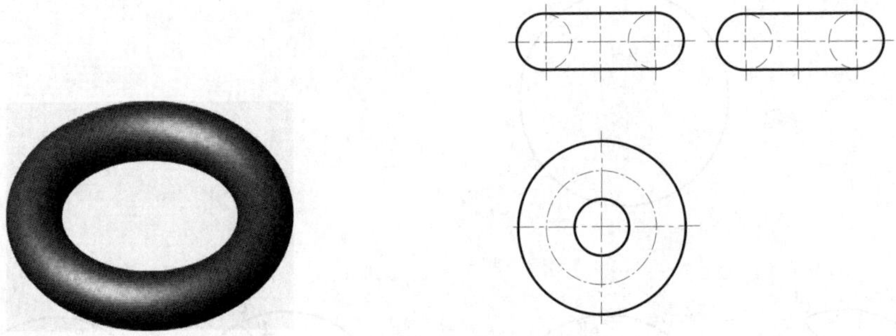

(a)　　　　　　　　　　　　　　　　(b)

图 6-23　圆环体的三视图

【例6-12】 已知圆环体表面上点 A、点 B 和点 C 的水平投影 a、b 和 c，求其余投影，如图 6-24（a）所示。

分析： 根据题目所给的条件，A、B 两点均在圆环体上半部的表面上。点 B 在分界圆上，点 A 在外环面上。C 点在圆环体下半部的表面上，属于内环面上的点。

作图： 如图 6-24（b）所示。

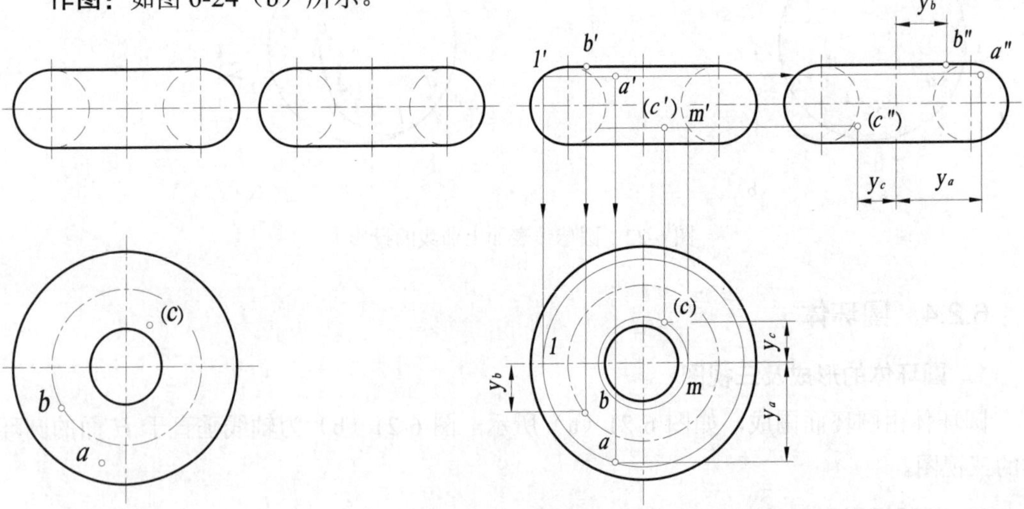

(a)　　　　　　　　　　　　　　　　(b)

图 6-24　圆环体表面点的投影

（1）过点 a 作水平圆的水平投影，与水平中心线交于 1。
（2）由 1 求得 $1'$，过 $1'$作该水平圆的正面投影，求得 a；由 a'、a 求得 a''。
（3）利用点、线从属关系，求得 b'、b''。
（4）过点 c 作水平圆的水平投影，与水平中心线交于 m。
（5）由 m 求得 m'，过 m'作该水平圆的正面投影，求得 c；由 c'、c 求得 c''。

判断可见性：由于 A、B 两点均处于主视图轮廓线之前、侧视图轮廓线之左的外环面上，故其正面投影和侧面投影均可见。C 点处于主视图轮廓线之后、侧视图轮廓线之右的内环面上，故其正面投影和侧面投影均不可见。

6.2.5 复合回转体

1．复合回转体的形成及三视图

复合回转体由复合回转面或复合回转面与平面围成。

图 6-25（a）所示为复合回转面，它是以圆弧和与其相切的直线段为母线，绕与之同平面的轴线回转而成。直线 AB 回转形成圆锥面，圆弧 C 回转形成圆球面。圆锥面与圆球面的分界线是切点 A 的回转轨迹——垂直于轴线 O_1O_2 的圆 S。

图 6-25（b）所示为复合回转体的三视图。主视图由复合回转面的主视图轮廓线和底平面的投影构成；左视图由复合回转面的左视图轮廓线和底平面的投影构成；俯视图是一个圆，它是复合回转面与底平面的水平投影。

圆锥面和圆球面的分界圆 S 在投影图中不画出。若母线由几段线相交构成，则交点的回转轨迹在投影中必须画出。

2．判断投影可见性

如图 6-25 所示，正面投影的可见性，以主视图轮廓线分界，主视图轮廓线之前的半个复合回转面可见，之后的半个复合回转面不可见。侧面投影的可见性，以左视图轮廓线分界，左视图轮廓线之左的半个复合回转面可见，之右的半个复合回转面不可见。水平投影中，复合回转面的水平投影可见，底面的水平投影不可见。

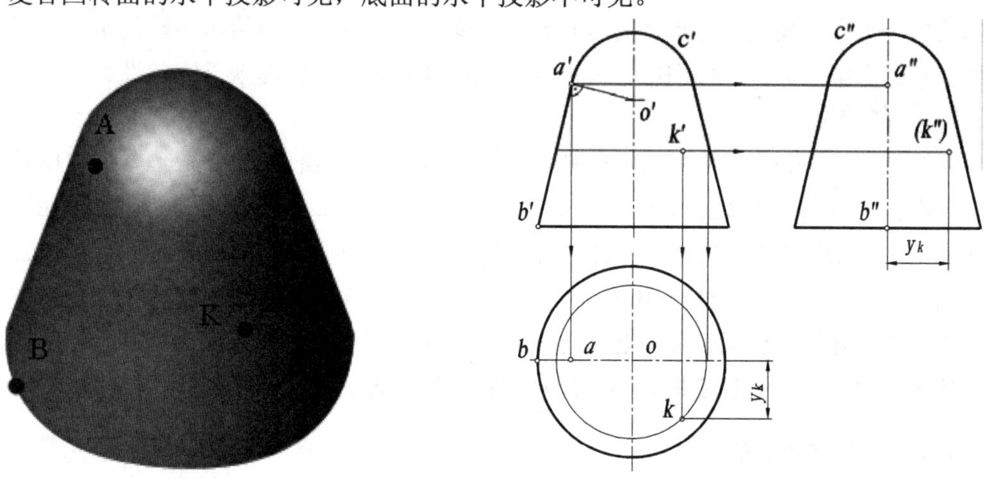

（a）　　　　（b）

图 6-25　复合回转体及其表面上点的投影

3．复合回转体表面上的点

求作复合回转体表面上的点，必须根据已知投影，分析该点在复合回转体表面上所处的位置，然后利用求作圆锥、圆柱、圆球表面上点的方法求得其投影。在图 6-25（b）中，已知点 K 的正面投影 k'，可知点 K 属于圆锥面，其水平投影 k 和侧面投影 k'' 可利用在圆锥面上作水平纬圆的方法求得。

6.3 用 AutoCAD 绘制三维基本形体

在 3D 坐标下绘制三维对象有许多优势，比如可以从任意角度观察和打印模型，自动生成标准的和辅助的 2D 视图。一个 3D 对象包含了数学信息，它可用于工程分析，如有限元分析和计算机数控加工，阴影和渲染加强了对象的可视性。

利用 AutoCAD，用户可以建立以下形式的三维模型。

1．线框模型

线框（wireframe）模型是三维对象的轮廓描述。它是用三维对象边框的顶点和邻边来表示形体，没有面和体的特征。在 AutoCAD 中，用户可以在三维空间中用二维绘图的方法建立线框模型。线框模型是表面和实体模型的基础，它的特点是结构简单、易于理解，但对线框模型不能进行消隐、渲染等操作。

2．表面模型

表面（surface）模型是用有向棱边围成的部分来定义形体表面，由面的集合来定义形体。表面模型是在线框模型的基础上，增加有关面边（环边）信息以及表面特征、棱边的连接方向等内容，从而可以满足面面求交，线、面消隐，明暗色彩图，数控加工等应用问题的需要。但在此模型中，形体究竟存在于表面的哪一侧，没有给出明确的定义，因而在物性计算、有限元分析等应用中，表面模型在形体的表示上仍然缺乏完整性。

3．实体模型

三维实体（solid）模型具有体的特征，用户可以对它进行挖孔、挖槽、倒角以及布尔运算等操作，可以分析实体模型的质量特征，如体积、重心、惯性矩等，而且还能用构成实体模型的数据生成 NC 代码。实体模型可以按线框模型或表面模型的显示方式来显示。

由于可采用不同的方法来构造三维模型，并且每种编辑方法对不同的模型也产生不同的效果，因此建议不要混合使用建模方法。不同的模型类型之间只能进行有限的转换，即从实体到表面或从表面到线框。但不能从线框转换到表面，或从表面转换到实体。

6.3.1 3D 坐标系

AutoCAD 提供了两种坐标系：一种是单一固定的坐标系，被称为世界坐标系（WCS）；另一种是用户定义的坐标系，叫做用户坐标系（UCS）。

1. 世界坐标系

WCS是固定的，不可改变的。平面图形中的绘图环境系均在此WCS坐标系中。然而，由于在计算3D点时存在一定的困难，所以WCS并不适于多数3D应用。

2. 用户坐标系

在UCS中，允许改变X、Y、Z轴的位置和方向。UCS命令可以重新定义图形的原点，建立X、Y轴的正方向。其结果是，虽然是在2D坐标中绘图，但实际效果是在3D空间中绘图。比如，使用WCS绘制一个倾斜的屋顶面，那么在这个倾斜屋顶平面上的每一个对象的每一点都需计算。但是如果将UCS的一个坐标面设在屋顶上，那么每一个对象画起来就是平面图了。熟练运用UCS可以减少建立3D对象时所需的计算，从而高效、准确地绘制三维图形。

6.3.2 观察三维模型

AutoCAD提供了在模型空间中，用于修改模型的观察方向的命令Vpoint、Dview和3Dorbit。

1. 用Vpoint命令观察图形

在三维空间中，为便于观察模型，可任意修改视点的位置。Vpoint命令用于控制视点的位置。Vpoint命令通过输入一个点的坐标值或测量两个旋转角度来定义观察方向。

AutoCAD系统默认的视点为（0，0，1），即从点（0，0，1）向点（0，0，0）（即原点）观察模型。

2. 利用对话框选择视点

利用对话框选择视点的方法有如下几种：

- 使用键盘输入ddvpoint；
- 在“视图”菜单上单击“三维视图”子菜单中的“视点预置”选项。

命令输入后，AutoCAD弹出如图6-26所示的“视点预置”对话框。

利用该对话框可以通过设置角度对视点进行设置。设置的细节与Vpoint命令类似。

3. 选择预置三维视图

一种快速的观察方法是选择其中一个预置的三维视图。可以使用名称或描述选择预定义的标准正交和等轴测视图。这些视图代表下列常用的选项：俯视、仰视、主视、左视、右视、后视。此外，还可以从等轴测选项设置视图：SW（西南）等轴测、SE（东南）等轴测、NE（东北）等轴测、NW（西北）等轴测。

4. 三维动态观察器

3Dorbit命令可以激活当前视口中交互的三维动态观察器。当3Dorbit命令激活时，可以使用定点设备操作模型的视图，并可以从模型周围的不同点观察整个模型或模型中的对象。

三维动态观察器视图显示了一个转盘，它是由较小的四个圆分成相同四部分的圆。当3Dorbit激活时，观察的点或观察目标将保持静止。观察位置所在的点或相机位置将绕目标移动。转盘的中心是目标点，如图6-27所示。

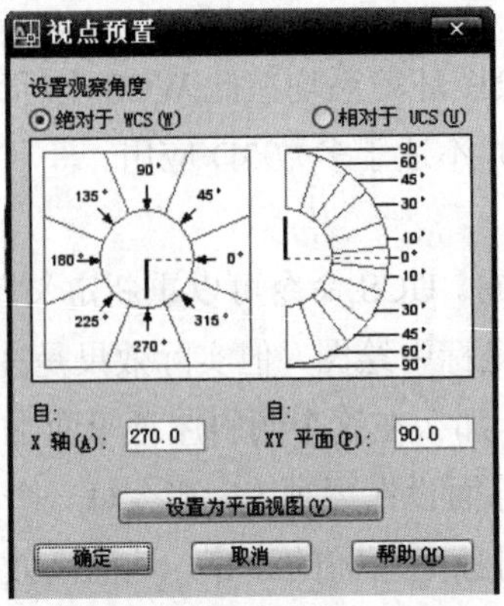

图 6-26 “视点预置”对话框

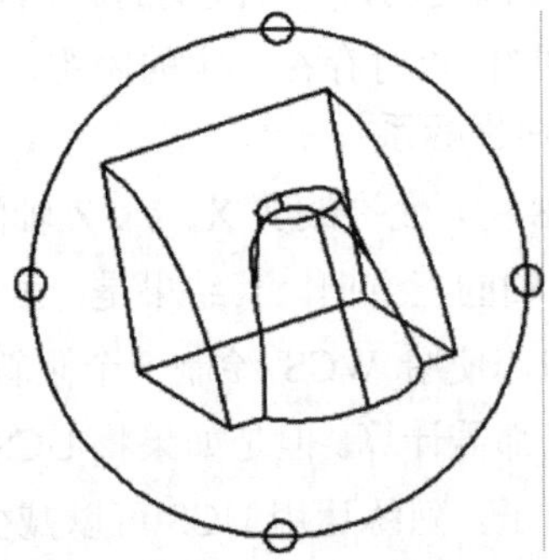

图 6-27 启动“三维动态观察器”

6.3.3 绘制基本三维实体

实体模型的建立，为3D空间中的建模提供了一种最准确的方法，从圆柱体到薄板，从楔块到立方体，所有用来构造实体模型的基本体都具有一定的体积，这些基本体通过“加”和“减”的运算合并为一个单一的实体模型。

AutoCAD 的基本三维实体主要包括：长方体、圆锥体、圆柱体、球体、圆环体和楔体。绘制的方法可以通过 AutoCAD 提供的命令绘制而得。

启动实体绘制命令的方法如下：

- 使用键盘输入 box（长方体）、sphere（球体）、cylinder（圆柱体）等；
- 在“绘图”菜单的“建模”子菜单中选择所需的三维实体的命令；
- 在“建模”工具栏选择相应绘制三维实体的图标，“建模”工具栏如图 6-28 所示；
- 从“三维制作”面板中选取相应的三维实体图标。

图 6-28 “建模”工具栏

1. 长方体

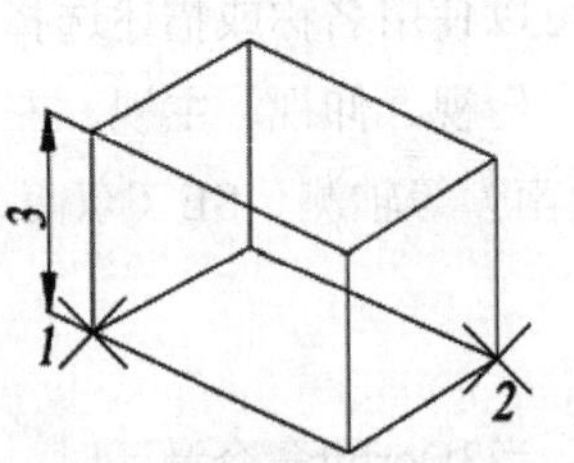

图 6-29 利用顶点绘制长方体

创建实体长方体时，底面总是与当前 UCS 的 XY 平面平行。

可以通过如下几种方式创建长方体。

（1）指定长方体的角点、高度

命令输入后，AutoCAD 会提示：

第一个角点或 [中心（C）]:（确定长方体的一个顶点，指定图 6-29 所示点 *1*）

其他角点或 [立方体（C）/长度（L）]:（指定图 6-29 所示点 *2*）

高度或 [两点（2P）] <358.9591>:（如图 6-29 所示指定距离 3）

（2）立方体——创建一个长、宽、高相同的长方体

第一个角点或 [中心（C）]:（确定长方体的一个顶点）

指定角点或 [立方体（C）/长度（L）]: C

指定长度:（输入正方体的边长）

（3）指定长方体的长、宽、高

第一个角点或 [中心（C）]: C

中心:（输入底面中心的坐标）

指定角点或 [立方体（C）/长度（L）]: L

长度 <131.9174>:（指定距离）

指定宽度:（指定距离）

指定高度或 [两点（2P）] <-188.9258>:（指定距离）

如果输入的是正值，则沿当前 UCS 坐标系的 *X*、*Y* 和 *Z* 坐标轴的正向绘制长方体的长、宽和高；如果输入的是负值，则沿 *X*、*Y* 和 *Z* 坐标轴的负向绘制长方体的长、宽和高。

2．球体

可以使用 Sphere 命令、菜单项选择或工具栏，根据中心点和半径或直径创建实体球体。球体的纬线平行于 *XY* 平面，中心轴与当前 UCS 的 *Z* 轴方向一致。

命令输入后，AutoCAD 会提示：

中心点或 [三点(3P)/两点(2P)/相切、相切、半径(T)]:（如图 6-30 所示的点 *1*）

指定半径或 [直径(D)] :（指定如图 6-30 所示的距离 2）

AutoCAD 根据指定的中心及直径或半径绘出球体，如图 6-30 所示。

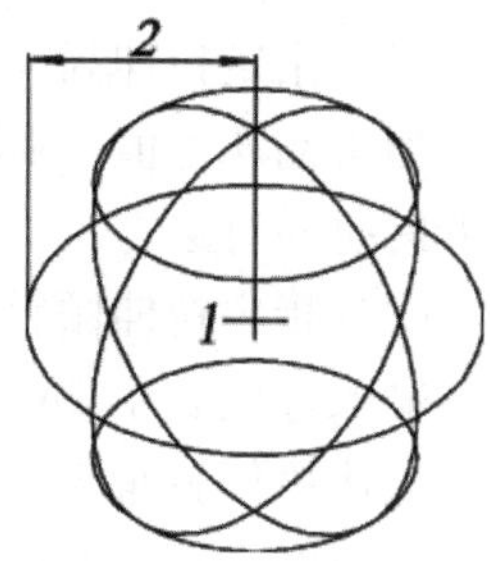

图 6-30　绘制球体

从屏幕显示来看，球体并不光滑，可用 ISOLINES 系统变量控制用于显示线框弯曲部分的素线数目。

3．圆柱体

可以使用 Cylinder 命令、菜单项选择或工具栏以圆或椭圆作底面创建圆柱体。圆柱的底面位于当前 UCS 的 *XY* 平面上。

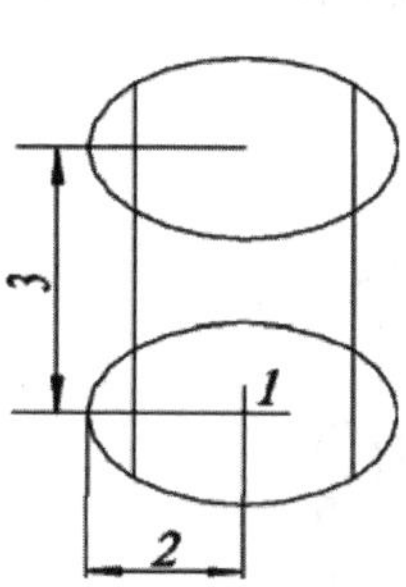

图 6-31　绘制圆柱体

命令输入后，AutoCAD 会提示：

底面的中心点或 [三点（3P）/两点（2P）/相切、相切、半径（T）/椭圆（E）]:（指定如图 6-31 所示点 *1*）

底面半径或 [直径（D）] <299.5704>:（指定如图 6-31 中距离 2）

高度或 [两点（2P）/轴端点（A）] <-188.9258>:（指定距离 3）

4．拉伸实体

Extrude 命令将轮廓线对象空间移动的轨迹转变成实体对

象。它的命名源于制造业中的冲压。在制造业的冲压工艺中，将铝等材料拉伸通过一个模具使之形成截面形状与模具相同的管子。AutoCAD 中的拉伸既可以使轮廓线的法向沿指定对象的路径走，又可以带有锥度。使用 Extrude 命令，可以通过拉伸（增加厚度）选定对象创建实体。

启动 Extrude 命令的方法有如下几种：

- 使用键盘输入　extrude 或 ext；
- 在“绘图”菜单上单击“建模”子菜单中的“拉伸”选项；
- 在“建模”工具栏上单击拉伸图标 。

命令输入后，AutoCAD 会提示：

线框密度：ISOLINES=4

选择要拉伸的对象：

在该提示下用户可以选取可拉伸的闭合的对象，例如，多段线、多边形、矩形、圆、椭圆、闭合的样条曲线、圆环和面域。但不能拉伸三维对象、包含在块中的对象、有交叉或横断部分的多段线，或非闭合多段线。

用户选取对象后，AutoCAD 会继续提示：

拉伸的高度或 [方向（D）/路径（P）/倾斜角（T）] <255.0499>:

（1）指定拉伸高度

如果输入正值，则沿对象坐标系 *Z* 轴的正方向拉伸对象；如果输入负值，则沿 Z 轴的负方向拉伸对象。

（2）指定拉伸倾斜角度

输入选项 t 后，AutoCAD 会继续提示：

拉伸的倾斜角度 <0>:（指定角度（－90°到＋90°之间））

正角度表示从基准对象逐渐变细地拉伸；而负角度则表示从基准对象逐渐变粗地拉伸。

（2）路径（P）

若选择基于指定对象的拉伸路径，则 AutoCAD 沿着选定路径拉伸选定对象的轮廓创建实体。

输入选项 p 后，AutoCAD 会继续提示：

选择拉伸路径或 [倾斜角（T）]:（所用拉伸路径可以是直线、圆、圆弧、椭圆、椭圆弧、多段线或样条曲线）

图 6-32 所示为圆按指定的直线路径拉伸成一个圆柱面。

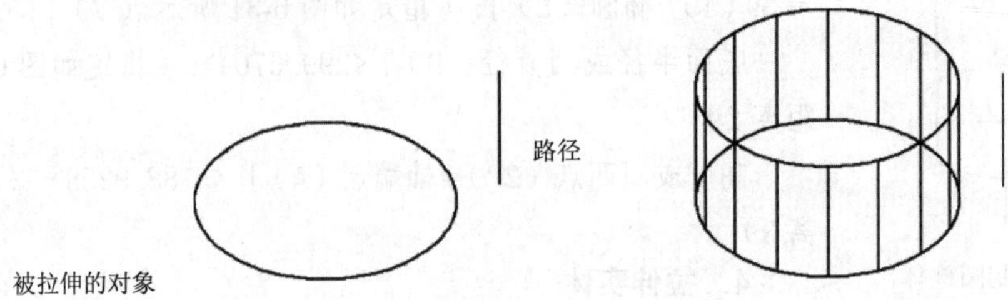

图 6-32　拉伸命令生成圆柱

5. 旋转实体

旋转实体是将一些封闭的二维图形绕指定的轴进行旋转而形成三维实体。用户可以用以下几种方法启动 Revolve 命令：

- 使用键盘输入 revolve；
- 在“绘图”菜单上单击“建模”子菜单中的“旋转”选项；
- 在“实体”工具栏上单击旋转图标 。

命令输入后，AutoCAD 会有如下的提示：

线框密度： ISOLINES=4

选择要旋转的对象：（选择需旋转的对象）

选取完对象后，AutoCAD 会继续提示：

轴起点或根据以下选项之一定义轴 [对象（O）/X/Y/Z] <对象>:

（1）指定旋转轴的起点

指定旋转轴上的两点，如图 6-33 所示。

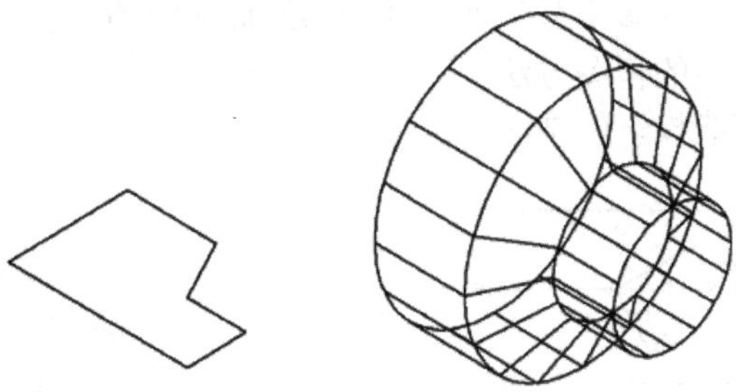

图 6-33　旋转命令生成的实体

可以用对象捕捉的端点捕捉方式指定轴线。

旋转角度或 [起点角度（ST）] <360>:（输入角度值，如图 6-33 为旋转 360°）

执行完以上操作后，AutoCAD 以指定的角度绕指定的轴旋转所选实体。旋转过程中所经过的区域就是旋转实体。

（2）对象（O）

指定一条已存在的直线或多段线中的一段作为旋转轴来旋转实体。AutoCAD 默认的正轴方向为从距离所选实体最近点到最远点的方向。

（3）X 轴（X）/Y 轴（Y）

分别以当前 UCS 的 X、Y 方向作为旋转轴的方向。

第 7 章　平面与立体表面相交

在图样上要正确地表达物体，需要研究平面与立体表面相交的问题。图 7-1（a）为车刀头部，它是四棱柱被 4 个平面截切而成。图 7-1（b）为顶尖头部，它是共轴线的两个圆锥被两个平面截切而成。截切立体的平面称为截平面，截平面与立体表面的交线称为截交线，截交线所围成的图形称为截断面。

截交线都具有下列性质：

（1）截交线既在截平面上，又在立体表面上，因此截交线是截平面和立体表面的共有线。截交线上的点是截平面和立体表面的共有点。

（2）由于立体表面是封闭的，截交线必定是封闭的平面线框。

截切立体的投影包括立体未截到部分的投影及截交线的投影。因此要完成截切立体的投影表达，需掌握截交线的作图方法。

下面重点讨论截交线投影的画法。

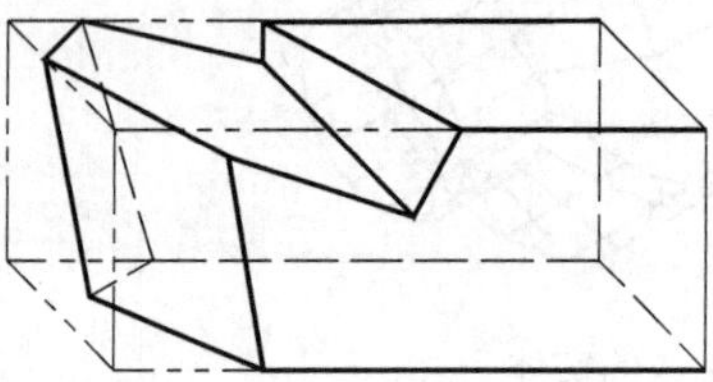

（a）

（b）

图 7-1　立体的截交线示意

7.1　平面与平面立体相交

1．截交线的性质

截交线是截平面与平面立体表面的共有线，它属于截平面，也属于平面立体表面。

2．截交线的形状

因平面立体全是由平面所围成，故截交线是由直线围成的封闭的平面多边形，多边形的边数取决于截平面和平面立体的几个表面相交。多边形顶点是截平面与立体各轮廓线的交点。

3．求截交线的一般方法

截交线既然是截平面与平面立体表面的交线，其截交线是由直线段所组成的平面线框。

平面与平面立体表面相交，其截交线是由直线段构成的平面多边形。如图 7-2 所示，*Ⅰ Ⅱ Ⅲ*是平面 *P* 与三棱锥相交的截交线，*Ⅰ Ⅱ*、*Ⅱ Ⅲ*、*Ⅲ Ⅰ*分别是棱面 *SAB*、*SBC*、*SCA* 与平面 *P* 的交线，且点 *Ⅰ*、*Ⅱ*、*Ⅲ* 分别是棱线 *SA*、*SB*、*SC* 与平面 *P* 的交点。由此得出，求作平面与平面立体的表面截交线可归结为：求出各棱线与截平面的交点，并依次连线。

截交线的可见性视立体表面的可见性而定。

【例 7-1】 求正垂面 P 与三棱锥 $S\text{-}ABC$ 的截交线，见图 7-3。

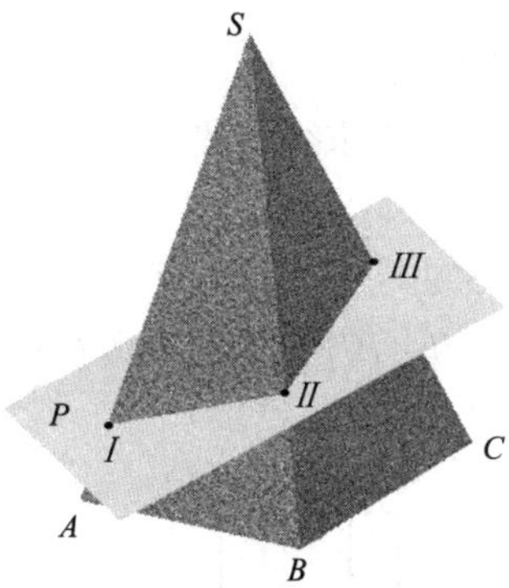

图 7-2 平面截割三棱锥

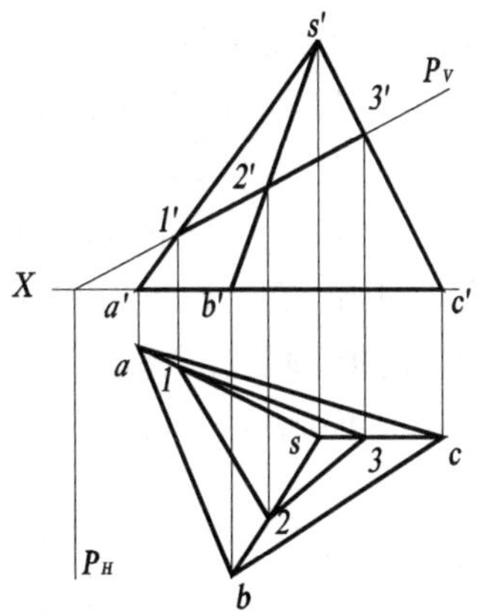

图 7-3 正垂面与三棱锥相交

分析：截平面 P 与三棱锥的三条棱线均相交，因此截交线为一个三角形。截交线的正面投影重合在正垂面 P_V 上，由它可求出水平投影。

作图：

（1）求出 $s'a'$、$s'b'$、$s'c'$ 与 P_V 的交点 $1'$、$2'$、$3'$；

（2）求出 1、2、3，并连线。

判断可见性：棱锥各棱面的水平投影均可见，故 12、23、31 可见。

4．平面立体切槽、穿孔

立体上的槽、孔是立体被几个平面截割，并将被截割部分取出后所形成的。图 7-4（a）是带槽口的六棱柱；图 7-4（b）是带缺口的三棱锥。因此，求作立体上槽口或孔的投影，实质是求截交线的投影。

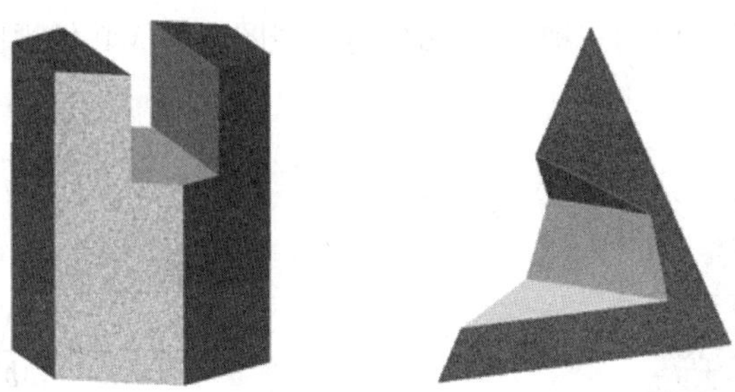

（a）　　　　（b）

图 7-4 立体切槽、穿孔

【例 7-2】 已知带槽口的六棱柱的主视图和俯视图，求其左视图，见图 7-5。

分析：如图 7-5（a）、（b）所示，槽口是由两个侧平面 P、Q 和一个水平面 R 组成。由于 P_V 有积聚性，交线 $I\,II$、$I_1\,II_1$ 的正面投影与其重合；由于六棱柱棱面的水平投影有积聚性，交线 $I\,II$、$I_1\,II_1$ 的水平投影与它重合且积聚为两点。平面 Q 的分析与平面 P 相同。

同理，R_V 有积聚性，交线 $II\,III$、$III\,IV$、II_1III_1、III_1IV_1 的正面投影与 R_V 重合，水平投影与棱面的水平投影重合。

作图：如图 7-5（c）所示。

（1）画出六棱柱的左视图；

（2）根据 $1'2'$、12 和 $1_1'2_1'$、1_12_1 求得 $1''2''$、$1_1''2_1''$；

（3）根据 $2'3'$、23、$3'4'$、34、$2_1'3_1'$、2_13_1 和 $3_1'4_1'$、3_14_1 求得 $2''3''$、$3''4''$、$2_1''3_1''$ 和 $3_1''4_1''$；

（4）画出 P、R 和 Q、R 的交线的侧面投影。

判断可见性：由于 $II\,II_1$、$IV\,IV_1$ 在棱柱内部，$2''2_1''$ 与 $4''4_1''$ 重合，且不可见。

完善视图轮廓线的投影：六棱柱前、后棱线在 III、III_1 点以上一段被截掉，故左视图中 $3''$、$3_1''$ 以上一段不画棱线，轮廓线为 $1''2''$、$1_1''2_1''$。

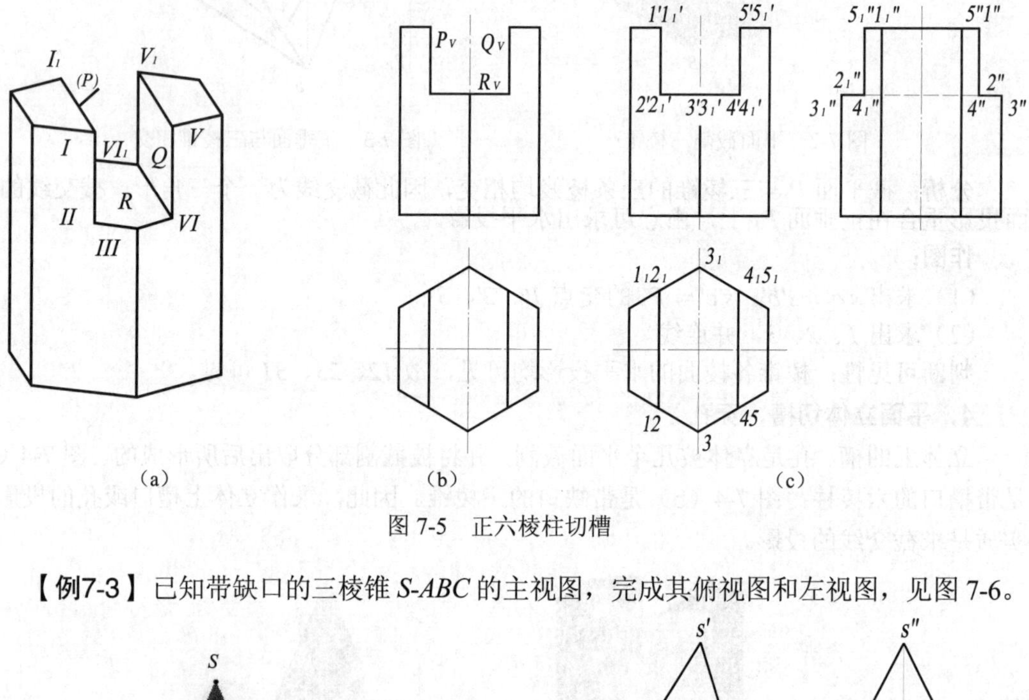

(a)　　　　(b)　　　　(c)

图 7-5　正六棱柱切槽

【例7-3】已知带缺口的三棱锥 $S\text{-}ABC$ 的主视图，完成其俯视图和左视图，见图 7-6。

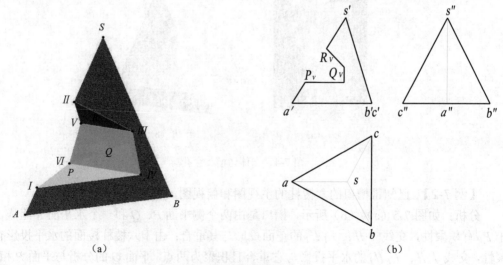

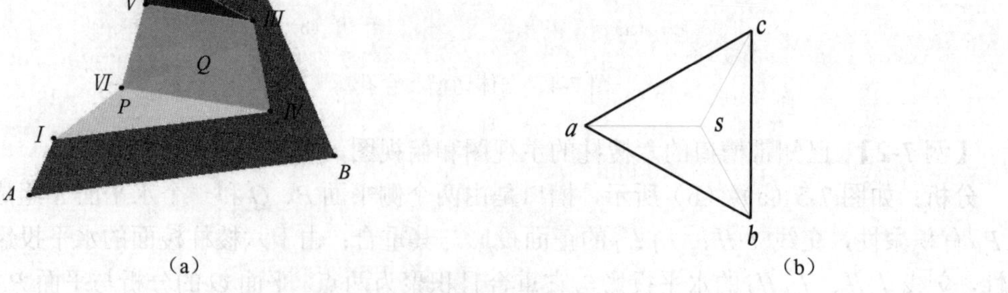

(a)　　　　(b)

图 7-6　三棱锥切槽

分析：如图 7-6（a）、（b）所示，缺口是由平面 *P*、*Q*、*R* 组成，*P* 为水平面且与底面 *ABC* 平行，它与三棱锥表面的交线 *I IV*、*I VI* 分别平行于底面的 *AB*、*AC* 线段，正面投影重合在 P_V 上。*Q* 为侧平面，它与三棱锥的交线 *IIIIV*、*V VI* 的正面投影重合在 Q_V 上。*R* 为正垂面，它与三棱锥的交线 *II III*、*II V* 的正面投影重合在 R_V 上。

作图：

（1）求 *14*、*16* 及 *1″4″*、*1″6″*：由 *1′*求得 *1*；过 *1* 作 *14∥ab*、*16∥ac*；由 *1′4′*、*1′6′*及 *14*、*16* 求得 *1″4″*、*1″6″*，见图 7-7（a）；

（2）求 *23*、*25*，*2″3″*、*2″5″*：由 *2′*求得 *2*、*2″*；过 *3′*作 *3′d′∥a′b′*，*3′d′*与 *s′b′*、*s′c′*交于 *d′*，求出 *d*；过 *d* 作线平行于 *ab*、*ac* 得出 3、5，并求出 *3″*、*5″*，连 *23*、*25*，*2″3″*、*2″5″*，见图 7-7（b）；

（3）求 *34*、*56*，*3″4″*、*5″6″*：连点即得 *34*、*3″4″*，*56*、*5″6″*，见图 7-7（c）；

（4）求截平面之间的交线：*R*、*Q* 的交线 *III V* 的正面投影 *3′5′*为一点，求出水平投影 *35* 和侧面投影 *3″5″*；*Q*、*P* 的交线 *IV VI* 的正面投影 *4′6′*为一点、水平投影 46 有部分与 *35* 重合，侧面投影 *4″6″*与 *1″4″*、*1″6″*重合。

判断可见性：交线 *III V* 在棱锥内部，水平投影 *35* 不可见，侧面投影 *3″5″*可见；交线 *IV VI* 水平投影与 *35* 重合部分不可见，其余部分 *34*、*56* 可见，见图 7-7（d）。

完善视图轮廓线的投影：棱线 *SA* 的 *I II* 段被截去，故 *12* 之间、*1″2″*之间不画线。

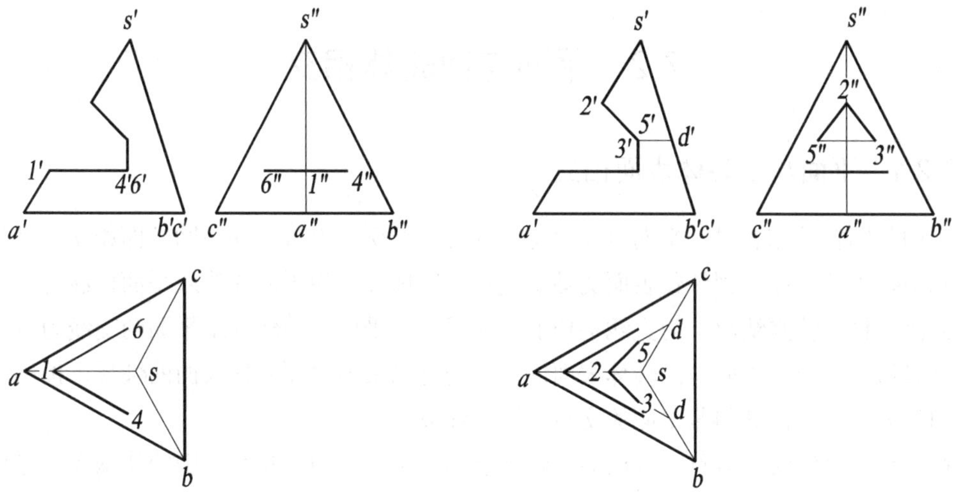

（a）　　　　　　　　（b）

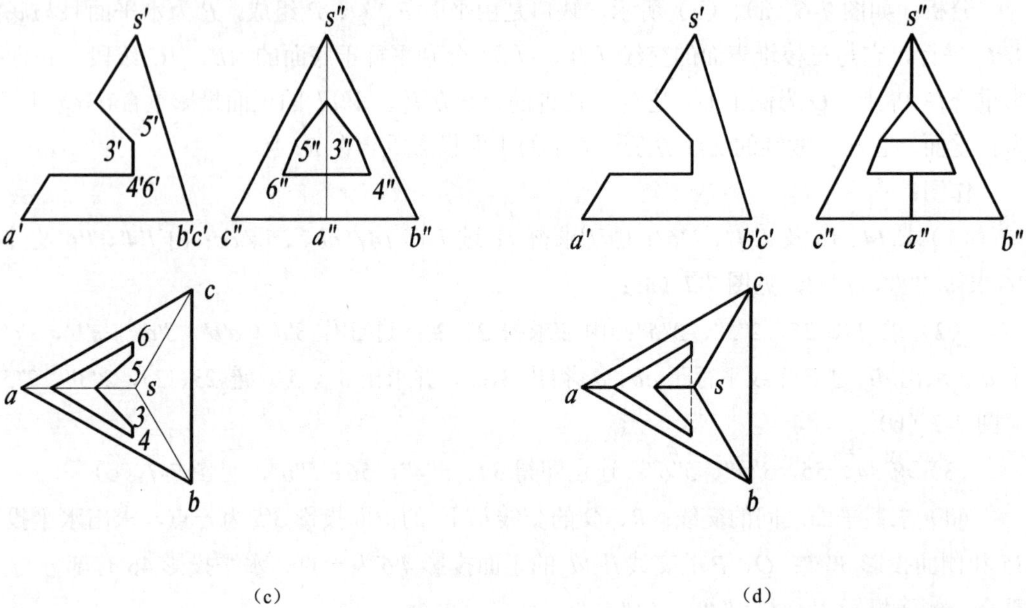

图 7-7　三棱锥切槽

7.2　平面与回转体相交

7.2.1　平面与回转体表面相交

平面与回转体相交时，平面可能只与其回转面相交，也可能既与回转面相交，又与其平面相交，因此平面与回转体表面的截交线，一般情况下为平面曲线或平面曲线与直线构成的封闭线框，特殊情况下为直线构成的封闭线框。平面与回转体上平面的交线为直线，这里不必讨论。求作平面与回转体表面的截交线可以根据曲面立体表面的性质，按相应取点作图的方法，求出其与截平面的交点，顺次连成曲线。

在求作截交线时，应首先求出截交线上能确定截交线的形状和范围的特殊点，包括截交线的最高、最低、最前、最后、最左、最右点及投影在曲面视图轮廓线上的点，然后求出若干中间点。

1．平面与圆柱面相交

根据截平面与圆柱轴线所处的位置不同，其截交线有 3 种情况：截平面垂直于圆柱轴线，截交线为圆，如图 7-8（a）所示；截平面倾斜于圆柱轴线，截交线为椭圆，如图 7-8（b）所示；截平面平行于圆柱轴线，截交线由素线与直线构成，如图 7-8（c）所示。

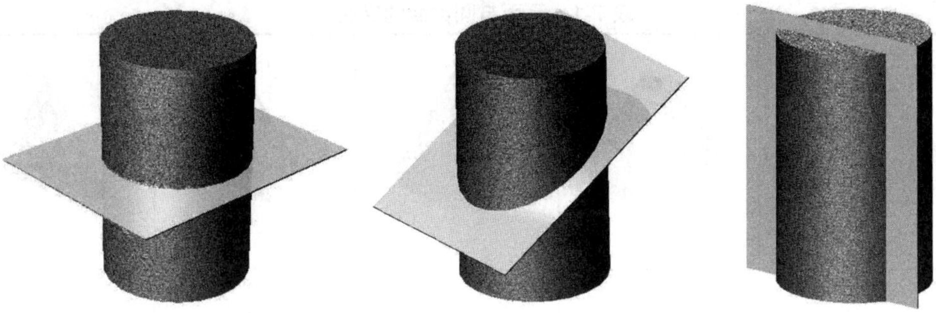

（a）　　　　　　　　（b）　　　　　　　　（c）

图 7-8　平面与圆柱面相交

【例7-4】 求作正垂面与圆柱体表面的截交线，见图 7-9。

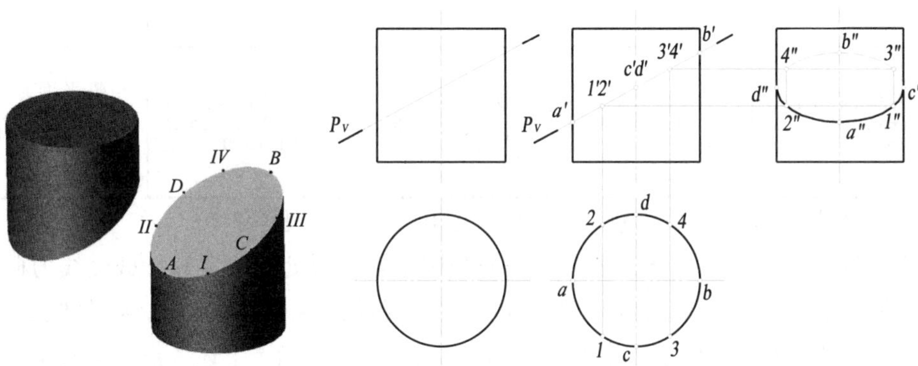

（a）　　　　　　　　（b）　　　　　　　　（c）

图 7-9　正垂面与圆柱体表面相交

分析： 如图 7-9（a）、（b）所示，截平面倾斜于圆柱轴线，截交线为椭圆，其正面投影重合在 P_V上，水平投影重合在圆柱面的水平投影 圆周 上因而只需求侧面投影。

作图： 如图 7-9（c）所示。

（1）求特殊点：正面投影在主视图轮廓线上的点 *A*、*B* 的侧面投影，由 *a'*、*a*，*b'*、*b* 求得 *a''*、*b''*。*a''*、*b''* 为侧面投影中椭圆短轴的两端点，点 *A* 为椭圆的最低点、最左点；点 *B* 为椭圆的最高点、最右点。侧面投影在左视图轮廓线上的点 *C*、*D*，由 *c'*、*c*，*d'*、*d* 求得 *c''*、*d''*。*c''*、*d''* 为侧面投影中椭圆长轴的两端点，点 *C* 为最前点，点 *D* 为最后点。

（2）求中间点：定出 *1'*、*2'*、*3'*、*4'* 和 *1*、*2*、*3*、*4*，用圆柱表面上求作点的投影的方法可得 *1''*、*2''*、*3''*、*4''*。

（3）将所求各点顺次连成光滑曲线。

可见性判断： 由于 *C*、*D* 两点的侧面投影在圆柱的左视图轮廓线上，因此截交线的投影的可见性以 *c''*、*d''* 分界，*c''b''d''* 不可见；*d''a''c''* 可见。

2. 平面与正圆锥面相交

根据截平面与圆锥轴线所处位置的不同，截交线有 5 种情况：圆、椭圆、抛物线、双曲线及相交二直线，见表 7-1。

表 7-1　平面与圆锥面的交线

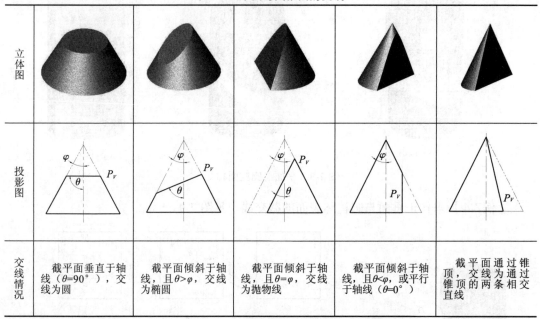

立体图	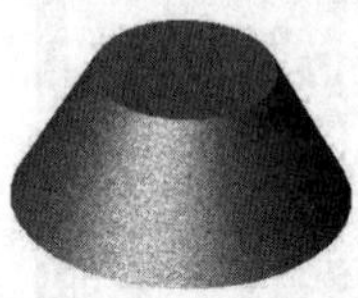	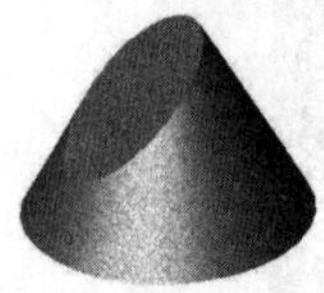		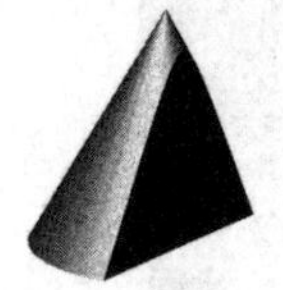	
投影图	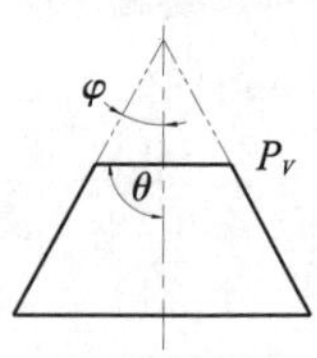	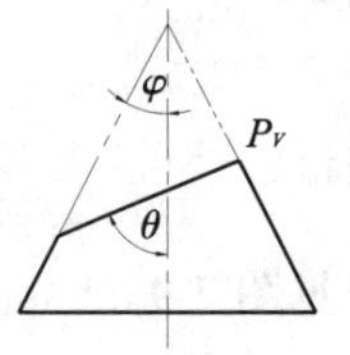	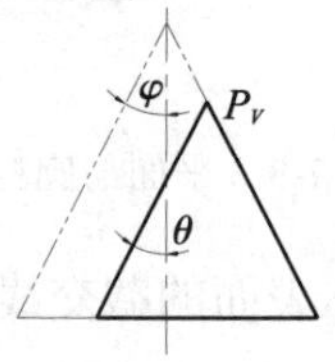	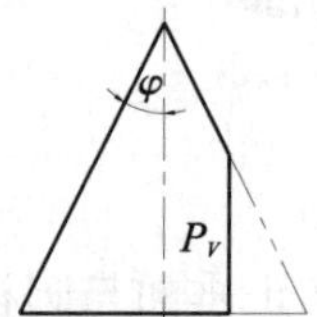	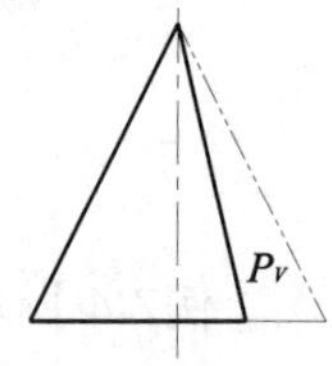
交线情况	截平面垂直于轴线（θ=90°），交线为圆	截平面倾斜于轴线，且$\theta>\varphi$，交线为椭圆	截平面倾斜于轴线，且$\theta=\varphi$，交线为抛物线	截平面倾斜于轴线，且$\theta<\varphi$，或平行于轴线（θ=0°）	截平面通过锥顶，交线为通过锥顶的两条相交直线

【例7-5】圆锥被正垂面所截，求其俯视图和左视图，见图 7-10。

分析：图 7-10（a）、（b）中由截平面与圆锥轴线所处的位置知，截交线为椭圆，其正面投影重合在P_V上；水平投影、侧面投影均为椭圆。点A、B、C、D为椭圆长、短轴的端点，点E、F为左视图轮廓线上的点，如图 7-10（a）所示。上述各点可用圆锥表面取点的方法求出。

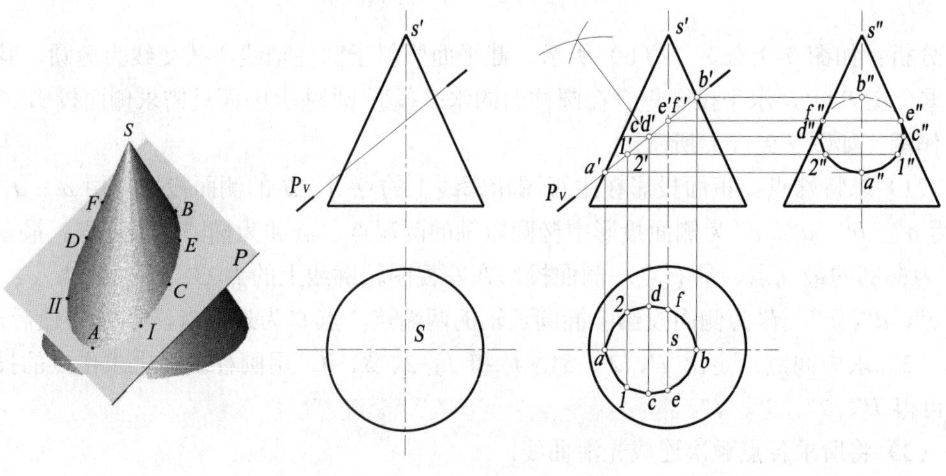

（a）　　（b）　　（c）

图 7-10　正垂面与圆锥体表面相交

作图：如图 7-10（c）所示。

（1）椭圆轴上两端点 A、B 的其余投影，由 a'、b' 可求得 a、b 及 a''、b''。a、b 为水平投影中椭圆长轴的两端点，a''、b'' 为侧面投影中椭圆短轴的两端点。

（2）椭圆轴上另外两端点 C、D 的正面投影 c'、d' 位于 $a'b'$ 中点处，重合为一点，其余投影 c、d 和 c''、d''，通过 c'、d' 作水平纬圆可求得。c、d 为水平投影中椭圆短轴的两端点，c''、d'' 为侧面投影中椭圆长轴的两端点。点 C 为椭圆的最前点，点 D 为最后点。

（3）左视图转向轮廓线上的点 E，F，由 e'、f' 求出 e''、f'' 及 e、f。

（4）求出中间点 I（1，$1'$，$1''$）、II（2，$2'$，$2''$）。

（5）将各点依次连成光滑曲线。

判断可见性：截交线的水平投影均可见，侧面投影以 e''、f'' 分界，$e''c''a''d''f''$ 一段可见，$f''b''e''$ 一段不可见。

【例 7-6】 铅垂面与圆锥表面相交，求截交线的投影，见图 7-11。

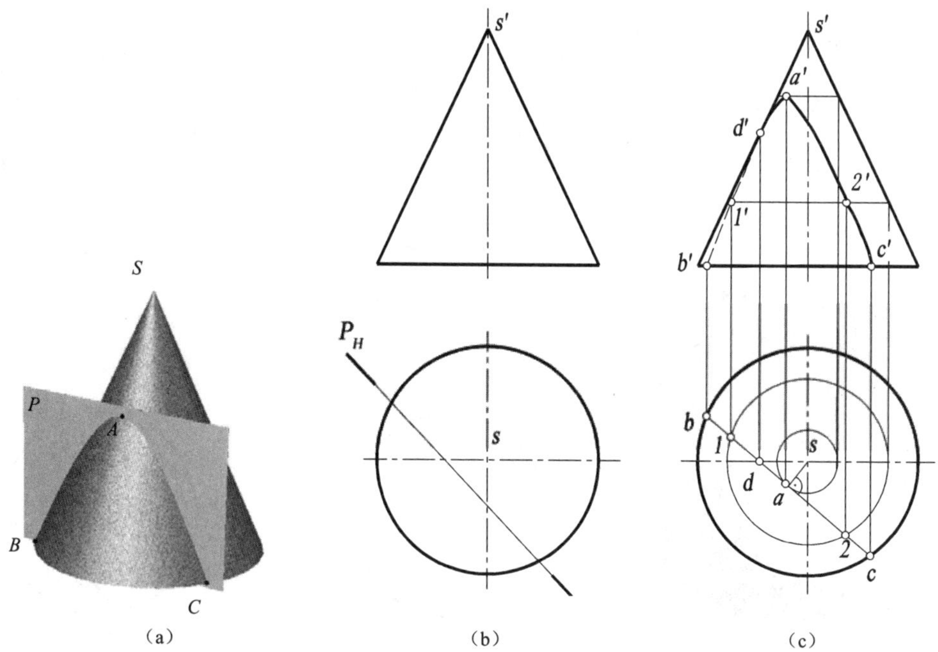

图 7-11 铅垂面与正圆锥体表面相交

分析：图 7-11（a）、（b）中由截平面与圆锥轴线所处位置可知，截交线为双曲线。截交线的水平投影与 P_H 重合，正面投影仍为双曲线。最高点为 A，最低点为 B、C，D 为主视图轮廓线上的点。

作图：如图 7-11（c）所示。

（1）最低点 B、C 的水平投影为水平投影中 P_H 与圆周相交的两点 b、c，由它可求得 b'、c'。

（2）最高点 A 距锥顶最近。在水平投影中过 s 向 P_H 作垂线，所得交点即为点 A 的水平投影 a，作出过 a 的水平纬圆的正面投影，求出 a'。

（3）主视图轮廓线上的点 D，由 d 可直接求得 d'。

（4）在最高点与最低点之间作一系列的水平纬圆即可求得若干中间点，如图中的 *1′*、*1*，*2′*、*2*。

（5）将各点依次连成光滑曲线。

判断可见性：以 d' 分界，$d'a'2'c'$ 一段可见；$d'1'b'$ 一段不可见。

3. 平面与圆球体表面相交

平面与圆球体表面相交，其截交线均为圆，根据截平面所处位置的不同，圆的投影可能为直线、圆或椭圆。

【例7-7】正垂面 *P* 与圆球体表面相交，求截交线的投影，见图 7-12。

分析：如图 7-12（a）、（b）所示，截交线的正面投影重合在 *PV* 上，水平投影为椭圆，椭圆的长、短轴的端点为 *A*、*B*、*C*、*D*，俯视图轮廓线上的点为 *E*、*F*，上述各点可作水平纬圆求得，见图 7-12（a）。

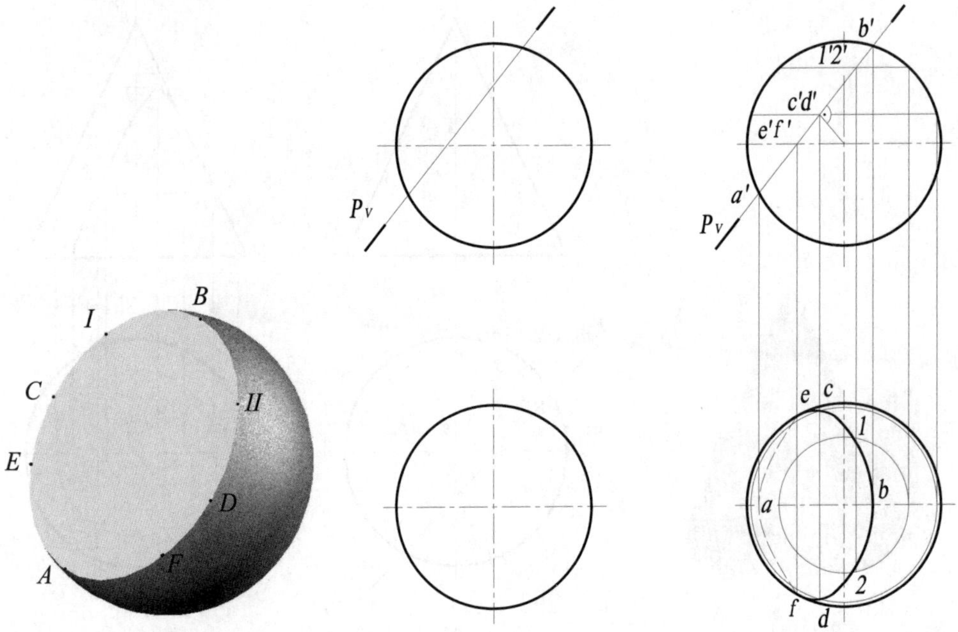

图 7-12　正垂面与圆球体表面相交

作图：如图 7-12（c）所示。

（1）椭圆短轴上两端点 *a*、*b*，由 a'、b' 求得。点 *A*、*B* 亦为截交线的最低、最高、最左、最右点。

（2）椭圆长轴上两端点的正面投影 c'、d' 在 $a'b'$ 的中点处。过 $c'd'$ 作水平纬圆，可求得 *c*、*d*。点 *D*、*C* 亦为截交线的最前、最后点。

（3）求俯视图轮廓线上的点 *E*、*F*：由 e'、f' 直接求得 *e*、*f*。

（4）求中间点：在正面投影的 $a'b'$ 之间，任作辅助水平纬圆，可求得 *1′*、*2′* 及 *1*、*2*。

（5）将各点依次连成光滑曲线。

判断可见性：由于 E、F 两点的水平投影在俯视图轮廓线上，因此水平投影的可见性以 e、f 分界，$ec1b2df$ 可见，fae 不可见。

4．平面与一般回转体表面相交

平面与一般回转体表面相交，其截交线为一条平面曲线或由曲线与直线构成的封闭线条。

【例 7-8】 铅垂面与回转体表面相交，求截交线的投影，见图 7-13。

分析：如图 7-13（a）、（b）所示，截交线的水平投影重合在 P_H 上，正面投影由曲线与直线所组成。最高点为 A，最低点为 B、C，D 为主视图轮廓线上的点。上述各点可用水平面为辅助面求得。

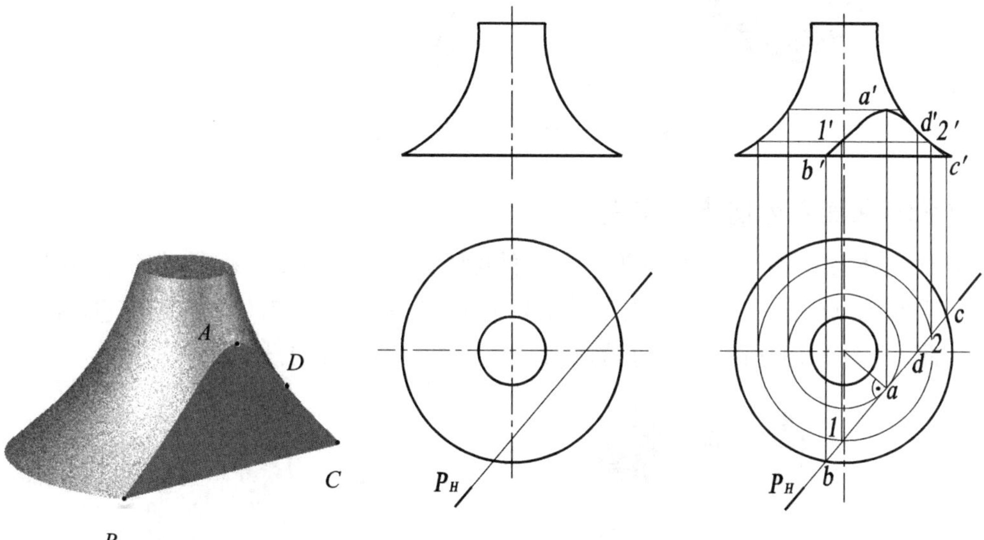

图 7-13 铅垂面与一般回转体表面相交

作图：如图 7-13（c）所示。

（1）最低点 B、C 的水平投影为 P_H 与圆周的交点 b、c，由它可求出 b'、c'。最高点 A 的水平投影为由圆心向 P_H 作垂线的垂足 a。作出过 a 的水平纬圆的正面投影，即可求得 a'。

（2）求主视图轮廓线上的点 D：由 d 可求得 d'。

（3）求中间点 I、II：在 $b'c'$ 与 a' 之间作一辅助水平纬圆，先得出 1、2，由它可求得 $1'$、$2'$。

（4）将各点依次连成光滑曲线。

判断可见性：以 d' 分界，$d'a'1'b'$ 可见，$d'2'c'$ 不可见。

5．平面与复合回转体表面相交

平面与复合回转体表面相交，其截交线为平面曲线或曲线与直线组成的封闭线框。求其截交线，应首先分析复合回转体的组成，然后应用上述求截交线的方法，分别求出各组成部分的截交线。这些截交线的组合即为复合回转体的截交线，如图 7-14 所示。

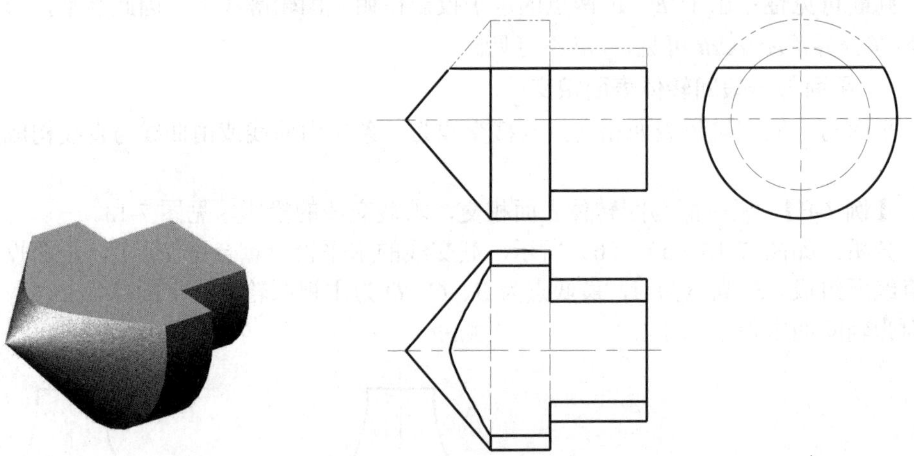

图 7-14　平面与复合回转体表面相交

7.2.2 曲面立体切槽、穿孔

曲面立体上的槽、孔，可视为几个平面截割立体。图 7-15（a）为带方孔的圆柱，此方孔由平面P、Q、T、R截割而成。图 7-15（b）为带槽的圆球，此槽由P、Q、T 截割而成。因此，求作曲面立体上槽、孔的投影，实质是求截交线的投影。

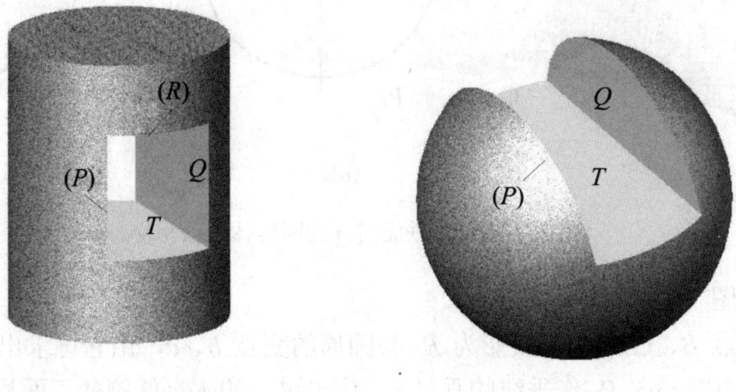

图 7-15　带槽、孔的曲面立体

【例7-9】画出圆柱被平面截切后的左视图，见图 7-16（a）。

分析：圆柱上端开一通槽，是由两个平行于圆柱轴线的侧平面和一个垂直于圆柱轴线的水平面截切而成。两侧平面与圆柱面的截交线为两条铅垂直素线，与圆柱顶面的交线是两条正垂线；水平面与圆柱的截交线是两段圆弧；截平面之间的交线是两条正垂线。因为3个截平面的正面投影均有积聚性，所以截交线的正面投影积聚成 3 条直线；又因为圆柱的水平投影有积聚性，4 条与圆柱轴线平行的直线和两端圆弧的水平投影也积聚在圆上，4 条正垂线的水平投影反映实长，由这两个投影即可求出截交线的侧面投影。

作图：如图 7-16（b）所示。

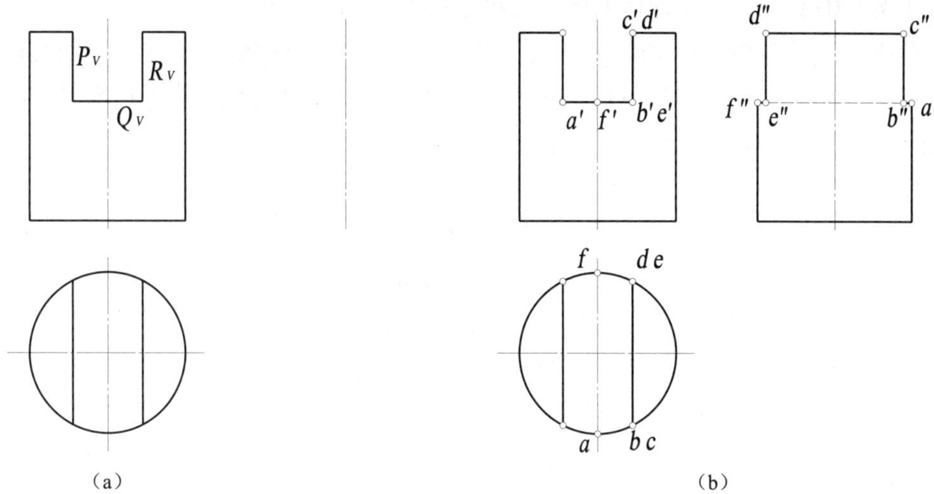

图 7-16　带槽口的圆柱体

判断可见性：交线 *BE* 在形体内部，其侧面投影 *b″e″* 不可见。

如图 7-17 所示的结构是由圆柱体被与其轴线平行的平面 *P* 和与其轴线垂直的平面 *Q* 切割而成。读者可根据前面的叙述自行分析交线求法。

在圆柱和圆筒上切槽是机械零件上常见的结构，应熟练掌握它们的投影画法。如图 7-18 所示为圆筒被切割的情况，截平面与内外圆柱面都有交线，作图方法与上述类似，但要注意判断交线的可见性。另外，在圆筒的中空部分不应画线。

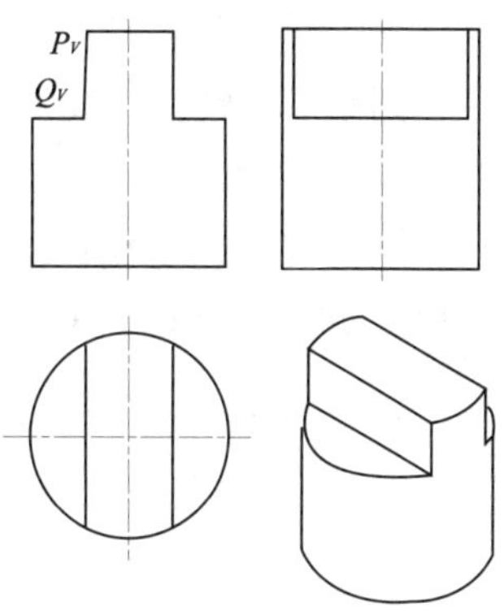

图 7-17　圆柱被多个平面截切

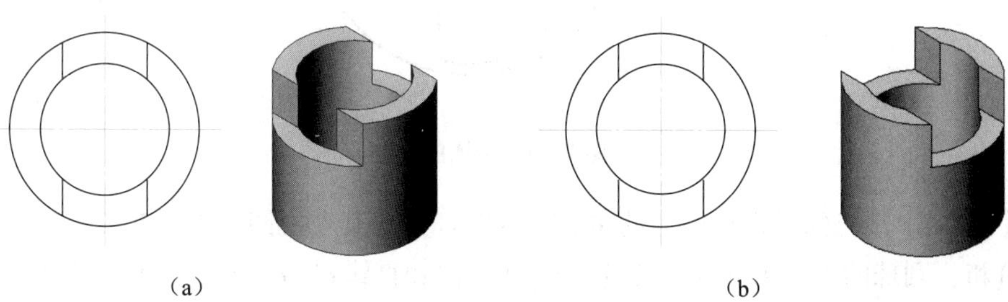

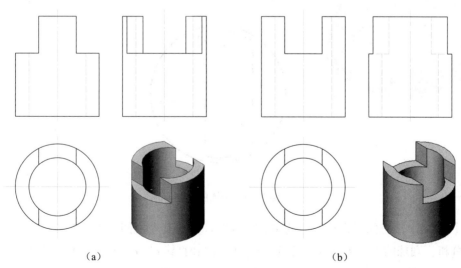

图 7-18　圆筒被切割和开槽

【例7-10】求带槽半球体的俯视图和左视图，见图 7-19。

分析：如图 7-19（a）所示，该槽是由平面 P、Q、T 截割而成，3 个平面与球体表面的截交线均为圆弧。平面 P、Q 的截交线平行侧面，平面T的截交线平行水平面，这些截交线的正面投影分别与 P_V、Q_V、T_V 重合。

作图：如图 7-19（b）所示。

（1）画出半球体的俯视图和左视图；

（2）求平面 T 与圆球表面的截交线：其水平投影为以 r 为半径所作的圆弧 $\widehat{123}$、$\widehat{1_1 2_1 3_1}$，由它可求出 $1''2''3''$、$1_1''2_1''3_1''$，均为一直线段；

（3）求平面 P 与圆球表面的截交线：其侧面投影为以 r_1 为半径所作的圆弧 $\widehat{1''4''1_1''}$，由它可求出 141_1 为一直线段；

（4）求平面 Q 与圆球表面的截交线：其侧面投影为以 r_2 为半径所作的圆弧 $\widehat{3''5''3_1''}$，由它可求出 353_1 为一直线段；

（5）画出截平面之间的交线：其水平投影为 11_1（与 141_1 重合）、$3\,3_1$（与 353_1 重合），其侧面投影 $1''1_1''$ 与 $3''3_1''$ 重合，且 $1''1_1''$ 一段不可见；

判断可见性：交线 $I\ I_1$ 在半球体内部，其侧面投影 $1''1''_1$ 不可见；交线 $III\ III_1$ 的侧面投影与 $1''1''_1$ 重合部分不可见，其余 $3''2''$、$3''_1 2''_1$ 可见。

完善视图轮廓线：半球体左视图轮廓线在点 II、II_1 以上一段被截去，故侧面投影中 $2''2_1''$ 一段不能画线。

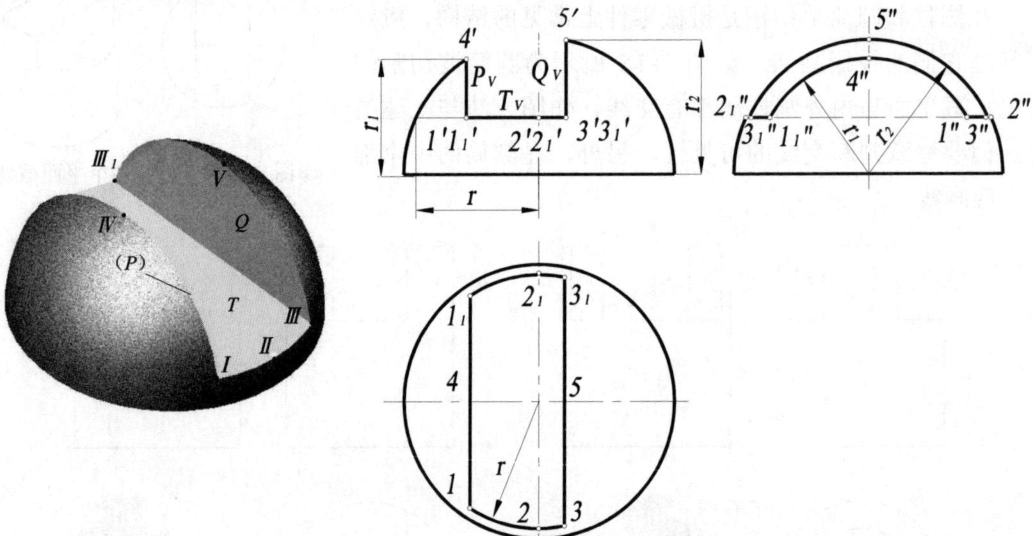

（a）　　　　　　（b）

图 7-19　带槽的球体

【例7-11】已知带切口圆球的主、俯视图，完成其左视图，见图7-20。

分析：圆球的主视图可以分成线框 a'、b'、d' 和直线 c'、e'、f'。按照“长对正”，线框 a' 对应俯视图线框 a，而且二者之间的圆弧半径相同，因此 A 为球面的一部分；线框 b' 对

应俯视图直线 *b*，因此 *B* 为正平面；直线 *c′* 对应俯视图线框 *c*，因此 *C* 为水平面；线框 *d′* 对应俯视图线框 *d*，而且二者之间的圆弧半径相同，因此 *D* 为球面的一部分；直线 *e′*、*f′* 对应俯视图直线 *e*、*f*；因此 *E*、*F* 均为侧平面。

作图：如图 7-20 所示。

（1）画出完整圆球的左视图，并画出 *B*、*C* 平面有积聚性的侧面投影；

（2）画出侧平面 *E*、*F* 的左视图——圆——并保留所需的部分，擦去被切掉的圆球部分，完成全图。

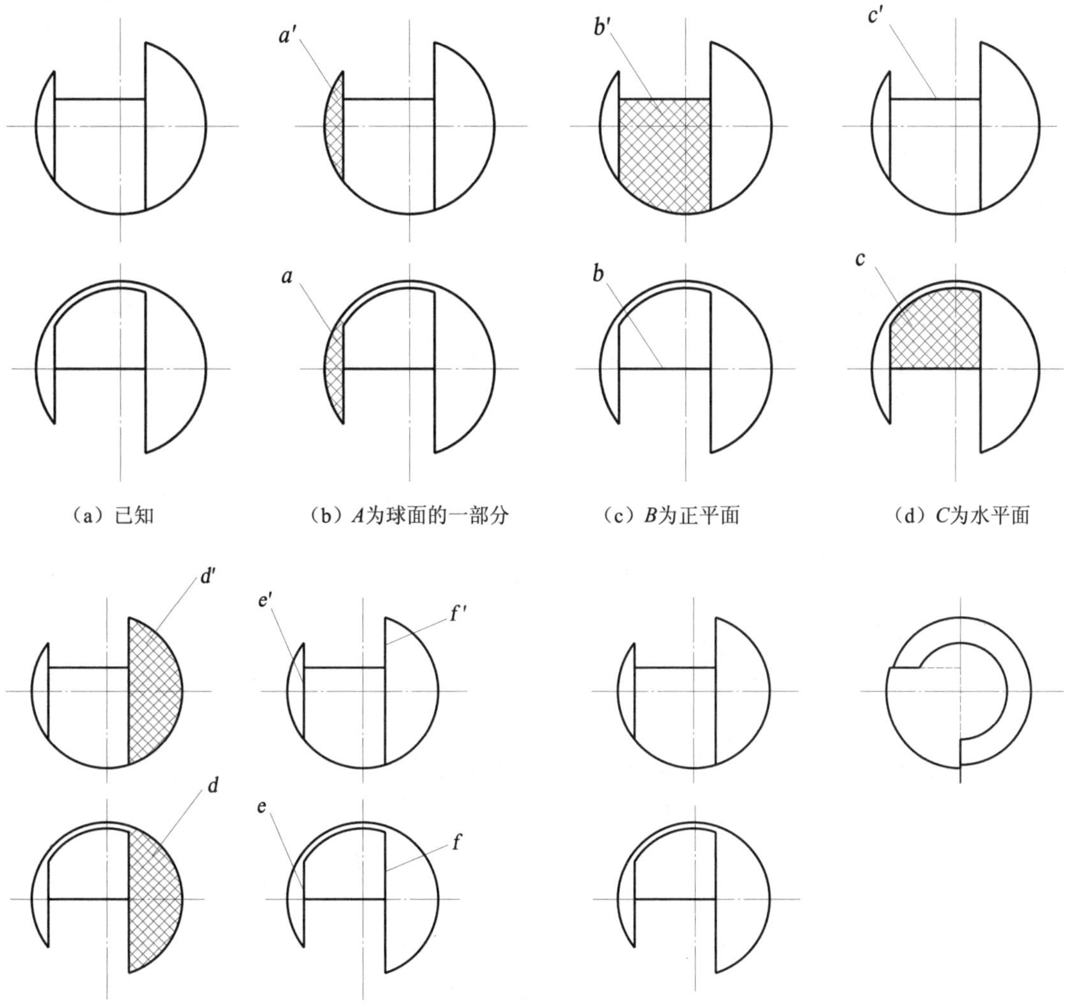

（a）已知　（b）*A*为球面的一部分　（c）*B*为正平面　（d）*C*为水平面

（e）*D*为球面的一部分　（f）*E*、*F*为侧平面　（g）结果

图 7-20 作图

【例7–12】求圆柱体穿孔后的俯视图和左视图，见图 7-21。

分析：如图 7-21（a）、（b）所示，孔由平面 *P*、*Q*、*T* 截割而成。平面 *P* 为侧平面，与圆柱体表面的截交线为一段圆柱素线 IV、I_1V_1，其正面投影与 P_V 重合。平面 *Q* 为水平面，与圆柱体表面的截交线为圆弧 $I\,II\,III$、$I_1\,II_1\,III_1$，其正面投影与 Q_V 重合。平面 *T* 为正垂面。

与圆柱体表面的截交线为椭圆曲线 $III\,IV\,V$、$III_1IV_1V_1$，其正面投影与 T_V 重合。这些截交线的水平投影均重合在圆柱面的水平投影——圆周上。

作图：如图 7-21（c）所示。

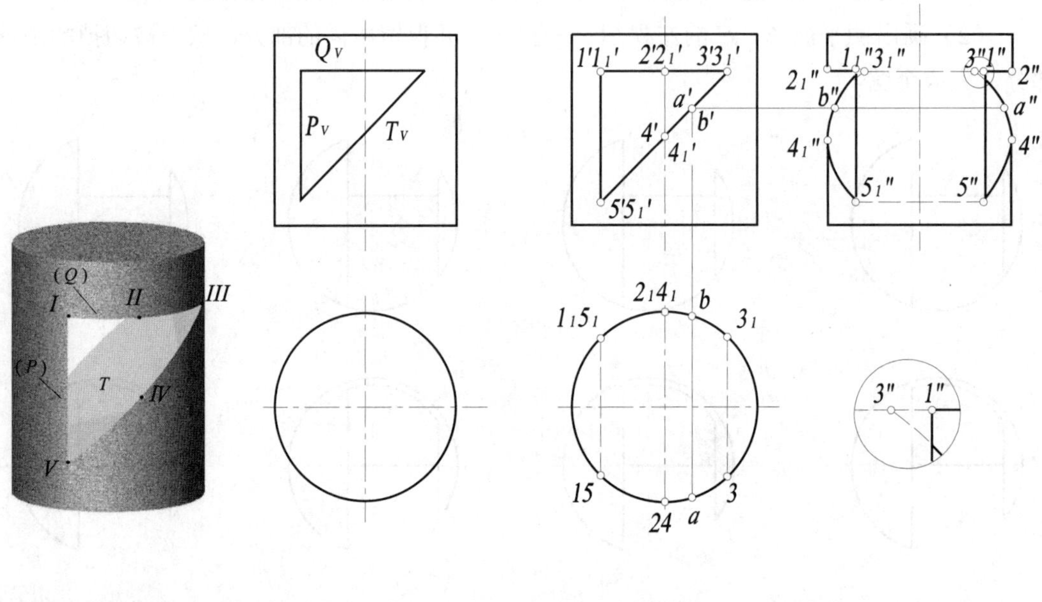

（a）　　　　　　　　　（b）　　　　　　　　　（c）

图 7-21　穿孔的圆柱体

（1）画出完整圆柱体的左视图。

（2）求平面 P 与圆柱面的截交线：水平投影 15、1_15_1 重合在圆周上，由 $1'5'$、15，$1_1'5_1'$、1_15_1 可求得 $1''5''$、$1_1''5_1''$。

（3）求平面 Q 与圆柱面的截交线：水平投影 123、$1_12_13_1$ 重合在圆周上，由 $1'2'3'$、123，$1_1'2_1'3_1'$、$1_12_1\,3_1$ 可求得 $1''2''3''$、$1_1''2_1''3_1''$。

（4）求平面 T 与圆柱面的截交线：水平投影 345、$3_14_15_1$ 重合在圆周上，由 $3'4'5'$、345，$3_1'4_1'5_1'$、$3_14_1\,5_1$ 可求得 $3''4''5''$、$3_1''4_1''5_1''$。

（5）画出截平面之间的交线：水平投影为 11_1、$5\,5_1$、$3\,3_1$（其中 11_1 与 $5\,5_1$ 重合），侧面投影为 $1''1_1''$、$3''3_1''$、$5''5_1''$（其中 $1''1_1''$ 与 $3''3_1''$ 重合）且都不可见。

判断可见性：左视图中位于立体可见面上交线的投影 $1''5''$、$5''4''$、$1''2''$、$1_1''5_1''$、$5_1''4_1''$、$1_1''2_1''$ 可见。位于不可见面上的交线，如果是投影的外形轮廓线则为可见，如 $3''4''$、$3_1''4_1''$ 中的一段，其余均不可见。

完善视图轮廓线：左视图轮廓线在 $2''4''$、$2_1''4_1''$ 段被截去不能画线。穿孔部位左视图轮廓线由截交线的投影代替。

*7.3 直线与曲面立体表面相交

直线与曲面立体表面的交点称为贯穿点，它是直线与立体表面的共有点。一般情况下，贯穿点是成对存在的，一个为穿入点，一个为穿出点。根据贯穿点是共有点的性质，求贯穿点的原理和方法与求直线与平面的交点的原理和方法相同，如图 7-22 所示。

（1）包含已知直线 *AB* 作辅助平面 *P*；

（2）求辅助平面与已知曲面立体表面的截交线（*S Ⅰ*、*S Ⅱ*）；

（3）截交线与已知直线的交点（*K*、*L*），即为直线与曲面立体表面的贯穿点。

辅助平面的选择，应根据曲面立体表面的性质确定，使截交线的投影简单、易作。

贯穿点可见性的判断，由其所在立体表面的可见性而定，立体表面可见，则贯穿点可见；反之，不可见。

【例 7-13】 求直线 *AB* 与圆柱体表面的贯穿点，见图 7-22。

分析：如图 7-22（a）所示，圆柱体表面的水平投影有积聚性，贯穿点的水平投影为直线的水平投影与圆周的交点，由它可求得其正面投影。

作图：如图 7-22（b）所示。

（1）求贯穿点的水平投影：即 *ab* 与圆周的交点 *k*、*l*；

（2）由 *k'*、*l'*在 *a'b'* 上求得 *k'*、*l'*。

判断可见性：*k'*可见，故 *k'a'*可见；*l'*不可见，故 *l'b'*在主视外形线内的一段不可见。

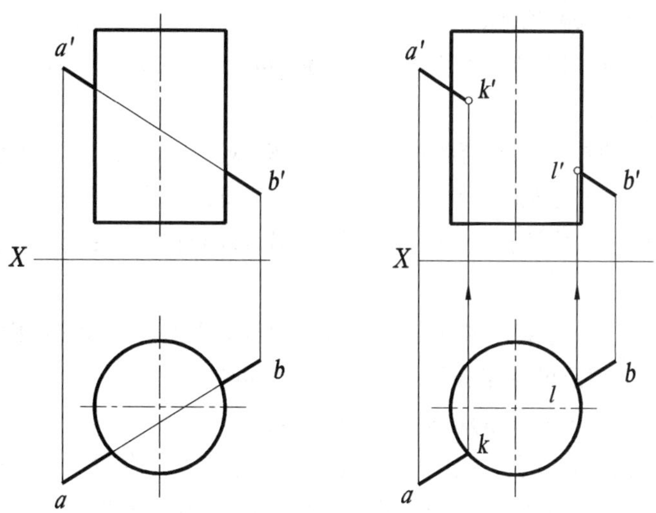

（a）　（b）

图 7-22　直线与圆柱体表面相交

【例 7-14】 求直线 *AB* 与正圆锥体表面的贯穿点，见图 7-23。

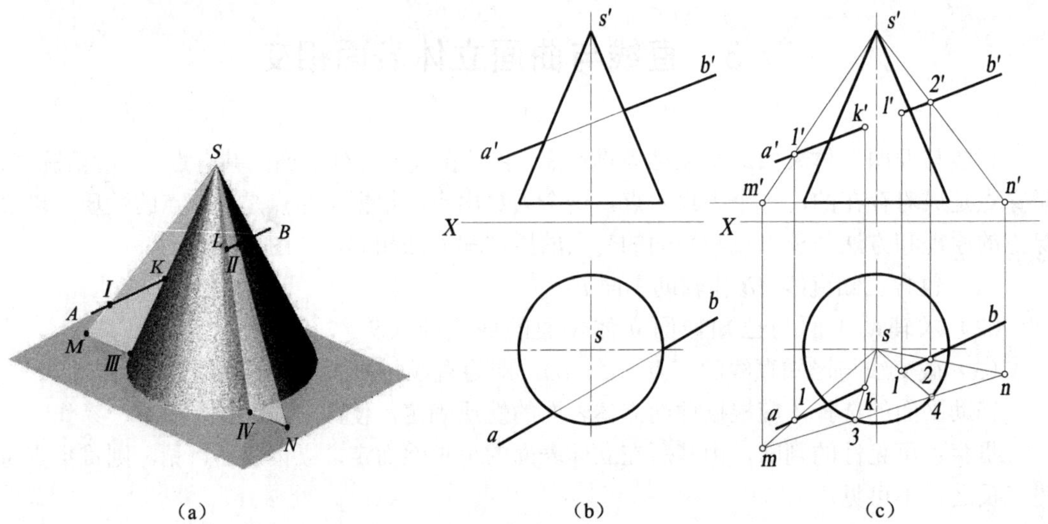

（a）　　　　　　　　　　（b）　　　　　　　　　　（c）

图 7-23　直线与圆锥体表面相交

分析：如图 7-23（a）、（b）所示，根据圆锥面的性质，作包含直线 *AB* 和锥顶 *S* 的辅助平面，它与圆锥体表面的截交线为相交二直线。截交线的一端点为 *S*，另一端点用三面共点原理求得。

过锥顶的辅助平面的作法见图 7-23（a），在直线 *AB* 上任选两点 *I*、*II* 与锥顶相连，则 *SI*、*SII* 即为所作辅助平面（确定 *AB* 直线上的 *I*、*II* 两点是为了使图形紧凑）。

作图：如图 7-23（c）所示。

（1）作辅助平面：在 *a'b'* 上定出 *1'*、*2'*，在 *ab* 上求得 *1*、*2*。连 *s'1'*、*s1*，*s'2'*、*s2* 即为辅助平面的投影。

（2）求截交线的投影：截交线的一端点为 *S*（*s'*，*s*），另两端点的作法为包含底圆作水平面，水平面与圆锥体底交线为圆（锥体的底圆），水平面与 *S I II* 的交线为 *MN*（*m'n'*，*mn*）；*mn* 与圆周交于 *3*、*4*，*3*、*4* 即为另两端点的水平投影。连 *s3*、*s4* 即得截交线的水平投影。

（3）求贯穿点：*ab* 与 *s3*、*s4* 的交点 *k*、*l* 即为贯穿点的水平投影，由它可求得 *k'*、*l'*。

判断可见性：贯穿点的水平投影、正面投影均可见。

【例7-15】 求直线与圆球的贯穿点，见图 7-24。

分析：如图 7-24（a）所示，由于 *AB* 为一般位置直线，包含 *AB* 作投影面垂直面为辅助面，它与球体表面的截交线有一个投影为椭圆曲线，不便作图。故可用换面法将 *AB* 变换为投影面平行线，则包含该直线可作新投影体系的投影面平行面为辅助面，其截交线为平行新投影面的圆，这样作图简单。

作图：如图 7-24（b）所示。

（1）立新轴 $X_1 /\!/ ab$，求出直线 *AB* 的新投影 $a_1'b_1'$ 及球心的新投影；

（2）包含 *AB* 作辅助平面 $P /\!/ V_1$ 面，则 P_H 与 *ab* 重合；

（3）求截交线的新投影：是以球心的新投影为圆心，*r* 为半径的圆；

（4）在新投影面上 $a_1'b_1'$与上述圆的交点即贯穿点的新投影 l_1'、k_1'，依次返回即得贯穿点的水平投影 k、l，正面投影 k'、l'。

判断可见性：水平投影 k 不可见，l 可见；正面投影 k'可见，l'不可见。

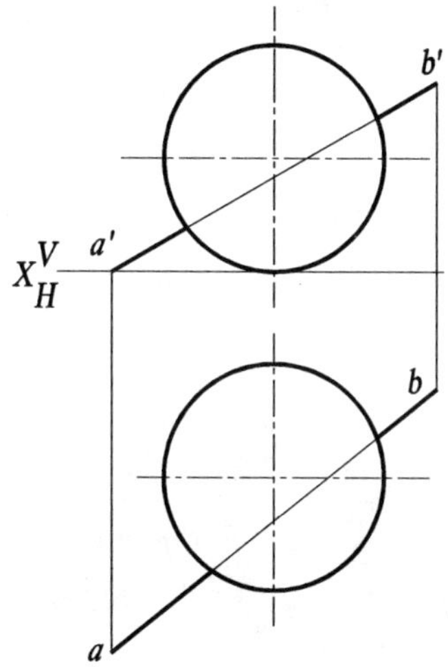

（a）

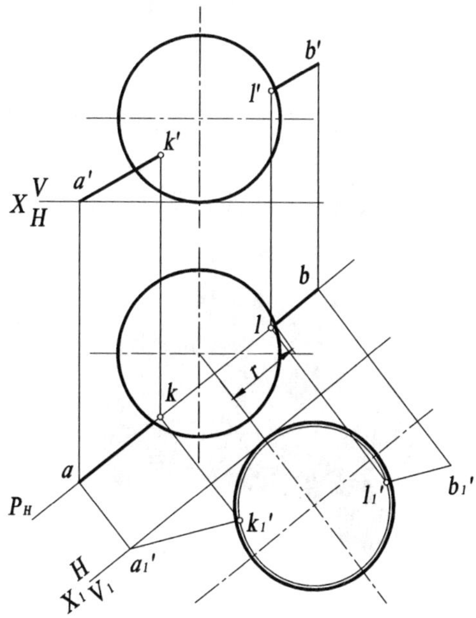

（b）

图 7-24　直线与圆球体表面相交

第 8 章　两立体表面相交

两立体相交称为相贯，其表面的交线称为相贯线。相贯线是两立体表面的共有线，也是两立体表面的分界线。图 8-1（a）中，*A* 为圆柱与圆柱的相贯线；图 8-1（b）中，*B*、*C*、*D* 为圆锥台与圆球的相贯线，这些相贯线明确地区分出参与相贯的各立体的范围。

（a）

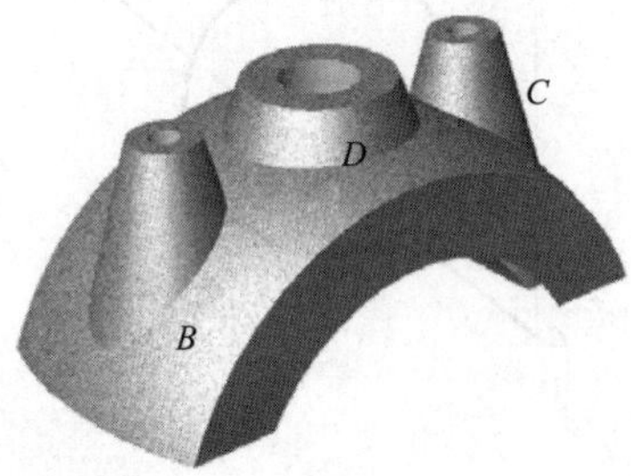

（b）

图 8-1　立体表面的相贯线

8.1　平面立体与平面立体表面相交

8.1.1　平面立体与平面立体表面相交的相贯线

两平面立体的相贯线是两平面立体表面的共有线，这些相贯线是两平面立体参与相交的棱面之间的交线，是由若干条直线构成。相贯线上的点是两立体表面的共有点，如图 8-2 所示。

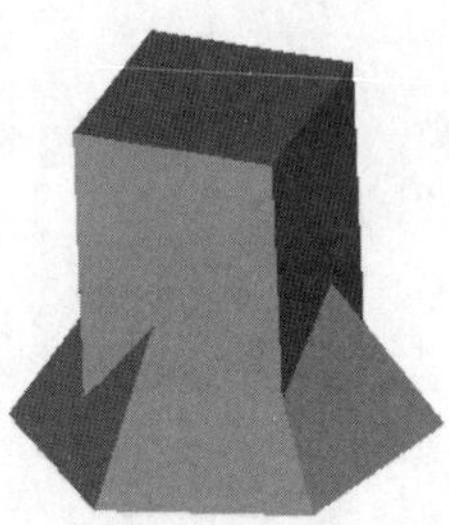

（a）

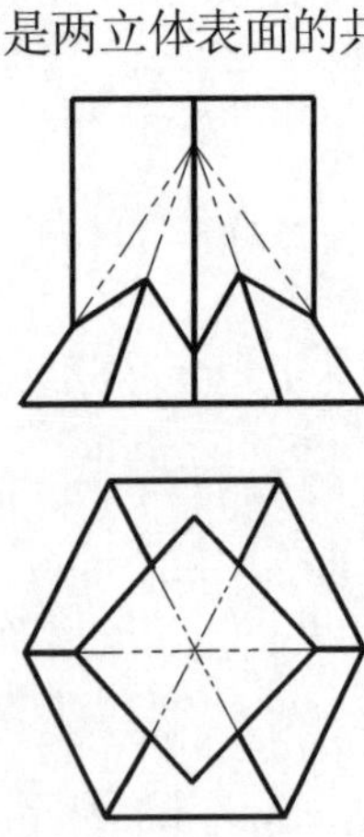

（b）

图 8-2　两平面立体相交

8.1.2　求平面立体与平面立体的相贯线的方法

平面立体与平面立体相贯线的求作，究其本质是求相交两平面的交线。因此，可根据相交两平面立体的实际情况，将其相贯的表面分解为两两相交的平面，利用本书第 4 章求作两平面交线的方法将交线一一求出，最后形成两平面立体的相贯线。也可直接根据截交线的作图方法求取。

8.2　平面立体与曲面立体表面相交

8.2.1　平面立体与曲面立体表面相交的相贯线

平面立体与曲面立体表面相交的相贯线，由若干条平面曲线或平面曲线与直线组成。这些平面曲线是平面立体的各个棱面与曲面立体表面相交的交线。每两条交线的交点称为结合点，它也是平面立体的棱线与曲面立体的贯穿点。

8.2.2　求平面立体与曲面立体的相贯线的方法

求平面与曲面立体表面的截交线。

【例8-1】求三棱柱与圆锥的相贯线，见图 8-3。

分析：根据三棱柱的3个棱面与圆锥轴线的相对位置，可知其相贯线是由圆弧、抛物线、椭圆曲线组成，结合点分别是 *I*、*II*、*III*。由于相贯线的正面投影与三棱柱的正面投影 $a'b'$、$b'c'$、$c'a'$ 积聚，因而需求出相贯线的水平投影。

作图：如图 8-3（b）所示。

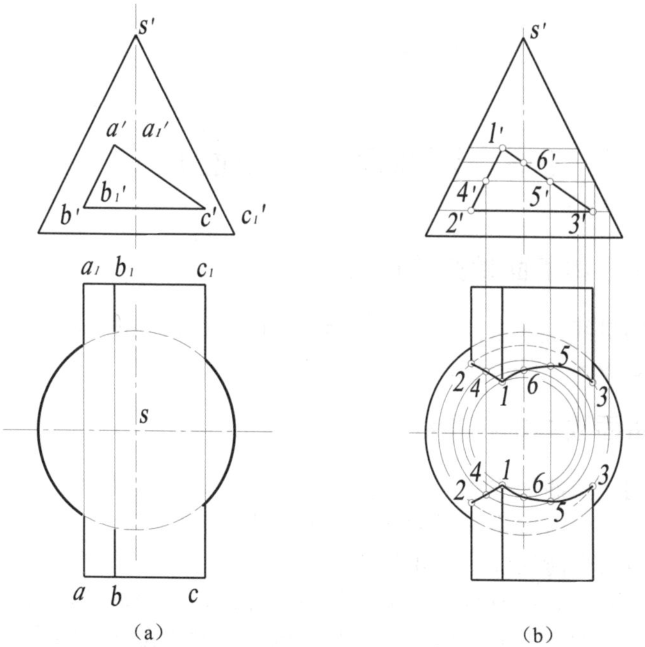

图 8-3　三棱柱与圆锥的相贯线

（1）求结合点 *I*、*II*、*III* 的水平投影：利用纬圆法过 *1'*、*2'*、*3'*分别作辅助水平纬圆，即可求得 *1*、*2*、*3*；

（2）求棱面与圆锥表面的截交线：棱面 *BC* 与圆锥表面的截交线为圆弧 *23*；棱面 *AB*、*AC* 与圆锥表面截交线上的点*IV V*用纬圆法求得 *4*、*5*；*VI*点的侧面投影虽然在圆锥左视图轮廓线上，但对俯视图无影响，所以可不求水平投影 6；

（3）将各点依次连成光滑曲线得 *142* 和 *153*。

判断可见性：相贯线的可见性由其所在两立体表面的可见性确定，即同处于两立体可见面上的线可见，否则不可见，故 *142* 和 *153* 可见，*23* 不可见。

完善外形线：检查棱线和回转面视图轮廓线的投影。棱线必须与结合点连上。

如图 8-4（a）所示为圆柱穿孔，图 8-4（b）所示为圆筒穿孔，均可以认为是平面立体与曲面立体相贯，其交线的求法请读者根据上述叙述，自行分析。

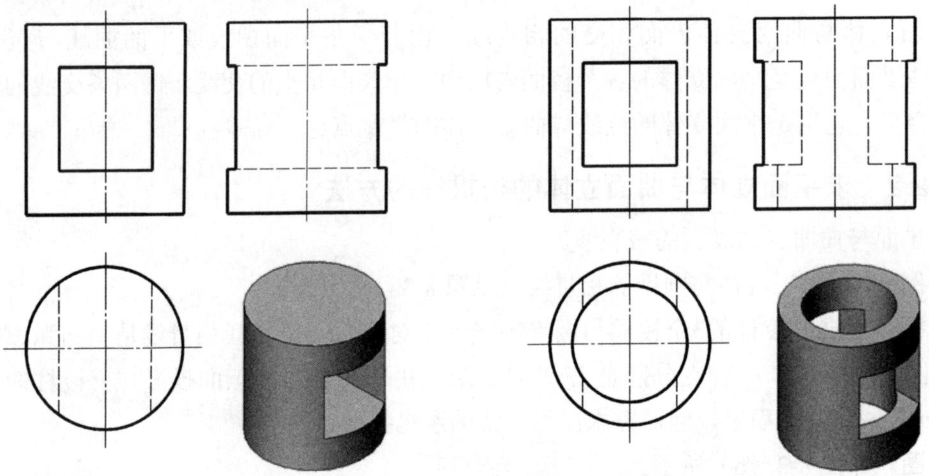

（a）　　　　（b）

图 8-4　圆柱、圆筒穿孔

8.3　两曲面立体表面相交

8.3.1　两曲面立体表面相交的相贯线

两曲面立体的相贯线，一般情况下为封闭的空间曲线，如图 8-1 中的 *A*、*B*、*C*；特殊情况为平面曲线，如图 8-1（b）中的 *D*，或直线。

8.3.2　求两曲面立体的相贯线的方法

由于相贯线是相交两曲面立体表面的共有线，因此它是两曲面立体表面上若干共有点的集合。故可利用立体表面取点和辅助面（辅助平面、辅助球面）法求作出满足图示要求的若干个共有点，然后光滑连线作出相贯线。

在求作相贯线上的点时，应首先求出相贯线上能确定相贯线的形状和范围的特殊点，包括相贯线的最高、最低、最前、最后、最左、最右点及视图轮廓线上的点，然后求出若干中间点。

8.3.3 相贯线的特殊情况

1. 相贯线为平面曲线

（1）共轴的回转体相交，其相贯线为与轴线垂直的圆。当回转轴线平行于投影面时，该圆在该投影面上的投影为一直线段，如图 8-5 所示。

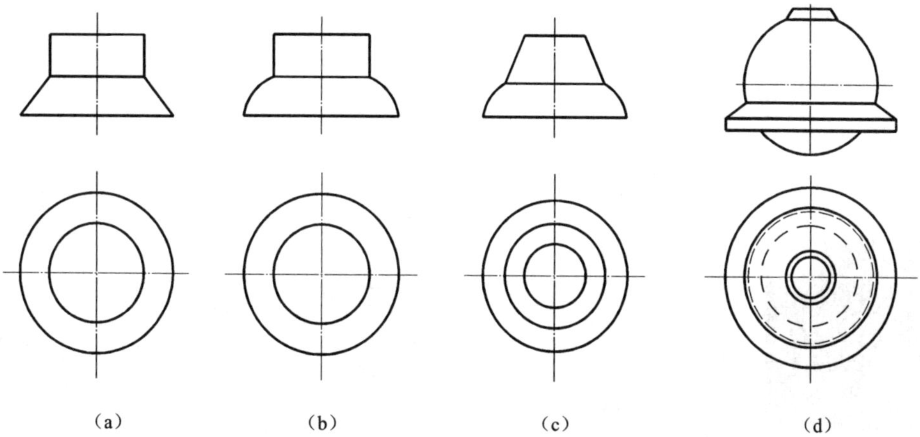

图 8-5　相贯线为平面曲线——圆

（2）相交两立体表面为二次曲面（如圆柱面、圆锥面、球面等）且外切或内切于第 3 个二次曲面，相贯线为平面曲线。当轴线平行于某投影面时，相贯线在该投影面上的投影为直线段。

图 8-6（a）、（b）为轴线相交且外切于同一球面的两圆柱，它们的相贯线为两条二次曲线——椭圆。由于轴线均平行于 *V* 面，相贯线的正面投影为两直线段 *a′b′* 和 *c′d′*，水平投影重合在直立圆柱的水平投影上。

图 8-6（c）为轴线正交且外切于同一球面的圆柱和圆锥，它们的相贯线是两个大小相等的椭圆。同理，椭圆的正面投影为直线段 *a′b′* 和 *c′d′*，水平投影仍为椭圆。

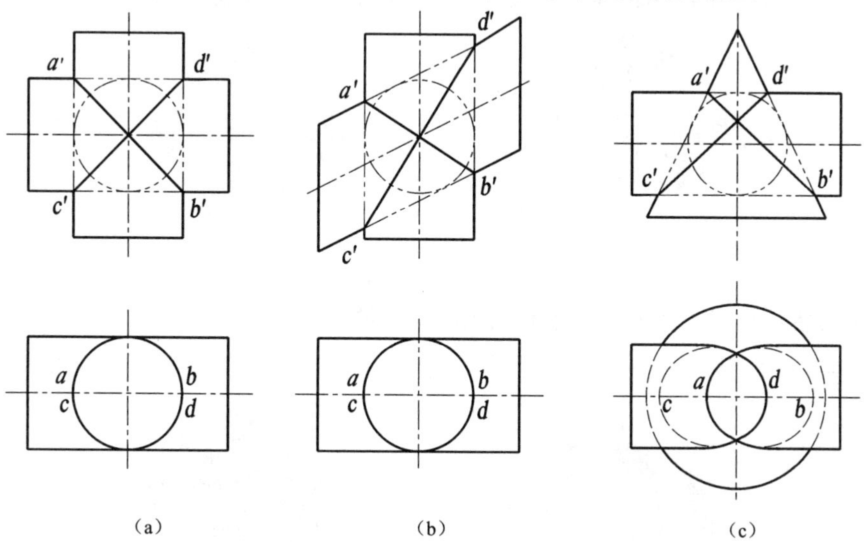

图 8-6　相贯线为平面曲线——椭圆

2. 相贯线为直线

（1）轴线平行的两圆柱面相交，相贯线为平行于轴线的两直线，如图 8-7（a）中的 $a'b'$、ab和$c'd'$、cd。

（2）具有公共锥顶的两圆锥相交，相贯线为过锥顶的两条直线，如图 8-7（b）中的 $s'a'$、sa和$s'b'$、sb。

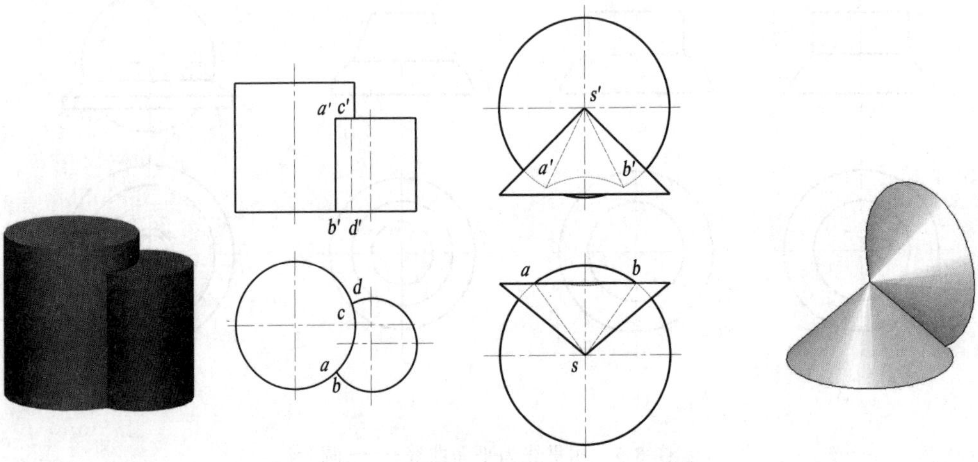

（a）　　　　　　　　（b）

图 8-7　相贯线为直线

8.3.4　影响相贯线形状的因素

相贯线的形状取决于 3 个因素：两相贯体的形状、相对大小和相对位置。

1. 两相贯体的形状不同引起相贯线形状的变化

由图 8-8 可以看出，相贯体的形状不同，则相贯线的形状也不同。

图 8-8　形状不同的立体相贯

2. 两相贯体相对大小的变化引起相贯线形状的变化

由图 8-9 可知，随着两圆柱相对大小的变化，相贯线的形状和位置也在发生变化。

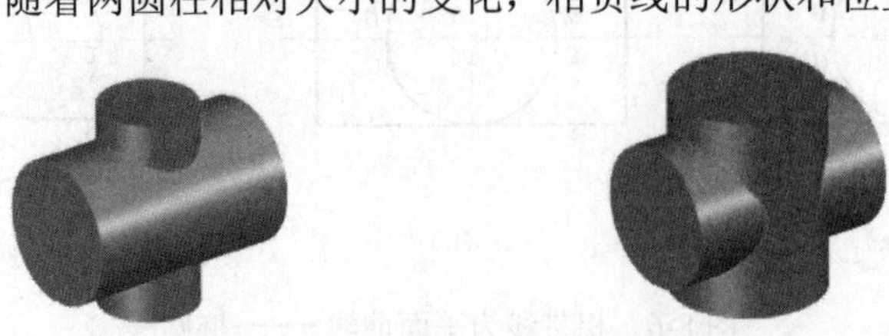

图 8-9　两大小不同的圆柱相贯时交线的变化

3. 两相贯体相对位置不同引起相贯线的变化

由图 8-10 可见，随着小圆柱的前移，相贯线的形状和位置都随之而变。

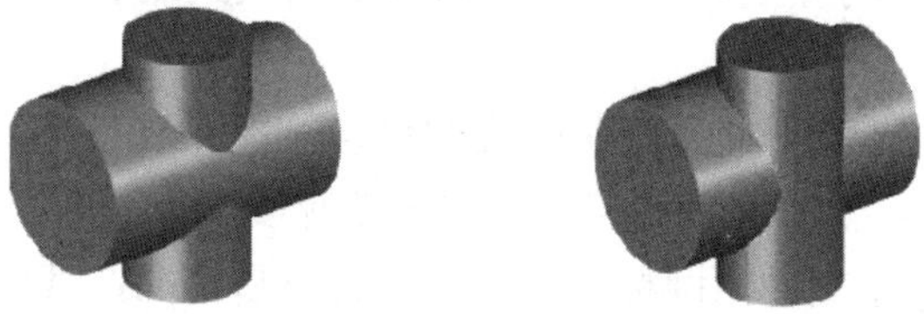

图 8-10　两相对位置不同的圆柱相交时交线的变化

8.3.5　利用曲面立体表面取点求作相贯线

当相交两立体表面的某一投影有积聚性时，相贯线在该投影面上的投影随之积聚，相贯线的其余投影，可用曲面立体表面上取点的方法，求得若干点后，光滑连线得到。

【例 8-2】 求轴线正交的两圆柱的相贯线，见图 8-11（a）、（b）。

分析： 根据题目所给条件可知，直立圆柱其圆柱表面的水平投影——圆周有积聚性，相贯线的水平投影积聚在此圆周上。水平圆柱其圆柱表面的侧面投影——圆周有积聚性，相贯线的侧面投影积聚在此圆周上，为水平圆柱投影范围内的一段弧。因此只需求相贯线的正面投影。

作图： 如图 8-11（c）所示。

（a）

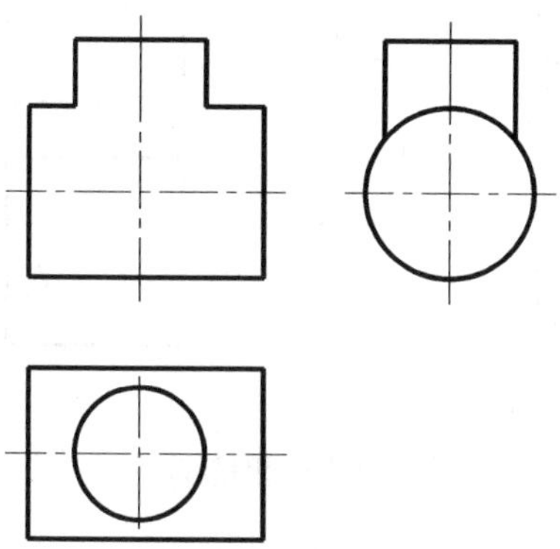

（b）

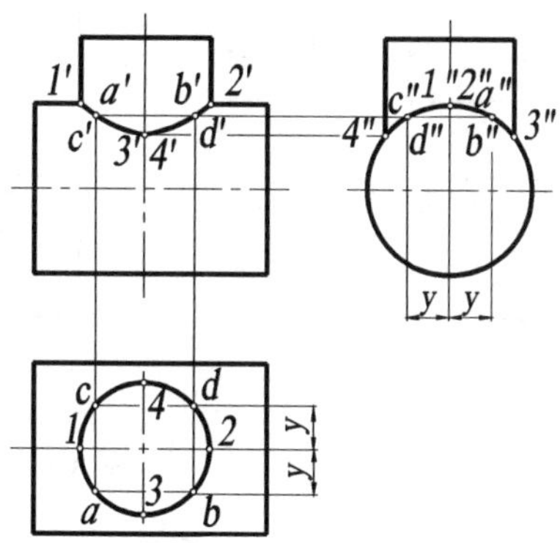

（c）

图 8-11　轴线正交的两圆柱的相贯线

（1）求特殊点：在相贯线的水平投影和侧面投影上，定出最左点 *I*、最右点 *II*、最前和最低点*III*、最后点*IV* 的水平投影 *1*、*2*、*3*、*4* 及侧面投影 *1″*、*2″*、 *3″*、*4″*，求出 *1′*、*2′*、*3′*、*4′*（*3′*与 *4′*重合）。其中点 *I*、*II*也为相贯线的最高点，它们的正面投影在两圆柱的主视图轮廓线上。*III*、*IV* 的侧面投影在直立圆柱的左视图轮廓线上。

（2）求中间点：在水平投影上任取 *a*、*b*，其侧面投影为 *a″*、*b″*，由此便可求出 *a′*、*b′*。用相同步骤还可求出其余中间点，如 *c′*、*d′*，*c*、*d*、*c″*、*d″*。

（3）依次将各点连成光滑曲线。

判断可见性：正面投影以主视图轮廓线为分界线，可见部分 *1'a'3'b'2'* 画实线；不可见部分 *2'd'4'c'1'* 与可见部分重合，则虚线不画。水平投影和侧面投影均为积聚性投影，不判断可见性。

完善视图轮廓线：完善圆柱视图轮廓线的投影。在主视图上，大圆柱和小圆柱的主视图轮廓线交于 *1'*、*2'*。*1'*、*2'* 之间不存在主视图轮廓线。

图 8-12 所示为轴线正交的两圆柱面相交的 3 种典型情况，其中，图（a）为两外圆柱面相交；图（b）为外圆柱面与内圆柱面相交；图（c）为两内圆柱面相交。如果这两种圆柱面的大小及相对位置没有任何变化，则其相贯线均为同样的空间曲线，其三面投影也完全一样。其可见性由相交表面投影的可见性确定。

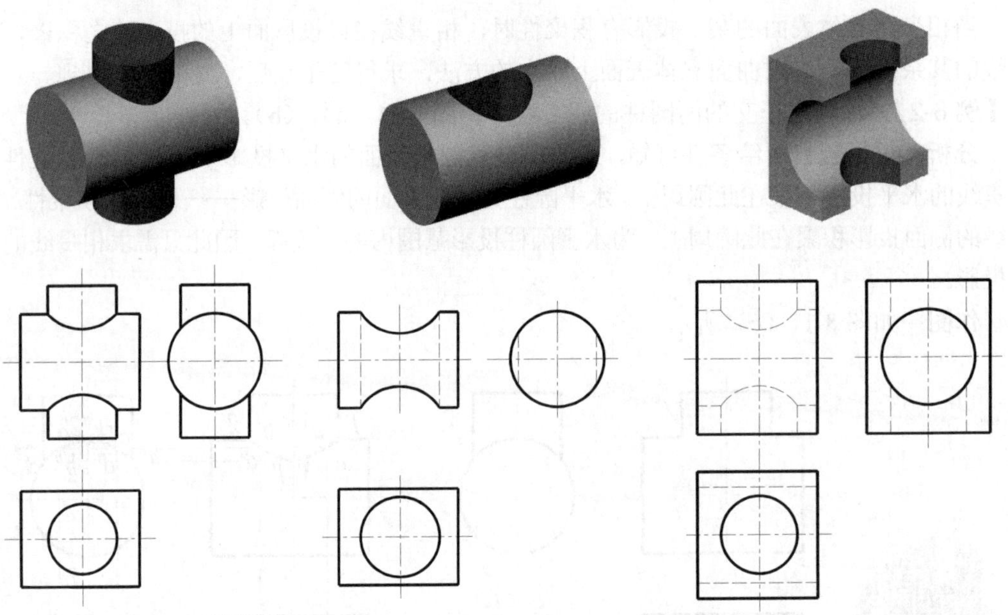

（a）　　　　（b）　　　　（c）

图 8-12　外圆柱面、内圆柱面的相贯线

【例 8-3】求轴线垂直交叉的两圆柱的相贯线，见图 8-13（a）。

分析：根据题目所给条件可知，相交两圆柱的轴线垂直交叉，但由于两圆柱的轴线分别垂直于水平面和侧面，因而与例 8-1 分析结果相同，相贯线的水平投影和侧面投影分别积聚在直立圆柱有积聚性的水平投影（圆）和水平圆柱有积聚性的侧面投影（圆）上，因此只需求其正面投影。

作图：

（1）求特殊点：如图 8-13（b）所示，在相贯线的水平投影和侧面投影上，定出最左点 *Ⅰ*、最右点 *Ⅱ*、最前和最低点 *Ⅲ*，最后点 *Ⅳ* 其水平投影：*1*、*2*、*3*、*4* 和侧面投影 *1″*、*2″*、*3″*、*4″*，由此可求出其正面投影 *1′*、*2′*、*3′*、*4′*；水平圆柱主视图轮廓线上的点的水平投影为 *5*、*6*，侧面投影为 *5″*、*6″*，由此可求出正面投影 *5′*、*6′*，此两点为最高点。

（2）求中间点：图 8-13（c）中，在水平投影上任意确定两点 *a*、*b*，其侧面投影为 *a″*、*b″*，由此可求出 *a′*、*b′*。

（3）将各点依次连成光滑曲线。

判断可见性：根据正面投影的可见性，由于直立圆柱的主视图轮廓位于水平圆柱主视图轮廓线的前面，故以 *1′*、*2′*分界，*1′3′2′* 可见，画成实线；*2′6′4′5′1′* 不可见，画成虚线。

完善视图轮廓线：由于水平圆柱主视图轮廓线与直立圆柱的贯穿点是 *V*、*VI*（*5′*、*6′*，*5*、*6*，*5″*、*6″*），故水平圆柱的主视图轮廓线要画到 *5′*、*6′*；同理，直立圆柱的主视图轮廓线是 *I*、*II*（*1′*、*2′*，*1*、*2*，*1″*、*2″*），故直立圆柱的主视图轮廓线要画到 *1′*、*2′*，如图 8-13（d）所示。

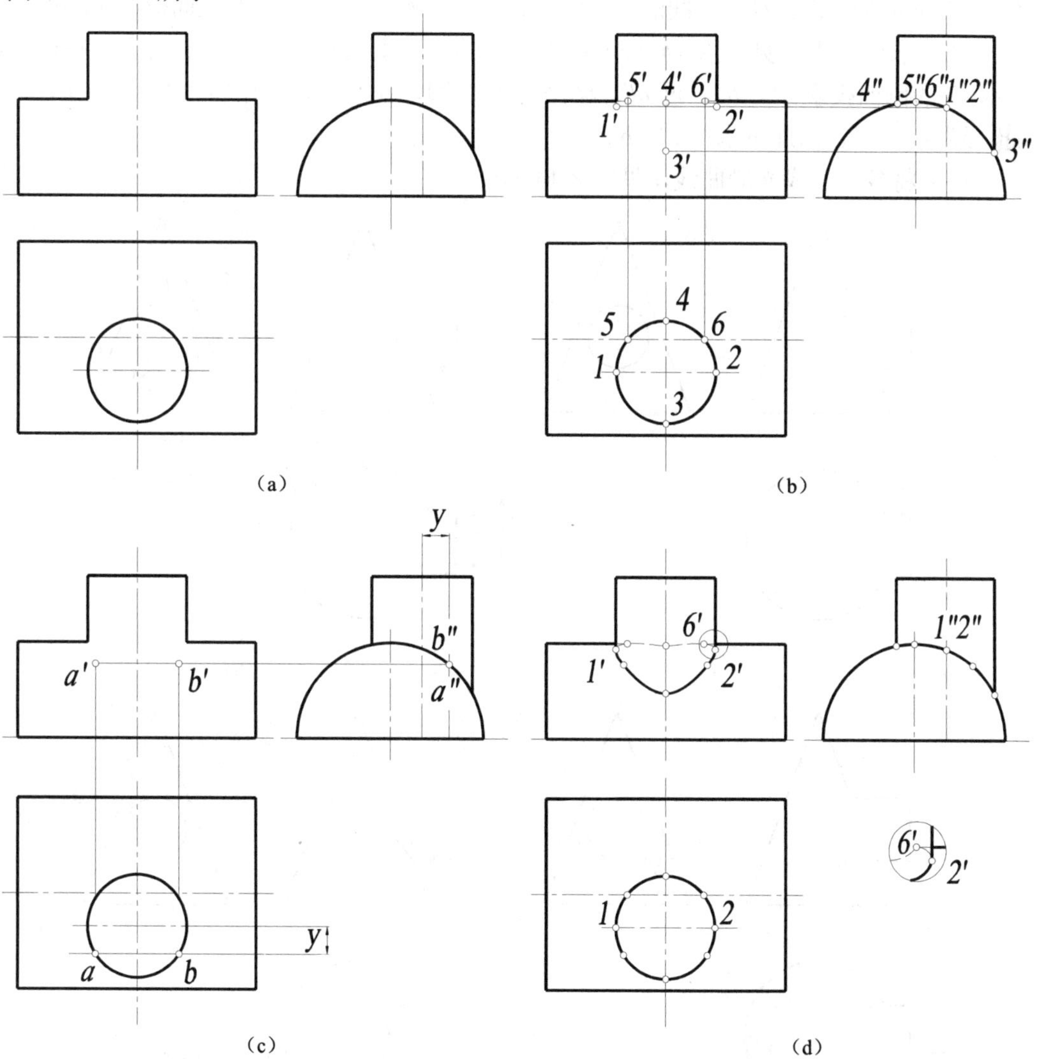

图 8-13　轴线垂直交叉的两圆柱的相贯线

【例 8-4】求轴线正交的圆锥与圆柱的相贯线，见图 8-14（a）。

分析：由于圆柱的轴线垂直于侧面，相贯线的侧面投影积聚在圆柱面有积聚性的侧面投影（圆周）上；又根据相贯线上的点是两立体表面的共有点，利用圆锥表面取点的方法，求作相贯线的正面投影和水平投影。

作图：

（1）求特殊点，见图 8-14（b）：圆柱与圆锥主视图轮廓线上的贯穿点 *I*、*II*，利用水平圆柱侧面投影的积聚性可直接求得其正面投影 *1*′、*2*′ 和侧面投影 *1*″、*2*″，由 *1*′、*2*′ 及 *1*″、*2*″ 可求出 *1*、*2*。点 *I* 是最高点，点 *II* 是最低点。

圆柱俯视图轮廓线上的贯穿点 *III*、*IV*，其侧面投影为 *3*″、*4*″，过 *3*″、*4*″ 作水平纬圆，求得水平投影 *3*、*4* 和正面投影 *3*′、*4*′。点 *III* 是最前点，点 *IV* 是最后点。

在左视图上，过锥顶作圆柱面侧面投影的切线，切点为 *5*″、*6*″。它们对应的空间点 *V*、*VI* 为相贯线的最右点。利用素线法，可求出 *V*、*VI* 的水平投影 *5*、*6* 和正面投影 *5*′、*6*′。

（2）求中间点，见图 8-14（c）：在相贯线的有效范围内，在侧面投影中任取中间点 *A*、*B* 的侧面投影 *a*″、*b*″，过 *a*″、*b*″ 作水平纬圆，在水平投影中得出交点 *a*、*b*，其侧面投影为 *a*″、*b*″，由此可求得 *a*′、*b*′。

（3）将各点连成光滑曲线，见图 8-14（d）。

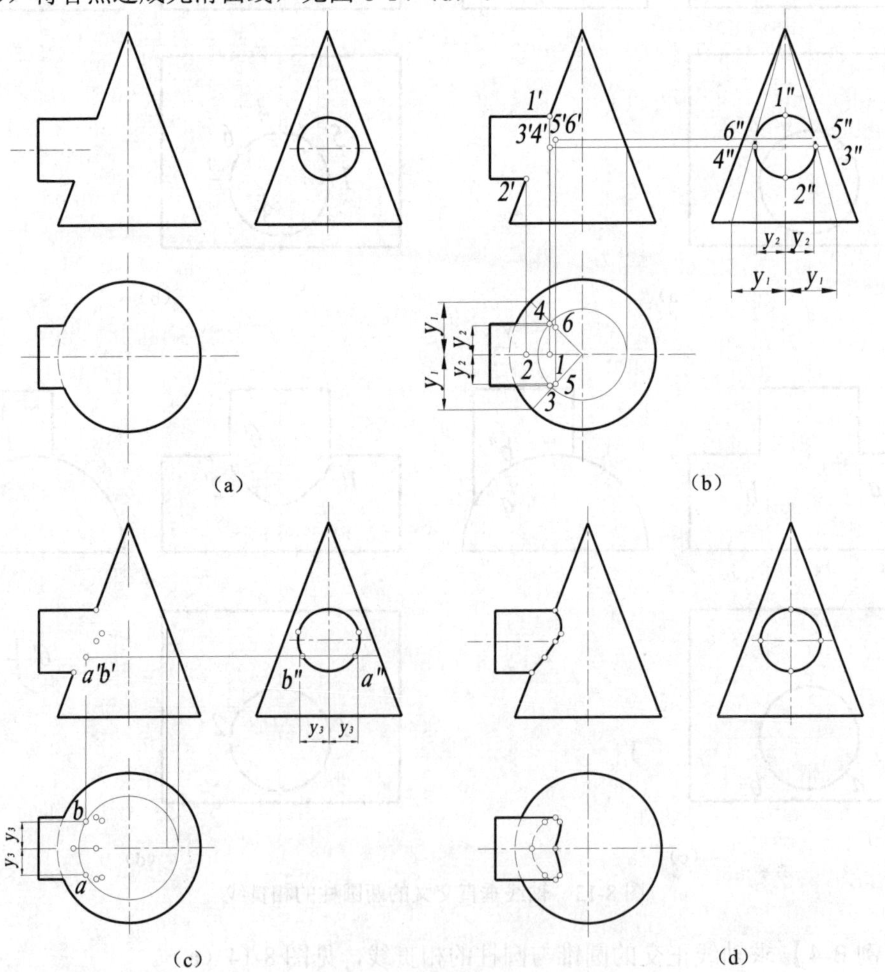

图 8-14　轴线正交的圆锥与圆柱的相贯线

判断可见性： 正面投影，以主视图轮廓线为分界线，可见部分 $1'5'3'a'2'$画实线；不可见部分 $2'b'4'6'1'$与可见部分重合。水平投影，以水平圆柱的俯视图轮廓线贯穿点的水平投影 *3*、*4* 分界，*35164* 可见，*3b2a4* 不可见。

完善视图轮廓线： 在水平投影中，由于水平圆柱的俯视图轮廓线的贯穿点是*III*、*IV*，圆柱的俯视图轮廓线画至点 *3*、*4* 处。

8.3.6 利用三面共点原理求作相贯线

1. 用辅助平面法求相贯线

由于相贯线是两立体表面共有点的集合，利用三面共点原理，选用适当位置的平面为辅助平面，即可求得共有点。辅助平面的选择应使其与已知回转表面的截交线的投影是直线或圆。图 8-15（a）、（c）中，圆柱与圆锥相交，宜用垂直于圆锥轴线的平面或包含圆锥轴线的平面为辅助平面；图 8-15（b）中，圆柱与圆球相交，则宜选用平行于圆柱轴线或垂直于圆柱轴线的平面为辅助平面；图 8-15（d）中，圆锥台与圆球相交，则宜选用垂直于圆锥台轴线或包含圆锥台轴线的平面为辅助平面。上述辅助平面一般都选用投影面平行平面，可使截交线的投影易于作图。

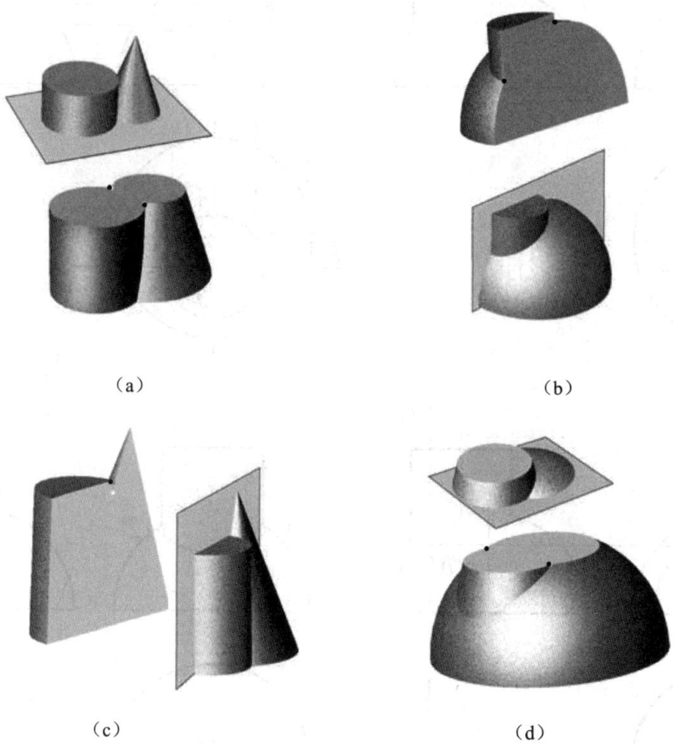

图 8-15 辅助平面的选择

【例 8-5】 求圆柱与半球的相贯线，见图 8-16（a）。

分析： 由于圆柱的轴线垂直于水平面，相贯线的水平投影重合在圆柱面有积聚性的水平投影（圆周）上。对于本例所示圆柱与半圆球的相对位置关系及其在投影体系中的位置，可选投影面平行面作为辅助面，求作相贯线的正面投影和侧面投影。

作图：

（1）求特殊点，见图 8-16（b）：圆柱主视图轮廓线上的贯穿点 *I*、*II*的水平投影 *1*、*2*，利用圆柱水平投影的积聚性可直接找到；选包含圆柱主视图轮廓线作正平面 *P* 为辅助面，求出 *1'*、*2'*，由此可求出 *1''*、*2''*。圆球主视图轮廓线上的点 *V*、*VI*的水平投影 *5*、*6* 积聚在圆柱的水平投影上，由它可直接求出 *5'*、*6'*及 *5''*、*6''*。在俯视图上，圆柱与半球左视图轮廓线上的点*III*、*IV*的水平投影为 *3*、*4*，选包含圆柱左视图轮廓线作侧平面 *S* 为辅助面，求出侧面投影为 *3''*，*4''*，由它可求出 *3'*、*4'*。其中点 *I* 为最左点，点 *II* 为最右点，点*III*为最前、最低点，点*IV*为最后、最高点。

（2）求中间点，见图 8-17（c）：选正平面 *T* 为辅助面，在水平投影中，由 T_H 可确定 *a*、*b*，并求出 *a'*、*b'*及 *a''*、*b''*。

（3）将各点依次连成光滑曲线，见图 8-16（d）。

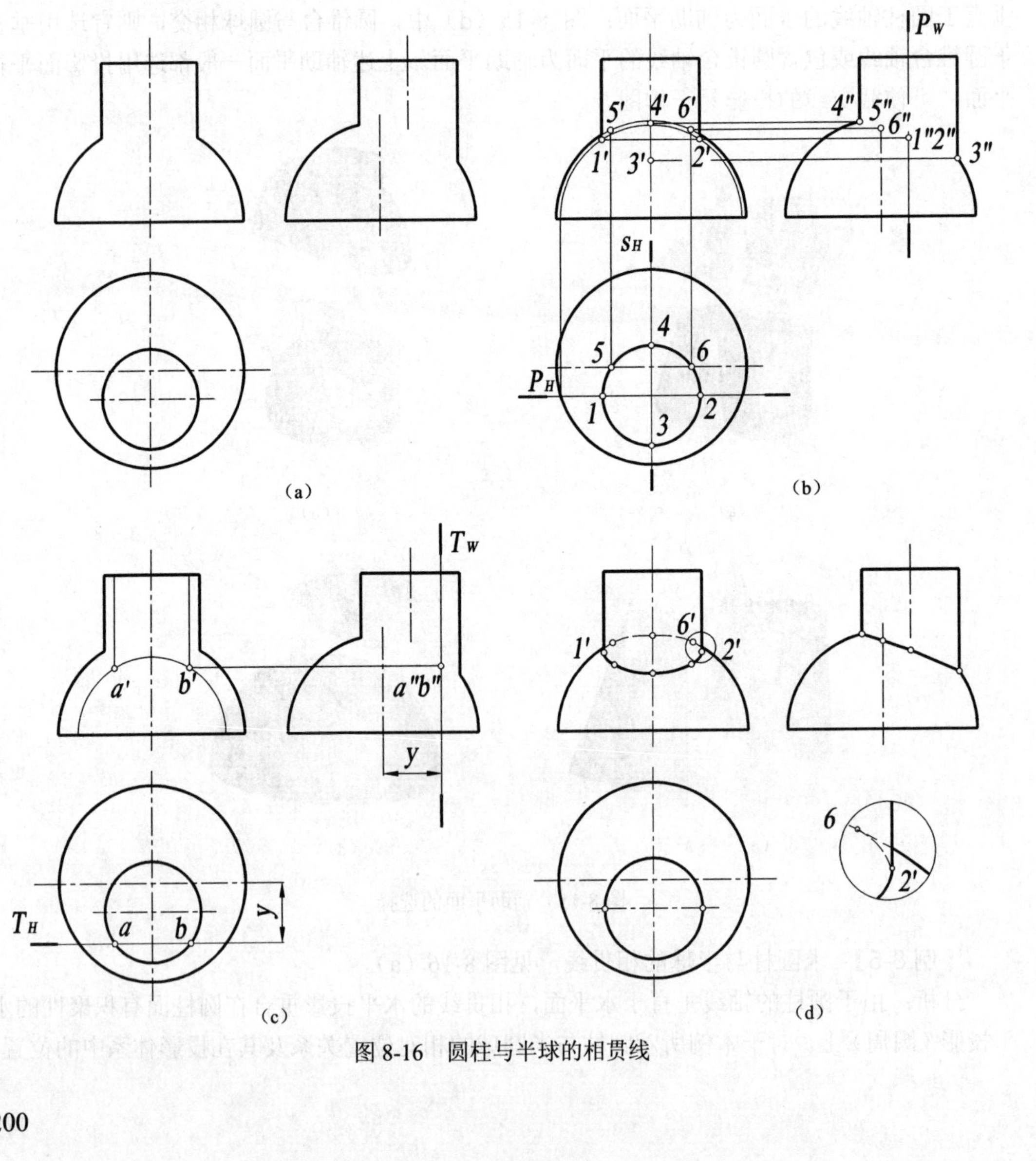

图 8-16　圆柱与半球的相贯线

判断可见性：正面投影的可见性，由于直立圆柱的主视图轮廓线位于半圆球主视图轮廓线的前面，故以 $1'$、$2'$ 分界，$1'a'3'b'2'$ 可见；$2'6'4'5'1'$ 不可见。侧面投影的可见性，以圆柱与半圆球的左视图轮廓线为分界线，可见部分 $4''5''1''a''3''$ 与不可见部分 $3''b''2''6''4''$重合。

完善视图轮廓线：半球的主视图轮廓线画至 $5'$、$6'$；圆柱的主视图轮廓线画至 $1'$、$2'$。完善后的主视图轮廓线的连线及可见性见放大图，如图 8-16（d）所示。

【例 8-6】求圆锥台与半球的相贯线，见图 8-17（a）。

分析：由于圆锥面与半球表面的投影均无积聚性，需选用适当的辅助面求出若干共有点，完成相贯线的三面投影。

对于半球，任何投影面平行面均可作为辅助面；对于圆锥台，因其轴线垂直于水平面，故宜选水平面或包含圆锥轴线的正平面和侧平面为辅助面。

作图：

（1）求特殊点，见图 8-17（b）：包含圆锥台和半球主视图轮廓线作辅助正平面 R，求出其上的贯穿点 I 、II 的正面投影 $1'$、$2'$，由它可直接求出 1、2 及 $1''2''$。圆锥台左视图轮廓线上的贯穿点 III、IV，选包含左视图轮廓线的侧平面 P 为辅助面，求出其侧面投影为 $3''$、$4''$，由它可求出 $3'$、$4'$ 及 3、4。

（2）求中间点，见图 8-17（c）：作一水平面 Q 为辅助面，它与圆锥台、半球的截交线均为圆。水平投影中，两圆交于 a、b，即为中间点 A、B 的水平投影。由于 A、B 属于 Q，故可在 Q_V上求出 a'、b'，在 Q_W上求出 a''、b''。

（3）依次将各点连成光滑曲线，见图 8-17（d）。

判断可见性：正面投影以主视图轮廓线为分界线，可见部分 $1'a'3'2'$ 与不可见部分 $2'4'b'1'$ 重合；水平投影均可见；侧面投影，由于圆锥台位于半圆球的左半部，故侧面投影的可见性应以圆锥台左视图轮廓线的贯穿点 III、IV 的侧面投影 $3''$、$4''$ 分界，$4''b''1''a''3''$ 可见，$3''2''4''$ 不可见。

完善视图轮廓线：见图 8-17（d）：半球的左视图轮廓线是完整的，但被圆锥台遮挡部分，应画成虚线。圆锥台的左视图轮廓线画至 $3''$、$4''$ 处。

2. 利用辅助球面求相贯线

从相贯线的特殊情况可知，共轴的回转体相交，相贯线为垂直于轴线的圆，故当回转体与球相交，且球心在回转轴上时，其交线是圆，该圆所在平面垂直于回转轴线，当回转轴线平行于投影面时，圆在该投影面上的投影为一直线段，见图 8-4。因此，在一定的条件下，可用球面为辅助面求作相贯线。球心不变的称同心球面法，球心变动的称异心球面法。下面仅介绍同心球面法。

用同心球面法求作相贯线，两曲面立体必须满足 3 个条件：

（1）两曲面立体一定是回转体；

（2）两回转体的轴线一定要相交，交点即为辅助球面的球心；

（3）两回转体的轴线同时平行于某一投影面。

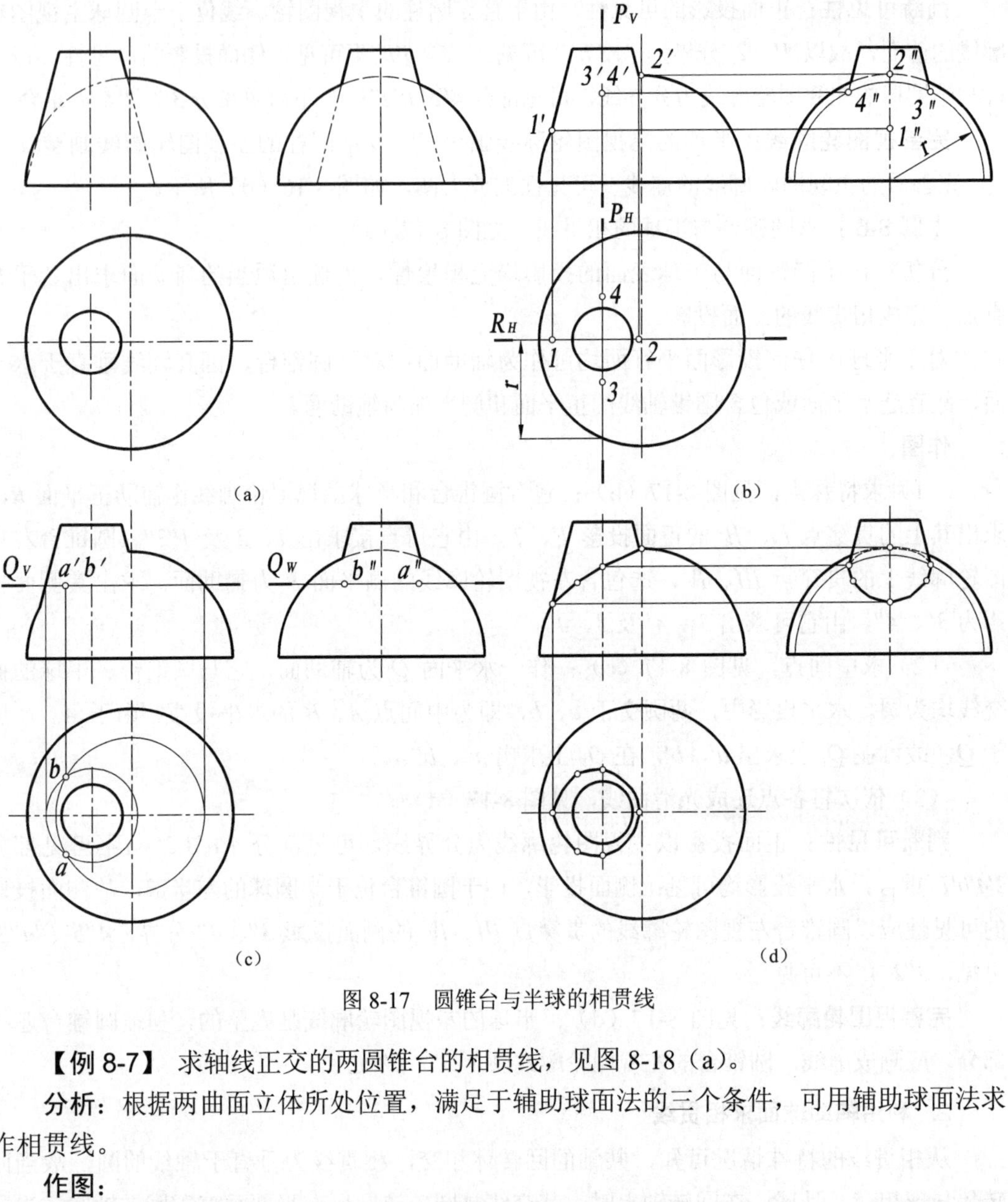

图 8-17　圆锥台与半球的相贯线

【例 8-7】 求轴线正交的两圆锥台的相贯线，见图 8-18（a）。

分析：根据两曲面立体所处位置，满足于辅助球面法的三个条件，可用辅助球面法求作相贯线。

作图：

（1）求特殊点，见图 8-18（b）：两圆台主视图轮廓线上的贯穿点 *I*、*II*，其正面投影为 *1′*、*2′*，由它可求出 *1*、*2*。水平圆锥台俯视图轮廓线上的*III*、*IV* 点，选包含水平圆锥台俯视图轮廓线作的水平面 *P* 为辅助平面，求得其水平投影 *3*、*4* 和正面投影 *3′*、*4′*。

（2）求中间点，见图 8-18（c）：以 *O′*为球心，以适当的半径作辅助球面。其中最大辅助球面的半径为球心 *O′*至两圆锥台主视图轮廓线的交点中最远点 *2′*的距离 r_{max}；最小辅助球面的半径为自球心 *O′*向两圆锥台主视图轮廓线作垂线，垂线中较长的一段 r_{min}。正面投影中的 *c′*、*d′*即是由最小辅助球面所求出的点，由 *c′*、*d′*可求出 *c*、*d*。在最大、最小辅助球面之间以适当半径 *R* 再作辅助球面，该球面与直立圆锥台的交线为 *g′h′*，与水平圆锥台的

交线为 $e'f'$。$g'h'$与 $e'f'$的交点 a'、b'即为所求相贯线上一对中间点的正面投影，由它可求出 a、b。

（3）将各点连成光滑曲线，见图 8-18（d）。

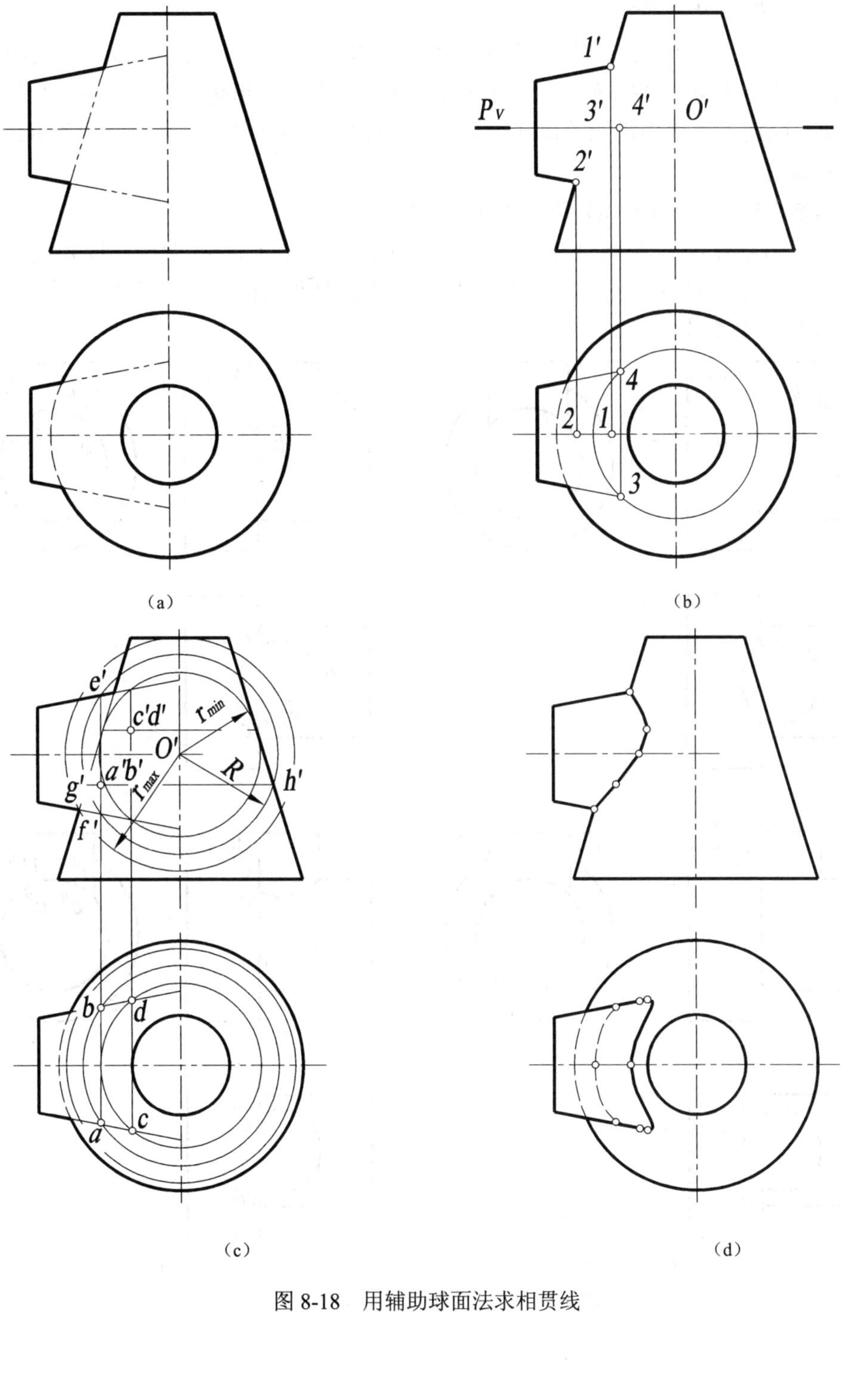

图 8-18　用辅助球面法求相贯线

判断可见性：正面投影中，可见部分 *2'a'3'c'1'* 与不可见部分 *1'd'4'b'2'* 重合；水平投影中，以 *3*、*4* 分界 *3c1d4* 可见，*4b2a3* 不可见。

完善视图轮廓线：水平圆锥台的俯视图轮廓线画至 *3*、*4* 处。

8.3.7 复合相贯线

复合相贯线，是由两个以上立体表面相交的相贯线组合而成。求复合相贯线应首先分离形体，即将相交部分按单一立体分解开，然后根据这些形体的组合关系，分别按形体两两相交，应用上述求相贯线的原理、方法一一作出每两个单一立体相交的相贯线，经过综合，最后完成。

【例 8-8】 求图 8-19（a）所示物体的相贯线。

分析：该物体由 3 个圆柱体 *I*、*II*、*III* 组成，其中 *I*、*II* 两圆柱同轴线其端面相交，*I*、*III* 和 *II*、*III* 均为轴线正交的相贯体，其表面产生相贯线；*II* 的左端面（平面）与 *III* 的交线为截交线。

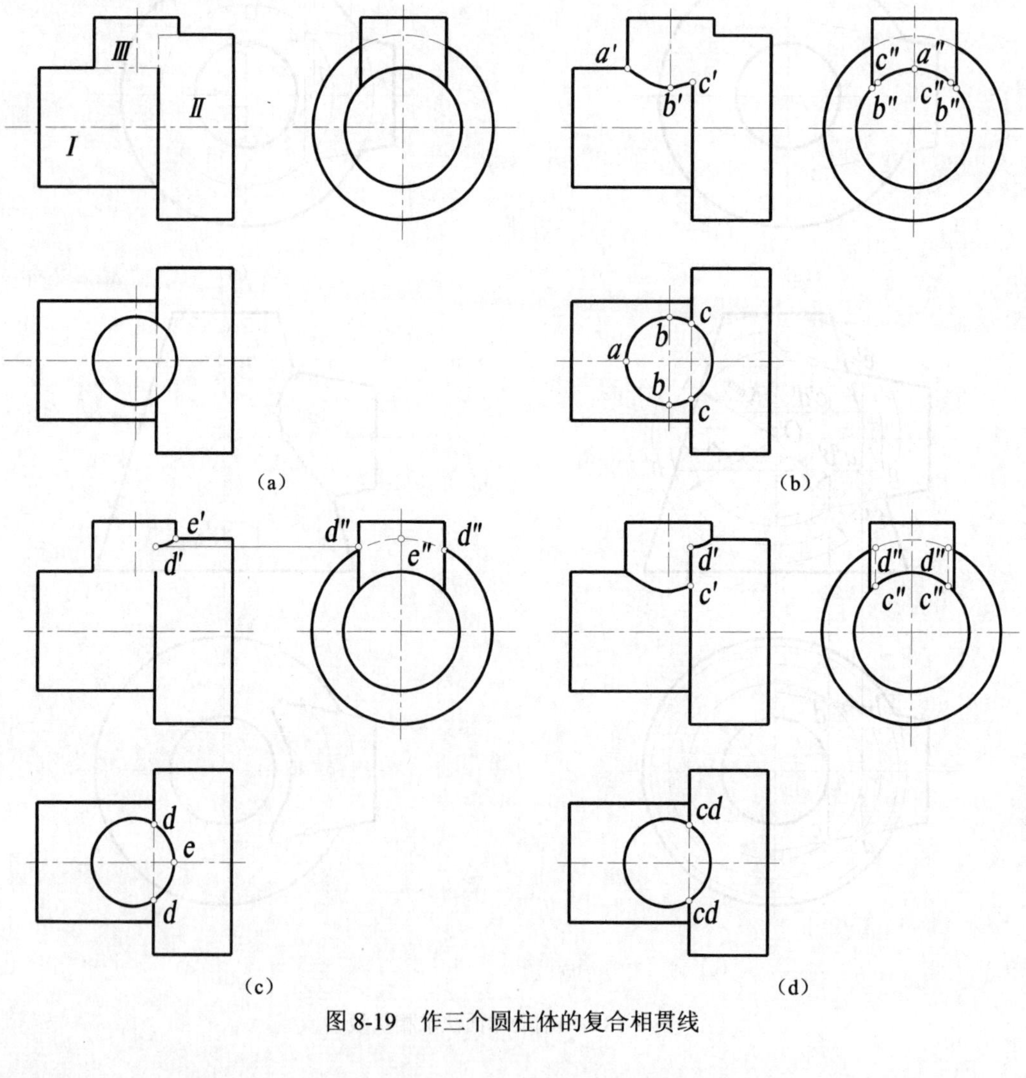

图 8-19 作三个圆柱体的复合相贯线

作图：

（1）求 *Ⅰ*、*Ⅲ*的相贯线，见图 8-19（b）：其水平投影 $\widehat{cbabc}$ 重合在圆柱*Ⅲ* 的水平投影上，为一段圆弧，其中点 *c* 是圆柱 *Ⅰ*、*Ⅲ*表面与 *Ⅱ*左端面的共有点；其侧面投影重合在 *Ⅰ*的侧面投影上为 $\widehat{c''b''a''c''b''}$一段圆弧，由此可求出 *a′b′c′*；

（2）求 *Ⅱ*、*Ⅲ* 的相贯线，见图 8-19（c）：由水平投影 *ded* 与侧面投影 *d″e″d″*可求出 *d′e′d′*，其中点 *D*（*d′*，*d*，*d″*）为圆柱 *Ⅱ*、*Ⅲ* 与 *Ⅱ*左端面的共有点；

（3）求 *Ⅱ*的左端面（平面）与*Ⅲ* 的截交线，见图 8-19（d）：左端面平行于圆柱 *Ⅱ* 的轴线，截交线为直线 *CD*（*c′d′*，*cd*，*c″d″*）；

（4）完善外形线的投影：相贯线为两立体表面的分界线，即是各立体相交部分的外形线。

判断可见性：正面投影中，相贯线的可见部分与不可见部分重合。侧面投影中，截交线 *c″d″*不可见。

【例 8-9】 求图 8-20（a）所示物体的相贯线。

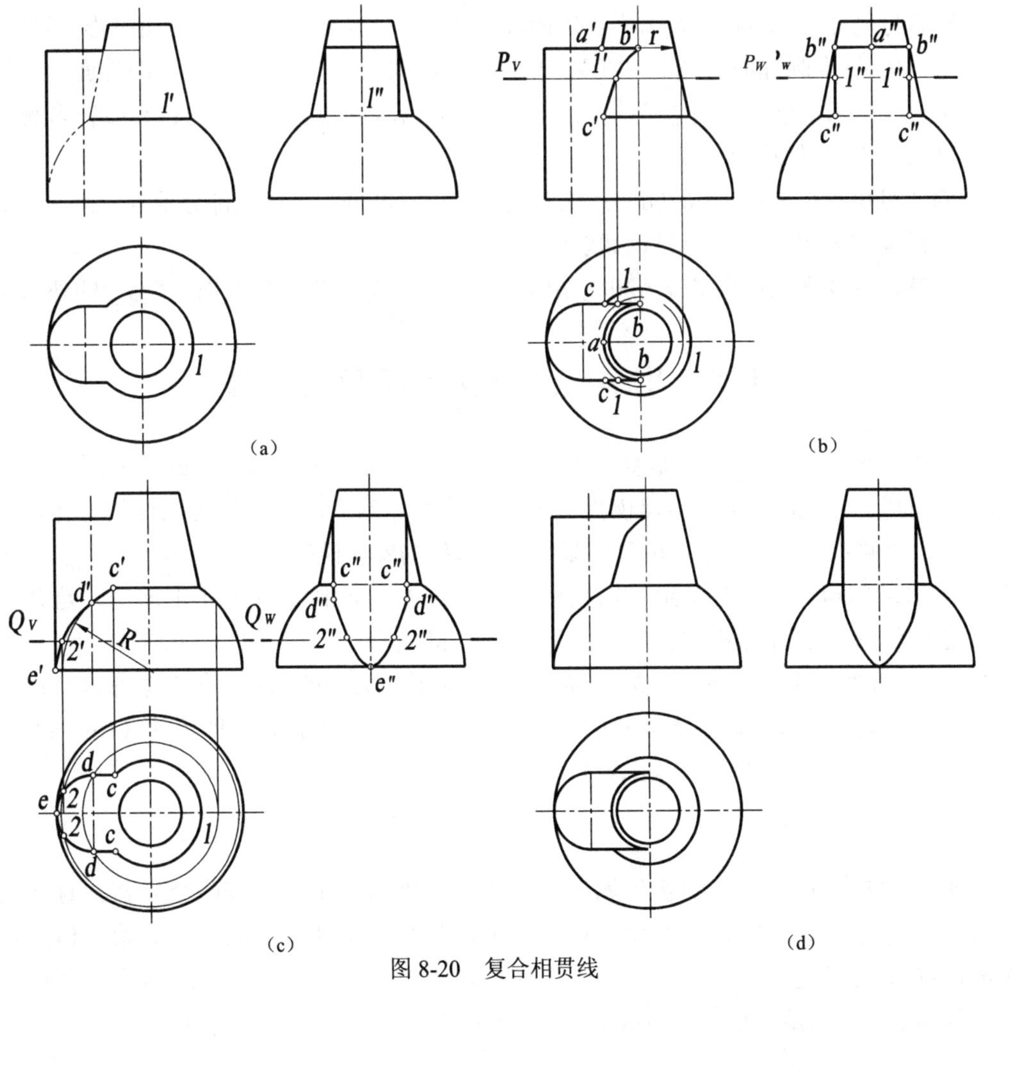

图 8-20　复合相贯线

分析：该物体由 3 个立体组成。*I* 是半球体。*II* 是圆锥台且轴线通过球心，其表面相交，交线为相贯线。*III* 是由半圆柱与四棱柱组合成的复合体，其中四棱柱的前、后棱面及顶面与 *II* 的表面相交，交线为截交线，前、后棱面与 *I* 的交线亦为截交线；半圆柱表面与 *I* 的表面相交，交线为相贯线。

作图：

（1）求 *I* 与 *II* 的相贯线，见图 8-20（a）：*I*、*II* 与共轴的回转体相交，相贯线为水平圆周，其正面投影 *l′* 及侧面投影 *l″* 均为一直线段，水平投影为圆弧 $\widehat{l}$。

（2）求 *II* 与 *III* 的相贯线，见图 8-20（b）：*III* 的顶面与 *II* 的交线为水平圆周，其半径为 *r*，水平投影为圆弧 $\widehat{bab}$。正面投影 *b′a′b′* 及侧面投影 *b″a″b″* 均为直线段，其中点 *B* 是 *II* 的锥面和 *III* 的前、后棱面与顶面的共有点。*III* 的前、后棱面为正平面且平行圆锥台的轴线，它与 *II* 的交线是一段双曲线，其水平投影 *bc* 和侧面投影 *b″c″* 均为直线段。选水平面P为辅助面，可求出中间点 *I*，由此求得正面投影 *b′1′c′*。

（3）求 *I* 与 *III* 的相贯线，见图 8-20（c）：*III* 的前、后棱面与球的交线为圆弧，其正面投影为以球心为圆心、*R* 为半径的两段圆弧 $\widehat{c'd'}$；水平投影 *cd* 和侧面投影 *c″d″* 均为直线段。*III* 的半圆柱面与球的交线为一空间曲线，其水平投影重合在半圆柱面的投影上为 $\widehat{ded}$ 一段圆弧，选水平面 *Q* 为辅助面求出中间点 *II*，由此求得正面投影 *d′2′e′* 和侧面投影 *d″2″e″2″d″*，它们均为曲线。

判断可见性：见图 8-20（d）：正面投影中可见部分与不可见部分重合。侧面投影中 *I*、*II* 的交线 *c″c″* 一段不可见，其余可见。

完善视图轮廓线：相贯线为相交立体表面的分界线，即是各立体相交部分的外形线。

8.4 用 AutoCAD 创建复合实体

不论是简单的实体，还是复杂的实体，所有的实体都是由简单的几何形体或基本体组合而成。AutoCAD 实体建模提供了构造基本体的方法。一旦构造好基本体，通过“交”、“并”、“差”布尔运算，即可构成最终的实体模型。

布尔运算得名于 19 世纪英国数学家乔治·布尔，他发展了逻辑理论，这些理论现在还广泛应用于计算机中。实际上所有计算机编程语言都有“与（AND）”、“或（OR）”和“异或（XOR）”3 种布尔操作；同样，AutoCAD 也有 3 条命令实现对实体和面域（面域是以封闭边界创建的二维封闭区域）的布尔操作，即“并（Union）”、“差（Subtract）”和“交（Intersect）”。

8.4.1 并 集

通常由布尔操作得到的实体属于复合实体，因为它至少含有两个元素。有些实体建模程序保存了原始实体的变化踪迹，甚至能将复合实体复原成多个原始实体。可是 AutoCAD 做不到这一点，当一组实体的布尔操作一旦完成以后，生成的实体就不能再回到它的原始状态（除了用另外的修改操作，或用 Undo 命令），只能进行查看。

Union将一组实体组合成一个实体，当调用这条命令时，AutoCAD将提示选择要组合的实体。可以用任何选择实体的方法选取实体，并要求所选的对象中的实体不少于2个。

启动 Union 命令的方法有如下几种：

- 使用键盘输入 union；
- 在“修改”菜单上单击“实体编辑”子菜单中的并集选项；
- 在“实体编辑”工具栏上单击并集图标；
- 在“建模”工具栏上单击并集图标。

输入命令后，AutoCAD 将提示：

选择对象：（选择要组合的对象，按回车键结束选择对象，如图8-21所示为选择两个圆柱体）

不管它们位于三维空间的什么地方，所有被选实体将组合成一个实体。对于面域，只有在同一平面中（共面）的面域才会被组合成一体。图8-21所示为两个轴线垂直相交的圆柱体的并集运算过程。

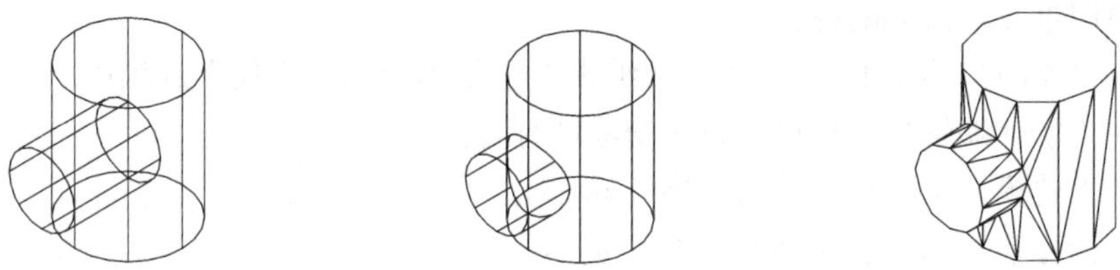

（a）两个轴线垂直相交的圆柱体　　（b）经并集运算后为一个实体　　（c）消隐处理

图 8-21　两个轴线垂直相交的圆柱体的并集

8.4.2 差　集

布尔差操作即从一组相交实体的一个实体集中去除相交部分。可以用subtract命令修剪实体或打孔。

启动 subtract 命令的方法有如下几种：

- 使用键盘输入 subtract；
- 在“修改”菜单上单击 “实体编辑”子菜单中的“差集”选项；
- 在“实体编辑”工具栏上单击差集图标；
- 在“建模”工具栏上单击差集图标。

输入命令后，AutoCAD将显示如下提示：

选择被删除的实体或面域...

选择对象：（选择被减的对象，并按回车键结束选择，如图8-22（b）为指定半球。可以选择一个或多个对象作为源对象，如果选择了多个对象，AutoCAD首先将合并这些对象）

选择要删除的实体或面域...

选择对象：（选择要减去的对象，并按回车键结束选择，如图8-22（c）为指定圆柱）

图8-22所示为两个轴线平行的半球和圆柱体的差集运算过程。

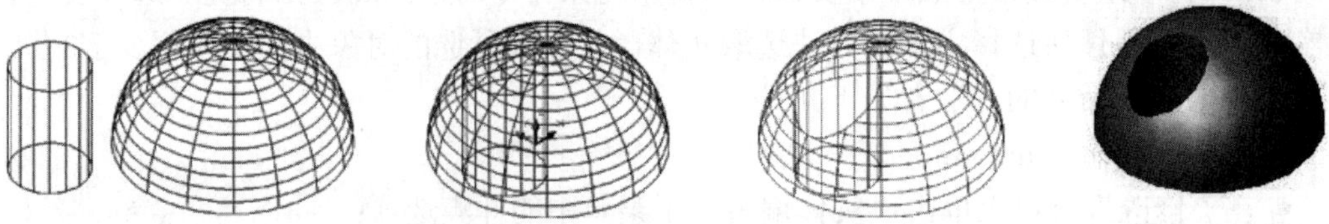

（a）圆柱和半球　　（b）圆柱和半球的轴线相平行　　（c）半球与圆柱的差集运算　　（d）消隐、着色处理

图 8-22　半球与圆柱体的差集运算过程

8.4.3　交　集

布尔交操作由Intersect命令实现，它从一组相交实体的共同部分得到新的实体。在相交操作时，除了共同部分，其他都被删去了。与Union命令一样，Intersect只提示选择要相交的实体，并可以用任何选择实体的方法选取实体。

启动 Intersect 命令的方法有如下几种：

- 使用键盘输入 intersect；
- 在“修改”菜单上单击 “实体编辑”子菜单中的“交集”选项；
- 在“实体编辑”工具栏上单击交集图标；
- 在“建模”工具栏上单击交集图标。

输入命令后，AutoCAD将显示如下提示：

选择对象：（选择对象并按回车键结束选择，选取至少2个实体）

两个圆柱体的交运算示意图如图8-23所示。

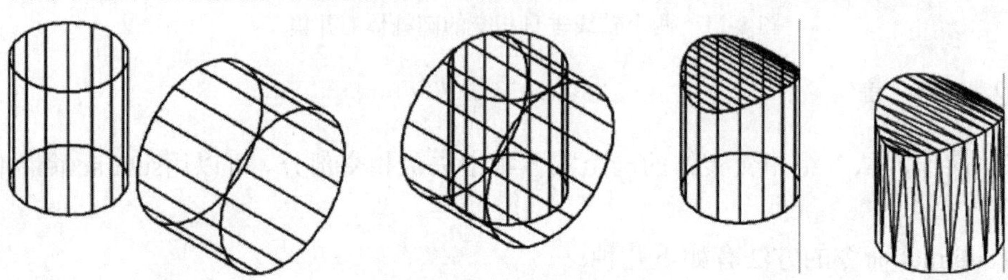

（a）两个圆柱体　　（b）两个圆柱体位置为轴线垂直相交　（c）交集运算　　（d）消隐处理

图 8-23　立方体与圆柱体的交运算

除了交、并、差运算外，AutoCAD还可以对实体进行其他操作，如移动、复制、镜像、旋转以及对实体进行倒角、倒圆等的处理。

另外，通过采用slice命令剖切现有实体创建新实体。可以通过多种方式定义剪切平面，包括使用slice命令剖切实体时，指定点或者选择曲面或平面对象来定义剪切平面，可以保留剖切实体的一半或全部。

第 9 章　组合体的三视图

9.1　组合体的构成

9.1.1　组合体的构成及表面连接形式

任何复杂物体都可以看成是由一些基本形体组合而成，这些基本形体包括棱锥、棱柱等平面立体和圆柱、圆锥、圆球以及圆环等曲面立体。由基本形体组成的复杂立体，称为组合体。

1．组合体的构成方式

组合体的构成方式有叠加、切割和综合 3 种。

（1）叠加

一个组合体往往可以看成是由若干基本形体按照一定要求叠加而成。如图 9-1 所示的轴承座，可以认为是由 *I*、*II*、*III*、*IV* 4 块基本形体叠加而成。这种构成组合体的方式称为叠加。

（a）

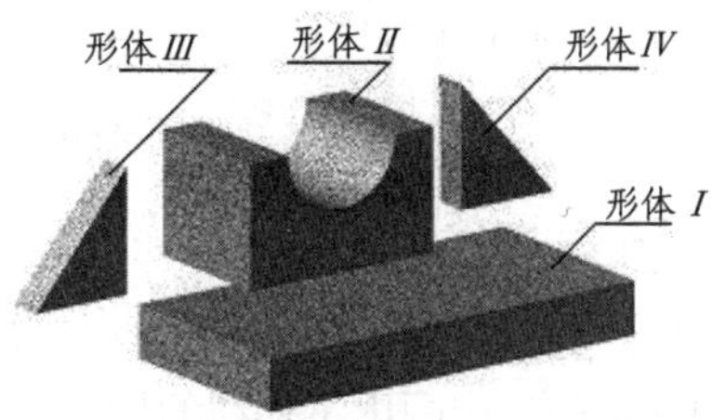

（b）

图 9-1　叠加

（2）切割

一个组合体也可以看成是从一个形体上切去若干基本形体而成。这个作为基础进行切割的形体，称为基础形体。基础形体可以是一个基本形体，也可以是一个简单组合体。如图 9-2 所示的滑块，可以认为是从基础形体 *I* 上切去形体 *II*、*III* 后而成。这种构成组合体的方式，称为切割。

（3）综合

一个组合体单纯地由叠加或切割的一种方式来构成是很少的，往往是由叠加和切割这两种方式共同构成。这种构成组合体的方式，称为综合。综合构成时，既可以先叠加后切割，也可以先切割后叠加。

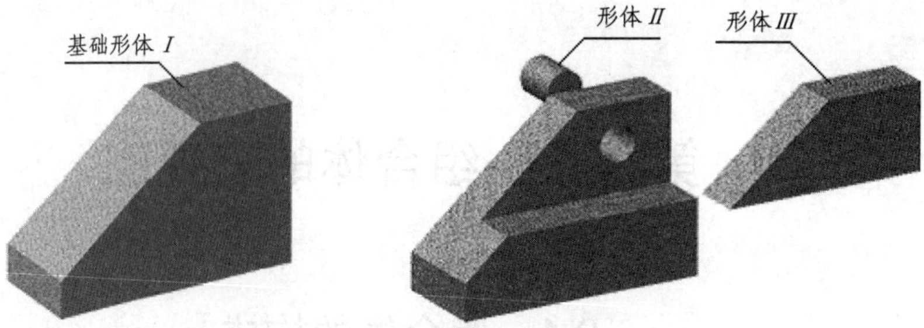

图 9-2　切割

2．组合体的表面连接形式

无论以何种方式构成组合体，两基本形体的表面都可能发生连接。连接形式有平齐、相切和相交 3 种。

（1）平齐

平齐是指当两形体的表面平齐时，在视图上无分界线，如图 9-3（b）所示，而图 9-3（c）中画出了分界线。

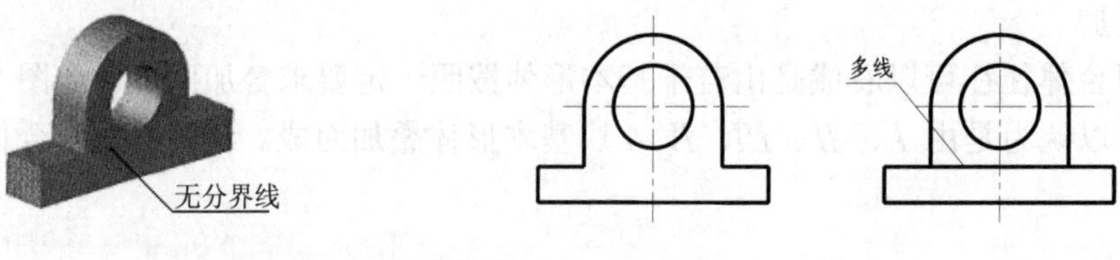

（a）平齐　　（b）正　　（c）误

图 9-3　两表面平齐

（2）相切

相切是指当两形体的表面相切时，产生切线。但在视图上不画切线的投影，如图 9-4（b）所示。而图 9-4（c）中画出了切线的投影。

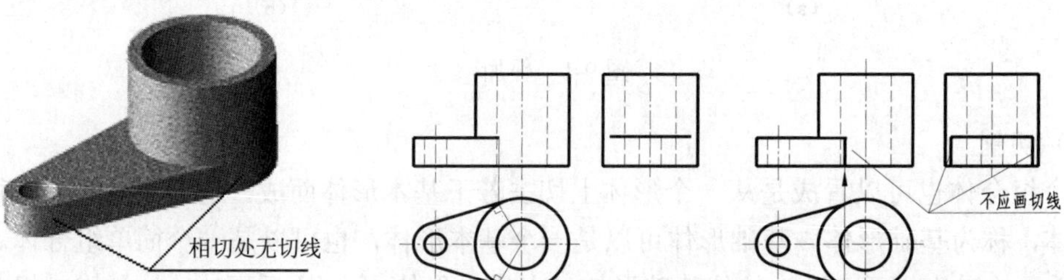

（a）相切　　（b）正　　（c）误

图 9-4　两表面相切

（3）相交

相交是指当两形体的表面相交时，产生交线。在视图上必须画出交线的投影，如

图 9-5 所示。

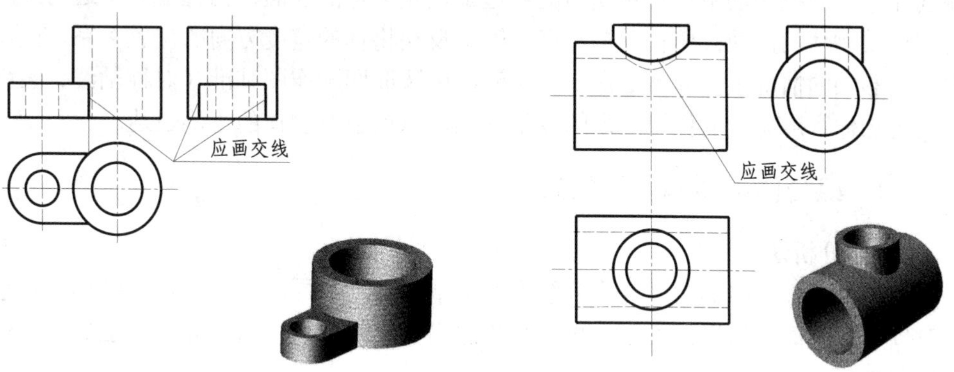

图 9-5　两表面相交

9.1.2　组合体的三视图

1. 三视图的形成

前已述及，物体在投影面体系中的正投影，称为物体的三面投影。而国家标准《机械制图》中规定：将机件向投影面投影所得的图形，称为视图。因此，将物体在三面体系中的三面投影称为物体的三面视图。其正面投影称为主视图，水平投影称为俯视图，侧面投影称为左视图，如图 9-6（a）所示。

2. 视图的配置

三视图的位置配置为：以主视图为基准，俯视图在主视图的下方，左视图在主视图的右方，各视图间的投影轴和投影连线在画图时一并隐去，如图 9-6（b）所示。

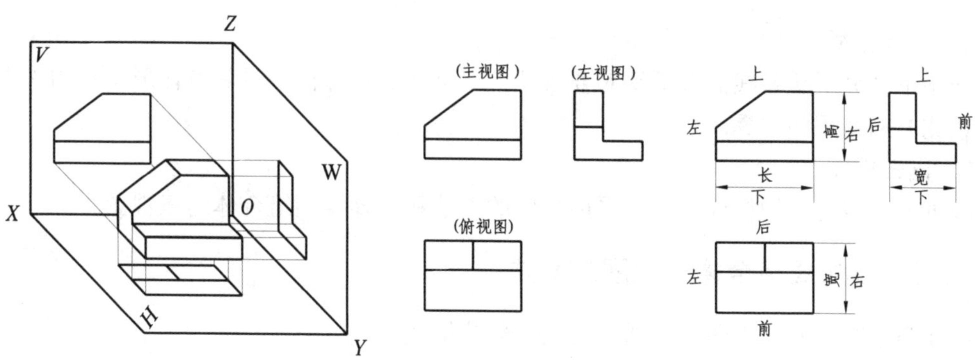

（a）　　（b）　　（c）

图 9-6　组合体的三视图

3. 三视图的投影对应关系

虽然在画三视图时隐去了投影轴和视图间的投影连线，但其投影规律丝毫未变，画图时必须严格遵守，保证物体的上、下，左、右和前、后 6 个部位在三视图中的位置及对应。要特别注意：俯视图的下边与左视图的右边都反映物体的前面，俯视图的上边与左视图的左边都反映物体的后面；俯视图与左视图同时反映物体的宽度方向的位置关系，画图时在隐去了投影轴的情况下，通常是在俯、左视图中选取同一作图基准（对称轴线、表面等），作为确定物体宽度方向的位置关系的度量基准，以保证对物体的正确表达。

9.1.3 组合体画图和读图的方法

1. 形体分析法

假想将组合体按照其构成方式分解为若干基本形体，弄清各基本形体的形状及它们间的相对位置和表面间的连接关系，再组合构思出其整体形状。这种分析方法称为形体分析法，如图 9-1 和图 9-2 所示。

2. 线面分析法

组合体也可以看成是由若干面（平面或曲面）、线（直线或曲线）围成。因此，在确定出它们之间的相对位置和它们对投影面的相对位置的前提下，可以把组合体分解为若干面和线进行画图和读图。这种分析方法称为线面分析法。

形体分析法与线面分析法虽然是相辅相成的，但在组合体的画图和读图时，总是首先采用形体分析法，然后对局部较难的地方，如形状复杂的斜面以及截交线和相贯线等再采用线面分析法。

9.2 组合体三视图的画法

9.2.1 画组合体三视图的步骤

1. 形体分析

应用形体分析法和线面分析法对要表达的组合体进行分析，对其整体形状和构成方式有比较完整的认识和掌握。

2. 画三视图

根据表达组合体的构成情况，采用相应的方法和步骤绘制组合体的三视图。

9.2.2 叠加式组合体三视图的画法

画此类组合体的三视图时，通常采用形体分析法。

下面以如图 9-7 所示的支座为例，说明此类组合体绘图的方法和步骤。

1. 分析形体

应用形体分析法，可以把支座分解为 5 个基本构成体：底板 *I*、圆筒 *II*、用来支承圆筒的支承板 *III* 和肋板 *IV* 及凸台 *V*，如图 9-7（b）所示。

2. 选择主视图

主视图是组合体三视图中最主要的视图，选择主视图应考虑以下几个方面的要求。

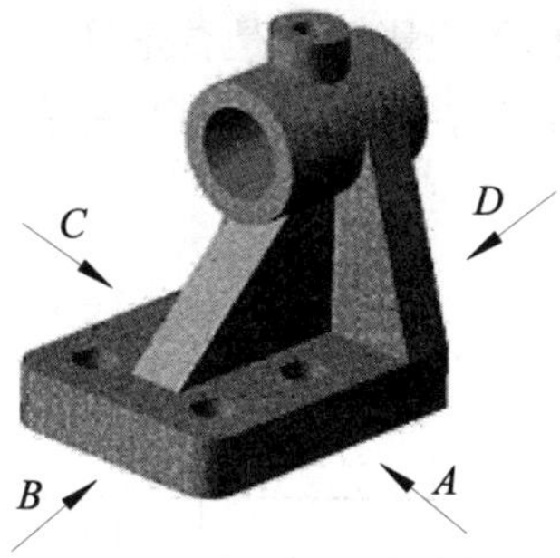

（a）

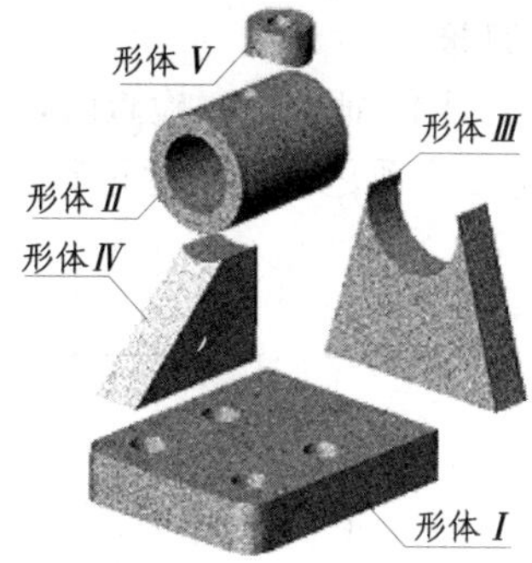

（b）

图 9-7　形体分析

（1）确定位置

组合体的摆放位置应便于画图。通常按组合体的底板朝下，主要表面平行于投影面摆放。支座摆放位置如图 9-7（a）所示。

（2）确定主视图的投影方向

按形状特征原则，以最能反映组合体形状特征的方向作为主视图的投影方向，同时要使其他视图虚线最少，图形清晰。图 9-8 表示了支座摆放位置确定后，可供选择的 4 个主视图方案。通过比较得到：*A*、*B* 向优于 *C*、*D* 向。但 *A* 向既能较好地反映组合体各构成体的形状及相互位置关系，使左视图虚线最少，又便于图形布局，故选 *A* 向为支座主视图。

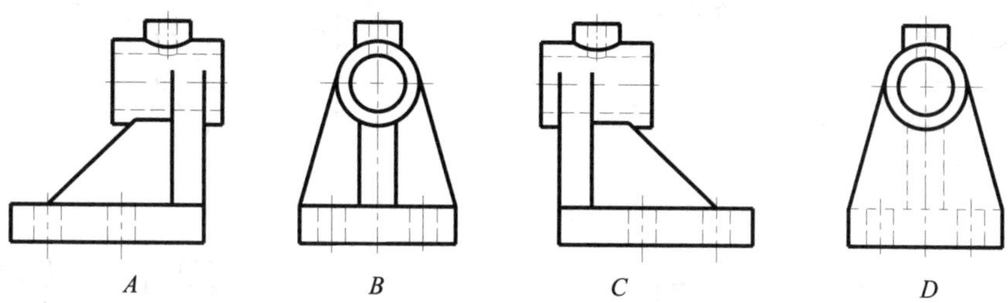

图 9-8　选择主视方向

3. 布置视图，确定各视图的基准线

选定绘图比例（一般取1∶1）后，各视图在图纸上的位置，由作图基准线确定。各视图应有两个方向上的基准线，同时，还须考虑到各视图的最大轮廓尺寸和各视图间应留有的间隙，使在图纸上的视图布置均匀，美观大方。可以作为基准线的一般是组合体的底面、端面、对称平面和主要回转体轴线等的投影，如图 9-9（a）所示。

4. 画底图

底图要按照组合体各构成形体的主次及形体的相对位置进行。画图的一般顺序是：先画主要形体，后画次要形体；先定形体位置，后画形状；先画具有特征形状的视图，后画其他视图；先画各基本形体，后画形体间的交线等，如图 9-9（b）～（e）所示。

5. 检查、加深

底图完成后，应仔细检查。检查时，应检查各形体的投影关系是否正确；相对位置是否无误；表面连接关系是否都表达正确。经过修改后加深，如图 9-9（f）所示。

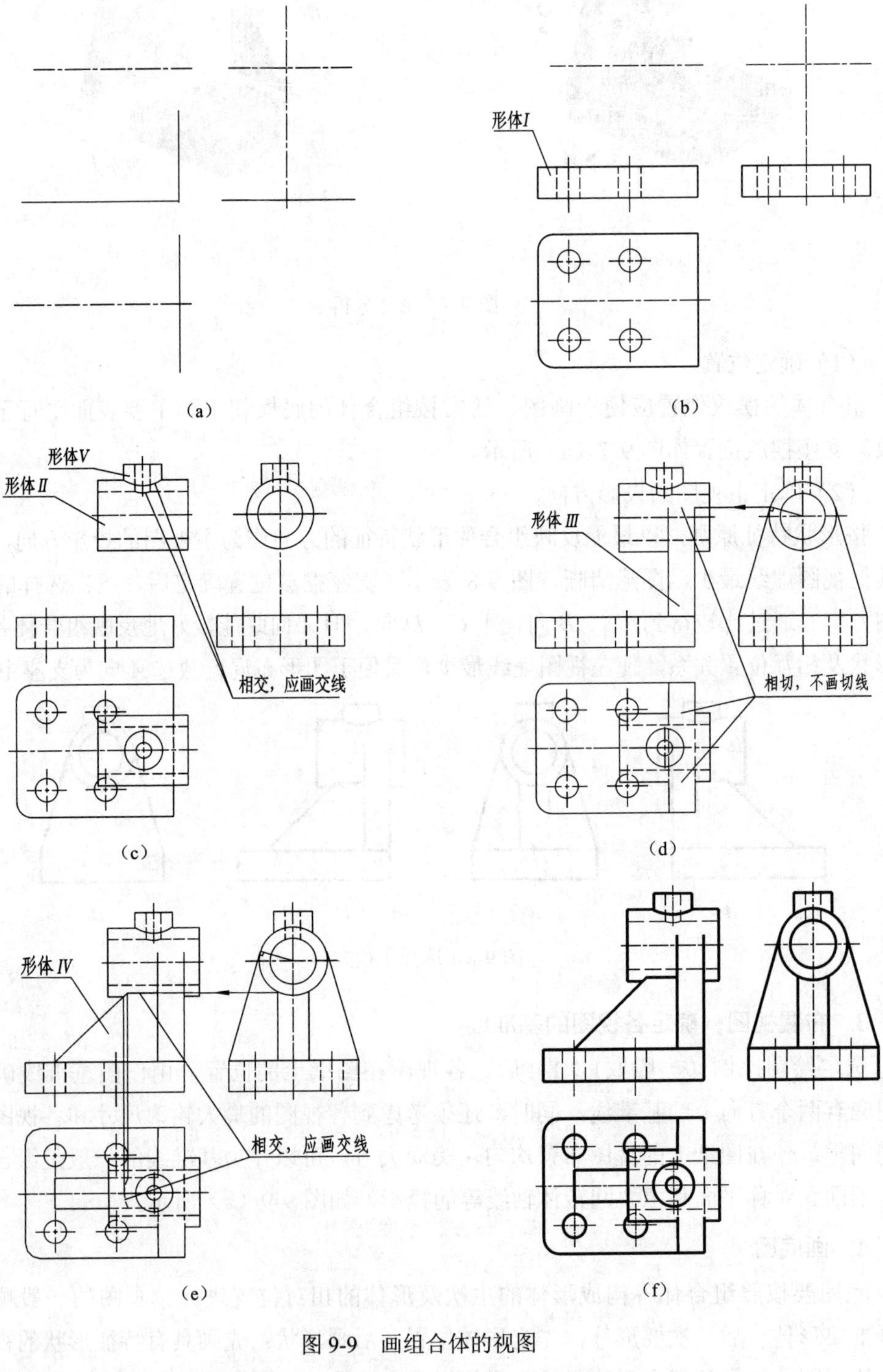

图 9-9　画组合体的视图

画图时应注意以下几个问题。

（1）画图时，不要画完一个视图后再画另一个视图，而是几个视图配合起来画，以便保证视图之间的对应关系，使作图既准又快。

（2）对称图形和圆要画对称中心线，回转体要画轴线。

（3）各形体之间的表面连接关系要表示正确，例如，支承板的斜面与圆柱相切，在相切处为光滑过渡，切线不应画出，见图 9-9（d）；肋板与圆筒是相交的，所以应画出交线，见图 9-9（e）；凸台与圆筒的内外表面相交，应画交线，见图 9-9（c）。

（4）由于形体分析是假想将组合体分解为若干基本形体，而事实上任何组合体都是一个不可分割的整体，因此画图时要注重组合体的整体性，避免多画或少画图线。

9.2.3 切割式组合体三视图的画法

切割式组合体一般由基础体被切割而形成。画切割式组合体三视图，应首先确定基础体（基础体一般可由该组合体的最大轮廓范围确定），然后分析基础体是怎样被切割的。基础体上切割了几个简单体，对切割时不清楚的线和面采用线面分析法，根据切割面的投影特性（积聚性、实形性和类似性），分析该组合体表面的性质、形状和相对位置后，进行画图。

下面以图 9-9（a）所示的组合体为例，说明此类组合体绘图的方法和步骤。

1．形体分析

图 9-10（a）所示组合体是由基础体（由该组合体的最大轮廓范围确定为一个长方体）被切去形体 *I*、*II*、*III*而形成，如图 9-10（b）所示。

2．画三视图

（1）先画出基础体的视图（基础体由最大轮廓范围确定），见图 9-10（c）、（d）。

（2）作平面 *P*、*Q* 切割基础体，切去形体 *I* 形成的切口，应先画其左视图，以便确定其余视图，见图 9-10（e）、（f）。

（3）作正垂面 *R* 切去形体 *II*，见图 9-10（g），应先画其主视图，以便确定其余视图，注意正垂面 *R* 的其余两个投影（r''与 r）的形状应类似，见图 9-10（h）。

（4）作铅垂面 *S* 切去形体*III*，见图 9-10（i），应先画俯视图，以便确定其余视图，作其余投影时仍应注意其余两投影（s'与 s''）的形状应类似，见图 9-10（j）。

（a）

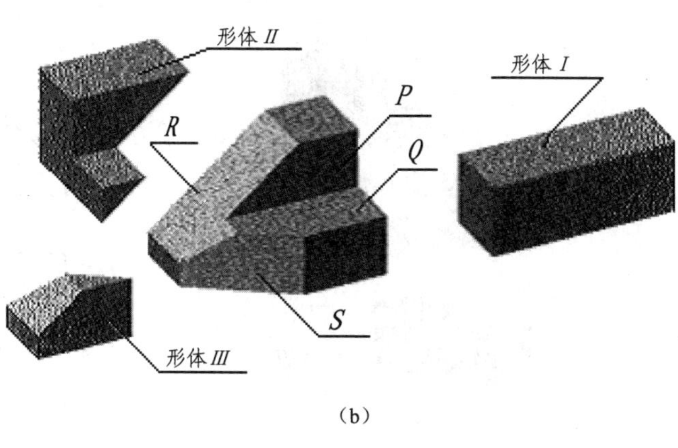

（b）

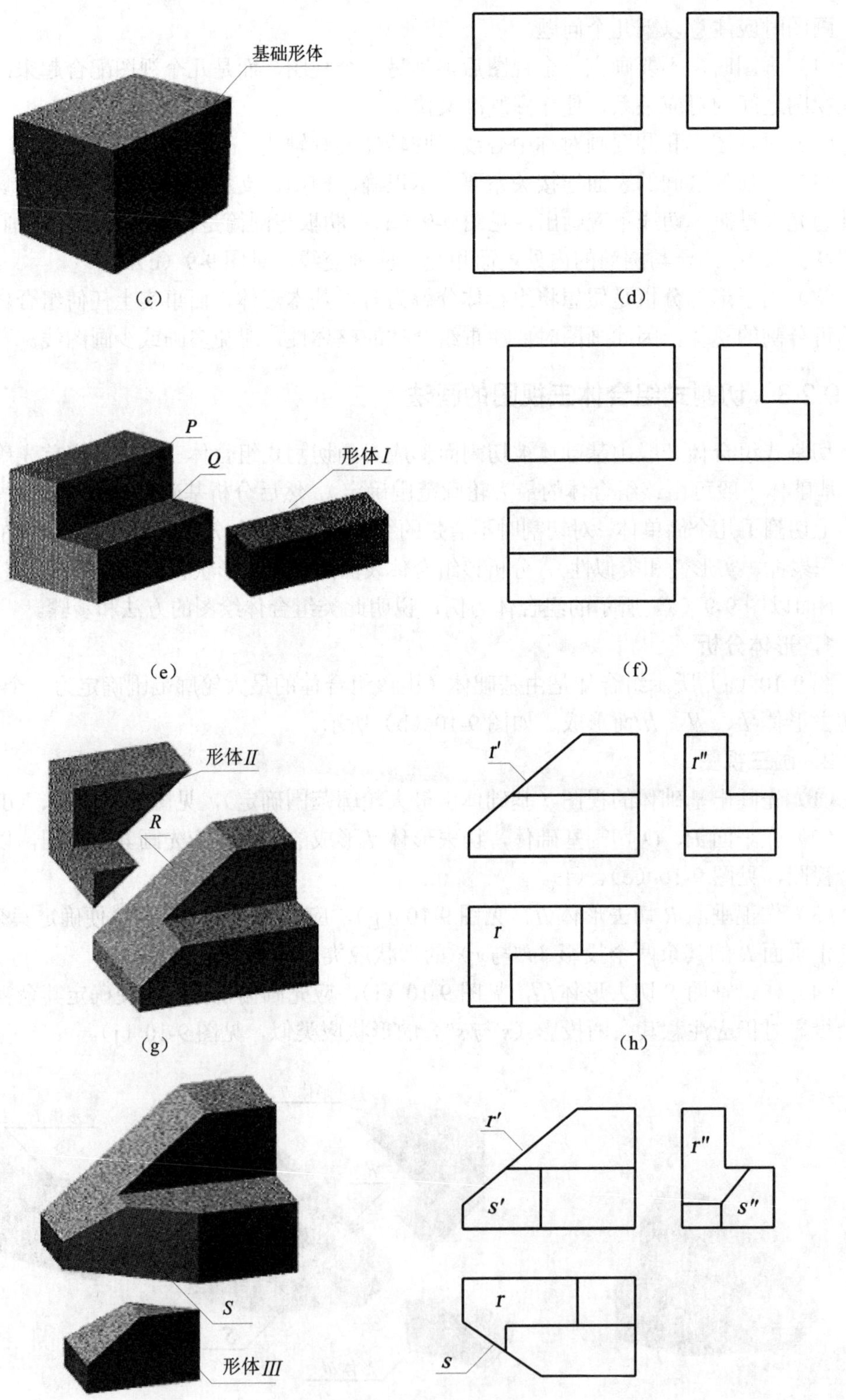

图 9-10　画组合体的视图

（5）检查、加深。检查时应注意：除检查形体的投影外，还要检查面形的投影，特别是检查复杂斜面投影对应的类似形。如图 9-10 中斜面 R 及 S 的投影形状应类似，如果斜面上的交线画错，可以从检查斜面投影的类似形中查出。

9.3 组合体三视图的读法

根据所给组合体的视图，应用形体分析法和线面分析法去分析和构思，想象出组合体的空间形状的过程称为读图。下面首先重点介绍读图应注意的问题，再结合不同类型的组合体，具体介绍如何运用这两种分析方法进行读图。读图是画图的逆过程，二者不能截然分开。

9.3.1 读图应注意的问题

1. 注意把几个视图联系起来

在没有标注尺寸的情况下，单凭一个视图不能确定物体的形状及其组成部分的相对位置关系。有时即使有两个视图，如果视图选择不当，也可能确定不了物体的形状。如图 9-11 中，主视图相同而俯视图不同，则代表不同的物体。如图 9-12 中，俯、左视图相同，因主视图不同，物体的形状也不同。因此，读图时，一定要把几个视图联系起来读。

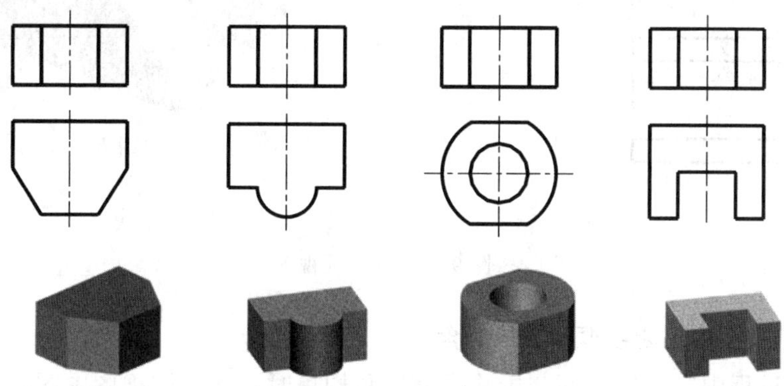

（a）　（b）　（c）　（d）

图 9-11　由 2 个视图读图

2. 注意找特征视图

读图时，要注意寻找特征视图。所谓特征视图，就是指能反映物体形状特征的那个视图，如图 9-11 的俯视图和图 9-12 的主视图。找到特征视图，再结合其他视图就能更快更准确地确定物体的形状。

对组合体来说，组成组合体的各构成体的形状特征，并非总是集中反映在一个视图上，而往往分散在几个视图上。如图 9-13 所示支架，是由形体 *I*、*II*、*III*、*IV*叠加而成。形体 *I*、*II*的形状特征反映在主视图上，形体*III* 的形状特征反映在俯视图上，形体*IV*的形状特征反映在左视图上。

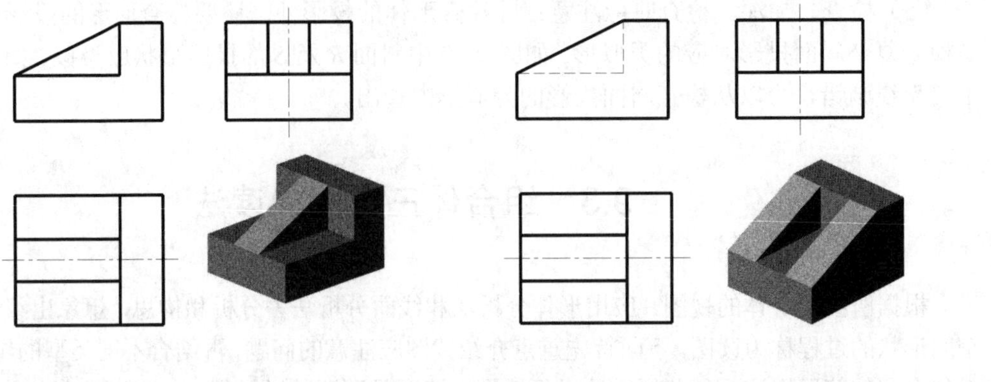

图 9-12　由 3 个视图读图

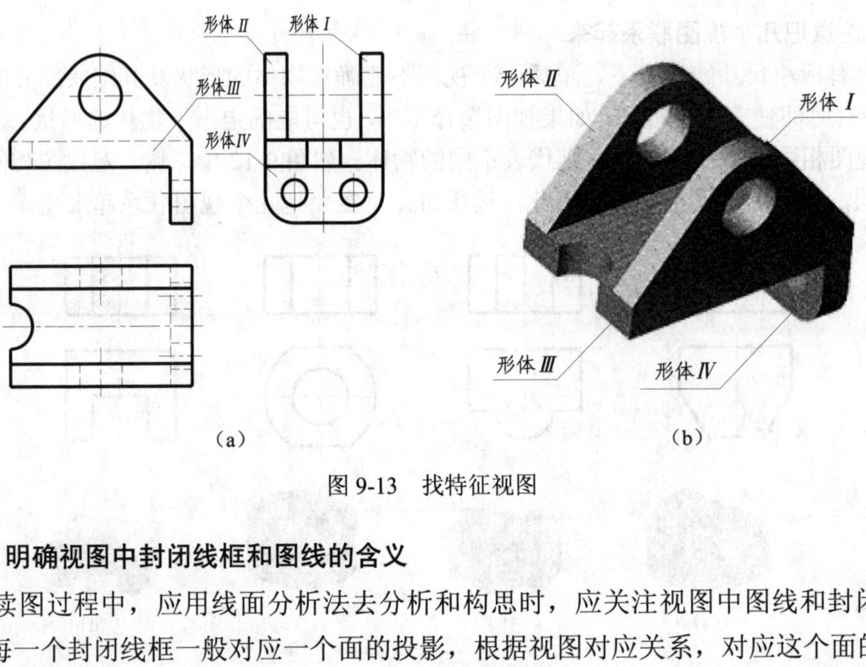

图 9-13　找特征视图

3. 明确视图中封闭线框和图线的含义

在读图过程中，应用线面分析法去分析和构思时，应关注视图中图线和封闭线框。视图中每一个封闭线框一般对应一个面的投影，根据视图对应关系，对应这个面的其余投影就能确定这个面到底是平行面、垂直面、一般位置面，还是回转面。当然最简单的情况就是图中一个封闭线框只表示一个基本体的投影。而图线有下面3种情况：①面的积聚投影；②面与面之间的交线；③回转体的视图轮廓线。

9.3.2　组合体视图阅读的方法和步骤

1. 叠加式组合体视图的阅读

读此类组合体的视图主要采用形体分析法，将所给视图联系起来进行分析，并将其分解成几个构成体并分别读懂各构成体的形状，弄清各构成体之间的表面连接关系和相互位置后，再将其组合起来想象出该组合体的整体形状。下面以图 9-14 所示的轴承座为例，说明此类组合体视图阅读的方法和步骤。

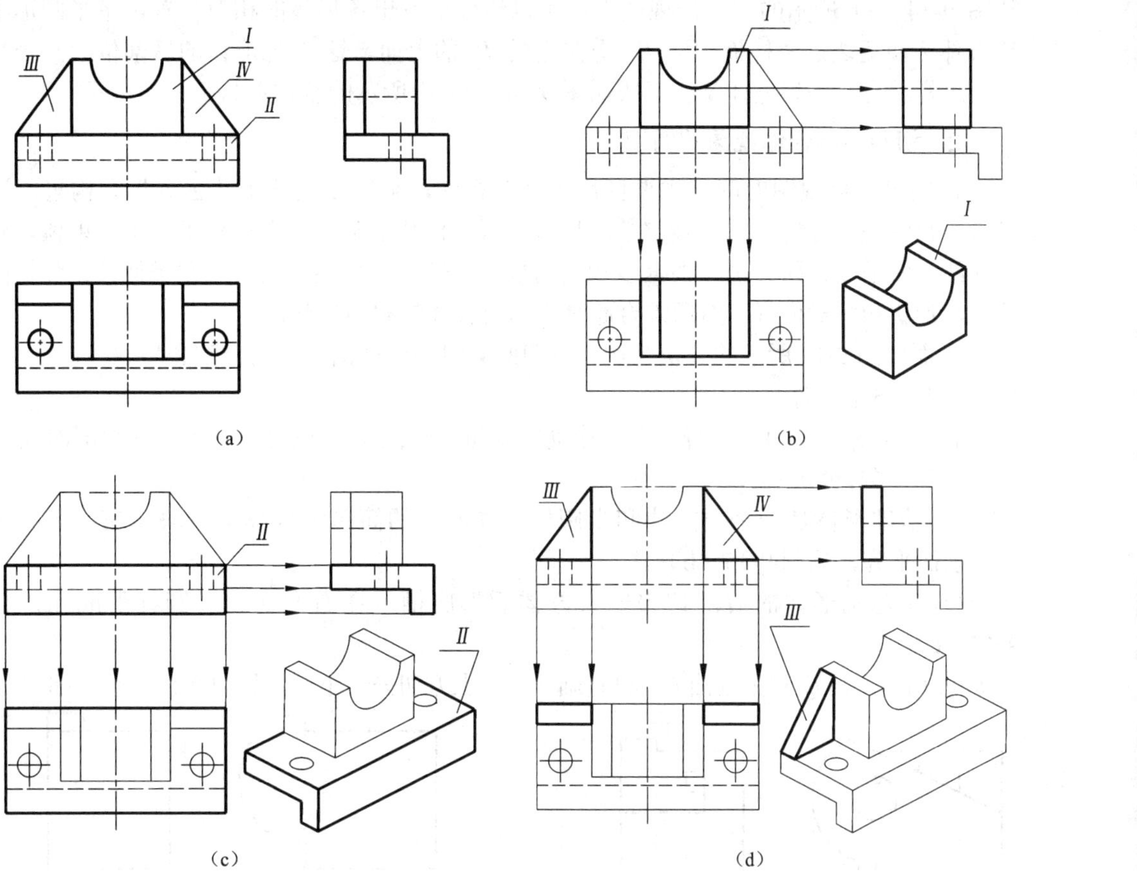

图 9-14　叠加式组合体视图的阅读

（1）分析视图，确定各构成体

联系所给组合体的视图，对组合体进行形体分析，把它分解成几个构成体；再根据投影对应关系分出各构成体的 3 个投影，一般情况下主视图中一个封闭线框往往表示了一个基本体的投影。

根据图 9-14（a）中的主视图，可以把该组合体分成 *I*、*II*、*III*、*IV* 4 个不同的部分。从形体 *I* 的主视图出发，向下、向左对投影，找到俯、左视图上相应的投影，如图 9-14（b）中粗线所示。

（2）抓特征视图，确定各构成体的形状

读图时要抓住特征视图，以便更快更准地确定各构成体的形状。形体 *I* 的特征反映在主视图上，对应俯、左视图上相应的投影，就能确定形体 *I* 是一个长方体，在其上部挖了一个半圆柱形状的槽，如图 9-14（b）中粗线所示。同样，看形体 *II*，其对应的投影如图 9-14（c）中粗线所示，是一块带弯边的长方形板，其上有两个小孔。最后通过对比投影可以找到形体 *III*、*IV*（左、右各一块）的其余两投影，如图 9-14（d）中粗实线所示，它们是两块三棱柱板。

（3）综合起来想整体

在看懂各构成体的基础上，按各形体的相对位置组合起来，想出组合体的整体形状。

从图 9-14（a）所示的主、俯视图上，可以清楚地看出各形体的相对位置，带半圆形槽的长方体 *I* 和两块三棱柱板 *III*、*IV* 均在底板 *II* 的上面，这 3 种形体的后部位于一个平面上。这样综合起来想整体就能形成如图 9-14（d）中所示的整体形状。

2. 切割式组合体视图的阅读

此类组合体视图的阅读主要应用形体分析法，辅以线面分析法去分析和构思。通过对所给视图进行分析，首先确定基础形体；再分析从基础形体上切分了几个简单体。对复杂的线和面采用线面分析，根据线和面的投影特性（积聚性、实形性和类似性）分析面的性质、形状和相对位置，然后综合起来想出组合体的整体形状。

下面以图 9-15 所示的导块为例，说明此类组合体视图阅读的方法和步骤。

（1）概括了解

由图 9-15（a）可知，导块是一个切割式组合体,可以看成是由基础形体切割而成。

（2）形体分析

① 基础形体是一个由方块和半圆柱叠加而成的简单组合体。方块在左，半圆柱在右，前面平齐，见图 9-15（b）。

② 在基础形体的后部切去一长方体后形成槽，在右面切去一圆柱形成孔，见图 9-15（c）。

③ 用正平面 *Q* 和正垂面 *P*，将基础形体的上方切去一小块，见图 9-15（d）。正垂面 *P*

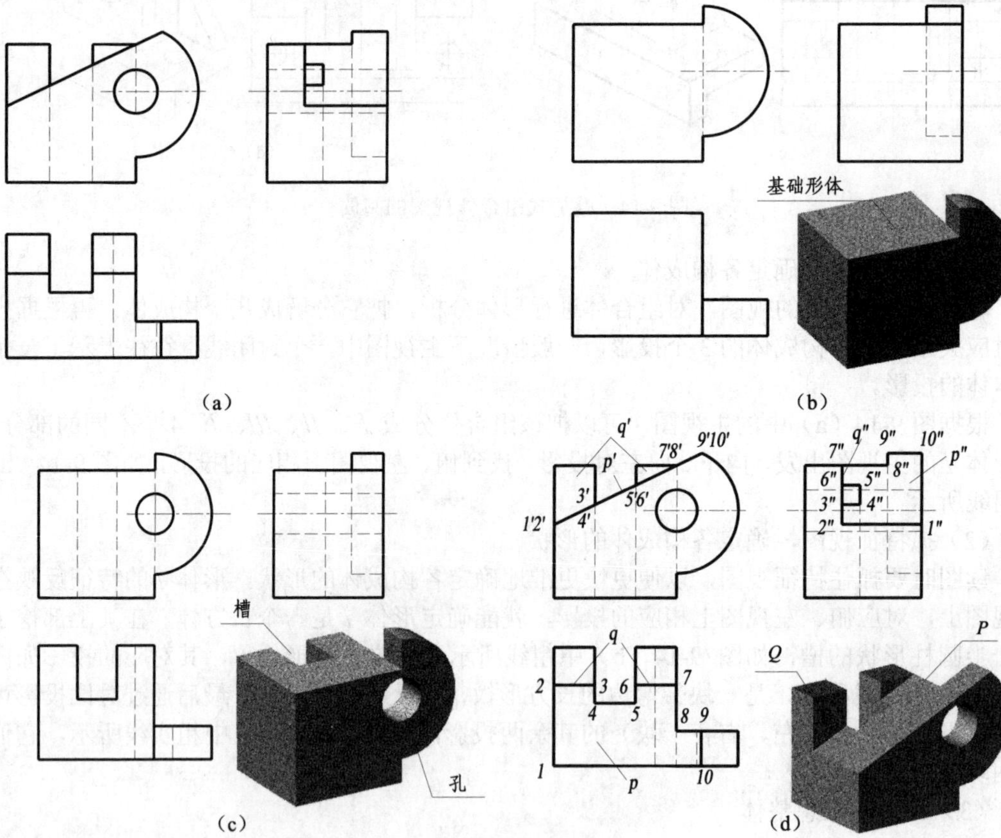

图 9-15　组合体视图的阅读

是由 *I II*、*II III*、*III IV*、*IV V*、*V VI*、*VI VII*、*VII VIII*、*VIII IX*、*IX X*、*X I* 共 10 段线围成的平面图形，其正面投影 *p′* 积聚为一直线段，水平投影 *p* 和侧面投影 *p″* 为类似的平面图形。

④ 综合想整体，导块的形状见图 9-15（d）。

9.3.3 由二视图补画第三视图

由二视图补画第三视图的方法步骤是：①读视图，想物体形状；②补画第三视图。

【例 9-1】 已知支架的主、俯视图，如图 9-16（a）所示，补画其左视图。

1．读视图，想物体形状

从图 9-16（a）可知，支架是由形体 *I*、*II* 叠加而成的组合体。形体 *I* 上切有燕尾槽 *III*、半圆槽 *IV*、*V* 以及斜面 *P*，形体 *II* 为空心圆柱，放在形体 *I* 的半圆槽 *IV* 中。从而构思出支架的形状如图 9-16（f）所示。

2．补画左视图

（1）补画形体 *I* 的左视图，见图 9-16（c）、（d）。斜面为正垂面，是由 *I II*、*II III*、*III IV*、*IV V*、*V VI*、*VI VII*、*VII VIII*、*VIII I* 8 段折线围成的平面图形，其正面投影 *p′* 积聚为一直线段，水平投影 *p* 和侧面投影 *p″* 为类似的平面图形。

（2）补画形体 *II* 的左视图，见图 9-16（e）、（f）。形体 *II* 的外圆柱面的侧视转向线与形体 *I* 的半圆槽 *IV* 的侧视转向线的重叠部分不应画线。

（3）检查，加深。

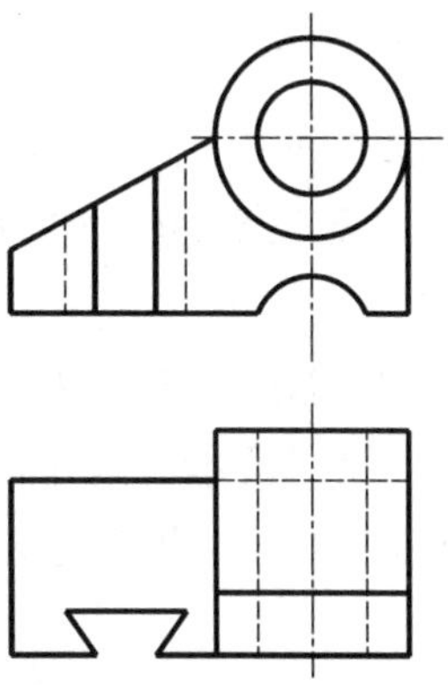

（a）

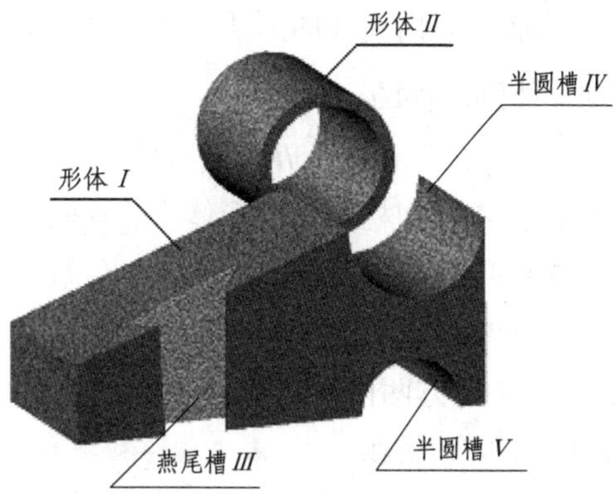

（b）

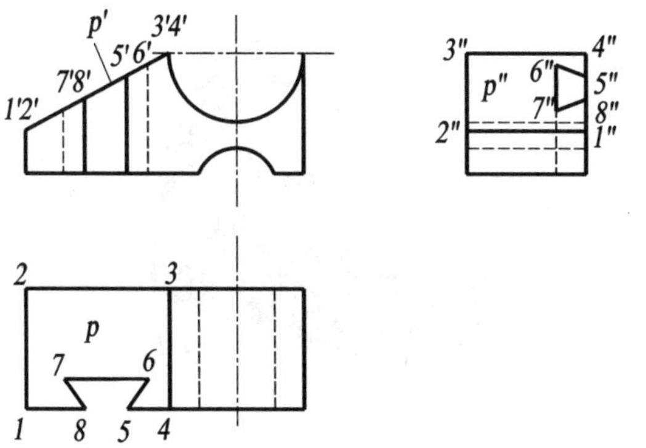

（c）

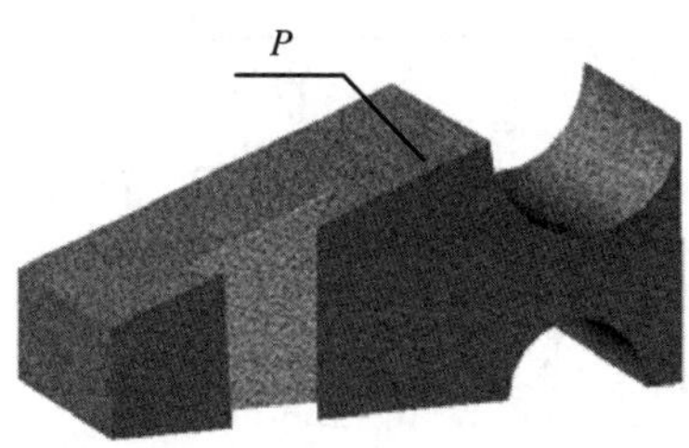

（d）

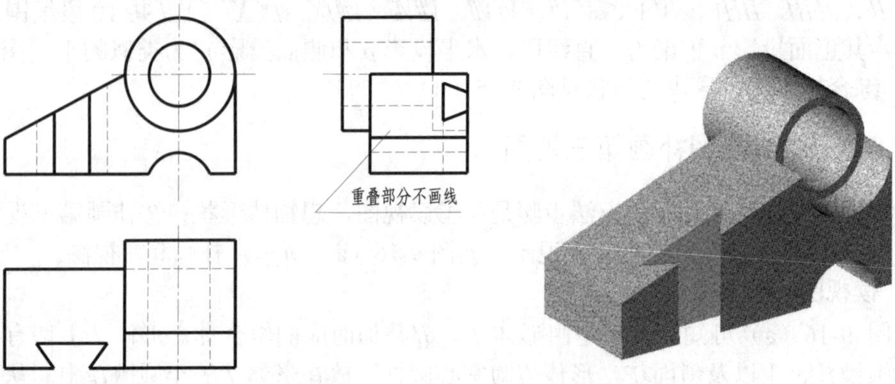

图 9-16　由二视图补画第三视图

【例 9-2】已知支座的主、俯视图，如图 9-17（a）所示，补画其左视图。

1．读视图，想物体形状

从图 9-17（a）知，支座是由形体 *I* 、*II*、*III* 叠加而成的组合体。形体 *I* 为一块板，其形状特征在俯视方向。形体 *II* 由一个半圆柱和四棱柱叠加而成，其上有一圆柱孔，并且在半圆柱上开有一个 U 形槽和内孔相通。形体 *III* 也是一块板，其形状特征在俯视方向。形体 *III* 叠加在形体 *I* 的上面，其左端圆柱面与形体 *I* 平齐，再开一长圆形通孔到下底面。从而构思出支架的形状如图 9-17（b）所示。

2．补画左视图

（1）补画形体 *I* 、*II*、*III* 的左视图，见图 9-17（c）。应注意形体 *III* 叠加在形体 *I* 的上面，其左端圆柱面 *a* 与形体 *I* 的柱面 *b* 平齐，不画分界线。

（2）补画形体 *II* 半圆柱上 U 形槽的左视图，见图 9-17（d）。U 形槽和半圆柱相交，U 形槽的半圆柱面和形体 *II* 的半圆柱相贯，外表面是一般交线 *c*，内表面是特殊交线 *e*；U 形槽的前方两侧平面切割形体 *II* 的半圆柱，和半圆柱外表面产生截交线 *d*，与内孔正好相切，不应画切线。

（3）检查，加深，见图 9-17（e）、（f）。

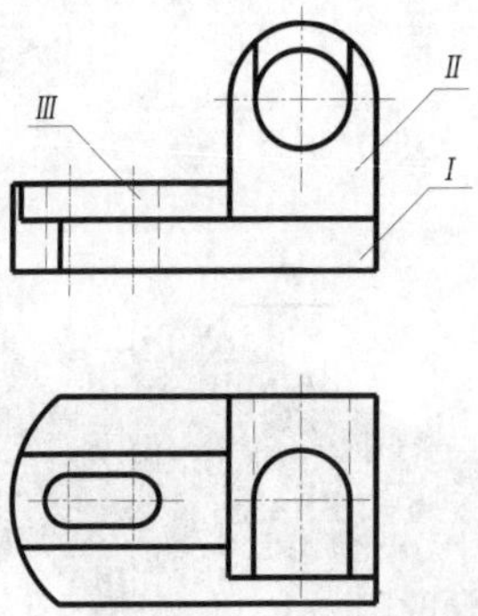

（a）

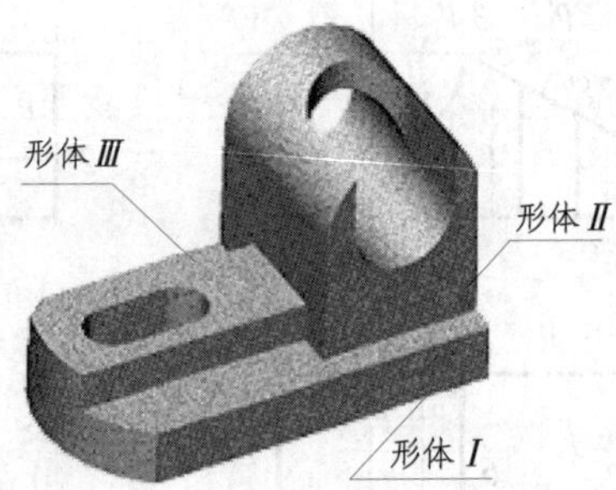

（b）

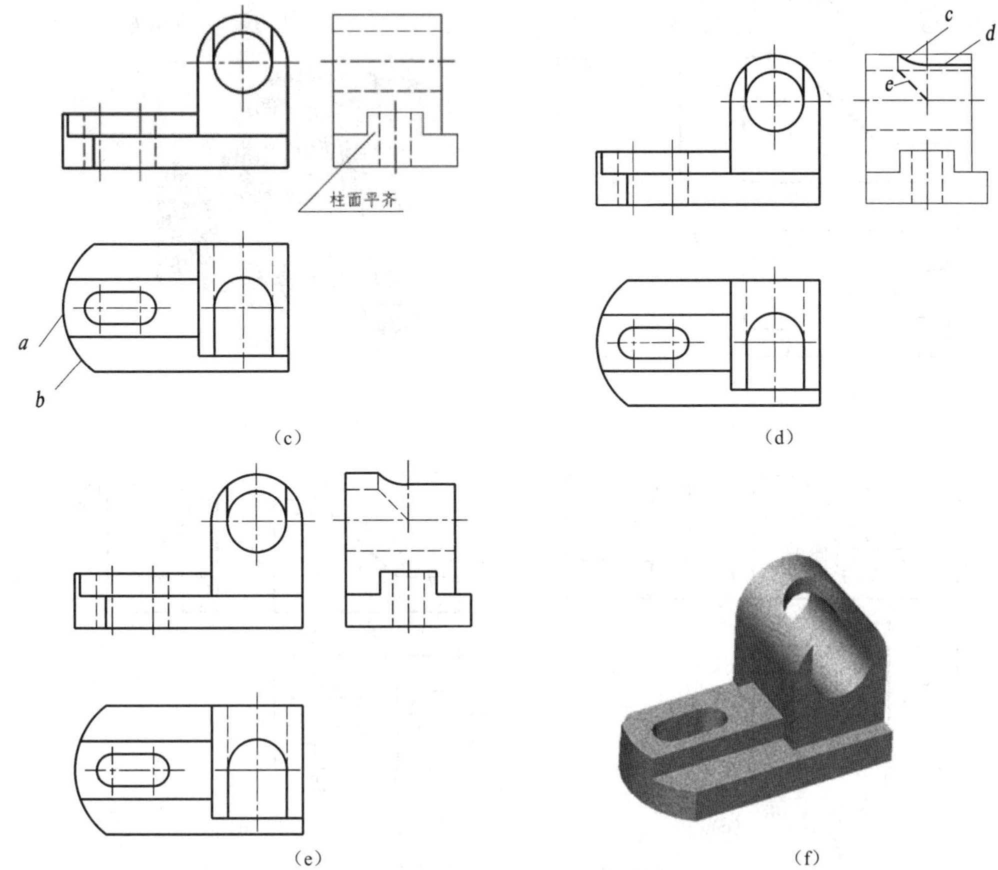

图 9-17　由二视图补画第三视图

9.3.4　补画视图中的漏线

补画视图中漏线的步骤是：①读视图，想物体形状；②补画视图中的漏线。

【例 9-3】 已知物体的视图，如图 9-18（a）所示，试补画视图中的漏线。

1．读视图，想物体形状

图 9-18（a）所示物体是一个切割式组合体，可以看成是从长方体（基础形体）上切去形体 *I*、*II*、*III*后而成，见图 9-18（b）。

2．补画视图中的漏线

（1）从长方体上切去形体 *I* 后形成 *P*、*Q* 两平面，应补画它们的交线 *I II*的水平投影 *12* 和侧面投影 *1′2′*，见图 9-18（c）。

（2）从长方体上切去形体 *II*后形成槽 *II*，应补画其正面投影和侧面投影，如图 9-18（c）。

（3）从长方体上切去形体 *III*后形成槽 *III*，应补画其正面投影 *5′a′*、*6′b′*和水平投影 *45*、*56*、*67* 和 *5a*、*6b*，见图 9-18（d）。斜面 *P* 的形状比较复杂,可用线面分析法进行检查。斜面 *P* 是个正垂面，是由 *I II*、*II III*、*III IV*、*IV V*、*V VI*、*VI VII*、*VII VIII*、*VIII I* 8 段折线围成，正面投影 *p′*积聚为一直线段，水平投影 *p* 和侧面投影 *p″*为类似的平面图形。

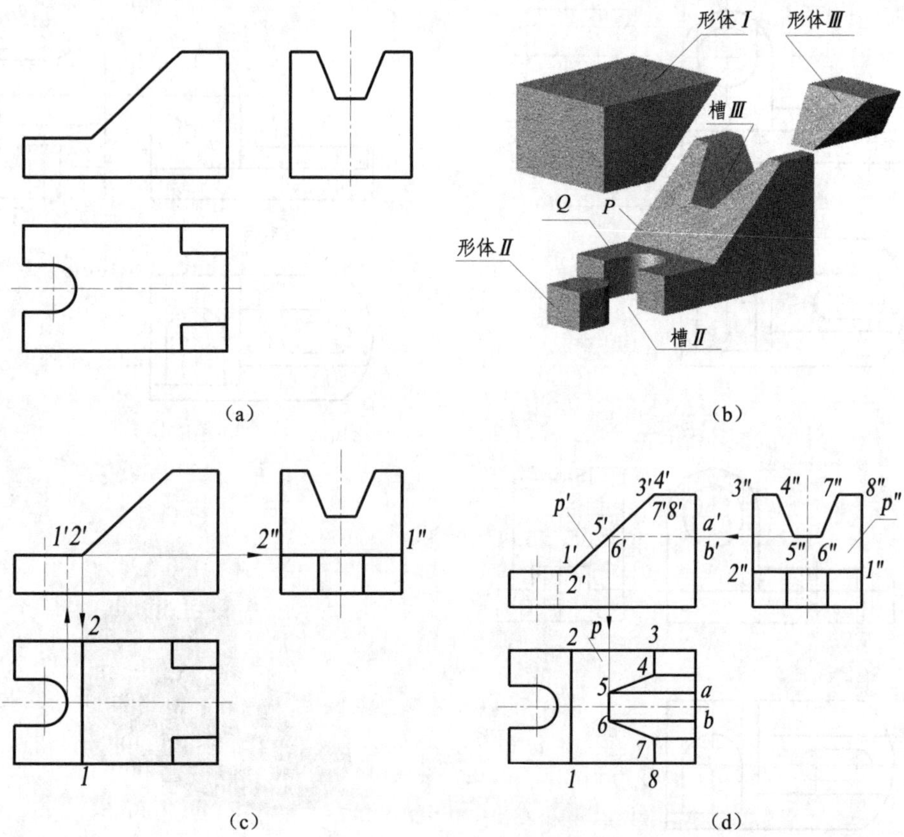

图 9-18　补画视图中的漏线

9.4　用 AutoCAD 完成组合体的绘制

用 AutoCAD 绘制如图 9-19 所示轴承座的三面投影（不标注尺寸）。

1. 创建图形

启动 AutoCAD，创建新图形。

2. 图层设置

根据图 9-19 所示图线，进行图层设置。注意绘制不同的线型，要对应不同的图层。

- 01 层——粗实线，线宽 0.5；
- 04 层——细虚线，线宽 0.25；
- 05 层——细点划线，线宽 0.25。

3. 目标捕捉状态设置

根据图 9-19 图形特点，进行目标捕捉状态设置，在“草图设置”对话框中的“对象捕捉”选项卡中，设置“交点捕捉”、“中点捕捉”、“端点捕捉”和“切点捕捉”。

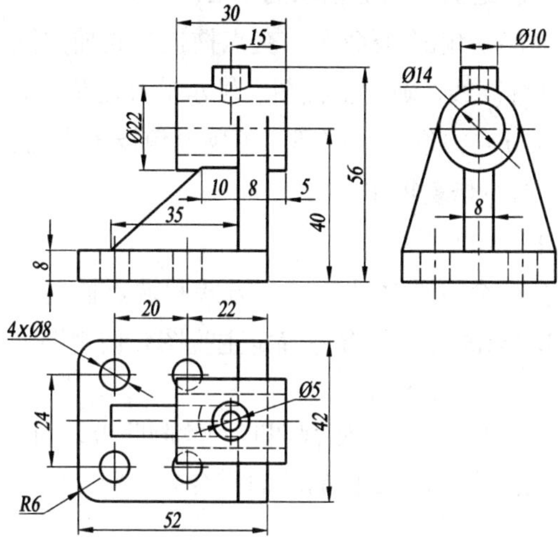

图 9-19　例图

4．绘图步骤

（1）绘制底板，如图 9-20 所示。

① 以 01 层为当前层，对应三面投影绘制长为 52、宽为 42、高为 8 的长方体，用 fillet 命令倒半径为 6 的圆角。如图 9-20 所示俯视图。

② 以05层为当前层，绘制图9-20所示俯视图中底板上圆柱孔的中心线位置，并对应画出主视图和侧视图中的中心线所在位置。

③ 切换以01层为当前层，绘制底板上用交点捕捉方式找圆心，以直径为8画4个圆。

④ 切换以 04 层为当前层，对应绘制正面投影和侧面投影。

（2）绘制轴承，如图 9-21 所示。

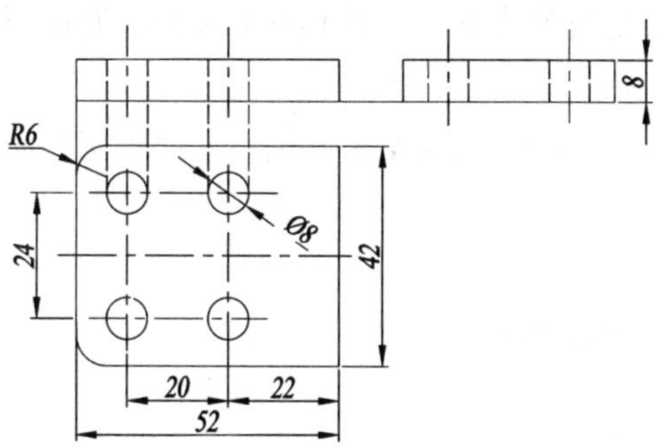

图 9-20　绘制底板

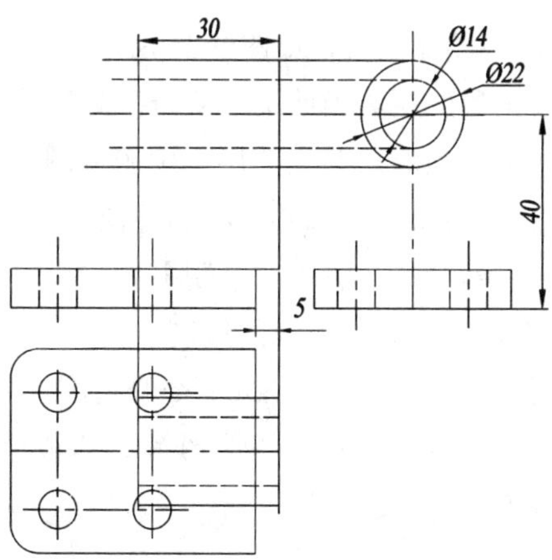

图 9-21　绘制轴承的三面投影

① 以05层为当前层，确定侧视图上轴承的中心线位置。

② 切换以01层为当前层，用circle命令，交点捕捉方式捕捉圆心，绘制直径为22和14的圆。用直线line命令绘制等高线，确定主视图上轴承的高度位置，再根据长度方向上的尺寸5和30，确定轴承的长度方向的位置；同理，可确定俯视图上的轴承位置。

③ 用trim命令和erase命令修剪图形。

（3）绘制支承板，如图 9-22 所示。

以01层为当前层，用line命令选择切点捕捉方式和端点捕捉方式绘制支承板的侧面投影。根据侧视图支承板和轴承的切点位置，确定主视图和俯视图的切点位置。此时要注意俯视图中可见线的绘制以切点为分界点。

（4）绘制肋板，如图 9-23 所示。从侧视图开始绘制肋板，对应绘制肋板的三面投影。注意截交线位置的确定。在肋板和支承板的端面重合处，应无线。

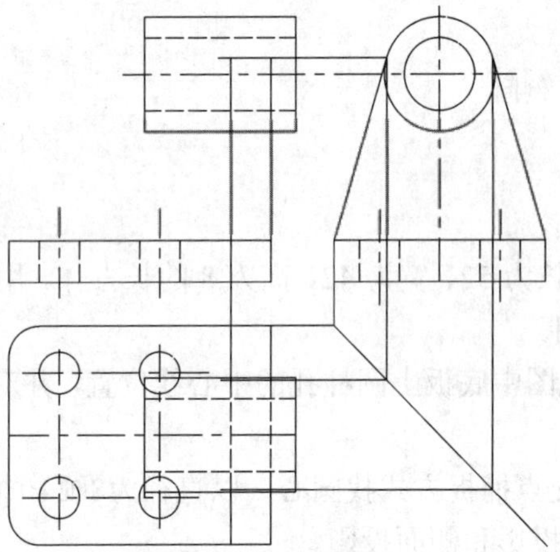

图 9-22　支承板的绘制

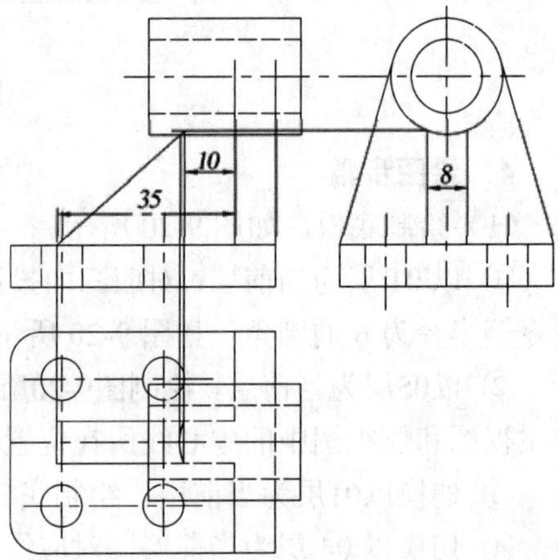

图 9-23　肋板的绘制

（5）绘制凸台，如图 9-24 所示。

① 以05层为当前层，从俯视图开始确定俯视图中凸台的中心线位置。

② 切换01层为当前层，由俯视图开始绘制凸台的投影，采用circle圆的绘制命令，以交点捕捉方式捕捉圆心，绘制直径为10和5的圆。

③ 对应等长和等宽绘制主视图和侧视图。注意切换到04层绘制直径为5的圆柱的主、侧视图，并注意相贯线的绘制。

④ 用trim命令和erase命令修剪图形。

（6）检查无误后，显示线宽，完成全图，如图 9-25 所示。

（7）保存文件。

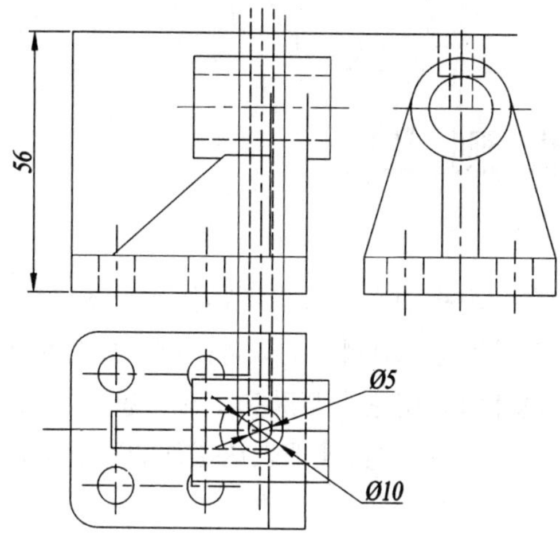

图 9-24　完成凸台三面投影的绘制

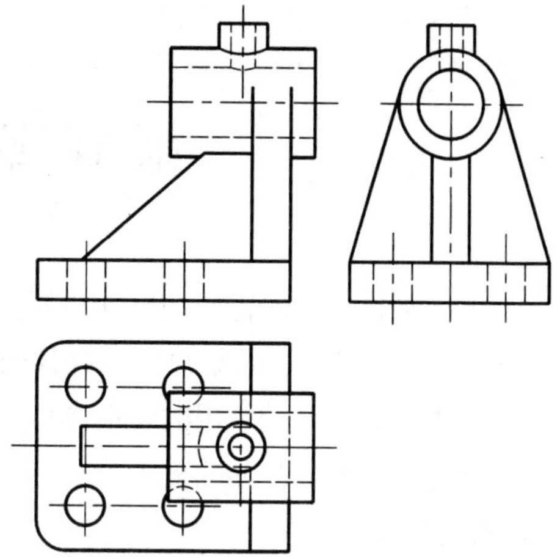

图 9-25　完成轴承座的二维绘制

第 10 章　轴 测 图

是采用平行投影法得到的单面投影图，它能在一个视图上同时表达物体长、宽、高 3 个方向的结构形状和尺度。与同一物体的三面投影图相比，轴测图的立体感强、直观性好，在工程技术领域是一种常用的辅助图样。通常，设计时可用它来帮助和交流构思；产品说明书中可用它来表达产品的外形特征；产品使用手册中可用它直观地表达零件的装配位置、使用和安装要求等。

由于轴测投影属于平行投影，因此，它具有一切平行投影的特性，所谓轴测，意味着沿轴向可以度量。当今，轴测投影已有一套完整的理论体系和几何作图方法。本章只直接引用其结论，而不作推导和论证。

10.1　轴测投影的基本知识

10.1.1　轴测投影的定义及术语

1．定义

如图 10-1 所示，将物体连同确定其空间位置的直角坐标系 *OXYZ* 一起，按平行投影方向 *S* 投影到某选定的平面 *P* 上，所得到的投影称为轴测投影图。所选投影方向 *S* 应不平行于任一坐标面，这样所得轴测图才能反映物体的三维形象，保证其立体感。

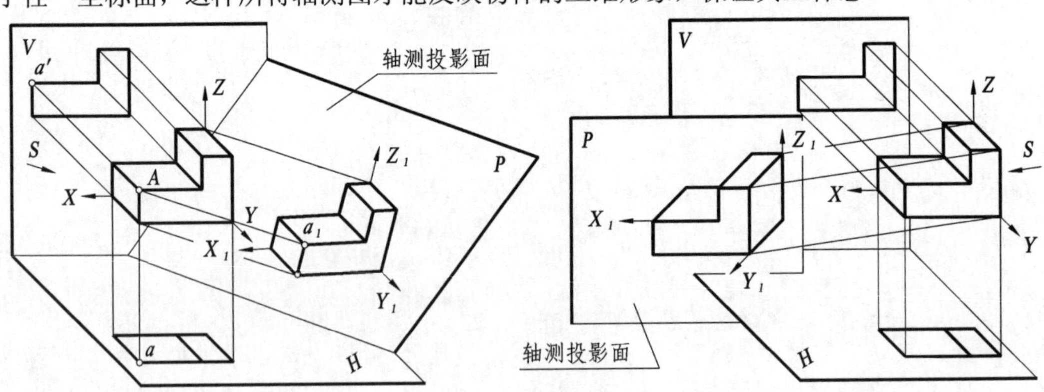

(a)　　　　(b)

图 10-1　轴测图的形成

2．术语

（1）轴测投影面——平面 *P*。

（2）轴测投影轴 O_1X_1、O_1Y_1、O_1Z_1——直角坐标轴 *OX*、*OY*、*OZ* 的轴测投影——简

称轴测轴。

（3）轴间角$\angle X_1O_1Y_1$、$\angle X_1O_1Z_1$和$\angle Y_1O_1Z_1$——直角坐标轴夹角的轴测投影。

（4）轴向伸缩系数——轴测轴上单位长度与直角坐标轴上对应单位长度之比——称为轴向伸缩系数。在X、Y、Z轴上取单位长度u，它们在轴测轴上对应长度分别为i、j、k，则

$$p=\frac{i}{u} \qquad q=\frac{j}{u} \qquad r=\frac{k}{u}$$

其中，p、q、r分别称为X、Y、Z轴向伸缩系数。

10.1.2 轴测投影的基本性质

空间平行二线段，其轴测投影仍互相平行，且两线段的轴测投影长度之比与空间二线段长度之比相等。因此，平行于直角坐标轴的直线，其轴测投影平行于相应的轴测轴，且它们的轴向伸缩系数相同。

点分线段为某一比值，则点的轴测投影分线段的轴测投影为同一比值。

10.1.3 轴测图的分类

根据投影方向S与轴测投影面P的夹角不同，轴测图分为正轴测图和斜轴测图。当投影方向与轴测投影面垂直时为正轴测图；当投影方向与轴测投影面倾斜时为斜轴测图。再根据轴向伸缩系数的不同，轴测图又分为等测、二测和三测3种。分类如下：

$$\text{轴测图}\begin{cases}\begin{matrix}\text{正轴测图}\\(S\perp P)\end{matrix}\begin{cases}\text{正等测：}p=q=r;\\\text{正二测：}p=r\neq q\text{，或}p=q\neq r\text{，或}q=r\neq p;\\\text{正三测：}p\neq q\neq r;\end{cases}\\\begin{matrix}\text{斜轴测图}\\(S\angle P)\end{matrix}\begin{cases}\text{斜等测：}p=q=r;\\\text{斜二测：}p=r\neq q\text{，或}p=q\neq r\text{，或}q=r\neq p;\\\text{斜三测：}p\neq q\neq r\text{。}\end{cases}\end{cases}$$

由于三测图作图甚繁，很少采用。本章将重点介绍广泛采用的正等测、正二测和斜二测。

10.2 常用轴测图的轴间角及轴向伸缩系数

10.2.1 正等测

正等测的轴间角$\angle X_1O_1Y_1=\angle X_1O_1Z_1=\angle Y_1O_1Z_1=120^\circ$，轴向伸缩系数$p=q=r=0.82$。

为简化作图，采用简化轴向伸缩系数$p=q=r=1$，如图10-2所示。显然，用简化轴向伸缩系数所作的正等测是沿轴向放大了1.22倍（1/0.82≈1.22）。

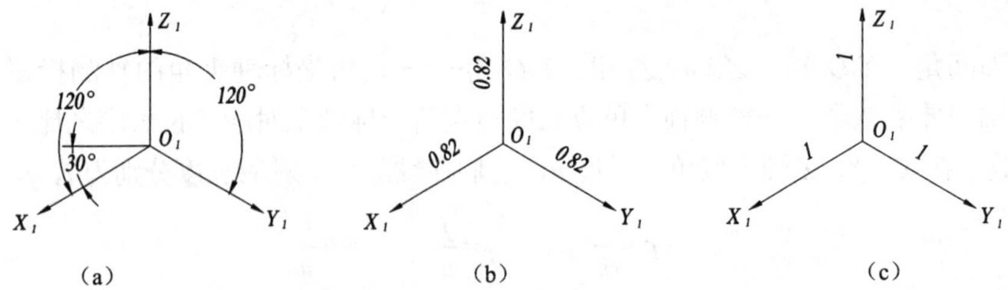

图 10-2　正等测图的轴向伸缩系数和轴间角

10.2.2　正二测

正二测的轴间角$\angle X_1O_1Z_1$=97º10′，$\angle Y_1O_1Z_1=\angle X_1O_1Y_1$=131º25′，相应的轴向变形系数 $p = r = 0.94$，$q = 0.47$，如图 10-3 所示。同样为了简化作图，在正二测中，采用简化轴向伸缩系数 $p = r = 1$，$q = 0.5$。用简化法所作正二等轴测图，比准确画法略有增大，即增大了 1.06 倍（1/0.94≈1.06）。

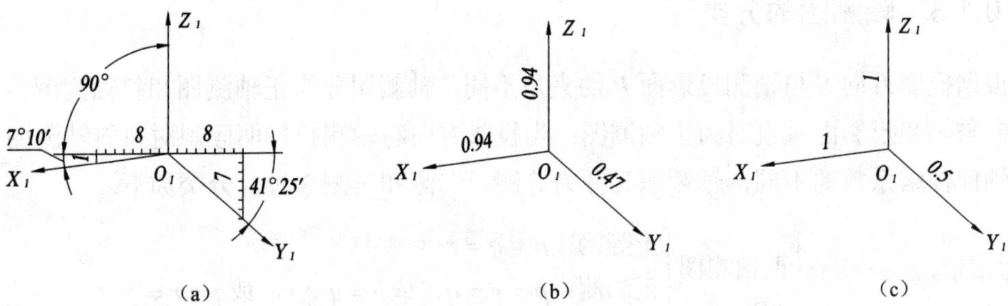

图 10-3　正二测的轴向伸缩系数和轴间角

在实际应用中，一般绘制正轴测投影图，均采用简化轴向伸缩系数。

10.2.3　斜二测

当投影方向对轴测投影面 P 倾斜时，形成斜轴测投影。为了作图方便，一般设平面 P 与 V 面平行。当 P 与 V 面平行时，得到的斜轴测投影，称为正面斜轴测投影。

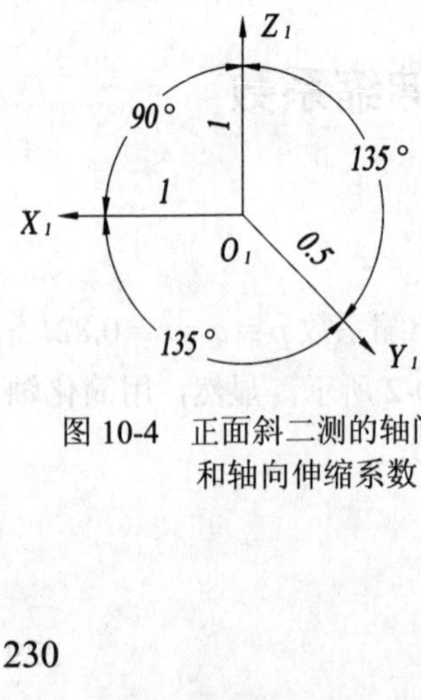

图 10-4　正面斜二测的轴间角和轴向伸缩系数

正面斜轴测投影,不论投影方向如何，轴间角$\angle X_1O_1Z_1$=90º, X_1 和 Z_1 方向的轴向伸缩系数均为 1, 即 $p = r = 1$。O_1Y_1 与 O_1X_1、O_1Z_1 的轴间角随投影方向的不同而发生变化。此角通常取 30º、45º 或 60º（绘图三角板的角），O_1Y_1 的轴向伸缩系数理论上可以从 0 变化到无穷大，一般取 0.5。这样就有轴间角$\angle X_1O_1Z_1$=90º，$\angle Y_1O_1Z_1=\angle X_1O_1Y_1$=135º, 轴向伸缩系数 $p = r = 1$, $q = 0.5$。正面斜二等测，简称正面斜二测，如图 10-4 所示。

10.3 点、线、面及平面立体轴测图的画法

任何物体轴测图的绘制，都是通过求得物体上有特征的点、线、面的轴测投影而完成的。在实际工作中，多数情况下又都是根据正投影图求作物体的轴测图。

10.3.1 点、线、面轴测图的画法

【例 10-1】 已知点 A 的二面投影，求作其正等测图，如图 10-5（a）、（b）所示。

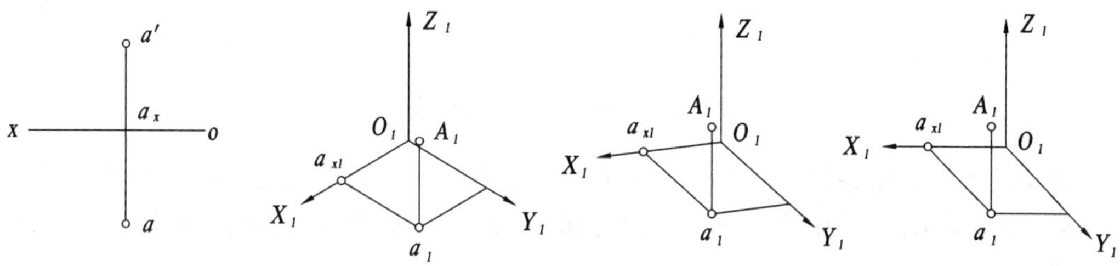

（a）　（b）　（c）　（d）

图 10-5　点的轴测图的画法

分析：为简化作图，使用简化轴向伸缩系数，$p = q = r = 1$。

作图：

（1）设立坐标体系，作轴测轴；

（2）求点 A 的次水平投影 a_1：在 O_1X_1 轴上取 $O_1a_{x1}=oa_x$，得点 a_{x1}；过点 a_{x1} 作 $a_{x1}a_1 // O_1Y_1$，取 $a_{x1}a_1=a_xa$，得次水平投影 a_1；

（3）过点 a_1 作 $a_1A_1 // O_1Z_1$，取 $a_1A_1=a_xa'$，得 A_1，A_1 即为所求。

图 10-5（c）、（d）分别为点 A 的正二测和斜二测。

【例 10-2】 已知线段 AB 的二面投影，求作其正等测图，如图 10-6 所示。

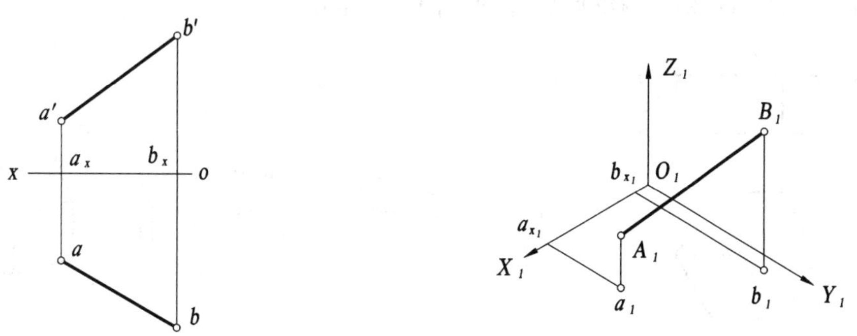

（a）　（b）

图 10-6　线段的轴测投影的画法

分析：分别通过 A、B 的次水平投影 a_1、b_1，求得 A_1、B_1，连 A_1B_1 即为所求。

作图略。

【例 10-3】 已知正六边形的二面投影，求作其正二测，如图 10-7 所示。

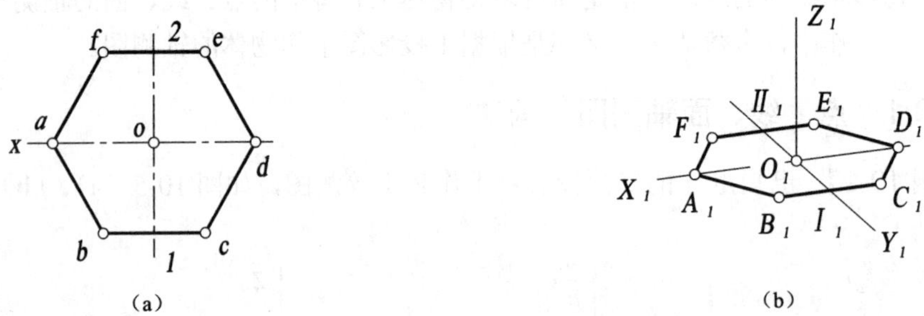

图 10-7 平面的轴测投影的画法

分析：根据题给条件，此正六边形为对称图形。如将此正六边形的直角坐标确定为图 10-7（a）所示，并使用简化轴向变形系数 $p = r = 1$，$q = 0.5$，将使作图过程大为简便。

作图：

（1）设立坐标体系，作轴测轴；

（2）作 A、D、I、II 4 点的次水平投影，即为其轴测投影 A_1、D_1、I_1、II_1；

（3）利用轴测投影的性质，分别过 I_1、II_1 两点作直线平行于 O_1X_1，可求得 B、C、E、F 4 点的轴测投影 B_1、C_1、E_1、F_1；

（4）顺序连接 A_1、B_1、C_1、D_1、E_1、F_1，即为所求。

10.3.2 平面立体轴测图的画法

【例 10-4】 已知正六棱柱的二面投影，求作其正二测，如图 10-8 所示。

分析：如例 10-3 的分析，将直角坐标原点 O 置于六棱柱顶面的中心，且 OZ 轴向下，这样便于作图，如图 10-8（a）所示。

作图：

（1）设立坐标体系，作轴测轴，见图 10-8（b）；

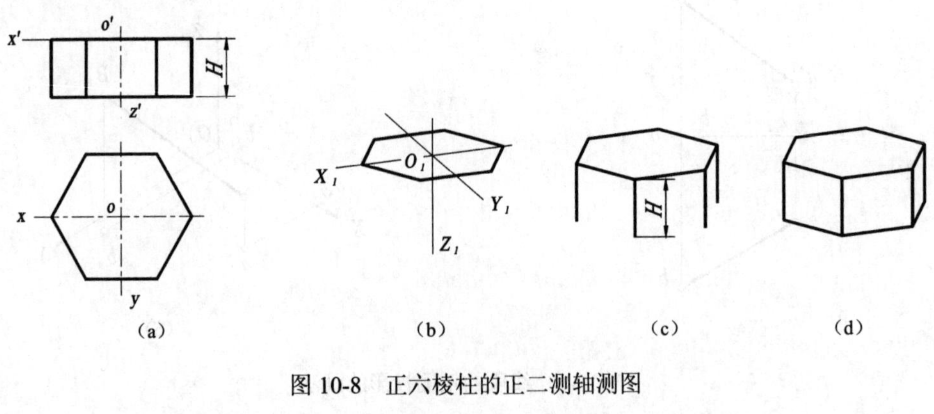

图 10-8 正六棱柱的正二测轴测图

（2）按简化伸缩系数作出各顶点的次水平投影，可得正六棱柱顶面的轴测投影；

（3）过各顶点的轴测投影作出棱线平行于 O_1Z_1 轴，并截取其长为此六棱柱的高，如图 10-8（c）所示，可求得正六棱柱底面各顶点的轴测投影；

（4） 顺序连接正六棱柱底面各顶点的轴测投影，并判别可见性，即为所求，见图 10-8（d）。

【例 10-5】 已知三棱锥 $S\text{-}ABC$ 的二面投影，求作其正等测，如图 10-9 所示。

分析：为简化作图，将棱锥底面置于直角坐标面 $X_1O_1Y_1$ 上，且立直角坐标系为图 10-9（a）所示。

作图：

（1）设立坐标体系，作轴测轴，见图 10-9（b）；

（2）按简化伸缩系数分别作出 A_1、B_1、C_1 的次水平投影，即为其轴测投影 A_1、B_1、C_1；同时作出锥顶的次水平投影 s_1，见图 10-9（c）；

（3）过 s_1 作 $s_1S_1 /\!/ O_1Z_1$，取 $s_1S_1=Z_S$，得 S_1，见图 10-9（c）；

（4）连 $S_1\text{-}A_1B_1C_1$，并判别可见性，即为所求，见图 10-9（d）。

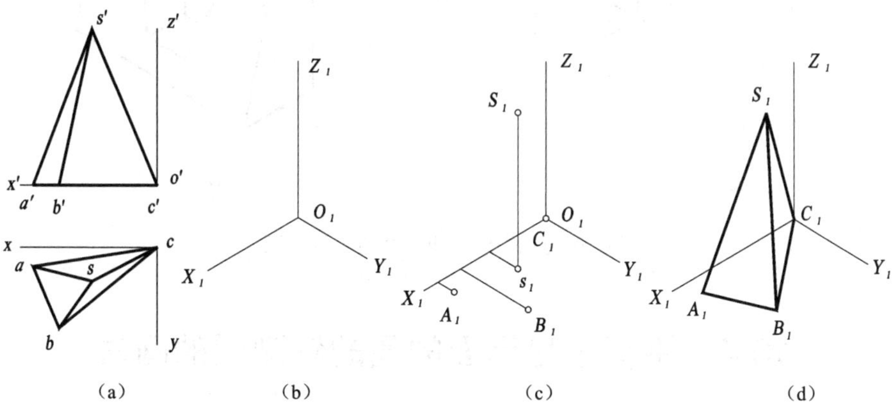

图 10-9　三棱锥轴测图的画法

【例 10-6】 根据形体的正投影图 10-10（a），绘制带切口四棱柱的正等测图。

分析：对于带切口的物体，一般先按完整物体处理，然后加画切口。但需注意，如切口的某些截交线与坐标轴不平行，不可直接量取。

根据此物体的结构特征，可先画出端面的轴测图，然后过端面各顶点，作平行于轴线的一系列直线而完成整个轴测图，此方法更显得方便。

作图：

（1）在投影图上定出物体的空间坐标，见图 10-10（a）；

（2）立轴测轴，作出棱柱右端面的次侧面投影，即为右端面的正等测图，见图 10-10（b）；

（3）沿 X_1 向按长度 l 拉伸端面，见图 10-10（c）；

（4）画出缺口的形状，见图 10-10（d）；

（5）擦去作图线，判别可见性，完成全图，见图 10-10（e）。

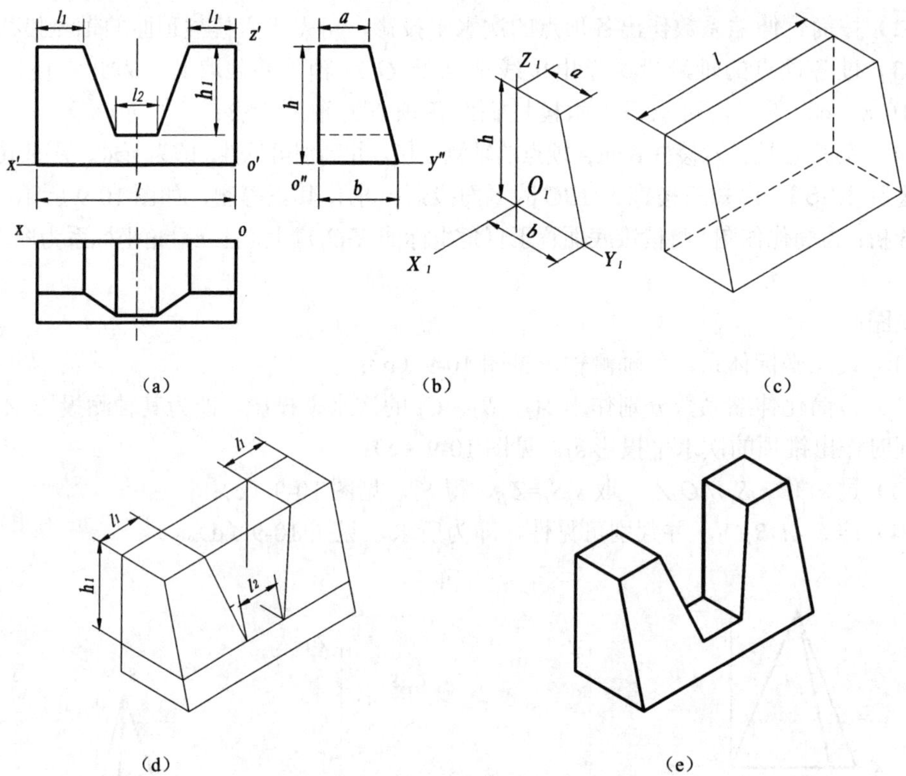

图 10-10 带切口四棱柱的正等测图

10.4 平行于坐标面的圆的轴测图的画法

平行于坐标面的圆的轴测投影，除平行于坐标面的斜二测投影仍为圆外，其余均为椭圆。这个椭圆可采用平行弦法和近似画法求作。

10.4.1 椭圆长短轴的方向和大小

1．正轴测椭圆长、短轴的方向和大小

正轴测椭圆的长轴垂直于对应的轴测轴，短轴平行于对应的轴测轴。例如：在 $X_1O_1Y_1$ 面上的椭圆，其短轴与 O_1Z_1 平行；在 $Y_1O_1Z_1$ 面上的椭圆，其短轴与 O_1X_1 平行；在 $X_1O_1Z_1$ 面上的椭圆，其短轴与 O_1y_1 平行。椭圆长、短轴的尺寸分别如下。

（1）正等测

正等测轴测图中椭圆长轴等于圆的直径 d，短轴等于 0.58 d，如图 10-11（b）所示。采用简化轴向伸缩系数后，长度放大 1.22 倍，即长轴为 1.22 d，短轴为 0.58 d×1.22≈0.7 d，如图 10-11（c）所示。

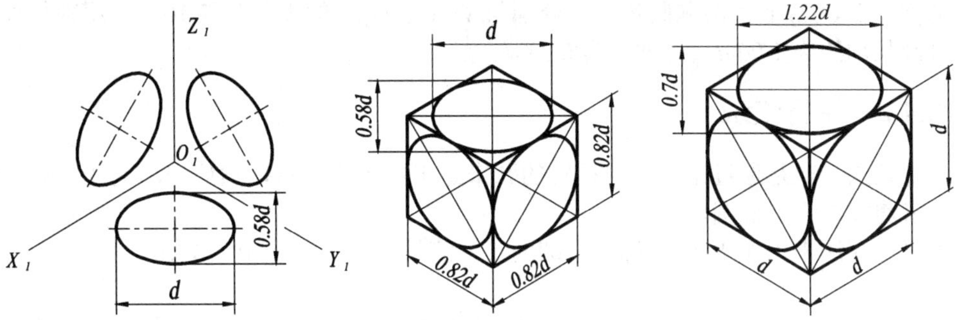

（a）　　　　　　（b）　　　　　　（c）

图 10-11　坐标面上圆的正等测

（2）正二测

正二测轴测图中椭圆长轴等于圆的直径 *d*，短轴分别等于 0.33*d*（在 $X_1O_1Y_1$ 及 $Y_1O_1Z_1$ 面上）和 0.88*d*（在 $X_1O_1Z_1$ 面上），如图 10-12（a）所示。采用简化轴向伸缩系数后，长度放大 1.06 倍，即长轴为 1.06 *d*，短轴分别为 0.35 *d* 和 0.94 *d*，如图 10-12（c）所示。

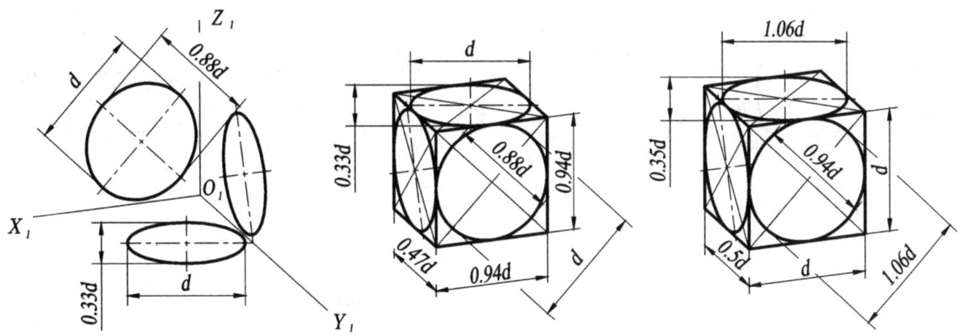

（a）　　　　　　（b）　　　　　　（c）

图 10-12　坐标面上圆的正二测轴测图

2．斜二测椭圆长、短轴的方向和大小

在坐标面 *XOZ* 或与其平行的平面上，圆的正面斜二等轴测投影仍为圆，如图 10-13 所示。

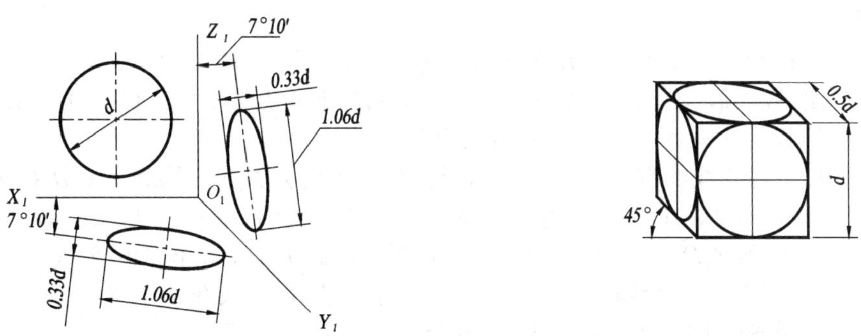

（a）　　　　　　（b）

图 10-13　三坐标面上圆的斜二测轴测图

另外两个坐标面上或与它们平行的平面上，圆的斜二等轴测投影为椭圆，见图 10-13。

在 $X_1O_1Y_1$、$Y_1O_1Z_1$ 面上的椭圆长轴，分别与 O_1X_1、O_1Z_1 的夹角为 7°10′，短轴与长轴垂直。椭圆长轴约为 1.06 d，短轴约为 0.33 d。

10.4.2 平行弦法

平行弦法，就是通过平行于坐标轴的弦来定出圆周上的点，然后作出这些点的轴测投影，光滑连线以求得椭圆。

用平行弦法来求作 XOY 坐标面上圆的正二测轴测图，如图 10-14（a）所示。

作图：

（1）设立坐标体系，作轴测轴 $O_1\text{-}X_1Y_1Z_1$，如图 10-14（b）所示，取简化轴向伸缩系数 $p=r=1$，$q=0.5$；

（2）用平行于 OX 轴的弦 EF 分割圆 O，得分点 E、F；

（3）求出点 A、B、C、D、E、F 的轴测投影 A_1、B_1、C_1、D_1、E_1、F_1，如图 10-14（c）所示，利用上述平行弦可求出圆周上一系列点的轴测投影；

（4）光滑连接 A_1、E_1、D_1、F_1、B_1、C_1 各点，得到圆 O 的正二测轴测图，见图 10-14（d）。

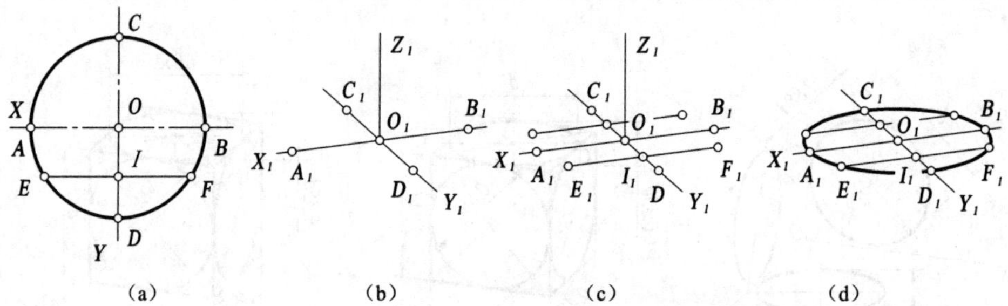

图 10-14 平行弦法作圆的正二测轴测图

平行弦法不仅可用于平行于坐标面的圆的轴测图的求作，也可用于不平行于坐标面的圆的轴测图的求作。

10.4.3 近似画法

1. 用四心圆法求圆的正等轴测图

作图：

（1）在正投影图中立坐标轴并作圆的外切正方形，见图 10-15（a）；

（2）画出轴测轴，沿轴截取半径长为 R，得椭圆上 4 点 A_1、B_1、C_1、D_1，从而作出外切正方形的轴测图——菱形——见图 10-15（b）；

（3）菱形短对角线的端点为 I_1、II_1，连 I_1A_1（或 I_1D_1）、II_1B_1（或 II_1C_1），分别交菱形的长对角线于 III_1、IV_1 两点，得 4 个圆心 I_1、II_1、III_1、IV_1；以 I_1 为圆心，I_1A_1（或 I_1D_1）为半径作弧 $\widehat{A_1D_1}$；又以 II_1 为圆心，作另一圆弧 $\widehat{B_1C_1}$，见图 10-15（c）；

（4）分别以 III_1、IV_1 为圆心，III_1A_1（或 III_1C_1）、IV_1B_1（或 IV_1D_1）为半径作圆弧 $\widehat{A_1C_1}$ 及 $\widehat{B_1D_1}$，即得水平圆的正等测图，见图 10-15（d）。

正平圆和侧平圆的正等轴测图的画法与水平圆的完全相同，只是椭圆长、短轴方向不同而已，如图 10-12（b）、（c）所示。

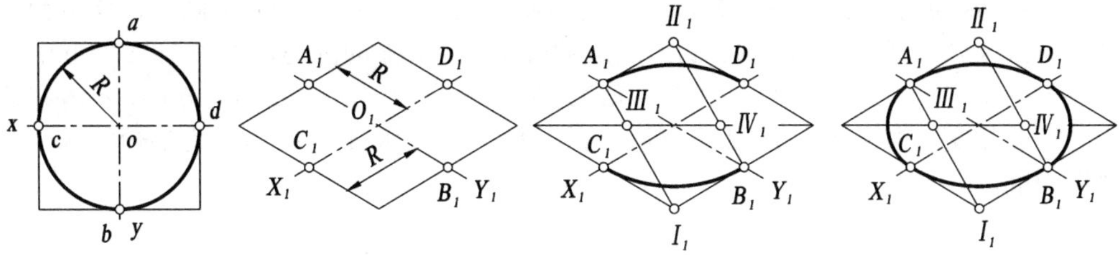

（a）　（b）　（c）　（d）

图 10-15　水平圆的正等测图的近似画法

2．圆的正二轴测图的近似画法

水平圆（直径 d）的正二等轴测图的近似画法，如图 10-16 所示。

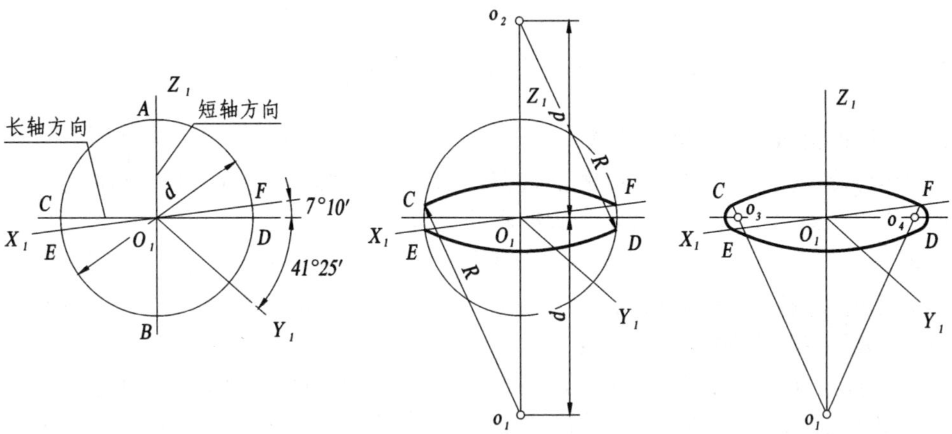

（a）　（b）　（c）

图 10-16　水平圆的正二等轴测图的近似画法

作图：

（1）作出轴测轴 O_1X_1、O_1Y_1、O_1Z_1；定短轴方向 AB，与 O_1Z_1 平行，长轴方向 $CD \perp AB$；以 O_1 为圆心、$d/2$ 为半径画圆，与 O_1X_1 的交点 E、F 即为椭圆上的两点，见图 10-16（a）；

（2）在 AB 的延长线上取 $O_1o_1=d$ 和 $O_1o_2=d$，以 o_1 为圆心、$R=o_1F$ 为半径画大圆弧 $\overset{\frown}{FG}$，同理，以 o_2 为圆心、$R=o_2E$ 为半径画大圆弧 $\overset{\frown}{DE}$，见图 10-16（b）；

（3）连 o_1F、o_1C，与 CD 交于 o_3、o_4，分别以 o_3、o_4 为圆心、$r=o_3E$ 为半径画小圆弧 $\overset{\frown}{EC}$、$\overset{\frown}{FD}$，与大圆弧相接，即得椭圆，见图 10-16（c）。

侧平圆与水平圆（直径 d）的正二等轴测图的画法相同，仅需改变长、短轴的方向即可。

正平圆（直径 d）的正二等轴测图的近似画法如图 10-17 所示。

作图：

（1）作出轴测轴 O_1X_1、O_1Y_1、O_1Z_1；定短轴方向 AB 与 O_1Y_1 平行，长轴方向 $CD \perp AB$；以 O_1 为圆心、$d/2$ 为半径画圆，与 O_1X_1、O_1Z_1 的交点 E、F、G、H 即为椭圆上的 4 点，见图 10-17（a）；

（2）以 B（或 A）为圆心、$R=BF$ 为半径画弧交 AB 于 o_1，以 O_1 为圆心、O_1o_1 为半径画圆与 AB、CD 交于 o_1、o_2、o_3、o_4，即为所求椭圆上圆弧的圆心，见图 10-17（b）；

（3）分别以 o_1、o_2 为圆心、以 $R= o_1E$ 为半径画弧，连 o_1o_4、o_1o_3、o_2o_3、o_2o_4 并延长与上述圆弧相交，得连接点 1、2、3、4；分别以 o_3、o_4 为圆心、$r = o_41$ 为半径画弧与前弧相接即得椭圆，见图 10-17（c）。

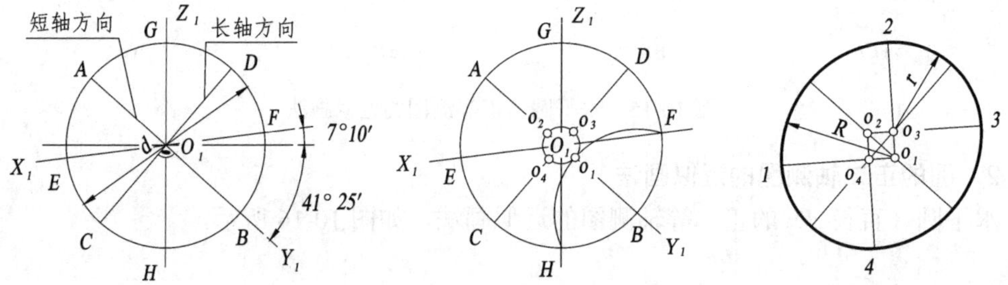

（a）　　　　　　　　（b）　　　　　　　　（c）

图 10-17　正平圆的正二等轴测图的近似画法

3．圆的正面斜二测的近似画法

图 10-18 给出了水平圆的斜二测的近似画法。侧平圆的斜二测的画法与此相似，仅仅是椭圆的长、短轴不同，可参考水平圆的画法。

作图：

（1）作出轴测轴，根据直径 d，定出点 1、2、3、4，并作出平行四边形；定出长、短轴的方向 AB、CD，见图 10-18（a）；

（2）在短轴方向上取 $O_15=O_16=d$，连 6、1，5、2，与 AB 交于 7、8，见图 10-18（b）；

（3）以 5、6 为圆心、R=52 为半径画大圆弧；以 7、8 为圆心、r =71 为半径画小圆弧，1、2、9、10 为 4 段圆弧的连接点，见图 10-18（c）。

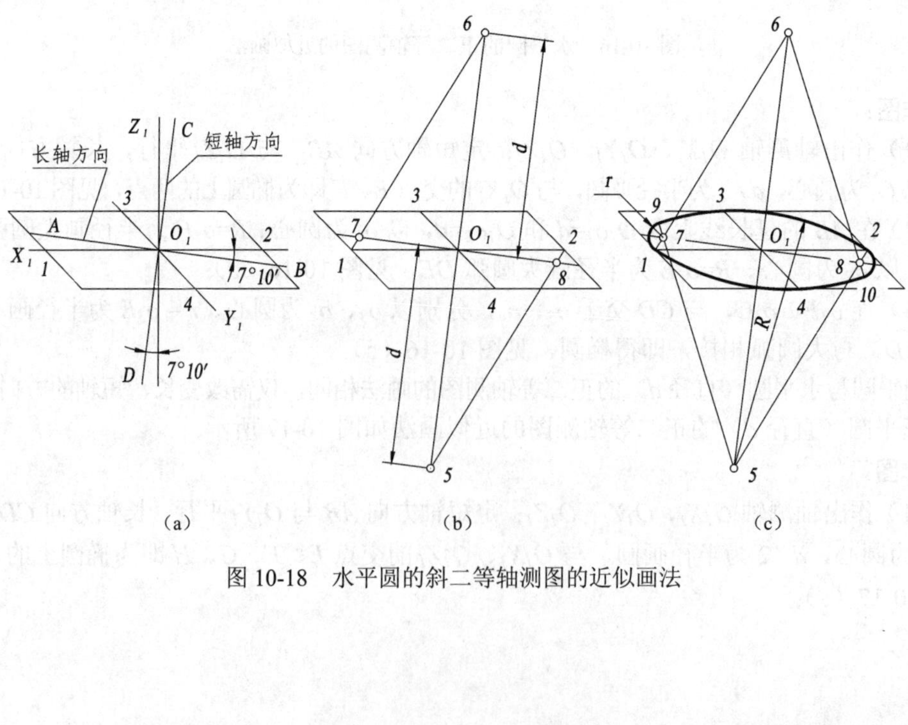

（a）　　　　　　　　（b）　　　　　　　　（c）

图 10-18　水平圆的斜二等轴测图的近似画法

10.5 组合体轴测图的画法

10.5.1 组合体轴测图的画法举例

【例 10-7】 画出支架的正等测图，如图 10-19 所示。

分析：根据支架的结构特点，将其直角坐标系设立如图 10-19（a）所示，这样便于作图。

作图：

（1）设立坐标体系，作轴测轴，画竖板、底板主要轮廓线，见图 10-19（b）；

（2）画肋板和圆角，见图 10-19（c）；

（3）画圆孔，见图 10-19（d）；

（4）擦去作图线，并加深，见图 10-19（e）。

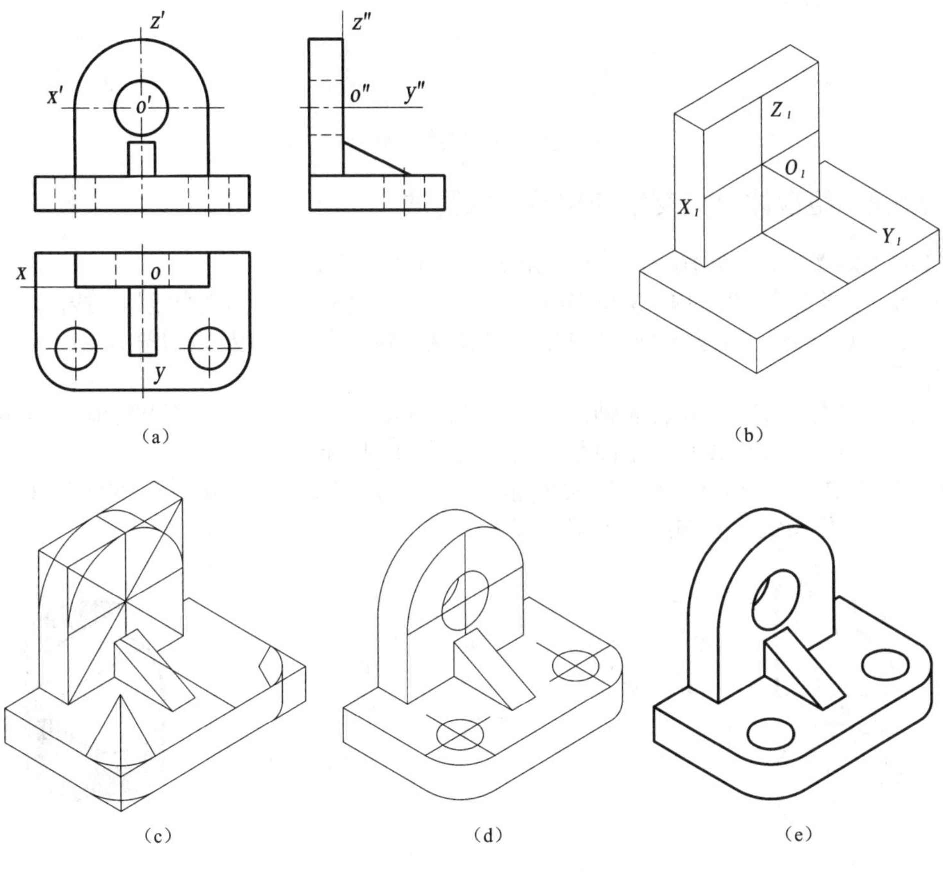

图 10-19　支架的正等测图

【例 10-8】 画出图 10-20（a）所示压盖的斜二测图。

分析：此压盖基本由同轴圆柱体构成，故选用正面斜二测将特征面平行于轴测投影面，使这个面的投影反映实形。

作图：

（1）在正投影图中选压盖前端面的中心为直角坐标原点，见图 10-20（a）；
（2）作轴测轴，从前到后定各圆心的位置，画出各个圆，见图 10-20（b）；
（3）画出轮廓线及 4 个均布小孔，见图 10-20（c）；
（4）擦去作图线，并加深，见图 10-20（d）。

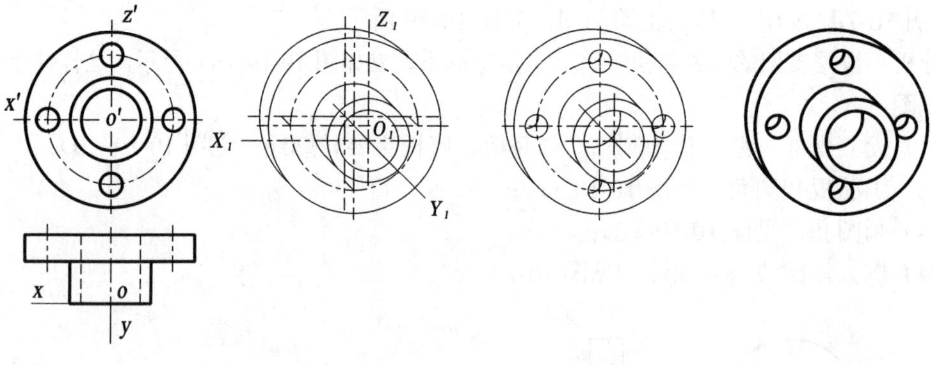

（a）　（b）　（c）　（d）

图 10-20　压盖的斜二轴测图

10.5.2　组合体上截交线和相贯线的画法

【例 10-9】 作出图 10-21（a）所示形体的正等测图。

分析：由投影图知圆柱被 3 个平面截切，其中侧平面截切后的截交线是素线，水平面截切后的截交线为圆弧，正垂面截切后的截交线是椭圆弧。立直角坐标系如图 10-21（a）所示。

作图：

（1）设立坐标体系，作轴测轴，用近似画法画出椭圆，连轮廓，见图 10-21（b）；
（2）画侧平面截交线和水平面截交线，见图 10-21（c）；
（3）分别作出 A、B、C、D、E 的次投影 A_1、B_1、C_1、D_1、E_1，光滑连接，见图 10-21（d）；
（4）擦去作图线，并加深，见图 10-21（e）。

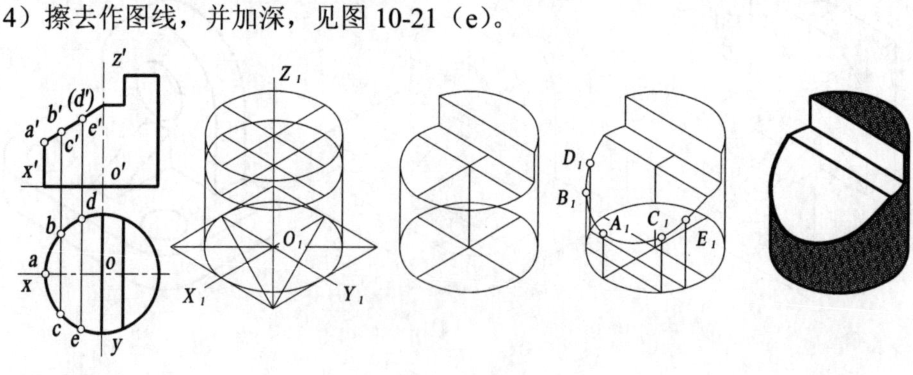

（a）　（b）　（c）　（d）　（e）

图 10-21　截交线的轴测图画法

【例 10-10】 作出图 10-22（a）中两相贯圆柱的正等轴测图。

分析：此二圆柱正交，相贯线为空间曲线，需求出若干共有点的轴测投影以完成此空间曲线的轴测投影。立直角坐标系如图 10-22（a）所示。

作图：

（1）设立坐标体系，作轴测轴，画出直立圆柱和水平圆柱，见图 10-22（b）;

（2）以平行于 $X_1O_1Z_1$ 面的平面截切两圆柱，分别获得截交线，截交线的交点即为相贯线上的点，见图 10-22（c）;

（3）光滑连接各点，擦去作图线，并加深，见图 10-22（d）。

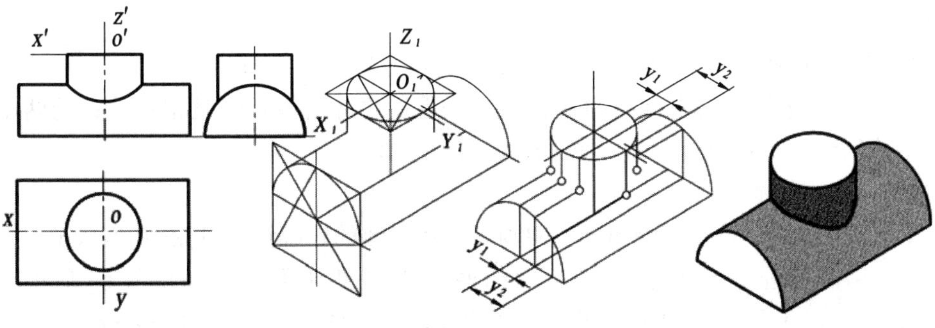

（a）　　（b）　　（c）　　（d）

图 10-22　相贯线轴测图的画法

10.6　轴测图剖视图的画法

10.6.1　轴测图中物体的剖切

为了表达物体的内部结构，常将物体的轴测图作成剖视图。剖切平面应遵循以下两点：

（1）剖切平面应通过物体的对称轴线，以期得到所表达对象的最大轮廓；

（2）一般不宜采用单一剖切平面剖切，而应采用两个相互垂直且分别平行不同轴测投影面的剖切平面剖切，以免严重损害物体的整体形象。

10.6.2　轴测剖视图的剖面符号

分别平行于轴测投影面 $X_1O_1Y_1$、$X_1O_1Z_1$、$Y_1O_1Z_1$ 的剖面，其剖面线的方向及剖面线的间距，如图 10-23 所示。

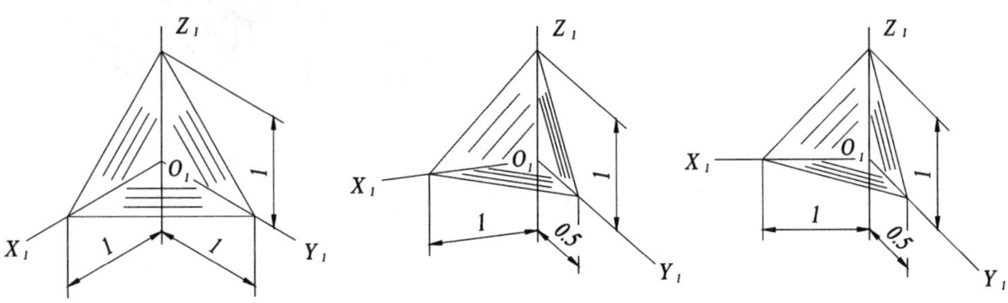

（a）正等测　　（b）正二测　　（c）斜二测

图 10-23　轴测图的剖面线方向及剖面线的间距

剖切平面通过物体的肋或薄壁等结构的纵向对称平面时，这些结构都不画剖面符号，而用粗实线将它与邻接部分分开，如图 10-24 所示。

10.6.3 轴测剖视图画法举例

画轴测剖视图时有两种方法：一是先画物体外形，然后按选定的剖切位置画出剖面轮廓，最后画出可见的内部轮廓；二是先画剖面轮廓，以及与它有联系的轮廓，然后画其余可见轮廓。

【例10-11】 作出图 10-24（a）所示形体的正等轴测剖视图。

分析： 为表达物体的内部结构形状，宜采用过物体对称轴线且相互垂直的两个剖切平面剖切该物体。立直角坐标系如图 10-24（a）所示。

作图：

（1）设立坐标体系，作轴测轴，并画出形体大致的轮廓线，见图 10-24（b）；

（2）用相互垂直且平行于坐标面的两个平面剖切形体，画出其正等测，见图 10-24（c）；（3）画出剖面线，擦去多余的线，加深图线，见图 10-24（d）。

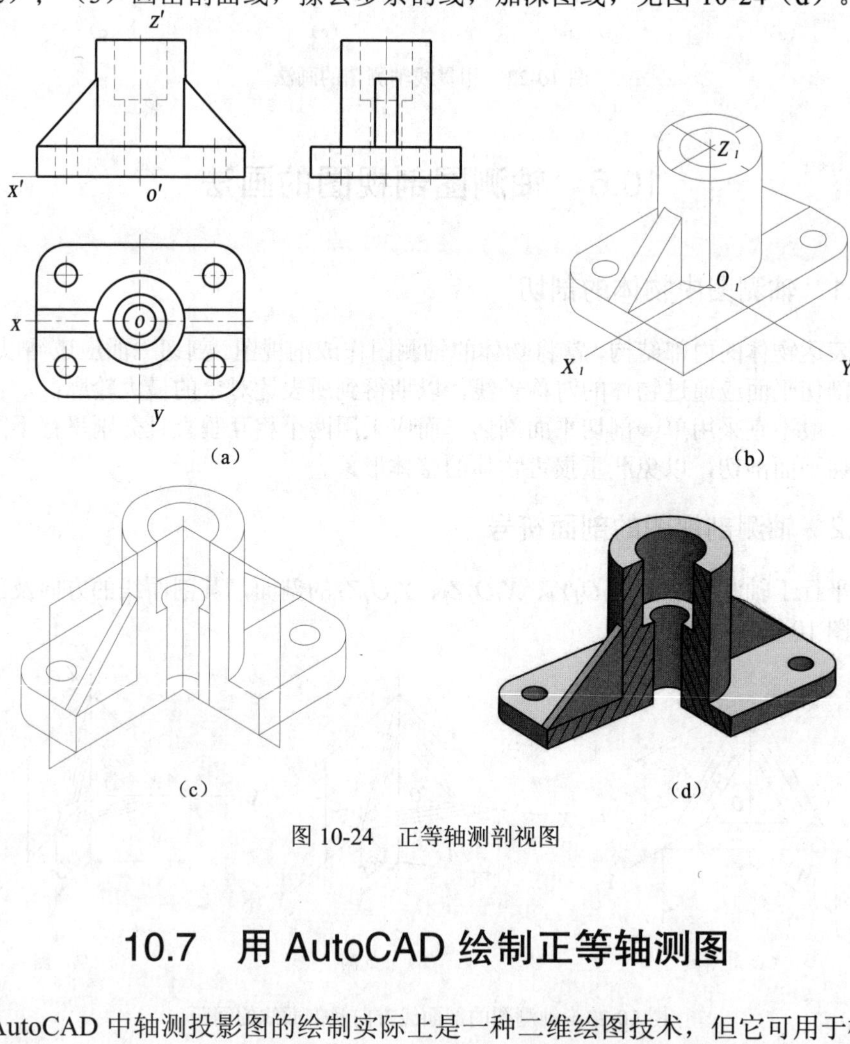

图 10-24　正等轴测剖视图

10.7 用 AutoCAD 绘制正等轴测图

在 AutoCAD 中轴测投影图的绘制实际上是一种二维绘图技术，但它可用于模拟三维对象沿特定视点产生的三维平行投影视图。AutoCAD 提供了轴测图的作图方式，使用户可按传统方法表示空间物体的直观形状。

轴测投影图的优点是创建简单。其缺点是：用户无法运用旋转模型的选项来获得其他三维视图；用户不能从轴测图中生成透视图，测量仅能沿轴测图 X、Y、Z 轴方向进行。

正等轴测图是在二维空间表达三维形体最简单、也是最常用的方法。AutoCAD 提供了绘制正等轴测图的绘图辅助（dsettings 或 snap）模式，利用 AutoCAD 的二维绘图和编辑命令就可以绘制出正等轴测图。

10.7.1 激活轴测投影模式

使用 AutoCAD 的轴测投影模式是最容易画轴测投影图的方法。当轴测投影模式被激活时，捕捉和网格被调整到轴测投影视图的 X、Y、Z 轴方向。用户可采用以下两种方式激活轴测投影模式。

1. 使用“草图设置”对话框

可以用以下几种方式启动“草图设置”对话框：

- 从“工具”下拉菜单中选择“草图设置”选项；
- 在命令行输入 dsettings、snap 或 ddrmodes。

在“草图设置”对话框中“捕捉和栅格”选项卡中的“捕捉类型和样式”中选择“等轴测捕捉”选项即可。

2. 直接使用 snap 命令

```
命令：snap
指定捕捉间距或 [开（ON）/关（OFF）/纵横向间距（A）/样式（S）/类型（T）]<10.0000>：S
输入捕捉栅格类型 [标准（S）/等轴测（I）]<S>：I
指定垂直间距 <10.0000>：
```

由此，可打开轴测投影模式。

在一个轴测投影视图中，立方体仅有 3 个面是可见的。在轴测投影绘图过程中，用户可将这 3 个面作为图形的起点。这 3 个面即称为轴测投影面，它们分别被称为左（Left）、右（Right）和上（Top）轴测面。如图 10-25 所示，当用户切换轴测面时，AutoCAD 会自动改变十字线和网格以使它们看起来是位于当前轴测面内。

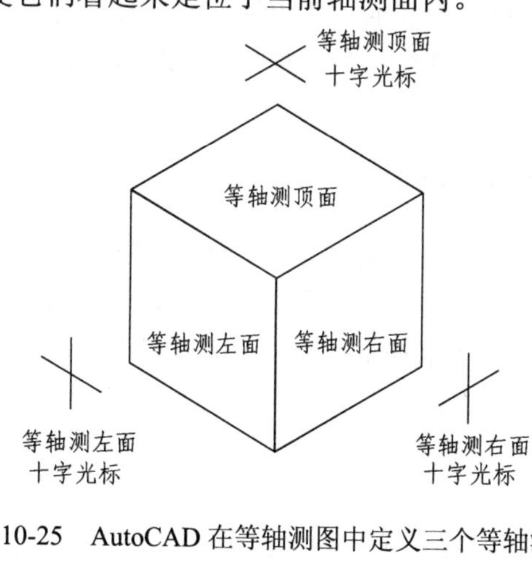

图 10-25　AutoCAD 在等轴测图中定义三个等轴测面

用户可采用多种方式按顺时针方向在轴测面间切换：

- 通过命令行输入 isoplane；
- 使用快捷键 Ctrl+E；
- 功能键 F5。

为进一步产生三维工作环境的效果，十字线和捕捉以及网格点都被调整以使它们看起来位于当前轴测面之中。

值得注意的是，虽然用户可以在 3 个轴测平面内绘图，但此时的坐标系并未改变，在输入点的坐标时，其测量方向是沿当前轴测平面的轴测轴的，因此，使用相对坐标来拾取具体点则会非常简单。其次，在一个轴测平面内绘图时，激活“正交（ortho）”方式可使绘出的线段是平行于当前轴测轴的。

10.7.2 正等轴测图的绘制

在轴测投影模式下绘直线的最简单的办法就是使用目标捕捉模式及相对坐标。如果用户打算用相对坐标画一条平行于 *X* 轴的直线，则可用角度 30º 和 120º。如果直线平行于 *Y* 轴则用角度 150º 和－30º。如果直线平行于 *Z* 轴，则用角度 90º 和－90º。如果用户需要画一条不平行于 3 轴中的任何一条轴线，则就必须转回到使用目标捕捉模式、捕捉点或标准绘图构造技术中去。

轴测投影模式下的圆变为椭圆，绘制椭圆的方法是在 AutoCAD 命令中采用 ellipse 命令的等轴测圆（isocircle）选项。仅当用户处于轴测投影模式时，等轴测圆选项才会出现在 ellipse 的提示中。在用户指定了等轴测圆选项后，用户被提示输入圆心的位置、半径或直径，随后，椭圆就自动出现在当前轴测面内。

命令：ellipse

指定椭圆轴的端点或 [圆弧（A）/中心点（C）/等轴测圆（I）]：i（选择等轴测圆的绘制方式）

指定等轴测圆的圆心：（输入圆心点的坐标）

指定等轴测圆的半径或[直径（D）]：（输入等轴测圆的半径或直径）

圆弧在轴测投影模式下以椭圆弧的形式出现。画此圆弧可采用两种方式：一种是画出圆后，进行剪裁或打断不需要的部分；另一种是在 ellipse 命令选项中选择提示“圆弧”，后续方法与绘制椭圆类似。

10.7.3 绘制正等轴测图举例

用AutoCAD绘制9.4节图9-19所示轴承座的正等轴测图。

首先启动 AutoCAD，创建新图形；然后按前面所述，设置绘制正等轴测图的绘图环境，即激活轴测投影模式；再进行目标捕捉状态设置，设置“交点捕捉”、“中点捕捉”、“端点捕捉”、“象限点捕捉”和“切点捕捉”。

绘图步骤如下。

（1）绘制底板

① 用 line 命令绘制底板，注意等轴测平面为上。

② 指定如图 10-26 所示 A、B 两点，距离边线为 6 mm。以 A、B 两点为圆心绘制轴测圆。

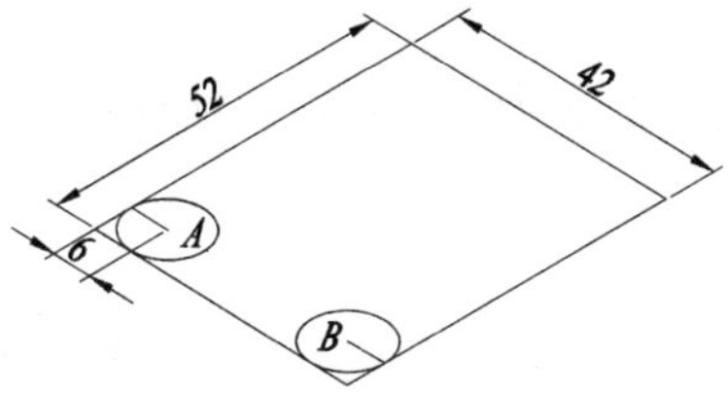

图 10-26　绘制底板的底面

命令：ellipse

指定椭圆轴的端点或[圆弧（A）/中心点（C）/等轴测圆（I）]：I

指定等轴测圆的圆心:（指定 A 点）

指定等轴测圆的半径或[直径（D）]：6

③ 用trim命令修剪图形。

④ 绘制端面上圆柱的位置，并用复制命令绘制出底板的上端面。

命令：copy

选择对象:（指定对角点，用窗口选择，选取底面的所有对象）

选择对象:（按回车键完成选择）

当前设置：复制模式 = 多个

指定基点或 [位移（D）/模式（O）] <位移>: <对象捕捉 开>（指定如图10-27所示点C）

指定位移的第二点或 <用第一点作位移>:　<正交 开>　<等轴测平面 右> 8

⑤ 用line命令连接，注意公切线如图10-27中直线DE的绘制用象限点捕捉方式绘制。

⑥ 用erase命令和trim命令删除和剪切掉不需要的线，进行消隐处理，删除不可见的线，完成底板的绘制，如图10-28所示。

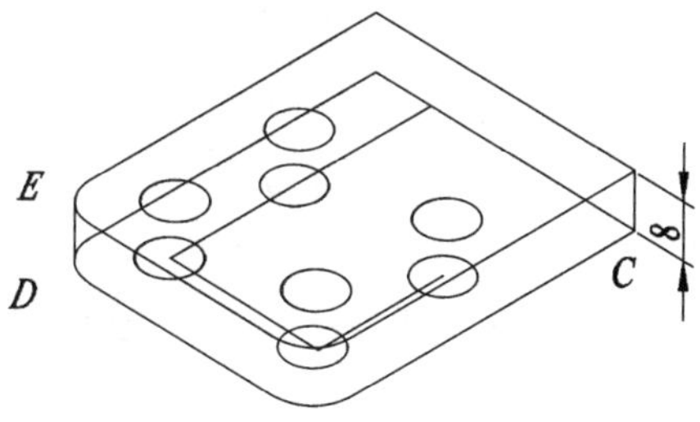

图 10-27　基本完成底板绘制

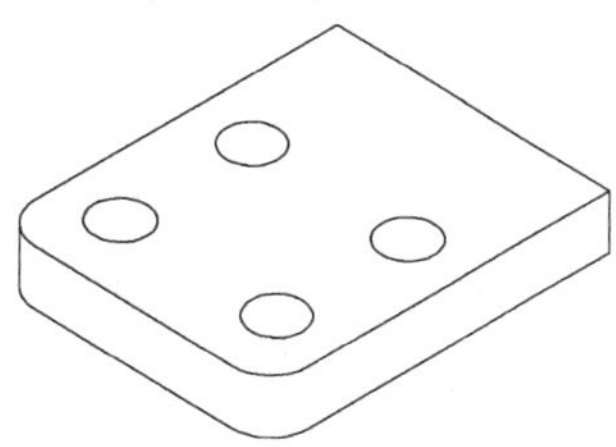

图 10-28　完成底板

（2）绘制轴承

① 如图10-29所示，确定轴承右端面圆心的位置。

② 用等轴测圆的绘制方法用端点捕捉圆心，绘制直径为22和直径为14的圆。

③ 用copy命令复制出轴承的左端面。用line命令捕捉象限点绘制公切线。

（3）绘制支承板

① 确定与支承板相切的圆的位置——用copy命令将端面的圆复制到如图10-30所示点F、G处。

② 用line命令连接底板和轴承。注意连接底板一端用端点捕捉方式，与轴承相切一端用切点捕捉方式，绘制直线。

③ 用trim、erase命令进行消隐处理。支承板和轴承之间的连接方式为相切，注意切点的确定和相切无交线的问题。

（4）绘制肋板

在对称中心线处绘制肋板时，要找到肋板与轴承圆柱面的交点H、I，如图10-31所示，这样便于确定肋板与轴承的截交线。

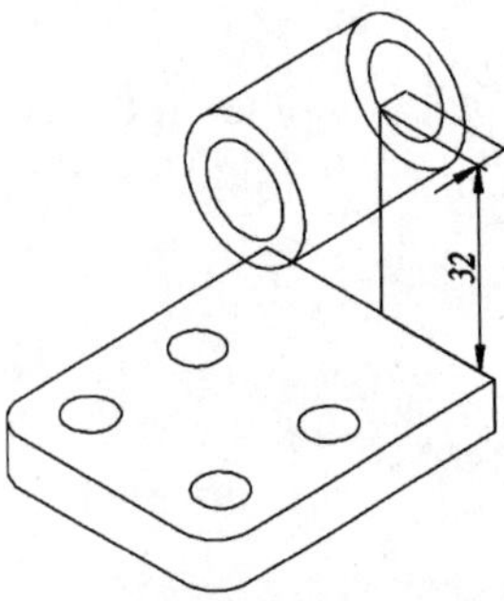

图 10-29　绘制轴承

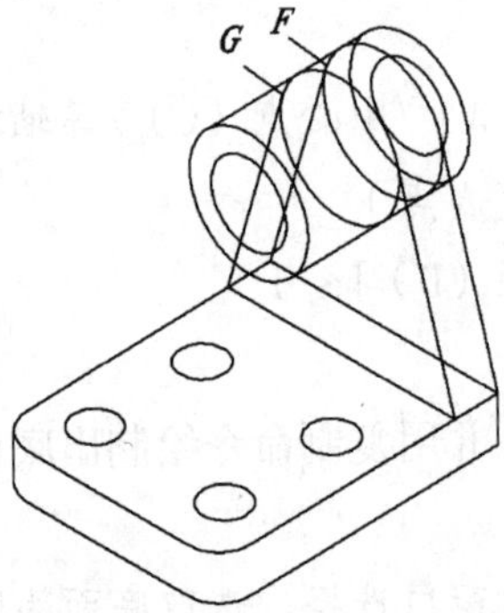

图 10-30　绘制支承板

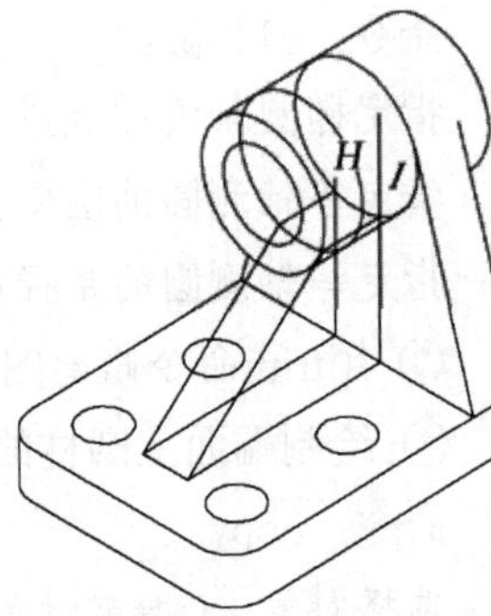

图 10-31　绘制肋板

（5）绘制凸台

① 确定凸台顶面圆心的位置，如图10-32所示。

② 用等轴测圆的绘制方法在圆心处绘制直径为10和直径为5的圆。

③ 逐个取点得到凸台与轴承的相贯线，如图10-32所示。连线。

检查无误后，消隐，完成全图，如图10-33所示，最后保存文件。

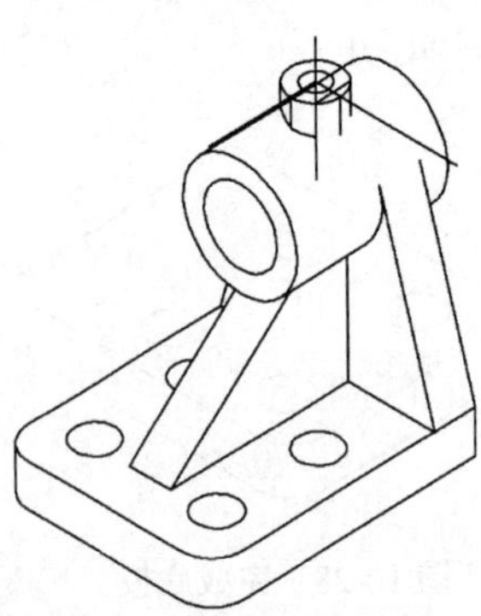
图 10-32　绘制凸台的端面形状及相贯线的取点

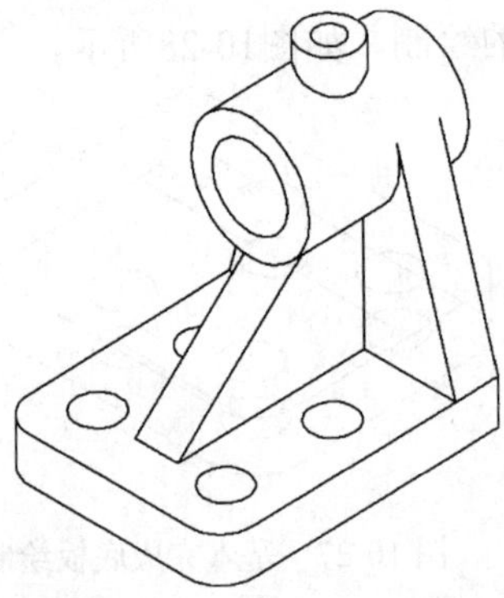
图 10-33　完成轴承座的正等轴测图

*第 11 章　曲线与曲面

11.1　曲　线

11.1.1　概述

1．曲线的形成和分类

曲线可视为一个点的运动轨迹。按照点运动是否有规律，分为规则曲线和不规则曲线。凡曲线上所有的点都属于同一平面内的曲线，称为平面曲线，如圆、椭圆、抛物线等；凡曲线上任意 4 个连续点不位于同一平面内的称为空间曲线，如螺旋线。

2．曲线的投影

曲线的投影在一般情况下仍为曲线，如图 11-1 所示。当平面曲线所在的平面垂直于某一投影面时，它在该投影面上的投影积聚为一直线，如图 11-2 所示；当平面曲线所在的平面平行于某一投影面时，它在该投影面上的投影反映曲线的实形，如图 11-3 所示。

二次曲线的投影一般仍为二次曲线。圆和椭圆的投影一般是椭圆，在特殊情况下也可能是圆或直线；抛物线或双曲线的投影一般仍为抛物线或曲线。

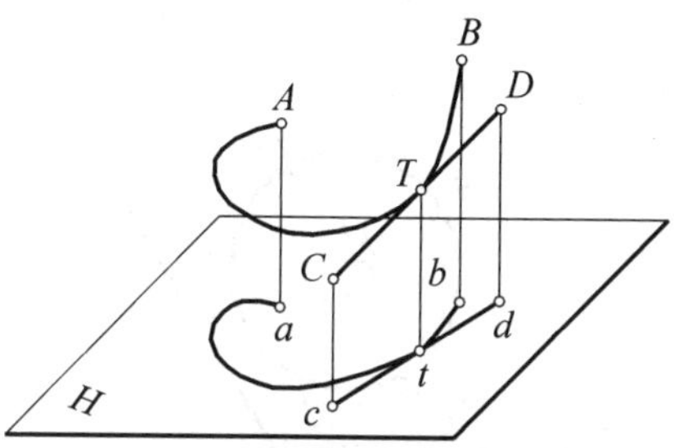

图 11-1　直线与曲线相切

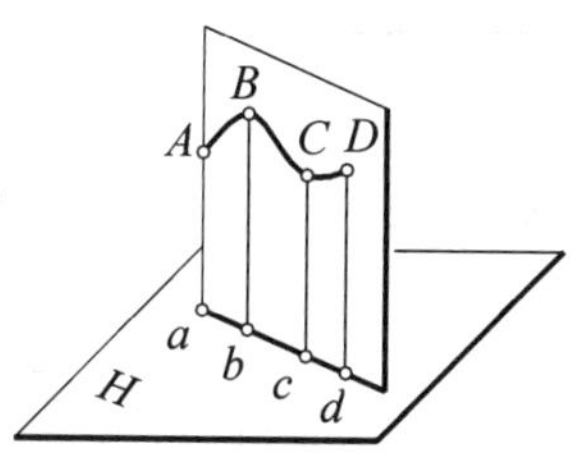

图 11-2　投影为直线

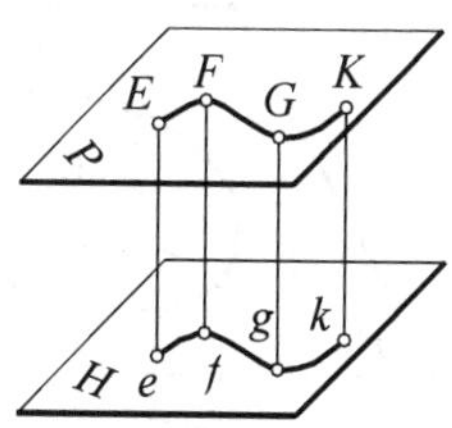

图 11-3　投影反映实形

直线与曲线在空间相切，它们的同面投影一般仍相切，曲线投影上的切点就是空间切点的投影，如图 11-1 所示。

空间曲线的各个投影都是曲线，不可能是直线。

3．曲线的投影图画法

因为曲线是点运动的轨迹，所以只要画出曲线上一系列点的投影，并将各点的同面投影顺次光滑地连接，即得曲线的投影图，如图 11-2 所示。

11.1.2　圆的投影

圆是平面曲线，它与投影面的相对位置不同，其投影也不同。

1．平行于投影面的圆

平行于投影面的圆在该投影面上的投影反映圆的实形。

2．倾斜于投影面的圆

倾斜于投影面的圆在该投影面上的投影为椭圆，椭圆的中心 *O* 为圆心的投影。椭圆画法有以下几种。

（1）找出曲线上适当数量的点画椭圆

在圆周围上选取一定数量的点，首先是特殊点，再加上适当数量的一般点。求出这些点的投影后，再光滑地连成椭圆曲线。

（2）根据椭圆的共轭直径画椭圆

圆内任意对互相垂直的直径，投影为椭圆的共轭直径。图 11-4（a）中，平面 *P* 内有一圆 *O*，*P* 面倾斜于 *H* 面，该圆在 *H* 面上的投影为椭圆。圆 *O* 的直径 *AB*、*CD* 垂直平分。在 *H* 面上的投影有 *cd* 平分 *ab*、*cd* 也平分与 *ab* 平行的弦 *mn*，这对直径 *ab*、*cd* 称为共轭直径。因为圆有无穷多对互相垂直的直径，所以椭圆有无穷多的共轭直径。

（3）已知椭圆的长、短轴画椭圆

在一般情况下，椭圆共轭直径的投影并不互相垂直。只有当两互相垂直的直径之一平行于投影面，另一直径是对该投影面的最大斜度线时，其对应的共轭直径的投影才是互相垂直的。图 11-4（b）中，平面 *P* 上的圆直径 *AB* 平行于 *H* 面，$AB \perp CD$，根据直角的投影定理得 $ab \perp cd$。这样的共轭直径，椭圆内只有一对。这一对相互垂直平分的直径称为椭圆的轴，其中长的（*ab*）称为长轴，短的（*cd*）称为短轴。

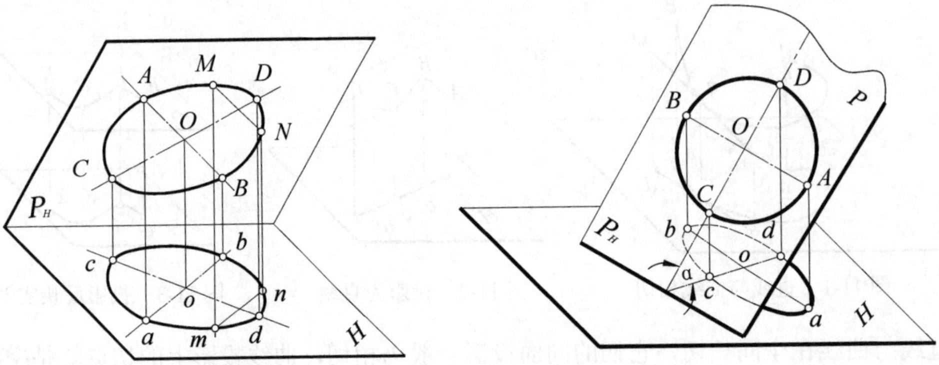

图 11-4　倾斜于投影面的圆的投影

长轴的方向和大小为 $ab /\!/ P_H$；$ab=AB$=圆的直径。

短轴的方向和大小为 $cd \perp P_H$；$cd=CD\times\cos\alpha$=圆的直径$\times\cos\alpha$，α 为 *P* 面对 *H* 面的倾角。

已知椭圆的长、短轴的方向和大小之后，使可以根据图 1-42 的方法画椭圆，或用图 1-43 所示的方法画近似椭圆。

11.1.3 螺旋线

螺旋线是工程上应用较广泛的空间曲线之一。螺旋线有圆柱螺旋线、圆锥螺旋线和球面螺旋线等，最常见的是圆柱螺旋线，下面只介绍这种螺旋线。

1. 圆柱螺旋线的形成

圆柱螺旋线是动点沿直母线做等速运动，同时母线又绕与之平行的轴线作等角速旋转运动，动点在圆柱面上所形成的曲线称为圆柱螺旋线。由于母线旋转方向不同，可分为右螺旋线和左螺旋线，如图 11-5 所示。右螺旋线的可见部分自左向右升高，左螺旋线的可见部分自右向左升高。母线的运动轨迹为一圆柱面。

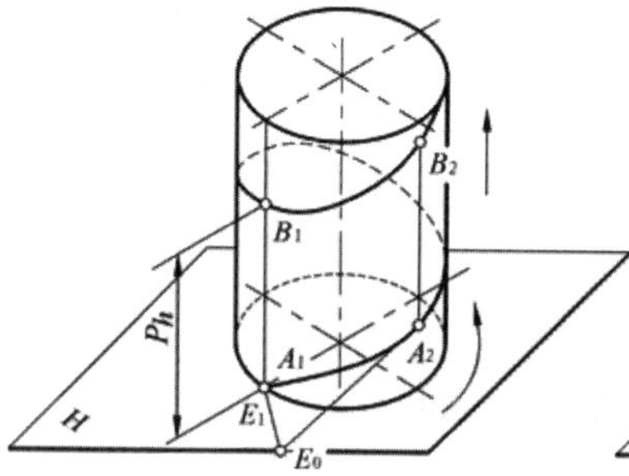

（a）

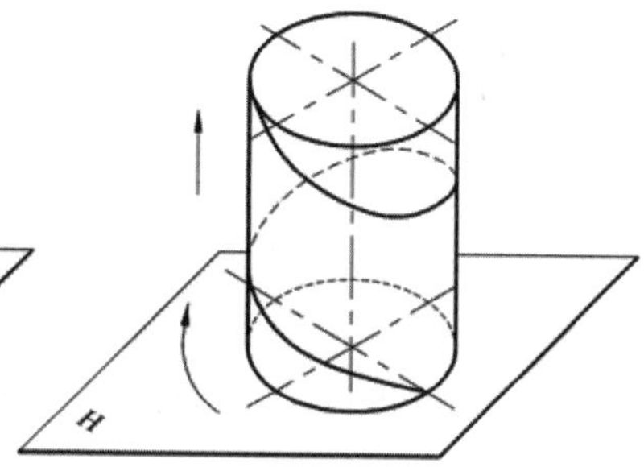

（b）

图 11-5 右螺旋线和左螺旋线

当母线旋转一周时，动点沿轴线方向移动的距离称为导程，用 *Ph* 表示。图 11-5（a）中的 A_1B_1 或 A_2B_2。

圆柱面的直径，导程和旋向（母线的旋转方向）称为螺旋线的 3 个基本要素。

2. 投影图的画法

圆柱面的直径：*d*，旋向：右螺，导程：*Ph*。

（1）根据导圆柱的直径和导程画出圆柱的正面投影和水平投影，把水平投影的圆分为若干等分（如 12 等份），按反时针方向的依次标出各等分点，0，1，2，…，12。

（2）在圆柱的正面投影中，把轴向的导程也分成相同等份，自下而上依次标记各等分点，0，1，2，…，12。

（3）自正面投影的各等分点作水平线，自水平投影的各等分点作竖直线，与正面投影同号的水平线相交，即得螺旋线上的点，用光滑的曲线依次连接各点即得螺旋线的正面投影。看不见部分是从右向左上升的，用虚线画出。如图 11-6（a）所示。

3. 圆柱螺旋线的展开图

根据螺旋线的形成规律，螺旋线的展开图是一条直线，它是以圆周长（πd）和导程为两直角边的直角三角形的斜边，如图 11-6（b）所示。

从以上几何关系，可以得到圆柱螺旋线的两个基本特性。

（1）圆柱螺旋线是圆柱面上位于非同一直素线的两点间最短距离的连线，也称为圆柱面上的测量线。

（2）圆柱螺旋线与圆柱面上一条直素线都相交成相等的角度，如图 11-6（b）中的 β，称为圆柱螺旋线的螺旋角；它的余角 α，称为圆柱螺旋线的升角。同一条螺旋线，其 α、β 角是常数。

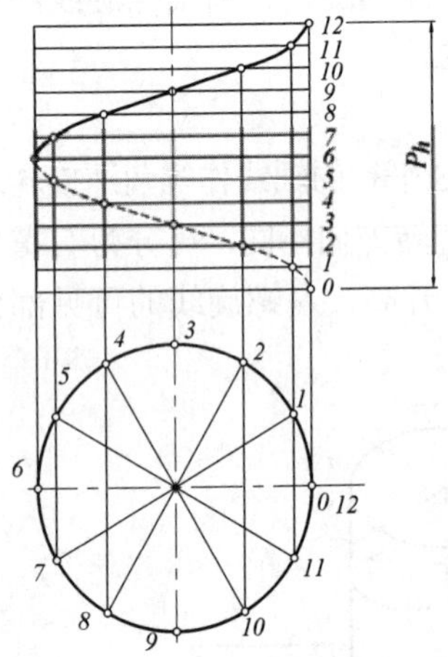

(a)

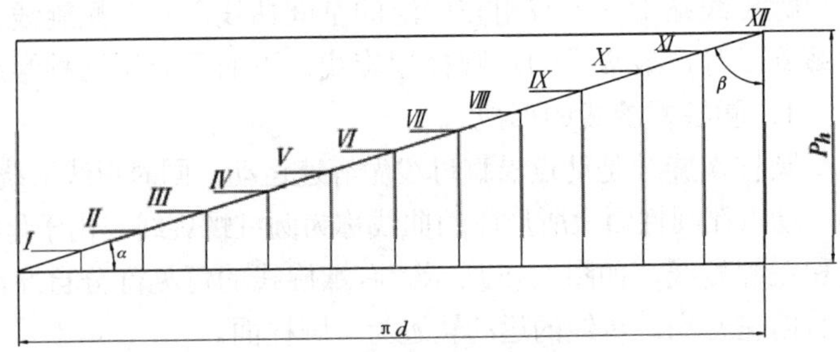

(b)

图 11-6　圆柱螺旋线的投影

11.2　曲面的形成和分类

11.2.1　曲面概述

1．曲面的形成和分类

曲面可以看成是一动线（直线或曲线）在空间运动的轨迹。动线称为母线，控制母线运动的点、线、面分别称为定点、导线和导面。母线在曲面上任一位置称为曲面的素线。图 11-7 所示的圆柱面是由直母线 AB 绕与之平行的导线 OO_1 回转而成。

曲线按母线运动是否有规律分为规则曲面和不规则曲面；按母线的性质分为直线面（直纹曲面）和曲线面（非直纹曲面）；按曲面是否可以展开分为可展曲面和不可展曲面。本章只研究规则曲面。

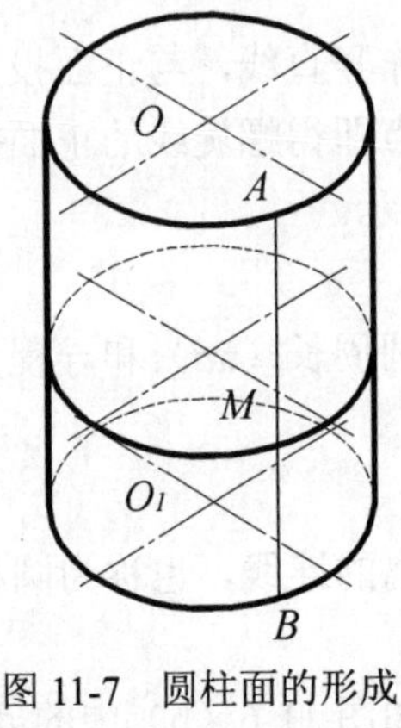

图 11-7　圆柱面的形成

（1）直线面

母线由直线运动而成的曲面称为直线面，如圆柱面、圆锥面、椭圆柱面、椭圆锥面、扭面（双曲抛物面）、锥状面和柱状面等，其中圆柱面和圆锥面称为直线回转面。

（2）曲线面

由曲母线运动而成的曲面称为曲线面，如球面、环面等。其中球面和环面称为曲线回转面。

同一曲面也可看作是以不同方法形成的。直线面也有由曲母线运动形成的，图 11-7 所示的圆柱面也可以看成是由一个圆沿轴向平移而形成的。

2. 曲面投影的表示法

画曲面的投影时，应画出形成曲面的母线、定点、导线、导面的投影，以及该曲面各投影的外形线；如属非闭合曲面，还应画出其边界线的投影。如图 11-8 中的 KL（$k'l'$，kl），NN_1（$n'n_1'$，nn_1）和 NM_1（$n_1'm_1'$，n_1m_1）等。为了使图形表达清晰，还应画出曲面的各个投影的边界线，如图 11-8 中的 $n'n_1'$、 $m'm_1'$和 nn_1、mm_1 等。

图 11-9 表示曲面 Q 对投影面 P 的外形线的确定。曲面 Q 沿投射方向 S 向平面 P 投影，各投射线构成一个与曲面 Q 相切的投射柱面 C。柱面 C 与曲面 Q 的切线 $ABCDEFGA$，称为曲面 Q 沿投射方向 S 的转向线（又称轮廓线），它是曲面 Q 在投影面 P 上的投影可见与不可见的分界线。它在 P 面上的投影 $abcdefga$，称为曲面对投影面 P 的外形线。

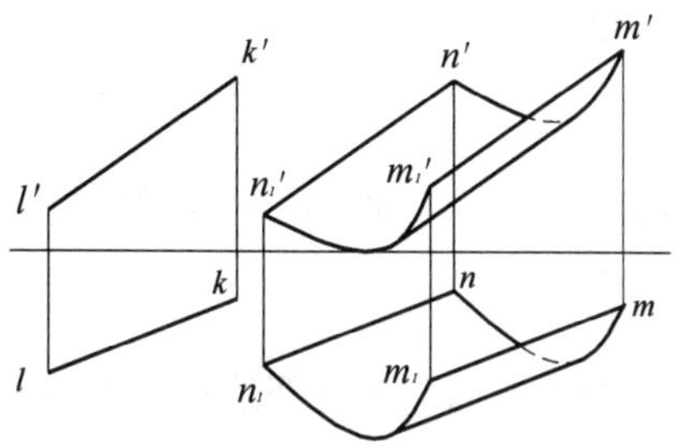

图 11-8 曲面投影的表示法

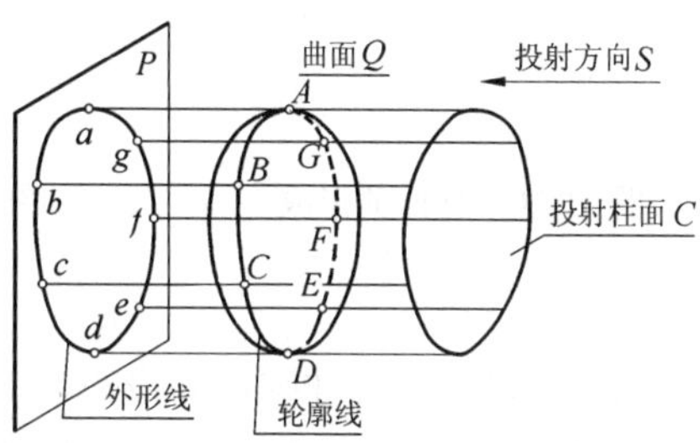

图 11-9 曲面的外形线

曲面对于不同的投影面，具有不同的转向线。对正面的转向线，称为主视转向线；对水平面的称为俯视转向线；对于侧面的称为侧视转向线。在各投影图中，只画出曲面对该投影面的转向线的投影，而不画其他转向线的投影，例如在正面投影图中只画主视转向线的正面投影——主视外形线。

3. 求作曲面上的点、线

求作曲面上的点、线的投影，其原理与求作平面上的点、线的投影相似。值得注意的是：要作属于曲面的曲线，则必须确定该线属于曲面的若干点，并依次连成光滑曲线。

曲面种类繁多，本书不能一一涉及，只讨论工程上常见的一般曲面。

11.2.2 常用曲面

1. 柱面

（1）形成

直线母线 MM_1 沿曲导线 M_1N_1 移动，且始终平行于直导线 KL 时，所形成的曲面称为柱面，如图 11-10 所示。上述曲面可以是不闭合的，也可以是闭合的。

通常以垂直于柱面素线（或轴线）的截平面与柱面相交所得的交线（这种交线称为截交线）的形状来区分各种不同的柱面。若截交线为圆，则称为圆柱面，如图 11-10 所示；若截交线为椭圆，则称为椭圆柱面，如图 11-11 所示。

图 11-12 中的柱面，用垂直于其素线的平面切割它，所得的截交线为椭圆，这种柱面称为椭圆柱面，又因为它的轴线与柱底面倾斜，故称为斜椭圆柱面。

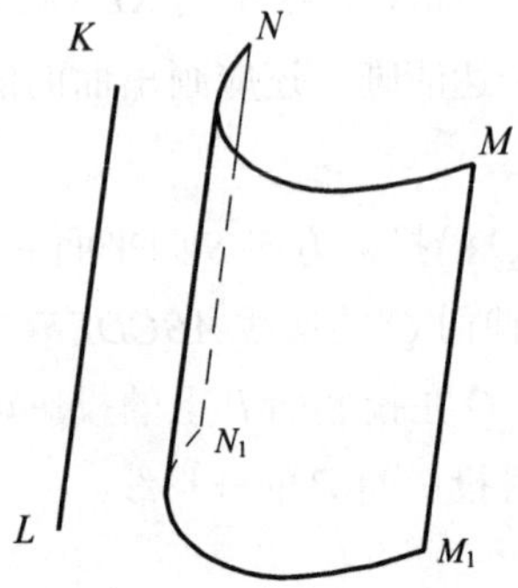

图 11-10　柱面的形成

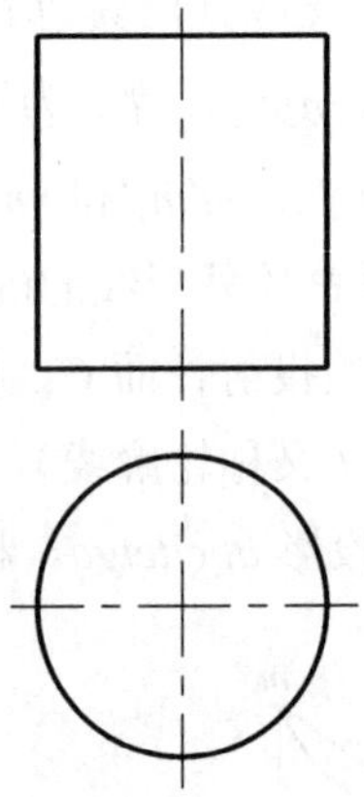

图 11-11　圆柱面

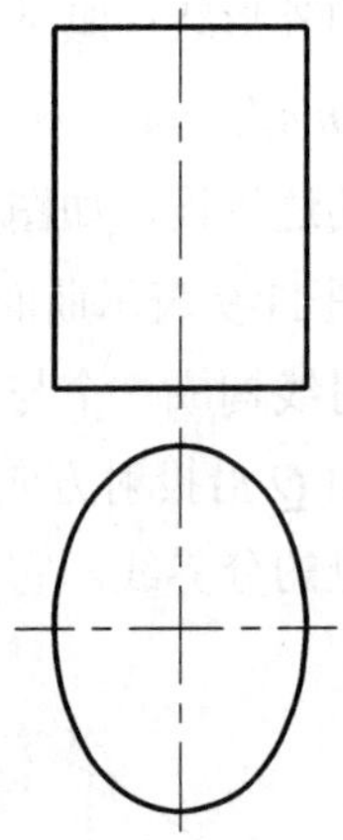

图 11-12　椭圆柱面

（2）投影

图 11-13 表示了斜椭圆柱的投影，斜椭圆柱的正面投影为一平行四边形，上下两边为斜椭圆柱顶面和底面的投影，左右两边为斜椭圆柱最左最右两素线的正面投影，即主视外形线，图中只表示出了主视外形线 $a'b'$和侧视转向轮廓线 $c''d''$。俯视外形线与顶圆和底圆的水平投影相切。斜圆柱的侧面投影是一个矩形。

因为斜椭圆柱面是直线面，所以要在它的表面上取点，可在其表面上作辅助直素线，然后按点的投影规律作出点的各个投影。图 11-13 中，若已知 N 点为柱面上的一点，即可在该柱面上做一辅助直素线求点的各个投影，也可以通过该点作辅助水平面求出点的各个投影，这是因为该柱面的水平截面为圆。图 11-13 只示出了辅助直线。

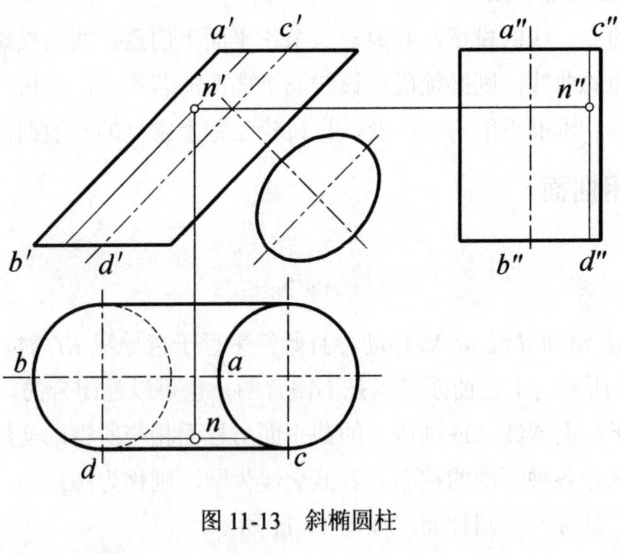

图 11-13　斜椭圆柱

2．锥面

（1）形成

直母线 SM 通过定点 S，沿曲导线 MM_1M_2…移动，所形成的曲面称为锥面，如图 11-14 所示。

曲导线可以是不闭合的，也可以是闭合的。

如锥面无对称面时，则为一般锥面，如图 11-14 所示。如有两个以上的对称面，则为有轴锥面，而各对称面的交线就是锥面的轴线。如以垂直于锥面轴线的截平面与锥面相交，其截交线为圆时称为圆锥面。截交线为椭圆时，称为椭圆锥面。若椭圆锥面的轴线与锥底面倾斜时，称为斜椭圆锥面，如图 11-14 所示。

（2）投影

斜椭圆锥面的投影如图 11-15 所示，斜椭圆锥面的正面投影是一个三角形，它与正圆锥面的正面投影的主要区别在于此三角形不是等腰三角形。三角形内有两条点划线，其中一条与锥顶角平分线重合的是锥面轴线，另一条是圆心连线，图中的椭圆是移出断面，其短轴垂直于锥面轴线而不垂直于圆心连线。斜椭圆锥面的水平投影是一个反映底圆（导线）实形的圆以及与该圆相切的两转向轮廓线 sa、sb，这两条线的正面图投影为 $s'a'$、$s'b'$，侧面投影为 $s''a''$、$s''b''$。斜椭圆锥面的侧面投影是一个等腰三角形。

斜椭圆锥面是直线面，所以要在它的表面上取点，可先在其表面上取辅助直素线，然后按点的投影规律作出点的各投影。图 11-15 中，若已知 N 点为锥面上的一点，则可先作锥面上的素线 SA，使 SA 通过 N 点，然后作出 N 点的各投影，如图 11-15 中的 n'、n、n''。

若用平行于斜椭圆锥面的平面 P 截此锥面，其截交线均为圆，该圆的圆心到在从锥顶至锥底的圆心连接上，半径的大小则随剖截位置的不同而不同，如图 11-16 所示。

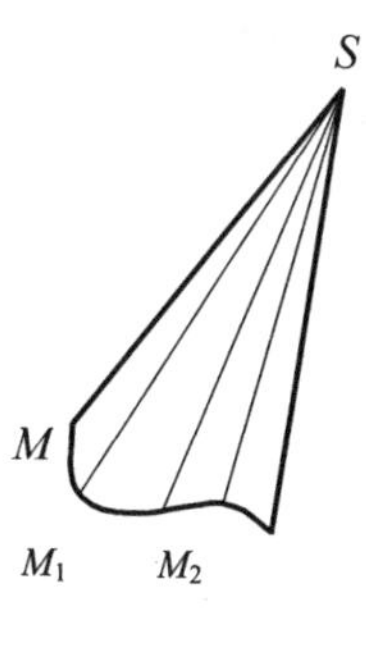

图 11-14　锥面的形成

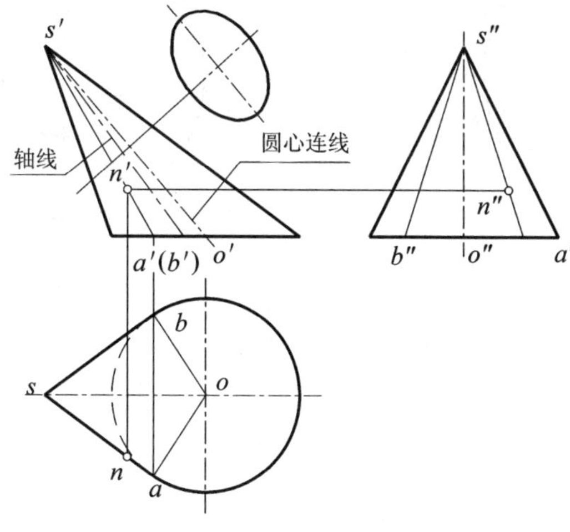

图 11-15　斜椭圆锥面

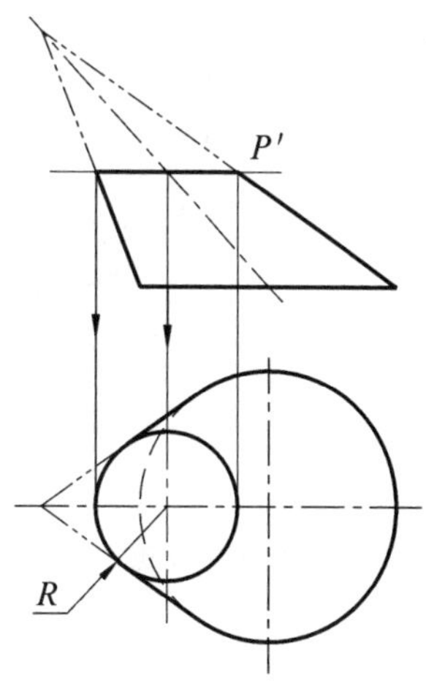

图 11-16　斜椭圆锥台

3．螺旋面

（1）形成

一直母线沿一圆柱螺旋线运动，且始终与圆柱轴线相交成直角，这样形成的曲面称为正螺旋面。图 11-17（a）中，直导线的一端沿螺旋线（曲导线），另一端沿圆柱轴线（直导线），且始终平行于 H 面（导平面）而运动，所以正螺旋面是锥状面。

（2）投影

① 按图 11-17（a）的方法画出圆柱螺旋线的投影；

② 过螺旋线上各等分点分别作水平线与轴线相交，这些水平线都是正螺旋面的素线，其水平投影都交于圆心，如图 11-17（a）所示。

图 11-17（b）为空心圆柱螺旋面的两个投影图，由于螺旋面与空心圆柱相交，在空心圆柱的内表面形成一条与曲导线同导程的螺旋线，此螺旋线的画法与图 11-17（a）所示螺旋线的画法相同。

作图：

① 根据已知条件画出导圆柱的内外螺旋线，画法如图 11-17（b）所示。

② 按导程的等分点作出空心圆柱螺旋面，画法如图 11-17（b）所示。

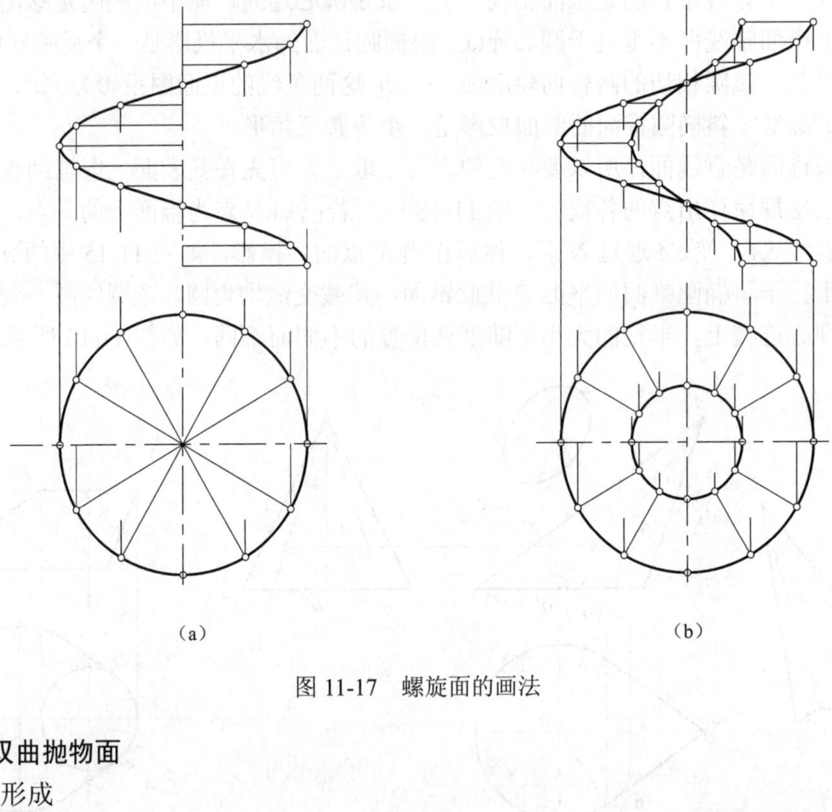

（a）　　（b）

图 11-17　螺旋面的画法

4．双曲抛物面

（1）形成

双曲抛物面是由直线（母线）沿二交叉直导线 AB、CD 移动，并始终平行于铅垂面 P（导平面）而形成的，如图 11-18（a）所示。这种双曲抛物面中，只有素线（母线的任一位置）才是直线。相邻两素线是交叉两直线，所以这种曲面是不可展曲面。

（2）投影

若已知两交叉直导线 AB、CD 和导平面 P（在投影图中为 P_H），根据双曲抛物面的形成特点和点在直线上的投影特性即可作出双面抛物的投影图。作图步骤如下：

① 作出二交叉直导线 AB、CD 及导平面 P 的投影后，把 AB、CD 分为若干等份，本例为 5 等份，得分点 b、1、2、3、4、a；b'、$1'$、$2'$、$3'$、$4'$、a'。因各素线的水平投影平行于 P_H，所以过 ab 上的各分点即可作出 cd 上的对应分点 c、1_1、2_1、3_1、4_1、d，并求出 $c'd'$上对应点 c'、$1_1'$、$2_1'$、$3_1'$、$4_1'$、d'，如图 11-18（b）所示。

② 在正面投影上作出与各素线都相切的包络线（该曲面线为抛物线，也是该曲面对 V 面的投影外形线），即完成双曲抛物面的投影，如图 11-18（c）所示。应当指出，正面投影中 $d'a'$等几根素线被曲面遮挡部分要画成虚线。

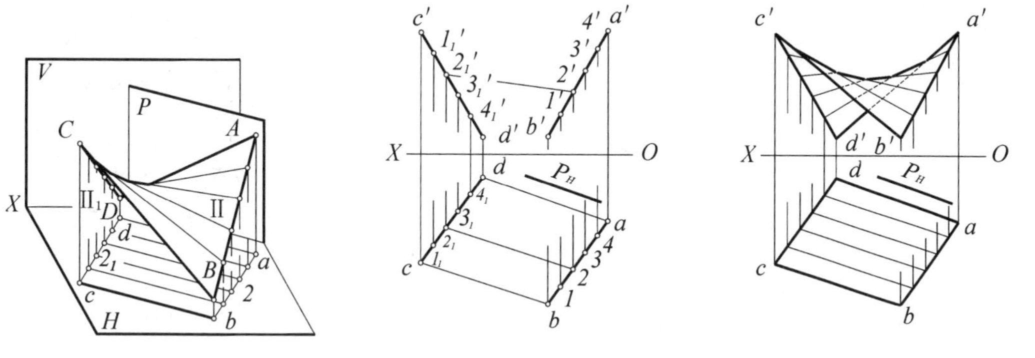

（a）　　（b）　　（c）

图 11-18　双曲抛物面

5．单叶双曲回转面

（1）形成

单叶双曲回转面是由直母线（AB）绕着与它交叉的轴线（OO）旋转而成。单叶双曲回转面也可由双曲线（MN）绕其虚轴（OO）旋转而成，如图 11-19（a）所示。当直线 AB 绕 OO 轴回转时，AB 上各点运动的轨迹都为垂直于 OO 的圆。端点 A、B 的轨迹是顶圆和底圆，AB 上距 OO 最近的 F 点形成的圆最小，称为喉圆。

（2）投影

① 画出直母线 AB 和轴线 OO 的投影，如图 11-19（b）所示。

② 以 o 为圆心，oa、ob 为半径画圆，得顶圆和底圆的水平投影。按长对正规律，得顶圆和底圆的正面投影（分别为两段水平直线），如图 11-19（c）所示。

③ 把两纬圆分别从 a、b 开始，各分为相同的等份（本例为 12 等份），a、b 按相同方向旋转 30º（即圆周的 1/12）后得 a_{11}、b_{11}，$a_{11}b_{11}$ 及曲面上的一条素线 $A_{11}B_{11}$ 的水平投影，它的正面投影为 $a_{11}'b_{11}'$，如图 11-19（c）所示。

④ 依次作出每旋转 30°（顺时针和逆时针均可）后，各素线的水平投影和正面投影，如图 11-19（d）中的 b_1a_1，$b_1'a_1'$等。

⑤ 作各素线正面投影的包络线，即得单叶双曲回转面对 V 面的转向轮廓线，这是双曲线。各素线水平投影的包络线是以 O 为圆心作与各素线水平投影相切的圆，即喉圆的水平投影，如图 11-19（d）所示。在单叶双曲回转面的水平投影中，顶圆、底圆和喉圆都必须画出。在正面投影中被遮挡的素线用虚线画出。

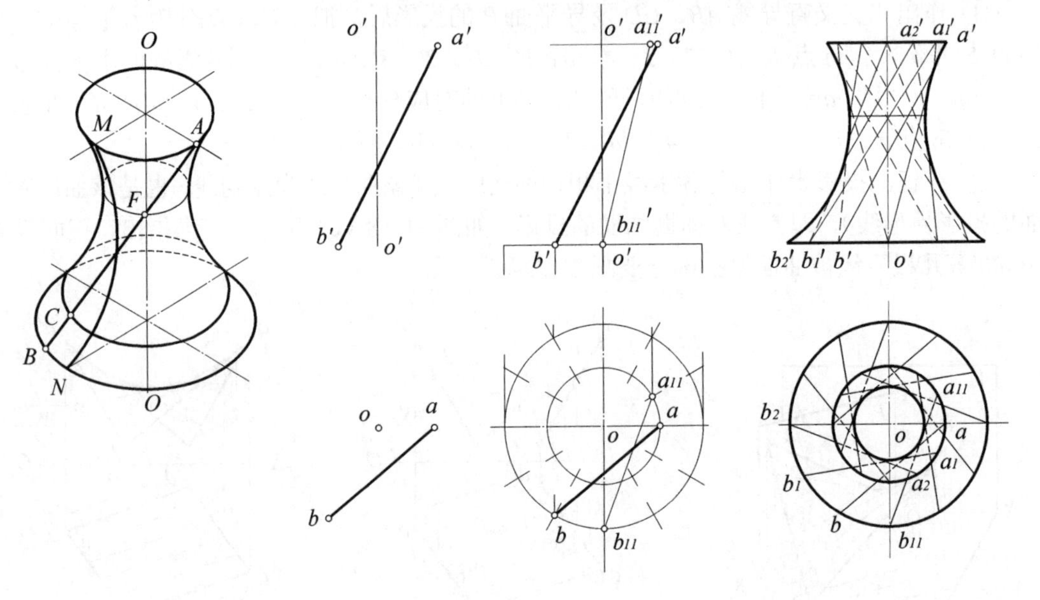

（a）　　（b）　　（c）　　（d）

图 11-19　单叶双曲回转面的形成和画法

6．锥状面

（1）形成

直母线沿一直导线和一曲导线移动，同时始终平行于一导平面，这样形成的曲面称为锥状面，工程上称为扭锥面。图 11-20 所示中的锥状面 *ABCD* 是一直母线 *MN* 沿直导线 *AB* 和一平面曲导线 *CD* 移动，同时始终平行于导平面 *P*（图中 *P* 面平行于 *V* 面）而形成的。

（2）投影

图 11-20（b）为投影图。因为导面为正平面，所以该锥面的素线都是正平线，它们的水平投影和侧面投影都是一组平行线，其正面投影为放射状的素线。

7．柱状面

（1）形成

直母线沿不在同一平面内的两曲导线移动，同时始终平行于一导面，这样形成的曲面称为柱状面，工程上称为扭柱面。

（2）投影图 11-21（a）所示的柱状面是直母线 *MN* 沿顶面的圆弧和底面的椭圆弧移动，且始终平行于导平面 *P*（正平面）而形成的，图 11-21（b）为其投影图。因为各素线都是正平线，所以在投影图上先画素线的水平投影（或侧面投影），在水平投影中找到素线与圆弧和椭圆弧的交点，然后画出素线的其他投影。

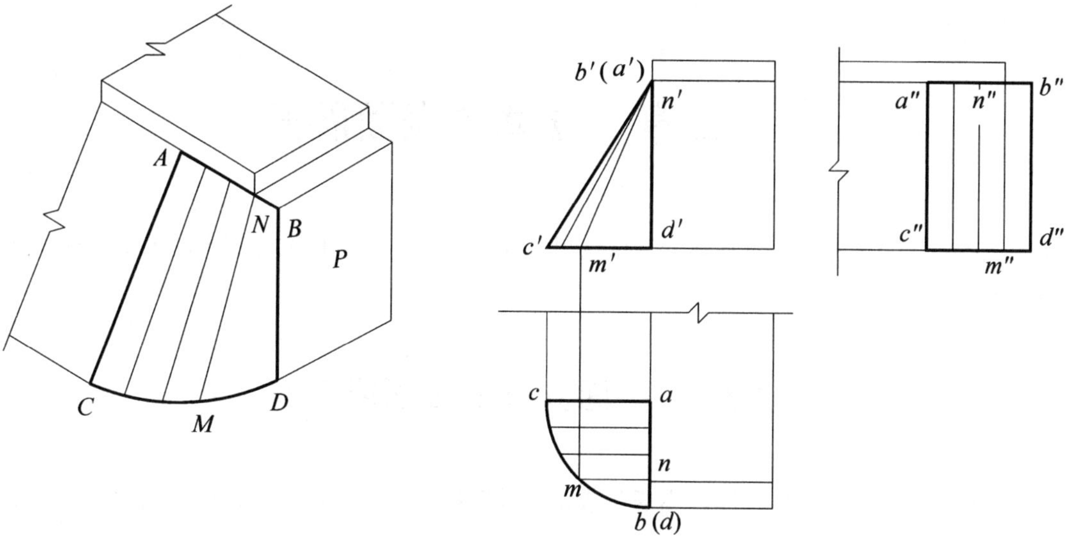

（a）　　　　（b）

图 11-20　锥状面

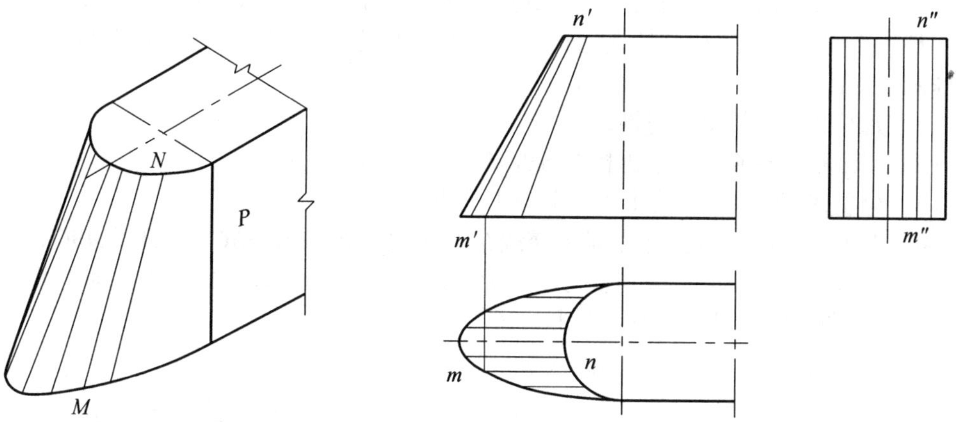

（a）　　　　（b）

图 11-21　柱状面

*第 12 章　立体的表面展开

立体的表面展开，是将立体表面依次摊开在平面上。用这种方法作出的图形，称为立体的表面展开图。

12.1　平面立体的表面展开

作平面立体的表面展开图，实质是求出立体各棱面的实形后，用几何作图的方法，将各表面依次连续地画在平面上。

【例 12-1】 作截头三棱锥体的表面展开图，如图 12-1（a）所示。

分析：

如图 12-1（a）所示，延长各棱线求得完整的三棱锥。分别求出各棱面及底面的实形，并在各棱线上求出截头三棱锥棱线的长度，即可作出截头三棱锥体的表面展开图。

作图： 如图 12-1（a）、（b）所示。

（1）延长各棱线相交，得锥顶 S（s'，s）；

（2）用绕垂直轴旋转法求出棱线 SB，SC 之实长 $s'b_1'$，$s'c_1'$；

（3）分别在 $s'b_1'$ 及 $s'c_1'$ 线上求得截口上的点 $2_1'$，$3_1'$；

（4）图 12-1（b），在适当位置确定棱线 SA，依次作出 SAB，SBC，SCA 及 ABC 的实形；

（5）在 SA、SB、SC 上分别求得 I、II、III 各点，作出顶面的实形，即得截头三棱锥的表面展开图（图中粗实线所示图形）。

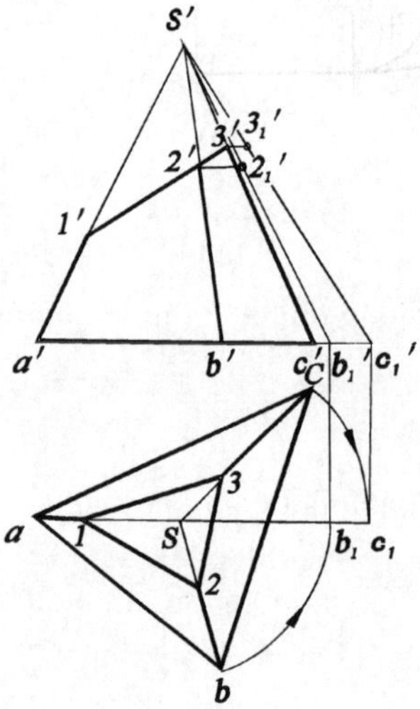

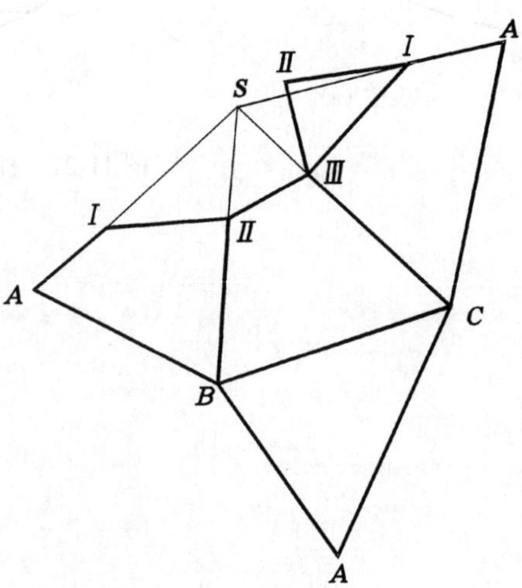

图 12-1　截头三棱锥体的表面展开

【例 12-2】作如图 12-2（a）所示斜三棱柱体的表面展开图。

分析：

图 12-2（a），斜三棱柱的棱面均为平行四边形。为求其实形，可连对角线，分四边形为两个三角形，求出各三角形的实形。顶面和底面的水平投影反映实形。由此即可作出斜三棱柱体的表面展开图。

作图：如图 12-2 所示。

（1）连各棱面对角线 AC_1（$a'c_1'$，ac_1），AB_1（$a'b_1'$，ab_1），BC_1（$b'c_1'$，bc_1）；

（2）用直角三角形法求出各棱线 AA_1…及对角线 AC_1、AB_1、BC_1 的实长；

（3）图 12-2（b），选一适当位置作出 AA_1 线段后，依次作出各棱面 AA_1BB_1、BB_1CC_1、CC_1AA_1 及顶面 $A_1B_1C_1$、底面 ABC 的实形，即得斜三棱柱体的表面展开图。

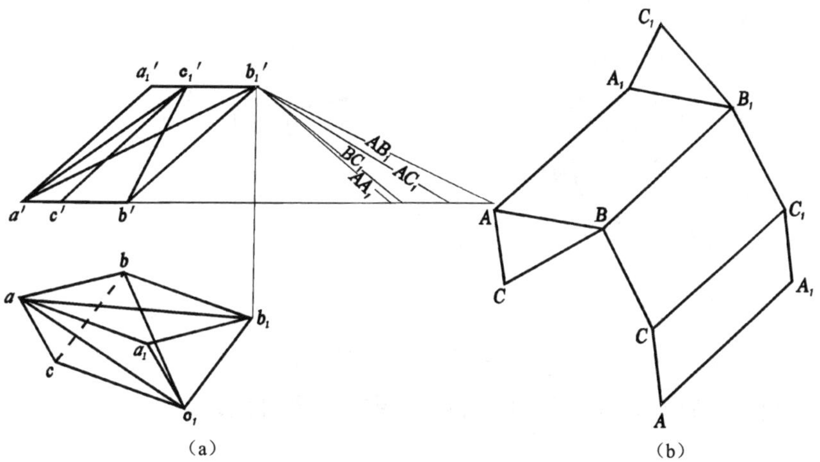

图 12-2　斜三棱柱体的表面展开

12.2　可展曲面立体的表面展开

本节仅讨论可展曲面立体表面中的曲表面的展开，这些曲表面常见的有圆锥面、圆柱面等。他们可视为棱面数无限增多的棱锥和棱柱。故可利用展开棱锥和棱柱的方法展开圆锥体的圆锥面和圆柱体的圆柱面。

【例 12-3】 作如图 12-3（a）所示斜截正圆锥面的展开图。

分析：

延长主观外形线，得锥顶 S。将此圆锥面分成若干等份（每一等份近似于三角形平面），然后一次展开，即得圆锥面的展开图，然后求出截口上若干点，一次连接成光滑曲线，即得该斜圆锥面的展开图。

作图：

（1）在图 12-3（a）中，将水平投影的圆周分为 12 等份，过点 s 连接各分点而得各素线的水平投影 $s1'$，$s2'$，…，并求出正面投影 $s'1'$，$s'2'$，…。在正面投影中，$s'1'$、$s'7'$反映圆锥素线的实长。

（2）用旋转法分别求出斜截正圆锥面上的各素线的实长（在 $s'1'$ 上定出截口上各点 A，B，…，G）；

（3）在适当的位置定出 S 点，依次作出△ $ISII$，△ $IISIII$，…，△ $VII\ S\ I$，并将 I，II，XII 各点依次连接成光滑曲线，即得完整圆锥面的展开图；

（4）在展开图的各素线 SI，SII，…上求得截口上相应的各点 A，B，…，依次连接成光滑的曲线，即得斜截正圆锥面的展开图，如图 12-3（b）所示。

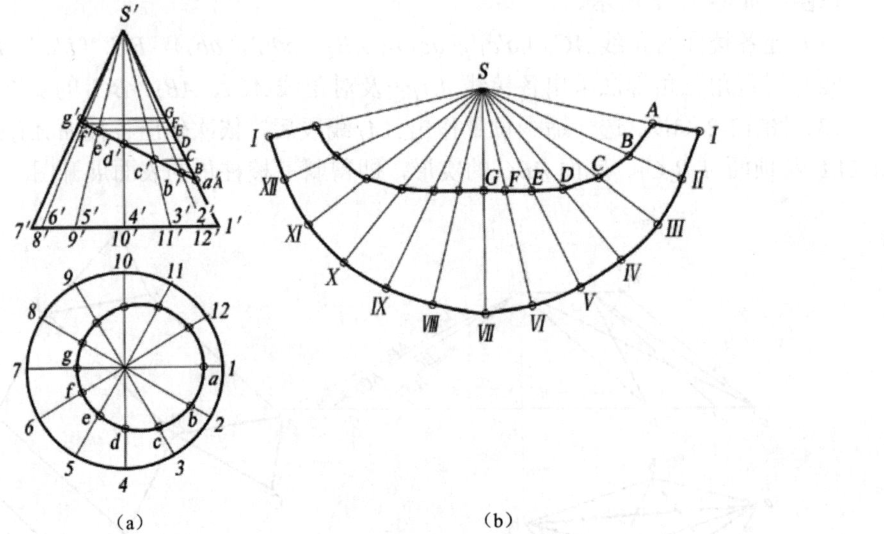

图 12-3　斜截正圆锥面的表面展开

【例 12-4】 作如图 12-4（a）所示斜椭圆锥面的展开图。

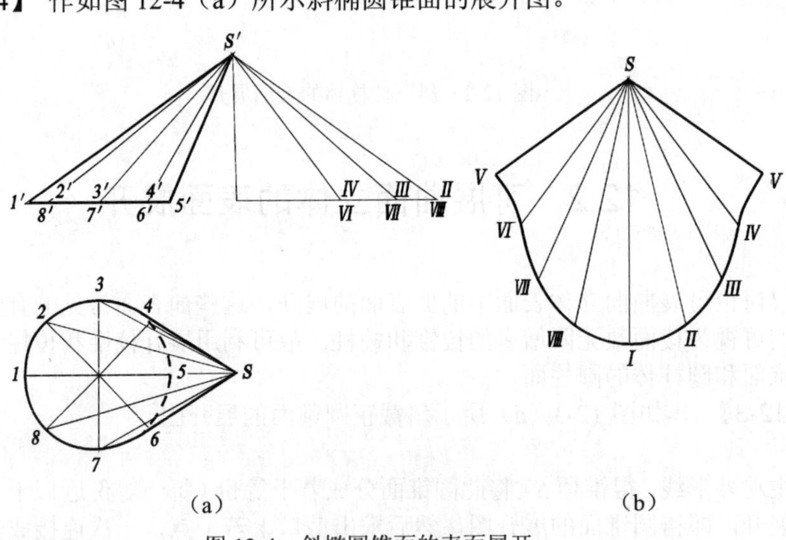

图 12-4　斜椭圆锥面的表面展开

分析：

作斜椭圆锥面的展开图，仍是将椭圆锥面分成若干份，每一份近似于一三角形平面，然后依次展开，即得斜椭圆锥面的展开图。

作图：

（1）图 12-4（a），将底圆周分为 8 等分，得等分点 I（$1'$，1），II（$2'$，2），…，$SVIII$（$8'$，

8），过点 S 连各素线 SⅠ（s'1'，s1），SⅡ（s'2'，s2），…，SⅧ（s′8′、s8）；

（2）用旋转法求出各素线的实长；

（3）在适当位置定出 S 点，依次作出 SⅠⅡ，SⅠⅧ，SⅡⅢ，SⅧⅦ，…，并依次将点 Ⅴ，Ⅵ，Ⅶ，…，Ⅴ连接成光滑曲线，即得斜椭圆锥面的展开图，如图 12-4（b）所示。

【例 12-5】 作如图 12-5（a）所示斜截正圆柱面的展开图。

分析：

将斜截圆柱面分为若干份，每一份近似于四边形平面，依次展开，即得斜截正圆柱面的展开图。

作图：

（1）将底圆周等分为 12 份，并求出过各分点的素线的正面投影 1'a'，2'b'，…，它们都反映了各素线的实长。

（2）在适当位置作直线ⅠⅠ，使其长度等于各四边形底边实长之和，并得出Ⅰ，Ⅱ，Ⅲ，…，Ⅰ各分点。从各分点引ⅠⅠ的垂线，并在这些垂线上分别求得截口上相应的点 A，B，C，…，L，A。

（3）将点 A，B，C，…，A 连接成光滑曲线，即得斜截正圆柱面的展开图，如图 12-5（b）所示。

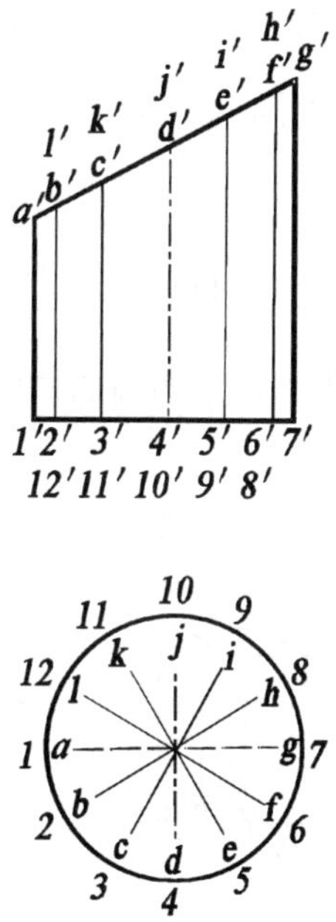

（a）

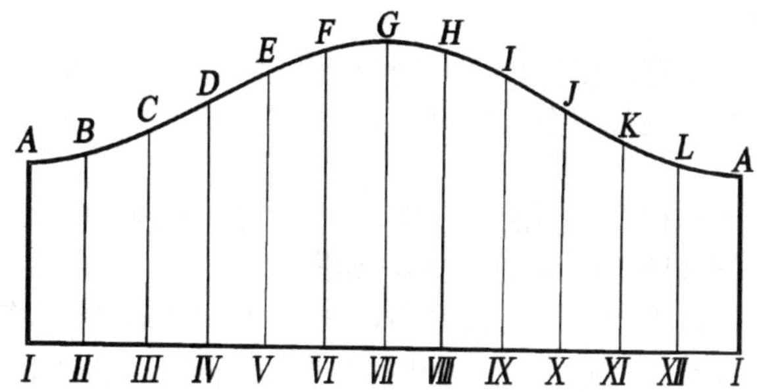

（b）

图 12-5 斜截正圆柱面的表面展开

【例 12-6】 作如图 12-6（a）所示 45°弯管表面的展开图。

分析：

图 12-6（a）所示 45°弯管由 A、B、C 3 个等径斜截正圆柱管组成，因此，可按图 12-5 的展开方法，将 A、B、C 3 部分的表面分别展开。

作图：

图 12-6（b）中 B 段两端都具有斜截口，作展开图时，可假想用一垂直于其轴线的平面 P 将其对称截开，得两相等的斜截正圆柱面。因此，A、B、C 3 段的展开方法皆与例 12-5 相同。

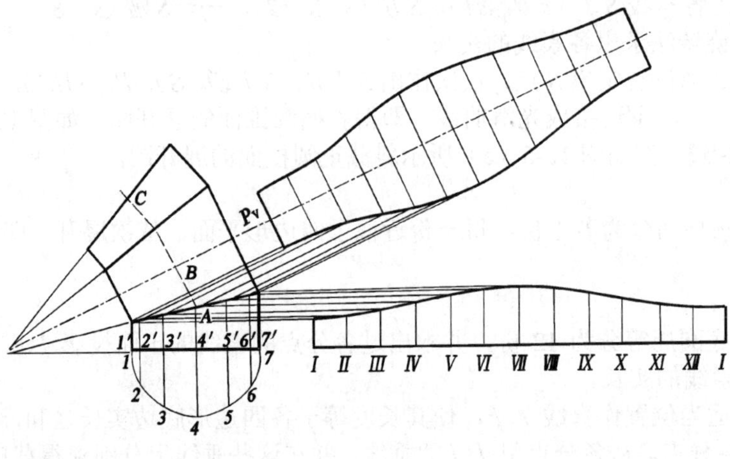

（a）　　　　　　　　　　　　　　（b）

图 12-6　45°弯管表面的展开

【例 12-7】 作如图 12-7（a）所示变径三通管的表面展开图。

分析：

变径三通管由正圆柱管与两个圆锥管相交组成。它们以相贯线分界。因此，可按例 12-5 的方法展开圆柱管表面，按例 12-3 的方法展开圆锥管表面。

作图：

（1）作圆柱管表面的展开图，在图 12-7（a）中作出顶圆周后，再按例 12-5 的方法作出其展开图（图中仅画出一半），如图 12-7（b）所示；

（2）作圆锥管表面的展开图，在图 12-7（a）中，作出圆锥面小端的圆周后，再按例 12-3 的方法作出其展开图，如图 12-7（c）所示（图中仅画出一半）。

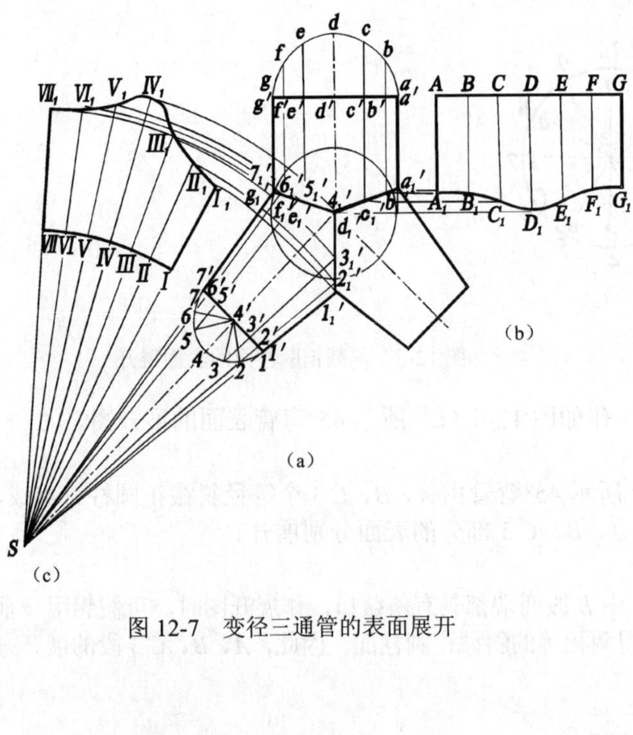

图 12-7　变径三通管的表面展开

【例 12-8】 作如图 12-8（a）所示的斜交的圆锥和圆柱的表面展开图。

分析：

圆锥面与圆柱面斜交，圆锥面以相贯线分界，该锥面可按例 12-3 的方法展开，圆柱面作出展开图后，在展开图上求出相贯线上各相应点，并连成光滑曲线。

作图：

（1）作圆锥面的展开图，如图 12-8（a）所示，延长素线作一锥底，再用例 12-3 的方法展开圆锥面；

（2）作圆柱面的展开图，如图 12-8（b）所示，作出圆柱面端面的圆周后，作圆柱面展开图为一矩形，再在圆柱面的展开图中作出素线 *A*，*B*，*C*，…，并在相应的素线上求出相贯线上各点 *I1*，*II1*，*III1*，…，并依次连接成光滑曲线，即得圆柱表面的展开图。

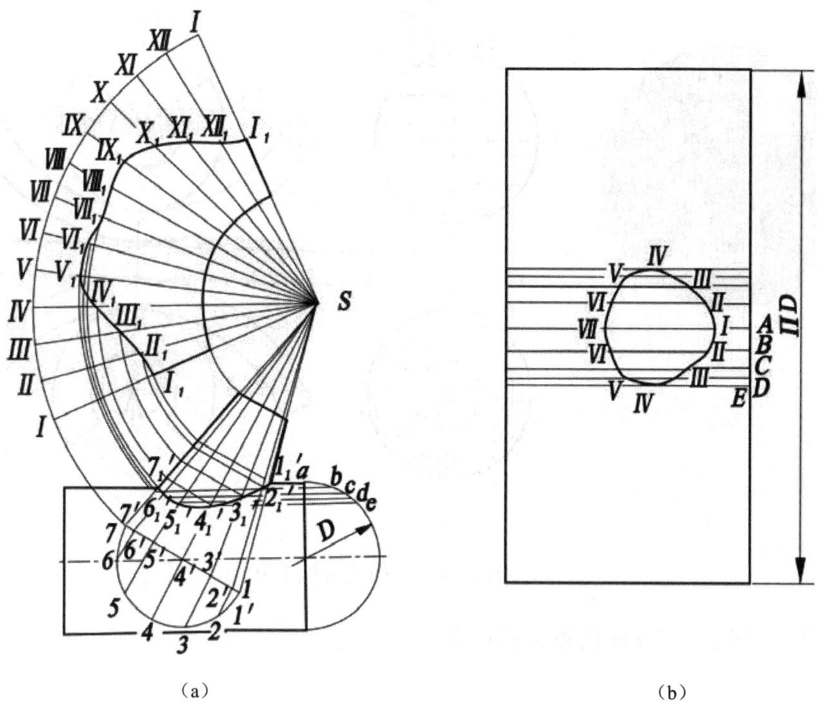

图 12-8　斜交的圆锥和圆柱的表面展开

12.3　不可展曲面立体表面的近似展开

球面、正螺旋面、斜螺旋面等属于不可展曲面。其展开图可用近似展开法作出。

近似展开是不可展曲面分为若干部分，使每部分的形状接近于柱面或锥面，然后将每一部分当作可展曲面作出其展开图。

【例 12-9】 作如图 12-9（a）、（b）所示的球面的近似展开图；

分析：

以若干水平面截球面，被截各部分球面可看成是近似的圆锥面或圆柱面，将各部分按锥面或柱面展开，即得球面的近似展开图。

作图：

（1）作 6 个水平面截球面，其正面投影为 6 条水平线，使每条水平线之间的弧长相等，且对称于圆球的水平中心线，将球面分为 7 部分，如图 12-9（b）所示；

（2）将中间一部分视为圆柱面，可按正圆柱面展开；

（3）将其余部分视为圆锥面，求出各圆锥面的锥顶后，按其正圆锥面展开，即得球面的近似展开图，如图 12-9（c）所示。

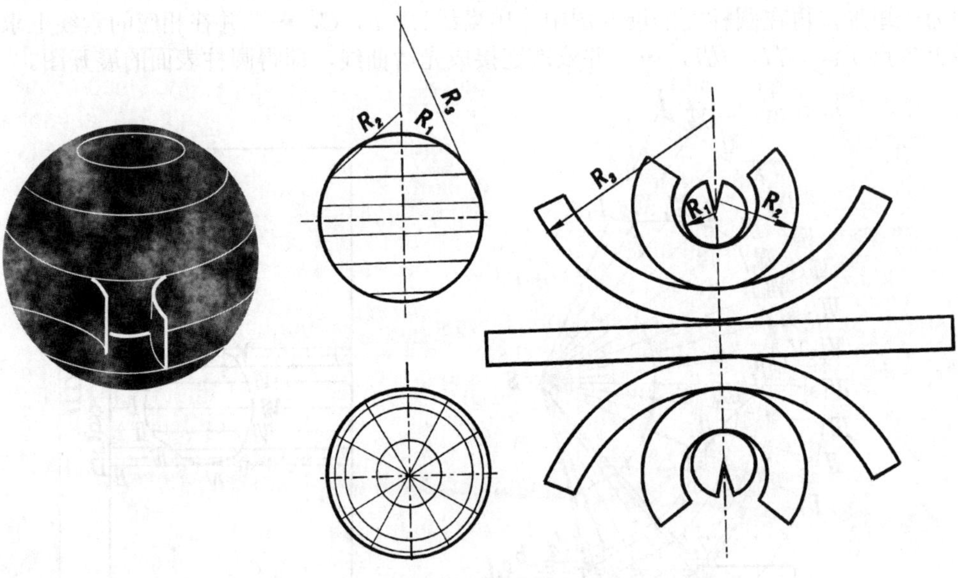

图 12-9 球面的近似展开

【例 12-10】 作球面的近似截面图。

分析：

通过球的直径作平面截圆球，将球面分为若干等份，每一等份球面可视为球的外切圆柱面的一部分。然后按圆柱面展开，即得每一等份球面的近似展开图。

作图：

（1）在正面投影的圆周上作一外切正八边形，将球面等分为 8 份，将外切八边形的每一边视为球面的外切圆柱面的转向线，如图 12-10（b）所示；

（2）在水平投影中，将圆弧分为 3 等份，得各分点 *0*、*1*、*2*、*3*，作出相应点的正面投影 *0'*、*1'*、*2'*、*3'*，过各分点作圆柱面素线的正面投影 *a'a'*，*b'b'*，*c'c'*，这些投影均反映相应素线的实长；

（3）在适当位置作水平线 *OO'*，自 *O* 点量取 *O Ⅰ*= *Ⅰ Ⅱ* = *Ⅱ Ⅲ* = *O Ⅰ*，过 *Ⅰ*，*Ⅱ*，*Ⅲ* 各点作 *OO'* 的垂线，并分别量取 *Ⅲ A=3'a'*，*Ⅱ B=2'b'*，*Ⅰ C=1'c'*，得 *AA'*，*BB'*，*CC'* 各点，将各点依次连成光滑曲线，即得该等分球面的近似展开图，如图 12-10（c）所示；

（4）用同样的方法即可作出其余各等分球面的近似展开图。

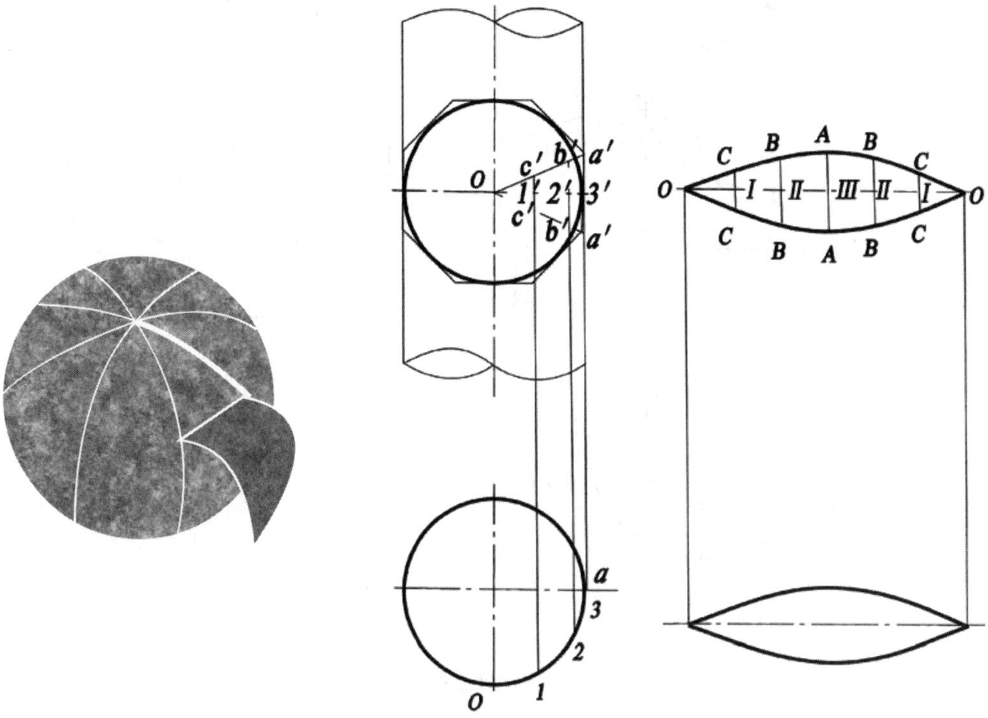

（a）　　　　（b）　　　　（c）

图 12-10　球面的近似展开

【例 12-11】 作正螺旋面的展开图。

分析：

将正螺旋面分成若干部分，并把每部分视为可展面展开，通过拼合即得正螺旋面的近似展开图。

作图：

（1）将正螺旋面的水平投影分为 12 等份，求出每一等份的正面投影，则每一等份近似视为一四边形，如图 12-11（a）所示；

（2）作四边形的展开图，以图 12-11（a）中所示四边形 *I II III IV*（*1′2′3′4′*，*1234*）为例，连对角线 *IIV*（*1′4′*，*14*）；*I II*、*III IV* 两边为水平线，*12*、*34* 反映实长，用旋转法分别求出 *I III*、*I IV*、*II IV* 的实长，延长 *I II*、*IIIIV* 交于点 *O*，以 *O* 为圆心，分别以 *OI*、*O II* 为半径画圆，并连续作出等于 *I IIIIIIV* 的 11 个四边形，便完成一个导程的正螺旋面的近似展开图，如图 12-11（b）所示。

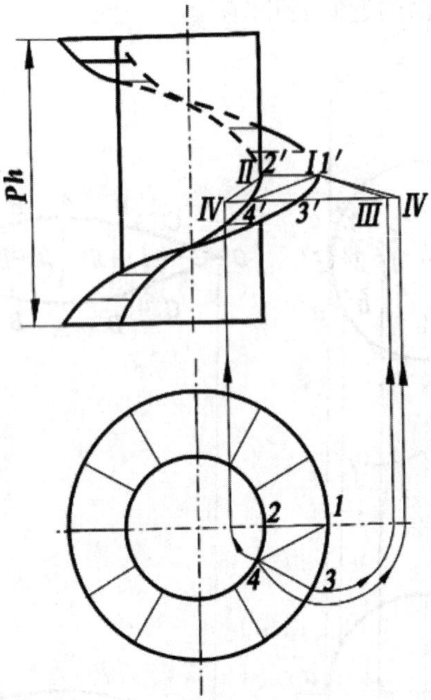

(a)

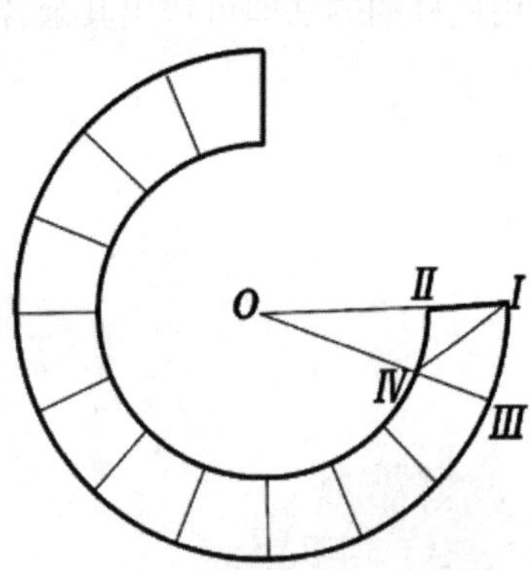

(b)

图 12-11　正螺旋面的近似展开

12.4　异口形接头的表面展开

【例 12-12】 作方接圆接头的展开图。

分析：

方接圆接头的顶口为正方形，底口为圆，整个表面由 4 个三角形平面和 4 个锥面相同组合而成。因此，可按锥面和平面作其展开图。

作图：

（1）图 12-12（b），将底圆圆周等分为 16 等份，连 *a1*，*a2*，…，*a5* 以及 *a'1'*，*a'2'*，…，*a'5'*；

（2）用直角三角形法分别求出 *A*Ⅰ，*A*Ⅱ，*A*Ⅲ，*A*Ⅳ，*A*Ⅴ 等锥面素线的实长；

（3）依次画出各三角形面和各锥面的展开图，便可得方接圆接头的展开图，如图 12-12（c）所示。展开图的上边是一条折线，其长度等于正方形顶口的边长，下边为 4 段曲线，其长度等于底口的圆周长。

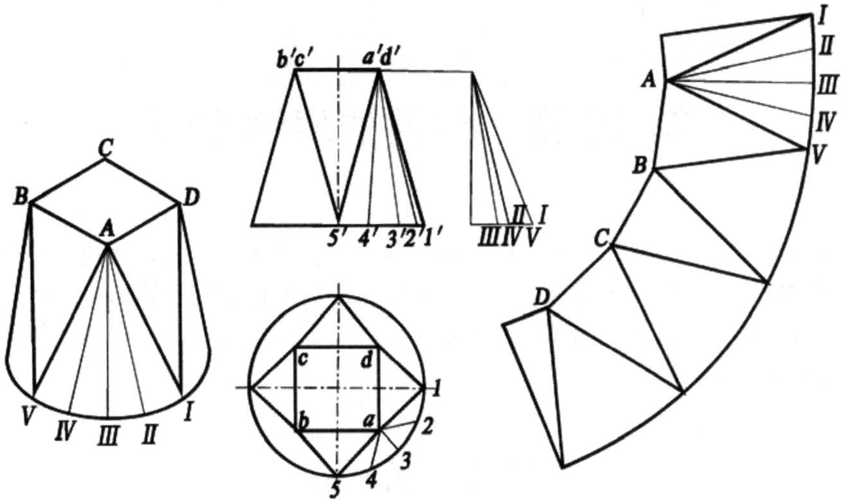

（a）　　（b）　　（c）

图 12-12　方接圆接头的表面展开

第 13 章　机件的表达方法

机件（包括零件、部件和机器）的结构形状是多种多样、千变万化的，有些机件的外形和内形都比较复杂，仅用 3 个视图不可能完整、清晰地把它们表达出来，而有些机件又不必用 3 个视图表达。为此，国家标准规定了机件的各种表达方法，绘制机件图样时，可根据具体情况选用。

13.1　视　图

根据有关标准和规定，用多面正投影法所绘制出物体的图形称为视图。通常有基本视图、向视图、局部视图和斜视图。视图主要用来表达机件的外部结构形状，一般只画机件的可见部分，必要时才画出其不可见部分。

13.1.1　基本视图

为了清晰地表达机件的上、下、左、右、前、后的结构形状，国家标准规定采用正六面体的 6 个面为基本投影面；将所表达的机件置于其中，分别向 6 个基本投影面投射所得的视图称为基本视图。6 个基本视图的名称及其投射方向规定如下：

主视图——由前向后投射所得的视图；俯视图——由上向下投射所得的视图；

左视图——由左向右投射所得的视图；右视图——由右向左投射所得的视图；

仰视图——由下向上投射所得的视图；后视图——由后向前投射所得的视图。

6 个基本投影面的展开方法如图 13-1 所示，展开后 6 个视图的配置关系如图 13-2 所示。

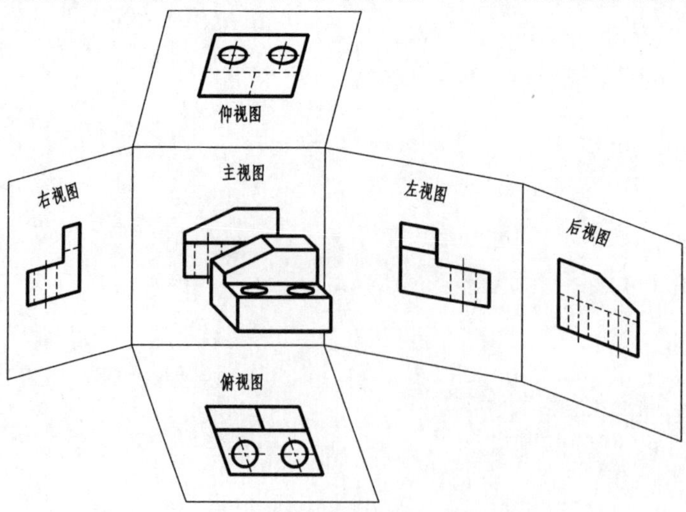

图 13-1　6 个基本视图

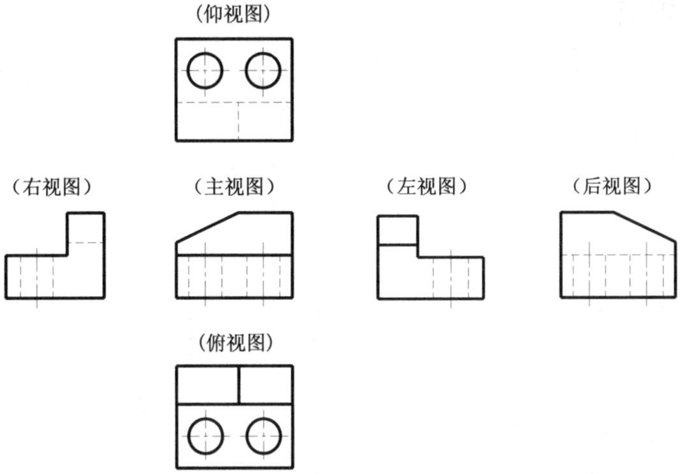

图 13-2　6 个视图的配置关系

使用基本视图应该注意的是：

（1）6 个基本视图的投影关系，仍遵守“三等”规律，即主、俯、仰、后视图等长，主、左、右、后视图等高，左、右、俯、仰视图等宽。

（2）6 个基本视图与机件前后表面的对应关系，仍然是左、右、俯、仰视图靠近主视图的一边表示机件的后面，而远离主视图的一边表示机件的前面。

（3）表达机件的外部结构形状，一般只画机件的可见部分，必要时才画出其不可见部分。

（4）机件外部结构形状的表达，其使用的视图数量要根据所表达机件的外部结构的需要来选择，不必 6 个基本视图都画，如图 13-3 所示，仅使用 4 个视图就足以表达清楚该机件。

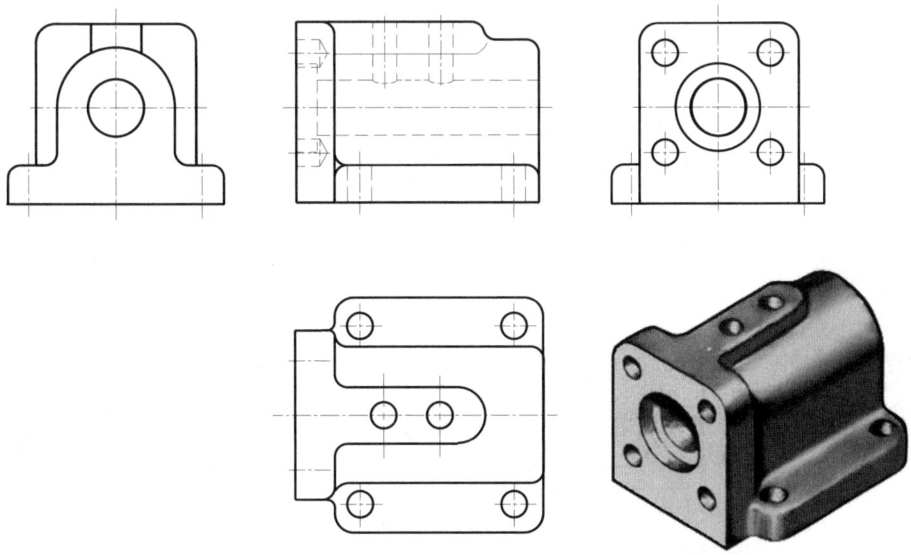

图 13-3　机件表达的视图选择

13.1.2 向视图

当6个基本视图在同一张图纸内按图13-2配置时，一律不标注视图的名称。若为了便于布置图形而将某个视图不按图13-2所示的位置配置，则应在该视图的上方标出“×”(其为大写的拉丁字母)，在相应视图的附近用箭头指明投射方向，并标注相同的字母，如图13-4所示。这种位置可自由配置的视图称为向视图。

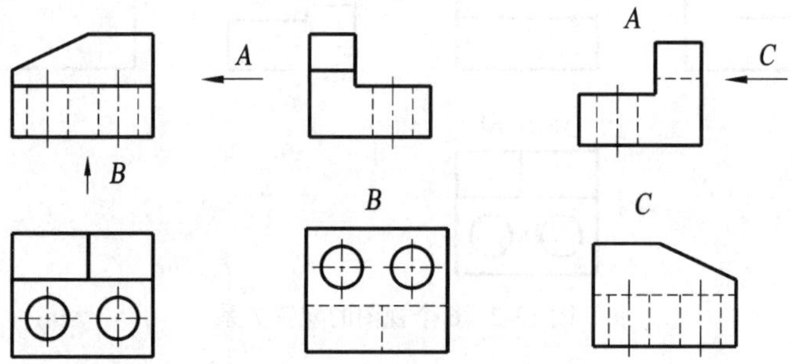

图13-4 向视图及其标注

13.1.3 局部视图

局部视图是将机件的某一部分向基本投影面投射所得的视图。当机件在某个方向仅有部分结构形状需要表示，而又没有必要画出整个基本视图时，可采用局部视图，使表达更为简练，如图13-5所示。

使用局部视图时应该注意以下几点。

(1) 局部视图的断裂处边界线用波浪线或双折线表示，如图13-5中的*A*向视图。只有当所表示的局部结构是完整的，且外轮廓线又成封闭时，波浪线或双折线可省略，如图13-5中的*B*向视图。

(2) 局部视图可按基本视图的形式配置，如图13-6中的俯视图，也可以按向视图的形式配置并标注，如图13-6中的*B*向视图。

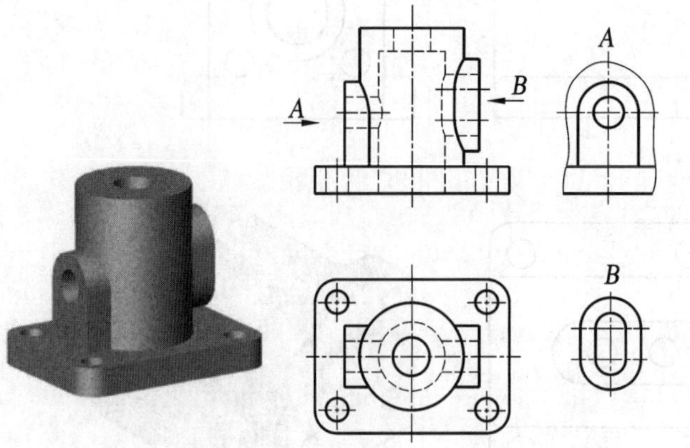

图13-5 局部视图

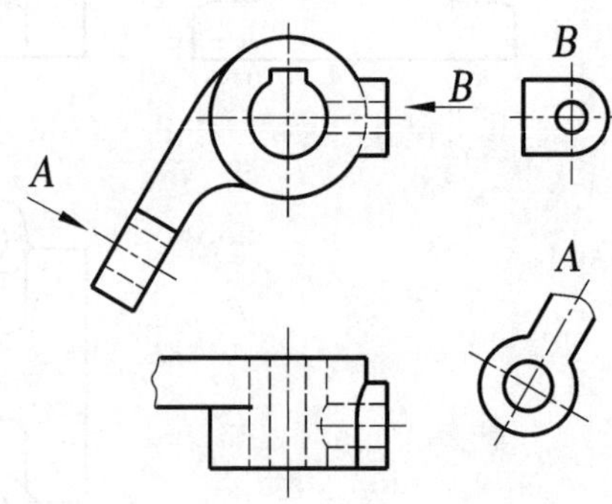

图13-6 局部视图和斜视图

（3）用局部视图表达对称机件时，可将对称机件的视图只画一半或 1/4，并应在对称中心线的两端画出两条与其垂直的平行细实线，如图 13-7 所示。

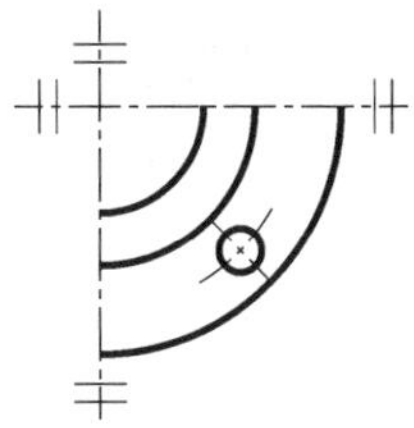

图 13-7　对称机件局部视图

13.1.4　斜视图

当机件的表面与基本投影面成倾斜位置时，如图 13-8（a）所示，在基本投影面上的视图既不能反映表面的实形，又不便于画图和标注尺寸。为了清晰表达机体的倾斜结构，可用辅助投影面的方法，选择一个与倾斜表面平行且与一个基本投影面垂直的平面作为辅助投影面，并在该投影面上作出反映倾斜部分实形的投影。这种将机件向不平行于任何基本投影面的平面投射所得的视图称为斜视图。如图 13-6 中的 *A* 向视图和图 13-8（b）中的 *A* 向视图。

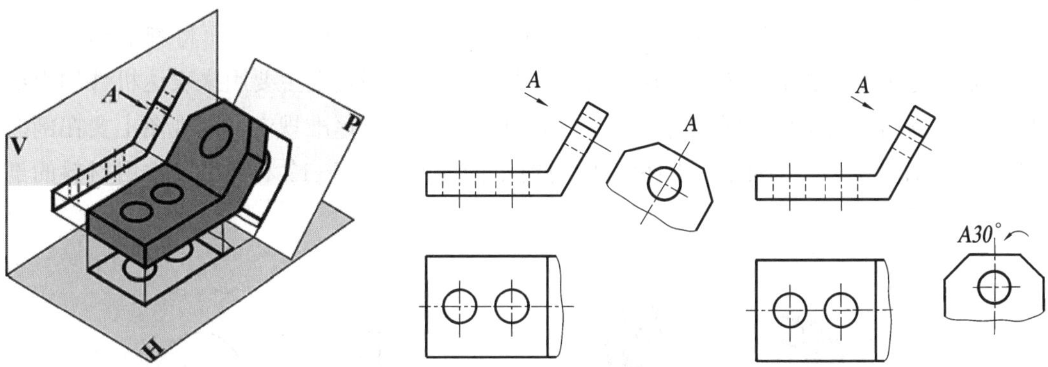

（a）　（b）　（c）

图 13-8　斜视图

使用斜视图时应注意以下几点。

（1）斜视图一般只表达和基本投影面倾斜部分的局部形状，其余部分不必全部画出，可用波浪线或双折线断开。当所表示的局部结构是完整的，且外轮廓线又成封闭时，波浪线或双折线可省略不画。

（2）斜视图通常按向视图的形式配置并标注，如图 13-6 中的“*A*”和图 13-8（b）中的“*A*”。必要时，允许将斜视图旋转配置。旋转符号的箭头指示旋转的方向，表示该视图名称的大写拉丁字母应靠近旋转符号箭头端（也可将旋转角度注写在字母之后），如图 13-8（c）所示。

13.2 剖 视 图

13.2.1 剖视图的概念及画法

机件的内部结构形状，在视图上都用虚线表示，如图 13-9 所示。但是当机件的内部形状较复杂时，在视图上就会出现很多虚线，既不便于看图，又不便于标注尺寸，因此采用剖视图来表达机件的内部结构形状。

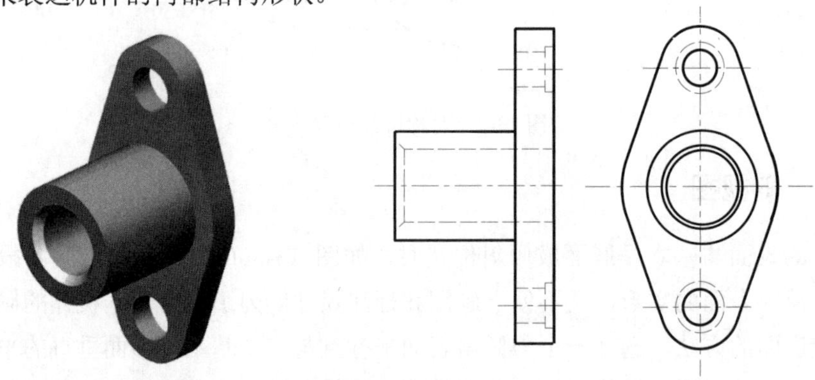

（a）　　　　　　　　　　（b）

图 13-9　视图

1. 剖视图的概念

假想用一个剖切面剖开机件，移去观察者和剖切面之间的部分，而将剩下部分一起向投影面投射所得的图形称为剖视图。如图 13-10 所示。剖视图主要用来表达机件的内部结构形状。剖切面与机件接触的部分，称为剖面区域。国家标准规定，剖视图上要在剖面区域上画出剖面符号。剖面符号因机件的材料不同而不同，表 13-1 列出了常用材料的剖面符号。

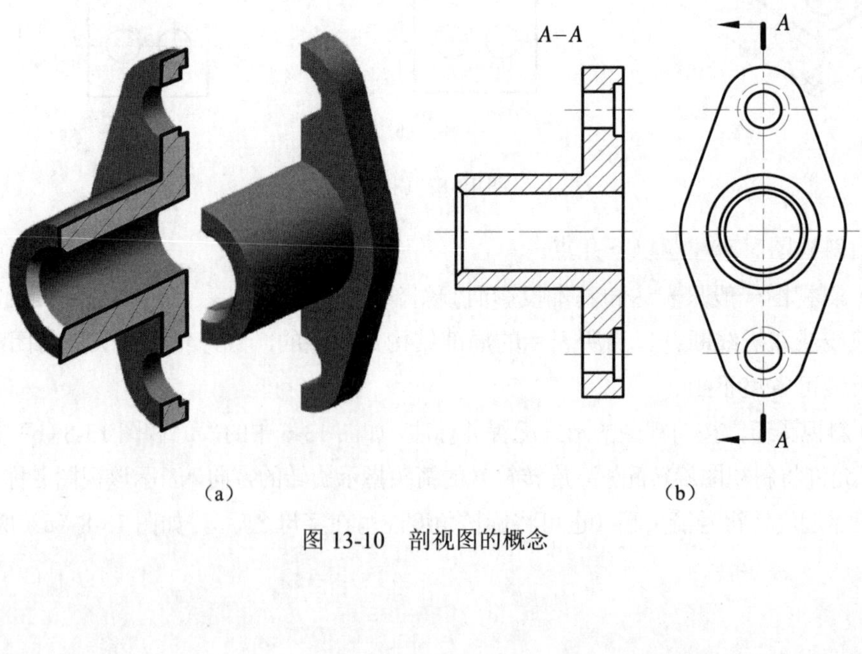

（a）　　　　　　　　　　（b）

图 13-10　剖视图的概念

表 13-1　常用材料的剖面符号(GB/T 4457.5—1984)

常用材料		剖面符号	常用材料	剖面符号
金属材料（已有规定剖面符号者除外）		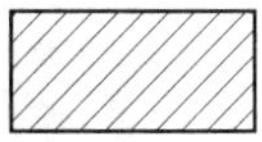	木质胶合板（不分层数）	
线圈绕组元件		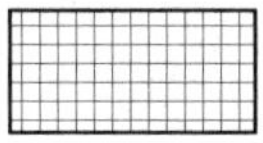	基础周围的泥土	
转子、电枢、变压器和电抗器等的迭钢片		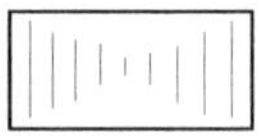	混凝土	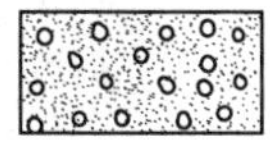
非金属材料（已有规定剖面符号者除外）		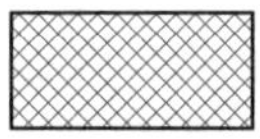	钢筋混凝土	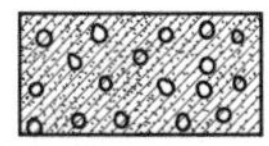
型砂、填沙、粉末冶金、沙轮、陶瓷刀片、硬质合金刀片等		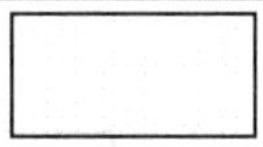	固体材料	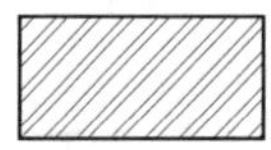
玻璃及供观察的透明材料			格网（筛网、过滤网等）	
木　　材	纵剖面		液体材料	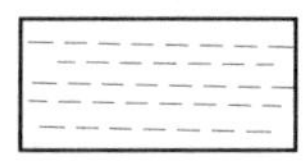
	横剖面	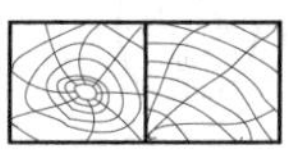	气体材料	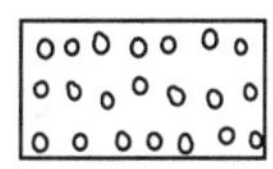

金属零件（或不需在剖面区域中表示材料的类别时）的剖面符号（简称“剖面线”）应画成间隔相等、方向相同且与水平方向成 45°的细实线，如图 13-10（b）所示。当画出的剖面线与图形的主要轮廓线或剖面区域的对称线平行时，可将剖面线画成与主要轮廓线或剖面区域的对称线成 30°或 60°的平行线，剖面线的倾斜方向仍与其他图形上剖面线方向相同。注意：同一零件的剖面符号在同一张图纸上应一致。

2．剖视图的画法步骤

下面以图 13-11（a）所示机件为例，说明画剖视图的一般方法和步骤。

（1）画出机件的主、俯视图，如图 13-11（c）所示。

（2）确定剖切平面的位置，画出剖面图形，如图 13-11（d）所示。剖切平面通过机件的对称平面，确定剖切平面与机件的内外表面的交线得到剖面的图形，画出剖面符号。

（3）画出剖面后的所有可见部分的投影，如图 13-11（e）所示。其中台阶面、内四棱柱的棱线和圆柱孔的投影容易漏画，应特别注意。而剖面后的所有不可见部分，如有其他视图已表达清楚，虚线应省略不画。对未表达清楚的形状特征，虚线必须画出，如图 13-11（f）所示。

（4）标注剖切位置、投射方向和剖视名称。

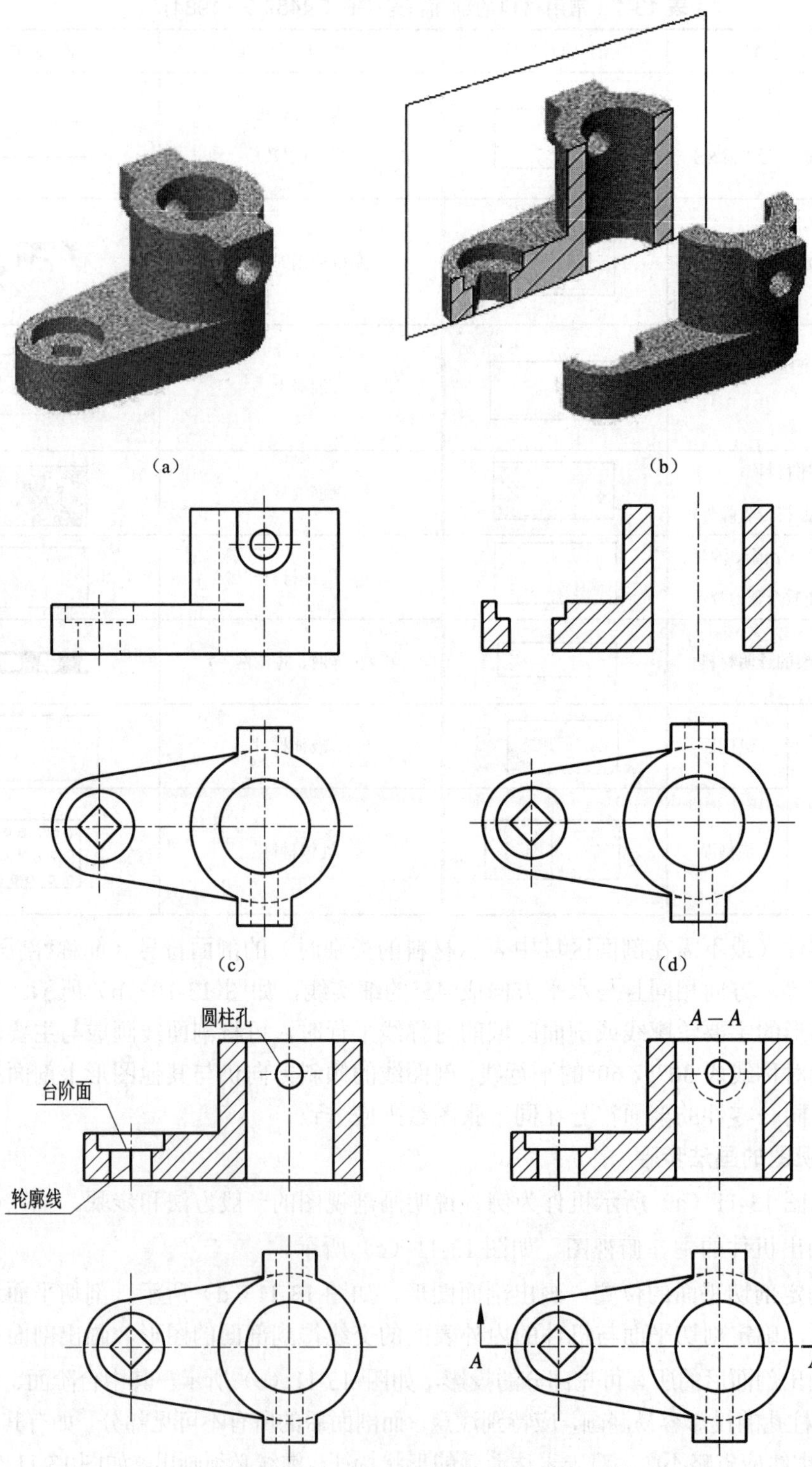

图 13-11　画剖视图的方法和步骤

剖切线：表示剖切面位置的线，以细单点长画线表示，如图 13-11（f）中所示，也可省略不画。

剖切符号：表示剖切面起迄和转折位置（用粗短画线表示）及投射方向（用箭头表示）的符号。剖切符号尽可能不要与图形的轮廓线相交。

剖视图名称：在剖视图的上方用大写字母标出剖视图的名称“×－×”，并在剖切符号旁注上同样的字母。如果在同一张图上同时有几个剖视图，则其名称应按字母顺序排列，不得重复。

3. 画剖视图应注意的问题

（1）剖视图是假想把机件切开而得到的，实际的机件并没有被切掉，所以在一个视图上作剖视后，其他视图不受影响，仍按完整的机件画出，如图 13-11 中的俯视图。

（2）剖切平面一般应通过机件的对称平面或轴线，并要平行或垂直于某一投影面。

（3）在剖视图上，一般只画可见轮廓线的投影，必要时才画不可见的投影。

13.2.2 剖切面的种类和剖切方法

国家标准规定：剖切面是剖切被表达物体的假想平面或柱面。同时规定，根据所表达机件的结构特点，可选择单一剖切面、几个平行的剖切面、几个相交的剖切面剖开物体。

1. 单一剖切面

（1）用一个平行于基本投影面的剖切面

如图 13-11 和图 13-12 所示的 $A-A$ 剖切面是正平面。

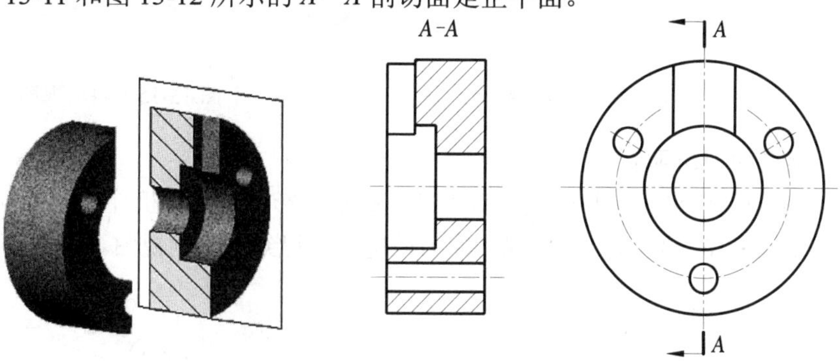

图 13-12 单一剖

（2）柱面剖切

规定：采用柱面剖切机件时，剖视图应按展开绘制。如图 13-13 所示的 $B-B$ 剖视图。

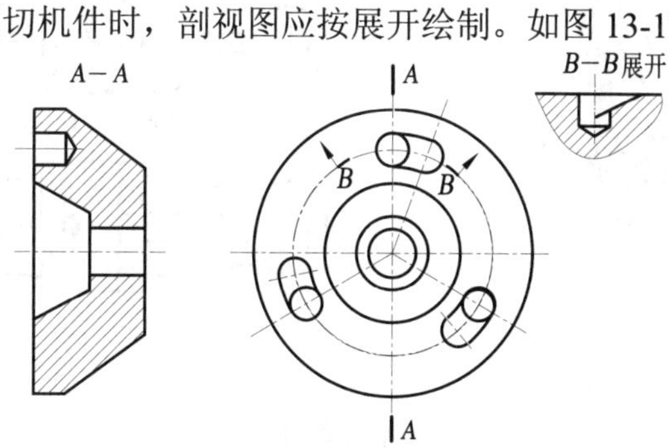

图 13-13 单一柱面剖切

（3）用一个不平行于基本投影面的剖切平面剖切

当机件上倾斜部分的内部形状在基本视图上不能反映清楚时，可以用一个与基本投影面倾斜的投影面垂直面剖切，再投射到与剖切平面平行的辅助投影面上，这种剖切方法也称为斜剖。图 13-14 中 $B-B$ 剖视即为用斜剖所得的全剖视图。

采用斜剖时，必须标注剖切符号，注明剖视图名称。

采用斜剖得到的剖视图最好按投影关系配置，必要时可以平移到其他适当地方。在不致引起误解时，也允许将图形旋转，其标注形式如图 13-15 中 $B-B$ 所示。

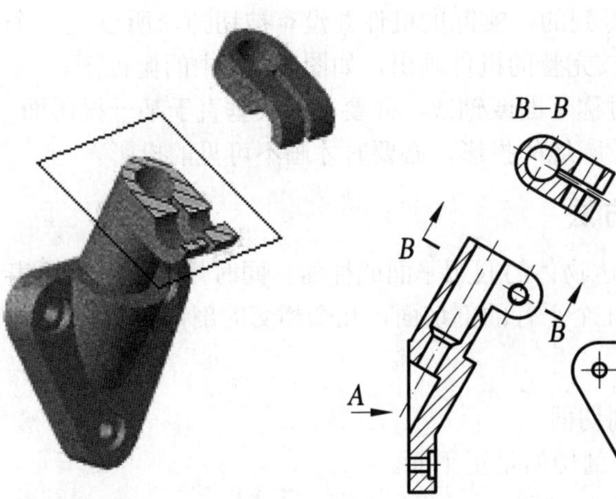

图 13-14　斜剖

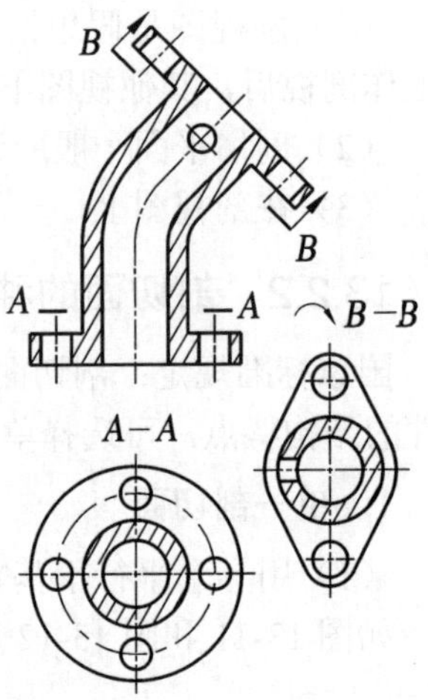

图 13-15　斜剖视图旋转配置

2．几个相交的剖切平面

用几个相交的剖切平面（其交线垂直于某一基本投影面）剖开机件，这种剖切方法也称为旋转剖。图 13-16 中的 $A-A$ 剖视，即为用旋转剖得到的全剖视图。

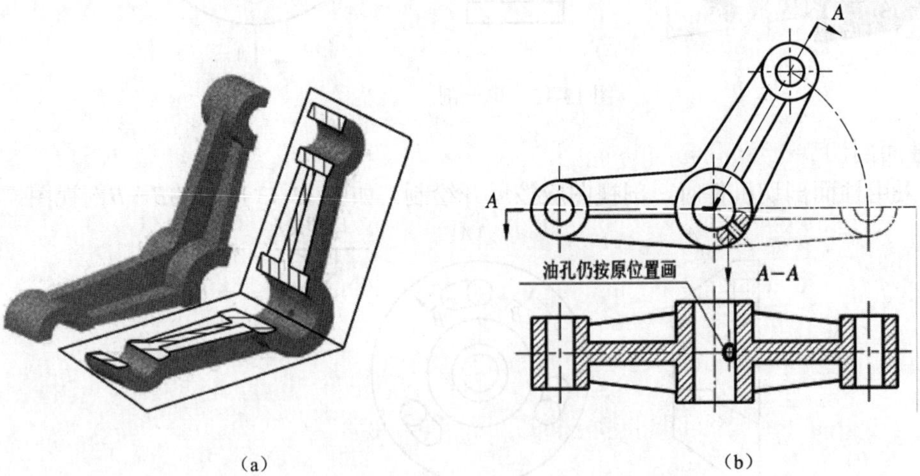

图 13-16　旋转剖

采用旋转剖时，应注意以下几点。

（1）旋转剖一般用于有共同的回转轴线的机件，且剖切面交线要和机件共同的回转轴线重合。

（2）采用旋转剖作剖视时，被倾斜剖切平面剖开的结构及其有关部分应先绕两剖切平面的交线旋转到与选定的投影面平行后再进行投射。

（3）采用旋转剖时，必须标注剖视图名称和剖切符号，在剖切面的起迄和转折处用相同的字母标出。但当转折处地位有限，又不致引起误解时，允许省略字母。

位于剖切面后的其他结构一般仍按原来位置投射，如图 13-16 中的小孔。当剖切后产生不完整要素时，应将此部分按不剖绘制，如图 13-17 中的臂。

（4）旋转剖可用展开画法，当用展开画法时，图名应标注“× －×展开”，是把剖切平面展开成同一平面后再投射的，见图 13-18。

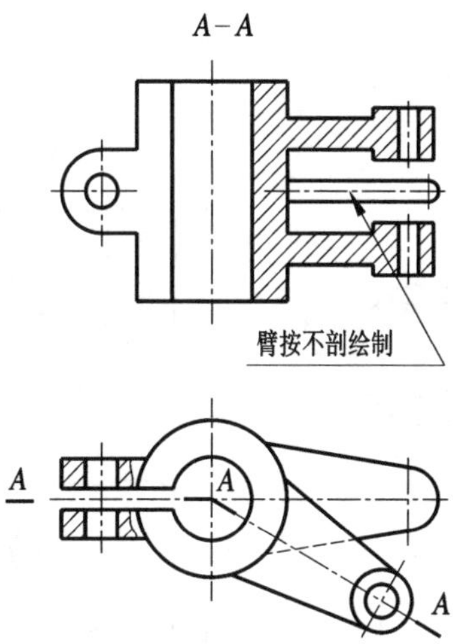

图 13-17　旋转剖的不完整要素

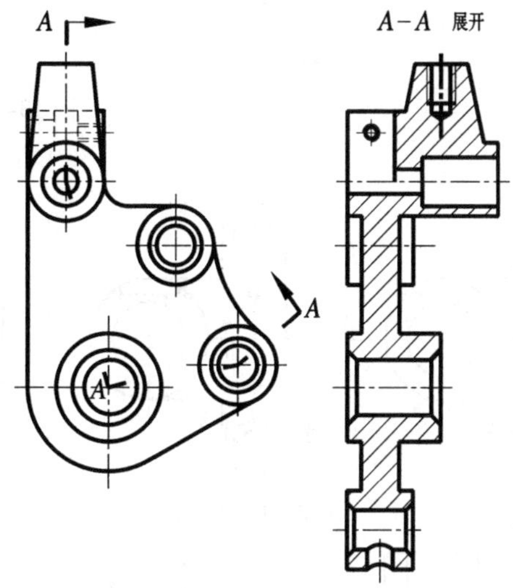

图 13-18　旋转剖的展开画法

3. 用几个平行的剖切平面

采用几个平行的剖切平面剖开机件的方法称为阶梯剖。图 13-19 中的 *A*－*A* 剖视即用阶梯剖得到的全剖视图。

阶梯剖的正确画法如图 13-20（a）所示。采用阶梯剖时，要注意以下几点。

（1）在剖视图上，不应在转折处画出两个剖切平面的分界线，如图 13-20（b）所示。

（2）采用阶梯剖时，不能迂回剖切（剖切平面在投射方向不重叠），如图 13-20（c）所示。

（3）在剖视图上，一般不应出现不完整要素。只有当两个要素在图形上具有公共对称中心线或轴线时，才允许各画一半，此时应以中心线或轴线为界，如图 13-20（d）中的 *A*－*A* 剖视。

（4）阶梯剖，必须标注剖视图名称、剖切符号，在剖切面的起迄和转折处用相同的字母标出。但当转折处位置有限，又不致引起误解时，允许省略字母。

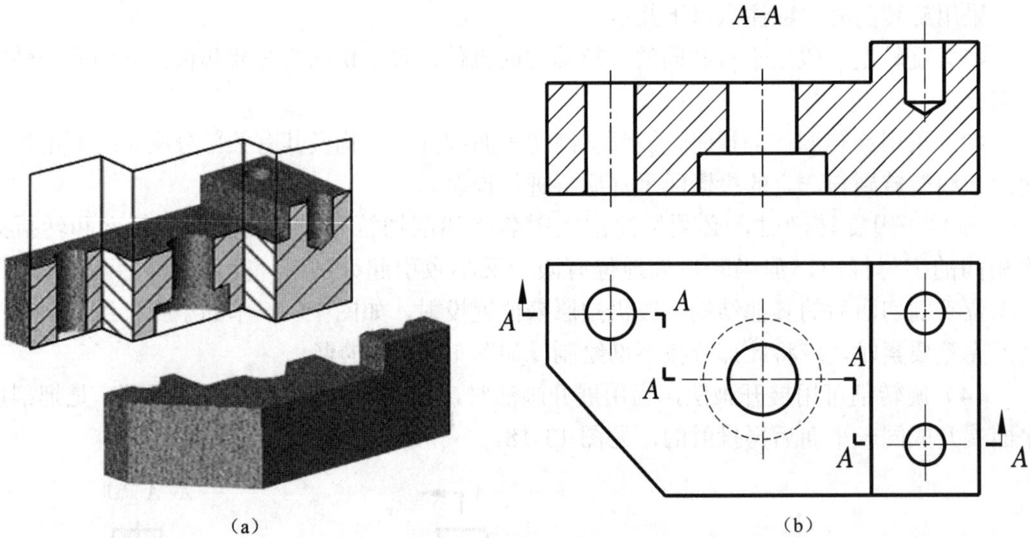

图 13-19　阶梯剖

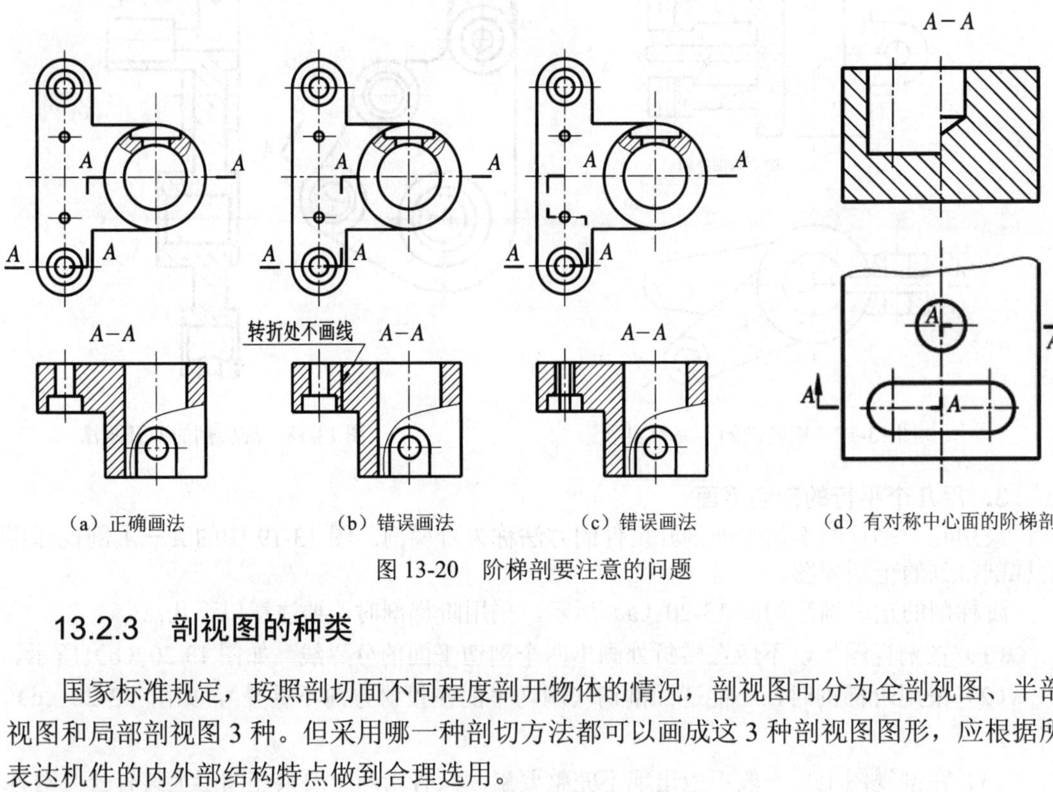

图 13-20　阶梯剖要注意的问题

13.2.3　剖视图的种类

国家标准规定，按照剖切面不同程度剖开物体的情况，剖视图可分为全剖视图、半剖视图和局部剖视图 3 种。但采用哪一种剖切方法都可以画成这 3 种剖视图图形，应根据所表达机件的内外部结构特点做到合理选用。

1. 全剖视图

用剖切面完全地剖开机件所得的剖视图称为全剖视图。图 13-11 和 13-12 中的主视图 *A*－*A* 是用单一剖面画出的全剖视图；图 13-14 是用旋转剖画出的全剖视图；图 13-19 中的 *A*－*A* 是用阶梯剖画出的全剖视图。

当机件的内形复杂、外形简单，且不具有公共对称平面时，或外形虽复杂但已有其他的图形可以表达清楚时，常采用全剖视图。如图 13-21（a）所示。对外形简单的回转体零件，为便于标注尺寸，也常采用全剖视图，如图 13-21（b）所示。

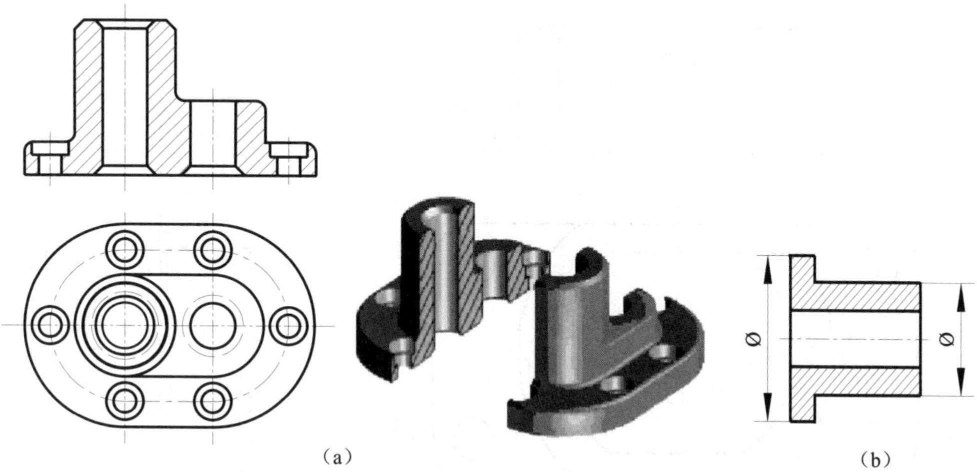

图 13-21　全剖视图

2. 半剖视图

当机件的内外部结构形状具有公共对称平面时，向垂直于对称平面的投影面上投射所得的图形，可以对称中心线为界，一半画成剖视图，另一半画成视图，这样的图形叫做半剖视图。图 13-22 中的主视图和 *A*－*A* 是用单一剖面画出的半剖视图；图 13-23 中的*A*－*A* 是用阶梯剖画出的半剖视图。

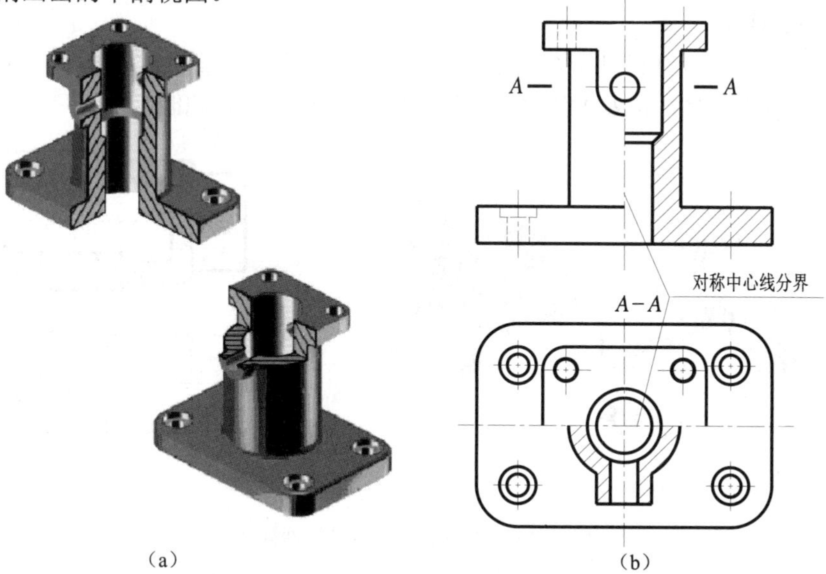

图 13-22　半剖视图

当机件的形状接近于对称，且其不对称部分已另有视图表达清楚时，也允许画成半剖视图，如图 13-24 表达的传动齿轮。

由于半剖视图的图形对称，所以在半个剖视图上已表达清楚的内形，其在表达外形的视图上的虚线不再画出。

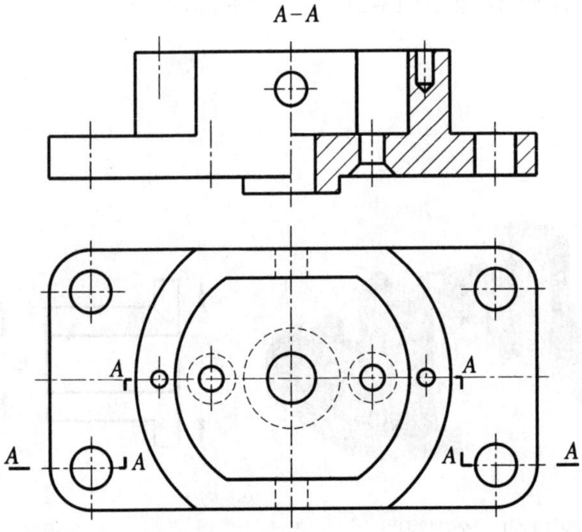

图 13-23　阶梯剖画出的半剖视图

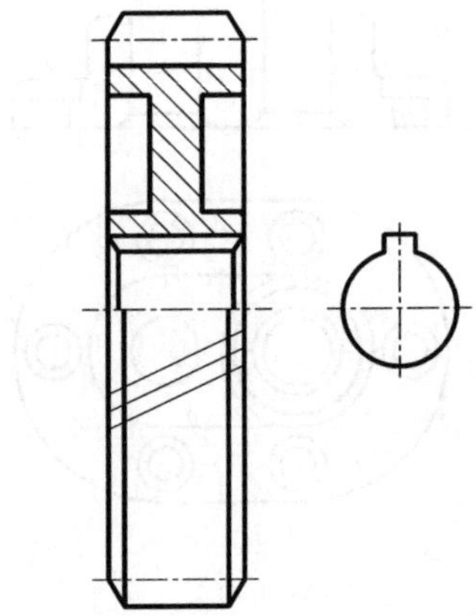

图 13-24　接近于对称机件的半剖视图

半剖视的标注规则与全剖视相同。在图 13-22 中，因为主视图作剖视的剖切平面与机件的前后对称平面重合，所以在图上可以不标注。而对俯视图来说，作剖视的剖切平面不是机件的对称平面，所以在图上需要标出剖切符号和剖视名称，但是箭头可以省略。使用阶梯剖画半剖视图时，其剖切位置要对称标注，如图 13-23 所示。

3．局部剖视图

用剖切面局部地剖开机件所得的剖视图称为局部剖视图。图 13-25 所示的是用单一剖画出的局部剖视图；图 13-26 中的 $A-A$ 是用旋转剖画出的局部剖视图。

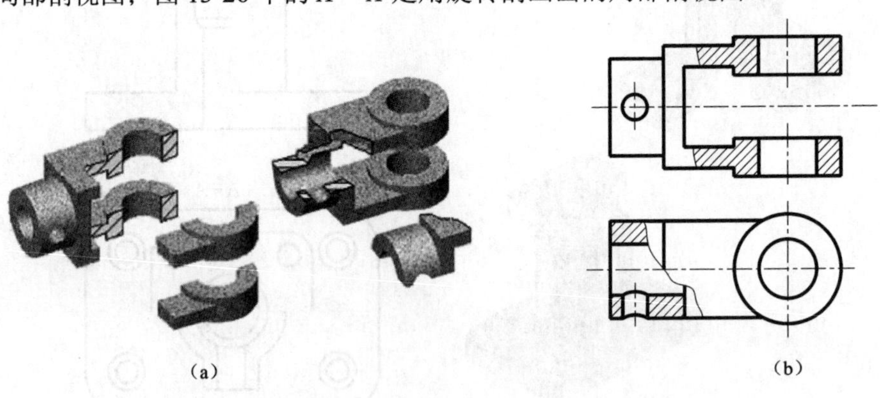

图 13-25　单一剖画出的局部剖视图

当机件的内、外形状均需表达，而又不宜采用半剖视，或机件只有局部内形需要表达时，则应采用局部剖视。

局部剖视是一种比较灵活的表示方法，其剖切位置和剖切的范围，可根据需要决定，以波浪线或双折线分界。

在画局部剖视图时，要注意以下几点。

（1）局部剖视是一种比较灵活的表示方法，运用得好，可使视图简明清晰。但在同一个视图中，局部剖视的数量不宜过多，不然会使图形过于破碎。

（2）表示剖切范围的波浪线，不应和图形上其他图线重合，也不能超出视图的轮廓线，遇到孔、槽等中空结构，波浪线不能连续画出，如图 13-27 所示。

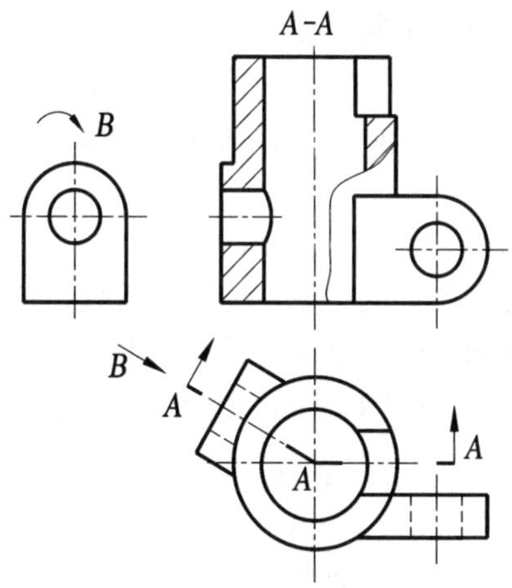

图 13-26　旋转剖画出的局部剖视图

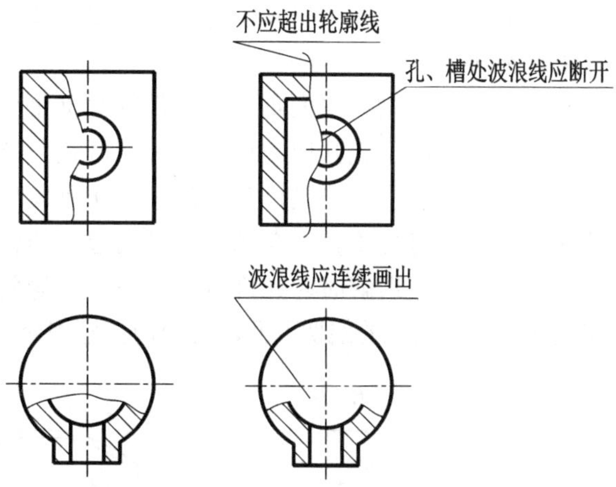

（a）正确　　（b）错误

图 13-27　局部剖视图的波浪线画法

（3）当对称机件的轮廓线与对称中心线重合，不宜采用半剖视时，可采用局部剖视，如图 13-28 所示。当被剖切结构为回转体时，允许以该结构的对称中心作为局部剖视与视图的分界线，如图 13-29 所示。

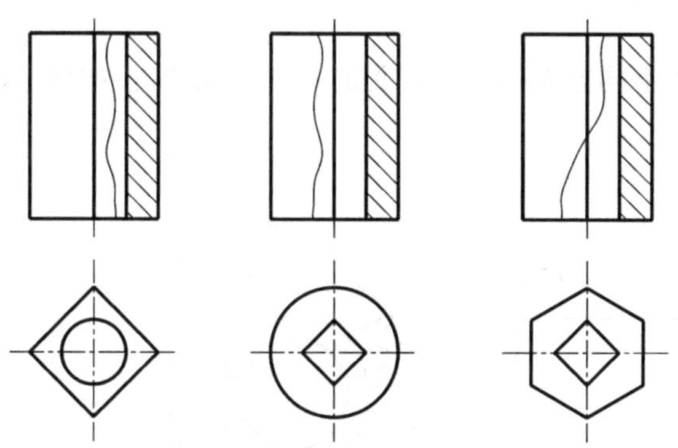

（a）　　（b）　　（c）

图 13-28　中心线与轮廓线重合的局部剖视图

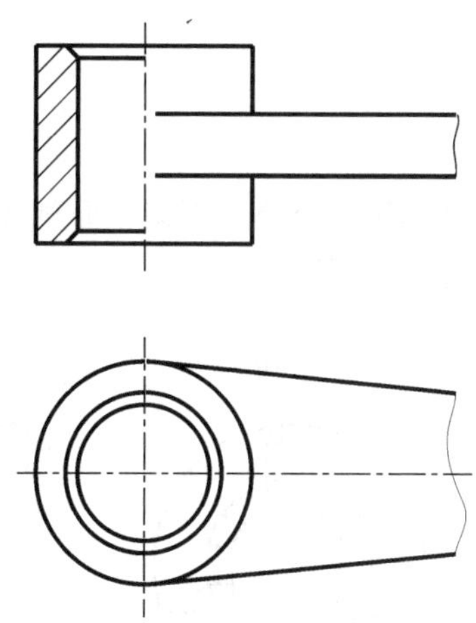

图 13-29　中心作为分界线的局部剖视图

（4）必要时，允许在剖视图中再作一次简单的局部剖视，这时两者的剖面线应同方向、同间隔，但要相互错开，这种剖视称为“剖中剖”。

对于剖切位置明显的局部剖视，一般不必标注。若剖切位置不够明显，则应进行标注，如图 13-26 中的 $A-A$。

4．剖视图的配置及标注

（1）剖视图的配置仍按视图配置的规定。一般按基本视图配置；也允许配置在其他适当位置，但此时必须进行标注。

（2）一般应在剖视图上方标注剖视图的名称“× − ×”，图上用剖切符号表示剖切位置和投射方向，并标注相同字母。当剖视图按基本视图配置，中间又无其他图形隔开时，可省略箭头。

（3）当单一剖切平面重合于机件的对称平面或基本对称的平面，并且剖视图是按基本视图配置，中间又无其他图形隔开时，可完全省略标注。

（4）剖切符号在剖切面的起迄和转折处均应画出，且尽可能不与图形的轮廓线相交。箭头应与剖切符号垂直。在剖切符号的起迄和转折处应标记相同的字母，但当转折处地位有限，不致引起误解时，允许省略标注。不论剖切符号方向如何，字母总是水平书写。两组或两组以上相交的剖切平面，其剖切符号相交处用大写字母“*O*”标注，如图 13-30 所示。

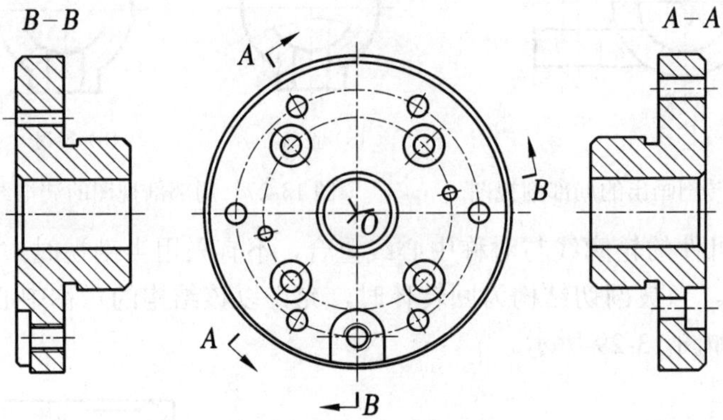

图 13-30　两组相交的剖切平面标注

（5）用一个公共剖切平面剖开机件，按不同方向投射所得到的两个剖视图，按如图 13-31 所示的形式标注。

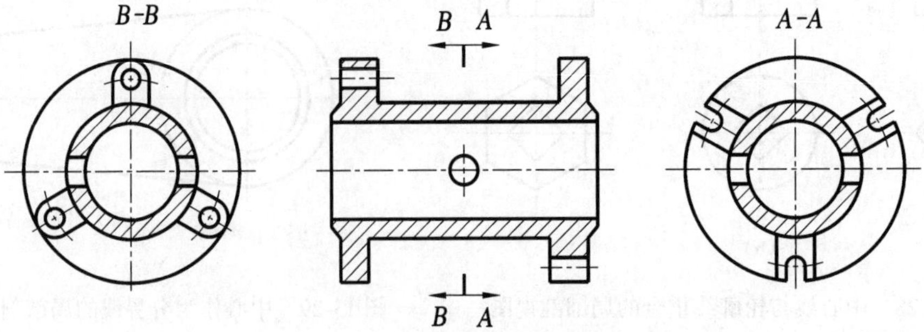

图 13-31　公共剖切平面的标注

（6）用几个剖切平面分别剖开机件，得到相同的剖视图时，按如图 13-32 所示的方式标注。

（7）可将投射方向一致的几个对称图形各取一半（或 1/4）合并成一个图形。此时，应在剖视图附近标注相应剖视图的名称“×－×”，如图 13-33 所示。

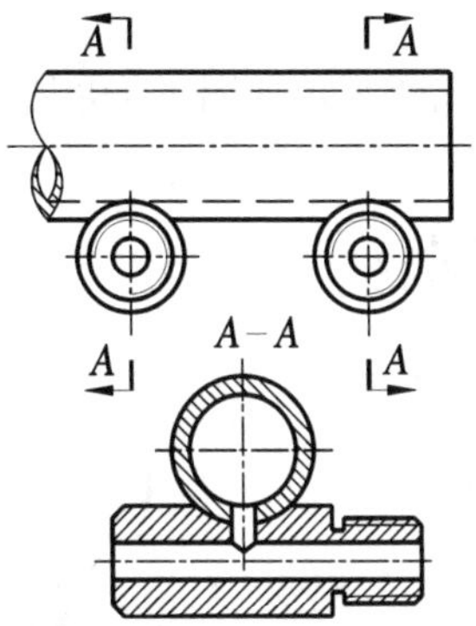

图 13-32　相同剖视图的标注

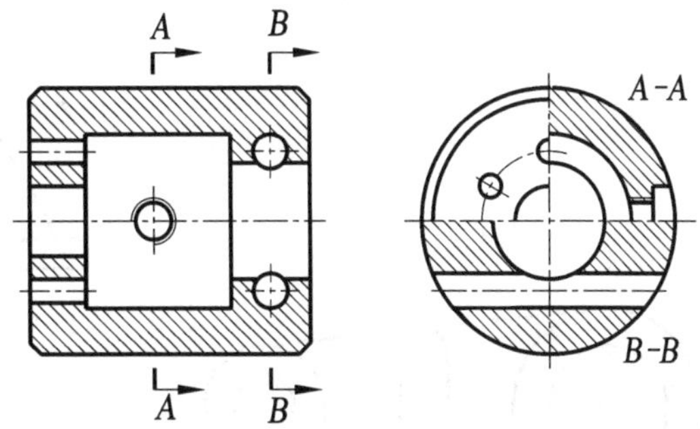

图 13-33　剖视图的合并图形标注

13.3　断 面 图

13.3.1　断面图的概念

假想用剖切面将机件的某处切断，仅画出该剖切面与机件接触部分的图形，并画上剖面符号，这种图形称为断面图（简称断面）。断面图常用来表示机件的断面形状。

13.3.2　断面的种类和画法

根据断面图在绘制时所配置的位置不同，可分为移出断面和重合断面两种，分别如图 13-34 和图 13-35 所示。

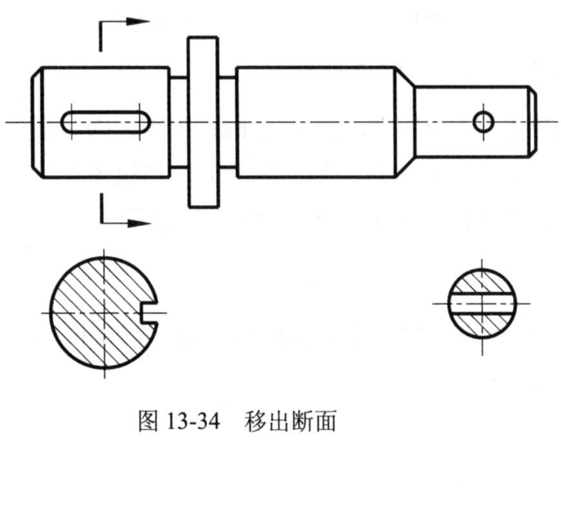

图 13-34　移出断面

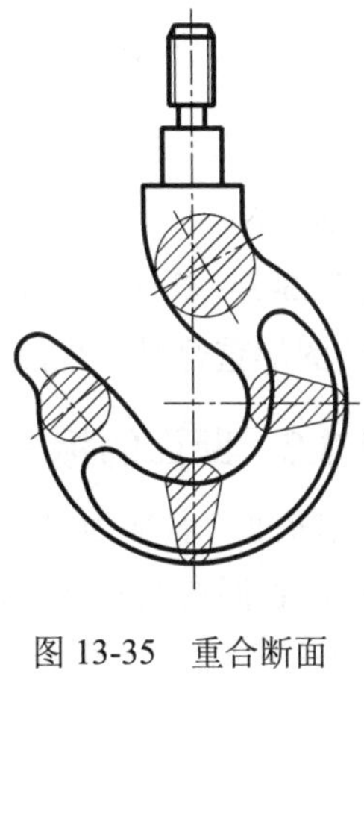

图 13-35　重合断面

1. 移出断面

配置在视图之外的断面，称为移出断面，见图 13-34。

移出断面的轮廓线用粗实线画出。移出断面一般配置在剖切平面迹线的延长线上，见图 13-34。断面图形对称时，也可画在视图的中断处，如图 13-36 所示。当不致引起误解时，允许将断面旋转，其标注形式如图 13-37 所示。

由两个相交平面剖切出的移出断面，中间部分应以波浪线断开，如图 13-38 所示。

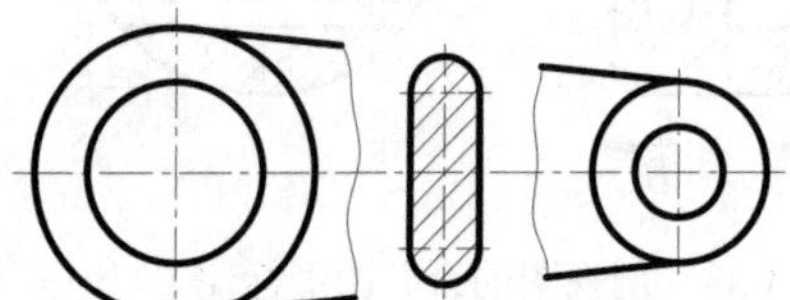

图 13-36　配置于视图中断处

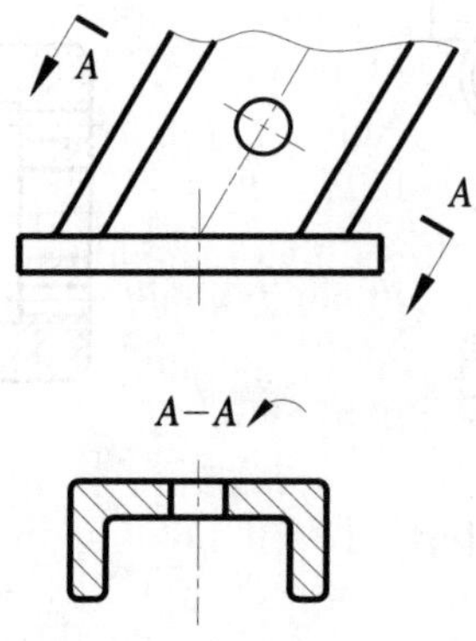

图 13-37　断面旋转配置

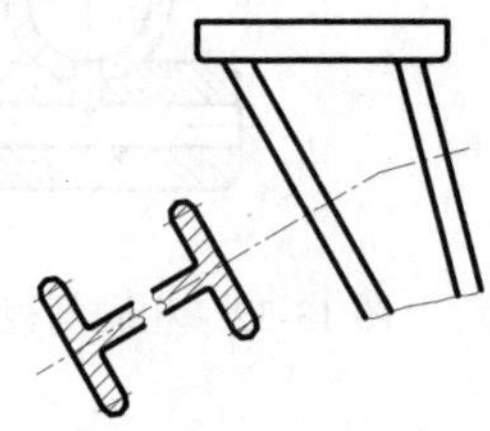

图 13-38　中间断开的断面

当剖切平面通过回转面形成的孔、凹坑的轴线时，这些结构应按剖视绘制，如图 13-39（a）、（b）所示；当剖切平面通过非圆孔剖切后出现两个完全分离的断面时，这些结构应按剖视绘制，如图 13-39（c）所示。

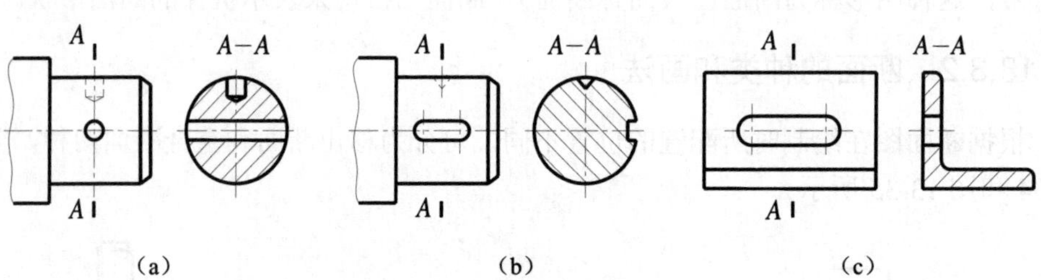

图 13-39　按剖视图绘制的断面

2．重合断面　在不影响图形清晰的条件下，断面也可以画在视图之内，称为重合断面，如图 13-35 和图 13-40 所示。重合断面的轮廓线用细实线绘制。当视图中轮廓线与重合断面的图形重叠时，视图中轮廓线连续画出，不可间断，如图 13-40 所示。

13.3.3　断面的标注

移出断面的名称为“×－×”，在相应的视图上用剖切符号表示剖切位置和投射方向，并标注相同的大写字母，如图 13-41 所示。

配置在剖切符号延长线上的不对称移出断面，以及配置在剖切符号上的不对称重合断面可省略字母。

配置在剖切符号延长线上的对称移出断面可省略箭头和名称，见图 13-41。对称的重合断面（见图 13-40）以及配置在视图中断处的对称移出断面（见图 13-36）均可省略标注。

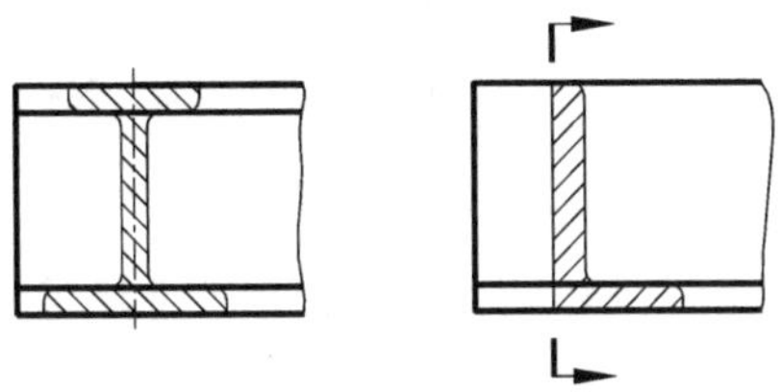

图 13-40　重合断面的画法和标注

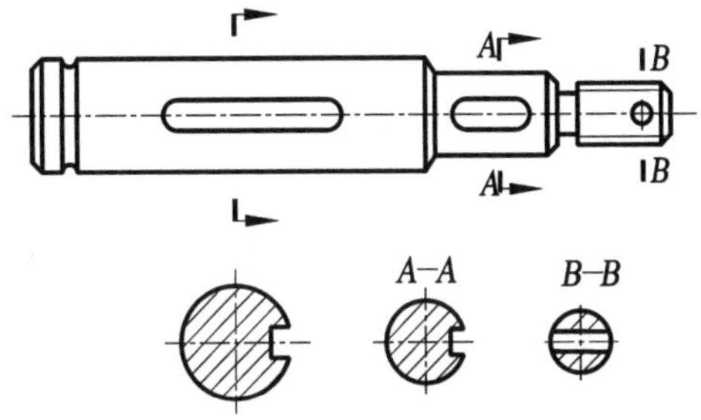

图 13-41　移出断面的标注

13.4　局部放大图和简化画法及其他规定画法

13.4.1　局部放大图

将机件的部分结构用大于原图形所采用的比例画出的图形，称为局部放大图。局部放大图可画成视图、剖视图、断面图，它与被放大部分的表达方式无关，如图 13-42 和图 13-43 所示。局部放大图应尽量配置在被放大部位的附近。

绘制局部放大图时，除螺纹牙型、齿轮和链轮的齿形外，应按图 13-42 和图 13-43 所示的用细实线圈出被放大的部位。当同一机件上有几个被放大的部分时，必须用罗马数字依次标明被放大的部位，并在局部放大图的上方标出相应的罗马数字和所采用的比例；当机件上仅一个部分被局部放大时，只需在局部放大图的上方注明所采用的比例，见图 13-41。

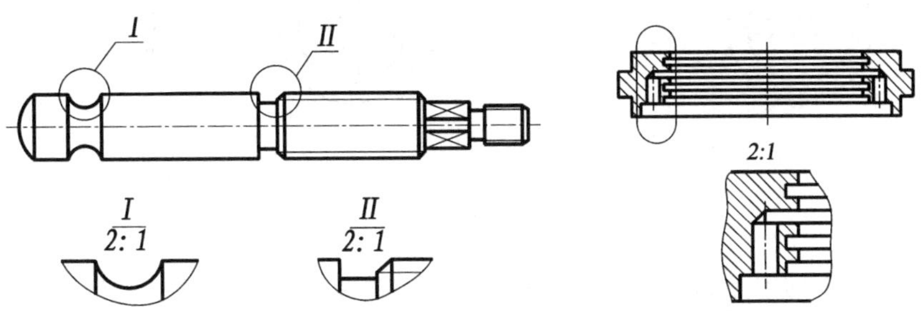

图 13-42　局部放大图

同一机件不同部位的局部放大图，当图形相同或对称时，只需画出一个，见图13-43。必要时可用几个图形来表达同一个被放大部分的结构，见图 13-44。

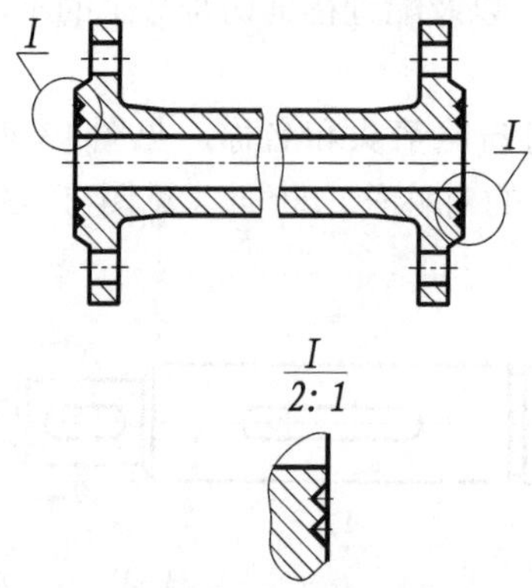

图 13-43　图形相同或对称时局部放大图只需画出一个

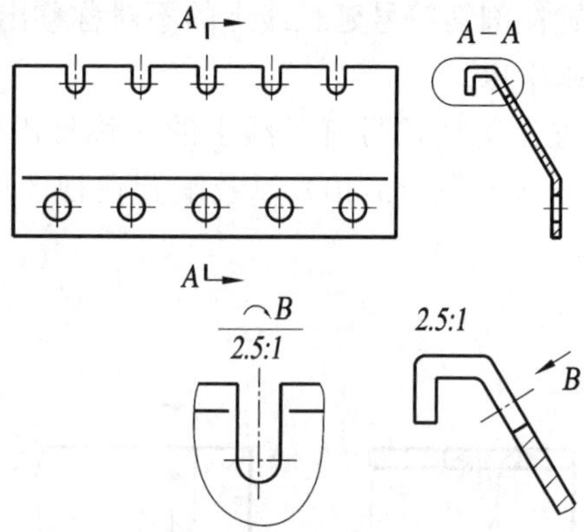

图 13-44　用几个局部放大图表达同一个部分

13.4.2　简化画法及规定画法

除前述的图样画法外，国家标准《技术制图》和《机械制图》还列出了一些简化画法和规定画法。简化的原则如下：

（1）简化必须保证不致引起误解和不会产生理解的多意性，在此前提下，应力求简便；

（2）便于阅读和绘制，注重简化的综合效果；

（3）在考虑便于手工制图和计算机制图的同时，还要考虑图形缩微的要求。

1．肋板和轮辐及薄壁等剖切后的画法

对于机件上的肋、轮辐及薄壁等，如按纵向剖切（剖切面平行于肋和薄壁的厚度方向或通过轮辐的轴线)，这些结构都不画剖面符号，而用粗实线与其邻接部分分开，如图 13-44 和图 13-45 所示。

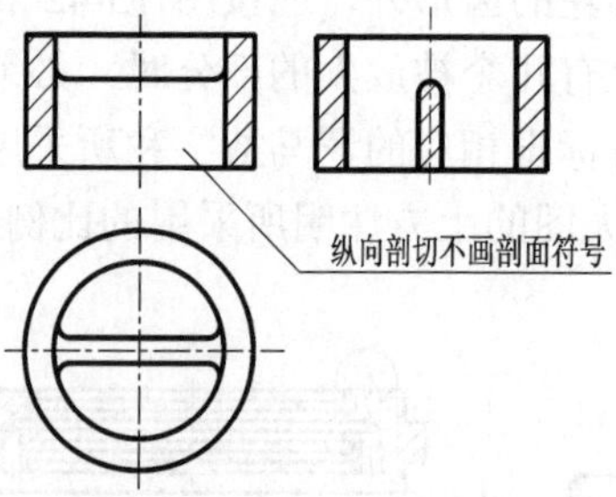

（a）单一肋

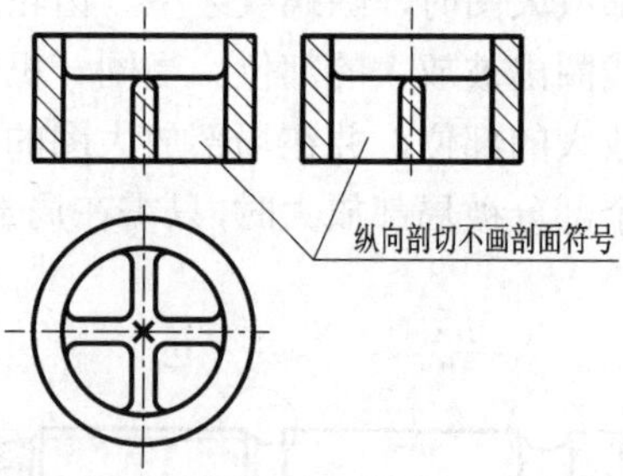

（b）十字肋

图 13-45　肋板剖切后的画法

回转体机件上均匀分布的肋、轮辐及孔等结构不处于剖切面时，可将这些结构旋转到剖切面上画出，如图 13-46 和图 13-47 所示。

2．对相同结构的简化画法

（1）当机件具有若干相同且成规律分布的孔（圆孔、螺孔、沉孔等)，可以仅画出一个或几个，其余只需用细点划线表示其中心位置，但在零件图中应注明孔的总数，如图 13-48 所示。

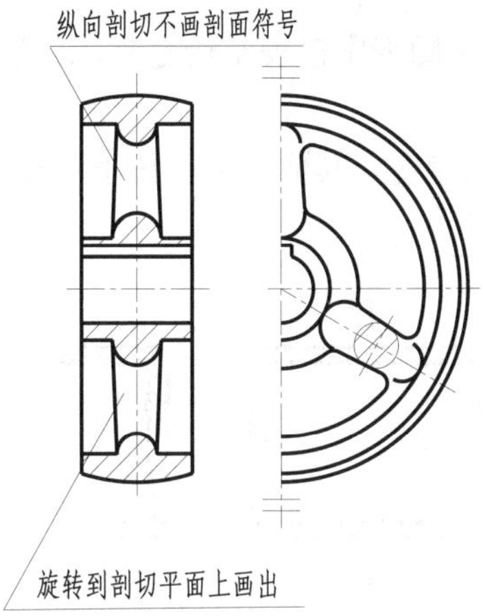

图 13-46　轮辐剖切后的画法

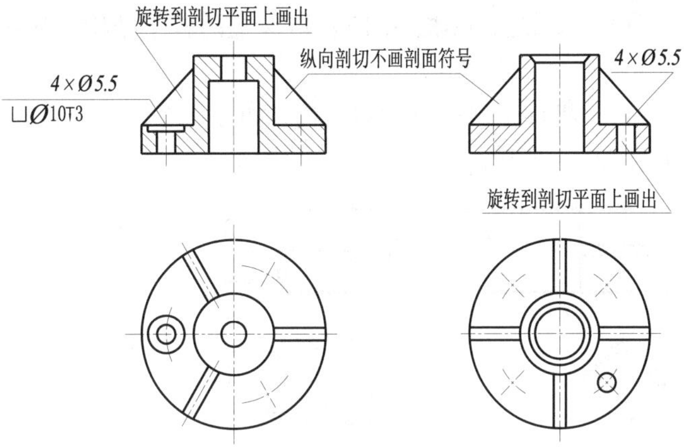

图 13-47　不在剖切面上均布孔、肋的画法

（2）当机件具有若干相同结构（齿、槽等），并按一定规律分布时，只需画出几个完整的结构，其余用细实线连接，但在零件图中必须注明结构的总数，如图 13-49 所示。

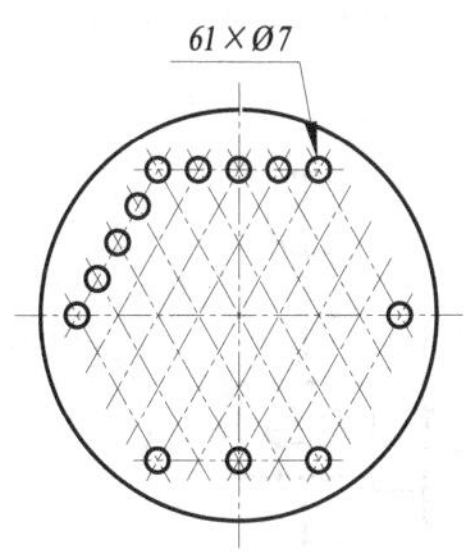

图 13-48　规律分布孔的画法

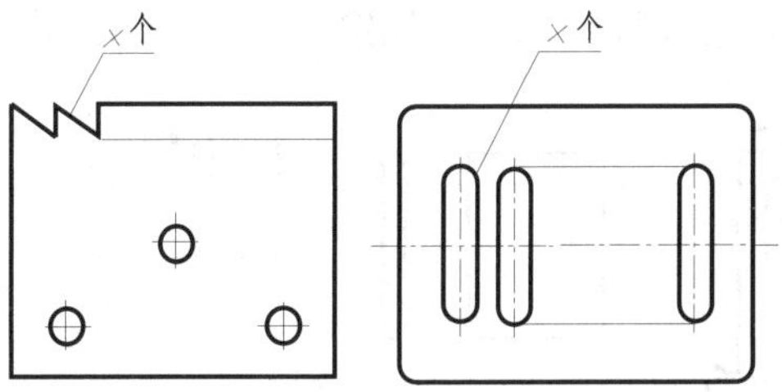

图 13-49　规律分布的齿、槽的画法

（3）机件上的滚花或网状物、编织物，可在轮廓线附近用细实线示意画出，并在零件图的图形上或技术要求中注明这些结构的具体要求，如图 13-50 所示。

（4）在不致引起误解时，对于对称机件，在垂直于其对称平面的投影面上的图形可画一半或1/4，并在对称中心线的两端画出两条与其垂直的平行细实线，如图 13-51 所示。

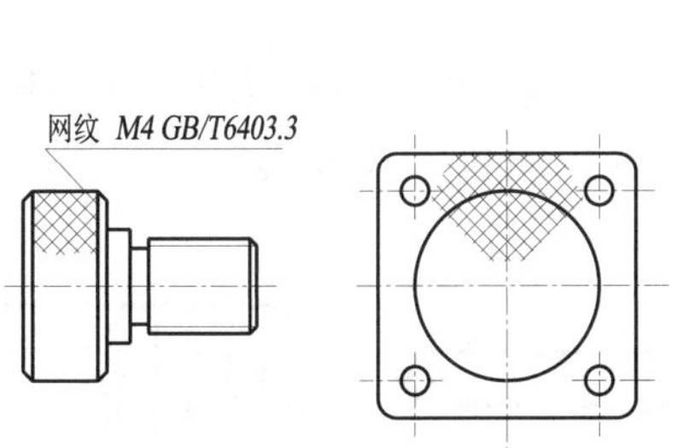

图 13-50　滚花、网状物的画法

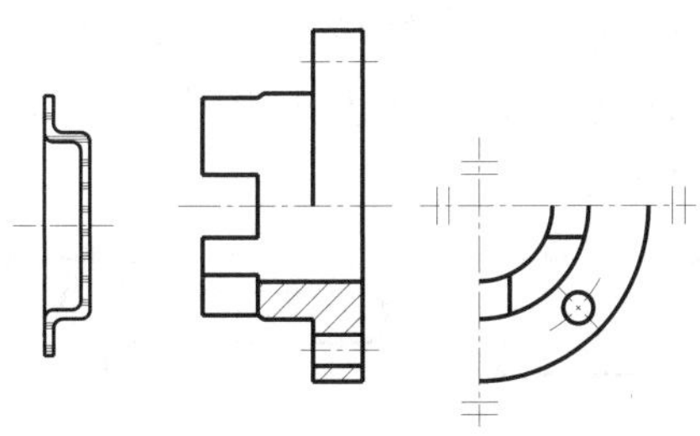

图 13-51　对称机件的简化画法

3．对较小结构、较小斜度等的简化画法

（1）类似图 13-52 中所示机件上的较小结构，如在一个图形中已表示清楚时，其他图形可以简化或省略。

（2）机件上斜度不大的结构，如在一个图形中已表达清楚时，其他图形可按小端画出，如图 13-53 所示。

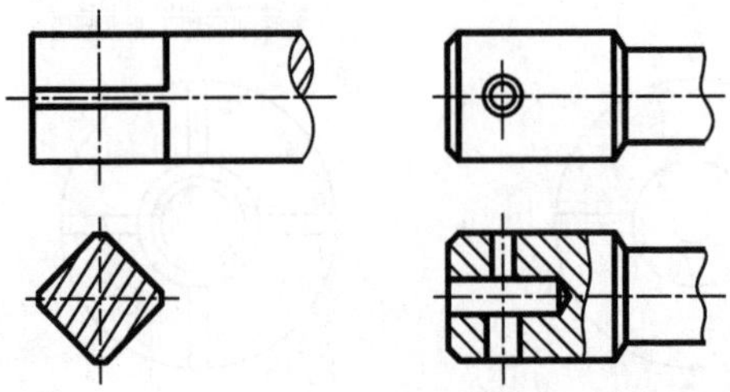

图 13-52　较小结构的简化画法

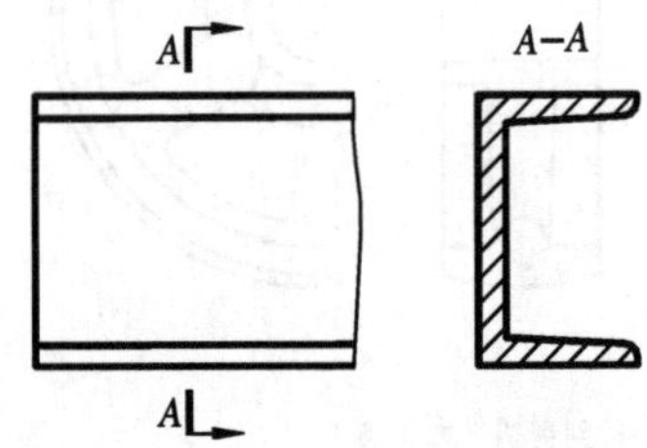

图 13-53　较小斜度的简化画法

（3）在不致引起误解时，零件上的小圆角、锐边的小倒圆或 43°小倒角允许省略不画，但必须注明尺寸或在技术要求中加以说明，如图 13-54 所示。

4．其他简化画法

（1）在不致引起误解时，零件图中的移出断面，允许省略剖面符号，但剖切位置和断面必须遵照移出断面标注的规定，如图 13-55 所示。

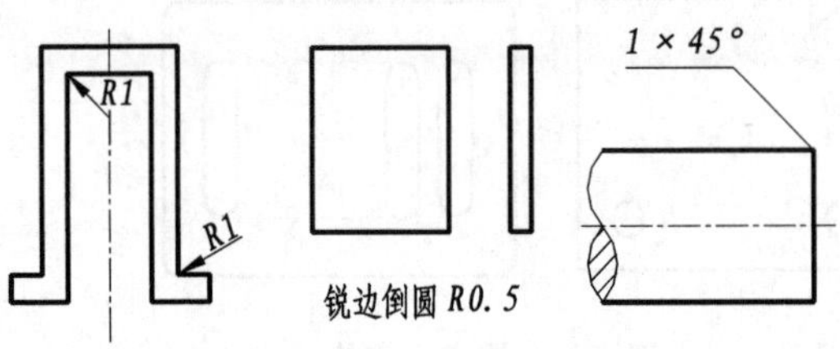

图 13-54　小圆角、43°小倒角的简化画法

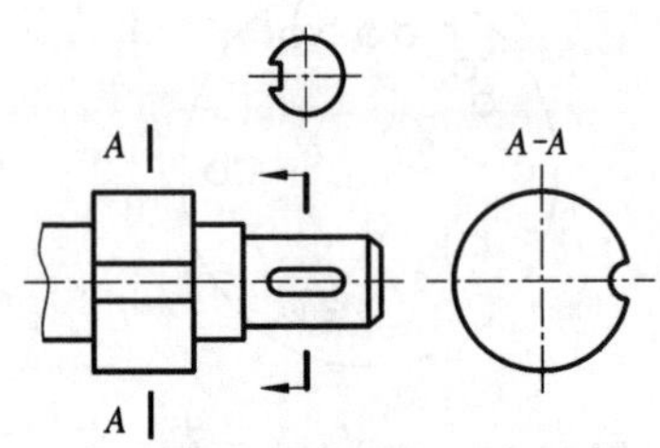

图 13-55　移出断面图省略断面符号

（2）当图形不能充分表达平面时，可用平面符号（相交的两细实线）表示，如图 13-56 所示。

（3）在不致引起误解时，图形中的过渡线、相贯线允许简化，例如用圆弧或直线代替非圆曲线，如图 13-57 和图 13-58 所示。

（4）圆柱形法兰和类似的零件上均匀分布的孔，可按图 13-58 所示的方法表示。

（5）与投影面倾斜角度小于或等于 30°的圆或圆弧，其投影可用圆或圆弧代替，如图 13-59 所示。

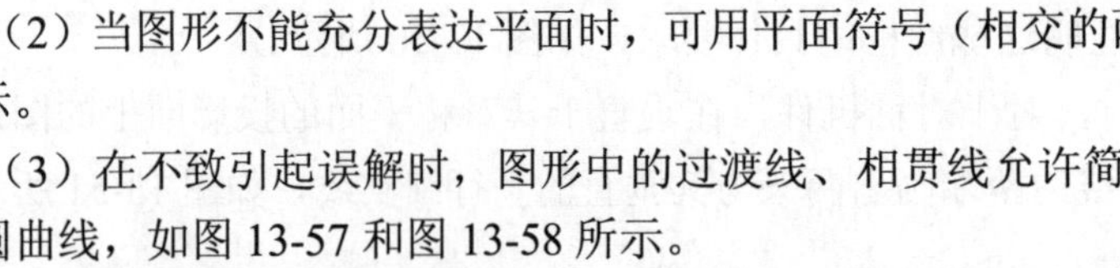

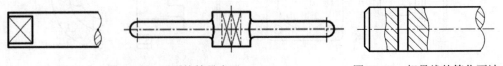

图 13-56　平面的符号表示

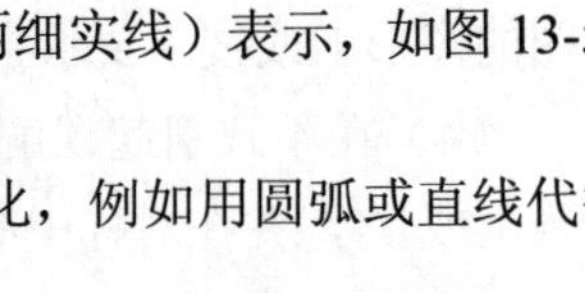

图 13-57　相贯线的简化画法

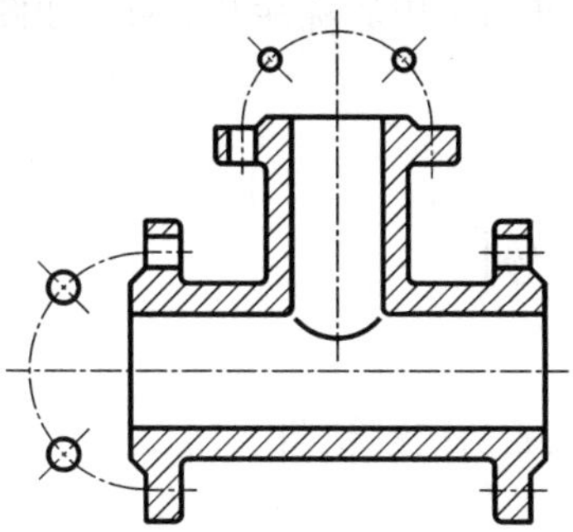

图 13-58　过渡线的简化画法

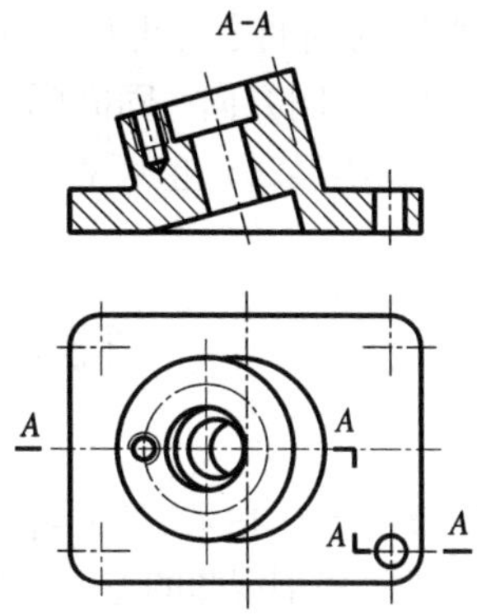

图 13-59　小于或等于 30°圆或圆弧投影的简化画法

（6）较长的机件（轴、杆、型材、连杆等）沿长度方向的形状一致或按一定规律变化，可断开后缩短绘制，如图 13-60 所示。

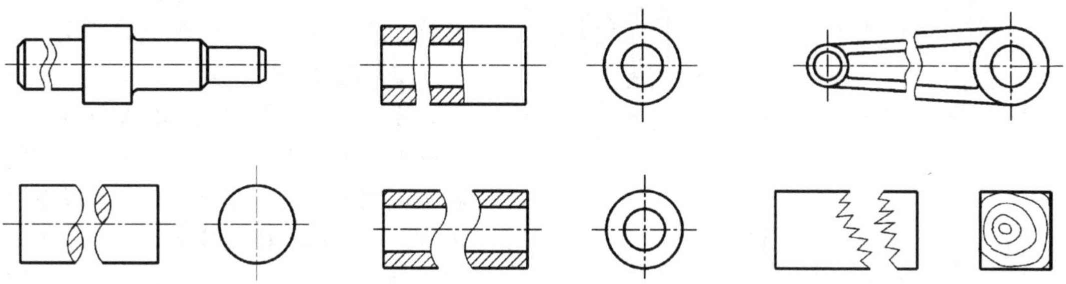

图 13-60　较长的机件断开画法

13.4.3　其他规定画法

（1）在需要表示位于剖切平面前的结构时，这些结构可按假想投影的轮廓线（双点划线）绘制，如图 13-61 所示。

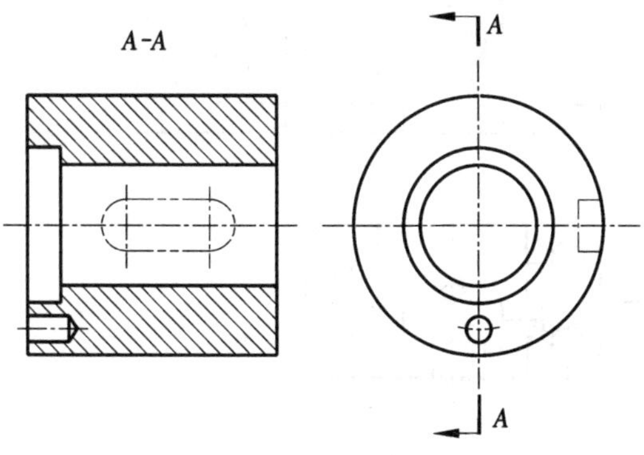

图 13-61　假想投影的画法

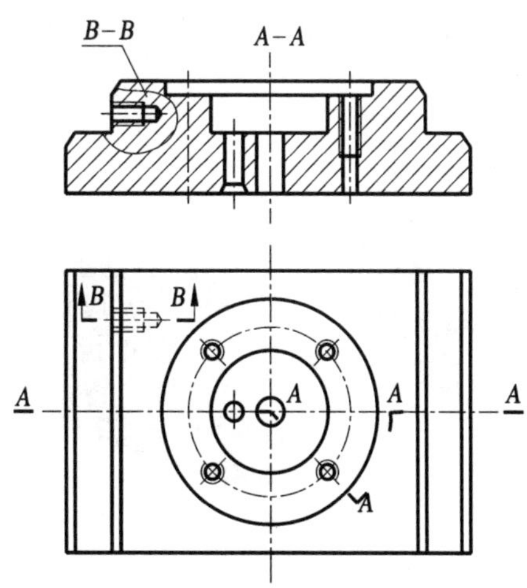

图 13-62　剖中剖

（2）在剖视图的剖面中可再作一次局部剖，习惯称为“剖中剖”。采用这种表达方法时，两个剖面的剖面线应同方向、同间隔，但要互相错开，并用引出线标注其名称，如图 13-62 所示。当剖切位置明显时，也可省略标注。

13.5 综合举例

【例 13-1】 将图 13-63 所示零件的三视图改画成适当的剖视图。

解：将视图改画成剖视图的方法步骤如下。

（1）想象出零件的结构形状

图 13-63 所示零件是由长方体 *I*、底板 *II*、圆柱凸台 *IV*、*V* 和 U 形凸台 *III* 组成，长方体 *I* 挖有方腔，底板 *II* 上各有 4 个小孔，零件的上、左、前、后各钻有一圆柱通孔，其整体结构形状如图 13-64（a）所示。

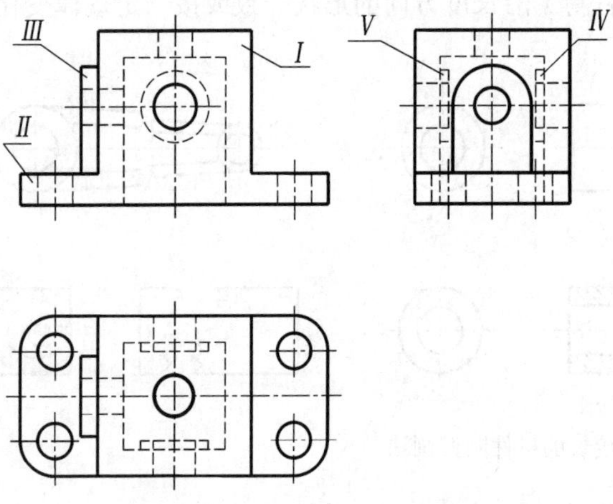

图 13-63　零件的三视图

（2）选择剖视方案

零件的上、下和左、右都不对称，且外形简单、内形复杂，故采用阶梯剖将主视图画成 *A*－*A* 全剖视图，以表达内腔、圆台和圆柱孔等结构。由于所采用的剖切方法是阶梯剖，必须标注剖切符号、字母和剖视图名称。

零件前、后对称采用单一剖将左视图画成 *B*－*B* 半剖视图，以表达内、外结构。由于剖切平面未通过零件的对称平面，所以也应标注剖切符号、字母和剖视图名称。采用单一剖将俯视图画成 *C*－*C* 半剖视图，并标注剖切符号、字母和剖视图称。全部画完后如图 13-64（b）所示。

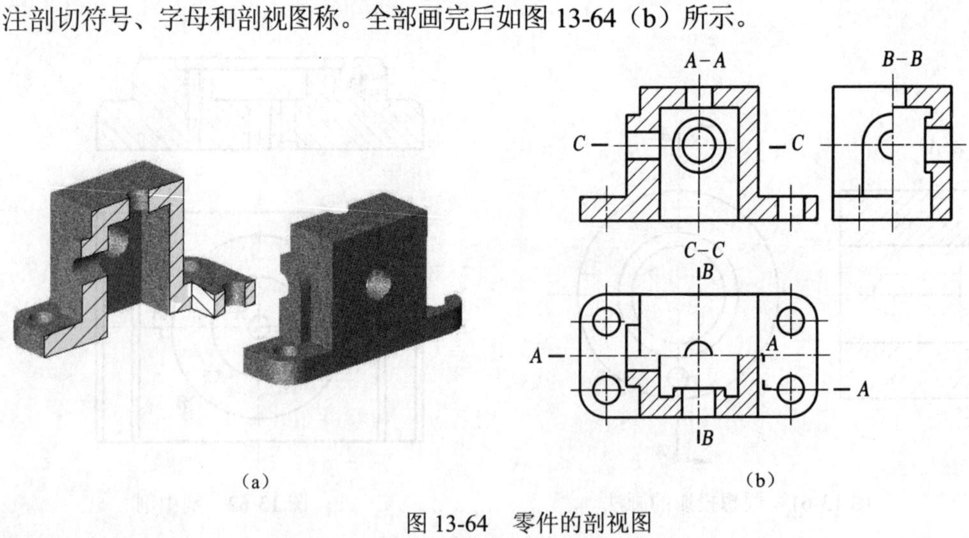

（a）　（b）

图 13-64　零件的剖视图

【例 13-2】 分析图 13-65 所示机件的表达方案。

解：在图 13-65 中，共用了 5 个图形来表达机件的结构形状。$A-A$ 剖视图是采用旋转剖画出的全剖视图；$B-B$ 剖视图是采用阶梯剖画出的全剖视图，这两个剖视图已将零件各部分的结构形状及其相互位置基本表达清楚。尚未表达清楚的结构，分别由另外 3 个图形补充表达：$C-C$ 剖视图是采用单一剖画出的全剖视图，补充表达左上方圆筒、圆盘及其上 4 个小孔的形状和位置；$D-D$ 剖视图是采用斜剖画出的全剖视图，按旋转配置，补充表达右前方的圆筒、腰圆形盘及其上孔的形状和位置；E 向视图是一个局部视图，补充表达顶部方板及其上孔的形状和位置。

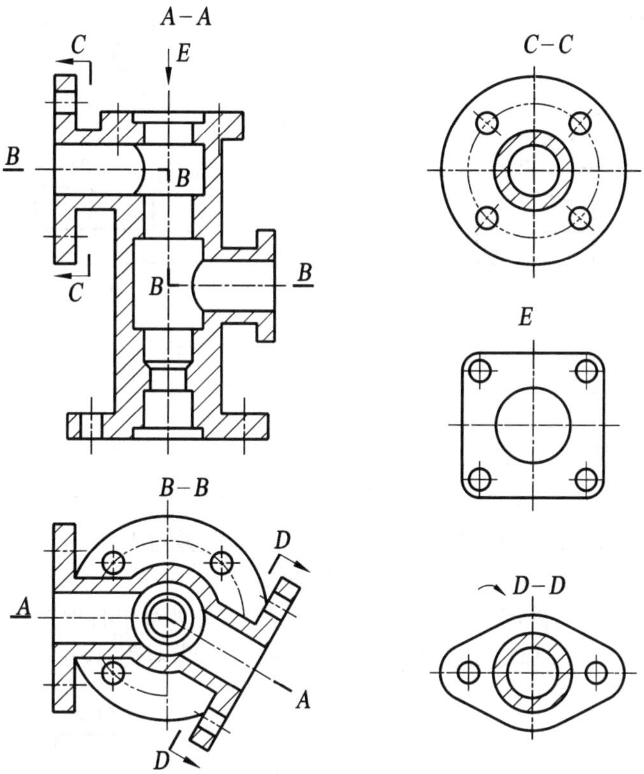

图 13-65 机件的表达方案分析

*13.6 第三角投影法简介

国际标准规定，第一角和第三角投影等效使用。目前，世界上大多数国家都采用第一角投影法，少数国家采用第三角投影法。在日益发展的国际贸易和技术交流中，会遇到一些采用第三角投影法画出的图纸。现将第三角投影法简介如下。

第一角投影法，是把机件置于第一分角内，保持观察者—机件—投影面的位置关系，将机件向投影面投射，得到机件的各个视图。

第三角投影法，则是把机件置于投影面视为透明的第三分角内，如图 13-66（a）所示，保持观察者—投影面—机件位置关系，将机件向投影面投射，得到机件的各个视图，如图 13-66（b）所示。第三角投影法的三视图为：由前向后投射，在投影面 V 上所得到的投影，称为前视图；由上向下投射，在投影面 H 上所得到的投影，称为顶视图；由右向左投射，在投影面 W 上所得到的投影，称为右视图。

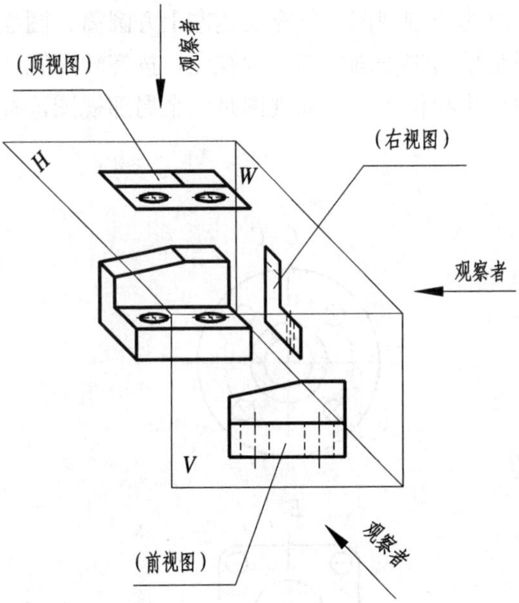

（a）三视图的形成

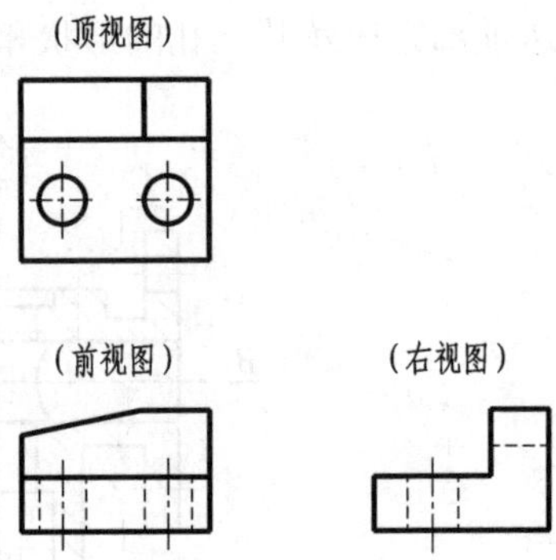

（b）三视图的位置

图 13-66　第三角投影法

第三角投影法中投影面的展开方法规定为：前面投影面 V 不动，水平投影面 H 和右侧投影面 W 分别向上和向右旋转 90°与前面投影面 V 共面。

第三角投影法的基本视图也有 6 个，除前视图、顶视图和右视图外，还有左视图，底视图和后视图。6 个基本视图的形成及投影面的展开方法如图 13-67（a）所示，6 个基本视图的配置如图 13-67（b）所示。

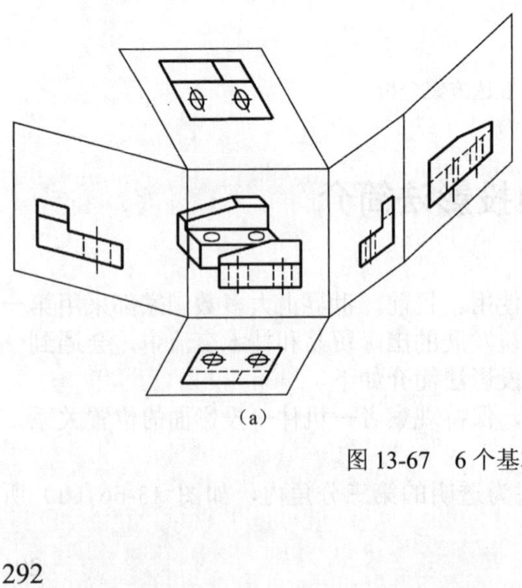
（a）

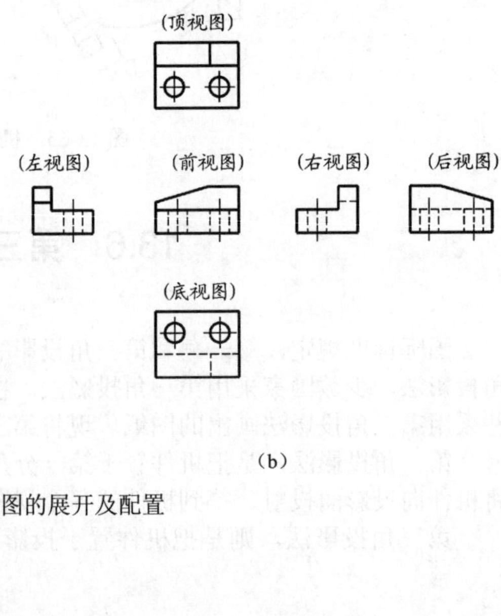

（b）

图 13-67　6 个基本视图的展开及配置

在第三角投影法的 6 个基本视图中，顶视图、右视图、左视图和底视图靠近前视图的一侧表示机件的前面，远离前视图的一侧表示机件的后面，这恰好与第一角投影法相反。

由于第三角投影法的视图也是按正投影法绘制的，因此 6 个基本视图之间长、宽、高三方向的对应关系仍应符合正投影规律，这与第一角投影法相同。

为了识别第三角画法与第一角画法，规定了相应的识别符号，如图 13-68 所示。该符号一般标在所画图纸标题栏的上方或左方。如采用第三角画法时，必须在图样中画出第三角画法识别符号；如采用第一角画法，必要时也应画出其识别符号。

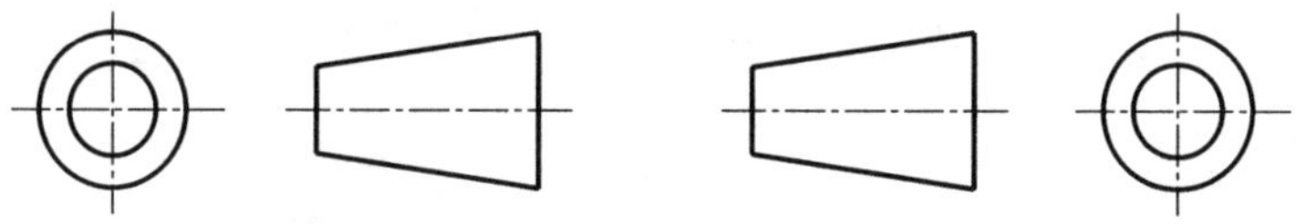

（a）第三角画法的符号　　（b）第一角画法的符号

图 13-68　第三角画法和第一角画法符号

13.7　用 AutoCAD 进行图案填充

机械设计中，图案用来区分工程的部件或表现组成对象的材质，因而不可避免地要绘制剖面线。AutoCAD 提供的“图案填充”命令可以帮助用户以某种图案对封闭的区域或指定的边界填充剖面线。填充的剖面线图案既可以由用户临时定义，也可以是 AutoCAD 提供的各种常用图案或用户预先定义好的图案。

13.7.1　图案填充

图案填充是用某种图案充满图形中的指定区域。一般可使用 bhatch 和 hatch 填充封闭的区域或指定的边界。

启动“图案填充和渐变色”对话框的方法有如下几种：

- 使用键盘输入 bhatch 或 hatch；
- 在“绘图”菜单上单击“图案填充”子菜单；
- 在“绘图”工具栏上单击图案填充图标。

用上述几种方法中任一种命令输入后，AutoCAD 会弹出如图 13-69 所示的“图案填充和渐变色”对话框。

该对话框中各主要选项的含义如下。

（1）选择剖面线图案

“图案填充”选项卡中的“类型”下拉列表提供选择剖面线的 3 种类型：“预定义”、用 AutoCAD 的标准填充、图案文件（acad.pat 和 acadiso.pat）中的图案进行填充。

图 13-69 “图案填充和渐变色”对话框

在“预定义”状态下，单击“图案”行最右边的按钮或双击“样例”，将弹出如图 13-70 所示的“填充图案选项板”对话框，用户可以通过这个对话框从 AutoCAD 提供的几十种预定义图案中选择一种作为剖面线图案。图案包括：ANSI（美国国家标准化组织）、ISO（国际标准化组织）、其他预定义和用户自定义的图案。

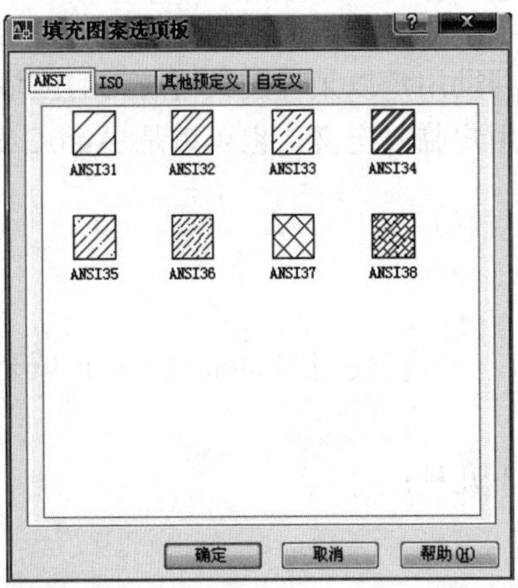

图 13-70 “填充图案选项板”对话框

（2）比例和角度

用户可以在“图案填充和渐变色”对话框中设置剖面线图案的属性。其中主要的属性包括角度和比例。

- 角度可以确定图案填充时的旋转角度。
- 比例可以放大或缩小预定义成定制的剖面线图案。

（3）确定填充剖面线的区域

确定填充剖面线的区域包含两个方面的内容，一个是控制剖面线的边界和类型；另一个是拾取填充区域。

① 控制剖面线的边界和类型

孤岛检测即是最外面的边界被看成是边界对象，而填充区域内的封闭区域被称作孤岛。孤岛检测样式控制 AutoCAD 填充孤岛的方式，一共有“普通”、“外部”和“忽略”3 种样式。

“普通”样式将从外部边界开始，向内填充剖面线。如果遇到了内部实体与之相交时，剖面线断开，即停止填充，直到遇到下一次相交时再继续画，依次类推。也就是说，从填充区域外部算起由奇数相交分隔的区域将被填充，由偶数分隔的区域不被填充。“外部”样式也是从外部边界向内填充，但在下一个边界处停止，只画最外层区域的填充。 “忽略”样式将忽略内部边界，剖面线填充整个闭合区域。

注意：如果图案填充线遇到了文字、属性、形、宽线或实体填充对象，而且这些对象被选作边界的一部分，则 AutoCAD 将不填充这些对象。对于文字，不被填充而保持清晰易读。如果想填充这类对象，可以使用“忽略”样式。

② 拾取填充区域

通过选择要填充的对象、定义边界，或指定内部点来创建图案填充。填充边界可以是形成封闭区域的任意对象的组合，例如直线、圆弧、圆和多段线，也可以指定点定义边界。有以下两种方法可以在屏幕上拾取填充剖面线的区域。

- “选择对象”

单击“选择对象”按钮，系统将暂时关闭该对话框。此时拾取作为剖面线边界的实体，如图 13-71（a）所示；被选择的边界将以高亮显示，如图 13-71（b）所示。按回车键后，返回到“图案填充”对话框。完成了填充区域的拾取，即可在所拾取的实体区域内绘制出剖面线，如图 13-71（c）所示。

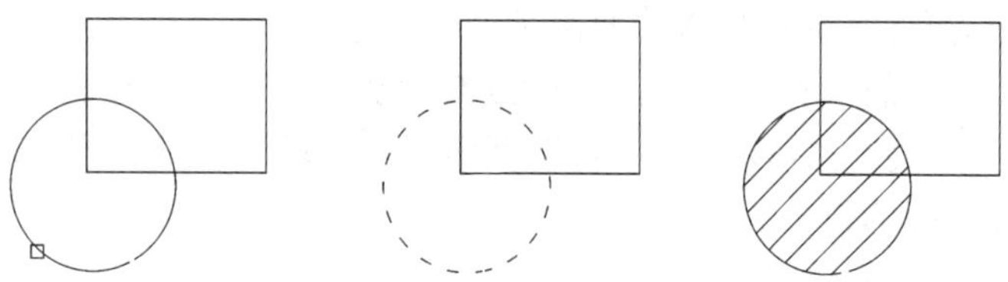

（a）　　（b）　　（c）

图 13-71　选择对象确定边界绘制剖面线

- “拾取点”

根据构成封闭区域的现有对象确定边界。单击“拾取点”按钮，系统将暂时关闭该对话框。此时在希望绘制剖面线的封闭区域内任意拾取一点，如图 13-72（a）所示，此时选中区域将以高亮显示，如图 13-72（b）所示。按“普通”样式填充，如图 13-72（c）所示。可以连续拾取多个区域，以回车键结束选择返回到“图案填充和渐变色”对话框。在此对话框中，单击“预览”按钮，AutoCAD 会自动切换到作图屏幕，显示图案填充情况。

若指定边界时，无法给出一个封闭的填充区域，则 AutoCAD 会弹出“定义的边界错误”对话框，指出“未找到有效的图案填充边界”。

（4）创建剖面线

完成上述剖面线的设置，并确定了剖面线的填充区域之后，在“边界图案填充”对话框中单击“应用”按钮，将结束 bhatch 命令，完成情况如图 13-71（c）和图 13-72（c）所示。

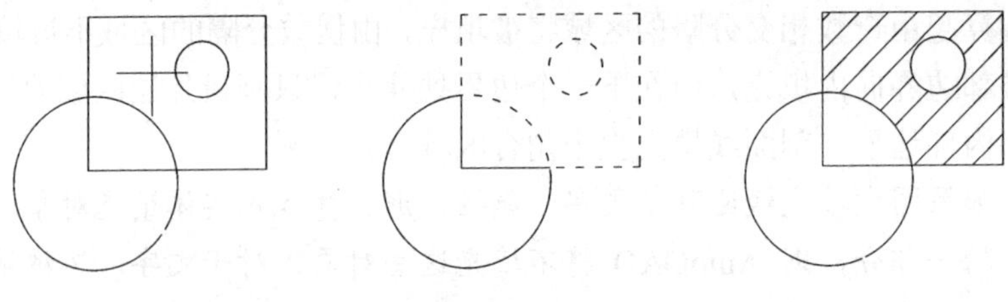

图 13-72 拾取点确定边界绘制剖面线

13.7.2 编辑填充图案

可以通过 AutoCAD 提供的 hatchedit（编辑填充图案）命令重新设置填充的图案。

启动 hatchedit 命令的方法有如下几种：

- 使用键盘输入 hatchedit；
- 在“修改”菜单上单击“对象”子菜单下的“图案填充”选项；
- 在“修改Ⅱ”工具栏上单击编辑填充图案图标 。

用上述任一种方法输入命令后，AutoCAD 会有如下提示：

选择关联填充对象：(点取要修改的图案)

用户选取完要修改的填充图案后，AutoCAD 会弹出“编辑填充图案”对话框。在该对话框中各选项的含义与图 13-69 所示的对话框中同名选项的含义相同，用户利用该对话框对已有的图案进行修改即可。

第 14 章　尺寸标注基础

图样中的视图只能表示物体的形状，各部分的真实大小及准确相对位置要靠尺寸标注来确定。标注的尺寸也可以配合图形来说明物体的形状。本章主要介绍有关尺寸标注的基本规定，组合体尺寸标注的基本方法。

14.1　尺 寸 注 法

14.1.1　基本规则

（1）机件的真实大小应以图样上所标注的尺寸数值为依据，而与图形的大小及绘图的准确度无关。

（2）图样中的尺寸以 mm（毫米）为单位时，不需标注计量单位的代号或名称。如采用其他单位，则必须注明相应的计量单位的代号或名称，如 30°（度）、cm（厘米）、m（米）、1 / 2（1 / 2 英寸）等。

（3）图样中所标注的尺寸为该图所示机件的最后完工尺寸，否则应另加说明。

（4）机件的每一尺寸，一般只标注一次，并应标注在反映该结构最清晰的图形上。

14.1.2　尺寸的组成

一个完整的尺寸应由尺寸数字、尺寸线和尺寸界线组成，如图 14-1（a）所示。

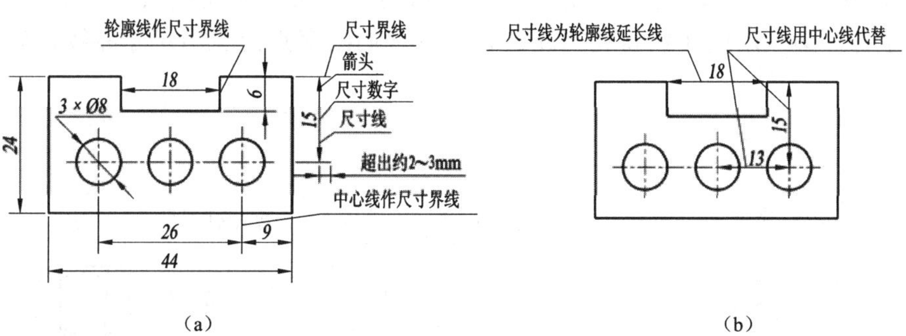

（a）　　　　（b）

图 14-1　尺寸的组成

1. 尺寸界线

尺寸界线表示尺寸的范围，用细实线绘制，并应由图形的轮廓线、轴线或对称中心线处引出。也可用轮廓线、轴线或对称中心线作尺寸界线，如图 14-1（a）所示。

2. 尺寸线

尺寸线表示尺寸的方向，用细实线绘制，如图 14-1（a）所示。尺寸线一般不得与其他图线重合或画在其延长线上，如图 14-1（b）所示。尺寸线终端有两种形式：箭头和斜线。

（1）箭头：其形式如图 14-2（a）所示，适用于各种类型的图样。箭头应与尺寸界线接触，不应留有间隙或超越。尺寸界线应超出箭头约 3 mm。同一张图纸上箭头的大小应基本一致。

（2）斜线：用细实线绘制，其方向与画法如图 14-3 所示。当尺寸线的终端采用斜线形式时，尺寸线与尺寸界线必须相互垂直。

3. 尺寸数字

尺寸数字表示尺寸的大小。任何图线都不得穿过尺寸数字，否则应将图线断开，如图 14-4 所示。

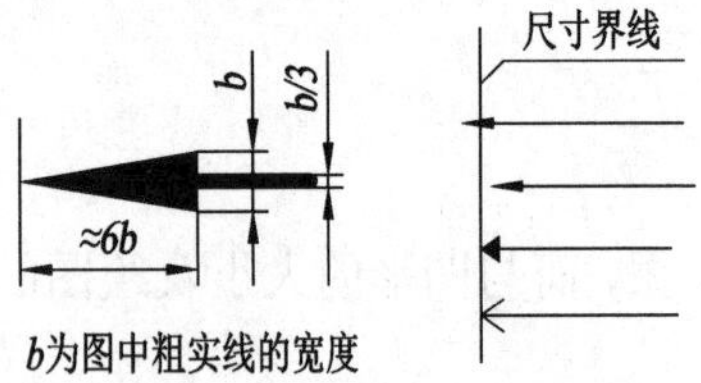

（a）正　（b）误

图 14-2　箭头

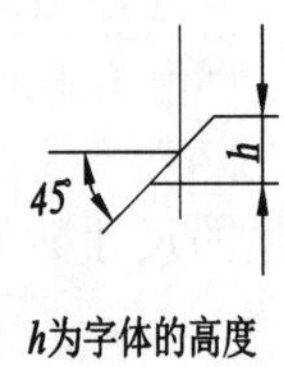

图 14-3　斜线

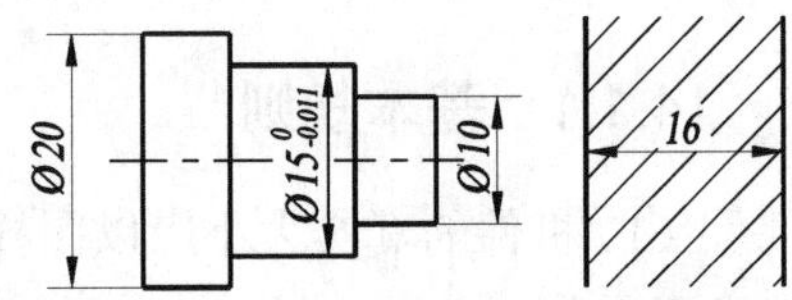

图 14-4　尺寸数字

14.1.3　各类尺寸的标注

1. 线性尺寸的注法

（1）线性尺寸的数字一般应注写在尺寸线的上方，也允许注写在尺寸线的中断处。数字应按图 14-5（a）所示的方向注写，并尽可能避免在图示 30°范围内标注尺寸。当无法避免时，可按图 14-5（b）所示的形式标注。

（2）线性尺寸的尺寸界线一般应与尺寸线垂直，必要时允许倾斜。在光滑过渡处标注尺寸时，必须用细实线将轮廓线延长，从它们的交点处引出尺寸界线，如图 14-6 所示。

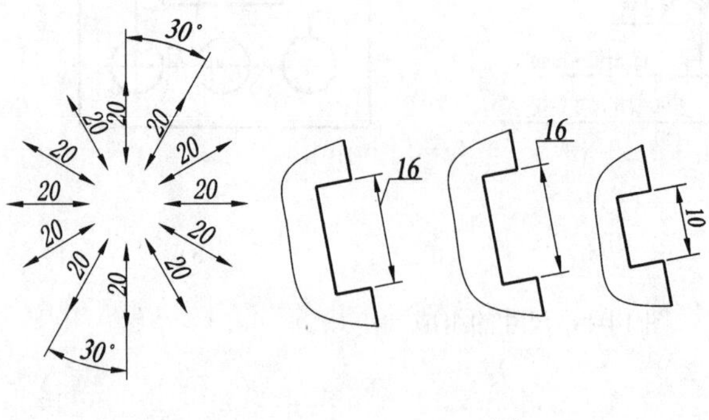

（a）　（b）

图 14-5　线性尺寸数字的注写

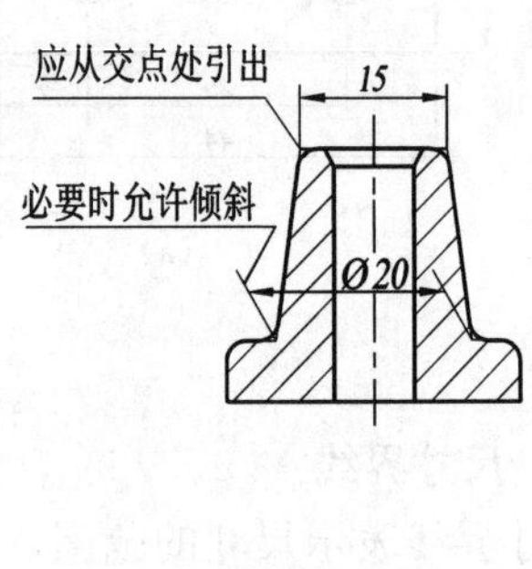

图 14-6　垂直倾斜的尺寸界线

（3）线性尺寸的尺寸线必须与所标注的线段平行。在标注几个互相平行的尺寸时，如图 14-7（a）所示，应尽量避免尺寸线与尺寸界线相交。尺寸线与轮廓线之间，平行尺寸线之间的距离建议在 6～10 mm 之间。

（4）对称机件的图形画出一半时，尺寸线应略超过对称中心线；如画出多于一半时，尺寸线应略超过断裂线。以上两种情况都只在尺寸线的一端画出箭头，如图 14-8 所示。

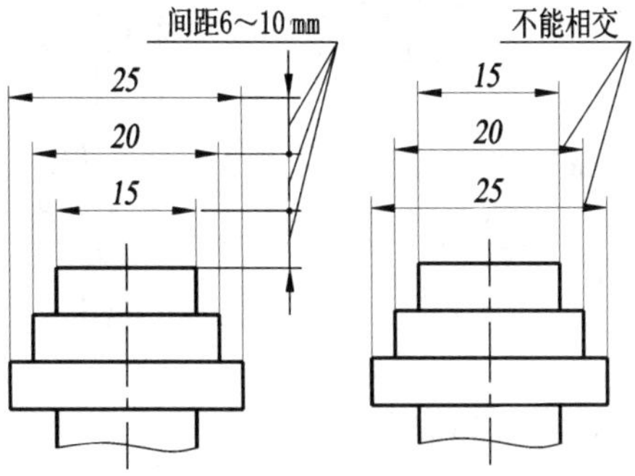

（a）　　（b）

图 14-7　平行尺寸的标注

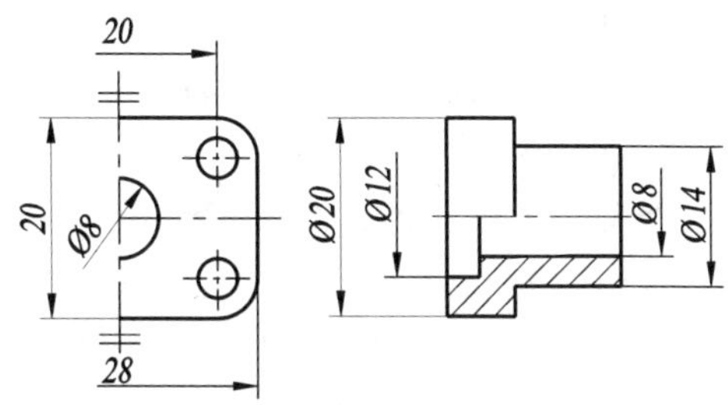

图 14-8　对称尺寸的标注

2. 圆及圆弧的尺寸标注

（1）标注圆或大于半圆圆弧的直径时，尺寸数字前加注直径符号“Ø”，如图 14-9 所示。

（2）标注小于或等于半圆圆弧的半径时，尺寸线自圆心引向圆弧，只画一个箭头，尺寸数字前加注半径符号“*R* ”，如图 14-10 所示。

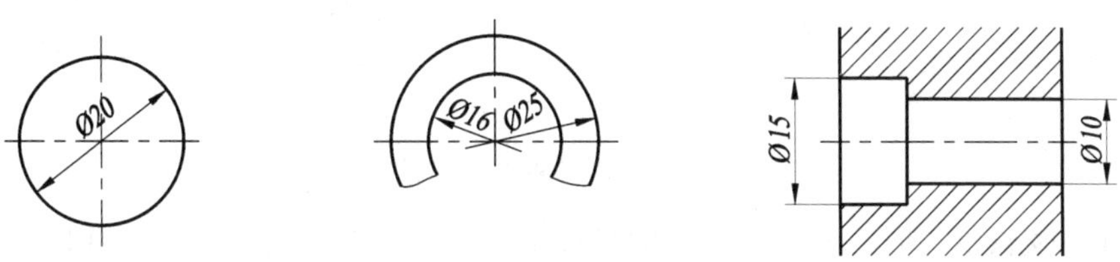

图 14-9　直径的尺寸标注

（3）当圆弧的半径过大或在图纸范围内无法标出圆心位置时，尺寸线可采用折线形式，如图 14-10（b）所示。若不需要标出其圆心位置时，可按图 14-10（c）所示的形式标注。

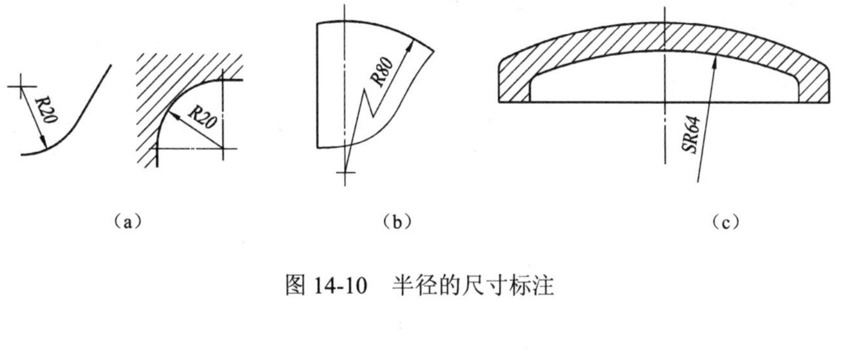

（a）　　（b）　　（c）

图 14-10　半径的尺寸标注

3. 无足够位置画箭头和写数字时的尺寸标注

在尺寸界线之间没有足够的位置画箭头或写数字时，可将箭头画在二尺寸界线的外侧并指向尺寸界线；当尺寸界线两侧均无法画箭头时，箭头可用圆点代替，尺寸数字可按图 14-11 所示的形式注写。

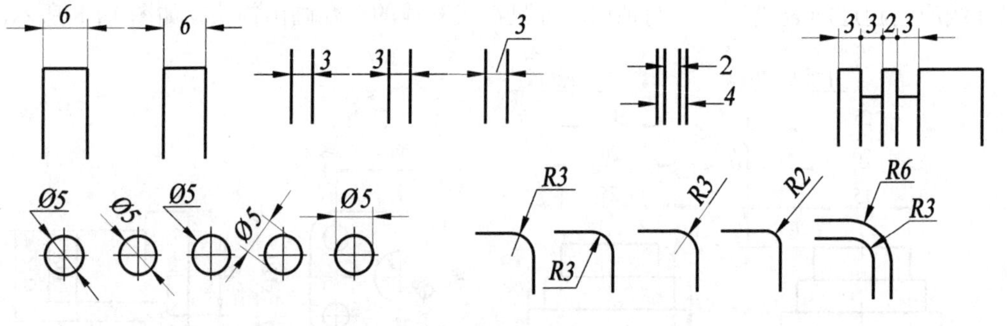

图 14-11 无足够位置画箭头和写数字时的尺寸标注

4. 角度、弧长、弦长的尺寸注法

（1）标注角度尺寸时，其尺寸界线应沿径向引出，尺寸线以角顶为圆心画成圆弧，角度数字应水平书写，一般填写在尺寸线的中断处，如图 14-12（a）所示；必要时可写在上方或外侧，也可引出标注，如图 14-12（b）所示。

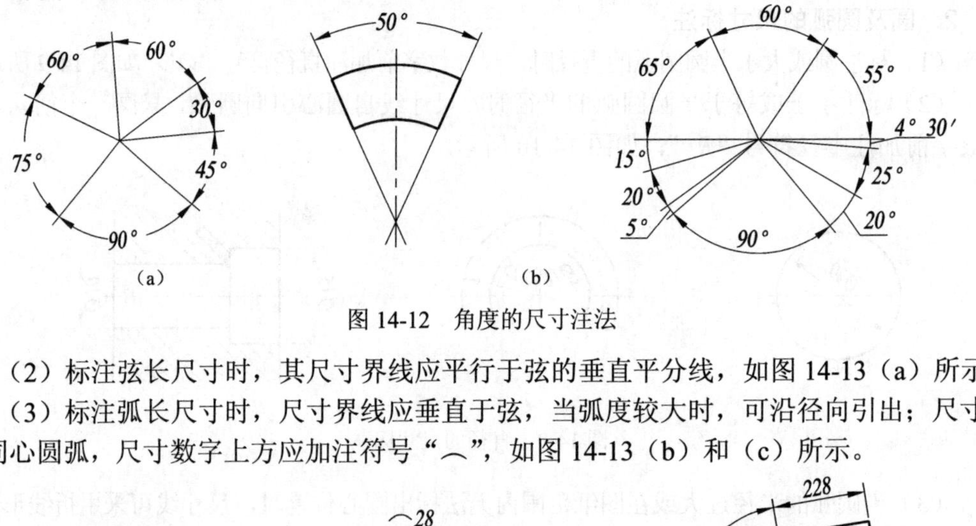

图 14-12 角度的尺寸注法

（2）标注弦长尺寸时，其尺寸界线应平行于弦的垂直平分线，如图 14-13（a）所示。

（3）标注弧长尺寸时，尺寸界线应垂直于弦，当弧度较大时，可沿径向引出；尺寸线为同心圆弧，尺寸数字上方应加注符号“⌒”，如图 14-13（b）和（c）所示。

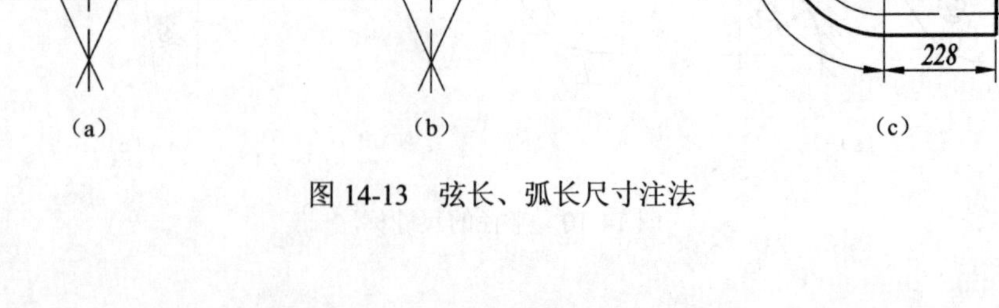

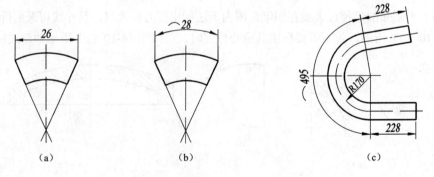

图 14-13 弦长、弧长尺寸注法

5. 简化注法和其他标注形式

为了提高绘图效率、清晰图面，国家标准规定了机械制图的一些简化形式标注尺寸。

（1）在同一图形中，对于尺寸相同的孔、槽等成组要素，可仅在一个要素上注出其尺寸和数量，如图 14-14（a）所示；均匀分布的成组要素（如孔等）的尺寸，按图 14-14（b）所示的形式标注；当成组要素的定位和分布情况在图形中已明确时，可不标注其角度，并省略“EQS”两字，如图 14-14（c）所示。

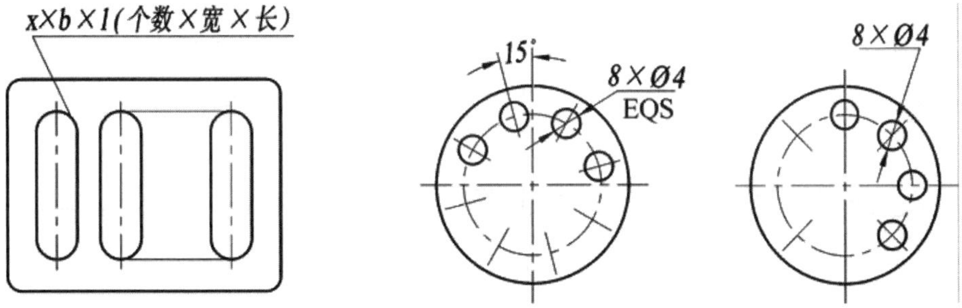

（a）　（b）　（c）

图 14-14　成组要素的简化注法

（2）间隔相等的链式尺寸，可采用图 14-15 所示的形式标注。

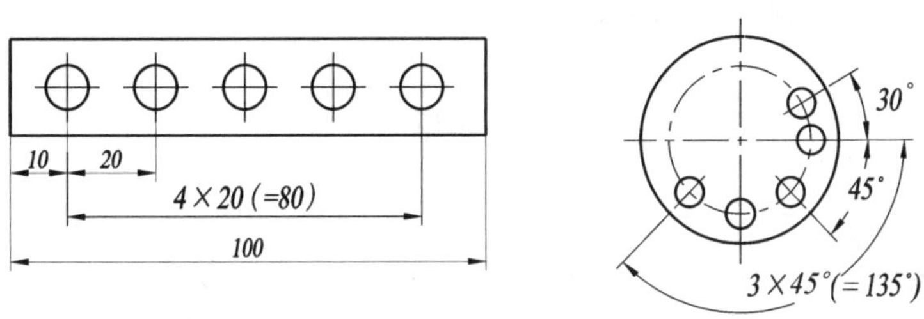

图 14-15　间隔相等的链式尺寸注法

（3）在同一图形中具有几种尺寸数值相近而又重复的要素（如孔等）时，可采用标记（如涂色等）的方法，如图 14-16（a）所示；或采用标注字母的方法来区别，如图 14-16（b）所示。

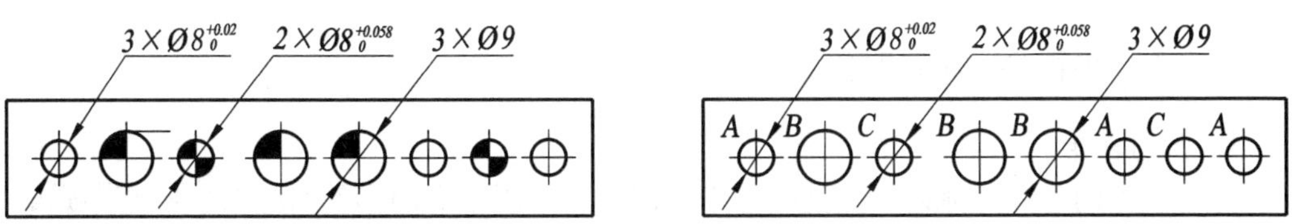

（a）　（b）

图 14-16　重复孔的简化注法

6．特用符号的注法

（1）标注球面的直径或半径时，应在尺寸数字前加注符号“*SØ*”或“*SR*”，如图 14-17 所示。对螺钉和铆钉的头部、轴（包括螺杆）和手柄的端部等，在不致引起误解的情况可省略符号“*S*”，如图 14-17（b）所示。

（2）标注剖面为正方形结构的尺寸时，可在正方形边长尺寸数字前加注符号“□”，如图 14-18（a）所示；或用“边长×边长”的方式注出，如图 14-18（b）所示。

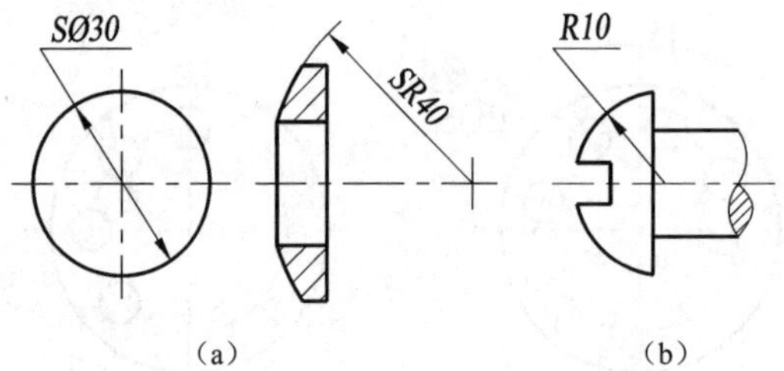

图 14-17　球面的注法

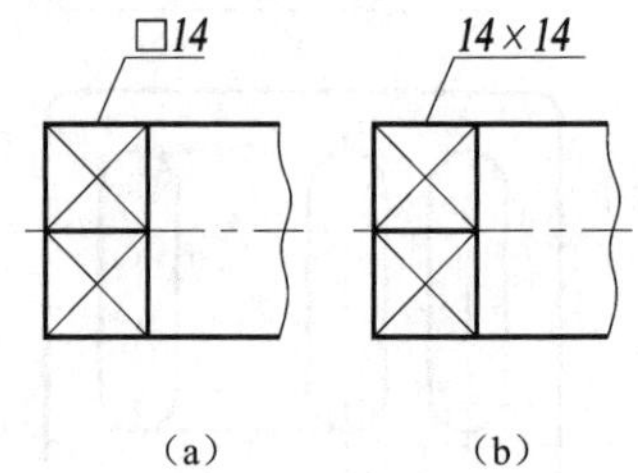

图 14-18　正方形的尺寸注法

（3）标注板状零件的厚度时，可在尺寸数字前加注符号“*t*”，如图 14-19 所示。

（4）标注斜度及锥度尺寸时，应在尺寸数字前加注符号，且符号的方向应与斜度、锥度方向一致，必要时可在括号中给出锥度的角度值，如图 14-20 所示。斜度与锥度符号按图 14-21 所示的要求绘制，符号的线宽为 *h* ／10。

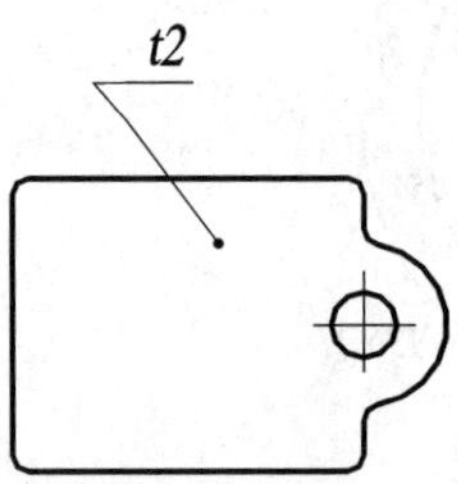

图 14-19　板件厚度的注法

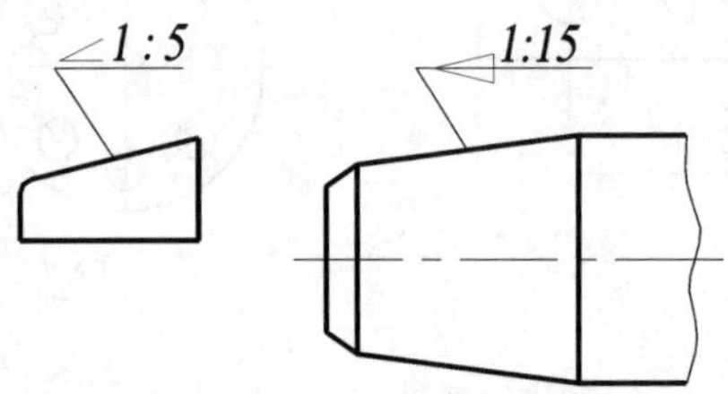

图 14-20　斜度及锥度的注法

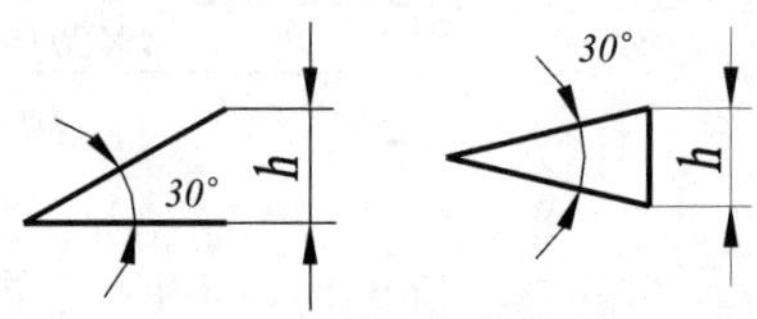

图 14-21　斜度及锥度的符号

14.2　平面图形的尺寸标注

14.2.1　平面图形的尺寸

1．尺寸基准

标注尺寸的起点，称为尺寸基准。平面图形常采用平面图形的对称线、圆和圆弧的中心线、主要的轮廓线等作基准。平面图形是二维图形，因此需要两个方向的尺寸基准，图 14-22 所示的对称线为长方向的基准，底线为高方向基准。同一方向可以有多个基准。

2．平面图形的尺寸分类

平面图形的尺寸分为定形尺寸和定位尺寸两类。

（1）定形尺寸：确定平面图形上各线段形状大小的尺寸，称为定形尺寸，如直线的长度、角度的大小、圆及圆弧的直径和半径等。图 14-22 中的 32、15、12、4、*R*6 和 2×Ø4 均为定形尺寸。

（2）定位尺寸：确定平面图形上点、线间相对位置的尺寸，称为定位尺寸。平面图形一般需要标注二个方向的定位尽寸。如图 14-22 所示，为了确定 2×Ø4 圆的圆心位置，分别从长、高方向基准出发标出了两个定位尺寸 20 和 9。

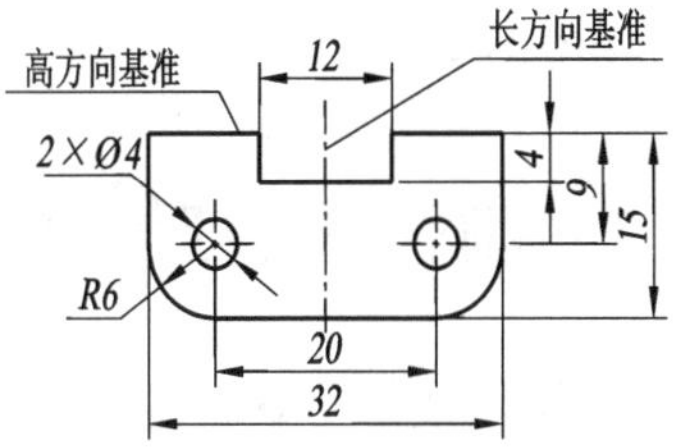

图 14-22　平面图形的尺寸

14.2.2　平面图形的尺寸标注方法

1．对平面图形尺寸标注的要求

（1）尺寸标注完全，既不遗漏，又不重复；

（2）尺寸注写要符合国家标准《机械制图》有关尺寸注法的规定；

（3）注写清晰，便于阅读。

2．标注尺寸的步骤

（1）分析图形的线段与连接关系，确定尺寸基准；

（2）注出定形尺寸；

（3）注出定位尺寸。

现以图 14-23 为例，说明尺寸标注的步骤。

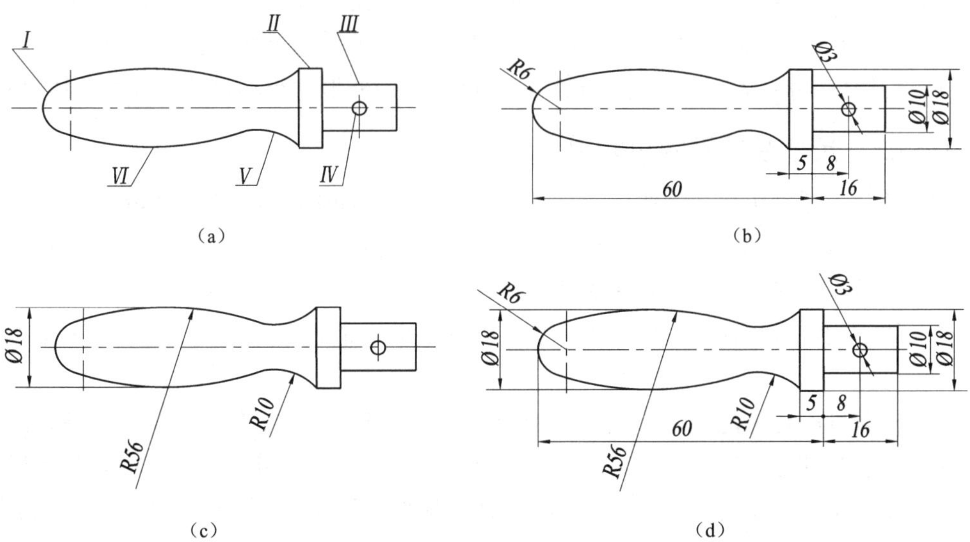

图 14-23　平面图形的尺寸标注

① 线段分析：设定图中的圆弧 *I* 以及矩形 *II*、*III* 和圆 *IV* 为已知线段，圆弧 *VI* 为中间线段，圆弧 *V* 为连接线段，如图14-23（a）所示。

② 标出已知线段的定形尺寸和定位尺寸，如图 14-23（b）所示。

③ 标出中间线段的定形尺寸 *R56* 和定位尺寸 Ø18，如图 14-23（c）所示。中间线段只有一个定位尺寸。

④ 标出连接线段的定形尺寸 *R10*，如图 14-23（c）所示。连接线段只有定形尺寸。

尺寸标注完全的平面图形，如图 14-23（d）所示。

14.3 组合体的尺寸标注

组合体的视图只能表达组合体的结构形状，其大小和相互位置关系完全由所标注的尺寸确定。

组合体的尺寸标注应做到以下几点。

（1）正确：尺寸标注必须正确，即尺寸注法要符合国家标准的有关规定。

（2）完全：尺寸标注必须完全，即所注尺寸必须齐全，不遗漏，不重复。

（3）清晰：尺寸的布局要整齐清晰，便于阅读、查找。

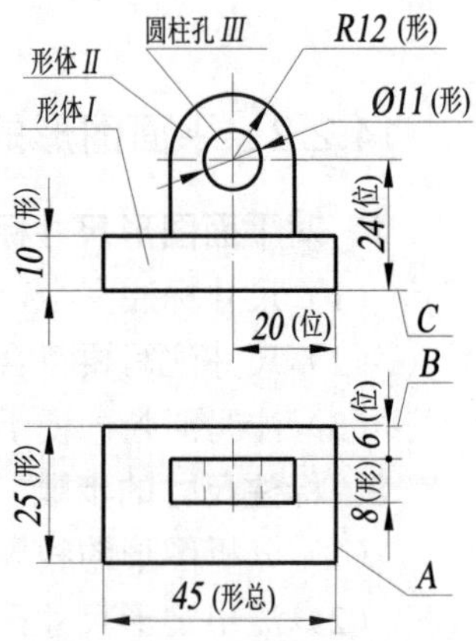

图 14-24　尺寸基准

14.3.1 组合体尺寸的分类

组合体尺寸可分为定形尺寸、定位尺寸和总体尺寸，如图 14-24所示。

（1）定形尺寸：确定基本形体大小的尺寸，称为定形尺寸。

（2）定位尺寸：确定各基本形体之间的相互位置关系的尺寸，称为定位尺寸。

（3）总体尺寸：表示组合体在长、宽、高方向的外形大小的尺寸，称为总体尺寸。

14.3.2 尺寸基准及定位尺寸

在组合体上通常可选择较大的平面、对称面、轴线和中心线作尺寸基准。

确定三维空间基本形体间的相对位置时，一般需要长、宽、高 3 个方向的定位尺寸，从而需要长、宽、高 3 个方向的基准。如图 14-24 所示的组合体由形体 *I*、*II* 叠加而成，在形体 *II* 上钻有圆柱孔 *III*。其可选择 *A*、*B*、*C* 3 个面分别为长、宽、高 3 个方向的基准。

在标注尺寸时还需注意，当两形体的相对位置在某一方向上处于叠加、平齐、同轴、同对称面 4 种位置之一时，该方向的定位尺寸要和某一定形尺寸重合，此时，只须标注一个尺寸，而不需重复标注。因此，图 14-24 中，当确定形体 *II* 的位置时，只需标出其定位尺寸 20、6；当确定圆柱孔III的位置时，仅标出其定位尺寸 24 即可。

图 14-25 用 3 种典型构成说明了形体的相对位置处于叠加、平齐、同轴、同对称面、某方向的定位尺寸要和某一定形尺寸重合时，基准的选择及尺寸的标注。

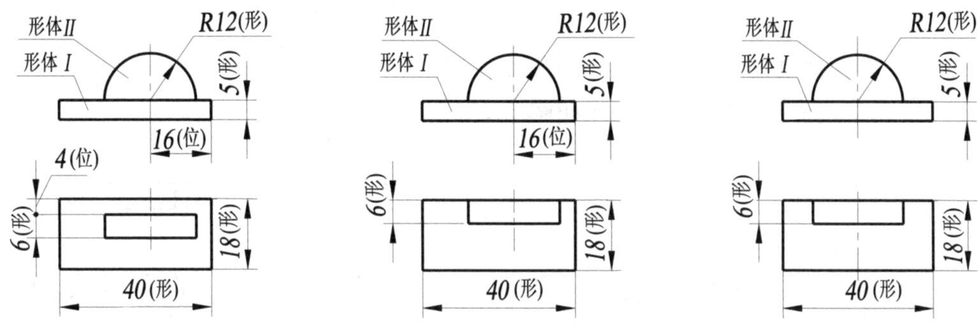

（a）　　（b）　　（c）

图 14-25　选择和尺寸标注

14.3.3　尺寸标注的完全性

所谓尺寸标注的完全性，就是通过所标尺寸能将构成组合体的各基本形体的大小及其相互位置关系完全确定，既不遗漏尺寸，也不标注重复尺寸。现将典型形体尺寸标注的完全性介绍于下。

1. 基本形体的尺寸标注

（1）平面立体的尺寸标注如图 14-26 所示。

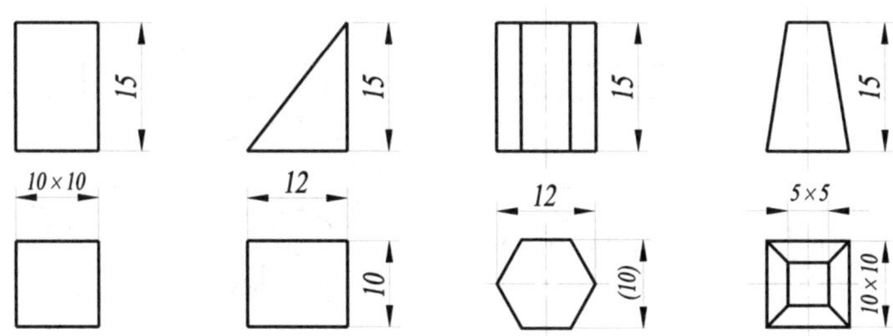

图 14-26　平面立体的尺寸标注

（2）回转体的尺寸标注如图 14-27 所示。

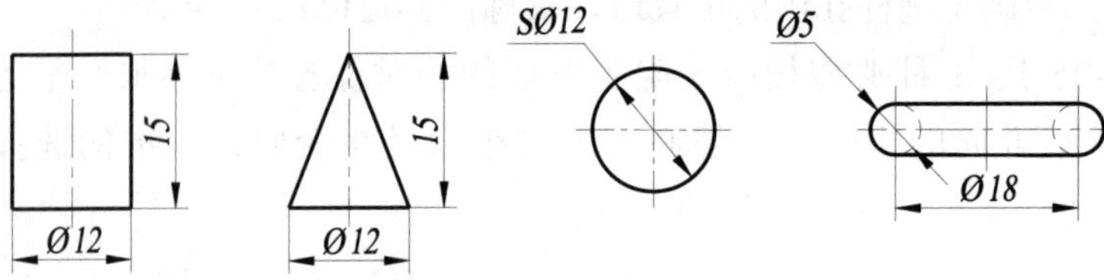

图 14-27 回转体的尺寸标注

2. 复合面立体和带切口立体的尺寸标注

（1）复合面立体的尺寸标注如图 14-28 所示。

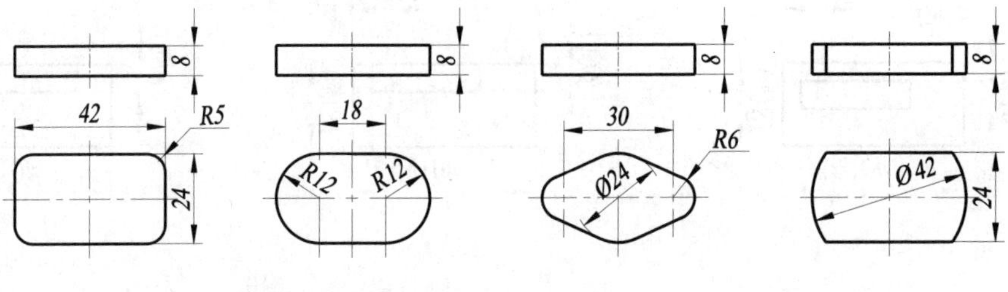

图 14-28 复合面立体的尺寸标注

（2）带切口立体的尺寸标注如图 14-29 所示。

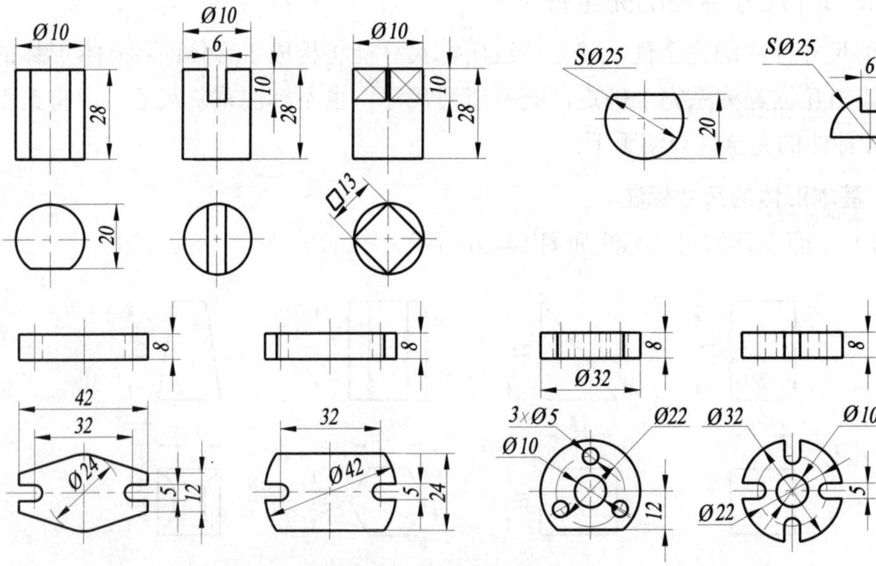

图 14-29 带切口立体的尺寸标注

14.3.4 尺寸标注的清晰性

为便于看图，尺寸标注必须整齐、清晰，给人以美感。为此，应注意以下几点。

（1）严格遵守国家标准《机械制图》的规定。尺寸排列必须整齐、清晰，在同一方向上连续的几个尺寸应尽量排在一条线上，以免标注零乱。几排平行尺寸要间隔均匀；尺寸线与视图轮廓线的距离，以及平行尺寸线间的距离，建议在 6～10 mm 内选择，如图 14-30 所示。

（2）尺寸应尽可能标注在图形之外，以保持图形的清晰，如图 14-31 所示。

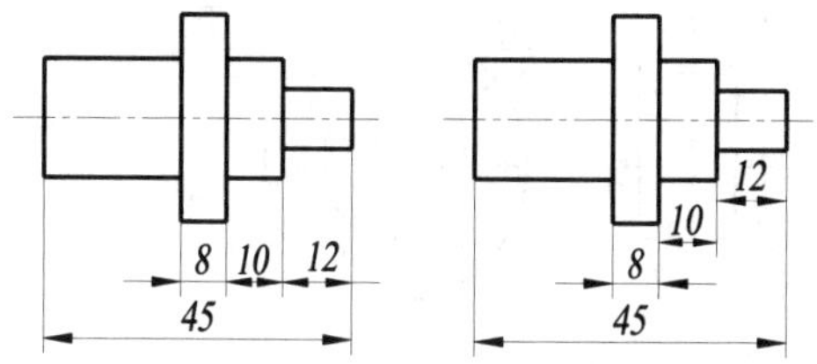

（a）好　　（b）不好

图 14-30　尺寸排列必须整齐

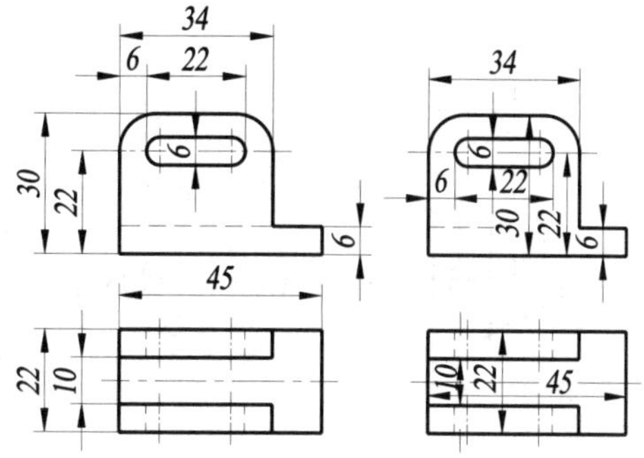

（a）好　　（b）不好

图 14-31　尺寸应尽可能标注在图形之外

（3）尺寸线与尺寸界线之间应尽量避免相交，因此，在排列尺寸时应由小到大、由里到外，如图 14-32 所示。

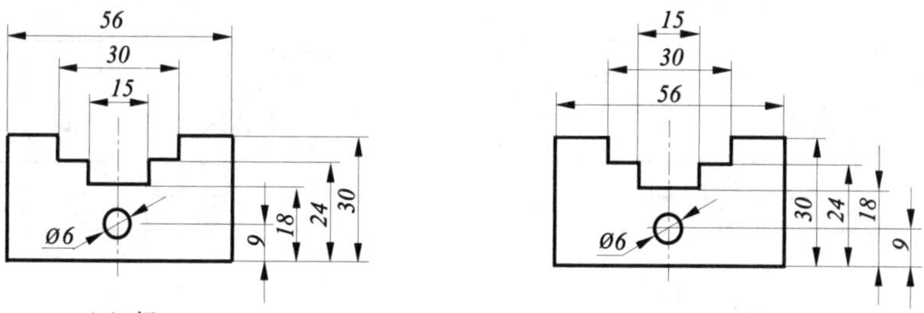

（a）好　　（b）不好

图 14-32　尺寸线与尺寸界线之间应尽量避免相交

（4）表示同一结构的有关尺寸，应尽可能集中标注在形状特征最明显的视图上。如图14-33所示，肋板的长、高尺寸 26、20 是集中标注在反映肋板形状特征的主视图上，底板长、宽尺寸 40、30 以及 4 个小孔的定形尺寸 4×Ø5 和定位尺寸 15、20、18 均集中标注在俯视图上，看图时易于查找。

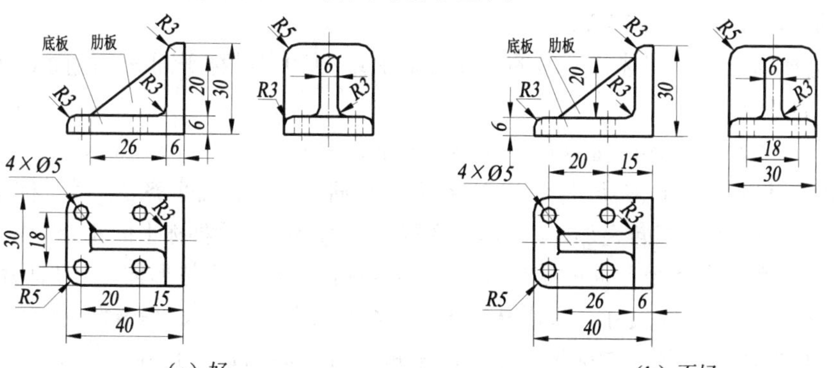

（a）好　　（b）不好

图 14-33　尺寸标注在形状特征最明显的视图上

（5）半径尺寸 *R* 应注写在投影为圆弧的视图上，如图 14-33（a）中的 *R3*、*R5*。直径尺寸 Ø、特别是几段同轴线圆柱的直径符号 Ø，最好标注在投影为非圆的视图上，如图 14-34（a）中的尺寸 Ø 20、Ø 30、Ø 55。

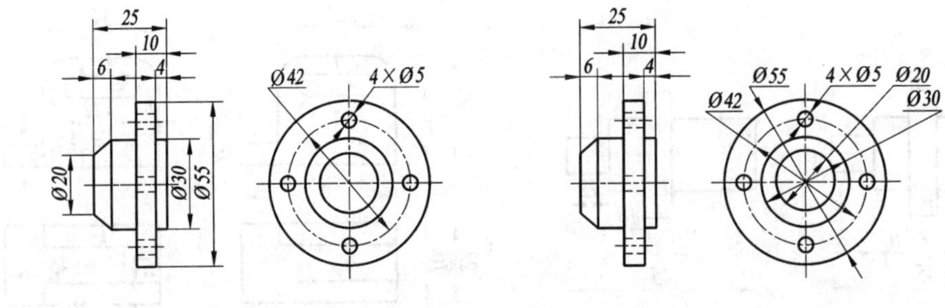

（a）好　　（b）不好

图 14-34　同轴圆柱的直径尺寸标注在非圆的视图上

（6）以对称平面为基准标注对称尺寸时，一般应按图 14-35（a）的形式标注。

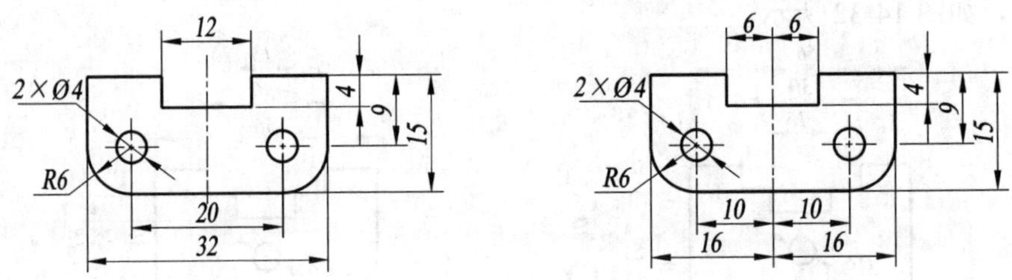

（a）好　　（b）不好

图 14-35　对称尺寸的标注

14.3.5　组合体的尺寸标注举例

1. 组合体尺寸标注的方法和步骤

现以图 14-36 所示支座为例，说明组合体尺寸标注的方法和步骤。

（1）形体分析：如图 14-36（a）所示，用形体分析法将支座分解为 *I*、*II*、*III*、*IV*、*V* 共 5 个基本形体，见图 14-36（b）。

（2）选择基准：分别选择支座的侧面 *A* 和右端面 *D*、对称平面 *B*、底面 *C* 为长、宽、高 3 个方向的基准。

（3）标注各基本形体的定位尺寸及形体间的定形尺寸，如图 14-36（c）所示。

① 标注定位尺寸。形体 *IV* 与形体 *V* 在高方向叠加，右侧面平齐，前后对称平面重合；形体 *III* 与形体 *IV* 在长方向叠加，与形体 *V* 在高方向叠加；前后对称平面重合，故形体 *IV* 和形体 *III* 在长、宽、高 3 个方向的定位尺寸均不再标注。形体 *II* 与形体 *V* 的前后对称平面重合，不再标宽方向定位尺寸，只需从基准 *A*、*C* 出发标出其长、高方向的定位尺寸 5 和 40。形体 *I* 与形体 *V* 的前后对称平面重合，不再标宽方向的定位尺寸，只需从基准 *D*、*C* 出发标出其长、高方向的定位尺寸 15 和 56。

② 标注各基本形体的定形尺寸，如图 14-36（d）所示。在标注形体 *V* 的定形尺寸时，应将 4 个小孔的定形尺寸 4×Ø 8 和定位尺寸 22、20 和 24 一起标注出来。

（4）标注总体尺寸，如图 14-36（e）所示。标注总长尺寸 57，而总宽尺寸 42 与形体 *V* 的宽度尺寸一致；总高尺寸 56 和形体 *I* 的高方向的定位尺寸一致，不用再标注。

（5）调整尺寸：在视图中标注尺寸时，不能标注成封闭尺寸，当发现有封闭尺寸时要调整，舍去其中一个不重要的尺寸。若同时将 3 个尺寸都标注出，则必须选一不重要者用圆括号括起，称为“参考尺寸”。图 14-36（d）、（e）中有 3 组封闭尺寸，调整时，可从封闭尺寸组 40、8、32 中舍去 32；从 40、16、56 封闭尺寸组中舍去尺寸 16，从 52、5、57 封闭尺寸组中舍去总长尺寸 57，调整后的全部尺寸，如图 14-36（f）所示。

（a）

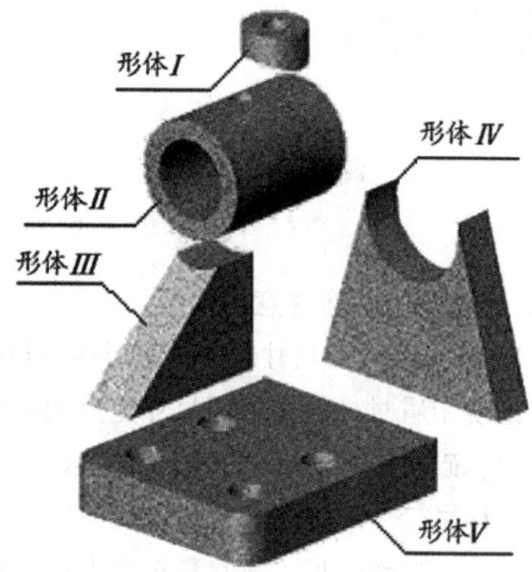

（b）

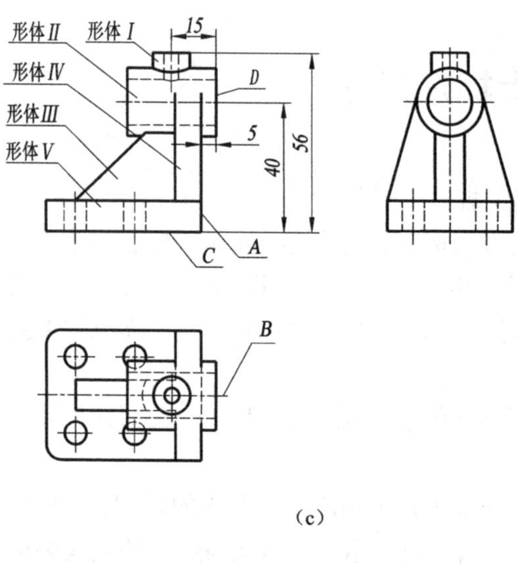

（c）

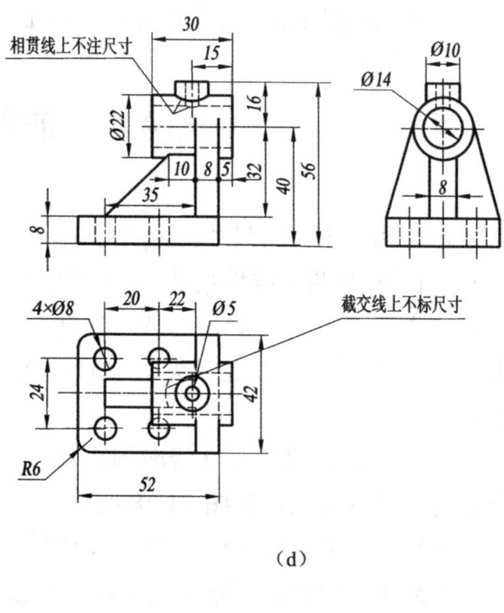

（d）

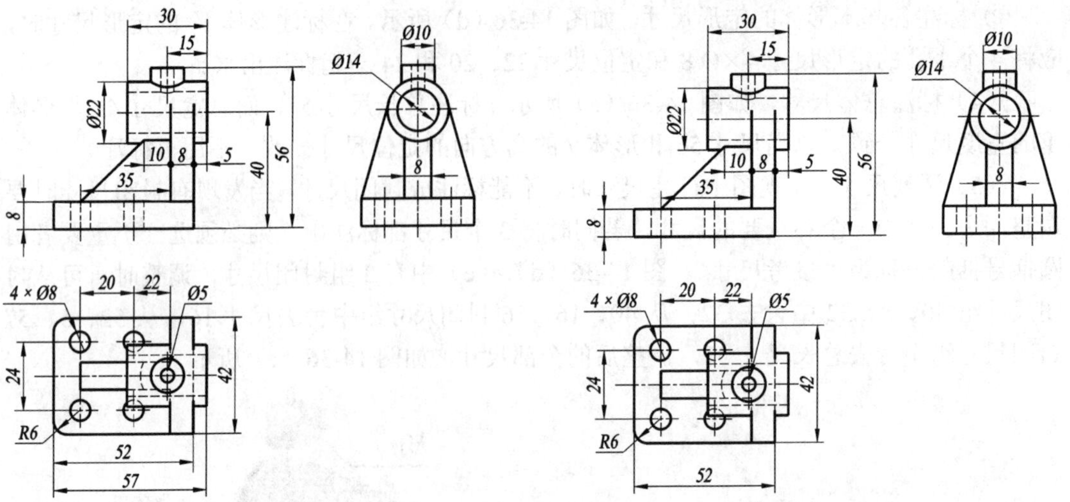

(e)　　(f)

图 14-36　组合体的尺寸标注

2. 标注尺寸时应注意的问题

（1）标注组合体尺寸时，应在形体分析的基础上，考虑定形尺寸和定位尺寸综合进行标注。出现矛盾时，应在确保尺寸完全的前提下酌情调整。尺寸标注要完整，一定要在形体分析的基础上逐个对形体标注其定形、定位尺寸。注完一个形体的尺寸再注另一个形体的尺寸，切忌一个形体的尺寸还没有注完，就进行另一个形体的尺寸标注。另外，对每一个形体，一定要考虑长、宽、高 3 个方向的定位，不要遗漏。

（2）两形体的表面交线（截交线和相贯线）是自然形成的，不需标注尺寸，如图 14-36（d）所示。

（3）确定回转体的位置时，应确定其轴线，而不应确定其轮廓线。

14.4　轴测图上标注尺寸

在轴测图上标注尺寸，应遵守国家标准的相关规定。

（1）轴测图的线性尺寸，一般应沿轴测轴的方向标注。尺寸线必须和所标注的线段平行，尺寸界线一般应平行于某一轴测轴。尺寸数字应按相应的轴测图形标注在尺寸线的上方。当在图形中出现字头向下时，应引出标注，将数字按水平位置注写，如图 14-37 所示。

（2）标注角度的尺寸线应画成与该坐标平面相应的椭圆弧，角度数字一般写在尺寸的中断处，字头向上，如图 14-38 所示。

（3）标注圆的直径时，尺寸线和尺寸界线应分别平行于圆所在平面内的轴测轴。标注弧半径或较小圆的直径时，尺寸线可从（或通过）圆心引出标注，但注写数字的横线必须平行于轴测轴，如图 14-39 所示。

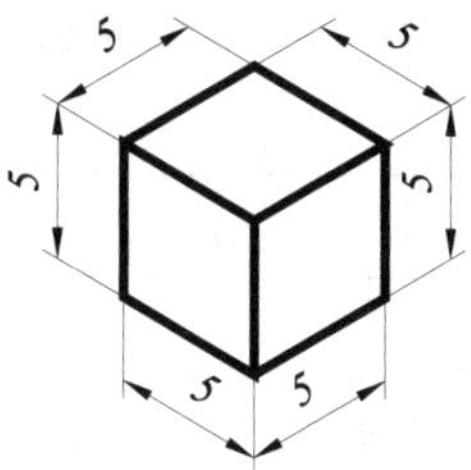

图 14-37　线性尺寸

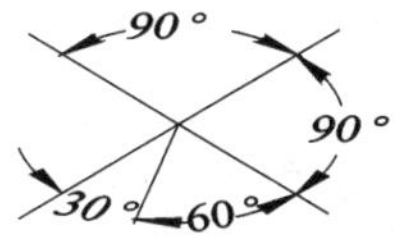

图 14-38　角度尺寸

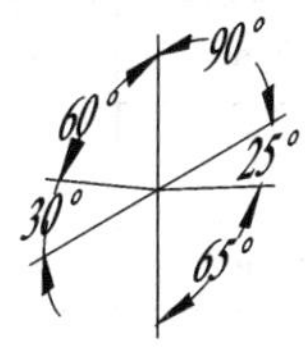

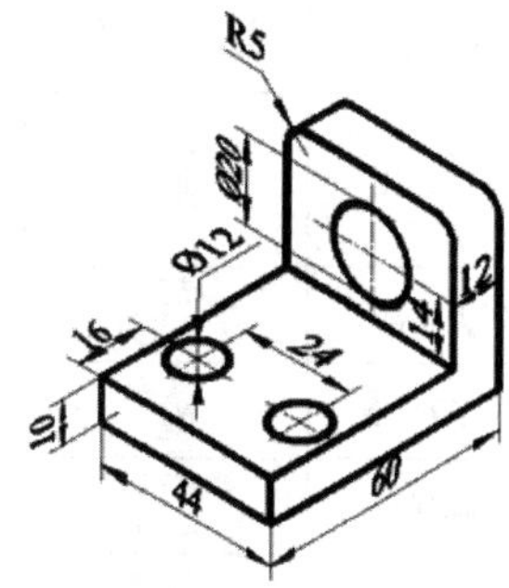

图 14-39　圆弧尺寸

14.5　用 AutoCAD 进行尺寸标注

计算机辅助设计/绘图与计算机辅助制造技术的发展，要求使用实际尺寸，使尺寸标注反映零部件的实际大小。AutoCAD 的尺寸标注功能为尺寸标注提供了极大的灵活性，它可以用不同的方法，为不同的对象标注尺寸。这一点十分重要，因为不同的工业领域，如建筑、机械、民用或电子，都有尺寸标注的不同标准。

14.5.1　常用的尺寸标注

AutoCAD 提供了多种标注用以测量设计对象。

实现尺寸标注命令的方法有以下几种。

- 使用键盘输入 dimlinear 或 dimlin 或 dli（标注线性尺寸）、dimaligned （标注对齐尺寸）、dimang 或 dimangular 或 dam（标注角度尺寸）等等。
- 在“标注”菜单的子菜单中选择所需的标注的命令，如图 14-40 所示。
- 在“标注”工具栏选择相应绘制标注的图标，如图 14-41 所示。

图 14-40　“标注”菜单

图 14-41　“标注”工具栏

表 14-1 列出了 AutoCAD 标注及开始标注的常用方法。在创建标注时，可能要用到多个方法，这取决于用户的经验、个人偏好或设计任务。

表 14-1 AutoCAD 部分标注和方法

菜 单	工具栏按钮	命令行	说 明
线性标注		Dimlinear	测量两点间的直线距离。包含的选项可以创建水平、垂直或旋转线性标注
对齐标注		Dimaligned	创建尺寸线平行于尺寸界线原点的线性标注
弧长标注		Dimarc	创建圆弧长度的标注
坐标标注		Dimordinate	创建标注，显示从给定原点测量出来的点的 X 或 Y 坐标
半径标注		Dimradius	标注圆或圆弧的半径
折弯半径标注		Dimjogged	创建折弯半径的标注
直径标注		Dimdiameter	标注圆或圆弧的直径
基线标注		Dimbaseline	创建一系列线性、角度或坐标标注，都从相同原点测量尺寸
连续标注		Dimcontinue	创建一系列连续的线性、对齐、角度或坐标标注。每个标注都从前一个或最后一个选定的标注的第二个尺寸界线处创建，共享公共的尺寸线
公差标注		Tolerance	创建形位公差标注
圆心标注		Dimcenter	创建圆心和中心线，指出圆或圆弧的圆心

1. 线性标注

线性标注表示当前坐标系（UCS）*XOY*平面中的两个点之间的距离测量值。标注时，可以指定点或选择一个对象。

启动线性标注命令后，AutoCAD将提示：

指定第一条尺寸界线起点或 <选择对象>:

此时，可以使用如下两种方式确定尺寸界线的起点。

（1）指定第一条尺寸界线的起点（指定如图14-42所示点*1*）：

指定第二条尺寸界线起点：（指定如图14-42所示点*2*）

（2）对上述提示，按Enter键，选择默认选项“选择对象”，AvtoCAD提示：

选择标注对象：（如图14-42选择*14*直线）

完成尺寸界线选取后，AutoCAD会提示：

指定尺寸线位置或[多行文字（M）/文字（T）/角度（A）/水平（H）/垂直（V）/旋转（R）]:(使用默认选择，指定尺寸线位置，如对于*12*直线，指定如图14-42所示点*3* 位置，完成尺寸标注）

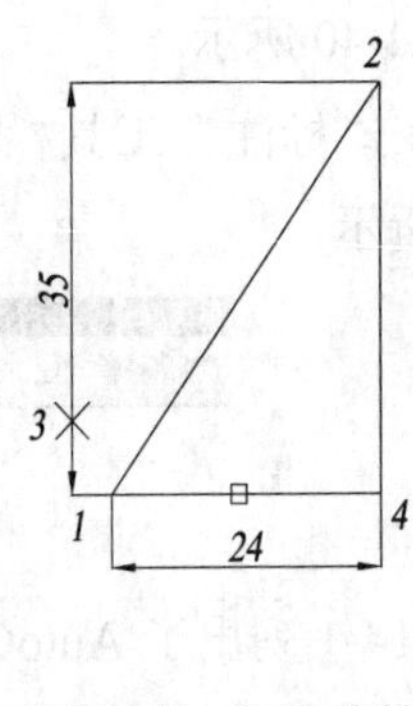

图 14-42 标注线性尺寸

对于此提示，其他各选项含义如下。

① 多行文字（M）：显示“文字格式”对话框可用它来编辑标注文字。用控制代码可输入特殊字符或符号。此时要编辑或替换默认的测量长度，

直接输入新的标注文字然后选择“确定”。

② 文字（T）：输入新的标注文字。

③ 水平（H）：强制创建水平尺寸标注，如图14-43（a）所示。

④ 垂直（V）：强制创建垂直尺寸标注，如图14-43（b）所示。

⑤ 旋转（R）：将尺寸线和尺寸数字旋转一个角度。如图14-43（c）所示。

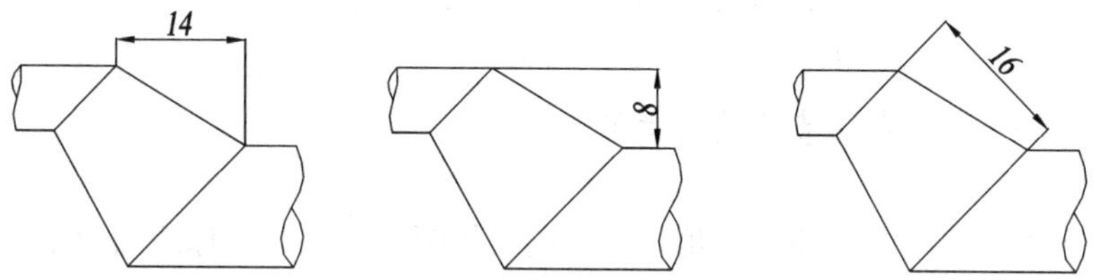

（a）水平标注　　（b）垂直标注　　（c）旋转 315°标注

图 14-43　线性标注类型

2．对齐标注

对齐标注（也称为实际长度标注）创建一个与标注点对齐的线性标注。

输入命令后，AutoCAD将提示：

指定第一条尺寸界线原点或 <选择对象>:（指定如图14-44所示点*1*）

指定第二条尺寸界线原点:（指定如图14-44所示点*2*）

指定尺寸线位置或[多行文字(M)/文字(T)/角度(A)]:（各项含义与线性标注类似）

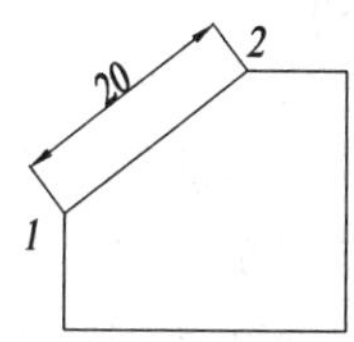

图 14-44　对齐标注

3．半径和直径标注

使用半径和直径标注来测量、标注圆和圆弧的半径或直径。

输入命令后，AutoCAD将提示：

选择圆弧或圆:（指定要标注的圆弧或圆）

标注文字=97.45

指定尺寸线位置或 [多行文字（M）/文字（T）/角度（A）]:（各选项含义与线性标注相同）

注意：选择自行输入文字标注直径时，要在文本之前加上“%%c”的控制符，以显示直径符号“Ø”。

4．角度标注

角度标注用于标注各种角度，包括一段圆弧的圆心角，两条直线间的角度，或者3点间的角度。

输入命令后，AutoCAD将提示：

选择圆弧、圆、直线或 <指定顶点>:

上述提示下，有4种标注角度的方式：

（1）标注圆弧的圆心角。选择如图14-45（a）所示的圆弧后，AutoCAD提示：

指定标注弧线位置或 [多行文字（M）/文字（T）/角度（A）]:（确定尺寸线位置，标注如图 14-45（a）所示圆弧中心角）

标注文字=136

（2）标注两条不平行直线的夹角。 选择如图14-45（b）所示的直线*12*后，AutoCAD提示：

选择第二条直线:（指定如图 14-45（b）所示直线 *13*）

指定标注弧线位置或 [多行文字（M）/文字（T）/角度（A）]:（确定尺寸线位置，标注如图 14-45（b）所示两条直线的夹角）

标注文字=65

（3）标注圆上某段圆弧的圆心角。使用选中的圆上的点确定标注的两个定义点。圆的圆心是角度的顶点，选择圆上一点*1*作为第一条尺寸界线的起点后，AutoCAD提示：

指定角的第二个端点：（指定如图14-45（c）所示点*2*，该点可以在圆上，也可以不在圆上）

指定标注弧线位置或 [多行文字（M）/文字（T）/角度（A）]:（确定尺寸线位置，标注如图 14-45（c）所示圆弧的圆心角）

标注文字=98

（4）标注3个点之间的角度。在上述提示下，按回车键，AutoCAD将提示：

指定角的顶点：（用对象捕捉方式，指定如图 14-45（d）所示点 *1*）

指定角的第一个端点：（指定如图 14-45（d）所示点 *2*）

指定角的第二个端点：（指定如图 14-45（d）所示点 *3*）

指定标注弧线位置或[多行文字（M）/文字（T）/角度（A）]（确定尺寸线位置，标注如图 14-45（d）所示三点确定的夹角）

标注文字=65

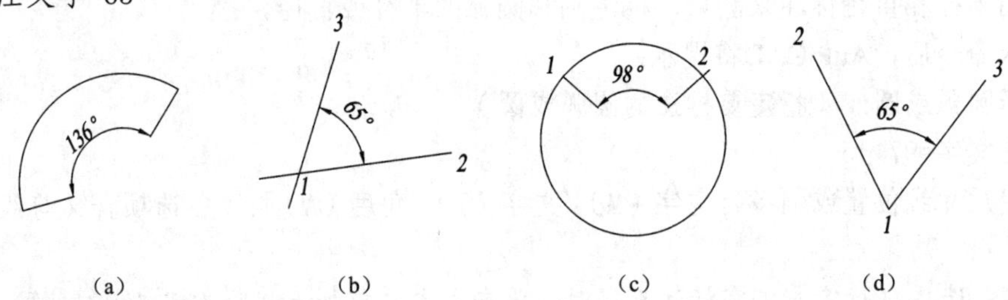

图 14-45　角度标注

5．基线标注和连续标注

有时在制造过程中，需要相对于一个固定的点（基准点或参考点）来确定零件上不同点和特征的位置。此时，需要创建一系列标注，这些标注都从同一个基准面或基准引出。或者，将几个标注相加得出总测量值。AutoCAD 中的基线和连续标注可以完成这些任务。基线标注是创建一系列由相同的标注原点测量出来的标注。连续标注创建一系列端对端放置的标注，每个连续标注都从前一个标注的第二个尺寸界线处开始。

在创建基线和连续标注之前，必须先创建（或选择）一个标注作为基准标注。AutoCAD将从基准标注的第一个尺寸界线处测量基线标注。基线标注和连续标注都是从上一个尺寸界线处测量的，除非指定另一个点作为原点。

注意：*必须是线性、坐标或角度关联尺寸标注，才可进行基线和连续尺寸标注。*

（1）基线标注

基线标注命令输入后，AutoCAD在默认情况下，把上一个创建的线性标注的原点用作新基线标注的第一尺寸界线。AutoCAD提示指定第二条尺寸线。如果在上一次操作中没有标注尺寸，则AutoCAD会提示：

选择基准标注：（选择如图14-46（a）所示尺寸*12*）完成基准标注并确定后，AutoCAD提示：

指定第二条尺寸界线原点或 [放弃（U）/选择（S）] <选择>：（指定如图14-46（a）所示点*1*）

连续按两次回车键，完成如图14-46（a）所示的基线标注。

（2）连续标注

创建连续标注与创建基线标注类似。然而，虽然基线标注都是基于同一个标注原点，但是，对于连续标注，AutoCAD使用每个连续标注的第二个尺寸界线作为下一个标注的原点。连续标注共享一条公共的尺寸线，如图14-46（b）所示。

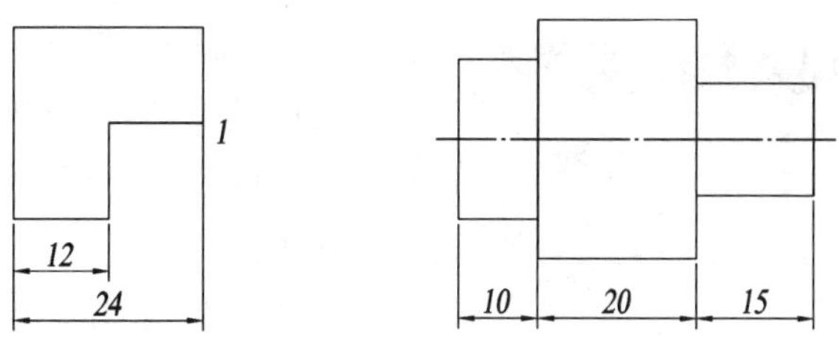

（a）　　　　（b）

图 14-46　基线标注和连续标注

14.5.2　设置标注样式

为了适应不同应用领域的标准或规定，AutoCAD 提供了强大的尺寸标注样式设置功能。标注样式包括以下几个部分的定义：尺寸线、尺寸界线、箭头和圆心标记的格式和位置；标注部分的位置相互之间的关联，且与标注文字的方向之间的关系；标注文字的内容和外观；主单位、换算单位和角度标注单位的格式和精度等。

用户可以通过如下的几种方法启动“标注样式管理器”对话框，进行上述几个方面的样式设定。

- 使用键盘输入 dim 或 d；
- 在“格式”菜单上单击“标注样式”子菜单；
- 在“标注”菜单上单击“样式”子菜单；
- 在“标注”工具栏上单击标注样式图标 。

输入命令后，AutoCAD 弹出如图 14-47 所示的“标注样式管理器”对话框。

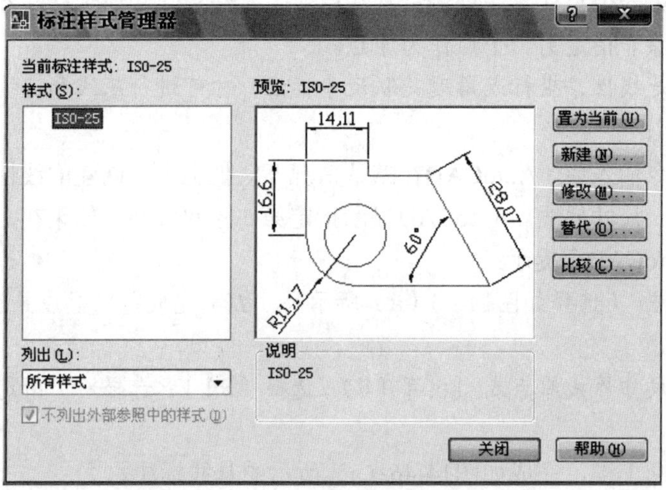

图 14-47 “标注样式管理器”对话框

在图示对话框中列出了当前的尺寸标注样式是 ISO-25。在对话框的中间可以预览按尺寸设置的当前样式标注的几组尺寸。对话框的右方提供了各种按钮用来将某个尺寸标注样式设置为当前样式、建立一个新的尺寸标注样式、修改现有的尺寸标注样式、局部修改尺寸标注样式等。

图 14-48 “创建新标注样式”对话框

下面以设置一种新的样式为例，介绍具体的设置过程。修改现有的尺寸标注样式和局部修改与此操作类似。

单击“新建”按钮，激活“创建新标注样式”对话框，如图 14-48 所示。

首先在“新样式名”框中键入一个新的样式名称，如“机械”，也可以保留“副本 ISO-25”的新样式名。可以在“基础样式”列表栏中选择参考样式。单击“继续”，进入“新建标注样式”对话框，如图 14-49 所示。

在“新建标注样式”对话框中，有如下几个选项卡：

（1）“线”选项卡用于设置尺寸线、尺寸界线外观和作用。

在“尺寸线”设置区中，可以设置尺寸线颜色和线宽，指定基线标注的间距。“基线间距”所确定的值，是标注基线尺寸时两个相邻尺寸线之间的距离值。

在“尺寸界线”设置区中，可以设置尺寸界线颜色和线宽，通过“超出尺寸线”设置将尺寸界线延伸出尺寸线外的距离，通过“起点偏移量”将其从标注原点偏移，也可以设置隐藏第一条或第二条尺寸线。AutoCAD 通过设置标注点的次序判断第一条和第二条尺寸线。

（2）“符号和箭头”选项卡用于设置箭头、圆心标记和中心线的外观。

“新建标注样式”对话框“符号和箭头”选项卡中，箭头列表提供了可以用于尺寸线和引线的各种箭头类型，包括箭头、点、小斜线箭头和标记。如果修改了第一个箭头，AutoCAD 将自动修改第二个箭头。如果要使第二个箭头不同于第一个，必须在“第二个”框中另选一个箭头样式。

在“圆心标记”设置区中，可以改变圆心标记的设置，并改变圆心标记的尺寸。

（3）“文字”选项卡用于设置标注文字的外观、位置、对齐和移动方式。

单击“新建标注样式”对话框中的“文字”选项卡，如图 14-50 所示。

在“文字外观”设置区内，可以为标注文字指定文字样式。“文字样式”列表中显示了图形中可用的文字样式。要创建或编辑一种文字样式，就要选择“文字样式”列表旁边的按钮来显示“文字样式”对话框。

在“文字位置”设置区内，可以控制文字与尺寸线、尺寸界线和被标注对象的相对位置。“从尺寸线偏移”选项是指放在上方时尺寸数字与尺寸线之间的距离。在“文字对齐”设置区内，可以调整文字的对齐方式。

在上述各项设置中，都可以通过对话框中的图形预览效果。

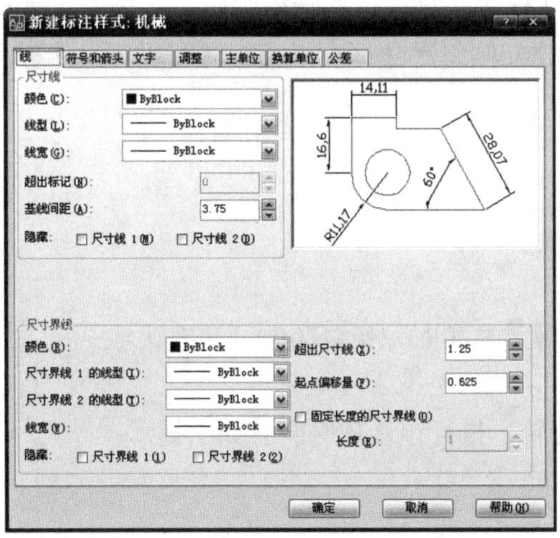

图 14-49　“新建标注样式”对话框

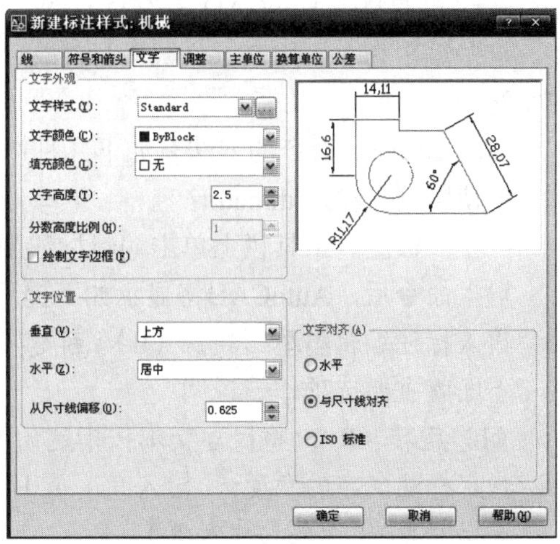

图 14-50　“文字”选项卡

（4）“主单位”选项卡用于设置线性和角度标注单位的格式和精度。

AutoCAD 提供了多种方法设置标注单位的格式，可以设置单位类型、精度、分数格式和小数格式，还可以添加前缀和后缀。例如，可以将一个直径符号 Ø 作为前缀添加到测量值中；或者添加一个单位缩写作为后缀，例如“mm”。

（5）“公差”选项卡用于设置尺寸公差的值和精度。

使用“公差”选项卡上的选项设置公差的格式。这些标注公差指示标注的最大和最小允许尺寸。在“公差格式”设置区中，选择以下显示选项。

- “方式”：设置公差类型。当公差中正负偏差的值相同时，使用“对称”；当正负偏差的值不同时，使用“极限偏差”；“极限尺寸”将加上和减去偏差值合并到标注值中，并将最大标注显示在最小标注的上方。“基本尺寸”用于说明理论上精确的尺寸。

- “精度”：设置公差值的小数位数。
- “上偏差”：设置偏差的上界以及界限的表示方式，AutoCAD 在对称公差中也使用此值。
- “下偏差”：设置偏差的下界以及界限的表示方式。
- “高度比例”：将公差文字高度设置为主测量文字高度的比例因子。

上述内容设置完毕后，单击“确认”，回到如图 14-47 所示的“标注样式管理器”对话框。此时，在“样式”列表框内将“机械”点中；然后单击“当前”按钮，将此样式设为当前样式。单击“关闭”，完成设置。

值得注意的是，在进行尺寸公差的标注时，因该标注样式经常需要局部调整，所以在设置时，不用新建标注样式，只需要使用标注样式的“替代”方式重新设置即可。这样在调整了某些尺寸标注之后，不会影响前面的尺寸标注，只会影响以后的尺寸标注。

14.5.3 编辑尺寸标注

虽然 AutoCAD 提供了相当强大的尺寸标注样式设定功能，但有时仍需对标注的尺寸进行修改和调整。AutoCAD 提供了一些与尺寸标注一起使用的特殊编辑命令编辑尺寸标注。这些编辑命令可用来定义尺寸标注文字、建立倾斜尺寸标注以及旋转和更新尺寸标注文字等。

启动 Dimedit 命令的方法有如下几种：

- 使用键盘输入 dimedit;
- 在“标注”工具栏上单击编辑标注图标。

输入命令后，AutoCAD将显示如下提示：

输入标注编辑类型 [默认（H）/新建（N）/旋转（R）/倾斜（O）] <默认>:

下面就主要选项作一说明：

（1）旋转（R）：将尺寸文本按指定角度旋转，执行该选项时会有如下提示：

指定标注文字的角度:（输入角度值）

选择对象:（选取尺寸对象）

这个选项常用于将不符合国家标准要求的角度标注数字改为水平状态。

（2）倾斜（O）：修改线性尺寸标注，使尺寸界线旋转一定的角度，与尺寸线不垂直。

该选项可用于对轴测图的标注情况。下面用标注图 14-51 所示的轴测图尺寸为例，说明倾斜选项的用法。

- 用对齐标注标注图 14-51（a）所示的长方体的长、宽、高的尺寸。
- 倾斜尺寸使之符合需要。

AutoCAD 提示如下：

命令: dimedit。

输入标注编辑类型 [默认（H）/新建（N）/旋转（R）/倾斜（O）] <默认>: o

选择对象: 找到 1 个（选择尺寸为 40 的线性尺寸）

选择对象：(按回车键结束选择)

输入倾斜角度(按 Enter 表示无)：210

完成结果如图14-51（b）所示。其余尺寸为60、10的尺寸也可采用上述方式设置倾斜标注，倾斜角度分别为－90°、210°。

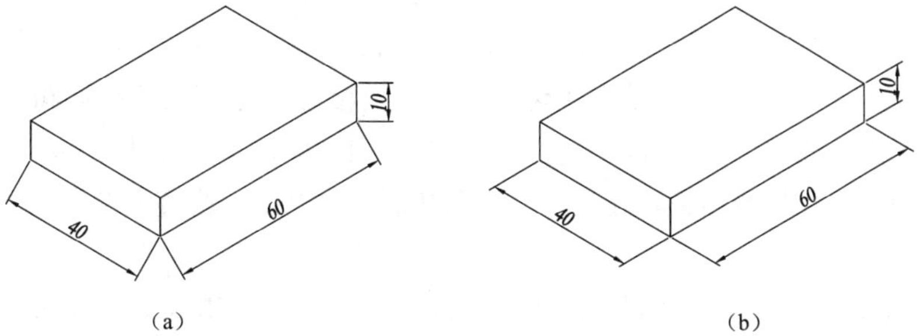

图 14-51　倾斜标注尺寸

第 15 章　螺纹、键、销及其连接

标准化、系列化和通用化是现代化生产的重要标志，它可缩短设计和制造时间，保证产品质量，降低成本，增加经济效益。国家对标准结构要素、标准件和标准部件都规定了一系列的画法、代号或标记，在设计、绘图和制造时必须严格遵守国家标准规定和已形成的规律。

本章将着重介绍标准结构要素螺纹、螺纹紧固件、键、销等标准件的结构、画法、代号或标记。

15.1　螺纹的规定画法及标注

15.1.1　螺纹的形成、结构和要素

1. 螺纹的形成

在圆柱面上沿着螺旋线所形成的、具有相同轴向断面的连续凸起和沟槽，称为圆柱螺纹，如图 15-1 所示。在外表面上所形成的螺纹，称为外螺纹，见图 15-1（a）；在圆柱内孔表面上所形成的螺纹，称为内螺纹，见图 15-1（b）。在圆锥、圆球等表面上也可生成螺纹，分别称为圆锥螺纹和圆球螺纹。螺纹的加工方法很多，图 15-2（a）、（b）所示为在车床上车削内、外螺纹，图 15-2（c）所示为用丝锥加工内螺纹。此外，还可用板牙加工外螺纹，用搓丝板或滚丝轮辗压出外螺纹。

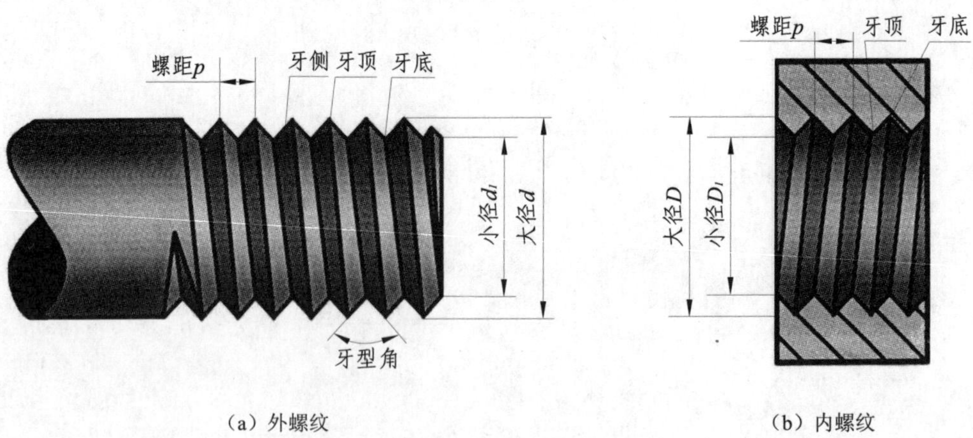

（a）外螺纹　　（b）内螺纹

图 15-1　螺纹

图 15-1 中，在螺纹凸起的顶端，连接相邻两个侧面的那部分螺纹表面，称为牙顶；在螺纹沟槽的底部，连接相邻两个侧面的那部分螺纹表面，称为牙底；连接牙顶和牙底的那部分螺纹的侧表面，称为牙侧；在螺纹牙型上，相邻两牙侧间的夹角α，称为牙型角。

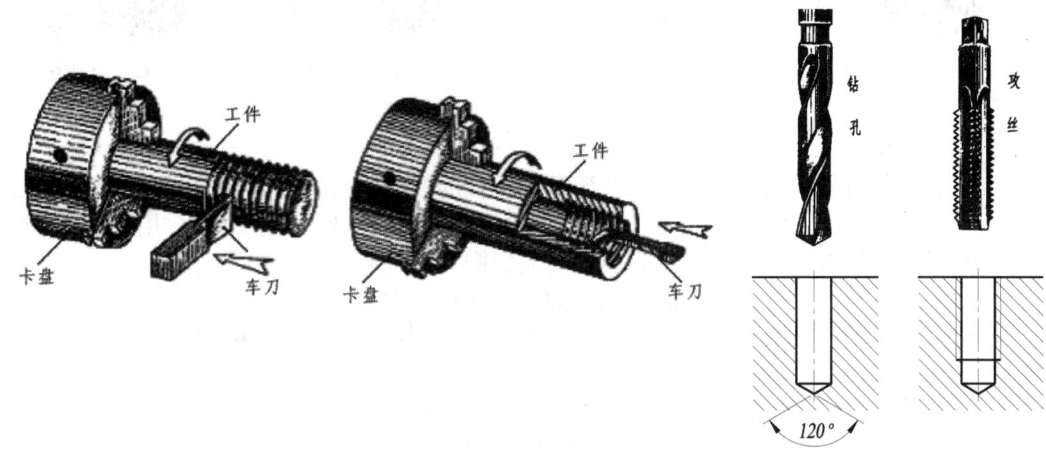

（a）车削外螺纹　（b） 车削内螺纹　（c）丝锥加工内螺纹

图 15-2　螺纹的加工方法示例

2．螺纹的结构

（1）螺纹的末端。为了便于装配和防止螺纹起始圈损坏，通常在螺纹的起始处加工出一定形式的末端，如倒角或球面形的倒圆，如图 15-3（a）所示。

（2）螺尾和退刀槽。当车削螺纹的刀具快要到达螺纹终止处时，要逐渐离开工件，因而螺纹终止处附近的牙型将逐渐变浅，形成不完整的螺纹牙型，这一段螺纹称为螺尾，如图 15-3（b）所示；加工时为有效避免出现螺尾，可以在螺纹终止处事先车削出一个槽，以便于刀具退出，这个槽称为螺纹退刀槽，如图 15-3（c）所示。

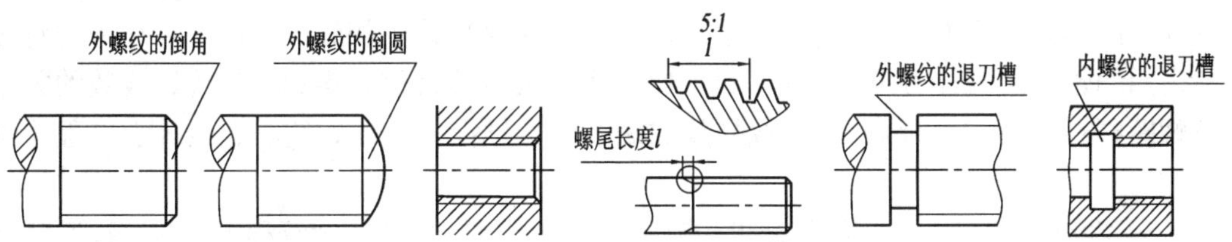

（a）螺纹的倒角、倒圆　（b）螺纹的螺尾　（c）螺纹的退刀槽

图 15-3　螺纹的结构示例

3．螺纹的要素

（1）螺纹的牙型。在通过螺纹轴线的断面上，螺纹的轮廓形状，称为螺纹牙型，如图 15-4 所示，常见的螺纹牙型有三角形、锯齿形、梯形和方形等。

（2）直径。参见图 15-1。

- 大径：与外螺纹牙顶或内螺纹牙底相重合的假想圆柱面的直径称为大径，用 d（外螺纹）、D（内螺纹）表示。

（a） 三角形螺纹　　（b） 梯形螺纹　　（c） 锯齿形螺纹　　（d） 方形螺纹

图 15-4　螺纹牙型

- 小径：与外螺纹牙底或内螺纹牙顶相重合的假想圆柱面的直径。用 d_1、D_1 表示。
- 中径：通过牙型上沟槽和凸起宽度相等的地方的假想圆柱面的直径。用 d_2、D_2 表示。
- 顶径：与内、外螺纹牙顶相重合的假想圆柱面的直径。
- 底径：与内、外螺纹牙底相重合的假想圆柱面的直径。
- 公称直径：代表螺纹尺寸的直径。普通螺纹、梯形螺纹和锯齿形螺纹，都指螺纹大径尺寸。

（3）线数(n)。螺纹有单线和多线之分。沿一条螺旋线所形成的螺纹称为单线螺纹；同时沿两条或 3 条螺旋线所形成的螺纹称为双线或三线螺纹。

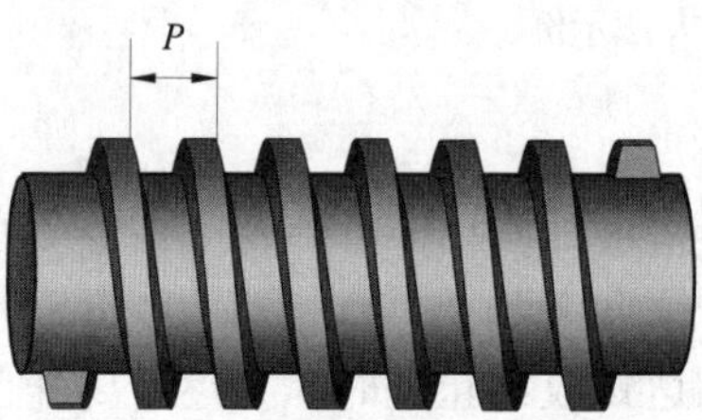

图 15-5　单线螺纹及螺距

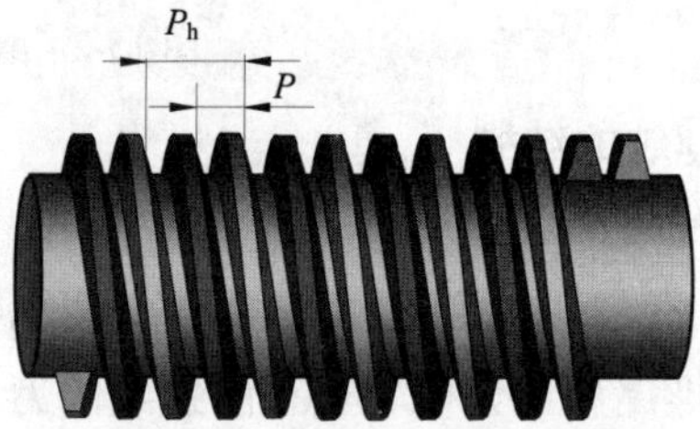

图 15-6　双线螺纹及导程、螺距

（4）螺距和导程。螺纹上相邻两牙在中径线（中径圆柱面的母线）上的对应两点之间的轴向距离称为螺距（P），如图 15-5 所示。而同一条螺旋线上相邻两牙在中径线上的对应两点之间的轴向距离称为导程（P_h），图 15-6 所示为双线螺纹。螺距与导程、线数的关系为：螺距=导程 / 线数。因此，单线螺纹的螺距等于导程，多线螺纹的螺距等于导程除以线数。

（5）螺纹的旋向。螺纹有右旋和左旋之分，按顺时针旋合的螺纹称为右旋；按逆时针旋合的螺纹称为左旋。

在螺纹的 5 个要素中，螺纹牙型、直径和螺距是决定螺纹的最基本要素，称为螺纹三要素。凡这 3 个要素都符合标准的称为标准螺纹。螺纹牙型符合标准，而大径、螺距不符合标准的称为特殊螺纹。若螺纹牙型不符合标准，则称为非标准螺纹。只有当 5 个要素相同时，内、外螺纹才能旋合在一起。

15.1.2　螺纹的种类

螺纹常按用途分为两大类：连接螺纹和传动螺纹。表 15-1 中介绍了常用的标准螺纹。

本书后附录有部分标准螺纹参数。

1．连接螺纹

连接螺纹用于机件的连接,常见的连接螺纹有 3 种：粗牙普通螺纹、细牙普通螺纹和管螺纹。

连接螺纹的共同特点是牙型皆为三角形，其中普通螺纹的牙型角为 50°，管螺纹的牙型角为 55°，同一种大径的普通螺纹，一般有几种螺距，螺距最大的一种称粗牙普通螺纹，其余称细牙普通螺纹。

2．传动螺纹

传动螺纹是用来传递动力和运动的，常用的是梯形螺纹，有时也用锯齿形螺纹。梯形螺纹的牙型为等腰梯形，牙型角为 30°；锯齿形螺纹的牙型为不等腰梯形，牙型角为33°。

表 15-1　常用的标准螺纹

连接螺纹	粗牙普通螺纹 M 细牙螺纹M	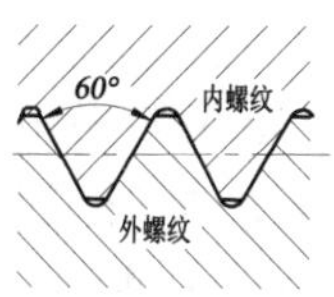	是最常用的连接螺纹。细牙普通螺纹的螺距较粗牙的小，切深较浅，细牙普通螺纹用于细小的精密零件或薄壁零件上
	圆柱管螺纹 G 或Rp	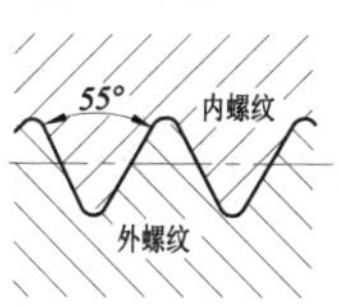	用于水管、油管、煤气管等薄壁管子上，是一种螺纹深度较浅的特殊细牙螺纹，仅用于管子的连接。分为非密封(代号G) 和密封(代号Rp)两种
传动螺纹	梯形螺纹 Tr	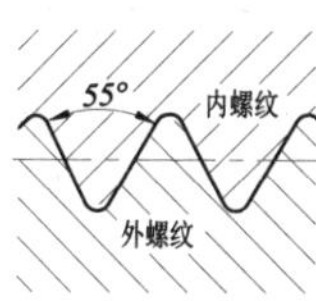	用来传递双向动力，各种机床上的丝杠多采用这种螺纹
	锯齿形螺纹 B	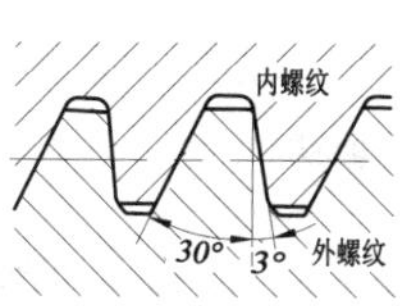	用来传递单向动力，例如螺旋压力机的传动丝杠就采用这种螺纹

15.1.3　螺纹的规定画法

国家标准《机械制图螺纹及螺纹紧固件表示法》（GB／T 4459.1—1995）对螺纹的画法作了如下规定。

1．外螺纹的画法

外螺纹的牙顶用粗实线表示；牙底用细实线表示（当外螺纹画出倒角或倒圆时，应将表示牙底的细实线画入圆角或倒圆部分）；有效螺纹的终止界线（简称螺纹终止线）用粗实线表示。在垂直于螺纹轴线的投影面的视图中，表示牙底的细实线圆只画约 3/4 圈（空出的约 1/4 圈的位置不作规定），而表示轴或孔上倒角的圆则省略不画，如图 15-7 所示。

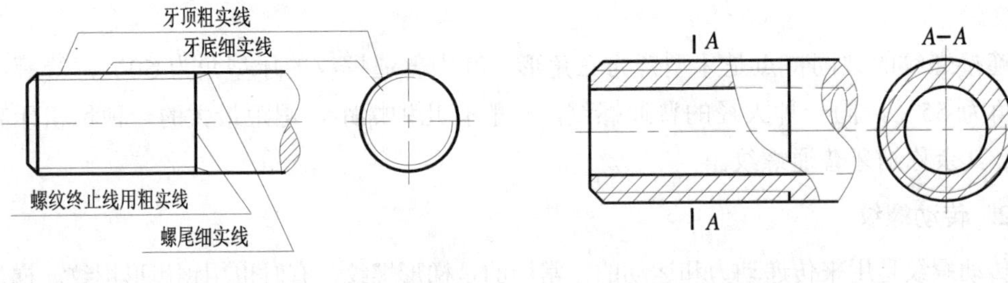

（a）视图　　（b）剖视或断面图

图 15-7　外螺纹画法

2. 内螺纹的画法

在剖视和断面图中可见的内螺纹，牙顶和有效螺纹的终止界线用粗实线表示；牙底用细实线表示。在垂直于螺纹轴线的投影面的视图中，表示牙底的细实线圆只画约 3/4 圈（空出的约 1/4 圈的位置不作规定）,到角圆则省略不画，如图 15-8（a）所示。绘制不穿通的螺孔时，一般应将钻孔深度与螺纹深度分别画出，如图 15-8（b）所示。钻孔深度一般应比螺纹深度大 0.5*D*（*D* 为螺纹大径）。钻头端部有一圆锥，锥顶角为 118°，钻孔时，不穿通孔形成一锥面，在画图时钻孔底部锥面的顶角简化为 120°，如图 15-8 所示。

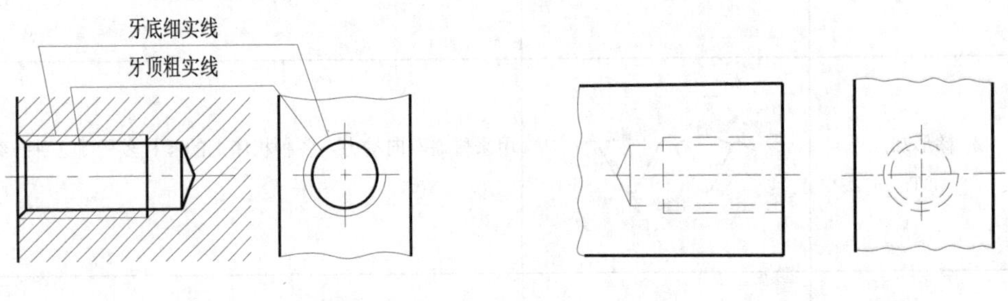

（a）剖视图　　（b）视图

图 15-8　内螺纹画法

无论是外螺纹或内螺纹，在剖视或断面图中的剖面线都必须画到粗实线。

螺尾部分一般不必画出，当需要表示螺尾时，螺尾部分的牙底用与轴线成 30° 的细实线绘制，见图 15-7（a）。

不可见螺纹的所有图线用虚线绘制，见图 15-8（b）。

当需要表示螺纹牙型时，可按图 15-9 的形式绘制。

螺纹孔相交时，只画出钻孔的交线（用粗实线表示），如图 15-10 所示。

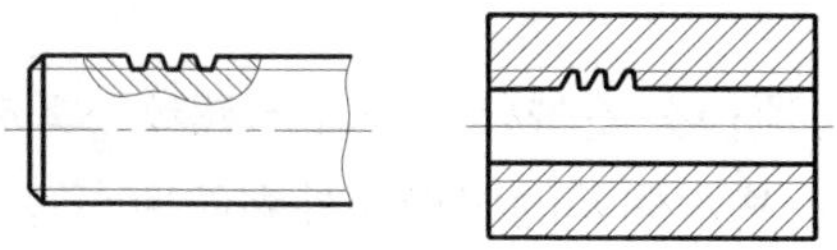

图 15-9　表示螺纹牙型

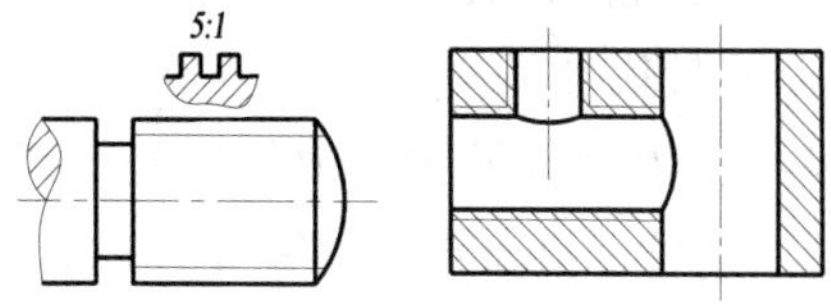

图 15-10　螺纹孔相交

3．螺纹连接的画法

在剖视图中表示内、外螺纹的连接时，其旋合部分应按外螺纹的画法绘制，其余部分仍按各自的画法表示，剖面通过实心螺杆的轴线时，螺杆应按不剖绘制，如图 15-11 所示。

要注意的是：只有牙型、大径、小径、螺距及旋向都相同的螺纹才能旋合在一起，所以在剖视图中，表示螺纹牙顶的粗实线，必须与表示内螺纹牙底的细实线在一条直线上；表示外螺纹牙底的细实线，与表示内螺纹牙顶的粗实线在一条直线上。

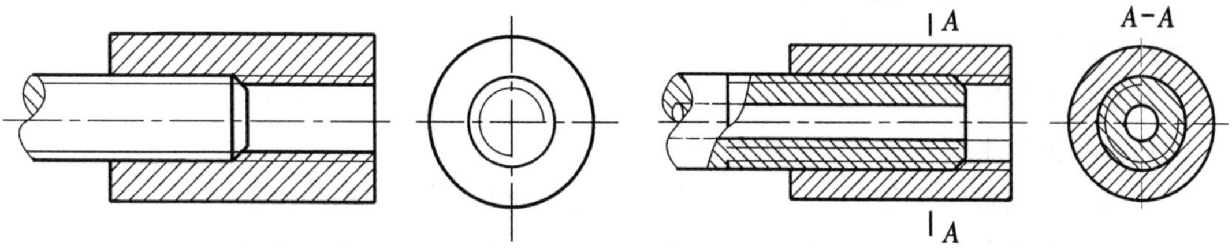

（a）　　　　（b）

图 15-11　螺纹连接的画法

15.1.4　标准螺纹的规定标记及其标注[①]

1．普通螺纹和梯形螺纹的完整标注格式

普通螺纹和梯形螺纹的完整标记由螺纹代号、螺纹公差带代号和螺纹旋合长度代号 3 部分组成，螺纹的标注方法是将规定标记注写在尺寸线或尺寸线的延长线上，尺寸线的箭头指向螺纹大径。完整标注格式如下：

| 螺纹代号 | — | 公差带代号 | — | 旋合长度代号 |

（1）螺纹代号

螺纹代号标注格式如下：

| 特征代号 | | 公称直径 | × | P_h 导程数值 P 螺距数值 | | 旋向 |

单线螺纹导程与螺距相同，因此 | P_h 导程数值 P 螺距数值 | 一项改为 | 螺距 |。

① 特征代号：如表 15-1 所列，用英文字母作为各种螺纹的特征代号。如“M”是普通螺纹，“Tr”是梯形螺纹。

② 公称直径：除管螺纹（代号为 G 或 RP）为管子公称直径外，其余螺纹均为大径。

③ P_h 导程数值 P 螺距数值：单线螺纹只标螺距即可（导程与之相同），多线螺纹导程、螺距均标出。粗牙普通螺纹螺距已完全标准化，查附表即可确定，不标注。

---

① 公差及配合相关内容见第 17 章。

④ 旋向：当旋向为右旋时，不标注；当左旋时要标注“LH”两个大写字母。

（2）公差带代号

普通螺纹公差带代号包括中径公差带代号与顶径公差带代号；梯形螺纹公差带代号为中径公差带代号。由表示公差等级的数字和表示基本偏差的字母（外螺纹用小写字母，内螺纹用大写字母）组成，如“5s”、“5g”、“5H”等。内、外螺纹的公差等级和基本偏差都已有规定。

需要说明的是：外螺纹要控制顶径（即大径）和中径两个公差带，内螺纹也要控制顶径（即小径）和中径两个公差带。

公差等级规定如下。

· 内螺纹：顶径的公差等级有 4、5、6、7、8 共 5 种；中径的公差等级有 4、5、6、7、8 共 5 种。

· 外螺纹：顶径的公差等级有 4、5、8 共 3 种；中径的公差等级有 3、4、5、6、7、8、9共7种。

基本偏差规定如下：

内螺纹的基本偏差有 *G*、*H* 两种；

外螺纹的基本偏差有 *e*、*f*、*g*、*h* 4 种。中径和顶径的基本偏差相同。

螺纹公差带代号标注时应顺序标注中径公差带代号及顶径公差带代号，当两公差带代号完全相同时，可只标一项。

（3）旋合长度代号

分别用 *S*、*N*、*L* 来表示短、中、长 3 种不同旋合长度，其中中等旋合长度可省略不标。

（4）标记示例

标注示例如图 15-12 所示。

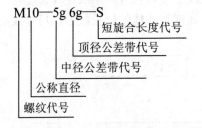

M10—5g 6g—S

短旋合长度代号

顶径公差带代号

中径公差带代号

公称直径

螺纹代号

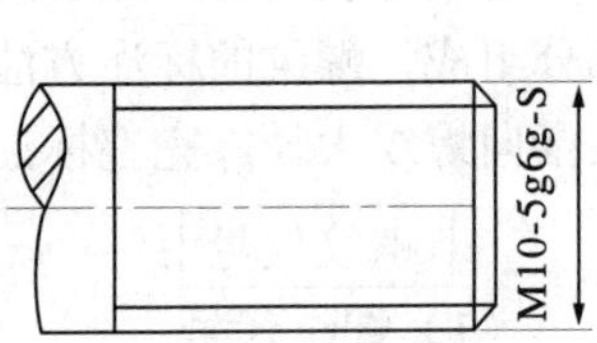

图15-12　标注示例

当螺纹的中径公差带代号与大径公差带代号相同时，可只注一个代号。当螺纹为右旋时，不标注其旋向；但当螺纹为左旋时，应在螺纹公称直径之后（若为细牙螺纹，则在螺距之后）加注“LH”，如图15-13所示。

标记示例：

M10LH—7h—L

长旋合长度代号

中径和顶径公差带代号（相同）

旋向左旋

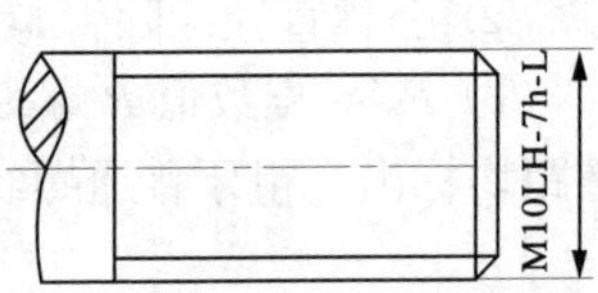

图15-13　标注示例

特殊需要时，可注明旋合长度的数值，如图 15-14 所示。

标记示例：

M10—7g 5g—40

旋合长度的数值

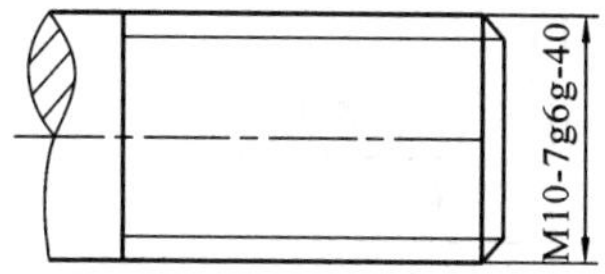

图 15-14　标注示例

若为细牙螺纹，应在螺纹公称直径数值之后加注螺距数值，如图 15-15 所示。

标记示例：

M10×1.25—5h

螺距

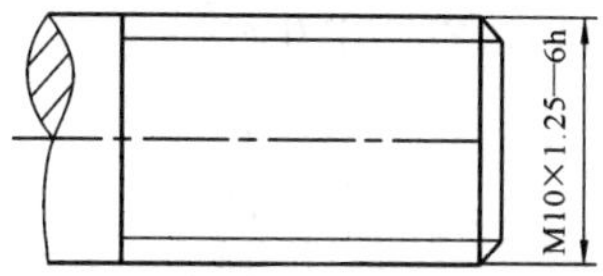

图 15-15　标注示例

2．管螺纹的规定标注

螺纹的规定标记含螺纹代号及公称直径二项，有时需加公差等级代号。其标注方法是用一条斜向细实线，一端指向螺纹大径，另一端引一横向细实线，将螺纹标记注写在横线上。

（1）非螺纹密封的圆柱管螺纹如图 15-16 所示。

标记示例：

G1/2

公称直径

螺纹代号

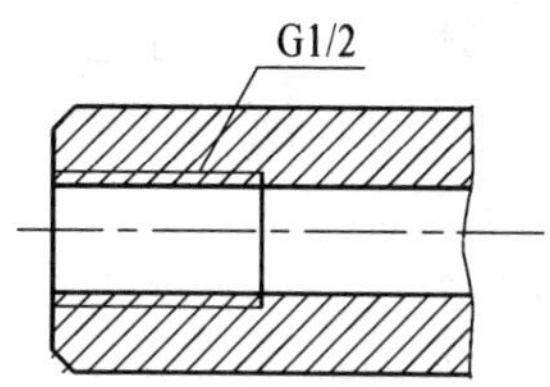

图 15-16　标注示例

（2）用螺纹密封的圆柱管螺纹如图 15-17 所示。

标记示例：

Rp1/2　A

公差等级

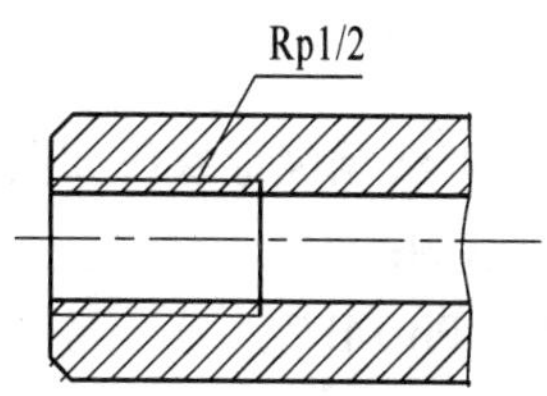

图 15-17　标注示例

（3）螺纹密封的圆锥内管螺纹如图 15-18 所示。

标记示例：

Rc1/2

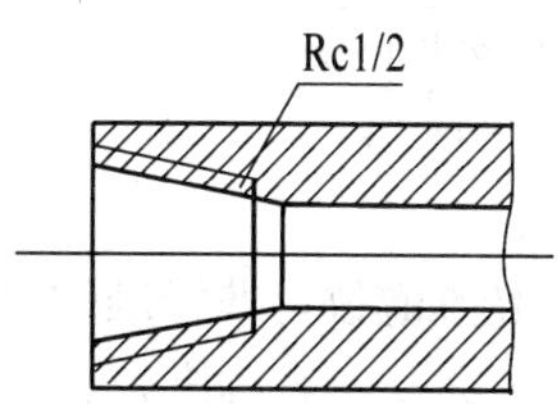

图 15-18　标注示例

3．梯形螺纹的规定标注

梯形螺纹的标记含有螺纹代号、公称直径和螺距；若为多线螺纹，需注明导程；左、右旋的标记规则如同普通螺纹。梯形螺纹的标注方法也如同普通螺纹。

（1）单线梯形螺纹如图 15-19 所示。

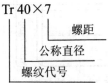

标记示例：

Tr 40×7

螺距

公称直径

螺纹代号

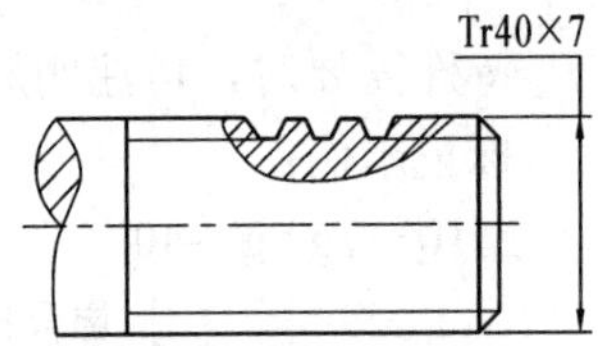

图 15-19　标注示例

（2）双线梯形螺纹如图 15-20 所示。

标记示例：

Tr 40×Ph 14P7LH

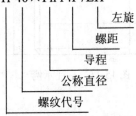

左旋

螺距

导程

公称直径

螺纹代号

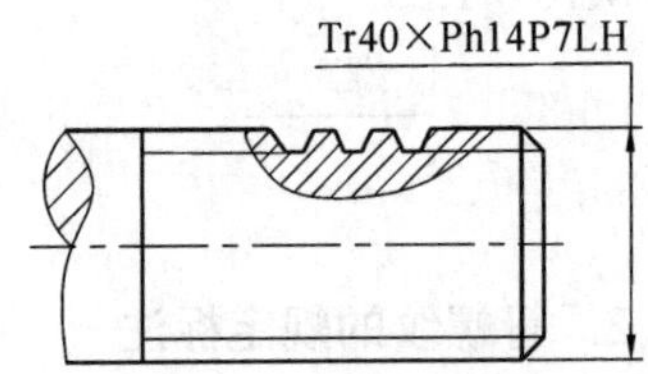

图 15-20 标注示例

4．锯齿形螺纹的规定标注

锯齿形螺纹的规定标记及在图上的标注方法同梯形螺纹。

（1）单线锯齿形螺纹如图 15-21 所示。

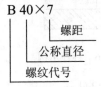

标记示例：

B 40×7

螺距

公称直径

螺纹代号

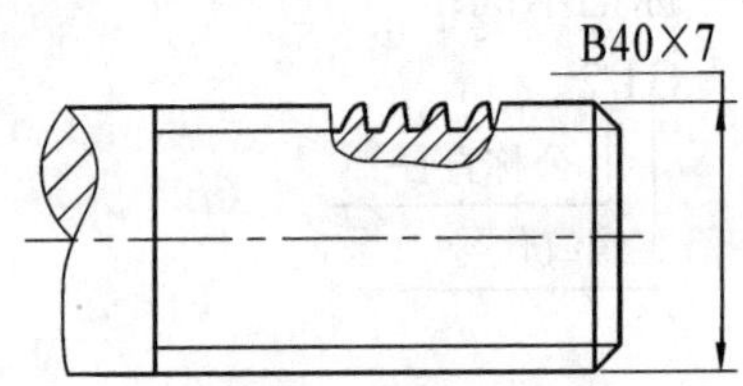

图 15-21　标注示例

（2）双线锯齿形螺纹如图 15-22 所示。

标记示例：

B 40×Ph 14P7

螺距

导程

公称直径

螺纹代号

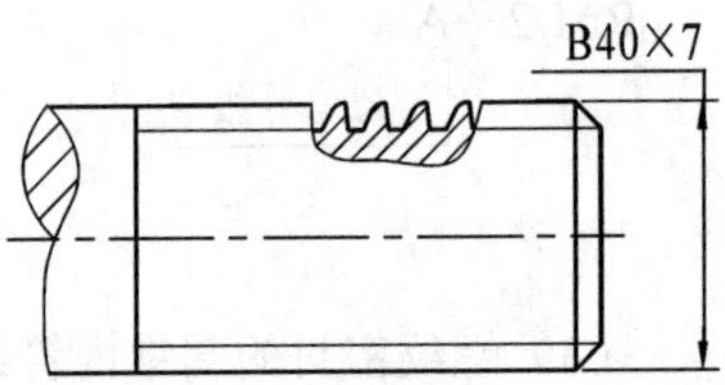

图 15-22　标注示例

5．特殊螺纹与非标准螺纹的标注

（1）牙型符合标准，直径或螺距不符合标准的螺纹，应在特征代号前加注“特”，标注大径和螺距，如图 15-23 所示。

（2）绘制非标准螺纹时，应画出螺纹的牙型，并标注所需要的尺寸及有关要求，如图 15-24 所示。

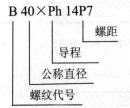

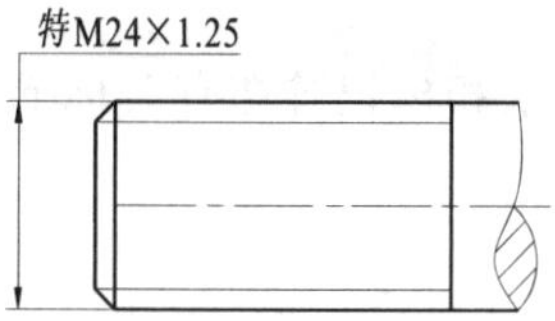

图 15-23　特殊螺纹的标注

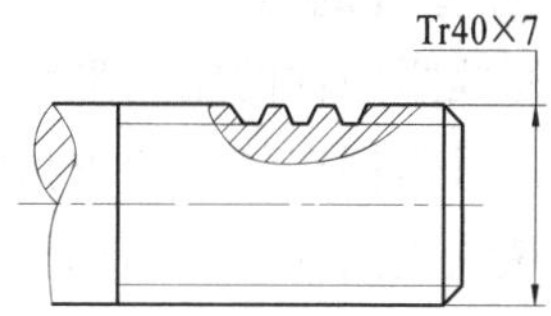

图 15-24　非标准螺纹的标注

6. 螺纹副的标注

内、外螺纹装配在一起（称螺纹副），其公差带代号用斜线分开，左边表示内螺纹公差带代号，右边表示外螺纹公差带代号，如图 15-25 所示。

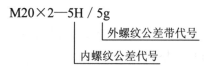

M20×2—5H / 5g

外螺纹公差带代号

内螺纹公差代号

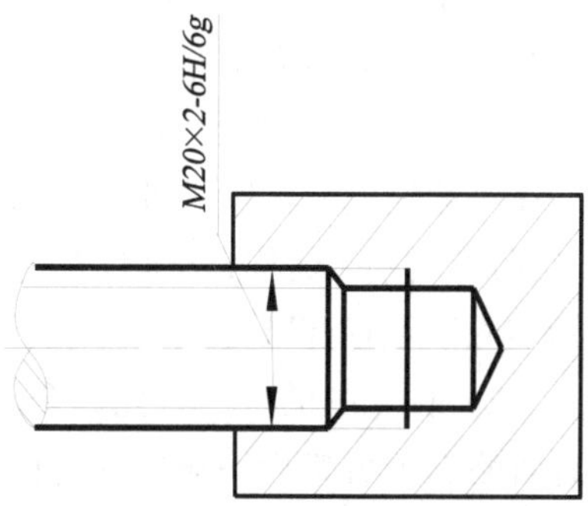

图 15-25　螺纹副的标注

15.2　螺纹紧固件及连接

15.2.1　螺纹紧固件及画法

1. 螺纹紧固件的种类

螺纹紧固件指的是通过螺纹旋合起到紧固、连接作用的主要零件和辅助零件。

螺纹紧固件的类型很多，其中常用的有螺栓、螺柱、螺钉、螺母和垫圈等，如图 15-26 所示，均为标准件。设计时选用即可，并标明其标记。

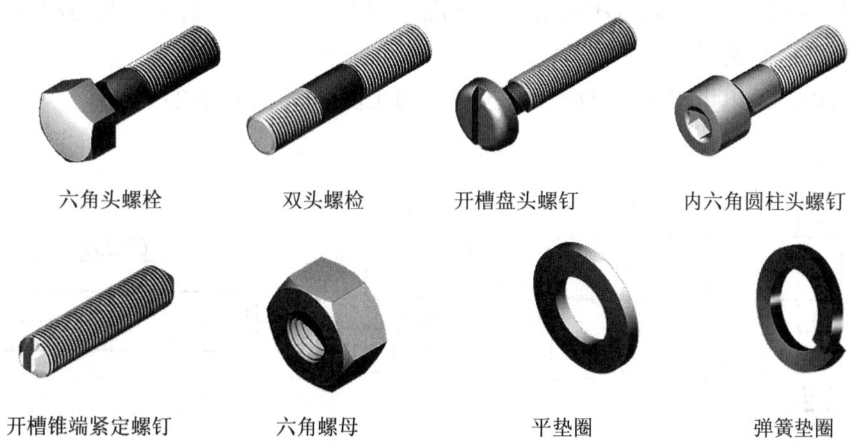

15-26　螺纹紧固件

2．螺纹紧固件的标记

标准的螺纹紧固件的结构形状、尺寸大小、制造要求和标记等在有关标准中都作了规定。设计时，只需根据使用要求按标准选用。

常用的螺纹紧固件的完整标记格式如下：

<u>名称</u> <u>标准编号</u>—<u>形式</u> | <u>规格、精度</u> | <u>形式与尺寸的其他要求</u>—

<u>性能等级或材料及热处理</u>—<u>表面处理</u>

如图 15-27（a）所示六角头螺栓，公称直径 d=M10，公称长度 45 mm，性能等级 10.9 级，产品等级为 A 级，表面氧化。其完整标记为：

螺栓　GB / T　5782—2000—M10×45—10.9—A—O

在一般情况下，紧固件采用简化标记法，简化原则如下。

（1）类别（名称）、标准年代号及其前面的"—"，允许全部或部分省略。省略年代号的标准应以现行标准为准。

（2）标记中的"—"允许全部或部分省略；标记中"其他直径或特性"前面的"×"允许省略。但省略后不应导致对标记的误解，一般以空格代替。

（3）当产品标准中只规定一种产品型式、性能等级或硬度或材料、产品等级、扳拧型式及表面处理时，允许全部或部分省略。

（4）当产品标准中规定两种及其以上的产品型式、性能等级或硬度或材料、产品等级、扳拧型式及表面处理时，应规定可以省略其中的一种，并在产品标准的标记示例中给出省略和简化标记。

根据简化原则，上述螺栓的标记可简化为：

螺栓　GB / T　5782　M10×45

3．常用螺纹紧固件的比例画法

所谓比例画法就是当螺纹大径选定后，除螺栓等紧固件的有效长度要根据被紧固件情况确定外，紧固件的其他各部分尺寸都取与紧固件的螺纹大径 d（或 D）成一定比例的作图的方法。

紧固件各部分尺寸可以从相应的国家标准中查出，但在绘图时为了简便和提高效率，不必查表绘图而是采用比例画法。

六角螺母、六角头螺栓、垫圈和双头螺柱的比例画法如图 15-27 所示。

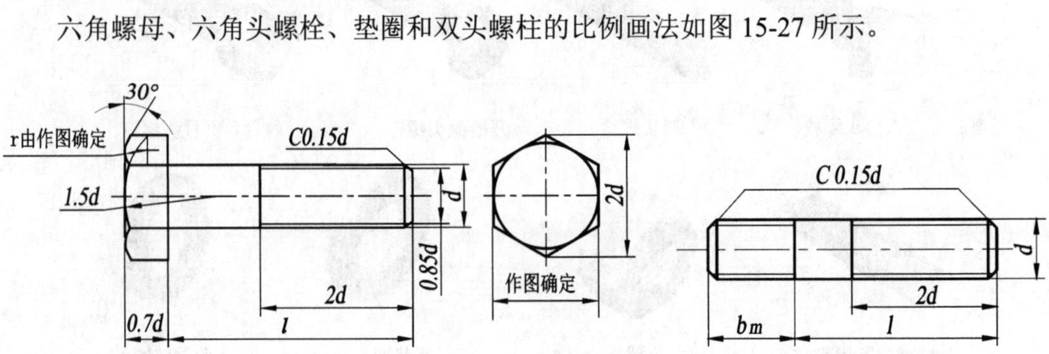

（a）六角头螺栓　　（b）双头螺柱

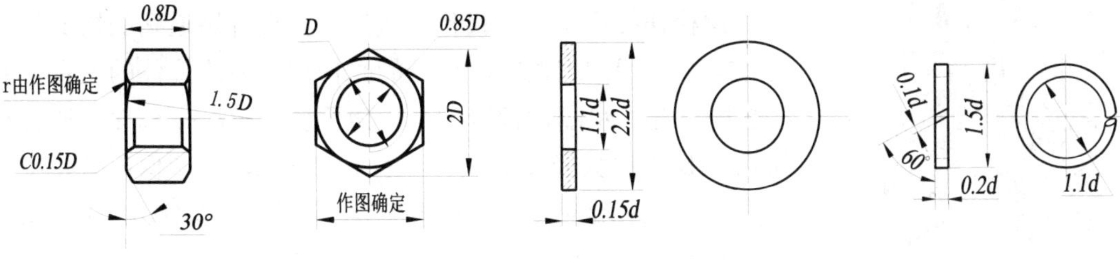

（c）螺母　　（d）平垫圈　　（e）弹簧垫圈

图 15-27　紧固件的比例画法

被连接件上的紧固件通孔或螺纹孔的比例画法如图 15-28 所示，但在零件图上标尺寸时，应从附表或其他有关标准中查出其数值进行标注。

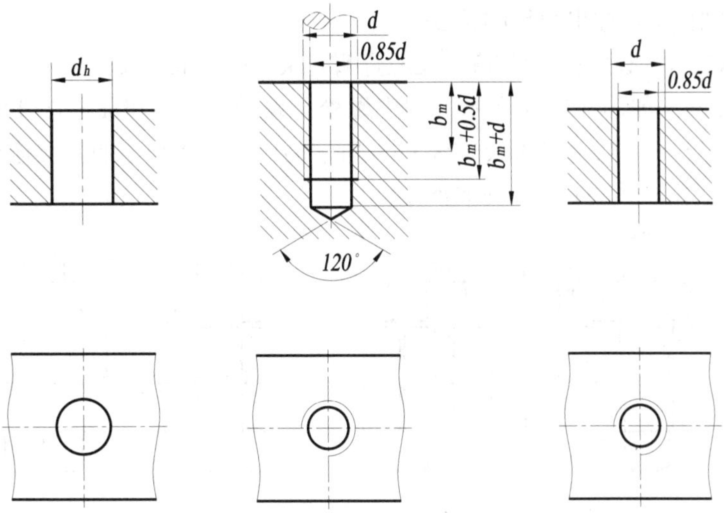

（a）通孔　　（b）不通螺纹孔　　（c）穿通螺纹孔

图 15-28　被连接件的比例画法

15.2.2　螺蚊紧固件连接的画法

常用的螺纹紧固件连接有螺栓连接、螺柱连接和螺钉连接。

1. 螺纹紧固件连接装配图的画法规定

（1）两个零件的接触表面画一条线，非接触表面画两条线；

（2）在剖视图或断面图中，同一零件的剖面线应方向相同、间隔相等，而相互邻接的不同零件的剖面线，其倾斜方向应相反，或方向一致而间隔不等；

（3）当剖切平面通过螺杆的轴线时，对于由螺栓、螺柱、螺钉、螺母及垫圈构成的螺纹紧固件组均按不剖绘制。

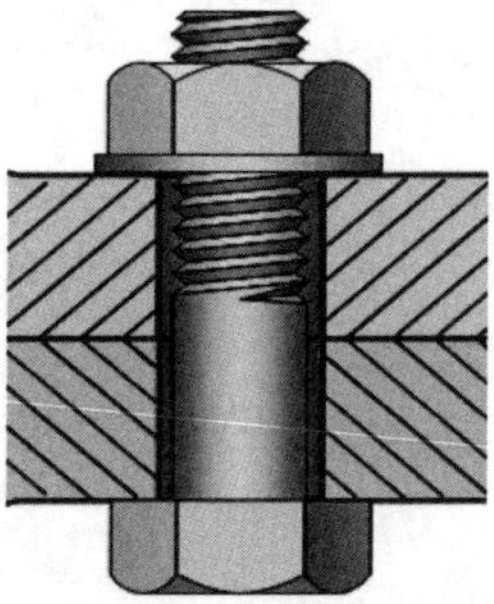

图 15-29　螺栓连接的示意图

2. 螺栓连接的画法

螺栓连接用于被连接件不太厚，且允许钻通孔的情况，如图 15-29 所示。连接时，螺栓的螺杆穿过被连接件的通孔，并在螺栓上套上垫圈，拧紧螺母。为了便于装配，机件上通孔直径 d_h 应比螺纹大径 d 大些，一般定为 1.1d。为了保证螺纹旋合强度，螺杆末端应伸出一定距离 a、通常 a 为（0.3、0.4）d。为了便于螺母调整、拧紧，必须使（l-b）<（$\delta_1+\delta_2$），螺栓的公称长度l按下列公式计算:

$$l=\delta_1+\delta_2+h+m+a \tag{15-1}$$

式中：δ_1、δ_2——被连接件的厚度；

h——垫圈厚度；

m——螺母高度；

a——螺杆末端伸出螺母的长度。

通过式（15-1）计算得到的l值，还应查阅附录螺栓标准图表，选取相近的标准数值。

螺栓连接画法如图 15-30 所示，图中螺栓、螺母、垫圈和被连接件的通孔都是按图 15-27（a）、（c）、（d）和图 15-28（a）所示的比例画法画出的。螺栓连接装配图也可采用简化画法画出，如图15-30（b）所示。

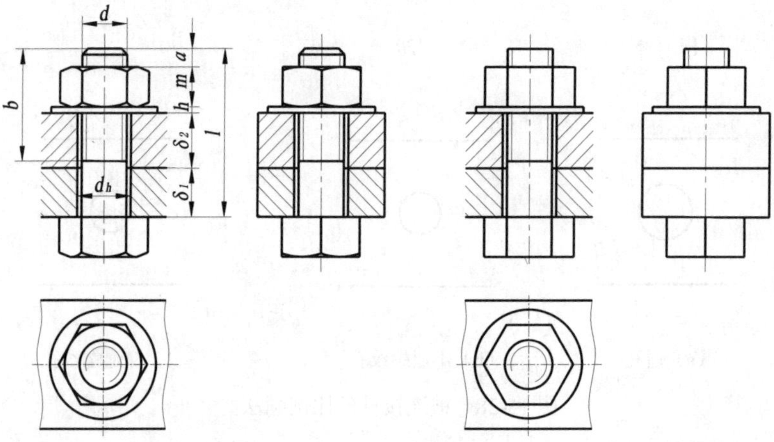

（a）比例画法　　（b）简化画法

图 15-30　螺栓连接的画法

3. 双头螺柱连接的画法

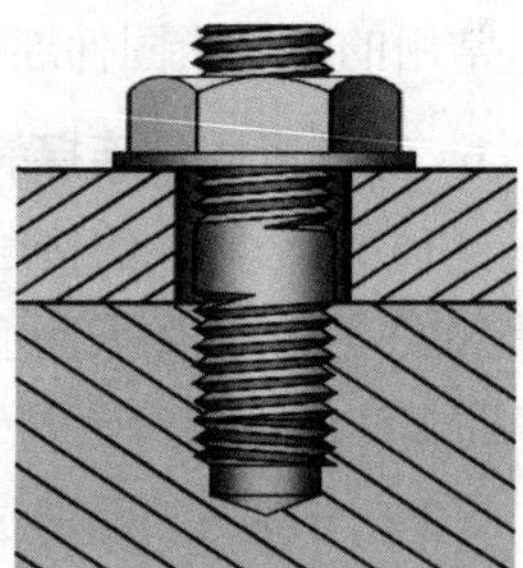

图 15-31　双头螺柱连接的示意图

双头螺柱连接适用于被连接件之一太厚不宜钻通孔，或被连接件之一不准钻通孔的情况，如图 15-31 所示。在这个被连接件上加工出螺孔，而将其余被连接件上加工出通孔。连接时，将双头螺柱的拧入端拧入被连接件的螺孔里，在螺柱的螺纹端套上垫圈拧紧螺母。拧入端的长度 b_m 与被连接件的材料有关：材料为钢、青铜，$b_m=d$；材料为铸铁，b_m=1.25d 或 1.5d；材料为铝合金，b_m=2d。采用比例画法画时，取 d_h 为 1.1d，不通螺孔的钻孔深度为 b_m+d，螺纹部分的深度为 b_m+0.5 d。b_m=1.25d 或 1.5d。

双头螺柱的公称长度 l 按式（15-2）计算：

$$l = \delta_1 + h + m + a \qquad (15\text{-}2)$$

式中：δ_1——开有通孔的被连接件的厚度；

h——垫圈厚度；

m——螺母高度；

a——螺柱末端伸出螺母的长度。

通过式（15-2）计算得到的l值。还应查阅附录双头螺柱标准图表，选取相近的标准数值。

双头螺柱连接的画法如图 15-32 所示。图中双头螺柱、螺母、垫圈和被连接件的通孔，不通的螺孔都是按图 15-27（b）、（d）、（e）和图 15-28（a）、（b）所示的画法画出的。

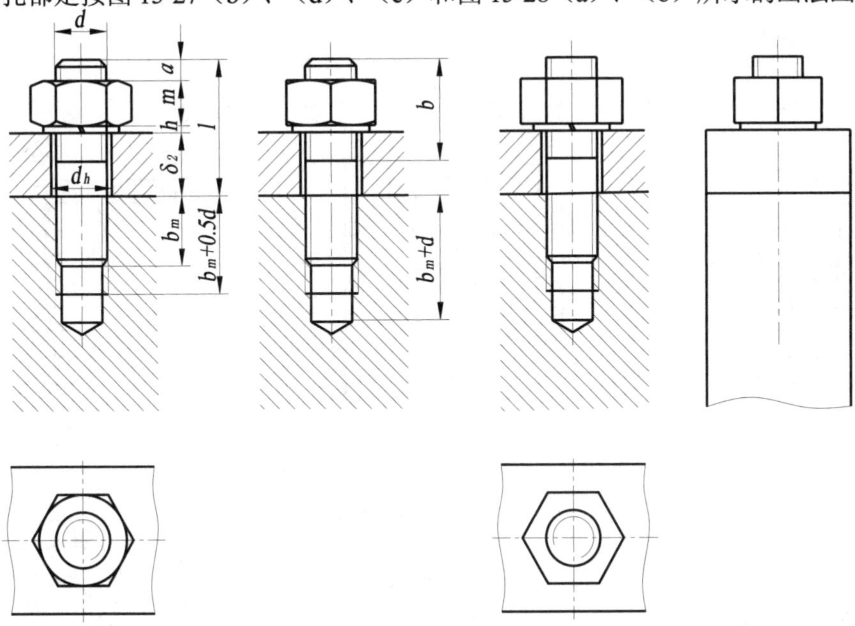

（a）比例画法　　（b）简化画法

图 15-32　双头螺柱连接的画法

4. 螺钉连接的画法

受力不大而又不便采用螺栓连接时，可采用螺钉连接，如图 15-33 所示。螺钉连接时，螺钉穿过有通孔的被连接件的孔，并拧入另一被连接件的螺孔里。为了保证拧紧和便于调整，螺钉的螺纹长度 b 必须大于拧入长度 b_m。螺钉的拧入长度 b_m 与攻有螺孔的被连接件的材料有关：材料为钢、青铜，b_m=d；材料为铸铁，b_m=1.25d 或 1.5d；材料为铝合金，b_m=2d。

螺钉的公称长度l按下列公式计算后，并查阅附录螺钉标准图表，选取相近的标准数值。

$$l = b_m + \delta_1$$

式中：δ_l——有通孔的被连接的厚度。

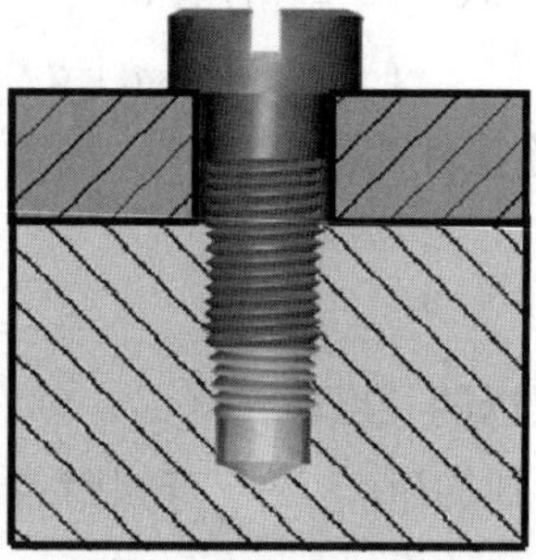

图 15-33　螺钉连接的示意图

图 15-34 所示是几种常用的螺钉连接装配图的画法。图中螺钉、被连接件上的通孔、螺孔都是按比例画法画出的。

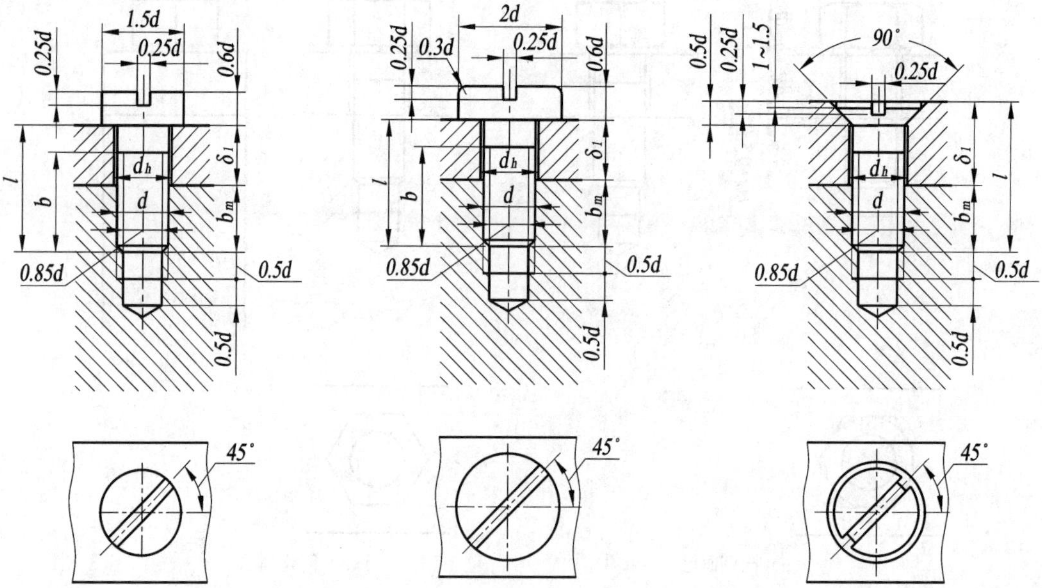

（a）　（b）　（c）

图 15-34　螺钉连接的画法

画图时应注意：螺钉的螺纹终止线应高出螺孔端面。不通螺孔可不画出钻孔深度，如图 15-34（a）所示。螺钉头部的一字槽，一般按图 15-34 所示绘制，在垂直于螺钉轴线的投影面上的视图中，一字槽应倾斜 45°画出，左右倾斜均可。当图中槽宽≤2 mm 时，允许涂黑表示，如图 15-34（a）、（b）所示。螺钉头部的十字槽可按图 15-35（c）所示绘制。

内六角柱头螺钉连接可按图 15-36 所示绘制。紧定螺钉连接可按图 15-37 所示绘制。

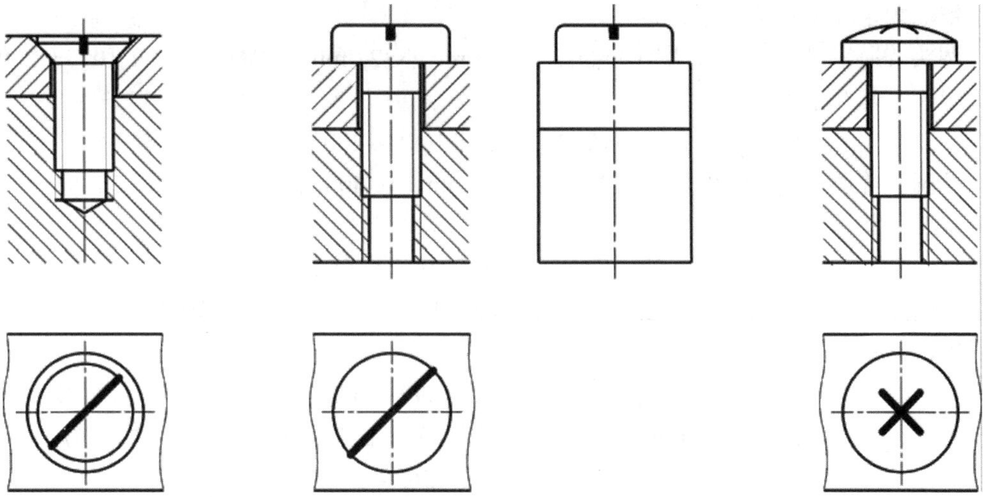

（a）　　　　　　　　（b）　　　　　　　　（c）

图 15-35　螺钉连接的简化画法

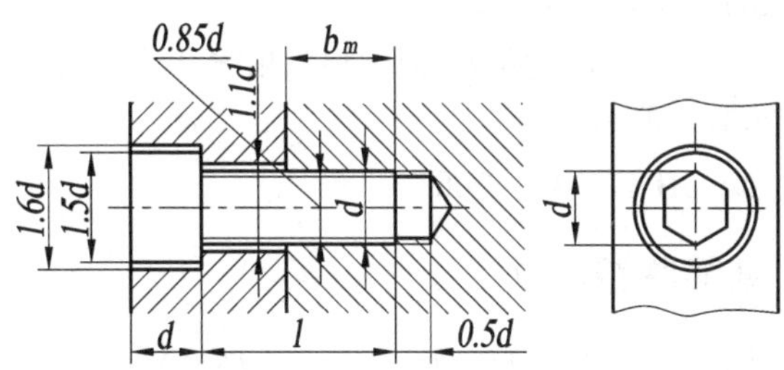

图 15-36　内六角柱头螺钉连接的画法

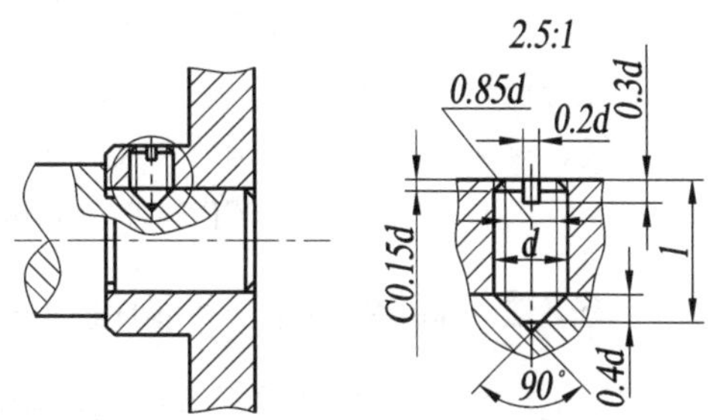

图 15-37　紧定螺钉连接的简化画法

15.3　键及其联结

键主要用来联结轴和轴上的齿轮、皮带轮等传动件，以传递运动和扭矩。键是标准件，轴和轮毂上的键槽是标准结构要素，设计可根据使用要求和轴的直径按有关标准选用。

15.3.1　键的分类及标记

键的类型很多，常用的有普通平键、半圆键、楔键和花键等，如图 15-38 所示。

（a）普通平键联结　　（b）半圆键　　（c）钩头楔键

图 15-38　键及其联结

键的规定标记示例如下。

圆头普通平键（A 型）、宽 10 mm、高 8 mm、长 22 mm，国标号 GB/T 1095—2003，参见附表，其标记为：

键 10×22 GB/T 1095—2003

单圆头普通平键（C 型）、宽 12 mm、高 8 mm、长 40 mm，国标号 GB/T 1096—2003，参见附表，其标记为：

键 C12×40 GB/T 1096—2003

半圆键、宽 5 mm、高 9 mm、直径 22 mm、长 21 mm，国标号 GB/T 1099—2003，参见附表，其标记为：

键 5×22 GB/T 1099—2003

楔键、宽 14 mm、高 9 mm、长 80 mm，国标号 GB/T l565—2003，其标记为：

键 14×80 GB/T 1565—2003

渐开线内花键（INT）、齿数 Z=24，模数 m=2.5、压力角α=30°，平齿根 P，公差等级为 5 级、配合类别为 H，国标号 GB/T 1144－2001，其标记为：

INT 24Z×2.5 m×30°P×5H GB/T 1144—2001

渐开线外花键（EXT），齿数 Z=24、模数 m=2.5、压力角α=20°，圆齿根 R，公差等级为 5 级、配合类别为 h，国际号 GB/T 1144—2001，其标记为：

EXT 24Z×2.5 m×30°R×5h GB/T 1144—2001

15.3.2 普通平键、半圆键、钩头楔键的联结画法

轴上和轮毂上的普通平键键槽和半圆键键槽的画法及其尺寸标注，如图 15-39（a）、（b）和图 15-40（a）所示，图中 t 是轴上的键槽深度，t_1 是轮毂上的键槽深度。

普通平键联结的画法如图 15-39（c）所示，半圆键联结的画法见图 15-40（b）。普通平键和半圆键的两个侧面是工作面，与轴上及轮毂上的侧面接触，只画一条线；键的底面与轴槽的底面接触，也只画一条线；键的顶面是非工作面与轮毂上键槽的底面有间隙，应画两条线。

楔键联结的画法如图 15-41 所示。楔键顶面有 1∶100 的斜度，装配时打入键槽。键的顶面和底面是工作面，与轴上及轮毂上键槽的底面接触，只画一条线，而两个侧面有间隙，应画出两条线。

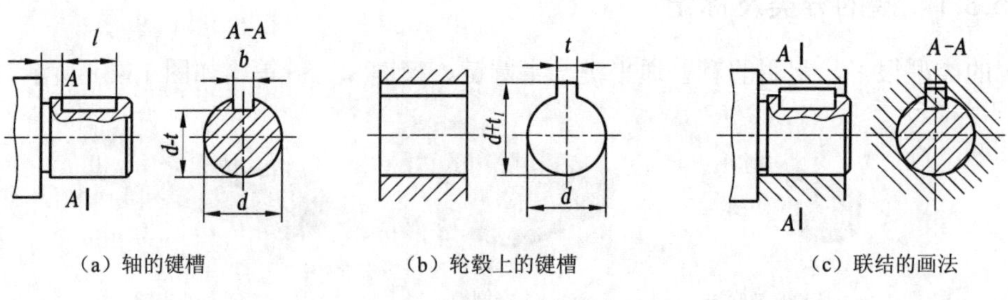

（a）轴的键槽　　（b）轮毂上的键槽　　（c）联结的画法

图 15-39 普通平键

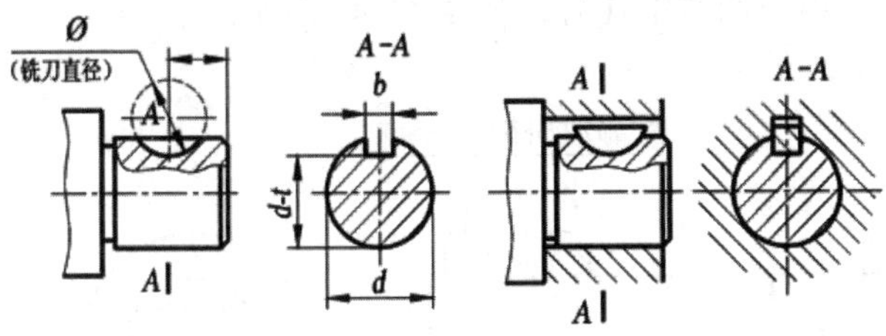

（a）轴的键槽　　（b）联结的画法

图 15-40　半圆键

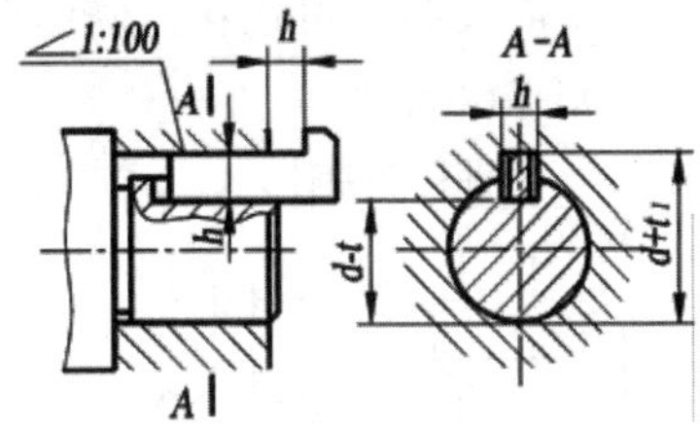

图 15-41　楔键联结的画法

15.3.3　花键及其联结画法

常用的花键有矩形、渐开线和三角形等，其中以矩形为最常见，它的结构型式，尺寸大小、技术要求和标记等已标准化，可在相应的标准中查得。

1．矩形花键的画法和尺寸标注

（1）外花键的画法

外花键的画法如图 15-42 所示，在平行于轴线的投影面的视图中，大径用粗实线、小径用细实线绘制，并用剖面画出一部分或全部齿形。花键工作长度终止端和尾部末端均用与轴线垂直的细实线绘制，尾部则用与轴线成 30°的细实线绘制。在平行于轴线的投影面的剖视图中，键齿按不剖绘制，小径用粗实线绘制。垂直于轴线的投影面的视图见图 15-42（b）。

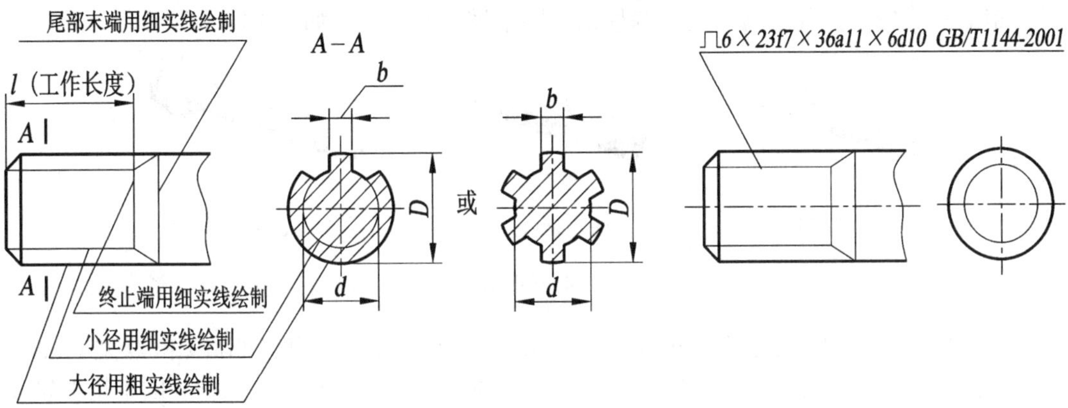

（a）　　（b）

图 15-42　矩形外花键画法

（2）内花键的画法

内花键的画法如图 15-43 所示。在平行于轴线的投影面的视图中，键齿按不剖绘制，大径及小径均用粗实绘制，并用局部视图画出一部分或全部齿形。

（3）花键联结的画法及代号标注

① 花键联结用剖视图或剖面图表达时，其联结部分按外花键的画法绘制，如图 15-44 所示。

② 需要时，可在花键联结图中标注相应的花键代号，如图 15-43 所示。

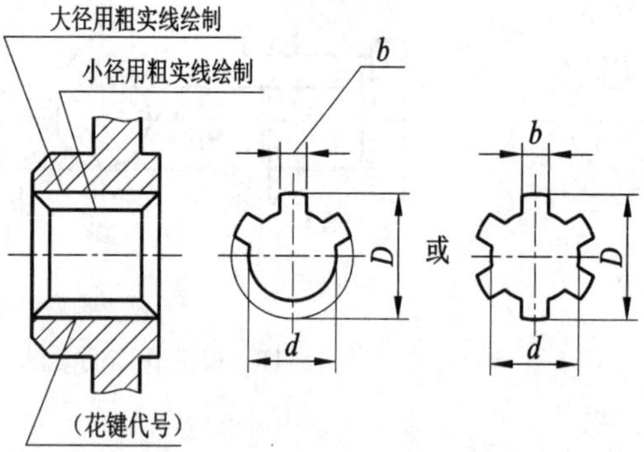

图 15-43　矩形内花键的画法

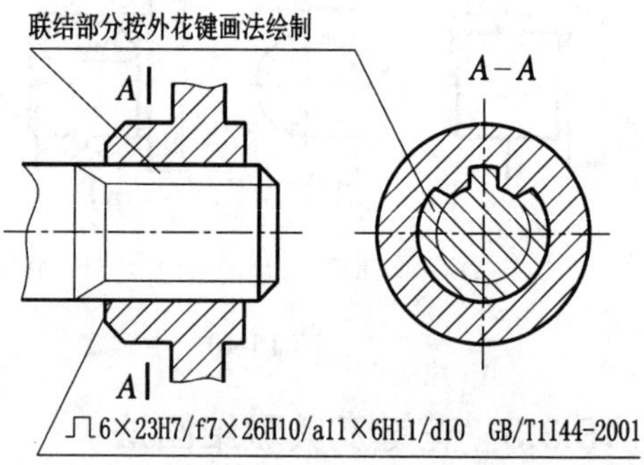

图 15-44　矩形外花键联结的画法

15.4　销及其连接

销在机器设备中，主要用于零件间的连接和定位。销是标准件，其结构型式、尺寸大小，技术条件及标记在国家标准中都有规定，设计时可根据使用要求按有关标准选用。

15.4.1　销的种类及标记

销的种类较多，其中常用的有圆柱销、圆锥销和开口销，如图 15-45 所示。

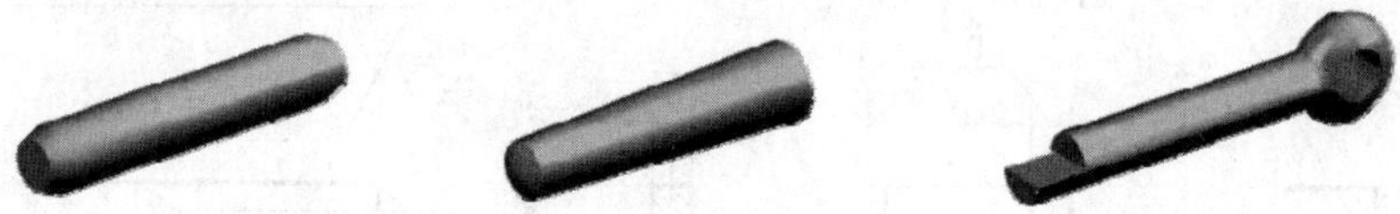

（a）圆柱销　　（b）圆锥销　　（c）开口销

图 15-45　常用的销

由于配合的不同，圆柱销又分为 *A* 型（dm5）、*B* 型（dh8）、*C* 型（dh11）和 *D* 型（du8）；由于表面粗糙度要求不同，圆锥销分为 *A* 型（磨削）和 *B* 型（车削）工种。圆锥销的锥度为 1∶50。

销的标记格式如下：

销	标准号	型式	公称直径×长度

例如：

公称直径 *d*=8mm。长度 *l*=30mm，材料为 35 钢，热处理硬度 HRC 28～38，表面处理的 *A* 型圆柱销，国标号 GB/T 119.1—2000，参见附表，其标记为：

销　GB/T 119.1　8×30

公称直径 *d*=10 mm、长度 *l*=50 mm，材料为 35 钢，热处理硬度 HRC 28～38，热处理的 *A* 型圆锥销；国标号 GB/T 117—2000，参见附表，其标记为：

销　GB/T 117　10×50

公称直径 d=5 mm、长度 l=50 mm、材料为低碳钢、不经表面处理的开口销，国标号 GB/T 91－2000，参见附表，其标记为：

销　GB/T　91　5×50

15.4.2　销连接的画法

销连接的画法示例分别如图 15-46～图 15-48 所示。

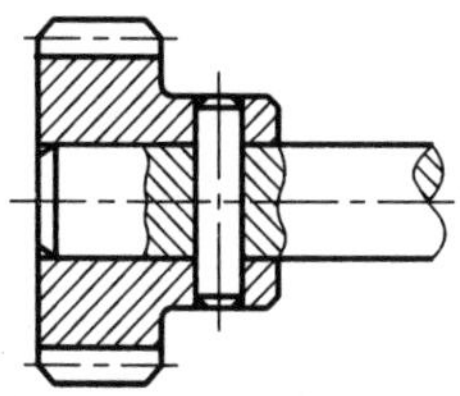

图 15-46　圆柱销连接的画法

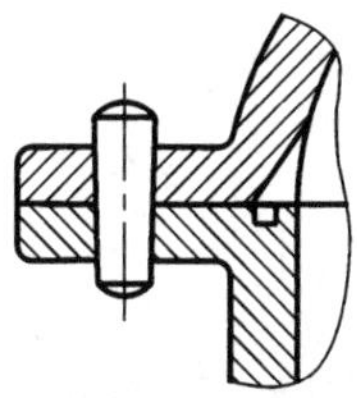

图 15-47　圆锥销连接的画法

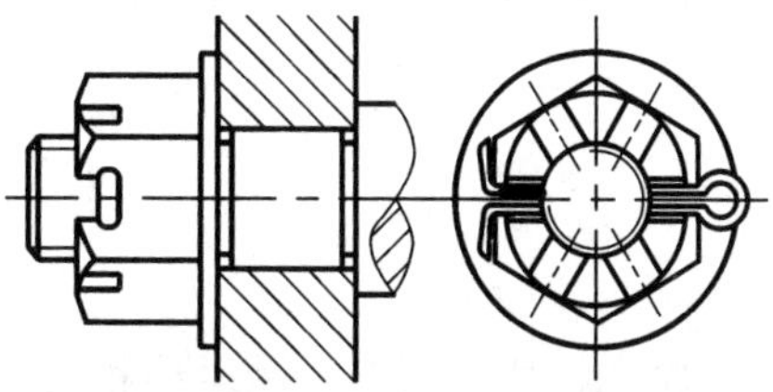

图 15-48　开口销连接的画法

第 16 章　齿轮、弹簧、滚动轴承

齿轮、弹簧、滚动轴承等零、部件应用广泛、结构定型，有些尺寸规格已标准化，其表达方法也有规定。本章着重介绍齿轮、弹簧、滚动轴承的基本知识和画法。

16.1　齿　　轮

齿轮在机器中用来传递运动和扭矩，具有传动稳定可靠、效率高、结构紧凑等特点。齿轮传动有如下形式。

（1）圆柱齿轮传动如图 16-1（a）所示。圆柱齿轮有直齿轮、斜齿轮和人字齿轮，用于两平行轴间的传动。

（2）齿轮齿条传动如图 16-1（b）所示。用于旋转运动与直线运动的相互转换。

（3）圆锥齿轮传动如图 16-1（c）所示。圆锥齿轮有直齿轮、斜齿轮和曲齿轮，用于相交轴间的传动。

（4）蜗轮蜗杆传动如图 16-1（d）所示。常用于垂直交叉两轴间的传动。

直齿圆柱齿轮传动　　斜齿轮传动　　人字齿轮传动

（a）圆柱齿轮传动

（b）齿轮齿条传动　　（c）圆锥齿轮传动　　（d）蜗轮蜗杆传动

图 16-1　齿轮传动类型

齿轮可分为标准齿轮和非标准齿轮。轮齿齿形曲线有渐开线、摆线、圆弧等。渐开线齿轮应用较为广泛。

对齿轮啮合理论、设计计算、加工制造和检测检验等诸多方面的有关内容会在专业课中涉及，本书仅简单介绍渐开线标准齿轮。

16.1.1 渐开线圆柱齿轮

1. 标准直齿圆柱齿轮的参数

（1）齿数（z）：一个齿轮的轮齿总数。

（2）分度圆：齿轮上齿槽和齿厚相等处的假想圆柱面，称为分度圆柱面。圆柱齿轮分度圆柱面与端平面的交线，称为分度圆。分度圆是设计计算齿轮各部分尺寸及加工齿轮时调整刀具的基准圆。分度圆直径以 d 表示。

（3）分度圆齿距（p）：分度圆上相邻两齿廓对应点之间的弧长。

（4）分度圆齿槽（e）：分度圆上相邻两齿廓之间的弧长。

（5）分度圆齿厚（s）：每个齿廓在分度圆上的弧长。显然有

$$p=s+e \quad 且 \quad e=s$$

（6）模数（m）：因为分度圆周长=π$d=zp$，所以

$$d=\frac{zp}{\pi}=z\frac{p}{\pi}$$

令
$$\frac{p}{\pi}=m$$

则
$$d=mz$$

式中，m 为齿轮的模数。因为两啮合齿轮的齿距 p 必须相等，故其模数也必须相等。

模数 m 是齿轮设计计算时一个重要的基本参数，单位符号为 mm。比较齿数相同的两个齿轮，模数大者，其齿距大，齿厚亦随之增大，因而轮齿承载能力也大。为了便于设计和加工。模数的数值已系列化，表 16-1 为国家标准规定的模数系列。

表 16-1 标准模数系列（GB/T 1357—2008）

第一系列	1 1.25 1.5 2 2.5 3 4 5 6 8 10 12 16 20 25 32 40 50
第二系列	1.125 1.375 1.75 2.25 2.75 3.5 4.5 5.5 （6.5） 7 9 （11） 14 18 22 28 36 45

注：应优先采用第一系列，括号内的模数尽量不用。

（7）节圆和节点：如图 16-2（b）所示，两齿轮啮合传动时，在连心线 O_1O_2 上相切的圆，称为节圆。两节圆的切点，称为节点。两标准齿轮啮合时，它们的节圆就是分度圆。

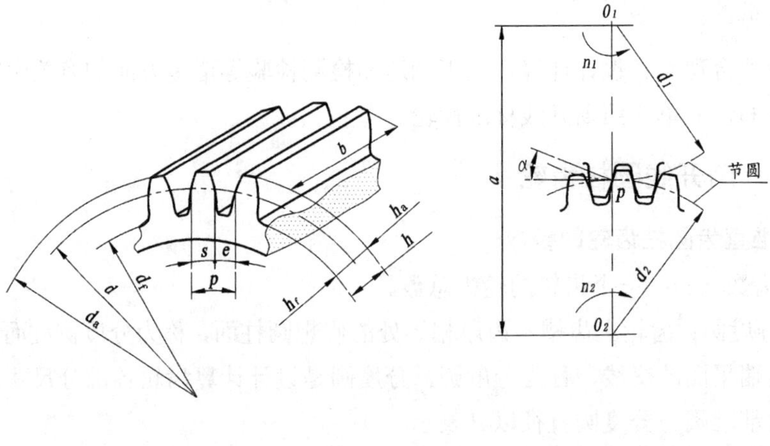

（a）　　（b）

图 16-2　直齿圆柱齿轮各部分的名称及代号

（8）压力角（α）：两齿轮啮合，在节点处两齿廓的公法线（即齿廓的受力方向）与两节圆的公切线（即节点 P 处的瞬时运动方向）所夹的锐角称为压力角。啮合的两齿轮的模数和压力角必须均相同。

（9）齿顶高（h_a）：齿顶圆与分度圆之间的径向距离，称为齿顶高。有

$$h_a=m$$

（10）齿根高（h_f）：齿根圆与分度圆之间的径向距离，称为齿根高。有

$$h_f=1.25m$$

（11）齿高（h）：齿根圆与齿顶圆之间的径向距离，称为齿高。有

$$h=h_a+h_f=（1+1.25）m=2.25m$$

（12）齿顶圆：齿顶圆柱面与端平面的交线，称为齿顶圆。其直径为

$$d_a=d+2h_a=zm+2m=（z+2）m$$

（13）齿根圆：齿根圆柱面与端平面的交线，称为齿根圆。其直径为

$$d_f=d-2h_f=zm-2.5m=(z-2.5)m$$

（14）中心距（a）：两啮合齿轮轴线之间的距离，称为中心距。有

$$a=（d_1+d_2）/2=m（z_1+z_2）/2$$

2. 标准斜齿圆柱齿轮的参数

标准斜齿圆柱齿轮，简称斜齿轮。其在端面上呈渐开线齿廓的齿形，如图 16-3（a）所示。斜齿轮轮齿是螺旋形的，在垂直于轮齿螺旋线方向的法面上的齿廓曲线及齿形都与端面不同，计算时必须分清端面和法面上各参数的关系，如图 16-3（b）所示。

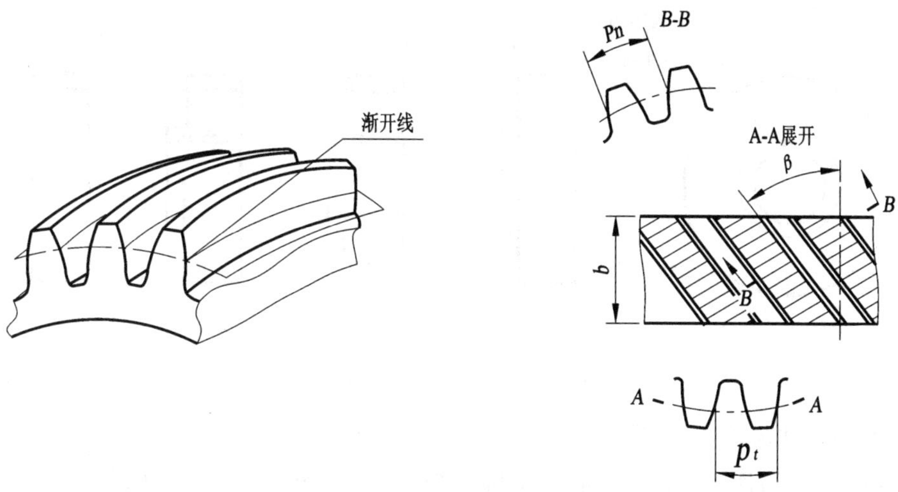

图 16-3　斜齿轮分度圆柱面及展开图

（1）螺旋角（ β ）：轮齿在分度圆柱面上与分度圆柱轴线间的夹角。

（2）法向齿距（p_n）和轴向齿距（p_t）：由图 16-3（b）可知

$$p_n = p_t \times \cos\beta$$

（3）法向模数（m_n）与端面模数（m_t）：因为 $p_n=\pi m_n$，$p_t=\pi m_t$，所以

$$m_n = m_t \times \cos\beta$$

（4）法向压力角（α_n）与端面压力角（α_t）：法向压力角与端面压力角的关系为

$$\tan\alpha_n = \tan\alpha_t \times \cos\beta$$

加工斜齿轮时，是沿垂直于法面的方向进刀。为了使加工正齿轮的刀具通用，规定斜齿轮的法向模数和法向压力角为标准值。斜齿轮端面的几何尺寸，则用端面模数和端面压力角计算。

3．圆柱齿轮的画法

圆柱齿轮齿廓曲线作图复杂，为了简明地表达轮齿部分，国家标准《机械制图 齿轮表示法》（GB/T 4459.2）规定了齿轮的画法。

（1）单个齿轮的画法

国家标准规定，齿顶线（圆）用粗实线、分度线（圆）用细点画线绘制，齿根线（圆）用细实线绘制，或者省略不画，如图 16-4 所示。

反映为非圆的视图，如图 16-4（b）、（c）、（d），一般画成剖视图。剖切平面通过齿轮轴线时，轮齿一律按不剖处理，齿根线用粗实线画，如图 16-4（b）所示。若为斜齿轮或人字齿轮，可在视图上用 3 条与齿线方向一致的细实线表示齿线形状，如图 16-4（c）、（d）所示。

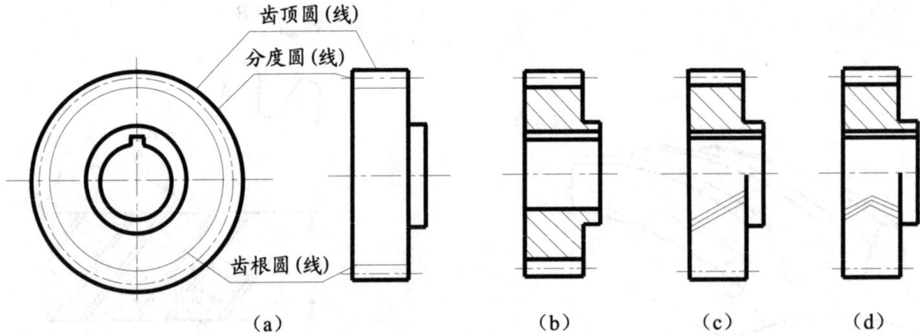

图 16-4　单个圆柱齿轮的画法

（2）两圆柱齿轮啮合的画法

在反映为圆的视图中，两齿轮的节圆相切，啮合区内的齿顶圆均用粗实线绘制，如图 16-5（a）所示；也可以用省略画法，如图 16-5（b）所示。

在反映为非圆的视图中，啮合区齿顶线不需画出，分度圆用粗实线绘制，如图 16-5（a）所示。

当作剖视图时，剖切平面通过两啮合齿轮的轴线，啮合区内将一个齿轮轮齿用粗实线绘制，另一个齿轮的轮齿被遮挡部分用细虚线绘制，如图 16-5（b）所示。画图时需仔细，此时啮合区应出现 3 条实线、1 条虚线和 1 条点画线，共 5 条线。虚线也可省略不画。

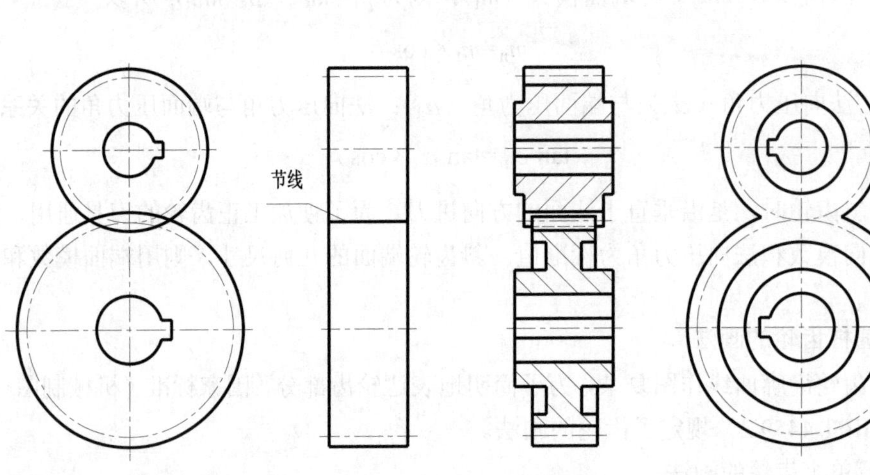

图 16-5　两圆柱齿轮啮合画法

16.1.2　圆锥齿轮

圆锥齿轮的轮齿均匀地分布在圆锥面上，常用于相交轴间的传动。两轴间的夹角一般为 90°。一对圆锥齿轮正确啮合必须有相同的模数和压力角。圆锥齿轮盖部分几何要素的名称如图 16-6 所示。

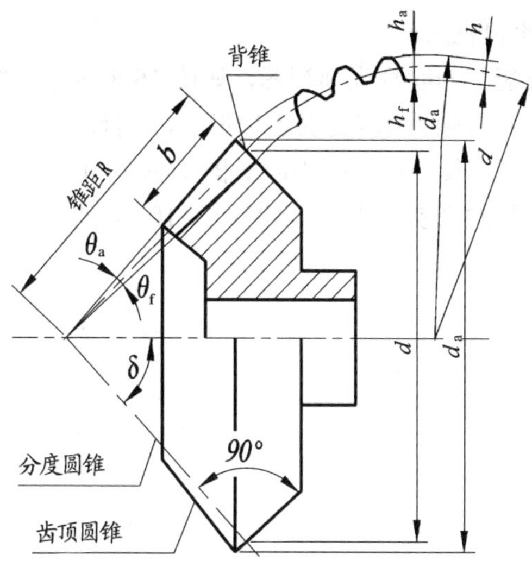

图 16-6　圆锥齿轮各部分几何要素的名称及代号

1．直齿圆锥齿轮的参数

圆锥齿轮有分度圆锥、齿顶圆锥与齿根圆锥。齿厚则向锥顶方向逐渐缩小，如图 16-6 所示。圆锥齿轮齿廓曲线为球面渐开线，为便于设计和制造，在圆锥齿轮大端背锥展开面上，按圆柱齿轮的作图方法绘制圆锥齿轮的齿形。圆锥齿轮齿部尺寸均在背锥上计量，且以大端的模数及压力角为标准值进行计算，模数值仍按表 16-1 选取，压力角 α=20°。圆锥齿轮各部分几何要素的尺寸，也都与模数 m、齿数 z 及分度圆锥角 δ 有关。标准直齿圆锥齿轮几何尺寸的计算公式可查阅有关的设计手册。

2．圆锥齿轮的画法

（1）单个圆锥齿轮的画法

在反映为非圆的视图中，齿顶圆锥用粗实线绘制，分度圆锥用细点画线绘制，齿根圆锥一般不画，如图 16-7（a）所示。剖视图中齿根圆锥用粗实线绘制，齿部仍作不剖处理，如图 16-7（b）所示。在反映为圆的视图中，大端齿顶圆和小端齿顶圆用粗实线绘制，大端分度圆用细点画线绘制，大、小端齿根圆均不画，如图 16-7（c）所示。

单个圆锥齿轮画图步骤如图 16-8 所示。

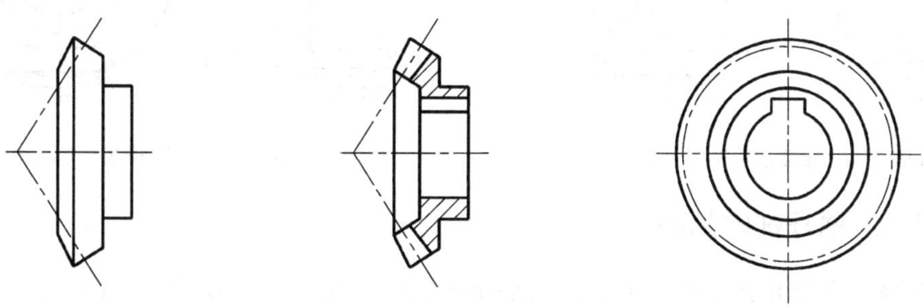

（a）　（b）　（c）

图 16-7　单个圆锥齿轮的画法

（2）圆锥齿轮啮合画法

在反映为非圆的投影，一般画成剖视图，如图 16-8 所示。啮合区内，被遮挡的齿轮轮齿部分用虚线画出或省略不画。当需要表达外形时，啮合区节锥线用粗实线绘制，如图 16-9 所示。在反映为圆的视图，其画法如图 16-8、图 16-9 所示。斜齿轮和螺旋齿轮，则在视图上用三条与齿形方向一致的细实线表示，如图 16-10 所示。

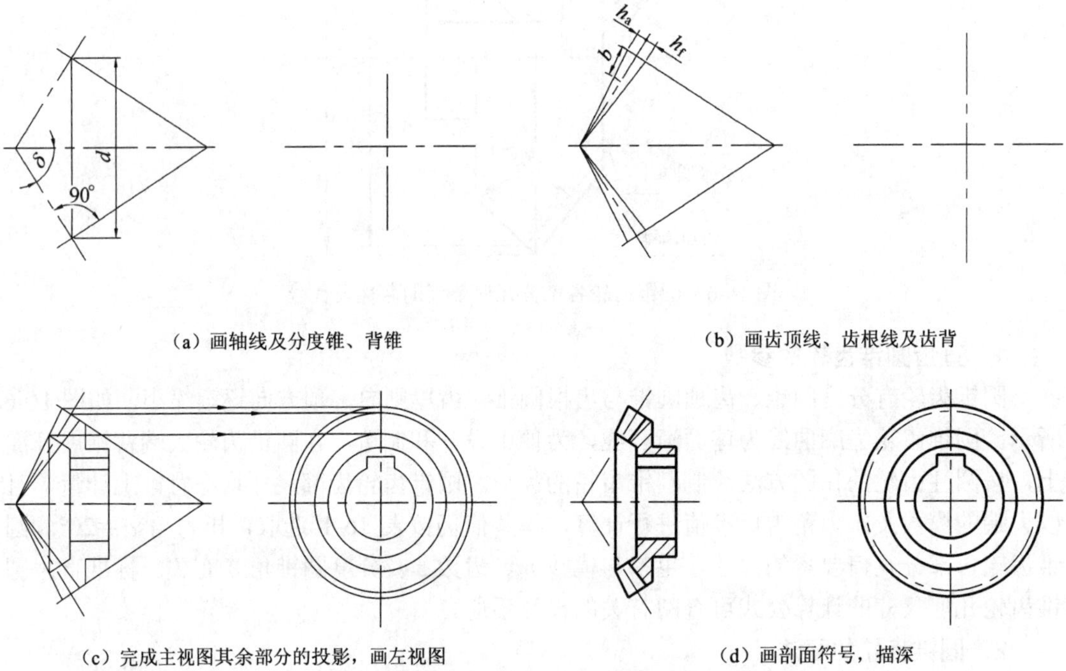

（a）画轴线及分度锥、背锥　　（b）画齿顶线、齿根线及齿背

（c）完成主视图其余部分的投影，画左视图　　（d）画剖面符号，描深

图 16-8　圆锥齿轮的画图步骤

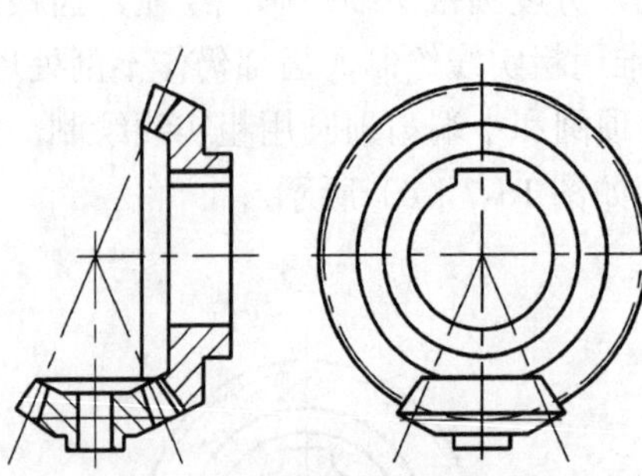

图 16-9　直齿圆锥齿轮啮合画法

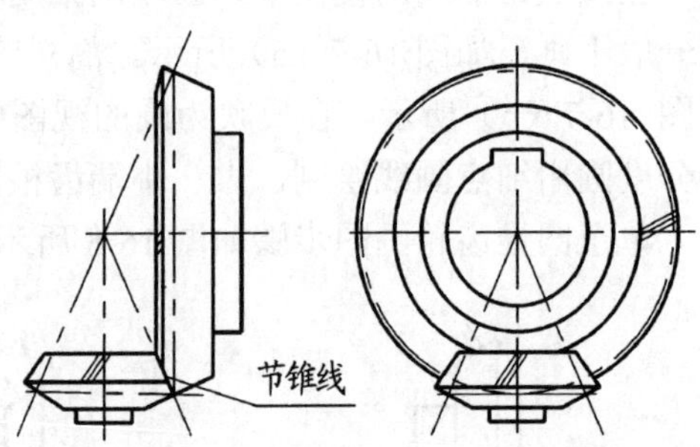

图 16-10　斜齿圆锥齿轮啮合的画法

16.1.3　蜗杆蜗轮的画法

蜗杆蜗轮传动用于传递垂直交叉的两轴间的运动，它具有传动比大、结构紧凑等优点，但效率低。蜗杆的齿数 z_1 相当于螺杆上螺纹的线数。蜗杆常用单线或双线，在传动时，蜗杆旋转一圈，则蜗轮只转过一个齿或两个齿，因此可以得到大的传动比（$i=z_2/z_1$，z_2 为蜗轮齿数）。蜗轮的齿顶面和齿根面常制成圆环面。蜗杆蜗轮正确啮合时，蜗轮的端面模数

m_t 与蜗杆的轴向模数 m_x 相等；蜗轮螺旋角 β 与蜗杆导程角 γ 大小相等，方向相反。

蜗杆、蜗轮各部分的名称如图 16-11 所示。

1. 蜗杆、蜗轮的画法

画蜗杆零件工作图时，其齿部的表达常用局部剖视图或局部放大图。蜗轮的画法如图 16-11（b）所示。蜗杆的画法如图 16-11（c）所示。

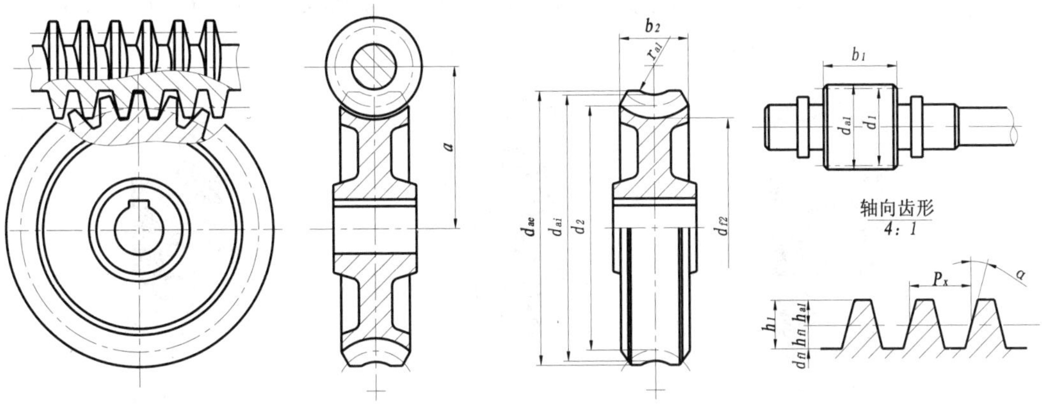

（a）　（b）　（c）

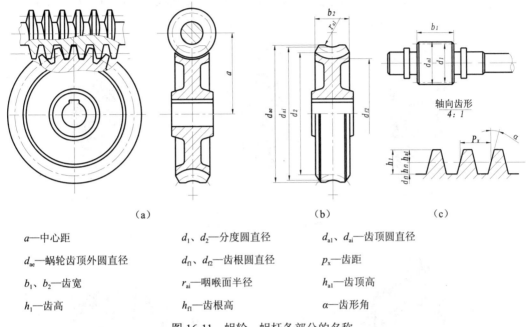

a—中心距　d_1、d_2—分度圆直径　d_{a1}、d_{ai}—齿顶圆直径

d_{ae}—蜗轮齿顶外圆直径　d_{f1}、d_{f2}—齿根圆直径　p_x—齿距

b_1、b_2—齿宽　r_{ai}—咽喉面半径　h_{a1}—齿顶高

h_1—齿高　h_{f1}—齿根高　α—齿形角

图 16-11　蜗轮、蜗杆各部分的名称

2. 蜗杆、蜗轮啮合的画法

蜗杆、蜗轮可用视图表示，如图 16-12（a）所示；也可用剖视图表示，如图 16-12（b）所示。

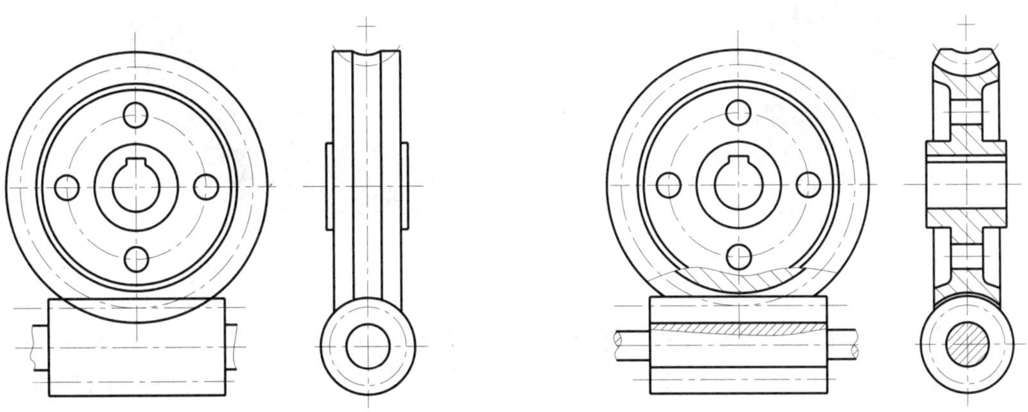

（a）　（b）

图 16-12　蜗轮、蜗杆啮合的画法

16.2 弹　　簧

弹簧在机器、设备中可用于储能、减震、夹紧、测力等。按弹簧的形状可分为圆柱螺旋弹簧，如图 16-13 所示；截锥螺旋压缩弹簧，如图 16-14 所示；平面蜗卷弹簧及截锥蜗卷弹簧，如图 16-15 所示；碟形弹簧，如图 16-16 所示；板弹簧，如图 16-17 所示等。按受力方向不同，圆柱螺旋弹簧可分为压缩弹簧、拉伸弹簧及扭转弹簧。

（a）压缩弹簧

（b）拉伸弹簧

（c）扭转弹簧

图 16-13　圆柱螺旋弹簧

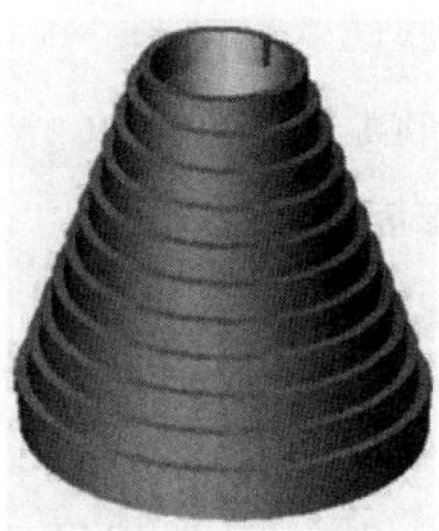

图 16-14　截锥螺旋压缩弹簧

图 16-15　平面蜗卷弹簧

图 16-16　碟形弹簧

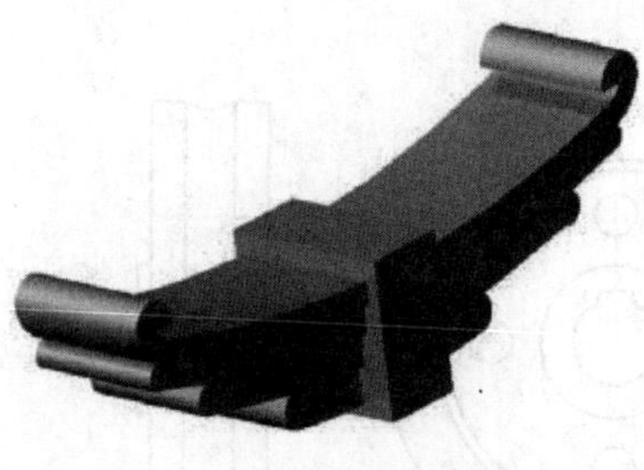

图 16-17　板弹簧

各类弹簧的术语、规格尺寸、材料及标记等均已系列化和标准化。国家标准《机械制图　弹簧画法》（GB/T 4459.4）对弹簧的画法作了具体的规定。现主要介绍圆柱螺旋压缩弹簧。

16.2.1　圆柱螺旋压缩弹簧术语、各部分名称及尺寸关系

圆柱螺旋压缩弹簧画法如图 16-18 所示，其参数如下。

（1）材料直径（d）：制造弹簧用的钢丝直径。

（2）弹簧外径（D_2）：弹簧最大直径。

（3）弹簧内径（D_1）：弹簧最小直径。有

$$D_1=D_2-2d$$

（4）弹簧中径（D）：弹簧的平均直径。有

$$D=D_2-d$$

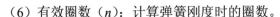

（5）支承圈数（n_2）：弹簧端部用于支承或固定的圈数。为了使压缩弹簧工作时受力均匀，增加弹簧的平稳性，往往将其两端并紧磨平。支承圈有 1.5 圈、2 圈、2.5 圈 3 种。常采用 2.5 圈，即两端并紧磨平 $1\frac{1}{4}$ 圈，其中磨平 $\frac{3}{4}$ 圈，并紧 $\frac{1}{2}$ 圈。

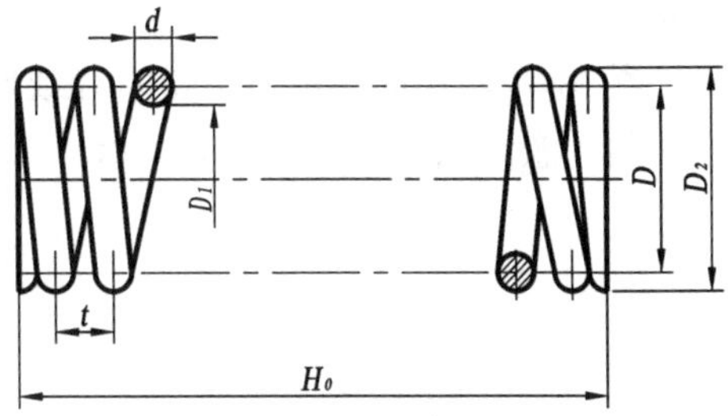

图 16-18　弹簧参数

（6）有效圈数（n）：计算弹簧刚度时的圈数。

（7）总圈数（n_1）：沿螺旋轴线两端间的螺旋圈数，有

$$n_1=n+n_2$$

（8）节距（t）：螺旋弹簧两相邻有效圈截面中心线的轴向距离。

（9）自由高度（长度）（H_0）：弹簧无负荷时的高度（长度），有

$$H_0=nt+（n_2-0.5）d$$

16.2.2　圆柱螺旋压缩弹簧的画法

1. 基本规定

圆柱螺旋压缩弹簧可以画成视图、剖视图和示意图 3 种形式，如图 16-19 所示。设计绘图时可按表达需要选用，并遵守下列规定。

（1）在平行于螺旋弹簧轴线的投影面的视图和剖视图中，其各圈轮廓应画成直线，如图 16-19（a）、（b）所示。

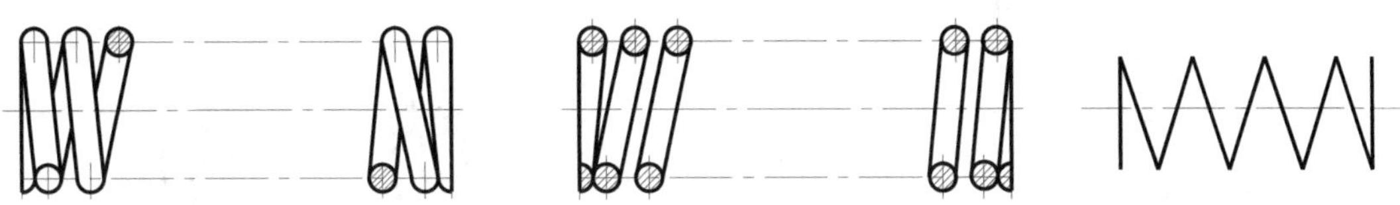

（a）视图　　（b）剖视图　　（c）示意图

图 16-19　圆柱螺旋压缩弹簧的画法

（2）螺旋弹簧均可画成右旋，但左旋弹簧无论画成左旋或右旋，需标注出旋向“左”字。

（3）有效圈数在 4 圈以上的螺旋弹簧，中间部分可以省略不画。

（4）螺旋压缩弹簧如果要求两端并紧磨平时，不论支承圈是多少和末端并紧情况如何，均按支承圈为 2.5 圈绘制。

（5）装配图中弹簧的画法如下。

① 在图形中，当型材直径大于 2 mm 时，弹簧按图 16-19（a）、（b）绘制。被弹簧遮挡的结构一般不画出，可见部分应从弹簧的外轮廓线或从型材剖面中心线画起，如图 16-20 所示。

② 剖视图中，被剖切弹簧直径或厚度在图形上小于或等于 2 mm 时，可用涂黑表示，也可用示意画法，如图 16-21 所示。

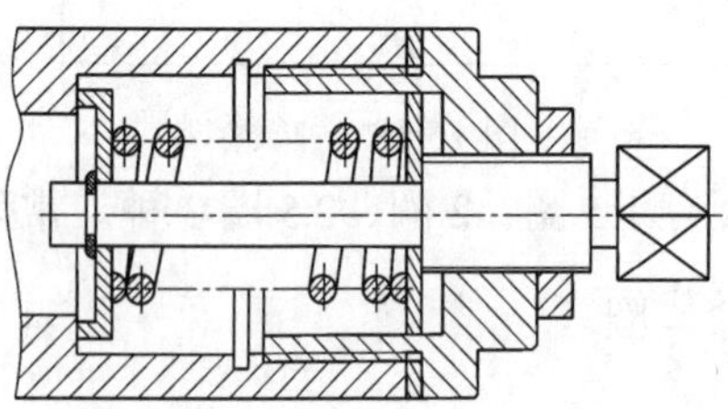

图 16-20　装配图中弹簧画法 1

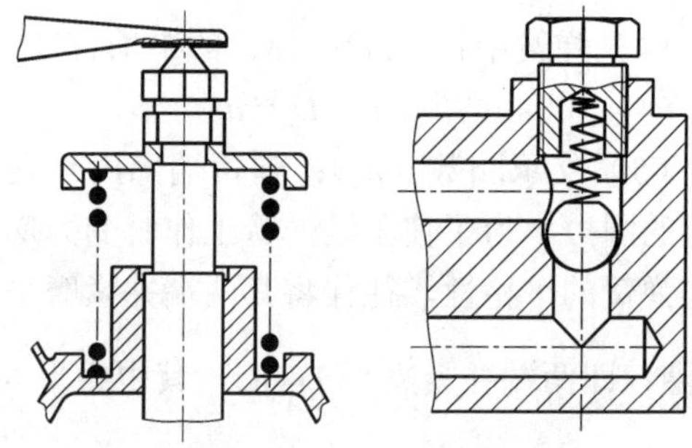

（a）涂黑　　（b）示意

图 16-21　装配图中弹簧画法 2

2．圆柱螺旋压缩弹簧的画图步骤

画图前应确定型材直径 d，弹簧中径 D_2，弹簧节距 t 以及自由高度 H_0 等参数。然后按图 16-22 所示步骤绘制。

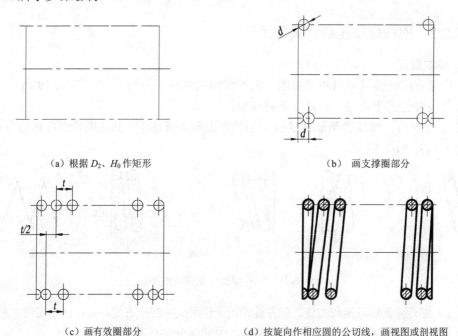

（a）根据 D_2、H_0 作矩形

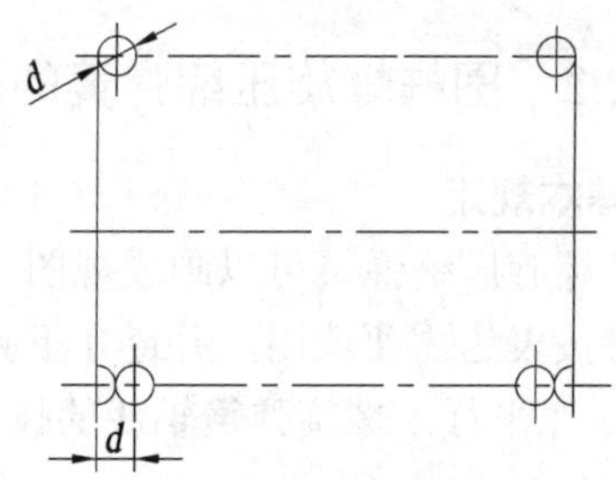

（b）　画支撑圈部分

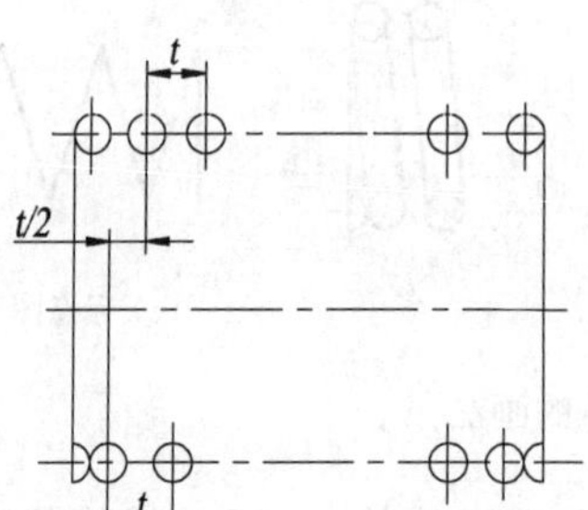

（c）画有效圈部分

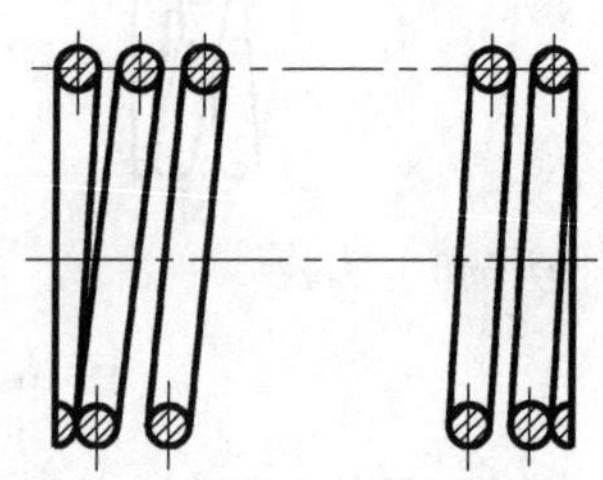

（d）按旋向作相应圆的公切线，画视图或剖视图

图 16-22　弹簧的画图步骤

3．弹簧标记

弹簧的标记格式如下：

| 类型代号 | $d \times D \times H_0$ — | 精度代号 | | 旋向代号 | — GB/T2089 |

例如：YA 型弹簧，簧丝直径 d=1.2 mm，中径 D=8 mm，自由高度 H_0=40 mm，刚度、外径、自由高度的精度为 2 级，左旋的两端圈并紧磨平的冷卷压缩弹簧，其标记为：

YA　1.2×8×40－2 左　GB/T 2089—1994

16.3 滚 动 轴 承

滚动轴承是起支承作用的标准组件，由专门的工厂生产，需要时，可根据要求确定型号，购买即可。滚动轴承具有结构紧凑、摩擦阻力小等特点，在机器设备中被广泛使用。

16.3.1 滚动轴承的结构、分类和标记

1．滚动轴承的结构

绝大多数滚动轴承都是由外圈（或座圈）、内圈（或轴圈）、滚动体，保持架或其他元件组成，如图 16-23 所示。工作时，滚动体在内圈和外圈（或轴圈和座圈）的滚道内滚动，保持架用以隔离滚动体，并防止滚动体相互摩擦与碰撞。

2．滚动轴承的分类

按国家标准规定，滚动轴承的结构类型按承受载荷方向或公称接触角的不同，可分为向心轴承和推力轴承。

（1）向心轴承：主要用于承受径向负荷，如图 16-23（a）所示。

（2）推力轴承：主要用于承受轴向负荷，如图 16-23（b）所示。

另外，根据滚动体的种类可分为球轴承、滚子轴承，滚子轴承按滚子种类又分为：圆柱滚子轴承、滚针轴承、圆锥滚子轴承、调心滚子轴承等。

（a）向心轴承　　（b）推力轴承

图 16-23　滚动轴承

3．滚动轴承的代号

滚动轴承的代号能表示出滚动轴承的结构、尺寸、公差等级和技术性能等特性。滚动轴承的代号用字母加数字组成。国家标准《滚动轴承代号方法》（GB/T 272—1993）规定，轴承代号由基本代号、前置代号和后置代号 3 部分组成。其排列顺序如下：

前置代号	基本代号	后置代号

基本代号表示轴承的基本类型、结构和尺寸，是轴承代号的基础。只要熟悉轴承基本代号的含义，就可识别常用轴承的主要特点。

（1）基本代号的组成

基本代号由轴承类型代号、尺寸系列代号和内径代号 3 部分从左至右顺序排列组成。

① 类型代号

类型代号是由数字或字母表示。数字和字母含义见表 16-2。

表 16-2　滚动轴承的类型

代号	轴承类型	代号	轴承类型
0	双列角接触球轴承	7	角接触球轴承
1	调心球轴承	8	推力圆柱滚子轴承
2	调心滚子轴承和推力调心滚子轴承	N	圆柱滚子轴承
3	圆锥滚子轴承		双列和多列用字母 NN 表示
4	双列深沟球轴承	U	外球面球轴承
5	推力球轴承	QJ	四点接触球轴承
6	深沟球轴承		

② 尺寸系列代号

尺寸系列代号由轴承的宽（高）度系列代号（一位数字）和直径系列代号（一位数字）左右排列组成。它反映了同种轴承在内圈孔径相同时，内、外圈的宽度、厚度的不同级滚动体大小的不同。向心轴承和推力轴承尺寸系列代号见表 16-3。

表 16-3　滚动轴承尺寸系列代号

直径系列代号		向心轴承							推力轴承			
		宽度系列代号							高度系列代号			
	8	0	1	2	3	4	5	6	7	9	1	2
	尺寸系列代号											
7	—	—	17	—	37	—	—	—	—	—	—	—
8	—	08	18	28	38	48	58	68	—	—	—	—
9	—	09	19	29	39	49	59	69	—	—	—	—
0	—	00	10	20	30	40	50	60	70	90	10	—
1	—	01	11	21	31	41	51	61	71	91	11	—
2	82	02	12	22	32	42	52	62	72	92	12	22
3	83	03	13	23	33	—	—	—	73	93	13	23
4	—	04	—	24	—	—	—	—	74	94	14	24
5	—	—	—	—	—	—	—	—	—	95	—	—

尺寸系列代号有时可以省略，除圆锥滚子轴承外，其余各类轴承宽度系列代号“0”均可省略；双列深沟球轴承的宽度系列代号“2”可以省略；深沟球轴承和角接触球轴承的10尺寸系列代号中的“1”可以省略。

③ 内径代号

内径代号表示滚动轴承内圈孔径。内圈孔径称为“轴承公称内径”，因其与孔产生配合，故是轴承的一个重要参数。内径代号见表16-4。

表16-4　滚动轴承的内径代号

轴承公称内径 *d* /mm	内　径　代　号
0.6～10（非整数）	用公称内径毫米数直接表示，在其与尺寸系列代号之间用“/”分开
1～9	用公称内径毫米数直接表示，对深沟及角接触球轴承7、8、9直径系列，在其与尺寸系列代号之间用“/”分开
10～17	00、01、02、03分别表示轴承内径为10、12、15、17 mm
20～480 （22、28、32）除外	公称内径除以5 的商数，商数为个位数，在商数左边加“0”，如06
≥500以及22，28，32	用公称内径毫米数直接表示，在其与尺寸系列代号之间用“/”分开

（2）基本代号示例

【例16-1】 轴承8102的含义：

8——类型代号，表示推力圆柱滚子轴承；

1——尺寸系列，表示01系列（0省略）；

02——内径代号，表示公称内径为15 mm。

【例16-2】 轴承51214的含义：

5——类型代号，表示推力球轴承；

12——尺寸系列代号，表示12系列；

14——内径代号，表示公称内径为70 mm。

关于代号的其他内容可查阅有关手册。

16.3.2　滚动轴承的画法

滚动轴承是标准部件，通常不必画它的零件图，仅在装配图中，国家标准《机械制图 滚动轴承表示法》（GB/T 4459.7—1998）规定了滚动轴承可以用三种画法来绘制，即轴承的通用画法、特征画法和规定画法。前两种属于简化画法，在同一图样中一般只采用这两种简化画法中的一种。

滚动轴承的主要轮廓，按 D，d，B 的真实尺寸绘制。在装配图中，当不需要确切地表达滚动轴承的外形轮廓、载荷特征和结构特征时，可以用矩形线框及位于线框中央的十字形符号表示，如图16-24所示。

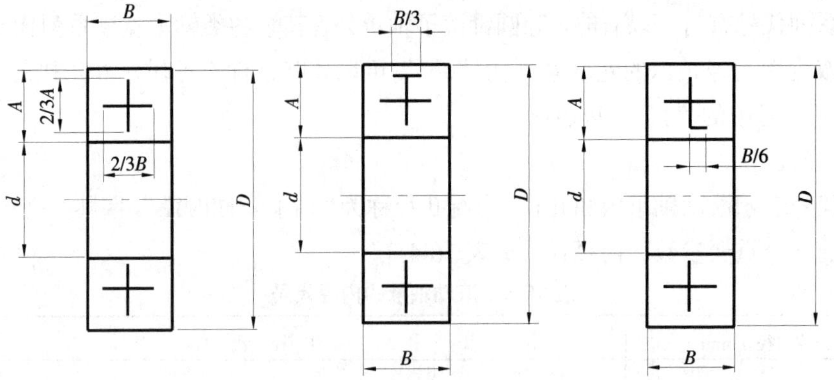

（a）　　（b）外圈无挡边　　（c）内圈有单挡边圈

图 16-24　通用画法

在剖视图中，如需较形象地表示滚动轴承的结构特征时，可采用在矩形线框内画出其结构要素的方法，即轴承的特征视图。在垂直于滚动轴承的投影面的视图上，无论滚动体的形状（球、柱、针等）及尺寸如何，均可按图 16-25 所示的方法绘制。

当需要较真实、形象地表达滚动轴承的结构、形状时，可采用滚动轴承的规定画法。规定画法一般绘制在轴的一侧，另一侧按通用画法绘制。在传动示意图中，滚动轴承则用图 16-26 所示的图形符号绘出。

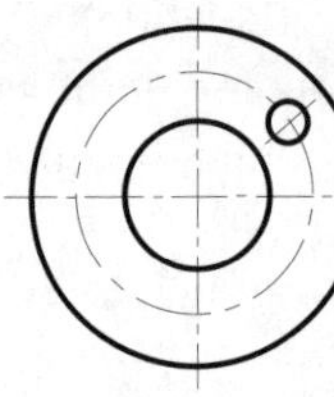

图 16-25　滚动轴承轴线垂直于投影面的特征画法

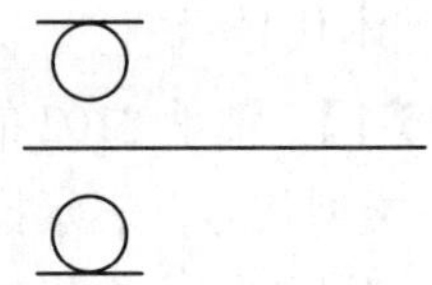

图 16-26　滚动轴承的图形符号

常见滚动轴承的规定画法和特征画法见表16-5。

表 16-5　常见滚动轴承的规定画法和特征画法

轴 承 类 型	特 征 画 法	规 定 画 法
深沟球轴承	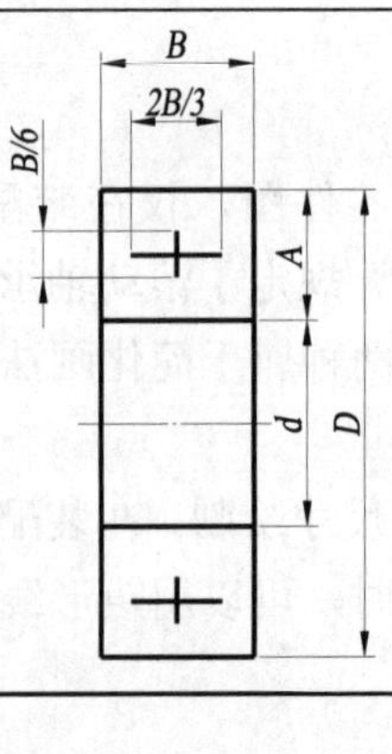	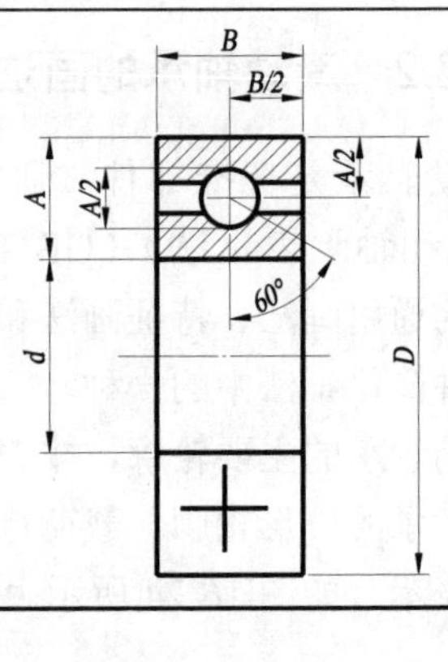

续表

轴 承 类 型	特 征 画 法	规 定 画 法
推力球轴承	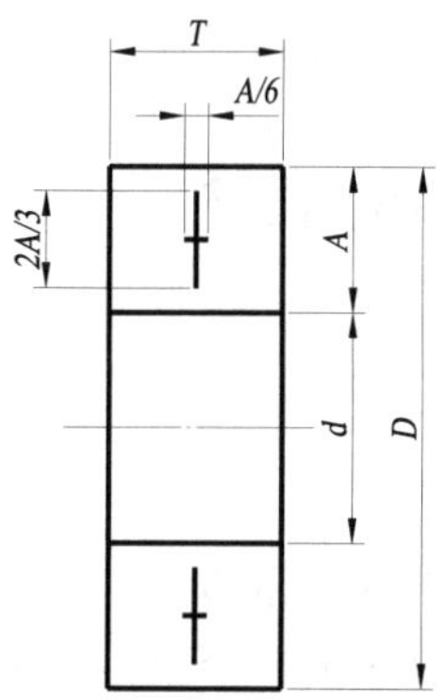	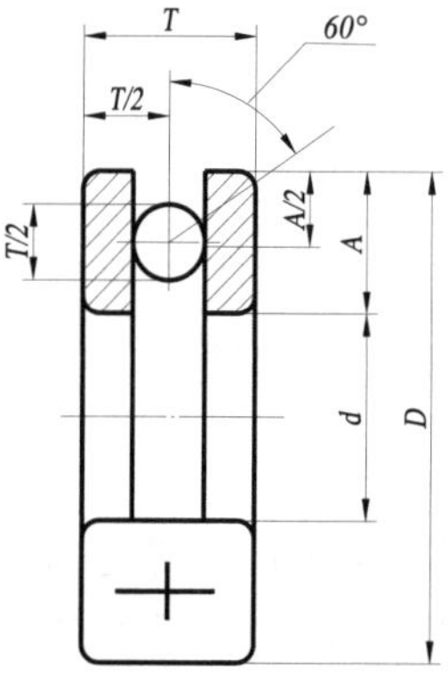
圆锥滚子轴承	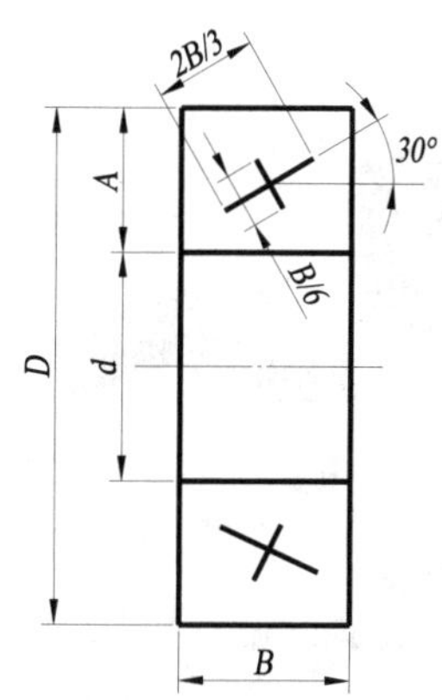	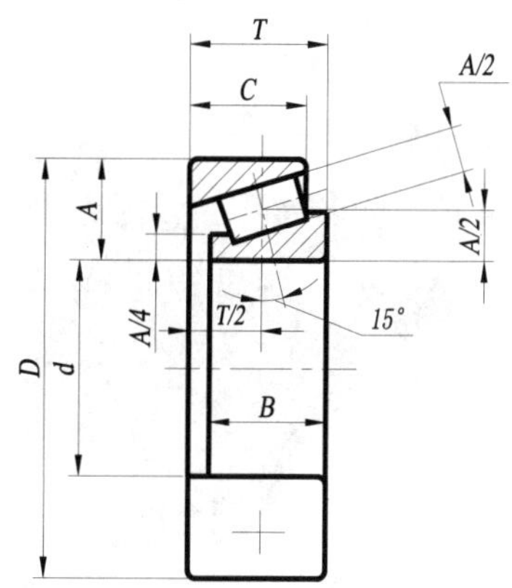

第 17 章　零　件　图

17.1　零件的表达

17.1.1　概 述

1. 零件的分类

任何机器或部件都是由若干零件按一定要求装配而成的。如图 17-1 所示，齿轮泵是柴油机的一个部件，通过它可以将低压油变为高压油送至柴油机各部分进行润滑或冷却。该齿轮泵共由 20 种零件组成。

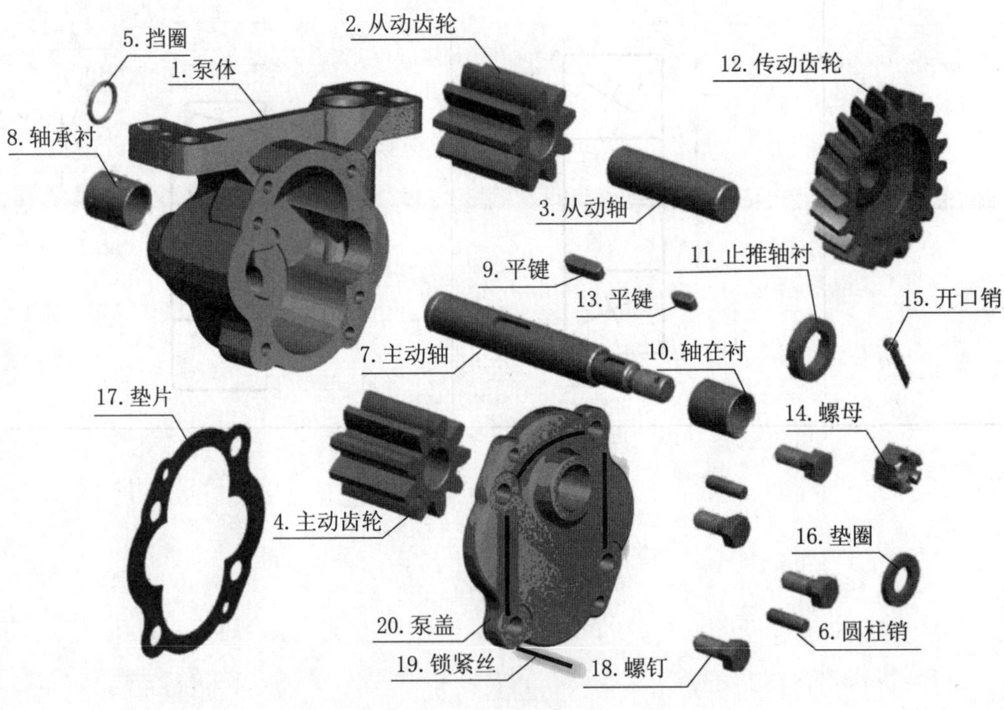

图 17-1　齿轮泵装配图

（1）标准件：常见的标准件有紧固件（如螺栓、螺柱、螺钉、螺母、垫圈……）、键、销、滚动轴承等。图 17-1 所示齿轮泵中共有 8 种标准件，它们是件 5（挡圈）、件 6（圆柱销）、件 9 和件 13（平键）、件 14（螺母）、件 15（开口销）、件 16（垫圈）、件 18（螺钉）。它们在机器中主要起零件间的定位、连接、支承、密封等作用。这些标准件由专业厂家生产，供应市场。设计时只需根据已知条件查阅相关标准，就能获得标准件的全部尺寸。因此，不必绘制它们的零件图。

（2）非标准件：凡需自行设计、制造的零件，称为非标准件。齿轮泵中共有 12 种非标准件，它们是件 1（泵体）、件 2（从动齿轮）、件 3（从动轴）、件 4（主动齿轮）、件 7（主动轴）、件 8 和件 10（轴承衬）、件 11（止推轴衬）、件 12（传动齿轮）、件 17（垫片）、件 19（锁紧丝）和件 20（泵盖）。这些非标准件必须设计和绘制零件图，以供生产制造。

根据零件的结构和加工方法上的特点又可分为以下几种。

（1）轴、套类零件：常见的有主轴、心轴、传动轴和轴衬等。如图 17-1 中的从动轴（件 3）、主动轴（件 7）、轴承衬（件 8 和件 10）。

（2）轮、盘类零件：常见的有齿轮、皮带轮、手轮、法兰盘和端盖等。如图 17-1 中的从动齿轮（件 2）、主动齿轮（件 4）、传动齿轮（件 12）、泵盖（件 20）等。

（3）叉、架类零件：常见的有拨叉、连杆、拉杆和支架等。在机器的变速系统和操纵系统中使用。

（4）箱体类零件：是机器或部件的主体零件，常见的有变速箱体、床身、泵体、阀体等。如图 17-1 中的泵体（件 1）。

2. 零件图的作用和内容

生产中直接用以指导零件生产和检验的图样，称为零件工作图，简称零件图。图 17-2 是图 17-1 中齿轮泵主动轴的零件图。根据生产的要求，零件图提供零件成品生产的全部技术资料，如零件的结构形状、尺寸大小、质量、材料、应达到的技术要求等。

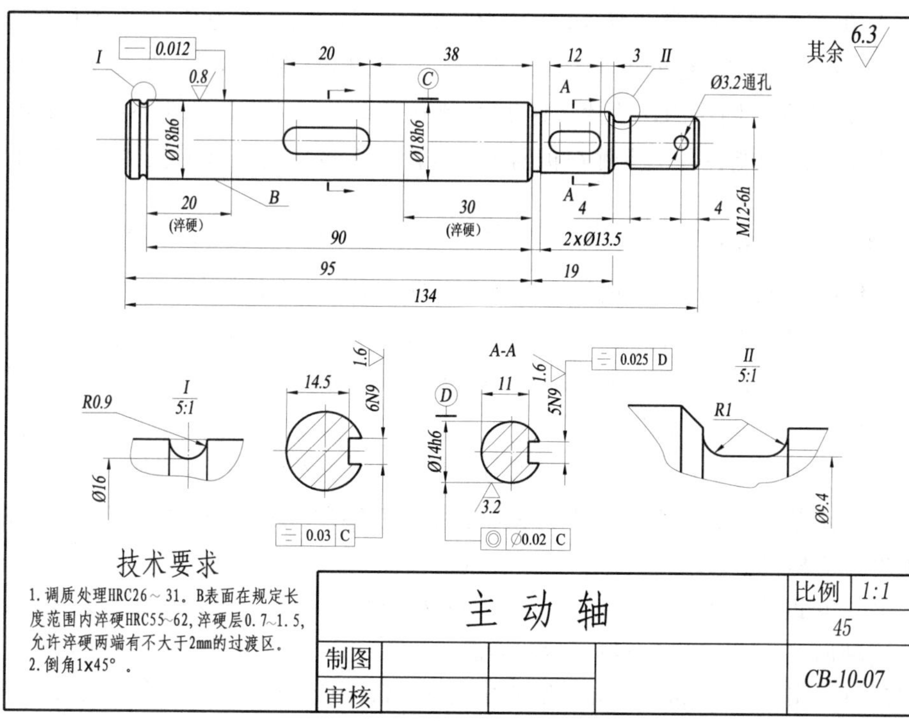

图 17-2　齿轮泵主动轴零件图

一张完整的零件图应当包含以下几个方面的内容。

（1）一组图形：用视图、剖视图、断面图和其他表达方法等组成的一组图形来正确、完整、清晰地表达零件的内外结构形状。

（2）必要的尺寸：能确定零件各部分的形状大小及其相互位置关系所必需的全部尺寸。

（3）技术要求：规定零件在制造和检验中所应达到的技术要求，如尺寸公差、形状和位置公差、表面粗糙度、热处理、表面处理等。

（4）标题栏：填写出零件的名称、数量、材料、绘图比例、设计者、图号等项内容。

17.1.2 零件的结构分析

机器或部件是由零件组成，每个零件在机器中起一定的作用。零件的结构形状、尺寸大小，技术要求以及零件间的相互位置关系，都是由零件在机器中的作用和生产零件的工艺所决定。因此，了解机器功能和制造工艺对零件结构的影响和要求，称为零件的结构分析。零件的结构分析通常包含零件的功能分析、工艺结构分析和形体分析 3 个方面。

1. 零件的功能分析

零件的功能分析，就是分析和研究零件在机器中的作用，以及这些作用对零件结构所产生的影响。一般说来，零件在机器中可起传动、支承、定位、连接、密封、安全等作用。如图 17-1 中的齿轮泵，齿轮（件 2、件 4、件 12）和轴（件 3、件 7）起传递运动和扭矩的作用，轴承衬（件 8、件 10）、泵体（件 1）和泵盖（件 20）起支承作用，螺栓（件 18）、螺母（件 14）、垫圈（件 16）、键（件 9、件 13）、销（件 6、件 15）和挡圈（件 5）起定位、连接和紧固作用，垫片（件 17）起密封作用，锁紧丝（件 19）起安全作用。机器的种类繁多，功能各异，零件在机器中的作用一定要结合具体的机器和零件作具体分析。

2. 零件的工艺结构分析

机器零件都是通过铸造、锻造和机械加工制成。常用的零件加工方法有以下几种。

① 铸造：将金属融化后注入型腔，凝固后形成与型腔同形的铸件的成形加工方法。这种方法能制造结构复杂的零件，应用广泛，生产效率高而成本低。常用的有砂型铸造、金属型铸造、压力铸造和熔模铸造等。

② 锻造：使金属坯料在冲击力或静压力作用下产生塑性变形的成形加工方法。在锻造成形的同时也使零件的组织变化，机械性能达到一定的技术要求。锻造可按是否使用锻模而分为模型锻造和自由锻造。

③ 冲压：借助模具对板料施加外力，迫使其按模具形状发生分离或塑性变形的成形加工方法。这种加工方法省工、省料、生产率高。

④ 焊接：通过加热或加压，或二者并用，使两体之间产生原子间结合力而合为一体的加工方法。这种方法既可用于生产零件，也可用于将零件相互永久连接，具有连接坚固可

靠、施工方便的特点。

⑤ 切削加工：利用切削工具（包括刀具、磨具和磨料）从毛坯上去除多余材料的成形加工方法。切削加工是非常重要的加工方法，使用广泛，能使零件获得很精确的几何形状、尺寸和较高的表面质量。切削加工常分为车、铣、刨、钻、磨、钳和特种加工等多种。

⑥ 热处理：固态下将金属零件加热到一定温度，在该温度下保持一定时间，然后以选定的方式和速度冷却，使其材料获得所需组织，改变机械性能的加工方法。

⑦ 表面处理：为提高零件表面的机械性能、抗腐蚀性和使表面美观而对零件表面进行的加工处理。

⑧ 塑料成形：将各种形态的塑料（粉料、粒料、溶液、糊料或分散体）加热、加压模塑成零件或毛坯的成形加工方法。塑料成形可以再细分为压塑、注塑、挤塑、吹塑、压延和压铸等方法。

在设计和绘制零件图时，必须考虑铸、锻和机械加工等的一些特点，使所绘零件图符合加工要求。下面介绍一些常见的铸造和机械加工工艺结构。

（1）零件的铸造工艺结构

铸造件的砂型铸造过程是，先用木材或容易加工成形的材料，按零件的结构形状和尺寸，制作成模型，将模型放置于填有型砂的砂箱中，将型砂压紧后，从砂箱中取出模型，再用融化的金属液浇铸在砂箱中原模型占据的空腔中，冷却后，即可得到铸件的毛坯。根据铸造工艺要求，铸件结构应考虑下列问题。

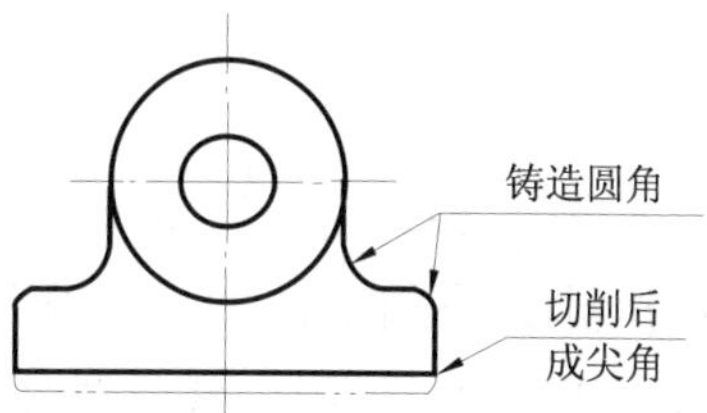

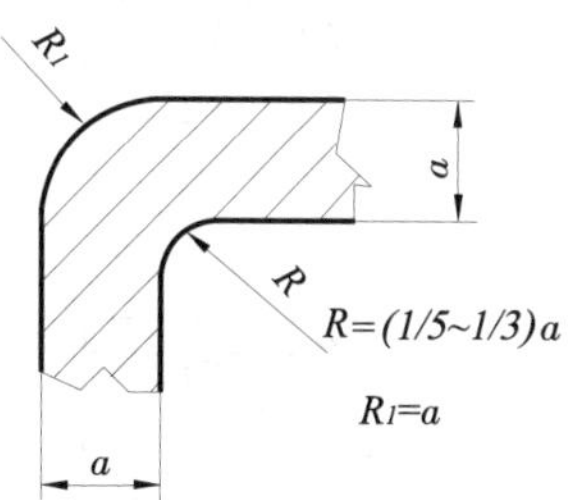

图17-3 铸造圆角

① 铸造圆角：为了防止尖角处在浇铸时砂型落砂，同时还避免浇铸后铸件冷却时在转角处因应力集中而产生裂纹，因而在铸件的表面相交处要做成圆角，这种圆角称为铸造圆角，如图 17-3 所示。铸造圆角经切削加工后变为尖角。

由于铸件或锻件的两表面间有铸造圆角或锻造圆角存在，致使零件的表面交线（截交线或相贯线）变得不够明显，这时的表面交线称为过渡线。为了便于看图时区分不同的表面，在图纸上应画出这种过渡线。过渡线的求法与没有铸造圆角时交线的求法完全相同，只是在表达上有三点差异，如图 17-4 所示。

- 过渡线只能画到两表面轮廓的理论交点为止，而不能与铸造圆角轮廓相接触。
- 当两曲面的轮廓相切时，过渡线在切点附近应当断开。
- 国标规定过渡线用细实线表示。

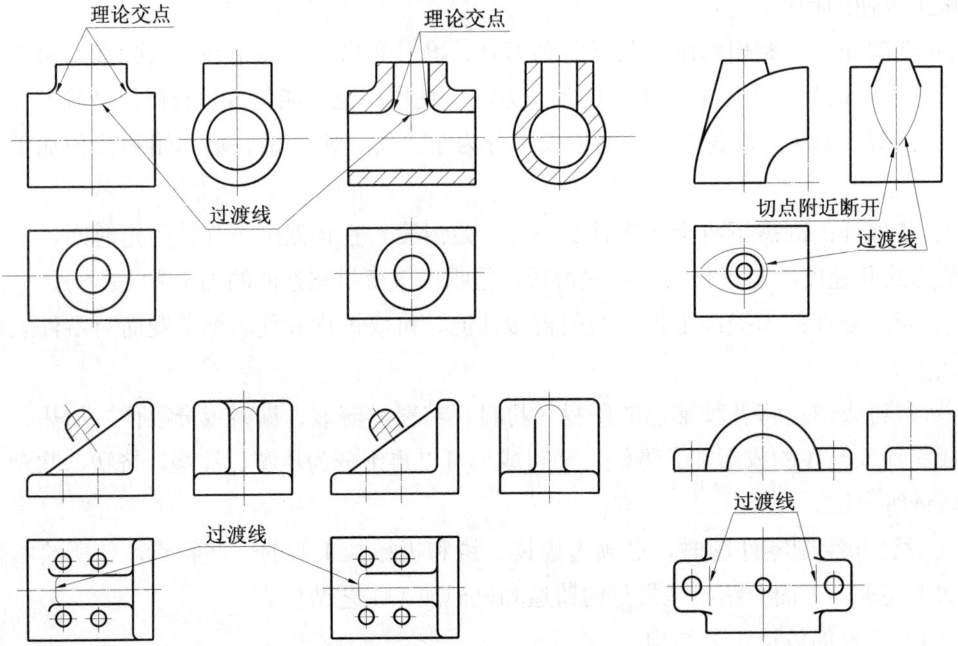

图 17-4 过渡线的画法

② 拔模斜度：造型时为使模型易于从砂型中拔出，模型在顺拔模方向的表面应做有拔模斜度，如图 17-5（b）所示。拔模斜度的大小，木模为 1°～3°，金属模用手工造型时为 1°～2°，用机械造型时为 0.5°～1°。绘制零件图中，拔模斜度一般不画出，必要时，可在技术要求中说明。

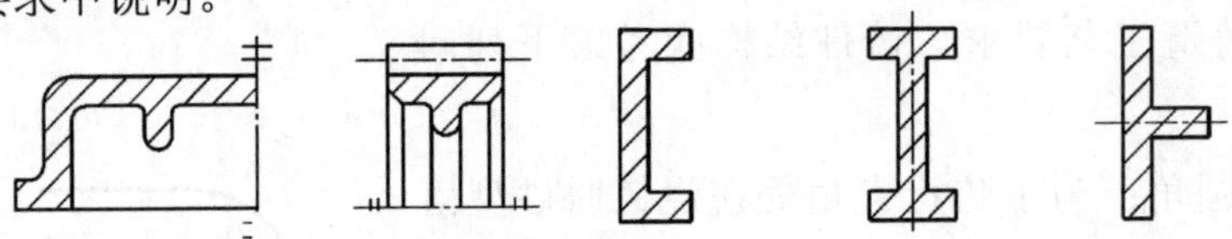

（a）无拔模斜度

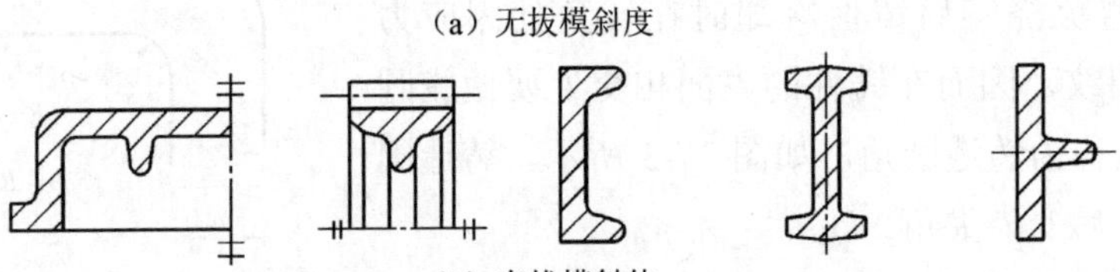

（b）有拔模斜体

图 17-5 铸造拔模斜度

③ 最小壁厚：为保持液态金属的流动性，不致在未充满砂型之前就凝固，铸件的壁厚应不小于表 17-1 所列数值。

表 17-1 铸件的最小壁厚

铸造方法	铸件尺寸	灰铸铁	铸钢	可锻铸铁	铝合金	铜合金
砂型	<200×200	～6	8	5	3	3～5
	200×200～500×500	7～10	10～12	8	4	6～8
	>500×500	15～20	15～20		6	

④ 壁厚均匀：若铸件壁厚不均匀，则冷却速度不一致。壁薄的地方先冷却凝固，而壁厚的地方后冷却时则没有足够的液态金属来补充，容易形成缩孔或裂纹。因此，设计铸件时要求如下。

- 各处壁厚一致，防止局部肥大。设计时可用作内切圆的方法来检查壁厚是否均匀，只要所作内切圆的直径差不大于 20%～25%就可以，如图 17-6 所示。
- 内部的壁厚应适当减少一些，使整个铸件能均匀冷却，如图 17-7 所示。

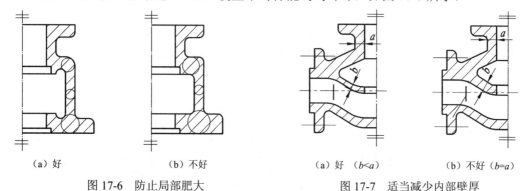

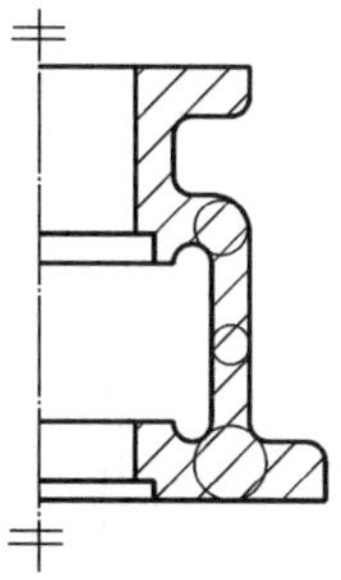

（a）好　　（b）不好

图 17-6　防止局部肥大

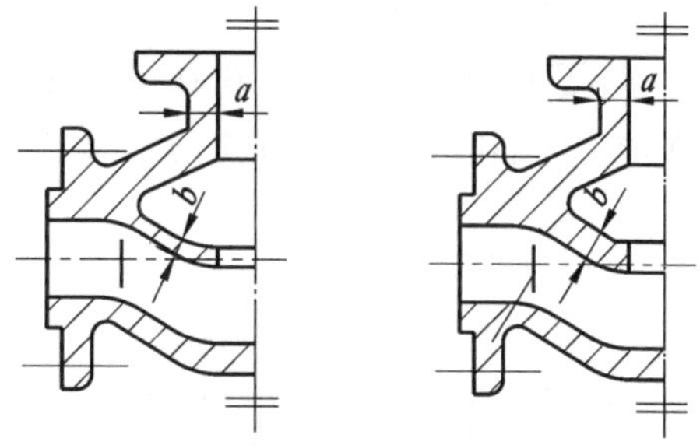

（a）好 （$b<a$）　　（b）不好（$b=a$）

图 17-7　适当减少内部壁厚

- 不同壁厚的连接处要逐渐过渡，如图 17-8 所示。
- 当需要增加壁厚时，可采用图 17-9（a）加肋的办法，而不要像图 17-9（b）那样单纯地增加壁厚。肋的厚度通常为壁厚的 0.7～0.9 倍，其高度不大于壁厚的 5 倍。

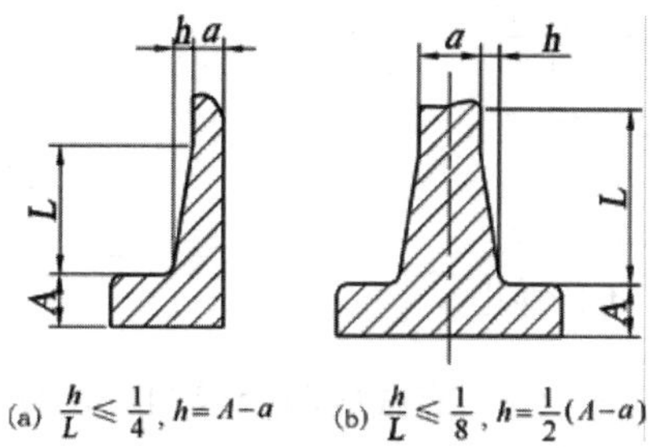

（a）好　　（b）不好

图 17-8　不同壁厚逐渐过渡

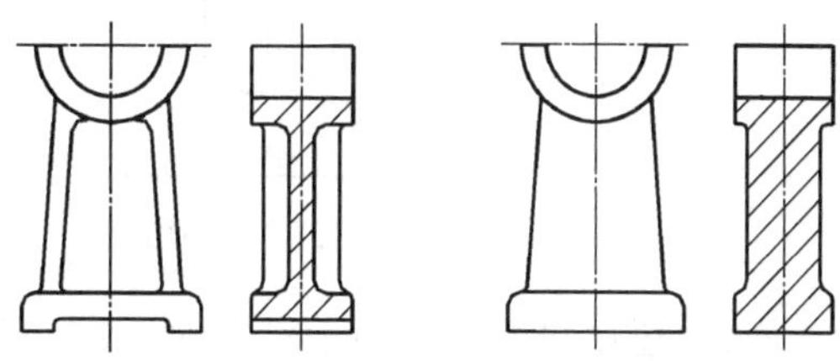

（a）好　　（b）不好

图 17-9　用加肋来增加壁厚

（2）零件的机械加工工艺结构

① 倒角：零件上两表面的相交处经切削加工后变为尖角，这既不便于装配，运输时也易损坏零件表面或划伤皮肤。因此，常在两加工表面的相交处做成倒角，如图 17-10 所示。

② 倒圆：零件上两表面的相交处若切削成尖角，则在某些情况下易产生应力集中而使零件遭到破坏。为提高零件的强度，常在零件表面的连接处做成倒圆，如图 17-11 所示。

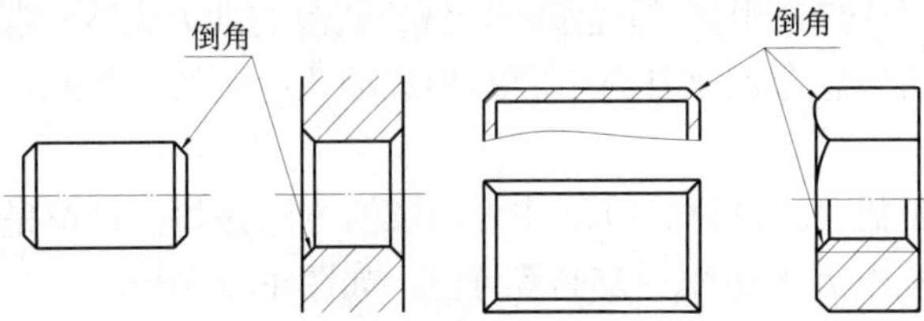

图17-10 倒角

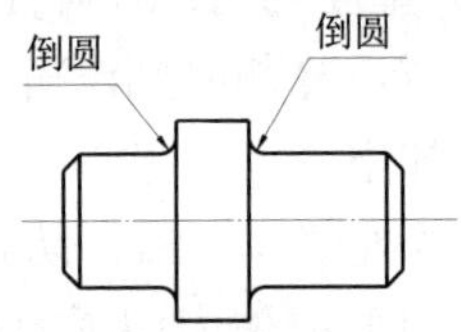

图17-11 倒圆

③ 退刀槽和越程槽：在加工零件的某一表面时，为使加工到头、又易于退出刀具，常在加工表面的台肩处预先加工出退刀槽和越程槽，如图 17-12 所示。

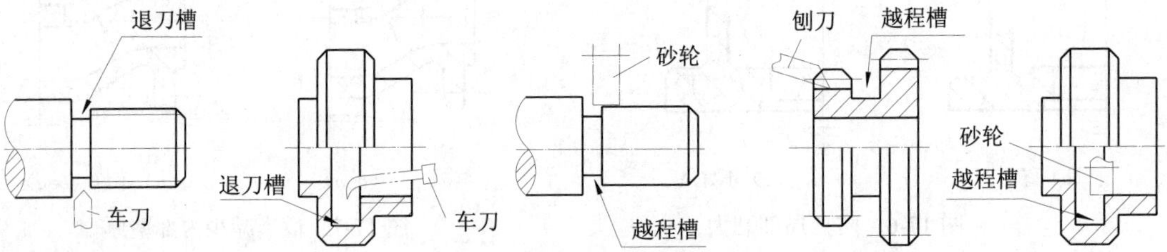

图 17-12　退刀槽和越程槽

④ 钻孔：用钻头钻不通孔时，孔的末端应画成 120° 的锥坑，如图 17-13 所示。图 17-14 表示用不同直径的钻头钻成的阶梯孔。

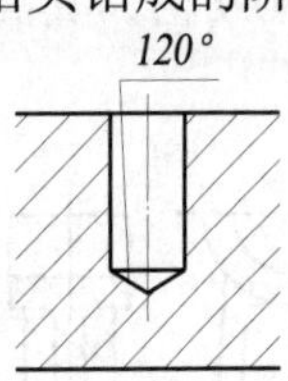

图17-13 不通孔

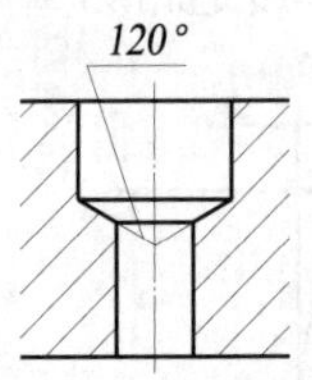

图17-14 阶梯孔

如果要在斜面或曲面上钻孔时，应先将斜面或曲面削平或做成凸台或凹坑，使钻头垂直于被钻零件的表面再进行钻孔，如图 17-15 和图 17-16 所示。这样可避免在加工中折断钻头，并能保证钻孔的位置精度。

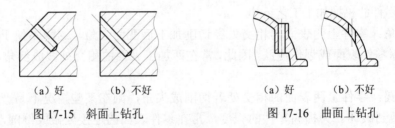

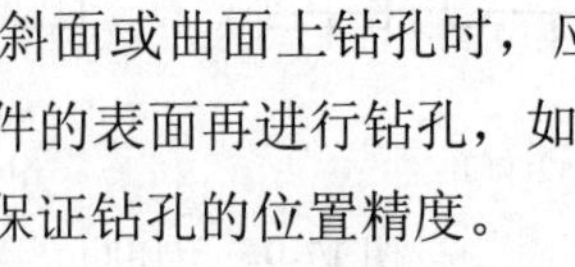

（a）好　　（b）不好

图 17-15　斜面上钻孔

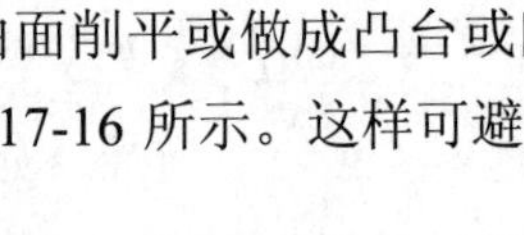

（a）好　　（b）不好

图 17-16　曲面上钻孔

⑤ 凸台和凹坑：在机器中两零件互相接触的表面需要进行切削加工。为了保证装配质量，使两零件接触良好，通常需要在零件表面上做出凸台、凹坑或通槽，以减少两零件的接触面积或加工面，如图 17-17 所示。

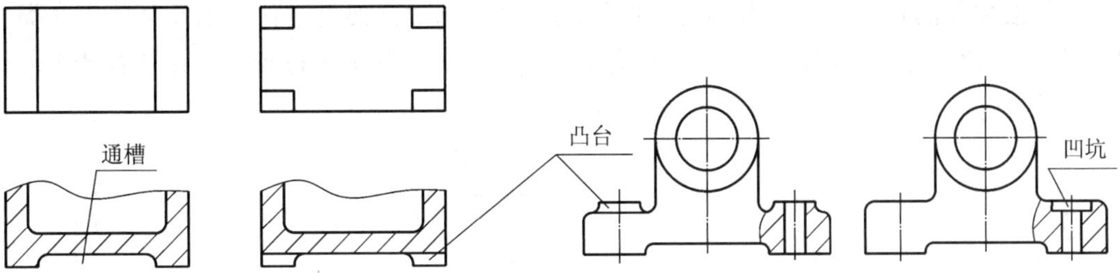

图 17-17　凸台和凹坑

3．零件的形体分析

不管设计和制造对零件的结构有何要求，从几何角度来看，零件也是几何体。因而，可以用形体分析法来分析零件的各部分结构是一些什么样的几何形体，从而可直接利用它来进行零件的画图和读图。

17.1.3　零件表达方案的选择

零件图要求正确、完整、清晰地表达出零件的全部结构，同时要力求画图简单，读图方便。因此，必须根据零件的结构特点选择一个较好的表达方案。零件表达方案的选择，包括主视图的选择、视图数目的选择和表达方法的选择。

1．主视图的选择

主视图是最重要的一个基本视图。在表达零件的结构形状时，首先要选择好主视图。主视图的选择，包括零件安放位置的选择和主视图投影方向的选择。

（1）零件安放位置的选择

① 按零件的加工位置放置：主视图所表示的零件位置最好与零件在机床上加工的装夹位置一致，以利于看图和生产。

轴套类零件和轮盘类零件都是按加工位置放置，即在主视图中将零件的轴线水平画出，如图 17-18 和图 17-19 所示。这是因为轴套类零件和轮盘类零件主要是在车床和磨床上加工，装夹位置都是将零件的轴线水平放置。

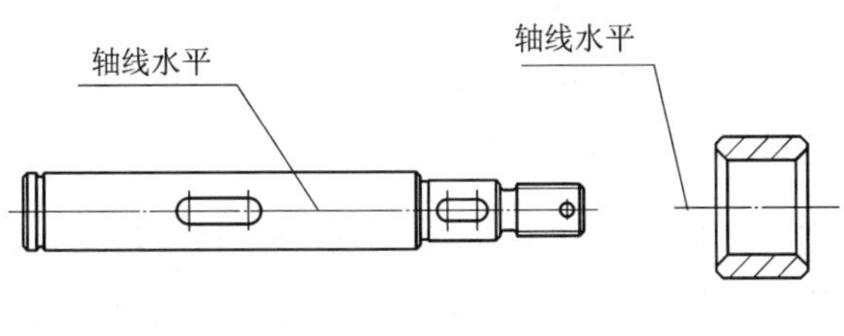

（a）主动轴　（b）衬套

图 17-18　轴套类零件按加工位置放置

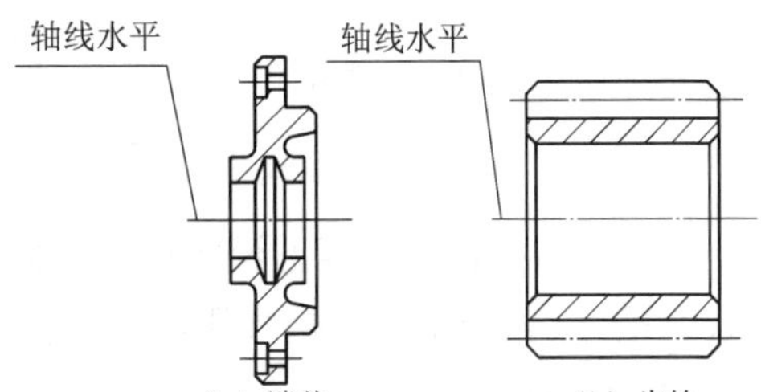

（a）端盖　（b）齿轮

图 17-19　轮盘类零件按加工位置放置

② 按零件的工作位置放置：有些零件加工面多，需要在各种不同的机床上加工，加工时装夹位置又各不相同。这时可将主视图所表示的零件位置与零件在机器中的工作位置一致，即按零件的工作位置放置。箱体类零件多按工作位置放置，如图 17-20 所示。

③ 按零件的自然位置放置：有一些运动零件（例如叉架类零件）以及某些箱体类零件，其工作位置往往不固定，而加工装夹位置又多，无法从加工位置和工作位置考虑，这时可按零件的自然位置放置，如图 17-21 和图 17-22 所示。

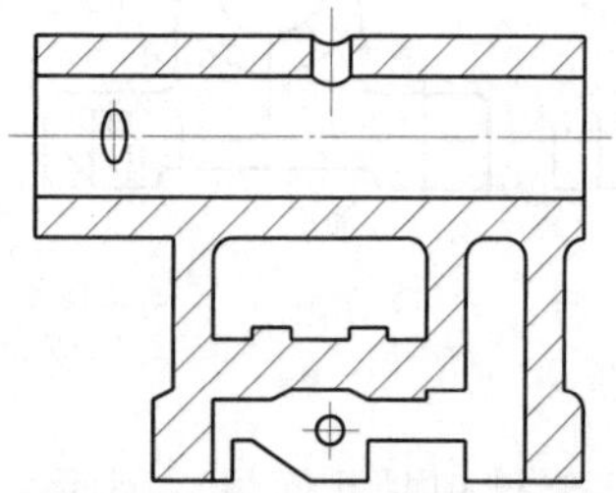

图 17-20　箱体类零件按工作位置放置图

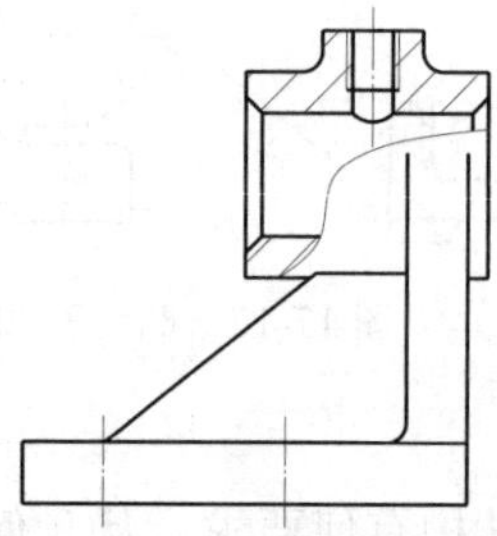

图 17-21　箱体类零件按自然位置放置图

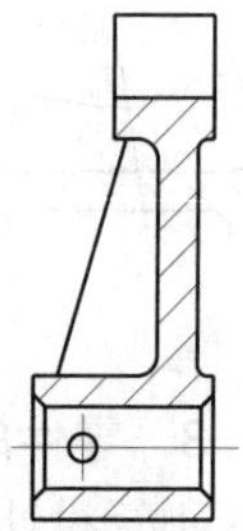

图 17-22　叉架类零件按自然位置放置

（2）主视图投影方向的选择

主视图的投影方向应按形体特征来选择，即在零件的安放位置确定之后，以最能反映零件的各部分结构形状及其相互位置关系的方向作为主视图的投影方向。

图 17-23 表示主动轴主视图投影方向的选择。图 17-23（a）为主动轴。图 17-23（b）、（c）是分别从 *E*、*F* 方向投影所得到的两个基本视图。图 17-23（b）反映了主动轴的各部分结构形状及其相互位置关系，故 *E* 方向可选作主视方向。

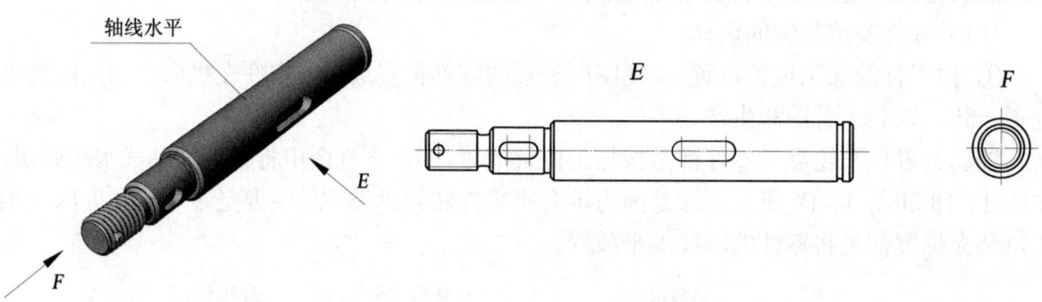

（a）主动轴　（b）好　（c）不好

图 17-23　主动轴主视图投影方向的选择

图 17-24 表示支座主视图投影方向的选择。图 17-24（a）为支座。图 17-24（b）、（c）是分别从 *E*、*F* 方向投影所得的基本视图，它们都可反映支座的各部分结构形状及其相互位置关系，故都可选作主视方向。

按照形体特征选择主视图时，还要注意考虑使其他基本视图的虚线最少和合理利用图纸幅面两个方面。以图 17-24 为例，若图纸横放，则选图（b）作主视图较合理；若图纸竖放，则选图（c）作主视图较好。

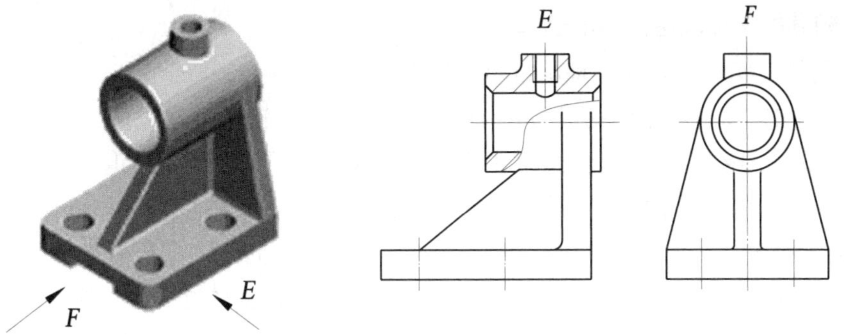

（a）　（b）　（c）

图 17-24　支座主视图投影方向的选择

2. 视图数目的选择

在主视图选定之后，还应采用形体分析法来确定视图数目。

（1）如零件为棱锥、棱柱等基本形体（如图 17-25 所示），一般用两个基本视图就能表达清楚。如零件为圆锥、圆柱、圆球和圆环等基本回转体（如图 17-26 所示），标上直径尺寸 Ø 后则只需一个基本视图。如零件由同轴线或轴线相互平行的回转体组成，标上各回转体的直径尺寸 Ø 后也只要一个基本视图就可以表达清楚了。

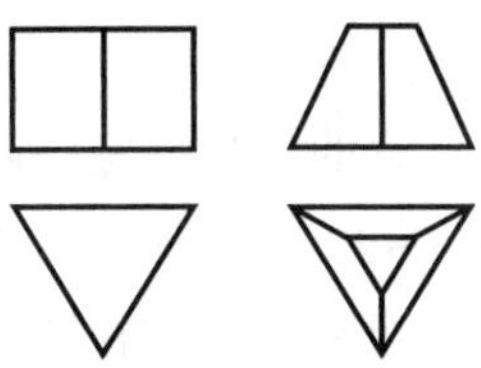

（a）棱柱　（b）棱锥

图17-25 基本形体的视图数目

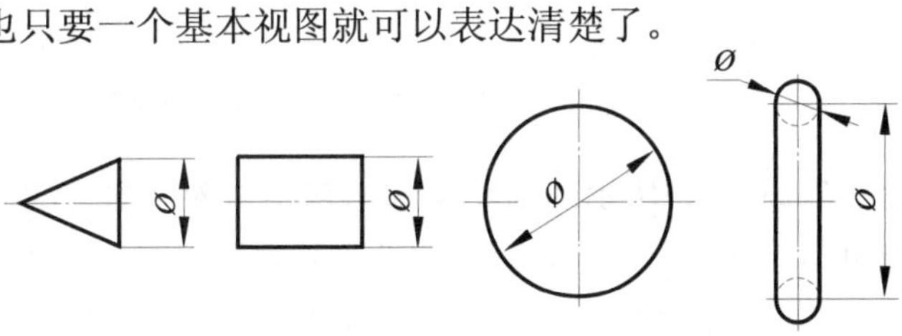

（a）圆锥　（b）圆柱　（c）圆球　（d）圆环

图17-26 基本回转体的视图数目

（2）如零件为组合体，则需要用形体分析法将其分解为若干基本形体，然后再确定整个零件的视图数目。

需要说明的是：按形体分析法所确定的仅仅是完整地表达零件结构所必需的视图数目。为了清晰地表达零件的结构，还必须采用各种表达方法，特别是采用剖视的方法来表达零件的内部结构。因此，在进行表达方法的选择时，视图的数目往往还要发生变化。

3. 表达方法的选择

表达方法包括视图、剖视图、断面图、局部放大图、简化画法和其他规定画法等。为了完整、清晰地表达一个具体零件，究竟采用何种表达方法为宜，则需要进行认真地选择。表达方法选择是否得当，将直接影响表达的清晰和视图的数目。

17.1.4　各类典型零件表达方案的选择

根据零件的结构和加工方法上的特点，零件可分为轴套类、轮盘类、叉架类和箱体类，同类零件在表达方案上具有共同的特点。

1. 轴套类零件表达方案的选择

常见的轴、阀杆、套筒、轴承衬等，属于轴套类零件。

如图 17-27（a）所示的齿轮泵主动轴是用来安装齿轮，并通过齿轮传动来传递运动和扭矩。它的主要结构是由同轴线的 3 段圆柱组成，上面切有倒角、退刀槽、越程槽、螺纹、键槽、销孔和档圈槽等。主动轴属于轴套类零件，按加工位置将其轴线水平横放，并选用E向为主视方向。由于组成主动轴的3段圆柱同轴线，标上各段圆柱的直径尺寸后只要一个视图（主视图）就表达清楚了。其表达方案的选择如图 17-27（b）所示，用一个主视图表达主动轴的主要结构，两个移出断面表达两处键槽，局部放大图I、II分别表示档圈槽和退刀槽。

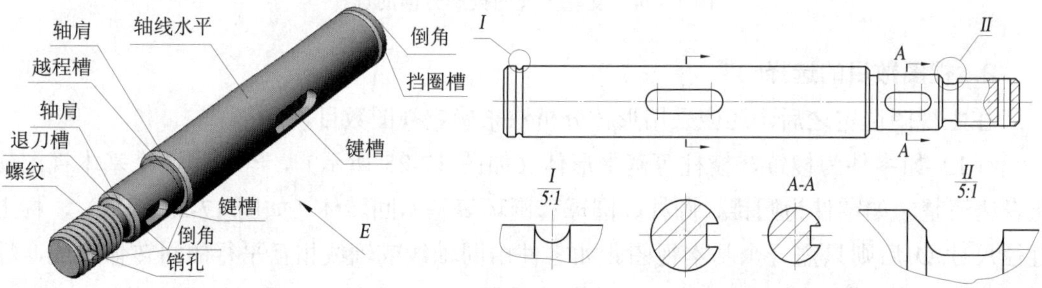

（a）结构分析　　（b）表达方案

图 17-27　主动轴表达方案的选择

如图 17-28（a）所示的齿轮泵轴承衬是用来支承主动轴的。它的结构为空心圆柱，其上切有倒角。轴承衬属于轴套类零件，其表达方案的选择如图 17-28（b）所示。将其轴线水平横放，选用E向为主视方向，在标注上直径尺寸后只需要一个视图（主视图）就可以表达清楚了。主视图画成全剖视图，用以表达轴承衬的内孔。

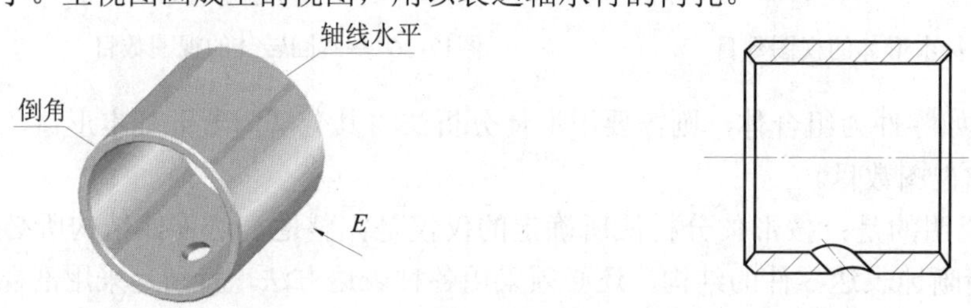

（a）结构分析　　（b）表达方案

图 17-28　轴承衬表达方案的选择

综上所述，轴套类零件的主要结构，一般是由同轴线的圆柱组成，常按加工位置将其轴线水平横放，并采用与轴线垂直的方向为主视方向。一般用一个基本视图表示其主要结构，这个基本视图根据需要也可画成剖视图，再采用一些断面图、局部剖视图、局部放大图来补充表达其次要结构。

2. 轮盘类零件表达方案的选择

常见的齿轮、皮带轮、手轮、端盖和法兰盘等属轮盘类零件。

如图 17-29（a）所示齿轮泵泵盖用来支承主动轴，并和泵体结合形成工作油室。它的主要结构是由形体 *I* 、锥台 *II* 叠加而成，其上面切有沉孔 *III*，销孔 *IV* 和卸压槽 *V*。齿轮泵泵盖属于轮盘类零件，其表达方案的选择如图 17-29（b）所示。按加工位置将其内孔轴线水平放置，并选用 B 向为主视方向。由形体分析可知，形体 *I* 和锥台 *II* 需要主、左视图，因此，整个泵盖零件也只需要主、左视图两个基本视图。主视图采用旋转剖的方法画成 *A—A* 全剖视图以表示主要结构，再选用一个左视图补充表达形体 *I* 、*II* 的形状及孔 *III*、*IV*、*V* 的相互位置关系。

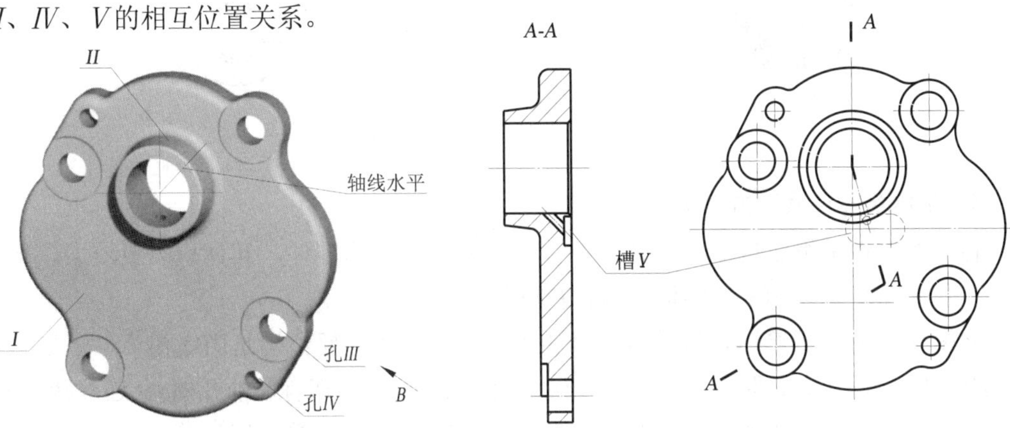

（a）结构分析　　（b）表达方案

图 17-29　泵盖表达方案的选择

综上所述，轮盘类零件的主要结构是回转体，并具有退刀槽、倒角、键槽、轮幅、销孔等结构。其主要工序是在车床和磨床上加工，可按加工位置将其轴线水平放置，并选用与轴线垂直的方向为主视方向。一般需要用 1～2 个基本视图来表达其主要结构，并选用局部视图、断面图、局部放大图等来补充表达某些次要结构。

3. 叉架类零件表达方案的选择

常见的连杆、拨叉、拉杆和支架等属叉架类零件。

如图 17-30（a）所示的拨叉是用来拨动变速齿轮实现变速。它的主要结构是由半圆柱 *I* 、壁板 *II*、肋板 *III* 和空心圆柱 *IV* 叠加而成，形体 *IV* 上钻有小孔 *V*。拨叉属于叉架类零件，其表达方案的选择如图 17-30（b）所示。按自然位置将其对称平面放置平行于正面投影面，并选用 *A* 向为主视方向。由形体分析可知，形体 *I* 、*II*、*III*、*IV* 需要主、左视图，因此，整个拨叉零件也只需要主、左两个基本视图。主视图画成全剖视图以表达主要结构；左视图补充表达主要结构，并画成局部剖视图来表示小孔；移出断面表示肋板 *III* 的断面形状。

综上所述，叉架类零件的结构多为不规则，常按自然位置放置来画主视图。通常需要用 1 或 2 个基本视图来表达主要结构。由于这类零件的结构不规则，常采用一些局部视图、局部剖视图、斜视图或斜剖视图、断面图等来补充表达其次要结构。

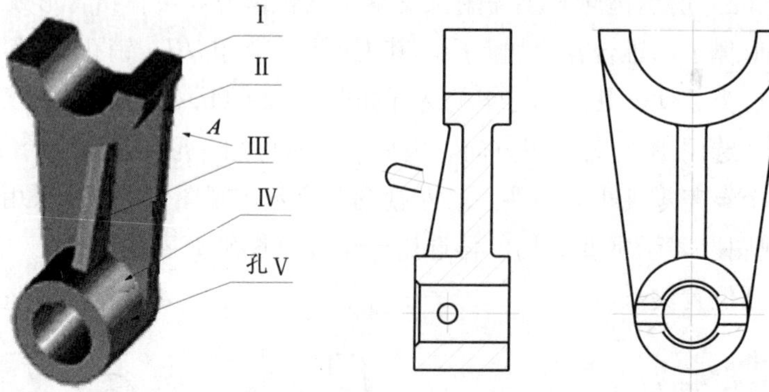

图 17-30　拨叉表达方案的选择

4. 箱体类零件表达方案的选择

箱体类零件是组成机器的主体零件，多用来安装其他零件。其体积一般较大，结构复杂，常见的阀体、泵体、箱体、床身等都属于箱体类零件。

如图 17-31 所示箱体是蜗轮减速器的主体零件。其主要结构是由底板 *I* 、矩形凸台 *II* 和 *III*、圆柱 *IV* 和 *V* 、肋 *VI* 、凸台 *VII* 等叠加而成。其上面切有放油孔槽 *a*、连接螺孔 *b* 和 *e*、油孔 *c* 和安装孔 *d*。箱体表达方案的选择如图 17-32 所示。箱体属于箱体类零件，可按工作位置将其底面放置于平行于水平投影面，并选用 *G* 向为主视图方向。

由形体分析可知，形体 *I* 需要主、俯视图，形体 *II* 、*III*、*IV*、 *V* 、*VI*、*VII* 需要主、左视图，故整个箱体需要主、俯、左 3 个基本视图。由于箱体的内部结构复杂，采用剖视后其视图数目将发生变化。主视图画成全剖视图，俯视图画成 *C*—*C* 半剖视图，左视图画成 *D*—*D* 局部剖视图，用以表达零件的主要结构。由于主、左视图画成了剖视图，凸台 *VII* 和放油孔槽 *a* 变得不清楚，故选用 *A* 向和 *B* 向两个局部视图补充表达放油孔槽 *a* 和凸台 *VII*。此外，还采用 *E* 向和 *F* 向两个局部视图来补充表达底板 *I* 的形状以及肋 *VI* 的位置。

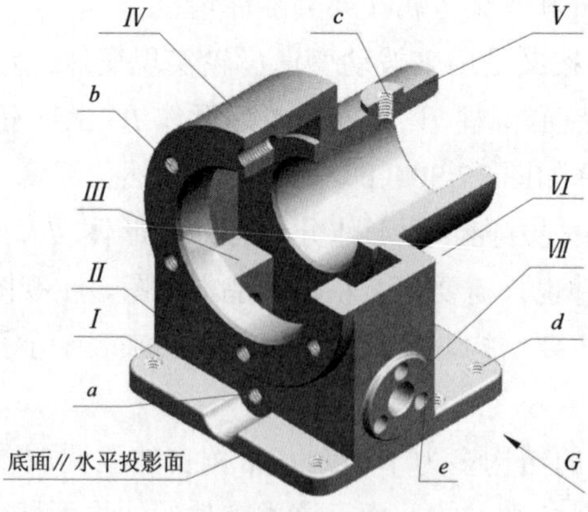

图 17-31　箱体的结构分析

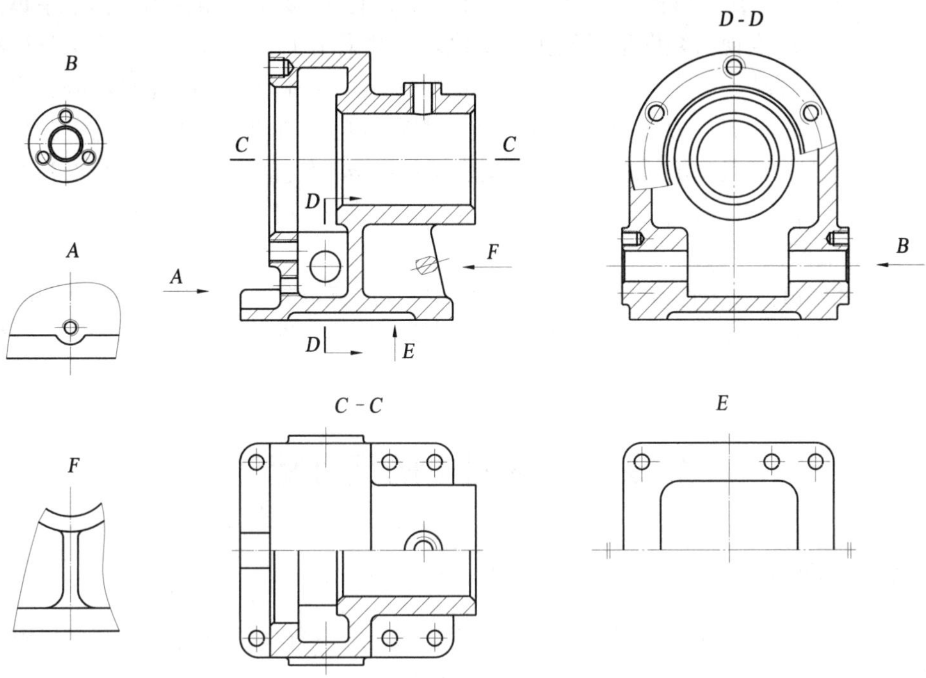

图 17-32　箱体表达方案的选择

如图 17-33 所示齿轮泵泵体为齿轮泵的主体零件。其主要结构是由形体 *I*、*II*、*III*、*IV*、*V*、*VI* 等叠加而成。其中，形体 *II* 是左右各一块，其上钻有销孔 *a* 和安装孔 *b*；形体 *V* 为一凸台，在泵体的后面；形体 *VI* 为一肋板，在泵体的左方，在图中均被遮挡，未画出；形体 *IV* 上有出油孔 *c*；形体 *I* 上有卸压槽 *d*、工作油室 *e*、轴承孔 *f*、螺孔 *g*、销孔 *h* 和进油孔 *i*。齿轮泵泵体表达方案的选择如图 17-51 所示。泵体属于箱体类零件，可按工作位置或自然位置将其顶面水平放置，并选用 *l* 向为主视方向。

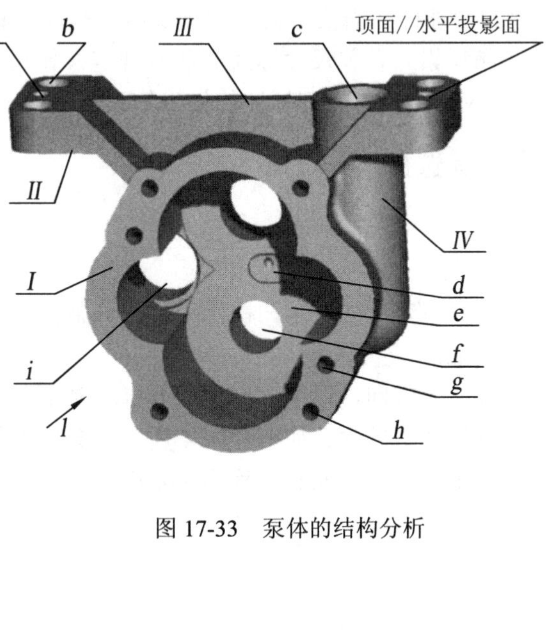

图 17-33　泵体的结构分析

由形体分析法可知，形体 *I*、*II*、*III*、*IV*、*V*、*VI* 需要主、俯视图。由于泵体的内、外结构复杂，采用剖视后视图数目发生了变化。一共采用了主、俯、左、后 4 个基本视图来表示泵体的主要结构。主视图主要表达泵体的外形，并画成局部剖视图表示安装孔 *b*；俯视图主要表示形体 *II*、*III* 和 *V*，以及销孔 *a* 和安装孔 *b* 的相互位置；后视图主要表示泵体背面及形体 *V* 的形状，并画成局部剖视图表示销孔 *a*；左视图画成 *A*—*A* 全剖视图，以表达卸压槽 *d*、工作油室 *e*、轴承孔 *f* 和螺孔 *g*；*B*—*B* 全剖视图表示进油孔 *i*；*C*—*C* 断面图表示形体 *VI* 的断面形状。

综上所述，箱体类零件常按工作位置或自然位置放置，按形体特征选择主视图的投影方向。一般需要用 3 个或 3 个以上的基本视图来表达零件的主要结构。对这类零件，各种表达方法均可能用到。

17.2　零件图中的尺寸标注

17.2.1　概 述

零件图中的图形只能用来表达零件的结构形状，而零件各部分的真实大小和相对位置则是靠尺寸来确定，生产中也是按图样上所标注的尺寸来制造零件。零件是具体机器或部件中的一个组成件，需要经过设计和制造，因此，在零件图上标注尺寸除了要求做到正确、完整和清晰外，同时要求标注合理。即所标注的尺寸应能符合设计和工艺要求。尺寸标注的合理与否，将直接影响制造成本、装配质量和机器性能。概括起来，在零件图中标注尺寸时应做到以下几点：

（1）尺寸标注必须正确，即应符合国家标准《机械制图》中有关尺寸注法的规定。

（2）尺寸标注必须完全，不遗漏，不重复。

（3）尺寸标注必须合理，即所标尺寸应能满足设计和工艺要求。

（4）尺寸标注必须清晰、整齐和美观，便于阅读。

需要指出的是，尺寸的合理标注需要丰富的生产实践经验和设计制造的专业知识。这只能靠今后的学习、实践和积累。有关尺寸标注的基本规定（如尺寸的完整性、清晰性）在 14 章中已有叙述，本章仅介绍尺寸合理标注的初步知识。

17.2.2　尺寸基准及其选择

1. 尺寸基准的基本概念

（1）尺寸基准的定义

按照零件的功能及结构和工艺上的要求，决定零件上其他点、线、面位置所依据的那些点、线、面，称为尺寸基准。

每个零件有长、宽、高 3 个方向，每个方向至少有一个基准，选作为基准的点、线、面，分别称为基准点、基准线和基准面。如图 17-34 所示，分别选零件上的回转面的轴线作基准线，主要装配面、支承面、定位面和对称面作基准面，凸轮的中心作基准点。

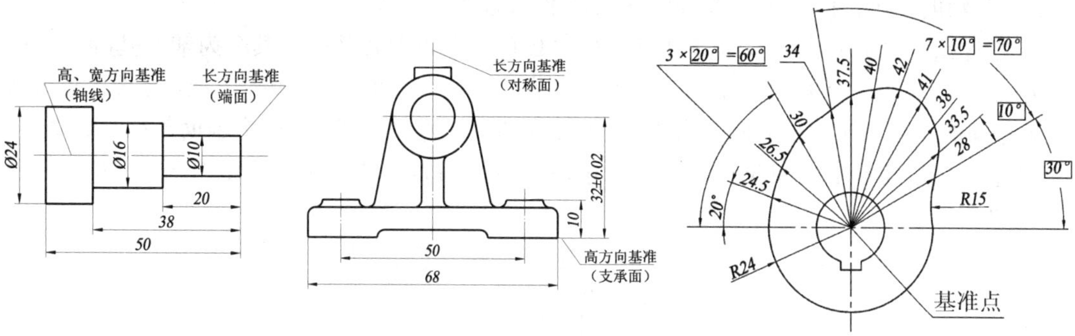

图 17-34　基准的形式

（2）基准的分类

按照其作用的不同，基准可分为设计基准和工艺基准。

① 设计基准：根据设计要求直接标出的尺寸，称为设计尺寸。标注设计尺寸的基准，称为设计基准。例如，在机构设计中，用一对支座来支承轴时，要求两支座孔的轴线同轴。因此，在图 17-35 所示的支座零件图中，以支座底面 B 为基准直接标注尺寸 32±0.02 以保证两支座孔的轴线到底面的高度相等，以对称平面 C 为基准标注支座各结构在长方向的尺寸，则基准 B 和 C 是设计基准。

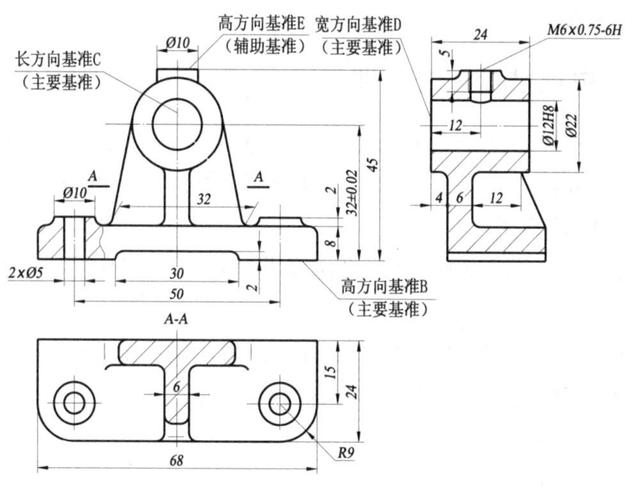

图 17-35　支座

② 工艺基准：零件在加工和测量时所使用的基准，称为工艺基准。如图 17-36所示小轴，在车床上加工时，以右端面B为基准加工尺寸 30、60，以轴肩面 C 为基准加工尺寸 22、5，故基准 B、C 是工艺基准。

根据尺寸基准重要性的不同，基准又可分为主要基准和辅助基准。

① 主要基准：对零件的使用性能和装配精度有影响的尺寸，称为主要尺寸。决定主要尺寸的基准，称为主要基准。

② 辅助基准：除主要基准外的其余基准，称为辅助基准。

零件在一个方向上有多个基准时，其中必有一个为主要基准，其余为辅助基准，设计基准是主要基准，但不是所有的主要基准都是设计基准。图 17-36 中，*B*、*A* 为长、宽和高 3 个方向的主要基准；长方向上有 *B*、*C* 两个基准，*B* 为主要基准，*C* 为辅助基准。要注意，辅助基准与主要基准之间应有直接的尺寸联系。如图 17-36 中辅助基准 *C* 靠尺寸 30 与主要基准 *B* 联系。

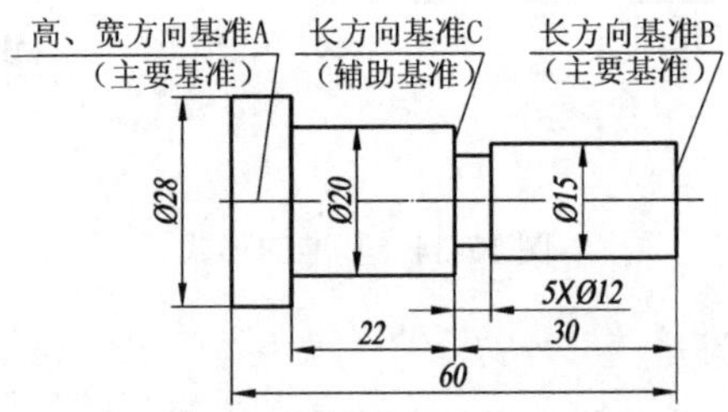

图 17-36　小轴

2．尺寸基准的选择

选择尺寸基准，就是选择从设计基准出发标注尺寸，还是选择从工艺基准出发标注尺寸。从设计基准出发标注尺寸，反映设计要求，保证零件在机器中的工作性能。从工艺基准出发标注尺寸，反映工艺要求，使零件便于加工和测量。当然，设计基准和工艺基准最好能统一起来。如图 17-35 中的 B、C 既是设计基准又是工艺基准，从而使所标注的尺寸能同时满足设计和工艺要求。

17.2.3　零件图中尺寸标注的合理性

所谓尺寸标注的合理性，就是使所标注尺寸能满足设计的要求以及加工、测量、装配等工艺上的要求。下面介绍一些从设计和工艺要求出发标注尺寸时所应考虑的问题。

1．考虑设计要求标注尺寸

（1）功能尺寸要直接标注：功能尺寸是指那些影响产品工作性能、精度及互换性的主要尺寸。其中包括：

① 直接影响零件传动准确性的尺寸，如两啮合齿轮的中心距；

② 直接影响机器工作性能的尺寸，如车床尾座中心高；

③ 两零件的配合尺寸；

④ 确定零件安装位置的尺寸。

如图 17-37 中的尺寸 A_1、A_2、A_3、A_4 和 A_5，都是直接影响机器性能的主要尺寸，必须分别在双联齿轮、右轴套、箱体、箱盖和左轴套的零件图中直接标出。这样可以避免加工误差的积累，保证设计要求。

（2）两零件的配合尺寸要一致：如图 17-38 所示，尾座和床身的燕尾槽尺寸 *A*、*B*、30°要一致。

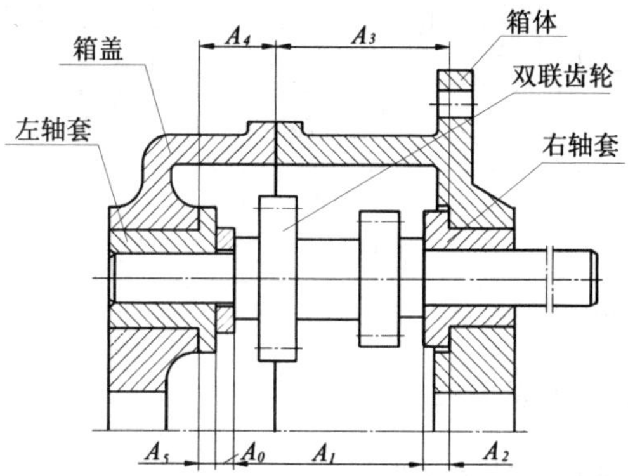

图 17-37　功能尺寸的分析

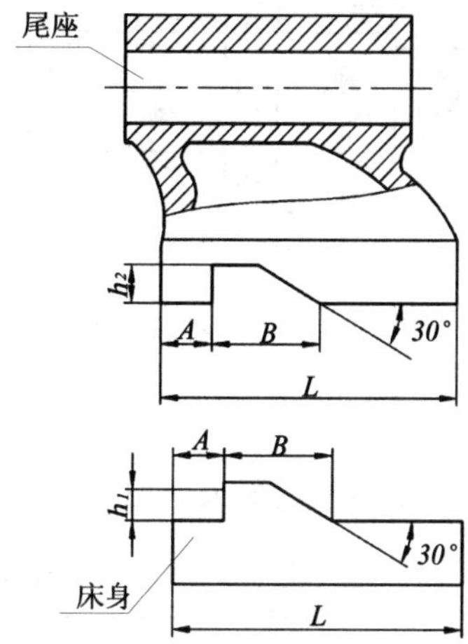

图 17-38　两零件的配合尺寸应一致

（3）不要标注成封闭尺寸链：如图 17-39（a）所示零件，其尺寸标注为封闭尺寸链。这种标注，可能在主要尺寸上造成较大误差，保证不了设计要求。因此，可在尺寸链中选一不重要的环不标注尺寸，如图 17-39（b）所示，这一环称为开口环。这时，开口环的尺寸误差是其他各环尺寸误差之和。因为它是不重要的一环尺寸，误差大一点对设计要求无多大影响。有时，为了便于设计和加工时参考，也注成封闭尺寸链，但必须根据需要把某一环尺寸用圆括号括起来作为参考尺寸，如图 17-39（c）所示。

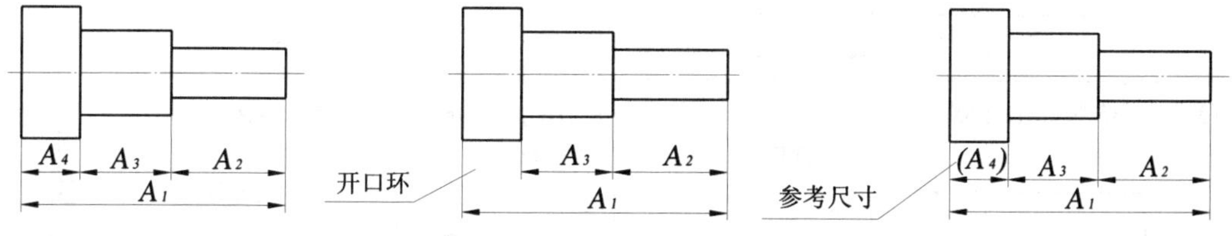

（a）封闭尺寸　　（b）留开口环　　（c）标注参考尺寸

图 17-39　不标注封闭尺寸链

2. 考虑工艺要求标注尺寸

不影响产品的工作性能、零件间的配合性质和精度的尺寸，称为非功能尺寸。标注非功能尺寸时，应从工艺要求出发，考虑加工顺序和测量方便。

（1）按加工顺序标注尺寸：按加工顺序标注尺寸，符合加工过程，便于看图和生产。图 17-40 为一台阶小轴，各段直径尺寸以轴线为设计基准标注；轴向尺寸$20^{0}_{-0.14}$、35 以轴肩为设计基准标注，如图 17-40（a）所示；其余各段轴向尺寸都按加工顺序标注，如图17-40（b）所示。

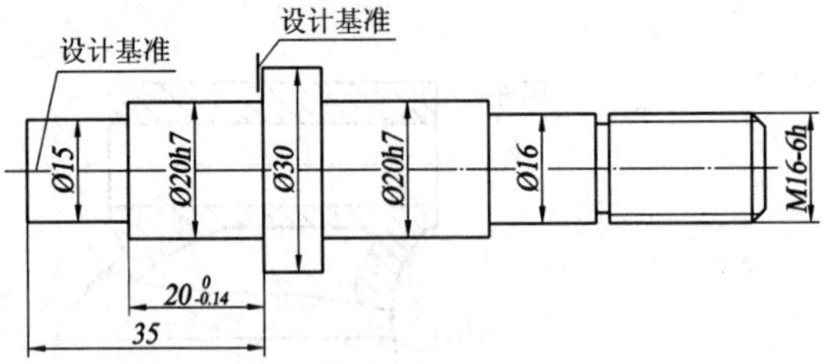

（a）按设计要求标注尺寸

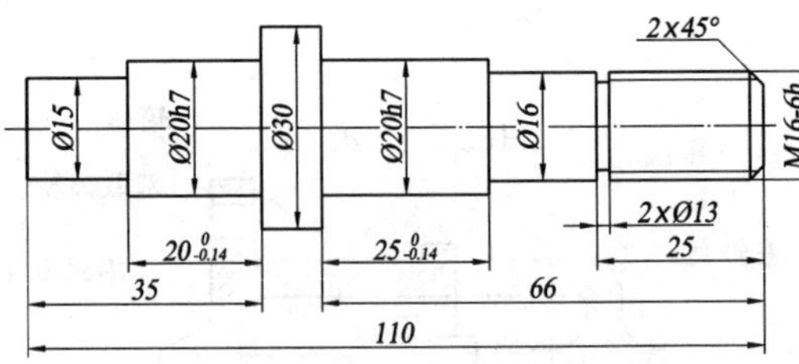

（b）按加工顺序标注其余尺寸

图 17-40　小轴

该小轴在车床上加工，其加工顺序和尺寸标注见表 17-2。

表 17-2　按加工顺序标注小轴的其余尺寸

（1） 车Ø30外圆，长度110 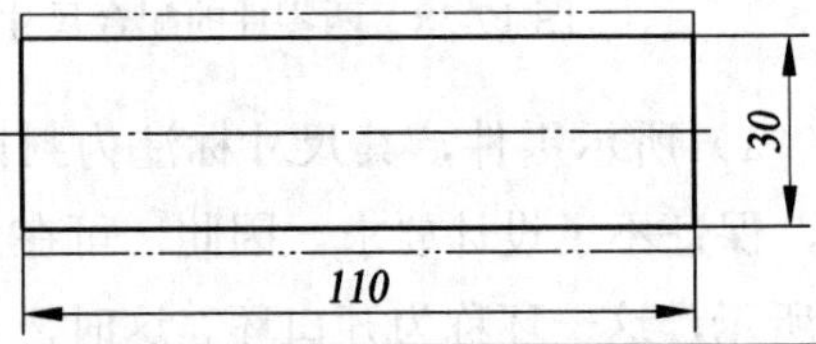	（4）调头。车Ø20外圆，长度66 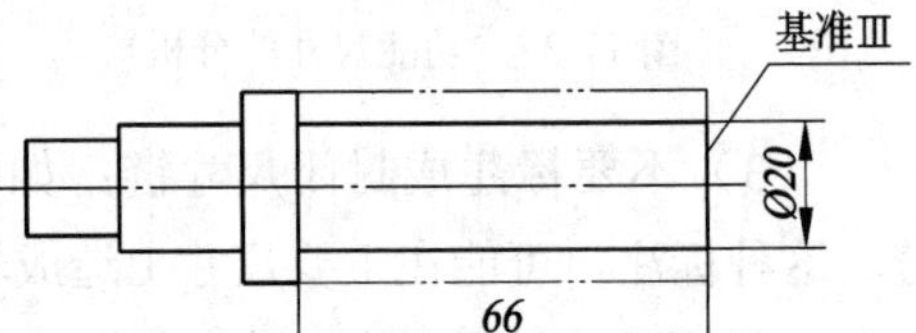
（2）车Ø20外圆，长度35 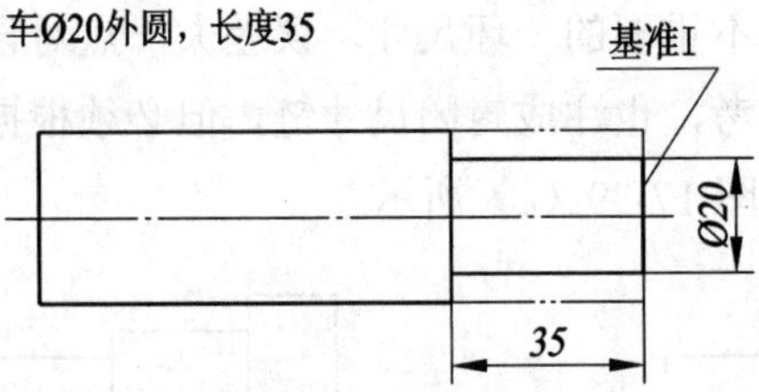	（5）车Ø16外圆，长度$25^{0}_{-0.14}$ 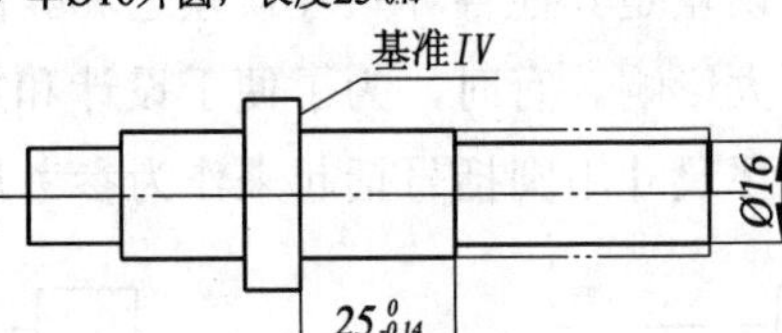
（3） 车Ø15外圆，长度$20^{0}_{-0.14}$ 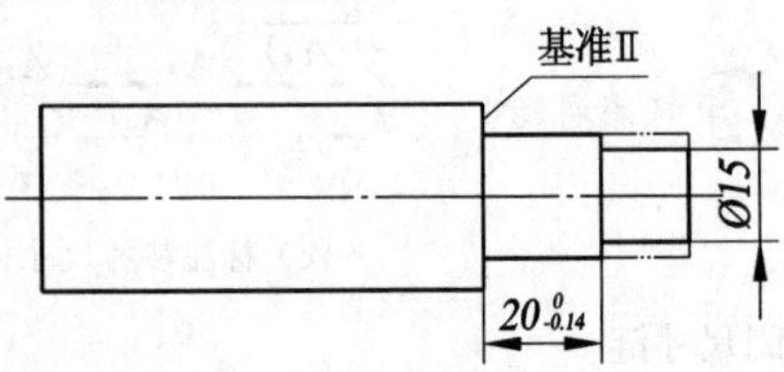	（6）距右端面25切退刀槽2×Ø13。 车螺纹M16-6h 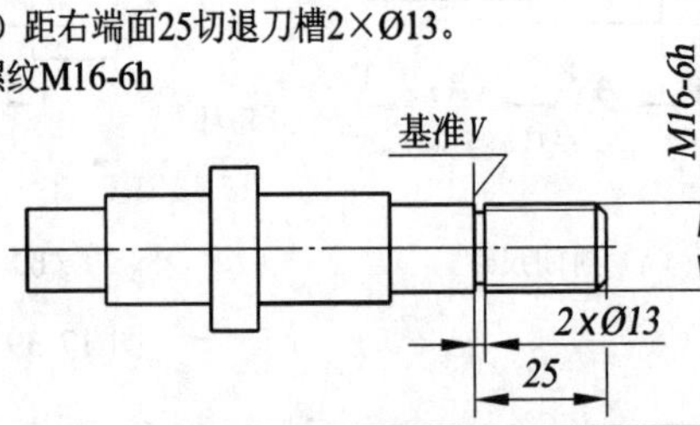

（2）按不同加工方法集中标注尺寸：一个零件需要经过几种加工方法（如车、刨、钻、铣、磨等）才能制成时，最好按不同加工方法标注尺寸。如图 17-41 所示，主动轴两个键槽是在铣床上加工的，它们的有关尺寸 *38*、*20*、*6N9*、*14.5* 和 *3*、*12*、*5N9*、*11* 均集中标注，便于铣槽时查找。

（3）考虑测量方便标注尺寸：标注尺寸应考虑测量方便。如图 17-42 所示套筒，图（a）中尺寸 *C* 的测量比较困难，而在图（b）中改注成尺寸 *D* 后测量就方便了；图 17-42 所示键槽，图（c）中的尺寸 *A* 不便测量，而图（d）中的尺寸 *B* 便于测量。

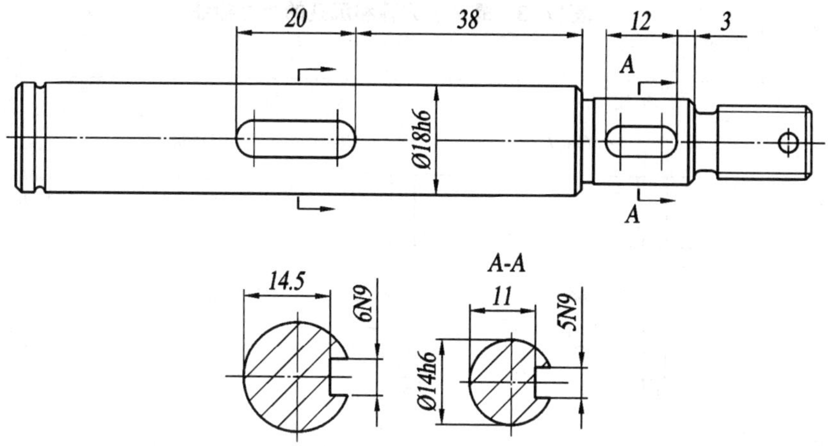

图 17-41　按加工方法集中标注尺寸

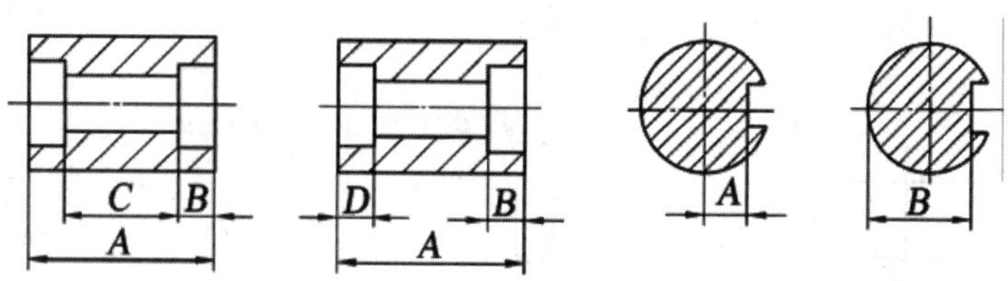

(a) 不好　　(b) 好　　(c) 不好　　(d) 好

图 17-42　考虑测量标注尺寸

3．零件上常见结构要素的尺寸标注

（1）倒角的尺寸标注如图 17-43 和图 17-44 所示。尺寸 *c* 可查附表。

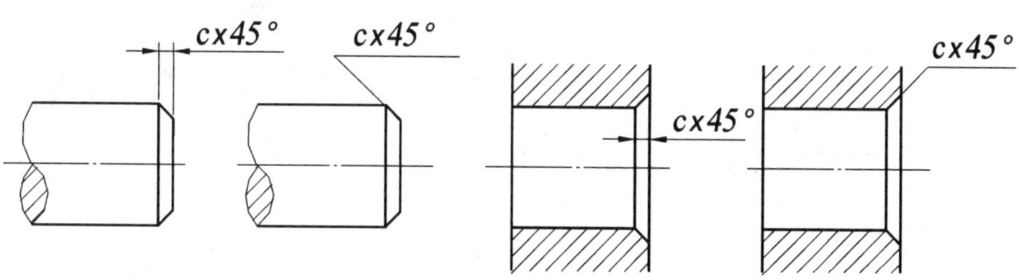

图 17-43　45°倒角的尺寸标注

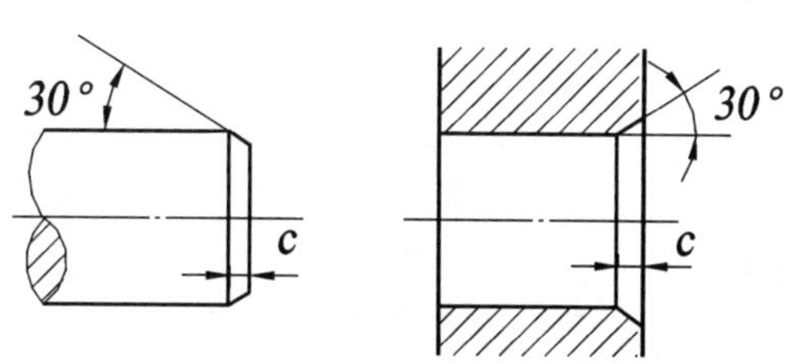

图 17-44　非 45°倒角的尺寸标注

（2）螺孔、光孔和沉孔的尺寸标注：如表 17-3 所示，可采用普通注法和旁注法。

表17-3　螺孔、光孔和沉孔的尺寸标注

结构类型		普通注法	旁注法		说明
螺孔	通孔	3×M6-6H	3×M6-6H	3×M6-6H	3×M6-6H表示直径为6，均匀分布的3个螺孔。
	不通孔	3×M6-6H 10	3×M6-6H ↧10	3×M6-6H ↧10	螺孔的深度可以与螺孔直径连注，也可以分开标注。
		3×M6-6H 10　12	3×M6-6H ↧10 孔↧12	3×M6-6H ↧10 孔↧12	3个M6-6H螺纹盲孔，螺纹部分深10mm，做螺纹前钻孔深12mm。
光孔	一般孔	4×Ø5 10	4×Ø5↧10	4×Ø5↧10	4×Ø5表示直径为5、均匀分布的4个光孔，孔深为10mm。
	锥销孔		锥销孔Ø5 配作	锥销孔Ø5 配作	Ø5为与锥销孔相配的圆锥销小头直径。
沉孔	锥形	90° Ø13 6×Ø7	6×Ø7 ⌵Ø13×90°	6×Ø7 ⌵Ø13×90°	锥形沉孔的直径Ø13及锥角90°，均需标出。
	柱形	Ø10 3.5 4×Ø6	4×Ø6 ⌴Ø10↧3.5	4×Ø6 ⌴Ø10↧3.5	柱形沉孔的直径Ø10及深度3.5，均需标出。
	锪平面	⌴Ø16 4×Ø7	4×Ø7 ⌴Ø16	4×Ø7 ⌴Ø16	锪平Ø16的深度不需标注，一般锪至不出现毛面为止。

（3）退刀槽和越程槽的尺寸标注：退刀槽一般可按“槽宽×直径”，如图 17-45（a）所示或“槽宽×槽深”，如图 17-45（b）、（c）所示的形式标注。砂轮越程槽常常用局部放大图表示，如图 17-45（d）所示。尺寸b_1、h 和 r 可查附表。

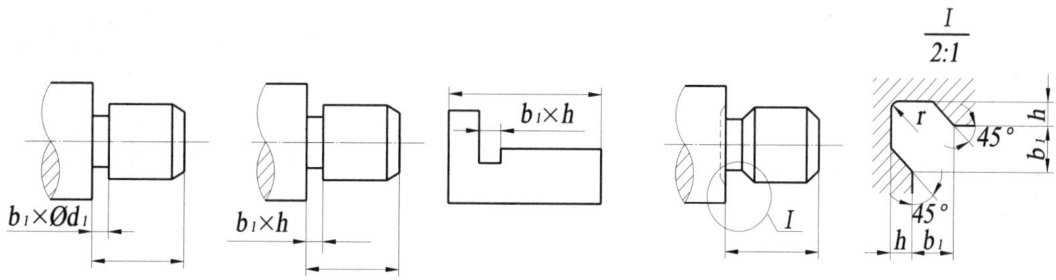

（a）　（b）　（c）　（d）

图 17-45　退刀槽和越程槽的尺寸标注

（4）键槽的尺寸标注如图 17-46 和图 17-47 所示。尺寸b、t、t_1、d_1可查附表。

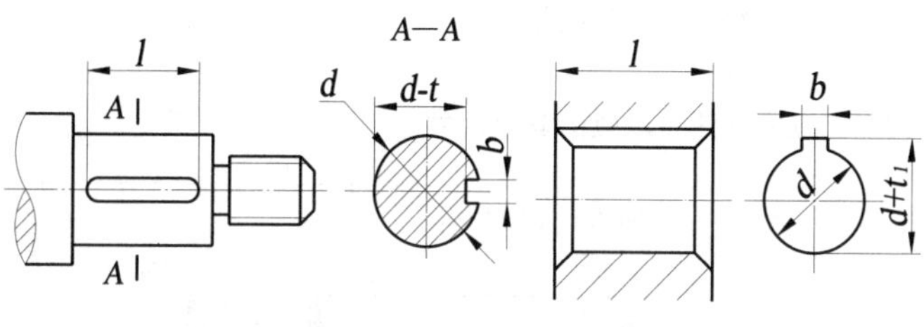

（a）轴上键槽　（b）孔内键槽

图 17-46　平键键槽的尺寸标注

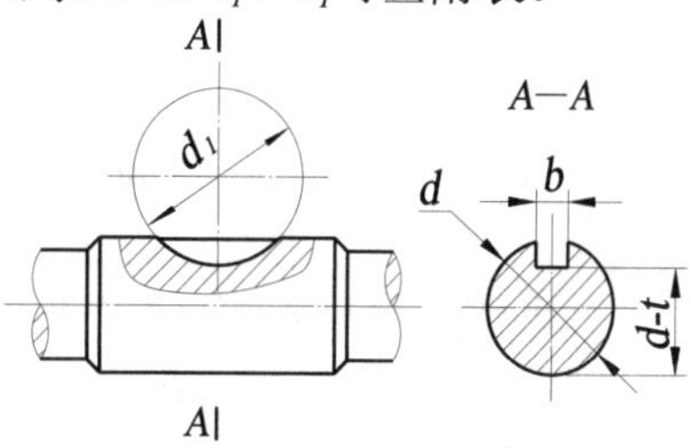

轴上键槽

图 17-47　半月键键槽的尺寸标注

（5）锥度的尺寸标注如图 17-48 所示。

（6）正方形的尺寸标注：在没有表示正方形断面的图样上，其尺寸标注如图 17-49 所示。图中尺寸 a 为正方形的边长。

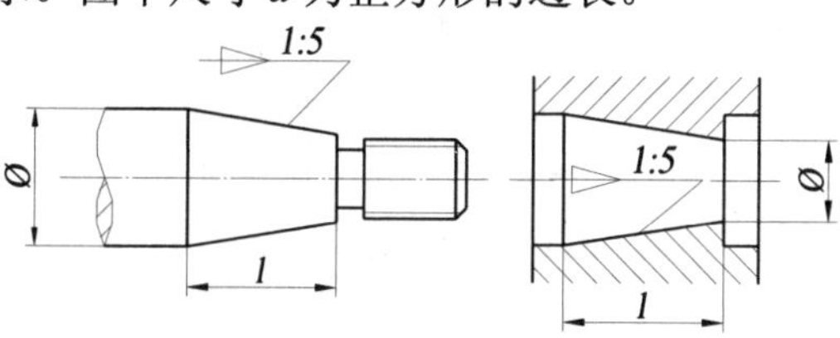

（a）锥轴　（b）锥孔

图 17-48　锥度的尺寸标注

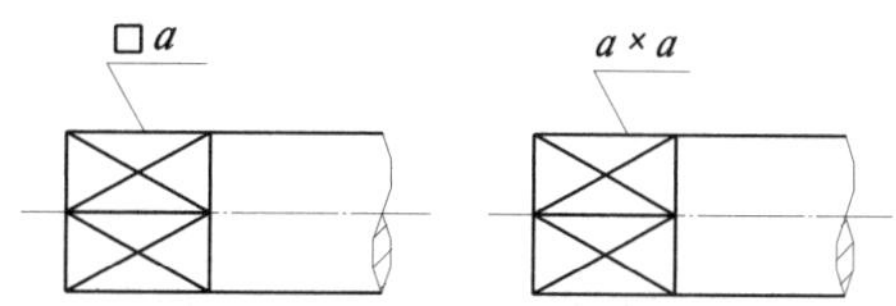

（a）　（b）

图 17-49　正方形的尺寸标注

17.2.4　零件图的尺寸标注举例

【例17-1】标出齿轮泵主动轴的尺寸，如图 17-50 所示。

解　主动轴的表达方案见本章的图 17-27，其尺寸标注如下所示。

（1）选择基准：主动轴主要用来安装传动齿轮及主动齿轮。为保证传动平稳、齿轮的正确啮合以及各零件的轴向装配位置，分别选用轴线和端面 E 作为径向和轴向的设计基准。前者是高、宽方向的主要基准，后者是长方向的主要基准，如图 17-50（a）所示。

（2）按设计和工艺要求标注尺寸：分别从主要基准轴线和端面E出发，直接标注满足设计要求的尺寸 Ø18h6、Ø 14h6 和 90，如图 17-50（a）所示。然后按加工顺序标出其余尺寸，见表 17-4。主动轴的全部尺寸如图 17-50（b）所示。

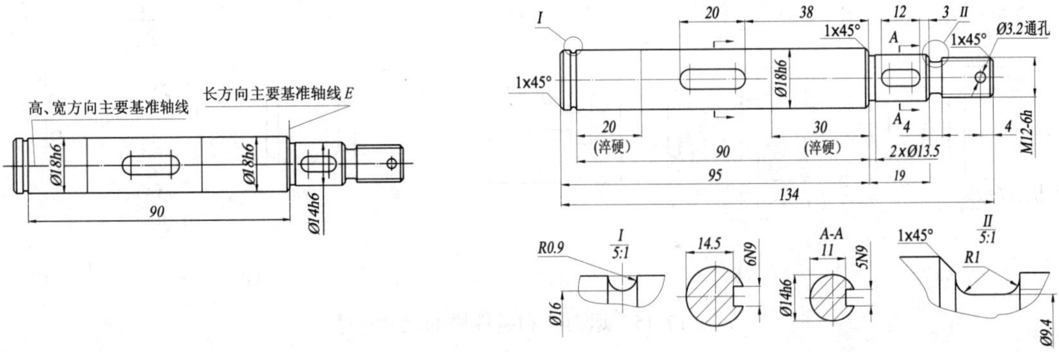

（a）基准及设计尺寸　　　　（b）全部尺寸

图 17-50　主动轴的尺寸标注

表 17-4　按加工顺序标注主动轴的其余尺寸

(1) 取Ø20圆钢车端面，长度134，打中心孔 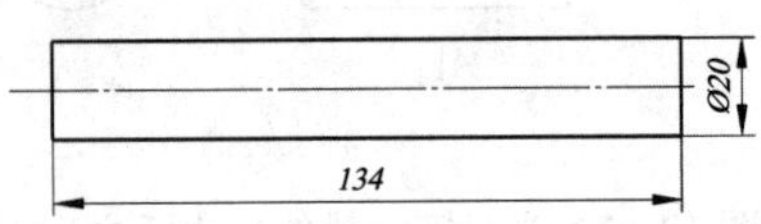	(5) 钻开口销孔Ø3.2 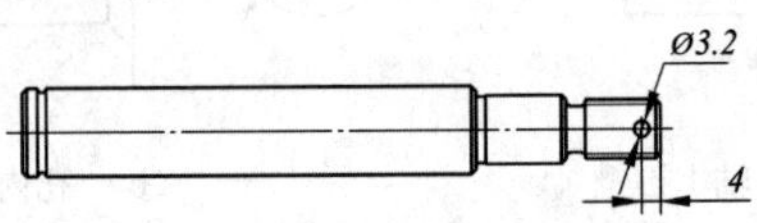
(2) 车Ø18.2外圆，长度97^{0}_{-1} 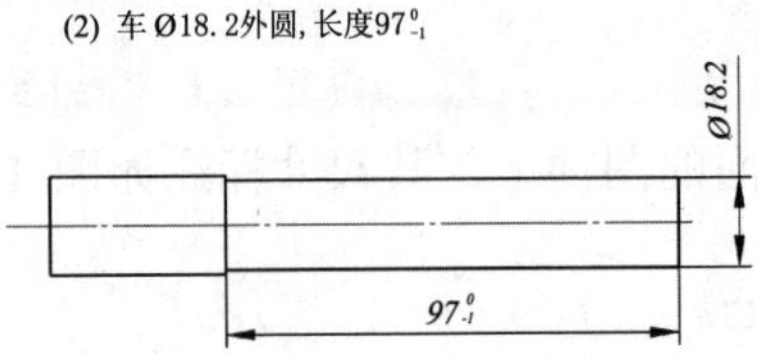	(6) 铣平键键槽 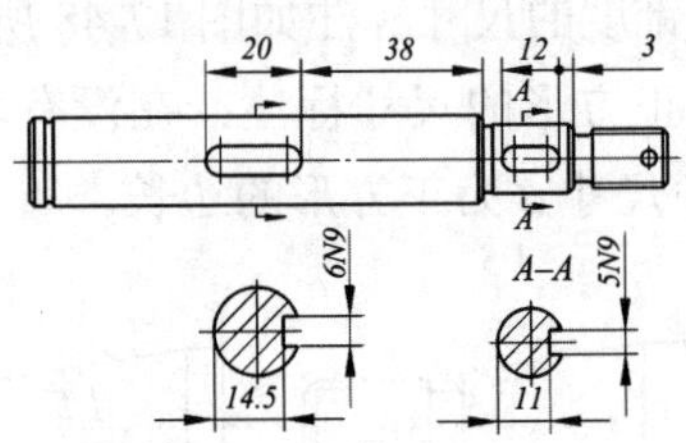
(3) 调头。车Ø14.2外圆，保证长度95和19。切退刀槽4×Ø9.4和2×Ø13.5。倒角。车螺纹M12-6h 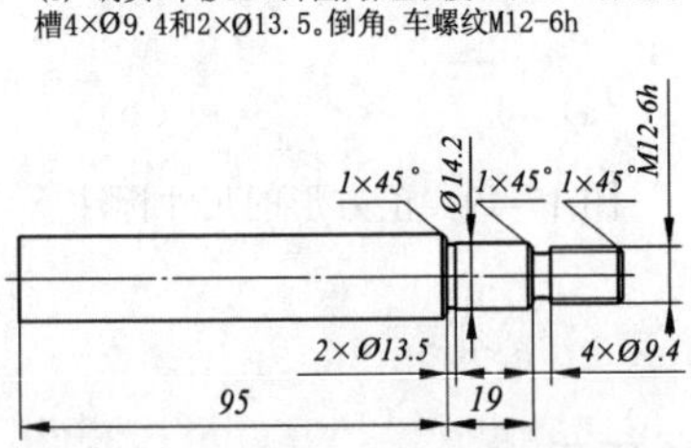	(7) 将长度为20、30的两段淬硬 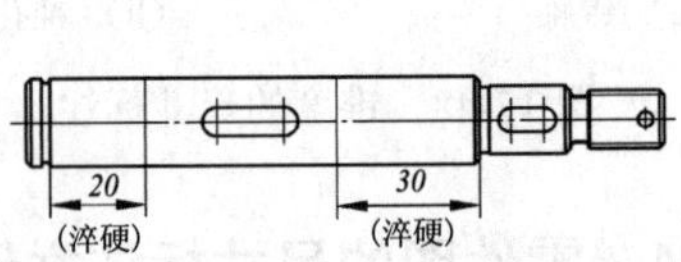
(4) 调头。车挡圈槽R0.9和Ø16，保证长度90，倒角 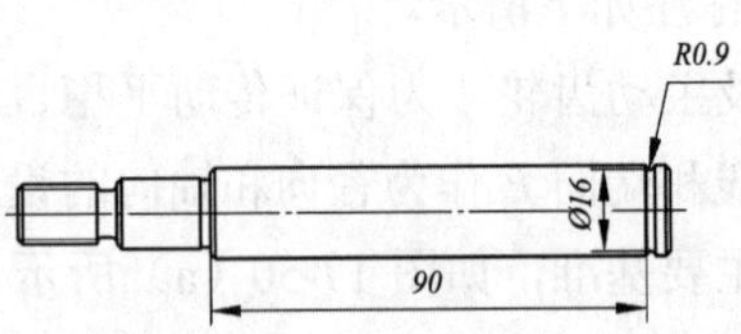	(8) 磨外圆，保证 Ø18h6、Ø14h6 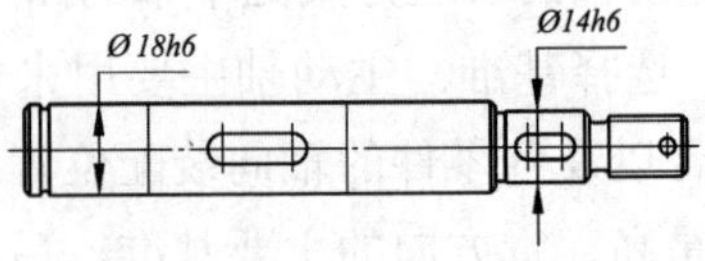

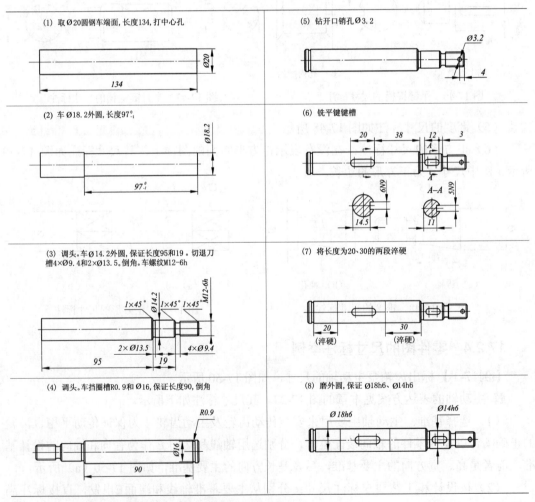

（3）用形体分析法检查尺寸标注的完全性。

【例17-2】分析图 17-51 所示齿轮泵泵体的尺寸标注。

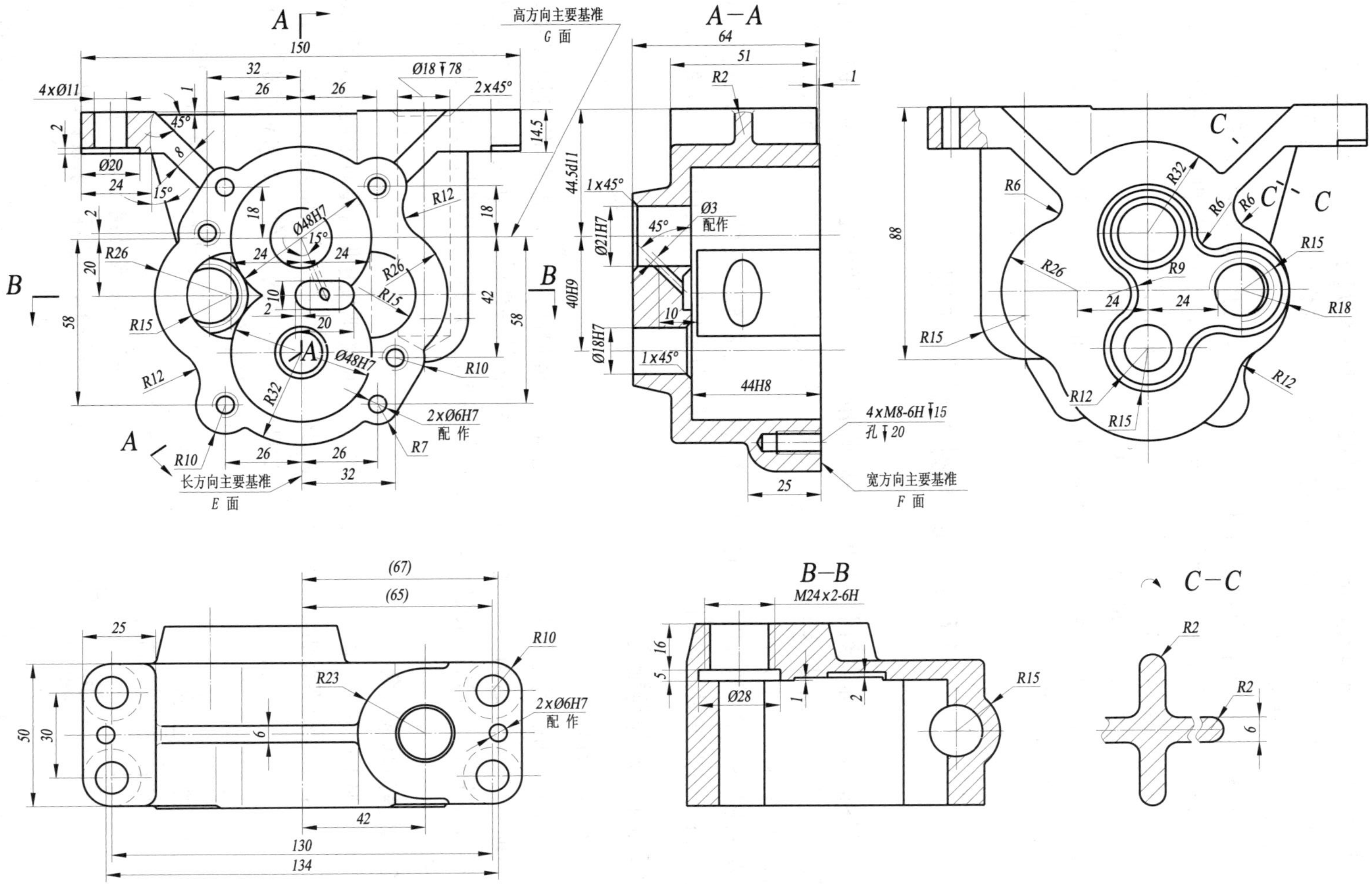

图 17-51 齿轮泵泵体的尺寸标注

解 齿轮泵泵体的表达方案前面已经进行了分析，如图 17-51 所示。由于泵体结构复杂，尺寸数量较多，这里着重分析其尺寸基准和一些主要尺寸。

（1）泵体的主要基准：选择 *E* 面、*F* 面和 *G* 面分别作为长、宽、高 3 个方向尺寸的主要基准。它们都是设计基准。

（2）泵体的主要尺寸：从基准 *G* 出发，标出尺寸 44.5d11 以确定安装板支承面的位置，标出尺寸 40H9 以保证齿轮传动时的正确啮合。从基准 *F* 出发，标出尺寸 44H8 以保证齿轮运转时的轴向间隙，标出尺寸 64 以保证相关零件的轴向位置。

此外，*F* 端面的 4×M8-6H 螺孔、2×Ø 6H7 销孔之间的位置尺寸 26、32 和 18、42、58，安装板上的 4×Ø 11 安装孔、2×Ø 6H7 销孔之间的位置尺寸 130、134 和 30，以及配合尺寸 Ø 21H7、Ø 48H7 等均属主要尺寸。

17.3 零件图中的技术要求

零件图的技术要求是约束零件的一些质量指标，加工过程中必须采用相应的工艺措施给予保证。零件的技术要求主要包括尺寸公差、形状和位置公差、表面粗糙度、热处理和表面处理等内容。

零件的技术要求一般采用规定的代号或符号标注在图样上，没有规定符号的可用文字简明地注写在图样的空白处。本章仅对尺寸公差、形状和位置公差、表面粗糙度作简要介绍。

17.3.1 公差与配合

1. 零件的互换性

从一批规格相同的零件中任取一件，无需修配或局部加工，就能立即装到机器中，并能正常地工作运转，达到设计的性能要求，零件间的这种性质称为互换性。零件具有互换性可以满足各生产部门的广泛协作，为专业化生产提供了条件，从而提高了生产效率和产品质量。

2. 公差的基本概念

零件在加工过程中，由于诸多因素的影响，不可能把尺寸做得绝对准确。为了保证零件的互换性，必须把零件加工的尺寸误差限制在一定范围之内，即给零件的尺寸规定一个允许的变动量（尺寸公差）。下面对尺寸公差的有关术语作简要介绍。

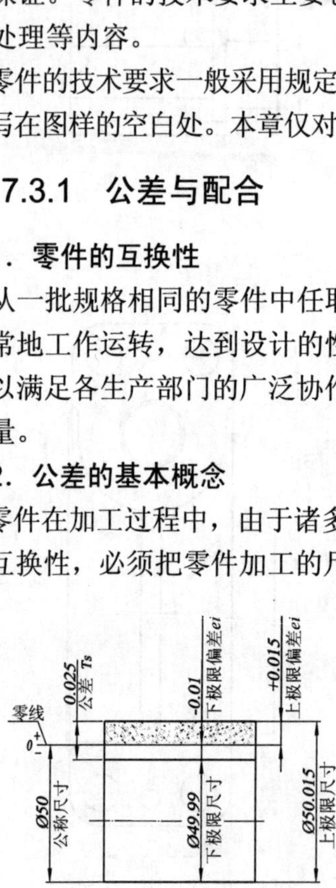

图 17-52 尺寸公差的有关术语

（1）公称尺寸、实际尺寸和极限尺寸，如图 17-52 所示。

① 公称尺寸：设计给定的尺寸。它是根据零件的强度、结构及工艺性要求设计确定的，如图 17-52 中的 Ø 50。

② 实际尺寸：零件制成后测量所获得的尺寸。

③ 极限尺寸：允许尺寸变化的两个界限值。极限尺寸以公称尺寸为基数来确定，两个界限值中较大的一个称为上极限尺寸，如图 17-52 中的 Ø 50.015；较小的一个称为下极限尺寸，如图 17-52 中的 Ø 49.99。

（2）尺寸偏差与极限偏差，如图 17-52 所示。

① 尺寸偏差（简称偏差）：某一尺寸减其公称尺寸所得的代数差。

② 极限偏差：极限尺寸减其公称尺寸的代数差。孔的上、下极限偏差代号用大写字母 *ES*、*EI* 表示；轴的上、下极限偏差代号用小写字母 *es*、*ei* 表示。

上极限偏差=上极限尺寸－公称尺寸，如图 17-52 所示为上极限偏差 $es=50.015-50=0.015$。

下极限偏差=下极限尺寸－公称尺寸，如图 17-52 所示为下极限偏差 $ei=49.99-50=-0.01$。

偏差可为正、负或零值。

（3）尺寸公差（简称公差）：是允许尺寸的变动量。公差等于上极限尺寸与下极限尺寸之代数差的绝对值，也等于上极限偏差与下极限偏差之代数差的绝对值。孔的公差代号为 Th；轴的公差代号为 *TS*。

公差 T =|上极限尺寸－下极限尺寸|，如图 17-52 所示为 $TS=|50.015-49.99|=0.025$。或公差 T =|上极限偏差－下极限偏差|，如图 17-52 所示为 $TS=|es-ei|=|0.015-(-0.01)|=0.025$。

公差总是正值，且不能为零。

（4）公差带及公差带图

公差带是由代表上、下极限偏差的两条直线所限定的一个区域。一般将尺寸公差与公称尺寸间的关系按一定比例放大画成简图，称为公差带图。如图 17-53 所示。在公差带图中，零线是表示公称尺寸的一条直线，以其为基准确定偏差。一般把零线画成水平线，在零线上方的偏差为正偏差，在零线下方的偏差为负偏差。画公差带图时，上、下极限偏差的位置应按一定比例画出。公差带长度根据需要确定。常用细斜线表示孔的公差带，用点表示轴的公差带。

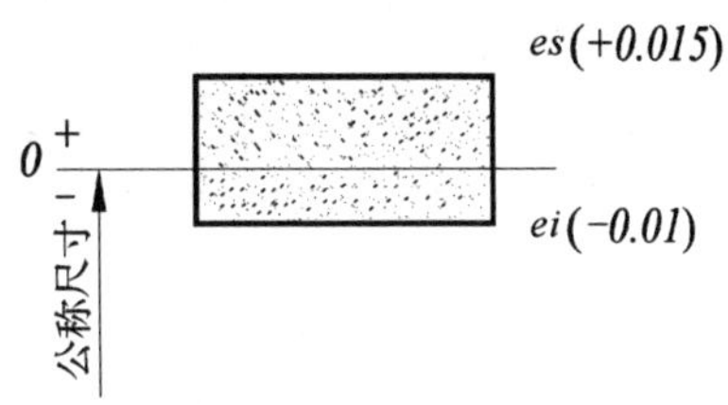

图 17-53　公差带图

（5）标准公差与公差等级

标准公差是国家标准中列出的用以确定公差带大小的任一公差值。标准公差的数值由公称尺寸和公差等级来确定，其中公差等级是用以确定尺寸精确程度。国家标准把标准公差分为 20 个等级，即 IT01，IT0，IT1，…，IT18。“IT”为标准公差代号，阿拉伯数字 01，0，1，…，18 表示公差等级。在同一公称尺寸中，公差等级由 IT01～IT18 依次降低，即 IT01 公差等级最高，其公差值最小，尺寸精确程度也最高；IT18 公差等级最低，其公差值最大，尺寸精确程度也最低。

公称尺寸和公差等级相同的孔与轴，它们的标准公差值相同。表 17-5 列出了各级标准公差数值。尺寸的公差等级应根据使用要求确定。在 20 个标准公差等级中，IT01～IT11 用于配合尺寸，IT12～IT18 用于非配合尺寸。

表 17-5　标准公差数值

公称尺寸/mm		标准公差等级																		
		μm												mm						
大于	至	IT01	IT0	IT1	IT2	IT3	IT4	IT5	IT6	IT7	IT8	IT9	IT10	IT11	IT12	IT13	IT14	IT15	IT16	IT17	IT18
—	3	0.3	0.5	0.8	1.2	2	3	4	6	10	14	25	40	60	0.1	0.14	0.25	0.40	0.60	1.0	1.4
3	6	0.4	0.6	1	1.5	2.5	4	5	8	12	18	30	48	75	0.12	0.18	0.30	0.48	0.75	1.2	1.8
6	10	0.4	0.6	1	1.5	2.5	4	6	9	15	22	36	58	90	0.15	0.22	0.36	0.58	0.90	1.5	2.2
10	18	0.5	0.8	1.2	2	3	5	8	11	18	27	43	70	110	0.18	0.27	0.43	0.70	1.10	1.8	2.7
18	30	0.6	1	1.5	2.5	4	6	9	13	21	33	52	84	130	0.21	0.33	0.52	0.84	1.30	2.1	3.3
30	50	0.6	1	1.5	2.5	4	7	11	16	25	39	62	100	160	0.25	0.39	0.62	1.00	1.60	2.5	3.9
50	80	0.8	1.2	2	3	5	8	13	19	30	46	74	120	190	0.30	0.46	0.74	1.20	1.90	3.0	4.6
80	120	1	1.5	2.5	4	6	10	15	22	35	54	87	140	220	0.35	0.54	0.87	1.40	2.20	3.5	5.4
120	180	1.2	2	3.5	5	8	12	18	25	40	63	100	160	250	0.40	0.63	1.00	1.60	2.50	4.0	6.3
180	250	2	3	4.5	7	10	14	20	29	46	72	115	185	290	0.46	0.72	1.15	1.85	2.90	4.6	7.2
250	315	2.5	4	6	8	12	16	23	32	52	81	130	210	320	0.52	0.81	1.30	2.10	3.20	5.2	8.1
315	400	3	5	7	9	13	18	25	36	57	89	140	230	360	0.57	0.89	1.40	2.30	3.60	5.7	8.9
400	500	4	6	8	10	15	20	27	40	63	97	155	250	400	0.63	0.97	1.55	2.50	4.00	6.3	9.7

（6）基本偏差及其代号

基本偏差是用以确定公差带相对于零线位置的上极限偏差或下极限偏差，一般指靠近零线的那个偏差。当公差带位于零线上方时，其基本偏差为下极限偏差；当公差带位于零线下方时，其基本偏差为上极限偏差，如图 17-54 所示。

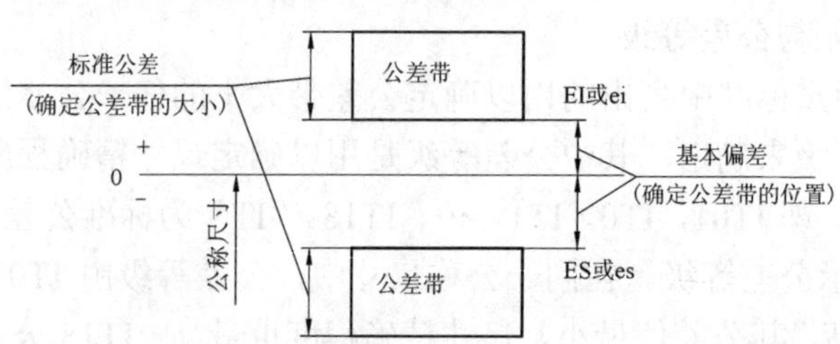

图 17-54　标准公差与基本偏差

国家标准对孔和轴分别规定 28 个基本偏差，其系列用拉丁字母顺序表示，如图 17-55 是基本偏差系列图。图中大写字母代表孔，小写字母代表轴。孔的基本偏差，从 A 到 H 为下极限偏差，从 K 到 ZC 为上极限偏差，JS 没有基本偏差，其上、下极限偏差与零线对称。轴的基本偏差，从 a 到 h 为上极限偏差，从 k 到 zc 为下极限偏差，js 没有基本偏差，其上、下极限偏差与零线对称。除 JS（js）外，孔和轴的另一个偏差可以从极限偏差数值表中查出，也可按下式计算。

孔：$ES=EI+IT$ 或 $EI=ES-IT$

轴：$es=ei+IT$ 或 $ei=es-IT$ （17-1）

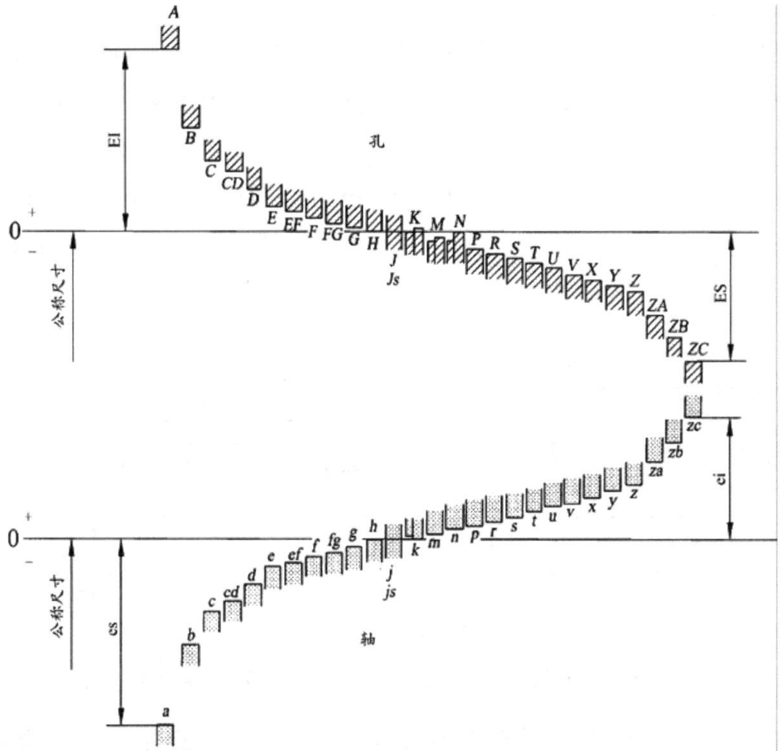

图 17-55 基本偏差系列

（7）公差带代号

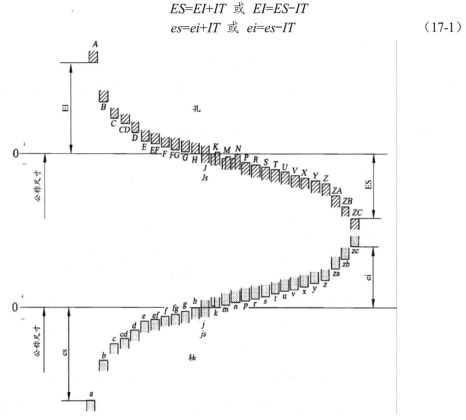

公差带的位置和大小分别由基本偏差和公差等级确定，故公差带代号由基本偏差系列代号和公差等级代号组合而成，如 H7、E9、D9 为孔公差带代号，h6、f8、k6 为轴公差带代号。代号中的拉丁字母与阿拉伯数字，用同一号字体写出。其含义见表 17-6。

表 17-6 公差带代号的含义

Ø 50H7	含 义	Ø 50k6	含 义
Ø 50	公称尺寸	Ø 50	公称尺寸
H	孔的基本偏差代号	k	轴的基本偏差代号
7	公差等级代号	6	公差等级代号

3．配合

公称尺寸相同的相互结合的孔和轴公差带之间的关系称为配合。由于相互配合的孔与轴，装在一起后可能出现“间隙”或“过盈”，因而可以得到不同性质的配合。

（1）间隙与过盈

① 间隙：孔的尺寸减去与其相配合的轴的尺寸所得的正值代数差。在间隙配合中，孔的上极限尺寸减去轴的下极限尺寸的代数差，成为最大间隙；孔的下极限尺寸减去轴的上极限尺寸的代数差，称为最小间隙。

② 过盈：孔的尺寸减去与其相配合的轴的尺寸所得的负值代数差。在过盈配合中，孔的下极限尺寸减去轴的上极限尺寸的代数差，称为最大过盈；孔的上极限尺寸减去轴的下极限尺寸的代数差，称为最小过盈。

（2）配合的种类

① 间隙配合：孔与轴装配时具有间隙（包括最小间隙等于零）的配合。此时，孔的公差带在轴的公差带之上，如图 17-56 所示。间隙配合主要用于两配合表面间有相对运动或无相对运动但要求拆卸很方便的情况。

② 过盈配合：孔与轴装配时具有过盈（包括最小过盈等于零）的配合。此时，孔的公差带在轴的公差带之下，如图 17-57 所示。过盈配合主要用于两配合表面要求紧固连接、保证相对静止或传递动力的场合。

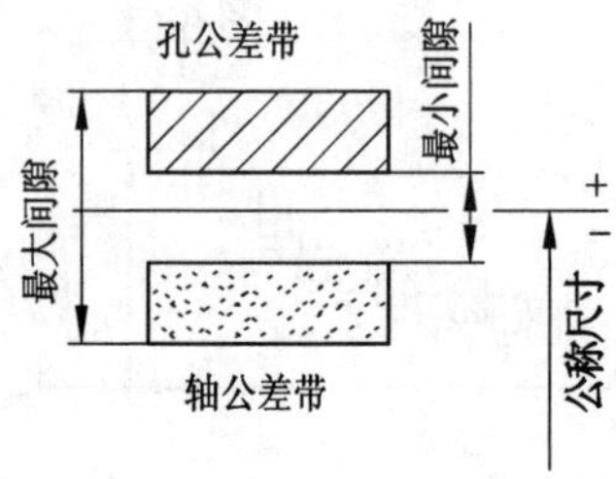

图 17-56　间隙配合

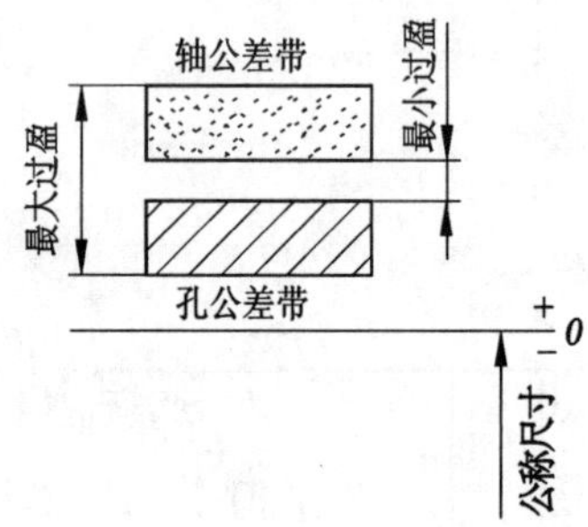

图 17-57　过盈配合

③ 过渡配合：孔与轴装配时可能具有间隙或过盈的配合。此时，孔的公差带与轴的公差带相互交叠，如图 17-58 所示。过渡配合主要用于不允许有相对运动，轴孔要求对中性较好，但又无需拆卸的情况。

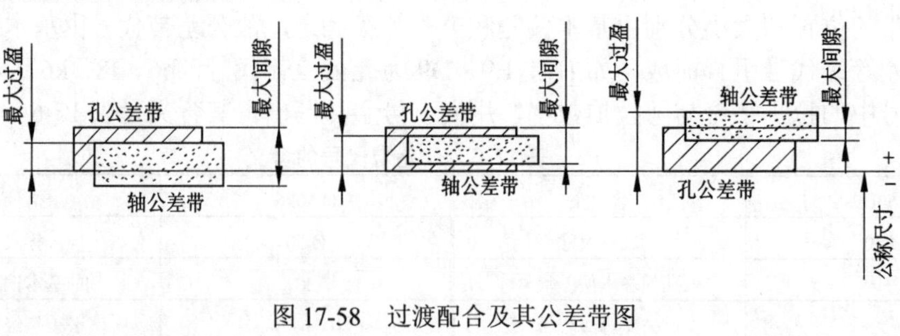

图 17-58　过渡配合及其公差带图

（3）配合的基准制度

在保证适当间隙或过盈的条件下，可以得到各种性质的配合。但是为了达到某种性质的配合，如果孔与轴的极限偏差都任意变动，将给设计和制造带来不便，因此国家标准规定了两种配合基准制度。

① 基孔制：基本偏差为一定的孔的公差带，与不同基本偏差的轴的公差带形成各种配合的一种制度，如图 17-59 所示。

基孔制的孔叫做基准孔。标准规定基准孔的下极限偏差为零，基本偏差代号为 H。其公差带代号由 H 和公差等级代号组成，如 H6、H8、H11 等。

② 基轴制：基本偏差为一定的轴的公差带，与不同基本偏差的孔的公差带形成各种配合的一种制度，如图 17-60 所示。

基轴制的轴叫做基准轴。标准规定基准轴的上极限偏差为零，基本偏差代号为 h。其公差带代号由 h 和公差等级代号组成，如 h6、h8、h11 等。

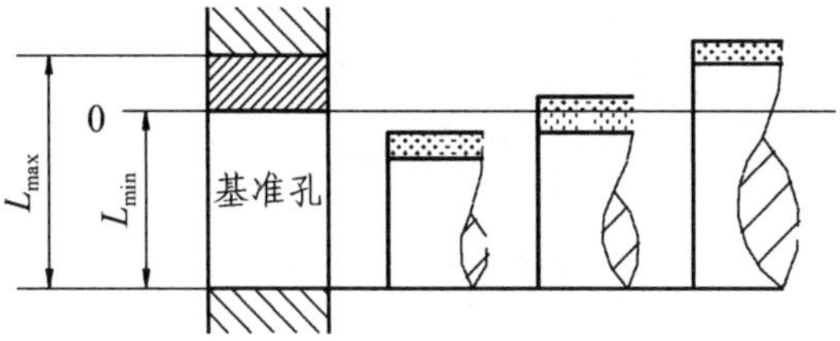

图 17-59 基孔制配合

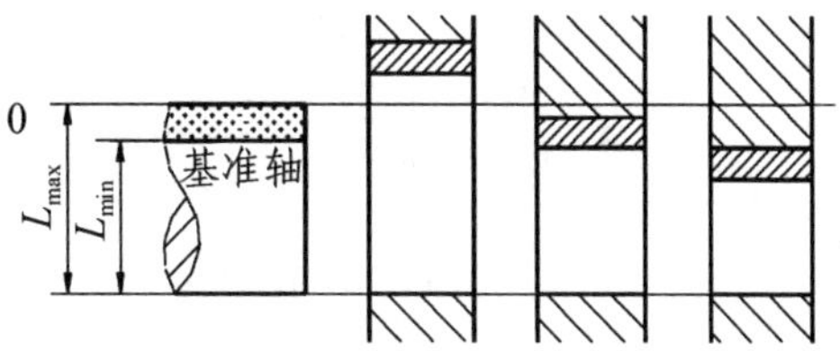

图 17-60 基轴制配合

③ 基准制度的应用。

一般情况下，优先选用基孔制。选用基孔制配合可以减少加工孔用的定值（公称尺寸和公差带）刀具（钻头、铰刀、拉刀等）和量具的规格，减少加工工作量，降低成本。但在某些情况下，由于结构上的特殊要求，则宜用基轴制，如图 17-61 所示的活塞与活塞销则采用基轴制配合。

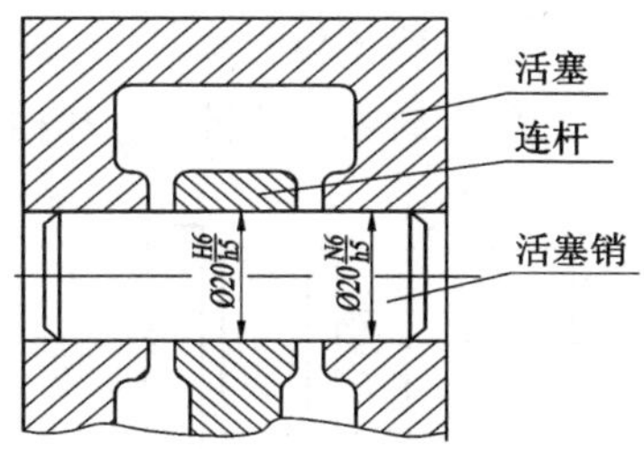

图 17-61 基轴制应用

（4）配合代号

公称尺寸相同的孔与轴配合，其配合性质可由配合代号来体现。配合代号用孔的公差带代号与轴的公差带代号组合表示，写成分数形式，如$\frac{\text{孔公差带代号}}{\text{轴公差带代号}}$或孔公差带代号/轴公差带代号。

若为基孔制配合，配合代号为$\frac{\text{基准孔公差带代号}}{\text{轴公差带代号}}$，例如$\frac{H7}{f6}$、$\frac{H8}{p7}$或 H7/f6、H8/p7 等。

若为基轴制配合，配合代号为$\frac{\text{孔公差带代号}}{\text{基准轴公差带代号}}$，例如$\frac{D9}{h9}$、$\frac{N6}{h5}$或 D9/h9、N6/h5 等。

（5）公差带及配合的选用原则

孔、轴的公差带及配合，应首先选用优先公差带及优先配合；其次采用常用公差及常用配合；再次选用一般用途的公差带。必要时，可按标准所规定的标准公差与基本偏差组成孔、轴公差带及配合，参见附表。

4．公差与配合在图样上的标注

（1）公差配合在装配图中的标注

公差配合在装配图中标注有用配合代号标注和用极限偏差标注两种形式。

① 用配合代号标注如图 17-62 所示。图中的 Ø 30H7/g6，表示公称尺寸 Ø 30、公差等级 7 级的基准孔与基本偏差 g、公差等级 6 级的轴的间隙配合。

图 17-61 中的 Ø $20\dfrac{N6}{h5}$，表示公称尺寸 Ø 20、公差等级 5 级的基准轴与基本偏差 N、公差等级 6 级的孔的过渡配合或过盈配合。

② 用极限偏差标注如图 17-63 所示。必要时可以在尺寸公差后明确指出装配件代（序）号。

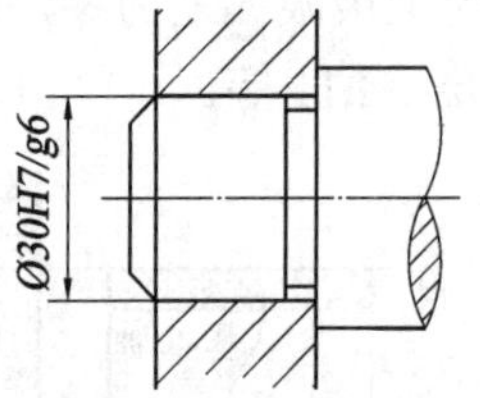

图 17-62　配合代号标注配合

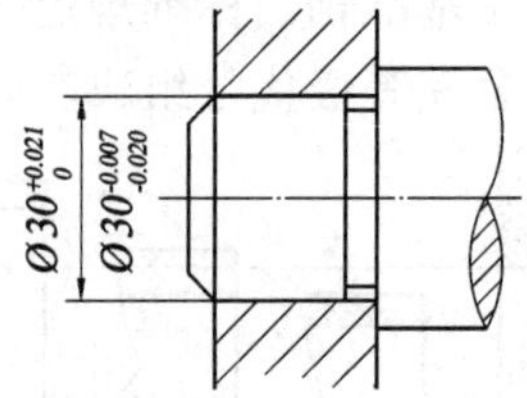

图 17-63　用极限偏差标注配合

（2）公差在零件图中的标注

零件图中标注公差有以下 3 种形式。

① 用公差带代号标注，如图 17-64 所示。书写时，公差带代号字符与公称尺寸数字用同一字号。这种标注是在大批量生产、专用量具检测时采用。

② 用极限偏差标注，如图 17-65 所示，用于小批、单件生产的通用量具检测。

③ 同时用公差带代号和相应的极限偏差标注，如图 17-66 所示，极限偏差应加上圆括号。

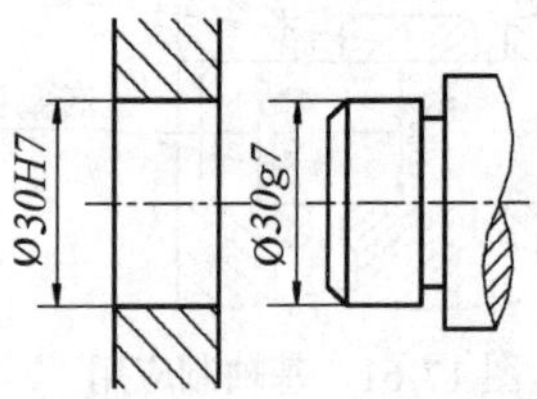

图 17-64　公差带代号标注

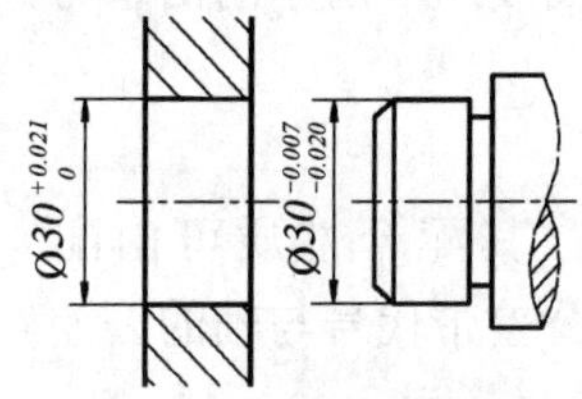

图 17-65　极限偏差标注

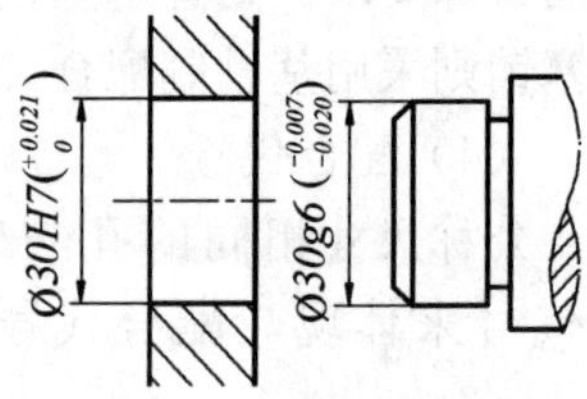

图 17-66　公差带代号、极限偏差同时标注

5．查表方法

互相配合的孔和轴，按公称尺寸和公差带代号可通过查阅 GB/T 1800.3—1998 的表格获得极限偏差数值。查表的步骤一般是先查出轴和孔的标准公差（表 17-5），然后由 GB/T 1800.3—1998 中轴和孔的基本偏差数值表查出轴和孔的基本偏差，最后由孔和轴的标准公差和基本偏差的关系，算出极限偏差。为了简化计算，通常是直接从 GB/T 1800.4—1999 中的孔和轴的公差带极限偏差数值表查出，附录表摘录了 GB/T 1800.4—1999 中的优先配合中的孔和轴的极限偏差。

【例 17-3】 查表写出 Ø18H8/f7 的极限偏差数值。

对照附表可知，H8/f7 是基孔制的优先配合，其中 H8 是基准孔公差带代号；f7 是配合轴的公差带代号。

Ø18H8 基准孔的极限偏差，可由附录表常用及优先孔公差带极限偏差查出。表中由公称尺寸（大于 14～18）的行和公差带 H8 的列相交处查得 $^{+27}_{0}$（即 $^{+0.027}_{0}$ mm），即为基准孔的上、下极限偏差，所以，Ø18H8 可以写成 Ø$18^{+0.027}_{0}$。

Ø18f7 配合轴的极限偏差，可由附录表常用及优先轴公差带极限偏差查出。表中由公称尺寸（大于 14～18）的行和公差带 f7 的列相交处查得 $^{-16}_{-34}$（即 $^{-0.016}_{-0.034}$ mm），即为配合轴的上、下极限偏差，所以，Ø18f7 可以写成 Ø18 $^{-0.016}_{-0.034}$。

17.3.2　几何公差

1．几何公差的基本概念

加工后的零件，除存在尺寸误差外，零件要素（点、线、面）的几何形状和它们的相对位置也会存在误差，这些误差将直接影响机器的性能。因此，对某些零件不仅要规定尺寸公差以控制实际尺寸的变动，而且还应规定形状公差、位置公差以控制零件实际形状、位置的变动。

（1）几何公差术语简介

① 要素：构成零件几何特征的点、线、面，称为要素。具有几何学意义的要素，称为理想要素。零件上实际存在的要素，称为实际要素。实际要素在测量时是由测得要素来代替，而并非该要素的真实状况。

给出了形状或（和）位置公差的要素，称为被测要素。仅对其本身给出了形状公差要求的要素，称为单一要素。对其他要素有功能关系的要素，称为关联要素。

用来确定被测要素方向或（和）位置的要素，称为基准要素。理想基准要素简称基准。

② 形状公差：单一实际要素的形状所允许的变动全量，称为形状公差。它是相对于理想形状而言的。

③ 方向公差：关联实际要素对基准在方向上允许的变动全量。

④ 位置公差：关联实际要素的位置对基准所允许的变动全量，称为位置公差。

⑤ 跳动公差：关联实际要素绕基准轴线回转一周或连续回转时所允许的最大跳动量。

⑥ 几何公差的公差带：它是限制实际要素变动的区域。几何公差的公差带的形状、方向、位置和大小（公差值）由零件的功能和互换性要求来确定。

（2）几何公差的项目、符号

几何公差的分类、项目及符号见表 17-7。

表 17-7　几何公差分类及符号

公差类型	几何特征	符号	基准	公差类型	几何特征	符号	基准
形状公差	直线度	—	无	位置公差	位置度	⌖	有或无
	平面度	⏥	无		同心度（用于中心点）	◎	有
	圆度	○	无				
	圆柱度	⌭	无		对称度	⌯	有
	线轮廓度	⌒	无		线轮廓度	⌒	有
	面轮廓度	⌓	无		面轮廓度	⌓	有

续 表

公差类型	几何特征	符号	基准	公差类型	几何特征	符号	基准
方向公差	平行度	//	有	位置公差	同轴度（用于轴线）	◎	有
	垂直度	⊥	有				
	倾斜度	∠	有	跳动公差	圆跳动	↗	有
	线轮廓度	⌒	有		全跳动	⌰	有
	面轮廓度	⌓	有				

2. 几何公差代号及标注

（1）基本规定

在零件图中，几何公差应采用代号标注。当无法采用代号标注时，允许在技术要求中用文字说明。几何公差代号包括几何公差有关项目的符号；几何公差框格和指引线；几何公差数值和其他有关符号、基准符（代）号。

国家标准（GB/T 1182）中规定了不同公差特征项目的几何公差带及其定义，表 17-8 列举了国家标准对直线度、平面度以及平行度、垂直度公差带定义的规定。其余各项几何公差带定义可参阅国家标准规定。

（2）公差框格和指引线

公差框格分两格式和多格式。框格应水平或垂直绘制，其线型为细实线，如表 17-8 中图所示。按看图方向，在框格内从左到右填写如下内容。

第一格：几何特征符号。

第二格：公差数值及（或）有关附加符号。

第三格和以后各格：基准符号及（或）有关符号。

表 17-8 部分几何公差的定义和标注示例

符号	公差带定义	标注和解释
直线度公差		
—	在给定平面内，公差带是距离为公差值 t 的两平行直线之间的区域 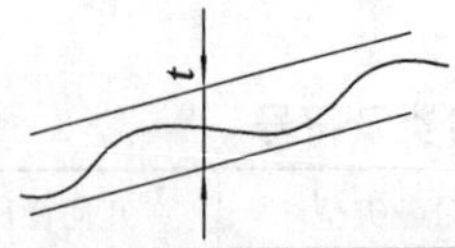	被测表面的素线必须位于平行于图样所示投影面且距离为公差值 *0.1* 的两平行直线内 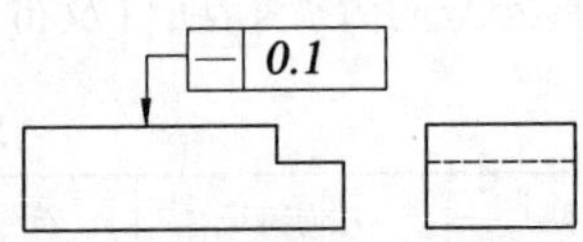
	在给定方向上公差带是距离为公差值 t 的两平行平面之间的区域 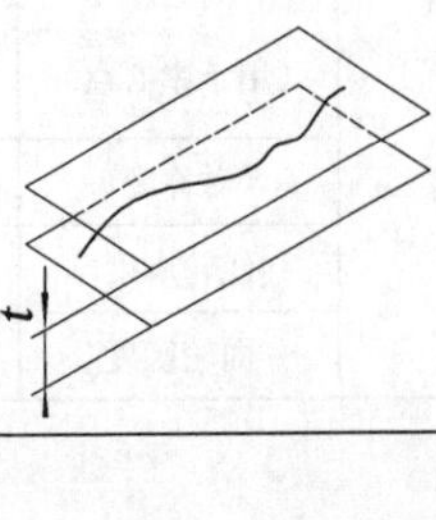	被测圆柱面的任一素线必须位于距离为公差值 0.1 的两平行平面之内 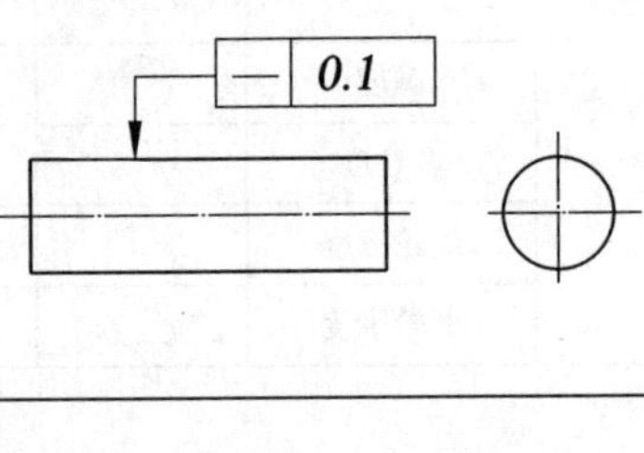

续 表

符号	公差带定义	标注和解释
—	如在公差值前面加注 Ø，则公差带是直径为 *t* 的圆柱面内的区域 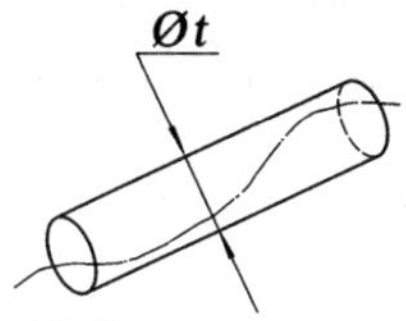 	被测圆柱面的轴线必须位于直径为公差值 Ø 0.08 的圆柱面内 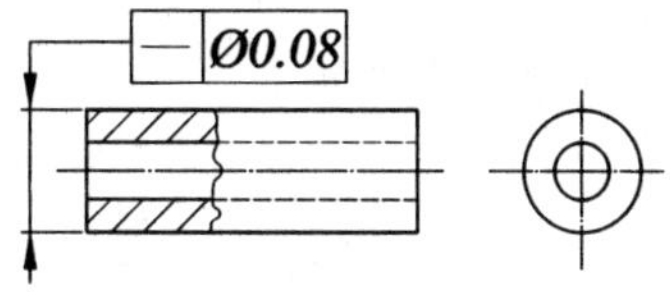
平面度公差		
▱	公差带是距离为公差值 *t* 的两个平行平面之间的区域 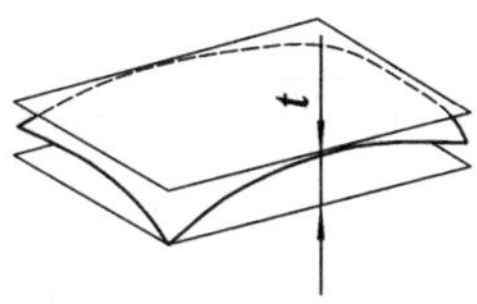 	被测表面必须位于距离为公差值 0.08 的两平行平面内 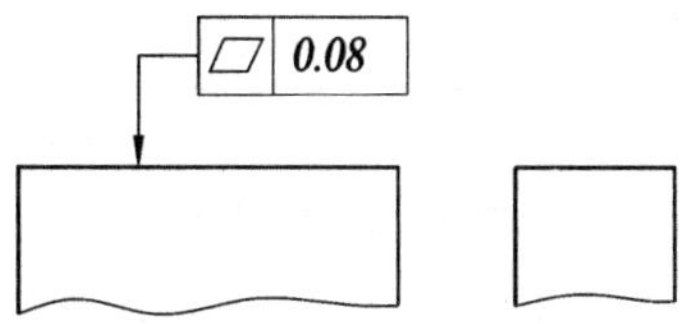
平行度公差		
//	1．线对线平行度公差	
	公差带是距离为公差值 *t* 且平行于基准线、位于给定方向上的两平行平面之间的区域 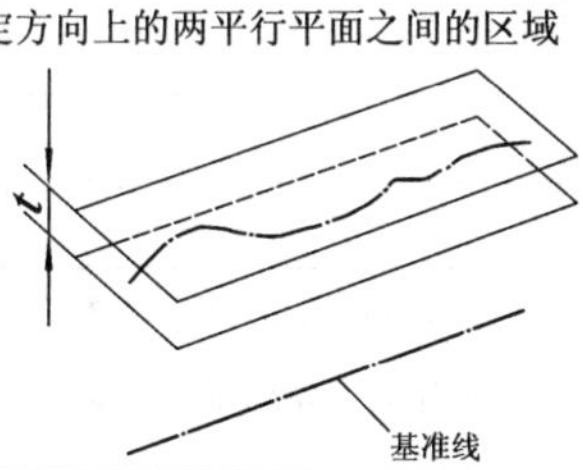 	被测轴线必须位于距离为公差值 0.1，且在给定方向上平行于基准轴线的两平行平面之间 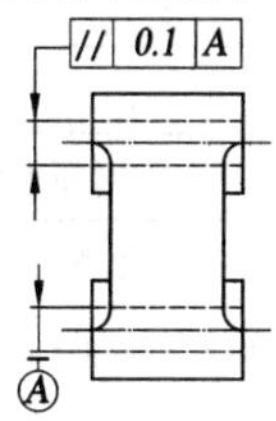
	如在公差值前加注 Ø，公差带是直径为公差值 *t* 且平行于基准线的圆柱面内的区域 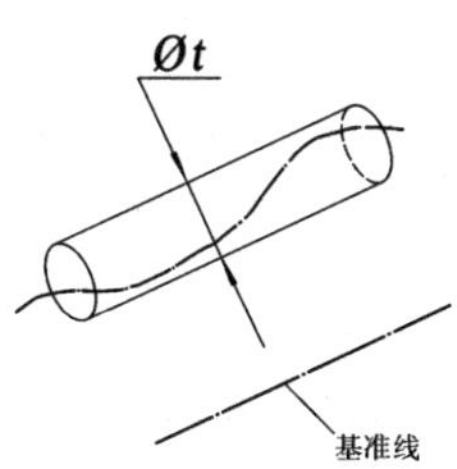 	被测轴线必须位于直径为公差值 0.03，且平行于基准轴线的圆柱面内 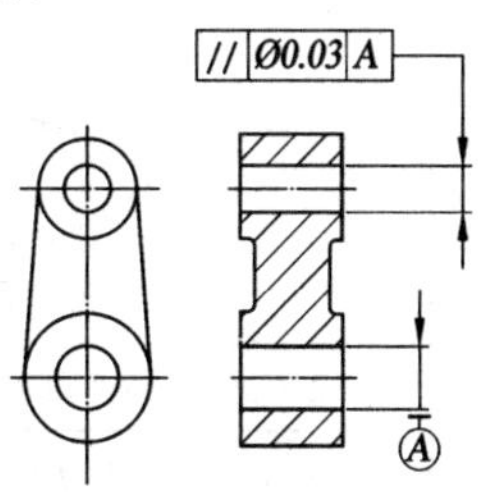
	2．线对面平行度公差	
	公差带是距离为公差值 *t* 且平行于基准平面的两平行平面之间的区域 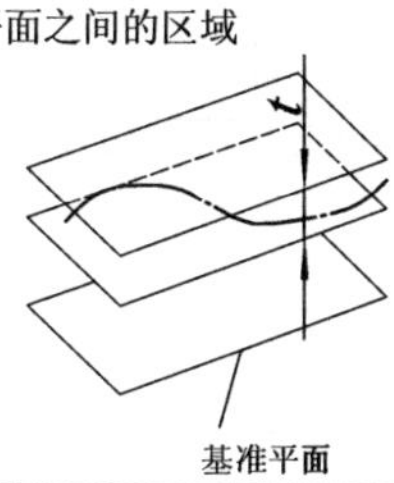 	被测轴线必须位于距离为公差值 0.01，且平行于基准表面 *B*（基准平面）的两平行平面之间 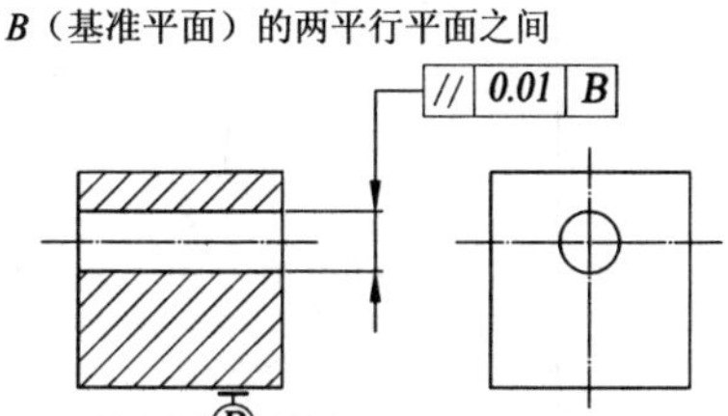

符号	公差带定义	标注和解释
//	3．面对线平行度公差	
	公差带是距离为公差值 t 且平行于基准线的平面之间的区域 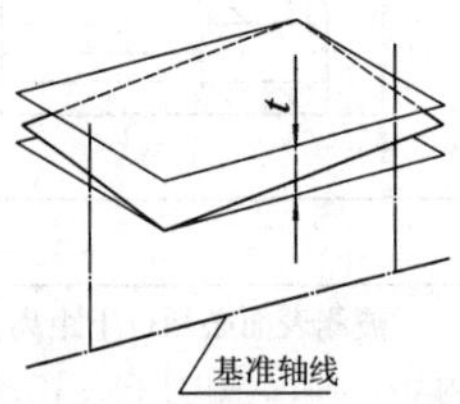	被测表面必须位于距离为公差值 0.01，且平行于基准线 C（基准轴线）的两平行平面之间 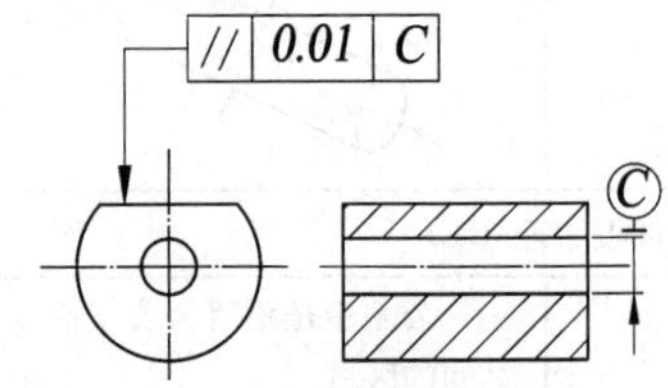
	4．面对面平行度公差	
	公差带是距离为公差值 t 且平行于基准面的两平行平面之间的区域 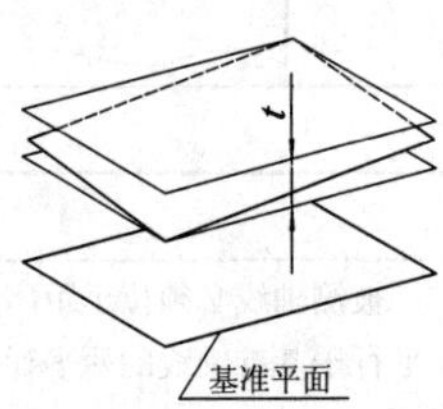	被测表面必须位于距离为公差值 0.01，且平行于基准表面 D（基准平面）的两平行平面之间 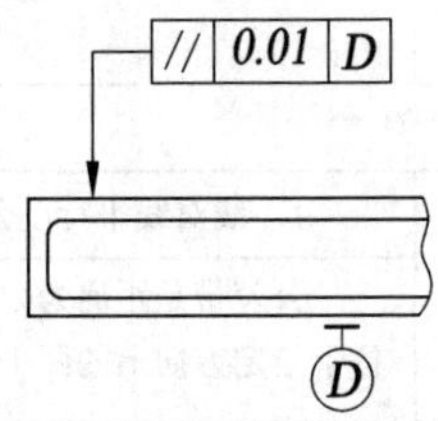
垂直度公差		
⊥	1．线对面垂直度公差	
	如公差值前加注 Ø，则公差带是直径为公差值 t 且垂直于基准面的圆柱面内的区域 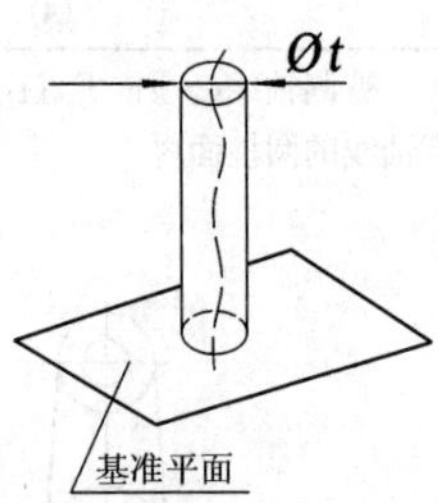	被测轴线必须位于直径为公差值 Ø 0.01，且垂直于基准面 A（基准平面）的圆柱面内 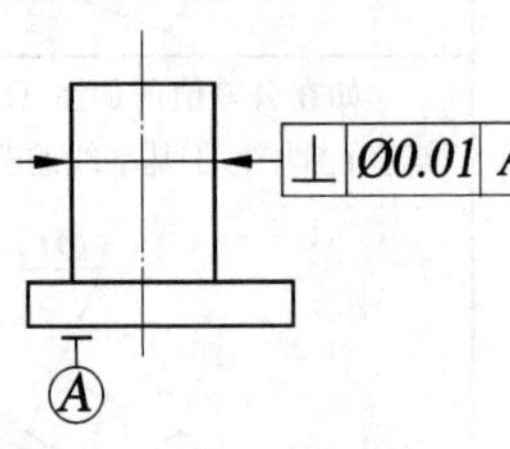
	2．面对线垂直度公差	
	公差带是距离为公差值 t 且垂直于基准线的两平行平面之间的区域 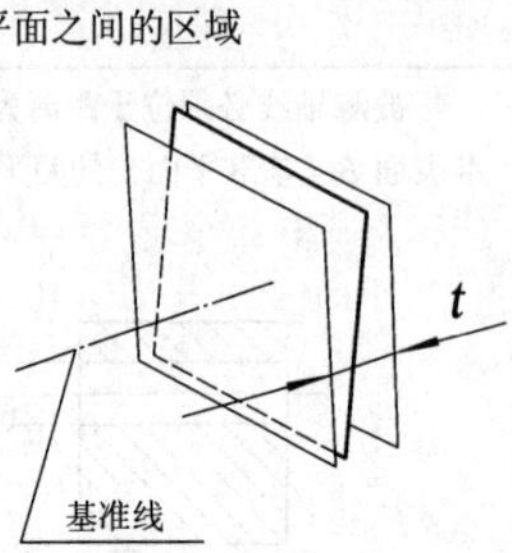	被测面必须位于距离为公差值 0.08，且垂直于基准线 A（基准轴线）的两平行平面之间 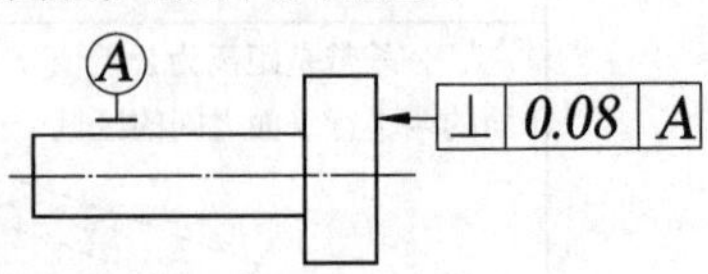

符号	公差带定义	标注和解释
	3．面对面垂直度公差	
⊥	公差带是距离为公差值 *t* 且垂直于基准面的两平行平面之间的区域 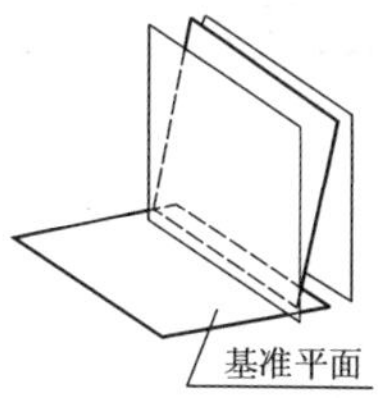	被测面必须位于距离为公差值 0.08，且垂直于基准平面 A 的两平行平面之间 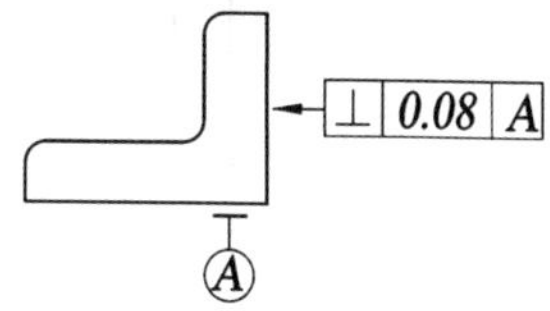

（3）公差数值及有关符号

公差框格中所给定的公差值为公差带的宽度或直径，其值可查国家标准。公差值以 mm 为单位标注。当公差带为圆或圆柱时，应在公差数值前加注符号“Ø”；当公差带为球时，应在公差数值前加注“SØ”。

对公差有附加要求时，应在相应的公差数值后加注有关符号，如图 17-67 所示。图（a）表示被测要素有误差，则只允许中间向材料外凸起；图（b）表示只允许中间向材料内凹下；图（c）表示只允许按符号的小端方向逐渐减小。

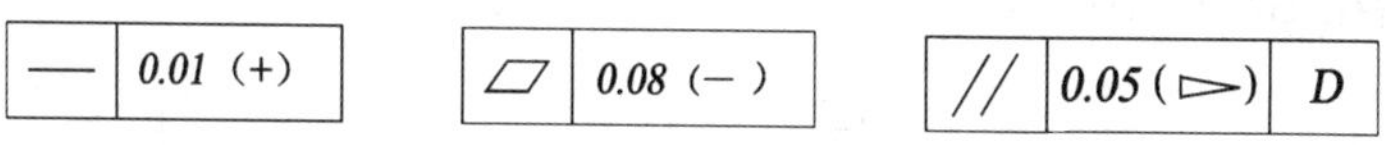

（a）　　（b）　　（c）

图 17-67　形位公差附加符号标注

（4）基准符号及基准代号

基准符号用加粗的短划线表示。基准代号由基准符号、圆圈、连线及字母组成。圆圈和连线用细实线绘制，圆圈直径与公差框格的高度相同，圆圈内填写除 E、I、J、M、O、P 外的大写拉丁字母。无论基准代号在图中的方位如何，圆圈内的字母都应水平书写，如图 17-68 所示。

标注位置公差时，除了用基准代（符）号指明基准表面或基准轴线外，公差框格中第三格和以后各格都必须填写与基准代号相同的字母。

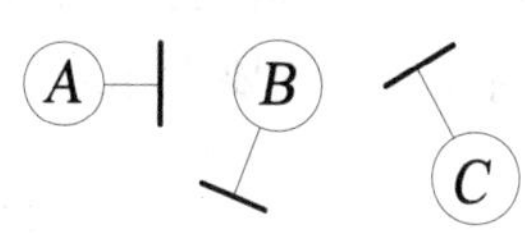

图 17-68　基准代号内字母的书写

（5）被测要素标注的基本规定

图样中用公差框格标注形位公差时，用带箭头的指引线将被测要素与公差框格的一端相连。指引线箭头应指向公差带的宽度方向或公差带的直径。指引线箭头按下列方法与被测要素相连。

① 当被测要素为素线或表面时，指引线的箭头应指在该要素的轮廓线或其延长线上，并应明显地与尺寸线错开，如图 17-69 所示。

② 当被测要素为球心、轴线或中心平面时，指引线的箭头应与该要素的尺寸线对齐，如图 17-70 所示。若指引线的箭头与尺寸线箭头重叠时，指引线箭头可以代替尺寸线箭头，如图 17-70（c）所示。

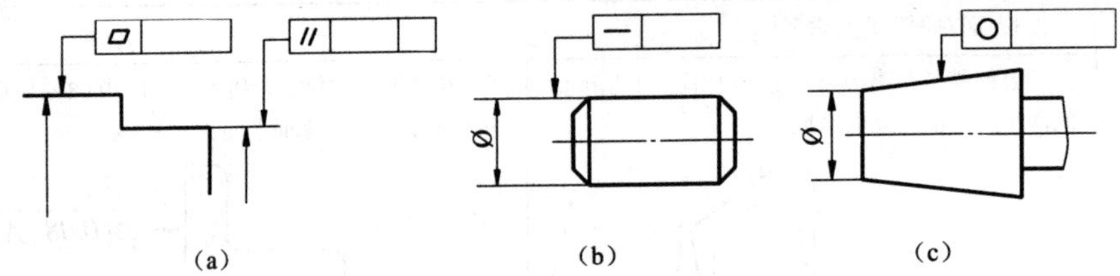

图 17-69　被测要素标注 1

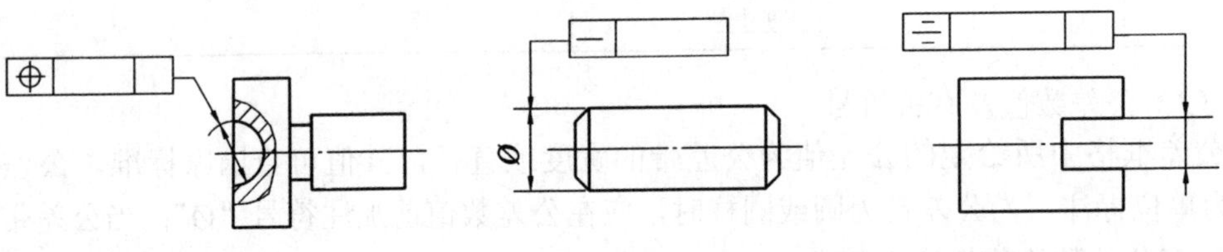

图 17-70　被测要素标注 2

③ 当被测要素为单一要素的轴线或各要素的公共轴线、公共中心平面时，指引线的箭头可以直接指在轴线或中心线上，如图 17-71 所示。

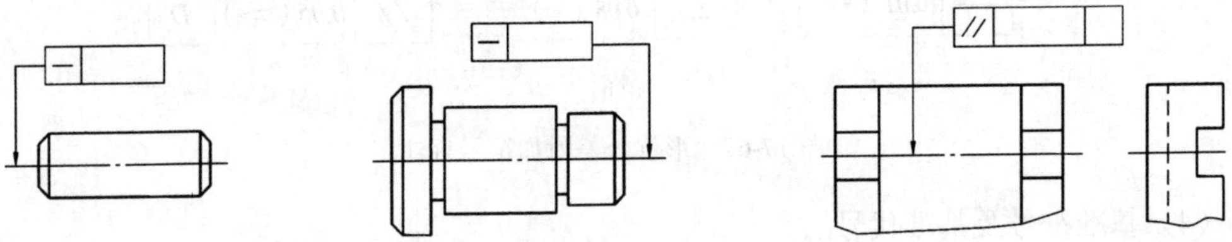

图 17-71　被测要素标注 3

④ 当同一被测要素有多项几何特征的公差要求，可以将这些框格绘制在一起并用一条指引线，如图 17-72 所示。

⑤ 当多个被测要素有相同的公差要求时，可以从框格引出的指引线上绘制多个指示箭头分别与各被测要素相连，如图 17-73 所示。

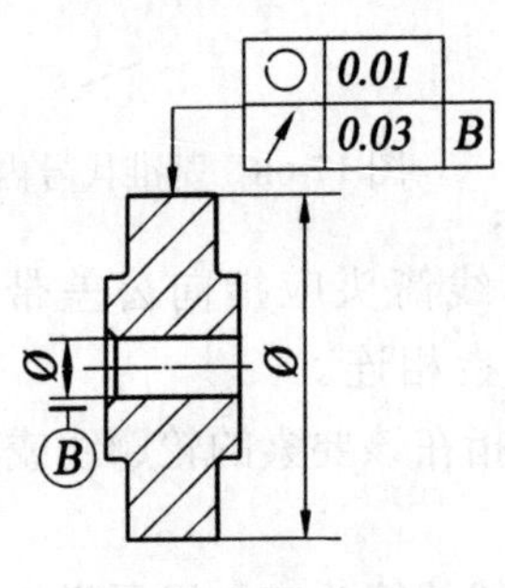

图 17-72　同一要素多项要求的标注

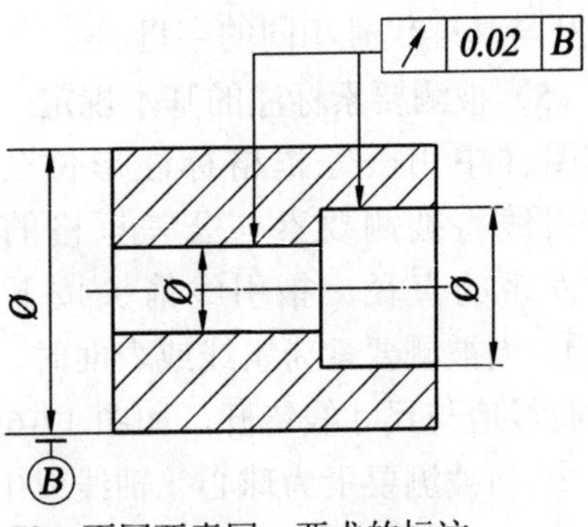

图 17-73　不同要素同一要求的标注

（6）基准要素标注的基本规定

标注位置公差时，除按上述规定指明被测要素外，还应与基准要素联系起来，即用带基准符号的连线将基准要素与公差框格的另一端相连。基准符号的连线必须与基准要素垂直。

① 当基准要素为素线或表面时，基准符号应靠近该要素的轮廓线或其延长线标注，并应明显地与尺寸线错开，如图 17-74 所示。

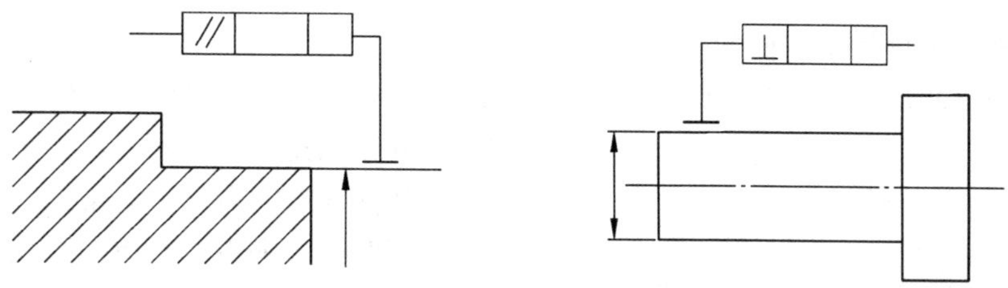

图 17-74　基准要素标注 1

② 当基准要素为球心、轴线或中心平面时，基准符号应与该要素的尺寸线对齐；若基准符号与尺寸线箭头重叠时，则该尺寸线的箭头省略不画，如图 17-75 所示。

③ 当基准要素为单一要素的轴线或各要素的公共轴线、公共中心平面时，基准符号可以直接靠近公共轴线或公共中心线标注，如图 17-76 所示。

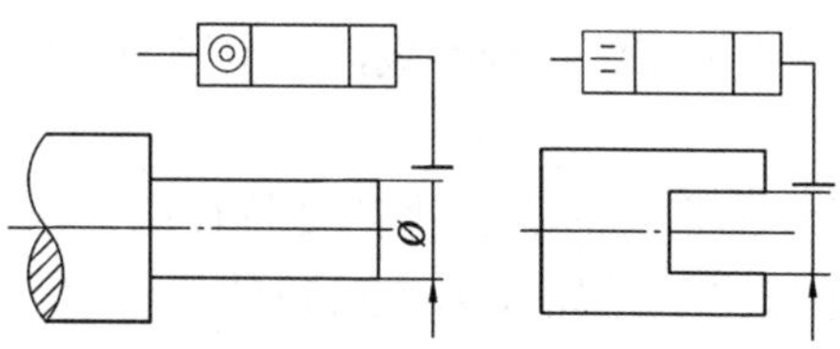

图 17-75　基准要素标注 2

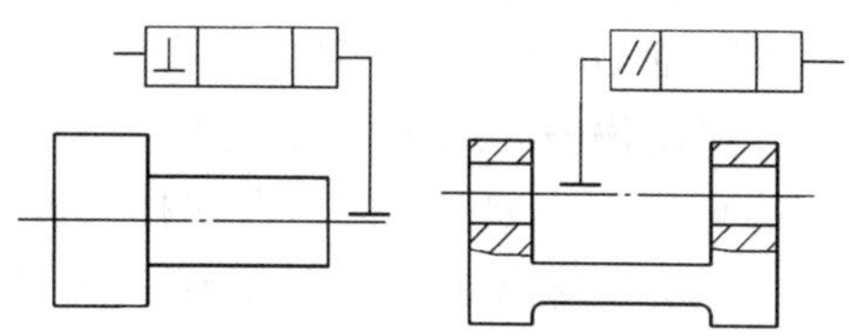

图 17-76　基准要素标注 3

（7）与公差框格标注等效的几何公差的文字说明

用公差框格标注的几何公差，能达到统一理解的目的，也可把它们译成文字说明。现以图17-77 中的标注为例。

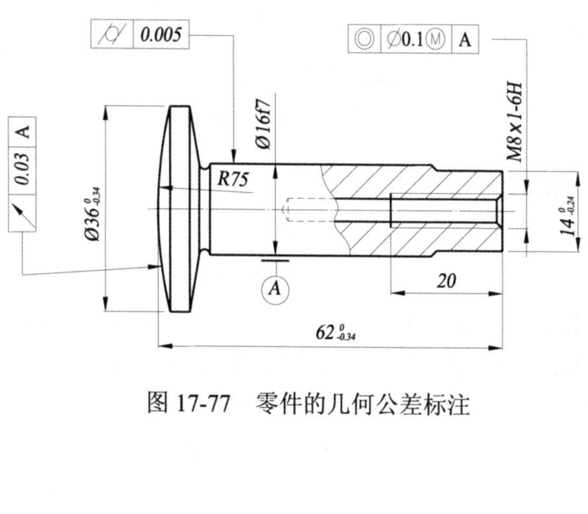

图 17-77　零件的几何公差标注

| ⌭ | 0.005 | 表示 Ø 16f 7 圆柱表面的圆柱度公差为 0.005 mm。

| ◎ | Ø0.1 Ⓜ | A | 表示螺孔 M8×1-6H 的轴线对 Ø 16f 7 圆柱轴线的同轴度公差在最大实体条件下为 Ø 0.1 mm。

| ↗ | 0.03 | A | 表示 R75 端面对 Ø 16f7 圆柱轴线的圆跳动公差为 0.03 mm。

17.3.3 表面粗糙度

1. 表面粗糙度的基本概念

无论用何种方法获得的零件表面，都不可能是绝对光滑的。用显微镜观察或通过电测可知，零件表面是由一系列高低不平的峰、谷所组成，如图 17-78 所示。通常把零件表面上具有较小间距的峰和谷所组成的微观几何形状特征，称为表面粗糙度。一般来说，不同加工方法可以获得不同的表面粗糙度。

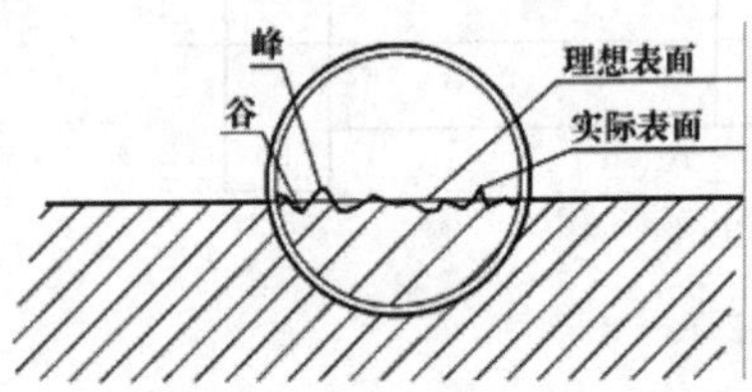

图 17-78 显微镜下观察到的表面轮廓

表面粗糙度是衡量零件质量的标准之一，它反映了零件表面的光滑程度。对于零件的配合、耐磨性、抗腐蚀性及密封性都有显著的影响，是零件图中必不可少的一项技术要求。

2. 表面粗糙度的主要参数及数值

国家标准 GB/T 3505—2000 中规定了评定表面粗糙度的各种参数，其中较为常用的是轮廓算术平均偏差 Ra，轮廓微观不平十点高度 Rz。

轮廓算术平均偏差 Ra 是在取样长度 L（用于判别具有表面粗糙度特征的一段基准线长度）内，轮廓偏距 y_i（轮廓线上的点与基准线之间的距离）绝对值的算术平均值，如图 17-79 所示。

$$Ra = \frac{1}{L}\int_0^L \left|y(x)\right| \mathrm{d}x$$

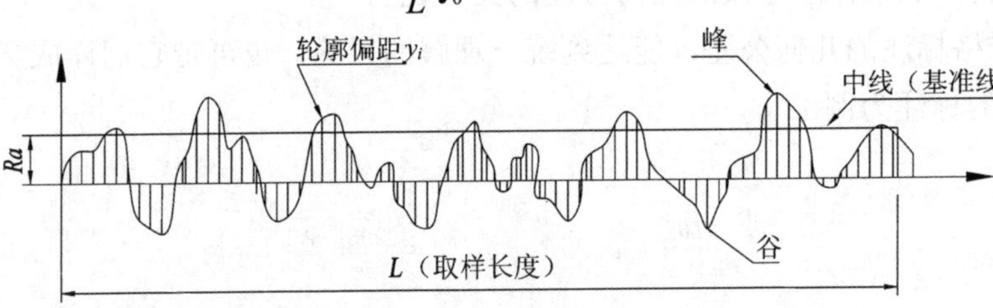

图 17-79 轮廓算术平均偏差

轮廓算术平均偏差 Ra 的近似值为

$$Ra = \frac{1}{n}\sum_{i=1}^{n}\left|y_i\right|$$

式中：y_i——轮廓偏距。即轮廓峰、谷任一被测点到中线的距离；

L——取样长度。用来判别具有表面粗糙度特征的一段中线长度；

n——取样长度 L 内的被测点数。

一般来说，凡是零件上有配合要求或相对运动的表面，Ra 值就要求小。Ra 值越小，表面质量就越高，但加工成本也越高。因此，在满足使用要求的前提下，应尽量选用较大的 Ra 值，以降低成本。

不同表面粗糙度的外观情况，加工方法和应用举例见表 17-9。

表 17-9　不同表面粗糙度的外观情况，加工方法和应用举例

Ra/μm	表面外观情况	主要加工方法	应　用
50	明显可见刀痕	粗车、粗铣、粗刨、钻、粗纹锉刀和粗砂轮加工	粗糙度值最大的加工面，一般很少应用
25	可见刀痕		
12.5	微见刀痕	粗车、刨、立铣、平铣、钻	不接触表面、不重要的接触面，如螺钉孔、倒角、机座底面等
6.3	可见加工痕迹	精车、精铣、精刨、铰、镗、粗磨等	没有相对运动的零件接触面，如箱、盖、套筒要求紧贴的表面、键和 键槽工作表面；相对运动速度不高的接触面，如支架孔、衬套、带轮轴孔的工作表面
3.2	微见加工痕迹		
1.6	看不见加工痕迹		
0.8	可辨加工痕迹方向	精车、精铰、精拉、精镗、精磨等	要求很好密合的接触面，如与滚动轴承配合的表面、锥销孔等；相对运动速度较高的接触面，如滑动轴承的配合表面、齿轮轮齿的工作表面等
0.4	微辨加工痕迹方向		
0.2	不可辨加工痕迹方向		
0.1	暗光泽面	研磨、抛光、超级精细研磨等	精密量具的表面、极重要零件的摩擦面，如汽缸的内表面、精密机床的主轴颈、坐标镗床的主轴颈等
0.05	亮光泽面		
0.025	镜状光泽面		
0.012	雾状镜面		
0.006	镜面		

3．表面粗糙度的符号和代号

表面粗糙度用代号标注在图样上。代号由符号、数字及说明文字组成。

国家标准《机械制图　表面粗糙度的符号、代号及其注法》（GB/T 131—1993）中规定了零件表面粗糙度的符号、代号及其在图样上的注法。

（1）表面粗糙度的符号及其画法

表面粗糙度的符号及其含义见表 17-10。表面粗糙度的符号画法如图 17-80 所示。

表 17-10　表面粗糙度的符号及其含义

符　　　　　　　　　号	含　　　义
	基本符号，表示可以用任何方法获得该表面。若不加注粗糙度参数值或有关说明，单独使用这个符号是没有意义的
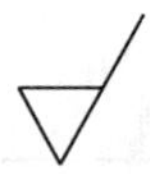	基本符号加一短画线，表示表面特征是用去除材料的方法（例如车、铣、刨、钻、磨、剪切、气割、抛光、腐蚀、电火花加工等）获得的
	基本符号加一小圆，表示表面特征是用不去除材料的方法（例如铸、锻、热轧、冷轧、冲压、粉末冶金等）获得的，或者是用于保持原供应状况的表面（包括保持上道工序的状况）
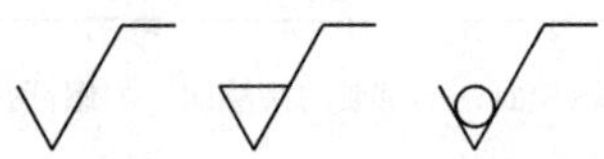	在 3 个基本符号上加一横线，可用于标注有关参数和说明
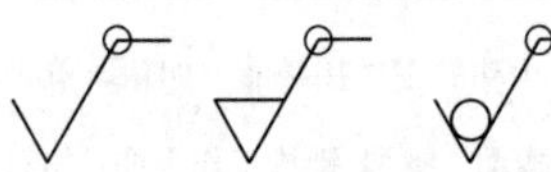	在 3 个基本符号上加一小圆，表示所有表面具有相同的表面粗糙度要求

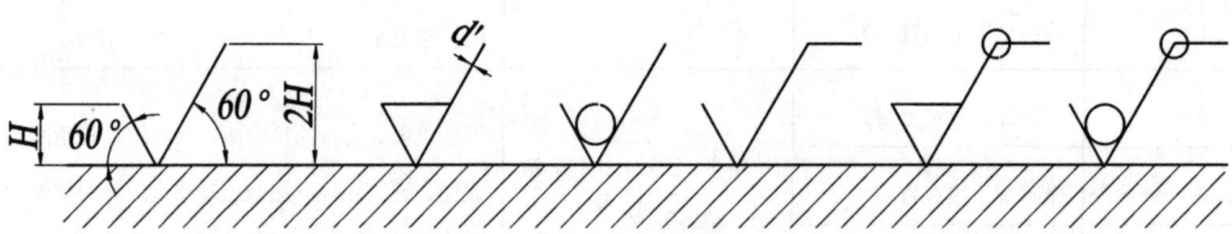

H=1.4h　　　d' =1/10h　　　h 为字体高度

图 17-80　表面粗糙度符号的画法

（2）表面粗糙度代号

在零件图上，一般用表面粗糙度代号表示对零件表面完工后的质量要求。表面粗糙度代号是由表面粗糙度符号、参数值、取样长度等组成。假如需要在零件图中表示某一表面的表面粗糙度的各项要求时，应按表 17-11 所示的指定位置注写。

表 17-11　表面粗糙度参数值及有关要求在代号中的注写位置

代　号	含　义
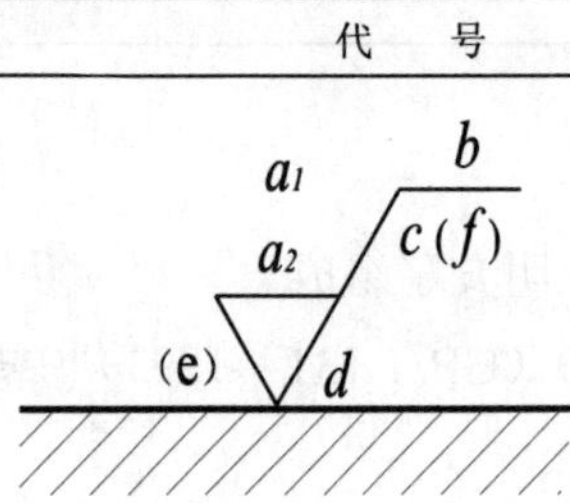	a_1、a_2 ——粗糙度高度参数代号及其允许值（单位为 μm） b ——加工方法、镀涂或其他表面处理 c ——取样长度（单位为 mm）或波纹度（单位为 μm） d ——加工纹理方向符号 e ——加工余量（单位为 mm） f ——粗糙度间距参数值（单位为 mm）或轮廓支承长度率

4. 表面粗糙度的标注

（1）表面粗糙度参数值的标注

在表面粗糙度符号上注写所要求的表面特征参数后，即构成表面粗糙度代号。由于 *Ra* 最常用的一种高度参数，数值前不必书写参数代号 *Ra*。当仅规定一个参数值时称为上限值，同时规定两个参数值时称为上限值和下限值。按 GB/T131 规定，当允许在表面粗糙度参数的所有实测值中超过规定值的个数少于总数的 16%时，应在图样上标注表面粗糙度参数的上限值或下限值。当要求在表面粗糙度参数的所有实测值中不得超过规定值时，应在图样上标注表面粗糙度参数的最大值或最小值。

表面粗糙度代号 *Ra* 的意义见表 17-12。除*Ra*可以省略外，*Rz*、*Ry* 一律在参数值之前注出，且单位均为 μm。取样长度应标注在符号长边的横线下面，若按有关规定选用对应的取样长度，在图样上可以省略标注.。所标注表面的粗糙度要求由指定的加工方法获得时，可用文字标注在符号长边的横线上面。

表 17-12 表面粗糙度代号的意义

代 号	意 义	代 号	意 义
	表示用任何方法获得的表面，*Ra*的上限值为3.2 μm	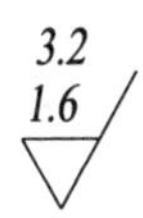	表示用去除材料的方法获得的表面，*Ra*的上限值为3.2 μm，下限值为1.6 μm
	表示用去除材料的方法获得的表面，*Ra*的上限值为3.2 μm		表示用去除材料的方法获得的表面，*Ry*的上限值为3.2μm
	表示用不去除材料的方法获得的表面，*Ra*的上限值为3.2 μm。	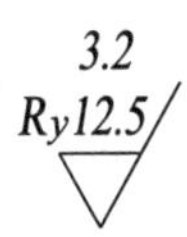	表示用去除材料的方法获得的表面，*Ra*的上限值为3.2 μm，*Ry*的上限值为12.5 μm
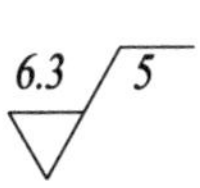	表示用去除材料的方法获得的表面，*Ra*的上限值为6.3 μm，取样长度为5 mm	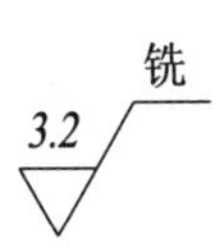	表示用去除材料的方法获得的表面，*Ra*的上限值为3.2 μm。加工方法采用铣削

（2）表面粗糙度代（符）号在图样上的标注

① 表面粗糙度代（符）号应标注在可见轮廓线、尺寸界线、引出线或它们的延长线上，符号的尖端必须从材料外指向表面，如图 17-81 所示。

表面粗糙度代号中参数值数字及符号的方向必须按图 17-82 所示标注。

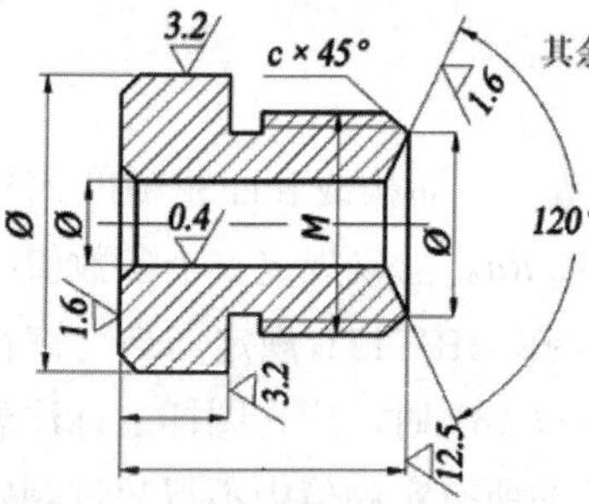

图 17-81　表面粗糙度代号注法

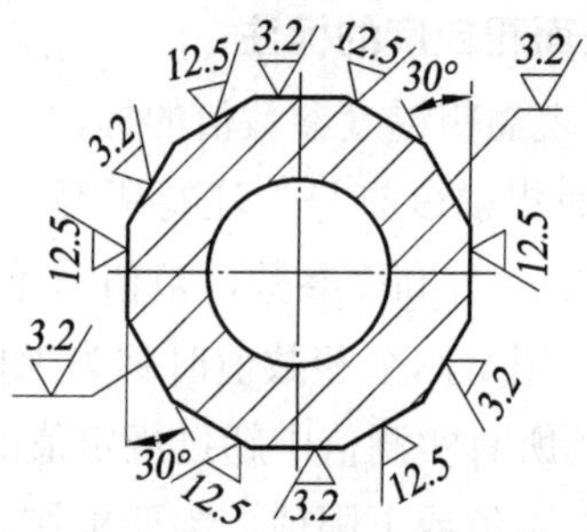

图 17-82　表面粗糙度代号注写方位

带横线的表面粗糙度代（符）号，应按图 17-83 和图 17-84 的规定标注。

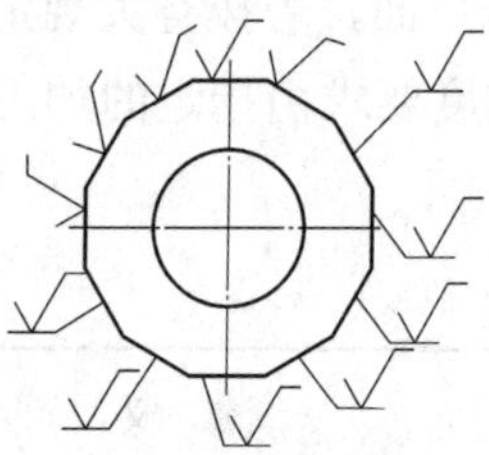

图 17-83　在外表面上的标注

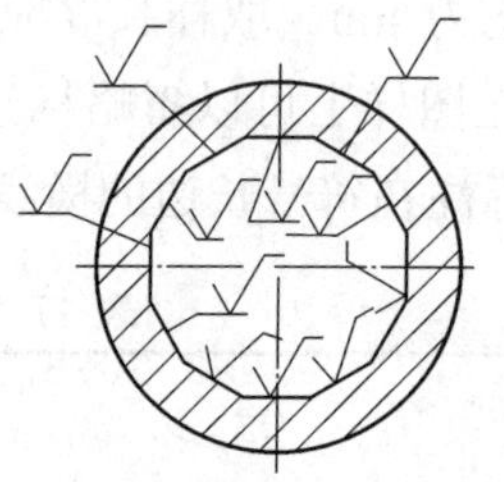

图 17-84　在内表面上的标注

② 在同一零件图上，每一表面一般只标注一次代（符）号，并尽可能靠近有关尺寸线，如图 17-81 所示。当地位狭小或不便标注时，代（符）号可以引出标注或注在尺寸线上，如图 17-85 所示。零件上不连续的同一表面，在图上用细实线连接，只标注一次表面粗糙度代（符）号，如图 17-85 中的底面。

③ 零件上的连续表面及重复要素（孔、槽、齿等）的表面，其表面粗糙度代（符）号只标注一次，如图 17-86 和图 17-87 所示。

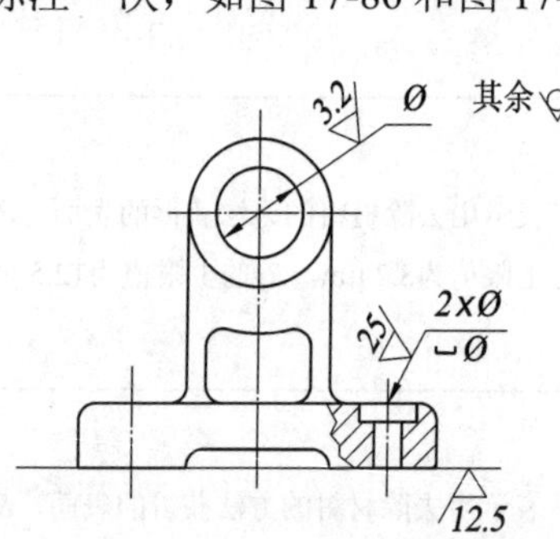

图 17-85　小结构

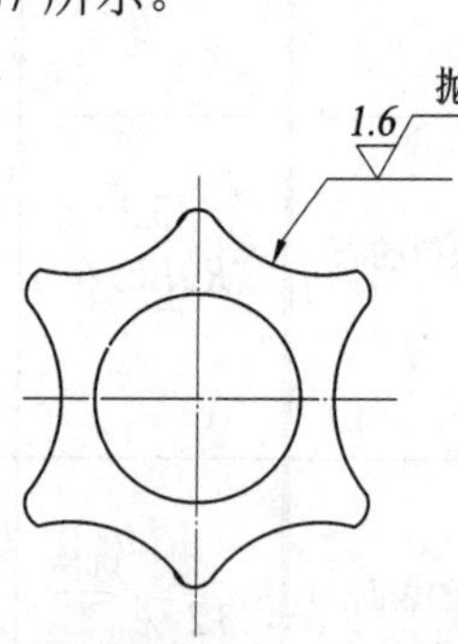

图 17-86　连续表面

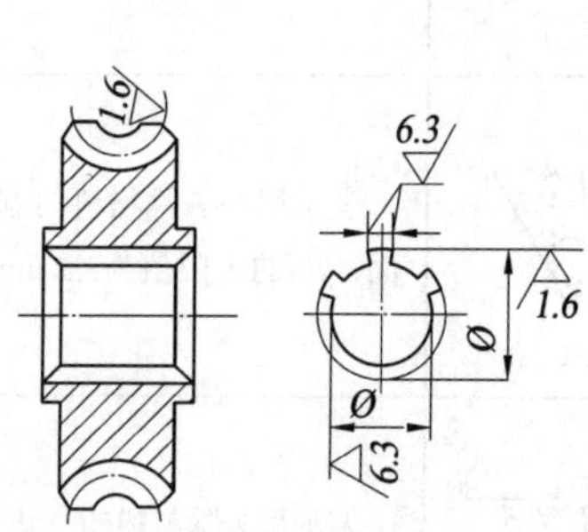

图 17-87　重复要素

④ 同一表面上有不同的表面粗糙度要求时，须用细实线画出其分界线，并注出相应的表面粗糙度代（符）号及尺寸，如图 17-88 所示。

⑤ 当零件所有表面具有相同的表面粗糙度要求时，其代（符）号可在图样的右上角统一标注，如图 17-89 所示。当零件的大部分表面具有相同的表面粗糙度要求时，对其中使用最多的一种表面粗糙度代（符）号，可以统一标注在图样右上角，并加注“其余”两字，

如图 17-81 和图 17-85 所示。统一标注的表面粗糙度代（符）号的大小，为图形中所标注代（符）号的 1.4 倍。

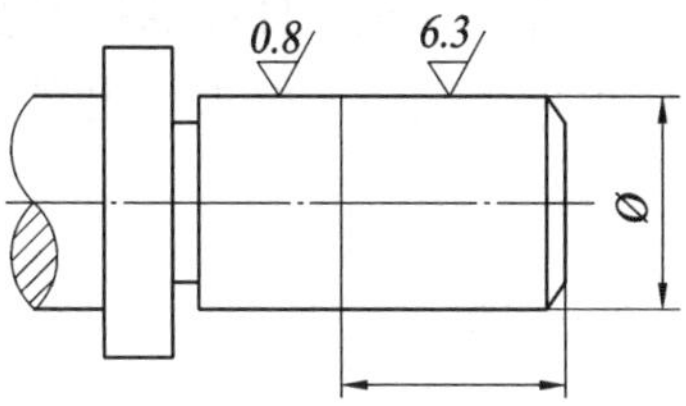

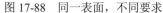

图 17-88　同一表面，不同要求

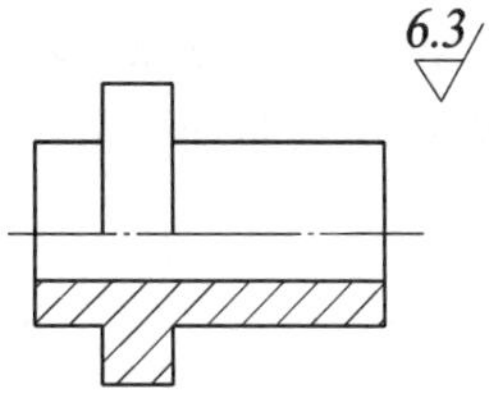

图 17-89　所有表面，同一要求

17.3.4　常用材料、热处理与表面处理

1．常用金属材料

机器制造中，广泛地使用各种金属材料。设计时，应根据零件在机器、设备中的功用正确地选用材料。下面介绍常用的金属材料。

（1）铸铁

铸铁按其基体组织的不同，分为灰铸铁、球墨铸铁和可锻铸铁。灰铸铁性脆、韧性差， 但其熔点低，液态时有良好的流动性，因此机器中绝大多数铸件都选用灰铸铁。球墨铸铁和可锻铸铁的机械性能接近于钢，有较高的强度和塑性，可以代替普通碳素钢和某些合金钢，用于制造耐磨和承受冲击载荷的零件。灰铸铁，球墨铸铁和可锻铸铁的牌号及应用见附表。

（2）钢

钢具有较高的强度、韧性和延展性，可用来制造强度要求较高的零件。按钢含合金量的不同，可分为碳素钢和合金钢；按钢的用途可分为结构钢、工具钢和特殊用途钢。常用钢的牌号及应用见附表。

（3）有色金属及其合金

除钢、铁（通称为黑色金属）外的金属，皆称为有色金属，如铜、铝、铅、锡、锌等。在机器制造中，有色金属及其合金常用于制造要求耐磨、防腐蚀、传热、导电、防磁的零件。有色金属及其合金的牌号和用途见附表。

2．常用非金属材料

常用非金属材料见附表。

3．热处理简介

在机器制造中，为了使某些零件具有良好的使用性能或便于进行各种加工，通常需要改变材料的力学、物理和化学性能，如强度、硬度、韧性、磁性、抗氧化性、抗腐蚀性等。按一定的操作规范对材料加热、保温、冷却以改变其内部组织，改善其力学、物理和化学性能的过程，称为热处理。常用的热处理方法及其应用见附表。

4．表面处理简介

所谓表面处理，就是以提高零件表面的硬度、抗腐蚀性、抗氧化性，光洁美观等为目的的各种电化学处理、化学处理及涂覆处理的总称，如电镀、氧化、抛光、着色等。常用表面处理方法见附表。

5．材料及热处理在图样中的表达形式

零件所采用的材料，应在标题栏或明细表中注明其牌号。

热处理方法以及通过热处理后零件应达到的要求等，应在零件图的技术要求内写明。

局部热处理及表面处理常用特殊表示法标注，也可以在技术要求内用文字写明。

17.4 读 零 件 图

读零件图就是根据零件图想象出零件的结构形状，了解零件的尺寸和技术要求，以便采用相应的加工方法来达到零件图上所规定的各项要求。读零件图除了用形体分析法外，还要求尽可能地联系生产实际，结合功能分析法和结构分析法来阅读。

17.4.1 读零件图的方法和步骤

1．概括了解

从标题栏中了解零件的名称、材料和绘图比例等，并参阅产品说明书和装配图，了解零件在机器中的地位和作用。

2．分析表达方案

找出主视图，弄清所采用的表达方法，并运用形体分析法、功能分析法和结构分析法来了解和分析零件各部分的结构形状和作用。

3．分析尺寸和技术要求

弄清尺寸基准，找出零件的主要尺寸和主要加工面，了解技术要求，以便正确地选择加工方法、制订加工工艺、选择加工设备等。

17.4.2 读零件图举例

现以 Y-63B 溢流阀零件图为例，阐述读零件图的方法和步骤。

1．Y-63B 溢流阀的工作原理

溢流阀是液压系统中进行压力控制的一种部件。它利用油液压力和弹簧力相平衡的原理进行工作，在系统中起稳压、溢流和对系统进行过载保护等作用。

图 17-90 为 Y-63B 溢流阀的装配示意图。Y-63B 中，“Y”表示复合式溢流阀；“B”表示板式连接。Y-63B 的含义是流量为 63 L/min、调整压力为 3～63 kgf/cm^2、板式连接的复合式溢流阀。该溢流阀共由 18 种零件组成，其中标准件 6 种、非标准件 12 种。其工作原理如下所述。

当压力油由进油口 P 进入后分成两条油路，一条油路经滑阀 3 的轴向油孔进入滑阀 3 的左端，另一条油路经阻尼 5 的内孔进入滑阀 3 的右端；当进油压力 p 小于调节弹簧 12 的调定压力时，针阀 13 不会打开，此时作用在滑阀 3 左右两端的油液压力相互平衡，滑阀 3 在平衡弹簧 6 的作用下压向后螺盖 2，使进油口 P 和回油口 O 切断。当进油压力 p 上升到等于或大于调节弹簧 12 的调定压力时，针阀 13 打开，滑阀 3 左端的压力油经阻尼 5、针阀 13、回油口 O 而流回油箱。由于压力油流经阻尼 5 时产生压力降，滑阀 3 左端的压力大于其右端压力，从而克服平衡弹簧 6 的弹压力而推动滑阀 3 向右移动，使进油口 P 与回油口 O 连通，此时进油压力 p 下降。当 p 降至小于调节弹簧 12 的调定压力时，针阀 13 关闭，于是滑阀 3 左右两端的油液压力又重新达到平衡，滑阀 3 在平衡弹簧 6 的作用下向左压向后螺盖 2，从而切断回油口 O。回油口切断后，系统压力 p 又升高，当升至超过调节弹簧 12 的调定压力时，针阀 13 又重新打开，重复上述过程。

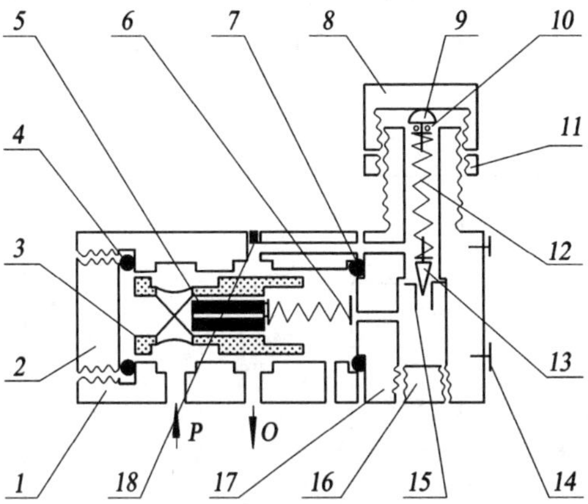

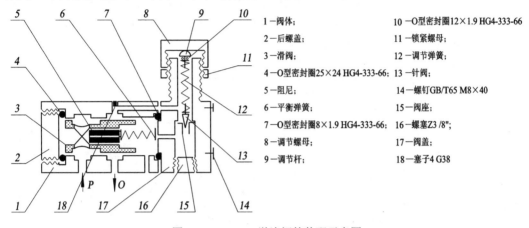

1—阀体；
2—后螺盖；
3—滑阀；
4—O型密封圈25×24 HG4-333-66；
5—阻尼；
6—平衡弹簧；
7—O型密封圈8×1.9 HG4-333-66；
8—调节螺母；
9—调节杆；
10—O型密封圈12×1.9 HG4-333-66
11—锁紧螺母；
12—调节弹簧；
13—针阀；
14—螺钉GB/T65 M8×40
15—阀座；
16—螺塞Z3 /8"；
17—阀盖；
18—塞子4 G38

图 17-90 Y-63B 溢流阀的装配示意图

2. 读 Y-63B 溢流阀零件图举例

【例 17-4】 读 Y-63B 溢流阀的滑阀零件图，如图 17-91 所示。

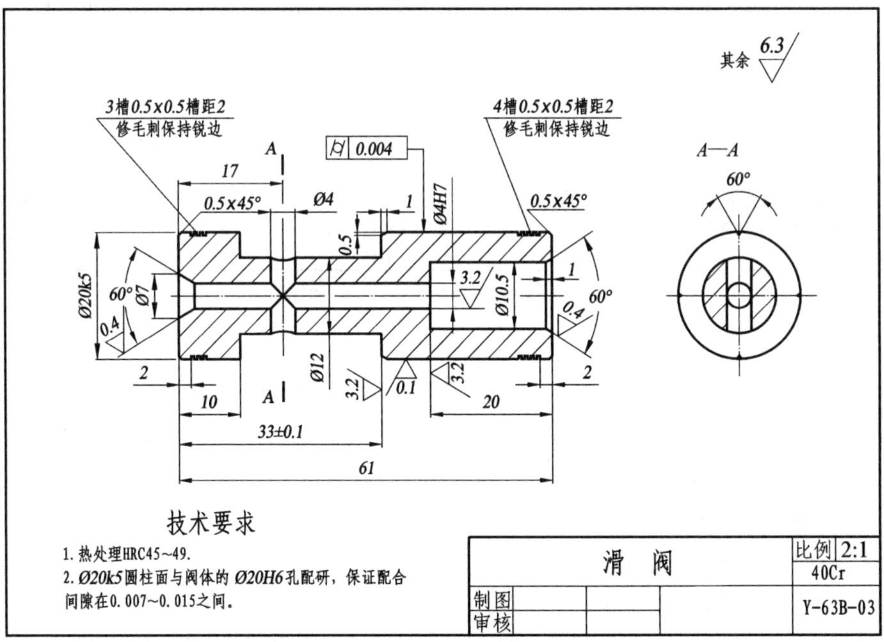

图 17-91 Y-63B 溢流阀的滑阀零件图

解：

（1）概括了解：从标题栏知，零件的名称为滑阀，材料为 40Cr，绘图比例为 2∶1，编号为 Y-63B-03。利用其在阀体的 Ø 20H6 孔中滑动，来连通或者关闭回油回路。

（2）分析表达方案：滑阀属轴套类零件，按加工位置将轴线水平放置。主视图画成全剖视图，表示滑阀的内外结构。A－A 剖视图表示 4 个减震槽的方位。由图可知，滑阀的主要结构为圆柱，内孔为油路通道，左右两端的 3 槽和 4 槽结构起密封作用。

（3）分析尺寸和技术要求：零件的主要基准为轴线和左端面，Ø 20k5 和 33±0.1 为两个主要尺寸。因为它们将直接影响溢流阀的工作性能，故规定了Ø 20k5 圆柱面圆柱度公差为 0.004，通过热处理使硬度为 HRC45～49，并与阀体的 Ø 20H6 孔配研以保证它们之间的配合间隙在 0.007～0.015 mm 之间。

【例17-5】读 Y-63B 溢流阀的阀盖零件图，如图 17-92 所示。

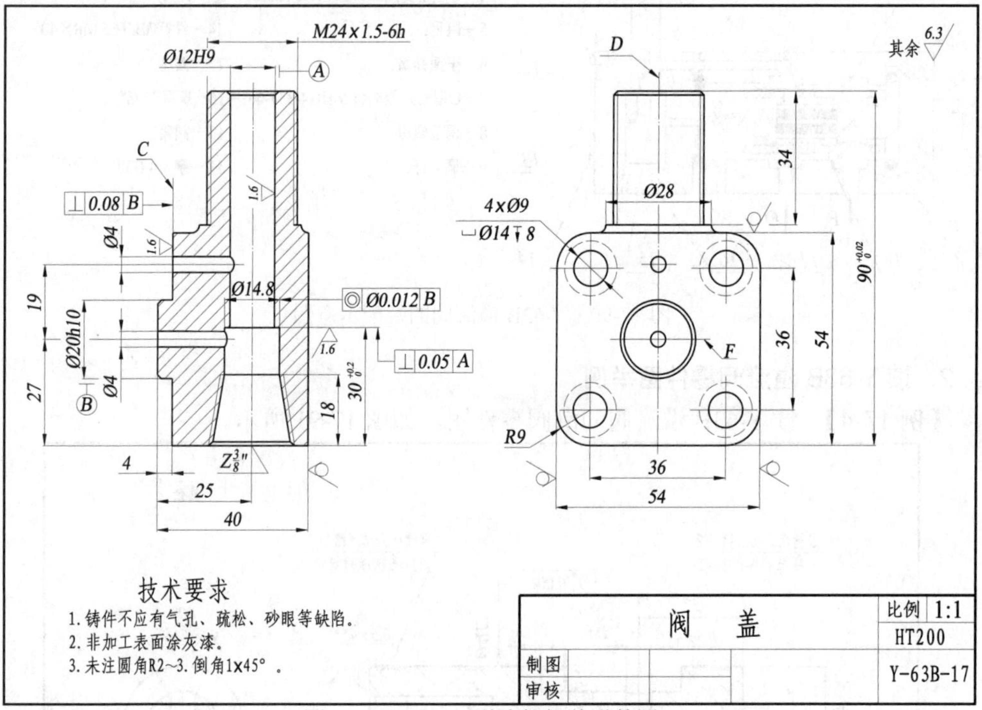

图 17-92　Y-63B 溢流阀阀盖零件图

解：

（1）概括了解：从标题栏知，零件的名称阀盖，材料 HT200，绘图比例为 1∶1，编号为 Y-63B-17。它是用来安装其他零件，并和阀体结合形成回路油腔。

（2）分析表达方案：阀盖属箱体类零件，按自然位置放置。主视图画成全剖视图，以表达内部结构。左视图表达零件的外形以及连接孔 4×Ø 9 的位置。由图可知，阀盖的主要结构由矩形板和圆柱组成。

（3）分析尺寸和技术要求：*C*、*D*、*F* 为长、宽、高 3 个方向的主要基准。从基准 *D*、*F* 标出连接孔 4×Ø 9 的定位尺寸为 36 和 36。Ø 20h10 和Ø 12H9为配合尺寸。*C* 端面对基准 *B* 的垂直度公差为 0.08。Ø14.8 对基准 *A* 的同轴度公差为 Ø0.012，其端面对基准*A* 的垂直度公差为 0.05。技术条件中规定，铸件不应有疏松、气孔、砂眼等缺陷，以免泄漏。

【例 17-6】 读 Y-63B 溢流阀的阀体零件图，如图 17-93 所示。

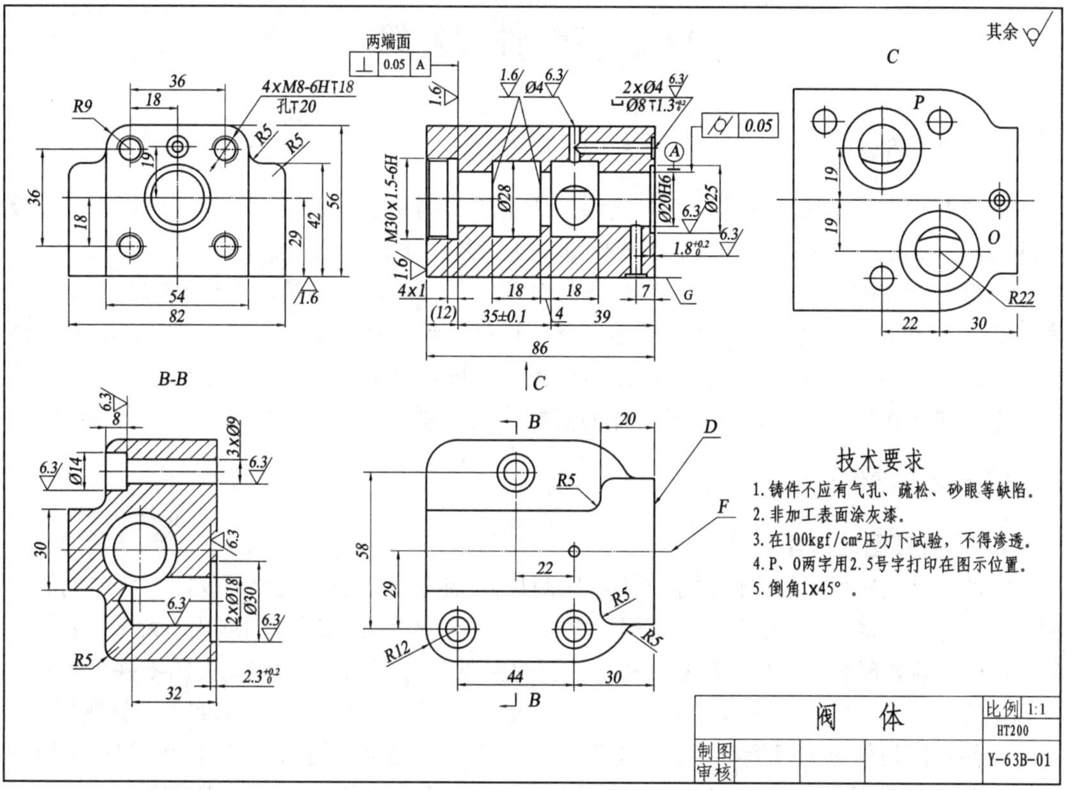

图 17-93　Y-63B 溢流阀阀体零件图

解：

（1）概括了解：从标题栏知，零件的名称为阀体，材料为 HT200，绘图比例为 1∶1，编号为 Y-63B-01。它是溢流阀的主体零件，并和阀盖结合形成回路油腔。

（2）表达方案和尺寸分析：阀体属箱体类零件，按工作位置或自然位置放置。主视图画成全剖视图，主要表达 Ø20H6 孔和 Ø 4 回油孔等，并从基准 *G* 标出 Ø20H6 孔轴线的定位尺寸 29。

俯视图表达外形及连接孔 3×Ø9 的位置，并从基准 *D*、*F* 标出其定位尺寸为 30、22、44 和 29、58。右视图表示螺孔 4×M8-6H 和 Ø4 回油孔的位置，并从基准 *F*、*G* 标出其定位尺寸 18、36 和 18、36、19。*C* 向视图表示进、出油口 *P*、*O* 的位置，并从基准 *D*、*F* 标出其定位尺寸 30、22 和 19、19。*B*—*B* 全剖视图表示进油口 *P* 与 Ø20H6 孔间的关系。

Ø20H6 孔的尺寸公差和形位公差较高，并要求与滑阀配研以保证其配合间隙在 0.007～0.015 mm 之间，使滑阀在孔内能自由滑动。

17.5 零 件 测 绘

17.5.1 概述

零件测绘服务于机器（或部件）测绘。所谓机器测绘是基于某一目的而进行的一种技术活动，其一般的工作步骤应当是在分析掌握了机器的工作原理、传动路线和装配关系后，画出该机器的装配示意图，对所有零件进行分组编号，尽可能测量出配合间隙，并记录在案，此后，方可拆散机器，对非标准零件逐一进行测绘，画出零件草图。然后，利用零件草图拼画出机器的装配图，再由装配图拆画出零件图。整个机器测绘的过程中，零件测绘是最主要的工作环节。有时，为了零件的修配，也需要对该零件进行测绘，画出零件图。

17.5.2 零件测绘

1．零件草图的内容

零件草图是凭目测的比例大小（不用比例尺），徒手（一般不用绘图仪器）所绘制的一种零件图样，是零件测绘的第一手资料。零件草图应完整地记录零件的形状、大小、表面性质、材料和热处理等，是绘制装配图和零件图的主要依据。因此，一张完整的零件草图与一张完整的零件图一样，也应具备以下内容：一组图形；完整的尺寸；技术要求；标题栏。

零件草图虽然是用目测徒手画出的图，但绝不是潦潦草草的图。若测绘时零件草图画得很潦草，视图不完整、不清晰，尺寸不完全、不合理，将给装配图和零件图的整理带来困难，甚至造成不必要的返工。对此，必须引起足够的重视。

2．零件测绘的方法和步骤

（1）了解零件：测绘时应先了解零件的名称，弄清零件在机器中的地位和作用。

（2）画零件草图。其步骤是：①对零件进行结构分析；②选择零件的表达方案，并画出图形；③标注尺寸，标注尺寸时先画出全部尺寸界线和尺寸线，然后集中测量尺寸，注写尺寸数值；④测定零件材料，确定技术条件，并在图中注出；⑤填写标题栏。

（3）画零件图：根据零件草图画出装配图（装配图的画法参见第 18 章），再用仪器按选定的比例由装配图拆画出零件图。

3．画零件草图时应注意的问题

（1）对零件上的细部结构如倒角、圆角、沟槽、凸台和凹坑等，不应忽略，均应表达清楚。但对零件上的一些缺陷如砂眼、缩孔和磨损痕迹等，则不应画出。

（2）零件草图上的尺寸数值，应留在图形画完后集中测量和填写，以免遗漏尺寸。

（3）对一些标准结构如螺纹、键槽、销孔、倒角、退刀槽和越程槽等的尺寸，测量后应查阅有关标准，采用标准数值。

（4）测得的尺寸数值，应按标准系列选取。数值如出现小数时，视其有无必要而将其圆整。

17.5.3 常用测量工具和测量方法

1. 常用测量工具

直尺、卷尺、折尺、划线盘、圆规、内卡和外卡等一般测量工具如图 17-94 所示，它们常用来测量准确度要求不高的尺寸。

直尺　内卡　外卡

图 17-94　一般测量工具

游标尺、深度游标尺、高度游标尺、千分尺、内径千分尺、深度千分尺、千分表和游标量角器等精度较高的测量工具如图 17-95 所示，它们常用来测量准确度要求较高的尺寸。

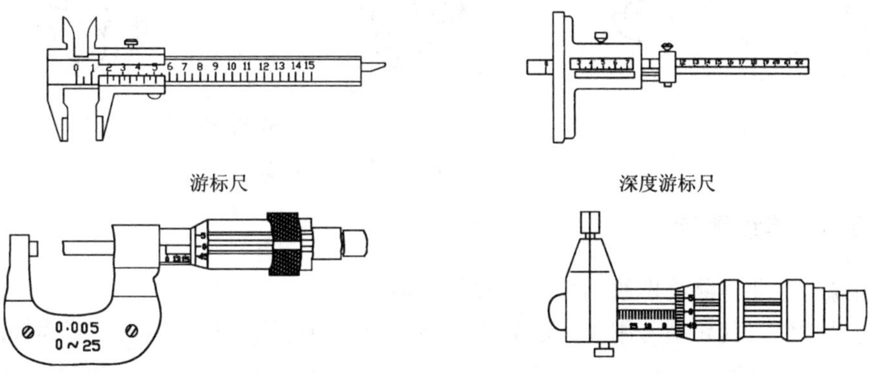

游标尺　深度游标尺

千分尺　内径千分尺

图 17-95　精度较高的测量工具

2. 常用的测量方法

（1）直线尺寸（长、宽、高）的测量：图 17-96 表示测量零件的高度 h_1 和 h_2。

（2）直径尺寸的测量：图 17-97 和图 17-98 分别表示测量零件的内、外径尺寸 D。

（3）壁厚尺寸的测量：图 17-99 所示的壁厚 b，不能直接测量，可用外卡和直尺配合测得。

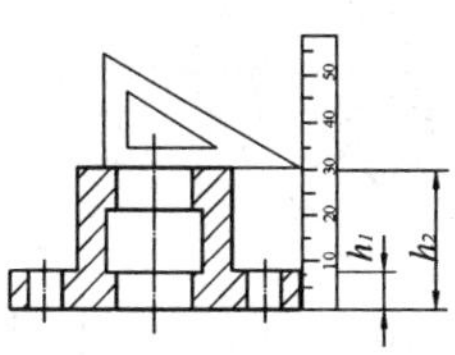

图 17-96　用直尺测量直线尺寸

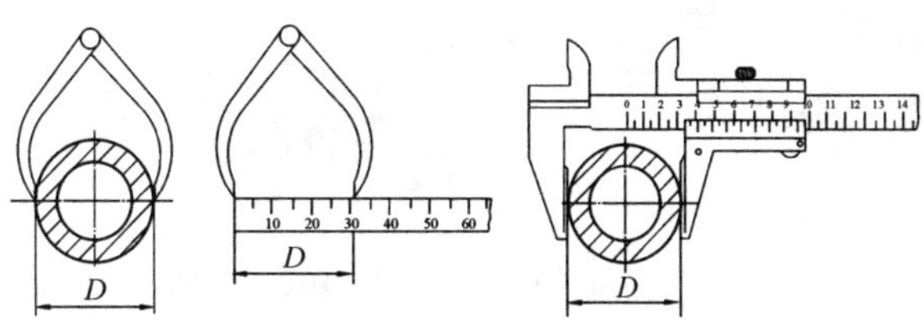

（a）用外卡和直尺　（b）用游标尺

图 17-97　测量外径尺寸

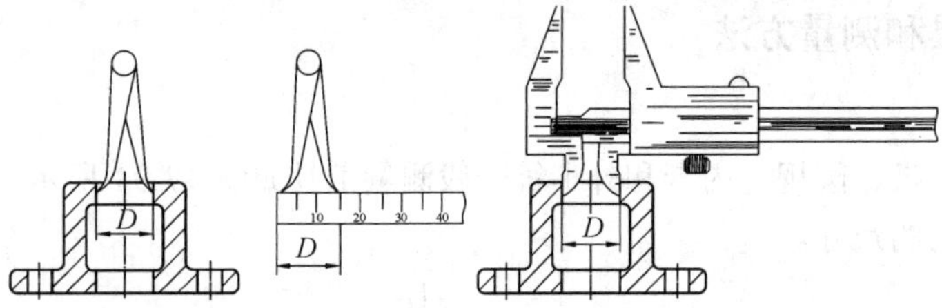

（a）用内卡和直尺　　（b）用游标尺

图 17-98　测量内径尺寸

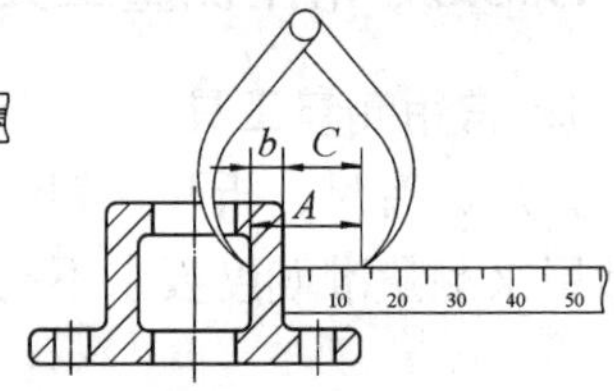

壁厚 $b=A-C$

图 17-99　测量壁厚尺寸

（4）孔间中心距的测量：如图 17-100 所示。

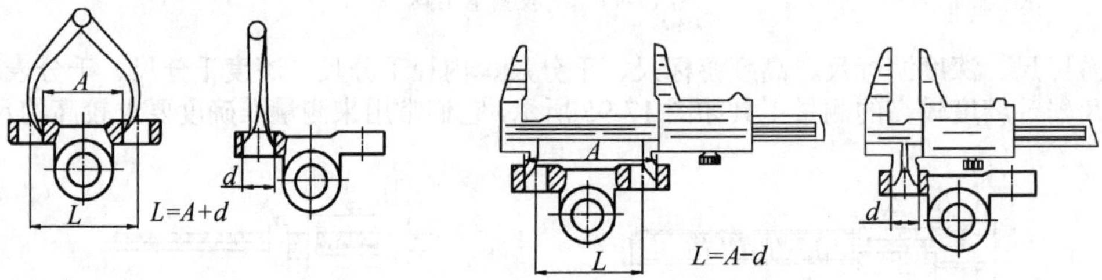

（a）用内、外卡　　（b）用游标尺

图 17-100　测量孔间中心距

17.5.4　螺纹测绘

测绘螺纹主要是测绘螺纹的牙型、螺距和顶径。

对传动螺纹，其牙型可用观察法分辨，顶径和螺距可用游标尺测出。若为梯形螺纹和锯齿形螺纹，还应测出牙型角，并按有关标准取为标准值。顶径的测量，如图 17-101 所示。螺距可用螺纹规测量，如图 17-102 所示。如无螺纹规，可采用压痕法测量螺距，如图 17-103 所示，先将螺纹部分在纸上压出痕迹，如为 n 条，再用直尺测量 n 条痕迹间的距离，如为 L，则螺距

$$p=\frac{L}{n-1}$$

内螺纹的测量，最好找出与之旋合的外螺纹来测量。

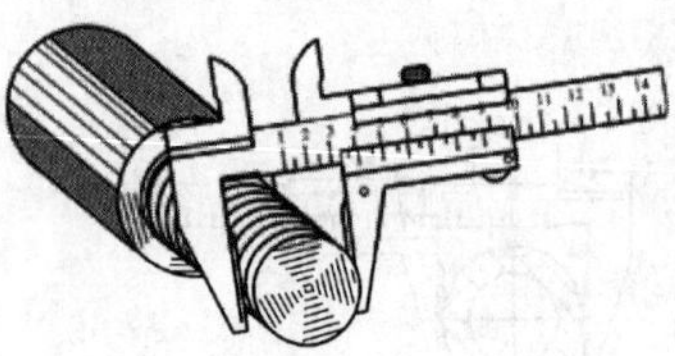

图 17-101　用游标尺测量顶径

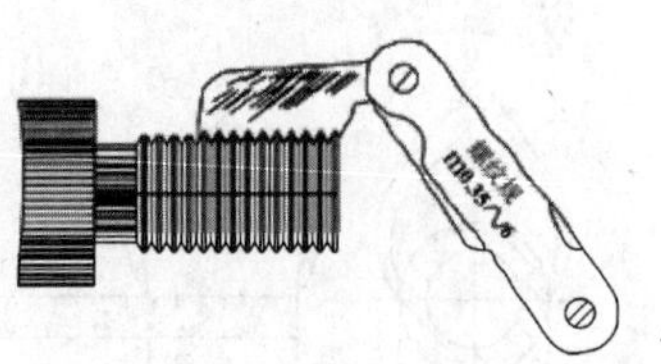

图 17-102　用螺纹规测量螺距

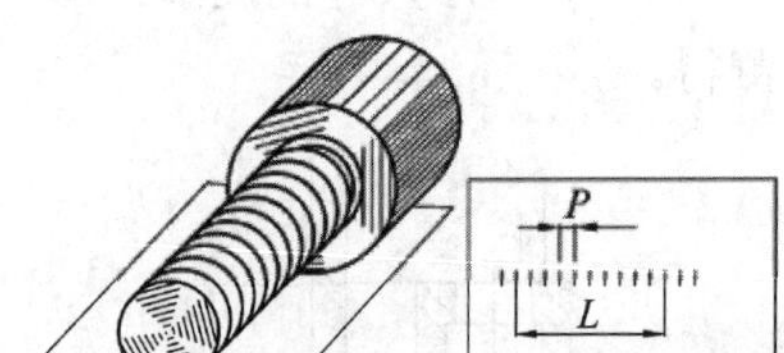

图 17-103　用压痕法测量螺距

17.5.5　零件测绘举例

下面以图 17-1 所示的齿轮泵为例来说明零件测绘。图 17-104 是该齿轮泵的装配示意图。

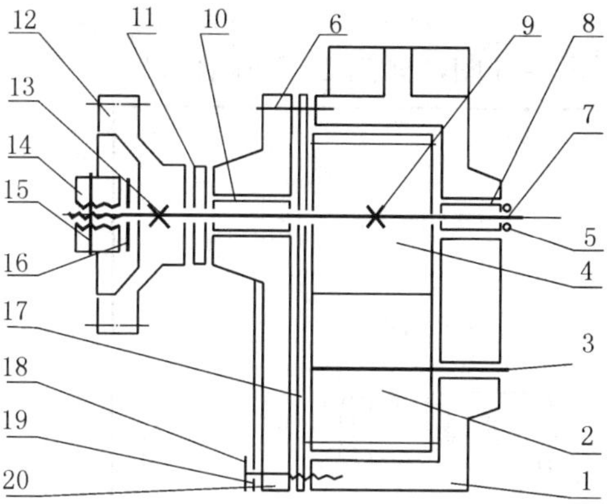

1-泵体； 11-止推轴衬；
2-从动齿轮； 12-传动齿轮；
3-从动轴； 13-键GB/T 1096 5×12；
4-主动齿轮； 14-螺母GB/T 6179 M12；
5-挡圈18； 15-开口销GB/T 91 3.2×22；
6-圆柱销GB/T 119.1 B6×20； 16-垫圈GB/T 97.1 12；
7-主动轴； 17-垫片；
8-轴承衬； 18-螺栓GB/T 5780 M8×20；
9-平键GB/T 1096 6×20； 19-锁紧丝；
10-轴承衬； 20-泵盖

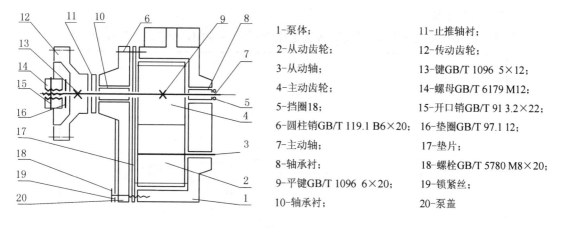

图 17-104 CB-10 齿轮泵的装配示意图

1．装配示意图原理及其画法

（1）装配示意图不仅运用于机器测绘以记录各零件在装配体中的位置，明示工作原理和传动路线，同时在机器设计时也常被设计人员用来表述自己的设计理念或用于设计人员之间意见的交流和评估。

（2）装配示意图的画法。

① 零件均象形、示意画出，主要记录各零件在装配体中的位置而不反映它们之间的装配关系。

② 所有零件均视为透明的，且用单线或双线图表示。

③ 图中零件均需用指引线引出、编号，并列表按编号标明零件的名称。

2．部件分析

图 17-1 所示齿轮泵是柴油机的一个部件，通过它将低压油变为高压油送至柴油机各部件进行润滑或冷却。该齿轮泵编号为 CB-10，共由 20 种零件组成。其中，标准件 8 种，不用画零件图；非标准件 12 种，必须画出零件图，以供生产之用。

3．零件测绘

现以 CB-10 齿轮泵主动轴（件 7）的测绘为例来说明零件测绘的方法和步骤。

（1）零件的结构分析

如图 17-28（a）所示，主动轴是用来安装传动齿轮和主动齿轮，并通过齿轮传动来传递运动和扭矩。其主要结构是由 3 段同轴线而不同直径的圆柱组成，其上切有键槽、退刀槽、越程槽、挡圈槽、销孔和倒角等。

（2）画零件草图

① 选择表达方法及绘图：主动轴属轴套类零件，按加工位置将其轴线水平横放，并选 *E* 向为主视方向。由于各段圆柱同轴线，标上各段圆柱的直径 Ø 后只需要绘制一个基本视图。主视图表达零件的主要结构，两个移出断面表达两处键槽，局部放大图 *I*、*II*分别表达挡圈槽和退刀槽。如上分析，在草图纸上画图框、标题栏和图形，如图 17-105（a）所示。

② 标注尺寸及技术要求：选基准，按设计和工艺要求标注尺寸，先画尺寸界线和尺寸线；再注写尺寸数值，如图 17-105（b）所示；注写技术要求，填写标题栏。

（3）画零件图

根据零件草图和装配图，用仪器按选定比例画出零件图，如图 17-2 所示。

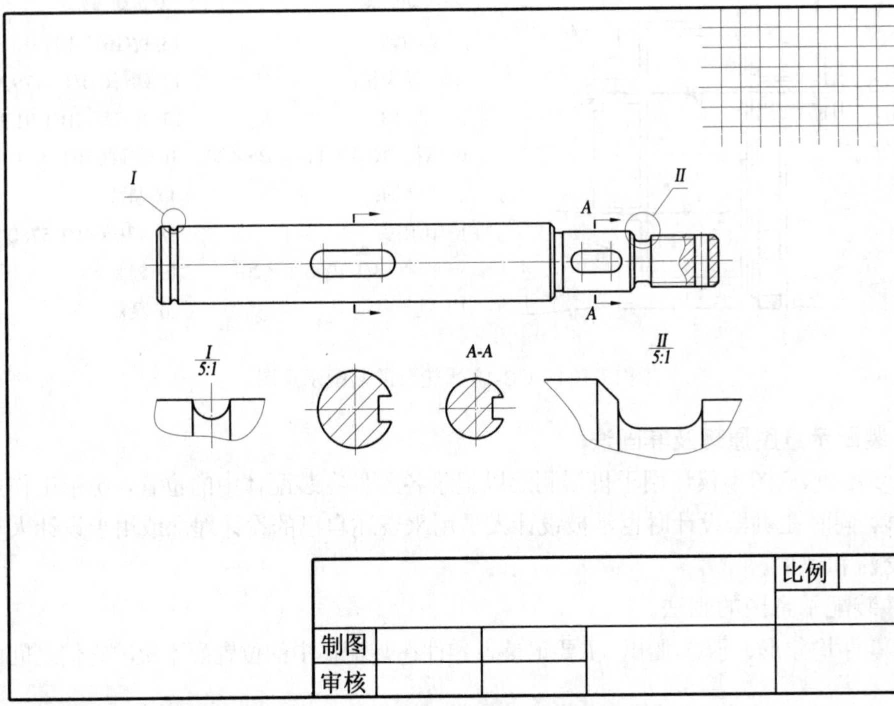

（a）零件的表达

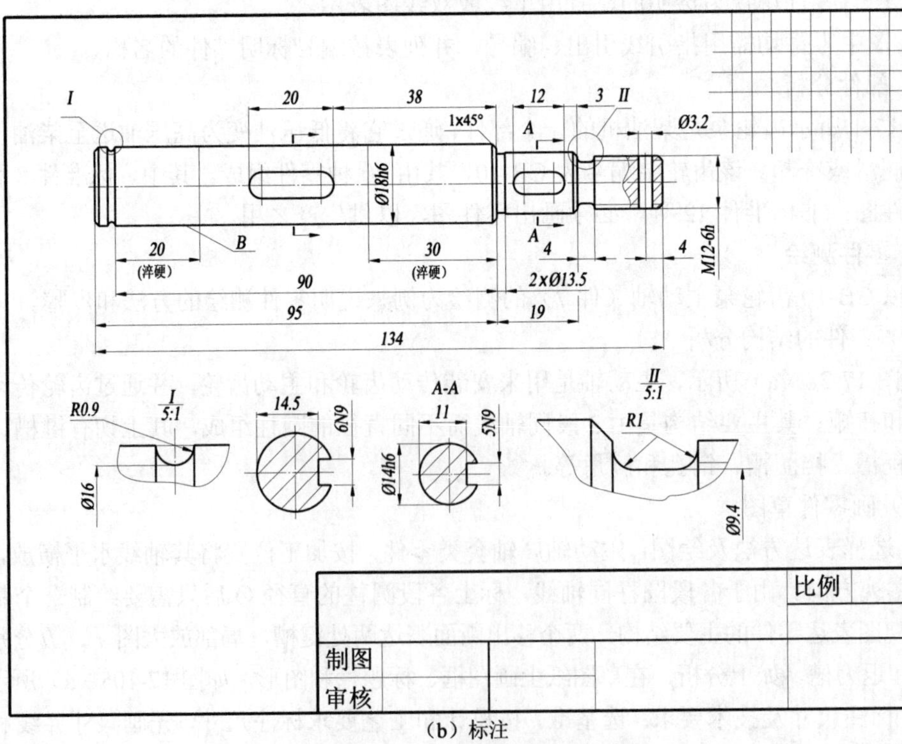

（b）标注

图 17-105　主动轴草图的画法步骤

17.6 用 AutoCAD 绘制零件图

17.6.1 创建图块和属性

AutoCAD 中的图块是由多个对象组成并赋予块名的一个整体，可以随时将它作为一个对象插入到当前图形中的指定位置，而且可以在插入时指定不同的比例缩放系数和旋转角。图形中的块可以被移动、删除、复制，还可以给图块定义属性，在插入时填写不同的信息。

图块的主要作用如下。

（1）建立图形库：现代机械 CAD 系统中，常常会遇到一些重复出现的图形，如前几章节中介绍的螺纹紧固件、弹簧和滚动轴承等标准件和常用件。如果可以将经常使用的图形定义成图块，建立常用符号、标准件和常用件图形库，用插入块的方法拼成图形，就可以避免许多重复工作，从而使 CAD 系统在支持机械设计时能够更加充分地体现其灵活、方便、准确、迅速的特点。在实际绘图中，常常使用两种类型的图库，一类是国家标准中包含的标准件图库和现有的商业化图库，可以直接使用；另一类是根据实际设计的需要建立的图库。

（2）节省空间：在 AutoCAD 绘图环境中，把图形定义成图块，就不必重复记录对象的构造信息，可以提高绘图速度，节省存储空间。

（3）便于修改和重定义：图块可以被分解为相互独立的对象，这些单一对象可以被修改，并可以重新定义这个块。

（4）便于定义属性：图块不仅有图形，还可以带有设计数据和相应的图形信息，即图块的属性。

1. 创建块定义

图块可以包含一个或多个对象。可以用下列几种方法创建块：合并对象以在当前图形中创建；使用块编辑器向当前图形中的块定义中添加；创建一个图形文件，随后将它作为块插入到其他图形中；使用若干种相关块定义创建一个图形文件以用作块库。

（1）为创建图块绘制对象

建立块的第一步是确定用来转换成块的对象。如图 17-106 所示，绘制一个六角螺母的端面外形来进行块的创建。

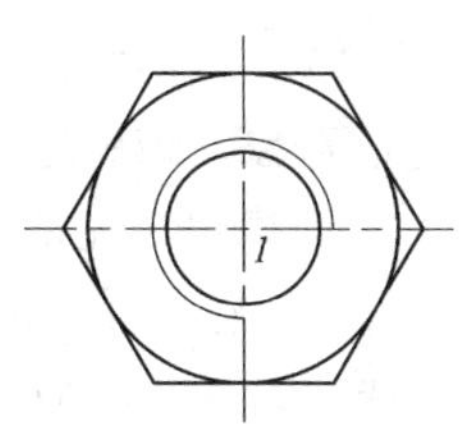

图 17-106 六角螺母的端面外形

（2）以对话框的形式创建内部块定义

在AutoCAD中，用block命令以对话框的形式创建块定义。激活Block命令的方法有以下几种：

- 使用键盘输入block；
- 在“绘图”菜单上单击“块”子菜单中的“创建”选项；
- 在“绘图”工具栏上单击创建块图标。

激活block命令后，AutoCAD显示如图17-107所示的“块定义”对话框。

图 17-107 “块定义”对话框

对话框中主要控件解释如下。

① 名称：在“名称”下拉列表框可以输入块的名称，或者从当前图形中所有的块的名称列表中选择一个。定义如图 17-106 所示的图块名为“螺母”。

② 基点：可以指定块的插入点。在创建块定义时，指定的插入点就成为该块将来插入的基准点，它也是块在插入过程中旋转或缩放的基点。从理论上讲，可以选择块上的任意一点或图形区内的一点作为基点。但为了作图方便，应根据图形的结构选择基点，一般选取在块的中心、左下角点或其他有特征的位置上。AutoCAD 默认的基点在坐标原点。可以用两种方式确定基点的位置：一种是选择“拾取点”，使用定点设备指定一个点。如图 17-106 所示的螺母图块可以选择图示点 1 作为基点。另一种方式是直接输入基点的 *x*、*y*、*z* 坐标值。

③ 对象：可以指定包括在块中的对象，并且可以指定在创建块定义之后，是否保留、删除所选的对象，或将它们转化成一个图块。单击（选择对象）按钮，用窗口选择如图 17-106 所示的螺母，完成对象的选取。

“保留”选项为 AutoCAD 将在创建块定义后，仍在图形中保留构成块的对象。“转换成块”选项为 AutoCAD 将把所选的对象作为图形中的一个块。“删除”选项为 AutoCAD 将在创建块定义后，删除所选的原始对象。一般默认设置为“转换为块”。

（3）以对话框的形式创建外部块定义

在前面讨论的采用 block 建立块的例子中，可以把几个实体组合到一起形成一个块插入到图形中。但是这种块建立后，只可用于它建立时所在的图中。而在 AutoCAD 中，利用 Wblock （Write block，块写入）命令也可以建立块，其建立过程与用 block 命令相似。这种块可以指定文件名存盘，形成一个新的图形文件，可以随时被当前图形及其他图形当作图块插入，也可用 open 命令打开该图形文件。

在命令行提示符下，输入Wblock命令即可激活如 “写块”对话框；也可以利用键盘输入W激活对话框。其对话框中的操作方法类似于“创建块”对话框。

2．块的插入

（1）以对话框的形式插入图块

AutoCAD允许将已定义的块插入到当前的图形文件中。在插入块时，需确定以下几组特征参数，即要插入的块名、插入点的位置、插入的比例系数以及图块的旋转角度。

可以通过如下几种方法来启动 Insert（插入块）对话框：

- 使用键盘输入 insert；
- 在“插入”菜单上单击“块”子菜单；
- 在“绘图”工具栏上单击插入块图标 ；
- 在“插入”工具栏上单击插入块图标 。

用上述方法中的任一种输入命令后，可以打开如图17-108所示的“插入”对话框。

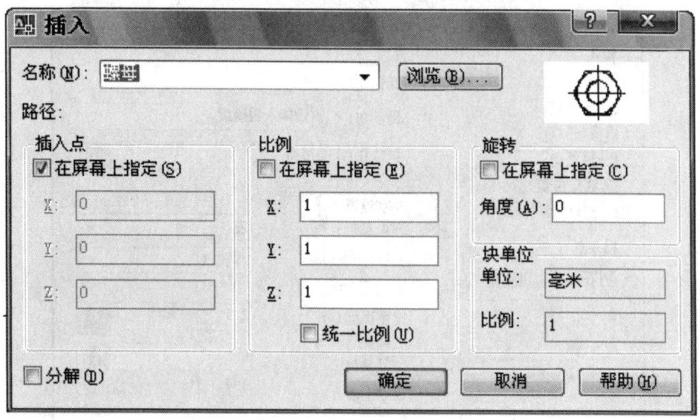

图 17-108　“插入”对话框

下面介绍该对话框中主要选项的含义。

① 名称：可以直接在“名称”输入框中输入要插入的图形文件名，或从块定义列表中选择名称。

② 插入点：插入点是块插入的基准点。块插入后，图形中参考点和基准点重合。在该设置区中，可以设置直接在 X、Y、Z 的输入框中输入坐标值。也可以通过“在屏幕上指定”利用定点设备来指定块的插入点。

③ 缩放比例：指定插入块的缩放比例。使用负比例系数，图形将绕着负比例系数作用的轴做镜像变换。也可以利用定点设备设置比例系数。

④ 旋转：插入块的旋转角度。可以利用定点设备来设置旋转角度或直接在该框中输入文本旋转角度。旋转角度逆时针方向为正。

对于如图 17-106 所示的螺母图块，此时可以根据需要设置选项插入到当前图形中去。

（2）多重插入

minsert（多重插入）命令可用于以矩形阵列形式插入多个图块。全部图形除了不能被分解的组外都将有块的特性。这一命令类似于 array 阵列命令。

3．属性的定义、显示和编辑

属性（Attribute）是 AutoCAD 中特有的概念，它是图块中对其进行说明的非图形信息，是图块的一个组成部分，可被用于在块的插入过程进行自动注释。属性是特定的且可包含在块定义中的文字对象，并且在定义一个块时，属性必须预先定义而后被选定。

属性是包含文字信息的特殊实体，既不能独立地存在，也不能独立地使用，只能对图形中的块作说明。属性在块插入时才会出现，即生成一个包含属性的块。

（1）创建属性定义

可以利用 AutoCAD 提供的对话框来定义属性。调用对话框的方法有如下几种：

- 使用键盘输入 ddattdef 或 attdef;
- 在“绘图”菜单中“块”子菜单上单击“定义属性”选项。

用上述方法中的任意一种方法输入命令后，AutoCAD 会弹出如图 17-109 所示的“属性定义”对话框。

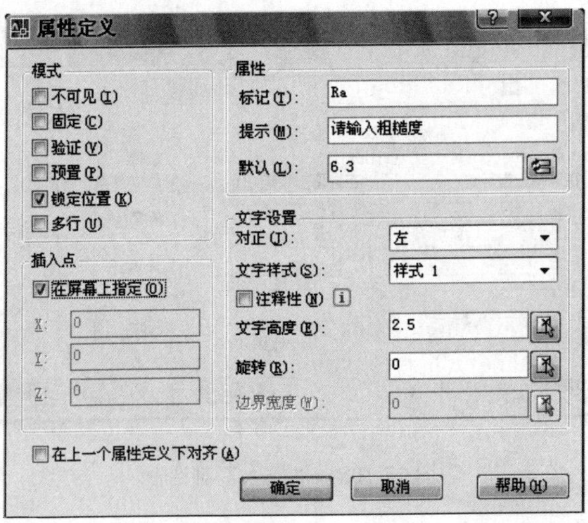

图 17-109 “属性定义”对话框

该对话框中各选项的含义分别如下所述：

① 在“模式”设置区中有 4 个按钮，它们可用于控制属性的模式，设置属性块的是否可见、是否采用常量、是否采用预设方式等。

② 在“属性”设置区内，“标记”编辑框用于设置属性名（或符号）。属性标志可以由字母、数字、字符等组成，但是字符之间不能有空格。AutoCAD 将属性标志中的小写字母自动转换为大写字母。必须输入属性标志。“提示”编辑框用于设置插入属性块时的提示。“值”编辑框用于给属性指定默认值。

以零件图中的粗糙度符号为例，用 *Ra* 作为属性信息（属性名），将如图 17-110（a）所示的表面粗糙度符号建立成为带属性的块，“提示”为：“请输入粗糙度”，其值为“6.3”，如图 17-109 所示。

在“插入点”设置区，确定属性块的插入点 X、Y、Z 坐标。单击“拾取点”按钮后，对话框暂时关闭，在屏幕上点取如图 17-110（a）点 *1* 所在位置，作为属性值的插入点。

在“文字选项”设置区，控制属性文本对齐方式、字高、旋转角度等属性文本选项。定义为默认值。

按上述步骤，定义粗糙度符号的属性。屏幕显示如图 17-110（b）所示。

（2）插入一个带有属性的块

插入一个带有属性的块与插入一个块的方法类似。如果存在不是常量的属性，即在“属性定义”对话框中未选择常量选项，那么在插入块时将被提示为每一个属性输入一个值。

在属性块定义之前，属性字符串仍然为文本对象，可用各种文本编辑命令对其进行编辑。

综上所述，属性块的操作步骤是：先定义属性，再定义成为属性块，然后将其插入到图形中去。如图 17-110 所示的粗糙度符号，定义块时，块名为“粗糙度”；插入点指定为如图 17-110（a）中点 *2*；选择对象如图 17-110（b）所示的图形及属性。完成属性块的定义。当确定其默认属性值为 6.3 时，屏幕显示如图 17-110（c）所示。将此属性块插入图形时，根据提示可输入不同的属性值。

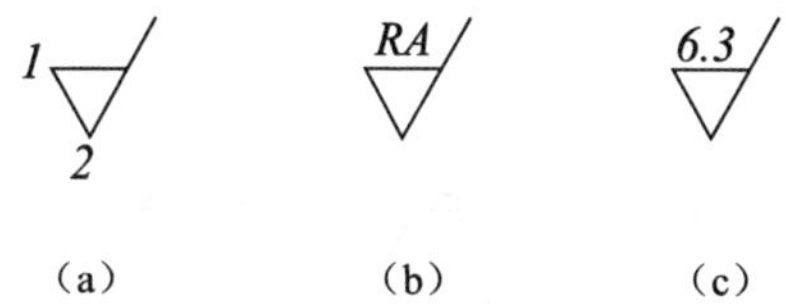

图 17-110　粗糙度符号的表示方法

（3）编辑属性

在进行工程设计时，常常会遇到插入属性块之后又需要改变其属性定义以及属性值的情况，此时若采用 Explode（分解）命令分解属性块，则会丢失插入时确定的任何属性值。与插入到块中的其他对象不同，属性可以独立于块而单独进行编辑。

在 AutoCAD 中编辑属性的命令有 ddatte 或 attedit 两个命令。其中，ddatte 命令可编辑单个的、非常数的、与特定的块相关联的属性值；而 attedit 命令可以独立于块，可编辑单个属性或对全局编辑。输入上述任一命令后，AutoCAD 会提示：

选择块参照：（选择带属性的块）

选择图块后，出现“编辑属性”对话框。在此对话框中可以修改属性值。

在 AutoCAD 中，还可以使用“增强属性编辑器”对话框在块参照中编辑属性，可以用如下方法启动该对话框：

- 使用键盘输入 attedit；
- 在“修改”菜单上单击“对象”子菜单“属性”中的“单个”选项；
- 在“修改Ⅱ”工具栏上单击编辑属性图标 。

用上述方法中的任意一种方法输入命令后，AutoCAD 会提示：

选择块：（选择带有属性的块）

弹出如图 17-111 所示的“增强属性编辑器”对话框。

如果所选的块不包含属性，或所选择的不是图块，AutoCAD 会显示错误信息。

按照如图 17-111 所示的内容可以在“属性”选项卡中修改属性值，如修改粗糙度的值；在“文字选项”中，可修改属性文字的样式、高度、旋转角度等；在“特性”选项卡中，可以修改属性的特性，如图层、颜色等。

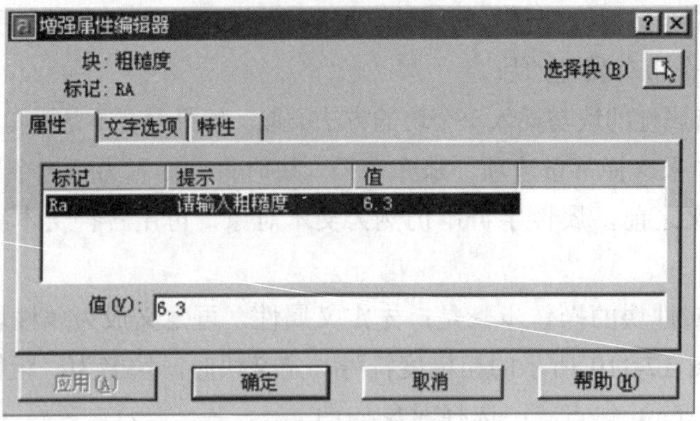

图 17-111 “增强属性编辑器”对话框

17.6.2 标注形位公差

下面着重讲解零件图中的公差符号及公差值的标注。

利用 Qleader 或 Leader 方式启动“引线”标注命令，AutoCAD 出现如下提示：

指定第一个引线点或［设置（S）］〈设置〉:（输入 s）

弹出如图 17-112 所示的对话框。

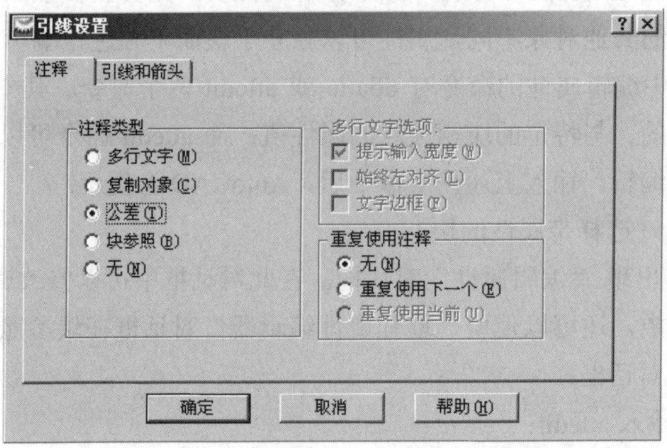

图 17-112 “引线设置”对话框

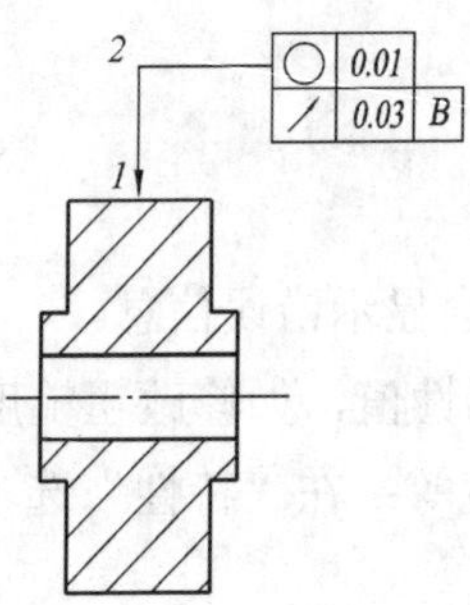

图 17-113 形位公差标注示例

在“注释类型”分栏中，选择“公差”选项，单击“确定”按钮，退出对话框。AutoCAD 继续提示：

指定第一个引线点或［设置（S）］〈设置〉:（指定如图 17-113 所示点 *1*）

指定下一点:（指定如图 17-113 所示点 *2*）

指定下一点:（单击后弹出如图 17-114 所示的“形位公差”对话框）

单击“形位公差”对话框中的“符号”选项，弹出如图 17-115 所示的“符号”对话框，选择相应的符号选项。在如

图 17-114 所示的“公差 1”分栏中，单击左上边的黑色方框，可出现符号 Ø；在中间的方框中输入相应的公差值；单击右边的黑色方框，弹出“附加符号表”，需要时可加以选择。在“基准 1”分栏中，第一个方框内输入相应基准，在右边黑色方框中，选择附加符号。根据图 17-113 所示，若同一位置有不同公差要求时，可在下一分栏继续输入。

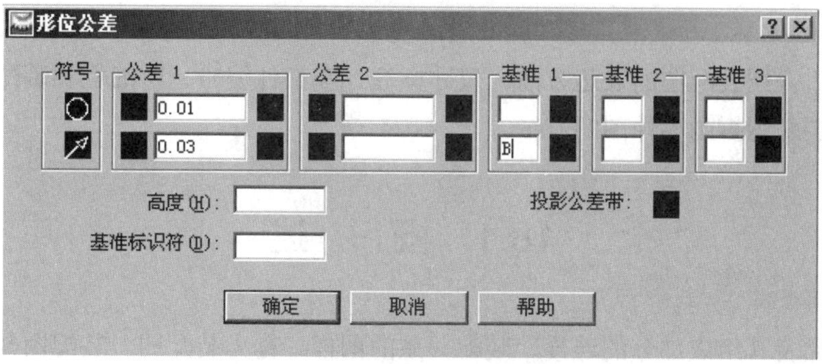

图 17-114　“形位公差”对话框

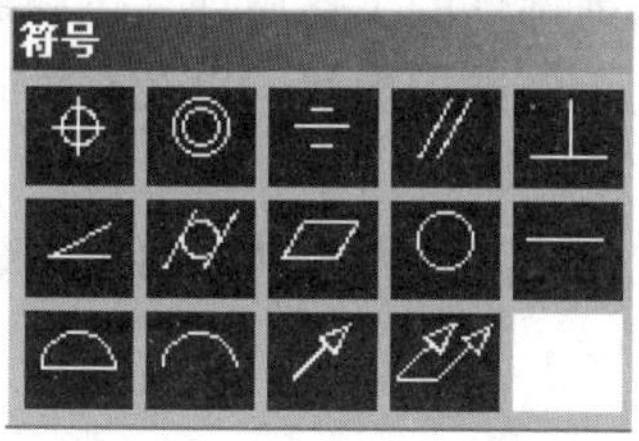

图 17-115　“符号”对话框

17.6.3　零件的实体造型到二维图纸

用实体建模的方法可以生成零件的实体模型。现代 CAD 的发展趋势就是用三维实体模型取代二维视图来表达产品的设计信息，实现无纸化设计。但就现阶段而言，大多数的企业和研究部门仍需要依靠二维图纸来传递生产信息。因此这就需要将基于三维实体模型的零件造型和装配造型转化为二维工程图纸，以适应当前制造厂商的生产情况。

在 AutoCAD 中采用三维模型生成二维工程图具有一定程度的智能化，如无需考虑投影变换、曲面相贯、轴测图等问题，AutoCAD 会自动按照建模情况完成这些工作。但是，仍然需要对生成的二维图进行局部修改，以及补充尺寸、剖面线和一些标注等，才能得到标准的零件图。

第18章 装 配 图

本章着重介绍装配图的表达方法、尺寸标注、零部件编号、明细栏和装配图的画法、读法以及由装配图拆画零件图的方法。

18.1 概 述

表达产品及其组成部分的连接、装配关系的图样，称为装配图。装配图与零件图有着不同的作用。零件图仅用于表达单个零件，而装配图则表达整台机器或部件。因此，装配图必须清晰、准确地表达出机器或部件的工作原理、传动路线、性能要求、各组成零件间的装配、连接关系和主要零件的主要结构形状，以及有关装配、检验、安装时所需要的技术要求。

在进行产品设计时，一般先画出装配图，然后再根据装配图绘制零件图。

18.1.1 装配图的分类

装配图可分为总装配图和部件装配图。表示一个部件的装配图称为部件装配图；表示一台完整机器的图样称为总装配图。本章以部件装配图为重点进行介绍。

根据装配图在生产过程中的作用又可分为设计装配图和装配工作图。前者是指设计过程中用作结构设计和拆画零件图的装配图，后者则是用于指导装配工作的装配图。

18.1.2 装配图的内容

装配图应包括以下几个方面内容（如图18-1所示*CB*—10齿轮泵装配图）。

（1）一组图形：用视图、剖视图、断面图和特殊表达方法等组成的一组图形来完整、清晰地表达机器或部件的工作原理、零件间的相互位置以及装配连接关系和与工作原理有直接关系的主要零件的关键结构形状。

（2）必要的尺寸：反映机器或部件的性能、规格、零件（或零、部件）间的相对位置、配合和安装以及部件外形大小等所必需的尺寸。

（3）技术要求：用文字或（和）符号说明机器（或部件）性能、质量规范和装配、调试、安装应达到的技术指标和使用要求等。

（4）零（组）件编号、明细栏和标题栏。它说明组成机器或部件的各零件的名称、材料、数量、规格等，其固有格式都有规定。

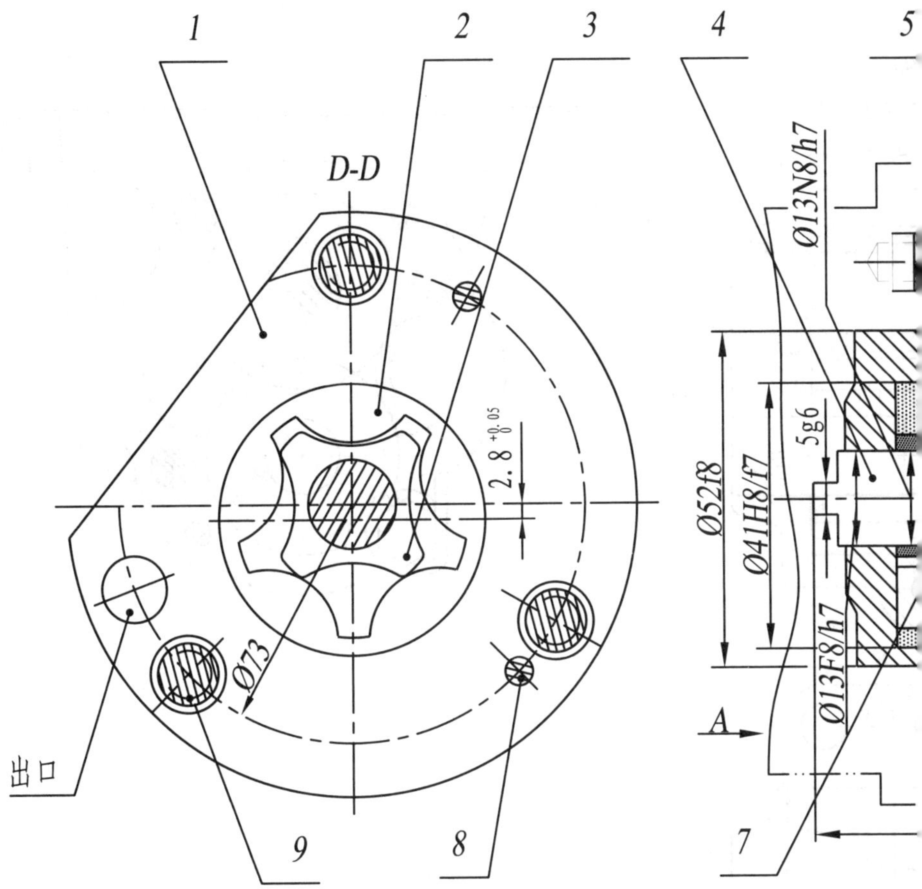

技术要求

1. 调整垫片厚度，保证端面间隙为0.04 ~ 0.08 mm。
2. 装配后内外转子转动应灵活。
3. 以1 000 r/min，油压8 kgf/cm²历时5 min运转，不得有渗漏现象。

9	螺栓 M8×25	3	A3	G
8	销 C4×20	2	A3	G
7	销 A5×18	1	A3	G
6	泵 盖	1	HT200	
5	垫 片	1	青壳纸	
4	泵 轴	1	45	
3	内 转 子	1	铁基粉末冶金	

图

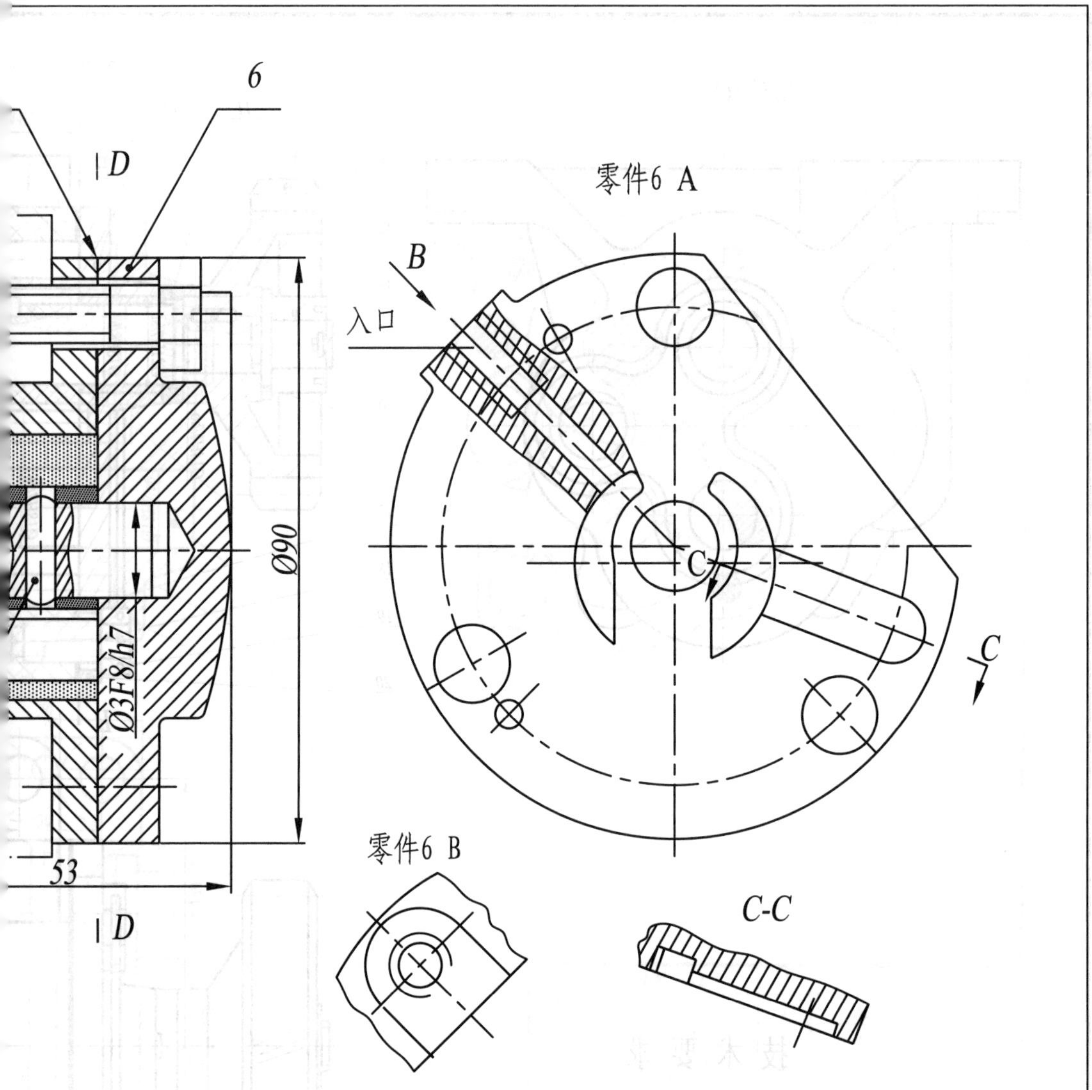

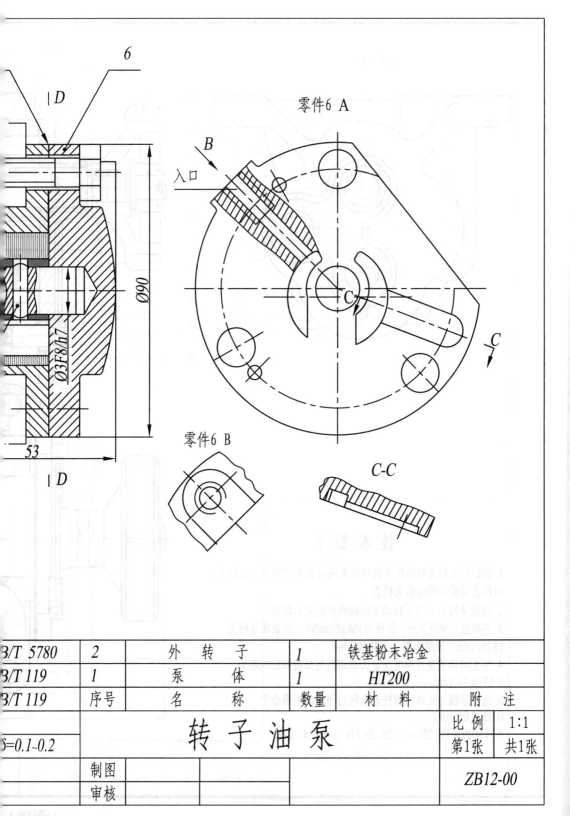

B/T 5780	2	外　转　子	1	铁基粉末冶金	
3/T 119	1	泵　　体	1	HT200	
3/T 119	序号	名　　称	数量	材　料	附　注
	转 子 油 泵			比 例	1:1
)=0.1~0.2				第1张	共1张
	制图			ZB12-00	
	审核				

18-2　转子油泵装配图

18.2 机器、部件的表达方法

第 13 章所介绍的机件的各种表达方法，均适用于装配图。同时，根据装配图的表达要求，国家标准《机械制图》还规定了适用于装配图的一些特殊表达方法，现介绍如下。

1．沿零件的结合面剖切

假想用剖切面沿零件的结合面剖切，画出剖视图以表达内部结构。此时零件的结合面处不画剖面符号。图 18-1 中的 *B—B* 剖视图，是通过泵体和泵盖的结合面剖切后画出的。

2．拆卸画法

当某一零件或几个零件在装配图的某视图中遮挡了主要装配关系或主要零件，可假想将其拆卸后再绘制该视图，需要说明时可加注“拆去××等”，如图 18-1 所示的齿轮油泵，也可采用拆卸画法表达其内部结构。采用拆卸画法时要特别注意“拆卸”不能随心所欲，必须坚持拆卸后能更清晰地表达装配关系或主要零件，而不是损害要表达的装配关系或主要零件。有时，为了拆卸一个零件，有些其他零件要被同时拆去，例如要拆去泵盖，必须同时拆去锁紧丝、螺栓、传动齿轮等，泵盖才能被自然拆卸。

3．单个零件表示

在装配图中，当某一零件的结构未表示清楚而影响对部件的工作原理、装配关系的表达，或某主要零件的主要结构在已有的视图中未得到清楚的表达时，可以单独画出该零件的视图。但必须对所画视图进行标注，即在视图的上方注出名称 “（零件号）×”，如图 18-2 中的“零件 6 *A*”和“零件 6 *B*”，并在相应视图的附近用箭头指明投射方向，注上同样的字母。

4．假想画法

（1）与机器或部件相关的零、部件需要表示时，用假想轮廓线（双点画线）画出其轮廓。如图 18-2 中安装转子油泵的机座。

（2）为表示机器或部件中某一运动零件的运动范围，在一个极限位置画出该零件，而在另一极限位置用双点画线画出其轮廓。如图 18-26 俯视图中的手柄。

5．夸大画法

部件的薄片零件、钢丝以及微小间隙等，在装配图中无法按实际尺寸画出时，可将其厚度、直径、锥度及间隙等适当夸大画出。如图 18-1 中垫片和锁紧丝的画法。

6．简化画法

（1）装配图中，零件的工艺结构如小圆角、倒角、退刀槽等，可不画出。

（2）对于装配图中若干相同的零件组，如螺纹连接件组等，可仅详细地画出一组或几组，其余只需用中心线表示其位置。如图 18-1 中螺钉连接组的画法。

18.3 装配图中的尺寸注法

装配图主要用于拆画零件图、装配和维修机器。在装配图中标注尺寸的目的与在零件图中标注尺寸的目的完全不同。零件图中必须标注出零件的所有尺寸以确定零件的形状和大小。装配图上的尺寸主要用来表达机器或部件的性能规格、工作原理、装配关系和安装等要求。装配图上应标注下述几类尺寸。

1．性能、规格尺寸

它是表示机器或部件性能和规格的尺寸，是机器或部件设计时的原始数据。如图 18-1 中齿轮泵的出油孔孔径 Ø18，以及后面的图 18-26 球阀的管口直径 Ø50 等。

2．装配尺寸

装配尺寸是表示机器或部件中各零件间配合、连接关系以及表示其相对位置的尺寸。

（1）配合尺寸：表示两零件表面配合性质的尺寸。如图 18-1 中的 Ø21H7/s6、Ø18H7/f6 等。

（2）连接尺寸：表示两零件连接关系的尺寸。

（3）相对位置尺寸：表示机器或部件中需要保证的零件间相互位置关系的尺寸。如图 18-2 中的 Ø73。

3．安装尺寸

安装尺寸是表示部件在机器上，或机器在地基上的安装位置及安装面面积的尺寸。如图 18-1 中的安装孔尺寸 4×Ø11 和 130、30，定位销孔尺寸 Ø6H7 和 134 以及安装面尺寸 150 和 50。

4．外形尺寸

外形尺寸是表示机器或部件总体外形大小的尺寸，是机器或部件包装、运输及厂房设计、作业空间设计所需要的尺寸。如图 18-1 中尺寸 134（总长）、150（总宽）、116.5（总高）。

5．其他重要尺寸

其他重要尺寸，即一些在设计中经过计算或试验验证所确定的尺寸，但又未被列入上述尺寸之中。如图 18-1 中两齿轮的啮合中心距 40H9，主动轴轴线到顶面的距离 44.5d11；轴向定位尺寸 44H8/f8；图 18-2 中的偏心距 $2.8_{0}^{+0.05}$。

需要注意的是：这几种尺寸都有可能是互相关联的，一个尺寸可能有多种含义；这几种尺寸不一定在一张装配图上都必须标注。

18.4 装配图中零、部件序号及明细栏

为了便于生产和图样管理，装配图中所有零、部件都必须编号，国家标准《机械制图装配图中零、部件序号及其编排方法》（GB/T 4458.2—2003）对装配图中零、部件序号及其编排方法作了统一的规定。

18.4.1 零、部件序号

1．编写序号的基本规则

装配图中一个零、部件只编一个序号。同一装配图中相同的零、部件应编写同样的序号。装配图中零、部件的序号应与明细表中的序号一致。

2．指引线形式

零、部件编号，应画指引线。指引线形式有 3 种，如图 18-3 所示。指引线用细实线绘制，并从所指的零、部件的可见轮廓线引出，且在末端画一小圆点。若所指部分为很薄的零件或涂黑的剖面不便画圆点时，可在指引线的末端画一箭头，并指向该部分的轮廓，如图 18-4 所示。

画指引线时，指引线相互不能相交。当通过有剖面线的区域时，指引线不应与剖面线平行。指引线可画成折线，但只可曲折一次。

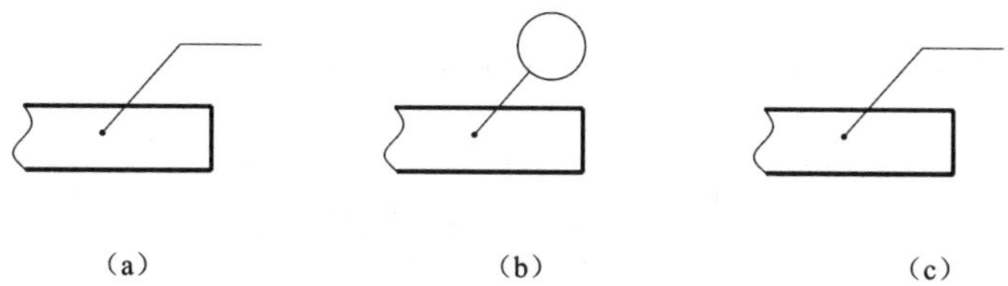

图 18-3 指引线形式

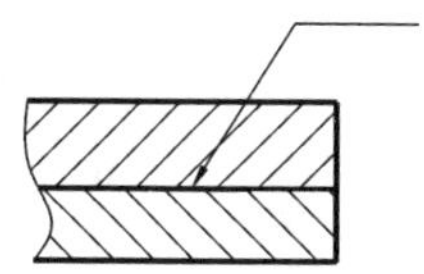

图 18-4 薄件的指引线末端

3．序号数字的注写

（1）在指引线的水平线（细实线）上或圆（细实线）内注写序号，其字体高度比装配图中所注尺寸数字高度大一号，如图 18-5（a）所示；或大两号，如图 18-5（b）所示。

（2）在指引线附近注写序号，其字体高度比装配图中所注尺寸数字高度大两号，如图 18-5（c）所示。

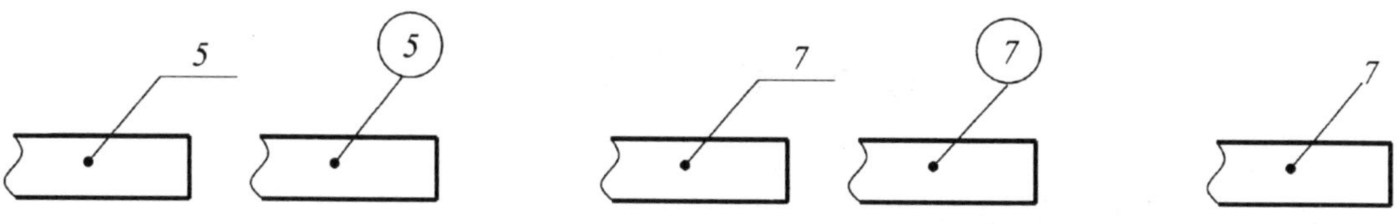

图 18-5 序号数字的注写

4．公共指引线

一组紧固件以及装配关系清楚的零件组，可以采用公共指引线，如图 18-6 所示。

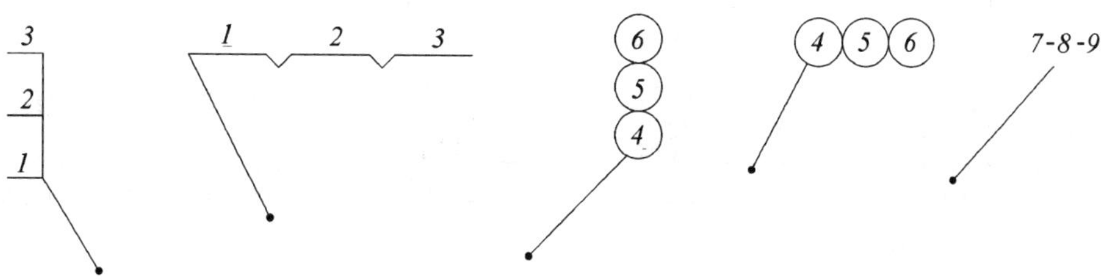

图 18-6 公共指引线编号

5．序号的编排

装配图中序号的编排，可按顺时针或逆时针方向顺次排列，且在水平方向或垂直方向排列整齐，如图 18-1 所示。

为确保无遗漏地顺序排列，可先画出指引线、末端水平线或小圆，检查，确认无遗漏、无重复后，再统一写序号和填写明细栏。

18.4.2 明细栏

明细栏应列出该部件的全部零件目录。其内容与格式可参见齿轮油泵装配图，如图 18-1 所示。

明细栏与标题栏国家标准规定较为复杂，制图学习中，建议采用图 18-7 所示格式。明细栏画在标题栏的上边。如位置不够，可将明细栏的一部分画在标题栏的左边，如图 18-2 所示。

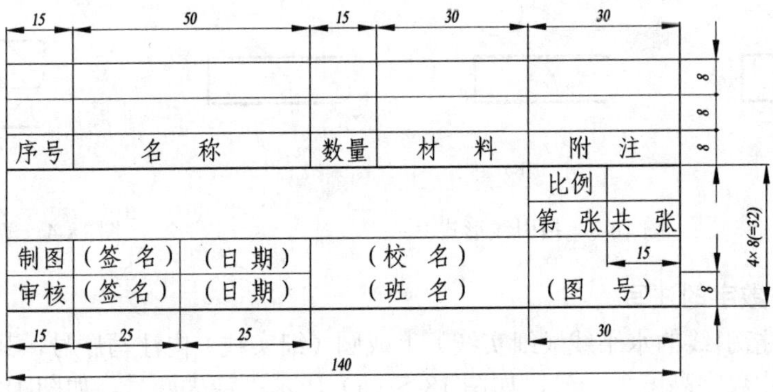

图 18-7 明细栏和标题栏

18.5 装配图的画法

18.5.1 装配工艺结构

为了正确反映零件间的装配关系，保证装配质量，在装配图上要将装配工艺结构表达出来。这里仅介绍一些常见的装配工艺结构。

1．同方向接触面与配合面

零件在同一方向上，只能有一对接触面或配合面，如图 18-8 所示。

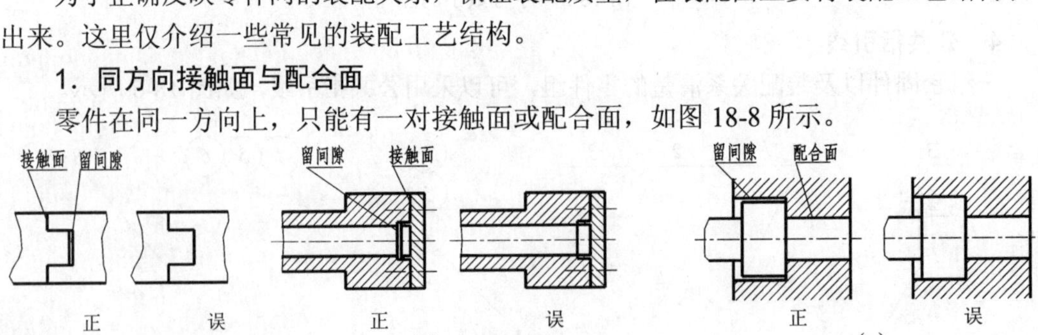

图 18-8 同方向接触面与配合面数量

为保证轴肩与孔端面良好接触，孔口应加工出倒角或轴根加工出退刀槽等，如图 18-9 所示。

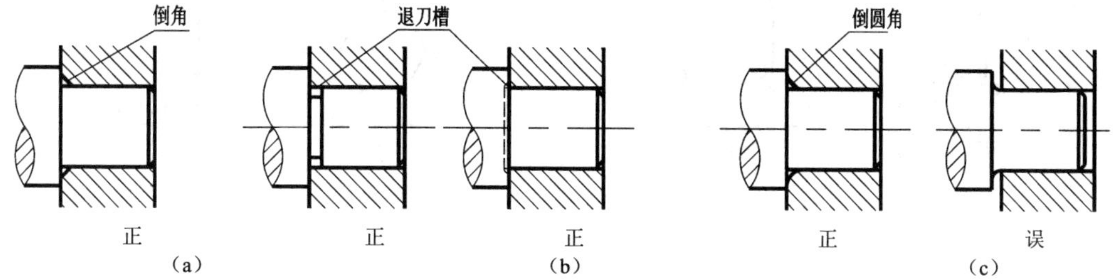

图 18-9　轴、孔端面接触处结构

2. 改善两零件接触状况的形式

为了改善两零件接触状况，可采用凸台、沉孔和通槽等形式，如图 18-10 和图 18-11 所示。

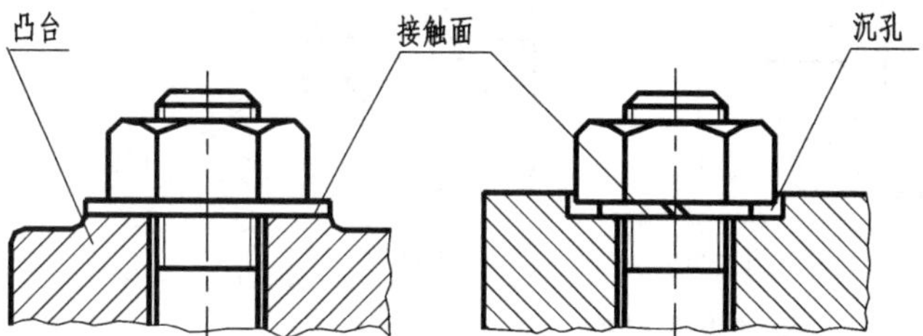

图 18-10　凸台与沉孔

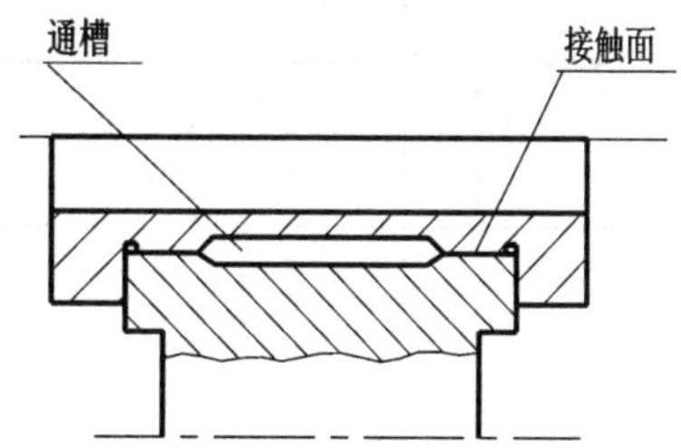

图 18-11　通槽

3. 常见的装、拆合理结构

(1) 滚动轴承安装与固定的合理结构，如图 18-12 所示。

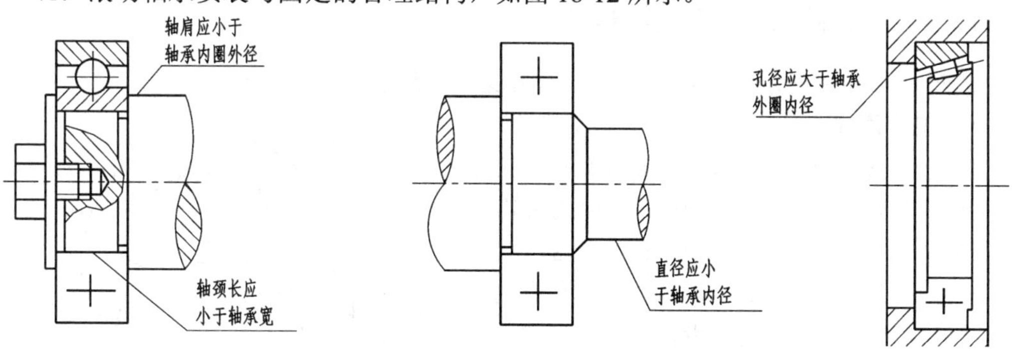

图 18-12　滚动轴承的装配结构

(2) 要注意保证有足够的装拆空间，如图 18-13 所示。

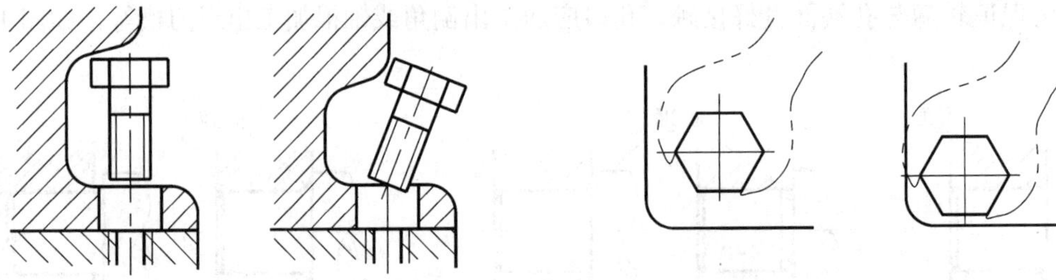

图 18-13　装、拆空间结构

(3) 在可能的条件下，应将销孔做成通孔，如图 18-14 (a)。若销孔不能做成通孔，应加工到足够深度，如图 18-14 (b) 所示。

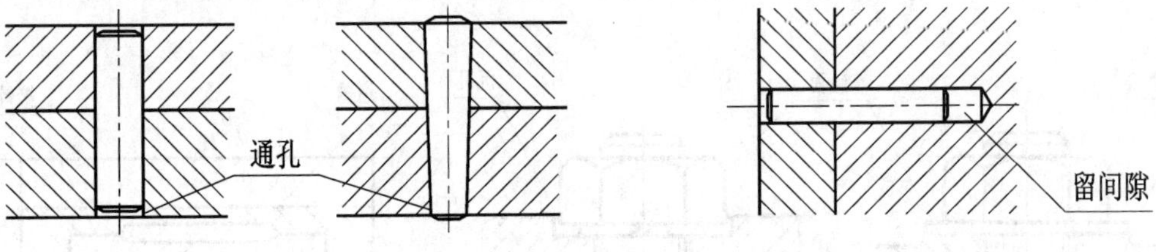

图 18-14 销联结构

4．其他装配结构

其他装配结构，如润滑密封结构、锁紧防松结构、装配间隙调整结构等，可参阅有关标准和手册。

18.5.2　装配图表达方案的选择

下面以图 18-1 所示的齿轮泵为例，说明装配图表达方案的选择。

1．工作原理

齿轮泵属于容积式泵，依靠容积的变化将低压油变为高压油进行工作。容积式泵需满足 3 个基本条件：①封闭的工作容器；②进、出油口严格分离；③封闭容器的容积有由大到小和由小到大的变化。齿轮泵是典型的、常用的液压元件。其工作原理如图 18-15 所示。在齿轮泵泵体内腔与泵盖形成的封闭空间内，装一对齿数相同的啮合齿轮。当主动齿轮带动从动齿轮依图示箭头方向旋转时，在进油区轮齿脱离啮合，齿间容积由小变大，从而在进油区形成负压，油液被吸入进油区。随着齿轮旋转，泵体内油液被轮齿带至出油区。在出油区

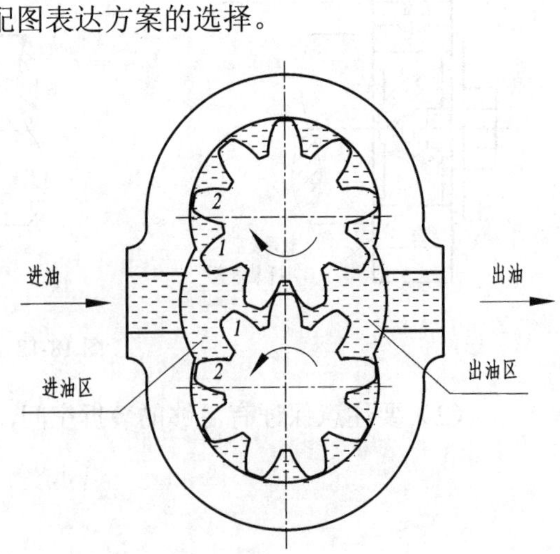

图 18-15　齿轮泵的工作原理

轮齿进入啮合，齿间容积由大变小，油液克服系统负荷形成压力，从而使油液变为高压油输出。

2. 结构分析

（1）传动部分：如图 17-104 所示，齿轮泵的传动路线为：传动齿轮（件 12）→平键（件 13）→主动轴（件 7）→平键（件 9）→主动齿轮（件 4）→从动齿轮（件 2）。传动齿轮（件 12）是斜齿轮，啮合运动时会产生轴向分力，故在传动齿轮轮毂端面与泵盖（件 20）凸台端面之间加一止推轴衬（件 11），以减少主要件的磨损。传动齿轮用开槽六角螺母（件 14）、垫圈（件 16）固定在轴颈上，并用开口销（件 15）防松。主动轴右端有挡圈槽，装配时嵌入挡圈（件 5），以固定主动轴的轴向位置，防止其轴向窜动。

（2）支承部分：主动轴（件 7）由泵盖与泵体（件 1）的轴承孔支承，轴承孔内加青铜轴承衬（件 8、件 10）以减轻磨损。从动轴（件 3）不转动，仅靠泵体和泵体上的轴承孔支承。泵体与泵盖之间采用圆柱销（件 6）定位，螺栓（件 18）紧固，锁紧丝（件 19）防松。

（3）润滑与密封部分：齿轮啮合区靠自油润滑。主动轴与轴承衬靠泵体与泵盖上的斜孔与油室高压区相通，引入高压油润滑。垫片（件 17）除调整齿轮端面与泵盖间的间隙外，还用作密封防漏。

（4）泵体结构：泵体内腔的基本形状，由它要容纳的一对齿轮的形状与大小决定，如图 18-15 所示。进、出油孔的位置由齿轮泵在柴油机上的安装要求来确定。泵体内腔设置了卸荷槽结构一长圆形凹槽，以消除困油现象，改善齿轮工作条件。

泵体和泵盖上的凸台，是为了保证主动轴和从动轴有足够的支承长度以及进油管有足够的螺纹旋合长度。泵体和泵盖的凸缘，是为了有足够的位置来加工销孔与螺孔。泵体上顶板的形状，则是根据齿轮泵在柴油机上的安装状况而确定的。

3. 部件表达方案的选择

（1）主视图选择

在选择主视图时，先将部件按工作位置或自然位置放置，然后选择能反映部件工作原理、较多的装配关系和部件形状特征的方向为主视图的投影方向，简称主视方向。齿轮泵是通过顶板用 4 个螺钉向上安装在柴油机机座上的，画图时按此工作位置来考虑主视图。选择齿轮泵主视方向，可有下述两个方案。

① 采用垂直于主、从动轴轴平面的方向为主视方向，将主视图画成 *A*—*A* 全剖视图。它主要表达齿轮泵各零件间的装配关系、传动路线以及泵体和泵盖的主要结构、连接方式。

② 采用主、从动轴轴线方向为主视方向，用沿结合面剖切的方法将主视图画成剖视图。它主要表达齿轮泵的工作原理及泵体特征形状。

图 18-1 中采用了第一个方案。

（2）表达方法的选择

主视图选定后，左视图采用拆卸画法补充表达工作原理、油泵特征结构和螺钉连接的情况；俯视图作局部剖补充表达顶板形状、安装孔位和进油口结构等；选用右视图表达泵体外形结构。

18.5.3 画装配图的步骤

本章介绍根据零件图或零件草图来绘制装配图。齿轮泵的零件图如图 18-16～图18-24所示。

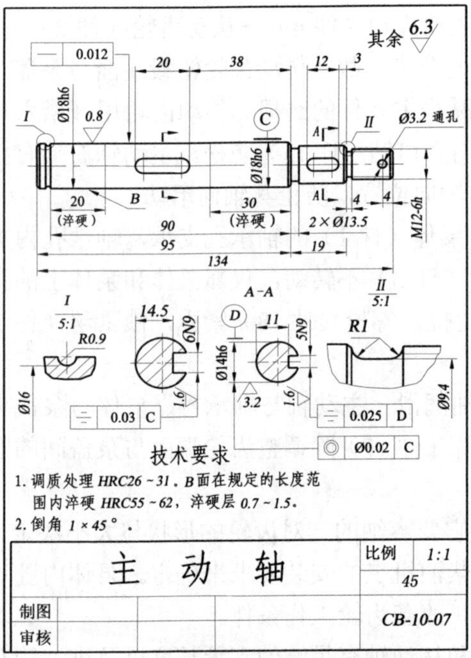

图 18-16 CB-10 齿轮泵主动轴零件图

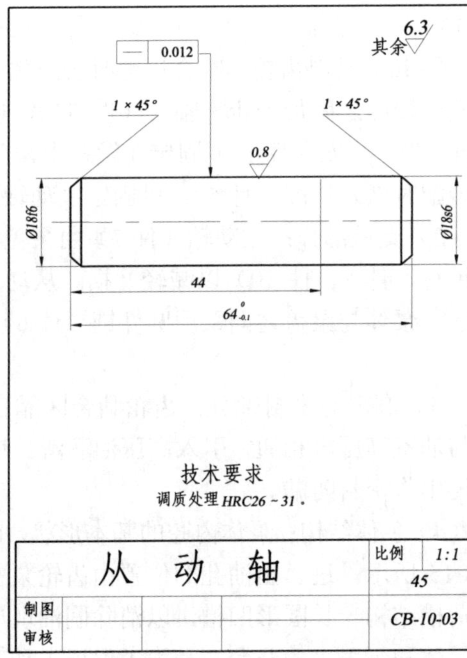

图 18-17 CB-10齿轮泵从动轴零件图

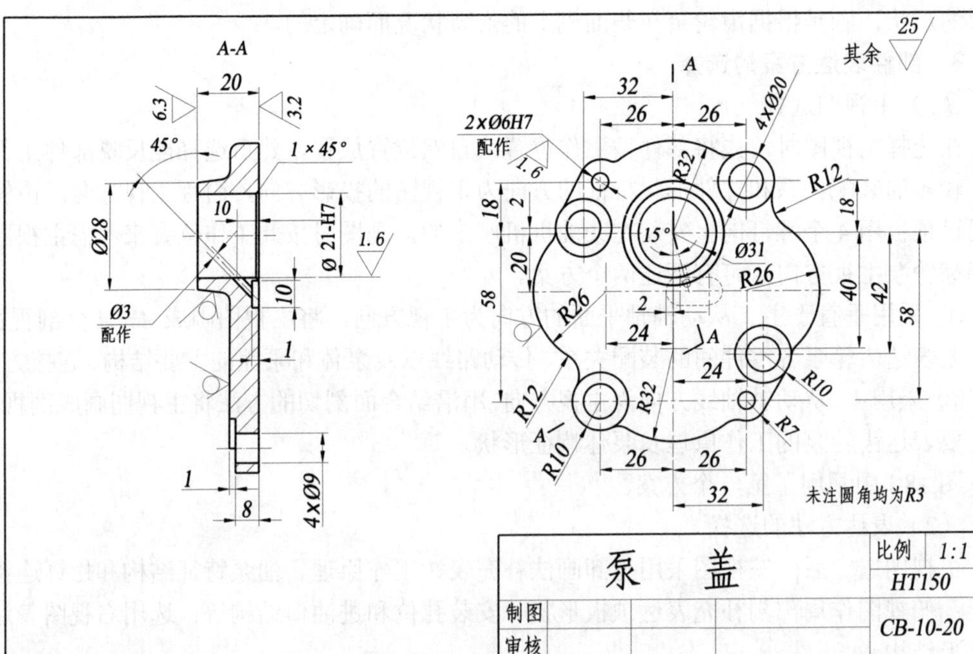

图18-18 齿轮泵泵盖零件图

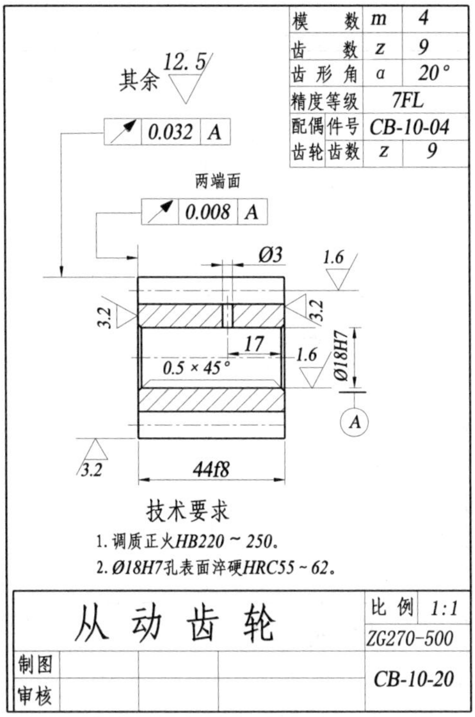

图 18-19　齿轮泵从动齿轮零件图

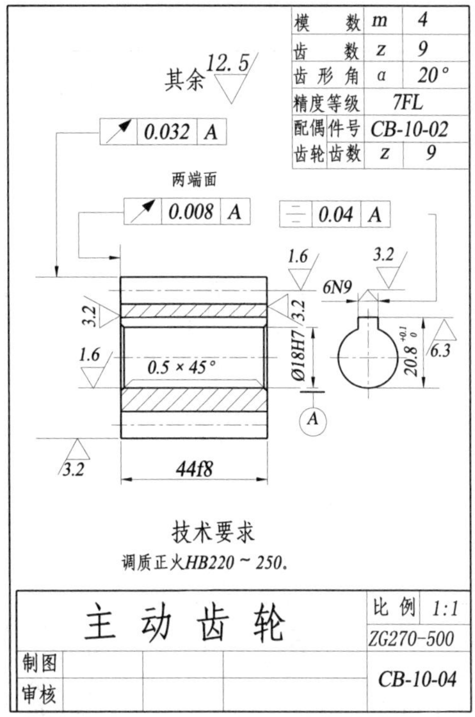

图 18-20　齿轮泵主动齿轮零件图

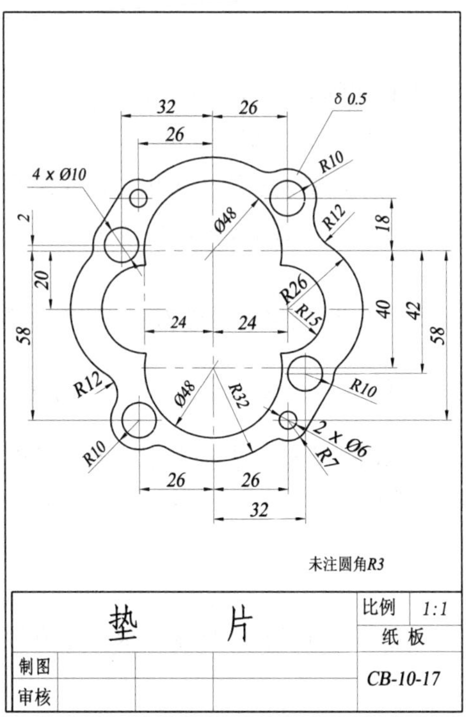

图 18-21　齿轮泵垫片零件图

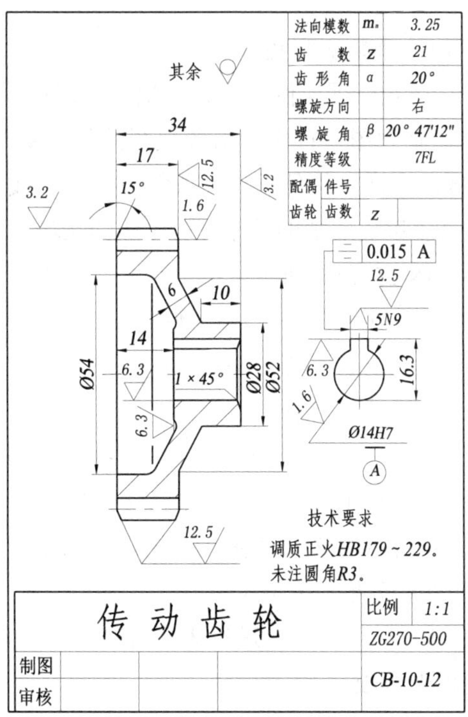

图 18-22　齿轮泵传动齿轮零件图

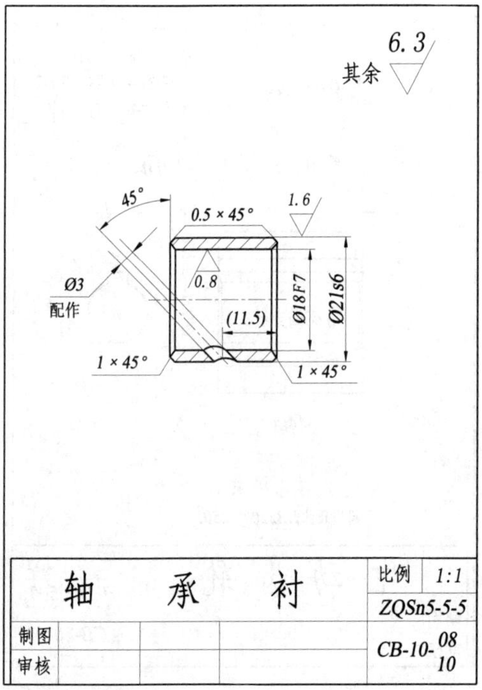

图 18-23　齿轮泵轴承衬零件图

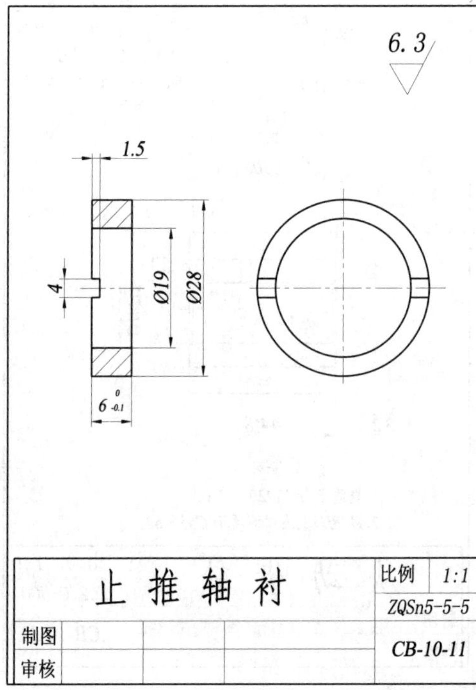

图 18-24　齿轮泵止推轴承衬零件图

（1）画装配图底稿。

① 确定绘图比例，选择图幅：画图框、标题栏和明细表，布置视图。

② 画视图：首先画出各视图的作图基准线，如图 18-25（a）所示。一般而言，画装配剖视图应从里往外画，并按每条装配干线上的零件的装配关系逐个画出。齿轮泵有一条过主动轴和从动轴的装配干线。根据装配干线上各零件的装配关系，可按下述顺序画图（如图 18-25（b）所示）：

主动轴（件7）→挡圈（件5）→轴承衬（件8）→泵体（件1）各端面→从动轴（件3）

[主动齿轮（件4）→平键（件9）
从动齿轮（件2）] →垫片（件17）→轴承衬（件10）→泵盖（件20）端面→止推轴衬（件11）→传动齿轮（件12）→平键（件13）→垫圈（件16）→ 螺母（件14）→开口销（件15）以及紧固螺栓（件18）、锁紧丝（件19）

最后完成各图，如图 18-25（c）所示。

（2）检查、描深。

（3）标注尺寸，进行零、部件编号；填写标题栏、明细表和技术要求。完成后的装配图如图 18-25（d）所示。

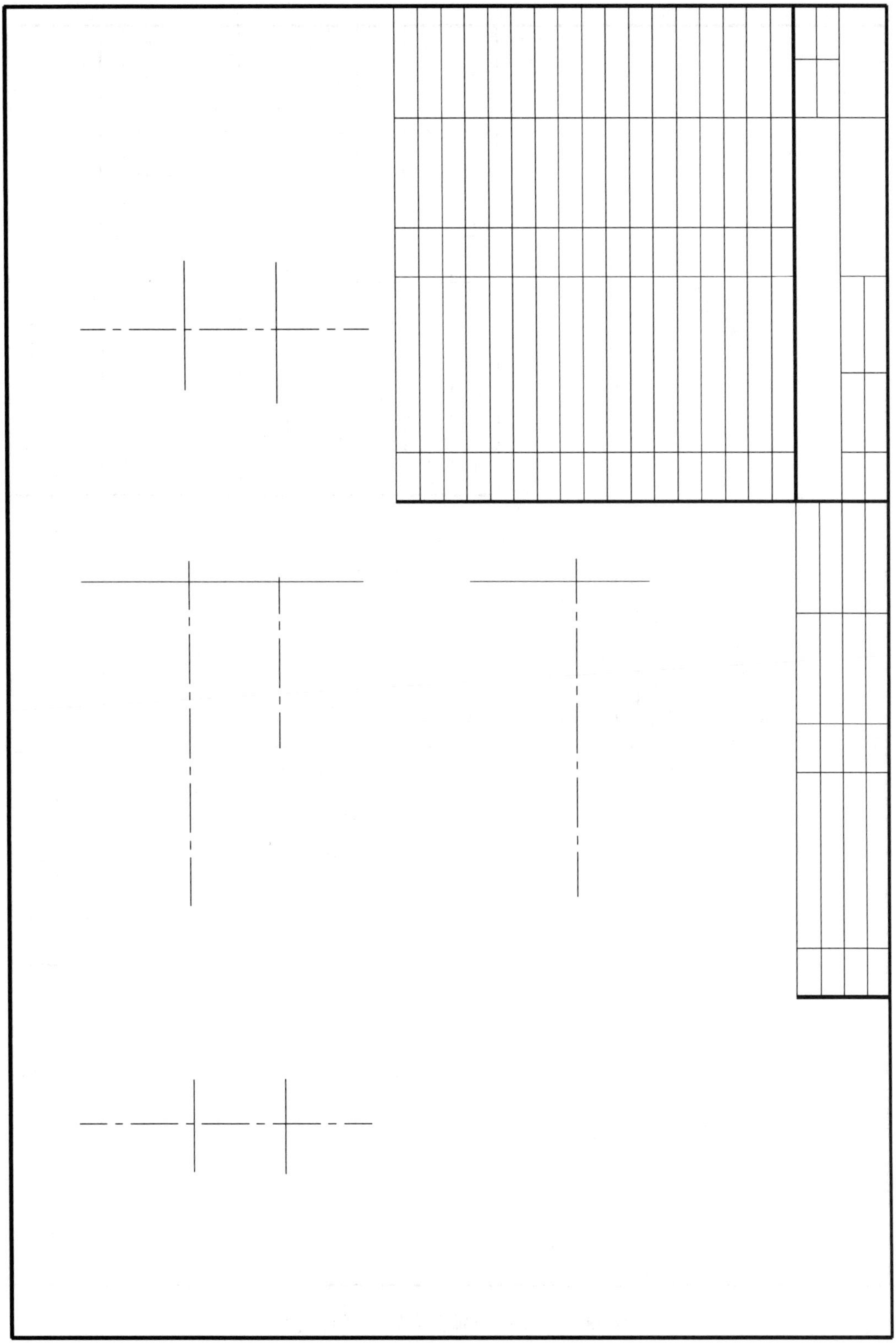

图 18-25　（a）画出主要作图基准线

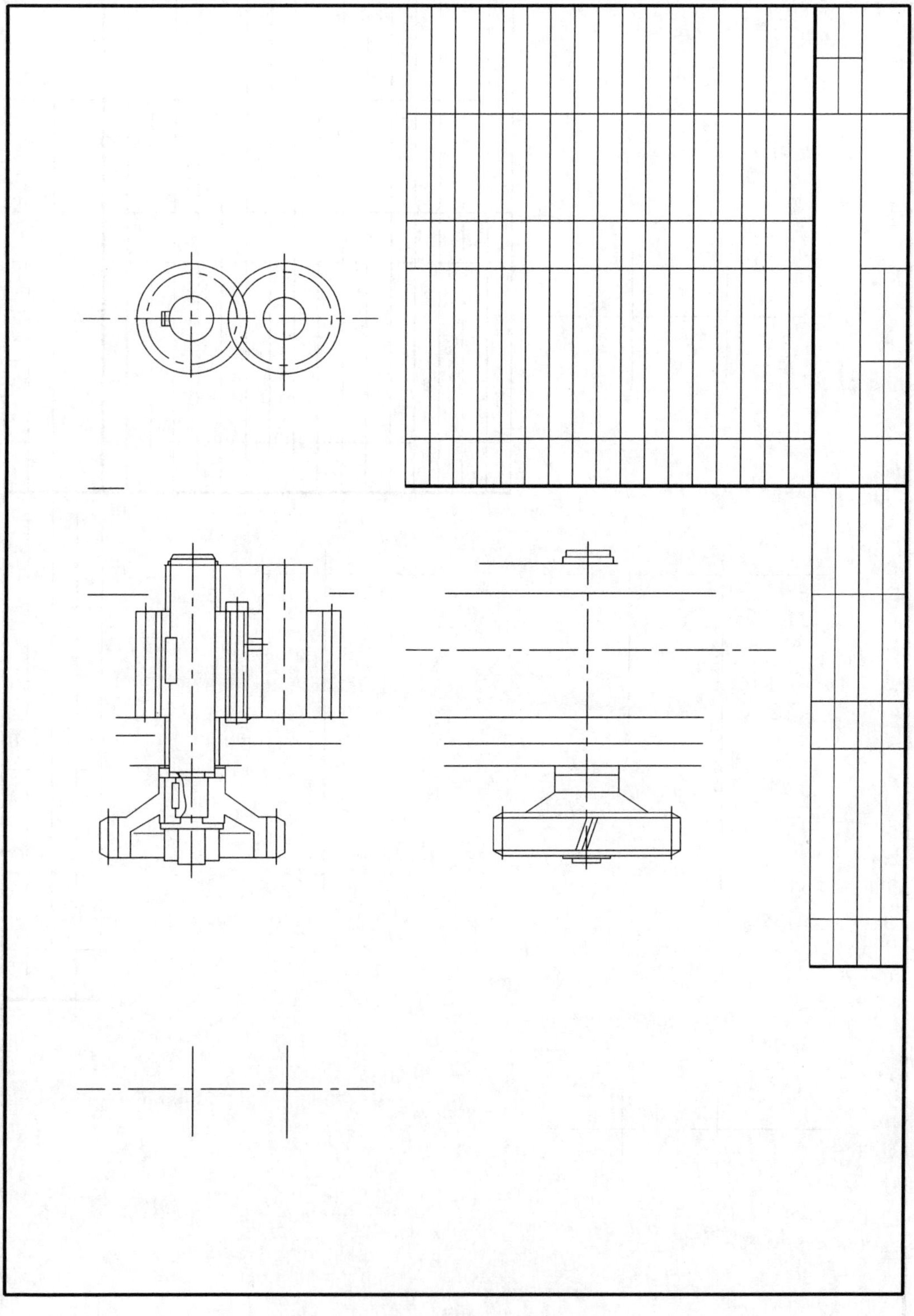

图 18-25　（b）画轴及装在轴上的各零件

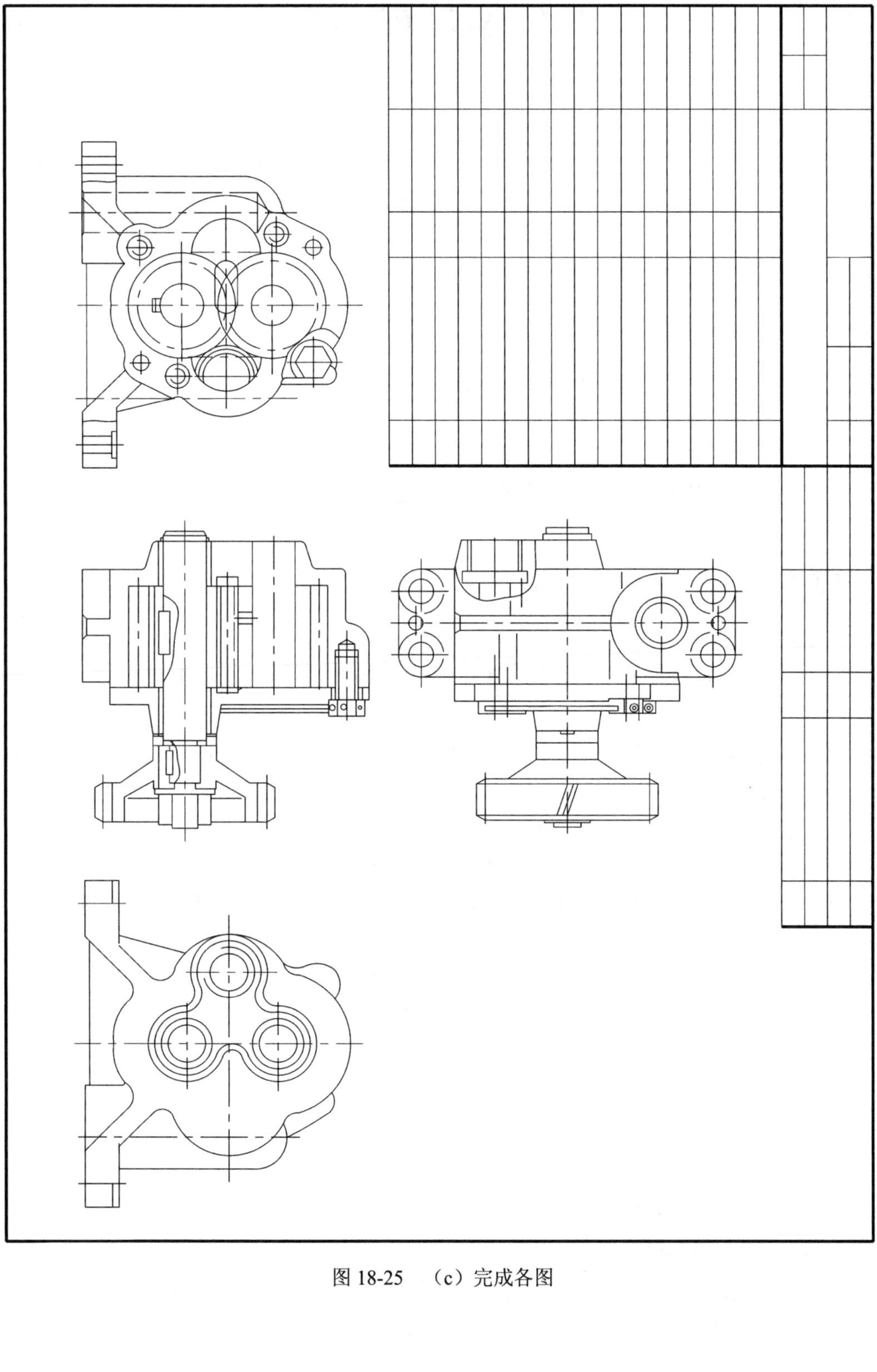

图 18-25　（c）完成各图

18.6 装配图的阅读

18.6.1 概述

在机器或部件的设计、装配和使用中，都会遇到读装配图的问题。所谓读装配图，就是通过装配图中的图形、尺寸、技术要求等，并参阅产品说明书来弄清机器或部件的性能、工作原理和装配关系，明确了解各零件的结构形状和作用以及机器或部件的使用和调整方法。

18.6.2 读装配图的要求

（1）明确部件的结构：部件由哪些零件组成，零件的固定定位方式以及零件之间的装配关系。

（2）明确部件的功能和工作原理，明确每个零件在部件中的作用。

（3）明确主要零件的结构和形状以及装拆次序和方法。

（4）明确部件的使用和调整方法。

18.6.3 读装配图的方法和步骤

1．概括了解

结合装配图和产品说明书，了解部件的名称和功用，分析部件的表达方案。

（1）分析标题栏。

（2）从明细栏中了解部件由哪些零件组成，包含多少标准件，多少非标准件。

（3）了解视图数目，找出主视图，确定其他视图的投射方向，明确各视图的表达内容，了解图中有几条装配线。

2．部件分析

通过对装配图的细致分析，了解部件的工作原理、零件之间的装配关系、技术要求和零件的主要结构形状。

要完成对部件的分析，必须分析装配图中的各条装配线的结构：

（1）该装配线包含哪些零件；

（2）这些零件的主要结构形状；

（3）各零件固定、定位方式；

（4）零件之间的装配、连接关系；

（5）每个零件的作用；

（6）装配线的装、拆顺序和方法。

3．综合构思部件的整体结构

通过对各装配线的分析，了解装配线之间的相互位置和连接、传动关系，综合完成对整个部件结构的想象、工作过程的分析，最后确定部件功能。

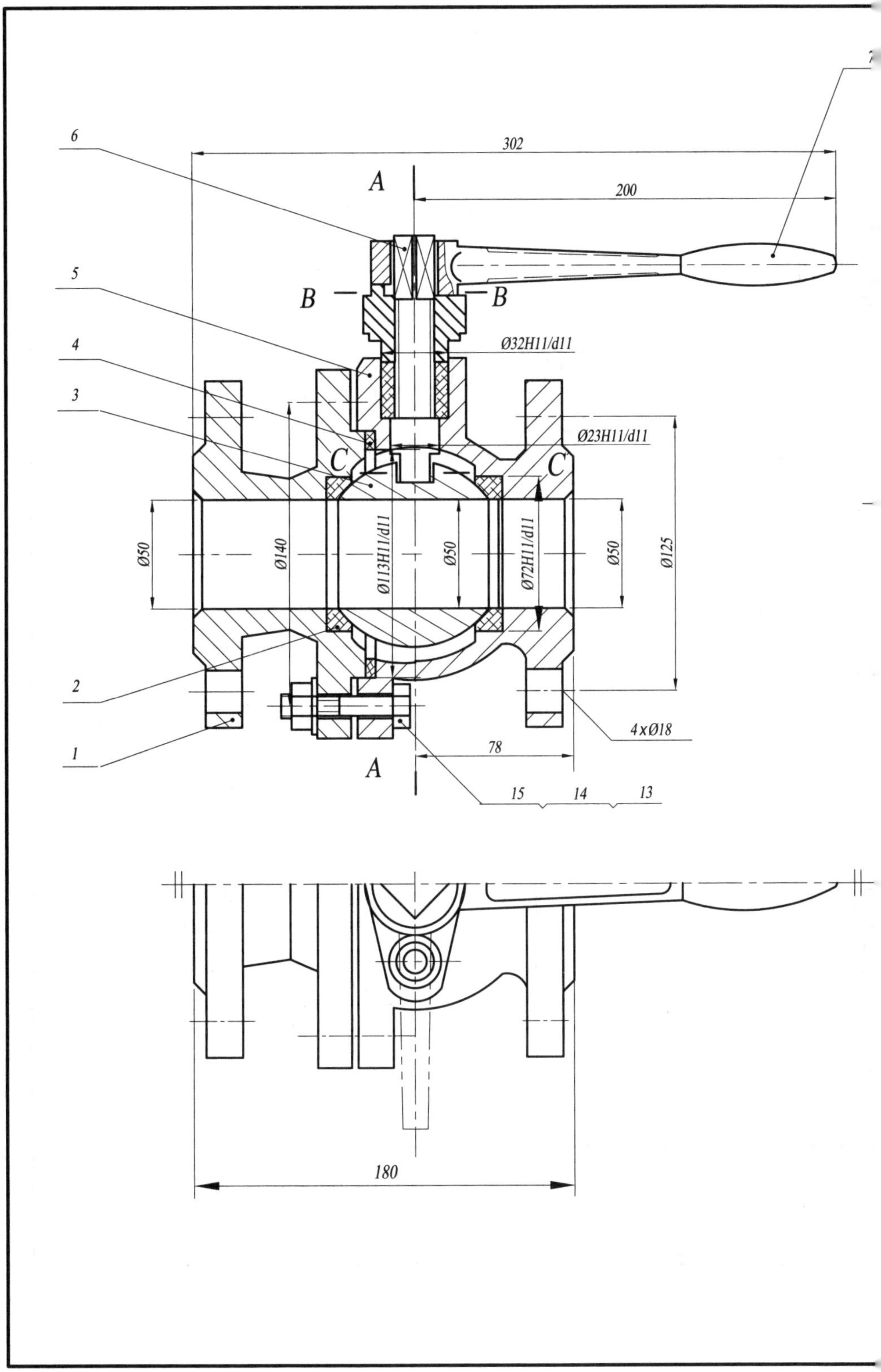

302
200
A
A
B
B
C
C
6
5
4
3
2
1
7
Ø32H11/d11
Ø23H11/d11
Ø50
Ø140
Ø113H11/d11
Ø50
Ø72H11/d11
Ø50
Ø125
4xØ18
78
15
14
13
180

图18-2

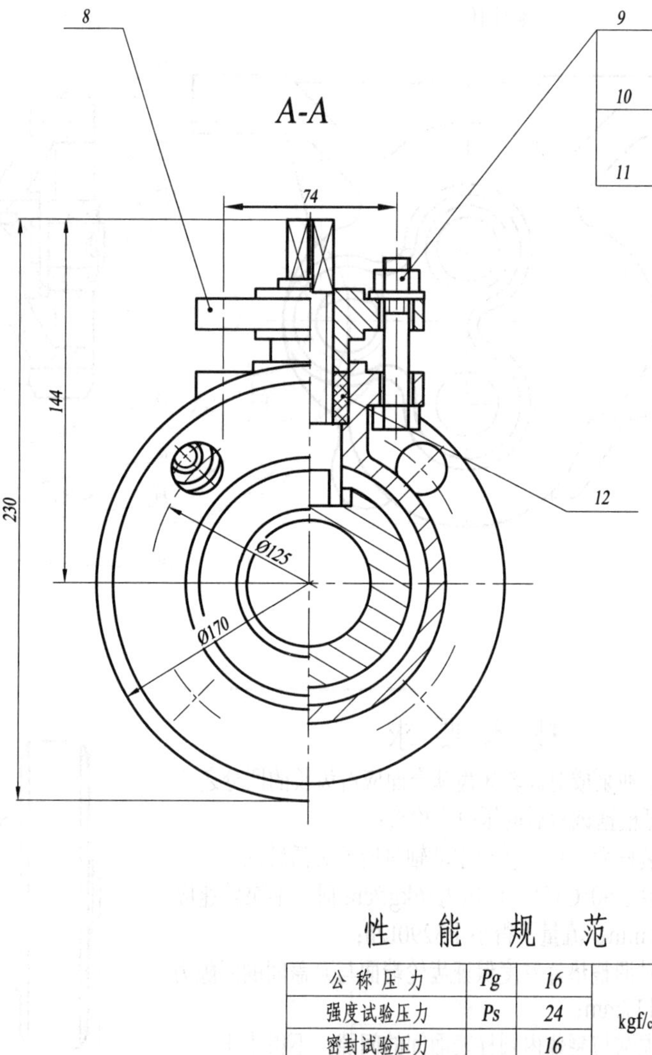

性 能 规 范

公称压力	Pg	16	kgf/cm²
强度试验压力	Ps	24	
密封试验压力		16	
工作压力	P	16	
工作温度	≤150°C		

15	垫圈 12	4	35	GB/T 97.1	5	右阀体	1	65	
14	螺母 M12	4	35	GB/T 41	4	调整片	1	聚四氯乙烯	
13	螺栓 M12×50	4	35	GB/T 5780	3	阀芯	1	45	
12	填料	1	聚四氯乙烯		2	密封圈	1	聚四氯乙烯	
11	垫圈 12	2	35	GB/T 97.1	1	左阀体	1	HT150	
10	螺母 M12	2	35	GB/T 41	序号	名称	数量	材料	附注
9	螺栓 M12×50	2	35	GB/T 5780	球阀 Dg50			比例	1:1
8	填料压盖	1	HT150						
7	手柄	1	35		制图				QF21-00
6	阀杆	1	45		审核				

下面结合实例加以说明。

【例 18-1】 读 Dg50 球阀装配图，如图 18-26 所示。

解：读装配图的方法步骤如下：

（1）概括了解

从装配图知，部件名称为 Dg50 球阀，它是管道系统中常见部件之一，用来控制水、油、气体等工作介质。其公称直径为 Ø50 mm，工作压力为 16 kgf / cm^2，工作温度≤150℃。

该装配图共用了 5 个图形来表达球阀。主视图画成全剖视图，以表达工作原理、各零件间的装配关系及左、右阀体（件 1、件 5）的连接关系。左、右阀体的螺栓连接组（件 13、件 14、件 15）和两端法兰上的连接孔都是采用简化画法画出的。左视图画成半剖视图，补充表达阀芯（件 3）、阀体等的结构以及填料压盖（件 8）与右阀体的连接关系，螺栓连接组（件 9、件 10、件 11）采用简化画法。俯视图只画出一半，用来补充表达阀体、填料压盖的结构形状，并用假想投影画出手柄（件 7）的另一极限位置，补充表达工作原理；*B*—*B* 断面图用来表示手柄的限位结构。*C*—*C* 断面图补充表达阀杆、阀芯的装配结构。

（2）部件分析

① 工作原理：Dg50 球阀由 15 种零件组成，其中标准件 6 种。其工作原理是：将手柄（件 7）转至与 Ø50 孔的轴线平行时，通过阀杆（件 6）带动阀芯（件 3）转动，使阀芯上的 Ø50 孔与左阀体（件 1）和右阀体（件 5）上的 Ø50 孔相通，工作介质自由通过。将手柄转至 Ø50 孔的轴线垂直时，阀芯截断通路，工作介质不能通过。

② 装配关系：Dg50 球阀的阀体为剖分式，分为左、右阀体，两部分用止口定位，并用四组紧固件（件 13、件 14、件 15）连接，用调整片（件 4）密封和调整。左、右阀体上各装一个密封圈（件 2），阀芯装在两密封圈之间，阀杆（件 6）装在右阀体 Ø23 孔内，并用扁头与阀瓣连接；阀杆与右阀体间用填料（件 12）密封。填料压盖（件 8）与右阀体靠螺栓组（件 9、件 10、件 11）连接与调整。手柄与阀杆靠方头连接，并靠凸块限位。

③ 装配尺寸和技术条件：左、右阀体的止口部位为 Ø113H11/d11 的间隙配合，左、右阀体与密封圈间为 Ø72H11/d11 的间隙配合。阀杆与右阀体间、填料压盖与右阀体间为 Ø23H11/d11 和 Ø32 H11/d11 的间隙配合。Ø50 为性能规格尺寸，Ø125、4-Ø18 为安装尺寸，Ø140，74 为相对位置尺寸，200、78、144 为重要尺寸，302、230 和 Ø170 为总体尺寸。

18.7 由装配图画零件图——拆图

18.7.1 拆图的方法和步骤

由装配图拆画零件图，称为拆图。拆图是设计过程中主要的工作之一，但必须在读懂装配图的基础上方能进行。拆图的方法步骤是：①分离零件，确定零件结构；②画零件图。

1．分离零件，确定零件结构

（1）分离零件的原则

① 按照编号及明细栏来分离零件。凡是有一个编号就代表一种零件。

② 按照剖面符号来分离零件。凡是剖面符号不同，就代表不同的零件。

③ 对线条，找投影，最后确定零件的结构形状。

拆图时，应将上述原则结合起来，灵活运用。

（2）确定零件的未定结构

在装配图中，由于零件的某些设计结构未表达完全，有些工艺结构简化画出或省略未画，所以，零件的某些结构形状在装配图中未定。拆图时，应通过构形设计确定这部分未定结构。构形设计的原则是在保证功能的基础上，满足便于制造的要求，最后适当注意美观。

① 装配图中未表达完全的零件结构，一般可根据其功能和工艺性来确定。如图 18-27 所示，弹簧压盖头部的形状在图中未表达清楚，因此在拆图时要确定其结构形状。由于弹簧压盖要借助于螺纹旋合来实现轴向移动以调节弹簧压力，为了旋转弹簧压盖，可将其头部做成图 18-28 所示的形状之一，以便使用扳手或徒手调节。

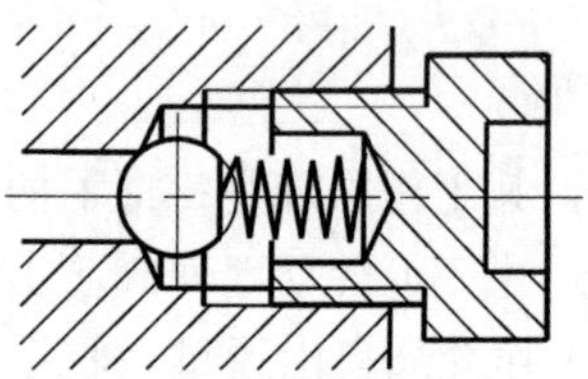

图 18-27　弹簧压盖作用

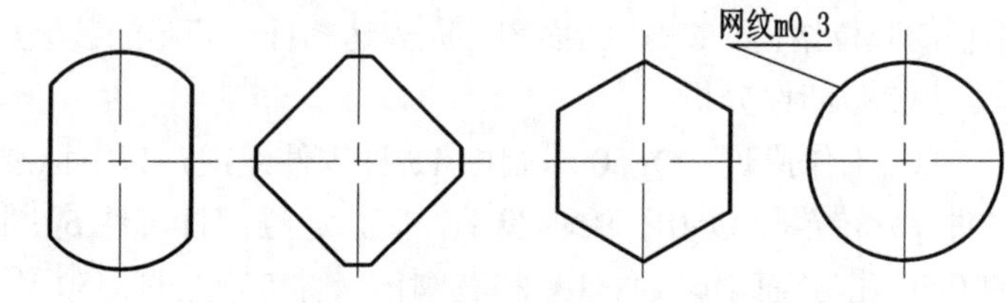

（a）　（b）　（c）　（d）

图 18-28　弹簧压盖头部形状

② 未定的工艺结构，如倒角、倒圆、退刀槽、越程槽、键槽、中心孔等，画零件图时可根据其工艺要求来确定，这些结构的形式和尺寸可从有关标准中查得。如图 18-29 所示，齿轮轴的工艺结构在装配图中均省略未画，而在零件图中则应表达出越程槽、倒角和中心孔。

③ 铆合件在装配图中是按铆合情况画出的，画零件图时应按铆合前的结构形状画出，如图 18-30 所示。

④ 焊接件在装配图中可作为一个整体画出，如图 18-31（a）所示。在画零件图时必须区分出各被焊接部分的形体，画成单独的零件图，如图 18-31（b）所示。

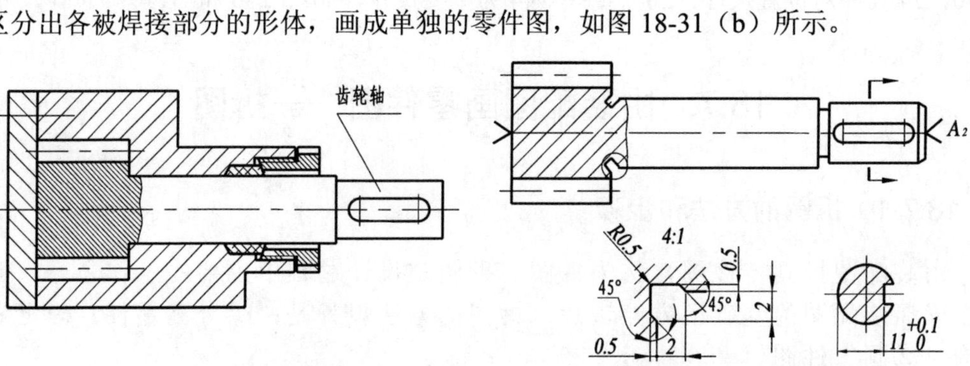

（a）装配图中的齿轮轴　（b）齿轮轴零件图工艺结构表示

图 18-29　装配图中未定工艺结构的确定

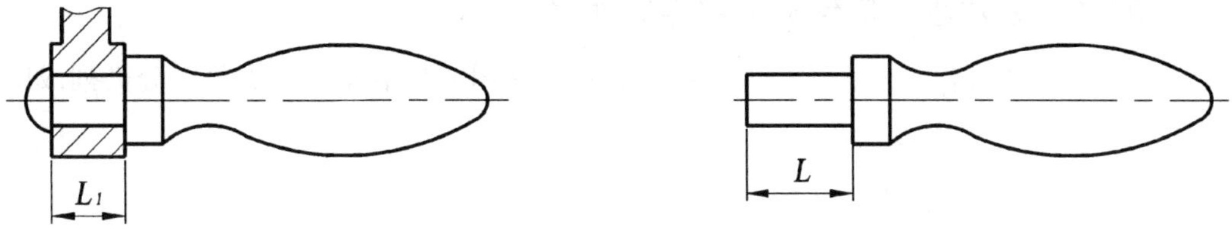

（a）铆合后的手柄　　（b）铆合前的手柄

图 18-30　铆合件零件结构确定

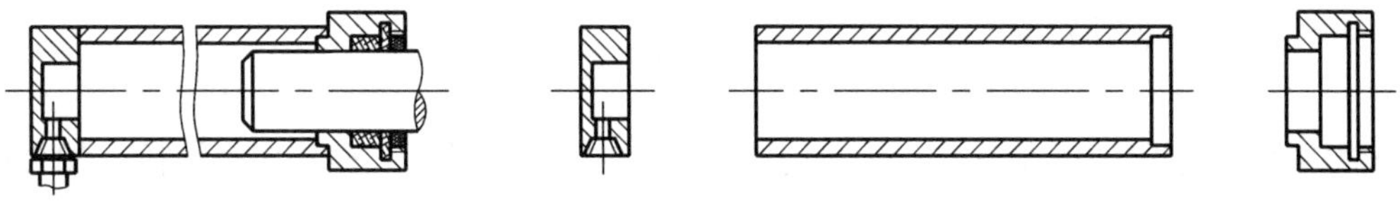

（a）　　（b）

图 18-31　焊接件零件结构的确定

2．画零件图

零件图的画法在第 17 章中已作了详细介绍。其画图步骤如下：

（1）零件表达方案的选择。根据零件的类型，按第 17 章所述原则和方法选择视图方案。零件表达方案的选择主要包括主视图、视图数目和表达方法的选择。要注意，零件在装配图上的视图方案是服从于“装配图表示装配关系和工作原理”产生的，所以，零件图的表达方案与装配图中该零件的表达不一定相同。

（2）按零件图绘图方法画图。

（3）零件尺寸的标注。标注零件尺寸时，首先要选择基准，按照设计和工艺要求完全、清晰、合理地标注全部尺寸。由于装配图上只标注了几类装配图要求的尺寸，各零件的尺寸基本未注出，因此标注尺寸时要注意以下两点：

① 在装配图上和明细表内已经注明的尺寸，应在零件图中相应注出。两零件配合面的公称尺寸应一致，公差带代号或极限偏差应与装配图上配合代号中的公差带代号一致，螺纹旋合部分的基本要素一致，两零件连接的定位尺寸应一致。

② 装配图中未注尺寸的确定：

• 凡属工艺结构的尺寸，如倒角、倒圆、退刀槽、沉孔、螺孔、键槽等，可根据明细栏查阅有关标准的尺寸数值进行标注；

• 齿轮、链轮、蜗杆、蜗轮、弹簧等的标准结构要素的尺寸，应按装配图上给定的参数进行计算后标出；

• 其他尺寸可根据装配图的绘图比例，直接在装配图上量取标注，带小数的尺寸，一般可圆整为整数。

3．技术条件的确定

按照机器或部件的功能要求以及零件在部件中的作用来确定技术条件；也可以参考有关资料和图册，用类比法确定。

4．根据装配图明细栏中该零件相应内容，填写零件图标题栏

填写零件名称、材料、比例、图号以及制图、审核人员的责任签字等。

18.7.2　标准零、部件和借用件的处理

拆图时，对标准零、部件和借用件不必画零件图，只需将它们编号，分类列成明细栏即可。

18.7.3　拆图举例

【例18-2】根据如图 18-26 所示的球阀装配图，拆画左阀体零件图。

解：拆图的方法步骤如下：

（1）读装配图

装配图的读法见例 18-1。

（2）分离零件，确定零件结构

根据零件编号和剖面线方向，从主视图上可将左阀体（件1）和与之有连接、配合或接触关系的右阀体（件 5）、密封圈（件 2）、调整片（件 4）等零件分离开来，通过对投影，找出其水平投影和侧面投影。从而可以看出，左阀体上的两法兰均为圆柱体，但两法兰间的连接部分未定形，由于左阀体的内腔通道为圆柱孔，则未定形的连接部分的外形可设计为回转体，从而得出其整体形状。

（3）画零件图

① 表达方案的确定：左阀体属盘盖类零件，其主要结构是同轴线的回转体，主要在车床上加工，可将其轴线水平放置，并选用垂直轴线的方向为主视方向。虽然装配图上使用了主、俯、左 3 个视图，但在画左阀体的零件图时，只需主、左两个视图就表达清楚了。主视图画成全剖视图，以表达内部结构。左视图画成*A*—*A*半剖视图，以表达连接部分的断面形状及法兰上螺栓孔的位置。

② 画图：如图 18-32 所示。

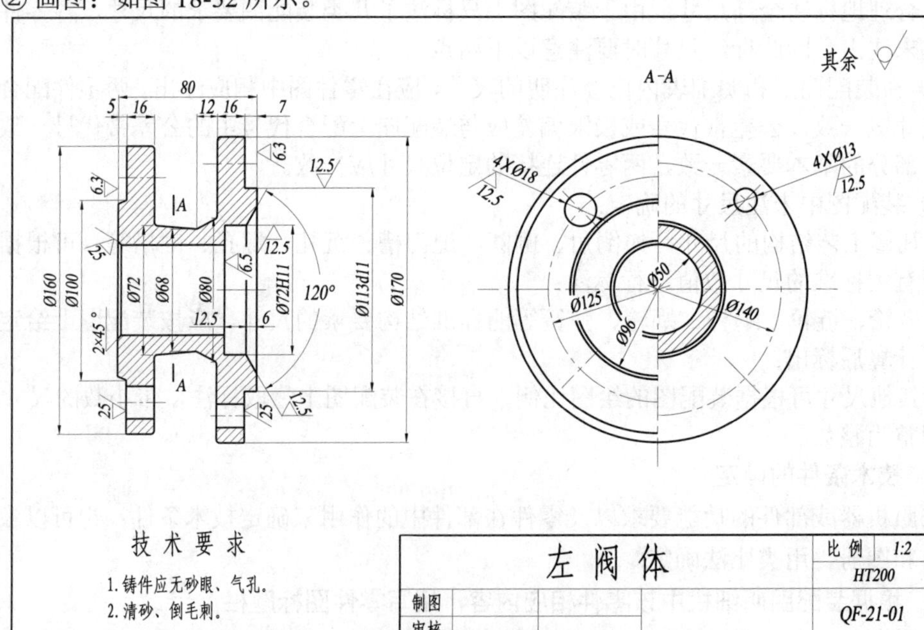

图 18-32　左阀体零件图

（3）尺寸标注

按装配图上的设计意图，分别选用 Ø113d11 止口端面和公共轴线为长方向和宽、高方向的尺寸基准，装配图上已注明的与左阀体有关的尺寸 Ø50、Ø72H1l、Ø125、4×Ø18 和 Ø170、Ø140、4×Ø13 在零件图上相应标出。其中，右端法兰上螺栓孔 4×Ø13 是按明细表中螺栓（件 13）的公称直径及装配性质确定的；Ø72H11 是根据 Ø72H11/d11 注出的孔的公称尺寸与公差带代号；Ø113d11 是根据 Ø113H11/d11 注出的轴的公称尺寸与公差带代号。

装配图上未注明的尺寸，按照装配图的绘图比例直接量取并圆整后进行标注。

（4）确定技术条件

最后确定技术条件，如图 18-32 所示。

【例 18-3】 根据图 18-33 所示的圆柱齿轮减速器装配图，拆画低速轴零件图。

解：拆图方法、步骤如下。

（1）读装配图

① 减速器工作原理：该齿轮减速器功率为 5 kW，高速轴转速为 680 r/min，传动比为 4 的减速部件。动力和运动由电动机输入，通过减速器变速后，再输送出给工作机。减速器的传动路线是，高速轴（件 41）→平键（件 26）→高速齿轮（件 36）→低速齿轮（件 27）→平键（件 26）→低速轴（件 32）。

② 齿轮减速器的装配结构：该减速器由 41 种零、部件装配而成，其中标准零、部件和借用件共 29 种。多数零件分别装在高速轴和低速轴上，构成主要装配干线。高速轴（件 41）上装有平键（件 35）、高速齿轮（件 36）、定位套（件 37）和轴承（件 38）；低速轴（件 32）上装有平键（件 26）、低速齿轮（件 27）、定位套（件 28）和轴承（件 29），它们都装在箱体（件 1）和箱盖（件 5）内。再分别在二轴的两端装上闷盖（件 34、件 24）和透盖（件 40、30），并用螺栓（件 23）紧固。在透盖上装有毡圈（件 20、件 31），起密封作用。在闷盖、透盖与箱体端面之间加有垫片（件 39、25），除起密封作用外，还用以调整轴承与闷盖之间的间隙，保证轴承的正常运转。

箱体内装有润滑油。通过低速齿轮的转动，将润滑油带至啮合处进行润滑。另外，油液飞溅到箱盖的内壁上，并沿内壁斜面流回箱体。润滑油由箱盖上的视孔加入，并用针形油标（件 4）控制油面高度。废油由箱体上螺塞孔（件 2、件 3 处）排出。

减速器在工作过程中，因齿面摩擦而使油温升高、压力增大，故箱盖上装有一透气塞（件 14）起卸压作用，以保证减速器的正常工作。

箱体上掏吊耳，以及箱盖上装的环首螺钉（件 7），供吊装、运输之用。此减速器设计有起盖装置，通过螺栓（件 6）作起盖之用。

（2）拆画低速轴零件图

① 分离零件，确定零件结构。根据零件编号，可将低速轴（件 32）从俯视图中分离出来。该轴有同轴线的六段圆柱及键等设计结构，轴上增加倒角、退刀槽、倒圆等工艺结构的设计。

② 画零件图。

- 表达方案的选择：低速轴属轴套类零件，将其轴线水平放置，并选用与轴线垂直的方向作主视方向。除选用主视图外，还选用两个断面图补充表达键槽。
- 画图，见图 18-34。
- 尺寸标注：装配图上已经注明的尺寸 Ø45k6、Ø50r6、Ø45k6 和 Ø35k6，在零件图中应相应标出。从明细表中平键（件 26）的规格 14×56 知，键槽长 56、键槽宽 14，可从附表中查出键槽深度为$44.50^{0}_{-0.2}$ ，Ø35k6 轴颈的键槽、倒角、退刀槽、倒圆等工艺结构的尺寸，均查有关标准注出。

装配图上未注明的径向尺寸和轴向尺寸，按装配图的绘图比例直接量取圆整后标注，如图 18-34 所 示。

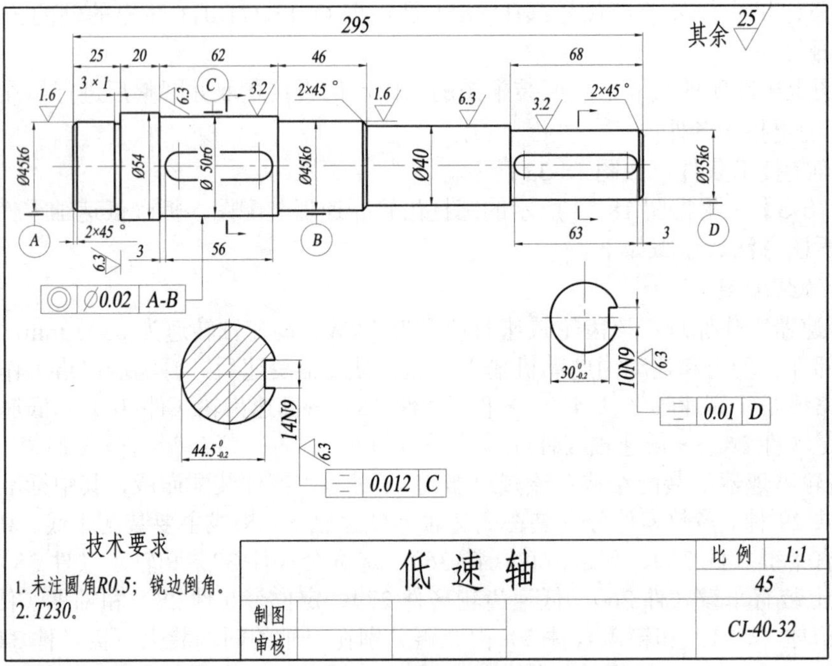

图 18-34　低速轴零件图

• 技术条件的确定：为了保证齿轮减速器的装配精度及齿轮副的运动精度，要求 Ø50r6 圆柱轴线对 Ø45k6 两轴颈公共轴线的同轴度公差为 Ø0.02，两键槽对称平面分别对 Ø50r6 和 Ø35k6 轴颈轴线的对称度公差为 0.012 和 0.0l。低速轴材料为 45钢，T230（调质处理，硬度为 HB210～250）。

【**例18-4**】拆画图 18-33 所示圆柱齿轮减速器箱盖零件图。

解：拆图步骤如下。

（1）读装配图，见例 18-3。

（2）分离零件，确定表达方案，画图。箱盖属箱体类零件，按工作位置放置，以沿轴孔的轴线方向为主视方向。并选用主、俯、左 3 个基本视图和斜视图 *B* 来表达其结构形状。主视图画成局部剖视图，左视图画成 *A—A* 半剖视图。用重合断面表达肋板的结构，并补充设计倒角、倒圆等工艺结构，如图 18-35 所示。

（3）尺寸标注和技术要求：在零件图上相应注出装配图中已标明的尺寸 195±0.07、Ø90H7、Ø100H7、30、66、96、175、48、78、40、24、164、78。根据明细栏中件 6、件 19、件 23、件 7、件 13、件 14等的规格，得到起盖螺栓孔直径 M12-7H、锥销孔直径 Ø8，以及各螺孔直径 M10-7H、M6-7H 和 M18×1.5-7H。查有关标准，得各螺孔深度 24、20、28、6 以及螺栓通孔直径 Ø 13.5、Ø 7.5。装配图上未注明的尺寸，按装配图的绘图比例直接量取标出。技术要求，见图 18-35。

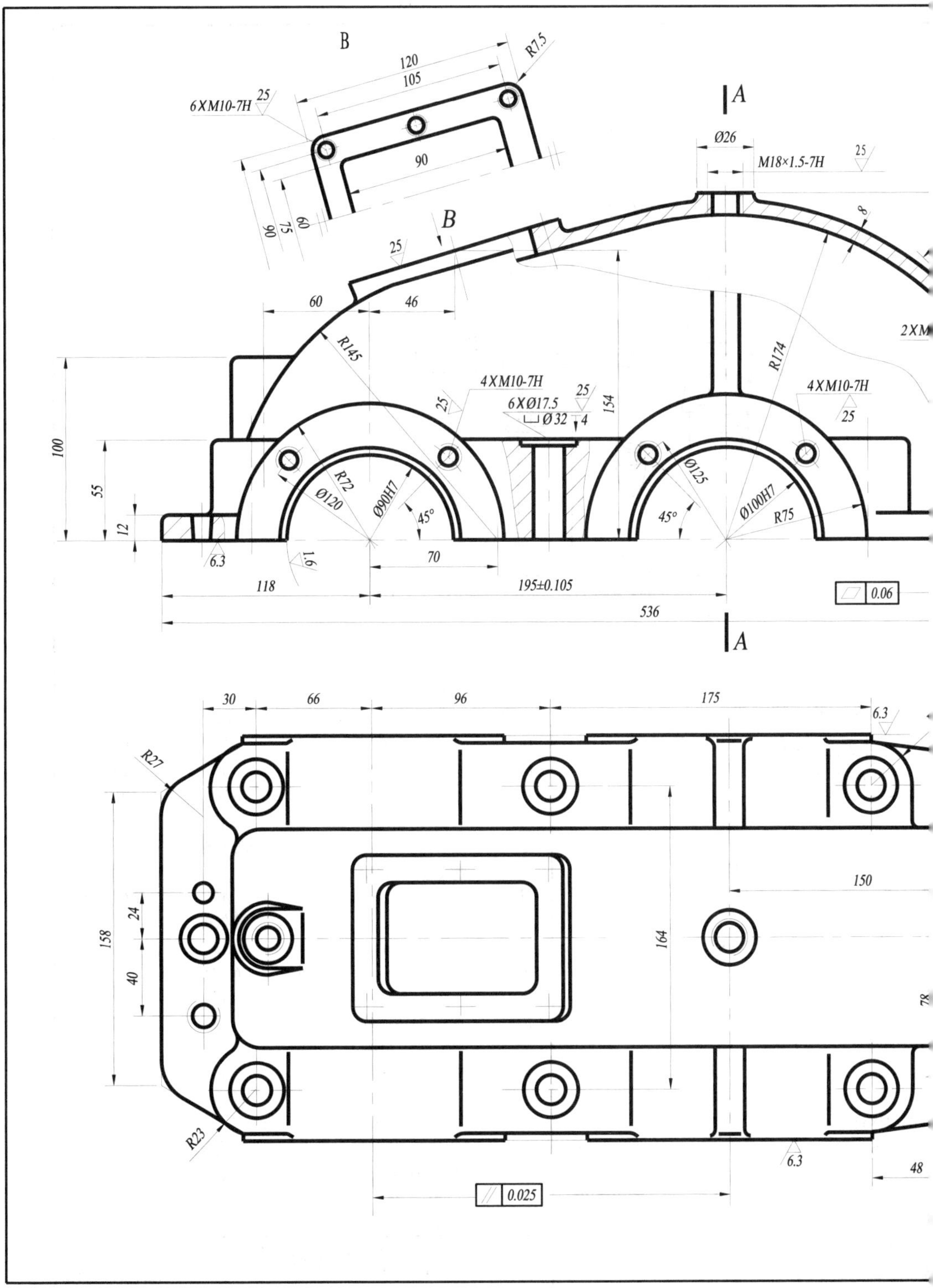
B
120
105
R7.5
6XM10-7H
25
90
96
75
60
A
Ø26
M18×1.5-7H
8
B
60
46
R145
R174
2XM
4XM10-7H
6XØ17.5
⌴Ø32 ↧4
154
100
55
12
R72
Ø120
Ø90H7
45°
Ø125
Ø100H7
R75
6.3
1.6
70
118
195±0.105
536
0.06
30
66
96
175
6.3
R27
150
158
24
40
164
78
R23
6.3
48
0.025

图18

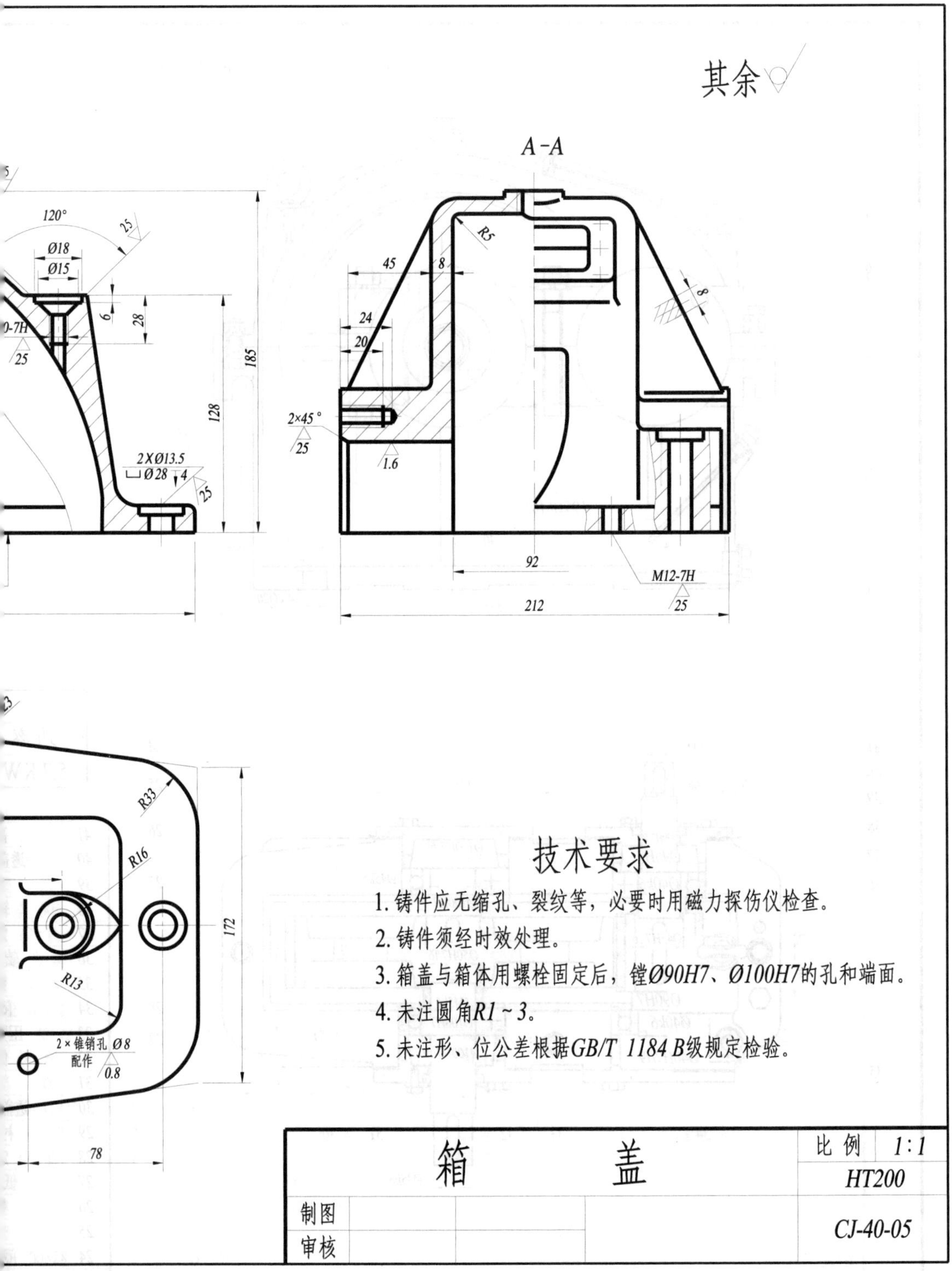
其余
A-A
120°
Ø18
Ø15
25
6
28
185
128
2XØ13.5
⌴Ø28 ↧4
25
45
8
R5
8
24
20
2×45°
25
1.6
92
212
M12-7H
25
R33
R16
R13
172
2×锥销孔 Ø8
配作
0.8
78
技术要求
1. 铸件应无缩孔、裂纹等，必要时用磁力探伤仪检查。
2. 铸件须经时效处理。
3. 箱盖与箱体用螺栓固定后，镗Ø90H7、Ø100H7的孔和端面。
4. 未注圆角R1～3。
5. 未注形、位公差根据GB/T 1184 B级规定检验。
箱 盖
比 例 1:1
HT200
制图
审核
CJ-40-05

35 箱盖零件图

附　　录

A.1　常用螺纹及螺纹紧固件

1．普通螺纹（摘自 GB/T 193—2003、GB/T 196—2003）

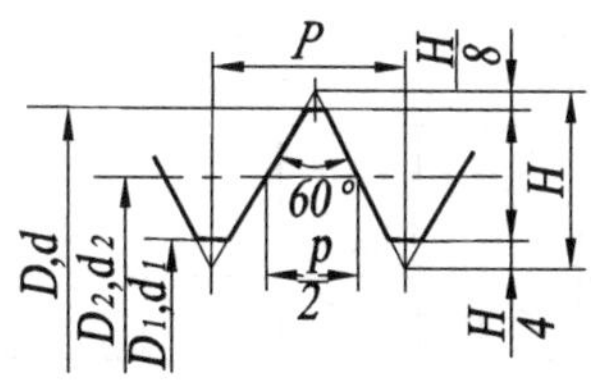

$H=\frac{\sqrt{3}}{2}P$

附表 A.1　直径与螺距系列、基本尺寸　　单位：mm

公称直径 D、d		螺　距 P		粗牙小径 D_1、d_1	公称直径 D、d		螺　距 P		粗牙小径 D_1、d_1
第一系列	第二系列	粗牙	细　牙		第一系列	第二系列	粗牙	细　牙	
3		0.5	0.35	2.459		22	2.5	2，1.5，1，(0.75)，(0.5)	19.294
	3.5	(0.6)		2.859	24		3	2，1.5，1，(0.75)	20.752
4		0.7	0.5	3.242		27	3	2，1.5，1，(0.75)	23.752
	4.5	(0.75)		3.688	30		3.5	(3)，2，1.5，1，(0.75)	26.211
5		0.8		4.134		33	3.5	(3)，2，1.5，(1)，(0.75)	29.211
6		1	0.75	4.917	36		4	3，2，1.5，(1)	31.670
8		1.25	1，0.75，(0.5)	6.647		39	4		34.670
10		1.5	1.25，0.75，(0.5)	8.376	42		4.5	(4)，3，2，1.5，(1)	37.129
12		1.75	1.25，1，0.75，(0.5)	10.106					
	14	2	1.5，1.25，1，(0.75)，(0.5)	11.835		45	4.5		40.129
16		2	1.5，1，(0.75)，(0.5)	13.835	48		5		42.587
	18	2.5	2，1.5，1，(0.75)，(0.5)	15.294		52	5		46.587
20		2.5		17.294	56		5.5	4，3，2，1.5，(1)	50.046

注：① 优先选用第一系列，括号内尺寸尽可能不用。第三系列未列入。

② 中径 D_2、d_2 未列入。

附表 A.2　细牙普通螺纹螺距与小径的关系　　单位：mm

螺　距 P	小　径 D_1、d_1	螺　距 P	小　径 D_1、d_1	螺　距 P	小　径 D_1、d_1
0.35	$d-1+0.621$	1	$d-2+0.918$	2	$d-3+0.835$
0.5	$d-1+0.459$	1.25	$d-2+0.647$	3	$d-4+0.752$
0.75	$d-1+0.188$	1.5	$d-2+0.376$	4	$d-5+0.670$

注：表中的小径按 $D_1=d_1=d-2\times\frac{5}{8}H$，$H=\frac{\sqrt{3}}{2}P$ 计算得出。

2. 梯形螺纹（摘自 GB/T 5796.2—2005、GB/T 5796.3—2005）

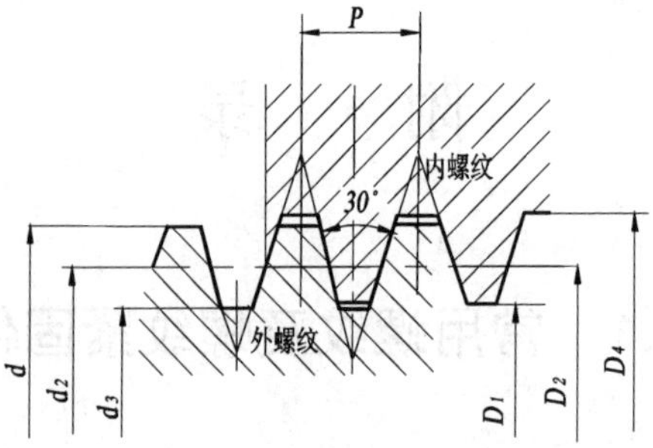

附表 A.3　直径与螺距系列、基本尺寸　　　　单位：mm

公称直径 d 第一系列	公称直径 d 第二系列	螺距 P	中径 $d_2=D_2$	大径 D_4	小径 d_3	小径 D_1
8		1.5	7.25	8.30	6.20	6.50
	9	1.5	8.25	9.30	7.20	7.50
		2	8.00	9.50	6.50	7.00
10		1.5	9.25	10.30	8.20	8.50
		2	9.00	10.50	7.50	8.00
	11	2	10.00	11.50	8.50	9.00
		3	9.50	11.50	7.50	8.00
12		2	11.00	12.50	9.50	10.00
		3	10.50	12.50	8.50	9.00
	14	2	13.00	14.50	11.50	12.00
		3	12.50	14.50	10.50	11.00
16		2	15.00	16.50	13.50	14.00
		4	14.00	16.50	11.50	12.00
	18	2	17.00	18.50	15.50	16.00
		4	16.00	18.50	13.50	14.00
20		2	19.00	20.50	17.50	18.00
		4	18.00	20.50	15.50	16.00
	22	3	20.50	22.50	18.50	19.00
		5	19.50	22.50	16.50	17.00
		8	18.00	23.00	13.00	14.00
24		3	22.50	24.50	20.50	21.00
		5	21.50	24.50	18.50	19.00
		8	20.00	25.00	15.00	16.00

公称直径 d 第一系列	公称直径 d 第二系列	螺距 P	中径 $d_2=D_2$	大径 D_4	小径 d_3	小径 D_1
	26	3	24.50	26.50	22.50	23.00
		5	23.50	26.50	20.50	21.00
		8	22.00	27.00	17.00	18.00
28		3	26.50	28.50	24.50	25.00
		5	25.50	28.50	22.50	23.00
		8	24.00	29.00	19.00	20.00
	30	3	28.50	30.50	26.50	29.00
		6	27.00	31.00	23.00	24.00
		10	25.00	31.00	19.00	20.00
32		3	30.50	32.50	28.50	29.00
		6	29.00	33.00	25.00	26.00
		10	27.00	33.00	21.00	22.00
	34	3	32.50	34.50	30.50	31.00
		6	31.00	35.00	27.00	28.00
		10	29.00	35.00	23.00	24.00
28		3	34.50	36.50	32.50	33.00
		6	33.00	37.00	29.00	30.00
		10	31.00	37.00	25.00	26.00
	38	3	36.50	38.50	34.50	35.00
		7	34.50	39.00	30.00	31.00
		10	33.00	39.00	27.00	28.00
40		3	38.50	40.50	36.50	37.00
		7	36.50	41.00	32.00	33.00
		10	35.00	41.00	29.00	30.00

3. 非密封的管螺纹（摘自 GB/T 7307—2001）

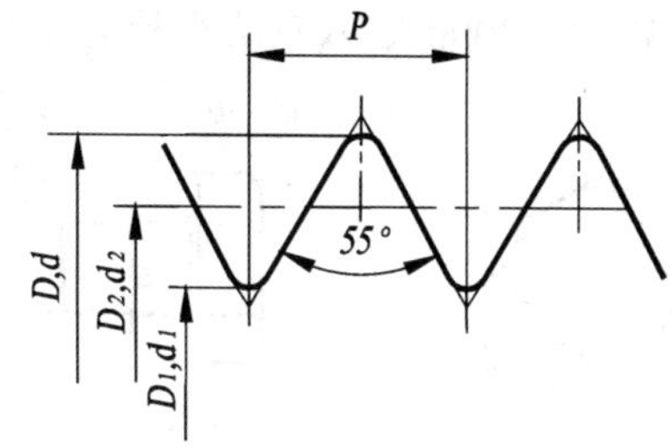

附表 A.4

单位：mm

尺寸代号	每 25.4 mm 内的牙数 n	螺距 P	基本直径	
			大径 D、d	小径 D_1、d_1
1/8	28	0.907	9.728	8.566
1/4	19	1.337	13.157	11.445
3/8	19	1.337	16.662	14.950
1/2	14	1.814	20.955	18.631
5/8	14	1.814	22.911	20.587
3/4	14	1.814	26.441	24.117
7/8	14	1.814	30.201	27.877
1	11	2.309	33.249	30.291
$1\frac{1}{8}$	11	2.309	37.897	34.939
$1\frac{1}{4}$	11	2.309	41.910	38.952
$1\frac{1}{2}$	11	2.309	47.803	44.845
$1\frac{3}{4}$	11	2.309	53.746	50.788
2	11	2.309	59.614	56.656
$2\frac{1}{4}$	11	2.309	65.710	62.752
$2\frac{1}{2}$	11	2.309	75.184	72.226
$2\frac{3}{4}$	11	2.309	81.534	78.576
3	11	2.309	87.884	84.926

4. 螺栓

六角头螺栓—C 级（GB/T 5780—2000）、六角头螺栓—A 和 B 级（GB/T 5782—2000）。

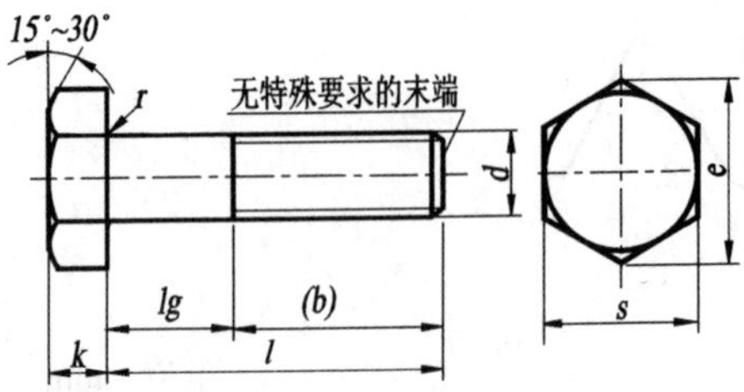

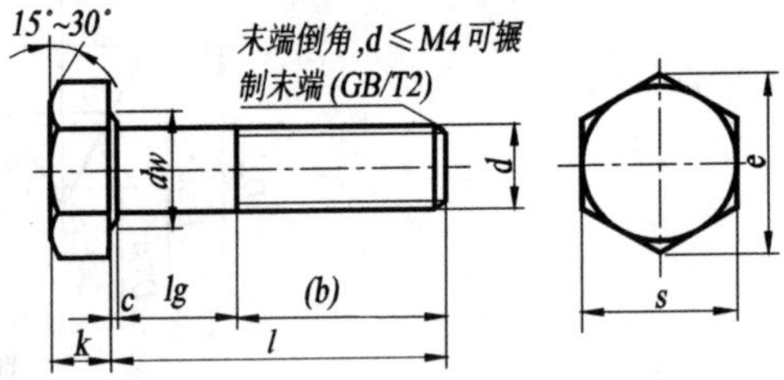

标记示例

螺纹规格 d=M12、公称长度 l=80、性能等级为 8.8 级，表面氧化、A 级六角头螺栓：

螺栓　GB/T 5782　M12×80

附表 A.5　　　　单位：mm

螺纹规格 d			M3	M4	M5	M6	M8	M10	M12	M16	M20	M24	M30	M36	M42
b 参考	l≤125		12	14	16	18	22	26	30	38	46	54	66	—	—
	125<l≤200		18	20	22	24	28	32	36	44	52	60	72	84	96
	l>200		31	33	35	37	41	45	49	57	65	73	85	97	109
c			0.4	0.4	0.5	0.5	0.6	0.6	0.6	0.8	0.8	0.8	0.8	0.8	1
d_w	产品等级	A	4.57	5.88	6.88	8.88	11.63	14.63	16.63	22.49	28.19	33.61	—	—	—
		B C	4.45	5.74	6.74	8.74	11.47	14.47	16.47	22	27.7	33.25	42.75	51.11	59.95
e	产品等级	A	6.01	7.66	8.79	11.05	14.38	17.77	20.03	26.75	33.53	39.98	—	—	—
		B C	5.88	7.50	8.63	10.89	14.20	17.59	19.85	26.17	32.95	39.55	50.85	60.79	72.02
K（公称）			2	2.8	3.5	4	5.3	6.4	7.5	10	12.5	15	18.7	22.5	26
R			0.1	0.2	0.2	0.25	0.4	0.4	0.6	0.6	0.8	0.8	1	1	1.2
S（公称）			5.5	7	8	10	13	16	18	24	30	36	46	55	65
l（商品规格范围）			20~30	25~40	20~50	30~60	40~80	45~100	50~120	65~160	80~200	90~240	110~300	140~360	160~400
l系列			12，16，20，25，30，35，40，45，50，55，60，65，70，80，90，100，110，120，130，140，150，160，180，200，220，240，260，280，300，320，340，360，380，400，420，440，460，480，500												

注：①A 级用于 d≤24 和 l≤10 或 d≤150 的螺栓；B 级用于 d>24 和 l>10 或 d>150 的螺栓。

②螺纹规格 d 范围：GB/T 5780 为 M5～M64；GB/T 5782 为 M1.6～M64。

③公称长度范围：GB/T 5780 为 25～500；GB/T 5782 为 12～500。

5．双头螺柱

双头螺柱—$b_m=1d$ （GB/T 897—1988）

双头螺柱—$b_m=1.25d$ （GB/T 898—1988）

双头螺柱—$b_m=1.5d$ （GB/T 899—1988）

双头螺柱—$b_m=2d$ （GB/T 900—1988）

A 型

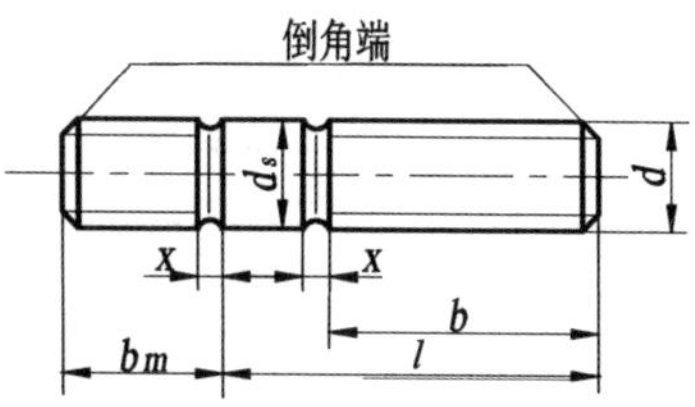

B 型

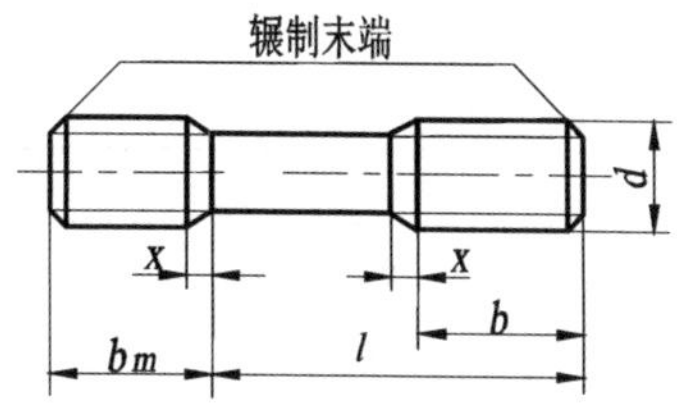

附表 A.6

单位：mm

螺纹规格		M5	M6	M8	M10	M12	M16	M20	M24	M30	M36	M42
b_m 公称	GB/T 897	5	6	8	10	12	16	20	24	30	36	42
	GB/T 898	6	8	10	12	15	20	25	30	38	45	52
	GB/T 899	8	10	12	15	18	24	30	36	45	54	65
	GB/T 900	10	12	16	20	24	32	40	48	60	72	84
d_s（max）		5	6	8	10	12	16	20	24	30	36	42
x（max）		$2.5P$										
$\frac{l}{b}$		$\frac{16\sim22}{10}$ $\frac{25\sim50}{16}$	$\frac{20\sim22}{10}$ $\frac{25\sim30}{14}$ $\frac{32\sim75}{18}$	$\frac{20\sim22}{12}$ $\frac{25\sim30}{16}$ $\frac{32\sim90}{22}$	$\frac{25\sim28}{14}$ $\frac{30\sim38}{16}$ $\frac{40\sim120}{26}$ $\frac{130}{32}$	$\frac{25\sim30}{16}$ $\frac{32\sim40}{20}$ $\frac{45\sim120}{30}$ $\frac{130\sim180}{36}$	$\frac{30\sim38}{20}$ $\frac{40\sim55}{30}$ $\frac{60\sim120}{38}$ $\frac{130\sim200}{44}$	$\frac{35\sim40}{25}$ $\frac{45\sim65}{35}$ $\frac{70\sim120}{46}$ $\frac{130\sim200}{52}$	$\frac{45\sim50}{30}$ $\frac{55\sim75}{45}$ $\frac{80\sim120}{54}$ $\frac{130\sim200}{60}$	$\frac{60\sim65}{40}$ $\frac{70\sim90}{50}$ $\frac{95\sim120}{60}$ $\frac{130\sim200}{72}$ $\frac{210\sim250}{85}$	$\frac{65\sim75}{45}$ $\frac{80\sim110}{60}$ $\frac{120}{78}$ $\frac{130\sim200}{84}$ $\frac{210\sim300}{91}$	$\frac{65\sim80}{50}$ $\frac{85\sim110}{70}$ $\frac{12}{90}$ $\frac{130\sim200}{96}$ $\frac{210\sim300}{109}$
l 系列		16，(18)，20，(22)，25，(28)，30，(32)，35，(38)，40，45，50，(55)，60，(65)，70，(75)，80，(85)，90，(95)，100，110，120，130，140，150，160，170，180，190，200，210，220，230，240，250，260，280，300										

注：P 为粗牙螺纹的螺距。

6. 螺钉

（1）开槽圆柱头螺钉（摘自 GB/T 65—2000）

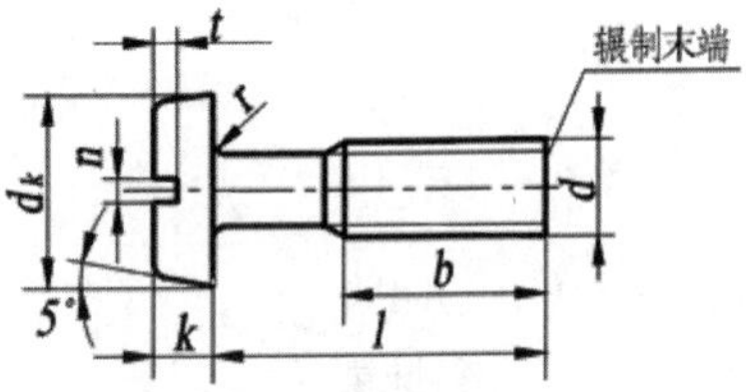

标记示例

螺纹规格 d = M5、公称长度 l = 20、性能等级为 4.8 级、不经表面处理的 A 级开槽圆柱头螺钉：

螺钉　GB/T 65　M5×20

附表 A.7　　单位：mm

螺纹规格 d	M4	M5	M6	M8	M10
P（螺距）	0.7	0.8	1	1.25	1.5
b	38	38	38	38	38
d_k	7	8.5	10	13	16
k	2.6	3.3	3.9	5	6
n	1.2	1.2	1.6	2	2.5
r	0.2	0.2	0.25	0.4	0.4
t	1.1	1.3	1.6	2	2.4
公称长度 l	5～40	6～50	8～60	10～80	12～80
l 系列	5，6，8，10，12，（14），16，20，25，30，35，40，45，50，（55），60，（65），70，（75），80				

注：① 公称长度 l≤40 的螺钉，制出全螺纹。② 括号内的规格尽可能不采用。③ 螺纹规格 d=M1. 6～M10；公称长度 l=2～80。

（2）开槽盘头螺钉（摘自 GB/T 67—2000）

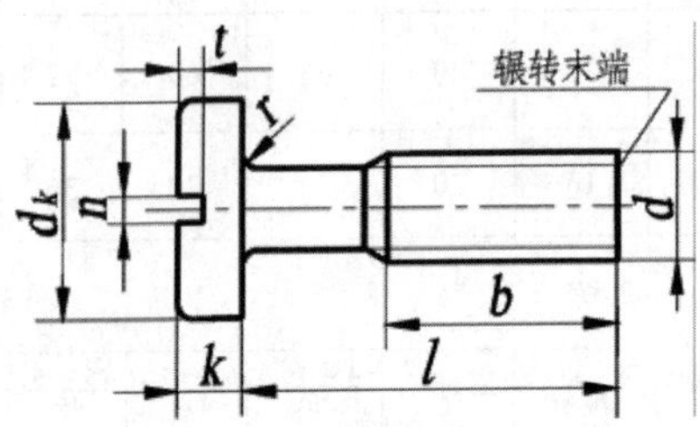

标记示例

螺纹规格 d = M5、公称长度 l = 20、性能等级为 4.8 级、不经表面处理的 A 级开槽盘头螺钉：

螺钉　GB/ T 67　M5×20

附表 A.8　　单位：mm

螺纹规格 d	M1.6	M2	M2.5	M3	M4	M5	M6	M8	M10
P（螺距）	0.35	0.4	0.45	0.5	0.7	0.8	1	1.25	1.5
b	25	25	25	25	38	38	38	38	38
d_k	3.2	4	5	5.6	8	9.5	12	16	20
k	1	1.3	1.5	1.8	2.4	3	3.6	4.8	6
n	0.4	0.5	0.6	0.8	1.2	1.2	1.6	2	2.5
r	0.1	0.1	0.1	0.1	0.2	0.2	0.25	0.4	0.4
t	0.35	0.5	0.6	0.7	1	1.2	1.4	1.9	2.4
公称长度 l	2～16	2.5～20	3～25	4～30	5～40	6～50	8～60	10～80	12～80
l 系列	2，2.5，3，4，5，6，8，10，12，（14），16，20，25，30，35，40，45，50，（55），60，（65），70，（75），80								

注：① 括号内的规格尽可能不采用。② M1.6～M3 的螺钉，公称长度 l≤30 的，制出全螺纹；M4～M10 的螺钉，公称长度 l≤40 的，制出全螺纹。

（3）开槽沉头螺钉（摘自 GB/T 68—2000）

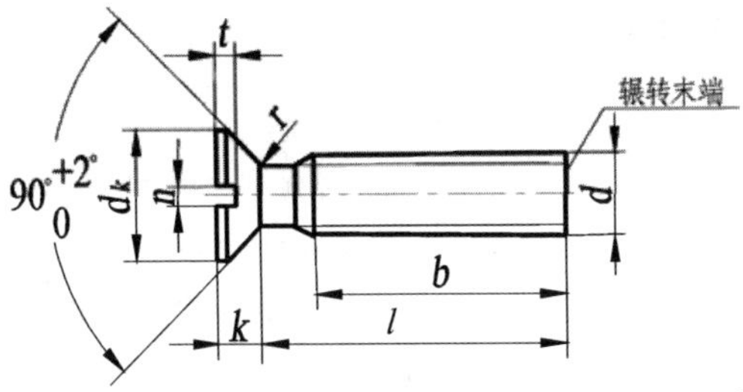

标记示例

螺纹规格 d = M5、公称长度 l = 20、性能等级为 4.8 级，不经表面处理的 A 级开槽沉头螺钉：

螺钉 GB/T 68 M5×20

附表 A.9 单位：mm

螺纹规格 d	M1.6	M2	M2.5	M3	M4	M5	M6	M8	M10
P（螺距）	0.35	0.4	0.45	0.5	0.7	0.8	1	1.25	1.5
b	25	25	25	25	38	38	38	38	38
d_k	3.6	4.4	5.5	6.3	9.4	10.4	12.6	17.3	20
k	1	1.2	1.5	1.65	2.7	2.7	3.3	4.65	5
n	0.4	0.5	0.6	0.8	1.2	1.2	1.6	2	2.5
r	0.4	0.5	0.6	0.8	1	1.3	1.5	2.3	2.5
t	0.5	0.6	0.75	0.85	1.3	1.4	1.6	1.9	2.6
公称长度 l	2.5～16	3～20	4～25	5～30	6～40	8～50	8～60	10～80	12～80
l 系列	2，2.5，3，4，5，6，8，10，12，（14），16，20，25，30，35，40，45，50，（55），60，（65），70，（75），80								

注：① 括号内的规格尽可能不采用。 ② M1～6M3 的螺钉、公称长度 l≤30 的，制出全螺纹； M4～M10 的螺钉、公称长度 l≤45 的，制出全螺纹。

（4）内六角圆柱头螺钉（摘自 GB/T 70.1—2000）

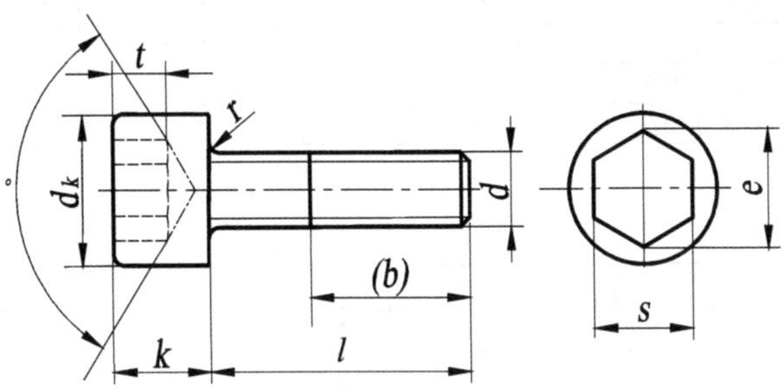

标记示例

螺纹规格 d = 5、公称长度 l = 20、性能等级为 8.8 级、表面氧化的内六角圆柱头螺钉。

螺钉 GB/T 70.1 M5×20

附表 A.10 单位：mm

螺纹规格 d	M3	M4	M5	M6	M8	M10	M12	M14	M16	M20
P（螺距）	0.5	0.7	0.8	1	1.25	1.5	1.75	2	2	2.5
b	18	20	22	24	28	32	36	40	44	52
d_k	5.5	7	8.5	10	13	16	18	21	24	30
k	3	4	5	6	8	10	12	14	16	20
t	1.3	2	2.5	3	4	5	6	7	8	10
s	2.5	3	4	5	6	8	10	12	14	17
e	2.87	3.44	4.58	5.72	6.86	9.15	11.43	13.72	16	19.44
r	0.1	0.2	0.2	0.25	0.4	0.4	0.6	0.6	0.6	0.8
公称长度 l	5～30	6～40	8～50	10～60	12～80	16～100	20～120	25～140	25～160	30～200
l 系列	2.5，3，4，5，6，8，10，12，14，16，20，25，30，35，40，45，50，55，60，65，70，80，90，100，110，120，130，140，150，160，180，200，220，240，260，280，300									

（5） 十字槽沉头螺钉（摘自 GB/T 819.1—2000）

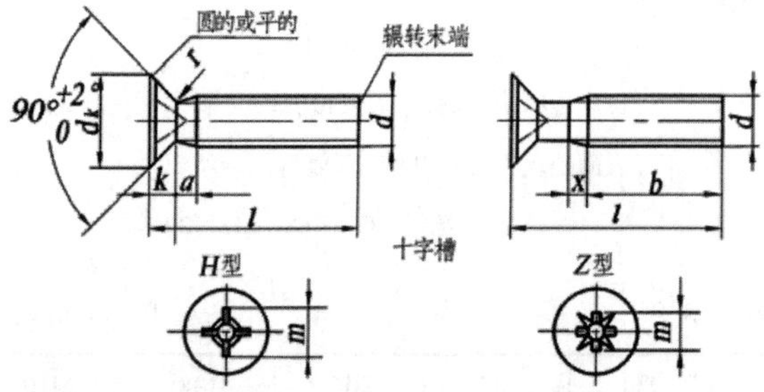

标记示例

螺纹规格 d=M5、公称长度 l=20、性能等级为 4.8 级、不经表面处理的 H 型十字槽沉头螺钉：

螺钉 GB/T 819.1 M5×20

附表 A.11 单位：mm

螺纹规格 d				M1.6	M2	M2.5	M3	M4	M5	M6	M8	M10
P（螺距）				0.35	0.4	0.45	0.5	0.7	0.8	1	1.25	1.5
a			max	0.7	0.8	0.9	1	1.4	1.6	2	2.5	3
b			min	25	25	25	25	38	38	38	38	38
d_k	理论值		max	3.6	4.4	5.5	6.3	9.4	10.4	12.6	17.3	20
	实际值		max	3	3.8	4.7	5.5	8.4	9.3	11.3	15.8	18.3
			min	2.7	3.5	4.4	5.2	8	8.9	10.9	15.4	17.8
k			max	1	1.2	1.5	1.65	2.7	2.7	3.3	4.65	5
r			max	0.4	0.5	0.6	0.8	1.7	1.3	1.5	2	2.5
X			max	0.9	1	1.1	1.25	1.75	2	2.5	3.2	3.8
十字槽	槽号		No.	0		1		2		3	4	
	H 型	m 参考		1.6	1.9	2.9	3.2	4.6	5.2	6.8	8.9	10
		插入深度	min	0.6	0.9	1.4	.7	2.1	2.7	3	4	5.1
			max	0.9	1.2	1.8	2.1	2.6	3.2	3.5	4.6	5.7
	Z 型	m 参考		1.6	1.9	2.8	3	4.4	4.9	6.6	8.8	9.8
		插入深度	min	0.7	0.95	1.45	1.6	2.05	2.6	3	4.15	5.2
			max	0.95	1.2	1.75	2	2.5	3.05	3.45	4.6	5.65
l												
公称	min	max										
3	2.8	3.2										
4	3.7	4.3										
5	4.7	5.3										
6	5.7	6.3										
8	7.7	8.3										
10	9.7	10.3				商品						
12	11.6	12.4										
螺纹规格 d				M1.6	M2	M2.5	M3	M4	M5	M6	M8	M10
（14）	13.6	14.4										
16	15.6	16.4						规格				
20	19.9	20.4										
25	24.6	25.4										
30	29.6	30.4								范围		
35	34.5	35.5										
40	39.5	40.5										
45	44.5	45.5										
50	49.5	50.5										
（55）	54.4	55.6										
60	59.4	60.6										

注：① 尽可能不采用括号内的规格。　　② P — 螺距。

③ d_k 的理论值按 GB/T 5279 规定。　　④ 公称长度虚线以上的螺钉，制出全螺纹。

（6）紧定螺钉

开槽锥端紧定螺钉

（GB/T 71—1985）

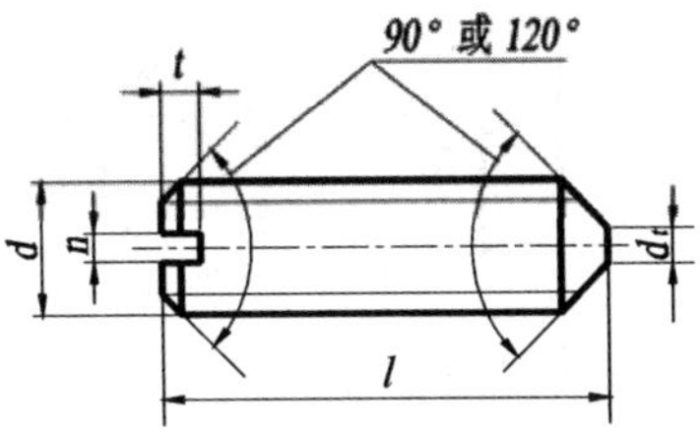

开槽平端紧定螺钉

（GB/T 73—1985）

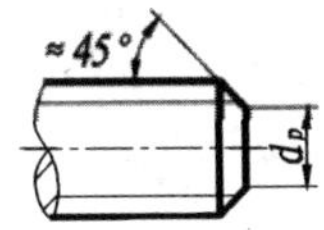

开槽长圆柱端紧定螺钉

（GB/T 75—1985）

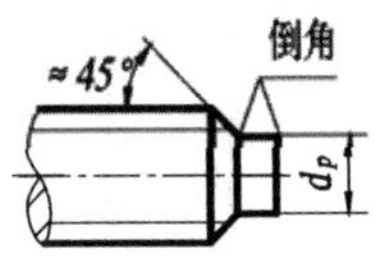

标记示例

螺纹规格 d = M5、公称长度 l = 12、性能等级为 14H 级、表面氧化的开槽长圆柱端紧定螺钉：

螺钉　GB/T 75　M5×12

附表 A.12　　单位：mm

螺纹规格 d		M1.6	M2	M2.5	M3	M4	M5	M6	M8	M10	M12
P（螺距）		0.35	0.4	0.45	0.5	0.7	0.8	1	1.25	1.5	1.75
n		0.25	0.25	0.4	0.4	0.6	0.8	1	1.2	1.6	2
t		0.74	0.84	0.95	1.05	1.42	1.63	2	2.5	3	3.6
d_t		0.16	0.2	0.25	0.3	0.4	0.5	1.5	2	2.5	3
d_p		0.8	1	1.5	2	2.5	3.5	4	5.5	7	8.5
z		1.05	1.25	1.5	1.75	2.25	2.75	3.25	4.3	5.3	6.3
l	GB/T 71—1985	2～8	3～10	3～12	4～16	6～20	8～25	8～30	10～40	12～50	14～60
	GB/T 73—1985	2～8	2～10	2.5～12	3～16	4～20	5～25	6～30	8～40	10～50	12～60
	GB/T 75—1985	2.5～8	3～10	4～12	5～16	6～20	8～25	10～30	10～40	12～50	14～60
l 系列		2，2.5，3，4，5，6，8，10，12，（14），16，20，25，30，35，40，45，50，（55），60									

注：① l 为公称长度。

② 括号内的规格尽可能不采用。

7. 螺母

六角螺母—C 级　　1 型六角螺母—A 和 B 级　　六角薄螺母

（GB/T 41—2000）　　（GB/T 6170—2000）　　（GB/T 6172.1—2000）

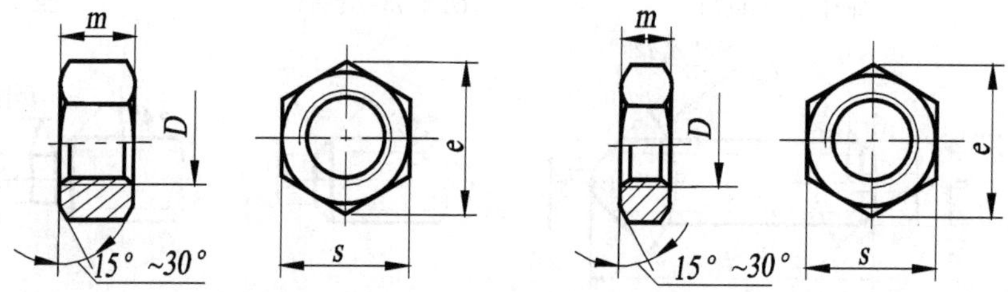

标记示例

螺纹规格 D = M12、性能等级为 5 级、不经表面处理、C 级的六角螺母：

螺母　GB/T 41　M12

螺纹规格 D = M12、性能等级为 8 级、不经表面处理、A 级的 1 型六角螺母：

螺母　GB/T 6170　M12

附表 A.13　　单位：mm

螺纹规格 D		M3	M4	M5	M6	M8	M10	M12	M16	M20	M24	M30	M36	M42
e	GB/T 41			8.63	10.89	14.20	17.59	19.85	26.17	32.95	39.55	50.85	60.79	72.02
	GB/T 6170	6.01	7.66	8.79	11.05	4.38	17.77	20.03	26.75	32.95	39.55	50.85	60.79	72.02
	GB/T 6172.1	6.01	7.66	8.79	11.05	14.38	17.77	20.03	26.75	32.95	39.55	50.85	60.79	72.02
s	GB/T 41			8	10	13	16	18	24	30	36	46	55	65
	GB/T 6170	5.5	7	8	10	13	16	18	24	30	36	46	55	65
	GB/T 6172.1	5.5	7	8	10	13	16	18	24	30	36	46	55	65
m	GB/T 41			5.6	6.1	7.9	9.5	12.2	15.9	18.7	22.3	26.4	31.5	34.9
	GB/T 6170	2.4	3.2	4.7	5.2	6.8	8.4	10.8	14.8	18	21.5	25.6	31	34
	GB/T 6172.1	1.8	2.2	2.7	3.2	4	5	6	8	10	12	15	18	21

注：A 级用于 $D \leq 16$；B 级用于 $D > 16$。

8．垫圈

（1）平垫圈

小垫圈—A 级（GB/T 848—2002）　　平垫圈—A 级（GB/ T 97.1—2002）　　平垫圈　倒角型—A 级（GB/T 97.2—2002）

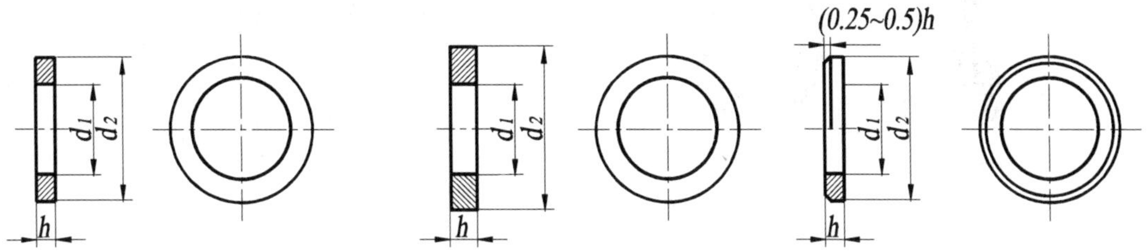

标记示例

标准系列、规格 8、性能等级为 200HV 级、不经表面处理、产品等级为 A 的平垫圈：

垫圈　GB/T 97.1　8

附表 A.14　　　　单位：mm

公称长度（螺纹规格）d		1.6	2	2.5	3	4	5	6	8	10	12	14	16	20	24	30	36
d_1	GB/T 848	1.7	2.2	2.7	3.2	4.3	5.3	6.4	8.4	10.5	13	15	17	21	25	31	37
	GB/T 97.1	1.7	2.2	2.7	3.2	4.3	5.3	6.4	8.4	10.5	13	15	17	21	25	31	37
	GB/T 97.2						5.3	6.4	8.4	10.5	13	15	17	21	25	31	37
d_2	GB/T 848	3.5	4.5	5	6	8	9	11	15	18	20	24	28	34	39	50	60
	GB/T 97.1	4	5	6	7	9	10	12	16	20	24	28	30	37	44	56	66
	GB/T 97.2						10	12	16	20	24	28	30	37	44	56	66
h	GB/T 848	0.3	0.3	0.5	0.5	0.5	1	1.6	1.6	1.6	2	2.5	2.5	3	4	4	5
	GB/T 97.1	0.3	0.3	0.5	0.5	0.8	1	1.6	1.6	2	2.5	2.5	3	3	4	4	5
	GB/T 97.2						1	1.6	1.6	2	2.5	2.5	3	3	4	4	5

（2） 弹簧垫圈

标准型弹簧垫圈

（GB/T 93—1987）

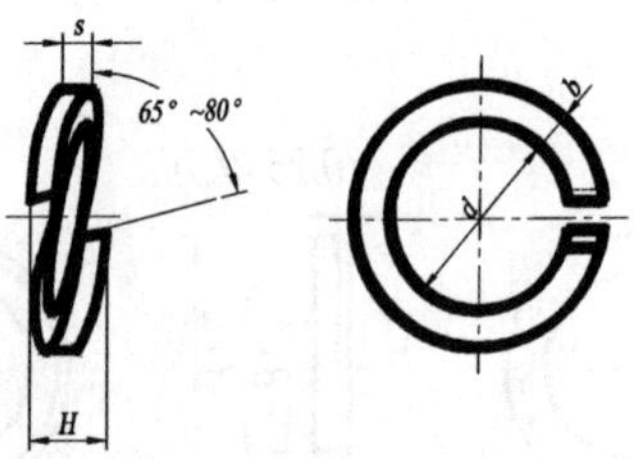

轻型弹簧垫圈

（GB/T 859—1987）

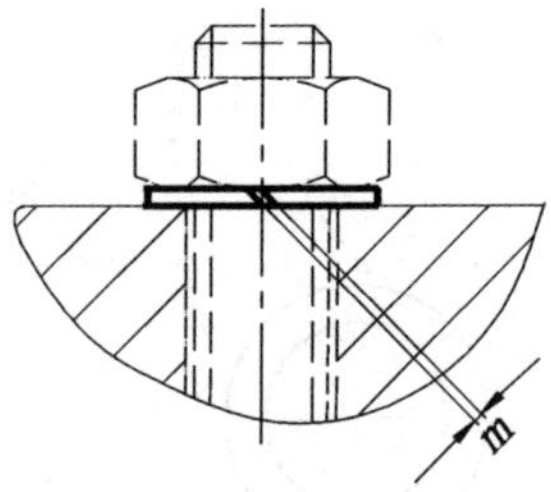

标记示例

规格 16、材料为 65Mn、表面氧化的标准型弹簧垫圈：

垫圈 GB/T 93 16

附表 A.15 单位：mm

规格（螺纹大径）		3	4	5	6	8	10	12	(14)	16	(18)	20	(22)	24	(27)	30
d		3.1	4.1	5.1	6.1	8.1	10.2	12.2	14.2	16.2	18.2	20.2	22.5	24.5	27.5	30.5
H	GB/T 93	1.6	2.2	2.6	3.2	4.2	5.2	6.2	7.2	8.2	9	10	11	12	13.6	15
	GB/T 859	1.2	1.6	2.2	2.6	3.2	4	5	6	6.4	7.2	8.2	9	10	11	12
S(*b*)	GB/T 93	0.8	1.1	1.3	1.6	2.1	2.6	3.1	3.6	4.1	4.5	5	5.5	6	6.8	7.5
S	GB/T 859	0.6	0.8	1.1	1.3	1.6	2	2.5	3	3.2	3.6	4	4.5	5	5.5	6
m≤	GB/T 93	0.4	0.55	0.65	0.8	1.05	1.3	1.55	1.8	2.05	2.25	2.5	2.75	3	3.4	3.75
	GB/T 859	0.3	0.4	0.55	0.65	0.8	1	1.25	1.5	1.6	1.8	2	2.25	2.5	2.75	3
b	GB/T 859	1	1.2	1.5	2	2.5	3	3.5	4	4.5	5	5.5	6	7	8	9

注：① 括号内的规格尽可能不采用。

② *m* 应大于零。

A.2 常用键与销

1.键

（1）平键和键槽的剖面尺寸（GB/T 1095—2003）

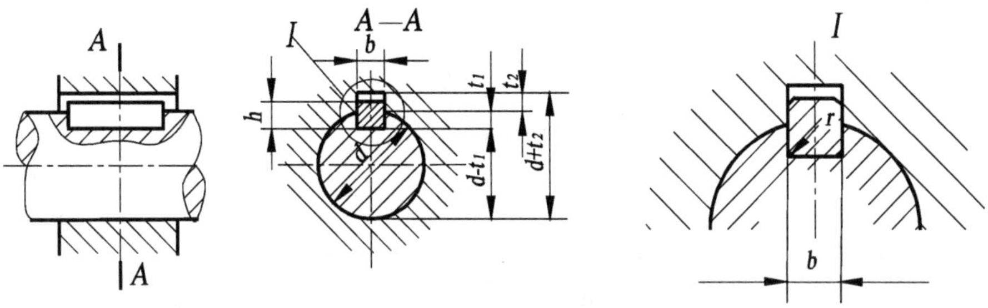

附表A.16 单位：mm

轴径 *d*	键尺寸 *b*×*h*	键槽											
		宽度 *b*						深度				半径 *r*	
		基本尺寸	偏差					轴 t_1		毂 t_2			
			正常连结		紧密连结	松连结		基本尺寸	极限偏差	基本尺寸	极限偏差		
			轴 N9	毂 JS9	轴和毂 P9	轴 H9	毂 D10					min	max
自 6~8	2×2	2	−0.004 −0.029	±0.0125	−0.006 −0.031	+0.025 0	+0.060 +0.020	1.2	+0.1 0	1	+0.1 0	0.08	0.16
8~10	3×3	3						1.8		1.4			
>10~12	4×4	4	0 −0.030	±0.015	−0.012 −0.042	+0.030 0	+0.078 +0.030	2.5		1.8			
>12~17	5×5	5						3.0		2.3		0.16	0.25
>17~22	6×6	6						3.5		2.8			
>22~30	8×7	8	0 −0.036	±0.018	−0.015 −0.051	+0.036 0	+0.098 +0.040	4.0	+0.2 0	3.3	+0.2 0		
>30~38	10×8	10						5.0		3.3		0.25	0.40
>38~44	12×8	12	0 −0.043	±0.0215	-0.018 -0.061	+0.043 0	+0.120 +0.050	5.0		3.3			
>44~50	14×9	14						5.5		3.8			
>50~58	16×10	16						6.0		4.3			
>58~65	18×11	18						7.0		4.4			
>65~75	20×12	20	0 −0.052	±0.026	−0.022 −0.074	+0.052 0	+0.149 +0.065	7.5	+0.2 0	4.9	+0.2 0	0.40	0.60
>75~85	22×14	22						9.0		5.4			
>85~95	25×14	25						9.0		5.4			
>95~110	28×16	28						10.0		6.4			
>110~130	32×18	32	0 −0.062	±0.031	−0.026 −0.088	+0.062 0	+0.180 +0.080	11.0		7.4			
>130~150	36×20	36						12.0	+0.3 0	8.4	+0.3 0	0.70	1.00
>150~170	40×22	40						13.0		9.4			
>170~200	45×25	45						15.0		10.4			
>200~230	50×28	50						17.0		11.4			
>230~260	56×32	56	0 −0.074	±0.037	−0.032 −0.106	+0.074 0	+0.220 +0.100	20.0		12.4		1.20	1.60
>260~290	63×32	63						20.0		12.4			
>290~330	70×36	70						22.0		14.4			
>330~380	80×40	80						25.0		15.4		2.00	2.50
>380~440	90×45	90	0 −0.087	±0.0435	−0.037 −0.124	+0.087 0	+0.260 +0.120	28.0		17.4			
>440~500	100×50	100						31.0		19.5			

（2）普通平键的型式尺寸（GB/T 1096—2003）

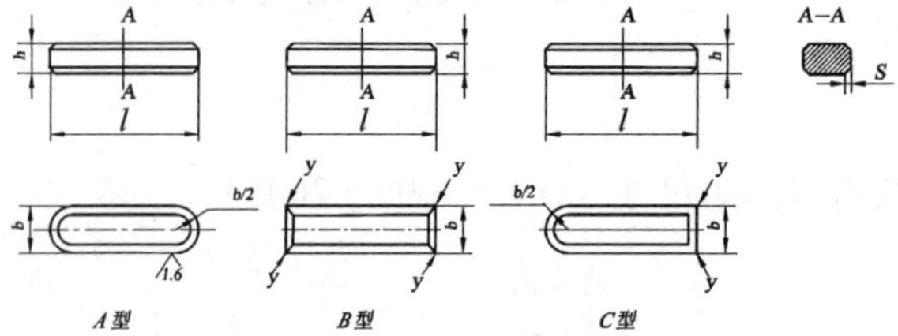

标记示例

宽度 b=6 mm、高度 h=6 mm、l=16 mm 的平键，标记为： GB/T 1096 键 A18×100

附表 A.17 单位：mm

宽度 b	基本尺寸	2	3	4	5	6	8	10	12	14	16	18	20	22
	极限偏差（h8）	0 −0.014		0 −0.018			0 −0.022		0 −0.027				0 −0.033	
高度 h	基本尺寸	2	3	4	5	6	7	8	8	9	10	11	12	14
	极限偏差 矩形（h11）	—		—			0 −0.090					0 −0.110		
	极限偏差 方形（h8）	0 −0.014		0 −0.015			—					—		
倒角或倒圆 s		0.16～0.25			0.25～0.40			0.40～0.60					0.60～0.80	
长度 L														
基本尺寸	极限偏差（h14）													
6	0 −0.36			—	—	—	—	—	—	—	—	—	—	—
8					—	—	—	—	—	—	—	—	—	—
10						—	—	—	—	—	—	—	—	—
12	0 −0.43					—	—	—	—	—	—	—	—	—
14							—	—	—	—	—	—	—	—
16							—	—	—	—	—	—	—	—
18								—	—	—	—	—	—	—
20	0 −0.52							—	—	—	—	—	—	—
22		—			标准				—	—	—	—	—	—
25		—							—	—	—	—	—	—
28		—								—	—	—	—	—
32	0 −0.62	—								—	—	—	—	—
36		—									—	—	—	—
40		—	—								—	—	—	—
45		—	—					长度				—	—	—
50		—	—	—									—	—
56	0 −0.74	—	—	—										—
63		—	—	—	—									
70		—	—	—	—									
80		—	—	—	—	—								
90	0 −0.86	—	—	—	—	—					范围			
100		—	—	—	—	—	—							
110		—	—	—	—	—	—							

（3）半圆键和键槽的剖面尺寸（GB/T 1098—2003）

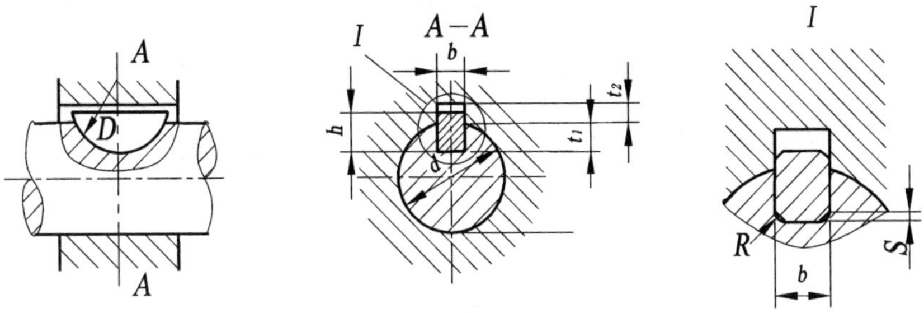

附表 A.18

单位：mm

键尺寸 $b\times h\times D$	键槽 宽度 b 基本尺寸	极限偏差 正常连结 轴 N9	正常连结 毂 JS9	松连结 轴和毂 P9	紧密连结 轴 H9	紧密连结 毂 D10	深度 轴 t_1 基本尺寸	轴 t_1 极限偏差	毂 t_2 基本尺寸	毂 t_2 极限偏差	半径 R max	半径 R min
1×1.4×4 1×1.1×4	1						1.0		0.6	+0.1 0		
1.5×2.6×7 1.5×2.1×7	1.5						2.0		0.8			
2×2.6×7 2×2.1×7	2						1.8	+0.1 0	1.0			
2×3.7×10 2×3×10	2	-0.004 -0.029	±0.0125	-0.006 -0.031	+0.025 0	+0.060 +0.020	2.9		1.0		0.16	0.08
2.5×3.7×10 2.5×3×10	2.5						2.7		1.2			
3×5×13 3×4×13	3						3.8		1.4			
3×6.5×16 3×5.2×16	3						5.3		1.4			
4×6.5×16 4×5×16	4	0 -0.030	±0.015	-0.012 -0.042	+0.030 0	+0.078 +0.030	5.0	+0.2 0	1.8			
4×7.5×19 4×6×19	4						6.0		1.8			
5×6.5×16 5×5.2×19	5						4.5		2.3			
5×7.5×19 5×6×19	5						5.5		2.3		0.25	0.16
5×9×22 5×7.2×22	5						7.0		2.3			
6×9×22 6×7.2×22	6						6.5		2.8			
6×10×25 6×8×25	6						7.5	+0.3 0	2.8			
8×11×28 8×8.8×28	8	0 -0.036	±0.018	-0.015 -0.051	+0.036 0	+0.098 +0.040	8.0		3.3	+0.2 0	0.40	0.25
10×13×32 10×1.04×32	10						10		3.3			

注：键尺寸中的公称直径 D 即为键槽直径的最小值。

（4）半圆键的型式尺寸（GB/T 1099.1—2003）

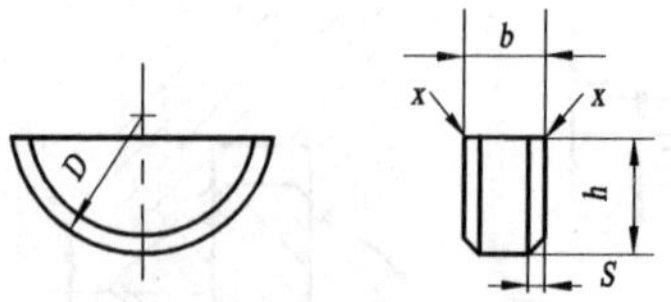

标记示例

宽度 b=6 mm、高度 h=10 mm、直径 D=25mm 普通半圆键的标记为：

GB/T 1099.1　键　6×10×25

附表 A.19　　　　单位：mm

<table>
<tr><th rowspan="2">键尺寸
b×h×D</th><th colspan="2">宽度 b</th><th colspan="2">高度 h</th><th colspan="2">直径 D</th><th colspan="2">倒角或倒圆 s</th></tr>
<tr><th>基本尺寸</th><th>极限偏差</th><th>基本尺寸</th><th>极限偏差（h12）</th><th>基本尺寸</th><th>极限偏差（h12）</th><th>min</th><th>max</th></tr>
<tr><td>1×1.4×4</td><td>1</td><td rowspan="16">0
−0.250</td><td>1.4</td><td rowspan="3">0
−0.10</td><td>4</td><td>0
−0.120</td><td rowspan="7">0.16</td><td rowspan="7">0.25</td></tr>
<tr><td>1.5×2.6×7</td><td>1.5</td><td>2.6</td><td>7</td><td rowspan="4">0
−0.150</td></tr>
<tr><td>2×2.6×7</td><td>2</td><td>2.6</td><td>7</td></tr>
<tr><td>2×3.7×10</td><td>2</td><td>3.7</td><td rowspan="3">0
−0.12</td><td>10</td></tr>
<tr><td>2.5×3.7×10</td><td>2.5</td><td>3.7</td><td>10</td></tr>
<tr><td>3×5×13</td><td>3</td><td>5</td><td>13</td><td rowspan="3">0
−0.180</td></tr>
<tr><td>3×6.5×16</td><td>3</td><td>6.5</td><td rowspan="8">0
−0.15</td><td>16</td></tr>
<tr><td>4×6.5×16</td><td>4</td><td>6.5</td><td>16</td><td rowspan="7">0.25</td><td rowspan="7">0.40</td></tr>
<tr><td>4×7.5×19</td><td>4</td><td>7.5</td><td>19</td><td>0
−0.210</td></tr>
<tr><td>5×6.5×16</td><td>5</td><td>6.5</td><td>16</td><td>0
−0.180</td></tr>
<tr><td>5×7.5×19</td><td>5</td><td>7.5</td><td>19</td><td rowspan="5">0
−0.210</td></tr>
<tr><td>5×9×22</td><td>5</td><td>9</td><td>22</td></tr>
<tr><td>6×9×22</td><td>6.0</td><td>9</td><td>22</td></tr>
<tr><td>6×10×25</td><td>6</td><td>10</td><td>25</td></tr>
<tr><td>8×11×28</td><td>8</td><td>11</td><td rowspan="2">0
−0.18</td><td>28</td><td rowspan="2">0.40</td><td rowspan="2">0.60</td></tr>
<tr><td>10×13×32</td><td>10</td><td>13</td><td>32</td><td>0
−0.250</td></tr>
</table>

2．销

（1） 圆柱销（摘自 GB/T 119.1—2000）——不淬硬钢和奥氏体不锈钢

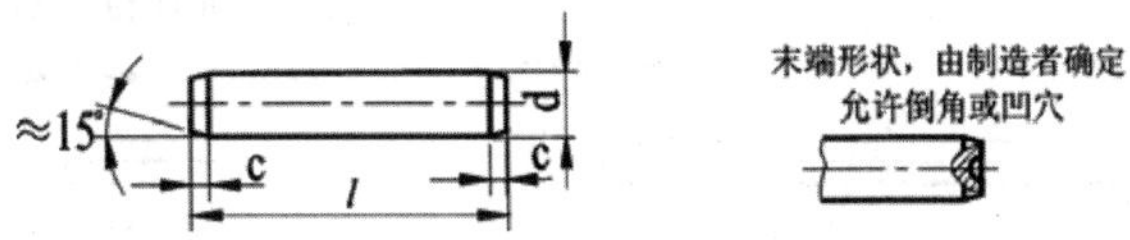

标记示例

公称直径 d=6、公差为 m6、公称长度 l=30、材料为、不经淬火、不经表面处理的圆柱销的标记：

销 GB/T 119.1 6m6×30

附表 A.20 单位：mm

公称直径 d（m6/h8）	0.6	0.8	1	1.2	1.5	2	2.5	3	4	5
c≈	0.12	0.16	0.20	0.25	0.30	0.35	0.40	0.50	0.63	0.80
l（商品规格范围公称长度）	2~6	2~8	4~10	4~12	4~16	6~20	6~24	8~30	8~40	10~50
公称直径 d（m6/h8）	6	8	10	12	16	20	25	30	40	50
c≈	1.2	1.6	2.0	2.5	3.0	3.5	4.0	5.0	6.3	8.0
l（商品规格范围公称长度）	12~60	14~80	18~95	22~140	26~180	35~200	50~200	60~200	80~200	95~200
l 系列	2，3，4，5，6，8，10，12，14，16，18，20，22，24，26，28，30，32，35，40，45，50，55，60，65，70，75，80，85，90，95，100，120，140，160，180，200									

注：① 材料用钢时硬度要求为 125～245 HV30；用奥氏不锈钢 Al（GB/T 3098.6）时，硬度要求为 210～280HV30。

② 公差 m6：Ra≤0.8 μ m；公差 h8：Ra≤1.6 μ m。

（2）圆锥销（摘自 GB/T 117—2000）

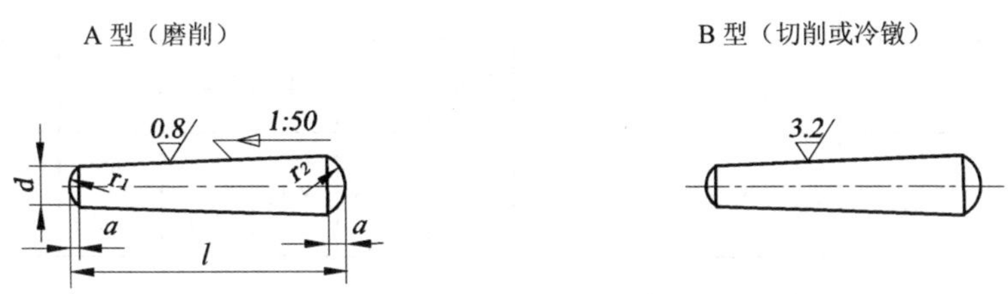

标记示例

公称直径 d = 10、长度 l = 60、材料为 35 钢、热处理硬度 28～38HRC、表面氧化处理的 A 型圆锥销：

销 GB/T 117 10×60

附表 A.21 单位：mm

公称 d	0.6	0.8	1	1.2	1.5	2	2.5	3	4	5
a≈	0.08	0.1	0.12	0.16	0.2	0.25	0.30	0.40	0.5	0.63
l（商品规格范围公称长度）	4~8	5~12	6~16	8~24	8~24	10~35	10~35	12~45	14~55	18~60
公称直径 d（m6/h8）	6	8	10	12	16	20	25	30	40	50
a≈	0.8	1	1.2	1.6	2	2.5	3	4	5	6.3
l（商品规格范围公称长度）	22~90	22~120	26~160	32~180	40~200	45~200	50~200	55~200	60~200	65~200
l 系列	2，3，4，5，6，8，10，12，14，16，18，20，22，24，26，28，30，32，35，40，45，50，55，60，65，70，75，80，85，90，95，100，120，140，160，180，200									

（3） 开口销（摘自 GB/T 91—2000）

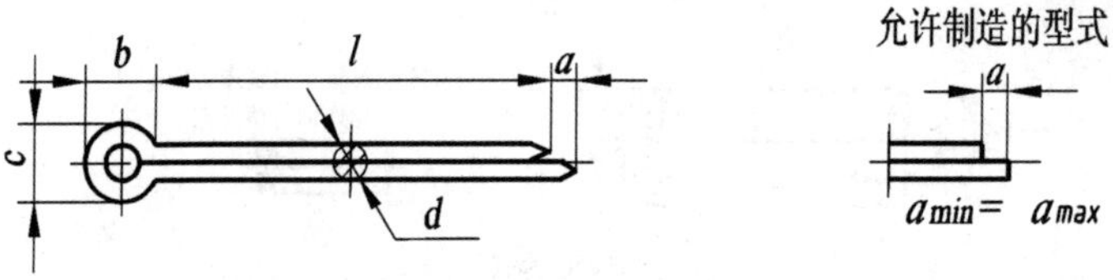

标记示例

公称直径 $d=5$、长度 $l=50$、材料为低碳钢、不经表面处理的开口销：销 GB/T 91 5×50

附表 A.22

单位：mm

公称规格		0.6	0.8	1	1.2	1.6	2	2.5	3.2	4	5	6.3	8	10	13
d	max	0.5	0.7	0.9	1.0	1.4	1.8	2.3	2.9	3.7	4.6	5.9	7.5	9.5	12.4
	min	0.4	0.6	0.8	0.9	1.3	1.7	2.1	2.7	3.5	4.4	5.7	7.3	9.3	12.1
C	max	1	1.4	1.8	2	2.8	3.6	4.6	5.8	7.4	9.2	11.8	15	19	24.8
	min	0.9	1.2	1.6	1.7	2.4	3.2	4	5.1	6.5	8	10.3	13.1	16.6	21.7
$b\approx$		2	2.4	3	3	3.2	4	5	6.4	8	10	12.6	16	20	26
a_{max}		1.6	1.6	1.6	2.5	2.5	2.5	2.5	3.2	4	4	4	4	6.3	6.3
l（商品规格范围公称长度）		4~12	5~16	6~20	8~26	8~32	10~40	12~50	14~65	18~80	22~100	30~120	40~160	45~200	70~200
l 系列		4，5，6，8，10，12，14，16，18，20，22，24，26，28，30，32，35，40，45，50，55，60，65，70，75，80，85，90，95，100，120，140，160，180，200													

注：公称规格等于开口销孔直径。对销孔直径推荐的公差为

公称规格≤1.2：H13；

公称规格＞1.2：H14。

A.3 常用滚动轴承

1. 深沟球轴承（摘自 GB/T 276—1994）

60000 型

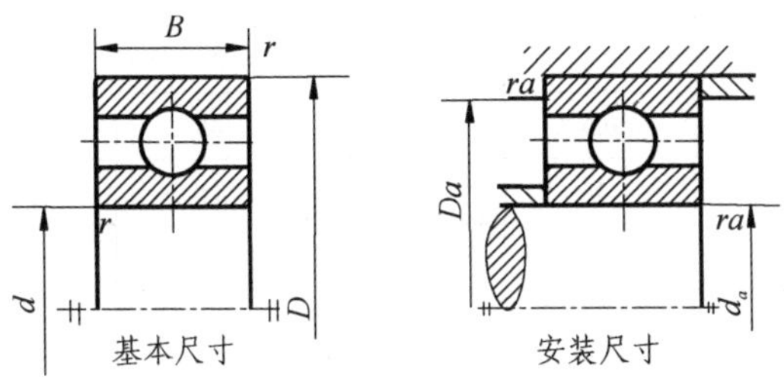

标记示例

内径 d = 20 的 60000 型深钩球轴承，

尺寸系列为（0）2，组合代号为 62：

滚动轴承　6204　GB/T 276—1994

附表 A.23

轴承代号	基本尺寸/mm				安装尺寸/mm		
	d	D	B	r_s min	d_a min	D_a max	r_{as} max
（1）0 尺寸系列							
6000	10	26	8	0.3	12.4	23.6	0.3
6001	12	28	8	0.3	14.4	25.6	0.3
6002	15	32	9	0.3	17.4	29.6	0.3
6003	17	35	10	0.3	19.4	32.6	0.3
6004	20	42	12	0.6	25	37	0.6
6005	25	47	12	0.6	30	42	0.6
6006	30	55	13	1	36	49	1
6007	35	62	14	1	41	56	1
6008	40	68	15	1	46	62	1
6009	45	75	16	1	51	69	1
6010	50	80	16	1	56	74	1
6011	55	90	18	1.1	62	83	1
6012	60	95	18	1.1	67	88	1
6013	65	100	18	1.1	72	93	1
6014	70	110	20	1.1	77	103	1
6015	75	115	20	1.1	82	108	1
6016	80	125	22	1.1	87	118	1
6017	85	130	22	1.1	92	123	1
6018	90	140	24	1.5	99	131	1.5
6019	95	145	24	1.5	104	126	1.5
6020	100	150	24	1.5	109	141	1.5
（0）2 尺寸系列							

续表

轴承代号	基本尺寸/mm				安装尺寸/mm		
	d	D	B	r_s min	d_a min	D_a max	r_{as} max
6200	10	30	9	0.6	15	25	0.6
6201	12	32	10	0.6	17	27	0.6
6202	15	35	11	0.6	20	30	0.6
6203	17	40	12	0.6	22	35	0.6
6204	20	47	14	1	26	41	1
6205	25	52	15	1	31	46	1
6206	30	62	16	1	36	56	19
6207	35	72	17	1.1	42	65	1
6208	40	80	18	1.1	47	73	1
6209	45	85	19	1.1	52	78	1
6210	50	90	20	1.1	57	83	1.
6211	55	100	21	1.5	64	91	1.5
6212	60	110	22	1.5	69	101	1.5
6213	65	120	23	1.5	74	111	1.5
6214	70	125	24	1.5	79	116	1.5
6215	75	130	25	1.5	84	121	1.5
6216	80	140	26	2	90	130	2
6217	85	150	28	2	95	140	2
6218	90	160	30	2	100	150	2
6219	95	170	32	2.1	107	158	2.1
6220	100	180	34	2.1	112	168	2.1
（0）3尺寸系列							
6300	10	35	11	0.6	15	30	0.6
6301	12	37	12	1	18	31	1
6302	15	42	13	1	21	36	1
6303	17	47	14	1	23	41	1
6304	20	52	15	1.1	27	45	1
6305	25	62	17	1.1	32	55	1
6306	30	72	19	1.1	37	65	1
6307	35	80	21	1.5	44	71	1.5
6308	40	90	23	1.5	49	81	1.5
6309	45	100	25	1.5	54	91	1.5

续表

轴承代号	基本尺寸/mm				安装尺寸/mm		
	d	D	B	r_s min	d_a min	D_a max	r_{as} max
6310	50	110	27	2	60	100	2
6311	55	120	29	2	65	110	2
6312	60	130	31	2.1	72	118	2.1
6313	65	140	33	2.1	77	128	2.1
6314	70	150	35	2.1	82	138	2.1
6315	75	160	37	2.1	87	148	2.1
6316	80	170	39	2.1	92	158	2.1
6317	85	180	41	3	99	166	2.5
6318	90	190	43	3	104	176	2.5
6319	95	200	45	3	109	186	2.5
6320	100	215	47	3	114	201	2.5
（0）4 尺寸系列							
6403	17	62	17	1.1	24	55	1
6404	20	72	19	1.1	27	65	1
6405	25	80	21	15	34	79	1.5
6406	30	90	23	1.1	39	81	1.5
6407	35	100	25	1.5	44	91	1.5
6408	40	110	27	1.5	50	100	2
6409	45	120	29	1.5	55	110	2
6410	50	130	31	2	62	118	2.1
6411	55	140	33	2	67	128	2.1
6412	60	150	35	2.1	72	138	2.1
6413	65	160	37	2.1	77	148	2.1
6414	70	180	42	3	84	166	2.5
6415	75	190	45	3	89	176	2.5
6416	80	200	48	3	94	186	2.5
6417	85	210	52	4	103	192	3
6418	90	225	54	4	108	207	3
6420	100	250	58	4	118	232	3

注：① r_{smin} 为 r 的单向最小倒角尺寸；② r_{asmax} 为 r_{as} 的单向最大倒角尺寸。

2. 圆锥滚子轴承（GB/T 297—1994）

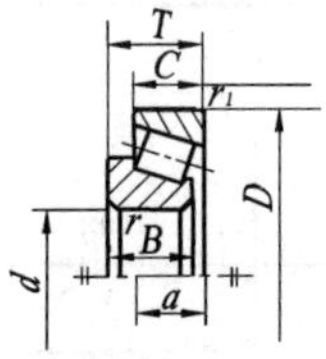

基本尺寸

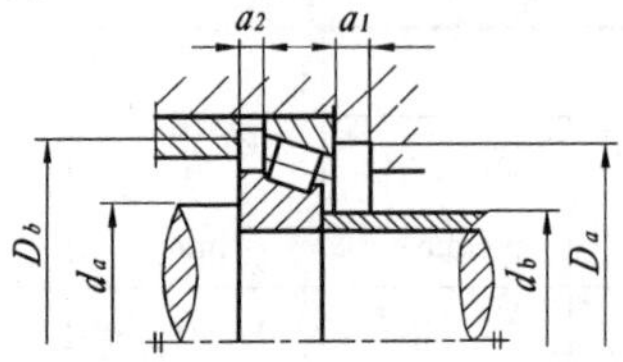

安装尺寸

标记示例

内径 d=20 mm，尺寸系列代号为 02 的圆锥滚子轴承：

滚动轴承　30204 GB/T 297—1994

附表 A.24

轴承代号	基本尺寸/mm								安装尺寸/mm								
	d	D	T	B	C	r_s min	r_{1s} min	a ≈	d_a min	d_b max	D_a min	D_a max	D_b min	a_1 min	a_2 min	r_{as} max	r_{bs} max
02 尺寸系列																	
30203	17	40	13.25	12	11	1	1	9.9	23	23	34	34	37	2	2.5	1	1
30204	20	47	15.25	14	12	1	1	11.2	26	27	40	41	43	2	3.5	1	1
30205	25	52	16.25	15	13	1	1	12.5	31	31	44	46	48	2	3.5	1	1
30206	30	62	17.25	16	14	1	1	13.8	36	37	53	56	58	2	3.5	1	1
30207	35	72	18.25	17	15	1.5	1.5	15.3	42	44	62	65	67	3	3.5	1.5	1.5
30208	40	80	19.25	18	16	1.5	1.5	16.9	47	49	69	73	75	3	4	1.5	1.5
30209	45	85	20.75	19	16	1.5	1.5	18.6	52	53	74	78	80	3	5	1.5	1.5
30210	50	90	21.75	20	17	1.5	1.5	20	57	58	79	83	86	3	5	1.5	1.5
30211	55	100	22.75	21	18	2	1.5	21	64	64	88	91	95	4	5	2	1.5
30212	60	110	23.75	22	19	2	1.5	22.3	69	69	96	101	103	4	5	2	1.5
30213	65	120	24.75	23	20	2	1.5	23.8	74	77	106	111	114	4	5	2	1.5
30214	70	125	26.25	24	21	2	1.5	25.8	79	81	110	116	119	4	5.5	2	1.5
30215	75	130	27.25	25	22	2	1.5	27.4	84	85	115	121	125	4	5.5	2	1.5
30216	80	140	28.25	26	22	2.5	2	28.1	90	90	124	130	133	4	6	2.1	2
30217	85	150	30.5	28	24	2.5	2	30.3	95	96	132	140	142	5	6.5	2.1	2
30218	90	160	32.5	30	26	2.5	2	32.3	100	102	140	150	151	5	6.5	2.1	2
30219	95	170	34.5	32	27	3	2.5	34.2	107	108	149	158	160	5	7.5	2.5	2.1
30220	100	180	37	34	29	3	2.5	36.4	112	114	157	168	169	5	8	2.5	2.1
03 尺寸系列																	
30302	15	42	14.25	13	11	1	1	9.6	21	22	36	36	38	2	3.5	1	1
30303	17	47	15.25	14	12	1	1	10.4	23	25	40	41	43	3	3.5	1	1
30304	20	52	16.25	15	13	1.5	1.5	11.1	27	28	44	45	48	3	3.5	1.5	1.5
30305	25	62	18.25	17	15	1.5	1.5	13	32	34	54	55	58	3	3.5	1.5	1.5
30306	30	72	20.75	19	16	1.5	1.5	15.3	37	40	62	65	66	3	5	1.5	1.5
30307	35	80	22.75	21	18	2	1.5	16.8	44	45	70	71	74	3	5	2	1.5
30308	40	90	25.75	23	20	2	1.5	19.5	49	52	77	81	84	3	5.5	2	1.5

续表

轴承代号	基本尺寸/mm								安装尺寸/mm								
	d	D	T	B	C	r_s min	r_{1s} min	a ≈	d_a min	d_b max	D_a min	D_a max	D_b min	a_1 min	a_2 min	r_{as} max	r_{bs} max
30309	45	100	27.25	25	22	2	1.5	21.3	54	59	86	91	94	3	5.5	2	1.5
30310	50	110	29.25	27	23	2.5	2	23	60	65	95	100	103	4	6.5	2	2
30311	55	120	31.5	29	25	2.5	2	24.9	65	70	104	110	112	4	6.5	2.5	2
30212	60	130	33.5	31	26	3	2.5	26.6	72	76	112	118	121	5	7.5	2.5	2.1
30313	65	140	36	33	28	3	2.5	28.7	77	83	122	128	131	5	8	2.5	2.1
30314	70	150	38	35	30	3	2.5	30.7	82	89	130	138	141	5	8	2.5	2.1
30315	75	160	40	37	31	3	2.5	32	87	95	139	148	150	5	9	2.5	2.1
30316	80	170	42.5	39	33	3	2.5	34.4	92	102	148	158	160	5	9.5	2.5	2.1
30317	85	180	44.5	41	34	4	3	35.9	99	107	156	166	168	6	10.5	3	2.5
30318	90	190	46.5	43	36	4	3	37.5	104	113	165	176	178	6	10.5	3	2.5
30319	95	200	49.5	45	38	4	3	40.1	109	118	172	186	185	6	11.5	3	2.5
30320	100	215	51.5	47	39	4	3	42.2	114	127	184	201	199	6	12.5	3	2.5
22 尺寸系列																	
32206	30	62	21.25	20	17	1	1	15.6	36	36	52	56	58	3	4.5	1	1
32207	35	72	24.25	23	19	1.5	1.5	17.9	42	42	61	65	68	3	5.5	1.5	1.5
32208	40	80	24.75	23	19	1.5	1.5	18.9	47	48	68	73	75	3	6	1.5	1.5
32209	45	85	24.75	23	19	1.5	1.5	20.1	52	53	73	78	81	3	6	1.5	1.5
32210	50	90	24.75	23	19	1.5	1.5	21	57	57	78	83	86	3	6	1.5	1.5
32211	55	100	26.75	25	21	2	1.5	22.8	64	62	87	91	96	4	6	2	1.5
32212	60	110	29.75	28	24	2	1.5	25	69	68	95	101	105	4	6	2	1.5
32213	65	120	32.75	31	27	2	1.5	27.3	74	75	104	111	115	4	66	2	1.5
32214	70	125	33.25	31	27	2	1.5	28.8	79	79	108	116	120	4	6.5	2	1.5
32215	75	130	33.25	31	27	2	1.5	30	84	84	115	121	126	4	6.5	2	1.5
32216	80	140	35.25	33	28	2.5	2	31.4	90	89	122	130	135	5	7.5	2.1	2
32217	85	150	38.5	36	30	2.5	2	33.9	95	95	130	140	143	5	8.5	2.1	2
32218	90	160	42.5	40	34	2.5	2	36.8	100	101	138	150	153	5	8.5	2.1	2
32219	95	170	45.5	43	37	3	2.5	39.2	107	106	145	158	163	5	8.5	2.5	2.1
32220	100	180	49	46	39	3	2.5	41.9	112	113	154	168	172	5	10	2.5	2.1
23 尺寸系列																	
2303	17	47	20.25	19	16	1	1	12.3	23	24	39	41	43	3	4.5	1	1
32304	20	52	22.25	21	18	1.5	1.5	13.6	27	26	43	45	48	3	4.5	1.5	1.5
32305	25	62	25.25	24	20	1.5	1.5	15.9	32	32	52	55	58	3	5.5	1.5	1.5

续 表

轴承代号	基本尺寸/mm								安装尺寸/mm								
	d	D	T	B	C	r_s min	r_{1s} min	a ≈	d_a min	d_b max	D_a min	D_a max	D_b min	a_1 min	a_2 min	r_{as} max	r_{bs} max
32306	30	72	28.25	27	23	1.5	1.5	18.9	37	38	59	65	66	4	6	1.5	1.5
32307	35	80	32.75	31	25	2	1.5	20.4	44	43	66	71	74	4	8.5	2	1.5
32308	40	90	35.25	33	27	2	1.5	23.3	49	49	73	81	83	4	8.5	2	1.5
32309	45	100	38.25	36	30	2	1.5	25.6	54	56	82	91	93	4	8.5	2	1.5
32310	50	110	42.25	40	33	2.5	2	28.2	60	61	90	100	102	5	9.5	2	2
32311	55	120	45.5	43	35	2.5	2	30.4	65	66	99	110	111	5	10	2.5	2
32312	60	130	48.5	46	37	3	2.5	32	72	72	107	118	122	6	11.5	2.5	2.1
32313	65	140	51	48	39	3	2.5	34.3	77	79	117	128	131	6	12	2.5	2.1
32314	70	150	54	51	42	3	2.5	36.5	82	84	125	138	141	6	12	2.5	2.1
32315	75	160	58	55	45	3	2.5	39.4	87	91	133	148	150	7	13	2.5	2.1
32316	80	170	61.5	58	48	3	2.5	42.1	92	97	142	158	160	7	13.5	2.5	2.1
32317	85	180	63.5	60	49	4	3	43.5	99	102	150	166	168	8	14.5	3	2.5
32318	90	190	67.5	64	53	4	3	46.2	104	107	157	176	178	8	14.5	3	2.5
32319	95	200	71.5	67	55	4	3	49	109	114	166	186	187	8	16.5	3	2.5
32320	100	215	77.5	73	60	4	3	52.9	114	122	177	201	201	8	17.5	3	2.5

注：r_{smin}等含义同附表 A.23。

3. 推力球轴承（GB/T 301—1995）

51000型

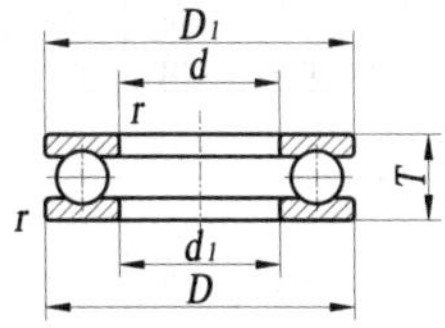

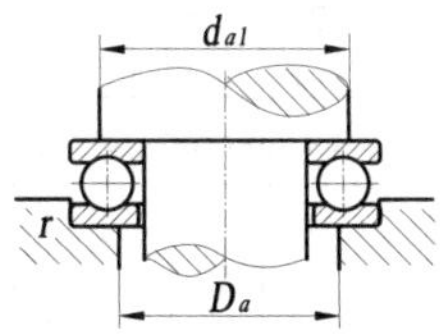

52000型

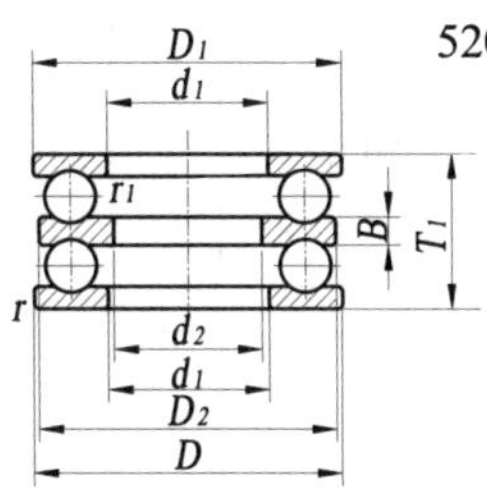

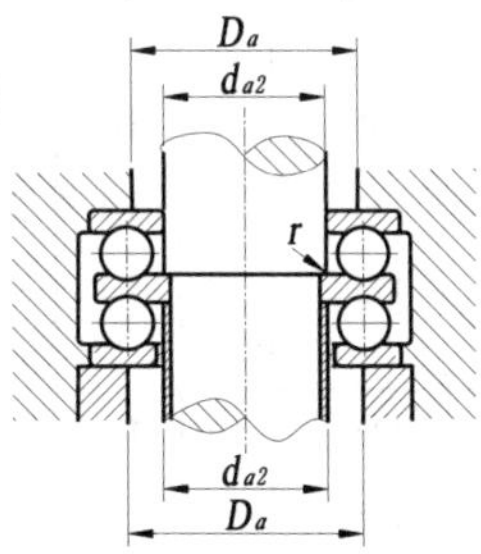

标记示例

内径 d=20 mm 的 51000 型推力球轴承，12 尺寸系列：

滚动轴承 51204 GB/T 301—1995

附表A.25

轴承代号		基本尺寸/mm											安装尺寸/mm					
		d	d_2	D	T	T_1	d_1 min	D_1 max	D_2 max	B	r_s min	r_{1s} min	d_a min	D_a max	D_b min	d_b min	r_{as} max	r_{1as} max
12（51000型）、22（52000型）尺寸系列																		
51200	—	10	—	26	11	—	12	26	—	—	0.6	—	20	16		—	0.6	—
51201	—	12	—	28	11	—	14	28	—	—	0.6	—	22	18		—	0.6	—
51202	52202	15	10	32	12	22	17	32	32	5	0.6	0.3	25	22		15	0.6	0.3
51203	—	17	—	35	12	—	19	35	—	—	0.6	—	28	24		—	0.6	—
51204	52204	20	15	40	14	26	22	40	40	6	0.6	0.3	32	28		20	0.6	0.3
51205	52205	25	20	47	15	28	27	47	47	7	0.6	0.3	38	34		25	0.6	0.3
51206	52206	30	25	52	16	29	32	52	52	7	0.6	0.3	43	39		30	0.6	0.3
51207	52207	35	30	62	18	34	37	62	62	8	1	0.3	51	46		35	1	0.3
51208	52208	40	30	68	19	36	42	68	68	9	1	0.6	57	51		40	1	0.6
51209	52209	45	35	73	20	37	47	73	73	9	1	0.6	62	56		45	1	0.6
51210	52210	50	40	78	22	39	52	78	78	9	1	0.6	67	61		50	1	0.6
51211	52211	55	45	90	25	45	57	90	90	10	1	0.6	76	69		55	1	0.6
51212	52212	60	50	95	26	46	62	95	95	10	1	0.6	81	74		60	1	0.6
51213	52213	65	55	100	27	47	67	100		10	1	0.6	86	79	79	65	1	0.6
51214	52214	70	55	105	27	47	72	105		10	1	1	91	84	84	70	1	1
51215	52215	75	60	110	27	47	77	110		10	1	1	96	89	89	75	1	1
51216	52216	80	65	115	28	48	82	115		10	1	1	101	94	94	80	1	1
51217	52217	85	70	125	31	55	88	125		12	1	1	109	101	109	85	1	1
51218	52218	90	75	135	35	62	93	135		14	1.1	1	117	108	108	90	1	1
51220	52220	100	85	150	38	67	103	150		15	1.1	1	130	120	120	10	1	1
13（51000型）、23（52000型）尺寸系列																		
51304	—	20	—	47	18	—	22	47		—	1	—	36	31	—	—	1	—
51305	52305	25	20	52	18	34	27	52		8	1	0.3	41	36	36	25	1	0.3
51306	52306	30	25	60	21	38	32	60		9	1	0.3	48	42	42	30	1	0.3
51307	52307	35	30	68	24	44	37	68		10	1	0.3	55	48	48	35	1	0.3
51308	52308	40	30	78	26	49	42	78		12	1	0.6	63	55	55	40	1	0.6

续 表

轴承代号		基本尺寸/mm											安装尺寸/mm					
		d	d_2	D	T	T_1	d_1 min	D_1 max	D_2 max	B	r_s min	r_{1s} min	d_a min	D_a max	D_b min	d_b min	r_{as} max	r_{1as} max
12（51000型）、22（52000型）尺寸系列																		
51309	52309	45	35	85	28	52	47	85		12	1	0.6	69	61	61	45	1	0.6
51310	52310	50	40	98	31	58	52	95		14	1.1	0.6	77	68	68	50	1	0.6
51311	52311	55	45	105	35	64	57	105		15	1.1	0.6	85	75	75	55	1	0.6
51312	52312	60	50	110	35	64	62	110		15	1.1	0.6	90	80	80	60	1	0.6
51313	52313	65	55	115	36	65	67	115		15	1.1	0.6	95	85	85	65	1	0.6
51314	52314	70	55	125	40	72	72	125		16	1.1	1	103	92	92	70	1	1
51315	52315	75	60	135	44	79	77	135		18	1.5	1	111	99	99	75	1.5	1
51316	52316	80	65	140	44	79	82	140		18	1.5	1	116	104	104	80	1.5	1
51317	52317	85	70	150	49	87	88	150		19	1.5	1	124	111	111	85	1.5	1
51318	52318	90	75	155	50	88	93	155		19	1.5	1	129	116	116	90	1.5	1
51320	52320	100	85	170	55	97	103	170		21	1.5	1	142	128	128	100	1.5	1
14（51000型）、24（52000型）尺寸系列																		
51405	52405	25	15	60	24	45	27	60		11	1	0.6	46	39		25	1	0.6
51406	52406	30	20	70	28	52	32	70		12	1	0.6	54	46		30	1	0.6
51407	52407	35	25	80	32	59	37	80		14	1.1	0.6	62	53		35	1	0.6
51408	52408	40	30	90	36	65	42	90		15	1.1	0.6	70	60		40	1	0.6
51409	52409	45	30	100	39	72	47	100		17	1.1	0.6	78	67		45	1	0.6
51410	52410	50	35	110	43	78	52	110		18	1.5	0.6	86	74		50	1.5	0.6
51411	52411	55	40	120	48	87	57	120		20	1.5	0.6	94	81		55	1.5	0.6
51412	52412	60	45	130	51	93	62	130		21	1.5	0.6	102	88		60	1.5	0.6
51413	52413	65	50	140	56	101	68	140		23	2	1	110	95		65	2.0	1
51414	52414	70	55	150	60	107	73	150		24	2	1	118	102		70	2.0	1
51415	52415	75	60	160	65	115	78	160	160	26	2	1	125	10		75	2.0	1
51416	—	80	—	170	68	—	83	170	—	—	2.1	—	133	117		—	2.1	—
51417	52417	85	65	180	72	128	88	177	179.5	29	2.1	1.1	141	124		85	2.1	1
51418	52418	90	70	190	77	135	93	187	189.5	30	2.1	1.1	149	131		90	2.1	1
51420	52420	100	80	210	85	150	103	205	209.5	33	3	1.1	165	145		1001	2.5	1

A.4 极限与配合

1．基本尺寸至 500 mm 的轴、孔公差带（摘自 GB/T 1801—1999）

基本尺寸至 500 mm 的轴公差带规定如下，选择时，应优先选用圆圈中的公差带，其次选用方框中的公差带，最后选用其他中的公差带。

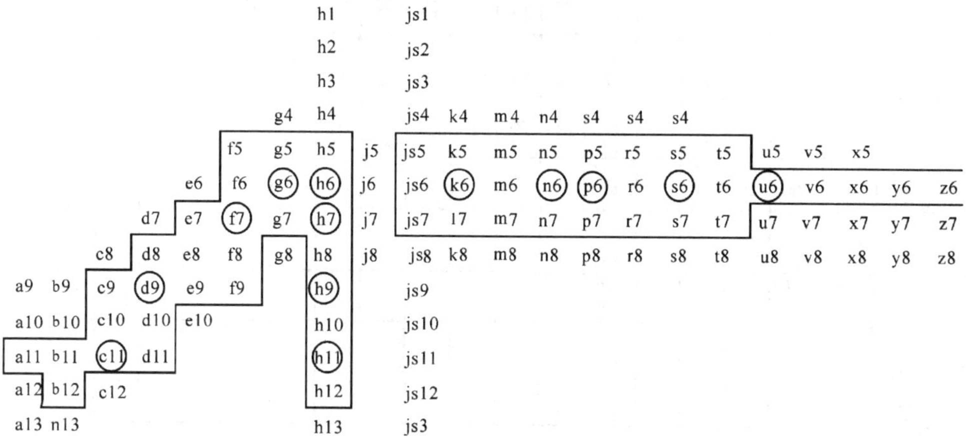

基本尺寸至 500 mm 的轴公差带规定如下，选择时，应优先选用圆圈中的公差带，其次选用方框中的公差带，最后选用其他的公差带。

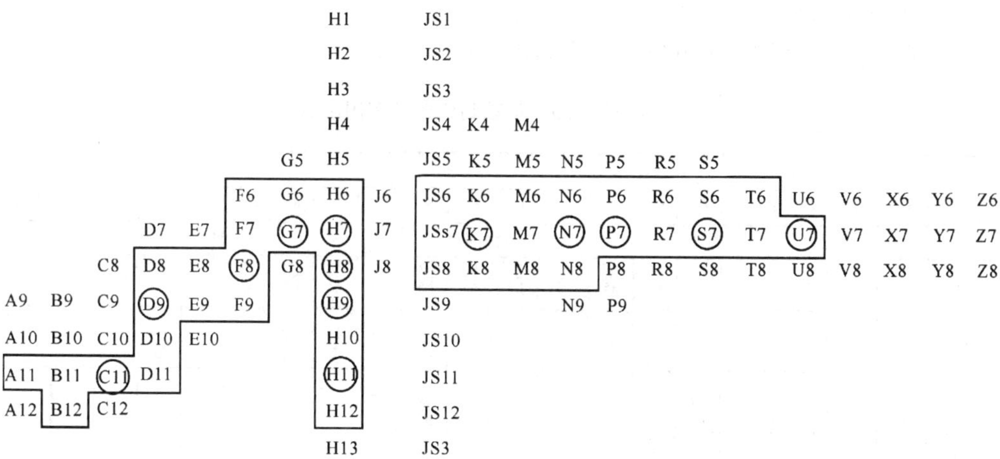

2．优先选用及其次选用（常用）公差带极限偏差数值表（摘自 GB/T 1800.4—1999）

见附表 A.27 及附表 A.28。

3．优先和常用配合（摘自 GB/T 1801—1999）

（1）基本尺寸至 500mm 的基孔优先和常用配合

附表 A.29 基孔制优先及常用配合

基准孔	轴																				
	a	b	c	d	e	f	g	h	js	k	m	n	p	r	s	t	u	v	x	y	z
	间歇配合								过渡配合				过盈配合								
H6						$\frac{H6}{f5}$	$\frac{H6}{g5}$	$\frac{H6}{h5}$	$\frac{H6}{js5}$	$\frac{H6}{k5}$	$\frac{H6}{m5}$	$\frac{H6}{n5}$	$\frac{H6}{p5}$	$\frac{H6}{r5}$	$\frac{H6}{s5}$	$\frac{H6}{t5}$					
H7						$\frac{H7}{f6}$	◤$\frac{H7}{g6}$	◤$\frac{H7}{h6}$	$\frac{H7}{js6}$	◤$\frac{H7}{k6}$	$\frac{H7}{m6}$	◤$\frac{H7}{n6}$	$\frac{H7}{p6}$	◤$\frac{H7}{r6}$	◤$\frac{H7}{s6}$	$\frac{H7}{t6}$	◤$\frac{H7}{u6}$	$\frac{H7}{v6}$	$\frac{H7}{x6}$	$\frac{H7}{y6}$	$\frac{H7}{z6}$
H8					$\frac{H8}{e7}$	◤$\frac{H8}{f7}$	$\frac{H8}{g7}$	◤$\frac{H8}{h7}$	$\frac{H8}{js7}$	$\frac{H8}{k7}$	$\frac{H8}{m7}$	$\frac{H8}{n7}$	$\frac{H8}{p7}$	$\frac{H8}{r7}$	$\frac{H8}{s7}$	$\frac{H8}{t7}$	$\frac{H8}{u7}$				
				$\frac{H8}{d8}$	$\frac{H8}{e8}$	$\frac{H8}{f8}$		$\frac{H8}{h8}$													
H9			$\frac{H9}{c9}$	◤$\frac{H9}{d9}$	$\frac{H9}{e9}$	$\frac{H9}{f9}$		◤$\frac{H9}{h9}$													
H10			$\frac{H10}{c10}$	$\frac{H10}{d10}$				$\frac{H10}{h10}$													
H11	$\frac{H11}{a11}$	$\frac{H11}{b11}$	◤$\frac{H11}{c11}$	$\frac{H11}{d11}$				◤$\frac{H11}{h11}$													
H12		$\frac{H12}{b12}$						$\frac{H12}{h12}$													

注：① $\frac{H6}{n5}$ $\frac{H7}{p6}$ $\frac{H8}{r7}$ 在基本尺寸小于或等于 3mm 和 在小于或等于 100mm 时，为过渡配合。

② 标注◤的配合为优先配合。

（2）基本尺寸至 500 mm 的基轴制优先和常用配合

附表 A.30 基轴制优先及常用配合

基准轴	孔																				
	A	B	C	D	E	F	G	H	JS	K	M	N	P	R	S	T	U	V	X	Y	Z
	间歇配合								过渡配合				过盈配合								
h5						$\frac{F6}{h5}$	$\frac{G6}{h5}$	$\frac{H6}{h5}$	$\frac{JS6}{h5}$	$\frac{K6}{h5}$	$\frac{M6}{h5}$	$\frac{N6}{h5}$	$\frac{P6}{h5}$	$\frac{R6}{h5}$	$\frac{S6}{h5}$	$\frac{T6}{h5}$					
h6						$\frac{F7}{h6}$	◤$\frac{G7}{h6}$	◤$\frac{H7}{h6}$	$\frac{JS7}{h6}$	◤$\frac{K7}{h6}$	$\frac{M7}{h6}$	◤$\frac{N7}{h6}$	◤$\frac{P7}{h6}$	$\frac{R7}{h6}$	◤$\frac{S7}{h6}$	$\frac{T7}{h6}$	◤$\frac{U7}{h6}$				
h7					$\frac{E8}{h7}$	◤$\frac{F8}{h7}$		◤$\frac{H8}{h7}$	$\frac{JS8}{h7}$	$\frac{K8}{h7}$	$\frac{M8}{h7}$	$\frac{N8}{h7}$									
h8				$\frac{D8}{h8}$	$\frac{E8}{h8}$	$\frac{F8}{h8}$		$\frac{H8}{h8}$													
h9				$\frac{D9}{h9}$	$\frac{E9}{h9}$	$\frac{F9}{h9}$		$\frac{H9}{h9}$													
h10				$\frac{D10}{h10}$				$\frac{H10}{h10}$													
h11	$\frac{A11}{h11}$	$\frac{B11}{h11}$	◤$\frac{C11}{h11}$	$\frac{D11}{h11}$				◤$\frac{H11}{h11}$													
h12		$\frac{B12}{h12}$						$\frac{H12}{h12}$													

注：标注◤的配合为优先配合。

基本尺寸/mm		A	B		C	
大于	至	11	11	12	⑪	8
—	3	+330 +270	+200 +140	+240 +140	+120 +60	+[illegible] +[illegible]
3	6	+345 +270	+215 +140	+260 +140	+145 +70	+[illegible] +[illegible]
6	10	+370 +280	+240 +150	+300 +150	+170 +80	+[illegible] +[illegible]
10	14	+400 +290	+260 +150	+330 +150	+205 +95	+[illegible] +[illegible]
14	18					
18	24	+430 +300	+290 +160	+370 +160	+240 +110	+[illegible] +[illegible]
24	30					
30	40	+470 +310	+330 +170	+420 +170	+280 +120	+[illegible] +[illegible]
40	50	+480 +320	+340 +180	+430 +180	+290 +130	
50	65	+530 +340	+380 +190	+490 +190	+330 +140	+[illegible] +[illegible]
65	80	+550 +360	+390 +200	+500 +200	+340 +150	
80	100	+600 +380	+440 +220	+570 +220	+390 +170	+[illegible] +[illegible]
100	120	+630 +410	+460 +240	+590 +240	+400 +180	
120	140	+710 +460	+510 +260	+660 +260	+450 +200	+[illegible] +[illegible]
140	160	+770 +520	+530 +280	+680 +280	+460 +210	
160	180	+830 +580	+560 +310	+710 +310	+480 +230	
180	200	+950 +660	+630 +340	+800 +340	+530 +240	+[illegible] +[illegible]
200	225	+1030 +740	+670 +380	+840 +380	+550 +260	
225	250	+1110 +820	+710 +420	+880 +420	+570 +280	
250	280	+1240 +920	+800 +480	+1000 +480	+620 +300	+[illegible] +[illegible]
280	315	+1370 +1050	+860 +540	+1060 +540	+650 +330	
315	355	+1560 +1200	+960 +600	+1170 +600	+720 +360	+[illegible] +[illegible]
355	400	+1710 +1350	+1040 +680	+1250 +680	+760 +400	
400	450	+1900 +1500	+1160 +760	+1390 +760	+840 +440	+[illegible] +[illegible]
450	500	+2050 +1650	+1240 +840	+1470 +840	+880 +480	

注：基本尺寸小于 1 mm 时，各级的 A 和 B 均不

μm

	R		S		T		U
	6	7	6	⑦	6	7	⑦
[illegible]	-10	-10	-14	-14	—	—	-18
6	-16	-20	-20	-24			-28
3	-12	-11	-16	-15	—	—	-19
0	-20	-23	-24	-27			-31
9	-16	-13	-20	-17	—	—	-22
4	-25	-28	-29	-32			-37
1	-20	-16	-25	-21	—	—	-26
9	-31	-34	-36	-39			-44
					—	—	-33
4	-24	-20	-31	-27			-54
5	-37	-41	-44	-48	-37	-33	-40
					-50	-54	-61
					-43	-39	-51
7	-29	-25	-38	-34	-59	-64	-76
2	-45	-50	-54	-59	-49	-45	-61
					-65	-70	-86
	-35	-30	-47	-42	-60	-55	-76
21	-54	-60	-66	-72	-79	-85	-106
1	-37	-32	-53	-48	-69	-64	-91
	-56	-62	-72	-78	-88	-94	-121
	-44	-38	-64	-58	-84	-78	-111
24	-66	-73	-86	-93	-106	-113	-146
59	-47	-41	-72	-66	-97	-91	-131
	-69	-76	-94	-101	-119	-126	-166
	-56	-48	-85	-77	-115	-107	-155
	-81	-88	-110	-117	-140	-147	-195
28	-58	-50	-93	-85	-127	-119	-175
68	-83	-90	-118	-125	-152	-159	-215
	-61	-53	-101	-93	-139	-131	-195
	-86	-93	-126	-133	-164	-171	-235
	-68	-60	-113	-105	-157	-149	-219
	-97	-106	-142	-151	-186	-195	-265
33	-71	-63	-121	-113	-171	-163	-241
79	-100	-109	-150	-159	-200	-209	-287
	-75	-67	-131	-123	-187	-179	-267
	-104	-113	-160	-169	-216	-225	-313
	-85	-74	-149	-138	-209	-198	-295
36	-117	-126	-181	-190	-241	-250	-347
88	-89	-78	-161	-150	-231	-220	-330
	-121	-130	-193	-202	-263	-272	-382
	-97	-87	-179	-169	-257	-247	-369
41	-133	-144	-215	-226	-293	-304	-426
98	-103	-93	-197	-187	-283	-273	-414
	-139	-150	-233	-244	-319	-330	-471
	-113	-103	-219	-209	-317	-307	-467
45	-153	-166	-259	-272	-357	-370	-530
108	-119	-109	-239	-229	-347	-337	-517
	-159	-172	-279	-292	-387	-400	-580

附表 A.31　公差等级与加工方法的关系

加工方法	公差等级（IT）																	
	01	0	1	2	3	4	5	6	7	8	9	10	11	12	13	14	15	16
研磨	—	—	—	—	—	—	—											
珩						—	—	—	—									
圆磨、平磨							—	—	—	—								
金刚石车、金刚石镗							—	—	—									
拉削							—	—	—	—								
绞孔							—	—	—	—	—	—						
车、镗								—	—	—	—	—	—					
铣											—	—	—					
刨、削												—	—					
钻孔												—	—	—	—	—		
滚压、挤压												—	—					
冲压												—	—	—	—	—		
压铸													—	—	—	—		
粉末冶金成型								—	—	—								
粉末冶金烧结									—	—	—	—						
砂型铸造、气割																		—
锻造																		—

A.5　常用材料及热处理

1. 金属材料

（1）铸铁

灰铸铁（GB/T 9439—1988）　球墨铸铁（GB/T 1348—1988）　可锻铸铁（GB/T 9440—1988）

附表 A.32

名　称	牌　号	应 用 举 例	说　明
灰铸铁	HT 100 HT 150	用于低强度铸件，如盖、手轮、支架等。 用于中强度铸件，如底座、刀架、轴承座、胶带轮、端盖等	“HT”表示灰铸铁，后面的数字表示抗拉强度值（N/mm^2）
	HT 200 HT 250	用于高强度铸件，如床身、机座、齿轮、凸轮、汽缸泵体、联轴器等	
	HT 300 HT 350	用于高强度耐磨铸件，如齿轮、凸轮、重载荷床身、高压泵、阀壳体、锻模、冷冲压模等	

续表

名称	牌号	应用举例	说明
球墨铸铁	QT 800—2 QT 100—2 QT 1600—2	具有较高强度，但塑性低，用于曲轴、凸轮轴、齿轮、汽缸、缸套、轧辊、水泵轴、活塞环、摩擦片等零件	“QT”表示球墨铸铁，其后第一组数字表示抗拉强度值（N/mm^2），第二组数字表示延伸率（%）
	QT 500—5 QT 420—10 QT 400—17	具有较高的塑性和适当的强度，用于承受冲击负荷的零件	
可锻铸铁	KTH 300—06 KTH 330—08* KTH 350—10 KTH 370—12*	黑心可锻铸铁，用于承受冲击振动的零件为汽车、拖拉机、农机铸件	“KT”表示可锻铸铁，“H”表示黑心，“B”表示白心，第一组数字表示抗拉强度值（N/mm^2），第二组数字表示延伸率（%） KTH300—06 适用于气密性零件 有*号者为推荐牌号
	KTB 350—04 KTB 380—12 KTB 400—05 KTB 450—07	白心可锻铸铁，韧性较低，但强度高，耐磨性、加工性好。可代替低、中碳钢及低合金钢的重要零件，如曲轴、连杆、机床附件等	

（2） 钢

普通碳素结构钢（GB/T 700—1988）　优质碳素结构钢（GB/T 699—1988）

合金结构钢（GB/T 3077—1988）　碳素工具钢（GB/T 1298—1986）

一般工程用铸造碳钢（GB/T 11352—1989）

附表 A.33

名称	牌号	应用举例	说明
普通碳素结构钢	Q215　A 级 B 级	金属结构件、拉杆、套圈、铆钉、螺栓、短轴、心轴、凸轮（载荷不大的）、垫圈；渗碳零件及焊接件	“Q”为碳素结构钢屈服点“屈”字的汉语拼音首位字母，后面数字表示屈服点数值。如 9235 表示碳素结构钢屈服点为 235 N / mm^2 新旧牌号对照： Q215…A2（A2F） Q235…A3 Q275…A5
	Q235　A 级 B 级 C 级 D 级	金属结构件，心部强度要求不高的渗碳或氰化零件，吊钩、拉杆、套圈、汽缸、齿轮、螺栓、螺母、连杆、轮轴、楔、盖及焊接件	
	Q275	轴、轴销、刹车杆、螺母、螺栓、垫圈、连杆、齿轮以及其他强度较高的零件	

续表

名称	牌号	应用举例	说明
优质碳素结构钢	08F	可塑性要求高的零件，如管子、垫圈、渗碳件、氰化件等	牌号的两位数字表示平均含碳量，称碳的质量分数。45号钢即表示碳的质量分数为0.45%，表示平均含碳量为0.45%。 碳的质量分数≤0.25%的碳钢属低碳钢（渗碳钢）； 碳的质量分数在（0.25～0.6）%之间的碳钢属中碳钢（调质钢）； 碳的质量分数≥0.6%的碳钢属高碳钢； 在牌号后加符号“F”表示沸腾钢
	10	拉杆、卡头、垫圈、焊件	
	15	渗碳件、紧固件、冲模锻件、化工贮器	
	20	杠杆、轴套、钩、螺钉、渗碳件与氰化件	
	25	轴、辊子、连接器，紧固件中的螺栓、螺母；	
	30	曲轴、转轴、轴销、连杆、横梁、星轮；	
	35	曲轴、摇杆、拉杆、键、销、螺栓；	
	40	齿轮、齿条、链轮、凸轮、轧辊、曲柄轴；	
	45	齿轮、轴、联轴器、衬套、活塞销、链轮；	
	50	活塞杆、轮轴、齿轮、不重要的弹簧；	
	55	齿轮、连杆、扁弹簧、轧辊、偏心轮、轮圈、轮缘；	
	60	偏心轮、弹簧圈、垫圈、调整片、偏心轴等；	
	65	叶片弹簧、螺旋弹簧	
	15Mn	活塞销、凸轮轴、拉杆、铰链、焊管、钢板；	锰的质量分数较高的钢，须加注化学元素符号Mn
	20Mn	螺栓、传动螺杆、制动板、传动装置、转换拨叉；	
	30Mn	万向联轴器、分配轴、曲轴、高强度螺栓、螺母；	
	40Mn	滑动滚子轴；	
	45Mn	承受磨损零件、摩擦片、转动滚子、齿轮、凸轮；	
	50Mn	弹簧、发条；	
	60Mn	弹簧环、弹簧垫圈	
	65Mn		
	15Cr	渗碳齿轮、凸轮、活塞销、离合器	钢中加入一定量的合金元素，提高了钢的力学性能和耐磨性，也提高了钢在热处理时的淬透性，保证金属在较大截面上获得好的力学性能； 铬钢、铬锰钢和铬锰钛钢都是常用的合金结构钢（GB/T 3077—1988）
	20Cr	较重要的渗碳件	
	30Cr	重要的调质零件，如轮轴、齿轮、摇杆、螺栓等	
	40Cr	较重要的调质零件，如齿轮、进气阀、辊子、轴等	
	45Cr	强度及耐磨性高的轴、齿轮、螺栓等	
	50Cr	重要的轴、齿轮、螺旋弹簧、止推环	
	15CrMn	垫圈、汽封套筒、齿轮、滑键拉钩、齿杆、偏心轮；	
	20CrMn	轴、轮轴、连杆、曲柄轴及其他高耐磨零件；	
	40CrMn	轴、齿轮	
	18CrMnTi	汽车上重要渗碳件，如齿轮等；	
	30CrMnTi	汽车、拖拉机上强度特高的渗碳齿轮；	
	40CrMnTi	强度高、耐磨性高的大齿轮、主轴等	

续 表

名称	牌 号	应 用 举 例	说 明
	T7 T7A	能承受震动和冲击的工具，硬度适中时有较大的韧性。用于制造凿子、钻软岩石的钻头，冲击式打眼机钻头、大锤等	用“碳”或“T”后附以平均含碳量的千分数表示，有T7～T13。高级优质碳素工具钢须在牌号后加注“A”。平均含碳量约为0.7%～1.3%
	T8 T8A	有足够的韧性和较高的硬度，用于制造能承受震动的工具，如钻中等硬度岩石的钻头，简单模子，冲头等	
	ZG200—400 ZG230—450 ZG270—500 ZG310—570 ZG340—640	各种形状的机件，如机座、箱壳； 铸造平坦的零件，如机座、机盖、箱体、铁钻台，工作温度在450℃以下的管路附件等，焊接性良好； 各种形状的铸件，如飞轮、机架、联轴器等，焊接性能尚可； 各种形状的机件，如齿轮、齿圈、重负荷机架等； 起重机、运输机中的齿轮、联轴器等重要的机件	ZG230—450表示工程用铸钢，屈服点为230 N/mm^2，抗拉强度450 N/mm^2

注：① 随着平均含碳量的上升，抗拉强度，硬度增加，延伸率降低。

② GB/T 5613—1985中铸钢用“ZG”后跟名义万分碳含量表示，如ZG25、ZG45等。

（3）色金属及其合金

普通黄铜（GB/T 5232—1985）　　铸造铜合金（GB/T 1176—1987）

铸造铝合金（GB/T 1173—1995）　　铸造轴承合金（GB/T 1174—1992）

硬铝（GB/T 3190—1982）

附表 A.34

合 金 牌 号	合金名称（或代号）	铸 造 方 法	应 用 举 例	说 明
普通黄铜（GB/T 5232－1985）及铸造铜合金（GB/T 1176—1987）				
H62	普通黄铜		散热器、垫圈、弹簧、各种网、螺钉等	H表示黄铜，后面数字表示平均含铜量的百分数
ZCuSn5Pb5Zn5	5-5-5 锡青铜	S J Li La	较高负荷、中速下工作的耐磨、耐蚀件，如轴瓦、衬套、缸套及蜗轮等	“Z”为铸造汉语拼音的首位字母、各化学元素后面的数字表示该元素含量的百分数
ZCuSnl0P1	10-1 锡青铜	S J Li La	高负荷（20 MPa以下）和高滑动速度（8 m/s）下工作的耐磨件，如连杆、衬套、轴瓦、蜗轮等	
ZCuSnl0Pb5	10-5 锡青铜	S J	耐蚀、耐酸件及破碎机衬套、轴瓦等	
ZCuPbl7Sn4Zn4	17-4-4 铅青铜	S J	一般耐磨件、轴承等	

续表

合金牌号	合金名称（或代号）	铸 造 方 法	应 用 举 例	说 明
ZCuAl10Fe3	10-3 铝青铜	S J Li La	要求强度高、耐磨、耐蚀的零件，如轴套、螺母、蜗轮、齿轮等	
ZCuAl10Fe3Mn2	10-3-2 铝青铜	S J		
ZCuZn38	38 黄铜	S J	一般结构件和耐蚀零件，如法兰、阀座、螺母等	
ZCuZn40Pb2	40-2 铅黄铜	S J	一般用途的耐磨、耐蚀件，如轴套、齿轮等	
ZCuZn38Mn2Pb2	38-2-2 锰黄铜	S J	一般用途的结构件，如套筒、衬套、轴瓦、滑块等耐磨零件	
ZcuZn16Si4	16-4 硅黄铜	S J	接触海水工作的管配件以及水泵、叶轮等	
铸造铝合金（GB/T 1173－1995）				
ZAlSil2	ZL102 铝硅合金	SB、JB、RB、KB J	气缸活塞以及高温工作的承受冲击载荷的复杂薄壁零件	
ZAlSi9Mg	ZL104 铝硅合金	S、J、R、K J SB、RB、KB J、JB	形状复杂的高温静载荷或受冲击作用的大型零件，如扇风机叶片、水冷气缸头	ZL102 表示含硅（10～13）%、余量为铝的铝硅合金
ZAlMg5Si1	ZL303 铝镁合金	S、J、R、K	高耐蚀性或在高温度下工作的零件	
ZAlZn11Si7	ZL401 铝锌合金	S、R、K J	铸造性能较好，可不热处理，用于形状复杂的大型薄壁零件，耐蚀性差	
铸造轴承合金（GB/T 1174—1992）				
ZSnSb12Pb10Cu4 ZSnSb11Cu6 ZSnSb8Cu4	锡基轴承合金	J J J	汽轮机、压缩机、机车、发电机、球磨机、轧机减速器、发动机等各种机器的滑动轴承衬	各化学元素后面的数字表示该元素含量的百分数
ZPbSb16Zn16Cu2 ZPbSb15Sn10 ZPbSb15Sn5	铅基轴承合金	J J J		
硬　铝（GB/T 3190—1982）				
LY13	硬铝		适用于中等强度的零件，焊接性能好	含铜、镁和锰的合金

注：铸造方法代号：S—砂型铸造；J—金属型铸造；U—离心铸造；La—连续铸造；R—熔模铸造；K—壳型铸造；B—变质处理。

2. 常用热处理工艺

附表 A.35

名　词	代　号	说　　明	应　　用
退　　火	5111	将钢件加热到临界温度以上（一般是710～715℃，个别合金钢是 800～900℃）30～50℃，保温一段时间，然后缓慢冷却（一般在炉中冷却）	用来消除铸、锻、焊零件的内应力，降低硬度，便于切削加工，细化金属晶粒，改善组织，增加韧性
正　　火	5121	将钢件加热到临界温度以上，保温一段时间，然后用空气冷却，冷却速度比退火为快	用来处理低碳和中碳结构钢及渗碳零件，使其组织细化，增加强度与韧性，减少内应力，改善切削性能
淬　　火	5131	将钢件加热到临界温度以上，保温一段时间，然后在水、盐水或油中（个别材料在空气中）急速冷却，使其得到高硬度	用来提高钢的硬度和强度极限。但淬火会引起内应力使钢变脆，所以淬火后必须回火
淬火和回火	5141	回火是将淬硬的钢件加热到临界点以下的温度，保温一段时间，然后在空气中或油中冷却下来	用来消除淬火后的脆性和内应力，提高钢的塑性和冲击韧性
调　　质	5151	淬火后在 450～650℃进行高温回火，称为调质	用来使钢获得高的韧性和足够的强度。重要的齿轮、轴及丝杆等零件是调质处理的
表面淬火和回火	5210	用火焰或高频电流将零件表面迅速加热至临界温度以上，急速冷却	使零件表面获得高硬度，而心部保持一定的韧性，使零件既耐磨又能承受冲击。表面淬火常用来处理齿轮等
渗 碳	5310	在渗碳剂中将钢件加热到 900～950℃，停留一定时间，将碳渗入钢表面，深度约为 0.5～2 mm，再淬火后回火	增加钢件的耐磨性能、表面硬度、抗拉强度及疲劳极限 适用于低碳、中碳（C＜0.40%）结构钢的中小型零件
渗　氮	5330	渗氮是在 500～600℃通入氨的炉子内加热，向钢的表面渗入氮原子的过程。氮化层为 0.025～0.8 mm，氮化时间需 40～50 h	增加钢件的耐磨性能、表面硬度、疲劳极限和抗蚀能力 适用于合金钢、碳钢、铸铁件，如机床主轴、丝杆以及在潮湿碱水和燃烧气体介质的环境中工作的零件
氰　化	Q59（氰化淬火后，回火至56~62HRC）	在 820～860℃炉内通入碳和氮，保温1～2 h，使钢件的表面同时渗入碳、氮原子，可得到 0.2～0.5 mm 的氰化层	增加表面硬度、耐磨性、疲劳强度和耐蚀性 用于要求硬度高、耐磨的中、小型及薄片零件和刀具等
时　效	时效处理	低温回火后，精加工之前，加热到 100～160℃，保持 10～40 h。对铸件也可用天然时效（放在露天中 1 年以上）	使工件消除内应力和稳定形状，用于量具、精密丝杆、床身导轨、床身等

续 表

名 词	代 号	说 明	应 用
发蓝发黑	发蓝或发黑	将金属零件放在很浓的碱和氧化剂溶液中加热氧化，使金属表面形成一层氧化铁所组成的保护性薄膜	防腐蚀、美观 用于一般连接的标准件和其他电子类零件
镀 镍	镀镍	用电解方法，在钢件表面镀一层镍	防腐蚀、美化
镀 铬	镀铬	用电解方法，在钢件表面镀一层铬	提高表面硬度、耐磨性和耐蚀能力，也用于修复零件上磨损了的表面
硬 度	FIB（布氏硬度）	材料抵抗硬的物体压入其表面的能力称"硬度"。根据测定的方法不同，可分布氏硬度、洛氏硬度和维氏硬度 硬度的测定是检验材料经热处理后的机械性能——硬度	用于退火、正火、调质的零件及铸件的硬度检验
	HRC（洛氏硬度）		用于经淬火、回火及表面渗碳、渗氮等处理的零件硬度检验
	HV（维氏硬度）		用于薄层硬化零件的硬度检验

注：热处理工艺代号尚可细分，如空冷淬火代号为5131a，油冷淬火代号为5131e，水冷淬火代号为5131w等。本附录不再罗列，详细内容可查阅GB/T 12603—1990。

3. 非金属材料

附表 A.36

材料名称	牌 号	说 明	应 用 举 例
耐油石棉橡胶板		有厚度为0.4～3.0 mm的10种规格	供航空发动机用的煤油、润滑油及冷气系统结合处的密封衬垫材料
耐酸碱橡胶板	2030 2040	较高硬度 中等硬度	具有耐酸碱性能，在温度－30～+60℃的20%浓度的酸碱液体中工作，用作冲制密封性能较好的垫圈
耐油橡胶板	3001 3002	较高硬度	可在一定温度的机油、变压器油、汽油等介质中工作，适用冲制各种形状的垫圈
耐热橡胶板	4001 4002	较高硬度 中等硬度	可在－30～+100℃、且压力不大的条件下，于热空气、蒸汽介质中工作，用作冲制各种垫圈和隔热垫板
酚醛层压板	3302－1 3302－2	3302－1的机械性能比3302－2高	用作结构材料及用以制造各种机械零件
聚四氟乙烯树脂	SFL－4~13	耐腐蚀、耐高温（+250℃），并具有一定的强度，能切削加工成各种零件	用于腐蚀介质中，起密封和减磨作用，用作垫圈等
工业有机玻璃		耐盐酸、硫酸、草酸、烧碱和纯碱等一般酸碱以及二氧化硫、臭氧等气体腐蚀	适用于耐腐蚀和需要透明的零件

续 表

材料名称	牌 号	说 明	应 用 举 例
油浸石棉盘根	YS450	盘根形状分 F（方形）、Y（圆形）、N（扭制）三种，按需选用	适用于回转轴、往复活塞或阀门杆上作密封材料，介质为蒸汽、空气、工业用水、重质石油产品
橡胶石棉盘根	XS450	该牌号盘根只有 F（方形）	适用于作蒸汽机、往复泵的活塞和阀门杆上作密封材料
工业用 平面毛毡	112－44 232－36	厚度为 1～40 mm。112－44 表示白色细毛块毡，密度为 0.44 g/cm^3；232－36 表示灰色粗毛块毡，密度为 0.36 g/cm^3	用作密封、防漏油、防震、缓冲衬垫等。按需要选用细毛、半粗毛、粗毛
软钢纸板		厚度为 0.5～3.0 mm	用作密封连接处的密封垫片
尼龙	尼龙 6 尼龙 9 尼龙 66 尼龙 610 尼龙 1010	具有优良的机械强度和耐磨性。可以使用成形加工和切削加工制造零件，尼龙粉末还可喷涂于各种零件表面，提高耐磨性和密封性	广泛用作机械、化工及电气零件，例如轴承、齿轮、凸轮、滚子、辊轴、泵叶轮、风扇叶轮、蜗轮、螺钉、螺母、垫圈、高压密封圈、阀座、输油管、储油容器等。尼龙粉末还可喷涂于各种零件表面
MC 尼龙 （无填充）		强度特高	适于制造大型齿轮、蜗轮、轴套、大型阀门密封面、导向环、导轨、滚动轴承保持架、船尾轴承、起重汽车吊索绞盘蜗轮、柴油发动机燃料泵齿轮、矿山铲掘机轴承、水压机立柱导套、大型轧钢机辊道轴瓦等
聚甲醛 （均聚物）		具有良好的磨擦性能和抗磨损性能，尤其是优越的抗磨擦性能	用于制造轴承、齿轮、凸轮、滚轮、辊子、阀门上的阀杆螺母、垫圈、法兰、垫片、泵叶轮、鼓风机叶片、弹簧、管道等
聚碳酸酯		具有高的冲击韧性和优异的尺寸稳定性	用于制造齿轮、蜗轮、蜗杆、齿条、凸轮、心轴、轴承、滑轮、铰链、传动链、螺栓、螺母、垫圈、铆钉、泵叶轮、汽车化油器部件、节流阀、各种外壳等

参 考 文 献

［1］ 胡义等编 . 画法几何学. 成都：成都科技大学出版社，1989

［2］ 龚石钰等编.机械制图. 成都：成都科技大学出版社，1989

［3］ 刘朝儒等编.机械制图.五版.北京：高教出版社，2006

［4］ 清华大学工程图学及计算机辅助设计教研室编.机械制图. 北京：清华大学出版社，2002

［5］ 何铭新等编.机械制图.五版. 北京：高等教育出版社，2004

［6］ 温文炯等编.画法几何及工程制图. 上海：华东理工大学出版社，2002

［7］ 董怀武等编.画法几何及机械制图. 武汉：武汉理工大学出版社，2001

［8］ [俄]H.C.KY3HELOB 著. 杜少岚译. 画法几何学. 成都：四川教育出版社，2000

［9］ 康博创作室 编著. AutoCAD2000 使用大全. 北京：清华大学出版社，1999

［10］ 李香敏 主编.AutoCAD2000 实战技巧 机械篇. 成都：电子科技大学出版社，1999

［11］国家质量技术监督局.中华人民共和国国家标准 技术制图与机械制图等.北京:中国标准出版社，1996～1999

［12］国家质量技术监督局.中华人民共和国国家标准 技术制图与机械制图等.北京:中国标准出版社，2001

［13］国家质量技术监督检验检疫总局.中华人民共和国国家标准 机械制图 图样画法 图线、视图、剖视图及断面图.北京:中国标准出版社，2003